Winden und Krane

Aufbau, Berechnung und Konstruktion

Für Studierende und Ingenieure

bearbeitet von

Dipl.-Ing. **R. Hänchen**

Berlin

Mit 1018 Textabbildungen

Berlin
Verlag von Julius Springer
1932

ISBN 978-3-662-00261-2 ISBN 978-3-662-00281-0 (eBook)
DOI 10.1007/978-3-662-00281-0

Softcover reprint of the hardcover 1st edition 1932

Vorwort.

Das vorliegende Werk ist als Lehrbuch und als Handbuch gedacht. Als Lehrbuch soll es den Studierenden in das Berechnen und Entwerfen der Hebezeuge einführen und mit den wichtigsten Bauformen an Hand vorbildlicher Ausführungen bekannt machen. Als Handbuch soll es dem Konstrukteur einen Überblick über den gegenwärtigen Stand des deutschen Hebezeugbaues geben und ein Hilfsmittel für den Konstruktionstisch sein, das die Berechnungen vereinfacht und die geistige Umstellung bei Lösung neuer Aufgaben erleichtert.

Das Studium von Sonderfragen — deren Behandlung den Umfang des Werkes ja sehr vergrößert hätte — wird durch sorgfältigen Literaturnachweis ermöglicht.

Auch dem Betriebsingenieur kann das Werk als Ratgeber bei der Auswahl von Hebezeugen, die besondere Aufgaben zu erfüllen haben, nützlich sein.

Um dem Studierenden und angehenden Konstrukteur die Beschaffung des Buches zu erleichtern, gibt der Verlag das Buch zunächst in sechs Heften heraus, die in sich abgeschlossene Gebiete behandeln und einzeln käuflich sind.

In dem Abschnitt „Allgemeines" wird u. a. eine Zusammenstellung der genormten, für den Kranbau in Betracht kommenden wichtigsten Maschinenbau-Werkstoffe gegeben. Auch wird kurz über den neuesten Stand der in der Umstellung begriffenen und auf der neuesten Werkstoffforschung sich aufbauenden Festigkeitsrechnung berichtet. Daran schließt sich ein kurzer Abschnitt „Richtlinien für Gestaltung und Fertigung der Winden und Krane" an.

Die „Maschinenteile der Winden und Krane" wurden ihrer grundlegenden Bedeutung entsprechend ausführlich behandelt. Solche Abschnitte, die bereits in Heften der von C. Volk im gleichen Verlag herausgegebenen Sammlung „Einzelkonstruktionen aus dem Maschinenbau" enthalten sind (z. B. Zahnräder, Wälzlager, Sperrwerke und Bremsen) wurden kürzer gehalten.

In dem Abschnitt „Lastaufnahmemittel" wurden auch die Gießgefäße (Gießpfannen und Gießtrommeln) mit aufgenommen. Bei der „Elektrischen Ausrüstung der Winden und Krane" wurde der immer mehr Verbreitung findende Drehstromantrieb eingehender behandelt. Im Abschnitt „Ortfeste Winden" sind auch die Greiferwinden und die Winden für Seilverschiebeanlagen dargestellt. Die „fahrbaren Winden" wurden in Laufkatzen für I-Trägerbahnen und Kranlaufwinden unterteilt.

Die „Krane" werden zunächst allgemein, nach Aufbau, Berechnung und Konstruktion, betrachtet. Einen größeren Raum nimmt die statische Berechnung der Stahlkonstruktionen der Krane ein, bei der die Ausführungen des DIN-Heftes E 120, „Grundlagen für die Berechnung und bauliche Durchbildung der Eisenkonstruktionen von Kranen" (Herausgeber: Deutscher Kranverband, E.V.) weitgehend berücksichtigt wurden. Von schwierigen, insbesondere statisch unbestimmten Aufgaben wurde Abstand genommen, da dem fortgeschrittenen Krankonstrukteur die beiden bekannten Andreeschen Statikwerke hierfür zur Verfügung stehen.

Das in neuerer Zeit schon zum Teil auch bei der Herstellung der Kranstahlkonstruktionen an Stelle des Nietens getretene Schweißen wurde seinem augenblicklichen Stande entsprechend gewürdigt.

In einem Abschnitt „Sonderkrane" werden die Hafen-, Werft-, Eisenbahn-, Hüttenwerks- und Werkstättenkrane vom Standpunkt ihrer Arbeitsbedingungen und Anwendung aus betrachtet. Von den Baukranen wurde nur eine Literaturübersicht gebracht, da in letzter Zeit ein Sonderwerk über Baukrane (von Cajar) erschienen ist. Im Abschnitt „Fahrbare Drehkrane" wurde die neuere Ausführung eines Hochbauturmdrehkranes als kennzeichnendes Beispiel gebracht.

Besonderen Dank schuldet der Verfasser: dem Deutschen Normenausschuß E.V. für die Genehmigung zum Abdruck der wichtigsten Hebezeugnormen, den Kranbaufirmen für die freundliche Überlassung der zahlreichen Abbildungsvorlagen, der Verlagsbuchhandlung Julius Springer für die sorgfältige Reproduktion und Drucklegung.

Berlin, im Dezember 1931.

R. Hänchen.

Inhaltsverzeichnis.

D. Winden.

E. Krane.

Abkürzungen.

1. Zeitschriften.

AEG-Mitt.	= AEG-Mitteilungen, Berlin.
Anz. Essen	= Anzeiger für das gesamte Berg-, Hütten- und Maschinenwesen, Essen.
Bull. Oerlikon	= Bulletin der Maschinenfabrik Oerlikon (Schweiz).
Dingler	= Dinglers Polytechnisches Journal, Berlin.
Elektroschweißung	= Die Elektroschweißung, Zeitschrift für die Gebiete der elektrischen Schweißverfahren und deren Anwendung. Braunschweig.
ETZ	= Elektrotechnische Zeitschrift, Berlin.
Engg.	= Engineering, London.
Fördertechn.	= Fördertechnik und Frachtverkehr, Wittenberg (Bez. Halle).
Glasers Ann.	= Glasers Annalen, Berlin.
Gas Wasserfach	= Das Gas- und Wasserfach, München.
Gießerei	= Die Gießerei verein. mit Giesserei-Zeitung, Düsseldorf.
Ind. Techn.	= Industrie und Technik (Auslandszeitschrift), Berlin.
Organ Fortschr. Eisenbahnw.	= Organ für die Fortschritte des Eisenbahnwesens, Wiesbaden.
Prakt. Masch.-Konstr.	= Der praktische Maschinenkonstrukteur, Leipzig.
Stahleisen	= Stahl und Eisen, Zeitschrift für das deutsche Eisenhüttenwesen, Düsseldorf.
Z.V.d.I.	= Zeitschrift des Vereines deutscher Ingenieure, Berlin.
Z. Berg-, Hütten-, Sal-Wes.	= Zeitschrift für das gesamte Berg-, Hütten- und Salinenwesen.
Z. f. gewerbl. Unterricht	= Zeitschrift für gewerblichen Unterricht.
Z. Metallkunde	= Zeitschrift für Metallkunde, Berlin.
Zentralbl. Hütten- u. Walzw.	= Zentralblatt der Berg-, Hütten- und Walzwerke.

2. Firmen.

AEG	= Allgemeine Elektricitäts-Gesellschaft (Abt. Hebezeuge), Berlin.
Ago	= Arn. Georg A.-G., Neuwied a. Rhein.
Ardelt	= Ardeltwerke G. m. b. H., Eberswalde.
Bamag	= Berlin-Anhaltische Maschinenbau-A.-G., Berlin NW.
Becker	= E. Becker, Maschinenfabrik, Berlin-Reinickendorf Ost.
Beck & Henkel	= Maschinenbau-Aktien-Gesellschaft vorm. Beck & Henkel, Kassel.
Bolzani	= Gebr. Bolzani, Hebezeug-Fabrikation, Berlin N 20.
Bünger	= Baumaschinenfabrik Bünger, Aktiengesellschaft, Düsseldorf.
Burgdorf	= Gebr. Burgdorf, Maschinenfabrik, Altona.
Carlshütte	= Aktien-Gesellschaft für Eisengießerei und Maschinenbau, Waldenburg-Altwasser (Schlesien).
Demag	= Deutsche Maschinenfabrik A.-G., Duisburg.
Elektrotechn. Ind.	= Elektrotechnische Industrie G. m. b. H., Duisburg-Wanheimerort.
Felten & Guilleaume	= Felten & Guilleaume, Carlswerk, Actien-Gesellschaft, Köln-Mülheim.
Fischer	= Kugelfabrik Fischer A.-G., Schweinfurt.
Flohr	= Carl Flohr A.-G., Berlin N.
Geist	= Geist-Greifer-Werkstätten, Kraiburg a. Inn.
Jordan	= Jordan-Bremsen-Gesellschaft, Berlin-Neukölln.

Abkürzungen.

Kampnagel	= Eisenwerk (vorm. Nagel & Kämp), Hamburg.
Kirchbach	= Kirchbachsche Werke, Kirchbach & Co., Coswig, Bez. Dresden.
Klöckner	= F. Klöckner, Spezialfabrik elektrischer Starkstromapparate, Köln-Bayenthal.
Krupp-Grusonwerk	= Fried. Krupp A.-G., Grusonwerk, Magdeburg-Buckau.
Lauchhammer (Rheinmetall)	= A.G. Lauchhammer, Lauchhammer (Prov. Sachsen).
Laudi	= Carl Laudi, Maschinenfabrik, Einbeck (Prov. Hannover).
Losenhausenwerk	= Düsseldorfer Maschinenbau-Actien-Gesellschaft vorm. I. Losenhausen, Düsseldorf-Grafenberg.
Magnetwerk	= Magnetwerk, G. m. b. H., Spezialfabrik für Elektromagnetapparate, Eisenach.
MAN	= Maschinenfabrik Augsburg-Nürnberg A.-G., Werk Nürnberg.
Maschinen- und Kranbau	= Maschinen- und Kranbau-A.-G., Düsseldorf.
Micke	= Joh's Micke, Fabrik für Bremsbeläge, Duisburg.
Mohr & Federhaff	= Mannheimer Maschinenfabrik Mohr & Federhaff, A.-G., Mannheim.
Motorenwerke Mannheim	= Motoren-Werke Mannheim, A.-G., vorm. Benz, Abt. stationärer Motorenbau, Mannheim.
Petravič	= Kran- u. Hebezeug-Bau-Gesellschaft m. b. H., I. v. Petravič & Co., Wien.
Piechatzek	= F. Piechatzek, Hebezeugfabrik, Berlin N.
Pohlig	= I. Pohlig, Aktiengesellschaft, Köln-Zollstock.
Pützer-Defries	= Deutsche Hebezeugfabrik Pützer-Defries G. m. b. H., Düsseldorf.
Renk	= Zahnräderfabrik vorm. Joh. Renk (Act.-Ges.), Augsburg.
Schafstaedt	= Eisenwerk Schafstaedt, Friedrich Schimpff & Söhne, A.-G., Schafstaedt, Bez. Halle a. S.
Schenck & Liebe-Harkort	= Schenck & Liebe-Harkort, Aktiengesellschaft, Düsseldorf.
Schwarz	= Schwarz & Co, Maschinenfabrik, Dortmund.
Senssenbrenner	= C. Senssenbrenner, G. m. b. H., Düsseldorf-Oberkassel.
Simmering	= Maschinen und Waggonfabriks-A.-G., Wien-Simmering.
SKF	= SKF-Norma, G. m. b. H., Berlin.
Schlösser & Feibusch	= Schlösser & Feibusch, G. m. b. H., Maschinenfabrik, Düsseldorf-Hafen.
Schmidt-Tychsen	= Schmidt-Tychsen, Derrickkranbau, Kiel-Heikendorf.
Spezialbronze	= Spezialbronze, G. m. b. H., Berlin W.
SSW	= Siemens-Schuckert-Werke G. m. b. H. (Abt. AI 7), Berlin-Siemensstadt.
Unruh & Liebig	= Unruh & Liebig, Abt. der Peniger Maschinenfabrik und Eisengiesserei, A.-G., Leipzig-Plagwitz.
Vögele	= Joseph Vögele, A.-G., Mannheim.
Weismüller	= Gebrüder Weismüller, Maschinenfabrik, Frankfurt a. M.-West.
Weyermann	= Paul Weyermann, Spezialfabrik für Hebezeuge, Berlin-Tempelhof.
Wilhelmi	= Maschinenfabrik H. Wilhelmi, Aktiengesellschaft, Mülheim-Ruhr.
Windhoff	= Rheiner Maschinenfabrik Windhoff & Co., G. m. b. H., Rheine, Westf.
Wolff	= Jul. Wolff & Co. G. m. b. H., Maschinenfabrik und Eisengießerei, Heilbronn a. N.
Zobel & Neubert	= Zobel, Neubert & Co., Maschinenfabrik und Eisengießerei (Inhaber R. P. Dinglinger), Schmalkalden, Thüringen.

Allgemeines.

I. Einteilung.

In den „Grundsätzen für die Berechnung und bauliche Durchbildung der Eisenkonstruktionen von Kranen (BEK)“, DIN 120 (Entwurf 2)[1] werden die Krane nach der Art ihres Betriebes in vier Gruppen eingeteilt.

Maßgebend für diese Gruppenteilung sind die relative Betriebsdauer, die relative Lastgröße und die Stärke der im Betrieb auftretenden Stöße.

Die relative Betriebsdauer eines Kranes ist das Verhältnis der Summe aller reinen Betriebszeiten des Kranes zur Summe aller Betriebszeiten und Ruhepausen innerhalb eines Tages mit lebhaftem Betrieb. Für die Berechnung der Eisenkonstruktionen unterscheidet man: normale und große relative Betriebsdauer.

Relative Lastgröße. Man unterscheidet: Krane, die vorzugsweise mit Vollast und Krane, die mit wechselnden Lasten arbeiten. Unter Kranen mit wechselnden Lasten sind schon alle die Krane zu verstehen, bei denen etwa die Hälfte aller Belastungen nur zwei Drittel der Vollast beträgt.

Tabelle 1.

Größe	Relative Betriebsdauer	Relative Lastgröße	Stöße	Größe	Relative Betriebsdauer	Relative Lastgröße	Stöße
I	normal	wechselnd	normal	III	groß	voll	normal
II	groß	wechselnd	normal		groß	wechselnd	stark
	normal	voll	normal		normal	voll	stark
	normal	wechselnd	stark	IV	groß	voll	stark

Tabelle 2.

Nr.	Art des Kranes	Gruppe	Nr.	Art des Kranes	Gruppe
	Allgemeine Krane.		13.	Kipperbrücken	III
1.	Kleinkrafthebezeuge u. Handkrane	I	14.	Turmdrehkrane für Hoch- und Tiefbau	I
2.	Maschinenhauskrane	I—II			
3.	Lokomotivhebekrane	II			
4.	Werkstatt- u. Lagerplatzkrane kleiner Tragkraft[2]	II—III		Hüttenwerkskrane.	
5.	Desgl. großer Tragkraft	II	15.	Leichter betriebene Krane, Montagekrane, Walzenwechselkrane	I—III[4]
6.	Montagekrane	I—II	16.	Chargiermaschinen	III—IV
7.	Gießereikrane	II—III	17.	Walzeisentransportkrane (Pratzenkrane)	II—IV
8.	Nietkrane	II—III	18.	Mischer- und Gießkrane	II—III
9.	Hellingkrane	II	19.	Kokillen- und Blockkrane	III
10.	Schwerlastkrane	I—II	20.	Tiefofenkrane	III—IV
11.	Drehkrane, Torkrane, Schwimmkrane:		21.	Stripperkrane	IV
	a) Stückgutbetrieb	II	22.	Fallwerkskrane	II—IV[5]
	b) Greifer- und Magnetbetrieb	III—IV[3]			
12.	Träger von Verladebrücken, Hängebahnen u. dgl.: a) Stückgutbetrieb	II			
	b) Greiferbetrieb	II—III	23.	Kranbahnen für Laufkrane	—[6]

[1] Berlin 1930. Deutscher Kranverband e. V., Berlin SW 61, Wartenburgstraße 17.

[2] Krane kleiner Tragkraft werden häufiger überanstrengt und stoßweise belastet.

[3] IV bei schwerem Greiferbetrieb, kurzem Ausleger und ungefederten Kopfrollen.

[4] Gruppe I, wenn der Kran nach dem schwersten Montagestück berechnet ist.

[5] Gruppe IV, wenn nur Fallwerkskran. Wenn Berechnung nach größeren zu transportierenden Stücken erfolgt ist, niedrigere Gruppe.

[6] Nächst kleinere Gruppe als der Kran, sofern nicht die Katze dauernd an einer Seite arbeitet.

Stöße. Ihre Größe ist davon abhängig, ob mit Lasthaken (Stückgutbetrieb usw.) bei normaler Hubgeschwindigkeit oder mit Greifer usw. bei hoher Hubgeschwindigkeit gearbeitet wird. Außerdem wird eine Eisenkonstruktion noch infolge der Fahrgeschwindigkeit von Katze und Kran stoßweise belastet, und zwar bis 90 m/min normal, über 90 m/min stark. Haben die Laufschienen keine oder geschweißte Schienenstöße, so erhöht sich diese Zahl um 50%. Es wird demnach unterschieden zwischen Kranen mit normalen und Kranen mit starken Stößen.

Maßgebend für die Gruppeneinteilung der Krane mit steigender Schwere der Arbeitsbedingungen ist Tabelle 1.

Tabelle 2 gibt die Eingruppierung der wichtigsten Kranarten nach vorstehendem Schema.

II. Antriebsarten.

a) Handantrieb.

Der Antrieb von Hand kommt nur dann in Frage, wenn es sich um kleine Tragkräfte, kurze Förderwege oder seltene Benutzung des Hebezeuges handelt. Daher Anwendung nur bei kurzhubigen Winden (Zahnstangen- und Schraubenwinden), Lokomotiv-Hebeböcken, Flaschenzügen, Wand- und Kabelwinden, Trägerlaufkatzen, sowie bei kleineren Lauf-, Bock- und Drehkranen.

Antriebmittel (s. S. 63): Handkurbel, Ratsche oder Handkette und Haspelrad.

Die Handkurbel wird angewendet, wenn die Antriebswelle des Hebezeuges in Handhöhe des bedienenden Arbeiters (etwa 1 m über Fußboden) liegt. Beispiele: Wand- und Kabelwinden, Lokomotiv-Hebeböcke und kleine Drehkrane.

Ratschen dienen zum Antrieb von Schraubenwinden und werden bei elektrischen Kranen auch als Notantriebsmittel bei ausbleibendem Strom benutzt.

Handkette und Haspelrad kommen für Hebezeuge mit hochliegender Antriebswelle, wie Flaschenzüge, Trägerlaufkatzen sowie Lauf- und Bockkrane, in Betracht.

Der Hauptnachteil des Handantriebes ist der, daß die damit ausgerüsteten Hebezeuge zu langsam arbeiten und in ihrer Leistung beschränkt sind.

Nimmt man für einen Arbeiter vorübergehend und äußerst einen Kurbeldruck von 20 kg und eine Kurbelgeschwindigkeit von 0,9 m/sek an, so ist dessen Höchstleistung: 18 kgm/sek $\approx 1/4$ PS. Für zwei Arbeiter ist daher die Höchstleistung $1/2$ PS und für vier Arbeiter 1 PS. Da mehr als vier Arbeiter zur Bedienung eines Hebezeuges nicht in Frage kommen, so stellt dieser Wert die Leistungsgrenze für den Kurbelantrieb dar.

Bei Haspelradantrieb ist die Leistung des Arbeiters etwas günstiger, da er beim Ziehen an der Handkette und infolge Geltendmachung seines Körpergewichtes eine größere Kraft ausüben kann.

Wegen der geringen Leistung der menschlichen Arbeitskraft ist die Tragkraft der von Hand betriebenen Hebezeuge auf etwa 15000 bis 20000 kg beschränkt.

b) Motorischer Antrieb.

Der motorische Antrieb kommt für öfter benutzte Winden und Krane, bei größeren Förderwegen und zur Förderung großer Gutmengen in Betracht. Zum Heben und Fördern von Lasten über 20000 kg ist seine Anwendung Bedingung.

Unter den motorischen Antriebsarten steht der elektrische Antrieb an erster Stelle. Man kann annehmen, daß etwa 80% aller neu hergestellten, motorisch betriebenen Winden und Krane elektrischen Antrieb erhalten. Die elektrischen Krane werden für die höchsten Leistungen und für Tragkräfte bis 480 t gebaut[1].

Die übrigen motorischen Antriebsarten sind dem elektrischen Antrieb gegenüber von mehr oder weniger geringer Bedeutung.

1. Druckwasserantrieb (hydraulischer Antrieb).

In neuerer Zeit wird er nur noch zum Heben schwerer Lasten (20 bis 300 t) auf kleine Hubhöhen (300 bis 155 mm) verwendet.

Die mit Druckwasser betriebenen kleinhubigen Hebezeuge (Druckwasser-Hebeböcke) sind unmittelbar wirkend und arbeiten nach Art der hydraulischen Presse. Betriebsdruck: 400 bis 500 at. Zur Druckerzeugung dient eine kleine, durch einen Handhebel bediente Plungerpumpe.

[1] ETZ 1928, S. 149.

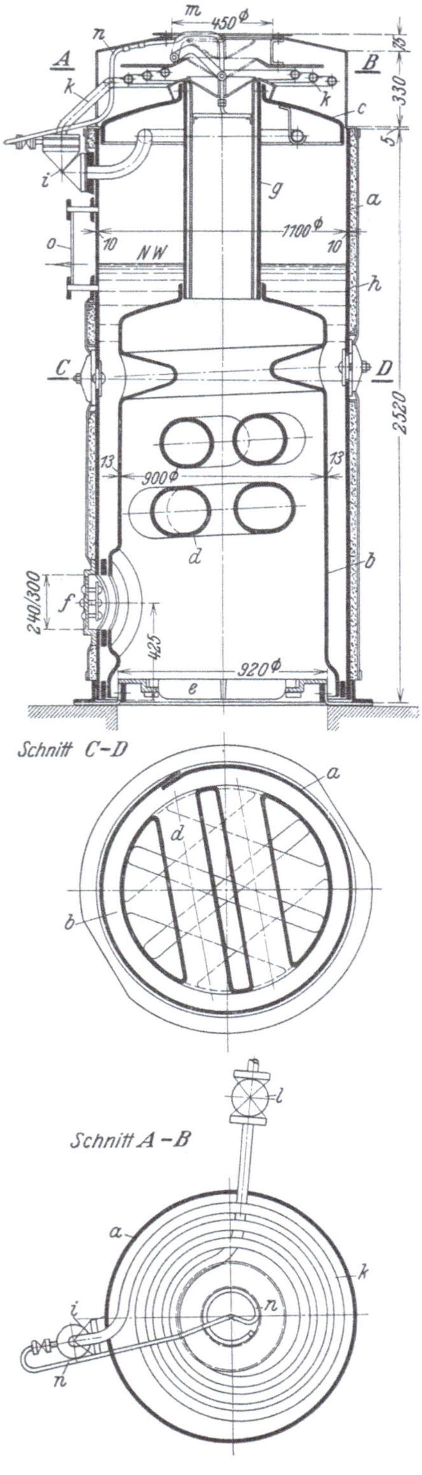

Abb. 1. Stehender Quersiederkessel mit Überhitzer. (Ardeltwerke.)
Betriebsdruck: 8 atü. – Heizfläche: 8 m². – Rostfläche: 0,35 m². – Heizfläche des Überhitzers: 1 m².
a Mantel, *b* Feuerbuchse, *c* Kesselboden, *d* Querrohre, *e* Rost, *f* Feuertüre, *g* Rauchrohr, *h* Wärmeschutzmantel, *i* Absperrventil (Dampfentnahme und Überhitzereintritt), *k* Überhitzer, *l* Sicherheitsventil mit Federbelastung, *m* Rauchgasabgang, *n* Bläser, *o* Wasserstandsglas. *NW* Niedrigster Wasserstand.

2. Druckluftantrieb (pneumatischer Antrieb).

Seine Anwendung ist nur dann gegeben, wenn bereits zu anderen Zwecken eine Druckerzeugungsstelle vorhanden ist. Die Druckluft-Hebezeuge werden in Amerika viel angewendet, haben jedoch in Deutschland, wo man die elektrischen Hebezeuge allgemein vorzieht, keine Verbreitung gefunden.

3. Riemenantrieb (Transmissionsantrieb).

Diese Antriebsart kommt nur dann in Frage, wenn eine für andere Zwecke dienende Transmissionsanlage zur Verfügung steht, was z. B. für Werkstätten, Mühlenbetriebe u. a. zutrifft.

Von dem Transmissionsantrieb wird nur noch gelegentlich bei Kabel- und Speicherwinden sowie bei Aufzügen Gebrauch gemacht.

4. Dampfantrieb.

Gegenüber den motorischen Antriebsarten unter 1. bis 3. kommt dem Dampfantrieb eine erhöhte Bedeutung zu. Er wird hauptsächlich bei den normalspurigen fahrbaren Drehkranen angewendet, die außer zu Verladezwecken noch zum Verschieben der Eisenbahnwagen in den Werkbetrieben dienen. Siehe Abschnitt „Dampfkrane“.

Diese Krane zeichnen sich durch Unabhängigkeit und große Beweglichkeit aus. Ihr Hauptnachteil ist der, daß sie nicht sofort betriebsbereit sind, da das Anheizen des Kessels mindestens 40 bis 50 min erfordert. Ferner muß der Kessel, auch wenn der Kran längere Zeit nicht benutzt wird, unter Dampf gehalten werden, was einen entsprechenden Brennstoffverbrauch bedingt.

Dampfkessel. Er wird meist als stehender Kessel mit Quersiederohren (Abb. 1) hergestellt und in neuerer Zeit mit einem Überhitzer ausgerüstet. Die Ausführung mit senkrechten Heizrohren (Abb. 2) wird weniger angewendet, da die Quersiederkessel leistungsfähiger und sparsamer im Brennstoffverbrauch sind. Auch sind diese leichter zu reinigen. Undichtigkeiten, wie sie bei den Röhrenkesseln nach einigen Jahren bestimmt auftreten, sind bei den Quersiederkesseln fast ausgeschlossen.

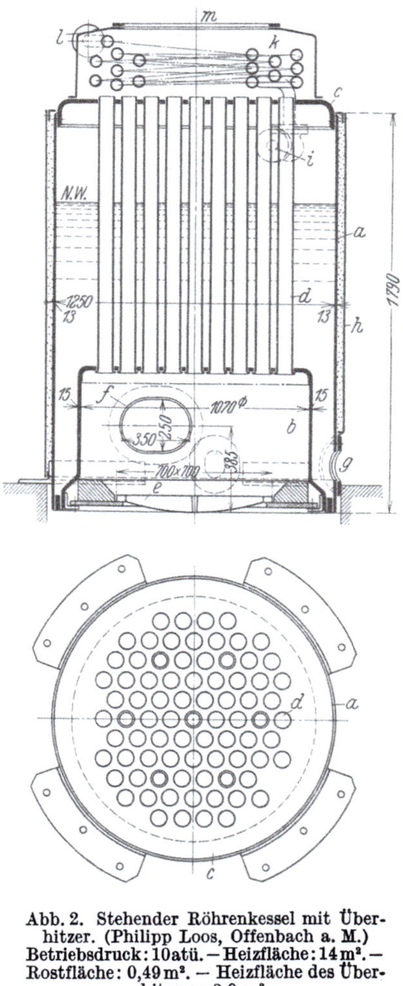

Abb. 2. Stehender Röhrenkessel mit Überhitzer. (Philipp Loos, Offenbach a. M.)
Betriebsdruck: 10 atü. – Heizfläche: 14 m². – Rostfläche: 0,49 m². – Heizfläche des Überhitzers: 3,0 m².
a Mantel, *b* Feuerbüchse, *c* Kesselboden, *d* Heizrohre, *e* Rost, *f* Feuertüre, *g* Schlammloch, *h* Wärmeschutzmantel, *i* Absperrventil (Dampfentnahme und Überhitzereintritt), *k* Überhitzer, *l* Überhitzeraustritt, *m* Rauchgasabgang. *NW* Niedrigster Wasserstand.

Die Röhrenkessel werden deshalb nur dort verwandt, wo auf geringem Raum eine größere Heizfläche untergebracht werden muß. Für die Röhrenkessel ist der Überhitzer besonders wichtig, da bei ihnen die Verdampfungsoberfläche klein ist und der Kessel ohne Überhitzer nassen Dampf liefert.

Kesseldruck: Meist 8 atü (mitunter auch 10 atü); Heizfläche der Quersiederkessel: 6 bis 25 m²; Rostfläche: 0,40 bis 1,75 m²; Überhitzerfläche: 1,5 bis 5,0 m²; Gewicht: 1950 bis 8300 kg [1].

Als Brennstoff kommen für gewöhnlich Steinkohlenbriketts in Frage, von denen bei achtstündigem Dauerbetrieb etwa 140 bis 160 kg verbraucht werden.

Um die Verluste durch Wärmestrahlung möglichst einzuschränken, versieht man die Kessel mit einem mehrteiligen, leicht abnehmbaren Wärmeschutzmantel. Während man bei großen

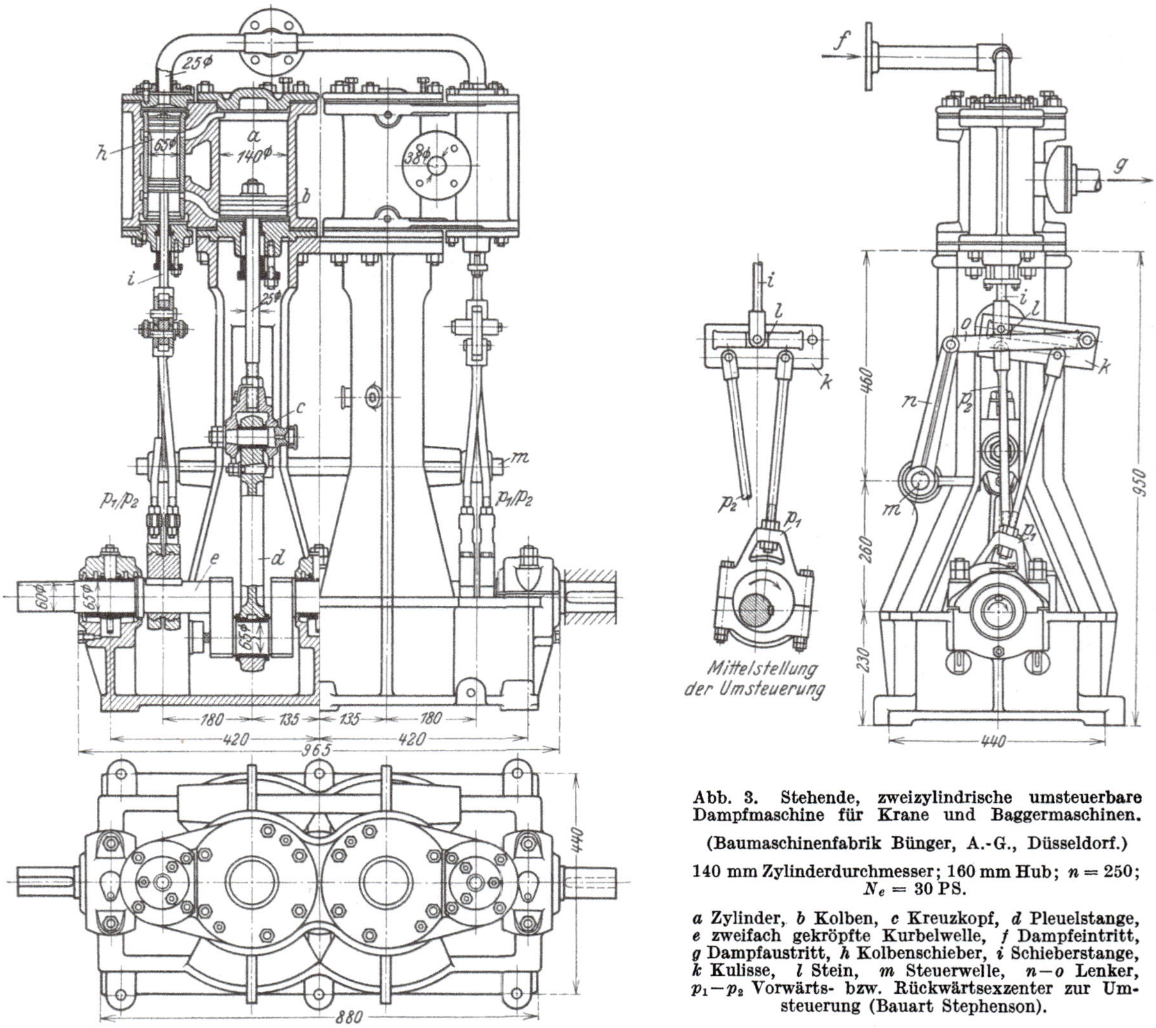

Abb. 3. Stehende, zweizylindrische umsteuerbare Dampfmaschine für Krane und Baggermaschinen.

(Baumaschinenfabrik Bünger, A.-G., Düsseldorf.)

140 mm Zylinderdurchmesser; 160 mm Hub; $n = 250$; $N_e = 30$ PS.

a Zylinder, *b* Kolben, *c* Kreuzkopf, *d* Pleuelstange, *e* zweifach gekröpfte Kurbelwelle, *f* Dampfeintritt, *g* Dampfaustritt, *h* Kolbenschieber, *i* Schieberstange, *k* Kulisse, *l* Stein, *m* Steuerwelle, *n*—*o* Lenker, $p_1 - p_2$ Vorwärts- bzw. Rückwärtsexzenter zur Umsteuerung (Bauart Stephenson).

stationären Dampfkesseln mit einer achtfachen Verdampfung des Kohlengewichtes rechnen kann, ist diese bei den kleinen stehenden Kesseln nur eine etwa fünffache.

Der Speisewasserbehälter ist bei den Dampfkranen unterhalb der Plattform des drehbaren Oberteils angeordnet. Zum Speisen der Kessel wird ein Injektor und als Reserve eine Handpumpe vorgesehen.

Der Kranführer muß ein geprüfter Heizer sein.

Dampfmaschine. Sie ist eine kleine umsteuerbare Zwillingsmaschine mit Auspuff und um 90° versetzten Kurbeln.

Bauart entweder liegend oder stehend.

Abb. 3 zeigt eine stehende Dampfmaschine, wie sie von der Baumaschinenfabrik Bünger, Düsseldorf, für ihre Dampfkrane und Baggermaschinen verwendet wird.

[1] Philipp Loos, Offenbach a. Main.

Die in der Abb. 3 dargestellte Maschine hat einen Zylinderdurchmesser von 140 mm und 160 mm Hub. Drehzahl: 250/min. Effektive Leistung: 30 PS_e. Weitere Maschinengrößen der Firma (Zylinderdurchmesser × Hub):

$$180 \times 200\ \text{mm}; \quad 235 \times 260\ \text{mm} \quad \text{und} \quad 280 \times 310\ \text{mm}.$$

Damit die Maschine in jeder Kurbelstellung, unter Belastung und mit genügend großem Anzugsmoment anläuft, ist eine entsprechend große Füllung (0,60 bis 0,80) erforderlich. Kleinste Füllung nicht unter 0,50. Eintrittsdruck des Dampfes: ∾ 7,5 atü (bzw. 9,5 atü).

Abb. 4 zeigt das Dampfdiagramm und das Zeunersche Schieberdiagramm für eine Füllung von 50%.

s_0 = schädlicher Raum = 8 bis 10%. VE = Voreinströmung = 8 bis 15°. $s' : s$ = Füllung. p_e = Expansionsenddruck. $p \cdot v^n$ = konst. Für schwach überhitzten Dampf ist $n \approx 1{,}1$. $\operatorname{tg}\alpha = 0{,}20$; $\operatorname{tg}\beta = 0{,}222$. VA = Vorausströmung 10 bis 15%. Gegendruck: $p_g = 1{,}15$ bis 1,2 ata. *Ko* = Kompression. δ = Voreilwinkel. e = äußere, i = innere Überdeckung. a = Kanalöffnung.

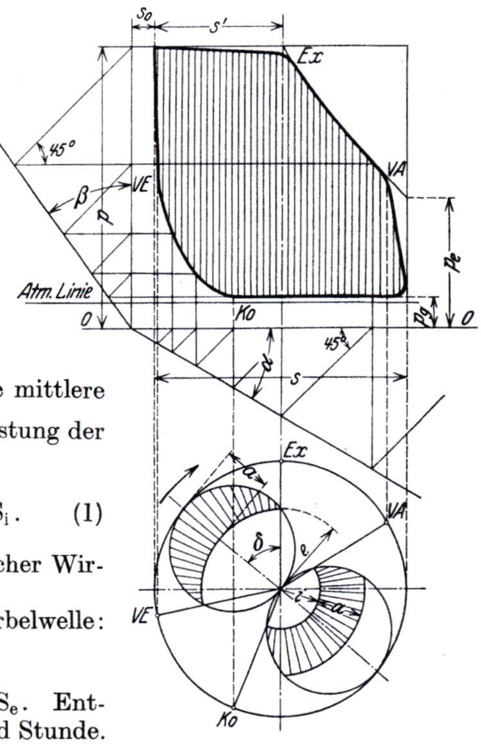

Abb. 4.

Bezeichnen O die wirksame Kolbenfläche unter Berücksichtigung des Kolbenstangenquerschnittes in m², p_m den aus dem Diagramm für Vollast bestimmten mittleren Druck in kg/cm², s den Kolbenhub und $c = \frac{s \cdot n}{30}$ die mittlere Kolbengeschwindigkeit in m/sek, so ist die indizierte Leistung der Zweizylindermaschine:

$$N_i = \frac{2 \cdot 10000 \cdot O \cdot p_m \cdot c}{75} \approx 9{,}0 \cdot O \cdot p_m \cdot s \cdot n \ldots \text{PS}_i. \qquad (1)$$

Effektive Leistung (Nutzleistung) $N_e = \eta_m N_i$. Mechanischer Wirkungsgrad: $\eta_m \approx 0{,}75$ bis 0,80.

Zur Verfügung stehendes Drehmoment an der Kurbelwelle: $M_d = 716{,}2 \cdot \frac{N_e}{n} \ldots$ kgm.

Stündlicher Dampfverbrauch: Etwa 15 bis 20 kg/PS_e. Entsprechender Kohlenverbrauch: etwa 2 bis 2,5 kg je PS_e und Stunde.

Die Maschine ist baulich möglichst einfach zu gestalten und wird durch einen Muschelschieber oder Kolbenschieber (Abb. 3) gesteuert. Das Umsteuern geschieht meist durch eine Kulissensteuerung nach Stephenson (Abb. 3), Allan oder Gooch.

Berechnung und Gestaltung der Dampfkessel siehe Tetzner-Heinrich: Die Dampfkessel; der Dampfmaschine: Dubbel: Kolbendampfmaschinen und Dampfturbinen, und Dubbel: Die Steuerungen der Dampfmaschinen.

5. Brennkraftantrieb (Antrieb durch Verbrennungsmotoren).

Diese Antriebsart ist im allgemeinen da angebracht, wo kein elektrischer Strom, wie z. B. auf Baustellen, zur Verfügung steht. In solchen Betrieben, in denen Kohle schwer zu beschaffen ist, Funkenbildung betriebsgefährlich oder Rauchentwicklung lästig ist, wird der Brennkraftantrieb ein vorteilhafter Ersatz für den Dampfantrieb sein. Fahrbare Drehkrane mit Brennkraftantrieb (Motorkrane) zeichnen sich gegenüber den Dampfkranen durch stete Betriebsbereitschaft aus, auch verbrauchen sie während der Betriebspausen keinen Brennstoff, da der Motor jederzeit stillgelegt oder angelassen werden kann. Da der Brennkraftmotor nicht unter Last anläuft, so wird er mit dem Triebwerk des Kranes durch eine Reibungskupplung verbunden.

α) Vergaser- (Benzin-Benzol-) Motoren.

Anwendung im allgemeinen für kleinere Leistungen, zum Antrieb von Baukranen (z. B. Duplexkranen), Ankerwinden, Ladewinden für Schiffe u. dgl.

Die Deutzer Motorenwerke, Köln-Deutz, stellen einen liegenden, im Viertakt arbeitenden Einzylindermotor (Bauart MA) her, der sich zum Betrieb mit allen leichten und mittelschweren flüssigen Brennstoffen, wie Benzin, Benzol, Rohbenzol, Tetralitbenzol und Spiritus eignet. Ausführung des Motors in fünf Größen von 2 bis 14 PS (Tabelle 3). Zur Kühlung ist am Lagerbock ein reichlich bemessener Verdampferkasten angegossen, dessen Inhalt abdampft und erst nach längerer Zeit wieder aufgefüllt wird (Verdampfungskühlung). Der Motor läßt sich in einfacher Weise auch für Frischwasserkühlung oder Kühlung durch ein Kühlgefäß einrichten.

Tabelle 3. Deutzer MA-Motoren.

Größe	308	311	316 [1]	218	222
Dauerleistung	$1^1/_2$—2	3—4	6—8	7—10	9—14 PS
Drehzahl	900—1200	900—1200	700—850	600	500/min

Abb. 5 zeigt den Bau des 4 Zylinder-Windhoff-Motors, der für größere Leistungen (18 bis 60 PS_e) gebaut wird. Der im Viertakt arbeitende Motor eignet sich für alle Zwecke und

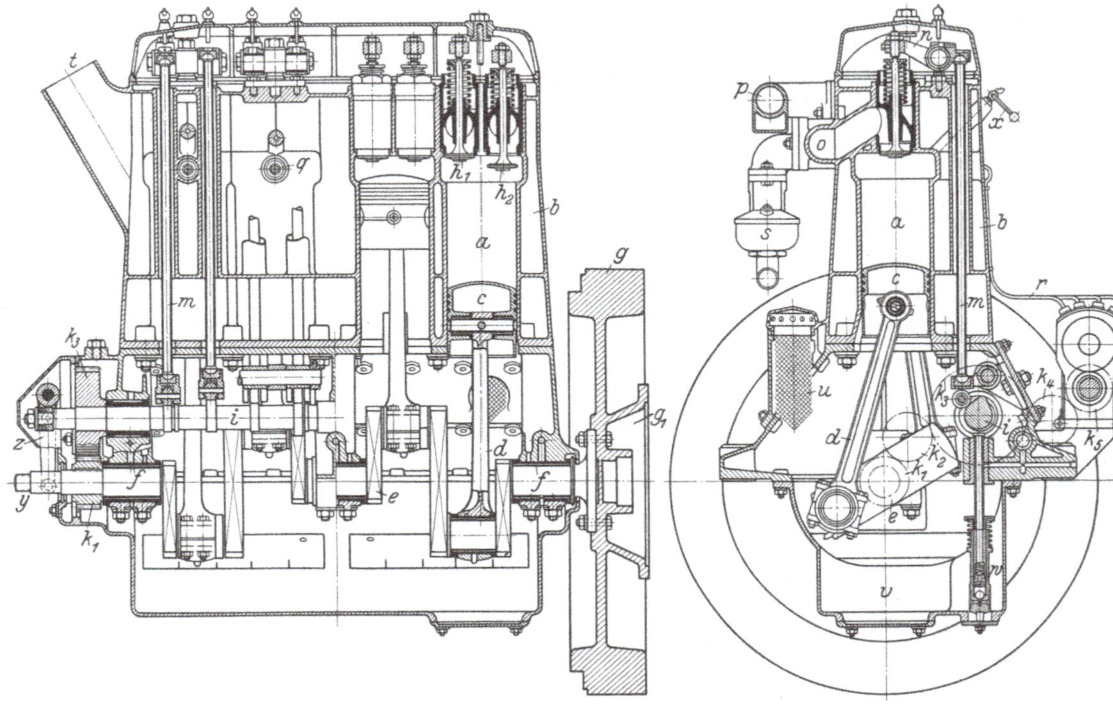

Abb. 5. Vierzylindrischer Vergaser-Viertaktmotor. (Rheiner Maschinenfabrik Windhoff A.-G., Rheine, Westfalen.)
a Zylinder, *b* Zylinderblock mit Kühlwassermantel, *c* Kolben, *d* Schubstange, *e* vierfach gekröpfte Welle, *f* mit Weißmetall ausgegossene Lager, *g* Schwungrad, g_1 Kupplungsansatz, h_1-h_2 Ventile für Ein- bzw. Auslaß, *i* Nockenwelle, $k_1-k_2-k_3$ Stirnräder zum Antrieb von *i*, $k_3-k_4-k_5$ Stirnräder den Magnetzünder *l* antreibend, *m* Stoßstange, *n* Schwinghebel mit Druckschraube (Steuerung), *o* Ansaugeleitung, *p* Auspuffleitung, *q* Zündkerze, *r* Zündkabel, *s* Vergaser (Bauart Pallas), *t* Kühlwasserablauf, *u* Ölsieb *v* Ölbehälter, *w* Ölpumpe mit Kugelventil, *x* Kompressionshahn, *y* Handkurbelansatz, *z* Nockenverstellung.

wird in ausgedehntem Maße zum Antrieb von Winden, Kranen, Bau- und Baggermaschinen sowie sonstigen Hebe- und Fördermitteln verwendet.

Arbeitsweise. 1. Takt (Ansaugen): Einlaßventil h_1 geöffnet. Kolben *c* geht abwärts und saugt Benzin-Luftgemisch aus dem Vergaser *s* an. Im unteren Totpunkt von *c* wird h_1 geschlossen.

2. Takt (Verdichten): Ventile h_1 und h_2 sind geschlossen. Kolben geht aufwärts und verdichtet das Gemisch auf etwa 8 atü, das kurz vor dem oberen Totpunkt entzündet wird.

3. Takt (Arbeitshub): Durch die starke Drucksteigerung (auf etwa 27 atü) wird der Kolben nach unten geschleudert und verrichtet Arbeit.

4. Takt (Auspuff): Kurz vor Erreichung des unteren Totpunktes wird das Auslaßventil h_2 geöffnet und die verbrannten Gase werden von dem nach oben gehenden Kolben hinausgeschoben. In der oberen Totstellung wird das Auslaßventil geschlossen, das Einlaßventil wird geöffnet und der Vorgang wiederholt sich.

Der Motor ist baulich einfach gestaltet und verbraucht etwa 240 g BV-Motorenbenzol je PS_e und Stunde. Er verarbeitet auch andere Brennstoffe und deren Gemische, z. B. Schwerbenzin, Autin, Spiritus, Petroleum u. dgl.

Ausführung mit Kühlwasserbehälter oder mit Automobilkühler.

[1] Bei Verwendung als 8 PS-Motor erfordert diese Größe eine rückschlagsichere Andrehkurbel.

Tabelle 4. Windhoff-Motoren.

Größe[1]	70	75	80	90	100	110	120	130
Dauerleistung	6—18	8—21	10—25	14,1—35	19,2—44	25,4—52	32,8—58	41,6—68 PS
Drehzahl	1600	1500	1400	1300	1200	1100	1000	900/min
Bohrung	70	75	80	90	100	110	120	130 mm
Hub	100	118	130	145	160	175	190	205 mm
Gewicht	200	240	300	340	390	440	500	570 kg

Abb. 6 gibt eine zeichnerische Darstellung der Leistungen und Drehmomente der Windhoff-Motoren in Abhängigkeit von der Drehzahl. Die Kurvenwerte gelten nur angenähert und bei Verwendung von BV-Motorenbenzol.

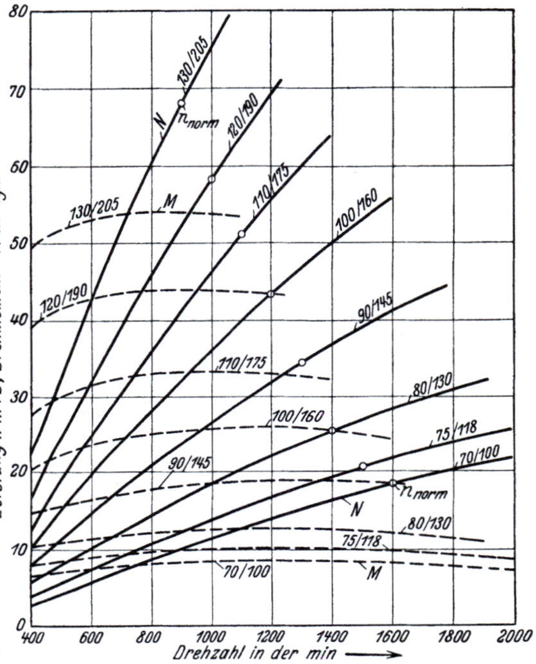

Abb. 6.

β) Kompressorlose Dieselmotoren.

Die Motoren arbeiten mit dem billigen Rohöl (Gasöl). Das Rohöl hat folgende Vorzüge: Es kostet nur einen kleinen Teil des BV-Motorenbenzols (Bezugspreis: 33 Pfg. je Liter).

Da das Rohöl — im Gegensatz zum Benzin — unter normalen Temperaturen keine brennbaren Dämpfe entwickelt, so kann es ohne besondere Vorsichtsmaßnahmen gelagert werden.

Das Rohöl bietet im Dieselverfahren eine hervorragend gute Wärmeausnutzung.

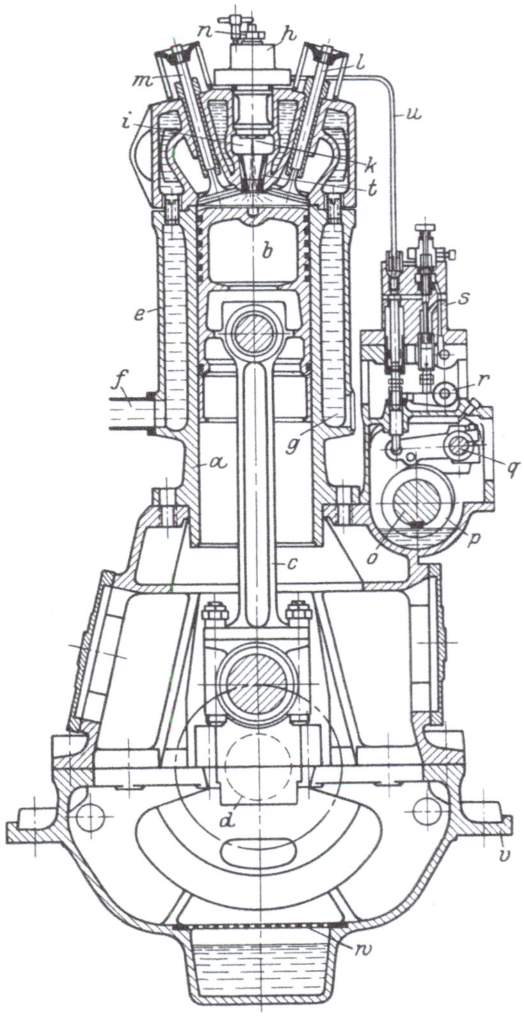

Abb. 7. Längsschnitt durch einen kompressorlosen, stehenden Dieselmotor, Patent Benz. (Motoren-Werke Mannheim A.-G.) *a* Arbeitszylinder, *b* Kolben, *c* Schubstange, *d* Kurbelwelle, *e* Kühlmantel zum Zylinder und Zylinderkopf, *f* Kühlwassereintritt, *g* Blindflansch, *h* Brennstoffventil, *i* Vorkammer, *k* Einspritzdüse, *l* Einlaßventil, *m* Auslaßventil, *n* Entlüftungsschraube, *o* Steuerwelle, *p* Steuernocken, *q* Lenkerhebel, *r* Regulierventilhebel, *s* Brennstoffpumpe, *t* Brennkapsel, *u* Brennstoffleitung, *v* Grundplatte, *w* Ölsieb.

Der auf Abb. 7 im Längsschnitt dargestellte kompressorlose MWM-Dieselmotor ist eine Vorkammermaschine. Er arbeitet als Viertaktmotor und zeichnet sich durch eine hohe Wärmeausnützung ($\eta_w \approx 0{,}32$ bis 0,34), rauchfreie Verbrennung, geringen Brennstoff- und Schmierölverbrauch aus.

Arbeitsweise. 1. Takt (Saughub): Arbeitskolben *b* geht abwärts und saugt durch das Einlaßventil *l* Luft in den Zylinder *a*.

2. Takt (Kompressionshub): Kolben *b* geht aufwärts und verdichtet bei geschlossenem Ein- und Auslaßventil *l* und *m* die angesaugte Luft auf eine Höhe, die eine für die Selbstentzündung des Brennstoffes an der Einspritzstelle erforderliche Temperatur von 550° bis 600° verursacht.

[1] Nach dem Zylinderdurchmesser bezeichnet.

Einspritzen des Brennstoffes. Kurz vor dem oberen Totpunkt wird der flüssige Brennstoff durch die Brennstoffpumpe *s* unter mäßigem Flüssigkeitsdruck (60 bis 80 atü) nach dem Brennstoffventil gedrückt und unter Anheben der Düsennadel, die die Einspritzdüse *k* unter Federdruck geschlossen hielt, in die Vorkammer *i* gespritzt, wo sich der Brennstoff an der, während des Kompressionshubes eingeströmten heißen Luft sofort teilweise entzündet und verbrennt, teilweise sich zersetzt, teilweise verdampft. Durch diese Umsetzung wird der Brennstoff auf seinem Wege durch die Kammer *k* in ein Gemisch aus Öldampf, verbrannten und unverbrannten Ölgasen verwandelt und in dieser Form infolge des Überdruckes, der sich in der Kammer durch die teilweise Verbrennung gegenüber dem Arbeitsraum gebildet hatte, in diesen hineingeblasen und dabei restlos zerstäubt, d. h. mit der Verbrennungsluft des Arbeitsraumes gemischt.

3. Takt (Expansionshub): Bei Eintritt des aufbereiteten Brennstoffes tritt die Hauptzündung an der heißen Luft des Kompressionsraumes ein, d. h. der größte Teil des Brennstoffes verbrennt jetzt erst mit der Hauptluftmenge des Arbeitsraumes, und zwar ohne erhebliche Drucksteigerung, weil der Kolben *b* bereits im Niedergang begriffen ist (Gleichdruckverbrennung Diesels). Es schließt sich der Expansionshub an, d. h. der Kolben wird unter dem Druck der verbrannten Ladung abwärts getrieben und leistet Arbeit, während die Ladung sich ausdehnt und an Spannung verliert.

4. Takt (Auspuffhub): Der Kolben *b* geht nach oben und schiebt bei geöffnetem Auslaßventil *m* die verbrannten Gase aus dem Zylinder *a*.

Überlastbarkeit des Motors: Etwa 10%, vorübergehend bis 20%.

Die kleineren Motoren mit einem und zwei Zylindern werden von Hand (durch eine rückschlagsichere Kurbel) und die größeren mit drei bzw. vier Zylindern durch Druckluft angelassen.

Tabelle 5. Kompressorlose Dieselmotoren Bauart RH (Motorenwerke Mannheim A.-G.).

Größe	Zylinderzahl	Leistung in PS_e bei einer minutlichen Drehzahl von				Brennstoffverbrauch für die PS_e-Stunde	Größe	Zylinderzahl	Leistung in PS_e bei einer minutlichen Drehzahl von					Brennstoffverbrauch für die PS_e-Stunde
		500	600	700	800				350	400	430	470	500	
RH 18 E	1	5,5	7	8	9	220 g	RH 24 E	1	10	12	13	14	15	205 g
RH 18 Z	2	11	14	16	18	220 g	RH 24 Z	2	20	24	26	28	30	205 g
RH 18 D	3	16,5	21	24	27	220 g	RH 24 D	3	30	36	39	42	45	200 g
RH 18 V	4	22	28	32	33 [1]	220 g	RH 24 V	4	40	48	52	56	60	200 g

Die Angaben für den Brennstoffverbrauch beziehen sich auf ein Rohöl mit einem unteren Heizwert von mindestens 10000 WE je 1 kg bei 760 mm Hg-Barometerstand und 15° Außentemperatur.

Schmierölverbrauch: Etwa 5 g für die $PS_e{}^h$.
Kühlwasserverbrauch: „ 25 l „ „ „

6. Elektrischer Antrieb.

Seine Hauptvorzüge sind: Zentralisierung der Stromerzeugung, einfache Stromzuführung, stete Betriebsbereitschaft, hohe Betriebssicherheit, leichtes und bequemes Steuern, sowie weitgehende Regelbarkeit der Lastgeschwindigkeit. Da sich der Stromverbrauch der jeweiligen Arbeitsleistung anpaßt, so ist der elektrische Antrieb allen übrigen Antriebsarten weit überlegen.

Stromarten: Gleichstrom von 110, 220, 440 und 500 V.

Drehstrom: 380, 500 und 550 V mit meist 50 Hz (Perioden i. d. sek).

Beide Stromarten sind im Betriebe einander gleichwertig. Die Verwendung von Gleichstrom bietet folgende Vorteile: Anpassung der Drehzahl des Hauptschlußmotors an die jeweilige Belastung (Eigenregelung), günstigere Schaltungen der Steuervorrichtungen und bessere Geschwindigkeitsregelung, einfachere und billigere Stromzuführung, sowie die Möglichkeit, den Strom in Akkumulatoren aufzuspeichern.

Trotz dieser Vorzüge des Gleichstromes tritt der Drehstrom im Hebezeugbau mehr und mehr in den Vordergrund, und man kann annehmen, daß in neuerer Zeit etwa 60% aller elektrisch betriebenen Hebezeuge für Drehstrombetrieb eingerichtet werden.

Neben dem Gleich- und Drehstrom ist der einphasige Wechselstrom zu größerer Bedeutung gelangt. Sein Hauptvorteil im Hebezeugbau ist der, daß er die Möglichkeit bietet, die Motoren ohne Kontroller (durch Bürstenverstellung) zu steuern.

Arbeitsbedingungen des aussetzenden Betriebes der elektrischen Hebezeuge, Motoren, Steuergeräte, Bremslüfter, Sicherheitsvorrichtungen usw. s. Abschnitt C, „Elektrische Ausrüstung der Winden und Krane".

Literatur.

L'Orange: Kompressorlose Dieselmotoren. Schiffbau 26. Jg., Nr. 12.
Ritz: Die Vor- und Nachteile der Kranantriebsarten und deren bisherige Wirtschaftlichkeit. Fördertechn. Bd. 21, S. 204.

[1] Bei einer Drehzahl von $n = 730$/min.

III. Werkstoffe und Festigkeitsrechnung.

a) Werkstoffe.

Maßgebend für die Prüfung, Benennung und Markenbezeichnungen der Werkstoffe sind die DIN-Normen[1].

Zeichen für die Werkstoffprüfung: DIN 1350 S. 3. Die im Kranbau hauptsächlich angewendeten Werkstoffe sind auf Tabelle 6 zusammengestellt und hinsichtlich ihrer Festigkeitseigenschaften und ihrer Verwendung gekennzeichnet.

Die Kurzbezeichnungen (Spalte 3, Tabelle 6) enthalten den Werkstoff, dessen Mindestfestigkeit in kg/mm² und die beiden Endzahlen des DIN-Blattes, nach dem er genormt ist.

Wenn die unlegierten Maschinenbaustähle nach DIN 1611 (lfd. Nr. 10 bis 14, Tabelle 6) hinsichtlich der Anforderungen an Einsetzbarkeit und Vergütbarkeit nicht genügen, werden die Einsatz- und Vergütungsstähle (C-Stähle nach DIN 1661) angewendet, deren Gehalt an P und S möglichst klein sein soll.

Legierte Einsatzstähle (Ni-Stahl, Cr-Stahl, Cr-Ni-Stahl u. a.) erhalten durch das Einsetzen harte Oberfläche bei zähem Kern des Werkstückes. Legierte Vergütungsstähle (Cr-Ni-Stähle nach DIN KrG 601) haben eine höhere Festigkeit als die C-Stähle. Vorteile durch das Vergüten: Erhöhung der Streckgrenze, Dehnung und Kerbzähigkeit.

Unter lfd. Nr. 23, Rg 9, ist der bei Lagerbüchsen und Lagerschalen allgemein verwendete Rotguß (Rg), auch Maschinenbronze genannt, aufgeführt. Die Zahl 9 hinter der Kurzbezeichnung bedeutet, daß die Legierung etwa 9% Zinn (Sn) enthält.

Die bisher mit Phosphorbronze bezeichneten Legierungen, die für hoch beanspruchte Lagerbüchsen und -schalen sowie für Schneckenradkränze verwendet werden, haben die Gruppenbezeichnung Zinnbronze erhalten. Sie tragen die Benennung Gußbronze und hinter der Kurzbezeichnung den angeführten Zinngehalt, z. B. GBz 14 (Tabelle 6, lfd. Nr. 24).

An sonstigen Werkstoffen sind zu nennen: Kupfer E—Cu (für Stromleitungsdrähte), Kupfer B—Cu (Nieten für Bremsbelage), Gußmessing — GMs nach DIN 1709 (z. B. Ober- und Unterteile für Staufferbuchsen), Deltametall (für die Pumpenkörper der Druckwasserhebeböcke), Vulkanfibre (Ritzel für Motorvorgelege), Ferodofibre und -asbestos (Belag für Kupplungen und Bremsen), Leder (Bremsbelag), Filz (Dichtungsscheiben für Kugellager), Pappelholz und Weißbuche (für Bremsklötze), Kiefern- bzw. Eichenholz (Verschalungen von Maschinen- und Führerhäusern).

b) Festigkeitsrechnung.

Es bezeichnen:

$\sigma +$ eine gesuchte Zugspannung in kg/cm²,
$\sigma -$ eine gesuchte Druckspannung in kg/cm²,
$\sigma' \pm$ eine gesuchte Biegespannung in kg/cm²,
τ eine gesuchte Schubspannung in kg/cm²,
τ' eine gesuchte Drehungsspannung in kg/cm².

σ_{zul} die zulässige Zug-, Druck- oder Biegespannung in kg/cm²,
τ_{zul} die zulässige Schub- bzw. Drehungsspannung in kg/cm².

Für die zulässigen Spannungen wurde bisher die von Bach aufgestellte Tabelle[2] mit den Belastungsfällen I, II, III angewendet.

I ruhende Belastung,
II wechselnde Belastung zwischen Null und einem Höchstwert (schwellende Belastung),
III wechselnde Belastung zwischen einem positiven und negativen Höchstwert.

Die zulässigen Spannungen in der Bachschen Tabelle waren mit einem Sicherheitsgrad $\mathfrak{S}$ gegen die Bruchfestigkeit des Werkstoffes berechnet und verhielten sich nach den genannten Belastungsfällen wie 3 : 2 : 1.

Die seit Jahrzehnten allgemein angewendete Bachsche Tabelle entspricht nicht mehr den neueren Forschungen auf dem Gebiete der Werkstoffkunde und Festigkeitsrechnung, und es besteht daher das Bedürfnis nach einer neuen Tabelle der zulässigen Spannungen.

[1] DIN-Taschenbuch 4 „Werkstoffnormen" (Stahl-, Eisen-, Nichteisenmetalle), 3. Aufl. Beuth-Verlag, GmbH. 1930.

[2] Dubbel: Taschenbuch f. d. Maschinenbau, 5. Aufl., Bd. I, S. 410.

Tabelle 6. Die wichtigsten

Lfd. Nr.	Werkstoff	Kurz- bzw. DIN-Bezeichnung	Zug-festigkeit σ_B kg/mm²	Bruch-dehnung δ %	Streck-grenze σ_S kg/mm²
1	2	3	4	5	6
1	Gußeisen nach DIN 1691	Ge 12 · 91	min 12	—	—
2	Desgleichen	Ge 14 · 91 Ge 18 · 91 Ge 22 · 91	14 (28)[1] 18 (34) 22 (40)	(7)[2] (7) (8)	— — —
3	Desgleichen	Ge 26 · 91	26 (46)	(8)	—
4	Hartguß	Hartg	28—33	—	—
5	Temperguß (schmiedbarer Guß) nach DIN 1692	Te	32—38	2—4	18—21
6	Stahlguß (Stahlformguß) nach DIN 1681	Stg 38 · 81	min 38	20	min 18
7	Desgleichen	Stg 45 · 81	min 45	16	min 22
8	Desgleichen	Stg 52 · 81	min 52	12	min 25
9	Desgleichen	Stg 60 · 81	min 60	8	min 33
10	Flußstahl geschmiedet oder gewalzt, unlegiert, „Maschinenbaustahl" nach DIN 1611	St 34 · 11[3]	34—42	$\delta_5 = 30$ $\delta_{10} = 25$[4]	min 19
11	Desgleichen	St 42 · 11	42—50	$\delta_5 = 25$ $\delta_{10} = 20$	min 23
12	Desgleichen	St 50 · 11	50—60	$\delta_5 = 22$ $\delta_{10} = 18$	min 27
13	Desgleichen	St 60 · 11	60—70	$\delta_5 = 17$ $\delta_{10} = 14$	min 30
14	Desgleichen	St 70 · 11	70—85	$\delta_5 = 12$ $\delta_{10} = 10$	min 35
15	Flußstahl gewalzt, Formeisen, Stabeisen, Breiteisen (Universaleisen) nach DIN 1612	St 00 · 12	Handelsgüte		—
16	Desgleichen Normalgüte[5]	St 37 · 12	37—45	$\delta_5 = 25$ $\delta_{10} = 20$	—
17	Flußstahl gewalzt, Sondergüte der Reichsbahn	St 48	48—58	$\delta_{10} = 18$	36
18	Flußstahl gewalzt, Schraubeneisen nach DIN 1613	St 38 · 13	38—45	$\delta_{10} = 20$	—
19	Desgleichen, Nieteisen	St 34 · 13	34—42	$\delta_{10} = 25$	—
20	Flußstahl gewalzt, Eisenbleche nach DIN 1621	St 00 · 21	Handelsgüte		—
21	Desgleichen, Baubleche I	St 37 · 21	37—45	$\delta_{10} = 18—20$	—
22	Desgleichen Baubleche II	St 42 · 21	42—50	$\delta_{10} = 20$	—
23	Rotguß 9 (Maschinenbronze) nach DIN 1705[6]	Rg 9	min 20	min $\delta_5 = 12$	—
24	Gußbronze 14[7] nach DIN 1705	GBz 14	min 20	min $\delta_5 = 3$	—
25	Gußbronze 20[7] nach DIN 1705	GBz 20	min 15	—	—

[1] Die eingeklammerten Zahlen bedeuten die Mindestbiegefestigkeit (für den Biegestab mit 600 mm Stützweite).
[2] Desgleichen die Mindestdurchbiegung (für den gleichen Stab).
[3] Das DIN-Blatt 1611 führt noch St 00 · 11 (für untergeordnete Zwecke, z. B. Geländerstäbe) und St 37 · 11, übliche Thomas- oder SM-Güte (schweißt nicht immer gut und zuverlässig).

Werkstoffe für den Kranbau.

Eigenschaften und Vorschriften nach den DI-Normen	Einheitsgewicht kg/dm³	Verwendungszweck
7	8	9
Gut bearbeitbar. In der Regel keine Abnahmeprüfung	7,25	Flansch- und Augenlager, Lagerfüße, Lagerdeckel, Kupplungsscheiben, Räderkästen, Bremsgewichte, Gegengewichte u. dgl.
Gut bearbeitbar. Vorschriften s. Spalte 4 und 5	7,25	Ketten- und Seilrollen, Haspelräder, Seil- und Kettentrommeln, Bremsscheiben und Laufräder für Handhebezeuge, Schneckenradkörper (mit Bronzekranz) u. dgl.
Sondergüte. Wie unter lfd. Nr. 2	7,25	Kettennüsse, Stirn- und Kegelräder, Schneckenräder für Handhebezeuge, Sperräder u. dgl.
Weißstrahlige Schale mit allmählichem Übergang zum weichen Kern	7,3	Kettennüsse (sofern nicht unter 3 ausreichend), Spillköpfe, Umlenk-, Trag- und Kurvenrollen für Seilverschiebeanlagen, Laufräder u. dgl.
Weich, zäh und hämmerbar	7,5—7,6	Fittings (Formstücke für Gasleitungen), Spannschlösser und sonstige Teile von geringer Stärke.
Prüfung und Abnahme nach DIN 1681	7,85	Stirn- und Kegelräder (wenn unter 3 nicht ausreichend), Bremsscheiben und Laufräder für motorische Hebezeuge u. dgl.
Wie unter lfd. Nr. 6	7,85	Wie unter 6, jedoch bei höherer Beanspruchung.
—	7,85	Desgleichen.
—	7,85	Desgleichen.
Einsetzbar, feuerschweißbar	7,85	Rundeisenketten, Kurbelarme und Griffe für Handkurbeln, Blattschrauben (für Bandbremsen), Kranhaken, Traversen (für Haken und Drehkrane), Seilkauschen und sonstige Schmiedeteile.
Noch einsetzbar, wenn Kern bereits hart sein darf. Schwer feuerschweißbar	7,85	Bolzen, Achsen, Wellen, Kransäulen, Drehkranzapfen, kleine Stirnräder (Ritzel), kleine Sperrräder, Sperrklinken, Sperrhaken, Schneckenwellen für Handhebezeuge, Schraubenspindeln u. dgl.
Nicht für Einsatzhärtung bestimmt, kaum feuerschweißbar, wenig härtbar	7,85	Wie unter 9, jedoch bei höherer Beanspruchung.
Härtbar, vergütbar	7,85	Stifte, Paßschrauben, Scherringe, Einlege-, Feder- und Nasenkeile, Schneckenwellen, Ritzel (wenn unter 9 und 10 nicht ausreichend), Blatt- und Schraubenfedern u. dgl.
Hoch härtbar, vergütbar	7,85	Triebstöcke, Schneckenwellen (wenn unter 11 nicht ausreichend), Spurplatten, Scheiben für Lamellenbremsen u. dgl.
Vorschriften für Prüfung und Abnahme nach DIN 1612	7,85	Achshalter, Flacheisenhebel u. dgl.
Desgleichen	7,85	—-, L-, [-, I-Eisen und sonstige Profileisen für Eisenkonstruktionen.
Abnahme nach DIN 1612	7,85	Wie unter 16.
Vorschriften für Prüfung und Abnahme DIN 1613	7,85	Anker- und Steinschrauben, rohe und blanke Schrauben, Gewindepfropfen u. dgl.
Desgleichen	7,85	Nieten und weiche Schrauben.
Vorschriften für Prüfung und Abnahme DIN 1621	7,85	Blechverschalungen und sonstige untergeordnete Blecharbeiten.
Desgleichen	7,85	Stehbleche und Knotenbleche für Eisenkonstruktionen.
Desgleichen	7,85	Wie unter 21.
85% Cu, 9% Sn, 6% Zn	8,6	Allgemeine Verwendung im Maschinenbau, z. B. normal beanspruchte Lagerschalen und -büchsen.
86% Cu, 14% Sn	8,8	Hoch beanspruchte Lagerschalen und -büchsen, Schnekkenradkränze.
80% Cu, 20% Sn	8,8	Teile mit starkem Reibungsdruck, z. B. Scheiben für Lamellenbremsen.

[4] Am kurzen bzw. langen Normal- oder Proportionalstab gemessen.
[5] Sondergüten: St 34 · 12, St 42 · 12 und St 44 · 12 nach DIN 1612.
[6] Weitere Rotgußmarken: Rg 10, Rg 8 und Rg 5 mit 10, 8 und 5% Sn-Gehalt.
[7] Zinnbronzen (früher Phosphorbronzen).

Um diesem Bedürfnis Rechnung zu tragen, veröffentlichte Bock in der Zeitschrift Maschinenbau[1] eine Tabelle der zulässigen Spannungen, die sich auf die Maschinenbaustähle nach DIN 1611, die Kohlenstoffstähle nach DIN 1661, verschiedene Qualitätsstähle (VCN-Stähle, Si-Stahl, gekupferten Stahl), Stahlguß nach DIN 1681, Gußeisen nach DIN 1691, sowie auf die wichtigsten Nichteisenmetalle erstreckt.

Diese Tabelle hat zu zahlreichen Zuschriften Veranlassung gegeben, die die Schriftleitung der Zeitschrift übersichtlich zusammengestellt hat[2]. Die meisten dieser Zuschriften sprechen sich gegen die Aufstellung einer allgemeingültigen Tabelle der zulässigen Spannungen aus und empfehlen die Aufstellung versuchsmäßiger Werkstoff-Festwerte unter Anlehnung an die Werkstoffnormung. Einflüsse, die die versuchsmäßig ermittelte Festigkeit schwächen, sollen durch Beiwerte[3] berücksichtigt werden. Diese Einflüsse sind vor allem:

1. Art und Richtung der Spannung (Zug, Druck, Biegung, Schub, Verdrehung und zusammengesetzte Beanspruchung).
2. Technologische Einflüsse, wie z. B. die Kerbwirkung.
3. Stoßwirkungen und Unsicherheit über die Größe der Kräfte.
4. Betriebsverhältnisse und Lebenswichtigkeit der Bauteile.
5. Unsicherheit der Rechnung.

An Stelle der zulässigen Spannungen der Werkstoffe wird es für besser erachtet, neben den versuchsmäßigen Werkstoff-Festwerten Sicherheitszahlen für die wichtigsten, teilweise verwickelten Beanspruchungen der Maschinenteile aufzustellen und diese, nach Maschinenteilen geordnet, herauszugeben (Maschinenbau 1931, S. 68).

Solange jedoch noch keine volle Klarheit über die Aufstellung derartiger Rechnungswerte herrscht, besteht nach wir vor (besonders für den Studierenden) das Bedürfnis nach einer Tabelle der zulässigen Beanspruchungen, die die neuen Werkstoffbezeichnungen enthält und nach den versuchsmäßigen Werkstoff-Festwerten aufgebaut ist.

Als Grundlage für die Durchführung von Festigkeitsrechnungen dienen folgende versuchsmäßig bestimmte Werkstoff-Festwerte:

1. Die Bruchfestigkeit (σ_B für Zug, σ_{-B} für Druck, τ_B für Schub und τ'_B für Drehung).
2. Die Elastizitätsgrenze (σ_E). Sie ist diejenige Spannung, bei der die bleibende Dehnung einen bestimmten Mindestwert nicht überschreitet. Mindestwerte: 0,01% bis 0,05% der Länge des Probestabes ($\sigma_{0,01}$ bis $\sigma_{0,05}$).
3. Die Streckgrenze (σ_S). Sie ist diejenige Spannung, bei der das Fließen des Werkstoffes beginnt. Geht die Kraftanzeige beim Zugversuch nach Erreichen der Streckgrenze zurück, so heißt der Größtwert von σ_S die obere und der Kleinstwert die untere Streckgrenze (σ_{S_o} bzw. σ_{S_u}). Bei Werkstoffen mit nicht scharf ausgeprägter Streckgrenze gilt die Spannung, bei der die bleibende Dehnung 0,2% der Meßlänge beträgt als Streckgrenze ($\sigma_{0,2}$).
4. Die Ursprungs- oder Schwellfestigkeit (σ_U). Sie wird für den Belastungsfall II (zwischen 0 und einem Höchstwert der wechselnden [schwellenden] Belastung) bestimmt.
5. Die Wechsel- oder Schwingfestigkeit (σ_W). Sie wird für den Belastungsfall III (zwischen einem positiven und negativen Größtwert der wechselnden Belastung) bestimmt. Man unterscheidet Biegungs- und Drehungswechselfestigkeit.

Die Bachsche Tabelle ist mit einer Sicherheit ($\mathfrak{S}$)[4] gegen die Bruchfestigkeit des Werkstoffes aufgestellt. Nach der neueren Festigkeitsrechnung wird der Sicherheitsgrad im Belastungsfalle I auf die untere Streckgrenze und im Belastungsfall III auf die Wechselfestigkeit bezogen. In beiden Fällen werde mit einer zweifachen Sicherheit gerechnet ($\mathfrak{S} = 2$). Für den Belastungsfall II wird dann die zulässige Spannung dadurch erhalten, daß man die zulässige Spannung für den Fall III mit 1,3 multipliziert. Im Falle I sind die berechneten Werte als Mindestwerte und im Falle III als Höchstwerte der zulässigen Spannung zu betrachten (Maschinenbau 1931, S. 71).

Für den Hebezeugbau macht Garlepp[5] praktische Vorschläge und gibt eine Tabelle der zulässigen Spannungen für die Maschinenbaustähle nach DIN 1611 sowie für Gußeisen nach DIN 1691. Hierbei unterteilt er die Maschinenteile der Winden und Krane in solche mit geringen Geschwindigkeiten und ruhigem Betrieb (nahe an Handbetrieb) und solche mit höheren Geschwindigkeiten und angestrengtem Betrieb, wobei erhebliche Stöße oder Schwingungen auftreten können.

Tabelle 7, S. 13, gibt die zulässigen Spannungen der wichtigsten Werkstoffe (Gußeisen, Stahlguß und Stahl). Sie soll bis zur endgültigen Klärung der Frage der zulässigen Spannungen als Ersatz für die Bachsche Tabelle dienen und dem Studierenden die Wahl dieser Spannungen erleichtern. Die Tabelle ist nach dem Vorgang von Garlepp (Fußnote 5) entwickelt und trägt den genannten Betriebsarten der Hebezeuge Rechnung.

---

[1] Bock: Zulässige Spannungen der im Maschinenbau verwendeten Werkstoffe. Maschinenbau (Der Betrieb) 1930, S. 637.

[2] Maschinenbau (Der Betrieb) 1931, S. 66 u. f. [3] Maschinenbau (Der Betrieb) 1931, S. 79.

[4] Die Bezeichnung ν für den Sicherheitsgrad wird im folgenden nur bei der Berechnung auf Knickung angewendet.

[5] Garlepp: Zulässige Spannungen und Dauerfestigkeit im Kran- und Verladebrückenbau. Maschinenbau (Der Betrieb) 1931, S. 86.

Bei der Wahl der zulässigen Spannung beachte man noch folgendes:

1. Bei lebenswichtigen Teilen, deren Bruch Menschenleben oder das Fördergut gefährdet

Tabelle 7. Zulässige Spannungen der wichtigsten Kranbau-Werkstoffe.
(Werkstoffe für Stahlkonstruktionen siehe Abschnitt „Krane".)

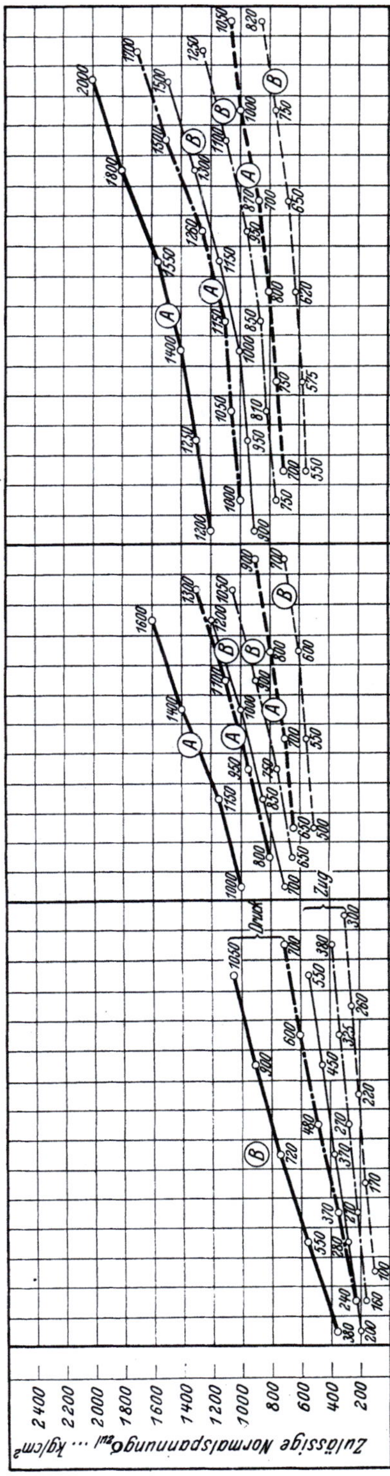

Werkstoff	Gußeisen nach DJN 1691					Stahlguß nach DJN 1681				Maschinenbaustahl nach DJN 1611					
Marke	Ge 12·91	Ge 14·91	Ge 18·91	Ge 22·91	Ge 26·91	Stg 38·81	Stg 45·81	Stg 52·81	Stg 60·81	St 34·11	St 37·11	St 42·11	St 50·11	St 60·11	St 70·11
Belastungsfall	I II III	I II III	I II III	I II III	I II III	I II III	I II III	I II III	I II III	I II III	I II III	I II III	I II III	I II III	I II III
Wechselfestigkeit σ_w ... kg/mm²	3,8 (6,8)	4,5 (8,2)	5 (10)	7,5 (12)	9 (14)	16	19	21	24	17,0	18,0	20,0	23	27	32
Schwellfestigkeit σ_{sch} ... kg/mm²	–	–	–	–	–	19	22	25	28	18,0	19,5	22,0	26,0	30,0	35,0
Streckgrenze $\sigma_{S(w)}$ ... kg/mm²	–	–	–	–	–	21	25	28	33	19,0	21,0	23,0	27,0	32,5	38,0
Dehnung %	(6)[2]	(7)	(7)	(8)	(8)	20	16	12	8	30 bezw. 25[3]	25 bezw. 20	24 bezw. 20	22 bezw. 18	17 bezw. 14	12 bezw. 10
Bruchfestigkeit σ_B ... kg/mm²	12 (22)[1]	14 (28)	18 (34)	22 (40)	26 (46)	38	45	52	60	34–42	37–45	42–50	50–60	60–70	70–85

Betriebsart: (A) Ruhiger Betrieb (nahe an Handbetrieb), geringe Geschwindigkeiten.
(B) Angestrengter Betrieb (erhebliche Stöße oder Schwingungen), höhere Geschwindigkeiten.

Zulässige Schubspannung: $\tau_{zul} = 0{,}8\sigma_{zul}$.

Zulässige Drehungsspannung: $\tau_{zul} = 0{,}56$ bis $0{,}70\sigma_{zul}$.

[1] Die eingeklammerten Zahlen bedeuten die Biegefestigkeit (für den Biegestab mit 600 mm Stützweite).
[2] Desgleichen die Durchbiegung für den gleichen Stab.
[3] Am kurzen bzw. langen Proportionalstab gemessen.

(z. B. Lastaufnahmemittel, Haken, Hubseile und -ketten u. dgl.) wähle man eine verhältnismäßig niedrige Beanspruchung.

2. Das gleiche gilt auch bei nicht zuverlässiger Grundlage der Festigkeitsrechnung.

3. Etwaige Überlastungen und Nebenspannungen sind derart zu berücksichtigen, daß die Elastizitätsgrenze des Werkstoffes nicht überschritten wird.

4. Technologischen Einflüssen, z. B. der Kerb- und Kehlwirkung, ist durch Herabsetzen der zulässigen Spannung Rechnung zu tragen.

Spannungserhöhung durch Kerben und Kerbziffern siehe Maschinenbau 1931, S. 82.

5. Die Größe der Tragkraft des Hebezeuges. Bei kleinen Tragkräften sind niedrigere zulässige Spannungen angebracht, da die Abmessungen der Maschinenteile meist aus praktischen Rücksichten (Herstellung) größer werden als die mit den Belastungskräften und der durchgehenden Leistung berechneten Abmessungen.

Bei großen Tragkräften werden in Rücksicht auf Gewichtsersparnis höhere Belastungen zugelassen. Auch ist ein etwaiger gleicher Fehler im Werkstoffgefüge bei großem Querschnitt von geringerem prozentualen Einfluß als bei kleinem Querschnitt. Bei mittleren Tragkräften stimmen die rechnerisch ermittelten Abmessungen mit den praktisch erforderlichen im allgemeinen überein.

An Stelle des bisher üblichen Sicherheitsgrades 𝔖, mit dem die zulässigen Spannungen berechnet werden, empfiehlt Volk (Z. V. d. I. 1931, S. 1261) die Wahl eines „Sicherheitsabstandes“ zwischen der vom Werkstoff abhängigen Werkstückfestigkeit und der aus den herrschenden Kräften und Abmessungen errechneten Spannung. Sind Schwankungen in der Werkstoffestigkeit oder in der Schätzung der wirkenden Kräfte zu erwarten, so vermittelt der Sicherheitsabstand ein besseres Gefühl für die tatsächliche Sicherheit als der bisher übliche Sicherheitsgrad.

Um den Sicherheitsabstand einer, unter Berücksichtigung aller die Festigkeit herabsetzenden berechneten tatsächlichen Spannung besser zu erkennen, fertige man eine zeichnerische Darstellung der Werkstoff-Festwerte (σ_B, σ_S, σ_U und σ_W) ähnlich der Tabelle 7 an und trage in diese die gefundene Spannung ein. Spannungsmaßstab: z. B. 1 mm = 20 kg/cm².

Literatur.

Enßlin: Die Grundlagen der theoretischen Festigkeitslehre. Z. V. d. I. 1928, S. 1634. — Weg zu einer Konstruktionslehre für Maschinenteile (von Rötscher). Maschinenbau (Der Betrieb) 1931, S. 79.

Föppl, Becker u. v. Heydekampf: Die Dauerprüfung der Werkstoffe. Berlin: Julius Springer 1929.

Graf: Die Dauerfestigkeit der Werkstoffe und der Konstruktionselemente. Berlin: Julius Springer 1929. — Einige Bemerkungen über die Wahl der zulässigen Anstrengung der Werkstoffe. Maschinenbau (Der Betrieb) 1931, S. 84.

Heidebrock: Maschinenteile und Werkstoffkunde. Z. V. d. I. 1930, S. 1259.

Houdremont u. Mailänder: Dauerbiegeversuche mit Stählen. Stahleisen 1929, S. 833.

Müller: Werkstoffermüdung und Biegungsbeanspruchung von Transmissionswellen. Maschinenbau 1930, S. 640.

Pomp: Alterungsversuche von Stahlguß. Stahleisen 1930, S. 440. — Statische Dauerfestigkeit von Metallen und Legierungen. Z. Metallkunde 1926, S. 75 und 117. — Ermüdung durch kritische statische Dauerbelastung. Z. Metallkunde 1928, S. 51.

Rötscher: Sicherheit und Beanspruchung von Maschinenteilen. Maschinenbau (Der Betrieb) 1930, S. 225.

Schwinning: Beurteilung der Werkstoffe nach Kerbversuchen. Z. V. d. I. 1929, S. 231. — Schwingungsfestigkeit und Gleitwiderstand. Z. Metallkunde 1930, S. 374.

Stribeck: Dauerfestigkeit von Eisen und Stahl bei wechselnder Biegung, verglichen mit den Ergebnissen des Zugversuchs. Z. V. d. I. 1923, S. 631.

Thum: Zur Frage der Sicherheit in der Konstruktionslehre. Z. V. d. I. 1931, S. 705.

Volk: Maschinenbau und Festigkeitslehre. Monatsbl. Berlin. Bez.-V. d. I. 1929, S. 33.

Zander u. Günter: Der Einfluß von Oberflächenbeschädigungen auf die Biegungsschwingungsfestigkeit. Mitt. d. Wöhler-Instituts (NEM-Verlag, Berlin) 1928, H. 1, bzw. 1929, H. 2.

IV. Richtlinien für Gestaltung und Fertigung der Winden und Krane.

1. Herstellung normaler Bauarten, die allgemeinen Verwendungszwecken Rechnung tragen und sich leicht besonderen örtlichen und Betriebsverhältnissen anpassen.
2. Einfachheit in Bau und Bedienung.
3. Geringster Arbeitsverbrauch.
4. Richtige Wahl und weitgehende Ausnutzung der Werkstoffe (s. S. 9).
5. Herstellung der Maschinenteile nach den DI-Normen.
6. Bearbeitung der Maschinenteile nur, wo unbedingt erforderlich.
7. Herstellung runder Paßteile nach dem Grenzlehrsystem, das spätere Austauschbarkeit der Teile ermöglicht.
8. Rücksichtnahme auf die vorhandenen Lagergrößen der Halbfertigerzeugnisse sowie auf die verschiedenen Werkzeuge und Werkzeugmaschinen.

9. Leichte Zugänglichkeit aller nachstellbaren Teile.

10. Bequeme Anordnung der Schmierstellen. Schmierbüchsen und -gefäße sind durch rote Farbe oder Ausführung in Messing kenntlich zu machen.

11. Gefällige Formgebung, insbesondere der Krangerüste.

12. Die Motoren sind in möglichst wenigen Größen zu verwenden. Sie können dann in größerer Zahl eingekauft werden und sind dann billiger.

Geschlossene (gekapselte) Motoren sind teurer als offene und sind daher nur für Winden und Krane zu verwenden, die in staubigen Räumen oder im Freien arbeiten.

13. Die Steuervorrichtungen für die Motoren sollen in Rücksicht auf Verschleiß und Betriebssicherheit reichlich bemessen werden.

14. Anordnung der dem jeweiligen Betrieb des Kranes Rechnung tragenden Sicherheitsvorrichtungen gegen Überschreiten der Grenzstellungen der Last sowie zum Schutze der Motoren und der übrigen elektrischen Ausrüstung gegen unzulässig hohe Stromaufnahme.

15. Sicherung gegen Arbeiterunfälle durch Einhalten der Unfallverhütungsvorschriften der Berufsgenossenschaften[1].

16. Die Krangerüste sind, soweit es das Gewicht und der Versand bzw. die Lademaße der Reichsbahn zulassen, zusammenzunieten.

Sog. Montagenieten, die am Aufstellungsort des Kranes von Hand geschlagen werden müssen und daher entsprechend teuer sind, sollen nach Möglichkeit vermieden werden. Sie werden am besten durch Paßschrauben ersetzt.

17. Weitgehender Ersatz der Nietverbindungen durch Schweißverbindungen[2]. Dies gilt in neuerer Zeit auch für die Stahlkonstruktionen der Krane.

18. Zum Schutze gegen Rosten ist ein guter Anstrich aller rohen Teile erforderlich. Die Eisenkonstruktionsteile erhalten einen Anstrich mit Mennige und einen Deckanstrich in Eisenfarbe.

---

[1] Zusammenstellung der berufsgenossenschaftlichen Unfallverhütungsvorschriften über Bau und Ausstattung von Fördermitteln ausschließlich Aufzüge (Abschnitt E: Winden und Krane). Berlin: Arbeitsgemeinschaft für Unfallverhütung 1294. Zu beziehen von der Zentralstelle für Unfallverhütung Berlin W 9, Köthener Straße 17.

[2] Literatur über Schweißen:

AEG: Elektrisches Schweißen. 2. Ausgabe. Berlin 1929.
Arcos-Gesellschaft für Schweißtechnik m. b. H.: Handbuch für die Ausführung geschweißter Stahlbauten. Aachen 1930.
Bardtke: Die Anwendungsgebiete der elektrischen Lichtbogenschweißung. AEG.-Mitt. 1926, H. 10 u. 11.
Bondy: Ausgewählte Schweißkonstruktionen aus dem Stahlbau. Berlin: V. d. I.-Verlag 1930.
Füchsel: Ziele und Grenzen des Schweißens. Z. V. d. I. 1929, S. 1725.
Haas: Ausgewählte Schweißkonstruktionen aus dem Maschinenbau. Berlin: V. d. I.-Verlag 1931.
Haas: Wege zur Berechnung der Festigkeit von lichtbogengeschweißten Verbindungen auf Grund der Erfahrungen der Praxis und der Ergebnisse von Versuchen. Diss. (Braunschweig).
Jurzyk: Neuere Erfahrungen mit der elektrischen Lichtbogenschweißung. Stahleisen 1930, S. 834.
Klosse: Lichtbogen-Schweißen. Berlin :Julius Springer 1931.
Meller: Elektrische Lichtbogen-Schweißung. Leipzig: S. Hirzel 1925.
Neumann: Elektrische Widerstandsschweißung und -erwärmung. Berlin: Julius Springer 1927.
Ritz: Zeitgemäße Anwendung der Lichtbogenschweißung im Betriebe. Maschinenbau 1930, S 152.
Sauer: Die elektrischen Schweißverfahren in der modernen Werkstatt. AEG-Mitt. 1927.
Schimpke: Die neueren Schweißverfahren. 2. Aufl. Berlin: Julius Springer 1927.
Schmuckler: Die Dresdener Versuche der Deutschen Reichsbahn-Gesellschaft und des Deutschen Stahlbau-Verbandes mit geschweißten Stahlkonstruktionsverbindungen. Der Stahlbau 1931, S. 133.
Schulze: Geschweißte Drehlaufkatzen. Z. V. d. I. 1929, S. 1755.
Wundram: Die Elektroschweißung im Hebezeugbau. Elektroschweißung 1931, S. 153.

A. Maschinenteile der Winden und Krane.

I. Lasthaken und Schäkel.

Anwendung s. Abschnitt B, „Lastaufnahmemittel“. Werkstoff: Stahl (St 34 · 11 oder St 42 · 11).

a) Einfache Haken.

Die Maulweite *a* (Abb. 8) und die übrigen wichtigsten Baumaße sind nach DIN 687 bis 689 genormt.

DIN 687 (Tabelle 8, Abb. 8): Lasthaken für Krafthubwerke von 1 bis 100 t Tragkraft.

Unter Zugrundelegen der genormten Maße und unter vorläufiger Annahme der trapezförmigen Querschnitte I—II und III—IV (Abb. 9) wird der Haken aufgezeichnet. Hierbei ist ein allmählicher Übergang aus dem zylindrischen Schaft in das gekrümmte Hakenteil wesentlich. Der Haken wird dann auf Festigkeit nachgeprüft, und seine Abmessungen werden endgültig festgelegt.

Tabelle 8. Lasthaken für Krafthubwerke, DIN 687 (Abb. 8).

Tragkraft Q in t	Abmessungen in mm						Tragkraft Q in t	Abmessungen in mm					
	a	*L**	*c*	*f**	*g*	*d*		*a*	*L**	*c*	*f**	*g*	*d*
1	50	245	50	151	94	28	25	180	675	140	410	265	98
2,5	70	274	60	170	104	38	30	200	713	150	427	286	105
5	90	332	70	200	132	48	40	220	837	160	500	337	120
7,5	100	421	80	246	175	60	50	240	887	185	525	362	130
10	120	451	90	261	190	67	60	260	981	200	590	391	145
15	140	522	100	315	207	73	75	290	1050	220	600	450	170
20	160	613	120	370	243	86	100	320	1200	240	700	500	195

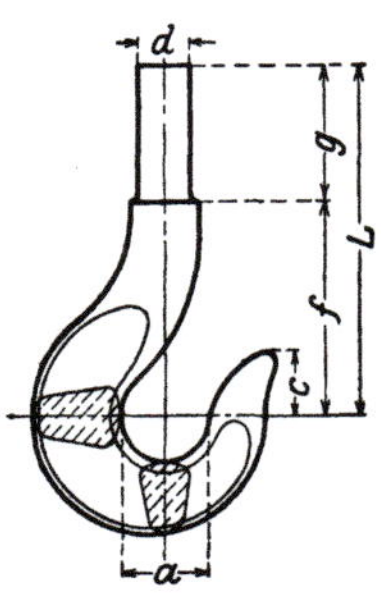

Abb. 8.

Berechnung (Abb. 9). Nach den DI-Normen (DIN 687 bis 689) sind Werkstoff und Hakenquerschnitte so zu wählen, daß eine mindestens fünffache Sicherheit gegen Bruch gewährleistet ist. Die gleiche Sicherheit muß der Kernquerschnitt des Zapfens nach der Bearbeitung verbürgen. Die Haken sind sorgfältig ausgeglüht zu liefern.

Der Hakenschaft wird im Kernquerschnitt des Gewindes (Durchmesser d_0) auf Zug berechnet.

Zulässige Zugbeanspruchung für Haken kleinerer Tragkraft $\sigma_{zul} = 300$ bis $600\ kg/cm^2$, für Haken größerer Tragkraft 600 bis $1000\ kg/cm^2$.

Die Höhe der Hakenmutter (Abb. 29, S. 22) ist durch den zulässigen Flächendruck im Gewinde bestimmt.

Zulässiger Flächendruck (Stahl auf Stahl): $\sigma_{zul} = 100$ bis 200, im Mittel $150\ kg/cm^2$.

Die Querschnitte im gekrümmten Hakenteil sind auf Zug und Biegung beansprucht und daher auf zusammengesetzte Festigkeit zu berechnen. Gefährlicher Querschnitt bei I—II. Als

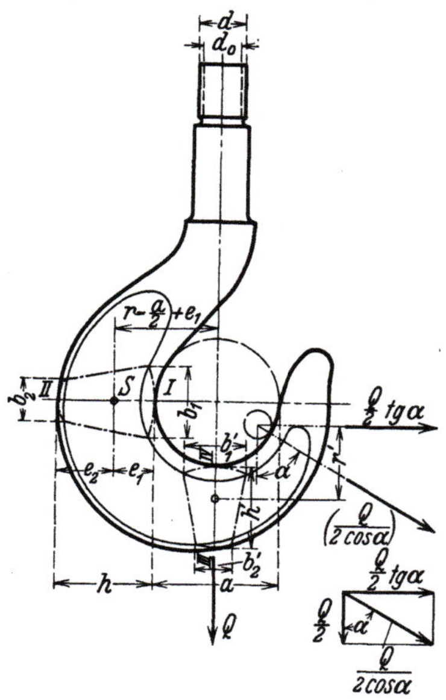

Abb. 9. Einfacher Haken (Berechnungsskizze).

* Richtmaße für Fertigung in Reihen. In Einzelfällen abhängig von der Höhe der Traverse, in die der Haken eingesetzt wird.

Querschnittsform wird in Rücksicht auf günstige Werkstoffausnutzung dem abgerundeten Trapezquerschnitt (Abb. 9) allgemein der Vorzug gegeben.

Bei der einfachen Hakenberechnung wird die Krümmung nicht berücksichtigt und der Haken wird als gerader exzentrisch belasteter Stab betrachtet (Abb. 10).

Für den gefährlichen Querschnitt *I—II* (Abb. 9) ist das Biegemoment:

$$M = Q \cdot \left(\frac{a}{2} + e_1\right) \ldots \text{kgcm}. \tag{2}$$

Bezeichnen W_1 und W_2 die Widerstandsmomente in cm³ und F die Querschnittsfläche in cm², so sind die Gesamtspannungen bei *I* und *II*:

$$\left.\begin{aligned} \sigma_I\,(\text{Zug}) &= +\sigma' + \sigma = +\frac{M}{W_1} + \frac{Q}{F} \leqq \sigma_{zul} \ldots \text{kg/cm}^2,\\ \sigma_{II}\,(\text{Druck}) &= -\sigma' + \sigma = -\frac{M}{W_2} + \frac{Q}{F} \leqq \sigma_{zul} \ldots \text{kg/cm}^2. \end{aligned}\right\} \tag{3}$$

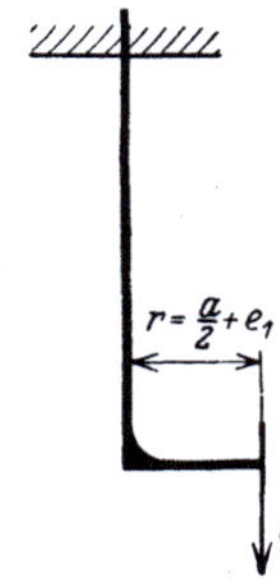

Abb. 10.

Zeichnerische Darstellung der Spannungen s. Abb. 12.

Für den Trapezquerschnitt (Abb. 11) gelten, unter Vernachlässigung der zur Schonung der Anschlagseile erforderlichen Abrundungen, folgende Querschnittsgrößen:

$$\left.\begin{aligned} &\text{Querschnittsfläche:} && F = h \cdot \frac{b_1 + b_2}{2} \ldots \text{cm}^2,\\ &\text{Trägheitsmoment:} && J = \frac{h^3}{36} \cdot \frac{(b_1 + b_2)^2 + 2\,b_1 \cdot b_2}{b_1 + b_2} \ldots \text{cm}^4,\\ &\text{Faserabstände:} && e_1 = \frac{h}{3} \cdot \frac{b_1 + 2\,b_2}{b_1 + b_2} \ldots \text{cm},\\ & && e_2 = \frac{h}{3} \cdot \frac{2\,b_1 + b_2}{b_1 + b_2} \ldots \text{cm}.\\ &\text{Widerstandsmomente:} && W_1 = \frac{J}{e_1}; \quad W_2 = \frac{J}{e_2} \ldots \text{cm}^3. \end{aligned}\right\} \tag{4}$$

Um den Werkstoff möglichst auszunutzen, sucht man, was jedoch nicht unbedingt erforderlich, $\sigma_I = \sigma_{II}$ zu machen.

Zulässige Beanspruchung je nach Größe der Tragkraft: $\sigma_{zul} \approx 600$ bis 800 kg/cm².

Die Hakenberechnung nach Bach betrachtet den Haken als gekrümmten Stab[1]. Die allgemeine Gleichung für den gekrümmten Stab ergibt alsdann unter Einführung von $P = Q$; $r = \frac{a}{2} + e_1$; $M = -Q \cdot \left(\frac{a}{2} + e_1\right)$ die Randspannungen bei *I* und *II*:

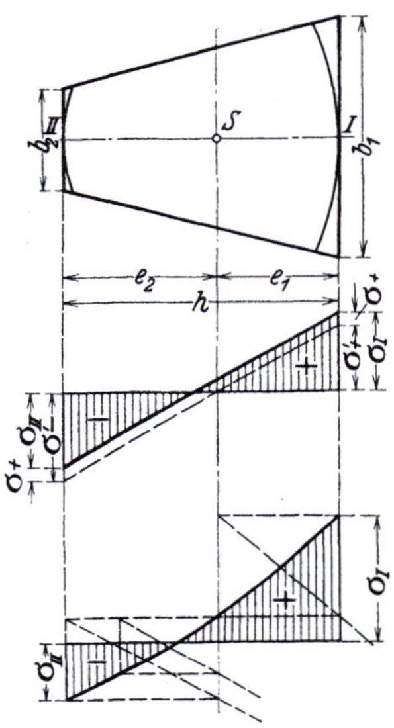

Abb. 11 bis 13.

$$\left.\begin{aligned} \sigma_I &= +\frac{Q}{F} \cdot \frac{1}{\varkappa} \cdot \frac{2\,e_1}{a} \leqq \sigma_{zul} \ldots \text{kg/cm}^2,\\ \sigma_{II} &= -\frac{Q}{F} \cdot \frac{1}{\varkappa} \cdot \frac{e_2}{\frac{a}{2} + e_1 + e_2} \leqq \sigma_{zul} \ldots \text{kg/cm}^2. \end{aligned}\right\} \tag{5}$$

Die Größe $\varkappa$ wird für den Trapezquerschnitt:

$$\varkappa = -1 + \frac{2r}{(b_1 + b_2) \cdot h} \cdot \left[\left\{b_2 + \frac{b_1 - b_2}{h} \cdot (e_2 + r)\right\} \ln \frac{r + e_2}{r - e_1} - (b_1 - b_2)\right]. \tag{6}$$

Statt der umständlichen Berechnung des Wertes $\varkappa$ bedient man sich am besten der zeichnerischen Ermittlung nach Tolle[2].

Für den Trapezquerschnitt mit den Werten $a/2 : h$ und b_2/b_1 nach Tabelle 9, S. 19 kann ohne Berücksichtigung der Abrundungen $\varkappa \approx 0{,}080$ bis $0{,}090$ gesetzt werden. Die Spannung verläuft bei Berücksichtigung der Hakenkrümmung nach einer Hyperbel (Abb. 13) und ergibt auf der Zugseite (bei *I*) größere und auf der Druckseite (bei *II*) kleinere Werte als die einfache Hakenberechnung. Je nach Größe der Tragkraft kann bei Berechnung der Randspannungen nach Gleichung (5) $\sigma_{zul} \approx 800$ bis 1200 kg/cm² gesetzt werden.

[1] Bach: Theorie der Elastizität und Festigkeit. 9. Aufl. Berlin: Julius Springer 1924.

[2] Z. V. d. I. 1903, S. 886.

In gleicher Weise wie der Querschnitt *I—II* (Abb. 9) ist auch der Querschnitt *III—IV* auf Festigkeit nachzuprüfen. Für diesen kommt jedoch nur die halbe Last bei dem größtzulässigen Anschlagwinkel $2\alpha = 120°$ in Frage. Unter Vernachlässigung der Schubkraft $Q/2$ rechne man mit der Kraft $Q/2 \cdot \operatorname{tg}\alpha$ ebenso wie vorher.

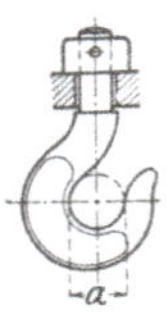

Abb. 14.

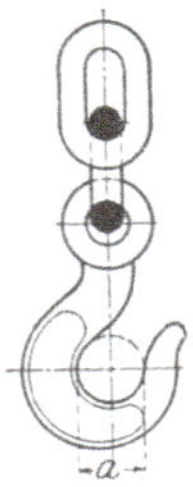

Abb. 15.

Bei Haken für Handhubwerke können höhere Beanspruchungen als bei Haken für Krafthubwerke zugelassen werden.

Ausführung. DIN 688: Lasthaken mit Zapfen für Handhubwerke (Abbildung 14). Tragkraft: 50 bis 7500 kg. Maulweite: 25 bis 85 mm.

DIN 689: Lasthaken mit Ring für Handhubwerke (Abb. 15). Tragkraft: 50 bis 5000 kg. Maulweite: 25 bis 70 mm.

Die sonst übliche Hakenausführung ist die mit Gewinde und Mutter (Abb. 9), die für Krafthubwerke und für Tragkräfte bis 100 t angewendet wird (DIN 687, Tabelle 8, S. 16).

Das Gewinde ist bei Haken kleinerer Tragkraft normales Whithworth- oder metrisches Gewinde mit Sechskantmutter. Größere Haken (von 3 t aufwärts) erhalten genormtes Trapezgewinde (Abb. 16) oder Sägengewinde (Abb. 17). Dieses ist das theoretisch gegebene Gewinde, da das Hakengewinde nur in einer Richtung beansprucht ist.

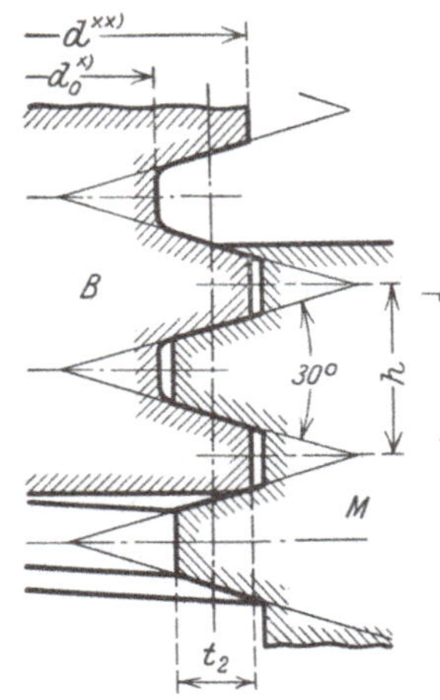

Abb. 16. Trapezgewinde.

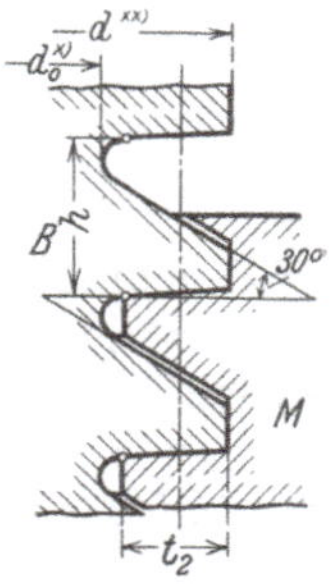

Abb. 17. Sägengewinde.

B Bolzen, *M* Mutter, *d* Außen-, d_0 Kerndurchmesser, *h* Ganghöhe, t_2 Tragtiefe.
* Nach den DJ-Normen d_1.
** Nach den DJ-Normen *D*.

Abb. 18 gibt eine zeichnerische Darstellung der Zugspannungen und der Flächendrucke der genormten Trapezgewinde (DIN 103—378 und 379) und der genormten Sägengewinde (DIN 513 bis 515) in Abhängigkeit von der Hakentragkraft. Die Außendurchmesser der Gewinde sind den Durchmessern *d* der Tabelle 9 angepaßt. Der Berechnung des Flächendruckes wurden die Gewindelängen f_2 zugrunde gelegt.

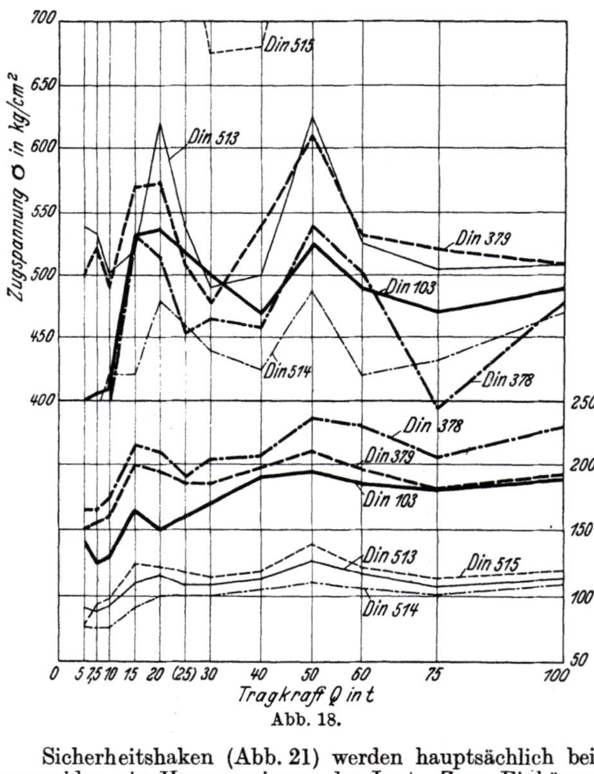

Abb. 18.

Bei größeren Haken werden statt der Sechskantmuttern Rundmuttern angewendet, die meist nach oben kegelig abgeschrägt werden. Sie erhalten Bohrungen für den Hakenschlüssel. Sicherungen s. Abbildung 30 und 31 (S. 22).

Tabelle 9 (Abb. 19) gibt die Abmessungen der Lasthaken von 5 bis 100 t Tragkraft. Die angegebenen Längen *l* entsprechen den normalen Haken bzw. den Haken mit langem Schaft. Diese werden bei Kranflaschen angewendet, bei denen die Seilrollen auf den seitlichen Zapfen der Hakentraverse gelagert sind (Abb. 117, S. 48).

Sonderausführungen. Ladehaken für den Stückgüterumschlag an Schiffen (Abb. 20) haben einen nasenartigen Abweiser, der beim Hochziehen der Last ein Festhängen des Hakens an Schiffsluken u. dgl. verhindert. Die Abmessungen der Ladehaken und zugehörigen Schäkel sind vom Handelsschiff-Normen-Ausschuß (HNA) für Tragkräfte von 2000, 3000 und 5000 kg genormt[1].
Sicherheitshaken (Abb. 21) werden hauptsächlich bei Verladekranen mit Kübelbetrieb angewendet und vermeiden ein Herausspringen der Last. Zum Einhängen der Last wird die Falle mittels des Handgriffes zurückgedreht und die Hakenöffnung freigegeben.

[1] Vereinigte Stahlwerke Akt.-Ges. „Anker und Ketten", Dortmund, Ausgabe 1929.

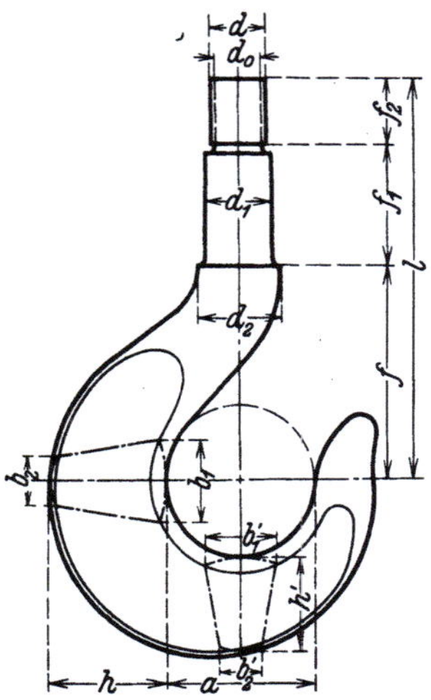

Abb. 19.

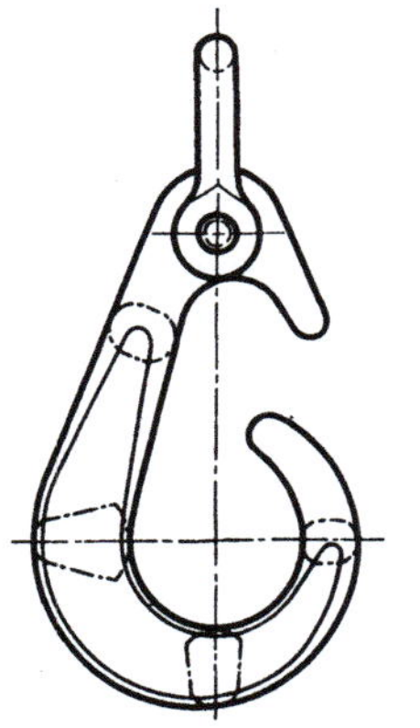

Abb. 20.

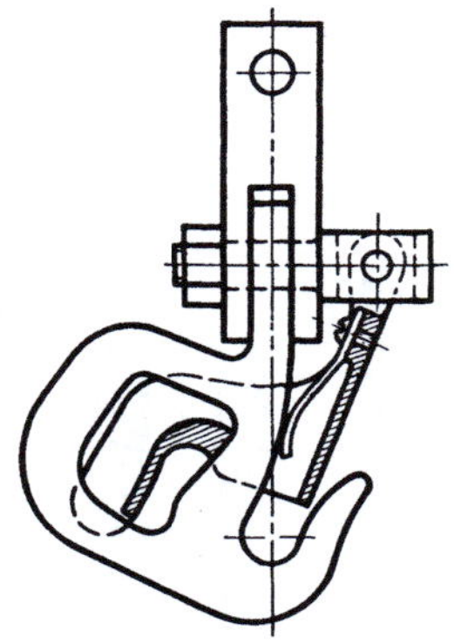

Abb. 21.

Tabelle 9. Einfache Haken für Tragkräfte von 5 bis 100 t (Abb. 19). (Demag A.-G., Duisburg.)
Abmessungen in mm.

Tragkraft Q in t	Schaftdurchmesser				Maulweite	Querschnitte						f **	f_1	f_2	l **
	d	d_0	d_1 *	d_2 *	a	h	b_1	b_2	h'	b'_1	b'_2				
5	45	38	48	53	90	90	78	30	75	60	30	200/340	85	55	340/480
7,5	58	48	60	65	100	110	95	40	95	75	45	245/405	105	70	425/580
10	64	54	67	72	120	130	110	45	110	90	55	260/410	115	75	450/600
15	70	60	73	78	140	160	135	50	140	110	60	315/495	130	80	525/705
20	83	68	86	95	160	170	145	55	150	120	65	370/585	150	95	615/830
25	96	81	98	105	180	190	160	65	165	135	75	410/635	155	110	675/900
30	103	88	106	116	200	205	170	70	180	145	80	430/700	170	115	715/985
40	118	103	120	130	220	230	200	75	205	170	85	500/710	210	130	840/1050
50	128	108	130	140	240	255	220	80	225	190	100	525/725	220	145	880/1080
60	143	123	145	155	260	280	240	90	250	210	110	590/800	230	160	980/1190
75	166	140	170	180	290	320	270	100	285	235	120	640/890	260	190	1090/1340
100	192	160	195	212	300	360	300	120	325	260	120	700/975	290	210	1200/1475

b) Doppelhaken.

Die Doppelhaken (Abb. 22) werden für Tragkräfte von 5 bis 100 t, gelegentlich auch bis 200 t hergestellt. Ihre Schaftabmessungen sind bis auf geringe Abweichungen die gleichen wie die der einfachen Haken.

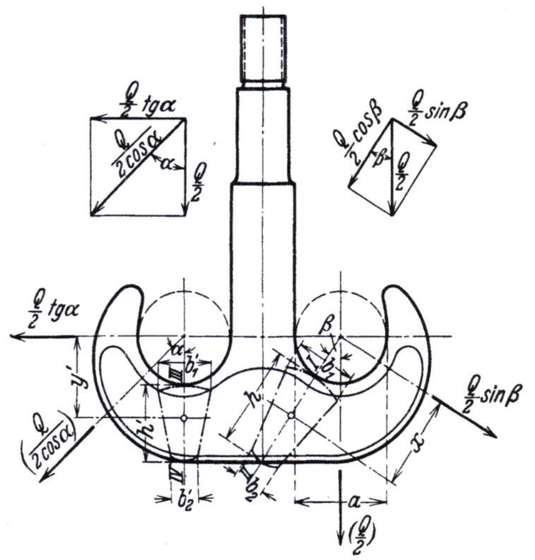

Abb. 22. Doppelhaken (Berechnungsskizze).

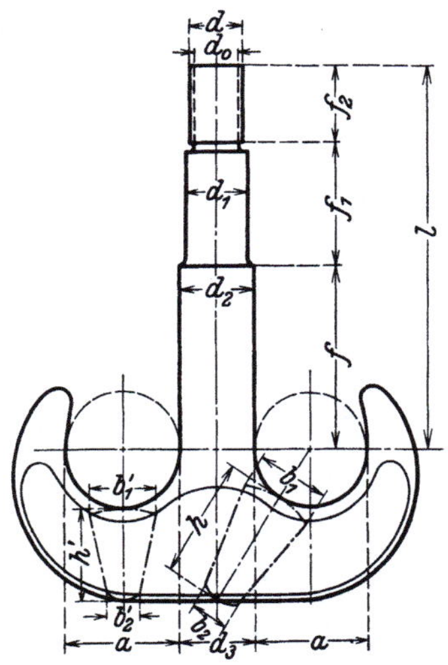

Abb. 23.

* Bei Anwendung der einstellbaren Längslager Tabelle 11 (Abb. 32) sind diese Durchmesser zu vergrößern.
** Zweites Maß für Haken mit langem Schaft.

Die Maulweite a der Doppelhaken ist kleiner als die der einfachen Haken mit gleicher Tragkraft.

Berechnung. Gewindeschaft wie beim einfachen Haken. Die Beanspruchung des Doppelhakens ist wegen der symmetrischen Lastaufhängung günstiger als die des einfachen Hakens.

Für den gekrümmten Teil kann angenommen werden, daß jedes Hakenmaul die Hälfte der Last aufnimmt. Gefährlicher Querschnitt bei I—II (Abb. 22). Die Zerlegung von $Q/2$ ergibt eine Normalkraft $\frac{Q}{2} \cdot \sin\beta$ und eine in der Querschnittsebene wirkende Schubkraft $\frac{Q}{2} \cdot \cos\beta$.

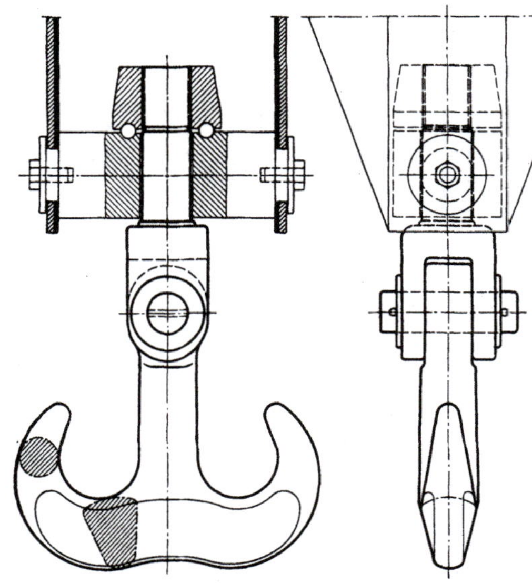

Abb. 24.

Biegemoment: $M = \frac{Q}{2} \cdot \sin\beta \cdot x \ldots$ kgcm.

Der Querschnitt ist ebenso wie beim einfachen Haken ein abgerundetes Trapez mit der Höhe h und den Breiten b_1 und b_2.

Bezeichnen W_1 und W_2 die Widerstandsmomente und F die Fläche des Querschnittes, so ergeben sich bei der einfachen Hakenberechnung die Gesamtspannungen bei I und II zu:

$$\left.\begin{aligned} \sigma_I\,(\text{Zug}) &= +\sigma' + \sigma \\ &= +\frac{M}{W_1} + \frac{\frac{Q}{2}\cdot\sin\beta}{F} \leqq \sigma_{\text{zul}} \ldots \text{kg/cm}^2, \\ \sigma_{II}\,(\text{Druck}) &= -\sigma' + \sigma \\ &= -\frac{M}{W_2} + \frac{\frac{Q}{2}\cdot\sin\beta}{F} \leqq \sigma_{\text{zul}} \ldots \text{kg/cm}^2. \end{aligned}\right\} \quad (7)$$

Querschnittswerte für den Trapezquerschnitt s. S. 17, Spannungsverlauf Abb. 12 bzw. 13.

Die genaue Hakenberechnung nach Bach ergibt ebenso wie beim einfachen Haken größere Beanspruchungen bei I und kleinere bei II.

Wegen der schräg angreifenden Anschlagseile ist noch der Querschnitt III—IV unter der Annahme eines größten Anschlagwinkels $2\alpha = 120°$ nachzuprüfen. Ebenso wie beim einfachen Haken rechne man mit der Normalkraft $Q/2 \cdot \operatorname{tg}\alpha$ unter Vernachlässigung der Schubkraft $Q/2$. Zulässige Beanspruchungen wie beim einfachen Haken (S. 17).

Ausführung. Für die Doppelhaken liegen z. Z. noch keine DI-Normen vor. Ebenso wie die einfachen Haken werden die Doppelhaken mit normalem oder mit langem Schaft hergestellt (Tabelle 10).

Tabelle 10. Doppelhaken für Tragkräfte von 5 bis 100 t (Abb. 23). (Demag A.-G., Duisburg.)
Abmessungen in mm.

Tragkraft in t	Schaftdurchmesser					Maulweite	Querschnitte									
	d	d_0	d_1*	d_2*	d_3*	a	h	b_1	b_2	h'	b_1'	b_2'	f**	f_1	f_2	l**
5	45	38	48	53	53	80	89	60	25	70	55	25	200/340	85	55	Siehe Tabelle 9
7,5	58	48	60	65	65	95	103	70	30	80	65	30	245/405	105	70	
10	64	54	67	72	72	110	116	90	35	90	80	35	260/410	115	75	
15	70	60	73	78	78	130	143	100	40	115	95	40	315/500	130	80	
20	83	68	86	95	105	150	158	110	45	120	105	45	370/585	150	95	
25	96	81	98	105	115	160	180	130	50	140	115	50	410/635	155	110	
30	103	88	105	115	125	180	194	140	55	150	125	55	430/700	170	115	
40	118	103	120	130	140	200	218	150	60	170	135	60	500/710	210	135	
50	128	108	130	140	155	220	244	170	65	190	150	65	525/725	220	145	
60	143	123	145	155	170	240	268	185	75	210	165	75	590/800	230	160	
75	166	140	170	180	195	270	306	215	85	240	185	85	640/890	260	190	
100	192	160	195	205	225	300	345	240	100	270	210	100	700/975	300	210	

Sonderausführungen. Doppelhaken mit Schaftgelenk (Abb. 24) haben den gewöhnlichen Doppelhaken gegenüber den Vorzug einer größeren Beweglichkeit.

* Bei Anwendung der einstellbaren Längslager Tabelle 11 (Abb. 32) sind diese Durchmesser zu vergrößern.
** Zweites Maß für Haken mit langem Schaft.

c) Schäkel (Lastbügel).

Anwendung hauptsächlich bei Schwerlastkranen (über 100 t Tragkraft), mitunter auch für mittlere und kleine Tragkräfte bis herab auf 5 t (Abb. 25).

Infolge ihrer geschlossenen Form sind die Schäkel günstiger beansprucht als die offenen Haken, haben jedoch den Nachteil, daß die Anschlagseile durch die Schäkelöffnung hindurchgezogen werden müssen.

Für kleine und mittlere Tragkräfte werden die Schäkel aus einem Stück geschmiedet (Abb. 25). Das Stabgebilde ist äußerlich statisch bestimmt und innerlich dreifach statisch unbestimmt. Die Spannungsermittlung ist daher schwierig bzw. nur überschläglich durchführbar.

Abb. 26[1] zeigt den voraussichtlichen Verlauf des Biegemomentes bei dem aus einem Stück gefertigten Schäkel.

Unold gibt in der Zeitschrift „Der praktische Maschinenkonstrukteur"[2] eine Berechnung, deren Ergebnisse folgende Näherungsformeln sind:

Biegemoment in der Mitte des unteren Querbalkens: $M_1 \approx Q \cdot \frac{l}{6}$;

Biegemoment an den stark gekrümmten Seiten: $M_2 \approx Q \cdot \frac{l}{13}$;

Zug in den geraden Schenkeln: $\approx \frac{Q}{2}$;

Druck in der Mitte des unteren Querbalkens: $\approx \frac{Q}{10}$.

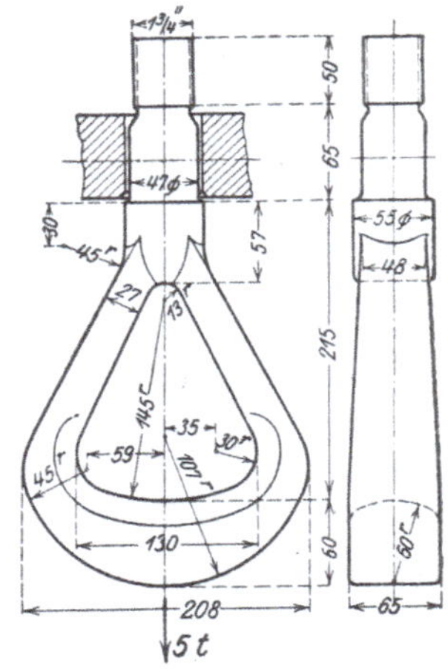

Abb. 25. Aus einem Stück geschmiedeter Schäkel. (Ardeltwerke.)

Die von Unold näherungsweise berechneten Biegemomente stimmen mit den auf Abb. 26 aufgetragenen Vergleichsgrößen ziemlich überein.

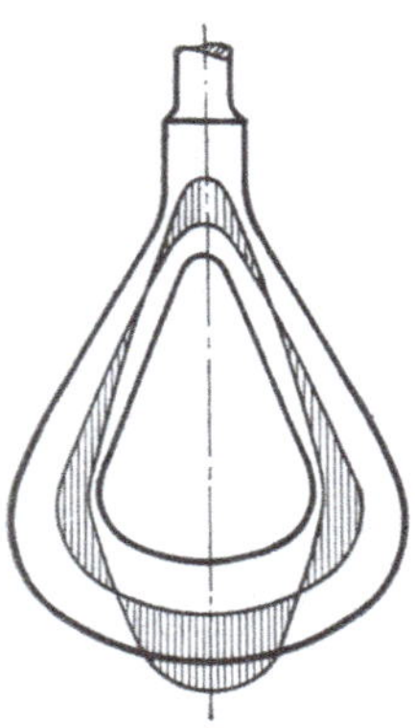

Abb. 26.

Die Übergänge zwischen Balken und Schenkeln bzw. Schaft und Schenkeln sind gut abzurunden.

Da dem Zusammenschweißen von Schaft und Schenkeln eine gewisse Unsicherheit anhaftet, so gibt man den gelenkigen Schäkeln bei schweren Lasten den Vorzug.

Abb. 27 zeigt einen Schäkel, dessen Schenkel durch ein Gelenk am Schaft angeschlossen sind. Der Schäkel gehört zu einem fahrbaren Turmdrehkran von 40 t Tragkraft und 16 m Ausladung.

Der dreigelenkige Schäkel (Abb. 28) kommt für Schwerlasten (über 100 t) in Betracht und ermöglicht genaue Berechnung seiner Teile. Der Balken wird als Träger auf zwei Stützen mit der Mittenlast Q gerechnet und erhält noch eine Druckbeanspruchung durch die waagerechte Komponente des Schenkelzuges.

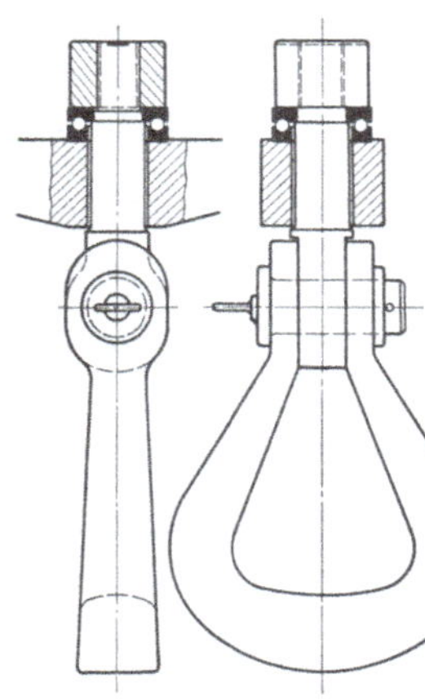

Abb. 27. Schäkel mit Schaftgelenk (MAN).

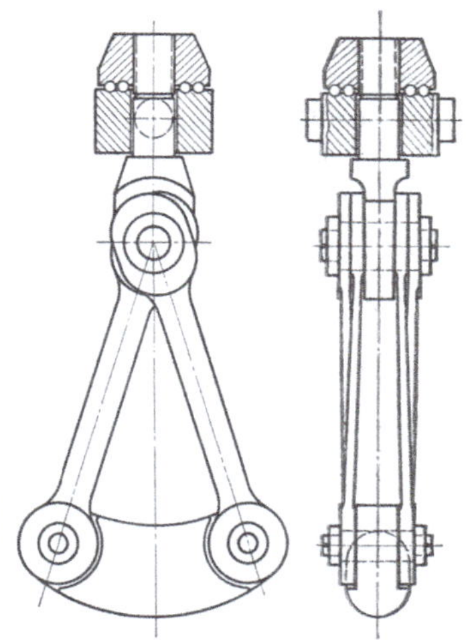

Abb. 28. Dreigelenkiger Schäkel (Demag).

Die Bolzen sind auf Biegung und Flächendruck nachzuprüfen.

[1] Krell: Entwerfen im Kranbau.
[2] Die Berechnung des geschlossenen Lastbügels. Prakt. Masch.-Konstr. 1926. S. 317.

d) Hakenlager.

Leichtes Drehen des belasteten Hakens erfordert die Anwendung eines Kugellagers, das nur bei billigen Handhebezeugen (Flaschenzügen u. dgl.) fortgelassen wird.

Bei der einfachsten Ausführung des Haken-Kugellagers (Abb. 29) werden in der Mutter und in der Traverse Rillen eingedreht, in denen die Kugeln ohne Käfig laufen.

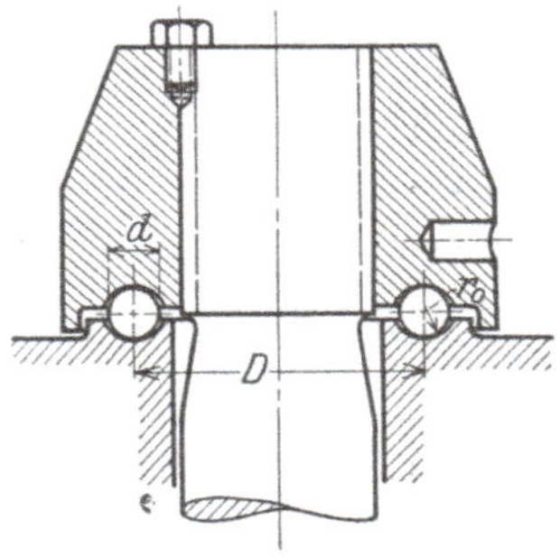

Abb. 29.

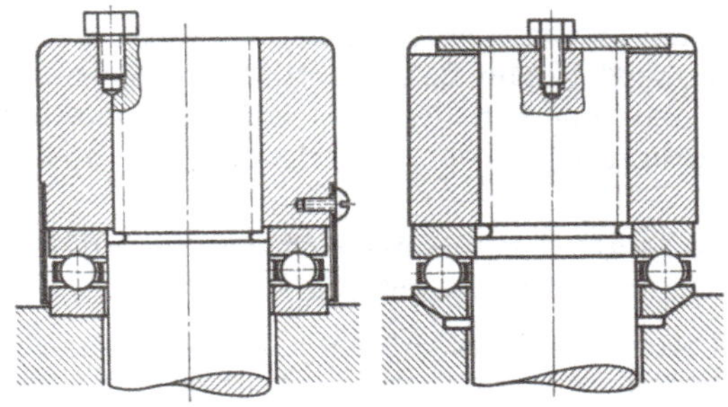

Abb. 30 und 31.

Bei dem Kugeldurchmesser d (Abb. 29) ist der Halbmesser des Rillenprofils: $r_0 = 0{,}6\,d$ bis $0{,}7\,d$. Kugelzahl $z = \frac{D\pi}{d} - 1$.

Spezifische Belastung der Kugeln nach Stribeck[1]:

$$\sigma = \frac{Q}{z \cdot d^2} \cdots kg/cm^2 \tag{8}$$

Bei der geringen Drehzahl des Hakens ($n < 1$) kann $\sigma = 100$ bis 200, im Mittel $= 150$ zugelassen werden.

An Stelle dieses im eigenen Betriebe hergestellten, auch für größere Tragkräfte (bis etwa 50 t) geeigneten Lagers werden die normalen Längslager der Kugellagerfabriken angewendet.

Das Längslager mit flachen Scheiben (Abb. 30) hat ebenso wie das einfache Lager (Abb. 29) den Nachteil, daß es nicht einstellbar ist. Wird auf die Einstellbarkeit des Hakens verzichtet, so wird man das billigere, im eigenen Betrieb herstellbare Lager vorziehen.

Das einstellbare Längslager (Abb. 31) erfordert das Eindrehen einer hohlkugeligen Fläche in der Traverse. Dies wird durch die Anwendung eines Längslagers mit Einstellscheibe (Abb. 32) vermieden.

Bei Herstellung der für die Einstellscheibe nötigen, je nach der Lagergröße etwa 3 bis 10 mm tiefen zylindrischen Eindrehung ist zu beachten, daß der Abrundungshalbmesser der Eindrehung kleiner als der der Scheibe sein muß.

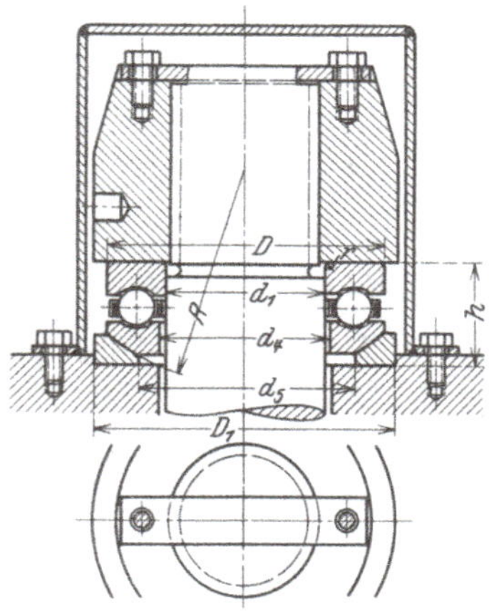

Abb. 32.

Zum Schutze gegen Staub und Feuchtigkeit werden die Lager mit einer Schutzkappe versehen (Abb. 32).

Tabelle 11. Längslager mit Einstellscheibe für Lasthaken von 5 bis 100 t Tragkraft (Abb. 32). (Kugelfabrik Fischer, Schweinfurt a. M.)

Tragkraft Q in t	d_1 *	d_4	d_5	D	D_1	h	R	r	Höchstbelastung des Lagers t
5	50	52	75	92	100	36	75	1,5	7,5
7,5	60	62	85	106	115	41	85	2	9,0
10	70	72	95	120	130	44	95	2	11,6
15	80	82	110	136	145	50	110	2	15,8
20	90	93	125	155	165	57	125	2	20,6
25	100	103	140	172	185	64	140	2	26
30	115	120	160	200	215	74	160	3	35,5
40	130	140	175	220	220	79	175	3,5	41,5
50	130	135	185	240	250	101	185	3	58
60	150	155	205	260	270	106	205	4	67,4
75	170	175	230	285	300	111	230	4	77,5

[1] Z. V. d. I. 1901, S. 332.

* Die Schaftdurchmesser der Haken d_1 in Tabelle 9 und 10 sind den Bohrungen der Kugellager anzupassen.

Tabelle 11 gibt die Abmessungen und Höchstbelastungen der normalen Längslager mit Einstellscheibe. Die Lager von 5 bis 40 t Tragkraft gehören der mittelschweren, die von 50 bis 75 t der schweren Reihe an.

Für Haken hoher Tragkraft (über 100 t) reichen die normalen Längslager der Kugelfabriken hinsichtlich der Belastbarkeit nicht mehr aus. Man wendet dann Lager mit zwei Kugelreihen und unter Umständen auch Kegelrollenlager an, die man im eigenen Betrieb herstellt.

e) Hakenquerstück (Traverse).

Das Hakenquerstück ist gelenkig in den Flaschenschilden gelagert (Abb. 33) und gibt dem Haken außer der Drehbarkeit um seine senkrechte Achse noch eine Beweglichkeit um eine waagerechte Achse.

Das Hakenquerstück wird aus Stahl (St 42 · 11) geschmiedet und erhält seitlich angedrehte Zapfen. Seine Bohrung muß so groß sein, daß der Hakenschaft mit Rücksicht auf die Einstellbarkeit des Hakens genügend Spielraum hat.

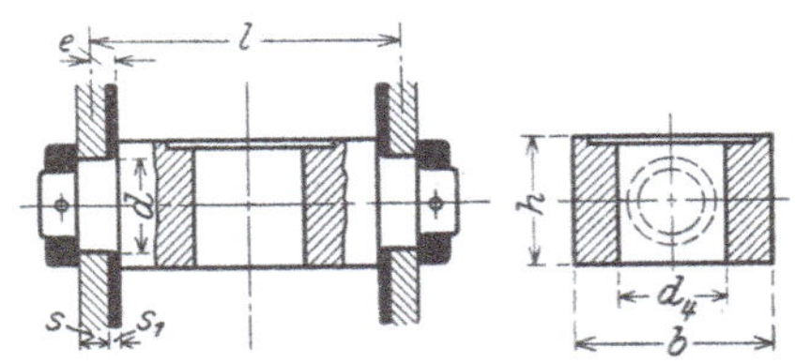

Abb. 33.

Das Hakenquerstück ist auf Biegung beansprucht und wird als Träger auf zwei Stützen mit der Mittenlast Q berechnet (Abb. 34).

Größtes Biegemoment (Abb. 35):

$$M_{\max} = Q \cdot \frac{l}{4} \ldots \text{kgcm.} \qquad (9)$$

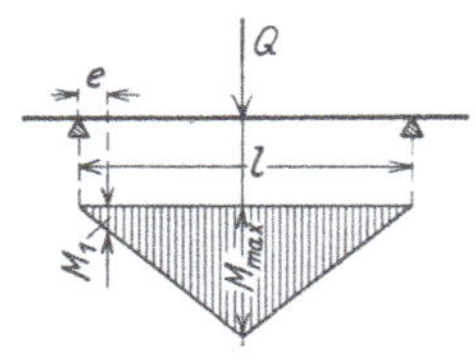

Abb. 34 und 35.

Widerstandsmoment des gefährlichen Querschnittes (unter Vernachlässigung der kleinen Schwächung durch die Eindrehung für das Kugellager):

$$W \approx \tfrac{1}{6} \cdot (b - d_4) \cdot h^2 \ldots \text{cm}^3 . \qquad (10)$$

Zulässige Biegebeanspruchung (je nach Hakengröße): $\sigma_{zul} = 600$ bis 1000 kg/cm².

Die Traversenzapfen sind ebenfalls auf Biegung zu berechnen.

$$\text{Biegemoment: } M_1 = \frac{1}{2} Q \cdot e = \frac{1}{2} Q \cdot \frac{s + s_1}{2} \ldots \text{kgcm.} \qquad (11)$$

Flächendruck zwischen Zapfen und Zugschiene (Abb. 33)

$$\sigma = \frac{Q}{2d \cdot s} \ldots \text{kg/cm}^2. \qquad (12)$$

Da Zugschiene und Schildblech meist miteinander vernietet oder verschweißt sind, so können beide als tragend angenommen werden, und in Gleichung (12) wird dann für s die Größe $s + s_1$ gesetzt.

Zulässiger Flächendruck (Stahl auf Stahl) je nach Größe der Tragkraft: $\sigma_{zul} = 800$ bis 1500 kg/cm².

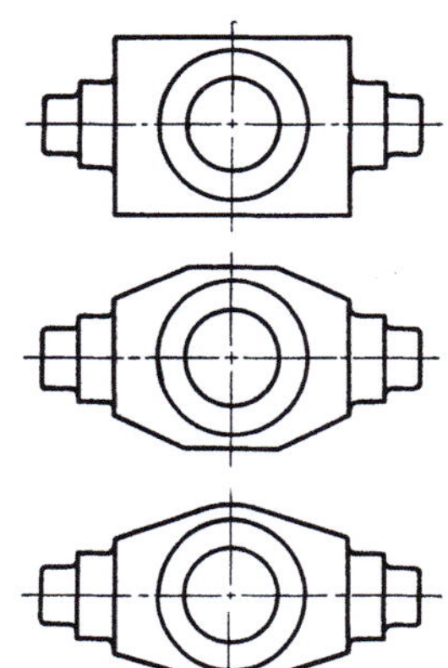

Abb. 36 bis 38.

Je nach Größe der Tragkraft wird die Traverse nach Abb. 36 bis 38 ausgeführt. Die Traversenzapfen sind unter Einhaltung der Gelenkigkeit der Traverse zu sichern. Dies geschieht nach

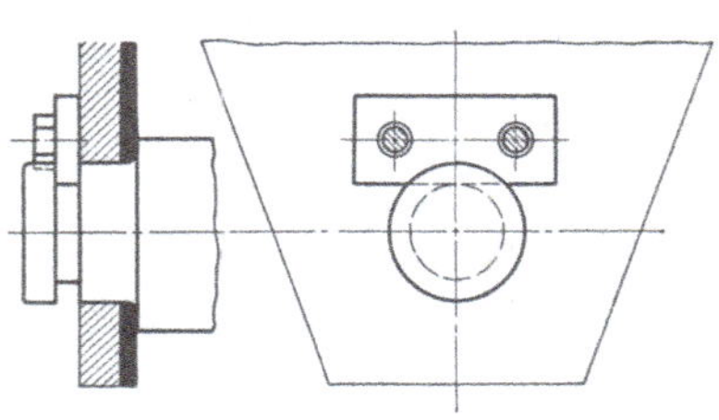

Abb. 39.

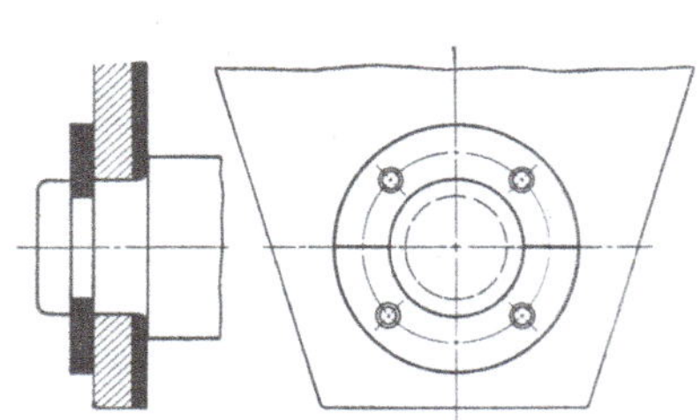

Abb. 40.

Abb. 33 durch einen Stellring mit kegeligem Stift, durch einen Achshalter, der in eine Eindrehung des Traversenzapfens paßt (Abb. 39) oder durch einen, in eine Eindrehung passenden zweiteiligen Ring, der durch Schrauben an den Windenschilden befestigt wird (Abb. 40).

Bei der zu einer 40 t-Flasche (Abb. 118, S. 48) gehörigen Traverse (Abb. 41) dient eine Scheibe als Sicherung, die mittels dreier Schrauben am Zapfen befestigt ist.

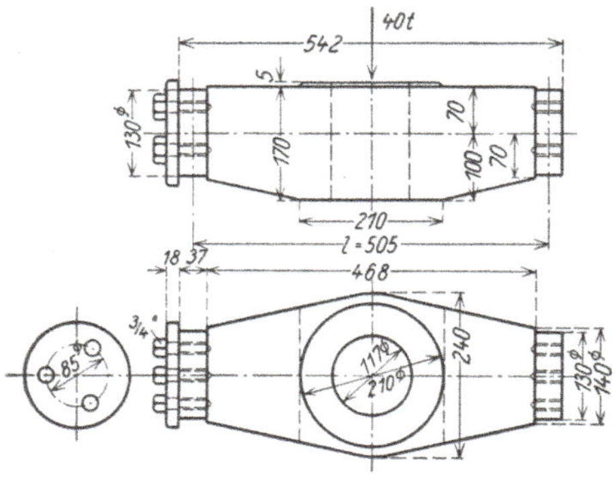

Abb. 41.

Abb. 42 zeigt die Ausführung einer Traverse mit seitlichen Zapfen zur Lagerung zweier Seilrollen.

Für die Berechnung der Traverse sind die Kräfte $Q = 4S$ und $Q/2 = 2S$ als Streckenlasten angenommen (Abb. 43). Verlauf des Biegemomentes nach Abb. 44.

Biegemoment in der Mitte der Traverse:

$$_{\max}M \approx \frac{Q}{2} \cdot \left(\frac{\lambda}{2} + s_0 + s + \frac{l_0}{2} - \frac{D}{4}\right) \ldots \text{kgcm}. \quad (13)$$

Biegemoment des Zapfens:

$$M_1 = \frac{Q}{2} \cdot \left(\frac{\lambda}{2} + s_0 + s\right) \ldots \text{kgcm}. \quad (14)$$

Zulässige Biegebeanspruchung wie S. 23.
Flächendruck zwischen Seilrolle und Zapfen s. S. 56.

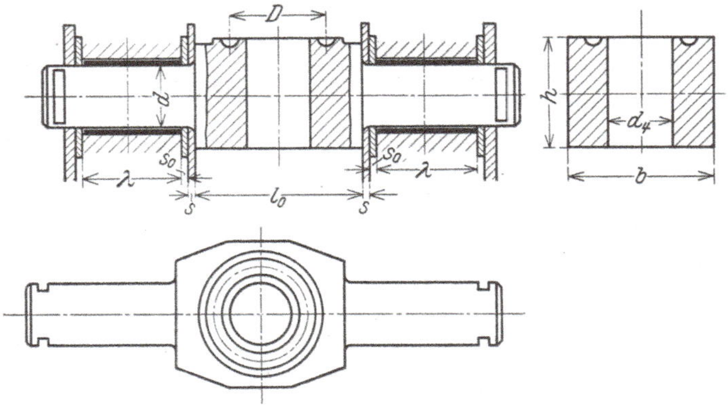

Abb. 42.

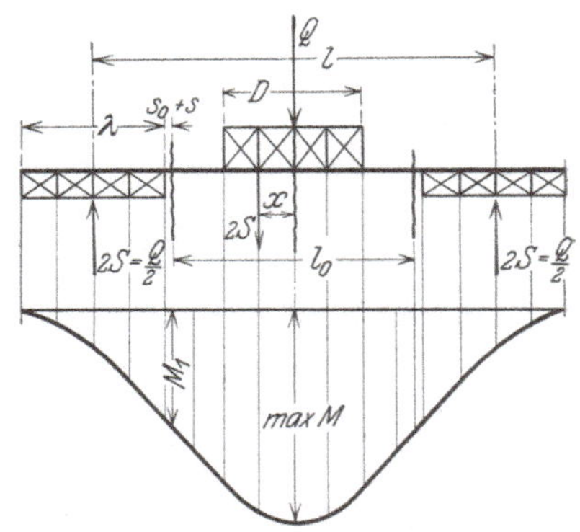

Abb. 43 und 44.

Literatur.

Bernhard: Berechnung von Kranhaken. Fördertechn. 1930, S. 153.
Griffel: Berechnung der Lasthaken und die sich daraus ergebenden Hakenformen. Dingler 1904, S. 129. — Hakenberechnung. Dingler 1906, S. 561.
Preuß: Versuche über Spannungsverteilung in Kranhaken. Z. V. d. I. 1911, S. 2173. — Ein praktischer Kranhaken. Z. prakt. Masch. 1911, S. 1520.
Unold: Die Berechnung des geschlossenen Lastbügels (Schäkels). Prakt. Masch.-Konstr. 1926, S. 317.
Weidemann: Lastschlaufen. Prakt. Masch.-Konstr. 1927, S. 114.

II. Ketten und Seile.

a) Rundeisenketten (Gliederketten).

Abb. 45 zeigt die Form der im Hebezeugbau allgemein verwendeten kurzgliedrigen Kette (Krankette). Ihre Baumaße sind:

d Durchmesser oder Ketteneisenstärke, *l* innere Länge oder Teilung und *b* innere Breite.

Werkstoff: Stahl (St 37 · 11). Puddelstahl nur auf besondere Bestellung. Die Festigkeitseigenschaften beider Werkstoffe hängen außer von der chemischen Zusammensetzung noch von der mechanischen und thermischen Vorbehandlung ab.

Ausgedehnte Versuche[1] haben gezeigt, daß Flußstahl (St 37 · 11) bei Ketten bis 30 mm Durchmesser in der Kettengüte dem Puddelstahl gleichwertig ist. Bei stärkeren Ketten zieht man den Puddelstahl vor, da er gegen Überhitzung und hinsichtlich des Kernwachstums unempfindlicher ist.

Nachteile der Ketten. Gegenüber den Drahtseilen haben die Ketten folgende Nachteile: Empfindlichkeit gegen Stöße und Überlastungen, geringe Elastizität und plötzliches Eintreten des Bruches.

[1] Vereinigte Stahlwerke Akt.-Ges., Dortmund.

Infolge der Kettenreibung sind die Glieder am Scheitel starkem Verschleiß ausgesetzt. Die Ketten sind wegen ihres großen Eigengewichts und der darauf zurückzuführenden starken Massenwirkung für Windwerke mit großen Hubgeschwindigkeiten ungeeignet.

Nutzzugkraft und Prüflast. Man unterscheidet:

1. Die Nutzzugkraft (Gebrauchslast oder zulässige Belastung), der die Kette ständig unterworfen werden kann.
2. Die Probe- (Reck- oder Prüf-)Last, der die ganze Kette bei der Prüfung unterworfen wird.
3. Die Bruchlast, die eine Dreigliederprobe aus jeder Länge aushalten muß.

Die Zugfestigkeit ist von der des verwendeten Werkstoffes abhängig und soll mindestens 35 kg/mm² betragen. Im geschweißten Querschnitt ist die Zugfestigkeit im allgemeinen 25 bis 30% niedriger.

Auf Grund dieser Werte betragen:

die Bruchlast	24 kg/mm²
„ Probelast	12 kg/mm²
„ Nutzzugkraft (Gebrauchslast)	6 kg/mm²

Sicherheitsgrad: $\mathfrak{S} = \frac{24}{6} = 4$.

1. Nichtlehrenhaltige (unkalibrierte) Ketten.

Anwendung. Nichtlehrenhaltige Ketten werden als Huborgan im Hebezeugbau kaum mehr angewendet, da man in neuerer Zeit dem Drahtseil allgemein den Vorzug gibt. Sie werden dagegen als Anschlagketten zum Aufnehmen von Einzellasten und Stückgütern allgemein benutzt. Siehe Abschnitt B. „Lastaufnahmemittel".

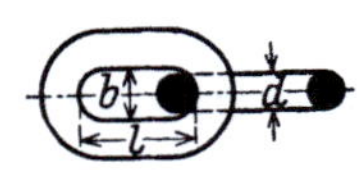

Abb. 45.

DIN 672: Hebezeugketten, nichtlehrenhaltig (Abb. 45). Durchmesser: $d = 7$ bis 44 mm. Nutzzugkraft: 350 bis 18500 kg. Gewicht: 1,1 bis 45 kg/lfd. m.

2. Lehrenhaltige (kalibrierte) Ketten.

Bei den lehrenhaltigen Ketten (DIN 671, Tabelle 12) wird jedes einzelne Glied auf genaues Maß gearbeitet, was für den Gang der Ketten auf verzahnten Kettenrollen oder Kettennüssen (s. S. 40) Bedingung ist.

Elektrogeschweißte Ketten sind gleichmäßiger und genauer gearbeitet als handgeschweißte. Die zulässige Abweichung in den Abmessungen ist bei den elektrogeschweißten Ketten vom NDI mit $\pm$ 0,25% festgelegt. Für handgeschweißte Ketten sind keine verbindlichen Regeln aufgestellt.

Anwendung. Lehrenhaltige Ketten werden bei den von Hand bedienten Flaschenzügen, Winden und Kranen als Hubketten und als Handketten für die Haspelantriebe (s. S. 65) verwendet.

Der Vorteil der lehrenhaltigen Ketten bei den vorgenannten Handhebezeugen ist der, daß sie die Anwendung verzahnter Kettenrollen (Kettennüsse) mit geringer Zähnezahl und kleinem Durchmesser zulassen. Hierdurch werden ein kleiner Lasthebelarm und damit eine gedrängte Bauart und ein geringes Gewicht für die Hebezeuge erreicht. Dieses ist besonders für tragbare Hebezeuge, wie die Flaschenzüge, von wesentlicher Bedeutung.

Tabelle 12. Lehrenhaltige Lastketten nach DIN 671 (Abb. 45).
Bezeichnung einer kalibrierten Kette mit d = 16 mm Durchmesser: Kette 16 DIN 671.

mm

Durchmesser d	Innere Breite b	Innere Länge[1] l	Nutzzugkraft nur für Handbetrieb kg	Gewicht[2] für 1 m kg	Durchmesser d	Innere Breite b	Innere Länge[1]	Nutzzugkraft nur für Handbetrieb kg	Gewicht[2] für 1 m kg
7	8	22	350	1	13	16	36	1500	3,75
8	9,5	24	500	1,3	16	19	45	2500	5,8
9,5	11	27	750	1,9	19	23	53	3500	8
11	13	31	1000	2,7	23	28	64	5000	12

[1] Für elektrisch geschweißte Ketten ist eine Abweichung von $\pm$ 0,25% für die innere Länge jedes einzelnen Giedes zulässig. Die zulässige Abweichung der inneren Länge von handgeschweißten Kettengliedern ist mit dem Hersteller zu vereinbaren.

[2] Die angegebenen Gewichte sind unverbindlich. Die Ketten sind in ihrer ganzen Länge auf die zweifache Nutzzugkraft zu prüfen. Bei Abnahme ist den Ketten alle 50 m ein Probestück zur Prüfung der Bruchlast zu entnehmen. Bruchlast $\geqq 4 \times$ Nutzzugkraft. Der beim Senken durch Verzögerung entstehende Massendruck darf einschließlich der durch das Gewicht der ruhenden Last erzeugten Zugkraft nicht die in der Tabelle angegebene Nutzzugkraft überschreiten. Bei Bestellung ist die Länge in Metern anzugeben, z. B. 50 m Kette 16 DIN 671. Werkstoff: Flußstahl.

Kettenbefestigung. Abb. 46 zeigt die Art der Befestigung des belasteten Hubkettenstranges am Fahrgestell einer Handlaufkatze.

Das auf dem Bolzen sitzende, aus Rundeisen geschweißte Endglied ist, ebenso wie das gewöhnliche Kettenglied, äußerlich statisch bestimmt und innerlich dreifach statisch unbestimmt.

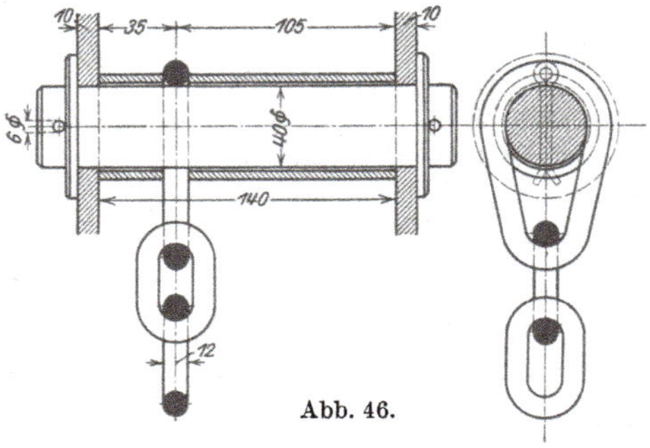

Abb. 46.

Seine Beanspruchungen lassen sich nach dem Verfahren von Unold[1] mit genügender Annäherung bestimmen.

Kettenaufspeicherung. Bei Handflaschenzügen und Laufkatzen mit größerem Hub wird das in der höchsten Hakenstellung herabhängende lose Kettenende dadurch aufgespeichert, daß es nochmals aufgehängt wird. Ist auch das noch herabhängende, auf die Hälfte seiner Länge gebrachte Kettenende noch hinderlich, so kann man bei Laufkatzen gegebenenfalls einen Blechkasten als Kettenmagazin vorsehen.

b) Gelenk- oder Laschenketten (Gallsche Ketten).

Herstellung aus geraden oder geschweiften Laschen (Abb. 47), die durch Bolzen gelenkig miteinander verbunden sind. An ihren Enden werden die Bolzen meist mit Vorlage einer Unterlegscheibe vernietet oder versplintet.

Die für die Anwendung der Kette wichtigsten Baumaße sind: l Teilung oder Baulänge, b_1 innere Baubreite, d der Bolzendurchmesser, b_2 die äußere Baubreite und b die Laschenbreite.

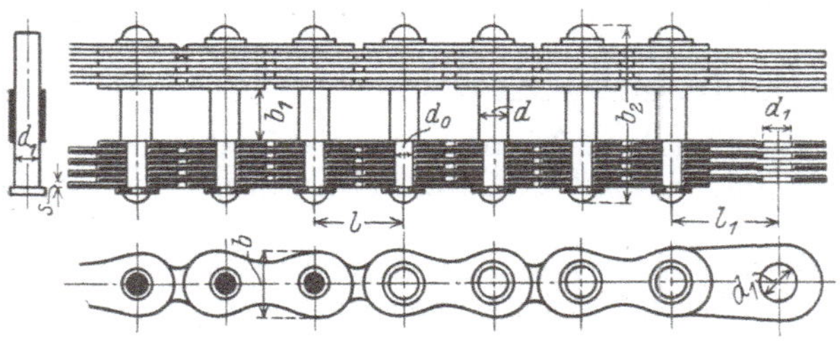

Abb. 47

Werkstoff (für die Laschen und Bolzen): St 34 · 11 bzw. St 50 · 11.

Anwendung. Als Huborgan bei den von Hand bedienten Flaschenzügen und Winden größerer Tragkraft. Bei motorisch betriebenen Hubwerken werden Gelenkketten nur angewendet bei verhältnismäßig kleinen Hubhöhen, wie beim Heben und Senken von Zangen bei Hüttenwerkskranen u. dgl. Die Gelenkkette wurde früher vielfach als schwere Krankette verwendet, ist jedoch in neuerer Zeit durch das Drahtseil ganz verdrängt worden.

Die Gelenkketten haben folgende Vorzüge: Da die Laschen aus dem Vollen hergestellt werden und Schweißstellen vermieden sind, so bieten sie eine größere Betriebssicherheit als die Gliederketten. Wegen ihrer leichten Beweglichkeit lassen sie verzahnte Kettenräder mit geringer Zähnezahl und kleinem Teilkreisdurchmesser zu. Hierdurch wird ein kleiner Lasthebelarm und damit gedrängte und billige Bauart des Windwerks ermöglicht. Ferner ist die Gelenkreibung einer Laschenkette erheblich geringer als die Reibung einer an Tragkraft gleichwertigen Rundeisenkette.

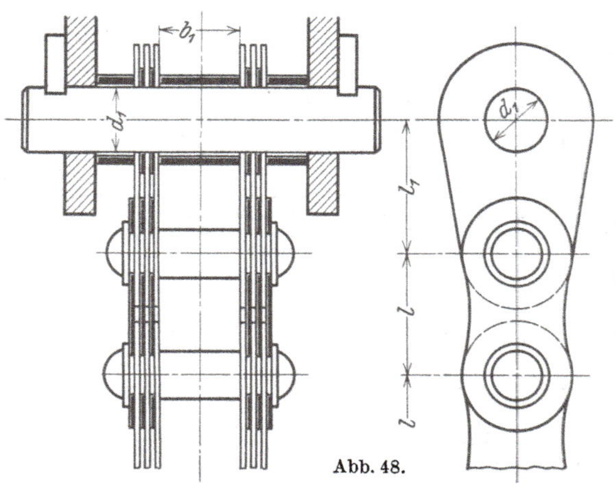

Abb. 48.

Diesen Vorzügen stehen folgende Nachteile gegenüber: Die Gelenkketten dürfen außerhalb ihrer Bewegungsebene nicht durch Schrägzug belastet werden, da die Laschen sonst unzulässigen Biegebeanspruchungen ausgesetzt sind. Sie vertragen ferner keinen Staub und keine Feuchtigkeit und sind daher für Winden und Krane, die im Freien arbeiten, ungeeignet.

Kettenbefestigung (Abb. 48). Zur Befestigung der Gallschen Kette an einem Flaschenzuggehäuse oder Windengestell dienen besondere Endglieder mit größerem Bolzendurchmesser und längerer Teilung (Tabelle 13, Abb. 47).

[1] Prakt. Masch.-Konstr. 1926, S. 317.

Tabelle 13. Gelenkketten von Zobel, Neubert & Co., Schmalkalden (Abb. 47).
Nutzzugkraft gleich $^1/_6$ der Bruchlast.

Nutzzugkraft S kg	Teilung oder Baulänge l mm	Bolzen b_1 mm	Bolzen d mm	Bolzen d_0 mm	Plattenzahl z	Plattenstärke s mm	Plattenbreite b mm	Größte Breite der Kette b_2 mm	Durchmesser des Schlußbolzens d_1 mm	Ungefähres Gewicht g kg/lfd. m	Bemerkungen
100	15	12	5	4	2	1,5	12	23	6	0,7	ohne Unterlegscheiben vernietet
250	20	15	7,5	6	2	2	15	28	9	1	
500	25	18	10	8	2	3	18	38	12	2	
750	30	20	11	9	4	2	20	45	13	2,7	
1000	35	22	12	10	4	2	27	50	15	3,8	
1500	40	25	14	12	4	2,5	30	60	18	5	mit Unterlegscheiben vernietet
2000	45	30	17	14	4	3	35	67	21	7,1	
3000	50	35	22	17,5	6	3	38	90	26	11,1	
4000	55	40	24	21	6	4	40	110	32	16,5	
5000	60	45	26	23	6	4	46	118	34	19	
6000	65	45	28	24	6	4	53	125	36	24	
7500	70	50	32	28	8	4,5	53	150	40	31,5	
10000	80	60	34	30	8	4,5	65	165	45	34	
12500	85	65	35	31	8	5	70	180	47	44,8	
15000	90	70	38	34	8	5,5	75	195	50	51,1	versplintet
17500	100	75	40	36	8	6	80	208	54	58,1	
20000	110	80	43	38	8	6	85	215	56	74,4	
25000	120	90	45	40	8	6,5	100	235	60	83,3	
30000	130	100	50	45	8	7	106	255	65	100	

Kettenaufspeicherung. Bei Flaschenzügen oder Handlaufkatzen mit kleinem Hub wird das lose (ablaufende) Kettenende, wie bei den Rundeisenketten, am Flaschenzuggehäuse (Windengestell) befestigt. Hierdurch wird die Länge des bei Höchststellung der Last nach unten hängenden Kettenteils auf die Hälfte vermindert.

Windwerke mit größerem Hub werden mit einer Kettenaufspeicherung ausgerüstet. Bei dieser erhält die Kette in bestimmten Abständen (2 bis 3 m) verlängerte Bolzen, die sich beim Ablaufen der Kette auf eine aus zwei Winkeleisen gebildete schräge Bahn (Rutsche) auflegen und das lange Kettenende regelmäßig aufspeichern.

c) Drahtseile.

Vorzüge und Anwendung der Drahtseile. Gegenüber den Ketten weisen die Drahtseile folgende Vorzüge auf:

1. Kleineres Eigengewicht und dementsprechend geringere Massenwirkung bei schnell arbeitenden Hebezeugen.

2. Größere Betriebssicherheit und leichtere Überwachung im Betriebe. Während bei den Ketten schadhafte Stellen kaum zu erkennen sind und der Bruch plötzlich eintritt, werden die Drahtseile durch Zerreißen der am meisten dem Verschleiß ausgesetzten äußeren Drähte lange vor dem Bruch stachelig und können daher rechtzeitig ausgewechselt werden.

Abb. 49 und 50.
Längsschlag (L), rechtsgängig (r), linksgängig (l).

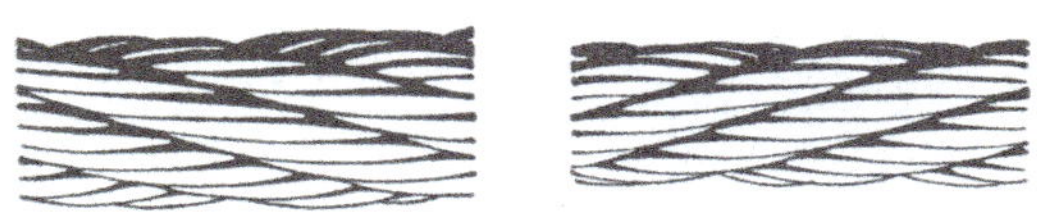

Abb. 51 und 52.
Kreuzschlag; rechtsgängig (r), linksgängig (l).

3. Infolge ihrer größeren Elastizität nehmen die Drahtseile leichter Stöße auf als die Ketten und erfordern daher nur unter besonderen Umständen elastische Zwischenmittel (z. B. bei den Hubwerken der Schmiedekrane).

4. Vollkommen geräuschloser Gang auch bei hohen Arbeitsgeschwindigkeiten, sowie geringerer Beschaffungspreis gegenüber den Ketten.

Wegen der genannten Vorzüge haben die Drahtseile die Ketten im Hebezeugbau fast vollständig verdrängt. Bei den neuzeitigen, mit hohen Geschwindigkeiten arbeitenden Kranen ist ihre Verwendung Bedingung. Die Drahtseile dienen im Kranbau nicht nur als Hubseile, sondern auch als Fahrseile zum Bewegen der Laufkatzen in waagerechter oder stark geneigter Richtung.

Werkstoff. Die Drähte der Seile werden aus Tiegel-Gußstahl mit einer Zugfestigkeit $\sigma_B = 130$ bis $180\ \text{kg/mm}^2$ hergestellt.

Zum Schutz gegen Rosten werden die Drahtseile auch verzinkt geliefert. Die Tragkraft eines verzinkten Seiles beträgt jedoch nur etwa 90% der eines unverzinkten von gleichem nutzbarem Querschnitt.

Tabelle 14.

Sechslitzige Drahtseile für Krane, Aufzüge, Flaschenzüge und ähnliche Zwecke. DIN 655.

Schlagarten: Abb. 49 bis 52. Seilquerschnitte: Abb. 53 bis 55.

Bezeichnung eines Drahtseiles mit 20 mm Nenndurchmesser aus 6 Litzen zu je 37 Drähten von 0,9 mm Durchmesser: Drahtseil B 20 DIN 655[1].

Ausführung	Seil-Nenndurchmesser d mm	Einzeldrahtdurchmesser δ mm	Querschnitt sämtlicher Drähte im Seil mm²	Rechner. Gewicht für 1 m kg	Festigkeit kg/mm² 130 — Rechnerische Bruchfestigkeit kg	160	180
	6,5	0,4	14,3	0,135	1800	2290	2570
A (Abb. 53)	8	0,5	22,4	0,21	2910	3580	4030
	9,5	0,6	32,2	0,30	4190	5150	5800
	11	0,7	43,9	0,41	5700	7020	7900
	13	0,8	57,3	0,54	7450	9170	10310
	14	0,9	72,5	0,68	9430	11600	13050
	16	1,0	89,4	0,84	11620	14300	16090
6 · 19 = 114	17	1,1	108,3	1,02	14080	17330	19490
Drähte und	19	1,2	128,9	1,22	16760	20620	23300
1 Fasereinlage	20	1,3	151,3	1,43	19760	24190	27230
	20	1,4	175,5	1,66	22820	28060	31590
	9	0,4	27,9	0,26	3630	4460	5020
	11	0,5	43,6	0,41	5670	6930	7850
	13	0,6	62,8	0,59	8160	10050	11300
B (Abb. 54)	15	0,7	85,4	0,81	11100	13660	15370
	18	0,8	111,6	1,06	14510	17860	20090
	20	0,9	141,2	1,04	18360	25590	25420
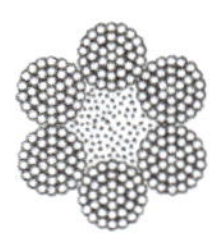	22	1,0	174,4	1,65	22670	27900	31390
	24	1,1	211,0	2,00	27430	33750	37980
	26	1,2	251,1	2,38	32640	40180	45200
	28	1,3	294,7	2,80	38310	47150	53050
6 · 37 = 222	31	1,4	341,7	3,24	44420	54670	61510
Drähte und	33	1,5	392,3	3,72	51000	62770	70610
1 Fasereinlage	35	1,6	446,4	4,24	58030	71420	80350
	37	1,7	503,9	4,78	65510	80620	90700
	39	1,8	564,9	5,36	73440	90380	101680
	42	1,9	629,4	5,97	81820	100700	113290
	44	2,0	697,4	6,62	90660	111600	125530
	20	0,7	140,9	1,33	18320	22540	25360
C (Abb. 55)	22	0,8	183,9	1,74	23900	29420	33100
	25	0,9	232,8	2,21	30260	37250	41900
	28	1,0	287,5	2,73	37380	46000	51750
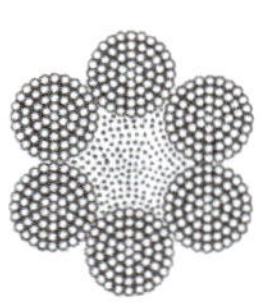	31	1,1	347,8	3,30	45210	55650	61600
	34	1,2	413,9	3,93	53800	66200	74500
	36	1,3	485,8	4,61	63150	77730	87440
	39	1,4	563,4	5,35	78240	90140	101410
	42	1,5	646,8	6,14	84080	103490	116420
6 · 61 = 366	45	1,6	735,9	6,99	95670	117740	132460
Drähte und	48	1,7	830,7	7,89	107990	132910	149530
1 Fasereinlage	51	1,8	931,4	8,84	121080	149020	167650
	53	1,9	1037,7	9,85	134900	166030	186790
	56	2,0	1149,8	10,92	149470	183970	206960

[1] Die Seile werden in Kreuzschlag und rechtsgängig geliefert, wenn nicht Längsschlag oder linksgängig besonders vorgeschrieben werden. In diesem Falle müßte die Bezeichnung lauten: Drahtseil BL 1 20 DIN 655. Die Seildurchmesser und Metergewichte dürfen um $\pm 5\%$ vom Nennwert abweichen. Die rechnerische Seilbruchfestigkeit ist die Summe der Bruchfestigkeiten sämtlicher Drähte eines Seiles. Die Bruchfestigkeit einzelner Drähte darf um $\pm 10\%$ von der Durchschnittsbruchfestigkeit aller Drähte eines Seiles abweichen. Trommel-, Scheiben- und Rollendurchmesser sollen etwa gleich dem 500fachen des Drahtdurchmessers gewählt werden. Wesentliche Unterschreitungen vermindern die Haltbarkeit der Seile. Die Rillen sind so zu bemessen, daß das Drahtseil mit $^1/_3$ seines Umfanges aufliegt. Die Entfernung der Rillen ist so groß zu wählen, daß unter Berücksichtigung der Ablenkung die Seile sich nicht berühren können. Auf keinen Fall darf ein Seil in der Rille geklemmt werden. Ausführung: Seile aus Drähten mit 130 und 160 kg/mm² Festigkeit werden blank oder verzinkt, solche mit 180 kg/mm² Festigkeit nur blank geliefert. Werkstoff: Stahldraht mit 130 bis 180 kg/mm² Festigkeit.

1. Bauarten und Herstellung.

Sechslitzige Rundseile. Sie sind nach DIN 655 (Tabelle 14, S. 28) genormt und werden im Winden- und Kranbau als Hub- und Fahrseile allgemein angewendet.

Bei dem sechslitzigen Rundseil besteht jede der Litzen aus einer Anzahl dünner Stahldrähte von 0,4 bis 2 mm Durchmesser. Diese Drähte sind schraubenförmig und in mehreren Lagen um einen ebenfalls runden Kerndraht gewunden. Die Litzen selbst sind wieder um eine Hanfeinlage, die sog. Seele, geflochten.

Drahtseile, die strahlender Hitze ausgesetzt sind (z. B. bei Gießkranen) erhalten an Stelle der der Hanfseele eine Drahtseele. Diese Drahtseele verringert naturgemäß die Biegsamkeit des Seiles und wird daher aus Drähten von weicherem Werkstoff (Eisendraht) geflochten. Ihrer geringen Festigkeit wegen wird sie jedoch nicht als tragender Querschnitt mitgerechnet.

Schlagarten der sechslitzigen Rundseile s. Abb. 49 bis 52.

Seile mit Längsschlag, bei denen die Drähte in der Litze und die Litzen im Seil gleichen Flechtsinn haben, sind biegsamer als Kreuzschlagseile. Sie haben auch in den Rillen der Rollen und Trommeln eine größere Auflagefläche und sind wegen des geringeren Flächendruckes kleinerem Verschleiß ausgesetzt. Die Längsschlagseile sind jedoch nicht drallfrei und eignen sich nicht zum Aufhängen der Last an einem Seilstrang (ohne Lastführung), da sie sich leicht aufwickeln und die Last drehen. Die im Hebezeugbau verwendeten Drahtseile sind daher allgemein Seile mit Kreuzschlag und werden nach DIN 655 rechtsgängig geliefert, sofern der Besteller eine andere Schlagart nicht besonders vorschreibt.

Bei den **Tru-Lay-Neptun-Drahtseilen**[1] wird jeder Draht und jede Litze, genau entsprechend der Lage, die sie im Seilverband einnehmen, vorgeformt. Die Drähte sind daher im unbelasteten Zustand von inneren Spannungen frei und haben an einem Seilende nach Entfernen der Abbindung keine Neigung aufzuspringen, was das Spleißen des Seiles wesentlich erleichtert.

Der Hauptvorteil der Seile liegt in der durch die Herstellungsart bedingten gleichmäßigen Lastverteilung auf die einzelnen Drähte, wodurch die inneren Beanspruchungen auf einen Kleinstwert beschränkt sind und eine höhere Biegsamkeit erreicht wird. Auch ist der Verschleiß der Seile beim Gang über Rollen und Trommeln geringer, da kein Draht und keine Litze aus dem Seil herausdrängt und die Außendrähte gleichmäßig abgeschliffen werden. Gebrochene Drähte bleiben in ihrer vorgeformten Lage, ohne sich im geringsten hochzubiegen.

Gegenüber den gewöhnlichen Seilen sind die Tru-Lay-Neptun-Seile — gleichwertigen Drahtwerkstoff, gleiche Konstruktion und gleichen Schlag vorausgesetzt — hinsichtlich Betriebssicherheit, Lebensdauer und Verwendbarkeit stark überlegen.

2. Berechnung.

Die „Berechnungsgrundlagen für die Eisenkonstruktionen von Kranen (DIN 120 Entwurf 2)“[2] enthalten im Anhang Angaben für die Berechnung der nach DIN 655 genormten Drahtseile.

Die Drahtseile sind nur auf Zug zu berechnen, und zwar unter Zugrundelegung der rechnerischen Bruchfestigkeit auf:

6 bis 9fache Sicherheit für blanke Seile,
8 „ 10 „ „ für blanke feuerbestrahlte Seile.

Verzinkte Seile sind mit einer 10% geringeren Festigkeit einzusetzen als ein gleiches blankes Seil.

Das Verhältnis $D:\delta$ (Biegedurchmesser : Drahtdurchmesser) soll betragen:

500 bis 600 bei Wickeltrommeln,
550 „ 700 bei Leitrollen und Treibscheiben,
300 „ 400 für Ausgleichrollen.

Die unteren Werte sollen für Handkrane sowie für leichter beanspruchte, motorisch bewegte Krane, die oberen für schwere, stark beanspruchte Ausführungen gelten.

Das Verhältnis $D:d$ (Biegedurchmesser : Seildurchmesser) soll bei Wickeltrommeln größer als 20, bei Leitrollen größer als 22 sein, um die Verwendung allzu dünner Drähte auszuschließen.

Die Berechnung der Drahtseile auf Zug genügt, da für die Zerreißsicherheit nur die Zugbeanspruchung in Frage kommt. Die Biegebeanspruchung wirkt auf die Lebensdauer der Seile ein; ihr wird durch die genügend große Bemessung der Trommeln, Rollen und Scheiben Rechnung getragen.

Die nach Vorstehendem berechneten Drahtseile entsprechen bewährten Ausführungen.

Zur Berechnung eines Drahtseiles ist zunächst der Rollenzug festzulegen, durch den die Last auf mehrere Seilstränge verteilt wird. Für elektrische Hubwerke sind die Rollenzüge in der Regel Zwillingsrollenzüge nach Abb. 78 bis 83, S. 37.

Aufhängung der Last an einem Seilstrang kommt nur bei Kranen kleinerer Tragkraft (bis 3 t) und bei den normalen Hafendrehkranen mit Stückgutbetrieb (2,5 bzw. 3 t) in Betracht. Nach

[1] Felten & Guilleaume, Carlswerk, A.-G., Köln-Mülheim.
[2] Berlin 1930. Deutscher Kranverband e. V., Berlin SW 61, Wartenburgstraße 17.

Annahme des Sicherheitsgrades 𝔖 auf reinen Zug (nach DIN 120) ist die erforderliche Bruchfestigkeit des Seiles:

𝔖 · S (Sicherheitsgrad × Seilspannung). Nunmehr wähle man die Festigkeit des Drahtwerkstoffes (130 bzw. 160 bzw. 180 kg/mm²) und suche in der Spalte „Rechnerische Bruchfestigkeit des Normblattes DIN 655 (Tabelle 14) den der erforderlichen Bruchfestigkeit am nächsten liegenden Wert und bestimme von diesem nach links gehend die Seilabmessungen. Meist hat man die Wahl zwischen zwei Seilausführungen (A oder B, bzw. B oder C).

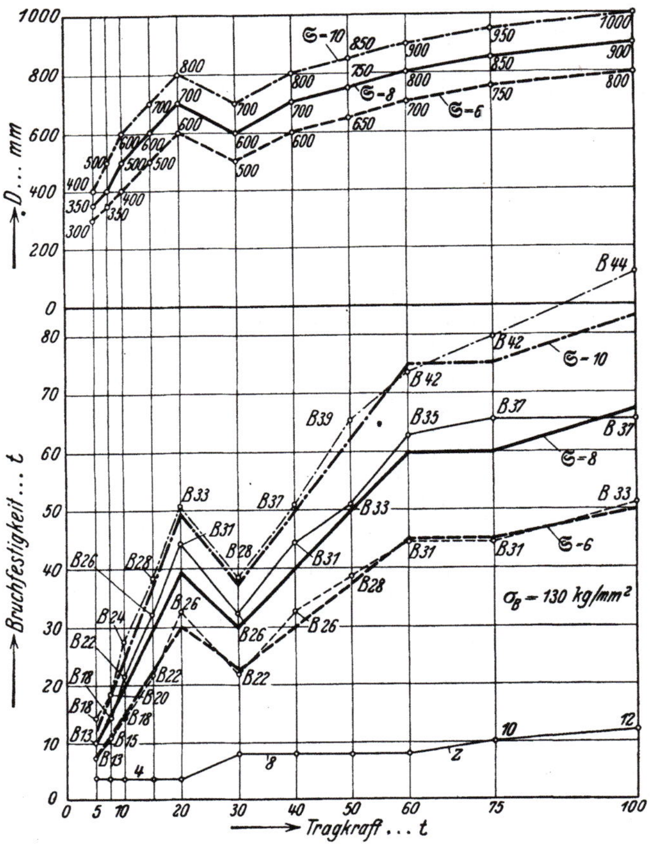

Abb. 56.

Abb. 56 gibt die nach DIN 655 gewählten Drahtseile der elektrisch betriebenen Kranlaufwinden von 3 bis 100 t Tragkraft und für Zwillingsrollenzüge mit $z=4$ bis 12 tragenden Seilsträngen[1]. Sicherheitsgrad auf reinen Zug: 𝔖 = 6, 8 und 10. D = Trommeldurchmesser.

Die Gesamtbeanspruchung eines Drahtseiles setzt sich zusammen aus der Zugbeanspruchung und der Biegebeanspruchung, die das Seil beim Gang über Rollen und Trommeln erleidet.

Bezeichnen S die statische Zugkraft des Seiles in kg, i die Zahl der Drähte des Seiles, δ den Drahtdurchmesser in cm, D den theoretischen Rollen- bzw. Trommeldurchmesser, so ist die Gesamtbeanspruchung (nach Reuleaux):

$$\left.\begin{aligned}\sigma_r &= +\sigma + \sigma' \\ &= +\frac{S}{i\cdot\delta^2\frac{\pi}{4}} + \frac{\delta}{D}\cdot E \;\ldots\; \text{kg/cm}^2.\end{aligned}\right\} \quad (15)$$

Das Elastizitätsmaß des Drahtwerkstoffes kann zu $E \approx 2200000$ kg/cm² angenommen werden.

3. Lebensdauer der Drahtseile.

Die Versuche von Benoit und Wörnle haben ergeben, daß bei den Drahtseilen Ermüdungserscheinungen von großem Einfluß auf die Lebensdauer der Seile sind. Es hat sich gezeigt, daß jedes Seil nur eine bestimmte Anzahl von Biegungen aushält und dann zerstört wird.

Als eine Biegung ist die Biegung des Seiles aus dem geraden in den gekrümmten Zustand und wieder in den geraden zurück anzusehen.

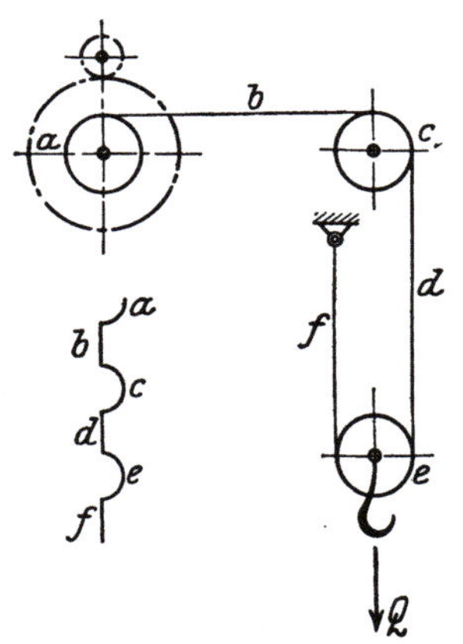

Abb. 57 und 58.

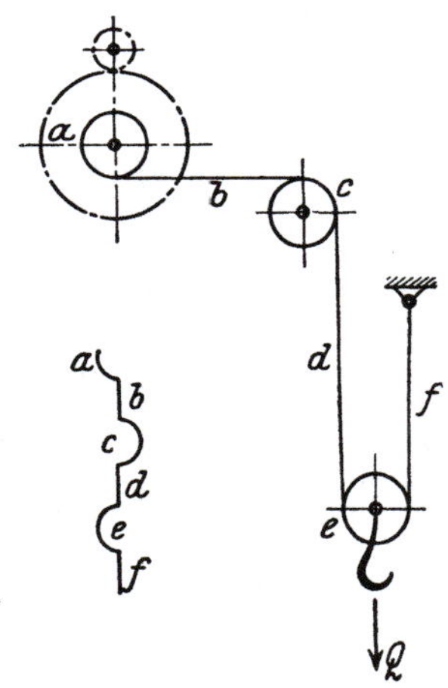

Abb. 59 und 60.

Bei dem in Abb. 57 dargestellten Rollenzug ist das Seil so geführt, daß es nur gleichsinnigen Biegungen (Abb. 58) ausgesetzt ist.

Bei dem Rollenzug Abb. 59 dagegen ist die Seilführung derart, daß der Sinn der Biegungen wechselt (Abb. 60). Ein Biegungswechsel, dem das Seil z. B. vom Übergang der Trommel a auf die Rolle c ausgesetzt ist, ist als zwei Biegungen anzusehen. Eine derartige Seilführung ist daher

[1] Für 100 t Tragkraft kann ebenso wie für 75 t noch ein zehnsträngiger Zwillingsrollenzug gewählt werden.

grundsätzlich zu vermeiden. Ist jedoch ein Biegungswechsel in der Seilführung aus baulichen Gründen nicht zu umgehen, so halte man die Biegebeanspruchung und damit die Gesamtbeanspruchung des Seiles entsprechend niedriger.

Die Biegezahl einer Stelle des Seiles wird erhalten, wenn man die Auf- und Ablaufstellen des Seiles an der Trommel und an den Rollen als je eine halbe, bei wechselnder Biegung als eine volle Biegung zählt.

Das Seil bei dem Rollenzug Abb. 57 ist bei einem Arbeitsspiel (Heben und Senken) 5 Biegungen, das bei dem Rollenzug Abbildung 59 9 Biegungen ausgesetzt. Rechnet man in einem Tag durchschnittlich mit 70 Spielen, so ist das Seil Abb. 57 im Jahr und an 300 Betriebstagen $70 \cdot 300 \cdot 5 = 105000$ Biegungen ausgesetzt, während das Seil nach Abb. 59 bei der gleichen Spielezahl $70 \cdot 300 \cdot 9 = 189000$ Biegungen hinter sich hat.

Mit einer vierfachen Sicherheit ist dann die Bruchbiegezahl beim Seil Abb. 57 $n = 420000$ und beim Seil Abb. 59 $n = 756000$.

Benoit[1] hat ein auf einer abgedrehten gußeisernen Rolle laufendes Drahtseil untersucht und für dieses die Lebensdauerkurven aufgezeichnet. Das Seil hatte Kreuzschlag und folgende Abmessungen.

$$d = 8{,}5\ \text{mm}; \quad \delta = 1\ \text{mm}; \quad i = 5 \cdot 7 = 35.$$

Bruchfestigkeit des Drahtwerkstoffes: $\sigma_B = 16500\ \text{kg/cm}^2$, Elastizitätsmaß: $E = 2007000\ \text{kg/cm}^2$, Spannung an der Proportionalitätsgrenze: $9750\ \text{kg/cm}^2$. Die Kurven sind in Abhängigkeit vom Rillendurchmesser und für $\sigma = +2000$, 4000 und 6000 kg/cm² entsprechend einer 8-, 4- und 2,7fachen Sicherheit aufgezeichnet.

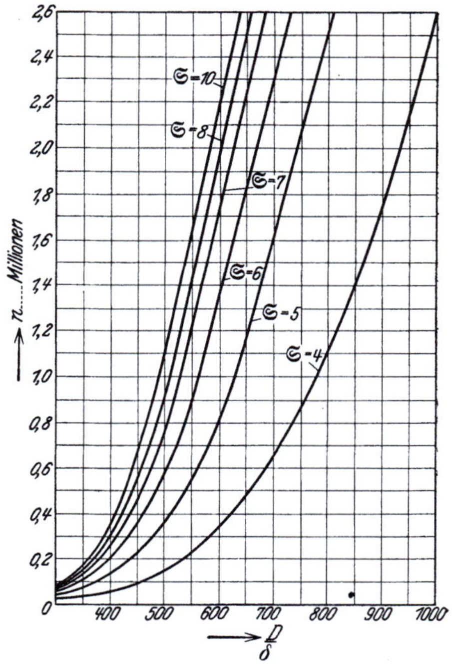

Abb. 61.

Nach Ausdehnung der Benoitschen Versuche auf die stärkeren Seile des Hebezeugbaues wird es möglich sein, die Seile nach den Lebensdauerkurven zu bemessen. Für das in Frage kommende Seil ist dann lediglich die Zahl der jährlich zu erwartenden Biegungen zu überschlagen, aus der dann seine voraussichtliche Aufliegezeit berechnet werden kann.

Abb. 61 gibt eine zeichnerische Darstellung[2] zur Bestimmung des Rollen- bzw. Trommeldurchmessers in Abhängigkeit von der Bruchbiegezahl und bei einem Sicherheitsgrad (auf reinen Zug) $\mathfrak{S} = 4$ bis 10.

4. Seilbefestigung.

Zur Befestigung eines Drahtseiles (Zugseiles) an einem Windengestell, einem Drehkranausleger oder einem anderen Krankonstruktionsteil kommen folgende Befestigungsmittel in Frage:

1. **Die kegelige Seilbüchse oder Henkelmuffe** (Abb. 62). Das Seilende wird durch die Büchse gesteckt und ein kurzes Stück dahinter mit Draht umwickelt. Es wird dann aufgelöst, die Hanfseele wird herausgeschnitten, und die einzelnen Drahtenden werden hakenartig umgebogen. Das aufgeweitete Seilende wird dann wieder in die Büchse hineingezogen und der Hohlraum mit Hartblei ausgegossen.

Die Henkelmuffen (Abb. 62) werden von der Firma Felten & Guilleaume, Carlswerk A.-G., Köln-Mülheim, in vier Größen für Seildurchmesser bis 13 mm, 14 bis 18 mm, 19 bis 22 mm und 23 bis 28 mm hergestellt.

2. **Das Keilschloß** (Abb. 63). Das Seil wird um einen, mit einer Rille versehenen Keil gelegt und mit diesem in eine entsprechend gestaltete flache Büchse aus Stahlguß oder Stahl eingelegt. Durch den Lastzug wird es dann angezogen und fest in die Büchse gepreßt.

3. **Die Seilkausche** (Abb. 64). Das Seil wird um die Kausche gelegt und das Seilende mit dem tragenden Strang verspleißt. Das Spleißen muß, damit die Verbindung vollkommen sicher ist, sorgfältig ausgeführt werden und erfordert gelernte Arbeiter. Spleißlänge: $l \approx 10\,d$ bis $15\,d$.

Herstellung der Seilkausche meist aus Stahl (St 34 · 11), seltener aus Gußeisen.

Tabelle 15 (Abb. 65) gibt die Abmessungen aus Stahl gefertigter und verzinkter Kauschen für Seildurchmesser von 6,5 bis 20 mm.

Die Seilkausche mit dem verspleißten Seil ist die am meisten angewendete Seilbefestigung.

[1] Die Drahtseilfrage. Karlsruhe i. B.: F. Gutsch 1915.

[2] Nach dem Vorgang von Krell (Entwerfen im Kranbau).

Statt durch Spleißen kann das Seilende mit dem tragenden Seilstrang auch durch zwei Schellen verbunden werden.

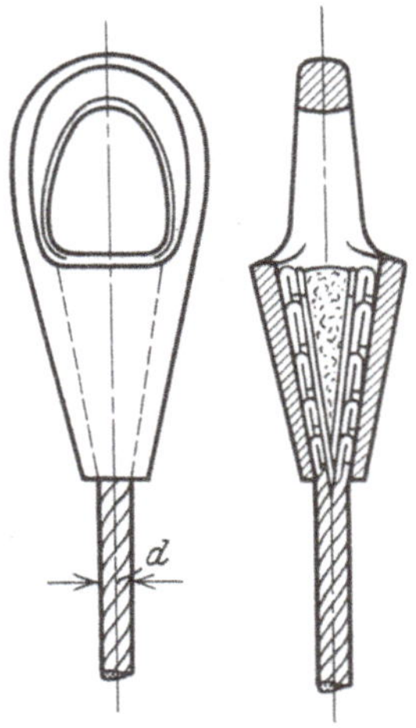

Abb. 62.

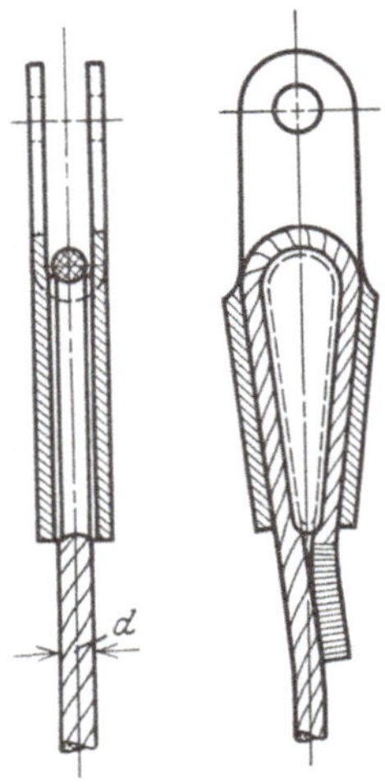

Abb. 63.

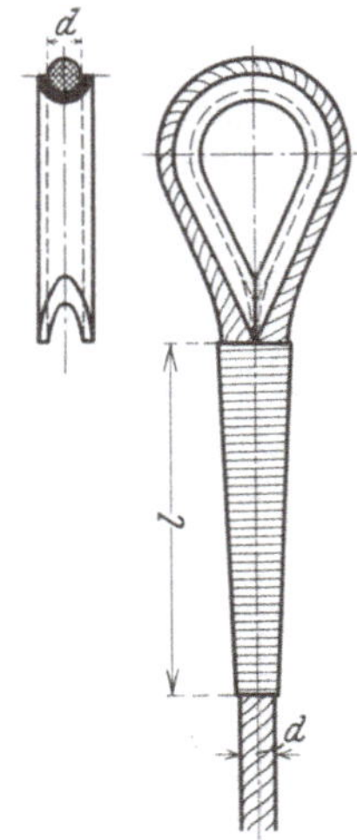

Abb. 64.

Abb. 66 zeigt die Seilverbindung durch zwei „Backenzahn"-Klammern[1], deren Wirkungsweise aus der Abbildung ersichtlich ist.

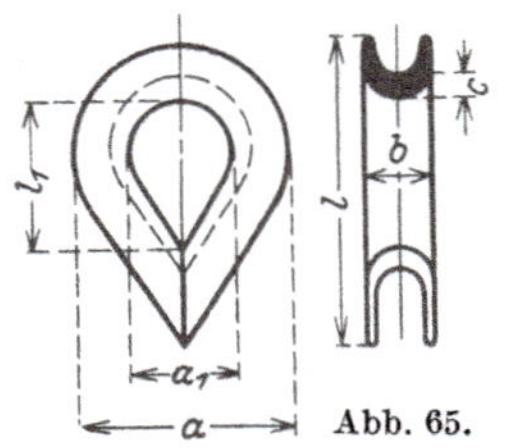

Abb. 65.

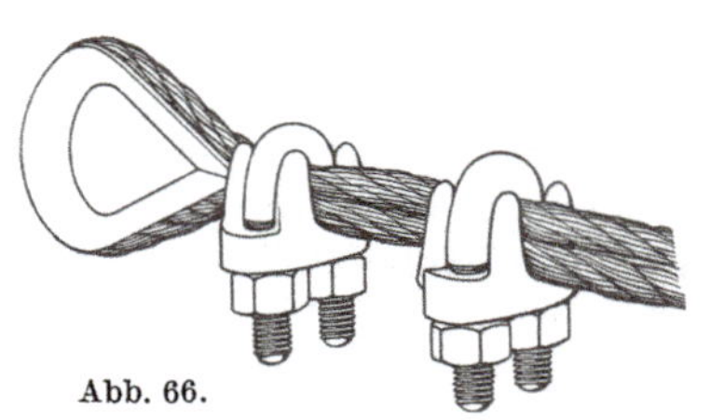

Abb. 66.

Tabelle 15. Abmessungen der Seilkauschen (Abb. 65).

Seil-durchmesser mm	Abmessungen in mm						Seil-durchmesser mm	Abmessungen in mm					
	a	a_1	b	c	l	l_1		a	a_1	b	c	l	l_1
6,5	30	17	9	3	40	24	16	66	36	20	5	92	50
8 u. 9,5	46	26	14	3	70	40	17	76	46	25	3	126	77
11—14	47	40	16	4	68	40	19 u. 20	80	48	28	4	134	78

Literatur.

Altpeter: Die Drahtseile, ihre Konstruktion und Herstellung. Halle a. Saale: Martin Börner 1931.
Elster: Drahtseilklemmen. Mont. Rdsch. 16. Nov. 1929. — Seilklammern und Seilverbindungen. Prakt. Masch.-Konstr. 1916, H. 45 u. 46.
Klein: Über Bruchbiegezahlen von Drahtseilen. Fördertechn. 1930, S. 1.
Riedig: Seil und Kette auf der Werkstoffschau 1927. Fördertechn. 1928, S. 23. — Auswechseln beschädigter Drahtseile an Krananlagen. Fördertechn. 1928, S. 251.
Vogdt: Bemerkungen zu DIN 655 (Drahtseile). Fördertechn. 1930, S. 176.
Woernle: Über den Einfluß der Schlagart auf die Lebensdauer der Drahtseile. Maschinenbau 1924, S. 763. — Ein Beitrag zur Klärung der Drahtseilfrage. Z. V. d. I. 1929, S. 417. — Drahtseilforschung. Z. V. d. I. 1930, S. 185.

III. Mechanik der Rollen und Rollenzüge.

a) Feste Rolle (Leit- oder Umlenkrolle).

Das über die Rolle (Abb. 67) gelegte Seil ist durch die Last Q und die beliebig gerichtete Zugkraft Z bzw. Z_0 belastet.

Bei der festen Rolle ist also die theoretische Zugkraft Z_0 gleich der Last Q

$$\text{Kraftweg } s = \text{Lastweg } h. \qquad (16)$$

[1] Der Firma Bleichert & Co., Leipzig-Gohlis.

Infolge der Reibungswiderstände ist zum Heben der Last eine tatsächliche Zugkraft

$$Z > Q$$

erforderlich.

Die Reibungswiderstände setzen sich zusammen aus dem Biegewiderstand des Seiles und der gleitenden Reibung zwischen Rolle und Rollenbolzen.

Der Biegewiderstand (die Seilsteifigkeit) rührt aus der Reibung der einzelnen Drähte im Seilverband her. Der Übergang des Seiles aus der Geraden in die Krümmung tritt, wie in Abb. 70 gezeigt, allmählich und auf eine gewisse Strecke ein.

Setzt man $Z \approx Q$, so kann man mit hinreichender Genauigkeit annehmen, daß das auflaufende Seil um den Betrag e nach außen und das ablaufende um den gleichen Betrag nach innen abweicht. Hierdurch wird der Hebelarm R um diesen Betrag vergrößert bzw. verkleinert.

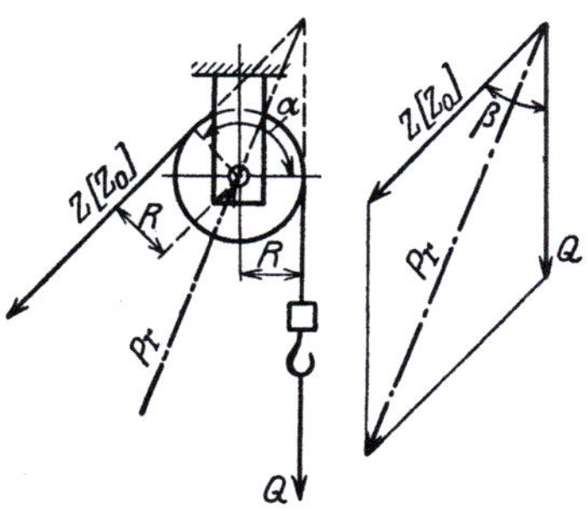

Abb. 67 und 68.

Der Biegewiderstand wird bei geringer Seilgeschwindigkeit und an einer Rolle mit $\alpha = 180°$ Umspannungsbogen gemessen[1], deren Bolzen beiderseits auf je einer glatten waagerechten Bahn aufliegt. Im Gleichgewichtszustand macht die Rolle keine waagerechte Bewegung, und es ist:

$$Z \cdot (R \cdot \cos\varphi - e) = Q \cdot (R \cdot \cos\varphi + e), \tag{17}$$

$$\frac{Z}{Q} = \frac{1 + \dfrac{e}{R \cdot \cos\varphi}}{1 - \dfrac{e}{R \cdot \cos\varphi}}. \tag{18}$$

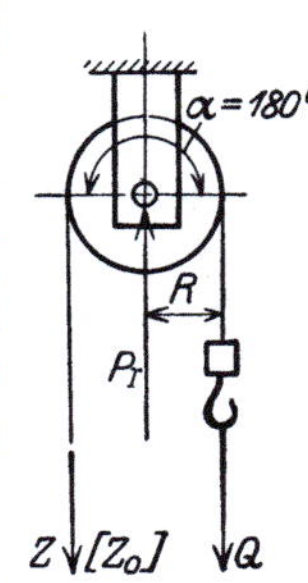

Abb. 69.

Die Division ergibt unter Vernachlässigung der verschwindend kleinen Glieder:

$$Z \approx Q \cdot \left(1 + \frac{2e}{R \cdot \cos\varphi}\right). \tag{19}$$

$Q \cdot \dfrac{2e}{R \cdot \cos\varphi}$ wird der Biegewiderstand des Seiles genannt.

Für die im Winden- und Kranbau meist verwendeten sechslitzigen Drahtseile mit Kreuzschlag (s. S. 27) mit der Stärke d in cm, dem Rollenhalbmesser R in cm wird der Biegewiderstand[2]:

$$\frac{2e}{R \cdot \cos\varphi} = \frac{\dfrac{60}{Q} + 0{,}5}{R - 5} \cdot d, \tag{20}$$

wobei die Schmierung des Seiles ohne Einfluß ist.

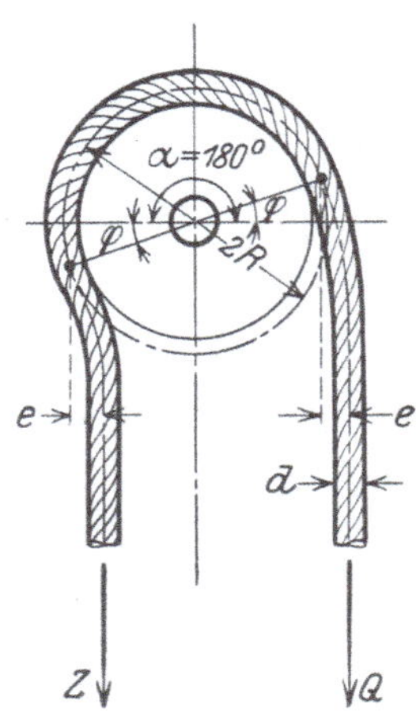

Abb. 70.

Der für die Berechnung der Reibung zwischen Rolle und Bolzen maßgebende resultierende Bolzendruck ist für die Rolle Abb. 67

$$P_r = \sqrt{Z_0^2 + Q^2 - 2\,Z_0 \cdot Q \cdot \cos(180° - \beta)} = 2Q \cdot \sin\frac{\alpha}{2}, \tag{21}$$

wobei $\dfrac{\alpha}{2} = 90° - \dfrac{\beta}{2}$.

Der Bolzendruck wird am einfachsten zeichnerisch nach Abb. 68 ermittelt.

Ist $\alpha = 180°$ (Abb. 69), so sind Z_0 und Q parallel, und es ist

$$P_r \approx Z_0 + Q = 2Q. \tag{22}$$

Das Reibungsmoment am Rollenbolzen mit dem Durchmesser d in cm, dem Bolzendruck $P_r \approx 2Q$ bei 180° Umspannungswinkel und der Reibungszahl μ ist:

$$M_r = 2Q \cdot \mu \cdot \frac{d}{2}. \tag{23}$$

Zur Überwindung der am Rollenbolzen wirkenden Reibung ist daher eine Kraft

$$P' = \frac{M_r}{R} = 2Q \cdot \mu \cdot \frac{d}{2R} = Q \cdot \mu \cdot \frac{d}{R}. \tag{24}$$

nötig.

---

[1] v. Hanffstengel: Z. V. d. I. 1913, S. 445. [2] Hirschland: Dingler 1906.

Durch Addition dieses Wertes zu dem für den Seilbiegewiderstand [Gleichung (19)] erhaltenen wird die erforderliche (tatsächliche) Zugkraft:

$$Z = Q \cdot \left(1 + \frac{2e}{R \cdot \cos\varphi} + \mu \cdot \frac{d}{R}\right). \tag{25}$$

Das aus Gleichung 25 erhaltene Verhältnis Z/Q heißt Verlustfaktor und ist gleich dem umgekehrten Wirkungsgrad der Rolle:

$$\varepsilon = \frac{Z}{Q} = \frac{1}{\eta}. \tag{26}$$

Aus Gleichung 25 und 26 folgt:

$$\varepsilon = \frac{1}{\eta} = 1 + \frac{2e}{R \cdot \cos\varphi} + \mu \cdot \frac{d}{R}. \tag{27}$$

Der Verlustfaktor hängt wesentlich von der Lagerung und Schmierung des Rollenbolzens ab. Bei den meisten Ausführungen sind die Rollen mit Rotgußbüchsen versehen und laufen lose auf den durch Achshalter festgestellten Bolzen. Schmierung durch Staufferfett. Alsdann kann für Seil- und Kettenrollen ($\mu \approx 0{,}1$) gesetzt werden: $\varepsilon \approx 1{,}05$; $\eta \approx 0{,}95$.

Bei Rollen, die auf Wälzlagern (Kugel- oder Rollenlagern) laufen, kann die Zapfenreibung praktisch vernachlässigt werden.

Es ist: $\varepsilon = 1{,}02$; $\eta \approx 0{,}98$.

b) Lose Rolle (lose Lastrolle).

Die Last hängt am Bolzen der losen Rolle (Abb. 71). Das eine Ketten- oder Seilende ist am Flaschenzuggehäuse, am Katzengestell oder an der Auslegerspitze eines Drehkrans befestigt. Am anderen greift die Zugkraft Z bzw. Z_0 an.

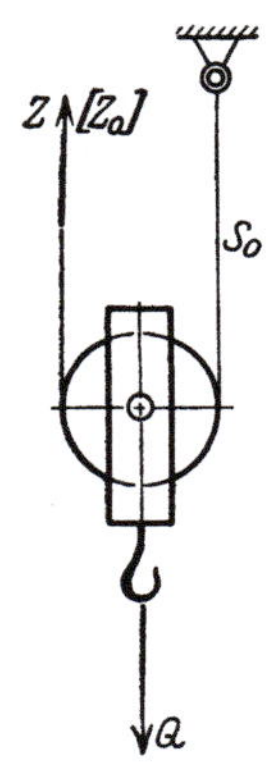

Abb. 71.

Ohne Berücksichtigung der Reibungswiderstände und bei vollkommen biegsamem Huborgan gilt mit Bezug auf Abbildung 71:

Theoretische Zugkraft:

$$Z_0 = S_0 = \frac{Q}{2}, \tag{28}$$

wobei S_0 die Zugkraft im fest aufgehängten Seilende bezeichnet.

Mit Berücksichtigung der Reibungsverluste wird:

$$Z + S_0 = Q; \quad Z = \varepsilon S_0 = \varepsilon (Q - Z).$$

$$Z = \frac{\varepsilon}{1+\varepsilon} Q; \quad \eta = \frac{Z_0}{Z} = \frac{Q}{2} \cdot \frac{1+\varepsilon}{\varepsilon Q} = \frac{1+\varepsilon}{2\varepsilon}. \tag{29}$$

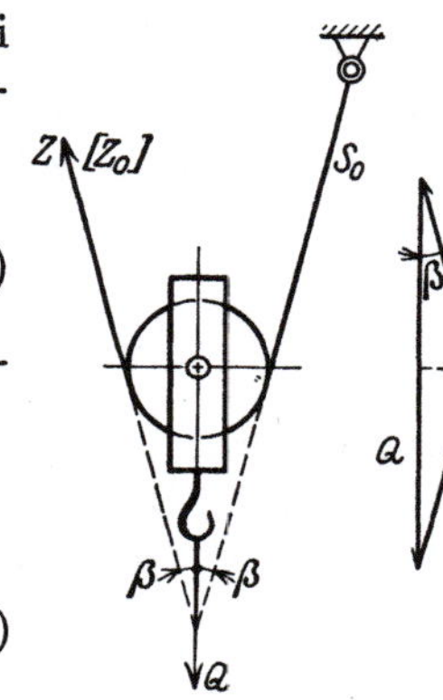

Abb. 72.

Durch Einsetzen von $\varepsilon = 1{,}05$ in Gleichung 29 wird $\eta \approx 0{,}975$. Der Wirkungsgrad der losen Rolle ist daher etwas besser als der der festen. Für praktische Rechnungen begnügt man sich jedoch damit, ihn gleich dem der festen Rolle, nämlich 0,95, zu setzen.

Der Kraftweg ist bei der losen Rolle gleich dem doppelten Lastweg:

$$s = 2\,h. \tag{30}$$

Bezeichnen v_1 die Hubgeschwindigkeit und v_s die Seilgeschwindigkeit, so ist:

$$v_s = 2\,v_1. \tag{31}$$

Die Belastung des losen Rollenbolzens ist gleich der Last Q.

Liegen beide Seilenden wie in Abb. 72 nicht parallel, so ist:

$$Z_0 = S_0 = \frac{Q}{2\cos\beta}; \quad \beta = 90° - \frac{\alpha}{2}. \tag{32}$$

und

$$Z = \frac{\varepsilon Q}{2\cos\beta} = \frac{Q}{2\cos\beta \cdot \eta}. \tag{33}$$

Meist sind jedoch die beiden Seilstränge so wenig zur Senkrechten geneigt, daß die Zugkraft hinreichend genau nach Gleichung 29 bestimmbar ist.

c) Rollenzüge (Seilzüge).

1. Hubrollenzüge (Flaschenzüge).

Die im Winden- und Kranbau angewendeten Flaschenzüge sind ausnahmslos Faktorenflaschenzüge, bei denen die festen Rollen in der Oberflasche und die losen Rollen in der auf- und abbewegbaren Unterflasche gelagert sind. Im Gegensatz zu den schematischen Darstellungen Abbildung 73 bis 76 sitzen die festen und die losen Rollen auf je einem gemeinsamen Bolzen.

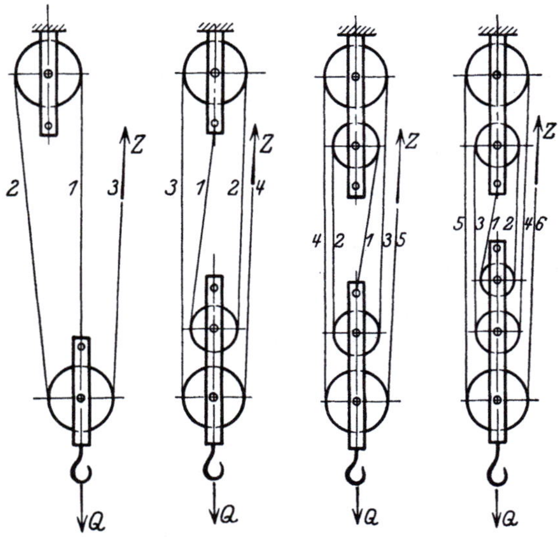

Abb. 73 bis 76. Einfache Rollenzüge.

α) Einfache Rollenzüge.

Die Lastrollenzüge werden als selbständige Flaschenzüge sowie als Kraftübersetzungsmittel bei Winden und Kranen angewendet. Sie haben ein gemeinsames Seil, dessen eines Ende je nach der Rollenzahl an der Unter- oder Oberflasche befestigt ist (Abb. 73 bis 76). Für die Berechnung der Rollenzüge ist stets anzunehmen, daß das Seil von einer losen Rolle abläuft.

Bezeichnet z die Rollenzahl des Flaschenzuges, so ist die Zahl der tragenden Seilstränge: $z + 1$.

Übersetzung des Rollenzuges: $i_r = \frac{1}{z+1}$.

Ohne Berücksichtigung der Reibungswiderstände ist die Spannkraft der tragenden Seilstränge S_0 bzw. die Zugkraft Z_0 am freien Seilende:

$$S_0 = Z_0 = i_r \cdot Q = \frac{Q}{z+1}. \tag{34}$$

Beziehung zwischen Kraft- und Lastweg:

$$s = \frac{1}{i_r} \cdot h = (z+1) \cdot h. \tag{35}$$

Ist v_1 die Hubgeschwindigkeit, so ist die Seilgeschwindigkeit des von der losen Rolle ablaufenden Stranges:

$$v_s = \frac{1}{i_r} \cdot v_1 = (z+1) \cdot v_1. \tag{36}$$

Mit η_r = Wirkungsgrad ist die tatsächliche Zugkraft:

$$Z = \frac{i_r \cdot Q}{\eta_r} = \frac{Q}{\eta_r \cdot (z+1)}. \tag{37}$$

Ist $\varepsilon = \frac{1}{\eta}$ der Verlustfaktor einer Seilrolle, so ist:

$$\eta_r = \frac{1}{z+1} \cdot \frac{\varepsilon^{z+1} - 1}{\varepsilon^z \cdot (\varepsilon - 1)}. \tag{38}$$

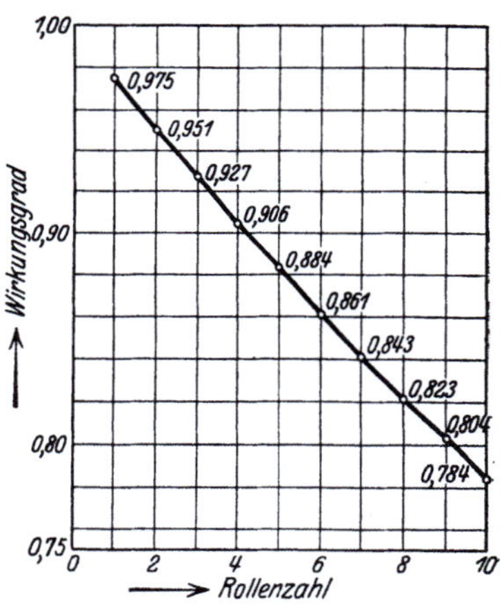

Abb. 77.

Die mit dem Verlustfaktor $\varepsilon = 1{,}05$ berechneten Wirkungsgrade der einfachen Rollenzüge sind in Abb. 77 in Abhängigkeit von der Rollenzahl z zeichnerisch dargestellt.

Die Spannkraft der tragenden Seilstränge ist im 1. Strang am kleinsten und im $(z+1)$-sten am größten.

$$\left.\begin{array}{lll} S_1 = \frac{Q}{z+1}; & S_2 = \varepsilon \cdot S_1 = \varepsilon \cdot \frac{Q}{z+1}; & S_3 = \varepsilon \cdot S_2 = \varepsilon^2 \cdot \frac{Q}{z+1}; \\ S_4 = \varepsilon \cdot S_3 = \varepsilon^3 \cdot \frac{Q}{z+1}; & \cdots = S_{z+1} = \varepsilon^z \cdot \frac{Q}{z+1}. & \end{array}\right\} \tag{39}$$

Bei den Hubwerken der Kranlaufwinden ist die Zugkraft S_{z+1} gleich dem Seilzug S an der Trommel.

Die bei den Drehkran-Hubwerken zwischen Rollenzug und Seiltrommel noch erforderliche, im Auslegerkopf gelagerte Umlenkrolle wird bei der Bestimmung des Gesamtwirkungsgrades des Hubwerks berücksichtigt.

β) Zwillingsrollenzüge.

Hängt die Last bei einem Laufkatzen-Hubwerk unmittelbar an einem, an der Trommel befestigten Seilstrang und wird sie aus der tiefsten in die höchste Stellung gehoben, so bewegt sie sich gleichzeitig um einen bestimmten Weg waagerecht. Auch bei Anwendung einer losen Rolle tritt eine, wenn auch kleinere waagerechte Lastbewegung auf. Wenn dieser waagerechte Lastweg auch mit zunehmender Rollenzahl des Flaschenzuges abnimmt, so wirkt er im Betriebe oft störend und macht die einfachen Rollenzüge für Laufkatzen-Hubwerke ungeeignet. Ein weiterer Nachteil der einfachen Rollenzüge ist der, daß sie bei Hubwerken mit größerer Tragkraft zu starke Seile ergeben.

Diese Nachteile werden dadurch behoben, daß man, besonders bei den Hubwerken der elektrisch betriebenen Laufkatzen, die Zwillingsrollenzüge anwendet, die ein genau senkrechtes Auf- und Niedergehen der Last sichern und die Last mit der doppelten Strangzahl der einfachen Rollenzüge tragen.

Abb. 78 bis 83 geben die bei den elektrisch betriebenen Kranlaufwinden allgemein angewendeten Rollenzüge mit vier bis zwölf tragenden Seilsträngen. Sie stellen eine Verdoppelung der losen Rolle (Abb. 71) und der einfachen Rollenzüge Abb. 73 bis 76 dar und haben ein Hubseil, dessen beide Enden an der mit Rechts- und Linksgewinde versehenen Trommel angreifen. Beim Übergang von einer Rollenzughälfte zur anderen ist das Seil über eine Leitrolle geführt, die zum Ausgleich der Seilspannungen bzw. Seillängungen dient. Diese Ausgleichrolle ist in den Abb. 78 bis 83 mit a bezeichnet und ist je nach der Strangzahl des Rollenzuges am Windengestell fest gelagert oder auf dem Bolzen der Kranflasche angeordnet. In den Abb. 79 und 81 bis 83 ist die Ausgleichrolle zwecks Hervorhebung kleiner als die festen bzw. losen Rollen gezeichnet. Bei den Rollenzügen Abb. 78 und 80 wird die Ausgleichrolle aus baulichen Gründen kleiner als die Flaschenzugrollen ausgeführt.

1. Zwillingsrollenzug mit vier tragenden Seilsträngen (Abb. 78).
Anwendung für Tragkräfte bis etwa 25 t. Übersetzung: $i_r = \frac{1}{2}$. An jeder Trommelhälfte aufzuwickelnde Seillänge: $l = 2 \cdot h = 2 \cdot$ Hubhöhe. Seilgeschwindigkeit an der Trommel: $v_s = 2 \cdot v_1 = 2 \cdot$ Hubgeschwindigkeit. Wirkungsgrad: $\eta_r \approx 0{,}94$.

2. Zwillingsrollenzug mit sechs tragenden Seilsträngen (Abb. 79).

$$i_r = \tfrac{1}{3}; \quad l = 3 \cdot h; \quad v_s = 3 \cdot v_1; \quad \eta_r \approx 0{,}92 .$$

Der sechssträngige Rollenzug hat den Nachteil, daß sich die Unterflasche infolge des Seilschränkens leicht schräg einstellt. Auch ist die Seilablenkung in der höchsten Stellung der Unterflasche groß und bedingt ein breites Rillenprofil. Der sechssträngige Rollenzug wird daher von vielen Firmen nicht angewendet.

3. Zwillingsrollenzug mit acht tragenden Seilsträngen (Abb. 80 u. 81).
Anwendung für Tragkräfte bis etwa 75 t.

$$i_r = \tfrac{1}{4}; \quad l = 4 \cdot h; \quad v_s = 4 \cdot v_1; \quad \eta_r \approx 0{,}90 .$$

4. Zwillingsrollenzug mit zehn tragenden Seilsträngen (Abb. 82).
Anwendung für Tragkräfte bis 100 t.

$$i_r = \tfrac{1}{5}; \quad l = 5 \cdot h; \quad v_s = 5 \cdot v_1; \quad \eta_r \approx 0{,}87 .$$

5. Zwillingsrollenzug mit zwölf tragenden Seilsträngen (Abb. 83).
Anwendung für Tragkräfte über 100 t.

$$i_r = \tfrac{1}{6}; \quad l = 6 \cdot h; \quad v_s = 6 \cdot v_1; \quad \eta_r \approx 0{,}85 .$$

Werden die Zwillingsrollenzüge bei Drehkranen angewendet, so werden die festen Rollen im Auslegerkopf gelagert. Zum Umlenken der beiden, von der Unterflasche ablaufenden, zur Trommel gehenden Seilstränge sind noch zwei weitere Rollen im Auslegerkopf erforderlich.

2. Rollenzüge (Seilzüge) für Katzenfahrwerke.

Bei verschiedenen Kranbauarten, wie Verladekranen und Kabelkranen, ist ein möglichst niedriges Katzengewicht erwünscht. Dies wird dadurch erreicht, daß man die Antriebe des Hub- und Katzenfahrwerks nicht auf der Katze, sondern an geeigneter Stelle fest auf dem Krangerüst anordnet und ihre Bewegungen durch Seilzüge auf die Katze überträgt. Die Seilzugkatzen lassen höhere Fahrgeschwindigkeiten als die Motorlaufkatzen zu, haben jedoch den Nachteil einer schwierigen Seilführung bei großen Fahrwegen und eines stärkeren Verschleißes des Hubseils. Sie werden daher zweckmäßig nur dann angewendet, wenn der Katzenfahrweg kurz ist und derselbe Arbeitsvorgang schnell nacheinander ausgeführt wird. Dies trifft hauptsächlich auf Krane zu, die Schüttgüter aus einem Schiff in das andere umladen oder das aus dem Schiff aufgenommene Gut in einen Füllrumpf bzw. in einen Übergabetrichter im Krangerüst entleeren. Derartige Krane werden auch mit schräger Katzenfahrbahn ausgeführt (Schrägbahnentlader).

Die zum Schüttgüterumschlag dienenden Krane werden mit Kippkübeln, Klappkübeln, meist jedoch mit Selbstgreifern ausgerüstet. Siehe Abschnitt B. „Lastaufnahmemittel“.

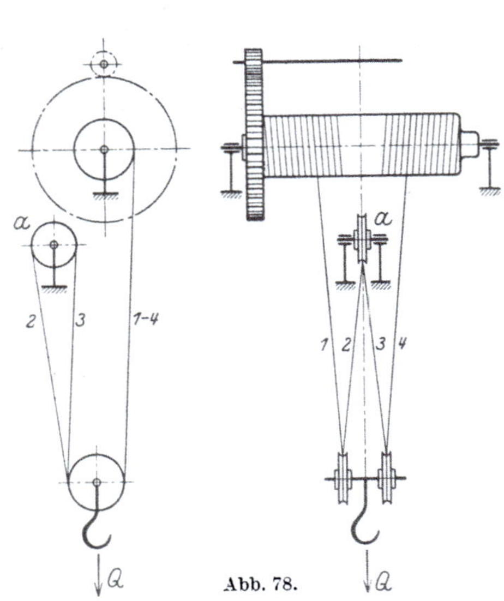

Abb. 78.

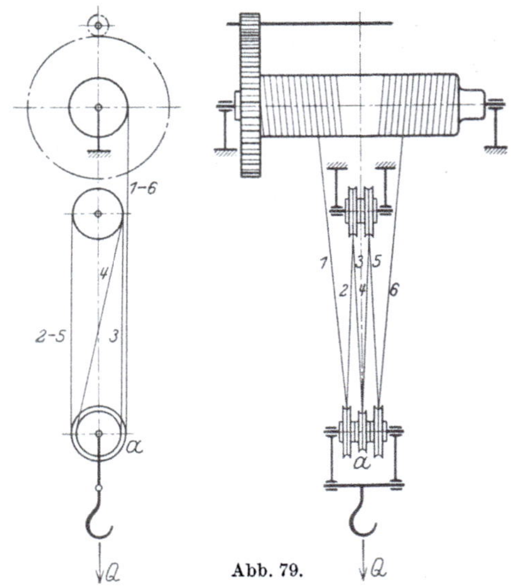

Abb. 79.

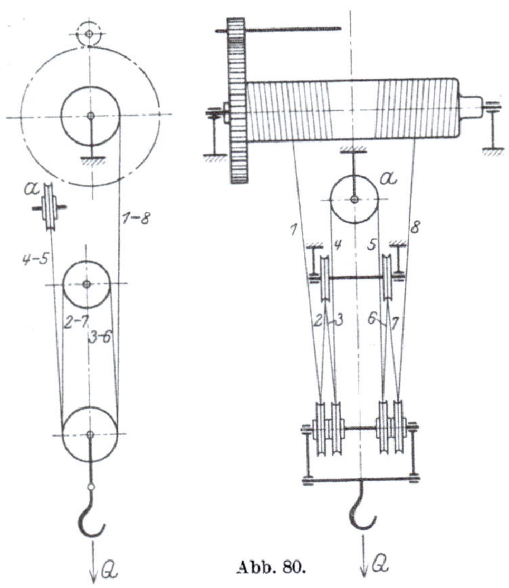

Abb. 80.

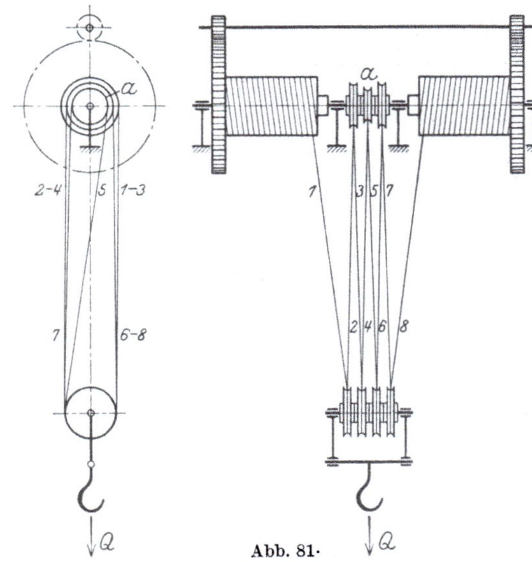

Abb. 81.

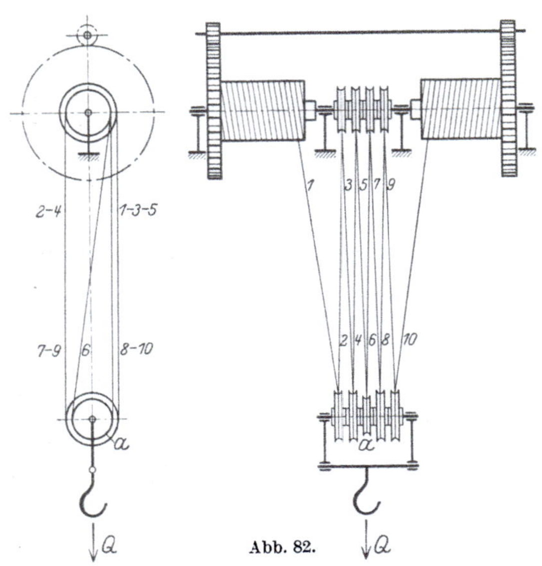

Abb. 82.

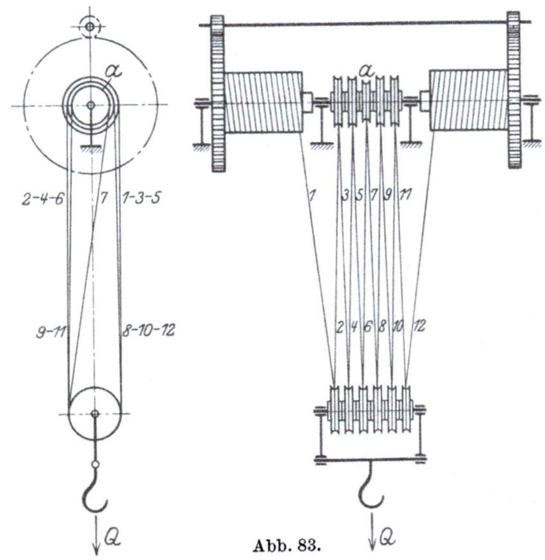

Abb. 83.

Abb. 84 zeigt die einfachste Art der Seilführung. Die Hubtrommel *HT* und die Fahrtrommel *FT* werden durch je einen Motor angetrieben. Das Fahrseil, dessen beide Enden am Katzengestell befestigt sind, umschlingt die Fahrtrommel in ein oder zwei Windungen (siehe auch S. 53 Reibungstrommeln).

Die Anordnung hat den Vorzug, daß die Hub- und Fahrbewegung unabhängig voneinander sind. Ein Nachteil ist der, daß das belastete Hubseil beim Katzenfahren die Umlenkrollen an der

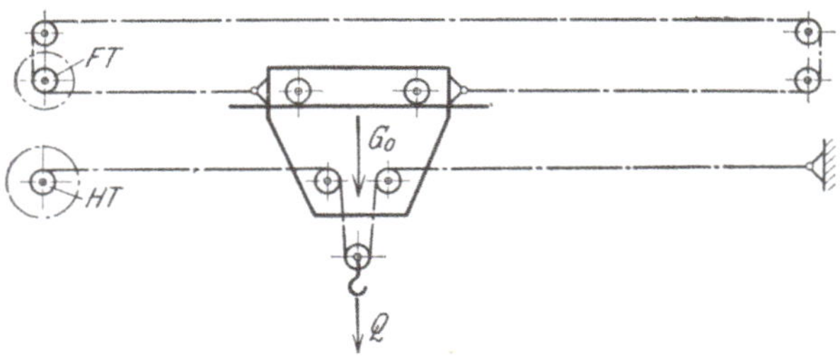

Abb. 84.

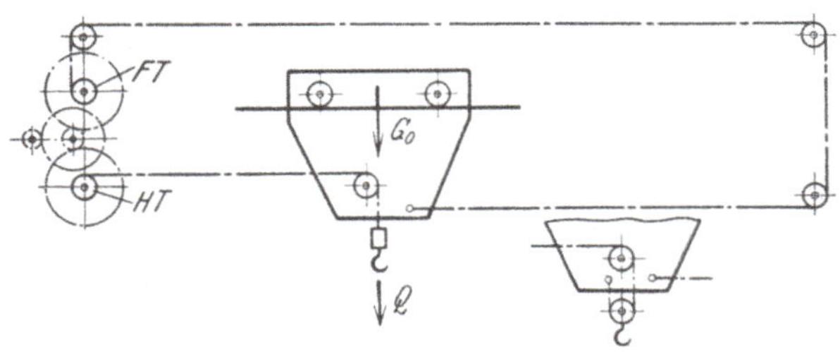

Abb. 85 und 86.

Katze bewegt, was einen größeren Fahrwiderstand und einen stärkeren Seilverschleiß zur Folge hat. Dieser läßt sich dadurch vermindern, daß die belastete Flasche vor dem Katzenfahren in ihre Höchststellung gebracht und in dieser durch einen Haken oder ein Klinkwerk festgehalten wird. Das Klinkwerk wird derart ausgeführt, daß es sich beim Lastsenken selbsttätig auslöst.

Bei der Anordnung Abb. 85 werden beide Trommeln von einem Motor aus unter Zwischenschaltung von Kupplungen angetrieben.

Beim Heben und Senken wird die Fahrtrommel *FT* durch eine Bremse festgehalten und die Hubtrommel *HT* angekuppelt. Beim Katzenfahren werden beide Trommeln angekuppelt und

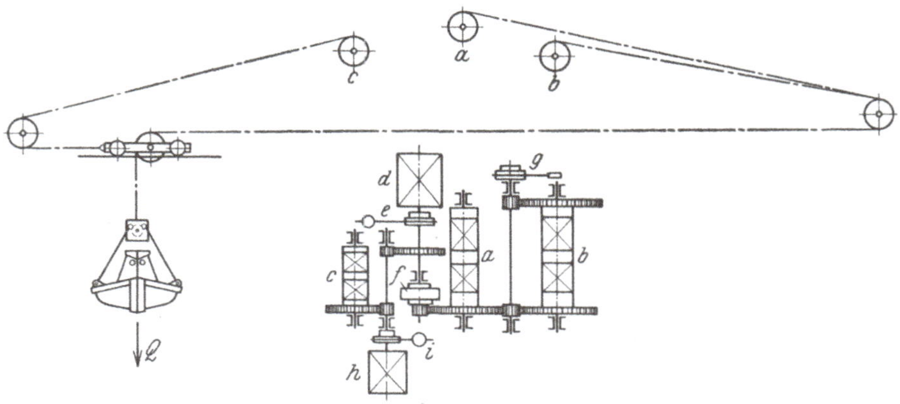

Abb. 87. Seilführung zu einem Entlader mit Greiferbetrieb. (Demag.)
a Hub- und Schließtrommel, *b* Halte- (Entleer-) Trommel, *c* Fahrtrommel, *d* Hubmotor, *e* elastische Kupplung mit Hubbremse, *f* Umlaufgetriebe, *g* Bremsbandkupplung mit Entleerbremse, *h* Fahrmotor, *i* elastische Kupplung mit Fahrbremse.

laufen gegensinnig (ohne Bewegung der Hubseilrollen) um. Bei einfacher Lastaufhängung (Abb. 85) ist die Fahrgeschwindigkeit gleich der Hubgeschwindigkeit. Da meist eine größere Fahrgeschwindigkeit erwünscht ist, so führt man den Hubseilzug zweisträngig (Abb. 86) oder dreisträngig aus. Alsdann ist die Fahrgeschwindigkeit gleich der zwei- bzw. dreifachen Hubgeschwindigkeit.

Die Anordnung wird vielfach bei kleineren Verladebrücken, Kabelkranen und Drehkranen mit Seillaufkatze angewendet.

Abb. 87 gibt eine schematische Darstellung der Seilführung und des Windwerks zu einem Entlader mit Greiferbetrieb, bei dem die Hubbewegung von der Fahrbewegung unabhängig ist. Das Fahrwerk ist mit dem Greiferhubwerk derart gekuppelt, daß bei Drehung der Fahrtrommel sich auch die Hub- und die Entleertrommel mit gleicher Geschwindigkeit bewegen. Der Greifer wird daher beim Katzenfahren weder gehoben noch gesenkt. Läuft der Hubmotor allein, so drehen sich nur die Hub- und die Entleertrommel im Hubsinne. Durch Betätigung der Bremsbandkupplung und der Entleerbremse kann der Greifer geöffnet oder geschlossen werden. Laufen beide Motoren gleichzeitig, so addieren bzw. subtrahieren sich die den Trommeln a, b und c durch die beiden Motoren erteilten Geschwindigkeiten, so daß sich der Greifer beim Katzenfahren hebt oder senkt.

Auf Abb. 88 sind der Antrieb und die Seilführung zu einem Entlader für Kohlenumschlag mit Klappkübel schematisch dargestellt. Der Klappkübelbetrieb erfordert ebenso wie der Greiferbetrieb ein Hubwerk mit zwei Trommeln. Das Hubwerk Abb. 88 ist ein Zweimotorenwindwerk mit einem Motor für die Schließtrommel und einem für die Entleertrommel[1].

Beim Einziehen der Fahrseile an der Trommel c fährt die Katze nach links, beim Nachlassen der Seile gleitet sie durch die Belastung des Kübels oder durch dessen Drehkreuz allein (bei abgehängtem Kübel nach rechts). Um beim Katzenfahren ein Heben oder Senken der Last zu vermeiden, ist das Fahrwerk mit dem Greiferhubwerk durch ein Differentialgetriebe derart gekuppelt, daß bei Bewegung der Fahrtrommel sich auch die beiden Windwerktrommeln je nach der Fahrtrichtung der Katze im Hub- oder Senksinne drehen.

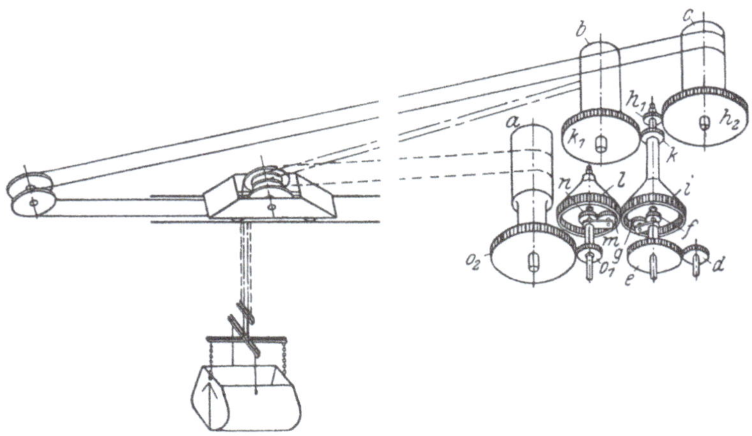

Abb. 88. Seilführung zu einem Entlader mit Klappkübelbetrieb und Zweimotoren-Hubwerk. (Demag.)

a Schließtrommel, b Halte-(Entleer-)Trommel, c Fahrtrommel, $d-e$ Vorgelege zum Fahrwerk, f Sonnenritzel, g Umlaufrad, h_1-h_2 Vorgelege zum Antrieb der Fahrtrommel, i Rad, das Ritzel k des Vorgeleges $k-k_1$ der Haltetrommel mitnehmend, l Rad zur Übertragung der Bewegung auf das Umlaufrad m, n Sonnenritzel, o_1-o_2 Vorgelege zur Schließtrommel.

Denkt man sich den Hubmotor und den Schließmotor stillstehend, so stehen auch die Sonnenritzel f und n still. Wird nun der Fahrmotor angelassen, so setzt er über das Vorgelege d—e das Umlaufrad g um f in Gang; gleichzeitig dreht sich auch das Ritzel h_1 und treibt die Fahrtrommel c an. Das Umlaufrad g dreht das Rad i und dieses nimmt das Ritzel k mit, das die Haltetrommel b antreibt. Durch das Rad i wird auch das Rad l angetrieben, das seinerseits das Umlaufrad m in Gang setzt. Hierdurch wird das Ritzel o_1 gedreht und die Schließtrommel a angetrieben.

Die Getriebeübersetzungen und die Trommeldurchmesser sind so gewählt, daß die Schließ- und Halteseile um das gleiche Stück nachgelassen oder eingezogen werden, je nachdem die Katze nach rechts oder nach links fährt. Der Fahrmotor gibt daher keine Hubleistung ab, sondern überwindet nur den Fahrwiderstand, die Beschleunigungskräfte und die Reibungswiderstände der Seilrollen und Getriebe. Zum Heben und Senken der Last läuft der Hubmotor allein. Da der Fahrmotor abgestellt ist, so steht auch die Fahrtrommel c still und das Umlaufrad g wird festgehalten. Das Ritzel f treibt daher über g das Rad i an. Dieses nimmt das Ritzel k, das die Haltetrommel b antreibt, mit und dreht das Rad l, das das Umlaufrad m und das feststehende Sonnenritzel n in Gang setzt. Hierdurch wird das Ritzel o_1 und damit die Schließtrommel a angetrieben. Der Schließmotor dient nur zum Öffnen und Schließen des Kübels. Ist er bei Stillstand der anderen Motoren eingeschaltet, so bewegt sich nur der innere Teil des einen Umlaufgetriebes. Das Umlaufrad m wälzt sich auf dem inneren Zahnkranz des Rades l ab und treibt über das Ritzel o_1 die Schließtrommel an.

Der wesentliche Vorzug dieser Kupplungsart der verschiedenen Triebwerke besteht unter anderem darin, daß man die Bewegungen überlagern kann, wie es im Interesse größter Betriebsschnelligkeit erwünscht ist. Beispielsweise ist es daher ohne weiteres möglich, Fahren und Heben, Senken und Öffnen oder auch Heben, Schließen und Fahren gleichzeitig vorzunehmen. Zur Steuerung sind nur vier Handhebel erforderlich, und zwar je einer zum Heben-Senken, Öffnen-Schließen, Katzenfahren und Kranfahren.

Weiteres über Seilführungen siehe: Demag-Nachrichten 1930, S. 1: Greiferkrananalagen mit Seilzugkatzen.

---

[1] Diese beiden Motoren sowie der Fahrmotor und deren Vorgelege sind in der Abbildung nicht gezeichnet.

IV. Kettenrollen, Kettenräder und Seilrollen.

a) Unverzahnte Rollen für Rundeisenketten.

Sie dienen bei den von Hand betriebenen Flaschenzügen und Winden als lose Rolle oder als Umlenkrolle.

Werkstoff: Gußeisen (Ge 21 · 91).

Kranzprofil entweder ohne oder mit angegossenem Bordrand (Abb. 89 bzw. 90).

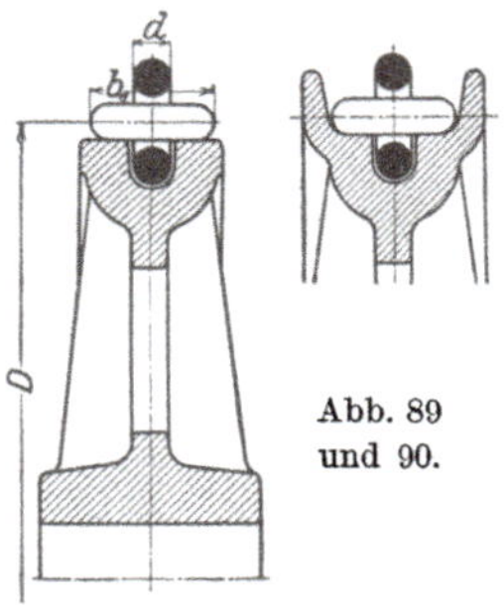

Abb. 89 und 90.

Die Kette soll mit Spielraum in dem unbearbeitet bleibenden Kranzprofil liegen.

Theoretischer Kettenrollendurchmesser bei Hebezeugen mit Handantrieb:

$$D \geqq 20\,d\,. \tag{40}$$

Er wird bei den als Handelsware hergestellten Kettenflaschenzügen und Winden zwecks Gewichtsersparnis allgemein kleiner ausgeführt.

Die Rollen laufen lose auf dem durch Achshalter festgestellten Bolzen. Berechnung des Rollenbolzens s. S. 57. Ausbüchsen der Nabenbohrung mit Rotguß kommt bei Handhebezeugen wegen der geringen Umlaufzahl nicht in Frage. Wirkungsgrad einer Kettenrolle: $\eta \approx 0{,}95$.

b) Kettennüsse (verzahnte Kettenrollen oder Daumenräder).

Anwendung als treibende Kettenräder für Handflaschenzüge und -winden.

Die Glieder der lehrhaltigen (kalibrierten) Kette nach DIN 671 greifen derart mit Spielraum in die Hohlräume der Nuß (Abb. 91) ein, daß sie beim Drehen der Nuß frei ein- und ausschwenken. Am einen Ende der Kette greift der Lastzug an, während das andere frei herabhängt.

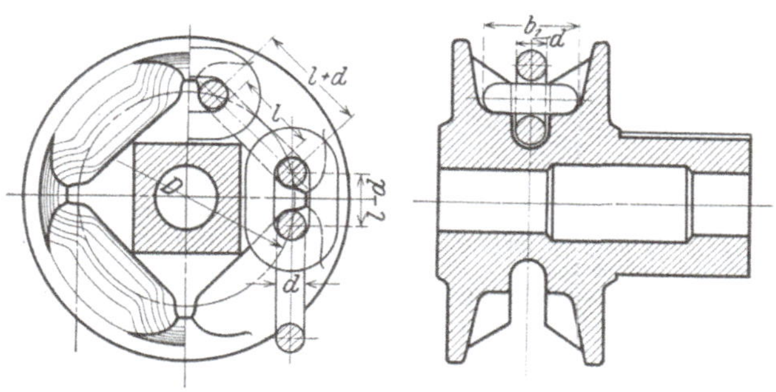

Abb. 91. Kettennuß mit vier Zähnen.

Vorteile: Die Kettennüsse lassen kleine Zähnezahlen zu und ergeben infolge ihres kleinen Durchmessers einen entsprechend kleinen Lasthebelarm und damit gedrängte und billige Bauart des Windwerks.

Nachteile. Beim Gang der Kette über die Nuß treten erhebliche Reibungswiderstände auf, die den Wirkungsgrad im Vergleich zu dem der unverzahnten Kettenrolle vermindern und einen starken Verschleiß von Kette und Nuß hervorrufen. Beide sind daher regelmäßig mit einer Mischung von konsistentem Fett und Graphit zu schmieren.

Berechnung. Für die Abmessungen d und l der lehrhaltigen Kette (s. S. 25) und die Zähne- bzw. Daumenzahl z ist der Teilkreisdurchmesser der Kettennuß[1] (Abb. 91):

$$D = 2R = \sqrt{\left(\frac{l}{\sin\frac{90^\circ}{z}}\right)^2 + \left(\frac{d}{\cos\frac{90^\circ}{z}}\right)^2} \ldots \text{mm}\,. \tag{41}$$

Abb. 92 gibt die Teilkreisdurchmesser der Kettennüsse für $z = 4$ bis 7 und für die nach DIN 671 genormten lehrhaltigen Lastketten.

Wirkungsgrad der Kettennuß $\eta \approx 0{,}93$.

Ausführung. Werkstoff: Meist Gußeisen, vorteilhafter Hartguß; Stahlguß nur unter besonderen Umständen.

Abb. 91 zeigt eine Kettennuß mit der kleinst zulässigen Zähnezahl $z = 4$. Größere Zähnezahl ist wegen Schonung der Kette empfehlenswert. Alsdann laufen die hochkant stehenden Glieder in einer zylindrischen Rille (Abb. 93). Äußere Kettenbreite: $b_1 = b + 2\,d$ (Abb. 45, S. 25).

[1] Ableitung s. Ernst: Hebezeuge, Bd. 1.

Da die flachen Kettenglieder in den Hohlräumen der Nuß ihrer ganzen Länge nach aufliegen, sind sie keiner zusätzlichen Biegungsbeanspruchung ausgesetzt.

Abrundungshalbmesser der Zähne oberhalb des Teilkreises: $r_0 \approx l - 1{,}5d$. Meist wird die Ausführung mit seitlichem Bordrand gewählt, der so hoch angenommen wird, daß er etwas über den Kettengliedern übersteht.

Die Kettennuß läuft am besten lose auf dem durch Achshalter festgestellten Bolzen. Das treibende Zahnrad (Schnecken- oder Stirnrad) wird dann auf der verlängerten Nabe der Kettennuß aufgekeilt (Abb. 93) oder mit der Nuß aus einem Stück gegossen.

Berechnung des Bolzens siehe S. 58.

Einbau. Der Umspannungsbogen der Kette an der Nuß soll wenigstens 180° betragen. Ist dies nicht der Fall, so wird ein angemessener Wert durch die Anordnung einer Leitrolle erzwungen.

Um ein Herausspringen der Kette während des Ganges über die Nuß zu verhindern, sieht man über dem Oberteil der Nuß einen gußeisernen Schutzbügel vor. Ein etwaiges Hängenbleiben der Kettenglieder an der Ablaufstelle wird durch einen Abstreifer vermieden.

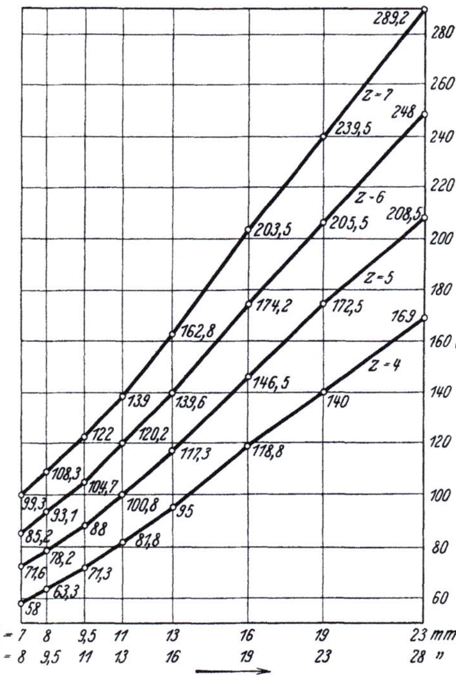

Abb. 92.

c) Kettenräder für Gelenkketten.

Sie werden bei den handbetriebenen Kettenflaschenzügen und Winden mit einer Tragkraft über 10 t angewendet. Je nach der baulichen Ausführung des Windwerks werden sie auf der Welle aufgekeilt (Abb. 94), mit ihr aus einem Stück gefertigt (Abbildung 95) oder sie laufen lose auf dem durch Achshalter festgestellten Bolzen (Abb. 96).

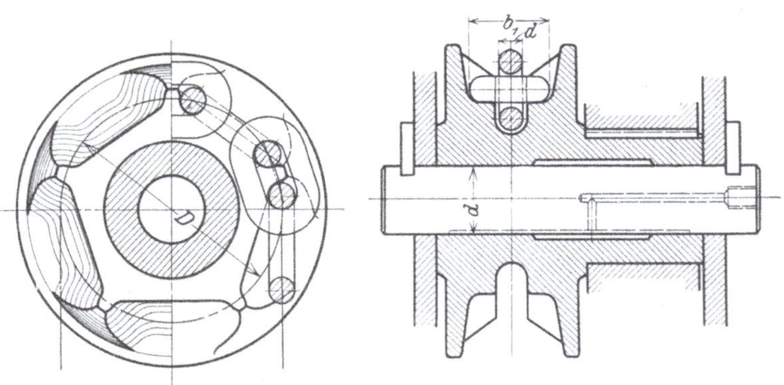
Abb. 93. Kettennuß mit fünf Zähnen.

Werkstoff. Nach Ausführungsart und Beanspruchung: Gußeisen, Stahlguß oder Stahl (St 34 · 11).

Der Radkranz erhält Zähne, in deren Lücken die Kettenbolzen aufliegen. Die Zahnform oberhalb des Teilkreises wird in Rücksicht auf das Ein- und Ausschwingen der Bolzen halbkreisförmig gestaltet (Abb. 94). Halbmesser des Kreisbogens: $r = l - \frac{d}{2}$.

Wirkungsgrad der Gelenkkettenräder einschließlich Lagerreibung $\eta \approx 0{,}95$.

Teilkreisdurchmesser D. Bezeichnet z die Zähnezahl des Kettenrades und l die Kettenteilung, so ist (Abb. 94):

$$D = \frac{l}{\sin\frac{180^\circ}{z}} \ldots \text{mm}. \qquad (42)$$

Im Gegensatz zu den Zahnrädern ist hier die Teilung als Sehnenteilung aufzutragen.

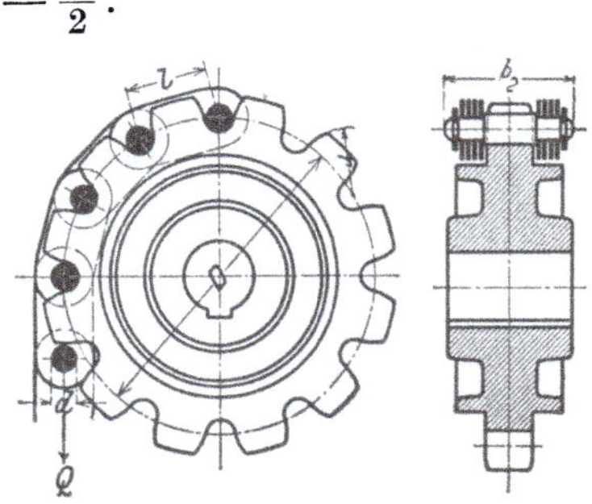
Abb. 94.

Ausführung. Die Zahnlücken werden, nachdem das Kranzprofil abgedreht ist, aus dem Vollen gefräst. Damit die Bolzen ohne zu ecken in ihre Lücken einschwingen, wird die Zahnbreite an der Spitze etwas abgeschrägt oder durch einen flachen Kreisbogen abgerundet (Abb. 94).

Die Ausführung des aus einem Stück mit der Welle hergestellten Kettenrades (Abb. 95) hat den Vorzug, daß man mit der Zähnezahl bis auf etwa $z = 8$ herabgehen kann.

Bei den Kettenflaschenzügen läuft das Kettenrad meist lose auf dem festgestellten Bolzen (Abb. 96). Das treibende Zahnrad ist dann auf der verlängerten Nabe aufgekeilt und treibt

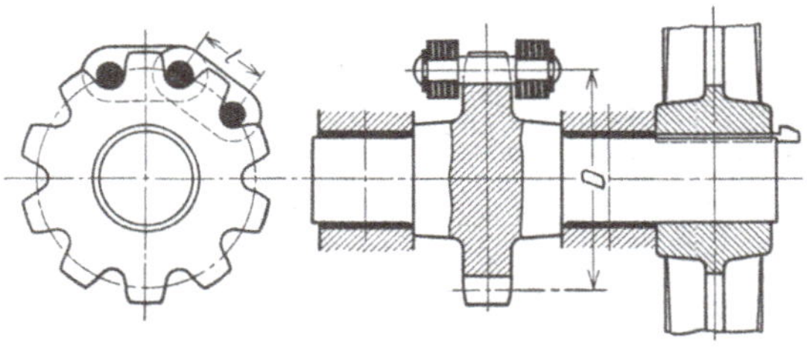

Abb. 95.

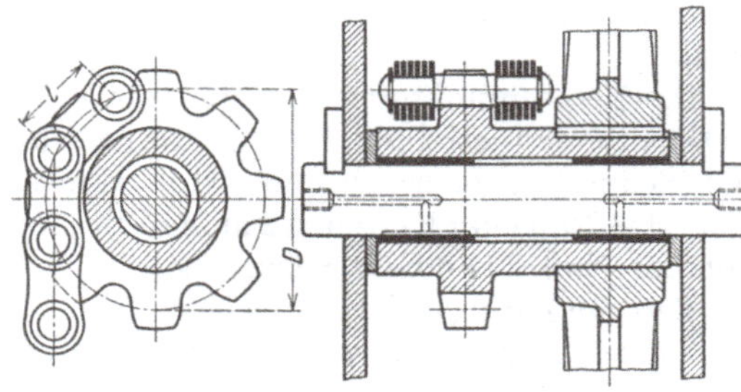

Abb. 96.

das Kettenrad unmittelbar an. Diese Ausführung bietet ebenfalls einen gedrängten Bau des Windwerks, auch ist der Bolzen, im Gegensatz zu den Ausführungen Abb. 94 und 95, nur auf Biegung beansprucht. Berechnung des Rollenbolzens s. S. 58.

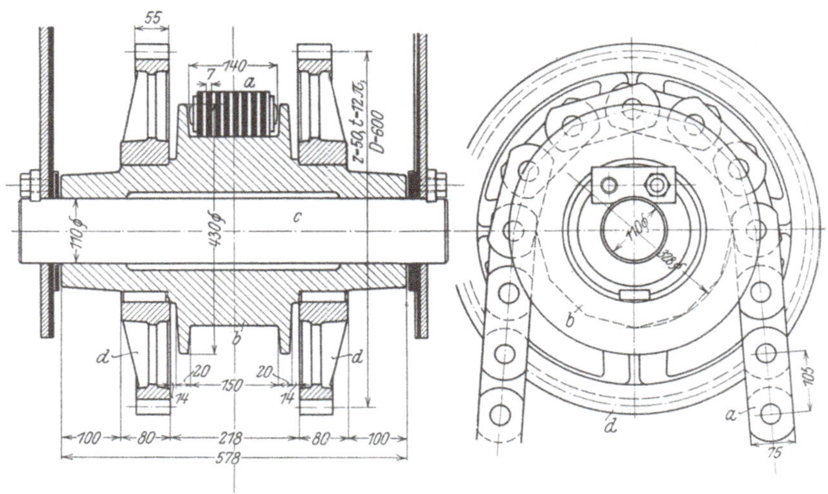

Abb. 97. Kettenstern zu einer elektrisch betriebenen Wendevorrichtung von 12 t Tragkraft. (Demag.) *a* Gelenkkette, *b* Kettenstern, *c* Bolzen, durch Achshalter festgestellt, *d* Antriebräder, auf der Nabe von *b* aufgekeilt.

Auf das Ausbüchsen der Kettenradhohlwelle wird bei dem langsamen Gang der Handhebezeuge im allgemeinen verzichtet.

Das Herausspringen der Kette aus dem Rad wird durch einen Schutzbügel vermieden.

Abb. 97 zeigt den Kettenstern einer elektrisch betriebenen Wendevorrichtung für schwere Schmiedestücke. Die Gelenkkette liegt mit ihren parallelen Platten auf den Flächen des zwölfseitigen Kettensterns auf und ist durch beiderseitige Bordränder gegen seitliches Abrutschen gesichert. Der Kettenstern sitzt lose auf seinem Bolzen und wird durch zwei Stirnräderpaare angetrieben.

d) Seilrollen (Drahtseilrollen).

Die Seilrollen zum Umlenken der Drahtseile bei den Rollenzügen der Winden und Krane sind entweder feste Rollen, lose Rollen oder Seilausgleichrollen. Rollenzüge s. S. 35, lose Rollen und Kranflaschen S. 46.

Außer diesen normalen Rollen werden für den Betrieb der Seilverschiebsanlagen (Spills, Rangierwinden und Verschiebeanlagen mit endlosem Seil) noch Sonderausführungen hergestellt.

1. Normale Seilrollen.

Werkstoff: Gußeisen oder Stahlguß. Wirkungsgrad (einschließlich Lagerreibung) $\eta \approx 0{,}96$ bis 0,97. Bei Berechnungen wird meist der Wert 0,95 zugrunde gelegt.

Rollendurchmesser. Der theoretische Rollendurchmesser D ist von der Drahtstärke δ des gewählten Drahtseiles abhängig. Die Rücksicht auf eine hohe Lebensdauer der Seile erfordert einen großen Rollendurchmesser; gedrängter Bau und niedrige Anlagekosten für die Hubwerke führen jedoch zu möglichst kleinen Rollendurchmessern.

Zwischen diesen beiden Forderungen ist daher ein Ausgleich erforderlich, der mehr oder minder auf Kosten der Lebensdauer des Seiles geht. Nach DIN 655 (Drahtseile für Krane, Auf-

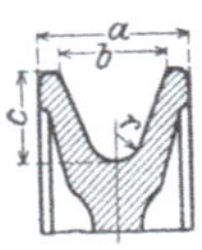

Abb. 98.

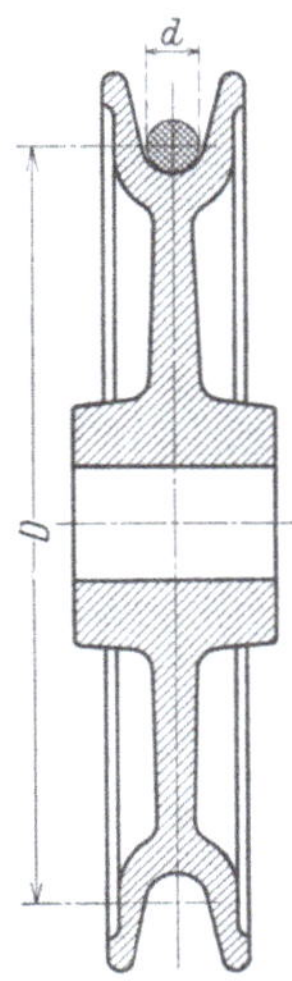

Abb. 99.

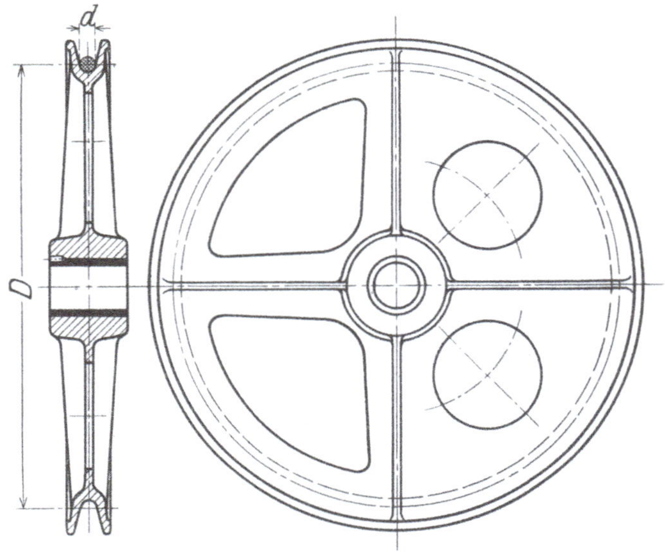

Abb. 100.

züge, Flaschenzüge und ähnliche Zwecke) soll der Rollendurchmesser etwa gleich dem 500-fachen des Drahtdurchmessers gewählt werden, da wesentliche Unterschreitungen die Haltbarkeit der Seile vermindern.

Es ist empfehlenswert, den Rollendurchmesser nach der Antriebsart des Hubwerks anzunehmen.

$$\left.\begin{array}{ll}\text{Für Hubwerke mit Handantrieb:} & D \geqq 400\,\delta \text{ bis } 500\,\delta\,;\\ \text{,, \quad ,, \quad ,, motorischem Antrieb:} & D \geqq 500\,\delta \text{ bis } 1000\,\delta\,.\end{array}\right\} \quad (43)$$

Bei motorischem Antrieb ist noch die Betriebsart des Hebezeuges (leichter, normaler oder schwerer Betrieb) zu berücksichtigen.

Kranzprofil (Abb. 98). Es ist so auszuführen, daß sich das Seil ohne Klemmung in die Rille legt und genügend aus der Mittenebene der Rolle ablenkbar ist. Der Rillenhalbmesser muß daher etwas größer als der Seilhalbmesser sein. Die Größe der Seilablenkung ist durch die Innenneigung des Profils bestimmt.

Über Seilablenkung siehe Unold: Die Seilablenkung auf Rollen und Trommeln. Maschinenbau 1924, S. 115.

Tabelle 16. Rillenprofile der Drahtseilrollen nach DIN 690 (Abb. 98).
Maße in mm.

Für Seildurchmesser	a	b	c	r	Für Seildurchmesser	a	b	c	r
6,5 bis 9	30	20	18	5	28 bis 31	80	60	48	18
9,5 bis 14	40	30	25	8	33 bis 39	95	72	56	22
15 bis 20	56	40	32	12	42 bis 48	115	85	64	25
22 bis 26	72	50	40	15	51 bis 56	135	100	75	30

Ausführung. Kleinere Seilrollen, wie sie für Elektroflaschenzüge und andere elektrische Kleinhebezeuge gebraucht werden, werden als volle Scheibenrollen und ohne Rippen nach Abb. 99 ausgeführt.

Größere Rollen erhalten Rippen und kreisförmige Scheibenaussparungen (Abb. 100, rechts) oder Arme mit kreuzförmigem Querschnitt (Abb. 100, links).

Die Seilrollen laufen in der Regel lose auf dem durch Achshalter fest gestellten Bolzen. Sie werden bei motorisch betriebenen Hebezeugen stets mit eingepreßten Rotguß- oder Bronzebüchsen versehen, die durch Madenschrauben gesichert werden.

Abb. 101 zeigt die übliche Lagerung der Auslegerrolle eines elektrischen Drehkrans. Um ein Herausspringen des Seiles aus der Rolle zu vermeiden, wird am Auslegerkopf ein Schutzbügel aus Flacheisen angeordnet.

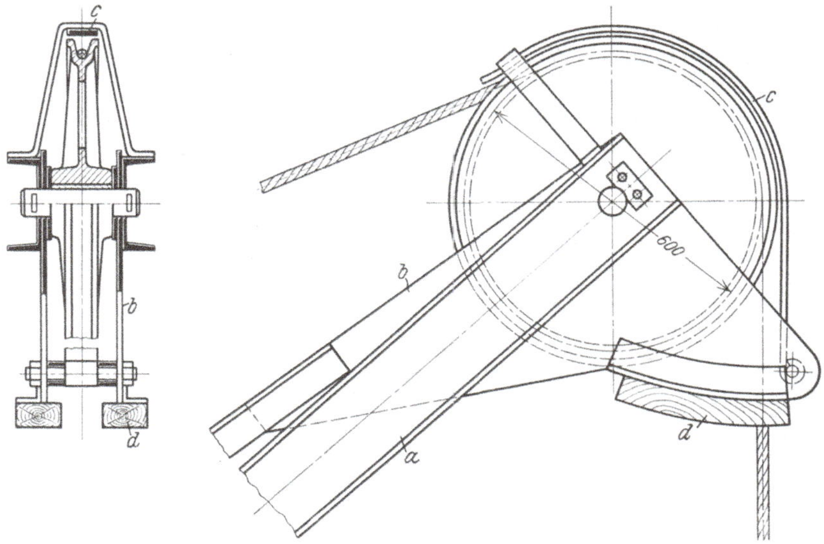

Abb. 101. Auslegerrolle zu einem Hafendrehkran von 2,5 t Tragkraft. (Kampnagel.) *a* Ausleger, *b* Knotenblech, *c* Schutzbügel. *d* Prellklotz.

Die Reibung zwischen Rolle und Rollenbolzen wird vermindert, wenn die Seilrollen mit Wälzlagern ausgeführt werden.

Abb. 102 zeigt als Beispiel eine Seilrolle mit Kugellagern.

2. Seilausgleichrollen.

Sie werden bei den mit Zwillingsrollenzügen (s. S. 36) ausgerüsteten elektrisch betriebenen Kranlaufwinden angewendet.

Während die Ausgleichrolle bei den sechs- bis zwölfsträngigen Rollenzügen (Abb. 79 bis 83, S. 37) den gleichen Durchmesser wie die Rollen der Ober- und Unterflasche erhält, gibt man ihr bei dem viel angewendeten viersträngigen Rollenzug Abb. 78 und dem achtsträngigen

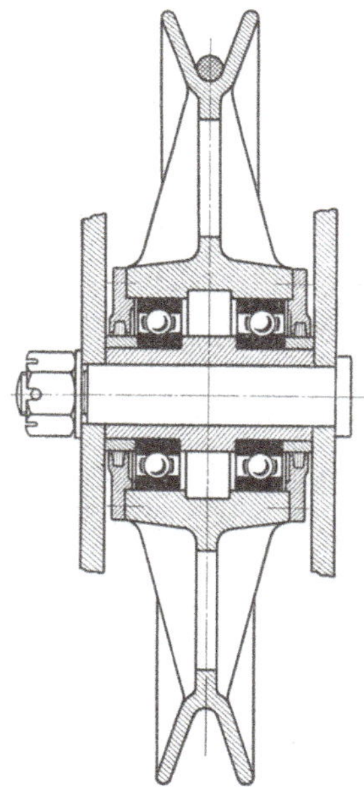

Abb. 102.

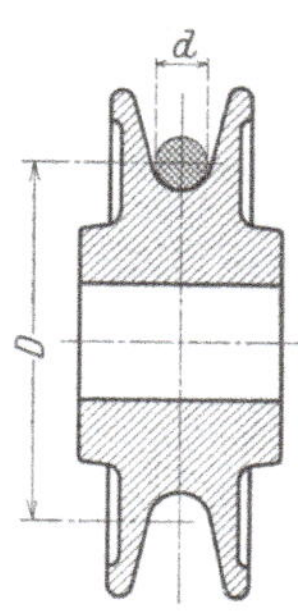

Abb. 103.

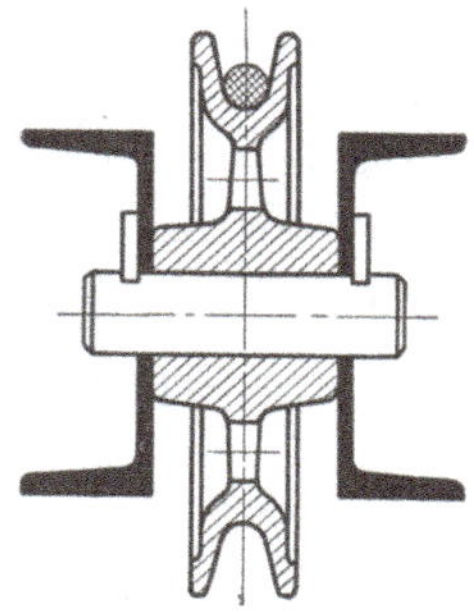

Abb. 104.

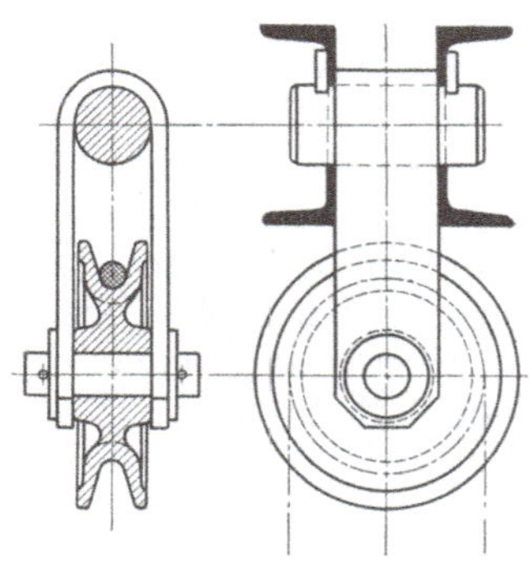

Abb. 105.

Rollenzug Abb. 80 einen wesentlich kleineren Durchmesser, der nach DIN 120 $D \approx 300\,\delta$ bis $400\,\delta$ betragen soll.

Ausgleichrollen für Elektroflaschenzüge erhalten wegen der gedrängten Bauart dieser Hebezeuge einen möglichst kleinen Durchmesser und werden dann als Blockrollen (Abb. 103) ausgeführt.

Bei dem viersträngigen Rollenzug, Abb. 78, S. 37, liegt der Bolzen der Ausgleichrolle parallel zu dem der losen Rollen. Die Ausgleichrolle wird dann nach Art von Abb. 104 angeordnet und ist auf einem, in den Profileisen des Windengestells festgestellten Bolzen drehbar. Da diese Drehbewegung jedoch äußerst gering ist, so verzichtet man darauf, die Rollennabe mit Rotguß auszubüchsen. Damit die Rolle mit der Zeit nicht auf dem Bolzen festrostet, muß sie gelegentlich geschmiert werden. Die Schmiernut wird hier ausnahmsweise an der Druckstelle (oben) angeordnet, da sie sonst wirkungslos ist.

Liegt der Bolzen der Ausgleichrolle unter 90° zum losen Rollenbolzen, so wird die Ausgleichrolle zwecks Einstellbarkeit auch pendelnd gelagert (Abb. 105).

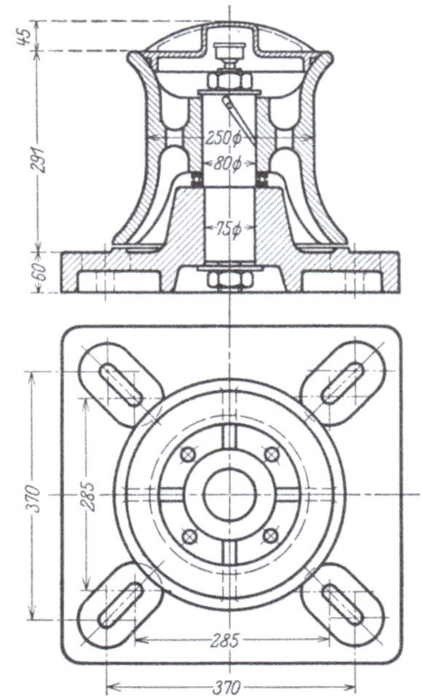

Abb. 106.

3. Umlenk- und Tragrollen für Seilverschiebeanlagen.

Die mit einem Spill oder einer Rangierwinde ausgerüsteten Seilverschiebeanlagen (s. Abschnitt D. „Winden") arbeiten mit offenem Zugseil. Um den verschiedensten örtlichen Verhältnissen und Verschiebeanforderungen Rechnung zu tragen, erhält die Gleisanlage eine Anzahl Seilrollen, die entweder zur Seilablenkung, zur Führung des Seiles in Kurven oder zur Bewegungsumkehr dienen.

Die Abb. 106 und 107 zeigen die bei Spills und Verschiebewinden angewendeten Bauarten von Umlenkrollen, und zwar Abb. 106 eine Umlenkwelle für normalen und Abb. 107 eine Umlenkrolle für schweren Betrieb.

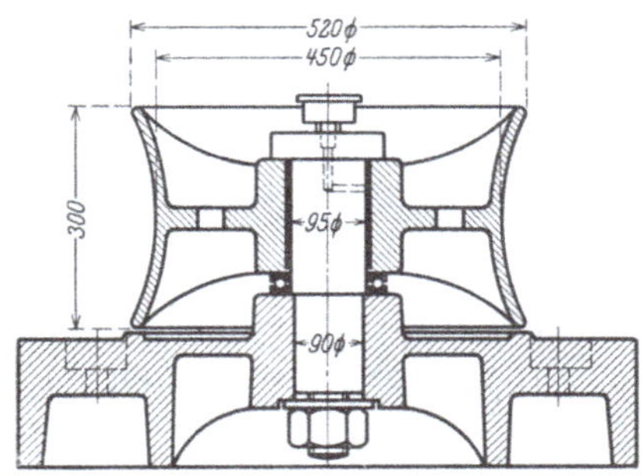

Abb. 107.

Bei leichtem oder normalem Verschiebebetrieb werden die Rollen aus Gußeisen hergestellt. Ausführung in Hartguß (Kokillenguß) oder Stahlguß wird bei flottem Verschiebebetrieb vorgezogen.

Die Rollen werden auf festgestellten Bolzen gelagert und nur bei schwerem Betrieb mit Bronzebüchsen versehen (Abb. 107). Das Gewicht der Rolle und im Betriebe auftretende Längskräfte werden durch ein einfaches Kugelspurlager ohne Einstellbarkeit aufgenommen. Kugelquer-

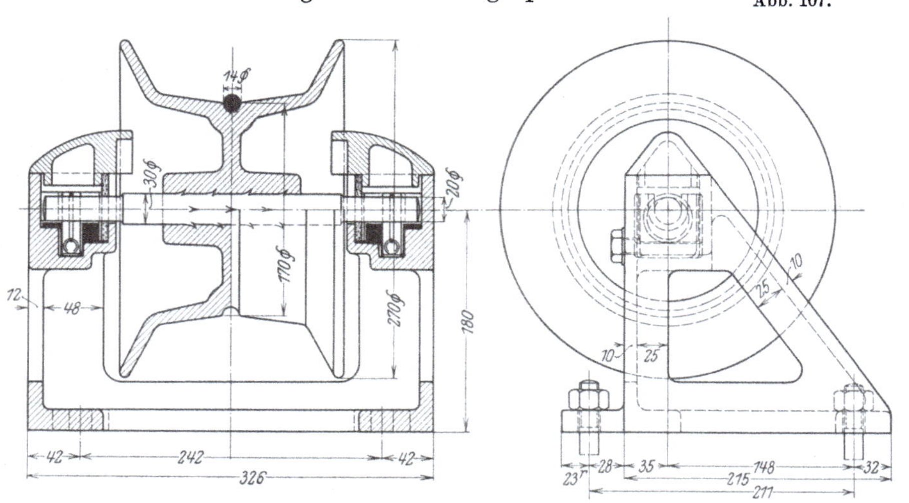

Abb. 108.

lager für die Rollen werden nur bei umständlicher Seilführung oder auf Wunsch des Bestellers eingebaut.

Bei den Verschiebeanlagen mit endlosem Seil (s. Abschnitt D. „Winden") sind besondere Rollen zum Tragen des Zugseiles, zum Ablenken in waagerechter bzw. senkrechter Richtung und zur Seilführung in den Kurven erforderlich.

Die Tragrollen (Abb. 108) werden in angemessenen Abständen längs des Gleises angeordnet und verhindern ein Schleifen des Seiles auf dem Erdboden. Damit sie im Betriebe leicht laufen, erhalten ihre Lager Ringschmierung, bei der auf gute Abdichtung gegen Staub zu achten ist.

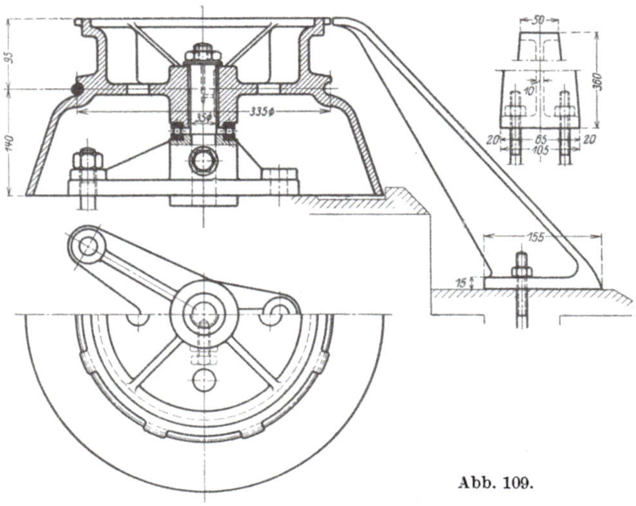

Abb. 109.

Die waagerechten Ablenkrollen dienen dazu, das Seil am Ende der Anlage umzukehren. Senkrechte Ablenkrollen werden angewendet, wenn das Arbeitsseil an Weichen, Wegeübergängen und Schiebebühnen unterführt werden muß. Die waagerechten und senkrechten Ablenkrollen sind normale Drahtseilrollen nach Abb. 100, S. 43. Zur Schonung des ständig umlaufenden Seiles erhalten die Ablenkrollen reichlich großen Durchmesser.

Die Kurvenrollen (Abb. 109) werden so gestaltet, daß sie der Seilgreifer, der das Hilfsseil mit dem Arbeitsseil kuppelt, frei passieren kann. Das Rollengewicht und etwaige sonstige Längskräfte werden durch ein Kugelspurlager aufgenommen. Hierdurch wird die Spurreibung so weit vermindert, daß bei kleiner Ablenkung und entsprechend geringem Seildruck die Rollen nicht stehenbleiben.

V. Hakengeschirre und Kranflaschen.

a) Hakengeschirre.

Bei kleineren Tragkräften (bis etwa 3 t) wird der Haken vielfach unmittelbar am Huborgan befestigt. Das Hakengewicht reicht jedoch dann in den meisten Fällen zum Straffhalten des Hubseiles, zum Überwinden der Triebwerkreibung, sowie zum Durchziehen des Motorankers nicht aus, und es ist ein besonderes Belastungsgewicht für den Haken erforderlich (Abb. 110).

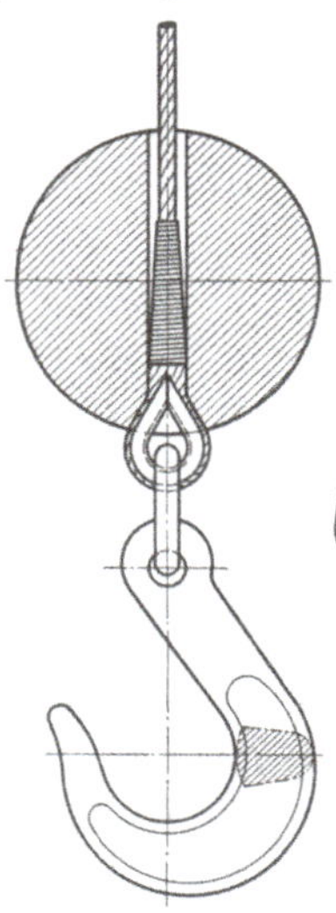

Abb. 110.

Bei dem für Hafendrehkrane mit der meist üblichen Tragkraft von 2,5 t bzw. 3 t verwendeten Hakengeschirr, Abb. 111, wird zwischen Geschirr und Haken noch ein etwa $^1/_2$ m langes Stück Rundeisenkette vorgesehen, das dem Haken eine größere Beweglichkeit gibt.

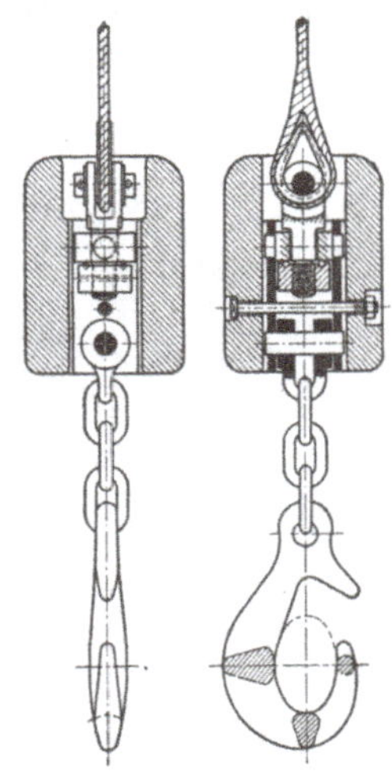

Abb. 111.

Federnde Hakengeschirre haben den Zweck, am Haken auftretende Stöße in ihrer Wirkung zu mildern. Bei den genügend elastischen Drahtseilen sind sie im allgemeinen überflüssig und werden nur bei Schmiedekranen kleinerer Tragkraft angewendet.

b) Lose Rollen und Flaschen.

Entsprechend den im Hebezeugbau angewendeten Rollenzügen (s. S. 35) unterscheidet man Unterflaschen (Hakenflaschen), in denen eine oder mehrere lose Rollen angeordnet sind, und Oberflaschen, deren Rollen am Windengestell oder im Auslegerkopf eines Drehkranes fest gelagert sind.

Für Flaschenzüge, Winden und Krane, die mit einer Rundeisenkette oder einer Gelenkkette als Huborgan arbeiten, kommen bei dem zweisträngigen Rollenzug nur einrollige Unterflaschen (lose Rollen) in Frage.

Einrollige Seilflaschen (Abb. 112) werden bei elektrischen Drehkranen bis 5 t und bei Handdrehkranen bis 10 t Tragkraft ausgeführt.

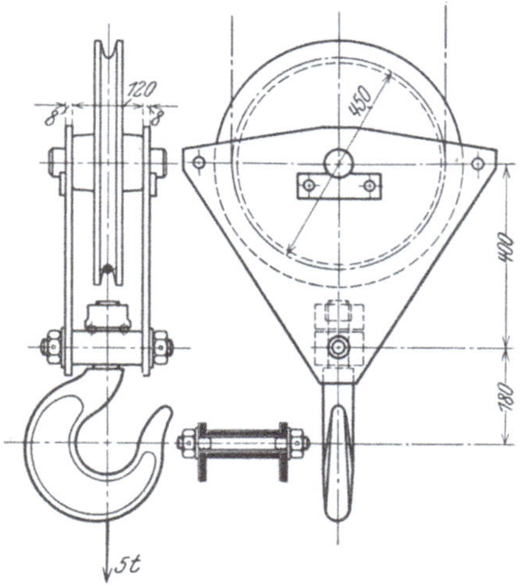

Abb. 112. Einrollige Hakenflasche von 6 t Tragkraft. (Becker.)

Die bei den elektrischen Laufwinden und Kranen allgemein verwendeten Zwillingsrollenzüge (s. S. 36) erfordern je nach Zahl der tragenden Seilstränge Unterflaschen mit zwei, (drei), vier, fünf oder sechs Rollen und werden je nach Größe der Tragkraft mit einem einfachen Haken, einem Doppelhaken oder einem Schäkel ausgerüstet. Von sechs tragenden Seilsträngen aufwärts erhalten sie noch eine Oberflasche mit (zwei), drei, vier oder fünf Rollen.

Unterflaschen. Die normalen zweirolligen Unterflaschen (Abb. 113) werden für Tragkräfte von 1 bis 30 t hergestellt. Gewicht: ∾ 32 bis 565 kg. Zugschiene und Schildblech werden in neuerer Zeit nicht mehr miteinander vernietet, sondern verschweißt. Damit die Schildbleche mit möglichst wenig Abfall zugeschnitten werden, ist es zweckmäßig, auf der Werkzeichnung der Flasche eine Schnittskizze nach Art von Abb. 114 und 115 zu geben. Bei der Flasche Abb. 113 sind die Zugschienen nach oben über die Rollen hinaus verlängert. An ihren Enden ist mittels Winkeleisen ein Holzquerstück befestigt, das bei etwaigem Anschlagen der Flasche an der Trommel den Stoß mildert und Beschädigungen vermeidet.

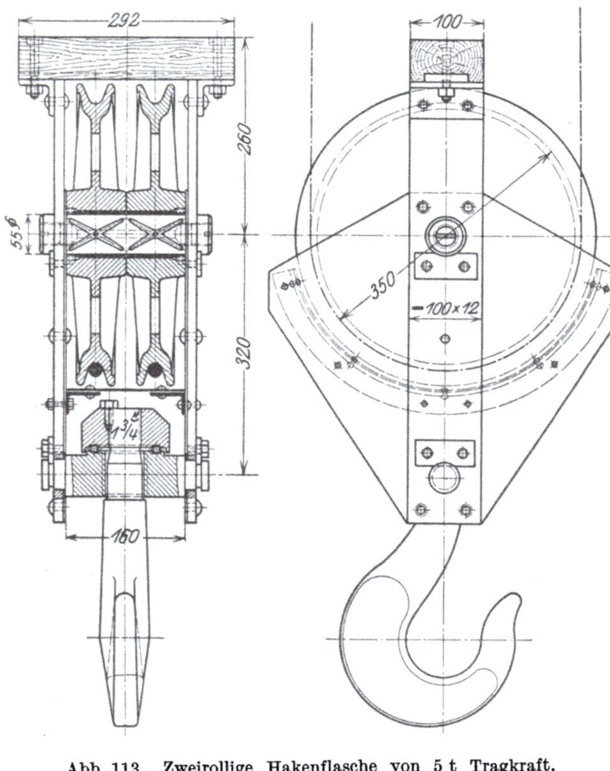

Abb. 113. Zweirollige Hakenflasche von 5 t Tragkraft. Normale Bauart mit Prellklotz (Ardeltwerke).

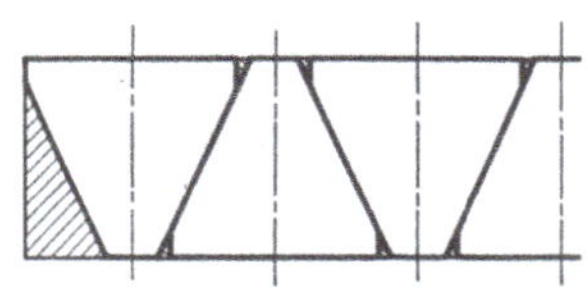
Abb. 114.

Von der früher angewendeten Schmierung der Rollen mittels Staufferbuchsen ist man abgekommen, da diese Buchsen

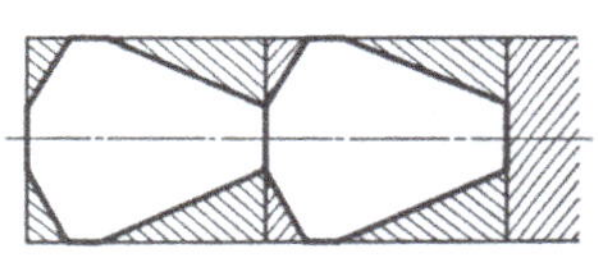
Abb. 115.

im Betriebe leicht abgeschlagen werden. Die nunmehr allgemein gebräuchliche Schmierung durch einen Gewindepfropfen (s. S. 62) ist auch bei den Flaschen Abbildung 113 und 116 bis 118 angewendet.

Von 20 t bis 100 t Tragkraft werden die normalen Unterflaschen mit vier Rollen ausgeführt (Abb. 116). Gewicht der vierrolligen Flaschen: ∾ 300 bis 3100 kg. Der Rollenbolzen wird am günstigsten beansprucht, wenn man zwei Rollen zwischen den beiden Zugschienen und die anderen fliegend anordnet (Abb. 116). Berechnung des Rollenbolzens s. S. 57.

Bei den kurzbauenden Flaschen hat das Hakenquerstück seitliche Zapfen, auf denen die Rollen gelagert werden. Zweirollige Flaschen dieser Bauart werden von 2 t bis 25 t hergestellt (Gewicht: 48 bis 450 kg), vierrollige (Abb. 117) von 25 t bis 100 t Tragkraft bei einem Gewicht von $\sim$ 425 bis 2200 kg. Durch die Anwendung der kurzbauenden Flaschen wird die Hubhöhe der Krane besser ausgenützt. Bei den 30 t-Flaschen, Abb. 116 und 117, z. B. beträgt die Er-

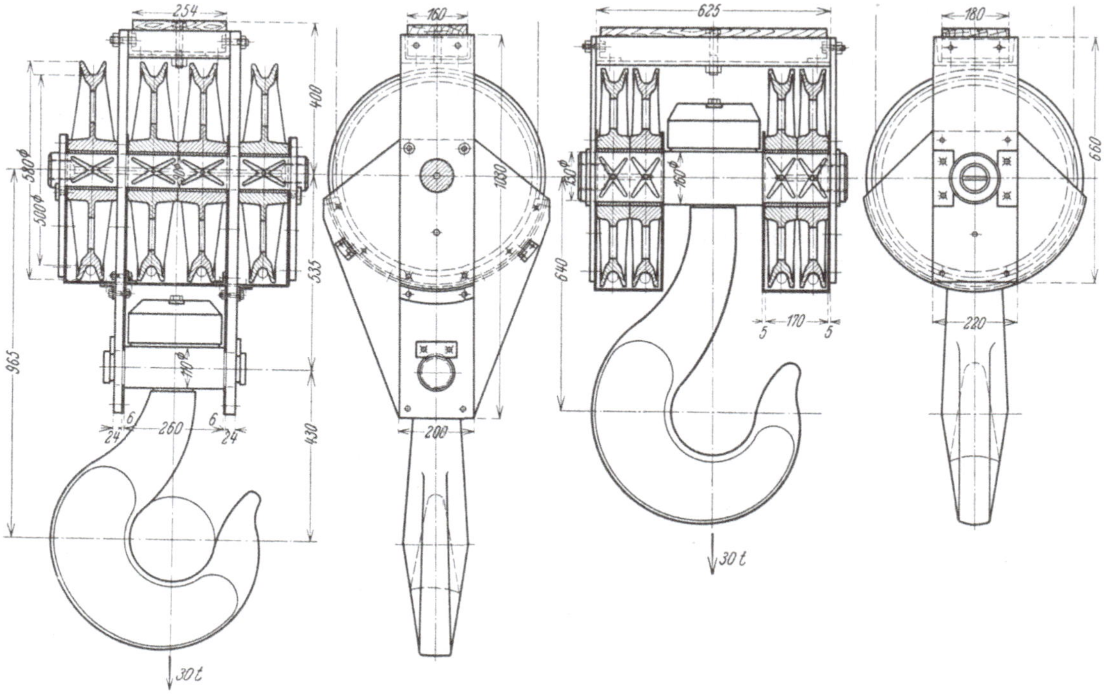

Abb. 116 und 117. Vierrollige Hakenflaschen von 30 t Tragkraft. Normale und kurze Bauart. (Ardeltwerke.)

sparnis an Bauhöhe 325 mm. Die Teile der Rollengehäuse werden miteinander verschweißt und nur, soweit es für den Zusammenbau notwendig ist, verschraubt.

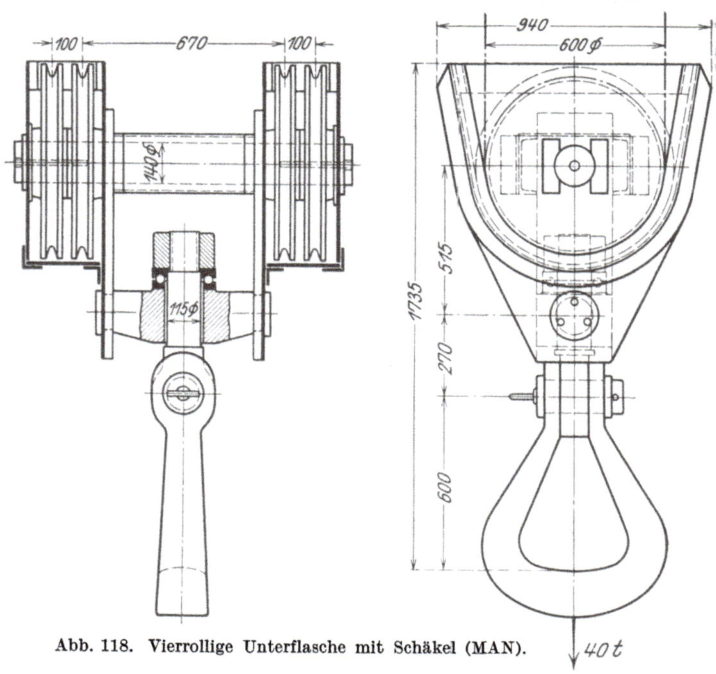

Abb. 118. Vierrollige Unterflasche mit Schäkel (MAN).

Die vierrollige Flasche, Abb. 118, gehört zu einem fahrbaren Turmdrehkran von 40 t Tragkraft und 16 m Ausladung. Sie ist mit einem Schäkel nach Abb. 27, S. 21, ausgerüstet.

Abb. 119 zeigt die sechsrollige Unterflasche eines Schwerlastdrehkranes von 200 t Tragkraft. Zahl der tragenden Seilstränge: 12. Der Schäkel ist dreigelenkig ausgeführt. Sein Spurlager ist ein zweireihiges Kugellager, dessen Rillen unmittelbar in der Traverse und Mutter eingedreht sind. Die Flasche hat eine Bauhöhe von $\sim$4,7 m. Da diese auf den Schiffswerften verwendeten Schwerlastkrane meist eine sehr große Hubhöhe (40 bis 50 m) haben, so ist das Verhältnis der Flaschenbauhöhe zur Hubhöhe mit $\sim 1/_{10}$ durchaus günstig. Bei der vierrolligen Unterflasche, Abb. 118, deren Bauhöhe etwa 1,7 m beträgt, ist dieses Verhältnis bei dem in Frage kommenden Hub von 30 m mit $\sim\frac{1}{18}$ noch günstiger.

Kranflasche eines Schwerlastkranes von 250 t Tragkraft s. Z. V. d. I. 1919, S. 352.

Oberflaschen. Die Rollen der Oberflaschen werden entweder am Fahrgestell der Katze oder im Auslegerkopf des Drehkranes gelagert.

Die Oberflasche hat bei den Zwillingsrollenzügen mit 6 (Abb. 79), 8 (Abb. 81), 10 (Abb. 82) und 12 tragenden Seilsträngen (Abb. 83) 2, 3, 4 und 5 Rollen.

Ausführung der Oberflasche bei einer elektrisch betriebenen Kranlaufwinde von 75 t Tragkraft s. Abschnitt „Laufwinden".

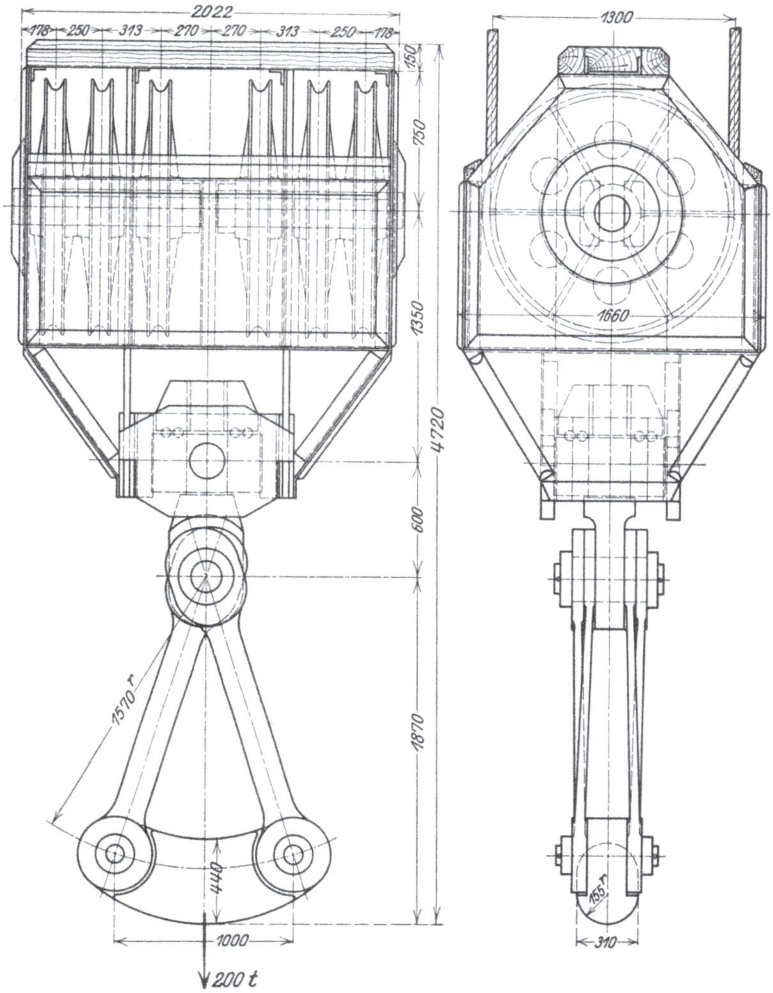

Abb. 119. Sechsrollige Unterflasche mit Schäkel. (Demag.)

VI. Trommeln.

a) Kettentrommeln.

Die Kettentrommeln kommen nur noch gelegentlich für von Hand betriebene freistehende Drehkrane bis etwa 5 t Tragkraft in Frage. Bei motorischem Betrieb werden unkalibrierte Kette (DIN 672) und Trommel kaum mehr angewendet.

W i r k u n g s g r a d einschließlich Lagerreibung $\eta_t \approx 0{,}94$ bis 0,96, im Mittel 0,95.

W e r k s t o f f: Gußeisen (Ge 21 · 91).

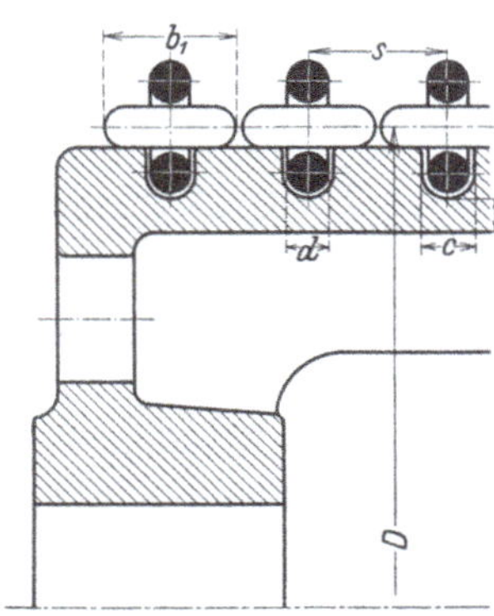

Abb. 120.

T r o m m e l d u r c h m e s s e r. Der theoretische Trommeldurchmesser (Abb. 120) wird bei Handbetrieb zu $D \geq 20\,d$ angenommen. Kleinere Durchmesser ergeben zu große zusätzliche Biegebeanspruchungen für die Kettenglieder.

Steigung der schraubenförmigen Rillen: $s = b_1 + 2$ bis 3 mm, wobei $b_1 = b + 2\,d$ die äußere Baubreite der Kette bedeutet. $c \approx 1{,}2\,d$.

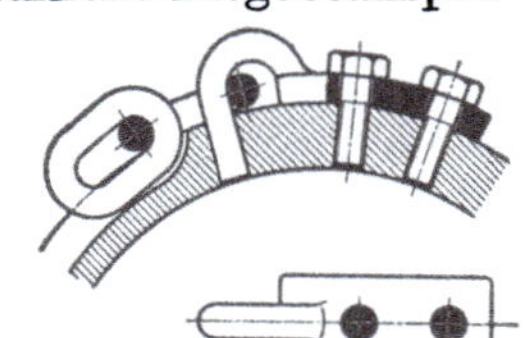

Abb. 121.

Die Zahl der Rillengänge ist durch die aufzuwickelnde Kettenlänge bestimmt, wobei zur Entlastung der E n d b e f e s t i g u n g der Kette (Abb. 121) bei abgelaufenem Hub noch ein oder zwei Windungen hinzuzurechnen sind.

Für untergeordnete Zwecke wird die Trommel auch ohne Rillen und mit Bordrändern ausgeführt. Sie ist dann auch für Seile als Huborgan verwendbar.

Die Mantelstärke w der Trommel ist in Rücksicht auf das Gießen zu bemessen. Je nach der Ketteneisenstärke soll sie an der schwächsten Stelle mindestens 10 bis 20 mm betragen. Die Stirnwände sind ihrer Belastung entsprechend kräftig zu halten.

Trommel und Trommelrad werden nur, wenn es die Konstruktion erfordert, auf der Welle aufgekeilt. Wenn irgend angängig, verschraubt man sie miteinander und läßt sie lose auf der festgestellten Achse umlaufen (s. S. 51 unter „Drahtseiltrommeln").

b) Seiltrommeln (Drahtseiltrommeln).

1. Normale Seiltrommeln.

Die aufzuwickelnde Seillänge ist von der gegebenen Hubhöhe und der Übersetzung des angewendeten Rollenzuges abhängig. Bei den einfachen Rollenzügen (s. S. 35) wird ein Seilstrang und bei den Zwillingsrollenzügen (s. S. 36) werden zwei Seilstränge aufgewickelt.

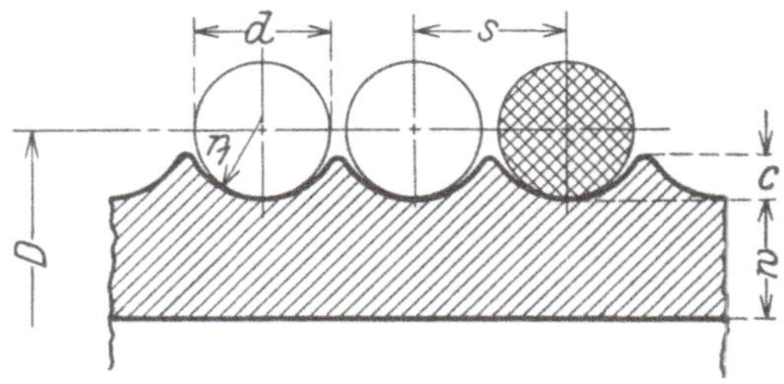

Abb. 122.

Wirkungsgrad (einschließlich Lagerreibung): $\eta_t \approx 0{,}95$.

Werkstoff: Allgemein Gußeisen (Ge 21 · 91), nur unter besonderen Umständen und bei schwerem Betrieb Stahlguß (Stg 38 · 81).

Theoretischer Trommeldurchmesser. Nach DIN 120 (s. auch S. 29):

$$D \geq 500\,\delta \text{ bis } 600\,\delta\,, \tag{44}$$

wobei δ die Drahtstärke des Seiles (nach DIN 655) bedeutet.

Der untere Wert gilt für Handkrane und leichter beanspruchte motorisch bewegte Krane, der obere für schwere, stark beanspruchte Ausführungen.

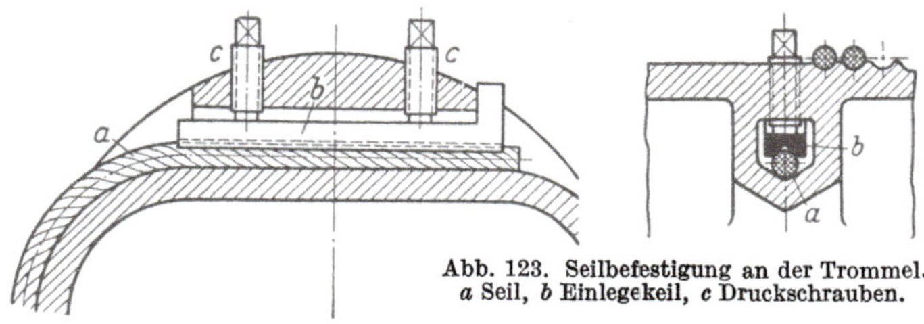

Abb. 123. Seilbefestigung an der Trommel. *a* Seil, *b* Einlegekeil, *c* Druckschrauben.

Trommeln mit glattem Mantel (ohne Rillen) und mit seitlichen Bordrändern werden bei Handhebezeugen (Bauwinden und Handkabelwinden) angewendet.

Sind, wie bei Verschiebewinden und Seilaufspeicherungstrommeln, große Seillängen in mehreren Lagen übereinander aufzuwickeln, so führt man die Trommeln ebenfalls mit glattem (abgedrehtem) Mantel und hohen Borden aus.

Trommelrillen. Die normalen Seiltrommeln der Winden und Krane erhalten eingedrehte schraubenförmige Rillen (Abb. 122). Diese sind so zu bemessen, daß sich das Seil ohne Klemmung hineinlegt.

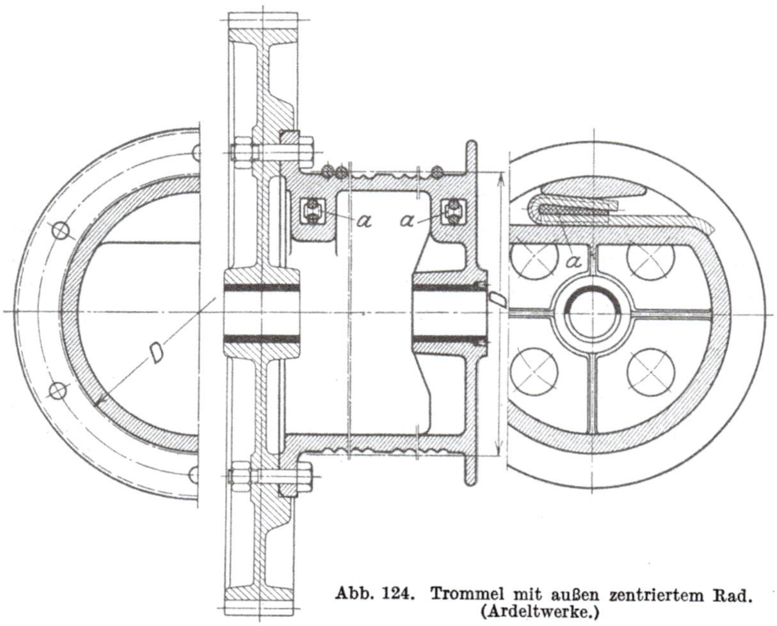

Abb. 124. Trommel mit außen zentriertem Rad. (Ardeltwerke.)

Rillenhalbmesser:

$$r_1 = \frac{d}{2} + (1 \text{ bis } 3\,\text{mm})\,.$$

Rillensteigung:

$$s = d + (1 \text{ bis } 3\,\text{mm})\,.$$

Der Rillenhalbmesser r_1 ist so gewählt, daß er auch der Seilablenkung an der Trommel Rechnung trägt[1]. Die Seilablenkung ist in der Höchstlage der Unterflasche am größten, was bei dieser selten vorkommenden Stellung belanglos ist.

Trommeln, bei denen nur ein Seilstrang aufgewickelt wird, werden im allgemeinen mit Rechtsgewinde ausgeführt. Sind zwei Seilstränge aufzuwickeln, so erhält die eine Hälfte Rechts- und die andere Linksgewinde (Abb. 124 und 125).

---

[1] Unold: Die Seilablenkung auf Rollen und Trommeln. Maschinenbau 1924, S. 775.

Bezeichnet l die aufzuwickelnde Seillänge, so ist die Gangzahl des Trommelgewindes unter Hinzurechnen von ein oder zwei Windungen zur Entlastung der Seilbefestigung:

$$z = \frac{l}{D\pi} + (1 \text{ bzw. } 2). \tag{45}$$

Aufzuwickelnde Seillänge der Rollenzüge s. S. 35 und 36.

Bei den einfachen Rollenzügen ist die Länge des Trommelgewindes l_g gleich der Windungszahl z mal der Steigung s. Bei den Zwillingsrollenzügen liegt zwischen dem Rechts- und Linksgewinde

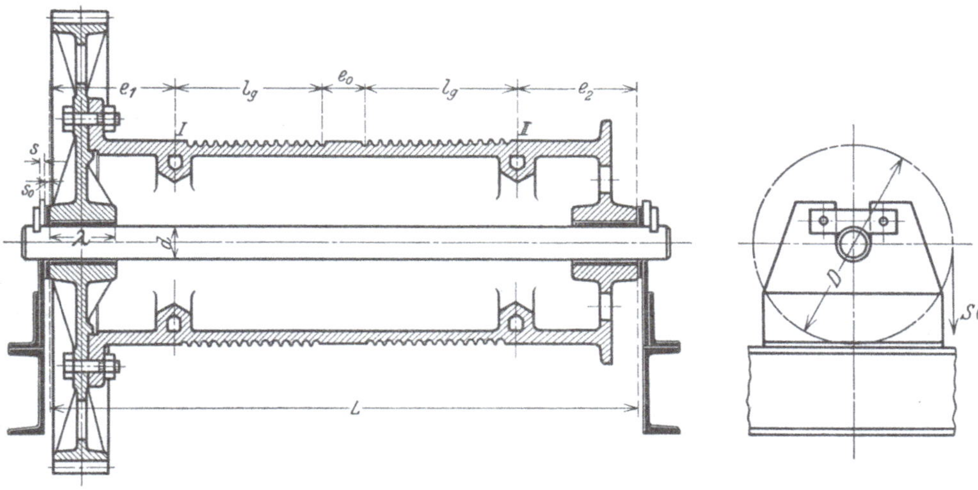

Abb. 125 und 126. Trommel mit innen zentriertem Rad.

der Trommel noch ein freies Stück, e_0 (Abb. 125), dessen Länge etwa dem Abstand der Seilrollen der Unterflasche entspricht.

Seilbefestigung. Abb. 123 zeigt die von den meisten Hebezeugfirmen bevorzugte Seilbefestigung. Sie ist von außen leicht nachstellbar und ermöglicht ein schnelles Auswechseln des Seiles. Das in die Trommel eingegossene Loch wird der einfacheren Kernherstellung wegen auch rund ausgeführt. Aus Sicherheitsgründen führt man die Seilbefestigung meist doppelt und diametral gegenüberliegend aus (Abb. 125).

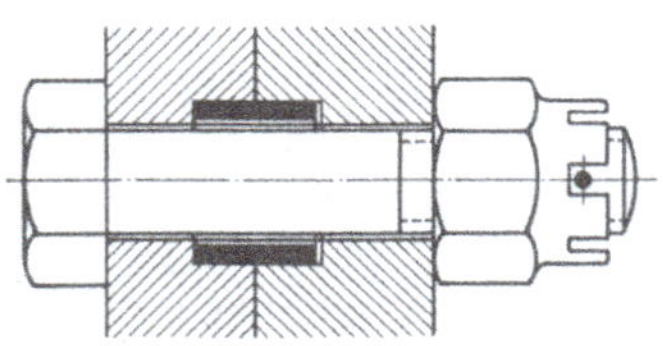

Abb. 127.

Die Seilbefestigung mittels Einlegekeil (Abb. 124) wird ebenfalls viel angewendet. Die Aussparung an der Trommel ist dann so gestaltet, daß der Keil a von der einen oder anderen Seite eingelegt werden kann.

Bei der Seilbefestigung Abb. 130, S. 53, ist außer dem Einlegekeil noch ein zweiter umsteckbarer Keil verwendet, der den Seilaustritt an der rechten oder linken Seite zuläßt.

Zur Entlastung der Seilbefestigung verbleiben nach abgelaufenem Hub noch ein oder zwei Windungen auf der Trommel.

Gestaltung der Seiltrommeln. Fliegend angeordnete Trommeln werden bei elektrischen Kleinhebezeugen und bei Hängebahnlaufkatzen angewendet. Die Last hängt bei der kleinen Tragkraft (bis etwa 2000 kg) an zwei Seilsträngen, die an den beiden symmetrisch zueinanderliegenden Trommeln befestigt sind.

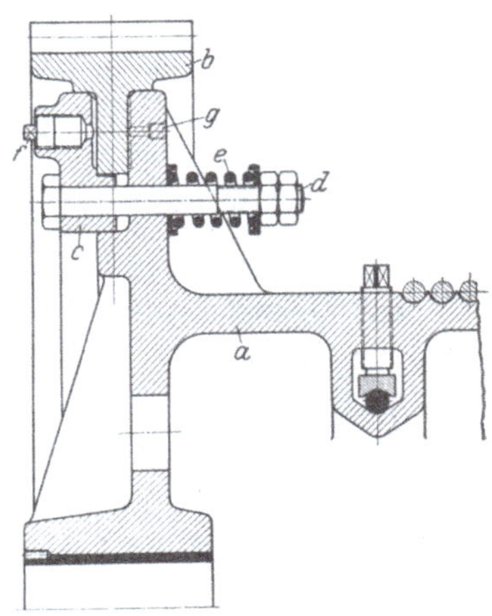

Abb. 128. Entleertrommel mit Rutschrad zu einem Greiferhubwerk. (Demag-Tigler.)
a Trommel; b Zahnkranz; c Ringscheibe; a und b zentrisch führend; d Bolzen, e zylindrische Federn, a, b und c gegeneinander pressend; f Pfropfen-; g Stauffer-Schmierung.

Im Kranbau sind die Trommeln allgemein beiderseitig gelagert. Trommel und Trommelrad werden beide nur dann auf der Welle aufgekeilt, wenn es sich aus baulichen Gründen nicht umgehen läßt. Ein Nachteil dieser Ausführung ist, daß die Welle auf Biegung und Verdrehung beansprucht wird.

Die Verdrehungsbeanspruchung der Welle wird dadurch vermieden, daß man Trommel und Trommelrad organisch miteinander verbindet und auf einer festgestellten Achse umlaufen läßt.

Die Naben der Trommel und die des Trommelrades erhalten bei motorischem Antrieb Rotguß- oder Bronzebüchsen.

Die Trommeln der elektrisch betriebenen Kranlaufwinden werden bei den angewendeten Zwillingsrollenzügen mit Rechts- und Linksgewinde ausgeführt.

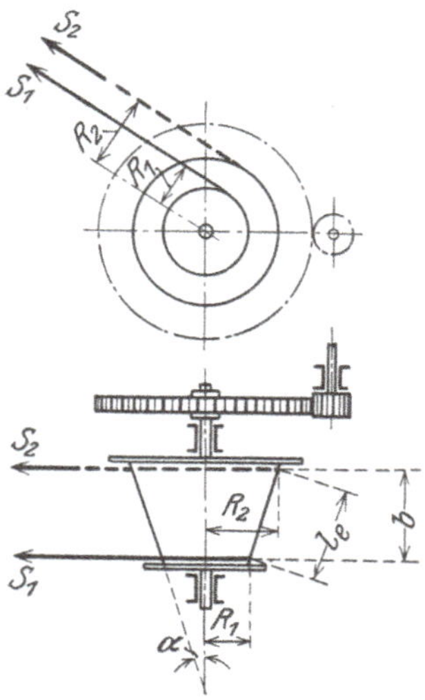

Abb. 129.

Ihre Achsen werden derart in Blechschilden gelagert und durch Achshalter festgestellt (Abb. 126), daß Trommel und Achse nach Lösen der Achshalter gemeinsam herausgehoben werden können.

Die Verbindung von Trommel und Trommelrad wird verschiedenartig ausgeführt.

Meist zieht man es vor, Trommel und Rad gegenseitig zu zentrieren und miteinander zu verschrauben. Die am Rad vorgesehene Zentrierleiste liegt auf Abb. 124 außen am Trommelflansch, während sie bei der Ausführung Abb. 125 innen liegt.

Von den Verbindungsschrauben werden zwei gegenüberliegende als Paßschrauben ausgeführt oder sie werden mit Spielraum eingesetzt und durch Scherringe aus Stahl (St 60 · 11) gegen Abscheren entlastet (Abb. 127).

Berechnung der Trommelachse einer elektrisch betriebenen Kranlaufwinde s. S. 60.

Laufkatzen größerer Tragkraft (über 30 t) erhalten zwei Trommeln, von denen die eine Rechts- und die andere Linksgewinde erhält.

Die Entleertrommeln der Greiferhubwerke (s. Abschnitt D. „Winden") erhalten ein mit der Trommel durch Reibung verbundenes Rad (Abb. 128). Durch die Federkraft wird die Reibung eingestellt. Wird die Umfangskraft an den Reibflächen größer als dieser Reibungswert, so beginnt das Rad zu rutschen (Rutschrad).

Literatur.

Kleinn: Die Wandstärke von Drahtseiltrommeln für Hebezeuge. Maschinenkonstrukteur 1927, Nr. 24.

2. Kegelige Seiltrommeln.

Bei den Auslegereinziehwerken der Drehkrane und Verladebrücken ist die Zugkraft des Einziehseiles mit der Größe der Ausladung veränderlich. Sie ist bei der tiefsten Auslegerstellung am größten und bei ganz eingezogenem Ausleger am kleinsten.

Um ein angenähert gleichbleibendes Motordrehmoment zu erhalten, führt man daher die Trommel kegelig (Abb. 129) aus. Der größte Seilzug S_1 greift dann am kleinsten und der kleinste Seilzug S_2 am größten Trommelhalbmesser an.

Der kleinste Trommelhalbmesser R_1 ist baulich durch die Seilbefestigung (Abb. 130) festgelegt. Aus $S_1 \cdot R_1 = S_2 \cdot R_2$ (Abb. 129) wird der größte Trommelhalbmesser $R_2 = R_1 \frac{S_1}{S_2}$.

Mittlerer Trommelhalbmesser $R = \frac{R_1 + R_2}{2}$.

Nachdem die für die aufzuwickelnde Seillänge und mit dem mittleren Trommeldurchmesser D nach Gleichung (45) berechnete erforderliche Windungszahl z und die Gewindesteigung s festgelegt sind, wird die Länge der Kegelerzeugenden:

$$l_e = z \cdot s\,. \tag{46}$$

Die Neigungswinkel der Erzeugenden zur Waagerechten ist durch die Beziehung $\sin\alpha = \frac{R_2 - R_1}{l_e}$ gegeben.

Theoretische Trommelbreite:

$$b = l_e \cdot \cos\alpha\,. \tag{47}$$

Die Seilgeschwindigkeit ist bei der kegeligen Trommel veränderlich.

Bedeuten D den mittleren Trommelhalbmesser und n_t die Drehzahl der Trommel, so ist die mittlere Seilgeschwindigkeit: $v = D\pi \cdot n_t \ldots$ m/min. Aus $v = \frac{v_1 + v_2}{2}$ ergeben sich die kleinste und größte Seilgeschwindigkeit zu

$$v_1 = 2v - v_2 \quad \text{und} \quad v_2 = 2v - v_1 \ldots \text{m/min}\,. \tag{48}$$

Abb. 130 zeigt die Ausführung der kegeligen Seiltrommeln zum Auslegereinziehwerk einer Verladebrücke.

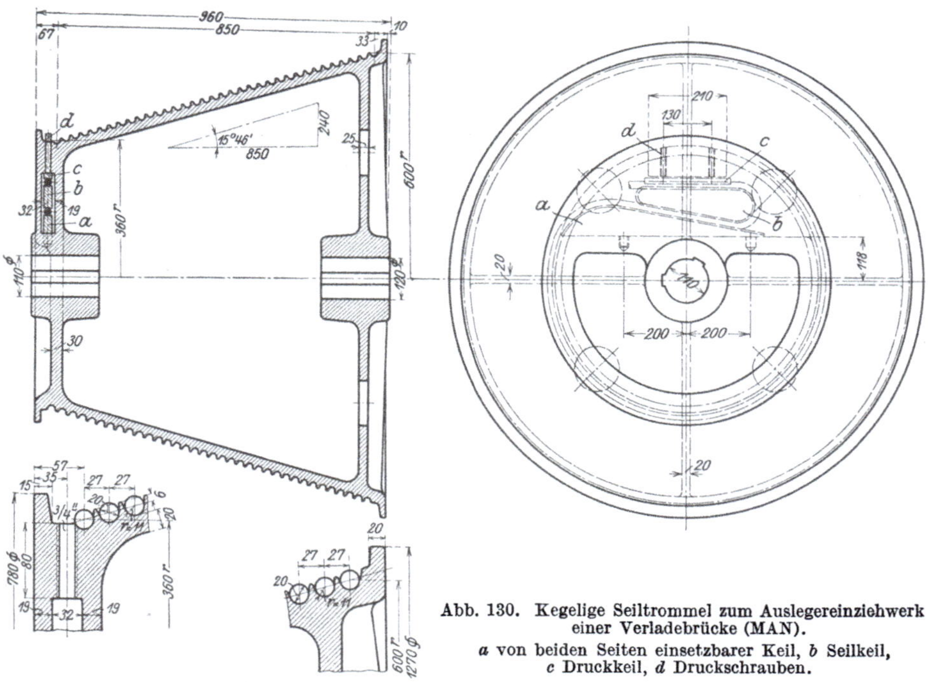

Abb. 130. Kegelige Seiltrommel zum Auslegereinziehwerk einer Verladebrücke (MAN).
a von beiden Seiten einsetzbarer Keil, *b* Seilkeil, *c* Druckkeil, *d* Druckschrauben.

3. Reibungs- (Friktions-) Trommeln.

Einfache Reibungstrommel (Abb. 131). Die zylindrische Trommel erhält ebenso wie eine gewöhnliche Wickeltrommel schraubenförmige Rillen. Das Seil ist in ein oder mehreren Windungen um die Trommel gelegt.

Verhältnis der Spannkraft im auflaufenden (belasteten) Seilende zur Spannkraft im ablaufenden:

$$S_1 : S_2 = e^{\mu \alpha} = e^{\mu n 2\pi}, \tag{49}$$

wobei n die Windungszahl des Seiles bedeutet.

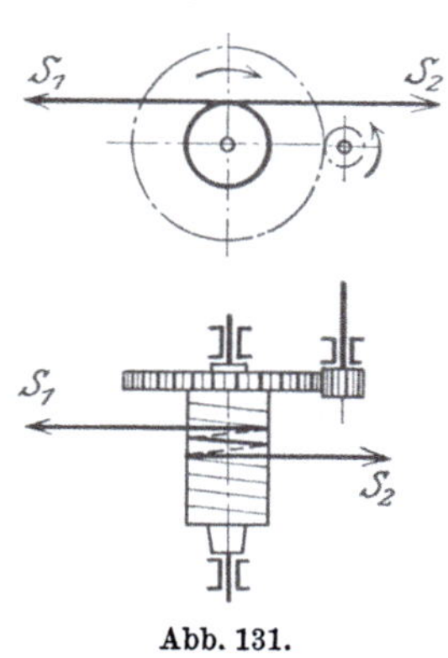

Abb. 131.

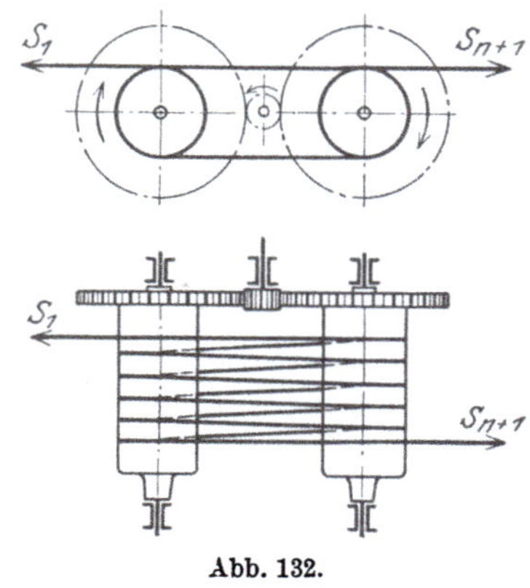

Abb. 132.

Für Drahtseile auf gußeisernen Trommeln kann die Reibungszahl $\mu \approx 0{,}13$ gesetzt werden[1]. Nachstehende Tabelle 17 gibt die Werte $e^{\mu \alpha}$ für 1- bis 6-fache Seilumschlingung und $\mu = 0{,}13$.

Tabelle 17.

$n =$	1	$1^1/_2$	2	$2^1/_2$	3	$3^1/_2$	4	$4^1/_2$	5	$5^1/_2$	6
$\alpha =$	360°	540°	720°	900°	1080°	1260°	1440°	1620°	1800°	1980°	2160°
$e^{\mu \alpha} =$	2,26	3,41	5,125	7,88	11,63	17,52	26,31	39,44	59,10	88,00	134,3

[1] Z. Berg-, Hütten-, Sal.-Wes. 1883.

Die an der Trommel erforderliche Umfangskraft ist:

$$U = S_1 - S_2 \,. \tag{50}$$

Das Seil wandert in Richtung der Trommelachse. Die Zahl der Trommelrillen und damit die Breite der Trommel entspricht dem vom Seil zurückgelegten Weg.

Die einfache Reibungstrommel wird im Kranbau zum Antrieb von Katzenfahrseilen verwendet und erhält dann zweifache Seilumschlingung. Siehe auch S. 36 „Rollenzüge (Seilzüge) für Katzenfahrwerke".

Reibungstrommeln nach Abb. 132. Das Seil ist in mehreren Windungen um zwei parallel zueinander liegende Seiltrommeln geschlungen, die in der Regel beide angetrieben sind. Die Anordnung hat den Vorzug, daß die Trommelbreite von der Länge des Seilweges unabhängig ist und wird daher bei Windwerken mit großer Hubhöhe (bei Grubenkabeln und Schwerlastkranen) angewendet.

Bezeichnen mit Bezug auf Abb. 132 S_1 die Spannkraft des auflaufenden (belasteten) Seilendes, S_2, S_3 ... die weiteren Spannkräfte, S_{n+1} die Spannkraft im ablaufenden Seilende, n die Anzahl der Umschlingungen an beiden Trommeln, $\alpha = \pi$ den Umspannungswinkel einer Trommel, μ die Reibungszahl zwischen Seil und Trommel und η_π den Wirkungsgrad einer halben Seilwindung (ohne Berücksichtigung der Lagerreibung), so sind die Seilspannkräfte:

$$S_2 = \frac{S_1}{e^{\mu\pi} \cdot \eta_\pi}\,; \qquad S_3 = \frac{S_2}{e^{\mu\pi} \cdot \eta_\pi} = \frac{S_1}{e^{2\mu\pi} \cdot \eta_\pi^2} \cdots;$$

$$S_{n+1} = \frac{S_1}{e^{(n+1)\mu\pi} \cdot \eta_\pi^{n+1}}\,, \tag{51}$$

wobei $\alpha = \pi$ eingesetzt wird.

Umfangskraft an der Trommel I (ohne Lagerreibung):

$$U_1 = S_1 - S_2 + S_3 - S_4 + \cdots + S_{n-1} - S_n\,; \tag{52}$$

Umfangkraft an der Trommel II (ohne Lagerreibung):

$$U_2 = S_2 - S_3 + S_4 + \cdots + S_n - S_{n+1}\,. \tag{53}$$

Gesamte Umfangskraft:

$$U = U_1 + U_2 = S_1 - S_{n+1}\,. \tag{54}$$

Belastung der Trommelwelle I:

$$P_1 = S_1 + S_2 + S_3 + \cdots + S_n\,. \tag{55}$$

Belastung der Trommelwelle II:

$$P_2 = S_2 + S_3 + S_4 + \cdots + S_{n+1}\,. \tag{56}$$

Mit Berücksichtigung der Lagerreibung ist die tatsächlich erforderliche Umfangskraft:

$$U_{\text{erf}} = U_1 + U_2 + (P_1 + P_2) \cdot \mu_1 \cdot \frac{d}{D}\,, \tag{57}$$

wobei μ_1 die Reibungszahl der Trommellager bezeichnet.

Der Gesamtwirkungsgrad ist:

$$\eta = \frac{S_1}{U_{\text{erf}}}\,. \tag{58}$$

Bei den meist großen Trommeldurchmessern der Reibungstrommeln ($D \approx 1000\,\delta$) kann $\eta_\pi \approx 1$ gesetzt werden.

Für $n = 12$fache Umschlingung, $\mu = 0{,}129$, $\mu_1 \approx 0{,}08$ und $\frac{d}{D} = \frac{1}{6}$ wird $\eta \approx 0{,}94$.

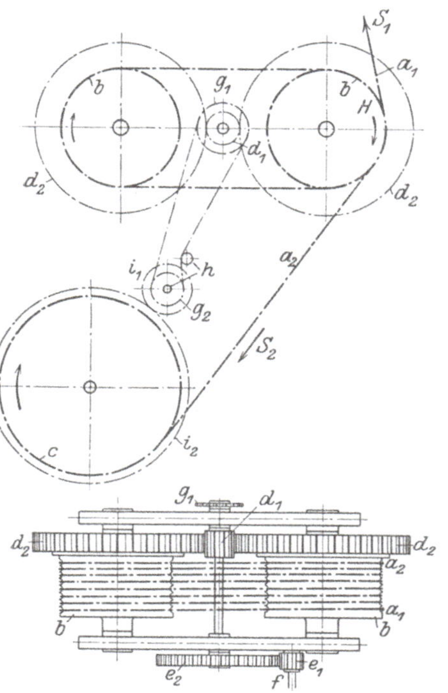

Abb. 133. Reibungstrommeln mit Seilaufspeicherung zu einem Schwerlastkran. (Demag.)
a_1 auflaufendes (belastetes) Seil, $b-b$ Reibungstrommeln, a_2 ablaufendes (unbelastetes) Seil, c Seilaufspeicherungstrommel, d_1-d_2 Trommelvorgelege, e_1-e_2 Zwischenvorgelege, f Welle, g_1-g_2 Kettentrieb mit Spannrolle h, i_1-i_2 Stirnräder zum Antrieb von c.

Die bei den Reibungstrommeln auftretenden hohen Achsdrucke müssen von der Windenkonstruktion aufgenommen werden. Bei Grubenkabeln erhalten die Trommeln zylindrische Laufflächen, die auf den zwischen ihnen angeordneten Rollen abwälzen, wodurch die Achsen entlastet werden.

Das ablaufende Seilende, das entsprechend einer $n = 8$- bis 12fachen Umschlingung nur noch eine geringe Spannkraft hat, wird bei Grubenkabeln mit großem Seilweg und bei Schwerlastkranen auf einer besonderen, vom Hubwerk aus angetriebenen Trommel aufgespeichert.

Auf Abb. 133 sind die Reibungstrommeln eines schwimmenden Schwerlastkranes von 150 t Tragkraft[1] dargestellt. Die Seilaufspeicherungstrommel c wird durch einen Kettentrieb $g_1 - g_2$ und ein Stirnrädervorgelege $i_1 - i_2$ angetrieben.

[1] Demag A.-G., Duisburg.

4. Spillköpfe (Spilltrommeln).

Sie dienen zum Einholen langer Seile und werden hauptsächlich bei elektrischen Spills und bei Schiffswinden verwendet. Bei den zum Verschieben von Eisenbahnwagen dienenden Spills ist der Spillkopf stets stehend (Abb. 134) angeordnet. Das Arbeitsseil wird mittels eines Hakens an der zu verschiebenden Wagenabteilung eingehängt und in mehreren (meist zwei) Umschlingungen um den Spillkopf gelegt, der sich im Sinne des ablaufenden Seilendes dreht. Bezeichnen S_1 die Spannkraft des auflaufenden (belasteten) Seilendes, n die Anzahl der Umschlingungen, $\alpha = 2\pi n$ den gesamten Umschlingungswinkel und μ die Reibungszahl zwischen Drahtseil und Spillkopf, so ist die am ablaufenden Seilende erforderliche Zugkraft:

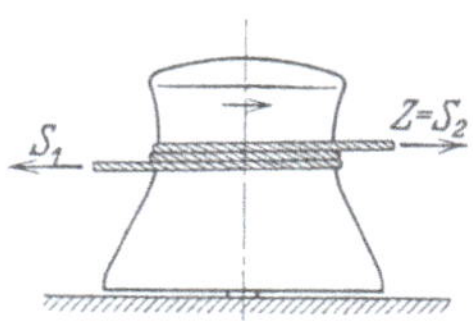

Abb. 134.

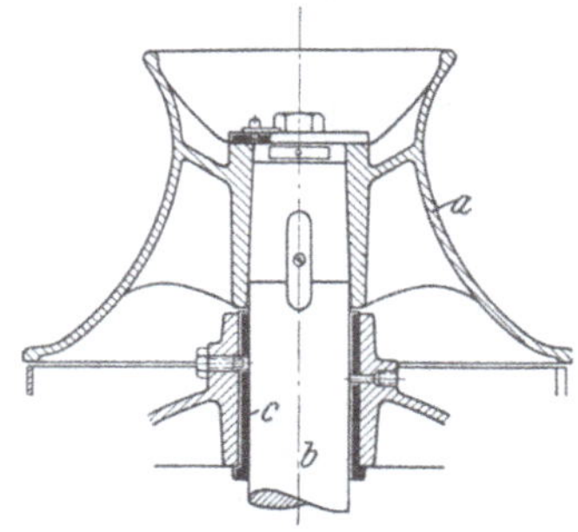

Abb. 135. Spilltrommel zu einer Kohlenladewinde. (SSW.)
a Spilltrommel, auf der Welle *b* aufgekeilt; *c* Rotgußbüchse.

$$Z = S_2 = \frac{S_1}{e^{\mu\alpha}} = \frac{S_1}{e^{\mu 2\pi n}}. \tag{59}$$

Die Zugkraft Z wird infolge der Seilreibung am Spillkopf im Verhältnis zur Spannkraft S_1 sehr klein. Reibungszahl $\mu \approx 0{,}1$ bis $0{,}3$, im Mittel $0{,}2$.

Die am Spillkopf auftretende Umfangskraft ist ohne Berücksichtigung der Lagerreibung:

$$U = S_1 - S_2. \tag{60}$$

Der Spillkopf sitzt entweder lose auf der festgestellten Achse und wird dann durch einen Innenzahnkranz angetrieben, oder er wird auf der umlaufenden Welle aufgekeilt (Abb. 135),

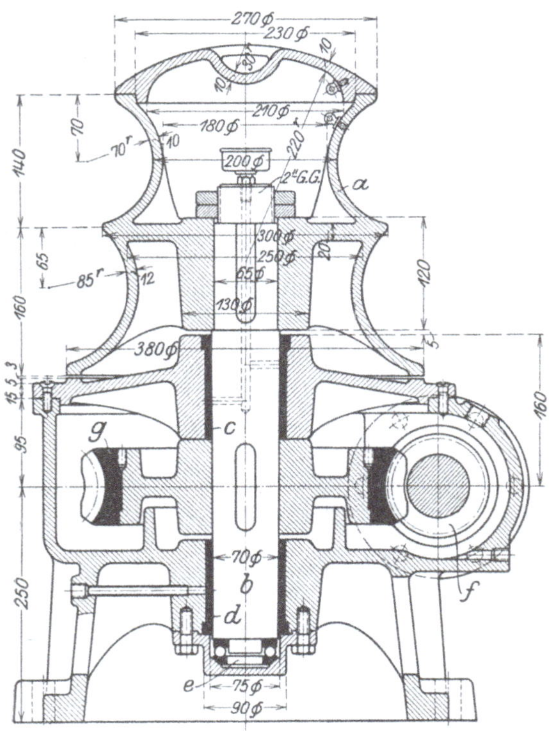

Abb. 136. Zweistufiger Spillkopf mit Antrieb. (Joh. Renk, Augsburg.)
a Spillkopf, auf der Welle *b* aufgekeilt; *c*—*d* Querlager mit Rotgußbüchsen, *e* Längslager (einstellbares Kugellager); *f*—*g* Schneckengetriebe.

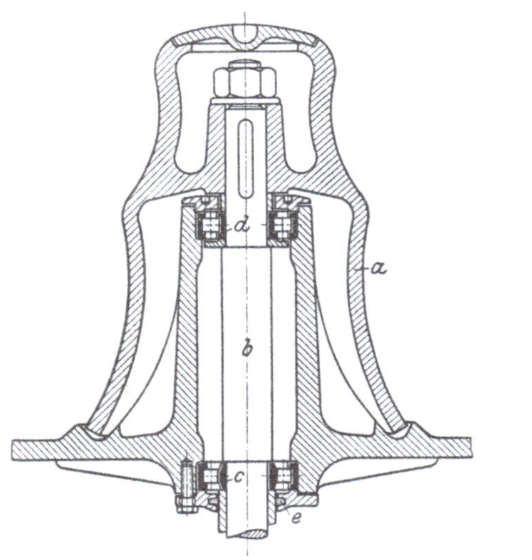

Abb. 137. Spillkopf mit Rollenlagern (SKF Norma).
a Spillkopf, auf der Welle *b* aufgekeilt; *c* Einstellrollenlager; *d* Führungsrollenlager; *e* Filzring.

die in entsprechenden Lagern angeordnet ist. Wegen der zur Senkrechten geneigten Mantellinie tritt stets am Spillkopf eine nach unten wirkende Axialkraft auf, die durch ein Längslager aufzunehmen ist.

Für zwei verschieden große Seilgeschwindigkeiten werden die Spillköpfe nach Art von Abb. 136 und 137 doppelköpfig ausgeführt.

Abb. 137 zeigt als Beispiel einen auf Rollenlagern laufenden Spillkopf. Das untere Lager ist ein Einstellager, das obere ein Schulterlager, das den Längsdruck aufnimmt.

Um die Anlagekosten des Spills möglichst niedrig zu halten, zieht man die Lagerung nach Abb. 136 mit Rotgußlagern als Querlager und einem einstellbaren Kugellager als Längslager vor. Für dieses wählt man besser ein Lager mit Einstellplatte (Abb. 251, S. 106), da man dann die ballige Eindrehung in der Spurpfanne spart.

VII. Bolzen und Achsen. Achshalter und Schmierung.

a) Bolzen.

Herstellung aus blankgezogenem Rundstahl (St 42 · 11, meist St 50 · 11). Aufhängebolzen und Bolzen für Sperrwerke und Bremsen erhalten beiderseits Unterlegscheibe und Splint. Bolzen mit Bund sind teuer und werden daher nur ausnahmsweise angewendet. Die Bolzen für Ketten- und Seilrollen, Kettennüsse und Laufräder bzw. Laufrollen werden in den Profileisen oder Blechen der Winden und Krane gelagert und durch Achshalter (s. S. 61) festgestellt.

Die Bolzen werden auf Biegung und zulässigen Flächendruck berechnet.

Zulässige Biegebeanspruchung bei Verwendung von St 50 · 11:

Bolzen für Sperrklinken und Bremshebel: $\sigma_{zul} = 400$ bis 600 kg/cm².
Bolzen für Ketten- und Seilrollen, Laufräder und Laufrollen: $\sigma_{zul} = 600$ bis 1000 kg/cm².

Zulässiger Flächendruck zwischen Rolle bzw. Rad und Bolzen bei Schmierung durch Staufferfett:

Ohne Büchsen (Ge 21 · 91 auf St 50 · 11): $\sigma = 40$ bis 60 kg/cm².
Mit Büchsen (Rg 8 bzw. GBz 14 auf St 50 · 11): $\sigma = 80$ bis 120 kg/cm².

Zulässiger Flächendruck (Lochleibungsdruck) in den Lagerstellenbolzen (St 50 · 11 auf St 37 · 12 bzw. St 38 · 13): $\sigma = 1000$ bis 1500 kg/cm².

1. *Fliegend angeordneter Bolzen für Sperrklinken und Bremshebel* (Abb. 138).

Der Bolzen ist in dem Blechschild eingepaßt und wird als eingespannt betrachtet. Gefährlicher Querschnitt an der Einspannstelle bei *I*. Bezeichnet *P* den Druck der Klinke bzw. des Hebels auf den Bolzen, so sind die biegenden Momente: ${}_{\max}M = M_1 = P \cdot x_1$; $M_2 = P \cdot \frac{l_0}{2} \ldots$ kgcm.

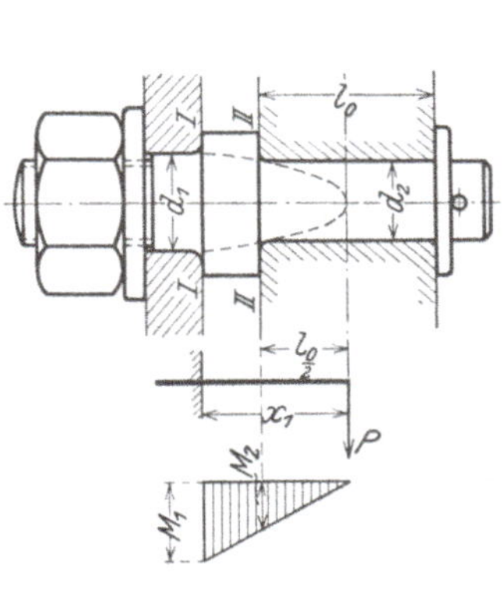

Abb. 138.

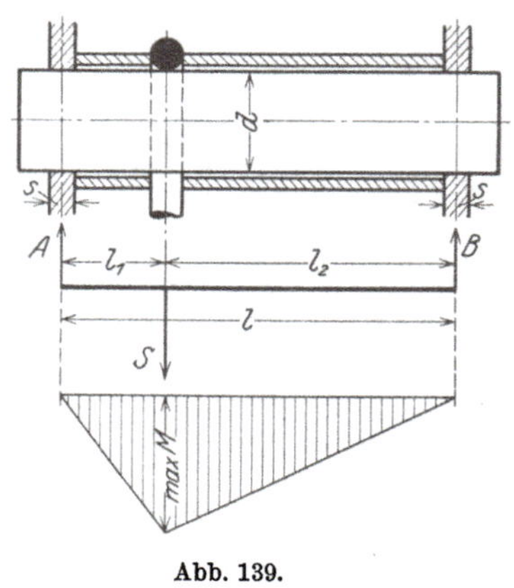

Abb. 139.

2. *Unsymmetrisch belasteter Bolzen einer Rundeisenkette* (Abb. 139).

S = Nutzzugkraft der Kette (DIN 671 bzw. 672).

Auflagerdrucke: $A = S \cdot \frac{l_2}{l}$; $B = S \cdot \frac{l_1}{l}$.

Größtes Biegemoment: ${}_{\max}M = S \cdot \frac{l_1 \cdot l_2}{l}$.

Größter Flächendruck (im linken) Lagerschilde: $\sigma = \frac{A}{d \cdot s}$.

3. Bolzen einer Drehkranauslegerrolle (Abb. 140).

Für den zweisträngigen Rollenzug (mit loser Rolle) ist die Seilspannkraft $S = \frac{Q}{2}$. Resultierender Bolzendruck (siehe auch S. 33):

$$P_r \approx Q \cdot \sin\left(90^\circ - \frac{\beta}{2}\right).$$

Auflagerdrucke: $A = B = \frac{P_r}{2}$.

Größtes Biegemoment:

$$_{\max}M \approx P_r \cdot \frac{l}{8} = P_r \cdot \frac{\lambda + 2\,s_0 + s + s_1}{8}.$$

Flächendruck zwischen Rolle und Bolzen: $\sigma_1 = \frac{P_r}{d \cdot \lambda}$.
Flächendruck in den Lagerschilden:

$$\sigma_2 = \frac{P_r}{2 \cdot d \cdot (s + s_1)}.$$

Die Angaben gelten auch für die Bolzen der Ausgleichrollen ($P_r \approx 2\,S$) und die Rollenbolzen der Kranflaschen nach Abb. 112 ($P_r = 2S = Q$) und 113 ($P_r = 4\,S = Q$).

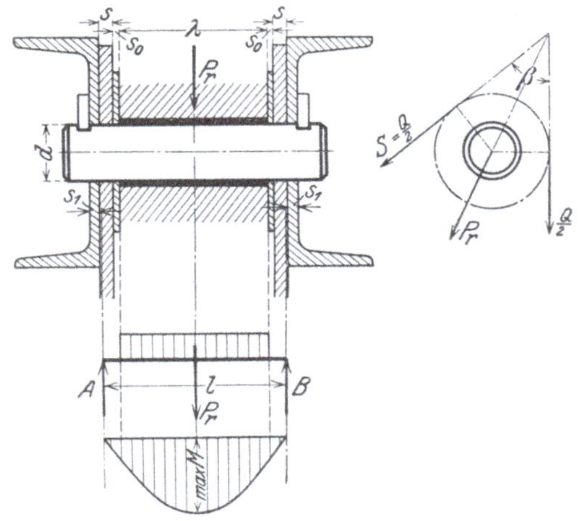

Abb. 140.

4. Bolzen einer vierrolligen (achtsträngigen) Kranflasche (Abb. 141).

Damit der Bolzen einen kleinen Durchmesser erhält, sind zwei Seilrollen zwischen den Zugschienen und zwei fliegend gelagert (Abb. 116, S. 48).

Druck einer Rolle: $P = 2\,S$.

Auflagerdrucke: $A = B = \frac{4P}{2} = 2P$.

Biegemomente (bei A und B):

$$_{\max}M = P \cdot l_1 = 2S \cdot \frac{\lambda + s + s_0}{2}.$$

Biegemoment (in der Mitte): $M_2 = 0$.

Wird der Auflagerdruck nicht auf Mitte von $s + s_0$, sondern auf Mitte s (Zugschiene) angenommen, so tritt auf Trägermitte noch ein kleines Biegemoment auf.

Flächendruck zwischen Rolle und Bolzen:

$$\sigma_1 = \frac{P}{d \cdot \lambda} = \frac{2S}{d \cdot \lambda}.$$

Flächendruck zwischen Bolzen und Zugschiene und Schildblech:

$$\sigma_2 = \frac{2P}{d \cdot (s + s_0)} = \frac{4S}{d \cdot (s + s_0)}.$$

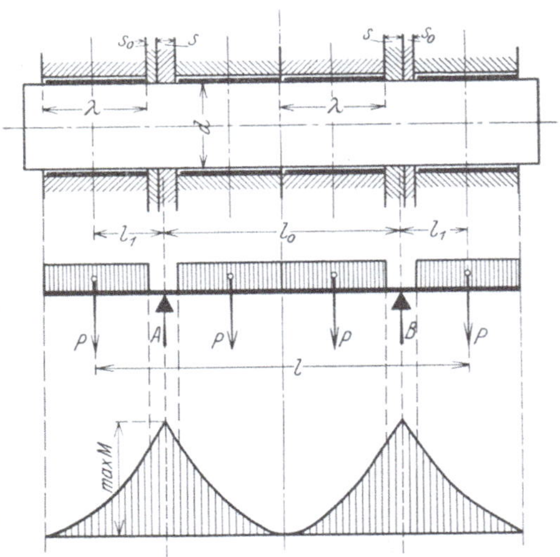

Abb. 141.

5. Bolzen eines Laufrades mit gleichseitiger Nabe (Abb. 142).

Bezeichnet P den größten Raddruck, so sind die Büchsendrucke: $P_1 = P_2 = \frac{P}{2}$.

Auflagerdrucke: $A = B = \frac{P}{2}$.

Größtes Biegemoment: $_{\max}M = \frac{P}{2} \cdot \frac{l_1 + s}{2} = \frac{P}{4} \cdot (l_1 + s)$.

Flächendruck zwischen Rolle und Bolzen: $\sigma_1 = \frac{P}{2d \cdot l_1}$.

Flächendruck zwischen Bolzen und Blech: $\sigma_2 = \frac{P}{2ds}$.

6. Bolzen eines Laufrades mit ungleichseitiger Nabe (Abb. 143).

Mit dem Raddruck ${}_{\max}P$ werden die Büchsendrucke erhalten zu: $P_1 = {}_{\max}P \cdot \frac{a_2}{a}$; $P_2 = {}_{\max}P \cdot \frac{a_1}{a}$.

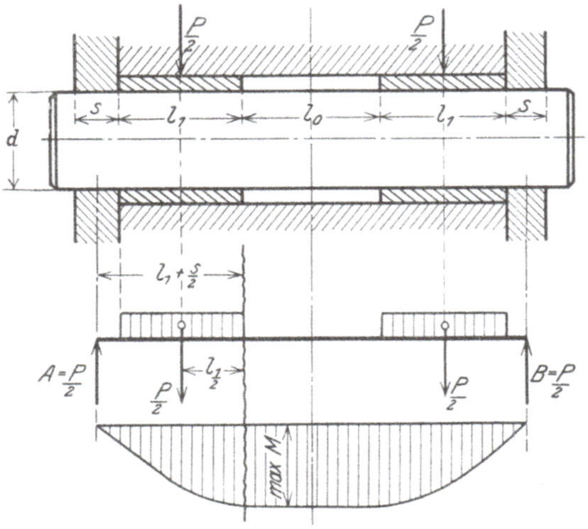

Abb. 142.

Auflagerdrucke:

$$A = {}_{\max}P \cdot \frac{o + \frac{s_1}{2} + s_2}{l};$$

$$B = {}_{\max}P \cdot \frac{n + \frac{s_1}{2} + s_2}{l}.$$

Die Büchsendrucke P_1 und P_2 werden als Streckenlasten betrachtet, und das größte Biegemoment wird zeichnerisch bestimmt[1].

Man stelle die Teilkräfte der Büchsendrucke (hier vier bzw. sechs) in geeignetem Maßstab als Strecken dar und wähle die Polentfernung H. Nunmehr ziehe man parallel zu den Polstrahlen die Seilstrahlen und trage die strichpunktierte Schlußlinie ein. Der parallel zur Schlußlinie gezogene Polstrahl unterteilt den Kräftezug in die Auflagerdrucke A und B.

Eine parallel zur Schlußlinie an das Seileck gelegte Gerade ergibt die größte Ordinate ${}_{\max}y$, deren Lage auch durch Aufzeichnen der Querkraftfläche erhalten wird.

Das größte Biegemoment ist gleich dem Produkt aus der Ordinate ${}_{\max}y$, gemessen im Längenmaßstab und der Polentfernung H, gemessen im Kräftemaßstab. Ist der Kräftemaßstab 1 cm $= a$ kg und der Längenmaßstab 1 cm $= b$ cm, so ist das größte Biegemoment

$$ {}_{\max}M = (H \text{ cm} \cdot a \text{ kg/cm}) \cdot \cdot ({}_{\max}y \text{ cm} \cdot b \text{ cm/cm}) \ldots \text{kgcm}. \quad (61)$$

Flächendruck zwischen Rad und Bolzen:

$$\sigma_1 = \frac{P_2}{d \cdot l_2}.$$

Flächendruck zwischen Bolzen und Blech:

$$\sigma_2 = \frac{B}{d \cdot s_1}.$$

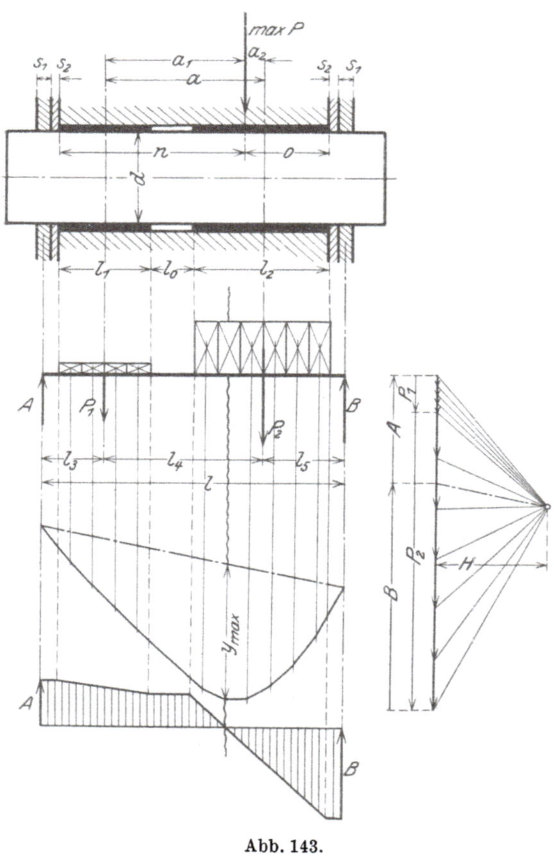

Abb. 143.

7. Bolzen einer Kettennuß (Abb. 144).

Die Kettennuß und das treibende Zahnrad sind wie bei den Schraubenflaschenzügen aus einem Stück gefertigt oder das Zahnrad ist auf der verlängerten Kettennußnabe aufgekeilt (Abb. 93, S. 41).

Der durch Achshalter festgestellte Bolzen ist, wenn eine lose Rolle vorhanden ist, in senkrechtem Sinne durch den Lastzug $S = Q/2$ und in schrägem Sinne durch den Zahndruck P des Rades auf Biegung beansprucht.

[1] Dubbel: Taschenbuch für den Maschinenbau. 5. Aufl. I. Bd., S. 429.

α) Senkrechte Belastungsebene.

Auflagerdrucke: $A' = S \cdot \frac{l_2}{l}$; $B' = S \cdot \frac{l_1}{l}$.

Büchsendrucke: $P_1' = S \cdot \frac{a_2'}{a}$; $P_2' = S \cdot \frac{a_1'}{a}$.

Die Büchsendrucke werden als Streckenlasten angenommen, und die Momentenlinie und Querkraftlinie werden wie unter 6. angegeben aufgezeichnet.

β) Schräge Belastungsebene.

Auflagerdrucke:

$$A'' = P \cdot \frac{l_4}{l}; \quad B'' = P \cdot \frac{l_3}{l}.$$

Büchsendrucke:

$$P_1'' = P \cdot \frac{a_2''}{a}; \quad P_2'' = P \cdot \frac{a_1''}{a}.$$

Entwurf der Momentenlinie wie vorher und mit dem gleichen Maßstab wie unter α).

Die Ordinaten der beiden Momentenlinien werden unter dem Winkel α geometrisch addiert und die resultierende Momentenlinie wird entworfen. Aus dieser wird die größte Ordinate $_{\max}y_r$ entnommen und das größte resultierende Biegemoment $_{\max}M_r$ nach Gleichung (61) berechnet.

Die Größe des maximalen resultierenden Biegemomentes hängt von der Lage des Antriebritzels bzw. der Richtung des Zahndruckes ab. Wirkt dieser senkrecht nach oben, so entlastet er den Bolzen, und das Biegemoment wird am kleinsten. Wirkt er senkrecht nach unten, so ist das resultierende Moment am größten.

Der größte resultierende Büchsendruck P_1 wird durch geometrische Addition von P_1' und P_1'' erhalten, desgleichen der größte Auflagerdruck A aus A' und A''.

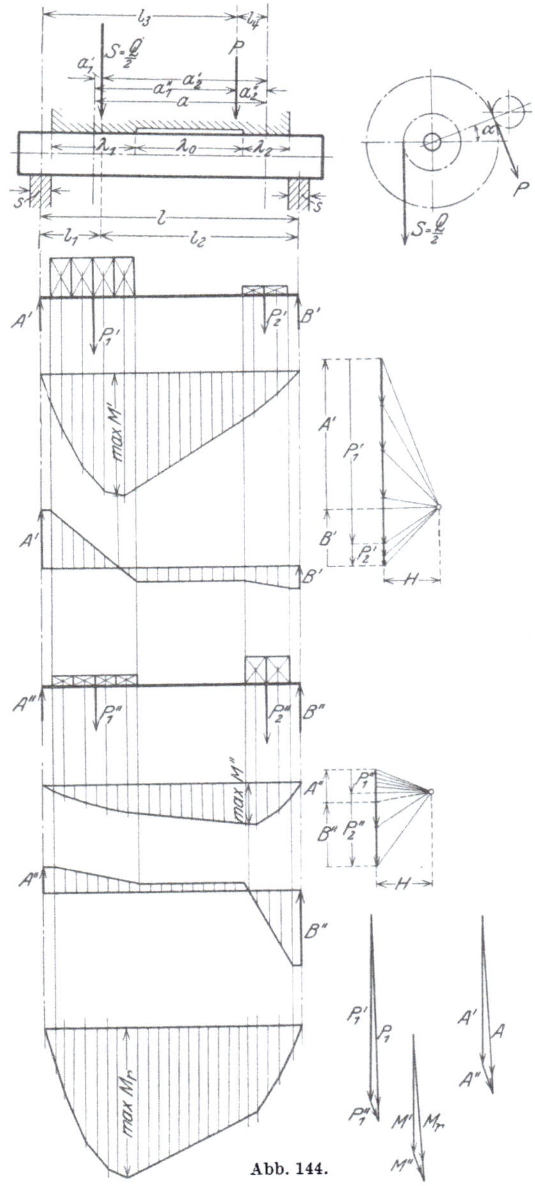

Abb. 144.

b) Achsen.

1. Laufradachsen.

Bei den elektrisch betriebenen Laufkatzen bis etwa 10 t Tragkraft, sowie bei den fahrbaren normalspurigen Drehkranen werden die Laufräder vielfach auf umlaufenden Achsen aufgekeilt, von denen die eine durch ein Stirnrädervorgelege angetrieben wird.

Laufradachse zu einem fahrbaren Drehkran (Abb. 145). Maßgebend für die Berechnung der Achse ist der größte, betriebsmäßig auftretende Raddruck.

Bezeichnen $P_1 = {}_{\max}P$ und P_4 die Raddrucke der Achse und s die Schienenmittenentfernung, so sind die Auflagerdrucke:

$$A = \frac{1}{l_1} \cdot \left[P_1 \cdot \left(l_1 + \frac{\lambda}{2} + \frac{l}{2}\right) - P_4 \cdot \frac{\lambda + l}{2}\right];$$

$$B = \frac{1}{l_1} \cdot \left[P_4 \cdot \left(l_1 + \frac{\lambda}{2} + \frac{l}{2}\right) - P_1 \cdot \frac{\lambda + l}{2}\right].$$

Größtes Biegemoment: $_{\max}M = M_1 P_1 \cdot x = P_1 \cdot \frac{\lambda + l}{2}$.

Flächendruck im Lager: $\sigma = \frac{A}{d \cdot l}$.

Bei der gezeichneten Achse sind die Laufräder fliegend angeordnet. Liegen sie innerhalb der Lager, so ist die Berechnung grundsätzlich die gleiche, doch ist die Beanspruchung der Achse günstiger.

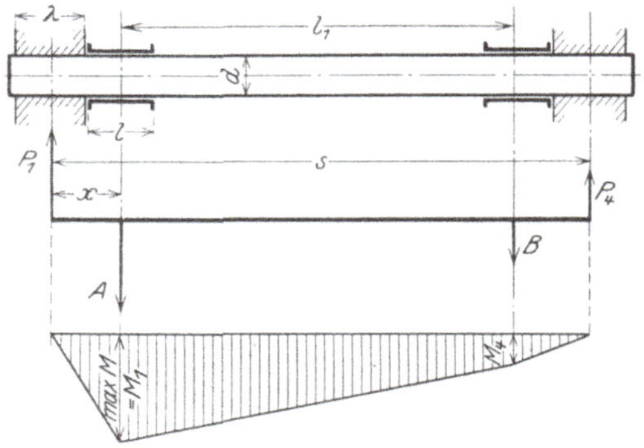

Abb. 145.

Die angetriebene Achse wird noch durch den Zahndruck des Vorgeleges auf Biegung und auf Drehung beansprucht. Sie wird nach den Angaben S. 88 auf zusammengesetzte Festigkeit berechnet.

2. Trommelachsen.

Trommel und Trommelrad werden meist miteinander verschraubt und laufen lose auf der durch Achshalter festgestellten Achse.

Sind Trommel und Trommelrad ausnahmsweise (aus baulichen Gründen) einzeln auf der Welle aufgekeilt, so wird diese auf Biegung und Verdrehung beansprucht. Siehe S. 88.

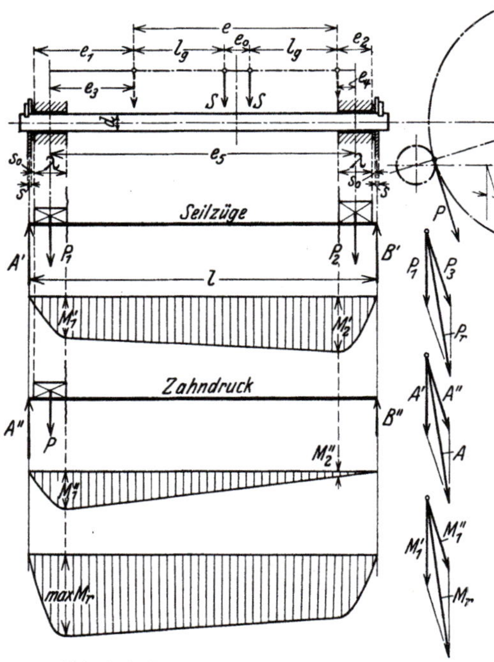

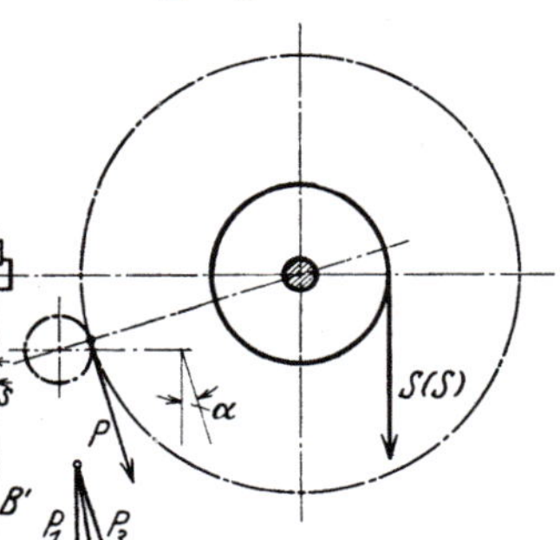

Abb. 146. Berechnung einer Trommelwelle.

Trommelachse einer elektrisch betriebenen Kranlaufwinde mit zwei an der Trommel angreifenden Seilzügen (Abb. 146).

Gestaltung der Trommel nach Abb. 125, S. 51. Baulich festgelegte Maße: Gewindelänge l_g, Abstände e_0, e_1 und e_2, Nabenlänge λ, Stärke der Schleißscheiben s_0 und Stärke der Schildbleche s.

Die Achse ist in senkrechter Richtung durch die beiden Seilzüge S—S mit dem Abstand e (Last in tiefster Lage) und unter dem Winkel α zur Senkrechten durch den Zahndruck P belastet.

α) Belastung durch den Seilzug.

Auflagerdrucke:

$$A' = \frac{S}{l} \cdot (2 e_2 + e + 2 s_0 + s);$$

$$B' = \frac{S}{l} \cdot (2 e_1 + e + 2 s_0 + s).$$

Büchsendrucke:

$$P_1 = S \cdot \frac{2\,(l_g + e_4) + e_0}{e_5}; \qquad P_2 = S \cdot \frac{2\,(l_g + e_3) + e_0}{e_5}.$$

Die Büchsendrucke werden als Streckenlasten angenommen, und die Momentenlinie wird, wie bereits unter a) 6. gezeigt, entworfen.

Rechnerisch erhaltene Biegemomente:

$$M_1' = A' \cdot \left(\lambda + s_0 + \frac{s}{2}\right) - P_1 \cdot \frac{\lambda}{2};$$

$$_{\max}M' = M_2' = B' \cdot \left(\lambda + s_0 + \frac{s}{2}\right) - P_2 \cdot \frac{\lambda}{2}.$$

β) Belastung durch den Zahndruck.

Das Trommelrad liegt in der Abb. 125, S. 51 an der linken Seite und belastet daher nur die linke Büchse.

Büchsendruck = Zahndruck P.

Auflagerdrucke:

$$A'' = \frac{P}{l} \cdot \left(l - \frac{s}{2} - s_0 - \frac{\lambda}{2}\right); \qquad B'' = \frac{P}{l} \cdot \left(\frac{\lambda}{2} + s_0 + \frac{s}{2}\right).$$

Aufzeichnen der Momentenlinie wie vorher.

Rechnerisch erhaltene Biegemomente:

$$_{\max}M'' = M_1'' = A'' \cdot \left(\lambda + s_0 + \frac{s}{2}\right) - P \cdot \frac{\lambda}{2};$$

$$M_2'' = B'' \cdot \left(\lambda + s_0 + \frac{s}{2}\right).$$

Nunmehr wird die resultierende Momentenlinie, wie unter a) 7. gezeigt (durch geometrische Addition der Momente M' und M''), entworfen, und das größte, für die Bemessung der Welle maßgebende resultierende Biegemoment wird aus ihr entnommen.

Die resultierenden Büchsendrucke P_r und die resultierenden Auflagerdrucke A werden durch geometrische Addition erhalten.

c) Achshalter.

In die festzustellende Achse (Abb. 147) wird eine Nut eingefräßt, in die der aus einem Stück Flacheisen hergestellte Achshalter paßt. Dieser wird dann vermittels zweier Kopfschrauben an den Lagerblechen befestigt.

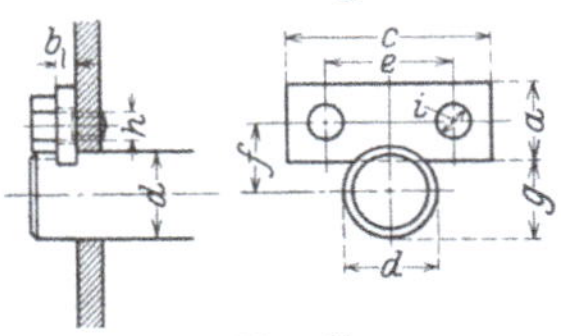

Abb. 147.

Die Achshalter sind stets gegenüber der Druckübertragungsstelle anzuordnen. Bei Achsen von großem Durchmesser werden auch zwei, seitlich der Druckstelle einander gegenüberliegende Achshalter vorgesehen.

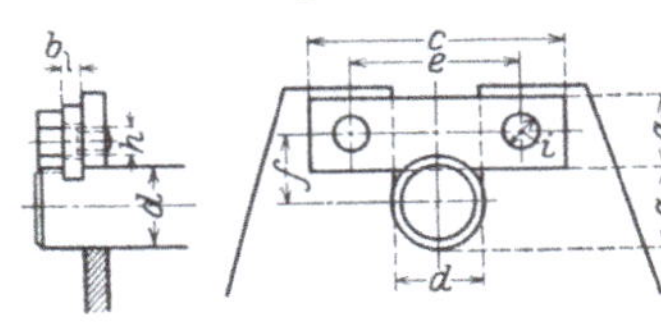

Abb. 148.

Bei den neueren, elektrisch betriebenen Laufkatzen sind die Seiltrommeln hochgelegt und laufen, mit dem Trommelrad verschraubt, lose auf der festgestellten Achse. Um die Trommel bei etwaigem Demontieren mit ihrer Achse herausnehmen zu können, schneidet man die Blechschilde nach Art von Abb. 148 aus und ordnet einen entsprechend längeren Achshalter an.

Tabelle 18 gibt die Abmessungen der normalen Achshalter und der Sonderachshalter für Trommelachsen. Beide unterscheiden sich nur in den Maßen c und e voneinander.

Tabelle 18. Achshalter. Ausführung A (Abb. 147); Ausführung B (Abb. 148). Abmessungen in mm.

Nr.	d	a	b	c *	e *	f	g	h Zoll	i
3	30—35	30	8	80/105	45/70	24—27	24—29	1/2	14
4	40—45	35	8	90/125	50/85	30—33	33—38	1/2	14
5	50—55	40	10	100/135	60/95	37—41	42—47	1/2	14
6	60—65	45	12	110/155	65/110	44—46	51—56	1/2	14
7	70—75	50	14	120/175	70/125	50—54	60—65	5/8	18
8	80—85	55	14	130/185	80/135	57—59	69—74	5/8	18
9	90—95	60	16	140/205	85/150	63—66	78—83	5/8	18
10	100	60	16	150/220	90/160	67	87	3/4	21
11	110	65	18	160/230	100/170	74	96	3/4	21
12	120	70	18	170/240	110/180	80	105	3/4	21
13	130	75	18	180/260	115/195	87	114	1	28
14	140	80	20	190/270	125/205	92	122	1	28
15	150	80	20	200/290	130/220	95	130	1	28

* Die oberen Abmessungen gelten für Ausführung A, die unteren für Ausführung B.

d) Schmierung der Bolzen und Achsen.

Die Laufstellen der auf den festgestellten Bolzen bzw. Achsen sich drehenden Maschinenteile werden durch konsistentes Fett geschmiert. Die Schmiernut wird stets in dem Bolzen bzw. in der Achse, und zwar entgegengesetzt der Druckstelle angeordnet.

Tiefe der Schmiernut (je nach Bolzenstärke): 2 bis 3 mm; Abstand von den Laufflächenenden: 5 bis 10 mm.

Der Schmierstoff wird den Gleitflächen aus Staufferbüchsen und vermittels Schmierlöchern zugeführt.

Tabelle 19 (Abb. 149) gibt die Abmessungen der nach DIN 3411 (Entwurf 3) genormten Staufferbüchsen.

Tabelle 19. Staufferbüchsen nach DIN 3411 (Abb. 149).

Bezeichnung einer leichten Staufferbüchse mit Oberteil aus Gußeisen und Unterteil aus Temperguß, Ausführung B, Größe 4: Staufferbüchse B 4 DIN 3411 leicht.

Maße in mm.

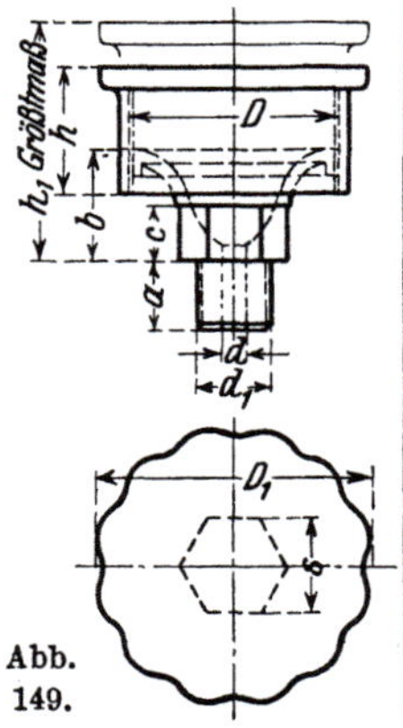

Abb. 149.

Größe [1]	Mindest-Inhalt cm³ ≈ *	d	d_1 Gewinde leicht	d_1 Gewinde schwer [2]	a Größtmaß	D ≈	D_1 ≈	c Kleinstmaß	s leicht	s schwer [2]	b	h ≈	h_1 $(b+h)$
0	1,7	3	R 1/8″		8	16	17	5	11		17	15	32
1	2,7	3	R 1/8″		10	17	22	10	12		15	17	32
2	5	4	R 1/4″		12	23	30	10	17		16	19	35
3	12	4	R 1/4″		12	32	40	10	17		19	21	40
4	22	4	R 1/4″	R 3/8″	12	38	50	10	17	19	20	23	43
5	40	4	R 1/4″	R 3/8″	12	48	60	10	17	19	23	27	50
6	60	4	R 1/4″	R 3/8″	12	55	66	10	17	19	27	31	58
7	90	5	R 3/8″	R 1/2″	12	68	78	12	19	24	30	34	64
8	150	5	R 3/8″	R 1/2″	12	80	94	12	19	24	31	36	67
9	270	6	R 1/2″	R 3/4″	15	98	110	15	24	30	35	40	75
10	480	6	R 1/2″	R 3/4″	15	115	130	15	24	30	45	50	95

Fehlende Maße sind freie Konstruktionsmaße.

[1] Größe auf Oberteil aufgießen oder einprägen.

* Die Angabe des Mindestinhaltes bezieht sich auf den gefüllten Deckel.

Ausführung	Werkstoff Oberteil	Werkstoff Unterteil	Ausführung	Werkstoff Oberteil	Werkstoff Unterteil
A	Gußeisen	Gußeisen	E	Gußeisen	Rotguß
B	Gußeisen	Temperguß	F	Flußstahl	Gußeisen
C	Messing	Messing	G	Flußstahl	Temperguß
D	Flußstahl	Flußstahl	Ausführung ist bei Bestellung anzugeben.		

[2] Für die Staufferbüchsen der schweren Form gelten nur die Ausführungen A, B, F, für Größe 0 die Ausführung C. Gewinde für Zapfen: Whitworth-Rohrgewinde nach DIN 259. Staufferbüchsen nach Ausführung C und D können auch mit Arretierung ausgeführt werden. Dies ist bei Bestellung zu vereinbaren.

Tabelle 20. Zuordnung der Staufferbüchsen zum Wellendurchmesser.

Wellendurchm. d:	Bis 19	20 bis 29	30 bis 40	45 bis 55	60 bis 70	75 bis 90	100 bis 110	120 bis 140	150 bis 160	über 160 mm
Staufferbüchse:	B2	B2	B3	B4	B5	B6	B7	B8	B9	B10

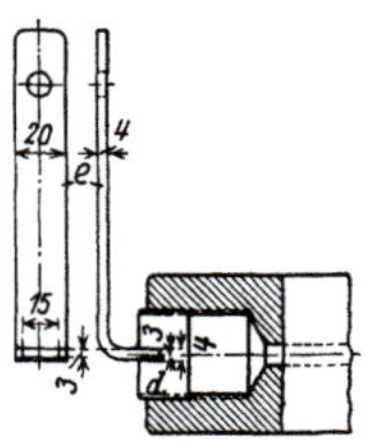

Abb. 150.

Durchmesser der Schmierlöcher je nach Größe des Bolzendurchmessers: 3 bis 6 mm.

Liegen, wie bei den Laufrädern, die beiden zu schmierenden Büchsen nahe beieinander (Abb. 321, S. 137), so wird die Schmiernut durchgefräßt und der Hohlraum zwischen beiden Büchsen wird als Schmierbehälter ausgenutzt.

In Fällen, in denen eine Schmierstelle nicht oder nur schwer zugänglich ist, schließt man ein Stück Gasrohrleitung an den Bolzen bzw. die Achse an und schraubt die Staufferbüchse an dem freien Rohrende auf.

Bei den Unterflaschen der Laufkatzen und Krane werden die Staufferbüchsen der Rollenbolzen im Betriebe oft abgeschlagen. An Stelle der Staufferbüchse sieht man daher vorteilhafter die Schmierung mit einem Gewindepfropfen (Abb. 150) vor, der vermittels eines Schlüssels zeitweise eingeschraubt wird. Den Hohlraum zwischen dem Pfropfen und dem Schmierloch mache man annähernd so groß wie den Inhalt einer dem Bolzendurchmesser entsprechenden Staufferbüchse.

Flott arbeitende Krane führt man in neuerer Zeit in zunehmendem Maße mit Zentralschmierung aus. Hersteller von Zentralschmierungen: Bosch, Stuttgart; Balmung, Apparatefabrik, Stuttgart und Wetzel & Schloßhauer, Berlin W.

VIII. Antriebmittel für Handbetrieb.

a) Handkurbeln.

Anwendung bei Zahnstangenwinden, Lokomotivhebeböcken, Wandwinden, Handkabelwinden und Handdrehkranen, sowie bei elektrischen Hebezeugen, die Handantrieb als Reserveantrieb erhalten.

Kurbelarmlänge bzw. Halbmesser des Kurbelkreises (Abb. 151): $a = 200 - 250 - 300 - 350$ und 400 mm. Die kleineren Halbmesser (250 und 300 mm) kommen für Zahnstangenwinden, die größeren (300 bis 400 mm) für die übrigen Hebezeuge in Frage. Bei diesen ist der meist gebräuchliche Kurbelhalbmesser 350 und 400 mm.

Leistung. Der Kurbeldruck eines Mannes kann für die Arbeitszeit von etwa einer Viertelstunde zu $K = 10$ bis 15 kg angenommen werden. Vorübergehend (auf die Dauer von wenigen Minuten) kann er auf 20 bis 25 kg gesteigert werden.

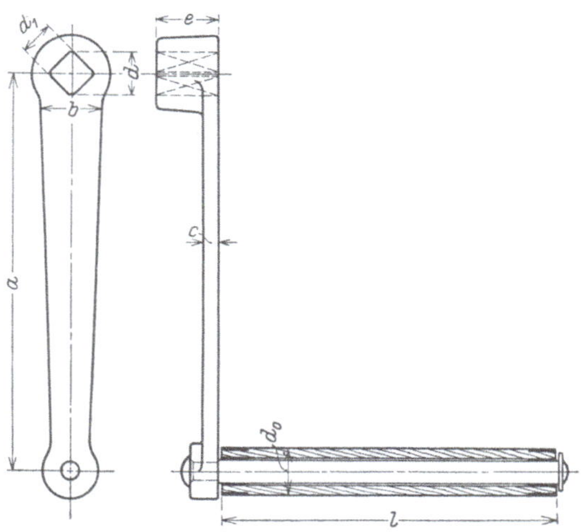

Abb. 151. Normale Handkurbel.

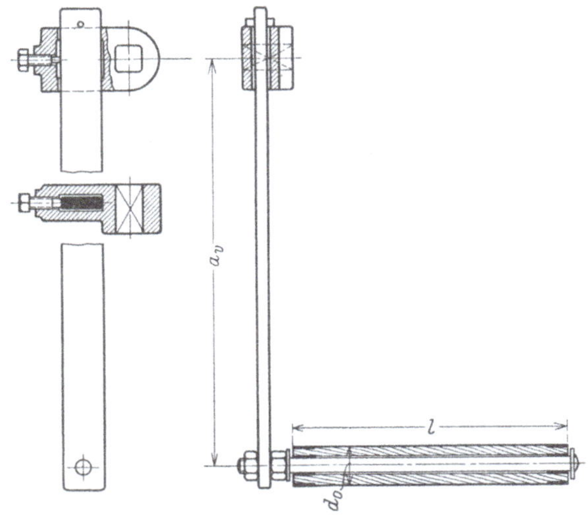

Abb. 152. Verstellbare Handkurbel.

Kurbelgeschwindigkeit bei 10 bis 15 kg Kurbeldruck: $c \approx 0{,}80$ bis 0,45 m/sek.

Dieser Kurbelgeschwindigkeit entspricht bei einem Kurbelhalbmesser von 350 bzw. 400 mm eine Drehzahl der Kurbelwelle von $n = 22$ bis 12 bzw. 19 bis 11/min.

Leistung an der Kurbel (bei 10 bis 15 kg Druck) $L = K \cdot c \approx 8$ bis 6,75 kgm/sek.

Ausführung und Abmessungen. Bei der meist angewendeten Ausführung Abb. 151 ist der Kurbelarm aus Stahl geschmiedet und sitzt auf einem Vierkant der Kurbelwelle. Der aus Holz gefertigte drehbare Walzengriff sitzt auf einem Stahldorn, der am Kurbelarm angenietet oder angeschraubt ist.

Durchmesser des Kurbelgriffes: .... $d_0 =$ 40 bis 45 mm.
Länge „ „ Für einen Mann .... $l = 250$ bis 350 „
„ „ „ „ zwei „ ..... $l = 400$ bis 500 „
Kurbelarmquerschnitt (je nach Kurbelgröße): $b \cdot c = 35 \cdot 10$ bis $60 \cdot 20$ mm.
Normale Vierkante: $d_1 = 23$ mm bei $d = 30$ mm Wellendurchmesser.
$d_1 = 30$ „ „ $d = 40$ „ „
Nabenlänge: $e = 40$ bis 60 mm.

Verstellbare Kurbeln (Abb. 152) werden hauptsächlich bei Schneckenwinden angewendet und ermöglichen es, kleinere Lasten oder den leeren Haken bei kürzerer Armlänge schneller zu heben. Der schmiedeeiserne Kurbelarm wird in dem auf der Welle sitzenden gußeisernen Halter durch eine Sechskant- oder Flügelschraube festgestellt. Bei gelöster Schraube ist der Kurbelarm gegen Herausfallen durch einen kegeligen Stift gesichert.

Anordnung der Kurbeln. Höhe der Kurbelwelle über dem Standorte des Arbeiters: ~ 1000 mm.

Bei den Zahnstangenwinden beträgt diese Höhe aus baulichen Gründen nur 400 bis 500 mm.

Die kleinste Entfernung der Kurbelgriffmitte von einer Gebäudewand soll bei Wandwinden etwa 500 mm betragen.

Kurbeln, die nicht regelmäßig abgenommen werden, werden auf eine zylindrische Abdrehung der Welle gesetzt und gegen Drehen durch einen Federkeil, sowie gegen Verschieben durch Unterlegscheibe und Mutter gesichert, oder die Kurbel sitzt auf einem kegeligen Ansatz und ist mit der Welle verstiftet.

Zwei auf einer Welle sitzende Kurbeln werden um 120° zueinander versetzt. Die noch vielfach gebräuchliche Versetzung um 180° ist nicht empfehlenswert.

Damit bei Winden mit freiem Rücklauf der Last die Kurbeln während des Lastsenkens nicht schlagen und die Bedienungsleute gefährden, wird die Kurbelwelle ausrückbar (axial verschiebbar) gemacht, oder man ordnet eine Sicherheitskurbel an, die ebenfalls während des Senkvorganges stillsteht.

Über Sicherheitskurbeln s. unter „Bremsen“ S. 131.

b) Ratschen.

Anwendung bei Schrauben- und Schraubenschlittenwinden (s. Abschnitt D. „Winden“) zum Antrieb der Hub- und Verschiebespindel. Gegenüber dem Antrieb der Hubspindel durch einen

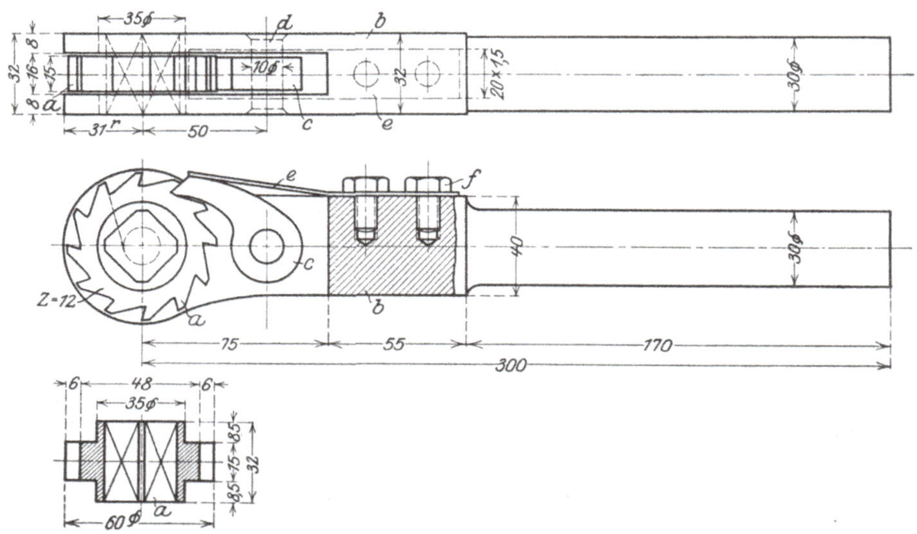

Abb. 153. Einfache Ratsche für Vierkant 22×22 mm. (Pützer-Defries.)
a Sperrad; *b* Ratschenkopf; *c* Sperrklinke; *d* Klinkenbolzen; *e* Blattfeder, die Klinke in Eingriff haltend; *f* Befestigungsschrauben zu *e*.

einfachen Handhebel hat die Ratsche den Vorzug, daß sie leichter und bequemer zu handhaben ist. Für den Antrieb der Schlittenspindel kommt nur die Ratsche in Frage.

Abb. 153 zeigt die Ausführung der Schlittenratsche für eine Schraubenschlittenwinde von 12000 kg Tragkraft. Der durch ein Gasrohr verlängerte Handhebel wird mit der federbelasteten Sperrklinke zunächst um einen gefühlsmäßigen Betrag nach rückwärts gedreht, wobei die Klinke über den Zähnen des mittels Vierkant auf der Welle sitzenden Sperrades fortgleitet. Bei dem nun entgegengesetzten Drehen des Handhebels liegt die Klinke am nächsten Sperradzahn an und die Spindel wird um einen, dem Hebelausschlag entsprechenden Betrag gedreht. Soll die Spindel im anderen Sinne bewegt werden, so wird die Ratsche umgekehrt auf das Vierkant der Spindel gesetzt.

Der Kopf der Hubspindelratschen hat ein Loch zum Einstecken eines Handhebels. Hebellänge: 800 bis 1000 mm. Als Handkraft am Hebel werden, da es sich nur um kleine Hubhöhen handelt, etwa 30 bis 40 kg für einen Mann zugelassen.

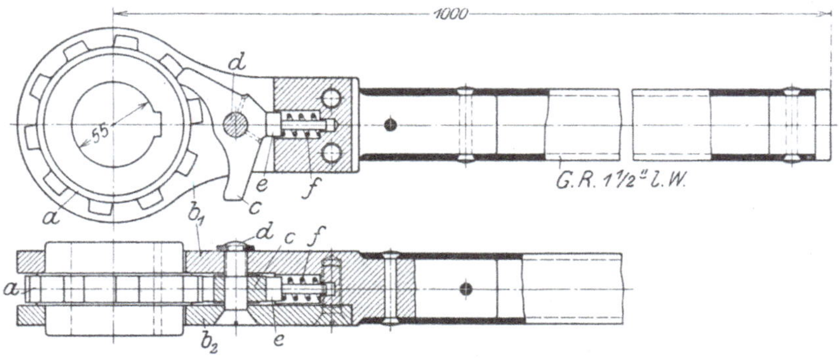

Abb. 154. Ratsche für 55 mm Wellendurchmesser. (Krupp-Grusonwerk.)
a Sperrad, auf der Welle aufgesetzt; b_1 Wange, auf deren Zapfen ein Gasrohr aufgenietet; b_2 Wange, an b_1 angeschraubt; *c* umlegbare Sperrklinke; *d* Klinkenbolzen; *e* Stempel, durch den Druck der Spiralfeder *f* die Klinke in Eingriff haltend.

Bei elektrischen Kranen, die mit Handantrieb als Notbehelf ausgerüstet sind, werden an Stelle von Kurbeln Ratschen nach Art von Abb. 154 verwendet. Das Sperrwerk dieser Ratsche sperrt zur Bewegungsumkehr wahlweise in der einen oder anderen Drehrichtung.

c) Haspelräder.

Anwendung. Haspelräder kommen in Frage, wenn die anzutreibenden Wellen hoch über dem Fußboden gelegen sind, was z. B. bei Kettenflaschenzügen, I-Trägerlaufkatzen und Handlaufkranen der Fall ist.

Abb. 155. Haspelrad.

Die Haspelräder (Abb. 155) gleichen in ihrer Bauart den Kettennüssen (s. S. 40). Während jedoch die Kettennüsse kleine Zähne- oder Daumenzahl und großen Kettendurchmesser haben, haben die Haspelräder große Zähnezahl und kleinen Kettendurchmesser. Die endlose, in die

Kranzaussparungen des Haspelrades eingreifende Handkette ist ebenso wie bei den Kettennüssen eine lehrhaltige (kalibrierte) Rundeisenkette.

Zum Antrieb der Haspelradwelle wird am rechts- oder linksseitigen Strang der endlosen Kette gezogen. Während jedoch an der Handkurbel ständig gedreht wird, wird an die Haspelkette absatzweise von oben nach unten gezogen. Damit der Arbeiter bei dieser Tätigkeit nicht zu sehr ermüdet, ist es — besonders bei größerer Hubhöhe — zweckmäßig, die Haspelräder genügend groß und mit kräftigem Kranzprofil auszuführen. Diese haben dann den Vorteil entsprechend großer Schwungmassen und bleiben daher so lange in Bewegung, bis der Arbeiter von neuem wieder an der Kette zieht.

Leistung. Die von einem Arbeiter ausgeübte Zugkraft kann zu $Z = 20$ bis 30 kg angenommen werden und läßt sich vorübergehend bis auf 40 und 50 kg erhöhen, da der Arbeiter sein Körpergewicht beim Ziehen an der Handkette geltend macht. Der bei einem Zug zurückgelegte Kettenweg beträgt etwa 1 m. Rechnet man alle zwei Sekunden mit einem Zug, so werden in einer Minute etwa 30 m Haspelkette abgewickelt, was einer Arbeitsgeschwindigkeit von $c = 0{,}5$ m/sek und bei 25 kg mittlerer Zugkraft einer Leistung $L = Z \cdot c = 25 \cdot 0{,}5 \approx 12{,}5$ kgm/sek entspricht.

Bei gedrängt bauenden Hebezeugen, wie z. B. bei Kettenflaschenzügen, werden zum Heben der Höchstlast bis zu 100 kg Zug an der Haspelkette zugelassen, was bei zwei Mann Bedienung und kurzer Arbeitsdauer angängig ist.

Im allgemeinen wird man bei Kranen und Handlaufkatzen die Zugkraft an den Haspelketten von der Inanspruchnahme des Hebezeuges abhängig machen und bei nur gelegentlicher Benutzung eine große Zugkraft zulassen.

Ausführung. Die für die Haspelräder in Frage kommenden lehrhaltigen Handketten haben nach dem DIN-Blatt 671 folgende Abmessungen (Abb. 45, S. 25):

Kettendurchmesser: $d = 5$ oder 6 mm; innere Länge $l = 18{,}5$ mm; innere Breite $b = 8$ mm.

Nutzzugkraft der 5 mm-Kette: 250 kg, der 6 mm-Kette: 350 kg.

Die Haspelräder werden im Hebezeugbau allgemein aus Gußeisen (Ge 18 · 91) hergestellt. Kranzquerschnitt nach Abb. 155. Äußere Kettenbreite: $b_1 = b + 2d$.

Bezeichnet z die Zähnezahl, so ist der Teilkreisdurchmesser der Haspelräder:

$$D_0 = \frac{l}{\sin \frac{90^\circ}{z}}. \tag{62}$$

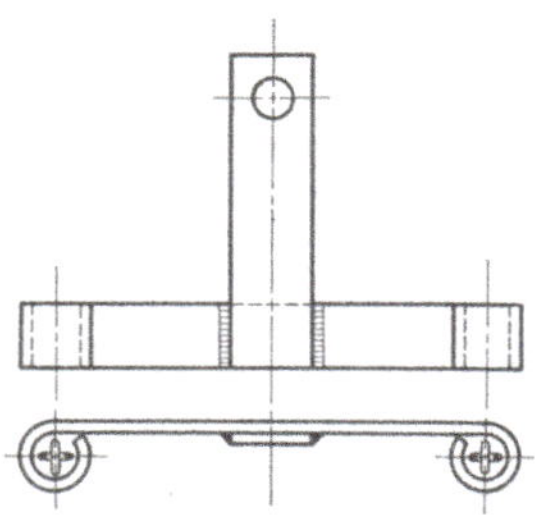

Abb. 156.

Tabelle 21 gibt die nach dieser Gleichung berechneten Teilkreisdurchmesser für Haspelräder mit einer Zähne- oder Daumenzahl $z = 18$ bis 52, abgestuft um je zwei Zähne. Um nicht zuviele Modelle auf Lager halten zu müssen, führt man nur 12 Größen (unter Fortlassen der Zwischengrößen 20, 26 usw.) aus, die eine genügende Abstufung für praktische Zwecke geben.

Die Kranzaussparungen bleiben unbearbeitet und die Kettenglieder greifen mit Spielraum in die Aussparungen ein.

Die kleineren Haspelräder werden als Scheibenräder und mit vier oder sechs kreisförmigen Aussparungen ausgebildet, die größeren (Abb. 155) erhalten vier bis sechs Arme mit kreuzförmigem Querschnitt.

Die Handkettenlänge ist so groß zu nehmen, daß das tiefste Ende der herabhängenden Kette etwa 600 bis 800 mm vom Fußboden entfernt ist.

Damit ein Herausschleudern der Handkette im Betrieb vermieden wird, erhalten die Haspelräder einen, aus Flacheisen hergestellten Kettenbügel. Dieser wird entweder am Hebezeug angeschraubt oder er sitzt pendelnd auf der Haspelradwelle (Abb. 156). Der Kettenbügel ist so auszuführen, daß die Ösenmitten mit den Kettenmitten zusammenfallen. Dies geschieht, wenn nötig, durch Abkröpfen des waagerechten Flacheisens oder durch Beilagen.

Tabelle 21. Teilkreisdurchmesser der Haspelräder.

z	D_0	z	D_0	z	D_0	z	D_0	z	D_0	z	D_0
18	213	24	283	30	354	36	425	42	490	48	580
20	236	26	304	32	376	38	440	44	518	50	592
22	263	28	332	34	398	40	473	46	546	52	610

IX. Rädergetriebe.

Sie dienen im Hebezeugbau als Übersetzungsmittel zwischen den schnellaufenden Antriebswellen und den langsam laufenden Lastwellen bzw. den Trommeln, Laufrädern u. dgl. Die bei den Winden und Kranen eingebauten Räder sind allgemein Zahnräder. Reibungs- (Friktions-) Räder werden nur ausnahmsweise, z. B. bei Speicherwinden für Hafengebäude angewendet. Ebenso kommen Kettenräder (mit Treibketten) nur gelegentlich in Betracht.

a) Zahnräder[1].

Normen. DIN 37: Sinnbilder für Zahnräder. — DIN 780: Zahnräder, Modulreihe. — DIN 867: Zahnform für Stirnräder und Kegelräder. — DIN 868: Zahnräder, Begriffe, Bezeichnungen, Kurzzeichen. — DIN 869 Bl. 1: Richtlinien für die Bestellung von Stirnrädern; Bl. 2: Desgleichen von Kegelrädern. — DIN 870: Zahnräder, Profilverschiebung bei Evolventen-Verzahnung.

1. Stirnräder.

Die überwiegende Mehrzahl der im Hebezeugbau angewendeten Zahnräder sind Stirnräder, da diese den günstigsten Wirkungsgrad für die Triebwerke (Hub- und Fahrwerke) ergeben.

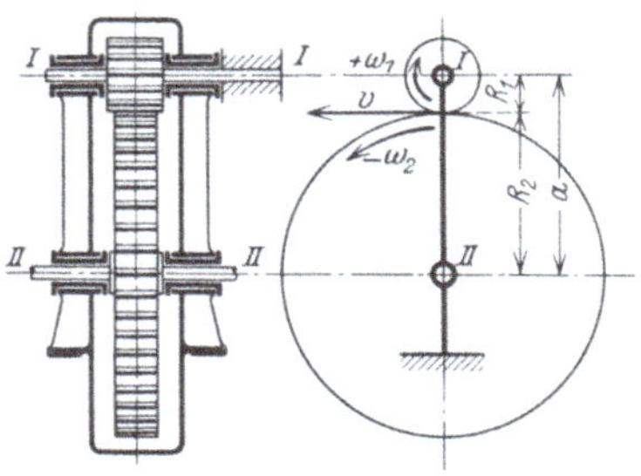

Abb. 157.

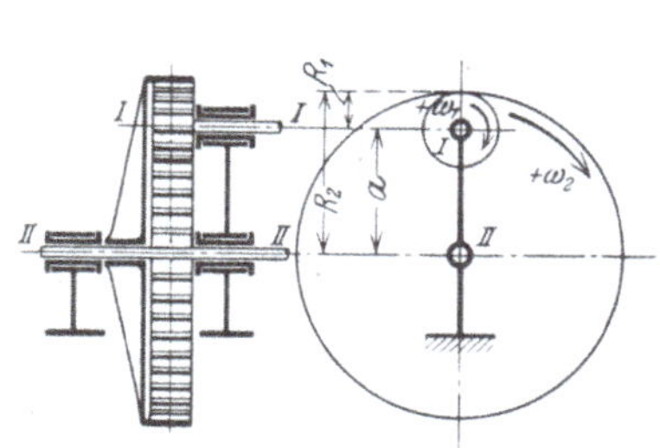

Abb. 158.

1. Außenradgetriebe oder Außenräder (Abb. 157). Achsenabstand (Zentrale): $a = R_1 + R_2$. Bezeichnen z_1 und z_2 die Zähnezahlen, ω_1 und ω_2 die Winkelgeschwindigkeiten (+ rechts-, — linksdrehend) und n_1 bzw. n_2 die minutlichen Drehzahlen der Räder, so ist das Übersetzungsverhältnis:

$$i = \frac{z_1}{z_2} = \frac{R_1}{R_2} = \frac{\omega_2}{\omega_1} = \frac{n_2}{n_1} = \frac{1}{x}. \tag{63}$$

Bei den im Hebezeugbau angewendeten Getrieben wird stets vom Schnellen ins Langsame übersetzt.

Umfangsgeschwindigkeit am Wälzpunkt (Zentralpunkt):

$$v = \frac{2 R_1 \pi \cdot n_1}{60} = \frac{2 R_2 \pi \cdot n_2}{60} \ldots \text{m/sek.} \tag{64}$$

Die Räder der Außenradgetriebe laufen in entgegengesetztem Sinne um. Auf Abb. 157 ist z. B. Rad I rechts- und Rad II linksdrehend.

Gleicher Drehsinn wird durch Anordnung eines Zwischenrades erreicht, das jedoch auf die Übersetzungsgröße ohne Einfluß ist.

2. Innenradgetriebe oder Innenräder (Abb. 158). Achsenabstand: $a = R_2 - R_1$.

Im Gegensatz zu den Außenradgetrieben laufen die Räder der Innenradgetriebe in gleichem Sinne um. Auf Abb. 158 sind z. B. beide Räder rechtsdrehend.

3. Zahnstangengetriebe (s. S. 70) bilden den Grenzfall zwischen Außen- und Innenradgetriebe. Der Halbmesser des Großrades ist $R_2 = \infty$. Übersetzung:

$$i = \frac{z_1}{\infty} = \frac{R_1}{\infty} = 0. \tag{65}$$

Zähnezahlen. Nach Annahme der Zähnezahl z_1 des treibenden Rades ist die Zähnezahl z_2 des Getriebenen durch die Übersetzung bestimmt [Gleichung (63)]:

$$z_2 = z_1 \cdot \frac{1}{i}, \tag{66}$$

[1] Weiteres über Zahnräder s. Volk: „Einzelkonstruktionen aus dem Maschinenbau". 3. u. 5. Heft (Schiebel: Zahnräder). Berlin: Julius Springer 1930.

wobei $1/i$ meist eine ganze Zahl (2—3—4—5 . . .) ist. Die Zähnezahl z_1 des kleinen (treibenden) Rades sucht man in Rücksicht auf gedrängten Bau des Getriebes möglichst klein zu halten.

Bei langsam laufenden Rädern (s. S. 71) nimmt man $z_1 = 12$ bis 15 und geht unter Umständen bis herab auf $z_1 = 10$.

Bei schnellaufenden Rädern (s. S. 71) dagegen wird in Rücksicht auf ruhigen Gang des Getriebes $z_1 = 15$ bis 25, im Mittel $= 20$ angenommen.

Auf jeden Fall ist bei Aufzeichnen des Vorgeleges nachzuprüfen, ob das kleine Rad unter Berücksichtigung der Keilschwächung noch eine genügende Nabenstärke (s. Abb. 173, S. 73) erhält. Ist die Nabenstärke zu schwach, so vergrößert man den Teilkreisdurchmesser des kleinen Rades dadurch, daß man ihm ein oder zwei Zähne mehr gibt. Dies ist wegen der Verbesserung der Eingriffsverhältnisse einer Vergrößerung der Teilung vorzuziehen.

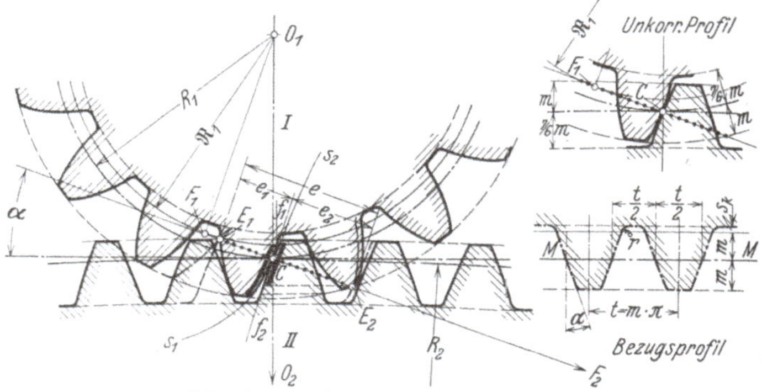

Abb. 159. Evolventen-Außenverzahnung.

C Zentralpunkt (Wälzpunkt); R_1 und R_2 Teilkreise; α Eingriffswinkel (20°); F_1 und F_2 Fußpunkte der Normalen auf die Eingriffslinie; $\mathfrak{R}_1$ ($\mathfrak{R}_2$) Halbmesser der Grundkreise; $E_1 - E_2 = e = e_1 + e_2$ Eingriffslänge; Cs_1 und Cs_2 Zahnspitzen; Cf_1 und Cf_2 Zahnfüße.

Zahnabmessungen. Die Zahnräder erhalten im Hebezeugbau allgemein bearbeitete Zähne. Über Zahnbearbeitung (Zahnerzeugung) siehe DIN 868 und: Kutzbach, K.: Grundlagen und neuere Fortschritte der Zahnraderzeugung. Berlin: VDI-Verlag 1925. — Schiebel: Zahnräder (drittes Heft der Einzelkonstruktionen aus dem Maschinenbau), 3. Aufl., S. 65.

Räder mit unbearbeiteten (gegossenen) Zähnen werden nur bei billigen Handhebezeugen angewendet.

Abb. 159: Zahnabmessungen einer normalen Zahnform für Stirn- und Kegelräder, dargestellt an einer Zahnstange als Bezugsprofil. Verzahnung: Evolventenzahnung mit einem Flankenwinkel von 20° (DIN 867). Teilung: $t = m \cdot \pi = \text{Modul} \cdot 3{,}14 \ldots$ mm.

Genormte Modulreihe nach DIN 780.

Zahnstärke (auf dem Teilkreis gemessen) $\approx t/2$.

Zahnkopf (bei Rädern ohne Korrektur) $= m$.

Zahnfuß (bei Rädern ohne Korrektur) $= m + s_k$.

$s_k =$ Kopfspiel $= 0{,}1\,m$ bis $0{,}25\,m$.

Rundung am Zahnfuß: $r = 1{,}5 \cdot s_k$.

Zahnhöhe: $h = 2m + s_k = 2{,}1$ bis $2{,}25$ m. Zahnbreite (des Rades): *b*. Sie wird als Vielfaches der Teilung oder des Moduls ausgedrückt. Beim Ritzel wird sie meist größer als beim Rad ausgeführt (s. S. 73).

Für unbearbeitete Räder (mit sauber gegossenen Zähnen) enthält die Literatur folgende Angaben: Zahnstärke: $^{19}/_{40}\,t = 0{,}475\,t$; Flankenspiel: $^{1}/_{40}\,t = 0{,}025\,t$; Zahnlücke: $^{21}/_{40}\,t = 0{,}525\,t$; Zahnkopf (ohne Korrektur): $0{,}3\,t$; Zahnfuß: $0{,}4\,t$; Zahnhöhe: $h = 0{,}7\,t$.

Die Räder haben im Hebezeugbau allgemein gerade Zähne (parallel zur Achse). Räder mit schrägen Zähnen oder Pfeilzähnen werden nur ausnahmsweise angewendet.

Bei Stirnrädern mit geraden Zähnen ist der Teilkreisdurchmesser

$$D = 2R = z \cdot \frac{t}{\pi} = z \cdot m \ldots \text{mm}; \quad m = \frac{D}{z} = \frac{t}{\pi} \ldots \text{mm}. \tag{67}$$

α) Verzahnungen.

Grundlegendes (Begriffe, Bezeichnungen und Kurzzeichen) nach DIN 868. Die Räder erhalten allgemein Evolventenverzahnung (Abb. 159 bis 162).

Triebstockverzahnungen (Abb. 164 bis 166) werden bei den Drehwerkvorgelegen der fahrbaren Drehkrane (Dampf- bzw. Motorkrane) und Hafendrehkrane, sowie bei Ausleger-Einziehwerken angewendet.

Bei der Evolventenverzahnung ist die Eingriffslinie eine gerade Linie, die unter dem Winkel α zur Wälzpunkttangente geneigt ist (Abb. 159).

Eingriffswinkel $\alpha = 15°$ bis $25°$. Bisheriger Eingriffswinkel 15°, genormter Eingriffswinkel 20°.

Damit die Getriebe störungsfrei laufen, soll der Überdeckungsgrad (Eingriffsdauer) größer als 1 sein.

Überdeckungsgrad $\varepsilon = \frac{\text{Eingriffslänge}}{\text{Teilung}} = \frac{e}{\cos\alpha \cdot t}$ (Abb. 159).

In Rücksicht auf Schonung und Entlastung der Zähne wähle man den Überdeckungsgrad bei schnellaufenden Rädern mindestens 20-prozentig ($\varepsilon \geqq 1,2$).

Mit steigendem Eingriffswinkel wird der Überdeckungsgrad besser, dagegen wird die, die Welle belastende Komponente des in Richtung der Eingriffslinie wirkenden Zahndruckes (der Achsendruck) größer.

Um unterschnittfreie Zähne zu erhalten, darf die Zähnezahl des Kleinrades (Ritzels) bei gegebenem Eingriffswinkel und normaler Kopfhöhe (gleich dem Modul) einen bestimmten Wert nicht unterschreiten. Dieser Wert ist bei Außenverzahnung und einer Übersetzung 1 : 1 am kleinsten und wird bei der Zahnstange (1 : ∞) am größten. Bei Innenverzahnung ist er bei großen Übersetzungen (nahe 1 : ∞) am kleinsten und bei 1 : 1 am größten. Vogel[1] gibt ein Eingriffsschaubild für Evolventenverzahnung mit Eingriffswinkeln von 15°, 20° und 25° für normale Kopfhöhe (= Modul), für Stumpfzähne (= 0,8 Modul) und für die AEG-Verzahnung ($\alpha = 15°$, Kopfhöhe des Kleinrades 1,5 × Modul, des Großrades 0,5 × Modul). Das Bild enthält die Mindestzähnezahlen und Überdeckungsgrade in Abhängigkeit vom Übersetzungsverhältnis.

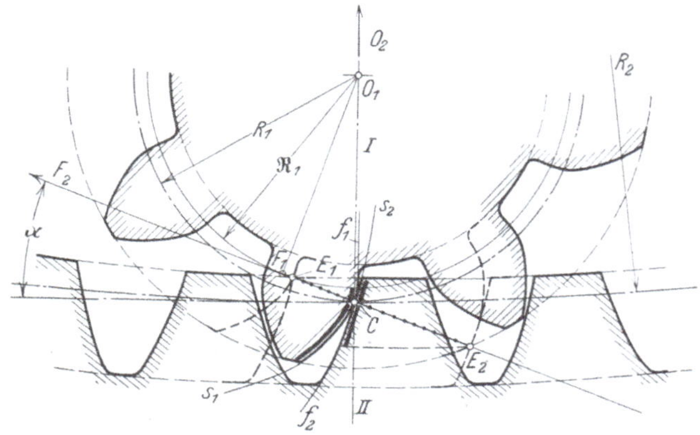

Abb. 160. Evolventen-Innenverzahnung. (Bezeichnungen wie unter Abb. 159.)

Durch Korrektur der Zähne (Profilverschiebung) kann die Mindestzähnezahl bei unterschnittfreien Zähnen herabgesetzt werden. Die Zahnspitze des Kleinrades wird dann größer und die des Großrades kleiner.

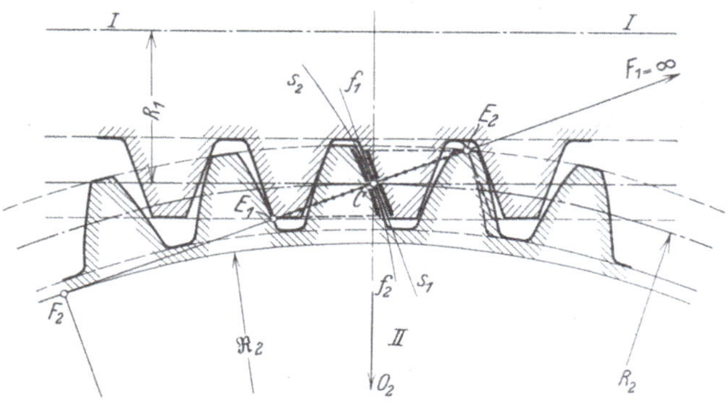

Abb. 161. Evolventen-Verzahnung (Rad mit Zahnstange). (Bezeichnungen wie unter Abb. 159.)

Um bei Motorvorgelegen einen möglichst kleinen (billigen) Räderkasten zu erhalten, führt man die Zähne zweckmäßig als Schrägzähne aus. Man erhält dann eine kleinste Zähnezahl für das Ritzel (12 bis 15) und einen kleinen Achsenabstand bei ausreichendem Überdeckungsgrad.

Schwierigkeiten hinsichtlich des Überdeckungsgrades treten bei den Getrieben der Zahnstangenwinden auf, die in Rücksicht auf gedrängten Bau und geringes Gewicht vierzähnige Trieblinge erhalten (Abb. 162).

Die Abb. 159 bis 166 geben kennzeichnende Beispiele der im Winden- und Kranbau vorkommenden Verzahnungen.

1. Evolventen-Außenverzahnung. Beispiel: Verzahnung zum Hubwerk-Vorgelege eines Tordrehkranes von 2500 kg Tragkraft und 13,9 m Ausladung[2] (Abb. 159). Hubgeschwindigkeit: 0,75 m/sek; Motorleistung: 25 kW; Drehzahl des Motors: 470/min; Stromart: Drehstrom 380 V 50 Hz. Trommeldurchmesser: 500 mm.

$z = {}^{16}/_{248}$; $m = 6$ mm; $D = {}^{96}/_{1488}$ mm; $i = \frac{1}{15,5}$; $b = {}^{160}/_{140}$ mm; Werkstoff: St 50 · 11/St 34 · 11. Kranzprofil des Großrades s. Abb. 182, S. 75.

2. Evolventen-Innenverzahnung. Beispiel: Verzahnung zum Drehwerk-Vorgelege des unter 1. genannten Kranes (Abb. 160). Der zweiteilige Zahnkranz ist auf dem Unterwagen des Kranes aufgeschraubt. Das mit ihm kämmende Rad (Planetenrad) sitzt am Oberwagen. $z = {}^{8}/_{116}$; $m = 23$ mm; $D = {}^{184}/_{2668}$ mm; $i = \frac{1}{14,5}$; $b = {}^{150}/_{120}$ mm; Werkstoff: St 50 · 11/Stg 38 · 81.

3. Evolventen-Verzahnung (Rad mit Zahnstange). 1. Beispiel: Verzahnung des Schneckengetriebes zum Drehwerk eines Tordrehkranes mit Greiferbetrieb von 8 t Tragkraft (Abb. 161). $z = {}^{2}/_{40}$; $m = 12$ mm; $D = {}^{85}/_{480}$ mm; $i = {}^{1}/_{20}$; $b = 90$ mm. Werkstoff: St 70 · 11/GBz 14.

[1] Werkstattstechnik 1929, Heft 14. [2] Westhafen Berlin (Hersteller: Carl Flohr A.-G., Berlin).

2. Beispiel: Verzahnung einer Lokomotiv-Zahnstangenwinde von 12000 kg Tragkraft (Abb. 162). $z = 4/\infty$; $m = 12$ mm; $D = 48/\infty$ mm; $b = 50$ mm. Werkstoff: St 70·11/St 60·11.

Bei der kleinen Zähnezahl des Trieblings ($z = 4$) wird ein Überdeckungsgrad >1 auch durch Vergrößerung des Eingriffswinkels nicht erreicht. Dies ist jedoch bei der geringen Umfangsgeschwindigkeit der von Hand betriebenen Winden praktisch belanglos. Der Überdeckungsgrad wird dadurch vergrößert, daß man die Zahnspitze des Zahnstangenprofils als Orthozykloide (Abb. 163) und den Zahnfuß des Trieblings gerade und radial

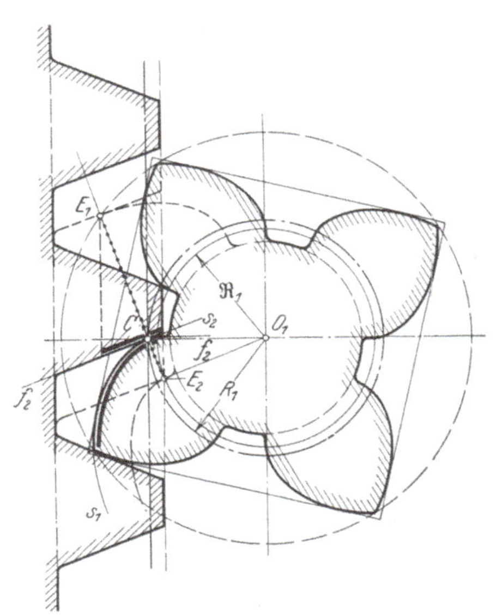

Abb. 162. Evolventen-Verzahnung (vierzahniger Triebling mit Zahnstange).

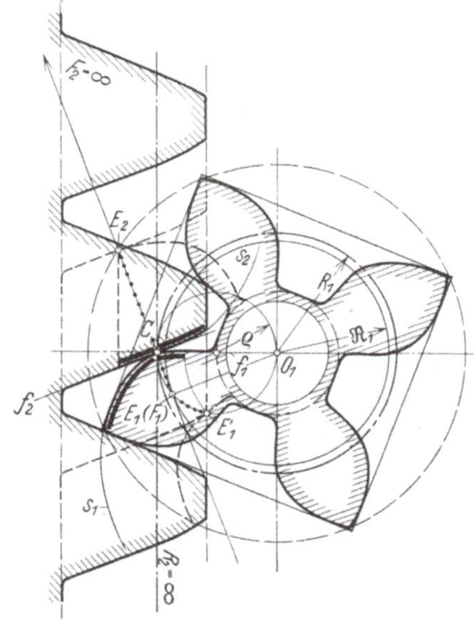

Abb. 163. Evolventen-Verzahnung (vierzahniger Triebling mit Zahnstange). Kopf der Zahnstange nach einer Orthozykloide ausgebildet; $E_1 - E_1'$ Wälzkreis.

ausführt. Die Eingriffslinie dieser Profilteile ist ein Kreis, dessen Durchmesser gleich dem Teilkreishalbmesser des Ritzels ist.

Im allgemeinen zieht man jedoch bei den Zahnstangenwinden (s. Abschnitt D. „Winden") die Verzahnung nach Abb. 162 vor und fräst die Zähne mittels des Fingerfräsers in die aus Vierkantstahl gefertigte Welle ein.

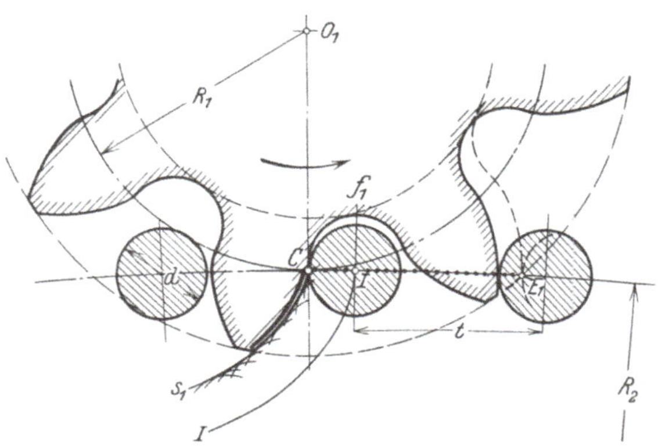

Abb. 164. Triebstock-Außenverzahnung. d Triebstock-Durchmesser; $I-I$ Epizykloide; $C-s_1$ Zahnspitze (Äquidistante zur Epizykloide).

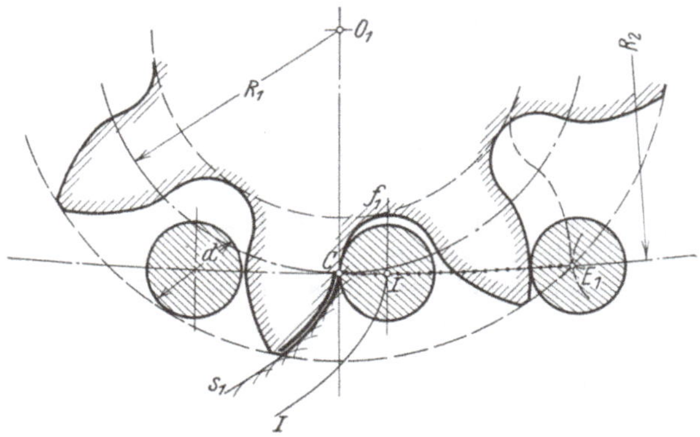

Abb. 165. Triebstock-Innenverzahnung. $I-I$ Perizykloide; Cs_1 Zahnspitze (Äquidistante zur Perizykloide).

4. Triebstock-Außenverzahnung. Beispiel: Verzahnung zu einem Drehwerk-Vorgelege (Abb. 164). $z = {}^{8}/_{116}$; $m = 23$ mm; $D = {}^{184}/_{2668}$ mm; $i = \frac{1}{14,5}$; Triebstockdurchmesser: 35 mm. Werkstoff: St 50·11/St 50·11.

Die Zähne des großen Rades sind zylindrische Bolzen, deren Mittel im Teilkreis stehen. Die Zahnspitze des kleinen Rades ist die Äquidistante zu einer Epizykloide (Abb. 164); der Zahnfuß wird nach einem Kreisbogen gestaltet.

5. Triebstock-Innenverzahnung (Abb. 165). Ersatz für die Evolventen-Innenverzahnung unter 2. Abmessungen und Werkstoff wie unter 4. Die Zahnspitze des mit dem festen Triebstockkranz kämmenden Planetenrades ist die Äquidistante zu einer Perizykloide. Die Triebstock-Innenverzahnung wird aus baulichen Gründen der Außenverzahnung vorgezogen.

6. Triebstock-Verzahnung (Rad mit Zahnstange) (Abb. 166). $z_1 = 8$; $m = 23$ mm; $D = 184$ mm; $i = 1:\infty$. Triebstockdurchmesser: 35 mm. Werkstoff wie unter 4. und 5. Die Zahnspitze des Rades ist die Äquidistante zu einer Evolvente. Anwendung dieser Verzahnung bei den Ausleger-Einziehwerken der Hafendrehkrane.

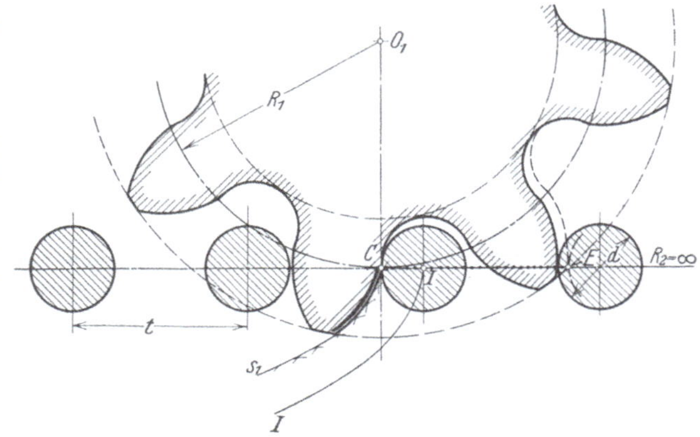

Abb. 166. Triebstock-Verzahnung (Rad mit Zahnstange). $I-I$ Evolvente; Cs_1 Zahnspitze (Äquidistante zur Evolvente).

β) Wirkungsgrad.

Über Zahnradverluste und Abnutzung siehe: Schiebel, Zahnräder. I. Teil (Fußnote S. 67).

Wirkungsgrad eines Stirnrädergetriebes mit Berücksichtigung der Lagerreibung:

Für Getriebe mit gegossenen Zähnen:

$\eta \approx 0{,}90$ bis $0{,}92$,

für Getriebe mit bearbeiteten Zähnen:

$\approx 0{,}94$ bis $0{,}96$, im Mittel $0{,}95$.

Bei Getrieben mit genau geschnittenen Zähnen, die im Ölbad laufen, ist je nach der Lagerung (Gleitlager oder Wälzlager): $\eta \approx 0{,}97$ bis $0{,}98$.

γ) Berechnung der Zähne.

1. Langsam laufende Räder (Krafträder). Für ihre Berechnung ist lediglich die Festigkeit maßgebend.

Bezeichnen mit Bezug auf Abb. 167:

P den, an der Zahnspitze angreifenden und über die ganze Zahnbreite gleichmäßig verteilt angenommenen Zahndruck in kg,

$W = \frac{b s^2}{6}$ das Widerstandsmoment des Zahnes im gefährlichen Querschnitt in cm³ und

σ_{zul} die zulässige Biegebeanspruchung in kg/cm², so ist das Biegemoment des Zahnes:

$$M = P \cdot h = W \cdot \sigma_{zul} = \frac{b s^2}{6} \cdot \sigma_{zul}. \qquad (68)$$

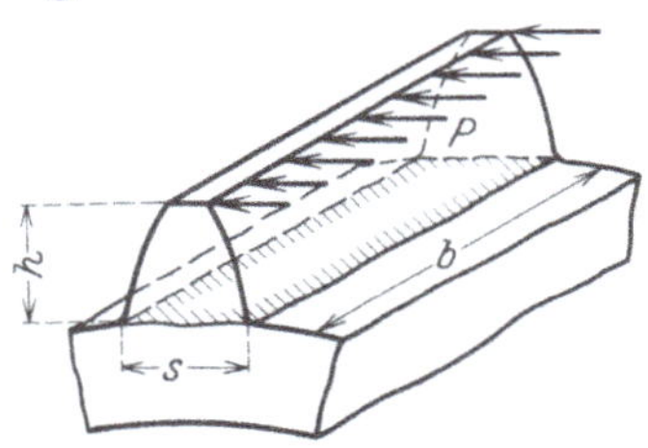

Abb. 167.

Setzt man $h = 2{,}25\,m \approx 0{,}7\,t$ und $s \approx 0{,}5\,t$, so wird nach Gleichung (68) mit $c = 0{,}06 \cdot \sigma_{zul}$:

$$P = b \cdot c \cdot t \ldots \text{kg}. \qquad (69)$$

In dieser Gleichung werden b und t in cm und die Zahnbeanspruchungszahl c in kg/cm² eingesetzt.

Wird das Verhältnis von Zahnbreite zu Teilung $\psi = b/t$ angenommen und in Gleichung (69) eingesetzt, so ist der übertragbare Zahndruck:

$$P = \psi \cdot c \cdot t^2 \ldots \text{kg}. \qquad (70)$$

Ist an Stelle des Zahndruckes das zu übertragende Drehmoment $M_d = P \cdot R \ldots$ kgcm gegeben und setzt man $P = \frac{M_d}{R}$ und $R = \frac{z \cdot t}{2\pi}$ in Gleichung (69) ein, so wird die Teilung:

$$t = \sqrt[3]{\frac{2\pi \cdot M_d}{c \cdot \psi \cdot z}} \ldots \text{cm}. \qquad (71)$$

Bei Rädern mit unbearbeiteten Zähnen wird $\psi = b/t = 2$ bis 3 angenommen. Für Räder mit gefrästen Zähnen, deren Wellen genau gelagert sind, kann $\psi = 3$ bis 5 gesetzt werden.

Zahnbeanspruchungszahl und zulässige Biegebeanspruchung:

Gußeisen $c = 18$ bis 30 entsprechend $\sigma_{zul} \approx 300$ bis 500 kg/cm²,

Stahlguß $c = 36$ bis 60 entsprechend $\sigma_{zul} \approx 600$ bis 1000 kg/cm².

2. Schnellaufende Räder (Arbeitsräder). Außer der Festigkeit sind noch die infolge der Zahnreibung eintretende Abnutzung und die Flankenpressung für die Zahnberechnung maßgebend.

Sind der Zahndruck P oder die Drehmomente des Vorgeleges gegeben, so werden die Gleichungen (69) bis (71) angewendet.

Bei den Motorvorgelegen sind in der Regel die zu übertragende Leistung in PS oder kW und die Drehzahlen der beiden Wellen gegeben.

Bezeichnen N die zu übertragende Leistung in PS, n die Drehzahl der Welle in der Minute und v die Umfangsgeschwindigkeit in m/sek, so erhält man durch Einsetzen von

$$M_d = P \cdot R = 71\,620 \cdot \frac{N_{PS}}{n} \; \ldots \text{ kgcm} \tag{72}$$

in die Gleichung (71) die Teilung:

$$t = 10 \cdot \sqrt[3]{\frac{450}{c \cdot \psi \cdot z} \cdot \frac{N_{PS}}{n}} \; \ldots \text{ cm}. \tag{73}$$

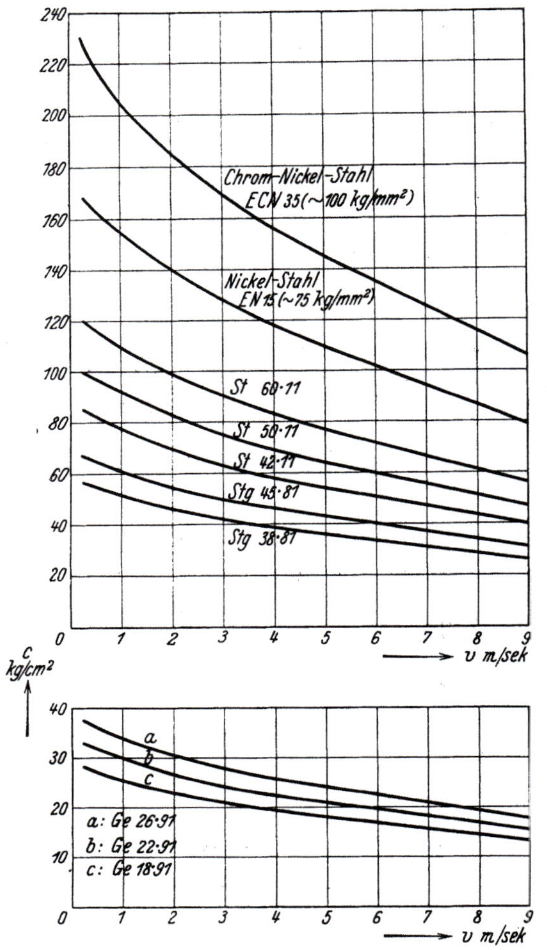

Abb. 168.

Ist dagegen die Leistung N in kW gegeben, so erhält man durch Einsetzen von $N_{PS} = 1{,}36\,N_{kW}$ statt 450 in Gleichung (73) den Wert $1{,}36 \cdot 450 = 612$ und statt N_{PS} die Größe N_{kW}.

Bei den Motorvorgelegen strebt man in Rücksicht auf ruhigen Gang der Getriebe möglichst günstige Eingriffsverhältnisse an, die durch große Zähnezahlen bei kleiner Teilung erreicht werden. Im Gegensatz zu den langsam laufenden Rädern (Krafträdern) gibt man daher den Getrieben große Zahnbreite und setzt das Verhältnis

$$\psi = \frac{b}{t} = 4 \text{ bis } 6 \text{ (im Mittel} = 5). \tag{74}$$

Die Zahnbeanspruchungszahl c ist von der Werkstoffgüte, der Umfangsgeschwindigkeit des Getriebes und der Art der Schmierung abhängig.

Das Motorritzel wird meist aus Stahl (z. B. St 50 · 11) hergestellt.

Das große Rad wird je nach Größe der Belastung aus Gußeisen oder Stahlguß gefertigt. Bei höheren Motorleistungen und größeren Zahndrücken ist man stets gezwungen, Stahlguß für das Gegenrad zu verwenden, weil die Getriebe bei Benutzung von Gußeisen zu groß bauen.

Da die Schmierung von wesentlichem Einfluß auf die Lebensdauer der Getriebe ist, läßt man die Motorvorgelege in neuerer Zeit, trotz der höheren Kosten, in einem Räderkasten (s. S. 77) und im Ölbad laufen.

Die Zahnbeanspruchungszahl c ist stets für den Werkstoff kleinerer Festigkeit (Gußeisen bzw. Stahlguß gegenüber Stahl) einzusetzen.

Bei Wahl der Zahnbeanspruchungszahl ist zunächst der Belastungsart Rechnung zu tragen. Im allgemeinen liegt, auch bei Vorgelegen, die in beiden Richtungen belastet sind (Fahr- und Drehwerksvorgelege), der Belastungsfall II vor. Auch ist zu unterscheiden, ob die Getriebe stets voll belastet sind oder ob die Lastgröße wechselt und ihren Höchstwert nur selten erreicht.

Abb. 168 gibt die üblichen Durchschnittswerte der Zahnbeanspruchungszahl c in Abhängigkeit von der Umfangsgeschwindigkeit v für die hauptsächlich im Hebezeugbau verwendeten Werkstoffe.

Da es sich im Hebezeugbau meist um mittlere Umfangsgeschwindigkeiten ($v = 1$ bis 5 m/sek) handelt, so kann man für die Zahnbeanspruchungszahl folgende Durchschnittswerte zugrunde legen.

Für Gußeisen	$c =$ 30	bis	20	kg/cm²,
„ Stahlguß	$c =$ 60	„	40	„
„ Stahl (St 50 · 11)	$c =$ 80	„	60	„
„ Nickelstahl	$c =$ 150	„	110	„
„ Chromnickelstahl	$c =$ 200	„	140	„

Bei Motorvorgelegen, die im Ölbad laufen und bei denen daher mit einer sehr geringen Abnutzung zu rechnen ist, kann c wesentlich höher als bei nicht gekapselten Vorgelegen eingesetzt werden.

δ) Gestaltung der Radkörper.

Bei sehr kleinen Zähnezahlen bzw. Teilkreisdurchmessern wird der Radkörper mit der Welle aus einem Stück hergestellt.

Werkstoff (je nach Beanspruchung) St 50 · 11 bis St 70 · 11 oder Sonderstahl (Nickelstahl, Chromnickelstahl u. dgl.).

Das Rohstück wird entweder von der Stange abgestochen oder es wird vorgeschmiedet. Nachdem die Welle mit dem Radkörper bearbeitet ist, werden die Zähne eingefräßt.

Bei den mit der Welle aus einem Stück hergestellten Motorritzeln (Abb. 169) sind gute Abrundungen an den Übergängen vom Ritzel zur Welle erforderlich. Ritzel von größerem Durchmesser erhalten zweckmäßig eine Eindrehung nach Abb. 170.

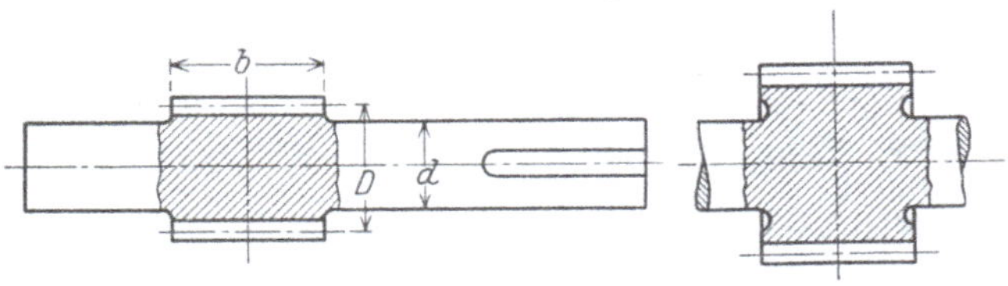

Abb. 169 und 170.

Räder mit kleinem Teilkreisdurchmesser, die auf der Welle aufgekeilt werden, müssen, besonders wegen der Keilschwächung, eine genügende Nabenstärke haben. Nach Keller[1] wird die Mindestnabenstärke (s. Abb. 173)

$$\left.\begin{array}{ll}\text{für Gußeisen:} & \delta = 0{,}4\,(d + 10\text{ mm}),\\ \text{für Stahlguß und Maschinenbaustahl:} & \delta = 0{,}3\,(d + 10\text{ mm}).\end{array}\right\} \qquad (75)$$

Bei Bemessung der Nabenstärke ist auch darauf Rücksicht zu nehmen, daß das Rad gegebenenfalls für eine größere Bohrung verwendbar ist.

Die Trieblinge der Rädervorgelege mit gegossenen Zähnen erhalten entweder einseitige oder doppelseitige Bordscheibe (Abb. 171 bzw. 172), durch die die Zahnfestigkeit wesentlich erhöht wird. Ein Nacharbeiten der Zähne ist bei dem in neuerer Zeit hergestellten sauberen Guß nicht mehr notwendig.

Die Ritzel der Motorvorgelege (Abb. 173 und 174) werden, wenn das Getriebe keinen Räderkasten erhält, vielfach unmittelbar auf der Motorwelle aufgekeilt. Diese fliegende Anordnung

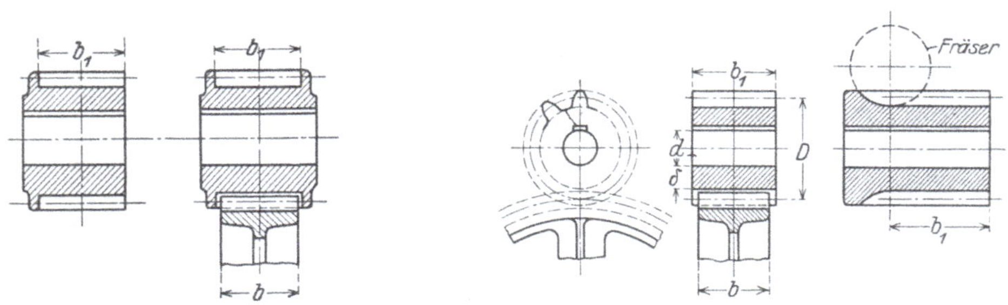

Abb. 171 und 172. Abb. 173 und 174.

des Ritzels ist zwar billig, hat jedoch den Nachteil, daß der Zahndruck das vordere Motorlager belastet, das dann stärkerer Abnutzung unterworfen ist.

In Rücksicht auf das Längsspiel der Motorwelle führt man die Ritzel der Motorvorgelege etwas breiter als das zugehörige Gegenrad aus. Auch bei anderen Vorgelegen (Zwischenvorgelegen, Trommel- und Laufradvorgelegen) macht man das Stahlritzel breiter als das Gegenrad.

Je nach der Größe des Getriebes wird die Ritzelbreite (Abb. 173) zu $b_1 = b + (5 \text{ bis } 20\,\text{mm})$ genommen.

Die Motorstümpfe werden bei Durchmessern von 18 bis 42 mm normal zylindrisch nach DIN VDE 2701 und bei Durchmessern von 45 bis 100 mm kegelig nach DIN VDE 2702 ausgeführt.

Herstellung der Ritzel meist aus Rundstahl (z. B. St 50 · 11). Zwecks Erhöhung der Zahnfestigkeit führt man das Stahlritzel etwas breiter aus und fräßt die Zähne nicht durch (Abb. 174).

[1] Triebwerke, 4. Aufl. München: Friedrich Bassermann 1904.

Sitzen zwei Getriebe dicht nebeneinander (Abb. 175), so führt man das Ritzel des einen Getriebes aus einem Stück mit einer Hohlwelle aus und keilt das Gegenrad des anderen auf der Hohlwelle auf. Diese ist mit Rotgußbüchsen versehen und läuft auf dem durch Achshalter festgestellten Bolzen um. Die Zähne des Hohlwellenritzels werden dadurch versteift, daß man sie, wie in Abb. 175 oben gezeichnet, nicht ganz durchfräßt. Der Bolzen wird nach vorläufiger Annahme der Büchsenlängen auf Biegung und Flächendruck gerechnet (s. S. 58). Für die Hohlwelle ist Berechnung auf Verdrehung ausreichend.

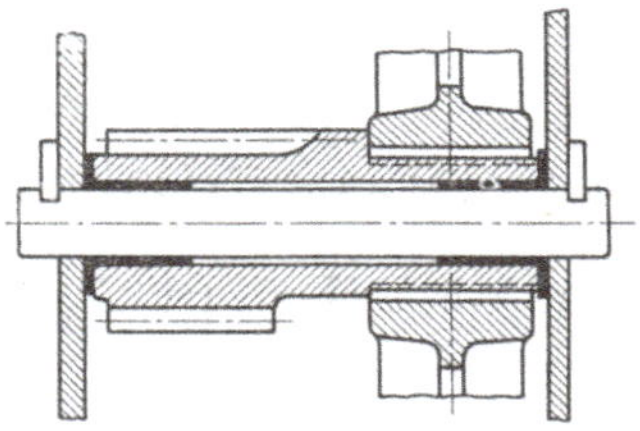

Abb. 175.

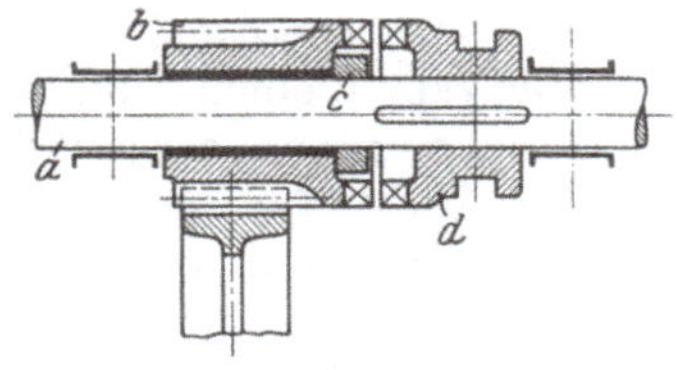

Abb. 176. Ritzel mit Klauenkupplung. *a* Welle; *b* Ritzel, mit Rotguß ausgebüchst; *c* Stellring; *d* verschiebbare Muffe der Klauenkupplung.

Auf Abb. 176 ist ein lose auf der Welle sitzendes Ritzel dargestellt, das vermittels einer Klauenkupplung ein- oder ausgerückt wird.

Stirnräder von größerem Durchmesser werden je nach ihrer Beanspruchung aus Gußeisen oder aus Stahlguß hergestellt und nach Abb. 177 und 178 gestaltet.

Kranzstärke $\approx 0{,}5\,t$, bei kleiner Teilung mehr; Kranzneigung: 1 : 10. Nabenstärke nach Gleichung (75). Nabenlänge stets etwas größer als die Radbreite. Zur Vermeidung eines schrägen Aufkeilens des Rades muß die Nabenlänge $\lambda \geq 1{,}5d$ sein. Bemessung allgemein in Abhängigkeit vom Raddurchmesser.

$$\lambda = b + (0{,}05 \text{ bis } 0{,}07) \cdot R \ldots \text{mm}, \tag{76}$$

wobei b die Radbreite und R den Teilkreishalbmesser des Rades bedeuten. Nabenneigung ebenfalls 1 : 10.

Unsymmetrische Ausführung der Radnabe nur dann, wenn dies aus baulichen Gründen erforderlich ist.

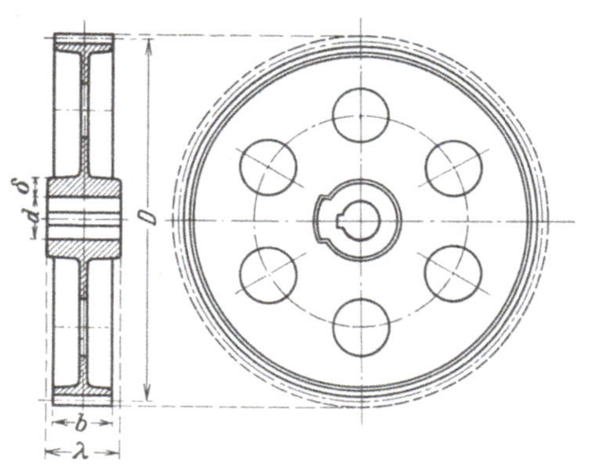

Abb. 177.

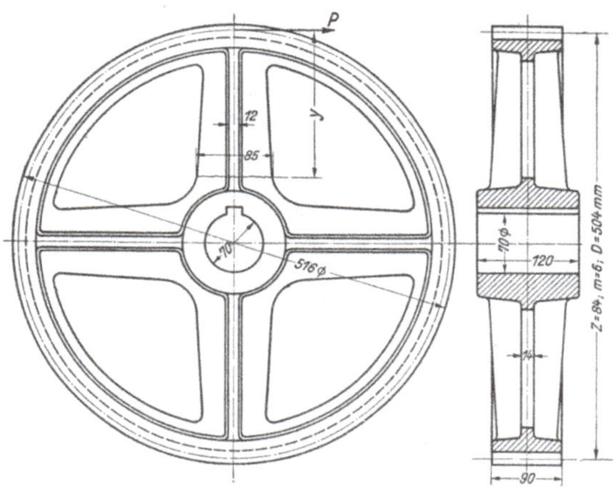

Abb. 178.

Je nach Größe des Teilkreisdurchmessers werden die Räder als einfache Scheibenräder (Abb. 177) oder mit Armen (Abb. 178) ausgebildet.

Bestimmung der Armzahl nach der Gleichung

$$\mathfrak{A} \approx 0{,}15 \cdot \sqrt{D}, \tag{77}$$

wobei der Teilkreisdurchmeser D in mm eingesetzt wird. Armzahl: Meist vier, fünf oder sechs.

Die Arme erhalten je nch der Belastung des Getriebes die Querschnittsformen nach Abb. 179 bis 181.

Die Höhe h der in der Umfangsrichtung liegenden tragenden Rippe wird am Radkranz auf die Größe $0{,}8\,h$ verjüngt. Stärke der Rippe: $s \approx 0{,}2$ bis $0{,}25\,h$. Die Versteifungsrippe erhält die Stärke $s_1 = 0{,}17$ bis $0{,}2\,h$. Sie wird in Rücksicht auf das Formen etwas abgeschrägt.

Ist der Radkörper aufgezeichnet, so werden die Arme auf Festigkeit nachgeprüft. Da eine genaue Ermittlung der Biegebeanspruchung der Arme nicht möglich ist, so begnügt man sich damit, den Arm als einen, an der Nabe eingespannten Träger zu betrachten. Hierbei nimmt man an, daß etwa ein Drittel der Armzahl $\mathfrak{A}$ die Umfangskraft P auf die Nabe überträgt.

Bezeichnet (Abb. 178) y den Abstand des Zahndruckes P vom gefährlichen Querschnitt und wird nur der in die Umfangsrichtung fallende Querschnitt (Abb. 179 bis 181) berücksichtigt, so ist die Biegebeanspruchung:

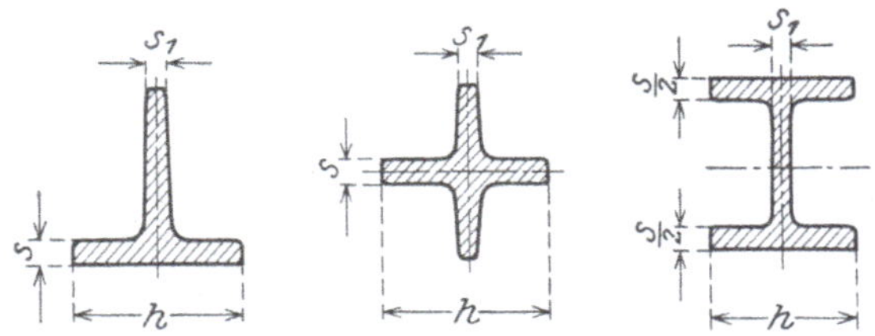

Abb. 179 bis 181.

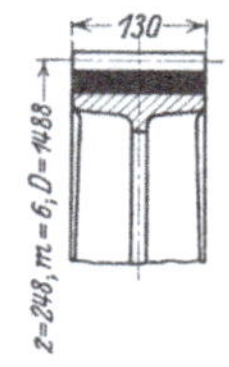

Abb. 182.

$$\sigma' = \frac{M}{W} \approx \frac{0{,}33 \cdot \mathfrak{A} \cdot P \cdot y}{s \cdot \frac{h^2}{6}} \; . \; . \; . \; \text{kg/cm}^2. \qquad (78)$$

Für gußeiserne Radkörper beträgt die zulässige Biegebeanspruchung $\sigma_{zul} = 300$ bis $500\ \text{kg/cm}^2$; für solche aus Stahlguß wird das Doppelte zugelassen.

Um für die der Abnutzung unterworfenen Zähne einen Werkstoff größerer Festigkeit zu erhalten, führt man den Radkörper aus Gußeisen aus. Auf seinem abgedrehten Kranz wird dann ein Stahlring warm aufgezogen (Abb. 182), in den dann die Zähne eingefräst werden. Von dieser Ausführung macht die Firma Flohr bei den Hubwerkvorgelegen der von ihr hergestellten Hafendrehkrane Gebrauch.

Trommelräder. Sie werden entweder auf der Welle aufgekeilt (Abb. 183) oder sie erhalten eine Zentrierleiste und werden mit der Trommel verschraubt (s. S. 50). Trommel und Trommel-

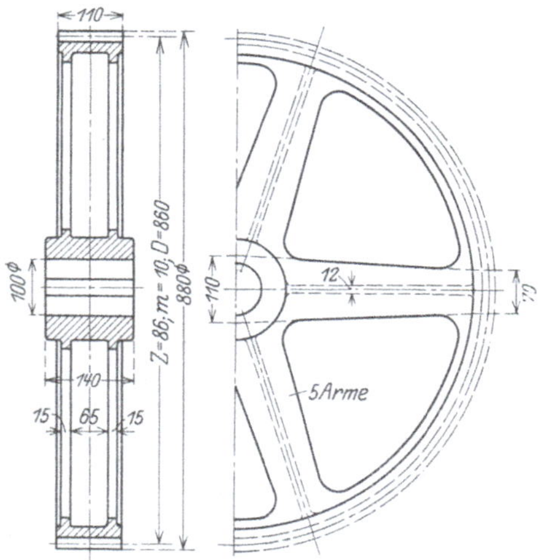

Abb. 183.

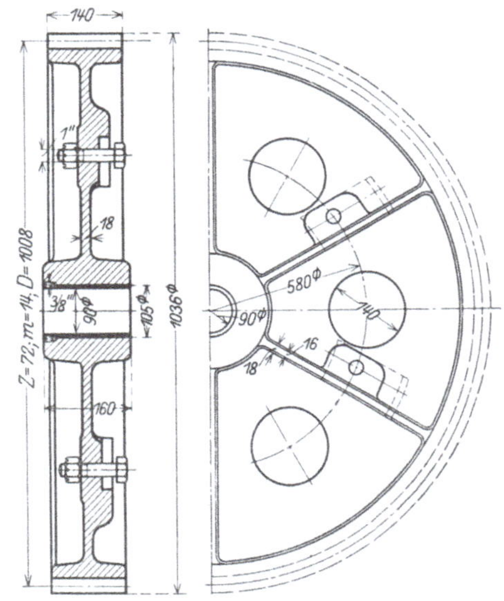

Abb. 184.

rad laufen dann, mit Rotgußbüchsen versehen, auf der festgestellten Achse um. Je nach der Größe des zu übertragenden Momentes werden die Trommelräder aus Gußeisen oder aus Stahlguß hergestellt. Abb. 184 zeigt ein Trommelrad mit äußeren Zentrieransätzen.

Geteilte Räder. Ein Teilen des Radkörpers kommt nur dann in Frage, wenn das Rad nicht in Längsrichtung der Welle auf seine Befestigungsstelle geschoben werden kann. Zweiteilige Räder müssen, damit die Teilfuge auf Mitte zweier Zahnlücken fällt, gerade Zähnezahl haben. Die Verbindungsschrauben sind möglichst nahe an der Nabe bzw. am Zahnkranze anzuordnen. Die Teilflächen der Arme erhalten beiderseits der Verbindungsschrauben kurze Arbeitsleisten.

Räder mit gegossenen Zähnen und gesprengter Teilfuge kommen für den Hebemaschinenbau nicht in Frage.

Hohlradgetriebe (Stirnräder mit Innenverzahnung). Sie ermöglichen eine gedrängte Bauart des Triebwerks und werden daher hauptsächlich bei Elektroflaschenzügen zum Antrieb der Seiltrommel angewendet.

Bei dem Demag-Elektroflaschenzug (s. Abschnitt D. „Winden“) ist der aus St 60 · 11 gefertigte Hohlrad-Zahnkranz im Trommelmantel eingesetzt.

Die Hohlradgetriebe werden auch bei den Schwenkwerken der elektrischen Drehkrane angewendet. Der innenverzahnte Radkranz wird dann auf dem festen Unterteil des Kranes aufgeschraubt. Das mit ihm kämmende Rad ist am drehbaren Teil des Kranes gelagert. Bei Ingangsetzen des Motors wälzt sich das Rad auf dem festen Zahnkranz ab, und der Ausleger wird gedreht. Wegen des meist hohen Zahndruckes sind die Drehwerkzahnkränze kräftig zu halten und durch Rippen zu versteifen.

Zahnkränze von großem Durchmesser werden zwei- oder mehrteilig hergestellt und miteinander verschraubt.

Triebstockvorgelege. Die großen, aus Gußeisen bzw. Stahlguß gefertigten Drehwerkzahnkränze sind in der Herstellung teuer. Man zieht ihnen daher die weit billigeren T r i e b s t o c k k r ä n z e (Abb. 185) vor, die ebenfalls Innenverzahnung erhalten (Abb. 165, S. 70).

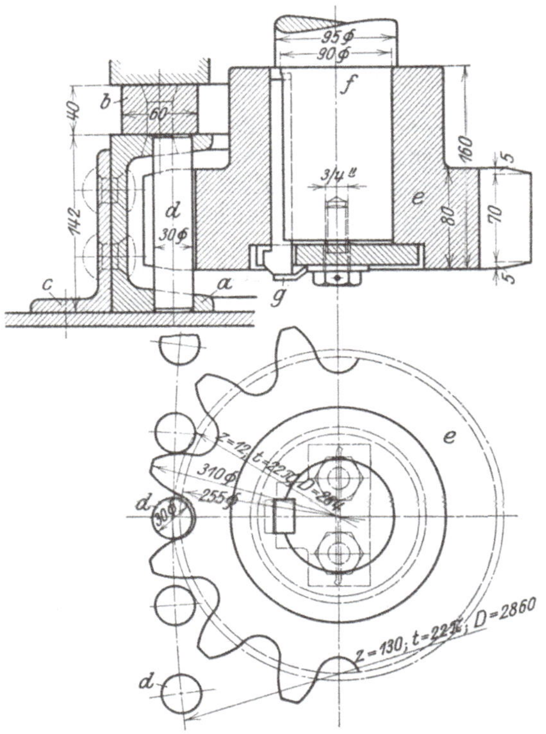

Abb. 185. Triebstockvorgelege zum Drehwerk eines Halbtordrehkranes von 2,5 t Tragkraft und 16 m Ausladung (Petravič, Wien).

a Triebstockkranz (gebogenes [-Eisen), auf dem Oberteil des Torgerüstes befestigt; *b* kreisförmige Laufschiene zur Drehscheibe; *c* Stoß- und Befestigungswinkel zu *a*; *d* Triebstöcke; *e* Ritzel; *f* senkrechte Getriebewelle; *g* Schutzscheibe gegen Herausfallen des Keiles.

Übersetzung = Zähnezahl des Trieblings durch Triebstockzahl des Kranzes. Kleinste Zähnezahl des Trieblings $z_1 = 10$ bis 12. Werkstoff: Stahlguß oder Stahl. Zahn- bzw. Bolzenstärke: $d \approx {}^{19}/_{40}\,t$; Zahnbreite: $b = 2d$ bis $3d$.

Die Triebstöcke werden von einer blank gezogenen Stahlstange abgestochen, im Einsatz gehärtet und in ein kreisförmig gebogenes [-Eisen eingesetzt, das auf dem Kranunterteil befestigt ist. Das auf der senkrechten Welle aufgekeilte Rad ist gegen Abrutschen nach Art von Abb. 185 zu sichern.

Die Triebstöcke sind auf Biegung zu berechnen.

Zulässige Biegebeanspruchung (St 50 · 11):

$$\sigma_{zul} = 600 \text{ bis } 1000 \text{ kg/cm}^2,$$

zulässiger Flächendruck (Stahl auf Stahl):

$$\sigma_{zul} = 1000 \text{ bis } 2000 \text{ kg/cm}^2.$$

Zahnstangengetriebe. Sie werden im Hebezeugbau nur ausnahmsweise, und zwar bei den Zahnstangenwinden angewendet. Zahnstangengetriebe mit Triebstockverzahnung werden bei den Einziehwerken der Drehkrane (s. Abschnitt D. VI.), sowie im Schleusenbau verwendet. Die Zahnstange besteht bei diesen Getrieben aus zwei Flacheisen, die durch die Triebstöcke miteinander verbunden sind. Verzahnung s. Abb. 166, S. 71. Die Triebstockstange zeichnet sich einer gewöhnlichen Zahnstange gegenüber durch günstigere Beanspruchung und billigere Herstellung aus.

Sondergetriebe. Stirnräder mit schrägen (schraubenförmigen) Zähnen und Pfeilräder s. S c h i e b e l: Zahnräder, II. Teil. — Planeten- oder Umlaufgetriebe s. D u b b e l: Taschenbuch für den Maschinenbau. 5. Aufl. I. Bd., S. 744.

Umschaltbare Stirnrädervorgelege (Wechselrädergetriebe). Sie werden hauptsächlich bei Hubwerken angewendet, die zeitweise mit einer größeren oder kleineren Geschwindigkeit arbeiten.

Je nach den baulichen Verhältnissen sitzen die treibenden oder die getriebenen Räder (Abb. 186) lose auf der Welle und werden nach Bedarf durch eine doppelseitige Klauenkupplung ein- oder ausgerückt. Bei Handhubwerken bis 5 t Tragkraft genügen zwei Klauen.

Bei Wechselrädern für motorischen (elektrischen) Betrieb wird die Kupplung mit mehreren Klauen und nach den Angaben S. 94 ausgeführt.

Bezeichnen für ein Vorgelege mit gleicher Teilung $i = z_1/z_2$ die Übersetzung des einen Getriebes, $t = m \cdot \pi$ dessen Teilung* und R_1/R_2 dessen Halbmesser, so ist der Achsenabstand $a = R_1 + R_2$.

Das andere Getriebe habe eine Übersetzung

$$i' = k \cdot i = \frac{z_1'}{z_2'} \tag{79}$$

und die Halbmesser R_1' und R_2'. Beide Getriebe müssen den gleichen Achsenabstand und entsprechende Zähnezahlen haben.

Diese Zähnezahlen werden in einfacher Weise nach Pickersgill[1] berechnet.

Achsenabstand beider Getriebe

$$a = R_1 + R_2 = R_1' + R_2' = \frac{t}{2\pi} \cdot (z_1 + z_2) = \frac{t}{2\pi} \cdot (z_1' + z_2') \,. \tag{80}$$

Mit Benutzung der Gleichung (79), in der $i = z_1/z_2$ bekannt ist, wird:

$$z_1 + z_2 = z_1' + z_2' = z_2' \cdot (1 + k \cdot i) \,,$$

woraus

$$z_2' = \frac{z_1 + z_2}{1 + k \cdot i} = \frac{\Sigma z}{1 + k \cdot i} \quad \text{und} \quad z_1' = k \cdot i \cdot z_2' \ldots \tag{81}$$

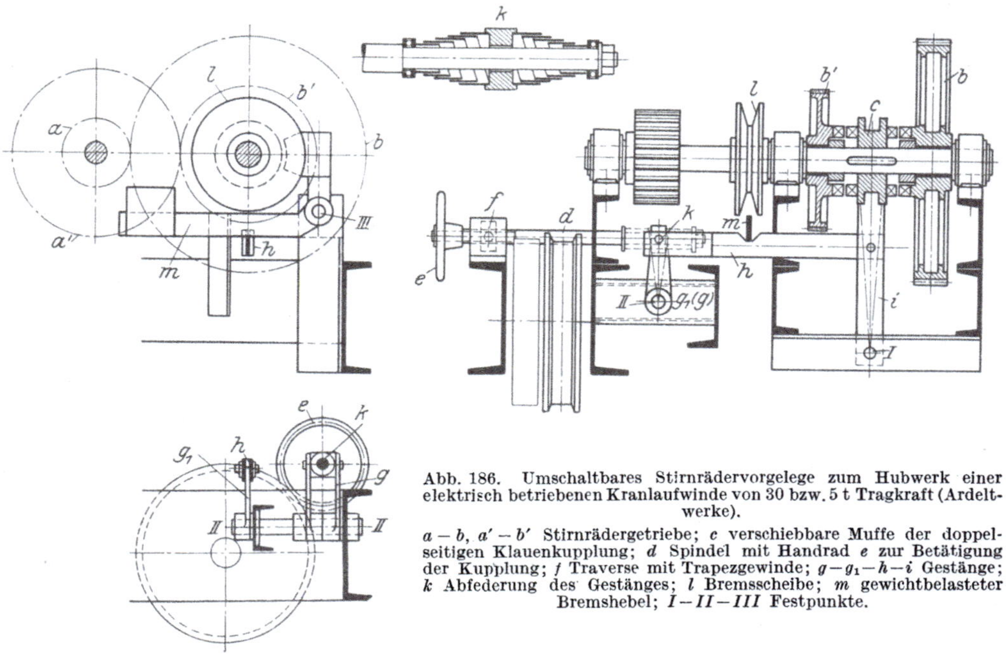

Abb. 186. Umschaltbares Stirnrädervorgelege zum Hubwerk einer elektrisch betriebenen Kranlaufwinde von 30 bzw. 5 t Tragkraft (Ardeltwerke).

$a - b$, $a' - b'$ Stirnrädergetriebe; c verschiebbare Muffe der doppelseitigen Klauenkupplung; d Spindel mit Handrad e zur Betätigung der Kupplung; f Traverse mit Trapezgewinde; $g - g_1 - h - i$ Gestänge; k Abfederung des Gestänges; l Bremsscheibe; m gewichtbelasteter Bremshebel; $I - II - III$ Festpunkte.

Erhält das Wechselräderpaar zwei verschieden große Teilungen t und t', so muß, damit der Achsenabstand derselbe ist,

$$a = \frac{t}{2\pi} \cdot (z_1 + z_2) = \frac{t'}{2\pi} \cdot (z_1' + z_2')$$

sein.

Hieraus wird

$$z_1' + z_2' = \frac{2\pi \cdot a}{t'} \,, \tag{82}$$

$$z_2' \cdot (1 + k \cdot i) = \frac{2\pi a}{t'} \,. \tag{83}$$

Die erforderlichen Zähnezahlen sind

$$z_2' = \frac{2\pi \cdot a}{t' \cdot (1 + k \cdot i)} \,; \quad z_1' = k \cdot i \cdot z_2' \,. \tag{84}$$

Beide Zähnezahlen z_1' und z_2' müssen selbstverständlich ganze Zahlen sein.

ε) Räderkästen.

Anwendung nur bei schnellaufenden Vorgelegen (Motorvorgelegen). Der ein- oder zweiteilige, aus Gußeisen hergestellte Räderkasten ist vollkommen staubfrei abgedichtet und das Getriebe

[1] Z. f. gewerbl. Unterricht.

läuft im Ölbad. Daher hoher Wirkungsgrad und fast geräuschloser Gang des Getriebes. Diesen Vorzügen steht der Nachteil gegenüber, daß die Räderkästen in der Herstellung teuer sind. Sie werden daher nur in wenigen Größen (s. Tabelle 22) ausgeführt.

Die Form der Stirnräderkästen ist sehr verschieden und ist von der Lage der Getriebeachsen, der Übersetzungsgröße und den Raddurchmessern abhängig.

Im Hebezeugbau liegt die treibende Welle (Motorwelle) meist senkrecht über der getriebenen. Alsdann Gestaltung der Räderkästen nach Abb. 187. Die Räderzentrale (Achsenabstand), die größtzulässigen Raddurchmesser und die Zahnbreite des Getriebes bestimmen die Hauptabmessungen der Kästen.

Die Lager der schnellaufenden (treibenden) Welle erhalten Rotgußbüchsen mit Ringschmierung, die der getriebenen einfache Rotgußschalen.

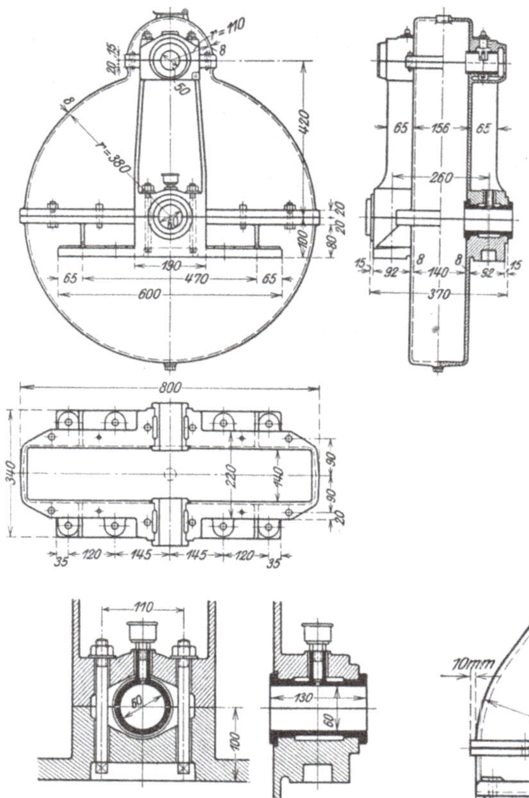

Abb. 187. Räderkasten mit 420 mm Zentrale (Losenhausen).

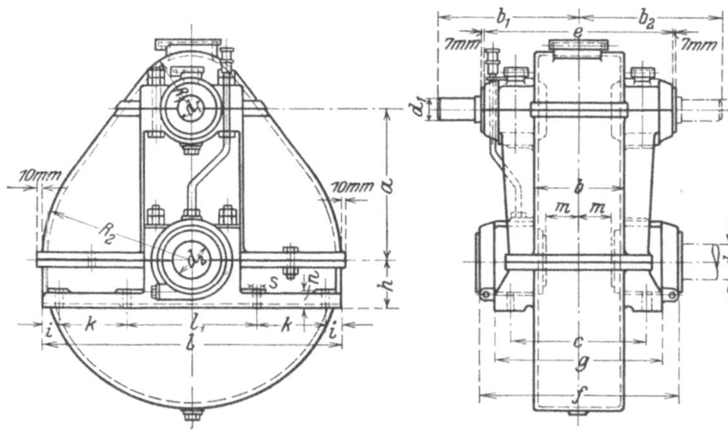

Abb. 188. Räderkasten mit senkrechter Zentrale (Tabelle 22).

Meist wird durch jede Achse eine waagerechte Teilebene gelegt (Abb. 187). Das Kastenunterteil hat seitliche Pratzen, mit denen es auf [-Eisen aufgeschraubt wird. Stärke der Kastenwand je nach Kastengröße 8 bis 20 mm.

Tabelle 22 (Abb. 188) gibt die Abmessungen der normalen Räderkästen der Ardeltwerke mit senkrechter Zentrale. In gleicher Weise hat die Firma auch die Räderkästen mit schräger Zentrale (Abb. 189) genormt.

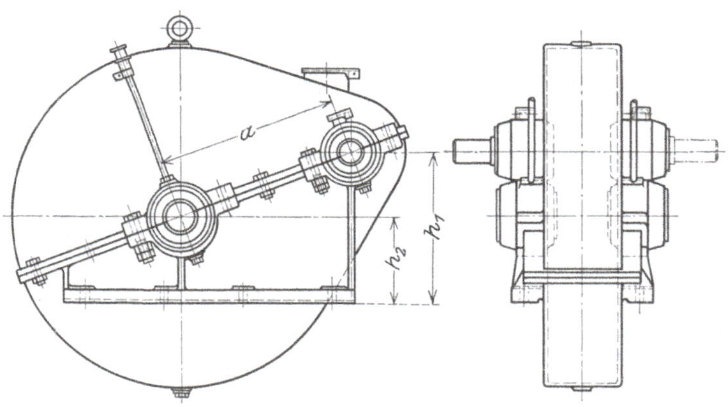

Abb. 189. Räderkasten mit schräger Zentrale.

Es werden auch Räderkästen für zwei im Ölbad laufende Stirnrädergetriebe ausgeführt, die den Vorzug einer großen Übersetzung und eines guten Wirkungsgrades haben (Fördertechn. 1929, S. 309). In neuerer Zeit werden die Räderkästen auch aus Blechen und starkem Stahl für die Lagerkörper zusammengeschweißt. Dies kommt jedoch nur für nicht genormte, in geringer Zahl (bis etwa 3) hergestellte Kästen in Frage.

Beispiel eines geschweißten Räderkastens siehe: Die Elektroschweißung 1930, S. 153.

Durch die Anwendung von Wälzlagern (Kugel- oder Rollenlagern) wird die Lagerreibung des Getriebes wesentlich vermindert und dessen Wirkungsgrad entsprechend erhöht (bis zu 98%).

Zur Lagerung der Getriebewellen eignen sich besonders die Kegelrollenlager (Abb. 248, S. 105), die paarweise so angeordnet werden, daß die Führungsborde der beiden gegenüberliegenden Lager die Welle gegen Verschiebung im einen und im anderen Sinne sichern.

Tabelle 22. Räderkasten mit senkrechter Zentrale (Abb. 188). Ardeltwerke G. m. b. H., Eberswalde.

Größe	Zentrale a	Gewicht	Abmessungen in mm															
	mm	kg	h	d_1	d_2	b	l	R_1	R_2	c	e	f	g	i	k	l_1	s	m	n
0	252	110	85	45	50— 60	180	468	115	248	250	370	356	310	30	84	240	16	65	35
I	300	145	95	50	55— 75	180	600	115	300	270	380	396	320	35	135	260	16	65	35
II	360	165	95	55	60— 80	180	610	115	348	270	390	396	320	40	135	260	20	65	35
III	420	210	95	60	65— 80	185	640	130	400	270	404	396	340	55	135	260	20	65	35
IV	540	350	105	75	90—100	240	800	160	520	350	500	530	420	45	195	320	23	90	40
V	600	450	115	90	100—110	240	900	190	560	370	540	530	450	50	220	360	26	90	40

2. Kegelräder (Konische Räder).

Die Kegelräder werden im Kranbau hauptsächlich bei den Fahrwerken der Torkrane, Verladebrücken und Tordrehkrane verwendet, wo sie die Drehbewegung der waagerechten Fahrwerkswelle auf ein oder zwei senkrechte Wellen übertragen. Diese Kegelräder haben im Kranbau stets einen Achsenwinkel $\delta = 90°$ (Abb. 190).

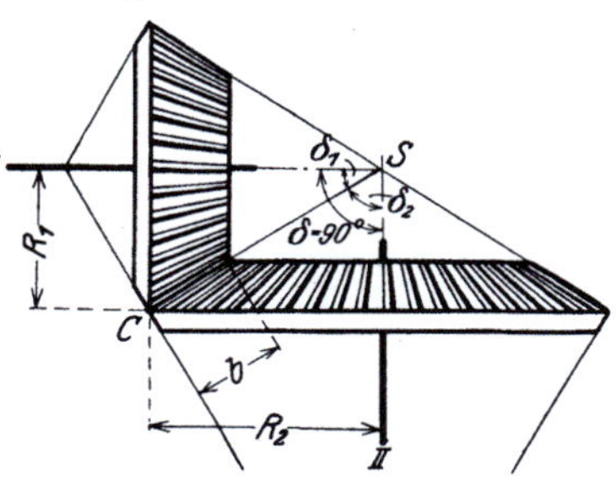

Abb. 190.

Die Teilkreishalbmesser sind die Halbmesser R_1 und R_2 der größten Kreise. Die Zahnbreite b wird längs der Erzeugenden SC gemessen. Diese bildet mit den Achsen I und II die Kegelwinkel δ_1 und δ_2, deren Summe gleich dem Achsenwinkel δ ist.

Die Kegelwinkel δ_1 und δ_2 sind durch die Zähnezahlen z_1 und z_2 der Räder bestimmt.

$$\operatorname{tg}\delta_1 = \frac{z_1}{z_2}; \qquad \operatorname{tg}\delta_2 = \frac{z_2}{z_1}. \qquad (85)$$

Übersetzung und Zähnezahlen. Bezeichnen ω_1 und ω_2 die Winkelgeschwindigkeiten der Räder und n_1 und n_2 deren Drehzahlen, so ist die Übersetzung:

$$i = \frac{\omega_2}{\omega_1} = \frac{n_2}{n_1} = \frac{R_1}{R_2} = \frac{z_1}{z_2} = \frac{\sin\delta_1}{\sin\delta_2}. \qquad (86)$$

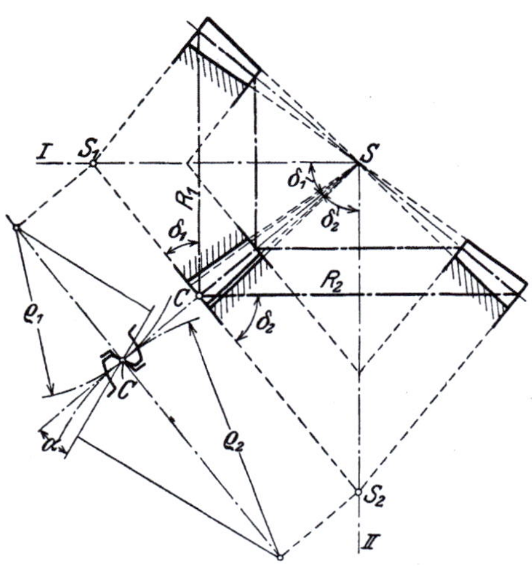

Abb. 191.

Nach Annahme der Zähnezahl z_1 ist die Zähnezahl z_2 bestimmt. Der Kleinstwert der Zähnezahl des treibenden Rades ${}_{\min}z_1$ ist durch den Wellendurchmesser und die Nabenstärke festgelegt. Meist ist $z_1 = 14$ bis 16.

Bedeuten t die auf den Kreisen mit den Halbmessern R_1 und R_2 (Abb. 190) gemessene Teilung und m deren Modul, so ist

$$\left.\begin{aligned} D_1 &= 2R_1 = z_1 \cdot \frac{t}{\pi} = z_1 \cdot m \ldots \text{mm}; \\ D_2 &= 2R_2 = z_2 \cdot \frac{t}{\pi} = z_2 \cdot m \ldots \text{mm}. \end{aligned}\right\} \qquad (87)$$

α) Verzahnung.

Die Zahnkurven werden auf den Abwicklungen der sog. Ergänzungskegel (Abb. 191) aufgetragen. Halbmesser der Erzeugenden der Ergänzungskegel:

$$\varrho_1 = \frac{R_1}{\cos\delta_1} = \frac{\sqrt{z_1^2 + z_2^2}}{z_2}; \qquad \varrho_2 = \frac{R_2}{\cos\delta_2} = \frac{\sqrt{z_1^2 + z_2^2}}{z_1} \ldots \text{mm}. \qquad (88)$$

Diese Halbmesser werden beim Entwurf der Räder zeichnerisch erhalten.

β) Berechnung der Zähne.

Nach Festlegung der Zähnezahlen z_1 und z_2 berechne man die mittlere Teilung t_m der nach der Kegelspitze zu sich verjüngenden Zähne nach den für die Stirnräder S. 71 gegebenen Ausführungen.

Alsdann berechne man die mittleren Teilkreishalbmesser und die Länge der mittleren Kegelerzeugenden l_m (Abb. 192).

$$\left.\begin{aligned} R_{m_1} &= \frac{z_1}{2}\cdot\frac{t_m}{\pi}; \quad R_{m_2} = \frac{z_2}{2}\cdot\frac{t_m}{\pi}\ \ldots \text{mm}. \\ l_m &= \sqrt{R_{m_1}^2 + R_{m_2}^2}\ \ldots \text{mm}. \end{aligned}\right\} \qquad (89)$$

Die äußere, der Ausführung der Räder zugrunde gelegte Teilung bei C (Abb. 191) ist dann

$$t = t_m \cdot \frac{l}{l_m} = t_m \cdot \frac{l_m + b/2}{l_m}\ \ldots \text{mm}. \qquad (90)$$

Nachdem $t = m \cdot \pi$ gemacht ist, sind die äußeren Teilkreisdurchmesser nach Gleichung (87) bestimmt.

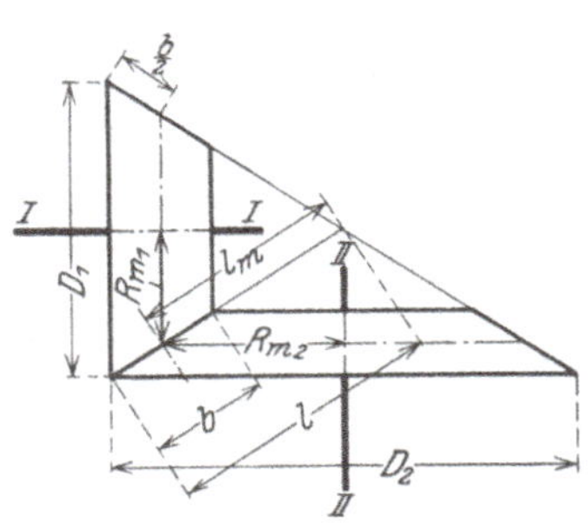

Abb. 192. Kegelräder (Berechnung).

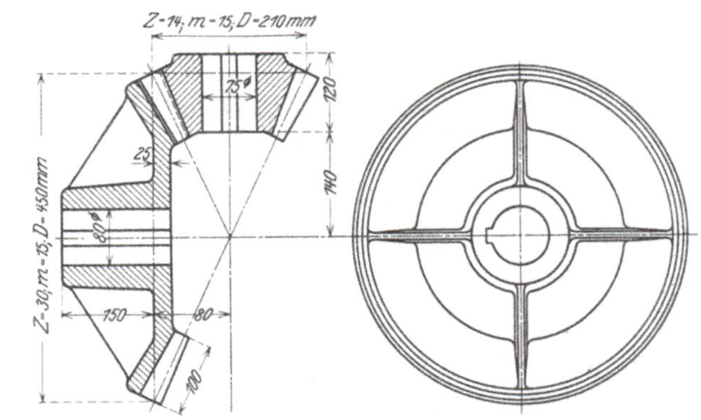

Abb. 193. Kegelräder (Gestaltung).

γ) Gestaltung der Radkörper.

Räder mit kleinen Zähnezahlen werden als Blockräder hergestellt. Werkstoff bei größerer Beanspruchung: St 50 · 11. Größere Räder werden mit Aussparung als Scheibenräder mit Rippen (Abb. 193) oder mit Armen ausgeführt. Werkstoff: Gußeisen oder Stahlguß.

Im Gegensatz zu den Stirnrädern tritt bei den Kegelrädern wegen des schräg gerichteten Zahndruckes ein Axialschub auf. Bezeichnen P den am Halbmesser R_{m_1} in der Umfangsrichtung wirkenden Zahndruck, α den Neigungswinkel der Eingriffslinie und δ_1 den Kegelwinkel, so ist dieser Axialschub:

$$P_a = P \cdot \operatorname{tg}\alpha \cdot \sin\delta_1 . \qquad (91)$$

Da der Axialschub das Rad in Richtung der Welle zu verschieben und außer Eingriff zu bringen sucht, so keilt man das Rad auf einem Ansatz der Welle auf oder man läßt es an einem Lager anlaufen.

Das Teilen eines Kegelrades kommt nur ausnahmsweise und dann in Betracht, wenn das Rad aus baulichen Gründen nicht in der Längsrichtung der Welle aufgeschoben werden kann.

Kegelräder mit schraubenförmigen Zähnen werden im Hebezeugbau nicht angewendet.

Räderkästen. Die Kegelrädergetriebe für die Fahrwerke der im Freien laufenden Krane (Torkrane, Verladebrücken und Tordrehkrane) werden zum Schutze gegen Staub und Witterungseinflüsse in gußeisernen Räderkästen (Abb. 194) gelagert. Die Querlager dieser Kasten werden als einfache Rotgußlager ausgeführt und ein etwaiges Stützlager der senkrechten Welle als einstellbares Kugelspurlager. Die Teilebene des Kastens wird durch die Achse der waagerechten Welle gelegt.

Auch die Getriebekästen der Kegelräder werden in neuerer Zeit aus Blech und starkem Stahl für die Lagerkörper zusammengeschweißt und sind dann leichter und billiger als die gegossenen Kästen.

Kegelräder-Wendegetriebe. Sie werden bei Kranen angewendet, die wie Dampfkrane, Dieselkrane u. a. durch einen Motor angetrieben werden. Die verschiedenen Kranbewegungen (z. B.

Heben und Senken — Rechts- und Linksdrehen — Vorwärts- und Rückwärtsfahren) werden dann von der Hauptwelle aus und vermittels der Wendegetriebe auf die betreffenden Triebwerke (Hub-, Dreh- oder Fahrwerk) mit Bewegungsumkehr übertragen.

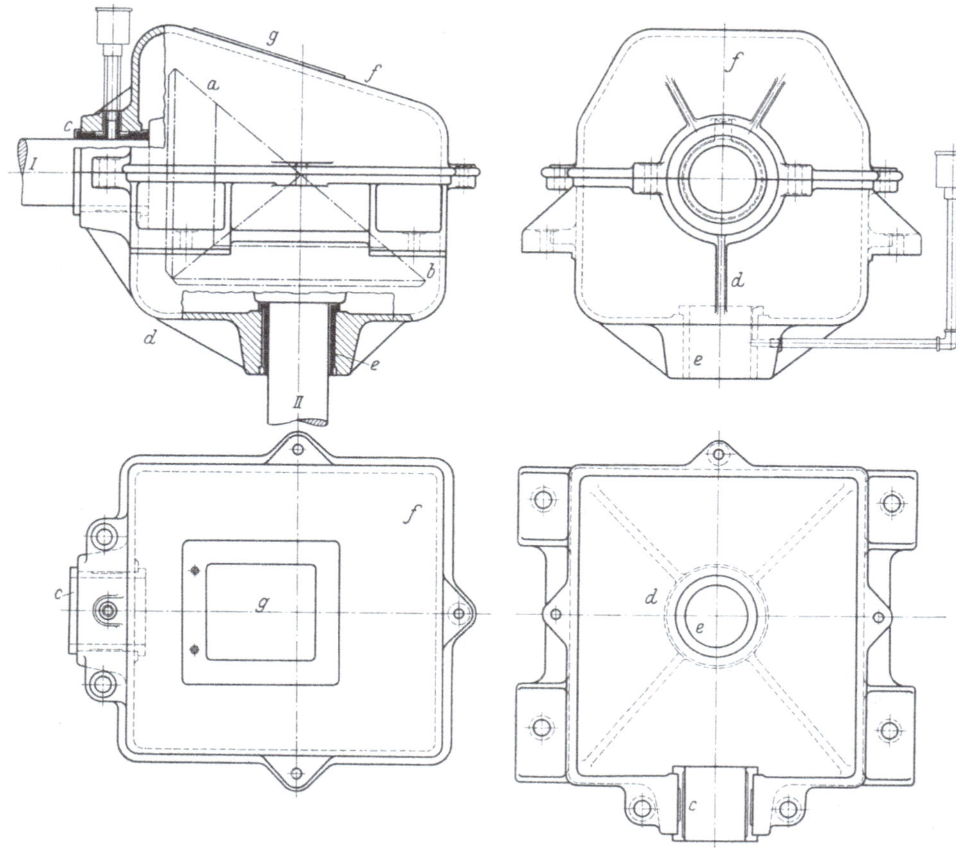

Abb. 194. Räderkasten zum Kranfahrwerk eines elektrisch betriebenen Hafendrehkranes (Ardeltwerke). *I* Waagerechte, *II* senkrechte Fahrwerkswelle; *a*—*b* Kegelräder; *c* Querlager zur Welle *I*; *d* Kastenunterteil; *e* oberes Lager zur Welle *II*; *f* Kastenoberteil; *g* durch Deckel verschlossenes Schmierloch.

Das treibende Kegelrad (Abb. 195) ist auf seiner Welle aufgekeilt, während die beiden getriebenen Räder lose auf ihrer Welle sitzen. Je nach der erforderlichen Umlaufsrichtung wird das rechte oder linke Rad mit der Welle gekuppelt. Da das Einrücken bei ständigem Umlauf der Antriebswelle geschieht, so kommt als Kupplung nur eine Reibungskupplung (s. S. 94) in Frage. Diese ist bei den meisten Ausführungen eine doppelte Kegelreibungskupplung (Abb. 195) oder eine Schubkeilkupplung.

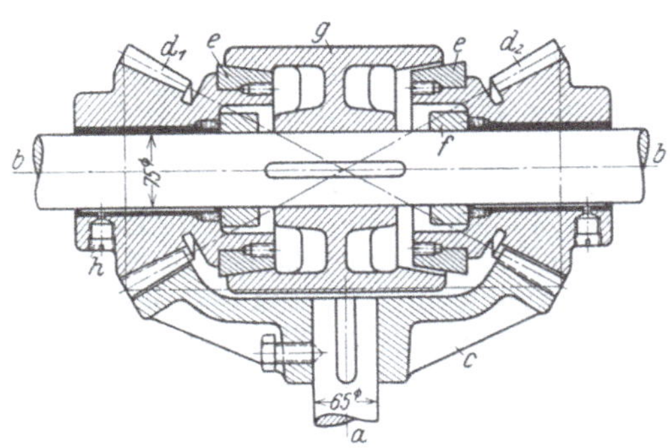

Abb. 195 Kegelräder-Wendegetriebe zum Drehwerk eines normalen Dampfkranes (Ardeltwerke). *a* treibende Welle; *b* getriebene Welle; *c* Kegelrad, auf *a* aufgekeilt; $d_1 - d_2$ Kegelräder, lose auf *a* sitzend; *e* kegelige Rotgußringe, auf den Naben von $d_1 - d_2$ befestigt; *f* Stellringe; *g* Kupplungsmuffe, auf *b* längsverschiebbar; *h* Schmierung zu $d_1 - d_2$.

3. Schneckengetriebe.

Anwendung. Die Schneckengetriebe werden im Winden- und Kranbau als Übersetzungsmittel für Schraubenflaschenzüge, Handwinden (Schneckenwinden), zum Kippen von Gießpfannen und vor allem als Motorvorgelege angewendet.

Übersetzung und Zähnezahlen. Die Zähnezahl z_1 der Schnecke entspricht der Gangzahl g der Schraube. Mit der Zähnezahl z_2 des Schneckenrades ist die Übersetzung:

$$i = \frac{z_1}{z_2} = \frac{g}{z_2} = \frac{1}{x}. \qquad (92)$$

Die im Hebezeugbau vorkommenden Übersetzungen liegen zwischen 1 : 15 und 1 : 120. Schneckengetriebe mit größerer Übersetzung werden im Aufzugbau angewendet.

Die Zähnezahl z_2 des Schneckenrades ist durch die gewählte Gangzahl g bzw. die Zähnezahl z_1 der Schnecke und die Übersetzung i bestimmt.

$$z_2 = g \cdot \frac{1}{i} = z_1 \cdot \frac{1}{i}. \tag{93}$$

Ist beispielsweise $z_1 = 2$ (2 = gängige Schnecke) und $i = {}^1/_{20}$, so ist

$$z_2 = z_1 \cdot \frac{1}{i} = 2 \cdot 20 = 40.$$

Die im Hebezeugbau verwendeten Schneckengetriebe sind meist zweigängig. Eingängige Getriebe kommen nur für Übersetzungen von 1 : 60 aufwärts in Frage, da zweigängige Getriebe bei gleicher Teilung dann zu groß bauen. Bei den üblichen Übersetzungen von 1 : 15 bis 1 : 50 werden eingängige Schneckengetriebe ihres schlechten Wirkungsgrades wegen nicht angewendet. Nur unter besonderen Verhältnissen, wie z. B. bei den Getrieben zum Kippen der Gießpfannen (s. Abschnitt B. „Lastaufnahmemittel“), sieht man eingängige selbsthemmende Schneckengetriebe vor.

α) Zahnabmessungen.

Der Mittelschnitt des Schneckengetriebes ergibt eine gewöhnliche Zahnstangenverzahnung (Abb. 161 S. 69).

1. Schneckengetriebe mit unbearbeiteten, gegossenen Radzähnen (Werkstoff des Rades: Gußeisen) werden nur bei von Hand betriebenen Hebezeugen (Schraubenflaschenzügen, Wandwinden u. a.) angewendet und des besseren Wirkungsgrades wegen stets zweigängig ausgeführt. Ihre Schnecke wird mit der Welle aus einem Stück hergestellt und erhält geschnittene oder gefräßte Zähne.

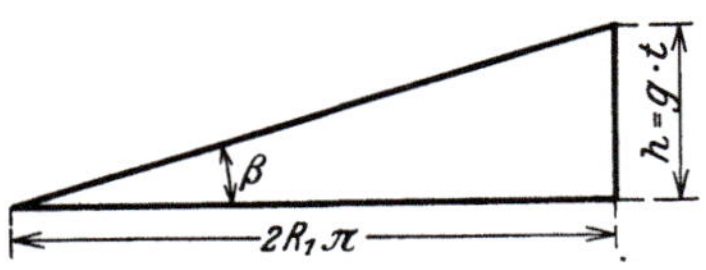

Abb. 196.

Die Getriebe erhalten die Abmessungen bearbeiteter Getriebe (s. S. 68) und wegen der gegossenen Radzähne ein Flankenspiel von 0,05 t und ein Kopfspiel von 0,1 t. Zahnbreite (im Bogen auf dem Schneckenteilkreis gemessen) $b = 1{,}5$ bis $2{,}5$ t.

Die eingängigen, selbsthemmenden Schneckengetriebe der Gießpfannen-Kippvorrichtungen werden mit gegossenen Radzähnen und mit gegossener Schnecke ausgeführt, die auf der Schneckenwelle aufgekeilt oder verstiftet wird.

Werkstoff für Schnecke und Schneckenrad: Ge 21·91. Die Zahnabmessungen dieser Getriebe sind die gleichen wie die der unbearbeiteten Stirnrädervorgelege (s. S. 68).

2. Schneckengetriebe mit gefräßten Zähnen. Bei diesen wird die Schnecke stets mit der Welle aus einem Stück gefertigt.

Da die Schneckengetriebe mit geschnittenen Zähnen für hohe Drehzahlen in Frage kommen, so werden ihre Schnecken aus naturhartem Stahl hergestellt und nach dem Bearbeiten poliert.

Das Schneckenrad erhält einen Kranz aus Gußbronze (GBz 14), der nach einer Rundkehle (Abb. 204 bis 206, S. 86) abgedreht wird.

Die Zahnabmessungen der Schnecke und des Rades sind die gleichen wie die eines Stirnräderpaares mit bearbeiteten Zähnen (s. S. 68). Der Steigungswinkel β der Schneckengetriebe ist durch die auf dem Teilrißzylinder der Schnecke verlaufende Schraubenlinie bestimmt.

Bezeichnen (Abb. 196) h die Ganghöhe der Schnecke und $2 R_1 \pi$ den abgewickelten Umfang des Teilrißzylinders, so ist die Tangente des Steigungswinkels:

$$\operatorname{tg} \beta = \frac{h}{2 R_1 \pi}. \tag{94}$$

Die Ganghöhe ist ein Vielfaches der Gangzahl und der Teilung

$$h = g \cdot t = z_1 \cdot t. \tag{95}$$

Die Steigungswinkel der ausgeführten Schneckengetriebe sind im Durchschnitt folgende:

Eingängige Schnecken ($h = 1\,t$): $\beta \approx$ 4 bis 10°,
zweigängige Schnecken ($h = 2\,t$): $\beta \approx$ 8 „ 20°,
dreigängige Schnecken ($h = 3\,t$): $\beta \approx$ 15 „ 30°.

Ausführung der Getriebe mit rechts- oder mit linksgängiger Schnecke.

β) Wirkungsgrad und Kraftverhältnisse.

Wirkungsgrad. Bezeichnen β den Steigungswinkel der Schnecke und ϱ den Reibungswinkel, so ist der theoretische Wirkungsgrad:

$$\eta = \frac{\operatorname{tg}\beta}{\operatorname{tg}(\beta + \varrho)}. \tag{96}$$

Als Mittelwerte für die Reibungszahl $\mu = \operatorname{tg}\varrho$ können bei glatten Zahnflanken und ausreichender Schmierung gesetzt werden:

Für Gußeisen auf Gußeisen: . . . . . $\mu \approx 0{,}1$,
für Stahl auf Gußbronze (im Ölbad): $\mu \approx 0{,}03$.

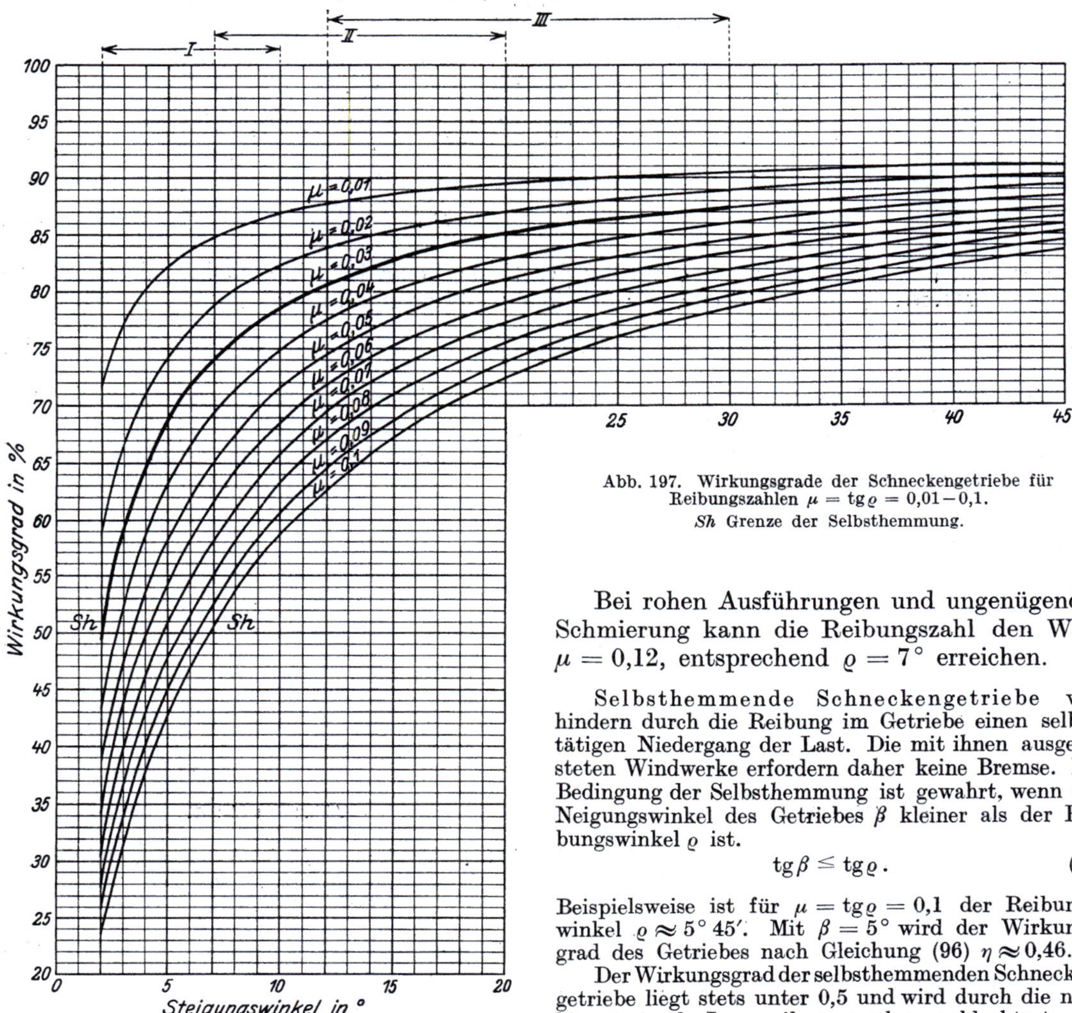

Abb. 197. Wirkungsgrade der Schneckengetriebe für Reibungszahlen $\mu = \operatorname{tg}\varrho = 0{,}01-0{,}1$. *Sh* Grenze der Selbsthemmung.

Bei rohen Ausführungen und ungenügender Schmierung kann die Reibungszahl den Wert $\mu = 0{,}12$, entsprechend $\varrho = 7°$ erreichen.

S e l b s t h e m m e n d e S c h n e c k e n g e t r i e b e verhindern durch die Reibung im Getriebe einen selbsttätigen Niedergang der Last. Die mit ihnen ausgerüsteten Windwerke erfordern daher keine Bremse. Die Bedingung der Selbsthemmung ist gewahrt, wenn der Neigungswinkel des Getriebes β kleiner als der Reibungswinkel ϱ ist.

$$\operatorname{tg}\beta \leq \operatorname{tg}\varrho. \tag{97}$$

Beispielsweise ist für $\mu = \operatorname{tg}\varrho = 0{,}1$ der Reibungswinkel $\varrho \approx 5°\,45'$. Mit $\beta = 5°$ wird der Wirkungsgrad des Getriebes nach Gleichung (96) $\eta \approx 0{,}46$.

Der Wirkungsgrad der selbsthemmenden Schneckengetriebe liegt stets unter 0,5 und wird durch die noch hinzutretende Lagerreibung noch verschlechtert.

Bei der meist angewendeten Lagerung der Schneckengetriebe (s. S. 86) mit Ringschmierlagern und einstellbarem Kugeldrucklager für die Schneckenwelle und einfachen Rotguß- oder Bronzelagern für die Radwelle kann mit einem Arbeitsverlust von etwa 8% gerechnet werden.

Bezeichnen η den theoretischen Wirkungsgrad [Gleichung (96)] und η_l den Wirkungsgrad der Lagerung, so ist der Gesamtwirkungsgrad eines Schneckengetriebes

$$\eta_s = \eta_l \cdot \eta. \tag{98}$$

Für die vorstehende Lagerausführung mit 8% Arbeitsverlust wird:

$$\eta_s = 0{,}92 \cdot \frac{\operatorname{tg}\beta}{\operatorname{tg}(\beta + \varrho)}. \tag{99}$$

Abb. 197 gibt die nach Gleichung (99) berechneten Wirkungsgrade für Steigungswinkel $\beta = 2$ bis $45°$ und Reibungszahlen $\mu = \operatorname{tg}\varrho = 0{,}01$ bis $0{,}1$. Für genau bearbeitete Getriebe mit gehärteter Stahlschnecke und Radkranz aus Gußbronze, die im Ölbad laufen, ist $\mu \approx 0{,}03$. Bei den eingängigen Schneckengetrieben (I) liegt der Steigungswinkel zwischen 2° und 10°, bei den zweigängigen (II) zwischen 7° und 20° und bei den dreigängigen Getrieben zwischen 12 bis 30°.

Aus der Abb. 197 ergeben sich für Stahl auf Gußbronze (GBz 14) und Ölbadschmierung ($\mu = 0{,}03$) folgende Durchschnittswerte:

Eingängige Schneckengetriebe $\eta_s = 0{,}50$ bis 0,75,
zweigängige Schneckengetriebe $\eta_s = 0{,}75$ „ 0,80,
dreigängige Schneckengetriebe $\eta_s = 0{,}80$ „ 0,85.

Werden die Getriebe ganz mit Wälzlagern ausgerüstet, so wird der Gesamtwirkungsgrad wesentlich verbessert, die Anlagekosten werden jedoch erhöht.

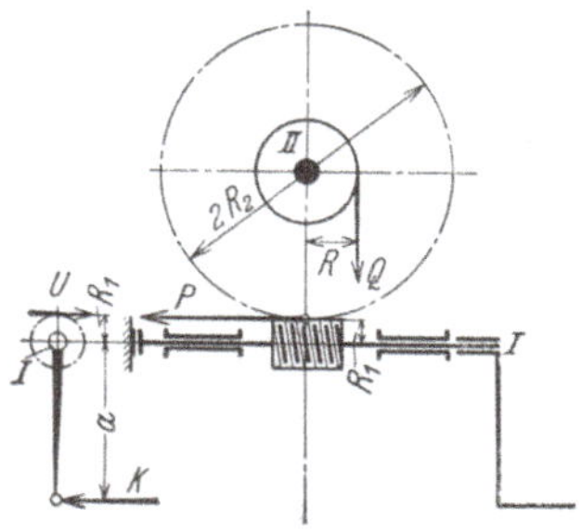

Abb. 198.

Kraftverhältnisse. 1. Von Hand bediente Schneckengetriebe (Abb. 198). Bezeichnen $M_{II} = Q \cdot R$ das Lastmoment, $M_I = K \cdot a \ldots$ kgcm das Kraftmoment und η_s den Wirkungsgrad des Schneckengetriebes, so ist die erforderliche Übersetzung:

$$i = \frac{\eta_s \cdot M_I}{M_{II}} = \frac{\eta_s \cdot K \cdot a}{Q \cdot R} = \frac{z_1}{z_2} = \frac{g}{z_2}. \tag{100}$$

Die Umfangskraft der Schnecke ist:

$$U = K \cdot \frac{a}{R_1}, \tag{101}$$

der in Richtung der Schneckenachse wirkende Zahndruck des Getriebes wird aus dem Lastmoment erhalten zu

$$P = Q \cdot \frac{R}{R_2}. \tag{102}$$

Dieser Längsdruck sucht die Schneckenwelle zu verschieben und muß daher durch ein Spurlager aufgenommen werden. Bei den meisten Ausführungen von Handwindwerken ist das Schneckengetriebe des besseren Wirkungsgrades wegen zweigängig und der Längsdruck der Schneckenwelle wird zur Betätigung einer Lastdruckbremse nutzbar gemacht.

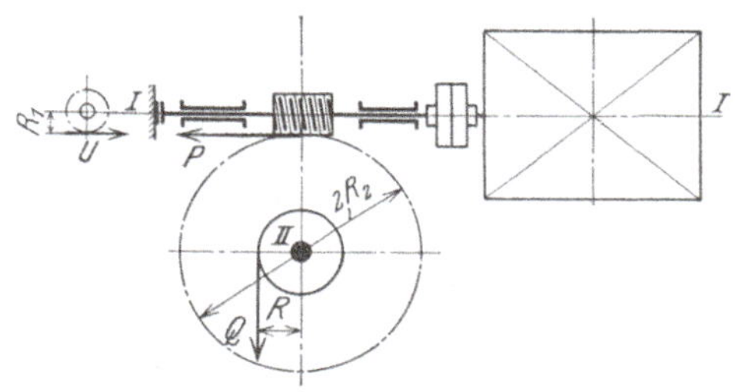

Abb. 199.

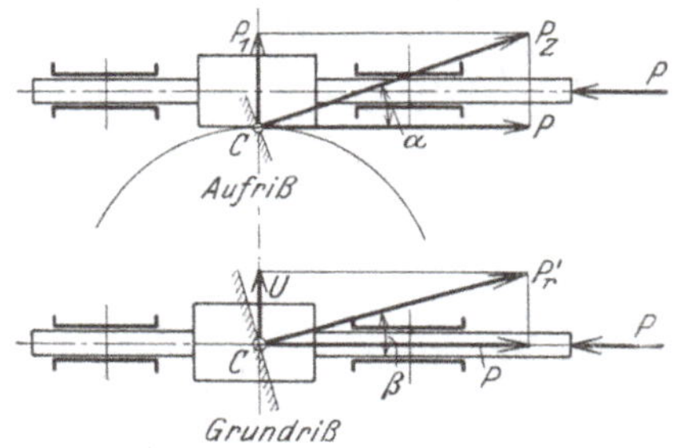

Abb. 200 und 201.

2. Motorische Schneckengetriebe (Abb. 199). Bezeichnen N in PS die vom Getriebe zu übertragende Leistung, n_1 und n_2 die Drehzahlen der treibenden und getriebenen Welle, so ist die erforderliche Übersetzung:

$$i = \frac{n_2}{n_1} = \frac{z_1}{z_2} = \frac{g}{z_2}. \tag{103}$$

Drehmoment der Schneckenwelle:

$$M_I = 71620 \cdot \frac{N}{n_1} = U \cdot R_1. \tag{104}$$

Ist N in kW gegeben, so ist an Stelle von 71620 der Wert 97400 zu setzen.

Drehmoment der Schneckenradwelle

$$M_{II} = \eta_s \cdot M_I \cdot \frac{1}{i} = P \cdot R_2. \tag{105}$$

Kräfte an der Schneckenwelle. Außer dem Längsdruck P wirken, ohne Berücksichtigung der Reibung, auf die Schneckenwelle noch folgende Biegekräfte (Abb. 200 und 201) ein: die Umfangskraft U der Schnecke und die Komponente P_1 des in Richtung der Eingriffslinie wirkenden Zahndruckes P_z.

Zwischen die Umfangskraft der Schnecke und dem Getriebezahndruck besteht die Beziehung

$$U = P \cdot \operatorname{tg}(\beta \pm \varrho), \tag{106}$$

wobei das +-Zeichen für das Lastheben, das −-Zeichen für das Senken gilt.

Bezeichnet α den Eingriffswinkel der Schneckenverzahnung, so zerlegt sich der in Richtung der Eingriffslinie wirkende Zahndruck in zwei Komponenten, die Umfangskraft P des Schneckenrades und die zu beiden Wellen senkrecht stehende Radialkraft $P_1 = P \cdot \operatorname{tg} \alpha$.

P und U liegen in einer waagerechten Ebene. Ihre Resultierende P_r' steht senkrecht auf den Schneckengängen und bildet daher mit P den Winkel β. P und P_1 liegen in einer senkrechten Ebene. Ihre Resultierende P_z wirkt in Richtung der Eingriffslinie und liegt daher unter dem Winkel α zur Waagerechten[1]

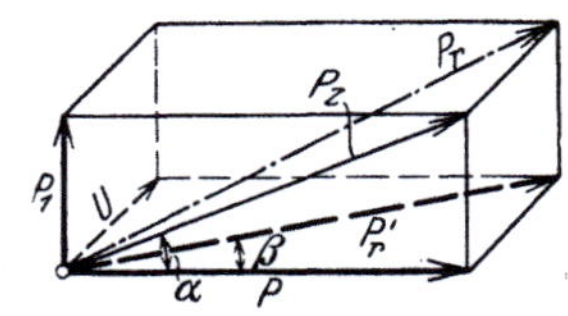

Abb. 202.

Die auf die Schneckenwelle einwirkenden Kräfte P, U und P_1, sowie deren Resultierende P_r sind auf Abb. 202 zeichnerisch dargestellt.

Auf die Schneckenradwelle wirken die Kräfte P_1 und P biegend und die Kraft U als Längskraft ein.

γ) Berechnung der Zähne.

1. Von Hand bediente Schneckengetriebe. Werkstoff der bearbeiteten Schnecke: St 60 · 11, des Schneckenrades: Gußeisen.

Für die Berechnung der Zähne ist die Festigkeit allein maßgebend.

In der Gleichung

$$P = b \cdot c \cdot t \ldots \text{kg} \tag{107}$$

wird $b = \psi \cdot t \approx 1{,}5$ bis 2,5 t, im Mittel = 2 t. Wird für Gußeisen $c = 30$ kg/cm² gesetzt, so wird

$$P = 2 \cdot t \cdot 30 \cdot t \approx 60\, t^2 \tag{108}$$

2. Motorische Schneckengetriebe. Die Schnecke wird aus naturhartem Stahl und der Schneckenradkranz aus Gußbronze hergestellt. Das Getriebe ist stets in einem Räderkasten (s. S. 86) angeordnet und läuft im Ölbad.

Außer der Festigkeit sind für die Zahnberechnung noch die Abnutzung und die Wärmeableitung maßgebend.

In Gleichung (107) sind einzusetzen: $b = \psi \cdot t \approx 2{,}5$ bis 3; Zahnbeanspruchungszahl für Gußbronze (GBz 14): $c = 40$ bis 60 kg/cm².

δ) Bemessung und Gestaltung der Radkörper.

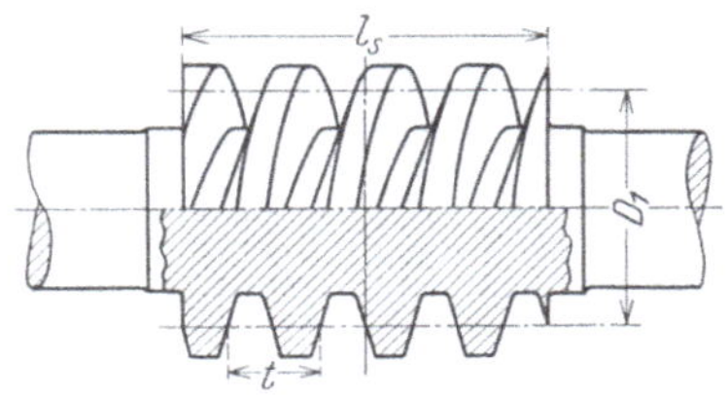

Abb. 203.

Schnecke. Da die Abnutzung der Radzähne von der Umfangsgeschwindigkeit der Schnecke abhängt, so macht man deren Durchmesser so klein als es der erforderliche Wellendurchmesser zuläßt. Dieser muß so bemessen sein, daß eine unzulässige Durchbiegung der Schneckenwelle und damit eine Störung des Zahneingriffs ausgeschlossen ist. Schnecke und Schneckenwelle werden allgemein aus einem Stück gefertigt (Abb. 203).

Nachstehende Tabelle gibt die Teilkreisdurchmesser D_1 der Schnecken für motorische Getriebe[1].

Tabelle 23.

Modul	$m = 3$	4	5	6	7	8	9	10	11	12	mm
Durchmesser . .	$D_1 = 40$	45	50	55	60	65	70	75	80	85	,,
Modul	$m = 13$	14	15	16	17	18	19	20			,,
Durchmesser . .	$D_1 = 90$	95	100	105	110	115	120	125			,,

Die Schneckenlänge ist mindestens so groß zu halten als es der Eingriff erfordert. Zweckmäßig wird die Länge $l_s \approx 4$ t bis 6 t angenommen.

Die Schneckenwelle ist auf zusammengesetzte Festigkeit (Biegung und Verdrehung) zu berechnen. Beispiel s. S. 90 unter „Wellen“.

Für gußeiserne Schnecken, die auf der Welle aufgekeilt sind, ist eine Mindestnabenstärke $\delta = 0{,}4\,(d + 10\text{ mm})$ erforderlich, wobei d den Wellendurchmesser bedeutet.

Schneckenrad. Bei motorischen Getrieben wird der Radkörper aus Gußeisen und mit aufgeschraubtem Bronzekranz hergestellt.

Da die Ecken der Radzähne ohne Einfluß auf die Größe des Eingriffsfeldes sind und leicht zu Eingriffsstörungen führen, so werden sie am besten abgedreht (Abb. 206).

---

[1] Maschinenfabrik Prometheus, Berlin-Reinickendorf.

Verbindung des bronzenen Zahnkranzes mit dem gußeisernen Radkörper nach Abb. 204 bis 206.

Der Teilkreisdurchmesser des Schneckenrades ist:

$$D_2 = z_2 \cdot m \ldots \text{mm}. \tag{109}$$

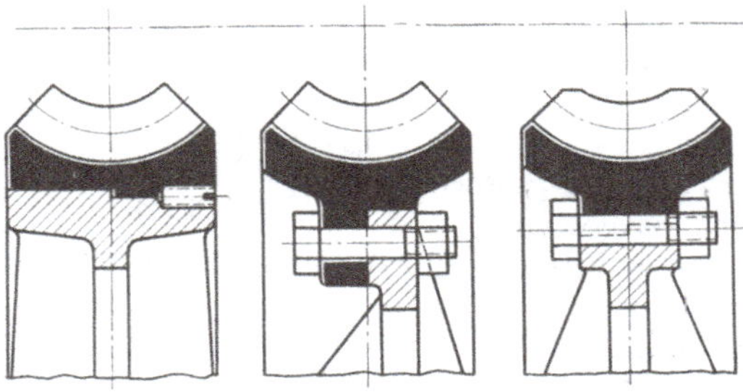

Abb. 204 bis 206.

Es ist empfehlenswert, die Zahnbreite der Schneckenräder zur Beschränkung des spezifischen Flankendruckes so groß als möglich zu halten.

Die Schneckengetriebe werden rechtsgängig oder linksgängig ausgeführt.

ε) Räderkästen (Gehäuse).

Die im Hebezeugbau für die Hub- und Fahrwerke verwendeten Schneckengetriebe haben aus baulichen Gründen stets oben liegende Schnecke (Abb. 207).

Die Schneckenwelle wird wegen ihrer hohen Drehzahl (700 bis etwa 1000 in der Min.) am besten in Rotgußbüchsen mit Ringschmierung gelagert. Ihr Längsdruck, der gleich der Umfangskraft des Schneckenrades ist, wird durch ein einstellbares Kugeldrucklager aufgenommen. Dieses wird in einer Kappe (Laterne) angeordnet, die am Schneckenkasten angeschraubt wird. Das Kugeldrucklager ist entweder zweireihig (Abb. 207) oder einreihig (Abb. 256, S. 106).

Als Lager für die Schneckenradwelle sind im allgemeinen einfache Rotgußschalen (ohne Ringschmierung) ausreichend. Die Anordnung von Kugeldrucklagern zum Aufnehmen des durch die Umfangskraft der Schnecke verursachten Längsdruckes ist nicht erforderlich, da das Anlaufen der Radnabe an den Lagern genügt.

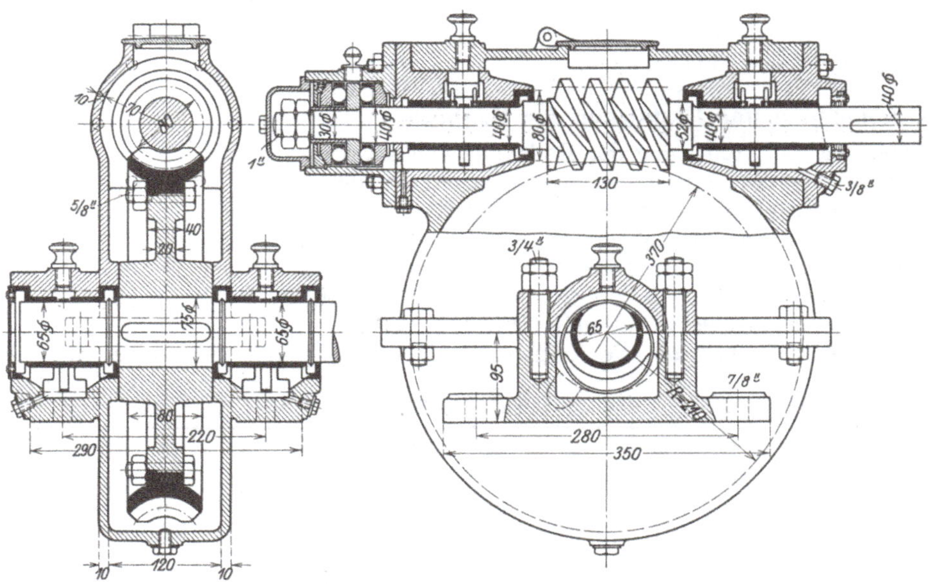

Abb. 207. Schneckengetriebe mit obenliegender Schnecke (Renk).

Der Räderkasten wird waagerecht durch die Schneckenradwelle geteilt. Auf eine waagerechte Teilebene durch die Schneckenwelle verzichtet man meist und befestigt die Lager dieser Welle mittels Flanschen am Räderkasten.

An Stelle der gußeisernen Räderkästen (Abb. 207 und 208) verwendet man in neuerer Zeit aus Blech und Vierkantstahl für die Lagerkörper zusammengeschweißte Räderkästen. Beispiel eines geschweißten Räderkastens für Schneckengetriebe siehe: H a a s, Ausgewählte Schweißkonstruktionen aus dem Maschinenbau.

Ersatz der Quergleitlager durch Kugel- oder Rollenlager verbessert den Wirkungsgrad des Schneckengetriebes, erhöht jedoch die Anlagekosten erheblich.

Waagerechte Schneckengetriebe mit senkrechter Radachse (Abb. 208) werden bei den Schwenkwerken der elektrischen Drehkrane angewendet. Der Kasten wird der Lage des Getriebes entsprechend gestaltet und erhält einen abnehmbaren Deckel.

Die Drehwerk-Schneckengetriebe werden, um unzulässig hohe Beanspruchungen von Motor und Triebwerk fernzuhalten, mit Rutsch oder Überlastungskupplungen ausgerüstet. Siehe S. 98 unter „Kupplungen“.

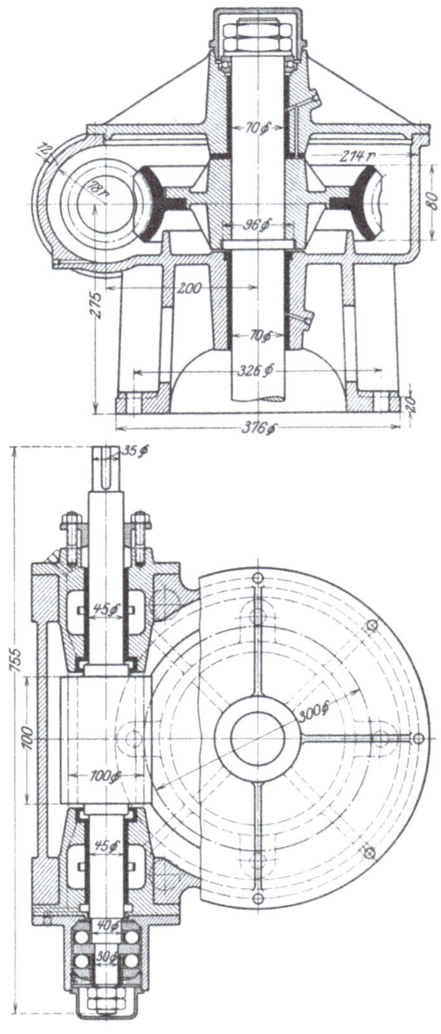

Abb. 208. Waagerechtes Schneckengetriebe (Renk).

Literatur.

Bondi, W.: Beiträge zum Abnutzungsproblem mit besonderer Berücksichtigung der Abnutzung von Zahnrädern. Berlin: VDI-Verlag 1927.

Droth, A.: Zahnräder. 3. Auflage von A. Erlenbach. Leipzig: Uhlands Techn. Bibliothek 1926.

Friedrich, H., Dipl.-Ing.: Theoretische Untersuchungen für Maschinenbau und Bearbeitung. Heft 1 „Evolventenverzahnung“. Berlin: Julius Springer 1928.

Golliasch, K., Obering.: Die Ermittlung der Kegelradabmessungen. Berechnung und Darstellung der Drehkörper von Präzisionskegelrädern und kurzer Abriß der Herstellung. Tabellen aller Abmessungen für die gebräuchlichsten Übersetzungsverhältnisse. Berlin: Julius Springer 1923.

Herrmann, R.: Evolventen-Stirnradgetriebe. Berechnung, Herstellung und Prüfung. Berlin: Julius Springer 1929.

Krüger, P., Dr.-Ing.: Die Satzrädersysteme der Evolventenverzahnung. Grundlagen und Anleitung zu ihrer Berechnung. Berlin: Julius Springer 1926.

Maschmeier, G.: Untersuchungen an Zylinder- und Globoid-Schneckentrieben. (Versuchsergebnisse des Versuchsfeldes für Maschinenelemente der technischen Hochschule zu Berlin.) München: R. Oldenbourg 1930.

ten Bosch, M.: Vorlesungen über Maschinenelemente. 5 Hefte. 4. Heft: Reib- und Rädertriebe. Berlin: Julius Springer 1929.

Altmann: Antrieb von Hebezeugen durch hochübersetzende, raumsparende Stirnradgetriebe. Maschinenbau 1927, S. 1091.

Cranz: Kritische Betrachtungen zur Verzahnungstheorie. Maschinenbau 1925, Nr. 8.

Dalchan: Der Festigkeitsfaktor in der Festigkeitsformel für Zahnräder. Maschinenbau 1925, Nr. 8.

Dorn: Neuere Verzahnungsarten und ihre Bewährung für die verschiedenen praktischen Verwendungszwecke. Maschinenbau 1931, S. 317.

Fischer: Die Berechnung von Evolventenzahnrädern. Maschinenbau 1925, H. 2.

Goldberger: Schneckengetriebe oder Zahnradübersetzung im modernen Kranbau. Fördertechn. 1929, S. 309.

Hagmann: Korrigierte Räder. Prakt. Masch.-Konstr. 1919, H. 19, 20 u. f.

Schmidt: Der Einfluß der Korrektion von Zahnrädern auf Zahnstärke und Achsenabstand. Werkst.-Techn. 1919, H. 6 u. 7.

Stübler: Die Zahnform der Stirnräder mit längster Lebensdauer. Betrieb 1921, H. 14.

Betriebserfahrungen an Schneckengetrieben. Z. V. d. I. 1912, S. 806.

Rechnungstafeln für Schneckengetriebe als Grundlage für die Normung derselben. Betrieb 1921, Nr. 9.

b) Reibungsräder.

Die Reibungsräder werden im Hebezeugbau nur bei den als Speicherwinden dienenden Reibungs- oder Friktionswinden angewendet. Sie bezwecken ein schnelles Ein- und Ausrücken des ständig in einer Richtung umlaufenden Motors und werden als zylindrische Räder mit Keilnuteneingriff ausgeführt. Speicherwinde mit Reibungsrädergetriebe s. Abschnitt D I. „Ortsfeste und tragbare Winden“.

X. Wellen.

Als Biegekräfte kommen die Zahndrucke der Rädervorgelege und die von Backen- oder Bandbremsen auf die Wellen ausgeübten Drucke in Frage.

Das Drehmoment wird an einer Stelle in die Welle eingeleitet und entweder nach einer Seite oder nach beiden Seiten der Welle abgeleitet.

Werkstoff der Wellen: St 50 · 11, bei wechselnder oder stoßweiser Belastung: St 60 · 11.

Da beim ersten Entwurf eines Krantriebwerks die Biegekräfte der Wellen und deren Abstände von den Lagern noch nicht bekannt sind, so begnügt man sich zunächst damit, die Wellen nur auf Verdrehung (mit kleinerer Verdrehungsbeanspruchung) zu berechnen. Sind die Abmessungen der Getriebe und die Abstände von den Lagerstellen festgelegt, so werden die Wellen auf zusammengesetzte Festigkeit (Biegung und Drehung) berechnet. Lange Wellen sind noch auf zulässige Formänderung gegen Verdrehen nachzuprüfen.

Bei Berechnung der Wellen werden auch die größten (resultierenden) Lagerdrucke bestimmt und die Lager auf zulässigen Flächendruck untersucht.

a) Kurze Wellen.

Für die Berechnung der kurzen Wellen ist nur die Werkstoffanstrengung maßgebend.

1. Bestimmung des vorläufigen (angenäherten) Wellendurchmessers.

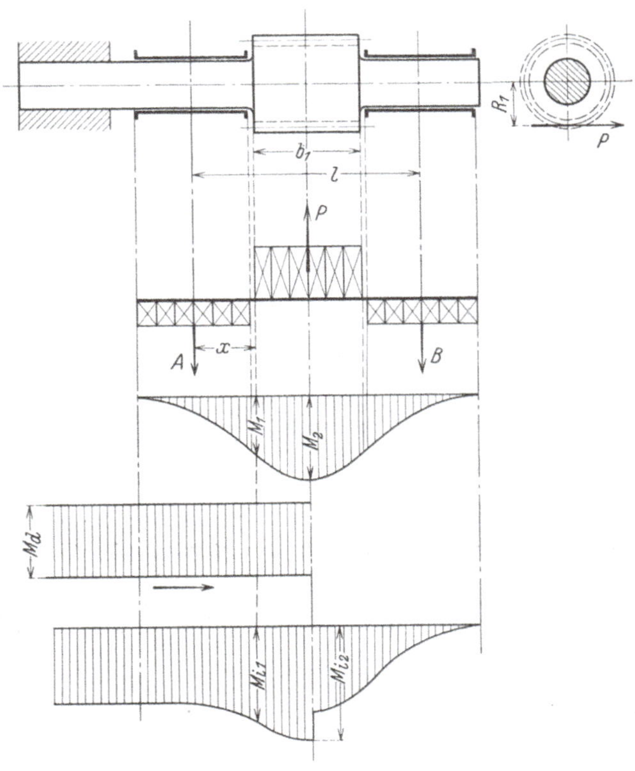

Abb. 209.

Bezeichnen

M_d das zu übertragende Drehmoment in kgcm,

τ_{zul} die zulässige Verdrehungsbeanspruchung in kg/cm² und

d den Wellendurchmesser in cm,

so ist das erforderliche polare Widerstandsmoment:

$$W_p = \frac{M_d}{\tau_{zul}} = \frac{\pi}{16} \cdot d^3 \ldots \text{cm}^3. \quad (110)$$

Der noch nicht bekannten Biegebeanspruchung trägt man dadurch Rechnung, daß man, ähnlich wie bei der Berechnung der normalen Transmissionswellen, die Verdrehungsbeanspruchung verhältnismäßig niedrig hält.

Je nach der Belastungsart und der Güte des Werkstoffes wird gesetzt: $\tau_{zul} = 200$ bis 400, im Mittel 300 kg/cm².

2. Berechnung auf zusammengesetzte Festigkeit (Biegung und Drehung).

Bei der Berechnung der biegenden Momente kommen meist einfache (statisch bestimmte) Belastungsfälle — zweifach gelagerte Träger, die in einer oder in verschiedenen Ebenen durch Kräfte belastet sind — in Frage.

Wellen, die drei- oder vierfach gelagert sind, sind ein- bzw. zweifach statisch unbestimmt. Zur Berechnung dieser Wellen sind neben den drei Gleichgewichtsbedingungen eine bzw. zwei Elastizitätsgleichungen aufzustellen.

Bezeichnen M das Biegemoment und M_d das Drehmoment der Welle in kgcm, so ist das für die Berechnung maßgebende ideelle Biegemoment nach der Dehnungshypothese[1]

$$M_i = 0{,}35\, M + 0{,}65 \sqrt{M^2 + (\alpha_0 M_d)^2} \ldots \text{kgcm}. \quad (111\,\text{a})$$

[1] Bach: Theorie der Elastizität und Festigkeit.

Anstrengungsverhältnis: $\alpha_0 = \frac{\sigma_{zul}}{1{,}3\,\tau_{zul}}$. Nach Annahme der zulässigen Biegebeanspruchung σ_{zul} und der zulässigen Drehbeanspruchung τ_{zul} ist α_0 bestimmt.

Festigkeitsbedingung: $\frac{M_i}{W} \leq \sigma_{zul}$.

Nach der Schubspannungshypothese[1] ist

$$M_i = \sqrt{M^2 + (\alpha_0 M_d)^2} \;\ldots\; \text{kgcm}. \tag{111b}$$

Gleichung (111b) liefert höhere Werte als Gleichung (111a).

Gleichung (111b) wird unter der Annahme von $\alpha_0 = 1$ vielfach als Näherungsgleichung benutzt.

Bei Wechsel der Kraftrichtung können für St 50 · 11 zugelassen werden:

$$\sigma_{zul} = 400 \text{ bis } 600 \text{ kg/cm}^2;$$
$$\tau_{zul} = 300 \text{ bis } 500 \text{ kg/cm}^2.$$

Im folgenden werden die wichtigsten, im Kranbau vorkommenden Belastungsarten der Wellen betrachtet.

1. Ritzelwelle eines in einem Räderkasten angeordneten Stirnrädergetriebes (Abb. 209).

Die Welle läuft beiderseitig in Ringschmierlagern (Abb. 187, S. 78). Das Ritzel ist entweder mit der Welle aus einem Stück gefertigt (Abb. 209) oder es ist auf der Welle aufgekeilt. Am linksseitigen Ende ist der eine Flansch der elastischen Kupplung aufgekeilt.

Der Zahndruck P und die Auflagerdrucke $A = B = P/2$ werden als Streckenlasten angenommen.

Größtes Biegemoment (in der Mitte): ${}_{\max}M = M_2 = \frac{P}{2} \cdot \left(\frac{l}{2} - \frac{b_1}{4}\right)$.

Biegemoment am Ritzelende:

$$M_1 = \frac{P}{2} \cdot x.$$

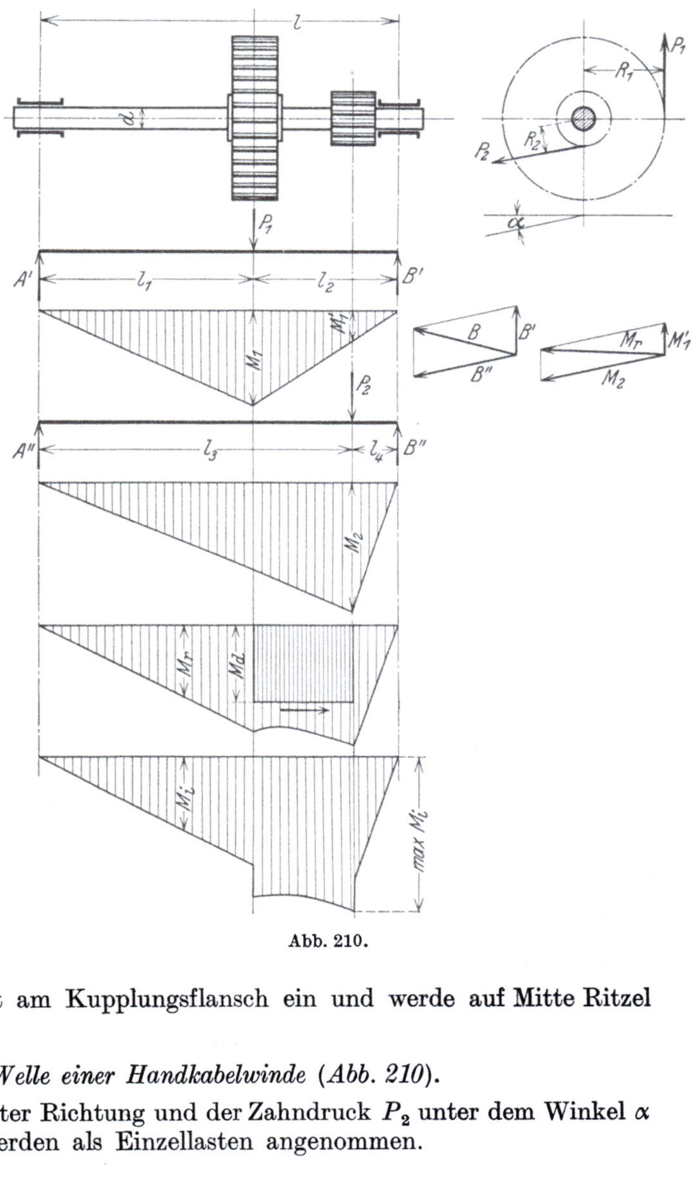

Abb. 210.

Das Drehmoment $M_d = P \cdot R_1$ tritt am Kupplungsflansch ein und werde auf Mitte Ritzel abgeleitet.

2. Zweifach gelagerte Welle einer Handkabelwinde (Abb. 210).

Der Zahndruck P_1 wirkt in senkrechter Richtung und der Zahndruck P_2 unter dem Winkel α zur Waagerechten. Die Zahndrucke werden als Einzellasten angenommen.

α) Senkrechte Belastungsebene.

Auflagerdrucke: $A' = P_1 \cdot \frac{l_2}{l}$; $B' = P_1 \cdot \frac{l_1}{l}$.

Größtes Biegemoment: $M_1 = A' \cdot l_1$;

Biegemoment: $M'_1 = B' \cdot l_4$.

[1] Von Mohr. — Vgl. auch Lachmann: Anstrengungsverhältnis und Festigkeitshypothese. Ing.-Archiv 1930.

β) Schräge Belastungsebene.

Auflagerdrucke: $A'' = P_2 \cdot \frac{l_4}{l}$; $B'' = P_2 \cdot \frac{l_3}{l}$.

Größtes Biegemoment: $M_2 = B'' \cdot l_4$;

Die Biegemomente der senkrechten und schrägen Belastungsebene werden geometrisch addiert und die resultierende Momentenlinie wird aufgezeichnet, aus der ${}_{\max}M_r$ entnommen wird.

Das Drehmoment $M_d = P_1 \cdot R_1 = P_2 \cdot R_2$ tritt bei P_1 in die Welle ein und wird bei P_2 abgeleitet.

Aus den M_r und den M_d werden die M_i rechnerisch oder zeichnerisch bestimmt und für ${}_{\max}M_i$ wird die Welle bemessen.

Bestimmung der resultierenden Lagerdrucke A und B ebenfalls durch geometrische Addition.

3. Schneckenwelle zu einem elektrisch angetriebenen Schneckenvorgelege (Abb. 211).

Die Abmessungen der Welle sind festgelegt und die Welle ist auf Festigkeit nachzuprüfen.

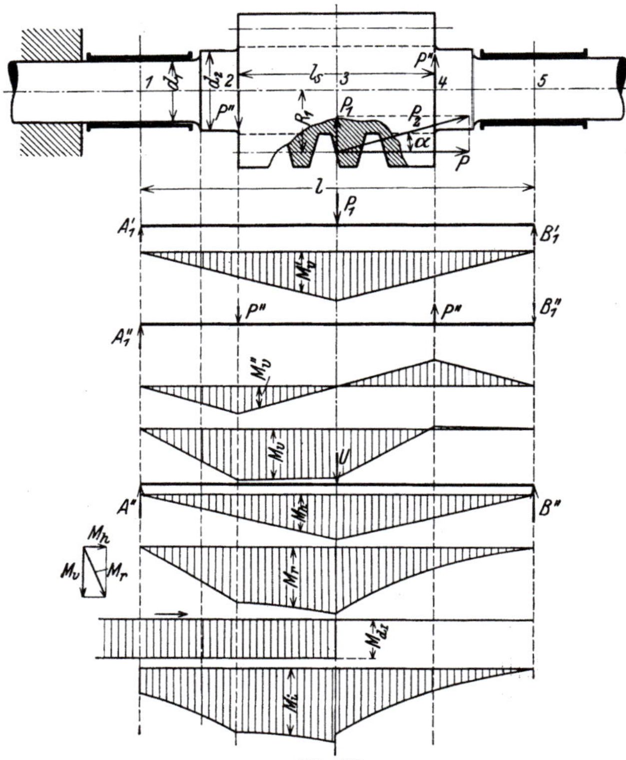

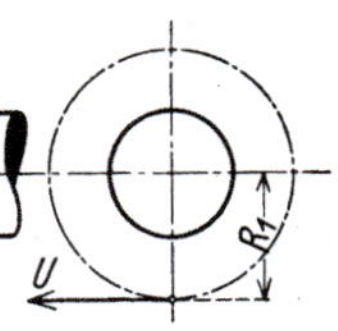

Abb. 211.

Es bezeichnen mit Bezug auf die Ausführungen S. 84: M_I das Drehmoment der Schneckenwelle, M_{II} das der Radwelle in kgcm, R_1 und R_2 die Teilkreishalbmesser in cm, α den Eingriffswinkel der Verzahnung, β den Steigungswinkel des Getriebes in Grad, $P = M_{II}/R_2$ den Zahndruck und P_z den in Richtung der Eingriffslinie wirkenden Zahndruck in kg.

Alle Biegekräfte werden als Einzellasten angenommen.

α) Senkrechte Belastungsebene.

Biegekraft: $P_1 = P \cdot \operatorname{tg}\alpha = P_z \cdot \sin\alpha$.

Auflagerdrucke: $A_1' = B_1' = \frac{P_1}{2}$.

Größtes Biegemoment (in der Mitte):

$${}_{\max}M_v' = P_1 \cdot \frac{l}{4}.$$

Biegekraft: P. Diese wirkt im Abstand R_1 von der Schneckenachse. Ihr Moment wird durch ein gleichwertiges Kräftepaar mit der Schneckenlänge l_s als Hebelarm ersetzt.

$$P'' \cdot l_s = P \cdot R_1.$$

Auflagerdrucke: $A_1'' = P \cdot \frac{R_1}{l}$; $B_1'' = -P \cdot \frac{R_1}{l}$.

Biegemomente (an den Enden der Schnecke): ${}_{\max}M_v'' = \pm P \cdot \frac{R_1}{l} \cdot \frac{l - l_s}{2}$.

Das Biegemoment in der Mitte ist gleich Null. Die Biegemomente aus P_1 und P werden addiert und man erhält die senkrechte Momentenlinie M_v.

β) Waagerechte Belastungsebene.

Biegekraft: $U = \frac{M_I}{R_1}$.

Auflagerdrucke: $A'' = B'' = \frac{U}{2}$.

Größtes Biegemoment (in der Mitte): ${}_{\max}M_h = U \cdot \frac{l}{4}$.

Die resultierende Momentenlinie M_r wird durch geometrische Addition der waagerechten und senkrechten Biegemomente erhalten.

Das Drehmoment tritt an der elastischen Kupplung (auf Abb. 211 links) ein und wird auf Mitte Schnecke abgeleitet.

Die resultierende Beanspruchung ist am linken Schneckenende (Durchmesser d_2) und am linken Wellenansatz (Durchmesser d_1) zu bestimmen.

Resultierende Lagerdrucke durch geometrische Addition unter 90°.

Berechnung mehrfach gelagerter Wellen s. Dubbel: Taschenbuch für den Maschinenbau, 5. Aufl., 1. Bd., S. 463. — Winkel: Der Träger auf drei Stützen, berechnet aus der Biegelinie des Trägers auf zwei Stützen. Maschinenbau 1923/24, S. 107. Diese Wellen lassen sich vielfach mit der größten Biegekraft und mit genügender Annäherung überschläglich (als Träger auf zwei Stützen) berechnen. Die überschlägliche Berechnung liefert meist ein (um etwa 10 bis 15%) größeres Biegemoment als die genauere Berechnung auf statisch unbestimmter Grundlage.

b) Lange Wellen.

Für die Berechnung langer Wellen, wie der Fahrwerkswellen der Laufkrane, Torkrane und Verladebrücken ist außer der Werkstoffanstrengung noch die Formänderung gegenüber Verdrehung maßgebend.

Die Fahrwerkswelle eines Laufkranes ist ein Träger auf mehreren Stützen, der durch die Zahndrucke auf Biegung beansprucht ist. Das Drehmoment wird am Motorvorgelege in die Welle eingeleitet und nach beiden Seiten an die Laufräder abgegeben (siehe Abschnitt „Laufkrane").

Steht die voll belastete Katze in ihrem linken Anfahrmaß, so geht der größere Teil des Drehmomentes, nämlich $M'_{d_{II}}$ durch den linken Wellenstrang.

An Stelle der statisch unbestimmten Berechnung des Biegemomentes ist es ausreichend, den Zahndruck des Motorvorgeleges zu vernachlässigen und nur den Zahndruck P_{II-III} des am meisten belasteten Laufradvorgeleges zu berücksichtigen. Die Welle wird dann an dieser Stelle als Träger auf zwei Stützen berechnet (Abb. 212).

Auflagerdrucke: $A = P_{II-III} \cdot \frac{l_2}{l}$; $B = P_{II-III} \cdot \frac{l_1}{l}$.

Größtes Biegemoment: ${}_{\max}M = A \cdot l_1 = B \cdot l_2$.

Das Drehmoment $M'_{d_{II}}$ ist gleich dem Zahndruck P_{II-III} multipliziert mit dem Teilkreishalbmesser des mit dem Laufrad kämmenden Ritzels.

Bei Betrachtung der Welle als durchlaufender Träger ist das Biegemoment ${}_{\max}M$ etwas kleiner als bei der Näherungsrechnung (auf Abb. 212 gestrichelt).

Aus dem Biegemoment ${}_{\max}M$ und dem Drehmoment $M'_{d_{II}}$ wird das ideelle Moment ${}_{\max}M_i$ nach Gleichung (111a) oder (111b), S. 88 bzw. 89 berechnet und die Welle bemessen.

Der Verdrehungswinkel der Welle in Grad für 1 m Länge ist:

$$\varphi = \frac{180}{\pi} \cdot \frac{M'_{d_{II}} \cdot 100}{G \cdot J_p}, \qquad (112)$$

wobei $G \approx 810000$ den Gleitmodul des Werkstoffes in kg/cm² und J_p das polare Trägheitsmoment der Welle in cm⁴ bedeuten.

Den zulässigen Verdrehungswinkel mache man nach Garlepp (Maschinenbau 1931, S. 90) von der Fahrgeschwindigkeit des Kranes abhängig.

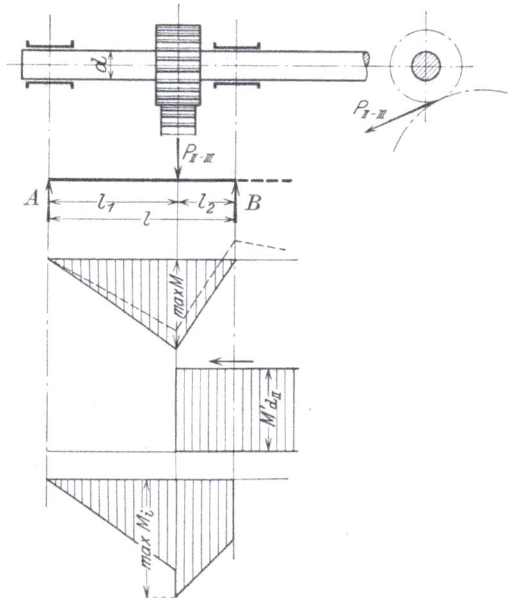

Abb. 212.

Für Fahrgeschwindigkeiten $v < 0{,}5$ m/sek sei $\varphi \approx 0{,}35°$ je lfd. m.

" " $v \geqq 0{,}5$ m/sek sei $\varphi \approx 0{,}25°$ " " "

Soll die Welle nach den angegebenen Verdrehungswinkeln berechnet werden, so wende man nachstehende, aus Gleichung (112) abgeleitete Gleichungen an:

$$d = 0{,}674 \sqrt[4]{M_d} \quad \text{bzw.} \quad d = 0{,}734 \sqrt[4]{M_d} \ldots \text{cm}. \qquad (113)$$

Der berechnete Durchmesser wird in Rücksicht auf die genormten Wellendurchmesser (Tabelle 24) auf- bzw. abgerundet und die glatte Welle von einer, auf Lager befindlichen blanken (gedrehten oder gezogenen) Stange abgestochen.

Abgesetzte Wellen sind teurer und werden nur, wenn dies aus baulichen Gründen nicht zu umgehen ist, hergestellt.

Bei abgesetzten Wellen ist die Kerbwirkung zu berücksichtigen, da durch diese die Drehungsspannung erhöht wird.

Ein Zapfenabsatz mit einer Durchmesservergrößerung von z. B. $d = 90$ mm auf $d_1 = 110$ mm und einem Hohlkehlenhalbmesser $r_0 = 5$ mm ergibt statt $\tau = \frac{M_d}{W_p}$ nach Sonntag:

$$_{\max}\tau \approx 1{,}5 \frac{M_d}{W_p} \ldots \text{kg/cm}^2.$$

Bei einer Eindrehung von z. B. 110 auf 90 mm und $r_0 = 5$ mm wird ${}_{\max}\tau \approx 2{,}5 \frac{M_d}{W_p}$ statt $\tau \approx \frac{M_d}{W_p} \ldots$ kg/cm².

Ist die Welle nicht durch die Naben der auf ihr sitzenden Räder oder Scheiben gegen Längsverschiebung gesichert, so sind ein oder zwei Stellringe vorzusehen.

Tabelle 24. Wellendurchmesser für Hebemaschinen (DIN 537).
Abmessungen in mm.

25	45	(65)	90	125	160	35	55	(75)	110	140	200
30	50	70	100	(130)	180	40	60	80	(120)	(150)	220

Die eingeklammerten Durchmesser sind möglichst zu vermeiden.
Die Werte entsprechen den Normaldurchmessern nach DIN 3 und mit Ausnahme der eingeklammerten Werte auch den Durchmessern für Transmissionswellen nach DIN 114.
Für Wellenabsätze gelten auch die übrigen Durchmesser nach DIN 3.

XI. Kupplungen.

a) Feste (starre Kupplungen).

Die einfachste, im Hebezeugbau viel angewendete Kupplung ist die Muffenkupplung (Abb. 213). Werkstoff der Muffe: Gußeisen (Ge 21 · 91) oder Stahl (St 34 · 11).

Durchmesser der Muffe: $D \approx 2d$; Länge: $L \approx 3d$ bis $4d$.

Verbindung der Muffe mit den Wellen durch Nasenkeile. Lösen der Kupplung erfordert das Verschieben einer Welle um die halbe Kupplungslänge.

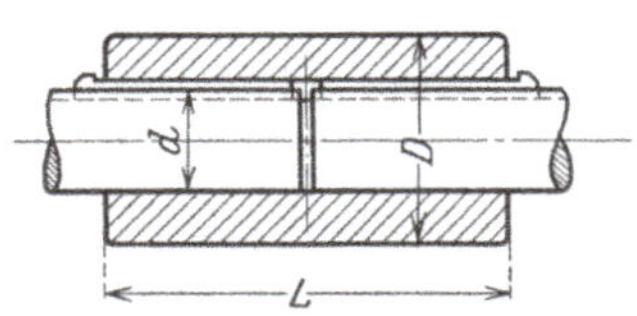

Abb. 213.

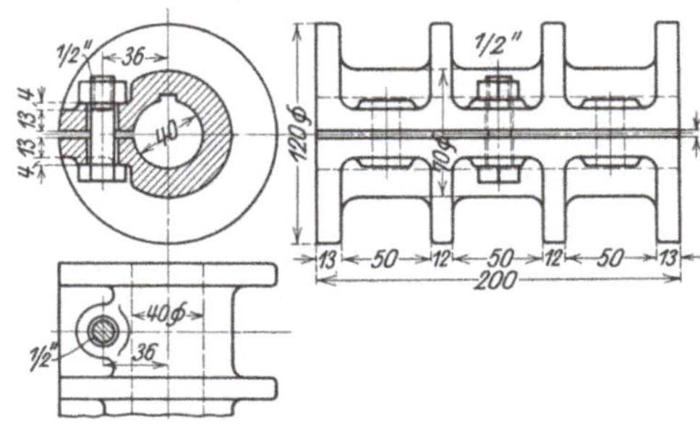

Abb. 214.

Anwendung meist nur für Wellendurchmessser $d = 25$ bis 60 mm.

Abb. 214 zeigt noch eine weitere, für kleinere Wellendurchmesser geeignete Kupplung. Die Kupplung hat eine geschlitzte Hülse und wird durch drei Schrauben angezogen.

Im übrigen werden im Hebezeugbau die verschiedenen, aus dem Transmissionsbau her bekannten Bauarten von festen Kupplungen angewendet, deren Hauptabmessungen genormt bzw. in der Normung begriffen sind. Es sind dies: die Hülsenkupplung, die Schalenkupplung (DIN 115), die Scheibenkupplung (DIN 116) und die Sellerskupplung.

b) Elastische Kupplungen.

Sie werden im Hebezeugbau allgemein zur Verbindung der Elektromotoren mit den Triebwerken (Hub-, Fahr- und Drehwerken) verwendet und bieten den Vorteil, daß sie kleine Ungenauigkeiten in der Lagerung beider Wellen selbsttätig ausgleichen. Die Benutzung starrer Kupplungen ist hier nicht angängig, da jede der zu verbindenden Wellen in zwei Lagern läuft. Trotz genauem Ausrichten beider Wellen treten daher beim Anziehen der Motor-Fußschrauben leicht Zwängungen in den Lagern auf, die dann ein Warmlaufen der Lager zur Folge haben.

Der Ausgleich kleiner Unterschiede in der Höhenlage sowie kleiner Achsenwinkel beider Wellenstränge wird bei den elastischen Kupplungen durch Federn, Holz-, Leder- oder Gummibeilagen erreicht.

Die elastischen Kupplungen werden in der Regel so gestaltet, daß sie die Anordnung einer Haltebremse (Band- oder doppelte Backenbremse) auf dem Umfang der einen Kupplungshälfte zulassen.

Abb. 215 zeigt die im Hebezeugbau allgemein angewendete elastische Kupplung.

Sie entspricht baulich der Scheibenkupplung, die dadurch elastisch gemacht ist, daß auf den, an der einen Kupplungshälfte befestigten Schrauben eine Anzahl Lederscheiben sitzen, die in entsprechende Bohrungen der anderen Kupplungshälfte eingreifen. Der Motor kann daher

Tabelle 25. Elastische Kupplungen für Bohrungen von 30 bis 100 mm.
Ausführung A (Abb. 215); Ausführung B (Abb. 216).

Nr.	d	M_d	Abmessungen in mm (d_1 in Zoll)															
	mm	kgcm	D_k	b_1	D_1	l	D_2	d_1	z	d_2	d_3	a	d_4	c	d_5	e	D	b
$1^3/_4$	30	550	175	65	70	110	120	$^1/_2$	4	18	30	4	35	20	50	20	200	65
2	40	750	200	70	80	120	135	$^5/_8$	4	20	40	5	45	25	75	52	250	80
$2^1/_2$	50	1500	250	80	95	120	165	$^5/_8$	4	20	45	6	50	35	90	70	320	100
3	60	3000	300	90	110	140	195	$^3/_4$	4	25	50	8	55	40	100	85	400	125
$3^1/_2$	70	5500	350	90	130	170	230	$^7/_8$	4	32	55	8	60	45	130	100	500	160
4	80	8500	400	100	150	185	265	$^7/_8$	4	32	60	8	65	50	150	115	600	160
$4^1/_2$	90	13000	450	125	170	200	300	$^7/_8$	6	32	65	10	70	55	170	125	640	200
5	100	20000	500	125	190	200	340	1	6	35	70	12	80	60	180	140	640	200

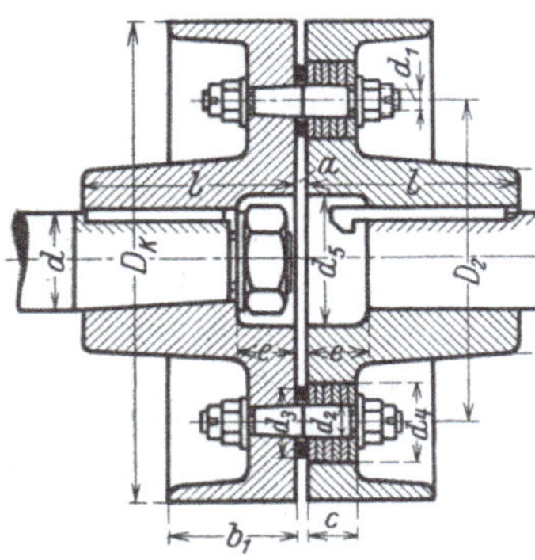
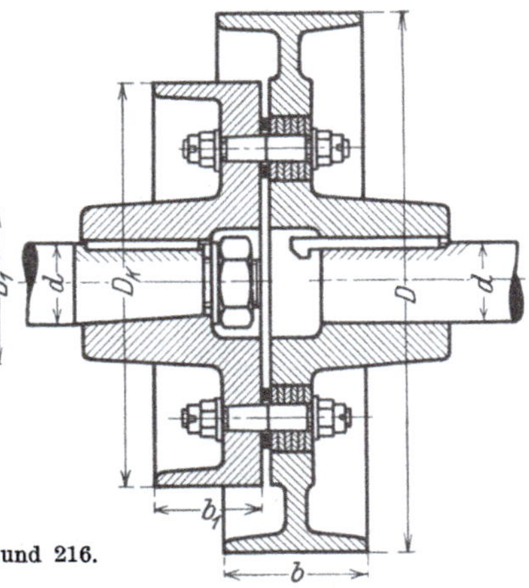

Abb. 215 und 216.

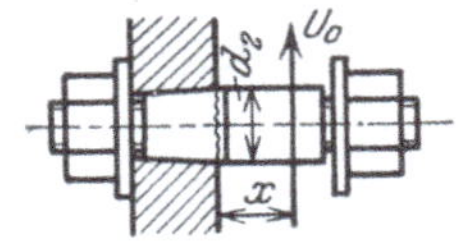

Abb. 217.

ohne Lösen der Bolzenschrauben mit dem Triebwerk verbunden oder von ihm gelöst werden.

Werkstoff der allseitig bearbeiteten Kupplungsflanschen: Gußeisen.

Zahl der Schrauben: $z = 4$ oder 6. Befestigung der Schrauben nach Abb. 217. Werkstoff: St 38 · 13.. Die Schraubenbolzen sind an der Einspannstelle (Abb. 217) mit dem Moment

$$M = \frac{M_d}{R_2 \cdot z} \cdot x = U_0 \cdot x \ \ldots \ \text{kgcm} \qquad (114\text{a})$$

auf Biegung zu berechnen. Hierbei bezeichnen M_d das von der Kupplung zu übertragende größte Drehmoment in kgcm, R_2 den Teilkreishalbmesser der Schrauben und x den Abstand der Biegekraft in cm. Zulässige Biegebeanspruchung: $\sigma_{zul} = 300$ bis 600 kg/cm².

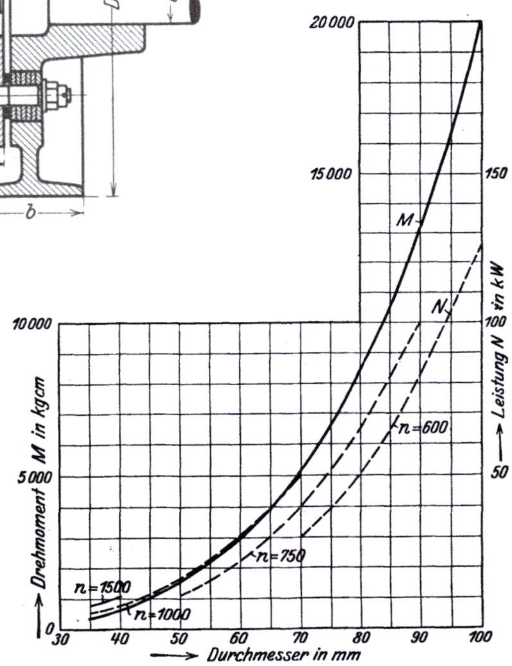

Abb. 218. Übertragbare Leistungen und Drehmomente der elastischen Kupplungen.

Zulässiger Flächendruck zwischen Bolzen und Lederscheibe

$$\sigma = \frac{M_d}{R_2 \cdot z \cdot d_2 \cdot c} = \frac{U_0}{d_2 \cdot c} \leqq 10 \text{ bis } 15 \text{ kg/cm}^2. \qquad (114\text{b})$$

Tabelle 25 (Abb. 215 und 216) gibt die Abmessungen und übertragbaren Drehmomente der elastischen Kupplungen von 175 bis 500 mm Durchmesser. Ihre Scheibenbreiten sind die gleichen wie die mittleren Bremsscheibenbreiten nach DIN 4003 (S. 115).

Die Bohrungen der auf der Motorwelle sitzenden Kupplungsflanschen entsprechen den Normen DIN VDE 2701 und 2702. Sie sind bei den beiden ersten Kupplungen (175 und 200 mm Durchmesser) zylindrisch und bei den übrigen kegelig.

Die von den Drehstrom-Kranmotoren mit den Nenndrehzahlen 1000—750—600 und den normalen Wellenstümpfen nach DIN VDE 2701 und 2702 ($d = 32$ bis 100 mm) übertragbaren Nennleistungen bei 25% ED sind auf Abb. 218 zeichnerisch zusammengestellt.

Die Anordnung einer doppelten Backenbremse auf der elastischen Kupplung erfordert meist einen größeren Scheibendurchmesser und eine entsprechende Scheibenbreite. Alsdann Gestaltung der Kupplung nach Abb. 216. Abmessungen gleichfalls nach Tabelle 25, S. 93.

Wegen ihrer hohen Umlaufzahl ($n = 600$ bis 1000) und in Rücksicht auf ruhigen Gang sind die elastischen Kupplungen auszuwuchten. Auch sind sie möglichst leicht zu bauen, da sie sonst zu große Massenwirkung haben.

c) Ausrückbare Kupplungen.

1. Klauenkupplungen.

Diese sind nur bei Stillstand der Wellen ein- und ausrückbar.

Jede der beiden Kupplungshälften (Abb. 219) ist mit Klauen (Zähnen) versehen, die in entsprechend geformte Lücken der anderen eingreifen. Bei Klauenkupplungen, die zur Verbindung zweier Wellen dienen (Abb. 219) ist die eine Kupplungshälfte auf der treibenden Welle aufgekeilt, während die andere auf der getriebenen Welle und auf zwei Federkeilen längsverschiebbar ist.

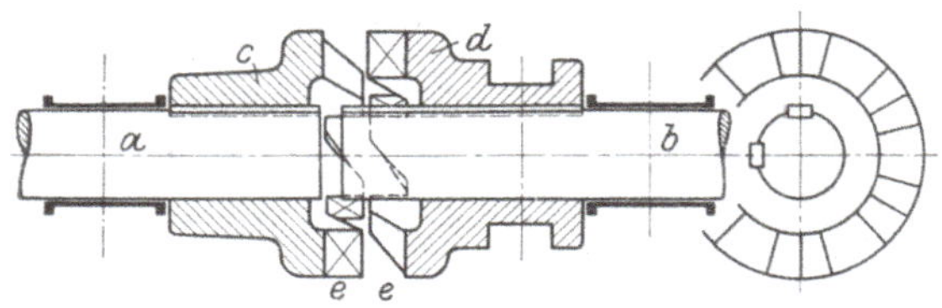

Abb. 219. Klauenkupplung.
a–*b* Wellen; *c* auf *a* festes Kupplungsteil; *d* auf *b* längsverschiebbares Kupplungsteil.

Zahl der Klauen je nach der Größe des zu übertragenden Drehmomentes: 2—4—6—8—10.

Bei rechteckiger Klauenform erfordert das Einrücken meist noch eine vorherige kleine Drehbewegung der einen Welle, bis die Zähne der einen Kupplungshälfte den Lücken der anderen genau gegenüberstehen.

Besser sind schraubenförmige Klauen (Abb. 219 und 220) oder solche nach Abb. 221, die ein sofortiges Einrücken der Kupplung in jeder Stellung zulassen.

Abb. 220.

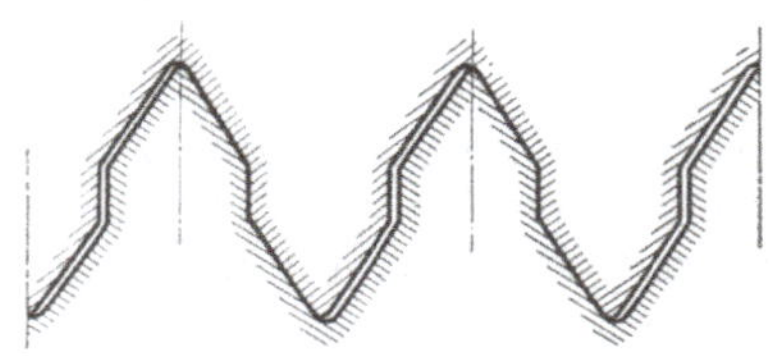
Abb. 221.

Für umschaltbare Stirnrädervorgelege werden die Klauenkupplungen zum wechselweisen Einrücken des rechten oder linken Getriebes doppelseitig ausgeführt (s. Abb. 186, S. 77).

2. Reibungskupplungen.

Die Reibungskupplungen werden bei Winden und Kranen stets dann angewendet, wenn der Antriebsmotor (z. B. ein Brennkraftmotor) nicht unter Belastung anläuft. Bei den Verschiebewinden dienen sie zum Ein- und Ausrücken der Seiltrommel und werden gegebenenfalls so bemessen, daß sie auch als Überlastungs- oder Rutschkupplung arbeiten.

Die Reibungskupplungen werden ferner angewendet, wenn mehrere Kranbewegungen von einer ständig umlaufenden Hauptwelle aus vermittels Kegelräder-Wendegetrieben (s. Abb. 195, S. 81) entnommen werden.

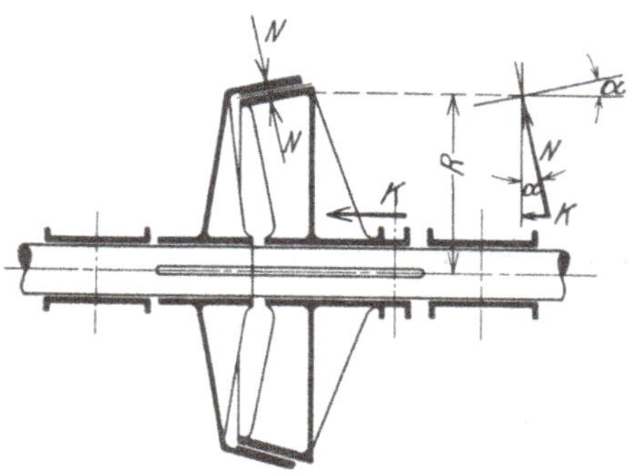

Abb. 222. Kegelreibungskupplung (schematische Darstellung.)

Kegelreibungskupplung (Abb. 222).

Der auf der getriebenen Welle sitzende, axial verschiebbare und durch zwei Federkeile gegen Drehen gesicherte Vollkegel wird in den auf der treibenden Welle fest angeordneten Hohlkegel gepreßt.

Bezeichnen mit Bezug auf Abb. 222 R den mittleren Halbmesser der wirksamen Kegelfläche und N den Kupplungsdruck, so ist die zur Übertragung des Drehmomentes M_d erforderliche Reibung:

$$N\mu \geqq \frac{M_d}{R}. \tag{115}$$

Entsprechender axialer Anpressungsdruck während des Betriebes:

$$K \geq N \cdot \sin\alpha = \frac{M_d}{R} \cdot \frac{\sin\alpha}{\mu}. \tag{116}$$

Beim Einrücken ist der erforderliche Anpressungsdruck größer:

$$K > \frac{M_d}{R \sin\alpha}; \qquad K < \frac{M_d}{R} \cdot \frac{\sin\alpha + \mu \cdot \cos\alpha}{\mu}. \tag{117}$$

In Rücksicht auf ein allmähliches Mitnehmen des getriebenen Teils und ein leichtes Lösen der Kupplung nehme man den Kegelwinkel α nicht zu klein. Zweckmäßig ist $\alpha \geq 10°$. Für sauber bearbeitete und leicht geschmierte Reibflächen (Gußeisen auf Gußeisen) setze man nach Bach in Gleichung (115) bis (117) $\mu \approx 0{,}10$ bis $0{,}125$.

Eine Erhöhung der Reibungszahl wird dadurch erreicht, daß man die Reibfläche des Vollkegels mit Ferodomaterial (Ferodofibre oder Ferodoasbestos belegt). Reibungszahlen und Flächendrucke des Ferodomaterials s. Abschnitt „Bremsen", S. 112.

Der dauernd wirkende Anpressungsdruck am Hohlkegel wird entweder durch einen Wellenansatz oder durch das neben ihm sitzende Querlager aufgenommen.

Am Verschiebering ist wegen der Erwärmung und Abnutzung gute Schmierung erforderlich.

Der Ausrückweg beträgt je nach der Kupplungsgröße 5 bis 10 mm.

Bei größerer Leistung und Drehzahl ist es empfehlenswert, zum Aufnehmen des Längsdruckes der Kupplung Kugelspurlager anzuordnen. Der meist hohe Anpressungsdruck erfordert bei Bedienung von Hand ein Kuppelgestänge mit entsprechend großer Übersetzung.

Geeignete Übersetzungsmittel zwischen Handradwelle und Schleifringhebel sind: Schraubenspindel mit Wandermutter oder Schnecke und Schneckenradsegment.

Schnelles Ein- und Ausrücken wird durch einen Exzenter erreicht, dessen Welle durch einen Handhebel gedreht wird.

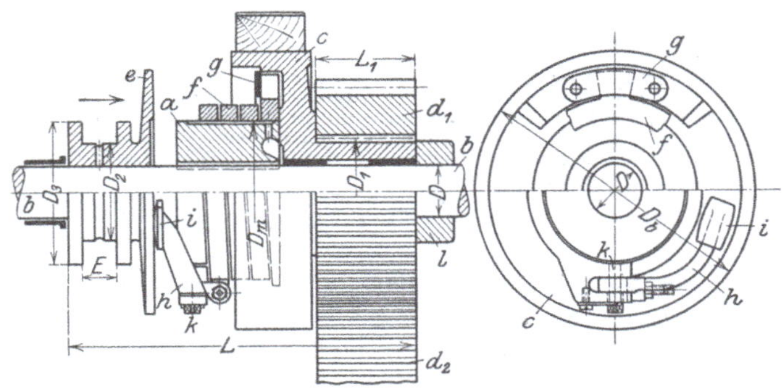

Abb. 223. Schraubenfeder-Reibungskupplung (Schwarz).
a Hartgußmuffe, auf der Welle *b* aufgekeilt; *c* Bremsscheibe, auf der Welle lose sitzend; $d_1 - d_2$ Stirnrädergetriebe, dessen Ritzel d_1 auf der Nabe von *c* aufgekeilt; *e* Einrückscheibe; *f* Schraubenfeder, in *c* schwalbenschwanzförmig eingesetzt; *g* Decklasche; *h* Hebel mit Schleifbacke *i*, am andern Ende der Schraubenfeder angreifend; *k* Hebeldrehpunkt; *l* Stellring, den Längsdruck der Kupplung aufnehmend.

Anwendung der Kegelreibungskupplung bei elektrisch betriebenen Verschiebewinden s. Abschnitt D. „Winden".

Bei den Kegelräder-Wendegetrieben wird die Kupplung zum Einstellen der einen oder anderen Umlaufsrichtung der treibenden Welle doppelseitig ausgeführt (Abb. 195, S. 81).

Schraubenfeder-Reibungskupplung. Abb. 223 zeigt diese Kupplung in Verbindung mit einer, lose auf der Welle sitzenden Bremsscheibe, auf deren Nabe das mit der Welle zu kuppelnde Zahnrad aufgekeilt ist. Anwendung bei Greiferhubwerken (s. Abschnitt D. „Winden").

Die Schraubenfeder hat quadratischen Querschnitt, ist an der lose laufenden Bremsscheibe befestigt und sitzt auf einer geschliffenen Hartgußmuffe, die auf der Welle aufgekeilt ist. Das andere Federende ist an einem Hebel befestigt, der durch Verschieben der Einrückscheibe gedreht wird und an seinem anderen Ende den ersten

Tabelle 26. Schraubenfeder-Reibungskupplungen (Abb. 223). W. Schwarz & Co., Dortmund.

Größe Nr.	$\frac{N}{n}$	D in mm		Abmessungen in mm							
		norm	max	D_m	D_b	D_1	L_1	D_2	D_3	E	L
I	0,03	45	55	100	180	90	90	70	110	30	270
II	0,05	50	60	125	220	100	95	85	125	30	305
III	0,10	60	80	150	260	130	125	100	140	30	375
IV	0,14	70	90	175	300	140	140	115	160	30	410
V	0,21	80	100	200	340	160	155	135	185	40	465
VI	0,29	85	105	225	380	170	160	150	200	40	510
VII	0,42	90	110	250	420	180	180	165	220	40	565
VIII	0,64	100	130	275	465	200	200	180	240	40	605
IX	0,81	110	135	300	500	220	215	195	270	40	650
X	0,98	120	140	325	540	230	220	210	300	50	690

Gang der Schraubenfeder anzieht, der fest auf die Hartgußmuffe aufgepreßt wird. Die hierbei erzeugte Reibung zieht die übrigen Gänge ebenfalls an und preßt sie gegen die Muffe. Die Gesamtreibung aller Schraubengänge ist so groß, daß das Drehmoment der Welle mit hinreichender Sicherheit auf das Stirnradgetriebe übertragen wird.

Die Kupplung wird auch zur Verbindung zweier Wellenstränge und als Umkehr-(Reversier-) Kupplung ausgeführt.

Bremsbandkupplungen gleichen in ihrer Bauart der Schraubenfederkupplung Abb. 223 und werden wie diese bei Greiferwindwerken zum Ankuppeln der Entleertrommel verwendet.

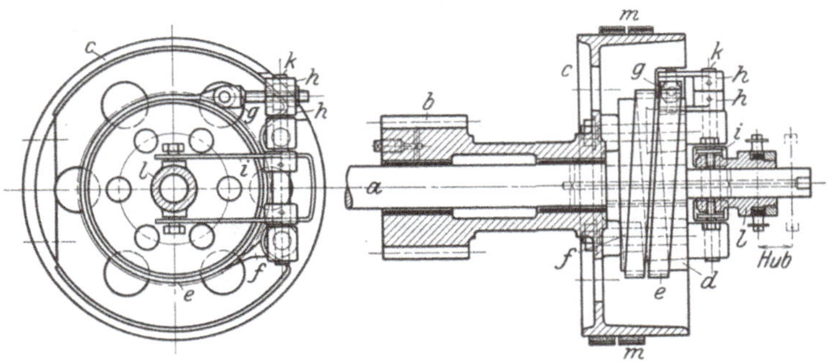

Abb. 224. Bremsbandkupplung zu einem Greiferhubwerk (Losenhausenwerk, Düsseldorf).

a Vorgelegewelle, vom Trommelrad der Hub- und Schließtrommel aus angetrieben; *b* Ritzel mit angegossener Bremsscheibe *c*, lose auf *a* sitzend; *d* Kupplungsscheibe auf *a* aufgekeilt; *e* mit Ferodo belegtes Spiralband; *f* fester Anschluß von *e* an *c*; *g* nachstellbarer Bandanschluß an den Hebeln *h*—*h* angreifend, *i*—*i* Muffenhebel, mit den Hebeln *h*—*h* auf dem an der Bremsscheibe gelagerten Drehbolzen *k* verstiftet, *l* Muffe, beim Verschieben nach links die Hebel *i* und *h* drehend, wodurch das Band (bei *g*) angezogen und *b*—*c* mit *a* durch den Reibungsschluß von *d* und *e* gekuppelt wird; *m* Bremsband zu der auf der Kupplung angeordneten Entleerbremse.

Das mit dem Trommelrad der Entleertrommel kämmende Ritzel (Abb. 224) sitzt lose auf der treibenden Welle und ist mit der Bremsscheibe der Entleerbremse aus einem Stück hergestellt. Das mit seinem einen Ende an der Bremsscheibe befestigte, mit Ferodofibre belegte Stahlband umschlingt die auf der Welle aufgekeilte Kupplungsscheibe in zwei Windungen und wird an seinem anderen Ende durch das Kupplungsgestänge angezogen, wodurch der Reibungsschluß hergestellt wird.

Damit sich das Kupplungsband auf seinem ganzen Umfang um den gleichen radialen Luftweg abhebt, können in bestimmten Abständen Stellschrauben vorgesehen werden.

Die in der Abb. 224 dargestellte Bremsbandkupplung hat einen Durchmesser von 350 mm und linksgängiges Kupplungsband. Scheibendurchmesser der Entleerbremse: 550 mm. Die Kupplung gehört zum Greiferwindwerk eines fahrbaren Drehkranes von 5 t Tragkraft. Das Kupplungsgestänge und das Gestänge zur Entleerbremse werden vom Führerstand aus durch Handhebel bedient.

d) Überlastungs- (Rutsch-) Kupplungen.

Triebwerke, bei denen im Betriebe ein übergroßer Widerstand auftreten kann, werden zum Schutze von Motor und Getriebe mit Überlastungskupplungen ausgerüstet. Solche Überlastungskupplungen kommen bei Hüttenwerkskranen und bei den Drehwerken der Hafendrehkrane in Frage. Sie sind gewöhnliche, federbelastete Reibungskupplungen, die auf ein bestimmtes größtes Drehmoment eingestellt werden.

Stößt beispielsweise der Ausleger eines Hafendrehkranes an einen Schiffsmast an, so werden unzulässige Beanspruchungen von Motor und Drehwerk dadurch ferngehalten, daß der Motor bei stillstehendem Drehwerk und unter Überwinden des dem größten Drehmoment entsprechend begrenzten Reibungswiderstandes der zwischengeschalteten Rutschkupplung weiterläuft.

Die Überlastungskupplungen werden entweder als selbständiges Maschinenteil ausgeführt oder mit einem anderen Getriebeteil baulich vereinigt.

Damit die Kupplung bei dem Grenzdrehmoment zu rutschen beginnt, ist es erforderlich, daß die Reibungszahl der Gleitflächen unveränderlich ist. Dies wird durch geeignete Werkstoffe der aufeinander reibenden Teile und durch gute Schmierung erreicht.

Die auf Abb. 225 dargestellte Rutschkupplung der Demag wird hauptsächlich für Hüttenwerkskrane verwendet. Auf der treibenden (Motor-)Welle ist eine Scheibe mit zwei ringförmigen Reibflächen aufgekeilt. An der Kupplungsscheibe der getriebenen Welle ist ein Bronzering angeschraubt während ein zweiter an einer axial verschiebbaren hohl zylindrisch geführten und durch Keile mitgenommenen Scheibe befestigt ist. Beide mit der getriebenen Kupplungsscheibe umlaufenden Bronzeringe werden durch acht federbelastete Schrauben gegen die Ringflächen der Scheibe auf der Motorwelle gepreßt, wodurch der Reibungsschluß der Kupplung hergestellt wird.

Bezeichnen N den Anpressungsdruck der Scheiben in kg, $i = 2$ die Zahl der ringförmigen Reibflächen, d_1 und d_2 deren Außen- bzw. Innendurchmesser in cm, so ist das von der Kupplung übertragbare größte Drehmoment:

$$_{\max}M_d = N\mu \cdot i\,\frac{d_1 + d_2}{4} \;\ldots\; \text{kgcm}\,, \tag{118}$$

wobei wiederum $\mu \approx 0{,}1$ gesetzt werden kann.

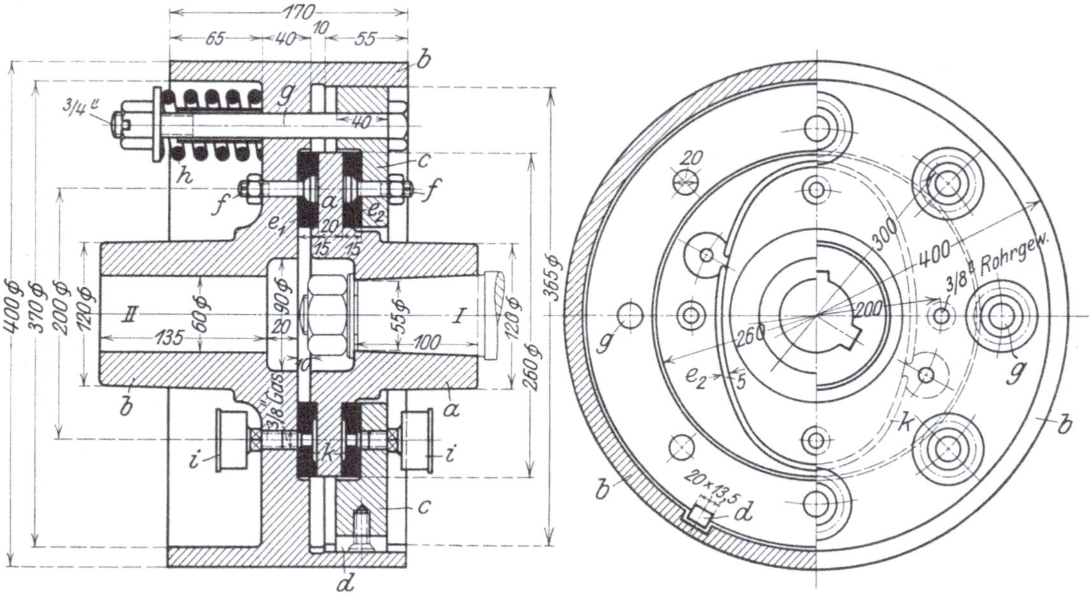

Abb. 225. Rutschkupplung (Überlastungskupplung) für 60 mm größten Wellendurchmesser (Demag, Duisburg).
a Kupplungshälfte, auf der Motorwelle *I* sitzend; *b* Kupplungshälfte, auf der Triebwerkswelle *II* sitzend; *c* axial verschiebbarer Ring, in *b* zentrisch geführt und infolge des Federkeils *d* mit *b* umlaufend; e_1 und e_2 Bronzeringe, auf der Nabe von *a* zentrisch geführt und mit *b* bzw. *c* durch Schrauben *f* verbunden; *g* Schraubenbolzen mit Spiralfedern *h*, die Teile *c*, e_2, *a*, e_1 und *b* axial gegeneinander pressend, so daß durch den Reibungsschluß zwischen e_1 und *a* bzw. e_2 und *a* die beiden Wellen *I* und *II* gekuppelt werden; *i* Staufferbüchsen; *k* Schmiernuten in den Bronzeringen e_1 bzw. e_2.

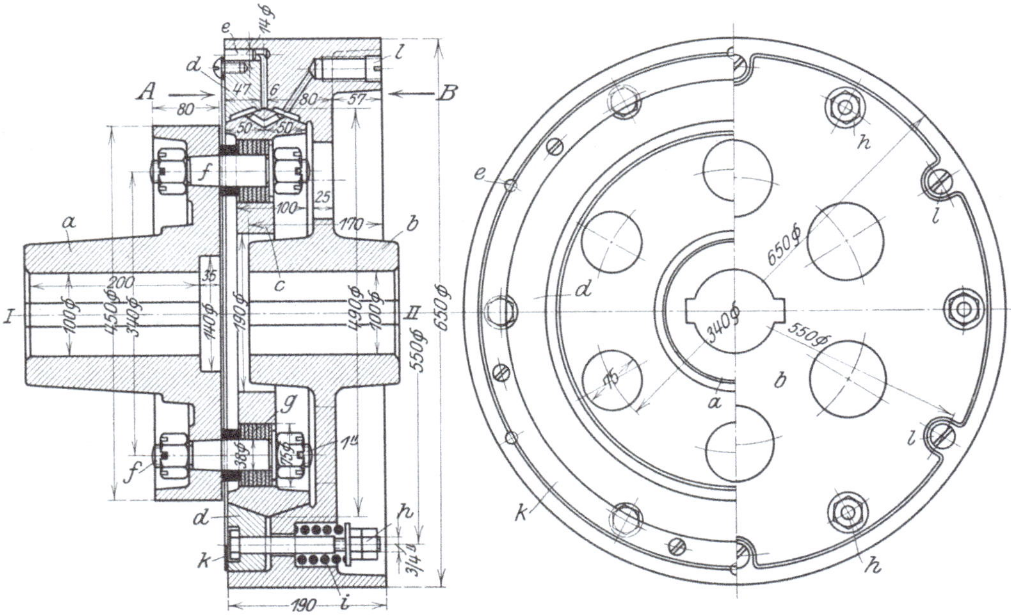

Abb. 226. Vereinigte elastische und Reibungskupplung für 90—100 mm Bohrung (Demag).
a Kupplungsscheibe auf der Motorwelle *I* sitzend; *b* Kupplungsscheibe mit Hohlkegel, auf der Triebwerkswelle *II* sitzend; *c* Doppelkegel; *d* Ring mit Hohlkegel, in *b* zentrisch geführt und durch Stifte *e* mit *b* verbunden; *f* Bolzen, in *a* kegelig eingesetzt; *g* Lederscheiben auf *f*, in entsprechende Löcher von *c* passend; *h* Bolzen mittels der Spiralfedern *i*, *b*, *c* und *d* gegeneinander pressend und infolge der Reibung in den beiden Kegelflächen kuppelnd; *k* Verschlußring, an *d* angeschraubt und ein Herausgleiten der Bolzen *e* verhindernd.

Bei der Kupplung Abb. 226 sind eine elastische und eine Rutschkupplung baulich miteinander vereinigt. Die Rutschkupplung ist als eine Doppelkegel-Reibungskupplung ausgebildet.

Mit Bezug auf die Ausführungen S. 94 ist der erforderliche axiale Anpressungsdruck der Doppelkegelreibungskupplung:

$$K = 2N \cdot \sin\alpha = 2\frac{{}_{\max}M_d}{R} \cdot \frac{\sin\alpha}{\mu}, \tag{119}$$

wobei N den Kupplungsdruck an den Reibflächen, α den Kegelneigungswinkel und R den mittleren Halbmesser der wirksamen Kegelflächen bezeichnen.

Die Abb. 227 und 228 geben als Beispiele zwei Überlastungskupplungen für Drehwerke, die beide zwischen Schnecken- und Schneckenradwelle geschaltet sind. Die eine ist als Doppelkegelkupplung, die andere als Lamellenkupplung ausgebildet. Bei beiden Kupplungen wird

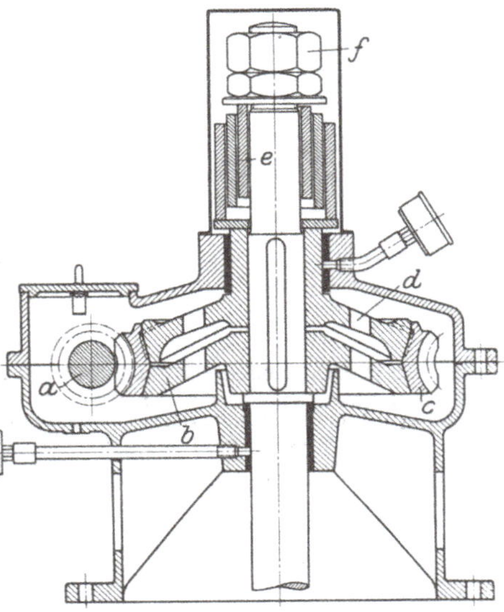

Abb. 227. Rutschkupplung zum Drehwerk eines Hafendrehkrans (Losenhausenwerk).

a Schneckenwelle (Motorwelle); *b* Radkörper, auf der senkrechten Schneckenradwelle aufgekeilt; *c* Zahnkranz aus Gußbronze; *d* auf der Welle längsverschiebbar sitzender Kegel; *e* Kegelfeder; *f* Muttern zum Einstellen der Federkraft.

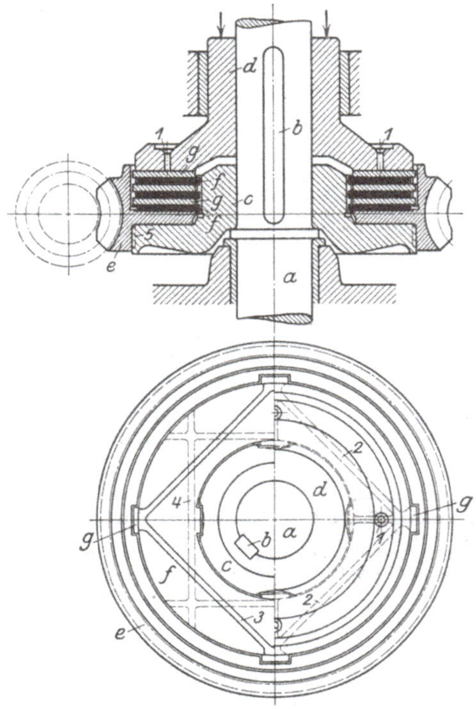

Abb. 228. Rutschkupplung zum Drehwerk eines Hafendrehkranes (Ardeltwerke).

a Senkrechte Schneckenradwelle; *b* Federkeil; *c* auf der Welle festsitzendes Kupplungsteil; *d* längsverschiebbares, durch eine Kegelfeder belastetes Kupplungsteil; *e* Schneckenradkranz aus Gußbronze; *f* Stahllamellen, durch Nasen mit *c* verbunden; *g* Bronzelamellen, durch Nasen mit *e* verbunden; *1*–*5* Schmierlöcher und -kanäle.

der axiale Anpressungsdruck durch Kegelfedern hervorgerufen, deren Federkraft durch Muttern einstellbar ist.

Das Schneckengetriebe auf Abb. 228 ist doppelgängig und hat 29 Radzähne. Teilung: $t = 12\pi$ mm. Teilkreisdurchmesser: $D = {}^{92}/_{348}$ mm. Normalleistung an der Schneckenwelle: 14,5 PS. Wirkungsgrad: $\eta \approx 0{,}69$. Normalleistung an der Schneckenradwelle und Rutschkupplung: 10 PS. Drehzahlen: 725 bzw. 50 i. d. min. Je nach Einstellung der Kegelfeder beginnt die Kupplung bei einer Höchstleistung von etwa 14 bis 17 PS zu rutschen (40 bis 70% Überlastung gegenüber der Normalleistung).

Bei den Greiferhubwerken (s. Abschnitt D. „Winden“) werden zum Mitnehmen der Entleertrommel, die mit der Hubtrommel auf gleiche Seilgeschwindigkeit verbunden ist, Reibzaumkupplungen verwendet, die eine Umkehr des sog. Pronyschen Zaumes darstellen.

Bei der Ausführung Abb. 229 sitzt das Trommelrad lose auf der Nabe der Entleertrommel und ist durch die Reibung des Bremsbandes mit der Trommel gekuppelt. Das Bremsband ist mit keilförmigen Holzklötzen belegt, die in eine entsprechende Rille der Entleertrommel eingreifen. Es wird an seinen beiden Enden durch Spiralfedern gespannt, deren Kraft dem größten

Reibungsmoment entsprechend eingestellt wird. Die Entleertrommel und das mit ihr durch Reibung gekuppelte Trommelrad sind durch ein Mitnehmereisen, das in die Gelenklasche des Bremsbandes eingreift, verbunden.

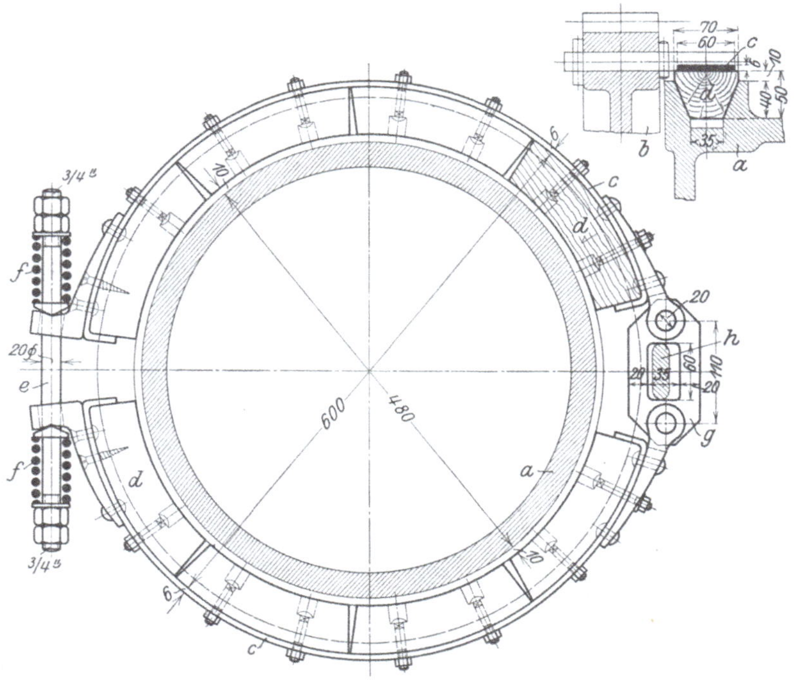

Abb. 229. Schleppband zu einem Greiferhubwerk.
a Entleertrommel; *b* Stirnrad; *c* Stahlband mit Holzklötzen *d*; *e* Bolzen mit Spiralfedern *f* zum Anziehen des Bandes; *g* Gelenklasche des Bremsbandes, in dessen Aussparung der am Stirnrad befestigte Mitnehmer *h* eingreift.

XII. Lager.

a) Gleitlager.

1. Querlager (Traglager).

Der Lagerdruck steht senkrecht (quer) zur Wellenachse. Werkstoff des Lagerkörpers: Gußeisen (Ge 14 · 91). Ausführung je nach Betriebsart des Hebezeuges ohne oder mit Büchsen bzw. Schalen aus Rotguß oder Gußbronze.

α) Lagerbelastung.

Bezeichnen P den größten (resultierenden) Lagerdruck in kg, d den Wellendurchmesser in cm und l die Lagerlänge in cm, so ist unter der Voraussetzung gleichmäßiger Verteilung von P der Flächendruck:

$$\sigma = \frac{P}{l \cdot d} \ldots \text{kg/cm}^2 . \tag{120}$$

Der zulässige Flächendruck ist von der Drehzahl der Welle, der Antriebsart des Hebezeuges und der Art der Schmierung abhängig.

Im Hebezeugbau werden die Lager meist mit konsistentem Fett geschmiert. Ölschmierung kommt nur bei motorischen Hebezeugen und schnell laufenden Wellen in Frage.

Für die Lager von Handhebezeugen sind bei den geringen Gleitgeschwindigkeiten folgende Flächendrucke zulässig:

Stahl auf Gußeisen (St 50 · 11 auf Ge 14 · 91): $\sigma_{zul} = 50$ bis 60 kg/cm²,
Stahl auf Rotguß (St 50 · 11 auf Rg 9): $\sigma_{zul} = 100$ „ 130 kg/cm².

Bei motorischen Hebezeugen kommen wegen der höheren Gleitgeschwindigkeiten und der entsprechend größeren Abnutzung nur Lager mit Büchsen bzw. Schalen aus Rotguß oder Gußbronze in Betracht.

Je nach der Betriebsart des Hebezeuges (leichter, normaler und schwerer Betrieb) und der Größe der Gleitgeschwindigkeit werden folgende Flächendrucke zugelassen:

Tabelle 27. Flächendrucke für Hebemaschinenlager bei motorischem Betrieb.

Werkstoff	Betriebsart	Zulässiger Flächendruck σ ... kg/cm² bei Gleitgeschwindigkeiten					
		$v \leqq 0{,}25$ m/sek	$v \leqq 1{,}0$ m/sek	$v \leqq 2{,}0$ m/sek	$v \leqq 3{,}0$ m/sek	$v \leqq 4{,}0$ m/sek	$v \leqq 5{,}0$ m/sek
St 50·11 auf Rg 9	Leicht	100	90	75	65	50	40
	Normal	80	70	65	55	40	30
	Schwer	60	55	50	45	30	20
St 50·11 auf GBz 14	Leicht	120	100	80	70	60	50
	Normal	100	90	70	60	50	40
	Schwer	80	70	60	50	40	30
St 70·11 auf GBz 20	Leicht	180	150	120	100	80	60
	Normal	150	130	100	90	70	50
	Schwer	100	90	80	70	60	40

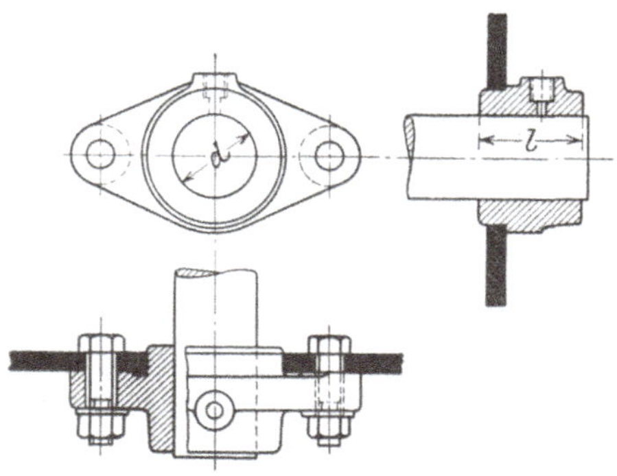

Abb. 230.

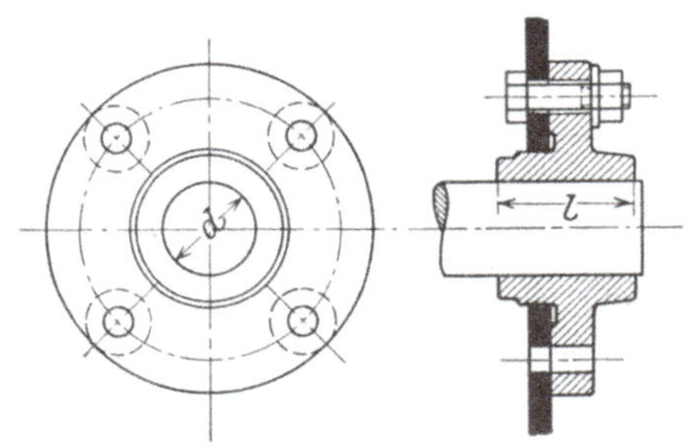

Abb. 231.

Bei starren (nicht einstellbaren) Lagern treten bei langen Lagerschalen infolge der Durchbiegung der Welle durch Zahndrucke, Bremsdrucke u. dgl. leicht Kantenpressungen auf, die

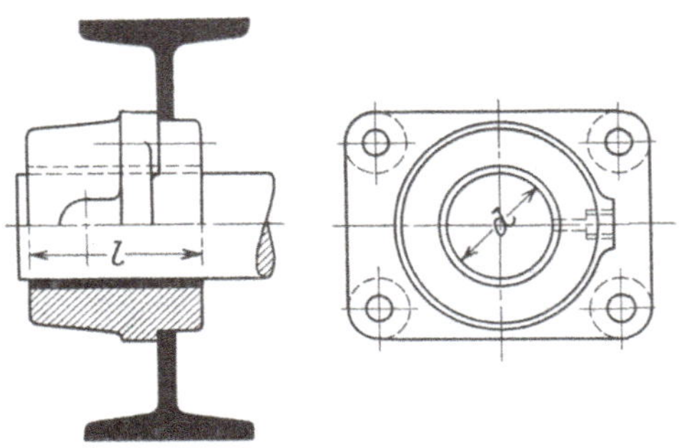

Abb. 232.

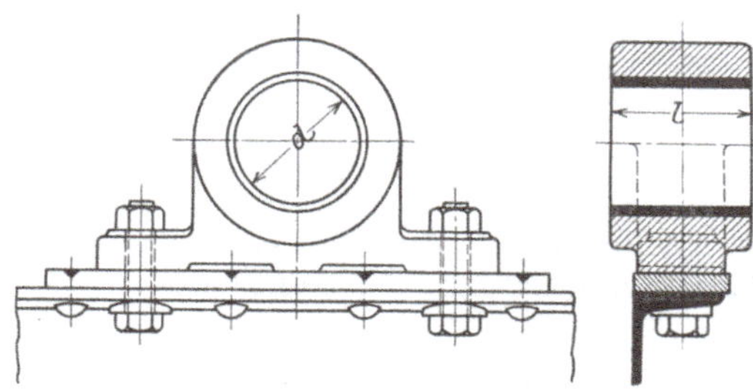

Abb. 233.

den rechnerischen Flächendruck ganz erheblich überschreiten und Heißlaufen bzw. starken Verschleiß zur Folge haben. Starre Lager sind daher möglichst kurz und mit großem Durchmesser auszuführen. Derartige Lager tragen spezifisch mehr als solche mit kleinem Durchmesser und großer Länge, auch ist die Überlastung der Schalen durch Kantenpressungen bei kurzen Lagern stets kleiner als bei langen.

Bei Wellen mit großer Stützweite sind, auch bei kurzen Schalen und besonders bei hartem Lagermetall, einstellbare Lager vorteilhafter.

Durch die Verwendung von Carobronze[1] an Stelle von Rotguß oder Gußbronze läßt sich die Lagerlänge l der Gleitlager stark verkürzen. Die Carobronze ist eine reine Phosphorbronze ohne Zinkzusatz (92% Cu, 8% Sn und etwa 0,3% P) und wird in kalt gezogenen Rohren geliefert. Sie ist äußerst geringem Verschleiß ausgesetzt und läßt bei sachgemäßem Einbau, auch bei höheren Gleitgeschwindigkeiten, Flächendrucke bis etwa 200 kg/cm² zu. Die verkürzten Gleitlager aus Carobronze haben einen geringen Reibungswiderstand und Platzbedarf und sind daher in vielen Fällen ein billiger Ersatz für Wälzlager.

[1] Spezialbronze G. m. b. H., Berlin W 8.

β) Bauarten.

Flanschlager werden an Blechschilden oder an den Stegen von ⊏- und I-Eisen angeschraubt und nach Abb. 230 bis 232 ausgeführt. Die Lagernabe wird an einem Ende zylindrisch abgedreht und in das Loch des Blechschildes bzw. Profileisensteges eingepaßt. Die Schrauben sind daher auf Abscheren entlastet und können entsprechend schwach gehalten werden.

Genormte Lager: DIN 502, Flanschlager für zwei Schrauben (Abb. 230). Form A mit Rotgußbüchse ($d = 25$ bis 70 mm). Form B ohne Rotgußbüchse ($d = 25$ bis 80 mm).
DIN 503, Flanschlager für vier Schrauben (Abb. 232). Form A mit Buchse und Fettkammer, Form B mit Buchse und Stauffergewinde ($d = 35$ bis 180 mm). Form C ohne Buchse mit Fettkammer, Form D ohne Buchse mit Stauffergewinde ($d = 45$ bis 80 mm).

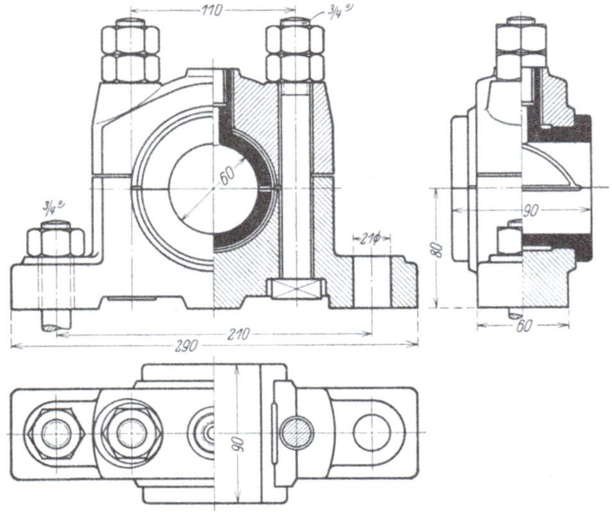

Abb. 234. Stehlager mit Rotgußschalen von 60 mm Bohrung (Demag).

Stehlager. Sie dienen zum Aufschrauben auf den Schenkeln der L-Eisen bzw. den Flanschen der ⊏- und I-Eisen. Die ungeteilten Lager oder Augenlager (Abb. 233) werden angewendet, wenn die Welle beim Zusammenbau eines Hebezeuges bequem in die Bohrung der Lager einführbar ist. Ist dies nicht der Fall, so wendet man geteilte Lager nach Abb. 234 an.

Bei untergeordneten Ausführungen setzt man die Lager unmittelbar auf die Profileisenflanschen, bei besseren auf eine gehobelte Stahlplatte (Abb. 233). Diese ist stets erforderlich, wenn die Bauhöhe der normalen Lager nicht ausreicht.

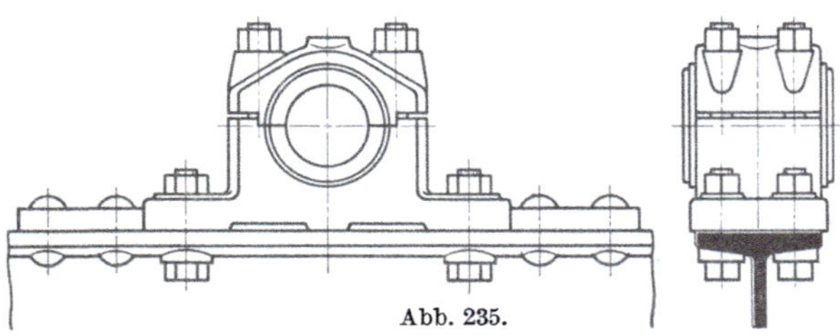

Abb. 235.

Lager, die waagerechte Kräfte übertragen, erhalten entweder eingepaßte Fußschrauben oder beiderseits auf dem Profileisenflansch aufgenietete Platten (Abb. 235).

Abb. 236 zeigt die Ausführung eines Stehlagers mit Ringschmierung für schnell umlaufende Wellen.

Außer diesen normalen Lagern werden im Hebezeugbau noch Sonderausführungen angewendet, die jedoch nur dann in Frage kommen, wenn sie aus baulichen Gründen nicht zu vermeiden sind.

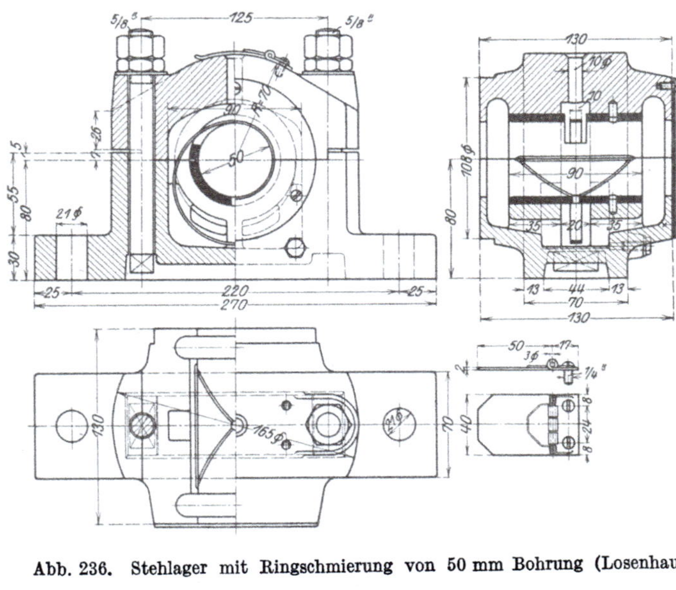

Abb. 236. Stehlager mit Ringschmierung von 50 mm Bohrung (Losenhausen).

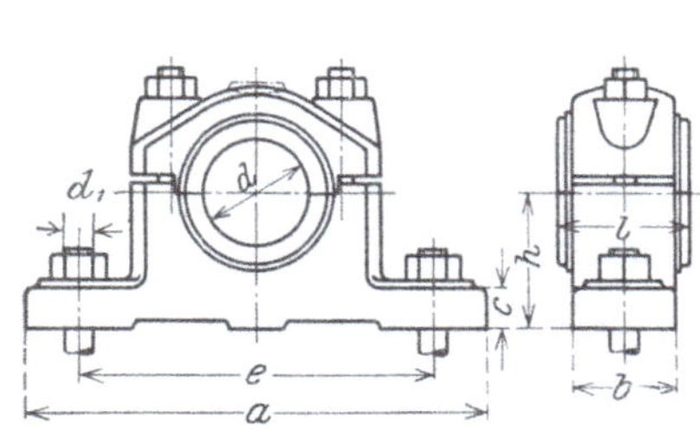

Abb. 237.

Bei den Räderkästen der Stirnräder, Kegelräder und Schneckengetriebe (s. S. 78, 81 und 86) sind die Lager mit dem Kasten baulich vereinigt. Die treibende, mit dem Motor gekuppelte Welle erhält Ringschmierlager, die getriebene, langsamer laufende Welle einfache Lager mit Rotgußschalen.

Genormte Lager: DIN 504, Augenlager (Abb. 233). Form A mit Buchse ($d = 25$ bis 150 mm), Form B ohne Buchse ($d = 25$ bis 80 mm).

DIN 505, Deckellager für Befestigung durch zwei Fußschrauben: Tabelle 28 (Abb. 237).

DIN 506, Deckellager für Befestigung durch vier Fußschrauben (Abb. 235). Ausführung nur mit Schalen ($d = 75$ bis 220 mm).

Tabelle 28. Deckellager mit Befestigung durch zwei Fußschrauben. DIN 505. (Abb. 237.)
Abmessungen in mm.

Wellendurchmesser d		Lager		Fußplatte			Schrauben	
A mit Schalen	B ohne Schalen	Höhe h	Länge l	Länge a	Breite b	Dicke c	Lochentfernung e	Gewinde d_1
25 30	35 40	50	60	180	45	25	140	$^{1}/_{2}''$
35 40	45 50	60	70	210	50	30	160	$^{5}/_{8}''$
45 50	55 60	70	80	240	55	35	180	$^{3}/_{4}''$
55 60	(65) 70	80	90	270	60		210	
(65) 70	(75) 80	90	100	300	70	45	240	$^{7}/_{8}''$
(75) 80	— —	100	100	330	80		270	
90	—	100	120	360	90		300	
100 110	— —	110	120	400	100	50	330	$1''$
(120) 125 (130)	— — —	120	140	440	100	55	360	$1\,^{1}/_{8}''$
140 (150)	— —	130	160	470	100	60	390	$1\,^{1}/_{4}''$

Die Lager werden für Stauffer- oder Fettkammerschmierung ausgeführt. Die eingeklammerten Größen sind möglichst zu vermeiden. Fehlende Abmessungen sind freie Konstruktionsmaße.

2. Längslager (Stütz- oder Drucklager).

Die als Gleitlager ausgeführten Längslager sind im Hebezeugbau stets mit einem Querlager baulich vereinigt und werden bei den Drehkranen mit drehbarer Säule als unteres Säulenlager angewendet. Siehe Abschnitt „Drehkrane". In Rücksicht auf Einstellbarkeit müßte die Spurplatte und ihre Auflagerfläche ballig gestaltet werden. Man sieht jedoch meistens davon ab, führt die Platte plan aus und legt eine Bleiplatte unter, die eine genügende Nachgiebigkeit hat.

Zur Verminderung des Reibungswiderstandes ordnet man statt eines Gleitlagers auch ein einstellbares Kugellager als Längslager an. Schnellaufende Wellen, wie Schneckenwellen, erhalten stets ein Kugellängslager.

b) Wälzlager (Kugel- und Rollenlager)[1].

Anwendung. Wegen ihrer bekannten Vorzüge werden die Wälzlager im Winden- und Kranbau in zunehmendem Maße angewendet.

Sie kommen hauptsächlich in Frage zur Lagerung von Kranhaken, Seilrollen, Spillköpfen, Umlenkrollen für Seilverschiebeanlagen, Laufrädern, Laufrollen für Konsol- und Drehscheibenkrane, sowie zur Lagerung des drehbaren Teils von Säulendrehkranen.

Besonders eignen sich die Wälzlager zur Lagerung der schnell laufenden Wellen der Elektromotoren und der Motorvorgelege (Stirnräder- und Schneckengetriebe), da bei diesen durch die Verminderung der Reibungsleistung eine erhebliche Verbesserung des Wirkungsgrades und damit eine entsprechende Stromersparnis erzielt wird. Diese Stromersparnis ist bei schnell arbeitenden und viel beanspruchten Kranen sehr erheblich und rechtfertigt den Einbau von Wälzlagern trotz ihrer höheren Beschaffungskosten gegenüber den Gleitlagern.

[1] Ausführliches über Wälzlager s. Volk: Einzelkonstruktionen aus dem Maschinenbau. 4. Heft: Die Wälzlager (Kugel- und Rollenlager). Berlin: Julius Springer 1925.

Bei langsam umlaufenden Wellen, bei den Seilrollen der Ober- und Unterflaschen, sowie bei den Seiltrommeln zieht man allgemein noch die billigeren Gleitlager den Wälzlagern vor.

Dagegen gibt man den Laufrädern der Handlaufkatzen und -krane vielfach Kugellager, da man hierdurch eine wesentliche Ersparnis an Handkraft erreicht.

Von der vollständigen Ausrüstung aller Wellen mit Wälzlagern macht man z. B. bei Elektroflaschenzügen und anderen Kleinhebezeugen Gebrauch, da bei diesen die Stromersparnis, gedrängte Bauart und geringes Gewicht ausschlaggebend sind.

DIN 619: Kugellager, Übersichtsblatt. — DIN 620 und 621: Toleranzen und Prüfverfahren für Kugellager, Maßgenauigkeit, Laufgenauigkeit.

1. Querlager.

Der unter dem Einfluß von Querkräften (Gewichte von Triebwerkteilen, Zahndrucken u. dgl.) auftretenden Durchbiegung der Welle wird durch Einstellbarkeit der Lager Rechnung getragen. Je nach ihrer Bauart können die Querlager mehr oder weniger große Längsbeanspruchungen aufnehmen.

α) Kugellager.

Genormte Bauarten. 1. Einreihige Querlager ohne Einstellring (Abb. 238).

Leichte Reihe . . . . . . (DIN 612); Bohrung $d =$ 4 bis 110, 120 bis 320 mm.
Mittelschwere Reihe . . . (DIN 613); Bohrung $d =$ 10 bis 95, 110 bis 280 mm.
Schwere Reihe . . . . . . (DIN 614); Bohrung $d =$ 17 bis 85, 90 bis 240 mm.

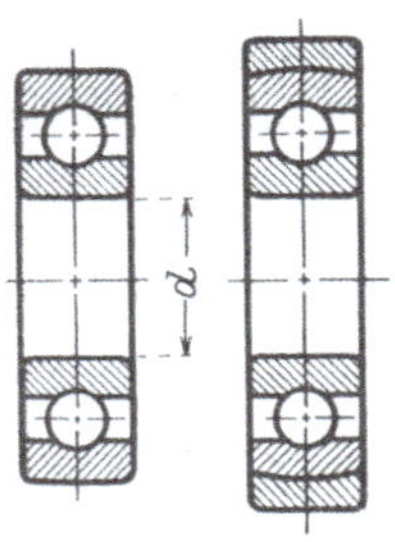

Abb. 238 und 239.

Hochschultrige Querlager (Bauart Fischer) lassen eine Längsbelastung bis zu 25% der nicht ausgenutzten zulässigen Querbelastung zu und ersparen daher ein besonderes Längslager zum Aufnehmen des Axialdruckes. Leichte Reihe (Abmessungen und Belastungen nach DIN 612); $d = 5$ bis 110 mm. Mittelschwere Reihe (DIN 613); $d = 10$ bis 110 mm. Schwere Reihe (DIN 614); $d = 17$ bis 85 mm.

2. Einreihige Querlager mit Einstellring (Abb. 239).

Normblätter und Bohrungen wie unter 1.

3. Zweireihige Querlager ohne Einstellring (Abb. 240).

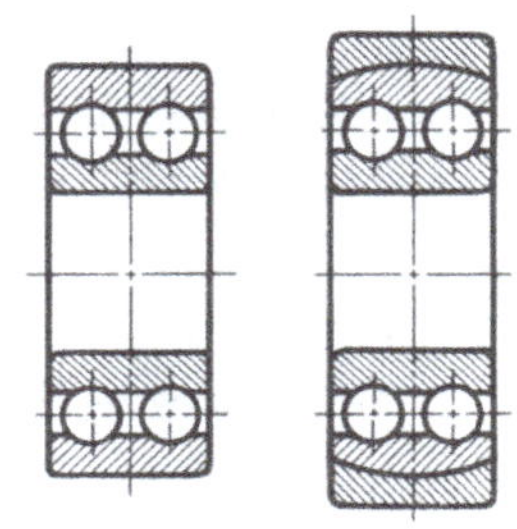

Abb. 240 und 241.

Leichte Reihe . . . . . . (DIN 622); Bohrung $d =$ 10 bis 110, 120 bis 320 mm.
Mittelschwere Reihe . . . (DIN 623); Bohrung $d =$ 15 bis 95, 100 bis 280 mm.
Schwere Reihe . . . . . . (DIN 624); Bohrung $d =$ 17 bis 85, 90 bis 240 mm.

4. Zweireihige Querlager mit Einstellring (Abb. 241). Normblätter und Bohrungen wie unter 3.

Werkstoff der Kugeln und Ringe: Chromstahl. Bearbeitung der Ringe durch naturharten Schnelldrehstahl.

Kugelkäfig. Er führt die Kugeln und hält sie in gleichen Abständen, damit beim Laufen des Lagers ein Aneinanderreiben der Kugeln ausgeschlossen ist. Ausführung als geschweißter Wabenkäfig (Rheinland), Zellenkäfig (Fischer) oder als „Wellenkorb“ (Fichtel & Sachs).

Belastbarkeit. Die Listen der Kugellagerfirmen geben die Höchstbelastungen für Drehzahlen von 1 bis 5000 in 1 min an. Im Hebezeugbau ist die höchste in Betracht kommende Drehzahl (der Elektromotoren) etwa 1400 in 1 min. Bei der Wahl eines Kugellagers ist zu beachten, daß die listenmäßigen Belastungen stoßfreie sind. Treten noch unvorhergesehene Zusatzbelastungen auf, so ist mit einem Sicherheitsfaktor zu rechnen, der beim Auftreten von Stößen entsprechend hoch zu nehmen ist.

Längsdruck. Die normalen ein- und zweireihigen Querlager sind nur für Belastungen senkrecht zur Wellenachse bestimmt. Tritt ein wesentlicher Druck in Richtung der Wellenachse auf, so ist dieser durch ein Längslager aufzunehmen. Vorübergehend können die Lager einen geringen Längsschub aufnehmen, der jedoch 10% des Überschusses aus der listenmäßigen Höchstbelastung und der zugelassenen, tatsächlich auftretenden Querbelastung nicht überschreiten darf.

Sonderbauarten: Pendelkugellager ohne und mit Spannhülse (SKF-Norma und Kugelfabrik Fischer).

Einbau der Kugellager. Die Kugellager sind gegen Feuchtigkeit, Staub und sonstige Fremdkörper sehr empfindlich und werden daher stets in einem geschlossenen Gehäuse angeordnet.

Der Innenring (Abb. 242a und b) hat auf der Welle Festsitz, während der Außenring im Gehäuse Gleitsitz hat. Ersterer wird durch eine Mutter und wenn erforderlich, durch Zwischenlegen eines Rohrdistanzstückes gegen einen Wellenbund oder eine Radnabe gepreßt und ist daher mit der Welle starr verbunden.

Bei einer durchgehenden (mehrfach gelagerten) Welle wird der Außenring eines Lagers seitlich festgestellt (Festlager), während die Außenringe der anderen Lager seitliches Spiel haben (Loslager).

Beim Anpressen des Innenringes gegen einen Wellenbund ist darauf zu achten, daß der Halbmesser der Bundabrundung kleiner als der Abrundungshalbmesser des Ringes ist, da dieser sonst unzulässigen Beanspruchungen und damit dem Zersprengen ausgesetzt ist. Ist ein so kleiner Abrundungshalbmesser am Wellenbund nicht zulässig, so wird ein Zwischenring angeordnet.

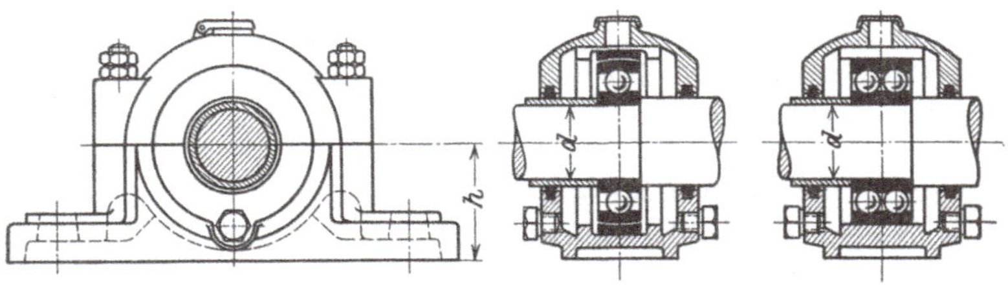

Abb. 242a und b. Stehkugellager (Fischer).

Bei Kugellagern mit Ölschmierung ist darauf zu achten, daß die unterste Kugel nur bis zur Mitte in Öl steht. Ein höherer Ölstand ist zwecklos, da das Öl weggeschleudert wird oder zum Verschäumen Veranlassung gibt.

Das Abdichten des Gehäuses gegen die Welle geschieht meist durch einen Filzring, der in eine konische Nut des Gehäuses eingesetzt wird und gegen die Welle drückt. Bei Lagern mit geteiltem Gehäuse und zum Schutze gegen das Eindringen von Feuchtigkeit wird auch von der Labyrinthdichtung Gebrauch gemacht.

Abb. 242a und b zeigt ein geteiltes Stehkugellager. Diese Stehlager werden mit den normalen einreihigen Querlagern unter 1. bis 4., S. 103, ausgerüstet und in zwei Reihen hergestellt.

Leichte Reihe $d = 25$ bis 110 mm.
Mittelschwere Reihe $d = 30$ bis 95 mm.

β) Rollenlager.

Normale Bauarten. Die normalen Bauarten der Rollenlager haben schmale zylindrische Rollen und feste Schultern am Innenring (Abb. 243 bis 245) oder feste Schultern am Außenring.

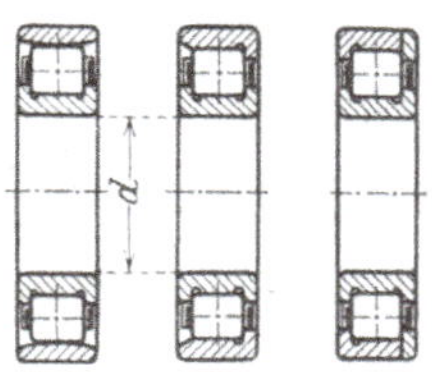

Abb. 243 bis 245.

1. Einstellrollenlager (Abb. 243). Bei diesen sind die Rollen zwischen den beiden Schultern des Innenringes spielfrei geführt, während die Laufbahn des Außenringes so gestaltet ist, daß einseitige Belastungen vermieden und geringe Durchbiegungen der Welle ausgeglichen werden. Die Einstellrollenlager oder Loslager können nur Querkräfte aufnehmen.

2. Schulterrollenlager (Abb. 244). Sie haben eine Schulter am Außenring und nehmen daher in einer Richtung Längskräfte auf. Zur axialen Führung einer Welle sind daher zwei Schulterlager mit entgegengesetzt angeordneter Schulter erforderlich.

3. Führungsrollenlager (Abb. 245). Diese haben an der einen Seite des Außenringes eine Schulter und an der anderen einen losen Schulterring, der beim Einbau fest gegen den eigentlichen Außenring gepreßt wird. Das Lager nimmt daher in beiden Richtungen Längskräfte auf.

Die schmalen Rollenlager (Abb. 243 bis 245) werden für Bohrungen von 25 bis 350 mm (leichte Reihe), 20 bis 280 mm (mittelschwere Reihe) und 25 bis 240 mm (schwere Reihe) hergestellt. Ihre Normung ist noch nicht beendet, doch sind die Abmessungen der Rollenlager im wesentlichen denen der Kugellager angepaßt.

Rollenlager mit breiten Rollen haben bei gleicher Bohrung entsprechend größere Höchstbelastungen als die schmalen Rollenlager. Herstellung der breiten Rollenlager mit festen Schultern am Außenring. Leichte und mittelschwere Reihe: $d = 50$ bis 120 mm.

Belastbarkeit. Die listenmäßigen Höchstbelastungen der schmalen Rollenlager sind um etwa 60% größer als die der einreihigen Kugellager. Verglichen mit den zweireihigen Kugellagern ist der Unterschied gering (Abb. 246).

Die Rollenlager werden dann angewendet, wenn verhältnismäßig große Belastungen bei nicht zu hoher Drehzahl der Welle aufzunehmen sind und wenn der erforderliche Raum zum Einbau zweireihiger Kugellager nicht vorhanden ist. Man wird daher im allgemeinen die im

Beschaffungspreis niedrigeren und wirtschaftlicher arbeitenden Kugellager den Rollenlagern vorziehen.

Längsdruck. Die Schulter- bzw. Führungsrollenlager können Längsdrucke bis zu etwa 30% der Querbelastung aufnehmen. Bei dauernd wirkendem Längsdruck ist es jedoch empfehlenswert, diesen nicht durch Schulterlager aufzunehmen, sondern Einstellrollenlager in Verbindung mit einem Längskugellager anzuwenden.

Das Tonnenlager Bauart Fischer (Abb. 247) ist ein Einstellager mit balligem (tonnenförmigem) Wälzkörper. Der Innenring des Lagers hat der Wälzkörperform entsprechend eine hohle Laufbahn mit beiderseitigen Schultern, zwischen denen die Rollen spielfrei geführt sind. Der Außenring ist hohlkugelig gestaltet, so daß sich der Innenring mit dem Rollensystem der jeweiligen Durchbiegung der Welle entsprechend einstellen kann. Der Wölbungshalbmesser der Rollen ist etwas kleiner als der des Außen- und Innenringes. Die Rollen sind in massiven Käfigen geführt.

Die Belastbarkeit der Tonnenlager ist größer als die der Rollenlager gleicher Bohrung (Abb. 246).

Die Tonnenlager haben die gleichen Abmessungen wie die genormten Kugel- und Rollenlager (s. S. 103) und dienen nur zum Aufnehmen von Querkräften.

Sie werden da angewendet, wo die Kugellager nicht ausreichen, erhebliche Stöße senkrecht zur Wellenachse auftreten und auf gute Einstellbarkeit Wert gelegt wird.

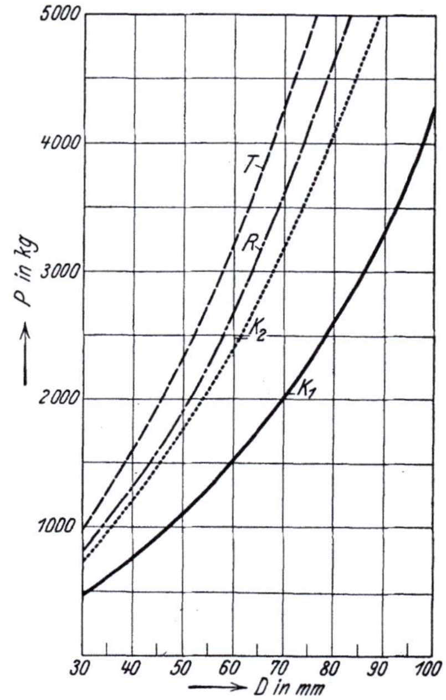

Abb. 246. Vergleich der Höchstbelastungen bei Kugel-, Rollen- und Tonnenlagern. Bohrung: 30 bis 100 mm. Mittelschwere Reihe. Drehzahl: 200 i. d. Min.
K_1 einreihige Kugellager (DIN 613); K_2 zweireihige Kugellager (DIN 623); R Rollenlager; T Tonnenlager (Fischer).

Herstellung der schmalen Tonnenlager in drei Reihen. Leichte Reihe: Bohrung $d = 30$ bis 320 mm; mittelschwere Reihe: $d = 20$ bis 280 mm; schwere Reihe: $d = 25$ bis 240 mm.

Herstellung der breiten Tonnenlager nur in zwei Reihen. Leichte Reihe: $d = 80$ bis 200 mm; mittelschwere Reihe: $d = 50$ bis 200 mm.

Für die schmalen Tonnenlager (leichte und mittelschwere Reihe) werden geteilte Stehlagergehäuse nach Art von Abb. 242 ausgeführt. Bohrung: 30 bis 110 mm bzw. 20 bis 95 mm.

Kegelrollenlager (Abb. 248). Das gleitfreie Abwälzen der Kegelrollen auf den Laufbahnen ist dadurch bedingt, daß sich die Laufflächen von Innen- und Außenring und der Rollen in ihrer Verlängerung in einem gemeinsamen Punkt auf der Drehachse treffen. Am Innenring sind beiderseits der Laufbahn Borde vorgesehen, von denen der größere (Abb. 248 links), der sog. Führungsbord, etwaige Längskräfte der Welle aufnimmt. Diese können dauernd bis zu 50% der nicht ausgenutzten listenmäßigen Querbelastung betragen. Ein wesentlicher Vorteil ist der, daß die Lager nachstellbar sind.

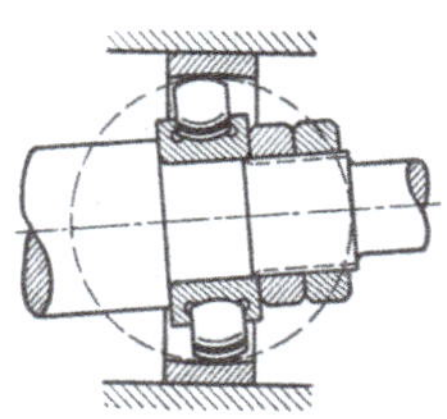

Abb. 247.

Leichte Reihe: Bohrung $d = 20$ bis 110 mm; mittelschwere Reihe: $d = 15$ bis 90 mm.

Weitere Sonderbauarten von Rollenlagern: Bundrollenlager Bauart Jaeger und Pendelrollenlager der SKF-Norma.

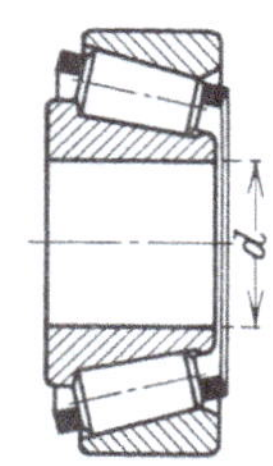

Abb. 248.

2. Längslager.

Je nachdem die Kraftrichtung gleichbleibt oder wechselt, unterscheidet man einfach wirkende Längslager und doppelt wirkende Längslager (Wechsellager).

Die normalen Längslager sind Kugellager, deren Laufrillen einen Halbmesser gleich dem 0,6- bis 0,7fachen Kugeldurchmesser haben.

α) Einfache Längslager.

Ebenso wie die Querlager werden sie in drei Belastungsreihen (leichte, mittelschwere und schwere Reihe) hergestellt.

1. Längslager mit flachen Scheiben (Abb. 249). Die beiden Scheiben haben verschieden große Bohrung. Die enge Scheibe wird mit ihrer Bohrung auf einen Ansatz der Welle gepreßt, während die weite Scheibe, deren Bohrung etwa 1 bis 4 mm größer ist, mit ihrem Außendurchmesser an der Lagerstelle eingesetzt wird. Die Lager mit flachen Scheiben sind nicht einstellbar.

2. Ballige Längslager (Abb. 250). Die untere Scheibe ist kugelig gestaltet und wird in eine entsprechende hohlkugelige Ausdrehung der Lagerstelle eingesetzt (Abb. 31, S. 22). Das Lager ist zwar einstellbar, hat jedoch den Nachteil, daß die hohlkugelige Ausdrehung schwierig und teuer ist.

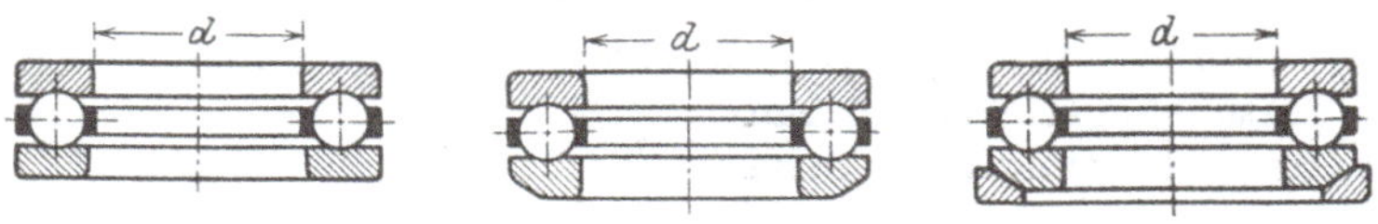

Abb. 249 bis 251.

3. Längslager mit Einstellscheibe (Abb. 251). Dieses Einstellager hat den Vorzug, daß es an der Lagerstelle nur eine zylindrische Eindrehung erfordert (Abb. 32, S. 22), die leicht und billig ausführbar ist.

Bohrung der ganz leichten Reihe: $d =$ 10 bis 300 mm (Fischer),
Bohrung der leichten Reihe: $d =$ 10 „ 340 mm,
Bohrung der mittelschweren Reihe: $d =$ 25 „ 340 mm,
Bohrung der schweren Reihe: $d =$ 200 „ 300 mm.

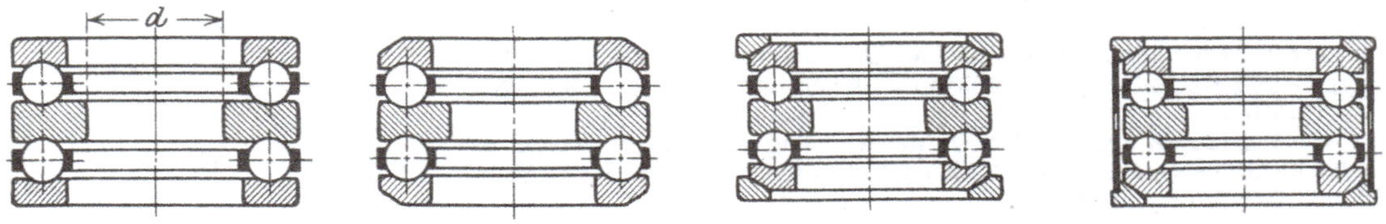

Abb. 252 bis 255.

Der Kugelkäfig wird entweder als Scheibenkäfig ausgeführt, bei dem die Kugeln durch Verstemmen gehalten werden, oder als Blechkäfig, dessen beide Ringe miteinander vernietet oder verschweißt sind.

Normen (Entwurf). DIN 711: Kugellager, Längslager, ganz leicht, einseitig flach. — DIN 712: Längslager, leicht, einseitig flach. — DIN 713: Längslager, mittelschwer, einseitig flach. — DIN 714: Längslager, schwer, einseitig flach. — DIN 721: Längslager, ganz leicht, zweiseitig flach. — DIN 722: Längslager, leicht, zweiseitig flach. — DIN 723: Längslager, mittelschwer, zweiseitig flach. — DIN 724: Längslager, schwer, zweiseitig flach.

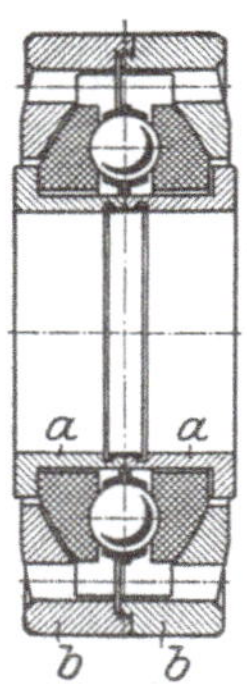

Abb. 256. Einreihiges, einstellbares Wechsellager (Fischer).
a quergeteilte Büchse; *b* Gehäusescheiben.

Belastbarkeit. Ebenso wie bei den Querlagern geben die Listen der Kugellagerfirmen die Höchstbelastungen für Drehzahlen von 1 bis 5000 in 1 min an.

Die einfachen Längslager werden im Hebezeugbau zur Lagerung der Kranhaken (s. S. 22) und als Längslager für Säulendrehkrane verwendet.

β) Doppeltwirkende Längslager (Wechsellager).

Die normalen Bauarten — Längslager mit flachen Scheiben (Abb. 252), Längslager mit balligen Scheiben (Abb. 253) und Längslager mit Einstellscheiben und Distanzbüchse (Abb. 254 und 255) — werden ebenfalls in den drei Belastungsreihen hergestellt.

Leichte Reihe: Bohrung $d =$ 10 bis 320 mm.
Mittelschwere Reihe: Bohrung $d =$ 15 bis 300 mm.
Schwere Reihe: Bohrung $d =$ 15 bis 250 mm.

Die Höchstbelastungen der Wechsellager sind, da bei ihnen zwei Kugelreihen tragen, um etwa 30% größer als die der einfachwirkenden Längslager.

Die Wechsellager werden im Hebezeugbau hauptsächlich als Drucklager für die Schneckenwellen angewendet (Schneckengetriebe s. S. 86).

Das einreihige, einstellbare Wechsellager (Abb. 256) hat den Vorzug, daß es in der Längsrichtung der Wellenachse wenig Raum erfordert und eignet sich daher für gedrängten Einbau. Es erfordert jedoch, damit die umlaufenden Teile (rechter Kugellagerring und linke Seitenschale) sich frei vorbeibewegen können, ein Längsspiel von 0,1 bis 0,3 mm. Beim Einbau des Lagers muß auf dieses Längsspiel Rücksicht genommen werden.

Leichte Reihe: Bohrung $d =$ 15 bis 80 mm.
Mittelschwere Reihe: Bohrung $d =$ 20 bis 60 mm.

Literatur.

vom Ende: Die Belastbarkeit der Gleitlager. (Versuchsergebnisse mit Carobronze und Gußbronze auf dem Lagerprüfstand Bauart Kammerer.) Dingler 1930, S. 21/24.
Hänchen: Die Anwendung der Wälzlager im Hebemaschinenbau. Maschinenbau 1925, S. 467 u. 578.
Klein: Reibung in Gleit-, Rollen- und Kugellagern bei aussetzendem Betrieb. Z. V. d. I. 1929, S. 1499.
Neumann: Die Reibungsverhältnisse in Spurzapfenlagern. Z. V. d. I. 1918, S. 571.
Das Pendelrollenlager in der Fördertechnik. Fördertechn. 1929, S. 336.

XIII. Sperrwerke[1].

Die Sperrwerke oder Gesperre werden im Hebezeugbau hauptsächlich bei den von Hand betriebenen Winden angewendet. Sie haben bei diesen die Aufgabe, den Lastniedergang bei Aufhören der Antriebskraft zu sperren, d. h. die Last in der jeweils erreichten Höhenlage festzuhalten.

Bei Dreh- und Fahrwerken werden die Sperrwerke nur gelegentlich angewendet.

Die Handwinden erhalten meist außer dem Sperrwerk noch eine Bremse, die mit dem Sperrad auf der gleichen Welle angeordnet wird. Sperrwerk und Bremse werden auch zur Vereinfachung des Arbeitsvorganges organisch miteinander verbunden (s. S. 130 Sperrad- oder Lüftbremsen und S. 131 Lastdruckbremsen).

Im folgenden bezeichnen allgemein: M_d das von der schwebenden Vollast ausgeübte und auf die Bremswelle umgerechnete Drehmoment in kgcm; $D_1 = 2\,R_1$ den Durchmesser des Sperrades in cm, und $U = M_d/R_1$ die Umfangskraft des Sperrades in kg.

a) Zahn- oder Klinkengesperre.

Man unterscheidet Sperrwerke mit außen verzahntem Rad und solche mit innen verzahntem Rad.

Abb. 257 zeigt die übliche Ausführung eines Sperrwerkes mit Außenverzahnung.

Der günstigste Eingriffsort der Sperrklinke ist der Berührungspunkt der Tangente vom Klinkendrehpunkt an den Teilkreis. In diesem Falle liegt der Klinkendruck in der Richtung der Umfangskraft.

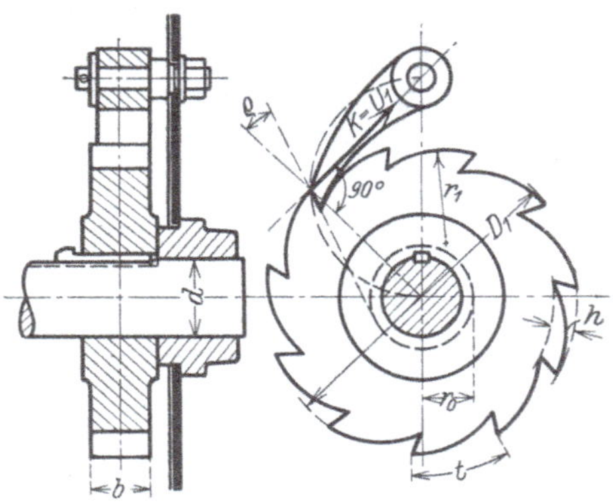

Abb. 257.

Zähnezahl und Zahnabmessungen (Abb. 257). Je nach dem Verwendungszweck des Sperrwerks erhält das Sperrad folgende Zähnezahlen:

$z = 6$ bis 8 bei Sperrwerken für Zahnstangenwinden und Lastdruckbremsen für Schraubenflaschenzüge,
$z = 12$ „ 20 bei selbständigen Sperrwerken,
$z = 16$ „ 25 bei Sperradbremsen.

Die Teilung wird wie bei den Zahnrädern als Modulteilung ausgeführt: $t = m \cdot \pi \ldots$ mm, Teilkreisdurchmesser: $D_1 = z \cdot m$ mm. Die Teilungsgröße der Sperradausführungen liegt zwischen $t = 10\pi$ und 18π mm.

Zahnhöhe (je nach Größe der Umfangskraft und des Sperradwerkstoffes): $h = 6$ bis 20 mm. Verhältnis von Zahnbreite und Teilung: $\psi = b/t = 0{,}5$ bis 1. Kleinere Werte für Stahl, größere für Gußeisen. Zahnform nach Abb. 257 oder 258. Die Zahnbrust steht nicht radial, sondern unter dem Reibungswinkel ϱ geneigt zur Radialen. $\varrho = 12$ bis $18°$. Für $\varrho \approx 17°\,30'$ wird $r_0 \approx 0{,}3\,R_1$. Biegebeanspruchung des Zahnes (Abb. 258):

$$\sigma' = \frac{U_1 h}{W} = \frac{U_1 h}{b \cdot \frac{x^2}{6}} \ldots \text{kg/cm}^2. \qquad (121)$$

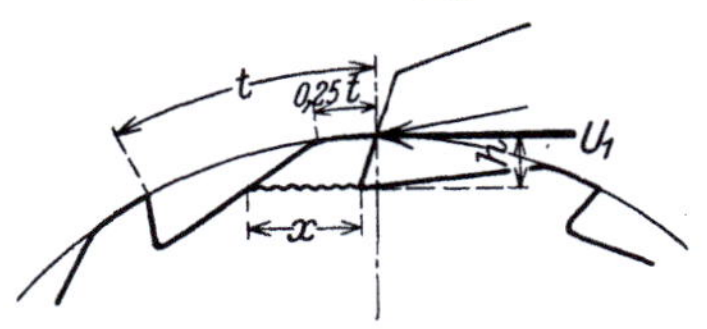

Abb. 258.

In Rücksicht auf auftretende Stöße wählt man bei:

Gußeisen: $\sigma_{zul} = 200$ bis 300 kg/cm²,
Stahlguß: $\sigma_{zul} = 400$ bis 600 „ .

[1] Ausführliches über Sperrwerke s. Volk: Einzelkonstruktionen aus dem Maschinenbau. 8. Heft: Sperrwerke und Bremsen.

Die Kantenpressung zwischen Klinke und Zahnbrust darf nicht zu hoch sein; sie wird zweckmäßig auf 1 cm Zahnbreite (bzw. Klinkenbreite) bezogen. $k = \frac{U_1}{b} \ldots$ kg/cm. Zulässiger Wert nach Krell[1] bei aus Stahl gefertigter Klinke:

$k =$ 50 bis 100 kg/cm, Sperrad aus Gußeisen,
$=$ 150 „ 300 „ , Sperrad aus Stahlguß oder Stahl.

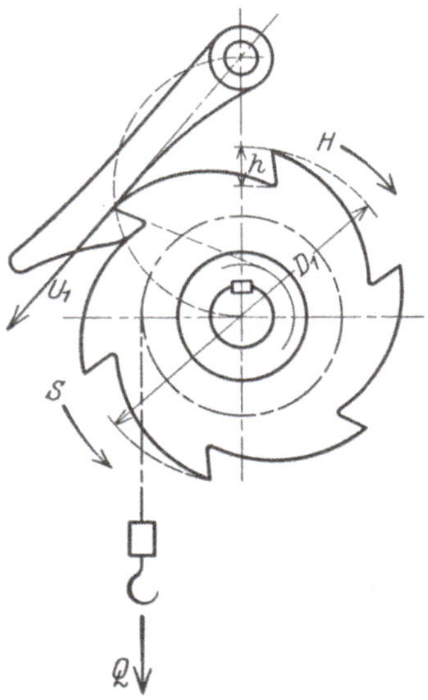

Abb. 259.

Bei großem Sperraddurchmesser wird die Umfangskraft des Rades kleiner, die Umfangsgeschwindigkeit aber größer. Da jedoch der Stoß, mit dem die Klinke auf die Zahnbrust trifft, mit dem Quadrat der Umfangsgeschwindigkeit steigt, so ist ein schädliches Anwachsen der Umfangsgeschwindigkeit zu vermeiden. Dies wird dadurch erreicht, daß man den Gleitweg der Klinke durch Ausführung einer kleinen Teilung vermindert, oder man ordnet zwei bzw. mehrere Klinken an, deren Eingriffsorte um Bruchteile der Zahnteilung zueinander versetzt werden.

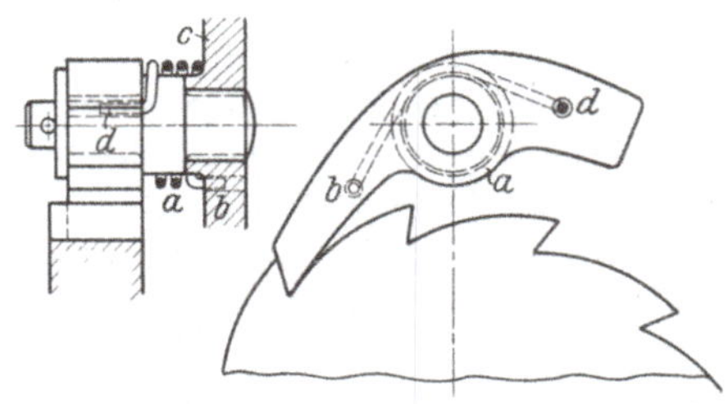

Abb. 260. Zahngesperre zu einer Sperradbremse. *a* Spiralfeder, bei *b* in eine Bohrung an der Bremsscheibe *c* und bei *d* in eine Bohrung der Klinke eingreifend.

Sperrad. Bei den selbständigen Sperrwerken und bei den Sperradbremsen (Abb. 308, S. 130) wird es auf der Welle aufgekeilt (Abb. 257). Werkstoff: Ge 21 · 91. Die Zähne bleiben roh. Bei den Lastdruckbremsen sitzt das Sperrad lose auf der Welle und wird zeitweise mit ihr gekuppelt. Kleine Sperräder (für Zahnstangenwinden u. dgl.) werden aus Stahl (St 42 · 11) hergestellt.

Sperrklinke und Sperrhaken werden aus Stahl (St 34 · 11) geschmiedet. Die Sperrklinke wird auf exzentrischen Druck, der Sperrhaken (Abb. 259) auf exzentrischen Zug gerechnet. Zu stark gekrümmte Sperrklinken sind unzweckmäßig, da sie leicht ausknicken und unschön wirken.

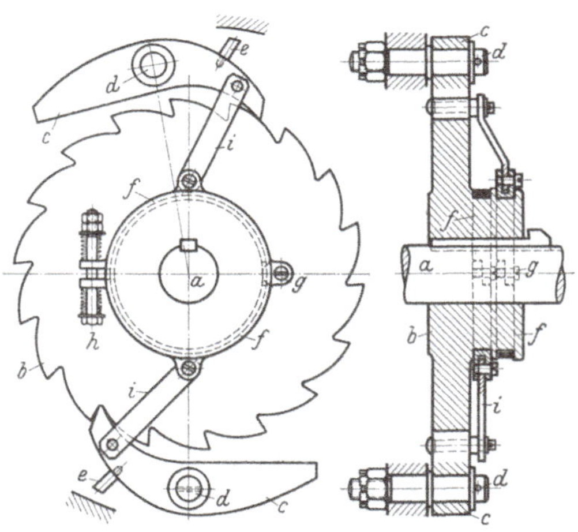

Abb. 261. Zahngesperre mit gesteuerten Klinken (zu einer Sperradbremse des Losenhausenwerks).

a Bremswelle; *b* Sperrad, auf *a* aufgekeilt; *c* Sperrklinke; *d* Klinkenbolzen, an der lose auf *a* sitzenden Bremsscheibe befestigt; *e* Hubbegrenzungsstift; *f* Reibringe mit Gelenk *g*; *h* Schrauben mit Spiralfedern zum Anziehen von *f*; *i* Gelenkstangen, *c* und *f* verbindend.

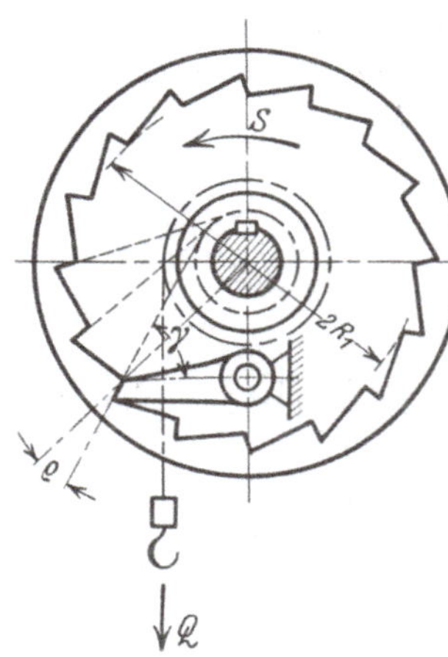

Abb. 262.

Klinkenbolzen. Er wird durch den Klinkendruck K auf Biegung beansprucht. Bei den meisten Sperrwerken liegt der Klinkendrehpunkt in der Tangente an den Sperradteilkreis (Abb. 257), so daß der Klinkendruck gleich der Umfangskraft des Rades ist ($K = U_1$).

Berechnung s. S. 56 unter 1.

Werkstoff: Stahl (St 50 · 11).

[1] Entwerfen im Kranbau.

Belastete und gesteuerte Klinken. Klinken, die nicht unter dem Einfluß ihres Eigengewichtes einfallen, werden durch ein Gewicht belastet oder ihr Eingriff wird durch Federkraft erzwungen.

Die Klinken der Sperradbremsen (s. S. 130) sind an der umlaufenden Bremsscheibe angeordnet. Damit sie unter dem Einfluß der Fliehkraft nicht außer Eingriff geraten, werden sie durch Federkraft belastet und nach Abb. 260 ausgeglichen.

Während des Lasthebens gleiten die Sperradzähne unter der Klinke fort, was besonders bei schneller umlaufenden Bremswellen ein lästiges, klapperndes Geräusch hervorruft.

Die Klinken werden in einfacher Weise dadurch geräuschlos gemacht, daß man sie durch ein Reibzeug steuert (Abb. 261). Gesteuerte Klinken werden nur bei Sperradbremsen angewendet, für selbständige Sperrwerke kommen sie nicht in Frage.

Abb. 262 zeigt ein Sperrwerk mit Innenverzahnung. Die innen verzahnten Sperrwerke werden nur bei Sperradbremsen angewendet. Ihre Zähne werden am Kranz der lose auf der Welle sitzenden Bremsscheibe angegossen. Die Klinken (ein oder zwei) sind auf einem, auf der Welle aufgekeilten ein- oder zweiarmigen Hebel angeordnet und werden durch ein Reibzeug gesteuert (Abb. 309, S. 131).

Zähnezahl: $z = 16$ bis 30. Zahnhöhe: $h = 15$ bis 30 mm. Die Zahnbrust ist unter $\varrho = 14$ bis 17° zur radialen Richtung geneigt. Winkel zwischen Zahnbrust und Klinkendrucklinie: $\gamma \approx 60°$.

b) Reibungs- oder Klemmgesperre.

Gegenüber den Zahngesperren haben sie den Vorzug, daß sie geräuschlos und ohne Stoßwirkung arbeiten. Andererseits treten jedoch an den Reibungsgesperren wesentlich größere Kräfte auf, die auf den Klinkenbolzen und die Welle einwirken. Die Reibungsgesperre werden nur in Verbindung mit einer Bremse (Sperrad- oder Lüftbremse) hergestellt.

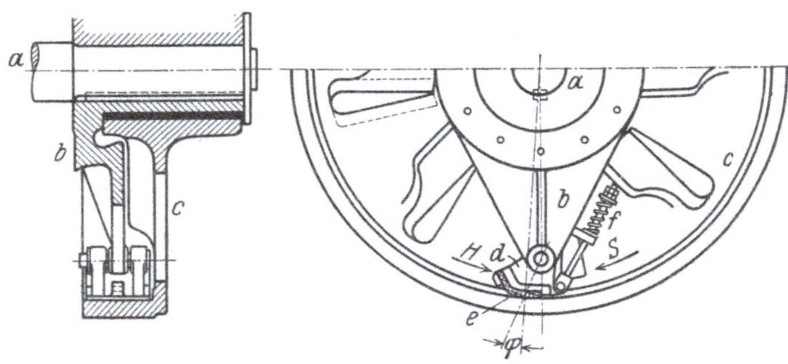

Abb. 263. Reibungsgesperre mit innerem Eingriff.
a Welle; *b* doppelarmiger Hebel, auf *a* aufgekeilt; *c* Bremsscheibe, lose auf der Nabe von *b* sitzend; *d* Klinke mit Ferodobelag *e*; *f* Feder, *d* in Eingriff haltend.

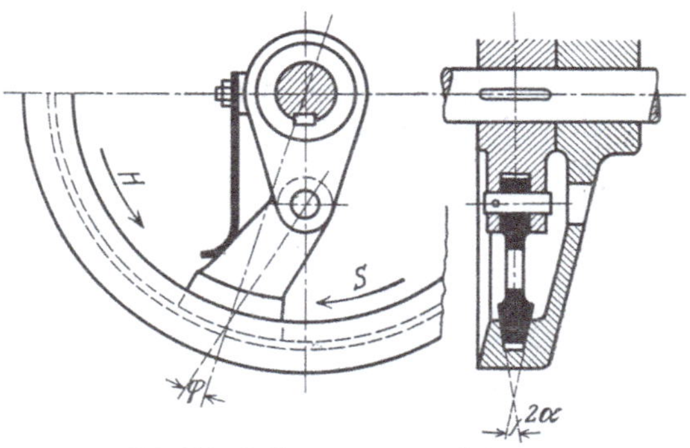

Abb. 264. Reibungsgesperre mit innerem keilnutenförmigem Eingriff.

Reibungsgesperre mit äußerem Eingriff und zylindrischer Reibfläche werden im Hebezeugbau nicht angewendet, solche mit keilnutenförmiger Reibfläche nur gelegentlich[1].

Abb. 263 zeigt ein Reibungsgesperre mit innerem Eingriff[2], dessen Klinke mit Ferodofibre belegt und durch eine Feder belastet ist. Der Winkel φ zwischen der Radialen und der Klinkendruckrichtung muß kleiner als der Reibungswinkel ϱ sein. Für Klinken mit Ferodobelag ($\mu \approx 0{,}2$ bis 0,3) wird $\varphi \approx 12$ bis 17°.

Für Reibungsgesperre mit keilnutenförmigem Eingriff der Klinke (Abb. 264) wird der Keilwinkel zu $2\alpha \approx 45$ bis 50° angenommen. Reibungszahl $\mu \approx 0{,}1$. Der Winkel φ kann zwischen 10 und 20°, im Mittel zu 15° angenommen werden. Zur Vermeidung einer einseitigen Kräftewirkung werden stets zwei, im Durchmesser gegenüberliegende Klinken vorgesehen. Druck auf den Klinkenbolzen: $K = U_1/\mathrm{tg}\varphi$. Die durch die Klinkendrucke ungünstig beanspruchte Bremsscheibe ist durch radiale Rippen zu versteifen.

Werden bei der Differentialbremse (Abb. 297, S. 125) die Hebelarme, an denen die Bandspannkräfte S_1 und S_2 angreifen, derart gewählt, daß $a_2 \lesseqgtr e^{\mu\alpha} \cdot a_1$ wird, so wird die Bremskraft K in Gleichung (163) gleich Null bzw. negativ. Die Bremse geht dann (unter Fortfall des Handhebels) in ein Reibungsgesperre über, das im Senksinne der Last sperrt. Diese Bandgesperre erhalten ein mit Ferodofibre belegtes Band, werden jedoch selten angewendet.

[1] Fördertechn. 1930, S. 315 und 367.
[2] Zu einer Reibungsklinkenbremse von 700 mm Durchmesser (Kampnagel).

XIV. Bremsen[1].

Im folgenden bezeichnen allgemein:

M_d das von der schwebenden Vollast auf die Bremswelle ausgeübte Drehmoment in kgcm oder kgm.
M_{br} das abzubremsende Moment unter Berücksichtigung der bremsend wirkenden Triebwerkreibungen.
$\mathfrak{M}$ ein Bremsmoment zum Abbremsen der lebendigen Kräfte bewegter Massen während einer bestimmten Stoppzeit.
$D = 2R$ den Durchmesser der Bremsscheibe in cm oder m.
U die an der Bremsscheibe wirkende Umfangskraft in kg.
N den Normaldruck, mit dem die wirksamen Bremsteile gegeneinander gepreßt werden, in kg.
μ die Reibungszahl der wirksamen Bremsteile.
K die zum Bremsen erforderliche, von Hand, durch Fußtritt oder durch Federkraft am Bremshebel ausgeübte Kraft in kg.
l die Bremshebellänge vom Drehpunkt des Bremshebels bis zur Angriffsstelle der Kraft K in cm.
G das Bremsgewicht, das die Kraft K ersetzt in kg.
b_0 die wirksame Breite des bremsenden Organs in cm.
l_0 dessen wirksame Länge in cm.
$F = b_0 \cdot l_0$ die Größe der Bremsfläche in cm².
σ den Flächendruck auf die Einheit der Bremsfläche in kg/cm².
n die Drehzahl der Bremswelle in 1 min.
$v = \frac{D\pi \cdot n}{60}$ die Gleitgeschwindigkeit an der Bremsfläche in m/sek.
$\sigma \cdot v$ der für die Belastung der Bremse maßgebende Wert, bezogen auf 1 cm² Bremsfläche.

a) Backen- (Klotz-) Bremsen.

Berechnung.

α) Einfache Backenbremse.

Da der einseitig wirkende Backendruck die Bremswelle auf Biegung beansprucht, so eignet sich die einfache Backenbremse (Abb. 265 bis 267) nur zum Abbremsen kleiner Momente und für Wellendurchmesser bis etwa 50 mm.

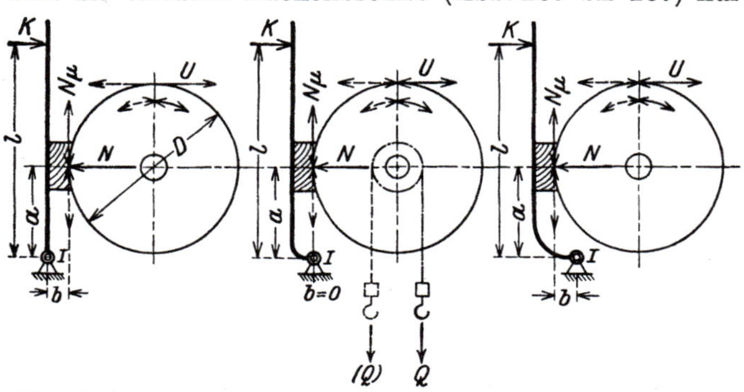

Abb. 265 bis 267. Einfache Backenbremse (Anordnung des Hebeldrehpunktes).

Der Backendruck N muß zum Abbremsen des vollen Momentes M_d so groß sein, daß er an der Bremsfläche einen Reibungswiderstand W_r hervorruft, der gleich oder größer als die Umfangskraft der Scheibe ist.

$$W_r = N\mu \geq U = \frac{M_d}{R}, \qquad N = U : \mu .$$

In bezug auf die Scheibe wirkt dieser Reibungswiderstand entgegengesetzt, in bezug auf die Bremsbacke im Sinne der Scheibendrehrichtung.

Die am Handgriff des Bremshebels auszuübende Kraft K ist von der Lage des Bremshebeldrehpunktes zur Scheibe abhängig.

Für zylindrische Reibflächen und unter Vernachlässigung der Bolzenreibung am Hebel werden für die verschiedenen Anordnungen folgende Bremskräfte erhalten:

1. Anordnung (Abb. 265). Der Bremshebeldrehpunkt liegt um den Betrag b außerhalb der parallel zum Hebel an die Scheibe gelegten Tangente.

Aus der Gleichgewichtsbedingung für den Bremshebel:

$$K \cdot l - N \cdot a \mp N\mu b = 0 \tag{122}$$

ergibt sich bei dem eingezeichneten Umlaufssinne der Scheibe die Bremskraft zu:

$$K = \frac{N}{l} \cdot (a \pm \mu b) = \frac{U}{l} \cdot \left(\frac{a}{\mu} \pm b\right). \tag{123}$$

Das obere Zeichen gilt für Rechts-, das untere für Linksdrehsinn der Bremswelle.

[1] Ausführliches über Bremsen s. Volk: Einzelkonstruktionen aus dem Maschinenbau. 8. Heft: Sperrwerke und Bremsen.

2. Anordnung (Abb. 266). Der Bremsdrehpunkt liegt in der Scheibentangente. $b = 0$. Gleichgewichtsbedingung am Bremshebel:

$$K \cdot l - N \cdot a = 0 . \tag{124}$$

Daher Bremskraft:

$$K = N \cdot \frac{a}{l} = \frac{U \cdot a}{l \cdot \mu} . \tag{125}$$

Da die Umfangsreibung aus der Gleichung ausscheidet ($b = 0$ und $N\mu \cdot b = 0$), so ist sie auf die Größe der Bremskraft ohne Einfluß. Die Bremskraft ist daher für beide Drehrichtungen der Scheibe gleich.

3. Anordnung (Abb. 267). Der Bremshebeldrehpunkt liegt um den Betrag b innerhalb der Scheibentangente. Aus der Gleichgewichtsbedingung für den Bremshebel:

$$K \cdot l - N \cdot a \pm N\mu \cdot b = 0 \tag{126}$$

ergibt sich die Bremskraft zu:

$$K = \frac{N}{l} \cdot (a \mp \mu \cdot b) = \frac{U}{l} \cdot \left(\frac{a}{\mu} \mp b\right) . \tag{127}$$

Das obere Zeichen gilt wieder für Rechts-, das untere für Linksumlauf der Bremsscheibe.

Vergleich der drei Bauarten. Die Ausführung unter 1. hat den baulichen Vorzug, daß der Bremshebel nicht abgekröpft zu werden braucht. Die erforderliche Bremskraft ist jedoch bei Rechtsumlauf der Scheibe, je nach Größe der Reibungszahl, um etwa 7 bis 10% größer als bei Linksumlauf, was darauf zurückzuführen ist, daß das Moment der Klotzreibung bei Linksumlauf im Sinne des Bremskraftmomentes wirkt. Da dieser Unterschied in der Bremskraftgröße, besonders im Hinblick auf die Unsicherheit der Reibungszahl gering ist, so ist die Bremse praktisch für beide Umlaufsrichtungen verwendbar.

Bei der Ausführung unter 2. ist die Bremskraft in beiden Umlaufsrichtungen der Scheibe gleich groß. Die Bremse ist daher die theoretisch richtige für Dreh- und Fahrwerke, hat jedoch den Nachteil, daß der Bremshebel abgekröpft werden muß.

Die Ausführung 3. erfordert ein noch stärkeres Abkröpfen des Bremshebels. Im Gegensatz zur Anordnung 1. ist bei ihr die Bremskraft bei Linksumlauf größer als bei Rechtsumlauf.

Wird bei der Anordnung 1. für Linksumlauf der Bremse $a/\mu = b$ gesetzt, so ist die Bremskraft K gleich Null. Die Bremse wirkt alsdann selbsttätig und ist daher nur als ein im angegebenen Sinne wirkendes Gesperre, aber nicht als Bremse geeignet.

Das gleiche tritt bei der Anordnung 3. bei Rechtsumlauf ein.

Im Hebezeugbau werden entweder hölzerne Bremsbacken (aus Pappelholz) verwendet oder die Bremsbacken werden aus Gußeisen bzw. Holz hergestellt und mit Leder oder Ferodofibre bewehrt. Größe der Reibungszahl μ s. S. 112.

Die Gestängeübersetzung $i = a/l$ liegt meist zwischen 1 : 3 und 1 : 6 und ist praktisch bis 1 : 10 ausführbar.

β) Doppelte Backenbremse.

Die Welle wird im Gegensatz zur einfachen Backenbremse nicht auf Biegung beansprucht.

Die doppelte Backenbremse (Abb. 268) ist daher zum Abbremsen großer Momente geeignet. Sie ist besonders dann vorteilhaft, wenn die Bremse, wie bei Fahr- und Drehwerken, ihre Umlaufsrichtung wechselt.

Die doppelte Backenbremse wird fast ausschließlich für motorisch betriebene Winden und Krane angewendet. Bei elektrischem Antrieb wird sie durch ein Gewicht angezogen und durch einen Magnet- oder Motorbremslüfter gelüftet. Siehe Abschnitt „Elektrische Ausrüstung der Winden und Krane“. Bei der Jordan-Bremse[1] wird die Bremse durch Druckluft gelüftet.

Bauarten. Abb. 268 zeigt die allgemein angewendete normale Hebelanordnung der doppelten Backenbremse. In der Darstellung bezeichnen G_1 das auszuführende Bremsgewicht und Z die Zugkraft des Magnetbremslüfters.

Zum genauen Einstellen des Lüftweges sind Stellschrauben erforderlich. Auch muß die Zugstange, die die beiden Backenhebel miteinander verbindet, in Rücksicht auf die Abnutzung der Bremsbackenflächen nachstellbar sein.

Da die normale Bauart (Abb. 268) vielfach, besonders bei Hubwerken, zu groß baut, so legt man den Bremshebel parallel zur Wellenachse (Abb. 279, S. 118) oder man wendet die kurz bauende Bremse (Abb. 280, S. 118) an.

Da die Bremsen bei elektrischem Antrieb meist auf dem Umfang der elastischen Kupplung zwischen Motor und Triebwerk angeordnet werden, so ist die abbremsbare Leistung durch die übertragbare Leistung der Kupplung beschränkt.

[1] Siehe Volk: Einzelkonstruktionen aus dem Maschinenbau. 8. Heft: Sperrwerke und Bremsen, S. 82.

Der Berechnung der Bremsen lege man bei normalem Betrieb einen Sicherheitsgrad $\mathfrak{S} = 2$ bis 3 zugrunde. Bei schwerem Betrieb (z. B. bei Hüttenwerkskranen) nehme man $\mathfrak{S} = 3$ bis 4.

Backendruck und Reibungszahl. Für die Berechnung der doppelten Backenbremse (Abb. 268) wird angenommen, daß jede Backe die Hälfte der Umfangskraft abbremst.

$$W_r = 2N\mu \geqq U = \frac{M_d}{R}; \qquad \text{Backendruck: } {}_{\max}N = \frac{\mathfrak{S}U}{2\mu}. \tag{128}$$

Tatsächlich bremst die eine Backe bei den Ausführungen Abb. 271 und 280 je nach der Umlaufsrichtung der Scheibe mehr oder weniger ab. Dieser Unterschied (s. S. 111) ist jedoch so gering, daß er, auch bei Dreh- und Fahrwerkbremsen, praktisch vernachlässigt werden kann. Wird genau gleiche Bremswirkung beider Backen verlangt, so wird der Bremshebeldrehpunkt in die Richtung der Tangente an die Bremsscheibe gelegt (Abb. 268).

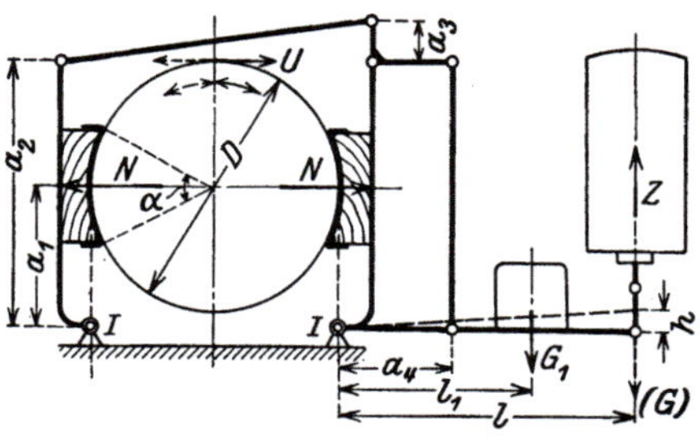

Abb. 268. Doppelte Backenbremse (Berechnungsskizze).

Die Reibungszahl μ hängt von dem Werkstoff der Bremsbacke bzw. von ihrem Belag und von dem Zustand der Bremsfläche (trocken oder gefettet) ab.

In neuerer Zeit wird an Stelle von Leder allgemein Ferodofibre als Bremsbelag angewendet.

Ferodofibre[1] ist ein Baumwollgewebe, das nach einem geschützten Verfahren imprägniert ist. Seine Reibungswirkung wird durch Öl, Fett, heiße Dämpfe und Wasser nicht beeinflußt. Wegen seiner hohen Reibungszahl ($\mu \approx 0,5$ bis 0,6) ist Ferodofibre besonders gut als Belag für Bremsen und Kupplungen geeignet. Seine günstigsten Anpressungsdrucke liegen zwischen $\sigma = 0,5$ bis 3 kg/cm². Die erzeugte Reibungswärme soll dauernd 140° nicht überschreiten.

Ferodoasbestos ist ein Gewebe aus Asbest und Messingdrähten und ist ebenso wie Ferodofibre imprägniert. Infolge der Drahteinlage ist die Reibungszahl des Ferodoasbestos geringer als die des Ferodofibre. $\mu \approx 0,3$ bis 0,35. Günstigster Anpressungsdruck: $\sigma = 0,5$ bis 0,6 kg/cm².

Die Widerstandsfähigkeit des Ferodoasbestos gegen die erzeugte Reibungswärme geht über 350° hinaus. Das Material eignet sich daher hauptsächlich für Bremsen und Kupplungen mit langen Schleifwegen.

Dem Ferodofibre bzw. -asbestos gleichwertige deutsche Erzeugnisse sind das Jurid[2] und das Original-Mickes-Bremsband[3]. Beide sind ein Asbestgewebe mit Messingdrahteinlage. Abb. 269 zeigt die Abhängigkeit der Reibungszahl μ und der Temperatur t von der Laufzeit für ein Mickesches Bremsband bei $\sigma = 3$ kg/cm² Flächendruck und 10 m/sek Gleitgeschwindigkeit.

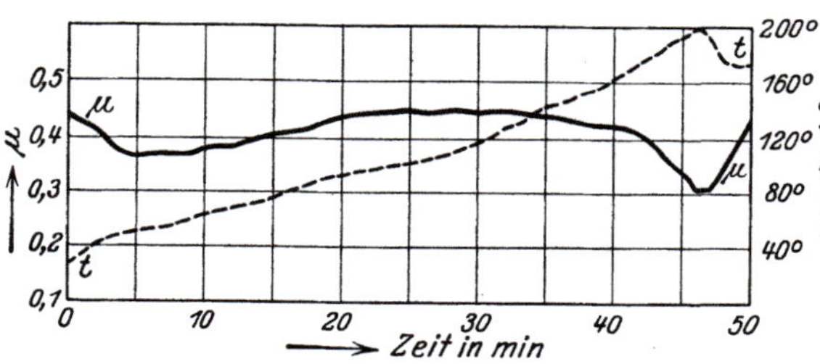

Abb. 269.

Nach Garlepp (Maschinenbau 1931, S. 89) wird bei den Hubwerken der Hafendrehkrane ($v_1 \approx 1$ m/sek) die feinfühligste Bremswirkung mit Bremsbacken aus Pappelholz und bei Bremsscheibenkonstruktionen erreicht, deren Temperatur unter 100° C bleibt (Bremsscheiben mit Kühlrippen). Damit die Reibungszahl praktisch gleichbleibt, müssen die Bremsflächen dauernd einen leichten Fetthauch haben, was durch eine selbsttätig arbeitende Schmierung ermöglicht wird. Bei einer rechnerischen Reibungszahl $\mu \approx 0,25$ genügt dann für die Bremsberechnung ein Sicherheitsgrad $\mathfrak{S} \approx 2,5$.

Tabelle 29. Reibungszahlen der Backenbremsen.

Werkstoff und Belag der Backe	Trocken	Leicht gefettet
Gußeisen (ohne Belag) . . . . $\mu =$	0,18—0,20	0,10—0,15
Holz (ohne Belag) . . . . $=$	0,30—0,40	0,15—0,25
Gußeisen oder Holz mit Ferodofibre . $=$	0,50—0,60	0,30—0,40

Gestängeübersetzung. Die Hebelarme des Gestänges werden durch Aufzeichnen der Bremse vorläufig festgelegt.

[1] Deutsche Ferodogesellschaft Töpken & Co., Berlin-Mariendorf.
[2] Hersteller: Kirchbachsche Werke, Coswig (Sachsen).
[3] Johannes Micke, Bremsbandfabrik, Duisburg.

Mit den Bezeichnungen in Abb. 268 ist die Gestängeübersetzung bis zum Angriff der Zugkraft Z des Bremslüfters:

$$i = \frac{a_1}{a_2} \cdot \frac{a_3}{a_4} \cdot \frac{a_4}{l} = \frac{1}{x}. \tag{129}$$

Die Übersetzung liegt, da die Bremse meist in einem beschränkten Raum untergebracht werden muß, zwischen 1 : 8 und 1 : 15 (im Mittel 1 : 10). Sie läßt sich gegebenenfalls durch geeignete Ausführung des Gestänges noch erhöhen.

Erforderliche Zugkraft und Hub des Bremslüfters. Die erforderliche Zugkraft des Bremslüfters ist einem, an seiner Angriffsstelle wirkend gedachten und zum Anziehen der Bremse erforderlichen Gewicht (G) gleich und entgegengesetzt.

Bezeichnet η den die Gestängereibung berücksichtigenden Wirkungsgrad, so ist die erforderliche Zugkraft (Abb. 268):

$$Z_{\text{erf}} = (G) = {}_{\max}N \cdot i \cdot \frac{1}{\eta} \;\ldots\; \text{kg}. \tag{130}$$

Der Wirkungsgrad hängt von der Ausführungsart des Gestänges und der Schmierung der Gelenke ab. $\eta \approx 0{,}90$ bis $0{,}95$.

Wird jede Backe in radialer Richtung um den Betrag λ gelüftet, so ist der erforderliche Lüftweg mit 10% Zuschlag für Totgang des Gestänges (Abb. 268):

$$h_{\text{erf}} = 1{,}1 \cdot 2\lambda \cdot \frac{1}{i} \;\ldots\; \text{cm}. \tag{131}$$

Radialer Lüftweg einer Backe (je nach Größe der Bremse): $\lambda = 0{,}1$ bis $0{,}3$ cm.

Aus der Zugkraft Z_{erf} und dem Lüftweg h_{erf} ergibt sich die erforderliche Magnet-Hubarbeit zu

$$Z_{\text{erf}} \cdot h_{\text{erf}} \;\ldots\; \text{kgcm}.$$

Bestimmung der Bremslüftergröße siehe Abschnitt „Elektrische Ausrüstung der Winden und Krane".

Bremsgewicht. Das zum Anziehen der Bremse erforderliche Gewicht (Abb. 268) ist:

$$G_1 = (G)\frac{l}{l_1} = Z \cdot \frac{l}{l_1} \;\ldots\; \text{kg}. \tag{132}$$

Da jedoch das Ankergewicht G_a des Magneten ebenfalls bremsend wirkt, so ist es an die Angriffsstelle des Bremsgewichtes umzurechnen und von diesem abzuziehen.

Das auszuführende Bremsgewicht ist daher:

$$G_1 = [(G) - G_a] \cdot \frac{l}{l_1} \;\ldots\; \text{kg}. \tag{133}$$

Hat der Bremshebel selbst ein erhebliches Gewicht, so wird dieses von seinem Schwerpunkt auf die Angriffsstelle des Bremsgewichtes umgerechnet und ebenfalls von diesem abgezogen.

Belastung der Bremse. Bezeichnen b_0 die Breite der Bremsbacke und l_0 deren Länge (gleich der Backenhöhe), so ist der dem Backendruck N entsprechende Flächendruck:

$$\sigma = \frac{N}{F} = \frac{N}{b_0 \cdot l_0} \;\ldots\; \text{kg/cm}^2. \tag{134}$$

Für den Zentriwinkel $2\alpha = 45$ bis $60°$ ist z. B. $l_0 \approx 0{,}4D$ bis $0{,}53D$. Somit

$$\sigma = \frac{N}{b_0 \cdot 0{,}40D} \text{ bzw. } \frac{N}{b_0 \cdot 0{,}53D} \;\ldots\; \text{kg/cm}^2. \tag{135}$$

Der zulässige Flächendruck beträgt:

Für hölzerne Bremsbacken (aus Pappelholz) $\sigma_{\text{zul}} = 2$ bis 3 kg/cm².
Für Bremsbacken mit Ferodofibre belegt $\sigma_{\text{zul}} = 0{,}5$ „ 3 „
Für Bremsbacken mit Ferodoasbestos belegt $\sigma_{\text{zul}} = 0{,}5$ „ 5 „

Mit den Bezeichnungen S. 110 ist die abzubremsende Leistung:

$$L = 0{,}736 \cdot \frac{U \cdot v}{75} = \frac{U v}{102} \;\ldots\; \text{kW}. \tag{136}$$

Ohne Berücksichtigung der Reibungswiderstände des Triebwerks entspricht sie dem vollen berechneten Motordrehmoment. Mit Berücksichtigung der bremsend wirkenden Reibungswiderstände ist sie entsprechend kleiner (multipliziert mit dem Gesamtwirkungsgrad des Triebwerks):

Mit: $U = 2N\mu$ und $N = F \cdot \sigma = b_0 \cdot l_0 \cdot \sigma$ wird für die doppelte Backenbremse:

$$L = \frac{2 \cdot b_0 l_0 \cdot \sigma\mu \cdot v}{102} \;\ldots\; \text{kW}. \tag{137}$$

Tabelle 30. Berechnung der doppelten Backenbremsen.
Belag: Ferodofibre. Reibungszahl: $\mu \approx 0{,}4$. Sicherheit: $\mathfrak{S} = 2$ bzw. 3.

D_K *		mm	175	200	250	300	350	400	450	500
d		„	30/35	40/42	45/50	55/60	70	80	90	100
D		„	200	250	320	400	500	500	640	640
b		„	65	80	100	125	160	160	200	200
L_{kW} **	$n = 1500$	kW	7,5	—	—	—	—	—	—	—
	$n = 1000$	„	5,5	11	15	30	50	—	—	—
	$n = 750$	„	—	7,5	11	22	40	64	100	—
	$n = 600$	„	—	—	—	—	30	50	80	125
M_d		kgcm	550	1000	1500	3000	5000	8500	13000	21000
$U = M_d : R$		kg	55	80	94	150	200	340	406	656
$N = U : 2\mu$		„	69	100	118	188	250	425	507	820
${}_{\max}N = \mathfrak{S} \cdot U : 2\mu$	$\mathfrak{S} = 2$	„	138	200	236	376	500	830	1014	1640
	$\mathfrak{S} = 3$	„	207	300	354	564	750	1275	1521	2460
i		—	1 : 9	1 : 9	1 : 10	1 : 10	1 : 12	1 : 12	1 : 15	1 : 15
$Z_{erf} = {}_{\max}N \cdot i \cdot \frac{1}{\eta}$	$\mathfrak{S} = 2$	kg	16	22	25	40	44	73	71	115
	$\mathfrak{S} = 3$	„	24	33	37	60	66	112	107	173
λ		cm	0,1	0,1	0,1	0,2	0,2	0,2	0,3	0,3
$h_{erf} = 1{,}1 \cdot 2 \cdot \lambda \cdot \frac{1}{i}$		„	2,5	2,5	2,2	4,4	5,3	5,3	9,9	9,9
$Z_{erf} \cdot h_{erf}$	$\mathfrak{S} = 2$	kgcm	40	55	55	176	234	390	700	1140
	$\mathfrak{S} = 3$	„	60	83	81	264	348	600	1060	1710
b_0		mm	55	70	90	100	140	140	180	180
l_0		„	80	100	125	160	200	200	250	250
$\sigma = N : b_0 \cdot l_0$		kg/cm²	1,57	1,43	1,05	1,20	0,90	1,50	1,13	1,82
v		m/sek	15,7	13,1	16,8	21	26	20	25	20
$\sigma \cdot v$		—	25	19	18	25	23	30	28	36
$\sigma \cdot v \cdot \mu$		—	10	7,6	7,0	10	9,2	12	11	14

Die Belastung der Bremse ist in Rücksicht auf die Wärmeableitung beschränkt. Maßgebend für die Belastbarkeit ist der Ausdruck $\sigma \cdot v$. Aus Gleichung (137) wird:

$$\sigma \cdot v \approx \frac{102\,L}{2\,b_0 l_0 \cdot \mu} \cdots \frac{\text{kgm}}{\text{cm}^2 \cdot \text{sek}}. \qquad (138)$$

Die zulässigen Werte für $\sigma \cdot v$ hängen von dem Arbeitszweck der Bremse ab.

Nach Angabe der Hütte[1] werden für das Produkt aus Flächendruck und Gleitgeschwindigkeit folgende Werte zugelassen:

Für Nachlauf- oder Stoppbremsen $\sigma \cdot v \leq 20$.
Für Senkbremsen mit schlechter Wärmeableitung ≤ 10.
Für Senkbremsen mit guter Wärmeableitung ≤ 30.

Die auf 1 cm² Bremsfläche bezogene Reibungsleistung ist:

$$\sigma v \mu = \frac{102 \cdot L}{2 b_0 l_0} \cdots \frac{\text{kgm}}{\text{cm}^2 \cdot \text{sek}}. \qquad (139)$$

Nach Krell[2] soll die Reibungsleistung bei natürlicher Luftkühlung betragen:

Für leichten Betrieb: $\sigma v \mu \leq 10$.
Für schweren Betrieb: $\sigma v \mu \leq 6$.

* Abmessungen nach Tafel 25, S. 93.
** Den Motorstümpfen nach DIN/VDE 2701 und 2702 zugeordnete Leistungen (siehe S. 93).
[1] 25. Aufl., II. Bd., S. 707. [2] Entwerfen im Kranbau.

Bei seltener Benutzung der Bremse oder bei guter Schmierung und Kühlung können auch höhere Werte zugelassen werden.

Nach Jordan[1] sind die σv-Werte der Hütte reichlich niedrig. Er läßt bei den druckluftgesteuerten doppelten Backenbremsen mit Öl geschmierten Pappelholzklötzen für Senkbremsen folgende Werte für $\sigma v \mu$ zu:

$$v = 5\ \text{m/sek};\quad \sigma v \mu \approx 10;$$
$$v = 10\ \text{m/sek};\quad \sigma v \mu \approx 15;$$
$$v = 20\ \text{m/sek};\quad \sigma v \mu \approx 25.$$

Bei neueren Ausführungen der Jordan-Bremse ist $\sigma v \mu \leqq 30$, wobei die Geschwindigkeit v den Wert von 40 bis 50 m/sek erreichen kann.

In Tabelle 30 sind die auf der großen Scheibe der elastischen Kupplungen (Bauart B, Abb. 216, S. 93) angeordneten doppelten Backenbremsen für die Bremsscheibendurchmesser von 200 bis 640 mm für normalen Betrieb berechnet. $\mu \approx 0{,}4$; $\mathfrak{S} = 2$ bzw. 3. Die größten abbremsbaren Momente entsprechen den, den genormten Wellenstümpfen (DIN VDE 2701 und 2702) zugeordneten Drehmomenten (s. S. 93).

Für andere Reibungszahlen und Sicherheiten (z. B. $\mu = 0{,}25$ und $\mathfrak{S} = 2{,}5$) ist die Tabelle entsprechend umzurechnen.

Gestaltung der doppelten Backenbremsen.

Bremsscheiben. Für Handhebezeuge werden sie aus Gußeisen, für elektrische Hebezeuge je nach dem Verwendungszweck aus Gußeisen oder Stahlguß hergestellt.

Ausführung mit Versteifungsrippen ist nicht erforderlich, da der Anpressungsdruck stets in radialer Richtung wirkt und die Bremsbacken gleichmäßig anliegen, so daß der Kranz und die gegen die Nabe zu verstärkte Scheibe genügende Festigkeit haben. Zur Gewichtsersparnis werden die Scheiben nicht voll, sondern mit kreisförmigen Aussparungen ausgeführt.

Die Bremsscheiben für elektrische Hebezeuge sind nach DIN 4003 (Tabelle 31, Abb. 270) genormt.

Den Scheibenbreiten nach DIN 4003 entsprechen folgende Bremsbackenbreiten:

Scheiben-breite b =	65	80	100	125	160	200	250	320 mm,
Bremsbacken-breite b_0 =	60	70	80	100	140	180	230	300 mm.

Die Scheibe muß zur schnellen Abführung der Wärme eine genügend große Oberfläche haben. Ist diese bei großen Bremsleistungen nicht ausreichend, so führt man die Scheibe zweckmäßig mit Kühlrippen aus.

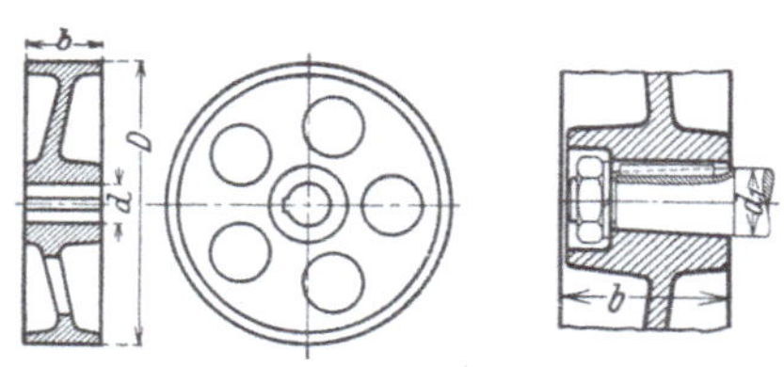

Abb. 270a und b.

Tabelle 31. Bremsscheiben für Hebemaschinen. DIN 4003. Konstruktionsblatt (Abb. 270a und b). Abmessungen in mm.

Durchmesser D	Breite b	Bohrung zylindrisch d	Bohrung kegelig d_1	Durchmesser D	Breite b	Bohrung zylindrisch d	Bohrung kegelig d_1
200	65	20 bis 40	—	500	160	60 bis 90	65 bis 90
250	80	30 bis 50	45 bis 50	640	200	70 bis 100	80 bis 100
320	100	40 bis 65	50 bis 65	800	250	80 bis 125	100 bis 125
400	125	50 bis 75	55 bis 70	1000	320	90 bis 140	125 bis 140

Fehlende Maße sind freie Konstruktionsmaße. Wird eine andere als die der Bremsscheibe zugeordnete Breite benötigt, so ist diese aus der Breitenreihe der Tabelle zu wählen.
Keilnuten für zylindrische Bohrung nach DIN 141.
Keilnuten für kegelige Bohrung nach DIN 496.
Werkstoff: Stahlguß oder Gußeisen, je nach Verwendungszweck.

Die Halte- bzw. Nachlaufbremsen der Hub-, Fahr- und Drehwerke der elektrischen Winden und Krane werden meist auf der einen Scheibe der elastischen Kupplung, die den Motor mit dem Triebwerk verbindet, angeordnet.

Da jedoch die Durchmesser der normalen elastischen Scheibenkupplungen (s. S. 93, Ausführung A) für die Bemessung der doppelten Backenbremsen nicht ausreichen, so führt man die Scheibe, auf der die Bremse sitzt, größer aus und gibt ihr die genormten Durchmesser und Breiten nach DIN 4003 (Ausführung B, Abb. 216, S. 93).

[1] Jordan-Bremsen-Gesellschaft, Berlin-Neukölln.

Abb. 271: Normale Ausführung einer doppelten Backenbremse.

Bremsbacken. Hölzerne Bremsbacken werden durch zwei Schrauben an dem aus zwei Flacheisen bestehenden Bremshebel befestigt. Holzart: Weißbuche oder Pappelholz. Zentriwinkel der Anlagefläche: 50 bis 70°.

In neuerer Zeit werden die Backen allgemein mit Ferodofibre belegt (Abb. 272).

Ferodofibre (s. auch S. 112) wird in Stärken von 4, 5, 6, 7, 8, 10, 12 und 16 mm und in Breiten von 30 bis 250 mm, steigend um je 5 mm, geliefert. Das Material wird in kaltem Zustande auf die erforderliche Länge mittels der Säge zugeschnitten. Es wird dann bis auf etwa 100° erwärmt, der Backenfläche genau angepaßt und dann mit der Backe verleimt und verschraubt. Der an der Scheibe anliegende Teil des Ferodobelages wird mit der Holzbacke abwechselnd mit Holzstiften und gut versenkten Metallschrauben befestigt. Wesentlich für die Befestigung ist, daß der Belag satt an der Bremsbacke anliegt.

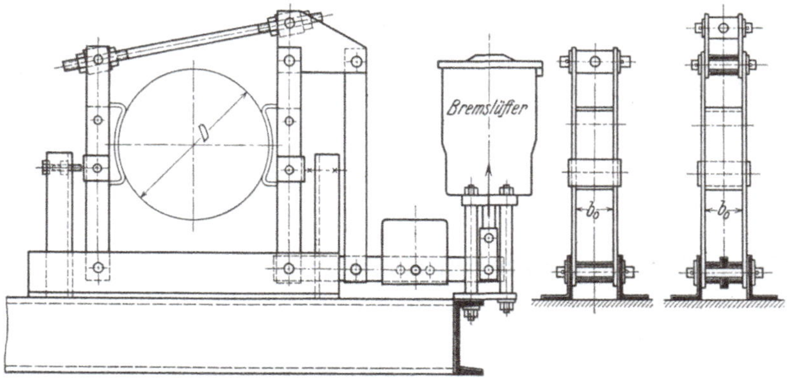

Abb. 271. Gestaltung der doppelten Backenbremse (normale Bauart).

Da Holz die beim Bremsen auftretende Reibungswärme schlecht ableitet, so ist es besser, die Bremsbacken aus Gußeisen herzustellen und auf diesen den Ferodobelag zu befestigen (Abb. 272). Die Befestigung des Belages durch gut versenkte Nieten oder Schrauben (Abb. 272) ist auf gußeisernen Backen leichter und sicherer als auf hölzernen. Die gußeisernen Bremsbacken werden — im Gegensatz zu den hölzernen — nicht starr, sondern gelenkig am Bremshebel angeordnet. Beim Lüften der Bremse verhindert eine Stellschraube das Schleifen der Backe an der umlaufenden Scheibe.

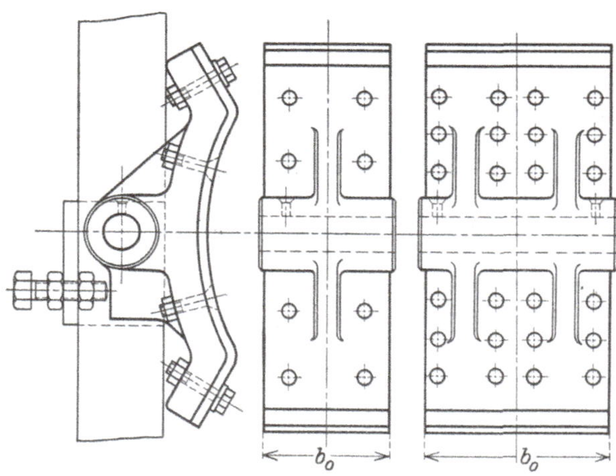

Abb. 272.

Normale Bremsbackenbreiten s. S. 115 unter „Bremsscheiben".

Backenhebel. Im Kranbau werden sie meist aus zwei Flacheisen gebildet (Abb. 271), die auf fixe Länge abgeschnitten werden. Auf das Abrunden der Hebelenden, oder das Anschmieden von Augen, das früher allgemein üblich war, verzichtet man im Interesse einer billigen Fertigung.

Die zulässige Biegebeanspruchung der Backenhebel wird für Stahl (St 37 · 12), in Rücksicht auf Bremsstöße und je nach Größe der Bremse zu $\sigma_{zul} = 400$ bis 800kg/cm^2 angenommen.

Bei großen Bremsen mit entsprechend hohem Backendruck fallen Flacheisen zu breit aus. Man stellt dann die Backenhebel am besten aus zwei [-Eisen her.

Aus Gußeisen oder Stahlguß hergestellte Backenhebel sind zwar teurer als die aus Flacheisen gefertigten, haben jedoch den Vorzug, daß sie starrer sind und weniger toten Gang in den Gelenken haben. Abb. 273 zeigt den zur doppelten Backenbremse, Abb. 271, S. 118, gehörigen, aus Stahlguß gefertigten Backenhebel.

Das Anbauen der festen Backenhebel-Drehbolzen an der einen Seitenwand des Motorvorgelege-Räderkastens bietet den Vorzug, daß Bremsscheibe und Bremse genau zueinander zentriert sind und die Bremse stets einwandfrei arbeitet (Demag, Duisburg).

Nachstellbare Zugstange. Sie greift am oberen Ende des einen Backenhebels und am kleinen Hebelarm des Winkelhebels (Abb. 271) an und wird aus Rundeisen hergestellt.

Abb. 274 und 275 zeigen die beiden, meist üblichen Ausführungsarten, und zwar Abb. 274 mit zwei gleichen Querstücken und Abb. 275 mit angeschweißtem Auge und Querstück. Erstere Ausführungsart ist hinsichtlich der Fertigung am günstigsten.

Zulässige Zugbeanspruchung im Kernquerschnitt der Stange (St 37 · 12): $\sigma_{zul} = 300$ bis 500 kg/cm^2. Die niedrige Zugbeanspruchung ist bei kleinen Bremsen gerechtfertigt, da ein etwaiger Materialfehler bei kleinerem Kerndurchmesser schädlicher als bei größerem ist.

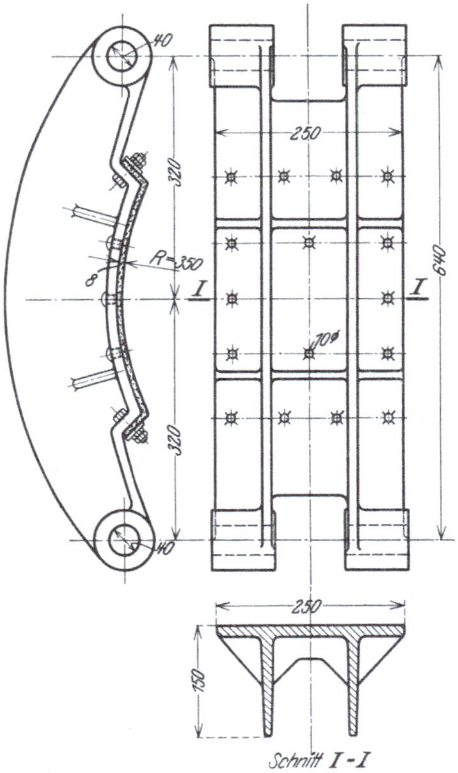

Abb. 273.

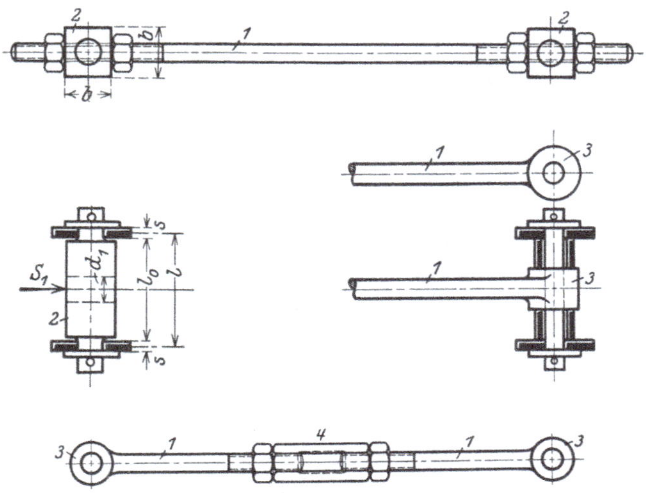

Abb. 274 bis 276. Ausführung der nachstellbaren Zugstange.
1 Rundeisenstange; *2* Querstück (Traverse); *3* angeschmiedetes Auge; *4* Spannschloß (mit Rechts- und Linksgewinde).

Das Querstück ist durch die Stangenkraft S_1 (Abb. 275) auf Biegung beansprucht und wird ebenso wie eine Hakentraverse (s. S. 23) gerechnet.

An Stelle der Ausführungen Abb. 274 und 275 wird die nachstellbare Zugstange auch mit einem Spannschloß (Abb. 276) hergestellt.

Winkelhebel (Abb. 271, S. 116). Er hat seinen Drehpunkt am oberen Ende des einen Backenhebels. Damit seine Hebelarme zur Gestängeübersetzung nutzbar gemacht werden, wird der Hebelarm an der nachstellbaren Zugstange kleiner gemacht als der, an dem die senkrechte Zugstange angreift.

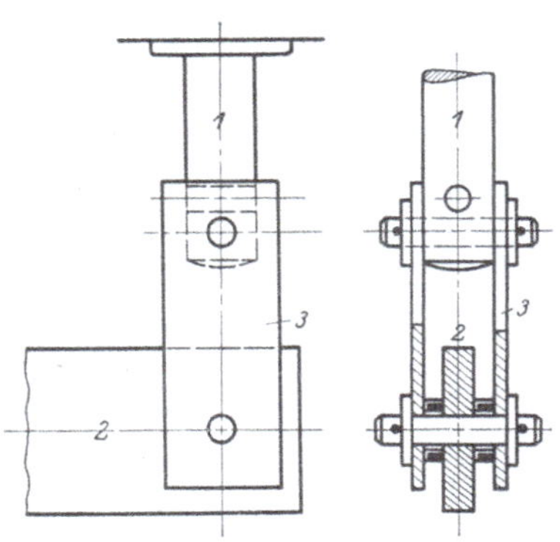

Abb. 277. Anschluß des Magnetbremslüfters am Bremshebel.
1 Kernstange; *2* Bremshebel; *3* Gelenklasche.

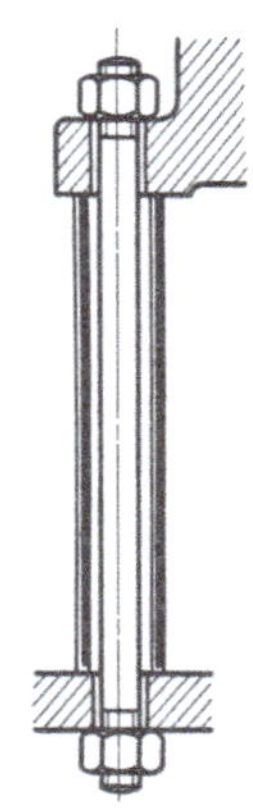

Abb. 278.

Die Winkelhebel werden in einfacher Weise aus zwei schräg abgeschnittenen Blechstücken hergestellt. Blechstärke je nach Größe der Bremse 6 bis 20 mm.

Senkrechte Zugstange (Abb. 271, S. 116). Diese verbindet den Winkelhebel mit dem Bremshebel und wird aus zwei Flacheisen hergestellt.

Um ein sanftes stoßfreies Anziehen der Bremse zu ermöglichen, wird die senkrechte Zugstange auch gelegentlich federnd ausgeführt.

Bremshebel. Bei der normalen Ausführung (Abb. 271) hat er mit dem einen Backenhebel gemeinsamen Drehpunkt und ist in der Regel durch ein Gewicht, seltener durch Federkraft belastet, Je nach dem Verwendungszweck der Bremse und der Bauart des Hebezeuges wird er durch einen Magnetbremslüfter (bzw. Motor) oder durch Druckluft gelüftet[1]. Ist die Bremse in der Nähe des Führerstandes angeordnet, so wird sie (z. B. bei Drehwerken) durch einen Fußhebel betätigt. Das Anziehen der Bremse durch einen Seilzug kommt mitunter bei Laufkranfahrwerken zur Anwendung.

[1] Jordan-Bremsen-Gesellschaft, Berlin-Neukölln. Siehe Volk: Einzelkonstruktionen aus dem Maschinenbau. 8. Heft: Sperrwerke und Bremsen.

Der Bremshebel wird in der Regel aus einem oder aus zwei Flacheisen gebildet.

Bremsgewicht. Es wird aus Gußeisen hergestellt und erhält runde oder quadratische Form. Das Bremsgewicht sitzt entweder unmittelbar auf dem Bremshebel und wird auf diesem durch eine Schraube festgestellt (Abb. 271), oder es ist am Bremshebel gelenkig aufgehängt (Abb. 280).

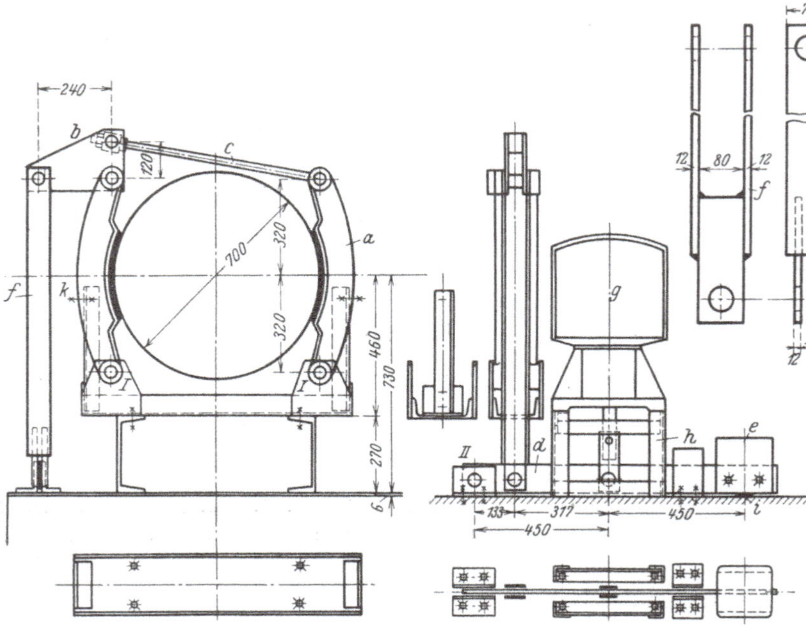

Abb. 279. Doppelte Backenbremse mit parallel zur Wellenachse liegendem Bremshebel (Ardeltwerke).
a Stahlguß-Backenhebel mit Ferodobelag; *b* Winkelhebel; *c* nachstellbare Zugstange; *d* Bremshebel mit Gewicht *e*; *f* Zugstange *b* und *d* verbindend; *g* Magnetbremslüfter; *h* Magnetuntersatz; *i* Flacheisen, auf dem der Bremshebel aufliegt; *k* Stellschrauben (zum Einstellen der Lüftung); *I*—*I* und *II* feste Drehpunkte.

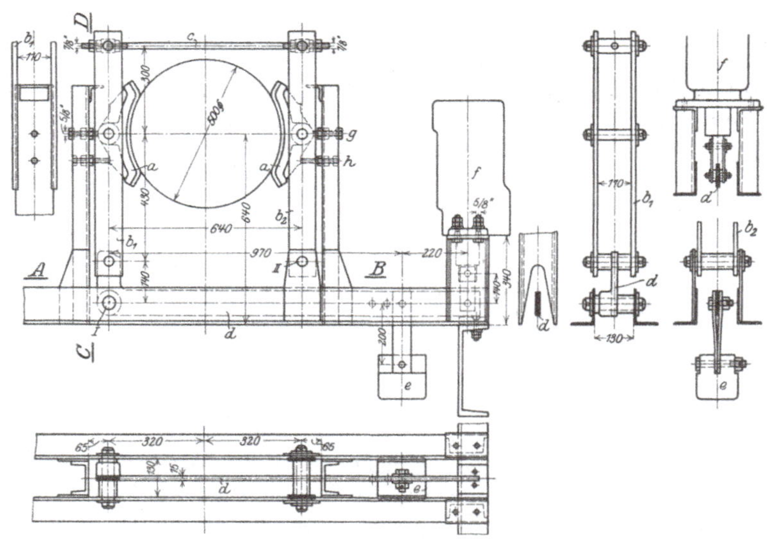

Abb. 280. Kurzbauende doppelte Backenbremse (Lauchhammer).
a mit Ferodofibre belegte gußeiserne Backen; b_1—b_2 Backenhebel; *c* nachstellbare Zugstange; *d* Bremshebel; *e* Bremsgewicht; *f* Magnetbremslüfter; *g*—*h* Einstellschrauben; *I*—*II* feste Drehpunkte.

Bei den durch Druckluft gesteuerten Bremsen[1] wird das Bremsgewicht aus mehreren aufeinandersetzbaren runden Scheiben gebildet.

Anschluß des Bremslüfters. Der zum Lüften der Bremse dienende Magnet wird fast allgemein ziehend angeordnet (Abb. 271 und 279). Wegen des Ausschlages des Bremshebels darf die Zugstange

[1] Siehe Fußnote auf voriger Seite.

des Magnetankers nicht unmittelbar am Bremshebel angreifen, da sonst neben der Zugkraft noch eine, wenn auch kleine, waagerechte Kraft auftritt, die die Zugstange gegen ihre Führungsfläche preßt. Hierdurch wird in der Führung eine Reibung hervorgerufen, durch die die Zugkraft des Magneten vermindert wird.

Man sieht daher zwischen der Magnetzugstange und dem Bremshebel eine Gelenklasche vor (Abb. 271, 279 und 280).

Gleichstrom-Magnetbremslüfter haben am unteren Ende der Ankerstange Anfräsungen und ein Loch für den Anschlußbolzen. Da der Anker dieser Magnete drehbar ist, so lassen sich die Magnete in beliebiger Stellung (um die Magnetachse gedreht) befestigen.

Bei den Drehstrommagneten ist jedoch der Anker nicht drehbar. Seine Stange hat für den Bremshebelanschluß zwei, um 90° zueinander versetzte Bohrungen (Abb. 277). Die Magnete können daher nur in zwei entsprechenden Stellungen auf den Hebezeugen befestigt werden.

Motorbremslüfter werden seltener angewendet und stets durch eine Gelenklasche an den Bremshebel angeschlossen.

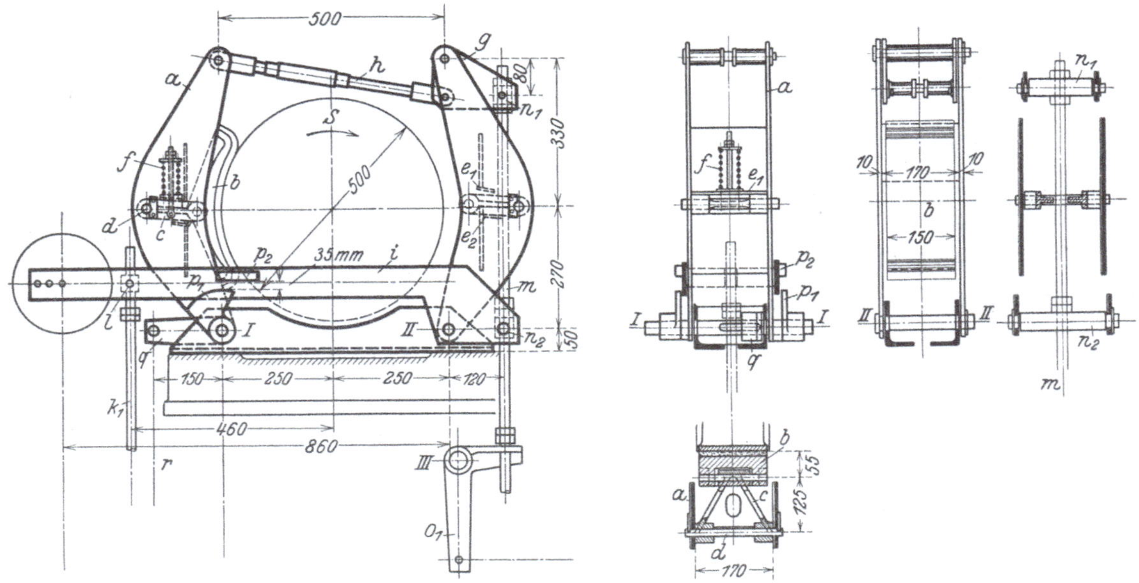

Abb. 281. Goliath-Bremse mit 500 mm Scheibendurchmesser (Kampnagel).

a Backenhebel; *b* mit Ferodo belegte Bremsbacke, gelenkig an dem Hebel *c* angeordnet; *d* Drehpunkt von *c*; $e_1 - e_2$ Hubbegrenzungen von *c*; *f* Feder, *c* nach oben (am rechten Backenhebel nach unten) ziehend; *g* Winkelhebel; *h* nachstellbare Zugstange; *i* gewichtbelasteter Bremshebel; k_1 Gestänge, an den Hebel der Steuerwalze angeschlossen; *l* Traverse zu k_1; m/o_1 Gestänge, durch Fußtritt betätigt; $n_1 - n_2$ Traversen zu *m*; p_1 Steuerscheibe, mit dem Hebel *q* auf dem Bolzen $I - I$ aufgekeilt; p_2 Anschlag am Bremshebel; *r* Gestänge, an den Endschalter angeschlossen.

Zur Befestigung der Magnetbremslüfter werden, da die Magnete keinen seitlichen Kräften ausgesetzt sind, Schrauben mit Distanzrohren (Gasrohren) verwendet (Abb. 278) oder es werden Untersätze aus Profileisen hergestellt (Abb. 279 und 280).

Ausführungsbeispiele. Bei den Hubwerken der elektrisch betriebenen Kranlaufwinden baut die normale doppelte Backenbremse (Abb. 271, S. 116) meist zu groß. Man führt dann die Bremse derart aus, daß man den Bremshebel parallel zur Wellenachse legt (Abb. 279) oder man wendet die kurzbauende Bremse (Abb. 280) an.

Abb. 281 zeigt die Ausführung der Goliath-Bremse, die die Firma Nagel & Kämp für die Hubwerke der von ihr gebauten Hafenkrane verwendet. Die Bremse ist durch ein Gewicht belastet und durch ein Gestänge mit dem Handhebel der Hubsteuerwalze verbunden. Unabhängig davon kann sie durch je ein weiteres Gestänge, z. B. durch einen Fußhebel vom Führerstand aus, angezogen werden (Hubnachlaufbremse durch Fußtritt) oder durch den Endausschalter zum Einfallen gebracht werden (Hubnachlaufbremse durch Endausschalter).

Abb. 282 bis 286 erläutern die Arbeitsweise der Bremse. Die Bremse zeichnet sich durch weitgehende Regelung der Hubgeschwindigkeit aus und hat sich auch bei schwerem Greiferbetrieb in vielen Ausführungen bewährt. Weitere Vorzüge der Bremse sind: Einfache Handhabung, da der Hebel der Steuerwalze gleichzeitig als Bremshebel dient; selbsttätiges Eingreifen der Bremse beim Ausschalten des Motors und bei Versagen des Stromes; sanftes Anfahren in Hubrichtung mit Vollast, wie mit leerem Haken; Verhüten des Absackens der angehobenen Last beim Schalten des Motors auf den ersten Kontaktstellungen der Steuerwalze; Stromersparnis infolge stromlosen Senkens und Fortfall eines Bremslüfters; die Bremse gibt dem Kranführer die Sicherheit der vollkommenen Beherrschung der Last und vermeidet daher Betriebsstörungen.

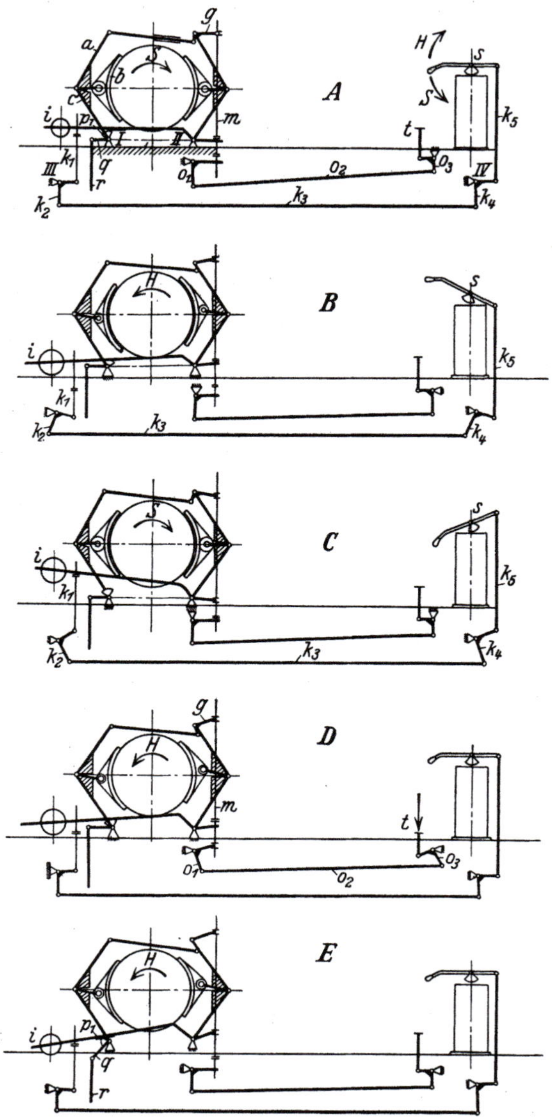

Abb. 282 bis 286. Goliath-Bremse (Arbeitsweise).

s Steuerwalze (H — Heben, S — Senken). k_1 bis k_5 Gestänge, an den gewichtbelasteten Bremshebel angeschlossen; t Fußtritt; $m - o_1$ bis o_3 Gestänge, an den Winkelhebel g angeschlossen; $q - r$ Gestänge, die Steuerscheibe p_1 mit der Endschalterkurbel verbindend.

A Ruhestellung. Bremse angezogen; 35 mm Spiel zwischen Steuerscheibe p_1 und Anschlag p_2 am Bremshebel (Abb. 281); Motor stromlos.

B Heben. Handhebel der Steuerwalze nach oben gestellt. Bremse durch k_1 bis $k_5 - i$ und m gelüftet. Motor im Hubsinne geschaltet.

C Senken. Handhebel der Steuerwalze nach unten gestellt. Bremse durch k_1 bis k_5 und i gelüftet.

D Hub-Nachlaufbremse durch Fußtritt. Bremse durch das Gestänge $m - o_1$ bis o_3 und den Winkelhebel g angezogen.

E Hub-Nachlaufbremse durch Endausschalter. Die Endschalterkurbel zieht beim Abschalten das Gestänge $q - r$ mit der Steuerscheibe p_1 nach unten. Bremse wird durch den gewichtbelasteten Hebel i angezogen.

b) Bandbremsen.

Berechnung.

Der Reibungswiderstand, der sich aus der Summe aller, an der Bandauflagefläche wirkenden Elementarreibungskräfte zusammensetzt, ist gleich dem Unterschied der an den Bandenden angreifenden Spannkräfte.

Bezeichnen für den Scheibendrehsinn in Abb. 287 S_1 die Spannkraft im auflaufenden und S_2 die Spannkraft im ablaufenden Bandende, so ist $S_1 > S_2$ und der Reibungswiderstand an der Scheibe:

$$W_r \geqq U = S_1 - S_2. \tag{140}$$

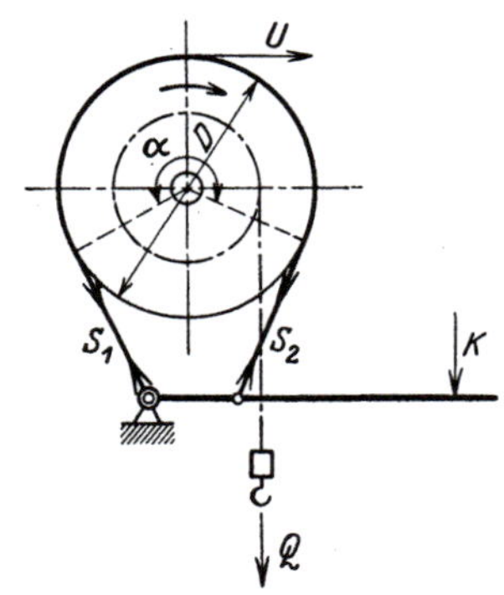

Abb. 287. Einfache Bandbremse.

Bedeuten mit Bezug auf Abb. 287 α den Umspannungswinkel im Bogenmaß, μ die Reibungszahl zwischen Band und Scheibe und $e \approx 2{,}718$ die Grundzahl der natürlichen Logarithmen, so besteht zwischen den beiden Bandspannungen die bekannte Beziehung:

$$\frac{S_1}{S_2} = e^{\mu\alpha}. \tag{141}$$

Durch Einsetzen von $S_2 = \frac{S_1}{e^{\mu\alpha}}$ bzw. $S_1 = S_2 \cdot e^{\mu\alpha}$ in Gleichung (140) wird

$$W_r = S_1 \cdot \frac{e^{\mu\alpha} - 1}{e^{\mu\alpha}} = S_2 \cdot (e^{\mu\alpha} - 1) \tag{142}$$

und das Reibungsmoment der Bremse:

$$M_r = W_r \cdot R = (S_1 - S_2) \cdot R = S_1 \cdot R \cdot \frac{e^{\mu\alpha} - 1}{e^{\mu\alpha}}$$
$$= S_2 \cdot R \cdot (e^{\mu\alpha} - 1). \tag{143}$$

Wird in Gleichung (142) für W_r die abzubremsende Umfangskraft U gesetzt, so sind die Bandspannkräfte:

$$S_1 = \frac{U \cdot e^{\mu\alpha}}{e^{\mu\alpha} - 1} \quad \text{und} \quad S_2 = \frac{U}{e^{\mu\alpha} - 1}. \tag{144}$$

Der Umspannungswinkel α liegt bei den üblichen Anordnungen der Bandbremsen zwischen 180° und 270°.

Die Reibungszahl (s. auch S. 112) kann für einfaches glattes Stahlband auf bearbeiteter Bremsscheibe gesetzt werden:

μ = 0,15 bis 0,20 bei trockener Bremsfläche,
= 0,10 „ 0,15 bei mäßig gefetteter Bremsfläche.

Bei gleichen Bandspannkräften und gleichem Umspannungsbogen wird der Reibungswiderstand dadurch gesteigert, daß man das Bremsband mit Holz, Leder oder Ferodofibre belegt.

Für diese Belagstoffe und für gußeiserne oder Stahlgußscheiben können folgende Reibungszahlen der Bremsberechnung zugrunde gelegt werden:

μ = 0,20 bis 0,3 bei mäßig gefetteter Bremsfläche,
= 0,30 „ 0,5 bei trockener Bremsfläche.

Zur Vermeidung zu starker Abnutzung des Bandbelages ist es stets zweckmäßig, die Bremsfläche leicht zu fetten.

Die Werte $e^{\mu\alpha}$ können für Umspannungswinkel zwischen 20° und 360° der zeichnerischen Darstellung, Abb. 288, entnommen werden.

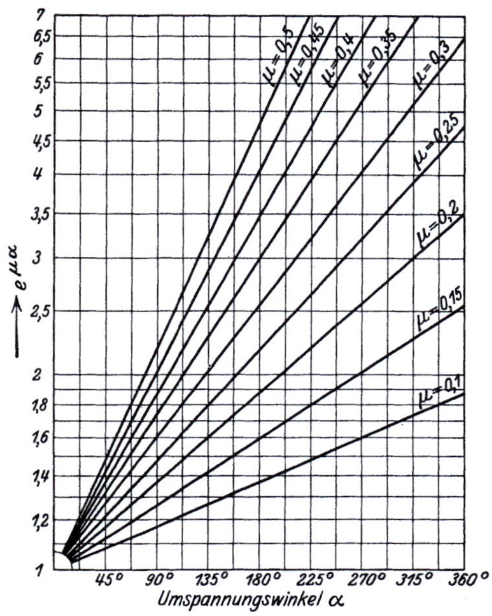

Abb. 288.

α) Einfache Bandbremse.

Bei dieser (Abb. 287 u. 289) greift die größere Bandspannkraft S_1 am Drehpunkt des Bremshebels oder an einem besonderen festen Punkte (Abb. 291 und 292) an. Auf den Bremshebel wirkt daher nur die kleinere Bandspannkraft S_2 mit dem Moment $S_2 \cdot a$ ein.

Bremskraft bzw. Belastungsgewicht. Bezogen auf den Bremshebeldrehpunkt I (Abb. 289) werden sie aus der Momentengleichung

$$K \cdot l - S_2 \cdot a = 0 \tag{145}$$

und unter Einsetzen des Wertes aus Gleichung (140) erhalten zu:

$$K \text{ bzw. } G = S_2 \cdot \frac{a}{l} = U \cdot \frac{a}{l} \cdot \frac{1}{e^{\mu\alpha} - 1}. \tag{146}$$

Läuft die Bremse in entgegengesetztem Sinne um, so vertauschen sich die Bandkräfte S_1 und S_2, und die erforderliche Bremskraft wird um das $e^{\mu\alpha}$-fache größer. Die Hebelübersetzung liegt bei den meisten Ausführungen zwischen $i = a/l = 1:3$ bis $1:6$ und ist bis $1:10$ ausführbar.

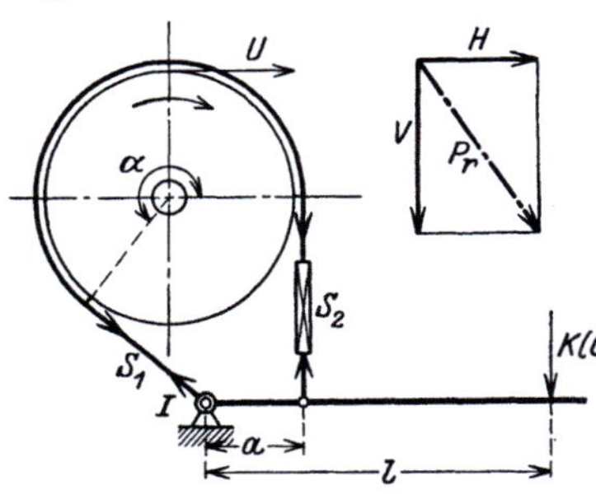

Abb. 289 und 290.

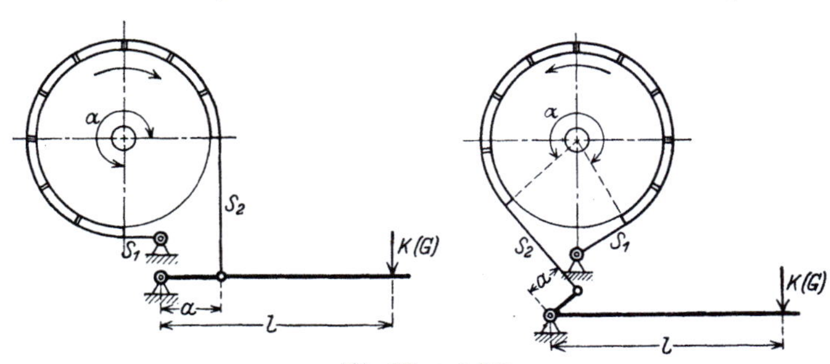

Abb. 291 und 292.

Die Bandkraft S_2 soll möglichst mit einem Winkel von 90° am Bremshebel angreifen. Ist dies nicht der Fall, so ist für den Hebelarm a stets der senkrechte Abstand vom Bremshebeldrehpunkt auf die Richtung von S_2 einzusetzen. Ein zu stumpfer Winkel zwischen dem Bremshebel und der Bandspannung ist unzweckmäßig, da der Bremshebel dann außer auf Biegung noch auf Zug beansprucht wird.

Bei den Bauarten Abb. 291 und 292 greift das auflaufende Bandende nicht am Bremshebeldrehpunkt an, sondern ist zur Vergrößerung des Umspannungsbogens gesondert und oberhalb des Bremshebeldrehpunktes am Windengestell befestigt.

Die Bauart Abb. 291 kommt für Rechtsdrehsinn und die Bauart Abb. 292 für Linksdrehsinn in Betracht.

Lagerkräfte (Abb. 290). Durch die an der Bremsscheibe angreifenden Kräfte wird ein Druck auf die Bremswelle ausgeübt, der von den Lagern der Welle aufgenommen werden muß.

$$\left.\begin{aligned} &\text{Senkrechte Lagerkraft:} && V = (S_1 + S_2)\cdot\sin\frac{\alpha}{2}\,;\\ &\text{waagerechte Lagerkraft:} && H = (S_1 - S_2)\cdot\cos\frac{\alpha}{2}\,;\\ &\text{resultierende Lagerkraft:} && P_r = \sqrt{V^2 + H^2}\,. \end{aligned}\right\} \tag{147}$$

Lüftweg. Der radial gemessene Lüftweg der Bandbremse wird je nach Größe der Bremse zu $\lambda = 0{,}1$ bis 0,5 cm angenommen. Bei bewehrten Bremsbändern wird ein gleichmäßiges Lüften auf den ganzen umspannten Scheibenumfang dadurch erreicht, daß man über dem Bremsband einen am Windengestell befestigten Flacheisenbügel mit mehreren Stellschrauben anordnet (Abb. 300, S. 127).

Mit Bezug auf Abb. 289 und 293 werden die dem radialen Lüftweg λ entsprechenden Lüftwege am Bremshebel in einfacher Weise erhalten zu:

Am Bremsband:

$$h_0 = [2(R+\lambda)\cdot\pi - 2R\pi]\cdot\frac{\alpha}{2\pi} = \lambda\cdot\alpha\,. \tag{148}$$

Am Angriff der Bremskraft bzw. am Bremsgewicht:

$$h = \lambda\cdot\alpha\cdot\frac{l}{a}\,. \tag{149}$$

Die einfache Bandbremse wird nur als Hubwerkbremse verwandt. Für Fahrwerke ist sie ungeeignet, da ihre Bremswirkung in beiden Umlaufsrichtungen verschieden groß ist. Gegenüber der Backenbremse hat sie den Vorzug einer größeren Bremsfläche. Auch zieht sie sanfter und stoßfreier an als diese.

Bandbremsen für Handhubwerke und -winden.

Bei den Handhubwerken dient die Bremse nicht nur zum Lasthalten, sondern auch zum Regeln der Geschwindigkeit der niedergehenden Last. Das der Berechnung zugrunde zu legende Bremsmoment nehme man aus Sicherheitsgründen 25 bis 50% größer als das auf die Bremswelle umgerechnete Lastmoment.

Für die Handwinden ist meist ein unbewehrtes blankes Stahlband ausreichend, das leicht eingefettet wird. Für $\alpha \approx 0{,}7\cdot 2\pi = 252^\circ$ und $\mu \approx 0{,}15$ wird $e^{\mu\alpha} \approx 2$. Bremsscheibendurchmesser: $2R = 200$ bis 500 mm, meist 300 bis 400 mm.

Handkraft am Bremshebel: $K = 10$ bis 20 kg.

Übersetzung des Bremshebels: $i = a/l = {}^1/_4$ bis ${}^1/_5$.

Das abbremsbare Moment ist:

$$M_{\text{br}} = K\cdot\frac{l}{a}\cdot(e^{\mu\alpha} - 1)\cdot R\;\ldots\;\text{kgcm}\,. \tag{150}$$

Für bewehrte Bremsbänder mit $\mu \approx 0{,}25$ und $e^{\mu\alpha} \approx 3$ sind die abbremsbaren Momente doppelt so groß. Das größte mit einer Scheibe von 500 mm Dmr. abbremsbare Moment ist alsdann $\sim$5000 kgcm.

Bremsen für elektrische Hubwerke und Winden.

Sie werden durch ein Gewicht belastet und durch einen Magnetbremslüfter (Abb. 293) gelüftet.

Ebenso wie bei der doppelten Backenbremse ist die abbremsbare Leistung durch die übertragbare Leistung der elastischen Kupplung, auf deren Umfang die Bremse meist angeordnet wird, begrenzt.

Für elektrische Hubwerke kommen nur belegte Bremsbänder in Frage.

Bei $\mu = 0{,}35$ (s. S. 112) und einem durchschnittlichen Umspannungswinkel $\alpha \approx 0{,}7\cdot 360^\circ = 252^\circ$ wird $e^{\mu\alpha} \approx 4$.

Sicherheit. Der Berechnung und Bemessung der Bremsen für elektrische Hubwerke wird ein Sicherheitsgrad zugrunde gelegt, welcher die Betriebsart des Hubwerks berücksichtigt. Siehe S. 112 „Backenbremsen“.

Bandkräfte. Die am Bremshebel angreifende (kleinere) Bandkraft ist z. B. für $e^{\mu\alpha} = 4$:

$$S_2 = \frac{\mathfrak{S} \cdot M_r}{R \cdot (e^{\mu\alpha} - 1)} = \frac{\mathfrak{S} U}{e^{\mu\alpha} - 1} = \frac{\mathfrak{S} U}{3} \dots \text{kg}. \tag{151}$$

Größte, am Hebeldrehpunkt angreifende Bandkraft:

$$S_1 = S_2 \cdot e^{\mu\alpha} = 4 \cdot S_2.$$

Erforderliche Zugkraft des Bremslüfters. Bezeichnet $\mathfrak{S}$ den, den Betriebsverhältnissen entsprechend angenommenen Sicherheitswert, Z_{erf} die erforderliche Zugkraft des Bremslüfters und (G) das an seiner Angriffsstelle wirkend gedachte Bremsgewicht, so ist:

$$Z_{\text{erf}} = (G) = S_2 \cdot \frac{l}{a} = \frac{\mathfrak{S} U}{e^{\mu\alpha} - 1} \cdot \frac{l}{a} \dots \text{kg}. \tag{152}$$

Für z. B. $e^{\mu\alpha} = 4$ und $l/a = 5$ wird

$$Z_{\text{erf}} = (G) \approx 1{,}67 \mathfrak{S} U \dots \text{kg}. \tag{153}$$

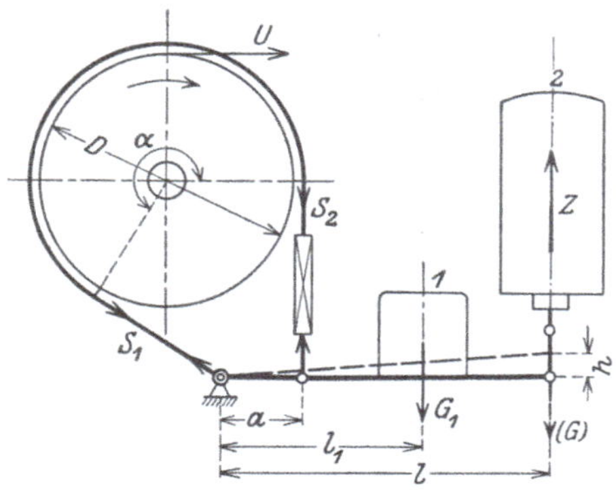

Abb. 293. Bandbremse für elektrische Hubwerke (Berechnungsskizze).

Der Wirkungsgrad der einfachen Bandbremse ist bedeutend besser als der der doppelten Backenbremse. Während die doppelte Backenbremse in ihrer üblichen Ausführung ohne den Magnetanschluß sieben Gelenke hat, hat die einfache Bandbremse nur zwei. Der Wirkungsgrad kann daher, besonders im Hinblick auf die Unsicherheit der Reibungszahl, unberücksichtigt bleiben.

Nach Annahme des radialen Lüftweges ($\lambda = 0{,}1$ bis $0{,}5$ cm) wird die Lüftung h_{erf} an der Stelle des Bremslüfters nach Gleichung (149), S. 122, berechnet, wobei l den Abstand des Bremslüfters vom Hebeldrehpunkt bedeutet (Abb. 293).

Mit der erforderlichen Zugkraft Z_{erf} und dem erforderlichen Hub (Lüftweg) h_{erf} wird dann der Bremslüfter gewählt (s. Abschnitt „Elektrische Ausrüstung").

Bremsgewicht. Es wird in gleicher Weise wie bei der doppelten Backenbremse (s. S. 113) berechnet.

Belastung der Bremsfläche. Der Flächendruck zwischen Band und Scheibe ist am Angriff der Bandspannkraft S_1 (Abb. 294) am größten, sinkt allmählich und erreicht seinen Kleinstwert am Angriff der Spannkraft S_2.

Für ein Flächenelement von 1 cm Länge und b_0 cm Breite, an dem die Bandspannungen S_1 und $S_1 + dS_1$ angreifen, wird, wenn $S_1 + dS_1 \approx S_1$ gesetzt wird, der Normaldruck N aus den Verhältnisgleichungen (Abb. 294 und 295)

$$\frac{d\alpha}{1} = \frac{1}{R} \quad \text{und} \quad \frac{d\alpha}{N} = \frac{1}{S_1} \tag{154}$$

erhalten zu:

$$N = S_1 \cdot d\alpha = S_1 \cdot \frac{1}{R}. \tag{155}$$

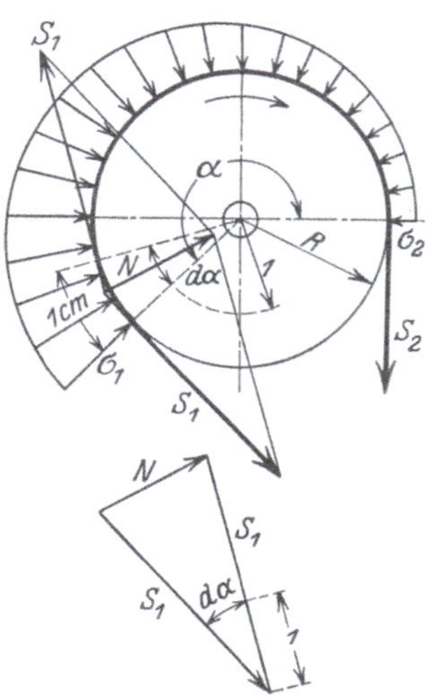

Abb. 294 und 295.

Für die Flächeneinheit von 1 cm² ($b_0 = 1$ cm) ist dann der größte Flächendruck:

$$_{\max}\sigma = \sigma_1 = \frac{N}{b_0} = \frac{S_1}{R \cdot b_0} = \frac{U \cdot e^{\mu\alpha}}{R \cdot b_0 (e^{\mu\alpha} - 1)}. \tag{156}$$

In gleicher Weise ergibt sich der kleinste Flächendruck zu:

$$_{\min}\sigma = \sigma_2 = \frac{S_2}{R \cdot b_0} = \frac{U}{R \cdot b_0 \cdot (e^{\mu\alpha} - 1)}. \tag{157}$$

Da der Flächendruck am auflaufenden Bandende (Abb. 294) am größten ist, so ist auch an dieser Stelle das Produkt $\sigma v \mu$ (s. S. 114) am größten und die Abnutzung der Bremsbandbewehrung am stärksten. Nicht genügend breite, mit Holzklötzen bewehrte Bremsbänder fangen daher bei scharfem Einfallen der Bremse an der Angriffsstelle der Bandspannkraft S_1 je nach der Holzart an zu brennen bzw. zu kohlen.

Ist

$$l_0 = 2R \cdot \pi \cdot \frac{\alpha}{360^\circ} \ldots \text{cm} \tag{158}$$

die Aufliegelänge des Bremsbandes, so ist die Reibfläche:

$$f = b_0 \cdot l_0 = b_0 \cdot 2R\pi \cdot \frac{\alpha}{360} \ldots \text{cm}^2. \tag{159}$$

Bezeichnen $\frac{U \cdot v}{102}$ die abzubremsende Leistung in kW, $\sigma_m = \frac{\sigma_1 + \sigma_2}{2} \ldots$ kg/cm² den mittleren Flächendruck, $\sigma_m \cdot v \cdot \mu \ldots \frac{\text{kg m}}{\text{cm}^2 \cdot \text{sek}}$ die Reibungsleistung der Bremse, so ist

$$\frac{U \cdot v}{102} = f \cdot \sigma_m \cdot v \cdot \mu\,. \tag{160}$$

Hieraus ergibt sich der mittlere Flächendruck zu:

$$\sigma_m = \frac{U}{102 \cdot f\mu} \ldots \text{kg/cm}^2. \tag{161}$$

Der Größtwert σ_1 des Flächendruckes [Gleichung (156)] darf zur Vermeidung zu starker Abnutzung am auflaufenden Bandende die zulässigen, S. 114 bereits bei der doppelten Backenbremse gegebenen Werte nicht überschreiten. Das gleiche gilt auch für die daselbst angegebenen Werte der Reibungsleistung. Im Gegensatz zu den doppelten Backenbremsen kommt man bei den Bandbremsen meist mit den elastischen Kupplungen Bauart A (Abb. 215, S. 93) aus.

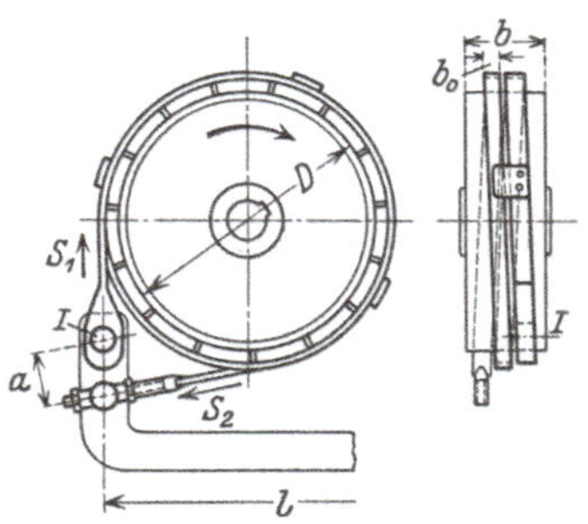

Abb. 296. Schlingbandbremse (Demag).

β) Schlingbandbremse.

Ebenso wie bei der einfachen Bandbremse ist das auflaufende Bandende am Bremshebeldrehpunkt oder an einem anderen festen Drehpunkte angeordnet, während das ablaufende am Bremshebel angreift (Abb. 296). Das mit Holzklötzen oder Ferodofibre belegte Bremsband ist dagegen bei der Schlingbandbremse schmal gehalten und in etwa $1^3/_4$ Windungen schraubenförmig um die Scheibe gelegt. Das Verhältnis der beiden Bandspannkräfte ist daher groß, und bei gegebenem Bremsmoment wird die am Bremshebel angreifende Bandspannkraft bedeutend kleiner als bei dem kleinen Umspannungswinkel der einfachen Bandbremse.

Die Schlingbandbremse dient bei den Greiferhubwerken (s. Abschnitt D. „Winden“) als Haltebremse für die Entleertrommel und ist meist mit einer Bremsbandkupplung vereinigt (Abb. 224, S. 96). Sie wird entweder durch einen Handhebel oder durch einen Fußtritt betätigt.

Die Berechnung der Schlingbandbremse ist die gleiche wie die der einfachen Backenbremse, nur ist der Umspannungswinkel mit $\alpha \approx 1{,}75 \cdot 2\pi = 630^\circ$ einzusetzen, während er bei der einfachen Bandbremse höchstens $0{,}75 \cdot 2\pi = 270^\circ$ beträgt.

Dieser große Umspannungsbogen von 630° ergibt bei den in Frage kommenden Reibungszahlen (s. S. 121) folgende hohe Werte für $e^{\mu\alpha}$:

Reibungszahl μ =	0,20	0,25	0,30	0,35	0,40	0,45	0,50
$e^{\mu\alpha}$ =	9	15	27	47	80	138	240.

Die Spannkräfte am auflaufenden und ablaufenden Bandende werden nach Gleichung (151), S. 123, berechnet. Für diese werden auch bei großem Bremsmoment kleine Werte erhalten, was bei der stets in Frage kommenden Betätigung von Hand erwünscht ist.

Der Lüftweg der Schlingbandbremse am Angriffspunkt des Schlingbandes am Bremshebel ist bei dem großen Umspannungswinkel ebenfalls groß. Er wird für eine angenommene radiale Lüftung von 0,1 bis 0,3 cm nach Gleichung (149), S. 122, berechnet, und ist etwa 2,3 mal so groß als bei der einfachen Bandbremse.

γ) Differentialbremse.

Die größere Bandspannkraft S_1 greift am Hebelarm a_1 des Bremshebels an (Abb. 297). Da sie mit der Bremskraft K gleichen Drehsinn hat, so wird diese entsprechend vermindert.

Aus der auf den Bremshebeldrehpunkt bezogenen Momentengleichung

$$K \cdot l + S_1 \cdot a_1 - S_2 \cdot a_2 = 0 \tag{162}$$

und den Beziehungen

$$S_1 = S_2 \cdot e^{\mu\alpha}; \quad S_2 = \frac{U}{e^{\mu\alpha} - 1} \text{ (s. S. 120)}$$

werden die **Bremskraft** bzw. das ihr entsprechende **Belastungsgewicht** erhalten zu:

$$K \text{ bzw. } G = \frac{S_2 \cdot a_2 - S_1 \cdot a_1}{l} = \frac{U}{l} \cdot \frac{a_2 - e^{\mu\alpha} \cdot a_1}{e^{\mu\alpha} - 1}. \tag{163}$$

Die Bremskraft läßt sich durch die Wahl des Verhältnisses $a_2 : a_1$ beliebig verkleinern. Für $a_2 : a_1 \leq 0$ wird K negativ bzw. Null. Die Bremse geht in ein Reibungsgesperre über und wirkt selbsttätig. Da sie bei kleiner positiver Bremskraft stoßweise arbeitet, so muß $a_2 > e^{\mu\alpha} \cdot a_1$ sein.

Die Größe von a_1 wird zunächst mit den Abmessungen des Bremshebeldrehbolzens und des Bolzens des auflaufenden Bandendes konstruktiv festgelegt. Darauf wähle man den Hebelarm der Spannkraft am ablaufenden Bandende zu $a_2 = 2{,}5 a_1$ bis $3 a_1$.

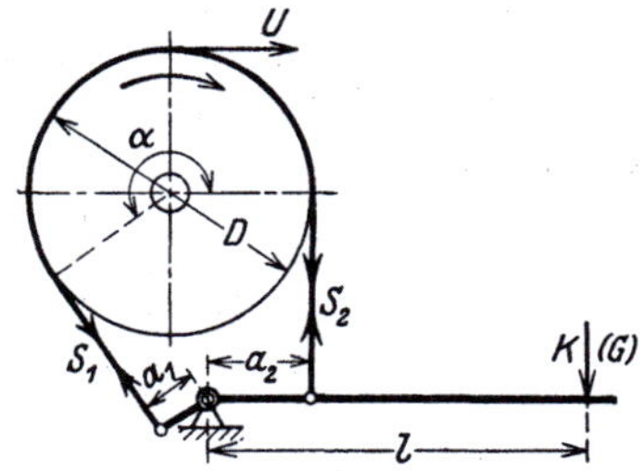

Abb. 297. Differentialbremse.

Bei entgegengesetztem Umlauf der Bremsscheibe vertauschen sich die Bandkräfte S_1 und S_2 und die Bremskraft wird $e^{\mu\alpha}$-mal größer.

Lüftweg. Bezeichnen h' und h'' die Ausschläge der Hebelarme a_1 und a_2, so ist der Unterschied dieser Ausschläge:

$$h_0 = h'' - h' = \lambda \cdot \alpha. \tag{164}$$

Aus der Ähnlichkeitsbeziehung

$$\frac{h'}{a_1} = \frac{h''}{a_2} = \frac{h}{l} \tag{165}$$

werden

$$h' = a_1 \cdot \frac{h}{l} \quad \text{und} \quad h'' = a_2 \cdot \frac{h}{l}. \tag{166}$$

Durch Einsetzen dieser Werte in Gleichung (164) wird der Lüftweg am Angriff der Bremskraft:

$$h = h_0 \cdot \frac{l}{a_2 - a_1} = \lambda \cdot \alpha \cdot \frac{l}{a_2 - a_1}. \tag{167}$$

Wegen ihres kleinen Lüftweges und der Möglichkeit einer stoßweisen Wirkung kommt die Differentialbremse nur für Handwinden in Frage. Aber auch bei diesen zieht man ihr, wenn irgend angängig, die einfache Bandbremse vor.

d) Summenbremse (Bandbremse für wechselnde Drehrichtung).

Bei der Summenbremse (Abb. 298 und 299) greifen beide Bandspannkräfte mit gleichen Hebelarmen ($a_1 = a_2 = a$) am Bremshebel an und wirken der Bremskraft entgegengesetzt.

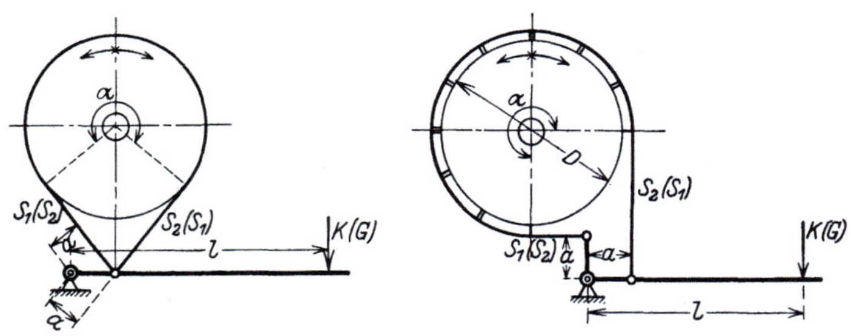

Abb. 298 und 299. Bandbremsen für wechselnde Drehrichtung.

Die auf den Bremshebeldrehpunkt (Abb. 298) bezogene Momentengleichung lautet daher:

$$K \cdot l - S_1 \cdot a - S_2 \cdot a = 0. \tag{168}$$

Mit $S_1 = S_2 \cdot e^{\mu\alpha}$ und $S_1 - S_2 = U$ wird die Bremskraft bzw. das ihr gleichwertige Belastungsgewicht erhalten zu:

$$K \text{ bzw. } G = \frac{a}{l} \cdot (S_1 + S_2) = U \cdot \frac{a}{l} \cdot \frac{e^{\mu\alpha} + 1}{e^{\mu\alpha} - 1}. \tag{169}$$

Diese Bremskraft ist für beide Umlaufsrichtungen der Scheibe die gleiche, da sich nur die am gleichen Hebelarm a wirkenden Bandspannungen S_1 und S_2 [Gleichung (169)] vertauschen.

Gegenüber der einfachen Bandbremse erfordert die Summenbremse, gleichen Durchmesser und Umspannungsbogen sowie gleiche Reibungszahl und Hebelübersetzung vorausgesetzt, eine um den Betrag $(e^{\mu\alpha} + 1)$mal größere Bremskraft. Für $e^{\mu\alpha} = 2$ bzw. 3 wird also die Bremskraft 3 bzw. 4mal größer.

Mit der ebenfalls für wechselnde Drehrichtung in Frage kommenden doppelten Backenbremse (s. S. 111) läßt sich die Summenbremse nicht ohne weiteres vergleichen, da die erstere eine viel größere Übersetzung hat.

Bei den meist vorkommenden durchschnittlichen Gestängeübersetzungen (s. S. 113) ist das für die doppelte Backenbremse erforderliche Bremsgewicht, gleiche Berechnungsgrundlage vorausgesetzt, um etwa 20 bis 30% kleiner als das der Summenbremse.

Für Dreh- und Fahrwerke zieht man daher fast allgemein die doppelte Backenbremse der Summenbremse vor.

Gestaltung der Bandbremsen.

Bremsscheiben. Für Handwinden werden sie aus Gußeisen hergestellt und ähnlich den normalen Bremsscheiben für Hebemaschinen nach DIN 4003 (s. S. 115) gestaltet.

Der Scheibendurchmesser liegt zwischen 250 und 400 mm und geht nur ausnahmsweise bis 500 mm.

Tabelle 32. Bremsscheiben für Handwinden.

Scheibendurchmesser	$D =$	(250)	300	350	400	(450)	500 mm
Scheibenbreite	$b =$	50	60	70	80	100	120 „
Bandbreite	$b_0 =$	40	50	60	70	80	100 „

Ausführung der Scheiben mit beiderseitigem Bordrand ist nicht erforderlich, da sich das Bremsband im allgemeinen richtig zur Scheibe einstellt. Gegebenenfalls gibt man dem Band einen über den Scheibenkranz greifenden Flacheisenbügel.

Bei Handwinden stellt man Bremsscheibe und Sperrad mitunter aus einem Stück her. In baulicher Hinsicht hat diese Anordnung jedoch den Nachteil, daß die am Bremshebeldrehbolzen wirkende resultierende Kraft einen großen Abstand vom Windenschild hat und einen sehr starken Bolzen erfordert.

Für motorische (elektrische) Hebezeuge erhalten die Bandbremsen, ebenso wie die doppelten Backenbremsen, die nach DIN 4003 (Tabelle 31, S. 115) genormten Bremsscheiben. Meist wird die Bremse jedoch auf dem Umfang der elastischen Kupplung angeordnet, die den Motor mit dem Triebwerk verbindet.

Ausführung der elastischen Kupplungen s. S. 93. Abb. 300: Normale Ausführung der Bandbremse für elektrisch betriebene Hubwerke.

Bremsbänder. Für die Bremsen von Handwinden ist ein blankes Stahlband ausreichend, dessen Abmessungen nachstehend gegeben sind:

Bandbreite	$b_0 =$	40	50	60	70	80	100 mm
Bandstärke	$s_0 =$	2	3	3	4	4	4 „

Ist die Bremse einer Handwinde in ihren Abmessungen beschränkt, so wird das Band auch mit Leder belegt. Der Lederbelag wird durch Kupfernieten am Bremsband befestigt.

Für motorische (elektrische) Winden und Hubwerke kommen nur mit Holz oder Ferodofibre belegte Bremsbänder in Frage:

Tabelle 33. Abmessungen der Bremsbänder für elektrische Hebezeuge.

Scheibenbreite .	$b =$	65	80	100	125	160	200	250	mm
Bandbreite . .	$b_0 =$	60	70	90	100	140	180	230	„
Bandstärke . .	$s_0 =$	3	4	4	5	5	4	4	„
Ferodostärke .	$\delta_1 =$	5	6	7	8	8	10	10	„
Holzklotzstärke	$\delta_2 =$	30	30	30	35	40	45	45	„
Holzklotzlänge	$l_2 =$	60 bis 80	70 bis 90	90 bis 100	100 bis 130	110 bis 140	130 bis 160	140 bis 160	„

Holzbelag (Abb. 300) wird durch zwei oder vier Holzschrauben am Band befestigt. Zwischen je zwei Holzklötzen ist ein genügend großer Spielraum (4 bis 6 mm) erforderlich. Holzart für die Klötze: Weißbuche oder Pappelholz.

Der Ferodobelag wird entweder durch Kupfernieten oder durch Schrauben am Bremsband befestigt (Abb. 301).

Geteilte Bremsbänder werden durch zwei angenietete Winkel oder durch ein Scharnier miteinander verbunden.

Die Bremsbänder werden mit der größten Bandspannung S_1 (s. S. 120) in dem durch die Nieten geschwächten Querschnitt auf Zug berechnet. Bezeichnen b_0 die Bandbreite, s_0 die Bandstärke und d den Durchmesser zweier im Querschnitt liegender Nieten, so ist die Zugspannung:

$$\sigma = \frac{S_1}{(b_0 - 2d) \cdot s_0} \ldots \text{kg/cm}^2. \quad (170)$$

Zulässige Zugbeanspruchung (Werkstoff: St 37·12): $\sigma_{zul} = 400$ bis 600, im Mittel 500 kg/cm².

Die Bremsbänder der Schlingbandbremsen (s. S. 124) werden mit Holzklötzen oder Ferodofibre bewehrt. Wegen der 1,75fachen Umschlingung werden sie schmäler, aber stärker als die gewöhnlichen Bremsbänder ausgeführt. Für Bremsen von 500 bis 1000 mm Scheibendurchmesser sind nachstehende Bandabmessungen $b_0 \cdot s_0$ zweckmäßig: 30 · 8, 35 · 10, 35 · 12, 40 · 16, 50 · 15 mm. Stärke der Holzklötze: 25 bis 30 mm, des Ferodobandes: 8 bis 10 mm. Spielraum zwischen den beiden Umschlingungen: 2 bis 5 mm.

Bremsbandanschlüsse. Beide Bandenden werden gelenkig (durch Bolzen) am Bremshebel angeschlossen. Blanke (unbewehrte) Stahlbänder nutzen sich nur unwesentlich ab und erhalten daher an beiden Enden festen Bandanschluß.

Mit Holz oder Ferodofibre bewehrte Bänder werden am auflaufenden Bandende fest und am ablaufenden nachstellbar (Abb. 300) angeschlossen.

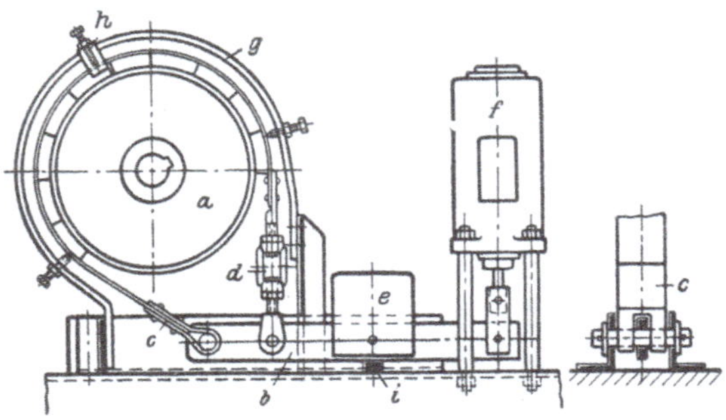

Abb. 300. Bandbremse für elektrisch betriebene Hubwerke (Demag).

a Bremsscheibe; *b* Bremshebel; *c* fester, *d* nachstellbarer Bandanschluß; *e* Bremsgewicht; *f* Magnetbremslüfter; *g* Bügel mit Stellschrauben *h*; *i* Anschlag zum Aufsetzen des Bremshebels.

Die Ausbildung der Bremsbandanschlüsse hängt davon ab, ob der Bremshebel aus einem (Abb. 300) oder zwei Flacheisen besteht.

Für Handwinden kommen nur einfache Flacheisenhebel in Betracht.

Bei den Bremsen für elektrische Hebezeuge wird die Flacheisenschlaufe (*c* auf Abb. 300) allgemein angewendet, da sie zweischnittig mit dem Bremsband verbunden ist. Die Flacheisenstärke der Schlaufe nehme man etwa gleich der 1,25fachen Bandstärke.

Nietdurchmesser: $d = 8$ bis 13 mm. Kleinste Nietzahl: $z = 4$.

Bezeichnet S_1 die größte Bandkraft, so ist die Scherbeanspruchung des zweischnittigen Nietanschlusses:

$$\tau = \frac{S_1}{2 \cdot z \cdot d^2 \pi/4} \ \ldots \ \text{kg/cm}^2. \tag{171}$$

Der bei der zweischnittigen Nietverbindung noch nachzuprüfende Lochleibungsdruck ist:

$$\sigma_l = \frac{S_1}{z \cdot d \cdot s_0} \ \ldots \ \text{kg/cm}^2. \tag{172}$$

Werkstoff der Nieten: St 34 · 13. In Rücksicht auf etwaige Stoßwirkung der Bremse nehme man die Scherbeanspruchung der Niete verhältnismäßig niedrig, $\tau_{zul} = 200$ bis 400 kg/cm², Lochleibungsdruck $\sigma_l = 2\,\tau_{zul}$.

Bei den Bremsbandanschlüssen der Handwinden werden die Niete ($d = 6$ bis 8 mm) kalt geschlagen. Sie werden daher nicht auf Abscheren oder Reibungsschluß, sondern mit $\sigma_{zul} \approx 400$ kg/cm² auf Biegung berechnet.

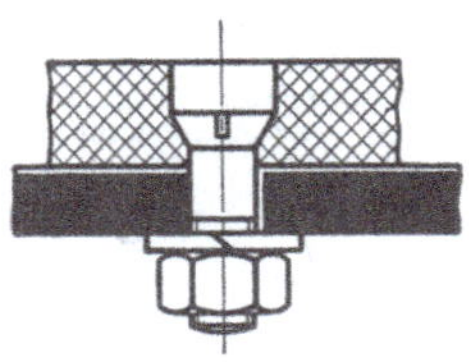

Abb. 301.

Der nachstellbare Bandanschluß besteht bei einem einfachen Flacheisen als Bremshebel (Abb. 300) aus der Blattschraube, dem Spannschloß *d* und der Gabel. Diese wird entweder aus Sechskanteisen oder als gepreßtes Formstück (Abb. 300) hergestellt.

Die schmalen Bänder der Schlingbandbremsen erhalten für den festen Bandanschluß eine Öse. Der nachstellbare Bandanschluß wird mit einer Traverse ausgeführt (Abb. 303, S. 129).

Flacheisenbügel (Abb. 300). Damit der radiale Lüftweg des Bremsbandes auf den ganzen umspannten Bogen der Bremse gleichmäßig eingestellt werden kann, wird über dem Bremsband ein gebogener Flacheisenbügel angeordnet, dessen beide Enden in geeigneter Weise am Windengestell befestigt werden. An dem Bügel sind in bestimmten Abständen Stellschrauben angeordnet, die nach Einstellen der Lüftung durch eine Mutter festgestellt werden.

Damit der Bügel nicht federt, soll er mindestens 10 bis 12 mm stark sein.

Schraubendurchmesser: $^1/_2$ bis $^5/_8''$. Bei großen Bremsen sind diese Abmessungen entsprechend stärker.

Bremshebel und Bremsgewicht. Ist der Bremshebel ein einfaches Flacheisen, so wird das Gewicht ebenso wie bei den doppelten Backenbremsen (s. S. 118) ausgebildet. Besteht er aus zwei Flacheisen, so wird das Gewicht auf diesen aufgesetzt und durch ein oder zwei Schrauben befestigt. Um die Größe der Bremskraft einstellen zu können, macht man den Abstand des Bremsgewichtes vom Hebeldrehpunkt veränderlich und sieht zu diesem Zweck die erforderlichen Schraubenlöcher vor.

Ausführungsbeispiele. Abb. 302: Hubwerkbremse zu einem Hafendrehkran mit Greiferbetrieb. Die Bremse wird beim Heben durch den Magnetbremslüfter und beim Senken von Hand gelüftet.

Scheibendurchmesser: 700 mm. Stromart: Drehstrom 500 V, 50 Hz. Type des Magnetbremslüfters (SSW): K 3830. Hubarbeit: 300 kgcm.

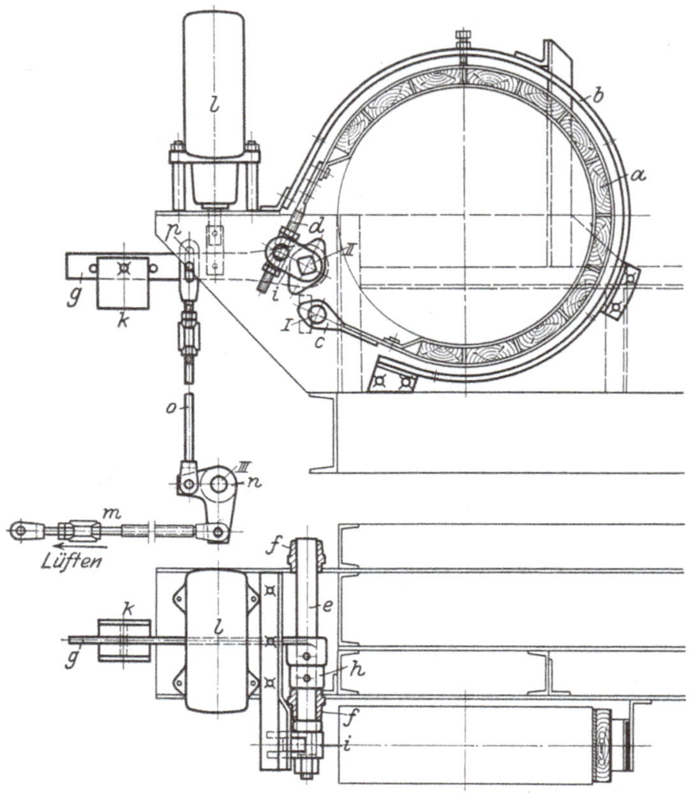

Abb. 302. Hubwerkbremse zu einem Hafendrehkran von 6 t Tragkraft (Demag).
a Bremsband mit Holzklötzen und Lederbelag; *b* Flacheisenbügel mit Stellschrauben zur Einstellung der Bandlüftung; *c* fester Bandanschluß; *d* nachstellbarer Bandanschluß; *e* drehbarer Bolzen; *f* Flanschlager zu *e*; *g* Bremshebel auf dem Bolzen *e* verstiftet; *h* Stellring; *i* Gabel, auf dem Vierkant von *e* sitzend und durch eine Mutter befestigt; *k* Bremsgewicht; *l* Magnetbremslüfter; *m* Rohrgestänge mit Gabeln und Spannschloß zum Lüften der Bremse von Hand (vom Führerstand aus); *n* Winkelhebel; *o* Gestänge mit Spannschloß; *p* Gabel mit Langloch zum Anschluß des Handlüftgestänges an den Bremshebel. *I*—*II*—*III* feste Drehpunkte der Bremse.

Abb. 303: Entleerbremse zum Greiferhubwerk einer Führerstandslaufkatze von 5 t Tragkraft. Die Bremse ist als Schlingbandbremse ausgebildet und wird vom Führerstand aus mittels eines Handhebels bedient. Scheibendurchmesser: 600 mm.

c) Sonstige Bremsen.

1. Kegel-, Scheiben- und Lamellenbremsen.

Sie entsprechen in ihrer Wirkung den gleichnamigen Reibungskupplungen und kommen als selbständige Bremsen im Hebezeugbau nicht in Betracht. In Verbindung mit einem Sperrwerk sind sie jedoch ein wesentlicher Bestandteil der Lastdruckbremsen (s. S. 131), bei denen sie durch den von der Last hervorgerufenen Längsdruck der Bremswelle betätigt werden.

Kegelbremse (Abb. 304). Der auf der Welle sitzende Vollkegel wird durch den Längsdruck P (z. B. den Zahndruck eines Schneckengetriebes) in den beim Lasthalten und Bremsen stillstehenden Hohlkegel gedrückt.

Bezeichnen mit Bezug auf Abb. 304 γ den halben Kegelwinkel und R den mittleren Halbmesser der Reibflächen, so ist das Reibungsmoment der Bremse:

$$M_r = W_r \cdot R \geq U \cdot R = N \cdot \mu \cdot R = P \cdot \frac{\mu}{\sin \gamma} R \;\ldots\; \text{kgcm}. \tag{173}$$

Halber Kegelwinkel $\gamma = 20$ bis $28°$. Reibungszahl bei gefetteter Bremsfläche $\mu = 0{,}10$ bis $0{,}15$. Die Kegelbreite b ist durch den zulässigen Flächendruck zwischen Voll- und Hohlkegel bestimmt.

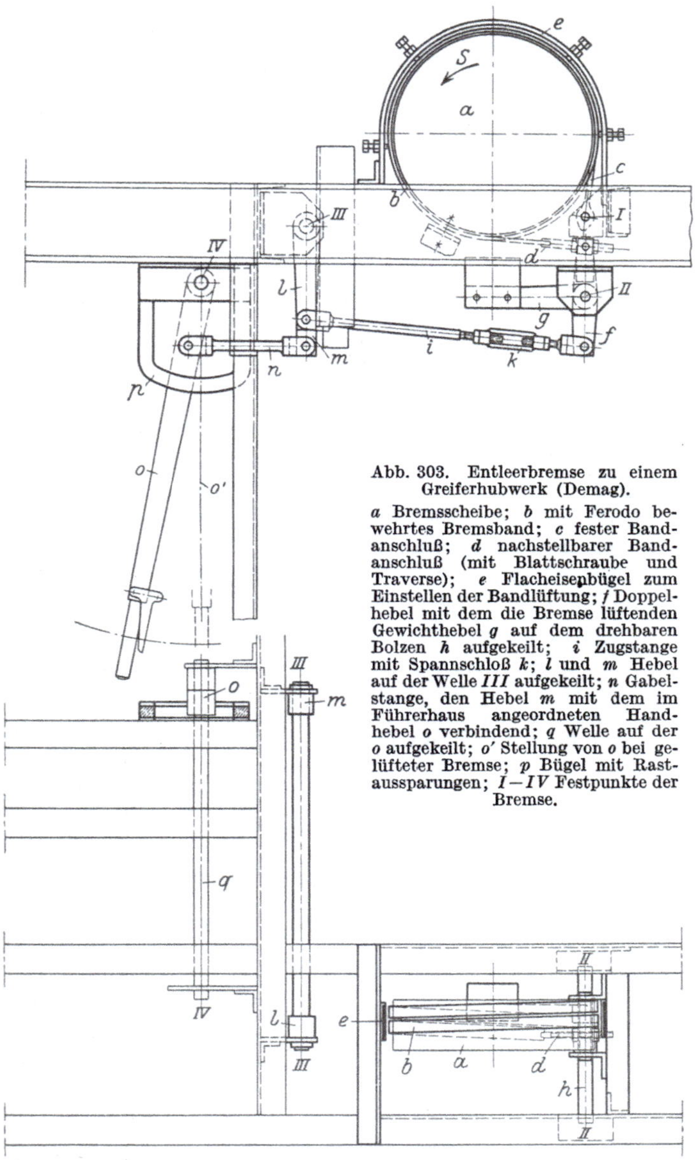

Abb. 303. Entleerbremse zu einem Greiferhubwerk (Demag).

a Bremsscheibe; *b* mit Ferodo bewehrtes Bremsband; *c* fester Bandanschluß; *d* nachstellbarer Bandanschluß (mit Blattschraube und Traverse); *e* Flacheisenbügel zum Einstellen der Bandlüftung; *f* Doppelhebel mit dem die Bremse lüftenden Gewichthebel *g* auf dem drehbaren Bolzen *h* aufgekeilt; *i* Zugstange mit Spannschloß *k*; *l* und *m* Hebel auf der Welle *III* aufgekeilt; *n* Gabelstange, den Hebel *m* mit dem im Führerhaus angeordneten Handhebel *o* verbindend; *q* Welle auf der *o* aufgekeilt; *o'* Stellung von *o* bei gelüfteter Bremse; *p* Bügel mit Rastaussparungen; *I*–*IV* Festpunkte der Bremse.

$$\sigma = \frac{N}{b \cdot 2 R \pi} \text{ kg/cm}^2;$$

$$N = \frac{P}{\sin\gamma} \text{ (Abb. 305).}$$

Scheibenbremse. Wird der Winkel γ der Kegelbremse $90°$ ($\sin\gamma = 1$), so geht diese in eine einfache Scheibenbremse (Abb. 306) über. Reibungsmoment:

$$M_r = W_r \cdot R \geq U \cdot R = P\mu \cdot R \;\ldots\; \text{kgcm}. \qquad (174)$$

Lamellenbremse (Abb. 307). In dem feststehenden Gehäuse *1* sind die Scheiben (Lamellen) *2* durch Keile, Nasen oder Stifte gegen

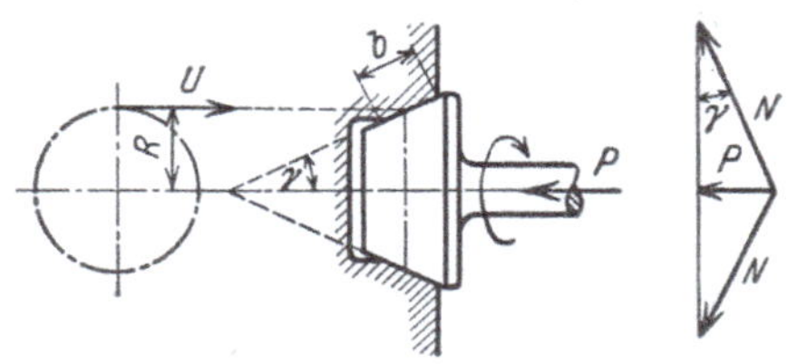

Abb. 304 und 305. Kegelbremse.

Drehen gesichert, während die Scheiben *3* auf der Welle aufgekeilt sind und mit dieser umlaufen.

Durch den Längsdruck P der Welle werden die Scheiben gegeneinander gepreßt, und es wird ein Reibungswiderstand hervorgerufen, der, der Zahl der Reibflächen entsprechend, um ein Vielfaches größer ist als der Reibungswiderstand der Scheibenbremse. Die Zahl der Reibflächen ist doppelt so groß als die Zahl der umlaufenden Lamellen.

Bezeichnet z die Zahl der Reibflächen, so ist das durch den Längsdruck P erzeugte Reibungsmoment:

$$M_r = W_r \cdot R \geq U \cdot R = z \cdot P\mu \cdot R \;\ldots\; \text{kgcm}. \qquad (175)$$

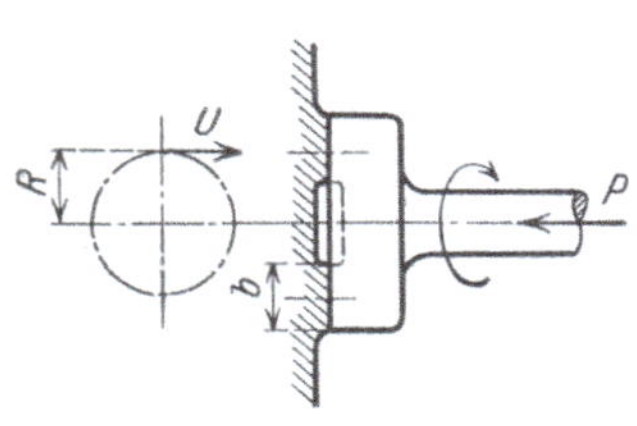

Abb. 306. Scheibenbremse.

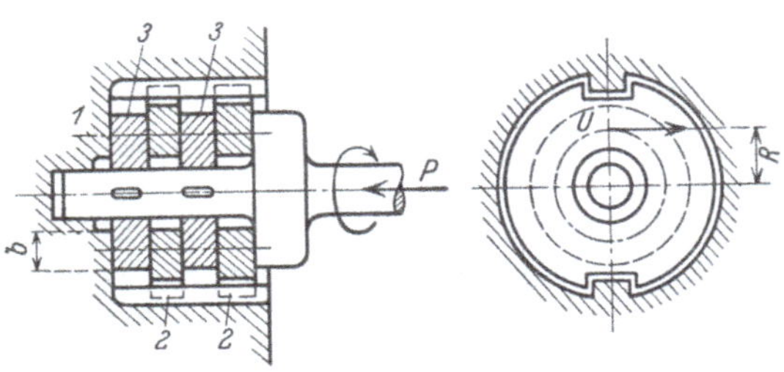

Abb. 307. Lamellenbremse.

Werkstoff der Scheiben: Stahl (St 70 · 11) und Gußbronze (GBz 20). Reibflächen sauber bearbeitet und geschmiert ($\mu \approx 0{,}1$). Als umlaufende Scheiben werden statt der Bronzescheiben auch Stahlscheiben verwendet, die beiderseits mit Ferodofibre belegt sind.

Flächendruck: $\sigma = \frac{P}{i \cdot F}$, wobei F die ringförmige Bremsfläche in cm² bedeutet.

Zulässiger Flächendruck: $\sigma = 4$ bis 8, im Mittel 6 kg/cm².

Bei elektrischen Kleinhebezeugen wird die Lamellenbremse auch als Senkbremse benutzt. Da während des Senkvorganges erhebliche Arbeitsmengen in Wärme übergeführt werden, so läßt man die Bremse im Ölbad laufen.

Alsdann: $\mu = 0{,}03$ bis 0,05, im Mittel 0,04.

Bezeichnet $v = \frac{2 R \pi \cdot n}{60}$ ... m/sek die Gleitgeschwindigkeit, so ist die zulässige Belastung der Bremse $\sigma \cdot v \leq 30$.

Bei schlechter Wärmeableitung ist dieser Wert bis herab auf $^1/_3$ zu vermindern.

2. Sperradbremsen (Lüftbremsen).

α) Sperradbremsen und Zahngesperre.

Abb. 308 zeigt die meist angewendete Bauart mit außen verzahntem Sperrad.

Das Sperrad *a* ist auf der Welle aufgekeilt, während die Bremsscheibe *b* lose auf ihr sitzt. Die Bremse wird durch ein Gewicht *c* angezogen und durch den Bremshebelhandgriff gelüftet. Die um die halbe Teilung zueinander versetzten Sperrklinken *d* sitzen auf den, an der Bremsscheibe befestigten Bolzen *e* und werden durch Spiralfedern *f* in Eingriff gehalten.

Arbeitsweise der Bremse (Abb. 308).

1. Heben. Die Bremse ist durch das Gewicht angezogen. Ihre Scheibe steht daher still. Die Bremswelle mit dem Sperrad drehen sich unter dem Einfluß der Antriebskraft im Linkssinne (Hubsinne) und die Zähne des Sperrades laufen unter den Klinken durch.

2. Lasthalten. Die Antriebskraft des Windwerks hört auf. Die Bremswelle wird durch den Lastzug um einen kleinen Betrag (die halbe Sperradteilung) im Senksinne gedreht, bis der nächste Sperradzahn sich an die eine Klinke anlegt. Da die Bremse angezogen ist, so wird die Last vermittels der Klinke abgestützt und ihr Niedergang verhindert.

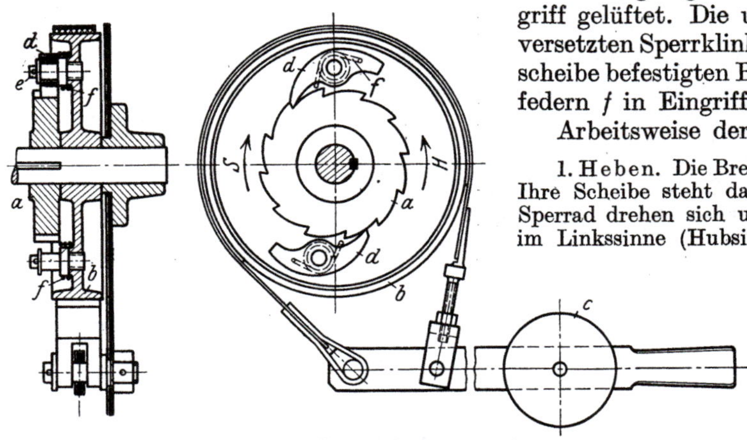

Abb. 308. Normale Sperradbremse für Handkabelwinden (Piechatzek).
a Sperrad; *b* Bremsscheibe; *c* Belastungsgewicht; *d* Sperrklinken; *e* Bolzen zu *d*, an *b* angeschraubt; *f* Spiralfedern, den Klinkeneingriff erzwingend.

3. Senken. Der gewichtbelastete Bremshebel wird gelüftet. Sperrad und Bremsscheibe bleiben durch die Klinke gekuppelt und drehen sich mit der Welle im Senksinn (Rechtssinn Abb. 308).

Die Senkgeschwindigkeit der Last ist durch mehr oder weniger starkes Lüften der Bremse regelbar.

Die Sperradbremse ist nicht vollkommen betriebssicher, da bei ungeschickter Handhabung (zu starkem Lüften) die Last freigegeben wird und abstürzen kann. Sie wird deshalb vielfach in Verbindung mit einer Fliehkraftbremse (s. S. 133) angewendet.

Das beim Lastheben auftretende klappernde Geräusch der Sperradklinken wird dadurch vermieden, daß man die Klinken durch ein Reibzeug steuert. Siehe Abb. 261, S. 108.

Zur Erhöhung der Sicherheit und um den Klinkengleitweg auf die Hälfte zu verringern, sieht man zweckmäßig zwei um die halbe Zahnteilung zueinander versetzte Klinken vor.

Die Bremse wird am besten als einfache Bandbremse ausgeführt. Ist man bei Handwinden mit dem Scheibendurchmesser begrenzt und wird das während des Senkens anzuhebende Belastungsgewicht zu schwer, so macht man, um dieses zu vermindern, auch von der Differentialbremse Gebrauch. Diese hat jedoch einen sehr kleinen Lüftweg und erschwert daher das Regeln der Senkgeschwindigkeit.

Bei den Sperradbremsen mit innen verzahntem Sperrad (Abb. 309) werden die Sperradzähne am Bremsscheibenkranz angegossen. Diese Bremsen erhalten stets durch ein Reibzeug gesteuerte Klinken.

Die für Handwinden und Bremsmomente von 2000 bis 3000 kgcm in Frage kommende Innensperradbremse, Abb. 309, hat zwei Klinken, die an einem, auf der Welle aufgekeilten doppelarmigen

Hebel angeordnet sind. Die Klinkenbolzen sind dadurch auf Biegung entlastet, daß der Klinkendruck das hintere runde Klinkenteil gegen eine entsprechend gehaltene Aussparung in dem gußeisernen Doppelhebel preßt.

Das Reibzeug zum Steuern der Klinken besteht aus einer Scheibe, die durch eine Spiralfeder axial gegen die Bremsscheibe gedrückt wird. Diese Reibscheibe ist durch Schleppfedern mit den Klinken verbunden.

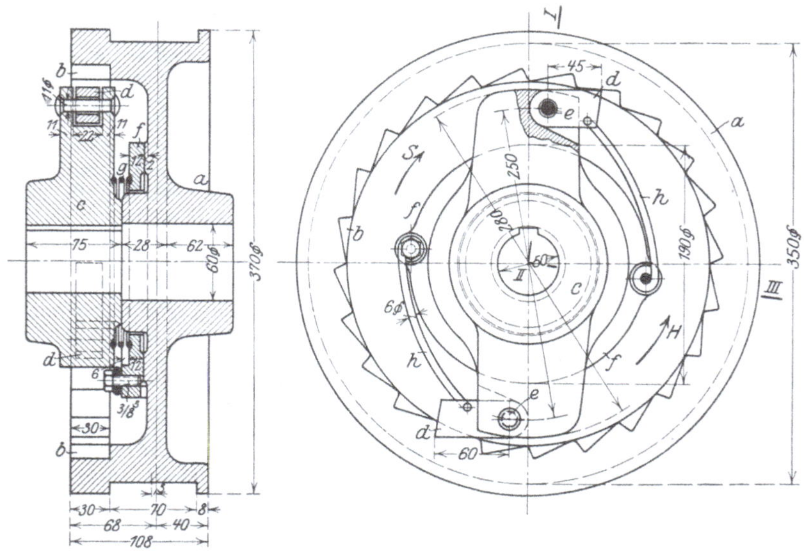

Abb. 309. Sperradbremse mit innen verzahntem Sperrad und gesteuerten Klinken (Weismüller).
a Bremsscheibe, lose auf der Welle sitzend; *b* Sperradzähne, an *a* angegossen; *c* Doppelhebel, auf der Welle aufgekeilt; *d* Klinken, an *c* drehbar angeordnet; *e* Klinkenbolzen; *f* Reibring; *g* Spiralfeder, *f* gegen *a* pressend; *h* Schleppfedern, an *f* und *d* gelenkig angeordnet.

β) Lüftbremsen mit Reibungsgesperre.

Sie werden verhältnismäßig selten angewendet. Als Bremsen für motorische Hubwerke (bei Drehkranen) erhalten sie stets zwei Klinken mit innerem Eingriff, die an ihrer Reibfläche mit Ferodofibre belegt werden (Abb. 263, S. 109). Diese Ausführung zieht man dem keilnutenförmigen Klinkeneingriff (Abb. 264, S. 109) vor.

Ausführungen von Reibungsklinkenbremsen siehe: Volk, Einzelkonstruktionen aus dem Maschinenbau, 8. Heft, S. 61ff.

3. Lastdruckbremsen.

Die Lastdruckbremsen stellen, ebenso wie die Sperradbremsen, eine Vereinigung von Sperrwerk und Bremse dar. Sie werden durch den abwärts wirkenden Lastzug des Windwerks betätigt und hauptsächlich bei den von Hand betriebenen Flaschenzügen und Winden (siehe Abschnitt D.) angewendet. Vorteile: Selbsttätiges Arbeiten, einfache Bedienung und große Betriebssicherheit. Diesen Vorteilen steht jedoch der Nachteil gegenüber, daß die Last zwangläufig, durch Rückwärtskurbeln bzw. Herabhaspeln gesenkt werden muß, was einen entsprechenden Arbeits- und Zeitaufwand erfordert.

Bei elektrischen Hebezeugen ist ihre Verwendung auf Kleinhebezeuge mit Motorleistungen bis etwa 6 PS beschränkt.

4. Sicherheitskurbeln.

Bei Handwinden mit Stirnräderübersetzung gefährden die während des Lastsenkens herumschlagenden Kurbeln die Bedienungsmannschaft.

Man führt daher die Kurbelwelle ausrückbar (axial verschiebbar) aus, so daß sie während des Senkvorganges stillgelegt ist. Die hierbei an der Winde vorzunehmenden Handgriffe erfordern jedoch seitens des Arbeiters eine gewisse Aufmerksamkeit und vermindern die Betriebssicherheit. Man verwendet deshalb bei Zahnstangenwinden und Räderwinden mit einfacher Stirnräderübersetzung die Sicherheitskurbeln, die einfach in der Bedienung sind und volle Betriebssicherheit gewährleisten.

α) Sicherheitskurbeln mit zwangläufigem Lastsenken (einfache Sicherheitskurbeln).

Die „einfache Sicherheitskurbel“ (Abb. 310) entspricht in baulicher Hinsicht der Gewinde-Lastdruckbremse, nur tritt bei ihr an Stelle des Ritzels mit der Druckscheibe die Kurbel. Das Ritzel selbst ist auf der Kurbelwelle aufgekeilt.

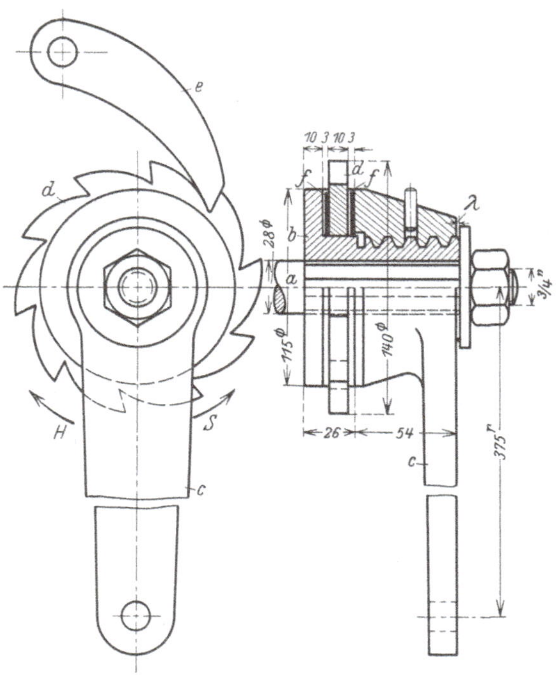

Abb. 310. Sicherheitskurbel zu einer Zahnstangenwinde von 20 t Tragkraft (Piechatzek).

a Antriebwelle; *b* Gewindebüchse mit Druckscheibe auf dem Vierkant der Welle sitzend; *c* Handkurbel, auf dem Gewinde von *b* sitzend; *d* Sperrad, lose auf *b*; *e* Sperrklinke; *f* Leder- oder Ferodoscheiben.

Der am Ritzel wirkende Rücktrieb der Last ruft im Gewinde einen Längsdruck hervor, durch den Kurbel, Sperrad und Welle miteinander gekuppelt werden. Der Längsdruck wird vermittels eines Stellringes oder einer Druckscheibe von der Welle selbst aufgenommen und geht daher nicht weiter in das Triebwerk über.

Beim Lastheben werden die gekuppelten Teile im Rechtssinne gedreht, wobei die Sperradzähne unter der stets im Eingriff befindlichen Klinke fortgleiten.

Bei Aufhören der Antriebkraft werden sie durch den Lastdruck etwas im entgegengesetzten Sinne gedreht, bis der nächste Sperradzahn an der Klinke anliegt und die Last festgehalten ist.

Zum Lastsenken wird die Kurbel im Linkssinne (Senksinn) gedreht und um den einstellbaren Lüftbetrag nach rechts verschoben. Hierdurch wird der Reibungsschluß aufgehoben und die Last geht nieder. Sobald jedoch die Geschwindigkeit der Bremswelle größer als die Geschwindigkeit der stets im Senksinne gedrehten Kurbel wird, wird diese wieder gegen die Sperrscheibe gepreßt und die Bremse wird so lange angezogen, bis Kurbel und Welle wieder gleiche Winkelgeschwindigkeit haben.

Bei diesem zwangläufigen Lastsenken wird keine Bremsarbeit geleistet, da durch das Rückwärtsdrehen der Kurbel nur ein ständiges Lüften und Schließen der Bremse entsteht.

Um eine sichere Bremswirkung beim Lastniedergang zu erreichen, ist es Bedingung, daß bei Vorlaufen der Welle gegenüber der Kurbel die zum Schließen der Bremse erforderliche Relativbewegung der Schraubenmutter (Kurbelnabe) zur Spindel gewahrt ist. Das Moment der Gewindereibung muß daher wesentlich kleiner als das der Kurbelmasse sein. Eine etwaige Vergrößerung der Kurbelmasse durch Anordnung eines Gegengewichtes hat einen gleichförmigeren Umlauf der drehenden Teile und eine gleichmäßigere Bremswirkung zur Folge.

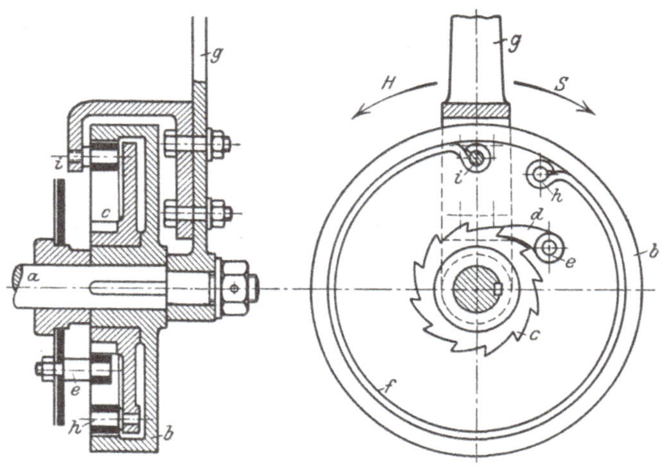

Abb. 311. Sicherheitskurbel mit Lüftbremse.

a Kurbelwelle; *b* Bremsscheibe auf *a* aufgekeilt; *c* Sperrad, lose auf der Nabe von *b* sitzend; *d* Klinke; *e* Klinkenbolzen, am Windengestell befestigt; *f* Spreizband; *g* Handkurbel, lose auf *a* sitzend; *h* Befestigung des Spreizbandes an der Sperradscheibe; *i* Befestigung an der Kurbel.

β) Sicherheitskurbeln mit Lüftbremse.

Sie stellen eine Vereinigung von Kurbel, Bremse und Sperrwerk dar und erfordern — im Gegensatz zur „einfachen Sicherheitskurbel“ — kein zwangläufiges Senken der Last. Die als Bremshebel dienende Kurbel wird beim Lastsenken um einen kleinen Betrag rückwärts gedreht, und die Bremse gelüftet. Durch mehr oder weniger starkes Lüften der Bremse ist die Senkgeschwindigkeit beliebig — bis zum Freifall der Last — regelbar. Damit bei unsachgemäßer Bedienung ein Abstürzen der Last vermieden wird und die Senkgeschwindigkeit innerhalb der zulässigen Grenzen bleibt, werden diese Sicherheitskurbeln mit einer Fliehkraftbremse (s. S. 133) vereinigt.

Bei der Sicherheitskurbel, Abb. 311, ist die Bremse eine Spreizbandbremse, deren hohlzylindrische Scheibe auf der Welle aufgekeilt ist. Das Sperrad hat eine seitlich angegossene

Scheibe und sitzt lose auf der Bremsscheibennabe. Seine Klinke ist am Windengestell drehbar angeordnet. Das Spreizband ist mit Vorspannung in die Scheibe eingesetzt. Es ist einerseits an der Sperradscheibe und andererseits am Hebel der lose auf der Welle sitzenden Kurbel gelenkig befestigt.

Die Vorspannung des Spreizringes wird so groß gewählt, daß seine Reibung zum Lasthalten ausreicht.

5. Fliehkraftbremsen (Zentrifugalbremsen).

Sie werden bei Handwinden mit Stirnräderübersetzung angewendet und haben die Aufgabe, die Geschwindigkeit der sinkenden Last bei voll geöffneter Bremse selbsttätig zu regeln und das Abstürzen der Last zu verhindern. Die Fliehkraftbremse wird meist in Verbindung mit einer Sperradbremse oder einer Sicherheitskurbel angewendet und kann mit diesen baulich vereinigt werden.

Beckersche Fliehkraft- oder Geschwindigkeitsbremse. Sie ist die bekannteste und meist angewendete Bauart (Abb. 312), und stellt eine Innenbackenbremse mit sichelförmigen Fliehkraftklötzen dar.

Bauart und Arbeitsweise (Abb. 312). Die Spiralfeder *i* wird so bemessen, daß die Bremse bei der kleineren Umlaufzahl während des Lasthebens außer Eingriff bleibt. Tritt während des Senkens eine unzulässig hohe Geschwindigkeit auf, so schlagen die Fliehkraftklötze aus, überwinden die Federkraft und drücken gegen die hohlzylindrische Fläche der festen Bremsscheibe, an der sie den zum Bremsen erforderlichen Reibungswiderstand hervorrufen.

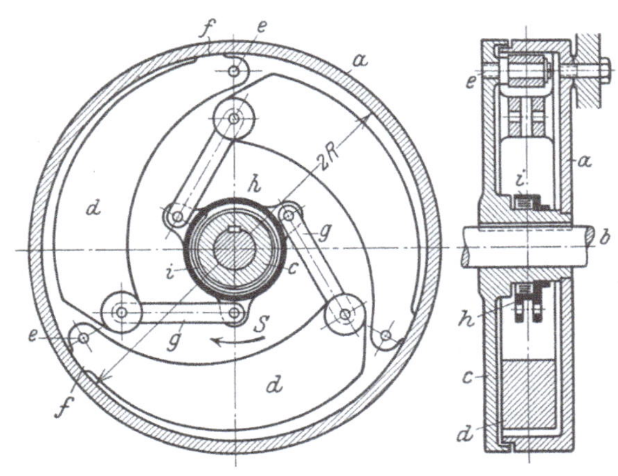

Abb. 312. Fliehkraftbremse Bauart Becker.
a hohlzylindrische Bremsscheibe, am Windengestell befestigt; *b* Bremswelle; *c* Planscheibe, auf *b* aufgekeilt; *d* Fliehklötze, deren Drehpunkte *e* an *c* angeordnet; *f* Reibfläche der Fliehklötze; *g* Zugstangen, die Fliehklötze mit dem Ring *h* verbindend; *i* Spiralfeder, einerseits an der Nabe von *c*, andererseits an *h* befestigt.

Die Drehzahl, bei welcher die Bremswirkung eintreten soll, ist von der Federkraft bzw. der Bemessung der Feder innerhalb gewisser Grenzen abhängig und einstellbar. Auch lassen sich durch geeignete Wahl des Bremsscheibendurchmessers, des Klotzgewichtes und der Hebelübersetzung der Fliehkraftklötze sehr verschiedene Bremswirkungen erzielen.

Da die Bremskraft an der hohlzylindrischen Bremsfläche mit dem Quadrat der Umlaufgeschwindigkeit der Bremswelle steigt, so ist die Bremse sehr wirksam und ermöglicht, die Drehzahl in engen, vorher bestimmbaren Grenzen zu halten.

Ein erheblicher Nachteil der Fliehkraftbremse besteht darin, daß die Drehzahl der Bremswelle und damit die Senkgeschwindigkeit mit abnehmender Last kleiner wird, während das umgekehrte erwünscht ist. Dieser Nachteil läßt sich baulich nicht vermeiden.

Wegen ihrer kleinen Reibflächen kann die Bremse nur kleine Reibungsleistungen aufnehmen und ist daher in ihrer Anwendung auf Handhebezeuge beschränkt, bei denen sie auf der Antriebswelle (Kurbel- oder Haspelradwelle) angeordnet wird.

Die Beckersche Fliehkraftbremse wird in fünf Größen mit 250, 300, 350, 400 und 500 mm Dmr. hergestellt.

Wegen der mit der Zeit auftretenden Abnutzung erhalten die Klötze zweckmäßig auswechselbare Schleifbacken.

Der Reibungswiderstand läßt sich durch keilnutenförmigen Eingriff der Klötze steigern.

Literatur.

Kammerer: Versuche mit einer elektrisch gesteuerten Fliehkraftbremse der Firma E. Becker, Berlin-Reinickendorf. Z. d. V. I. 1912, S. 1925.
Kleinn: Die Bremskräfte bei Backenbremsen für Hebemaschinen. Maschinenkonstrukteur 1928, Nr. 2 u. 3.
Siebeck: Systematische Untersuchung und Berechnung der Bandbremsen. Z. d. V. I. 1910, S. 630.
Reibung zwischen Rad und Bremsklotz. Z. d. V. I. 1929, S. 1208.

XV. Laufräder und Laufrollen.

Fahrbahnschienen. Die Räder laufen entweder unmittelbar auf dem waagerechten Obergurt oder auf den schrägen Unterflanschen von I-Trägern.

In den meisten Fällen werden jedoch besondere Schienen angewendet, die auf den Fahrbahnträgern befestigt werden. Werkstoff der Schienen: St 37 · 12 oder St 60 · 31.

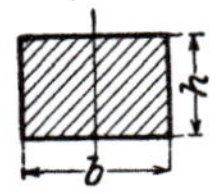

Abb. 313.

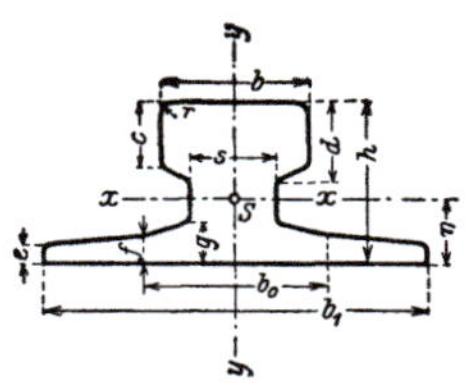

Abb. 314.

Als **Schienen** kommen für den Kranbau in Betracht:

1. Flacheisenschienen (Abb. 313) mit den normalen Abmessungen nach Tabelle 34. Diese Schienen werden auch mit oben abgerundeten oder abgekanteten Ecken oder mit gewölbter Oberfläche geliefert.

Tabelle 34. Laufkranschienen (Abb. 313)[1].

Breite b mm	Höhe h mm	Querschnitt F cm²	Gewicht g kg/lfd. m
50	25	12,5	9,81
50	30	15	11,70
50	40	20	15,60
60	30	18	14,02
60	40	24	18,70

2. Laufkranschienen (Sonderprofile für den Kranbau). Tabelle 35 (Abb. 314) gibt die Abmessungen und Querschnittswerte der am meisten angewendeten Profile Nr. 1 bis 4 mit den Schienennummern 5000 bis 5003 des Stahlwerksverbandes. Abmessungen der sonstigen Kranschienen Nr. 5004 bis 5009 siehe: „Eisen im Hochbau".

Tabelle 35. Laufkranschienen (Abb. 314).

Profil Nr.	Abmessungen mm											Gewicht g kg/lfd. m
	h	b	c	d	s	r	b_1	b_0	e	f	g	
1	55	45	20	23,5	24	3	125	54	8	11	14,5	22,5
2	65	55	25	28,5	31	4	150	66	9	12,5	17,5	32,2
3	75	65	30	34	38	5	175	78	10	14	20	43,8
4	85	75	35	39,5	45	6	200	90	11	15,5	22	57

Querschnittsfunktionen und größte Raddrücke.

Profil Nr.	Querschnitt F cm²	Schwerpunkt-Abstand η mm	Trägheitsmomente		Widerstandsmomente		Größter Raddruck in kg bei k ... kg/cm² =			Laufraddurchmesser D mm
			J_x cm⁴	J_y cm⁴	W_x cm³	W_y cm³	40	50	60	
1	28,7	22,7	94,05	182,4	29,12	29,18	6240	7800	9360	400
2	41,01	26,8	180,4	352,6	47,2	47	11280	14100	16920	600
3	55,8	30,6	328,6	646,12	74	73,8	17600	22000	26400	800
4	72,6	35,2	523,4	988,7	105,1	98,87	25200	31500	37800	1000

3. Eisenbahnschienen. Abb. 315 und 316 geben die Abmessungen der Schienen Preußen Nr. 6 und 7 der Deutschen Reichsbahn mit den Nummern 2105 und 2159 des Stahlwerkverbandes. Tabelle 36: Querschnittswerte und Einheitsgewichte dieser Schienen.

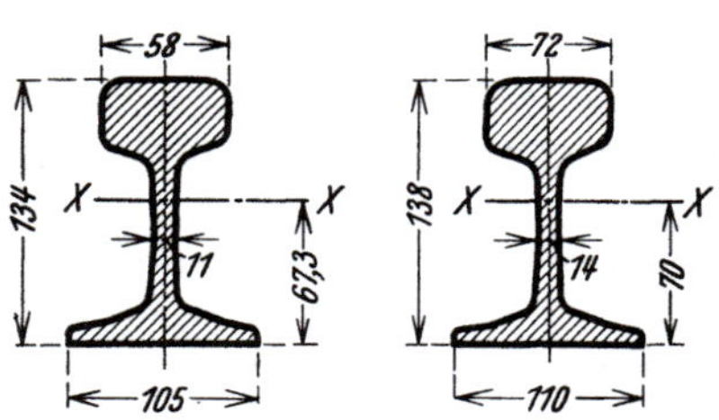

Abb. 315 und 316.

Tabelle 36. Eisenbahnschienen (Abb. 315 und 316).

Schienen Nr.	Figur Nr.	Querschnitt F cm²	Gewicht g kg/lfd. m	Trägheitsmoment J_x cm⁴	Widerstandsmoment W_x cm³
6	315	42,6	33,4	1040	154
7	316	52,3	41,0	1350	193

Werkstoff der Laufräder. Je nach der Antriebsart (von Hand oder motorisch), Raddruckgröße, Fahrgeschwindigkeit und Betriebsanstrengung (s. S. 1) werden die Laufräder aus Gußeisen (Ge 21 · 91), Hartguß oder Stahlguß (Stg 38 · 81 bis Stg 60 · 81) hergestellt. Bei größerem Raddruck und schwerem Betrieb (z. B. bei Hüttenwerkskranen) Ausführung des Radkörpers aus Stahlguß mit warm aufgezogenem Stahlreifen.

Zulässiger Raddruck. Der größte Raddruck, für den die Laufräder eines Fahrwerks bemessen werden, ist aus der ungünstigsten Belastungsart zu ermitteln.

Im allgemeinen sind große Laufraddurchmesser, die kleine Fahrwiderstände ergeben, anzustreben.

[1] Stahlwerks-Verband A.-G.: „Eisen im Hochbau". Berlin: Julius Springer 1928.

Bezeichnen (Abb. 320, S. 136) D den Laufraddurchmesser in cm, b die Schienenbreite in cm, r den Abrundungshalbmesser des Schienenkopfes in cm (Abb. 314) und k die Beanspruchungszahl des Laufrades in kg/cm², so ist der zulässige Raddruck:

$$_{\max}P = D \cdot (b - 2\,r) \cdot k \ldots \text{kg}. \tag{176}$$

Die zulässige Beanspruchungszahl ist von der Fahrgeschwindigkeit und der Betriebsanstrengung abhängig. Es kann gesetzt werden für:

Gußeisen (Ge 21 · 91) auf Stahl $k = 15$ bis 40 kg/cm².
Hartguß[1] „ „ $k = 40$ „ 60 „
Stahlguß (Stg 38 · 81) „ „ $k = 40$ „ 60 „

Wesentliches Überschreiten der angegebenen Werte hat bei flott arbeitenden Kranen und bei größerer Fahrgeschwindigkeit vorzeitiges Abnützen der arbeitenden Laufradfläche zur Folge.

Gußeiserne Laufräder kommen nur für von Hand bediente Krane und wenig angestrengte elektrische Krane (z. B. Maschinenhaus-Laufkrane) in Frage. Sonst allgemein Stahlguß oder Hartguß.

a) Laufräder für I-Trägerbahnen.

Laufräder, die unmittelbar auf dem Obergurt von I-Trägern fahren, werden nur bei den von Hand betriebenen Laufkatzen angewendet.

Laufräder mit beiderseitigem Spurkranz (Abb. 317) werden zum Anpassen an verschiedene Träger-Flanschbreiten mit einem veränderlichen Zwischenstück ausgeführt.

Die angetriebenen Laufräder erhalten einen angegossenen Zahnkranz (Abb. 318).

Die für die Obergurtlaufkatzen verwendeten Laufräder mit beiderseitigem Spurkranz laufen stets lose auf den, in den Katzenschilden festgestellten Bolzen.

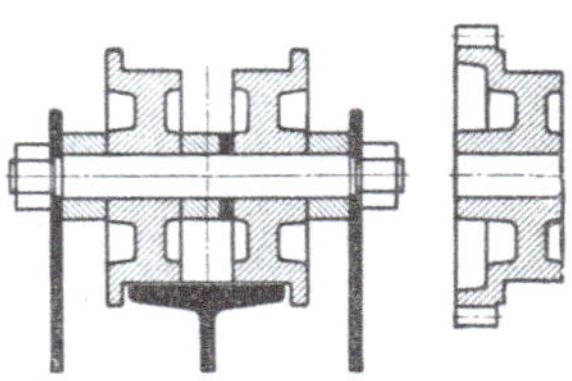

Abb. 317 und 318.

Die auf den schrägen Unterflanschen der I-Träger rollenden Laufräder werden stets paarweise angeordnet und bei waagerechtem Laufradbolzen mit einem der I-Flanschneigung entsprechenden kegeligem (schwach balligem) Kranzprofil (Abb. 319) ausgeführt.

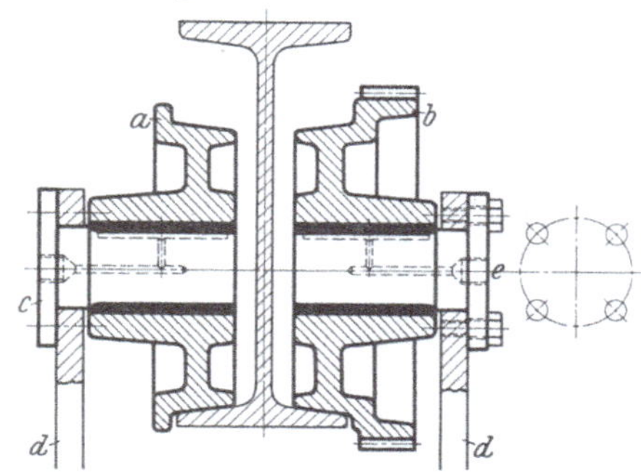

Abb. 319. Laufräder für Unterflansch-Laufkatzen (Demag).
a Laufräder ohne, *b* mit Zahnkranz; *c* Bolzen, an den Windenschilden *d* befestigt; *e* Staufferbüchse.

Flanschneigung der I-Träger: 14%. Entsprechender Neigungswinkel zur Waagerechten: $\alpha \approx 8°$.

Die Laufräder sitzen lose auf den in den Windenschilden fest angeordneten Bolzen und haben in Rücksicht auf das Befahren von Krümmungen etwas Längsspiel.

Berechnung der fliegend angeordneten Bolzen nach den Angaben S. 56.

Die auf Biegung und Zug beanspruchten Windenschilde sind kräftig zu halten und, wenn nötig, zu versteifen.

Bei Handlaufkatzen werden die Laufräder in Gußeisen und ohne Rotgußbüchsen hergestellt. Es werden in der Regel zwei, auf einer Trägerseite befindliche Räder durch ein gemeinsames Ritzel angetrieben und mit einem Zahnkranz ausgeführt.

Elektrische Laufkatzen erhalten Stahlgußräder mit Rotgußbüchsen (Abb. 319).

Wird der Laufradbolzen parallel zur Flanschneigung der I-Trägerbahn angeordnet, so erhalten die Laufräder zylindrische (schwach ballige) Form, die Ausführung hat jedoch den Nachteil, daß sich der Antrieb der Laufräder umständlicher gestaltet.

b) Laufräder für Flacheisen-, Laufkran- und Eisenbahnschienen.

Die gußeisernen Laufräder der auf Flacheisen- oder Laufkranschienen fahrenden Handlaufkatzen erhalten einseitigen oder beiderseitigen Spurkranz (Abb. 320). Sie werden meist auf der Welle aufgekeilt, die durch ein Stirnrädervorgelege angetrieben wird.

Bei den elektrischen Kranlaufwinden (bis etwa 20 t Tragkraft) werden die aus Hartguß[1] oder Stahlguß gefertigten Laufräder ebenfalls auf der Welle aufgekeilt (Abb. 320). Meist wendet

[1] Fried. Krupp, A.-G., Grusonwerk, Magdeburg.

man jedoch, die Ausführung Abb. 323, S. 137, an, bei der der Laufradbolzen durch Achshalter festgestellt ist und das Laufrad zwei Rotgußbüchsen erhält.

Die Laufräder für die elektrisch betriebenen Laufkatzen und Krane sind nach DIN 4004 bis 4009 genormt.

Die am meisten angewendete Bauart ist die nach Abb. 323 mit zweiseitigem Spurkranz und gleichseitiger oder ungleichseitiger Nabe.

Die angetriebenen Laufräder dieser Bauart erhalten bei kleinem Durchmesser ($D = 200$ bis 300 mm) ein auf der Laufradnabe aufgekeiltes Zahnrad (Abb. 321).

Bei größerem Durchmesser wird an dem Laufrad ein gegen dieses zentrierter Zahnkranz angeschraubt (Abb. 325). Die Befestigungsschrauben werden durch Scherringe (Abb. 326) gegen Abscheeren entlastet. Die Zahl der Scherringe (mindestens zwei) hängt von der Belastung ab.

Die Bolzen der mit Rotgußbüchsen versehenen Laufräder sind in Profileisen, meist ⊏-Eisen gelagert und werden durch Achshalter (s. S. 61) festgestellt. Die Bolzen werden auf Biegung und zulässigen Flächendruck gerechnet. Für die Berechnung ist nur der größte Raddruck $_{\max}P$

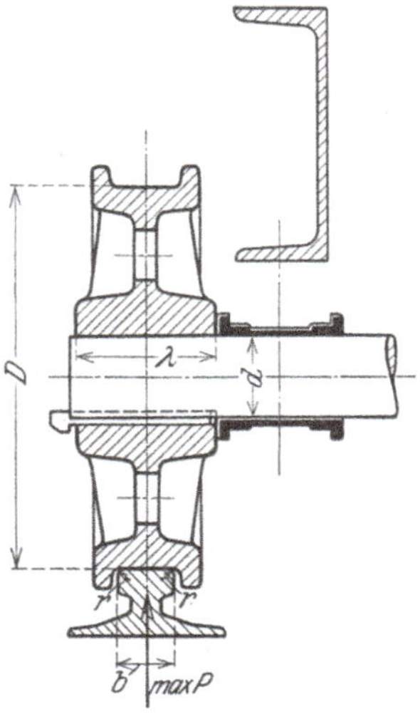

Abb. 320. Auf der Achse aufgekeiltes Laufrad.

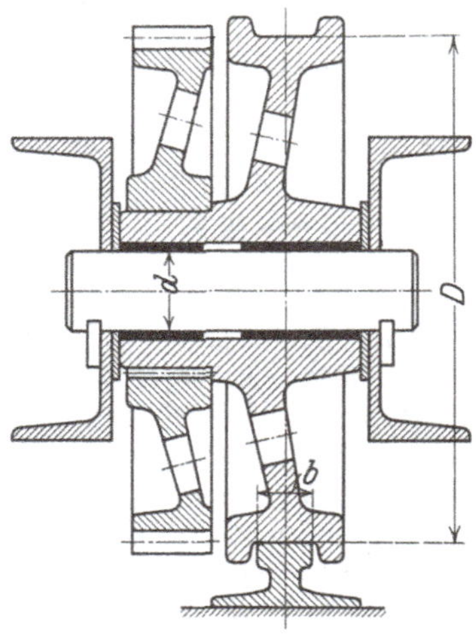

Abb. 321. Laufrad mit aufgekeiltem Zahnrad nach DIN 4005.

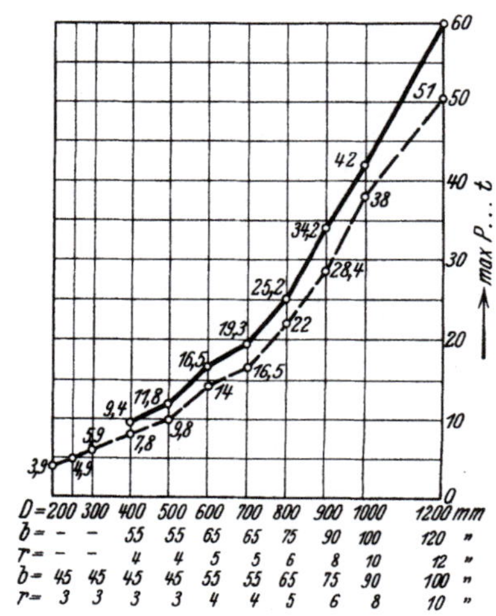

Abb. 322. Zulässige Raddruckdrucke der genormten Laufräder für Profil I (Laufkranschienen nach Tabelle 35, S. 134).

maßgebend. Der bei den angetriebenen Laufrädern noch als Biegekraft auftretende Zahndruck kann vernachlässigt werden.

Berechnung der Laufradbolzen s. S. 57.

Laufrädernormen: DIN 4004: Laufräder mit einseitigem Spurkranz und ungleichseitiger Nabe.
DIN 4005: Laufräder mit zweiseitigem Spurkranz und ungleichseitiger Nabe.
DIN 4006: Laufräder mit einseitigem Spurkranz und gleichseitiger Nabe.
DIN 4007: Laufräder mit zweiseitigem Spurkranz und gleichseitiger Nabe.
DIN 4008: Laufräder mit einseitigem Spurkranz und ungleichseitiger Nabe.
DIN 4009: Laufräder mit zweiseitigem Spurkranz und ungleichseitiger Nabe.

Tabelle 37, S. 137 (Abb. 323 bis 326) gibt die Abmessungen der nach DIN 4009 genormten Laufräder mit zweiseitigem Spurkranz und ungleichseitiger Nabe.

Abb. 322 gibt die zulässigen Raddrucke der nach DIN 4004 bis 4009 genormten Laufräder für Profil I, Stg 38 · 81 und für $k = 50$ kg/cm².

Die Laufräder lasse man nicht unmittelbar gegen die Lagerbleche bzw. ⊏-Eisenstege laufen, sondern ordne beiderseits von ihnen je ein Schleißblech an.

Schmierung der Laufradbüchsen nach den S. 62 für feststehende Bolzen und Achsen gemachten Angaben.

Die Laufräder der normalspurigen fahrbaren Drehkrane erhalten wegen des Befahrens von Weichen und Krümmungen das gleiche Kranzprofil wie die Eisenbahnräder. Diese Räder sind in der Regel auf den Achsen aufgekeilt, von denen eine oder beide angetrieben werden.

Sonderausführungen: Abb. 327 und 328, S. 138, zeigen ein Laufrad von 1000 mm Dmr., wie es für den angestrengten Betrieb der Hüttenwerkskrane ausgeführt wird. Der aus Sonderstahl gefertigte Radkranz ist auf dem Stahlgußkörper des Laufrades warm aufgezogen.

Tabelle 37. Laufräder mit zweiseitigem Spurkranz und ungleichseitiger Nabe. DIN 4009. (Abb. 323 bis 326.)

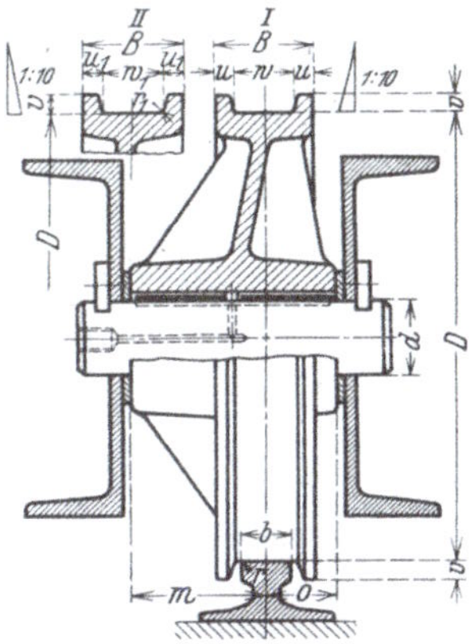

Abb. 323 und 324. Laufrad ohne Zahnkranz nach DIN 4009.

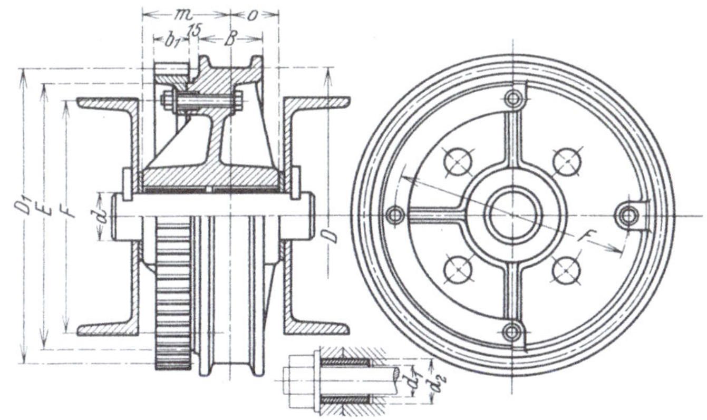

Abb. 325 und 326. Laufrad mit angeschraubtem Zahnkranz nach DIN 4009.

Maße in mm.

Laufraddurchmesser	Schienenbreite		Bolzendurchmesser		Spurkranz							Nabe		Zahnkranz				Schrauben		Scherring
	Profil I	Profil II					Profil I		Profil II					Zähnezahl / Modul	Teilkreisdurchmesser	Zahnbreite	Zentrierkreisdurchmesser	Anzahl / Stärke	Lochkreisdurchmesser	
D			d	d	B	v	u	w	u_1	w_1	r_1	m	o		D_1	b_1	E		F	$\frac{d_1}{d_2}$
400	45	58	60	70	100	15	22,5	55	17	66	12	140	70	50	400	55	350	4	300	18
	55		70	80			17,5	65						8				5/8″		28
500	45	58	70	80	105	20	25	55	19,5	66	12	150	80	50	500	60	450	4	390	18
	55		80	90			20	65						10				5/8″		28
600	55		80	90	115	20	25	65				160	90	60	600	65	550	6	490	18
	65	72	90	100	125			75	22,5	80	12			10				5/8″		28
700	55		90	100	120	25	27,5	65				170	100	70	700	70	650	6	580	18
	65	72	100	110	130			75	25	80	12			10				5/8″		28
800	65	72	100	110	130	25	27,5	75	25	80	12	180	110	68	816	75	750	6	680	22
	75	72	110	125	140			85	29	82	12			12				3/4″		35
900	75	72	110	125	140	25	27,5	85	29	82	12	200	120	76	912	90	830	6	770	22
	90		125	140	155			100						12				3/4″		35
1000	90		125	140	160	27,5	30	100				220	130	72	1008	100	930	6	850	25
	100		140	160	170			110						14				7/8″		40
1200	100		140	160	170	27,5	30	110				250	140	86	1204	120	1120	8	1030	28
	120		160	180	190			130						14				1″		45

Profil I nach Tabelle 35, Profil II nach Tabelle 36, S. 134.

Fehlende Maße sind freie Konstruktionsmaße. Für den Einbau von Kugel- oder Rollenlagern sind die Naben der Laufräder entsprechend größer zu halten. Für Laufräder mit angegossenem Zahnkranz ist dieses Normblatt nicht gültig. Die Anzahl der Scherringe richtet sich nach der Belastung.

Werkstoff: Für Laufrad und Zahnkranz je nach dem Verwendungszweck Stahlguß oder Gußeisen.

An Stelle der Rotgußbüchsen führt man in neuerer Zeit die Laufräder vielfach mit Kugel- oder Rollenlagern aus.

Abb. 329: Laufrad mit breiten Rollenlagern.

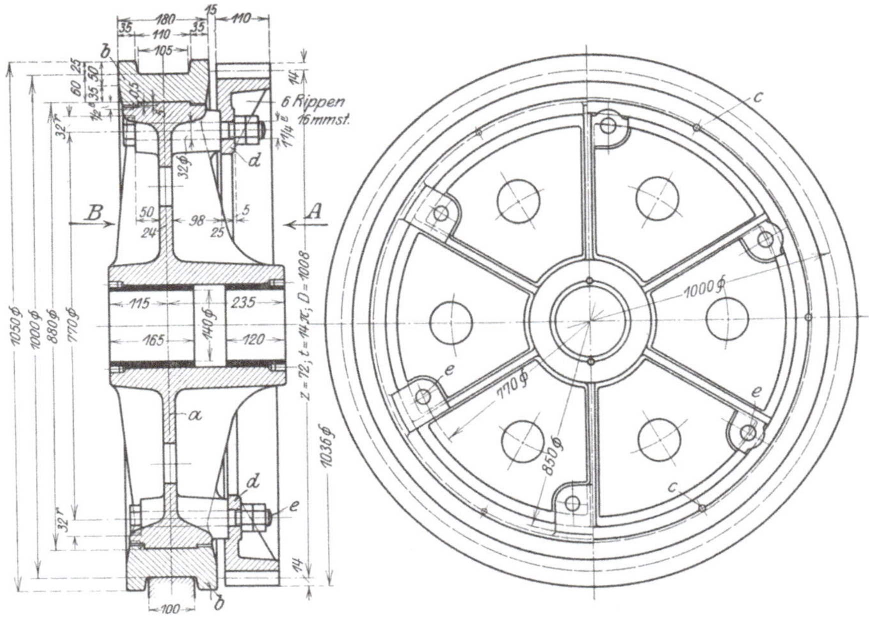

Abb. 327 und 328. Laufrad mit warm aufgezogenem Reifen (Demag).
a Radkörper aus Stahlguß; *b* warm aufgezogener Stahlreifen; *c* Madenschrauben; *d* Zahnkranz aus Stahlguß.

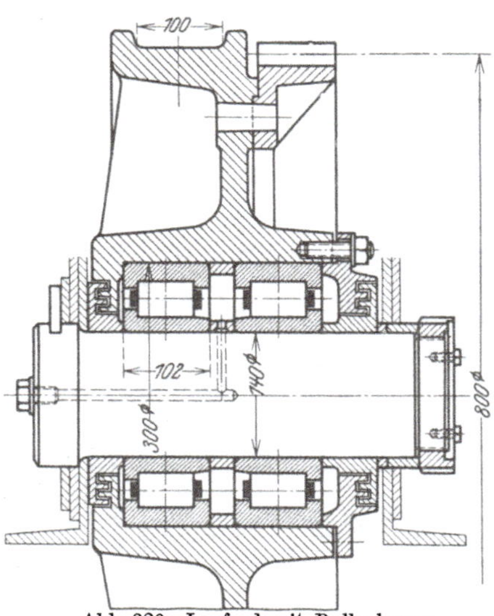

Abb. 329. Laufrad mit Rollenlagern (Ardeltwerke).

c) Laufrollen (Laufräder ohne Spurkranz).

Ausführung nach DIN 697: Laufräder ohne Spurkranz. Durchmesser: 200 bis 800 mm. Werkstoff: Stahlguß.

Bei den Konsolkranen übertragen sie die aus den Kippkräften herrührenden waagerechten Drucke auf eine obere bzw. untere waagerechte Fahrbahn. Die Druckrollen der Konsolkrane werden am Kranz schwach ballig abgedreht und fliegend oder beiderseitig gelagert. Ausführung auch mit Kugellagern.

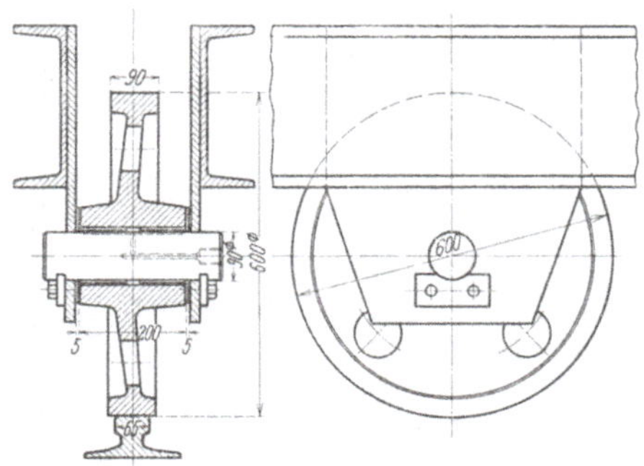

Abb. 330 und 331. Laufrad ohne Spurkränze.

Die Laufräder ohne Spurkranz werden auch bei den Laufkranen mit verschiebbarem Ausleger angewendet und dienen bei diesen als senkrechte Druckrollen zur Stabilisierung des verschiebbaren Auslegers.

Bei den Drehscheibenkranen sind die Laufrollen am drehbaren Teil des Kranes gelagert und rollen auf einer kreisförmig gebogenen, auf dem Kranunterteil befestigten Schiene ab. Diese Laufrollen erhalten ebenfalls schwach balliges Kranzprofil und laufen mit Bronzebüchsen versehen auf den festgestellten Bolzen (Abb. 330 und 331).

Literatur.

Fromm: Zulässige Belastungen von Reibungsgetrieben mit zylindrischen oder kegeligen Rädern (Laufrädern). Z. d. V. I. 1929, S. 957.

B. Lastaufnahmemittel[1].

(Vorrichtungen zum Aufnehmen des Fördergutes.)

I. Lastaufnahmemittel für Einzellasten und Stückgüter.

Einzellasten und Stückgüter werden im allgemeinen durch Anschlagketten oder -seile, die im Kranhaken eingehängt werden, aufgenommen.

Kranhaken. Die Kranhaken (s. S. 16) sind entweder einfache Haken oder Doppelhaken, die das Einlegen endloser Schlingen gestatten, oder Lastbügel (Schäkel), bei denen die Anschlagseile bzw. -ketten durchgezogen werden müssen.

Einfache Haken werden in der Regel für Lasten bis etwa 50 t, Doppelhaken für Lasten von 25 bis 100 t und Schäkel für Schwerlasten (über 100 t) angewendet.

a) Anschlagketten und -seile.

Zulässiger Anschlagwinkel. Auf Abb. 332 ist eine zweisträngig aufgehängte Last dargestellt. Die Zugkraft der Anschlagketten bzw. -seile und die zusätzliche waagerechte Beanspruchung des Fördergutes (Abb. 333) sind von der Größe des Anschlagwinkels α abhängig. Mit Q = Vollast (Höchstlast) ist die Zugkraft eines Stranges

$$S = \frac{Q}{2 \cdot \cos\frac{\alpha}{2}} \ldots \text{ t oder kg.} \quad (177\text{a})$$

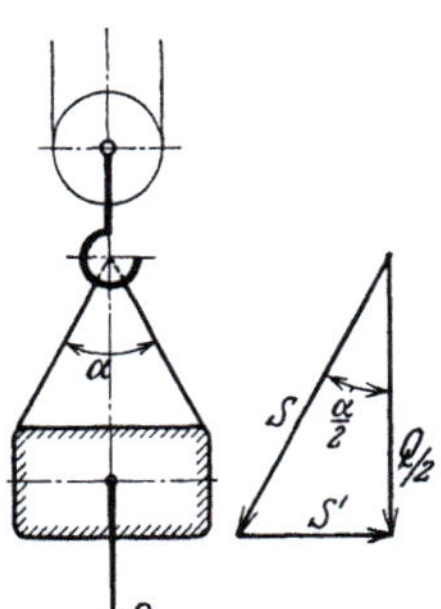

Abb. 332 und 333.

Die waagerechte Komponente dieser Zugkraft ist:

$$S' = \frac{Q}{2} \cdot \operatorname{tg}\frac{\alpha}{2} \ldots \text{ t oder kg.} \quad (177\text{b})$$

Die Kräfte S und S' sind für $Q/2 = 1000$ kg und die Winkel zwischen $\alpha = 0$ bis $180°$ berechnet. Ihr Verlauf ist in Abb. 334 zeichnerisch dargestellt. Die Abbildung zeigt, daß große Anschlagwinkel hohe Zugkräfte in den Seilen bzw. Ketten und große Druck- oder Biegekräfte auf das Transportstück ausüben.

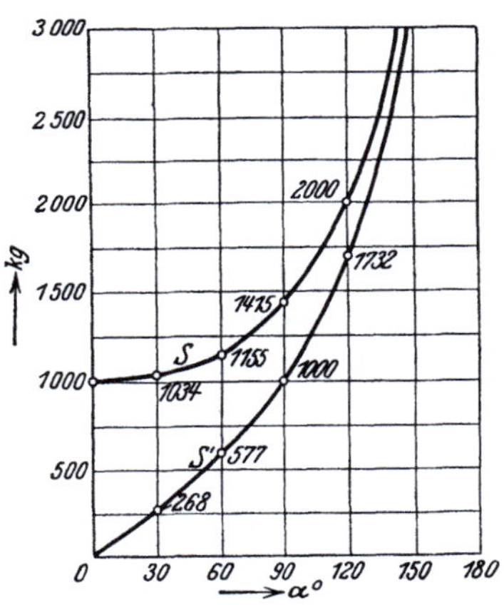

Abb. 334.

Da die Zugkraft der Ketten und Seile die Nutzzugkraft nicht überschreiten darf, so wird die Belastbarkeit der Zugorgane mit steigendem Anschlagwinkel kleiner.

Bezeichnet S_n die Nutzzugkraft, so ist die in Abhängigkeit vom Anschlagwinkel zugelassene Zugkraft:

Anschlagwinkel . . . . $\alpha =$	$0°$	$90°$	$120°$
Zugkraft eines Stranges . . . $S =$	$1{,}0 S_n$	$0{,}7 S_n$	$0{,}5 S_n$

Der Anschlagwinkel von $120°$ soll nicht überschritten werden.

AWF-Betriebsblätter für das Anschlagen (Anbinden) von Lasten. Betriebsblatt 6: „Vorschriften für Kranführer und Anbinder". — Betriebsblatt Nr. 23: „Seilbefestigung zum Materialtransport". — Betriebsblatt Nr. 24: „Kettenbefestigung zum Materialtransport".

Deutsche Eisen- und Stahlberufsgenossenschaften: Merkblatt für die Beförderung von Lasten durch Hebe- und Fahrzeuge (Tragmittel — Falsches und richtiges Anhängen von Lasten).

---

[1] Weiteres s. AWF-Broschüre „Lastaufnahmemittel für Krane und Hängebahnen". Berlin 1926. Beuth-Verlag GMBH, Berlin SW 9.

1. Ketten.

Die Anschlagketten sind gewöhnliche (nicht lehrenhaltige) Rundeisenketten nach DIN 672 mit Einhängeringen und Haken oder Tragklauen. Sie werden entweder unmittelbar an die Last gelegt oder die Einzelketten werden um die Last geschlungen und ihre Endhaken werden in dem Einhängering am Kranhaken angehängt.

Abb. 335: Kette mit Haken und Einhängering. Abb. 336: Doppelkette mit Einhängering und Haken. Abb. 337: Klauenhaken zum Herstellen einer Kettenschlinge.

Die Klauenhaken (Werkstoff: Stahlguß) werden von den Vereinigten Stahlwerken A.-G., Dortmund, in 18 Größen und nach genormten Abmessungen für Kettendurchmesser von 6 bis 40 mm gefertigt[1].

Abb. 338 und 339 zeigen das Aufhängen von Fässern durch zwei Hakenketten mit Schäkel. Die Haken sind der hohlkegeligen Form der Faßenden angepaßt (Abb. 340).

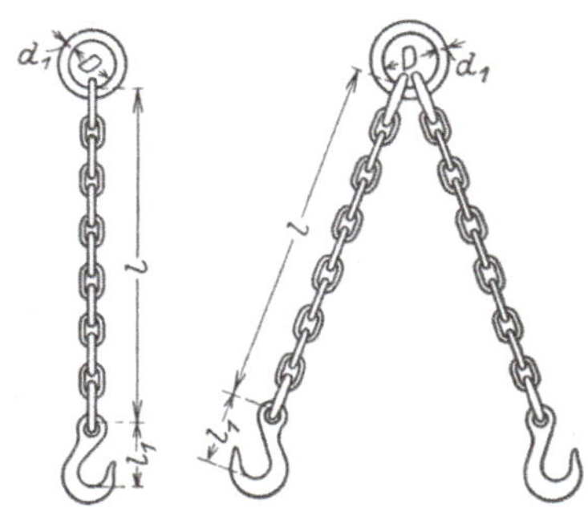

Abb. 335 und 336.

Abb. 337.

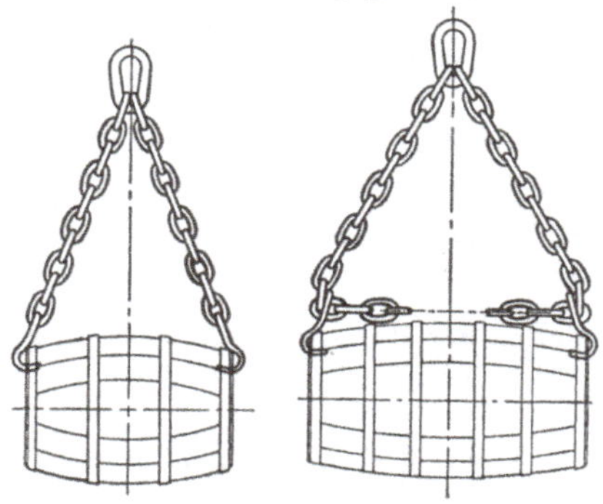

Abb. 338 und 339.

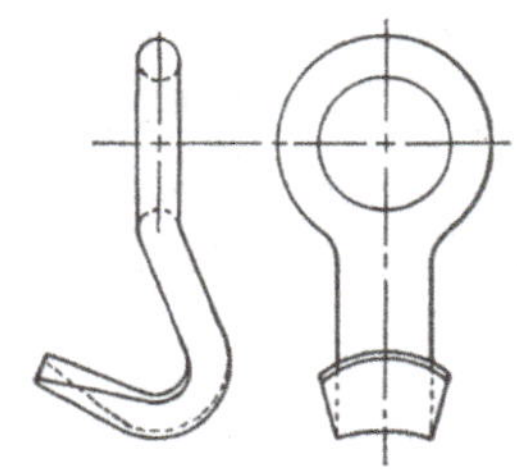

Abb. 340.

Die Ketten werden hauptsächlich in der Schwerindustrie angewendet. Sie sind empfindlicher gegen Stöße als die elastischen Seile. In Betrieben mit großen Temperaturschwankungen, beispielsweise in Gießereien, in denen der Kran innerhalb und außerhalb der Halle tätig ist, wo er am heißen Kupolofen und darauf an einer kalten Stelle der Halle arbeitet, sind Ketten den Drahtseilen vorzuziehen. In Betrieben mit dauernd hohen Temperaturen kommen nur Ketten in Frage.

Kettenbrüche sind meist weniger auf Stoßwirkung als auf ungeeigneten Werkstoff, schlechte Schweißstellen, oder auf Unterschätzung des Lastgewichtes zurückzuführen.

Um Beschädigungen der Bearbeitungskanten zu befördernder Maschinenteile zu vermeiden, sind weiche Zwischeneinlagen beim Anlegen der Ketten zu verwenden.

2. Drahtseile.

Für schwere Lasten werden vielfach auch Drahtseile verwendet. Sie sind jedoch, besonders bei größerem Durchmesser, sehr unhandlich, da sie zu steif sind, sich leicht verdrehen und viel Platz wegnehmen. Andererseits aber haben sie den Ketten gegenüber den Vorzug eines geringeren Gewichtes und einer größeren Elastizität. In der Länge abgepaßte, mit Kauschen versehene Drahtseile sind sehr zweckmäßig, wenn zeitweise schwere gleichartige Stücke ohne scharfe Kanten befördert werden.

Bei der Beförderung von Teilen mit scharfen Kanten werden die Drahtseile stark auf Biegung beansprucht. In diesem Falle sind dann Ketten günstiger, deren leicht bewegliche Glieder sich der Form des Stückes und der Zwischenlagen besser anpassen.

Drahtseile, besonders Seile mit Hanfseele, sind gegen strahlende Wärme empfindlich.

3. Hanfseile.

Fest geschlagene, ungeteerte Hanfseile werden im Betriebe allgemein als Anschlagseile benutzt. Sie haben zwar eine viel geringere Festigkeit als die Drahtseile, sind jedoch bedeutend biegsamer als diese und lassen sich leicht knoten.

---

[1] Vereinigte Stahlwerke Akt.-Ges. Dortmund (Dortmunder Union-Hörder Verein, Dortmund): Anker und Ketten. Dortmund 1929.

Da die Hanfseile an den scharfen Bearbeitungskanten zu befördernder Maschinenteile leicht verletzt werden, so sind an den Kanten weiche Zwischenlagen erforderlich, oder man verwendet einen besonderen Seil- und Kantenschützer[1].

Beim Anschlagen einer Last durch Ketten oder Seile ist stets darauf zu achten, daß die Last stabil aufgehängt ist und ihre Lage während des Transportes nicht ändern kann.

Tragringe, Räder u. dgl., die in waagerechter Lage befördert werden, werden am besten an drei Seilsträngen aufgehängt. Diese Aufhängung ist statisch bestimmt. Zweifache Aufhängung ist bei waagerechter Lastlage nicht zulässig, da die Last leicht kippt und abstürzen kann. Vierfache Aufhängung ist nicht empfehlenswert, da sie statisch unbestimmt ist.

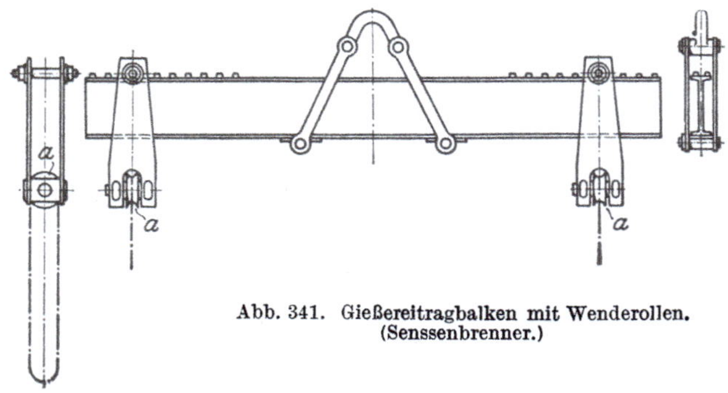

Abb. 341. Gießereitragbalken mit Wenderollen. (Senssenbrenner.)

b) Tragbalken (Traversen).

Die Tragbalken haben den Vorzug einer sicheren Lastaufhängung und werden zum Transport mittlerer, hauptsächlich jedoch großer und schwerer Lasten wie Lokomotiven, Tender, Kessel, Wagen u. dgl. verwendet.

1. Gießereitragbalken. Die Tragbalken werden im Gießereibetriebe zum Aufhängen und Wenden der Formkästen benutzt. Die Formkästen werden mit ihren Wendezapfen in Rundeisenschlaufen oder in Ketten aufgehängt, die in entsprechende Vertiefungen der oberen Balkenkante eingreifen.

Da die meisten Unglücksfälle im Gießereibetriebe auf schlechte Schweißstellen der Aufhängebügel und der Schlaufen zurückzuführen sind, so sind Tragbalken mit Wenderollen *a* (Abb. 341) den gewöhnlichen Tragbalken vorzuziehen. Diese Wenderollen gestatten ein leichteres Umlegen der Formkästen als die geschweißten Rundeisenschlaufen der üblichen Bauart.

2. Tragbalken für Lokomotivkessel (Abb. 342). Er ist als genieteter Kastenträger ausgebildet und wird vermittels einer Rolle im Kranhaken eingehängt, deren Form sich der Anlegefläche im Hakenmaul anpaßt. Die Querträger an den Enden des Balkens haben seitliche Nasen, in die die Aufhängestücke der Drahtseile eingehängt werden.

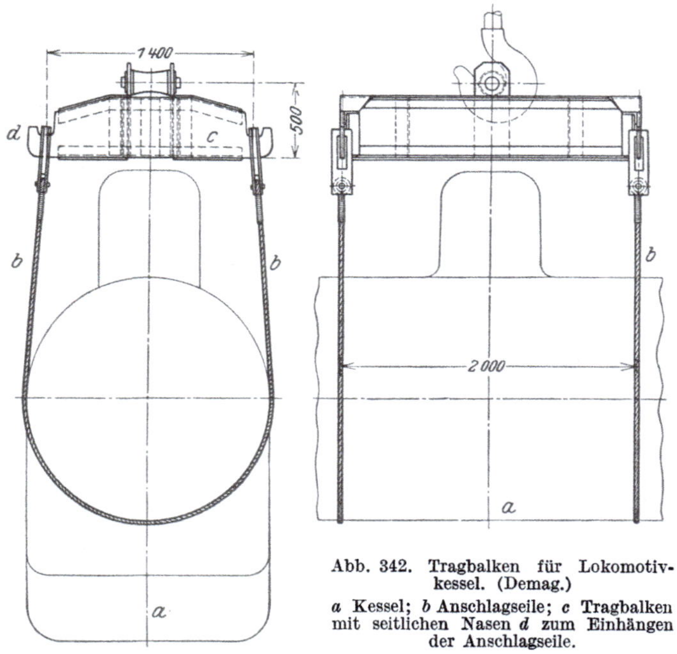

Abb. 342. Tragbalken für Lokomotivkessel. (Demag.)
a Kessel; *b* Anschlagseile; *c* Tragbalken mit seitlichen Nasen *d* zum Einhängen der Anschlagseile.

3. Tragbalken zur Beförderung schwerer Lasten durch zwei Krane von verschiedener Tragkraft (Abb. 343). In Werkstätten, in denen die Tragkraft eines Kranes zum Transport schwerer Lasten nicht ausreicht, werden zwei auf derselben Fahrbahn befindliche Laufkrane hierzu herangezogen. Diese Krane werden durch einen Tragbalken nach Abb. 343 miteinander verbunden, der in die beiden Kranhaken eingehängt wird. Die Aufhängestelle des Lasthakens am Tragbalken bzw. die Entfernungen e_1 und e_2 sind durch die Tragkräfte Q_1 und Q_2 der Krane bestimmt.

$$Q_1 + Q_2 = Q; \qquad e_1 = l \cdot \frac{Q_2}{Q}; \qquad e_2 = l \cdot \frac{Q_1}{Q}. \tag{178a}$$

[1] Hersteller: Sonnenthal jun., Berlin.

Haben beide Krane gleiche Tragkraft, so wird $e_1 = e_2 = l/2$ und der Lasthaken wird auf Mitte Tragbalken angeordnet.

Gekuppelte Laufkrane mit einem Tragbalken von 245 t Tragfähigkeit siehe Demag-Nachrichten, Oktober 1930, S. 2 und 3.

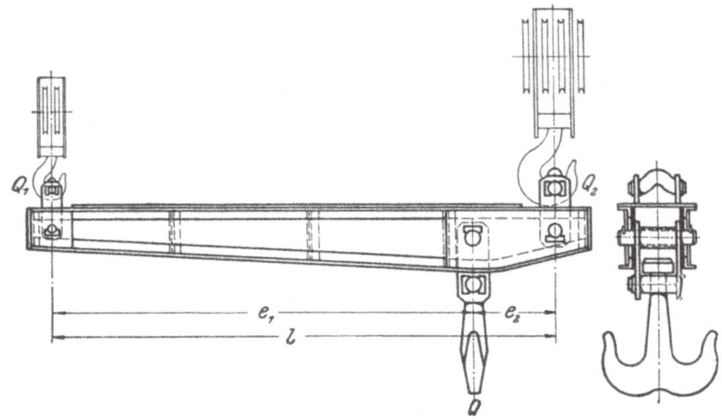

Abb. 343. Tragbalken zur Beförderung schwerer Lasten. (Ardeltwerke.)

4. Tragbalken mit Pratzen für einen Tenderhebekran (Abb. 344). Der Balken ist unmittelbar an den beiden zweirolligen Flaschen der Laufkatze angeordnet und hat in der Mitte einen Hilfshaken. Die Pratzen greifen gelenkig am Balken an und werden bei Benutzung des Hilfshakens hochgeklappt oder abgenommen.

c) Gehänge.

Für gleichartige, regelmäßig zu befördernde Teile wie Radsätze, Achsen, Wellen, Bleche, Kesselböden, Drahtbündel u. dgl. werden besondere, der Form des Fördergutes angepaßte Gehänge verwendet.

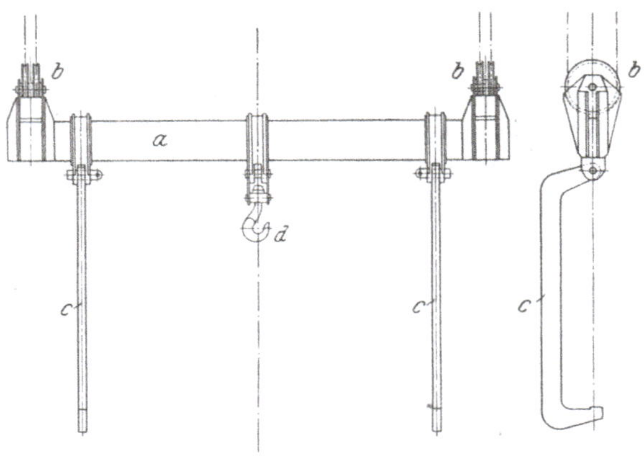

Abb. 344. Tragbalken für einen Tenderhebekran. (Demag.)
a Tragbalken; *b* Unterflaschen der Katze; *c* Pratzen, an *a* gelenkig angeordnet; *d* Hilfshaken.

1. Gehänge für Radsätze, Achsen und Wellen. Ihre Ausführung hängt davon ab, ob kurze Achsen oder lange Wellen einzeln oder gruppenweise befördert werden. Lange Wellen sind zur Vermeidung der Durchbiegung mehrmals aufzuhängen.

Für den gruppenweisen Transport von Achsen und Wellen werden auch stapelbare Tragrahmen benutzt, die sich auf Transportwagen absetzen lassen.

Beispiele. Abb. 345 zeigt ein Gehänge für Achsen und Radsätze.

Radsatzgehänge mit Stahlrollen zum Drehen der Radsätze und

Gehänge zum Transport zweier Radsätze s. „Das Eisenbahnwerk", 1925, Heft 10.

Bei dem Pratzengehänge für lange Wellen (Abb. 346) sind die Pratzenenden etwas nach oben gebogen, wodurch seitliches Abrollen der Wellen verhindert wird.

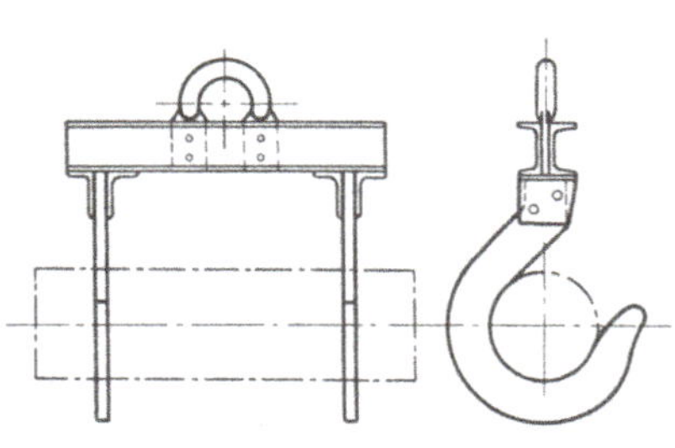

Abb. 345.

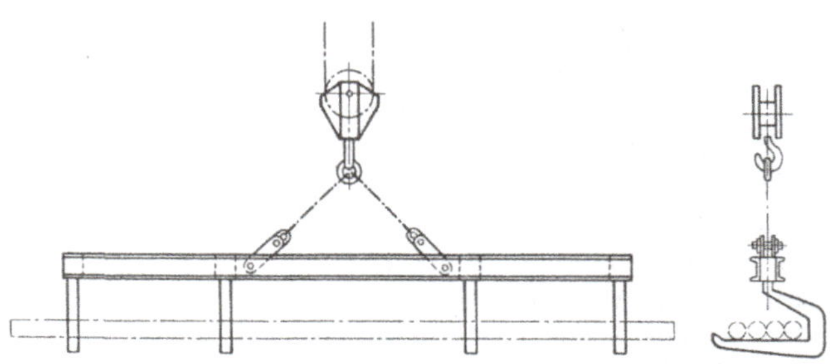

Abb. 346. Pratzengehänge für lange Wellen. (Ardeltwerke.)

2. Gehänge für Blechtransport. Je nach Größe, Stärke und Zahl werden die Bleche in senkrechter oder in waagerechter Lage befördert. Im letzteren Falle sind sie derart aufzuhängen, daß der Anschlagwinkel (s. S. 139) kleiner als 120° ist und ein Kippen der Bleche ausgeschlossen ist. Im allgemeinen und wenn mehrere Bleche gleichzeitig befördert werden, zieht man den Transport in waagerechter Lage vor. Lange Bleche sind so anzubinden, daß sie nicht zu stark durchhängen.

Beispiele. Abb. 347: Blechklemme Bauart Mork für senkrecht stehende Blechtafeln. Diese ist so gestaltet, daß das Blech durch sein Eigengewicht festgeklemmt und durch die Reibungskräfte festgehalten wird.

Ähnlich in ihrer Wirkung ist die Blechklemme Bauart Sartorius (Abb. 348).

Für den waagerechten Transport von Blechen werden entweder gekuppelte Traghaken[1] verwendet oder die Bleche werden an vier Ketten vermittels Schraubenzwingen oder selbstspannender Zwingen aufgehängt.

Abb. 349 zeigt eine selbstspannende Zwinge zur waagerechten Blechaufhängung.

Zum Transport von Blechen in stehender Lage werden auch selbstspannende Zangen verwendet. Sind größere Mengen von Blechen regelmäßig zu befördern, so sind Lasthebemagnete (s. S. 145) vorzuziehen.

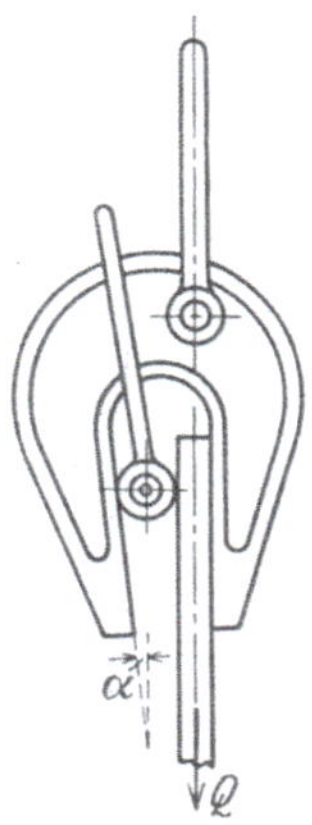

Abb. 347.

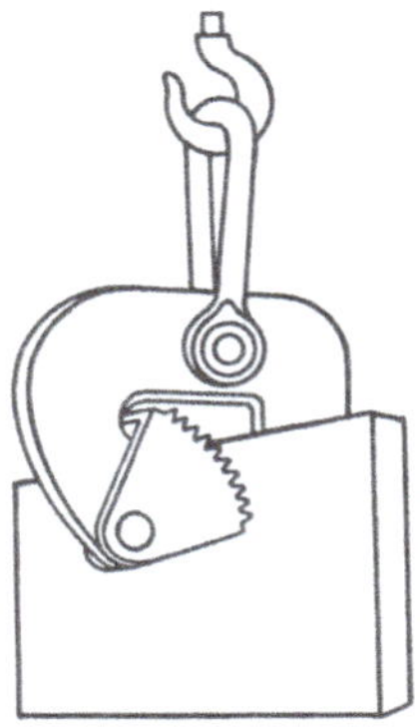

Abb. 348.

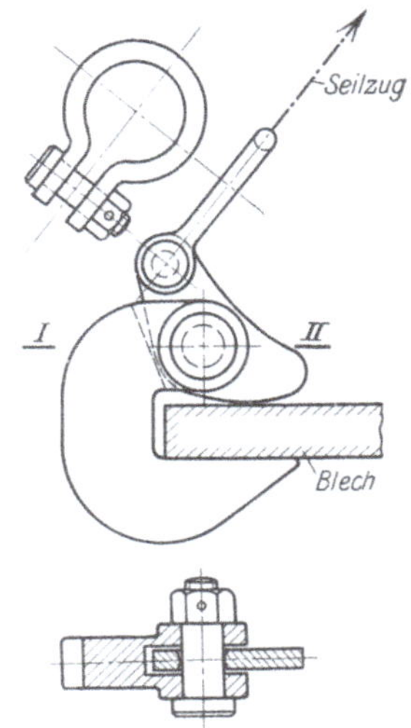

Abb. 349.

d) Ladepritschen und Plattformen.

Zur gruppen- bzw. mengenweisen Beförderung von Stückgütern (Kisten, Säcken, Stabeisen, Maschinenteilen u. dgl.), sowie von Kleingütern (Briketts, Ziegelsteinen, Masseln, Gußteilen u. dgl.) werden Ladepritschen und Plattformen verwendet.

Bei der Benutzung dieser Lastaufnahmemittel kommt es, besonders beim Transport von Kleingütern, leicht vor, daß Teile des Fördergutes abstürzen. Die Statistiken der Berufsgenossenschaften führen eine Anzahl schwerer derartiger Unfälle auf und die Lagerei-Berufsgenossenschaften lehnen daher die Verwendung von Ladepritschen und Plattformen beim Umladen von Briketts u. dgl. ab. An Stelle der Pritschen und Plattformen wird alsdann die Benutzung von Ladekästen und anderen Fördergefäßen empfohlen.

Die Ladepritschen und Plattformen werden vielfach derart ausgebildet, daß sie auf Transportwagen abgesetzt werden können. Bei Hängebahnen werden die Plattformen heb- und senkbar angeordnet und häufig auch kippbar ausgeführt.

e) Zangen und zangenartige Greifzeuge.

Das Bestreben, die Handarbeit möglichst auszuschalten, hat zur Verwendung von Zangen und zangenartigen Greifzeugen geführt, die für die verschiedenartigsten Fördergüter (Säcke, Ballen, Fässer, Kisten, Hölzer, Steine, Schienen, Blöcke, Stahlflaschen, Schmelztiegel, Werkstücke usw.)

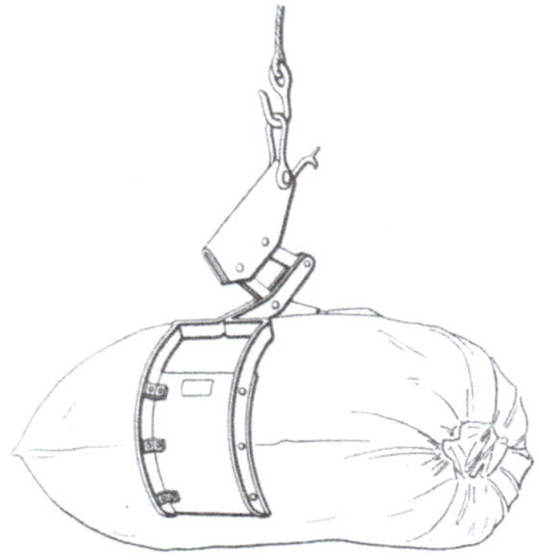

Abb. 350.

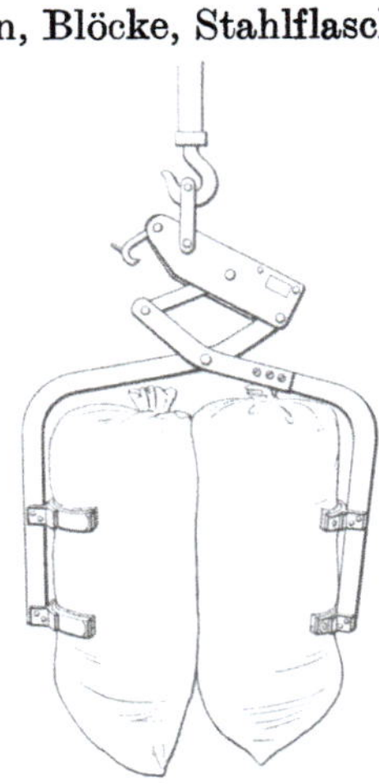

Abb. 351.

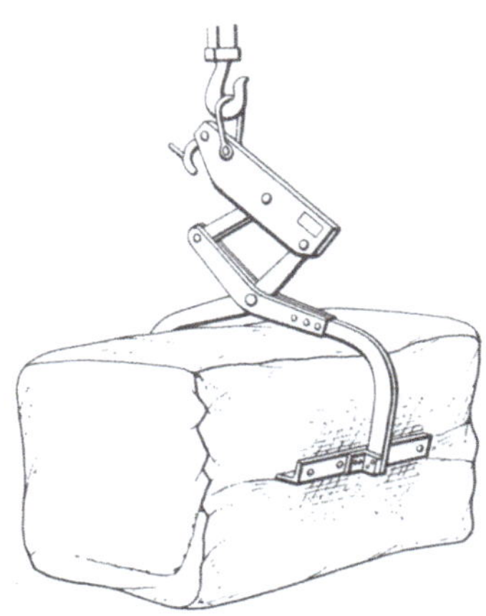

Abb. 352.

[1] Deutsche Eisen- und Stahlberufsgenossenschaften: „Merkblatt zur Beförderung von Lasten durch Hebe- und Fahrzeuge".

in Frage kommen und daher in ihrer Ausführung sehr mannigfaltig sind. Die meisten Zangen sind selbstspannend und werden unter dem Einfluß des Fördergutgewichtes geschlossen und nach Absetzen des Gutes von Hand geöffnet.

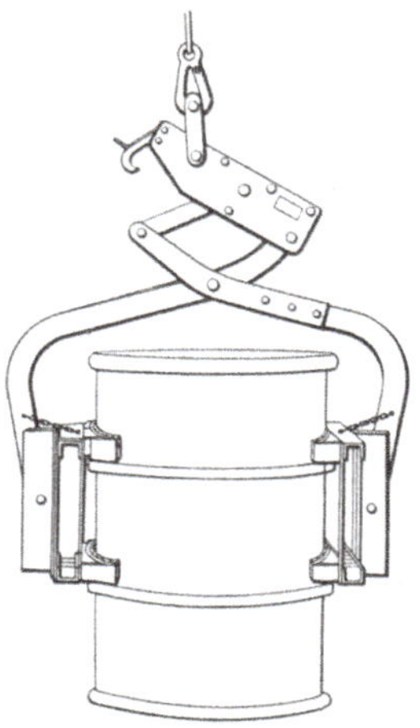

Abb. 353.

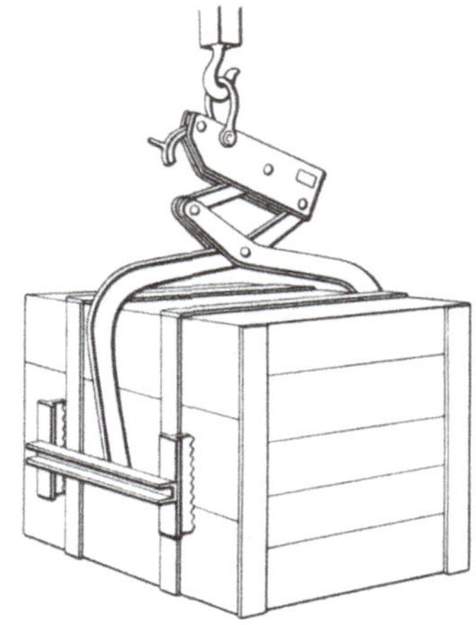

Abb. 354.

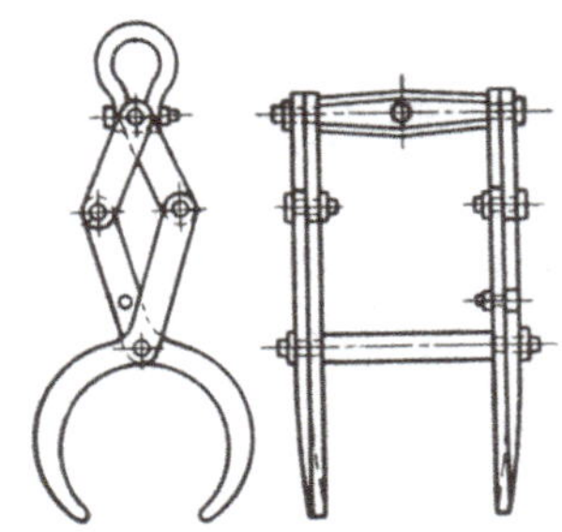

Abb. 355. Zange für zylindrische Körper.

Weitgehende Anwendung finden die Zangen in Stahlwerken, Hammer- und Preßwerken. Siehe Abschnitt „Hüttenwerkskrane".

Abb. 350 bis 354[1] zeigen verschiedene Greifzangen für Säcke, Ballen, Benzinfässer und Kisten. Die Zangen werden durch einen Schäkel in den Kranhaken eingehängt und vermittels eines selbsttätig einklinkenden Sperrhakens offen gehalten und an das Gut angelegt. Nach dem Auslösen der Sperrklinke werden die Zangen durch Anziehen der Hubseile geschlossen.

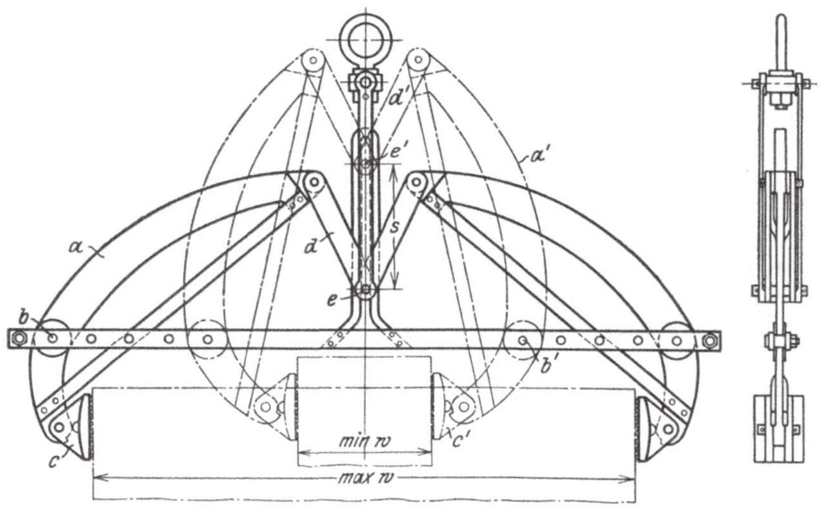

Abb. 356. Steinzange Bauart Wolff.

a (*a'*) Zangenhebel; *b* (*b'*) verstellbare Festpunkte; *c* (*c'*) gerauhte Greifbacken; *d* (*d'*) Kniehebel; *e* (*e'*) senkrecht geführter Drehbolzen; *s* Drehbolzenweg; max *w* größte, min *w* kleinste Maulweite der Zange.

Im Werkstättenbetriebe ist die Verwendung zangenartiger Greiforgane beim Transport größerer Mengen gleichartiger Werkteile besonders angebracht, da sie die Zeit zum Lastaufnehmen und -abgeben auf einen Kleinstwert vermindern.

Abb. 355: Selbstspannende Zange für zylindrische Werkteile.

Weitere Zangenbauarten: Steinzange mit verstellbarer Öffnungsweite (Abb. 356) und Holzzange oder Schere (Abb. 357).

Zum Aufnehmen und Fördern regelmäßig gestapelter Rundhölzer mit Durchmessern bis etwa 200 mm und Längen bis etwa 2 m, wie sie als Grubenhölzer und Hölzer in Zellstoffabriken in großen

[1] Geist-Greiferwerkstätten, Kraiburg (Bayern).

Mengen vorkommen, werden Rundholzgreifer (Abb. 358) verwendet. Diese gleichen in ihrer Bauart den Schüttgutgreifern (s. S. 150) und eignen sich bei entsprechender Ausführung auch zum Umschlag regelmäßig gestapelter Schienenschwellen (Demag, Duisburg).

Ausführung eines drehbaren Rundholzgreifers (Demag) siehe Z. V. d. I. 1929, S. 1640.

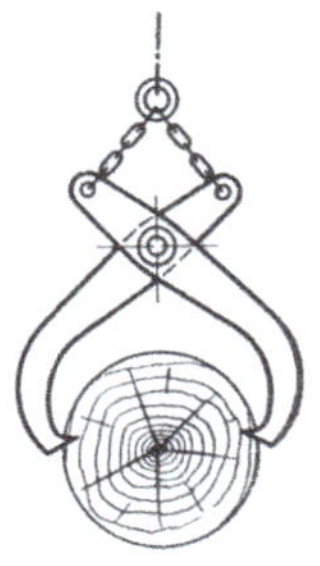

Abb. 357.

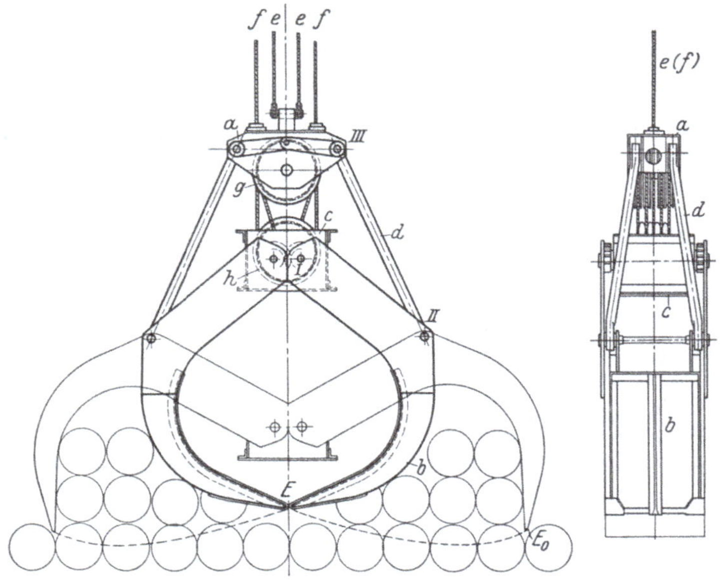

Abb. 358. Rundholzgreifer. (Mohr & Federhaff.)
a Greiferkopf; *b* Greifhebel, deren Drehpunkte *I* an dem auf- und abbewegbaren Querstück *c* angeordnet; *d* Lenkerstangen, bei *II* an den Greifhebeln und bei *III* am Greiferkopf angreifend; *e* Entleerseile; *f* Hub- und Schließseile; *g* feste, *h* lose Rollen des Schließflaschenzuges; $E-E_0$ Entleerkurve.

II. Lasthebemagnete.

a) Anwendungsgebiete.

Ihr Hauptanwendungsgebiet finden die Lasthebemagnete in den Hochofen-, Stahl- und Walzwerken.

In den Betrieben der Maschinen- und Eisenindustrie kommen die Magnete hauptsächlich zur Förderung außerhalb der Werkstätten, für den Ladeverkehr und zur Lagerplatzbedienung in Betracht. Besonders vorteilhaft sind die Magnete zum Aufnehmen und Fördern von Schrott, Spänen und sonstigen Kleineisenteilen.

b) Arbeitsweise und Schaltung.

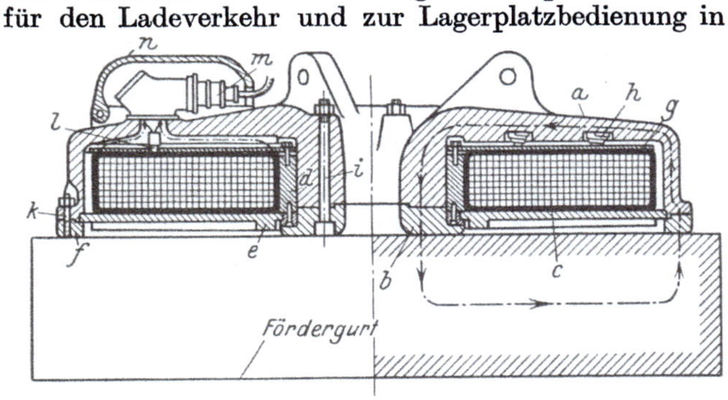

Abb. 359. Runder Lasthebemagnet mit herausnehmbaren Spulen. (Demag.)
a Magnetgehäuse; *b* Polschuh; *c* Spule; *d* Polring; *e* Grundplatte; *f* Befestigungsring zu *e*; *g* Deckplatte; *h* Federn; *i* Polschrauben; *k* Schrauben zu *f*; *l* Wärmeschutzpatrone; *m* Steckkontakt; *n* Schutzhaube zu *m*.

Der Magnet wird so auf das Fördergut aufgesetzt, daß er nicht hohl liegt, sondern dasselbe möglichst mit seiner ganzen Polfläche berührt. Hierauf wird der Strom eingeschaltet und es wird ein magnetisches Feld erzeugt, dessen Stärke von der Größe des Magneten, der Windungszahl der Spule und der durch die Windungen fließenden Stromstärke abhängt.

Abb. 359 zeigt den Verlauf der magnetischen Kraftlinien. Diese gehen vom Kern des Magneten in das Fördergut über und treten am Rande wieder in das Magnetgehäuse ein.

Zum Ein- und Abschalten der Lasthebemagnete werden Steuerwalzen mit auswechselbaren Kontaktstücken und Funkenlöschspulen (s. S. 167) verwendet, die beim Einschalten des Magneten die Erregung mittels Widerständen schwächen, wodurch schädliche Spannungserhöhungen beim Kurzschließen der Spule vermieden werden.

Für Magnete größerer Tragkraft wendet die Demag eine Schaltung an, die es ermöglicht, den Magneten beim Aufsetzen auf das Fördergut stärker zu erregen. Durch diese anfängliche Übererregung wird eine stärkere magnetische Kraft hervorgerufen, was zum Heranholen der Stücke bei sich sperrendem Schrott oder bei Masseln vorteilhaft ist. Nach erfolgtem Anziehen stellt ein Schütz mit Zeitrelais die zum Festhalten des Gutes ausreichende geringere Erregung selbsttätig ein, wodurch vermieden wird, daß der Magnet dauernd mit der größten Erregung arbeitet und zu warm wird.

c) Bauarten und Leistung.

1. Rundmagnete.

Die am meisten angewendete Bauart ist der Rundmagnet mit ebener Polfläche. Er wird für Durchmesser von 700 bis 1900 mm bei Tragkräften von 4000 bis 30000 kg (bezogen auf massive Blöcke) hergestellt.

Bei dem in Abb. 359, S. 145, dargestellten Rundmagneten ist die Spule nach Lösen der Schrauben herausnehmbar. Sie ist, um Stöße beim Aufsetzen des Magneten von ihr fernzuhalten, vermittels Federn elastisch in das Magnetgehäuse eingebaut.

Die Spule ist der wichtigste und empfindlichste Teil des Magneten. Zu ihrer Bewickelung wird entweder Kupfer- oder Aluminiumdraht verwendet. Für das Kupfer spricht dessen höhere Leitfähigkeit, die um etwa 50% größer als die des Aluminiums ist.

Die Magnete mit Aluminiumbewickelung sind je nach der Magnetgröße um 14 bis 20% leichter als die mit Kupferbewickelung, was bei flott arbeitenden Kranen mit 80 und mehr stündlichen Kranspielen von erheblichem Einfluß auf die Bemessung des Hubmotors und dessen Stromverbrauch ist.

Der Stromverbrauch der Magnete ist bei Anwendung von Aluminiumspulen um 28 bis 30% höher als bei Kupferspulen.

Trotz dieses höheren Stromverbrauches bietet die Verwendung des Aluminiums für den Magnetbetrieb wirtschaftliche Vorteile und man zieht es daher in neuerer Zeit meist dem Kupfer vor.

Da die Rundmagnete vorwiegend zum Fördern von Schrott, Masseln u. dgl. verwendet werden, und meist mit ihrer vollen Senkgeschwindigkeit auf das Gut geworfen werden, so müssen sie aus gutem Werkstoff hergestellt und kräftig bemessen werden. Das Gehäuse wird aus Dynamostahlguß (Stg 45·81 D) und die Grundplatte aus harter Zinnbronze (GBz 20) oder zähem Manganstahl ausgeführt. Hierdurch wird die Abnutzung der arbeitenden Magnetfläche auf das äußerste vermindert.

Bei der auf Abb. 359 dargestellten Bauart haben sich nach längerer Benutzungsdauer des Magneten die Polschrauben gelängt. Durch den hierbei auftretenden Luftspalt zwischen Polring und Gehäuse wurde die Magnetleistung wesentlich vermindert, auch konnten Staub und Feuchtigkeit in das Magnetinnere eintreten. Die Isolation der Spule wurde dadurch allmählich verschlechtert und es traten mit der Zeit Überschläge auf das Gehäuse oder Windungsschluß innerhalb der Spule auf.

Bei der neuen Ausführungsart[1] wird ein Lösen der Spule und ein Undichtwerden des Magneten dadurch vermieden, daß der äußere und innere Polring (*f* bzw. *d* auf Abb. 359) fortfallen und die ringförmige Grundplatte durch verschweißte Sprengringe im Gehäuse befestigt wird. Eine etwaige Kondens- bzw. Schwitzwasserbildung wird an den inneren Gehäusewänden dadurch verhindert, daß die Hohlräume zwischen Spule und Gehäusewand mit einer zähen Masse ausgefüllt werden, die so beschaffen ist, daß sie ihre Konsistenz auch bei Erwärmung bis 200° noch beibehält. Durch Überziehen des Aluminiumdrahtes mit einer hochwärmebeständigen Sonderisolation ist die Spule wesentlich verbessert worden.

Bei einer neuen Sonderausführung wurde die Spule in zwei übereinanderliegende Hälften unterteilt, wodurch die Abkühlungsverhältnisse wesentlich besser wurden. Die Hubleistung des Magneten mit Doppelspule ist für Schrott, Masseln, Gußbruch, Eisenspäne u. dgl. um etwa 40% größer als bei einem gewöhnlichen Magneten mit gleichem Durchmesser.

Die Magnete werden für Betriebsspannungen von 110 bis 600 V gewickelt und von den Firmen in den gängigsten Größen und für die meist vorkommenden Spannungen auf Lager gehalten.

Unter der Abreißkraft eines Magneten versteht man diejenige Last, die der Magnet gerade noch hält. Man läßt die nutzbare Tragkraft wesentlich niedriger, mit etwa einem Fünftel der Abreißkraft, zu.

Die Tragkräfte der Magnete bzw. ihre durchschnittlichen Leistungen für einen Hub sind für große, massive Blöcke, die den magnetischen Kraftlinien einen großen Durchflußquerschnitt bieten, am größten und werden daher auf diese bezogen.

---

[1] Demag-Nachrichten 1931, S. C 15.

Für andere Fördergüter, wie Fallkugeln, Masseln, Schrott und Späne sinkt die durchschnittliche Tragkraft der Magnete außerordentlich.

Abb. 360 gibt einen Vergleich der durchschnittlichen Hubleistungen eines Rundmagneten bei verschiedenen Fördergütern. Durchmesser des Magneten: 1150 mm. Energieverbrauch in kaltem Zustande: 4,2 kW.

Der Vergleich läßt erkennen, daß die durchschnittliche Tragkraft des Magneten bei Kleinschrott, Blechabfällen und Gußeisen- bzw. Stahlspänen äußerst gering ist, und bei langlockigen Stahlspänen nur etwa 3,4% der Tragkraft an Einzelblöcken beträgt. Trotzdem ist das Verladen dieser Güter mit Hilfe eines Magneten wirtschaftlicher als von Hand.

Die Magnete sind auch zur Förderung heißer Eisenstücke verwendbar. Der Wärmegrad des Fördergutes ist hierbei von geringem Einfluß auf die Tragkraft des Magneten, da Eisenteile mit Temperaturen von 400 bis 500° noch mit hinreichender Sicherheit getragen werden. Magnete zum Verladen von heißem Gut werden mit einem besonderen Wärmeschutz ausgerüstet (Demag, Duisburg) und können dann Eisen mit Temperaturen bis etwa 600° tragen. Diese Temperatur stellt besonders in elektrischer Hinsicht die oberste Grenze dar, da von 600° ab die Magnetisierbarkeit des Eisens schnell sinkt und bei 700° praktisch gleich Null wird. Die Magnetisierbarkeit des Eisens sinkt auch mit dem Mangangehalt. Eisensorten mit etwa 7% Mangangehalt sind durch Magnete nicht mehr beförderungsfähig.

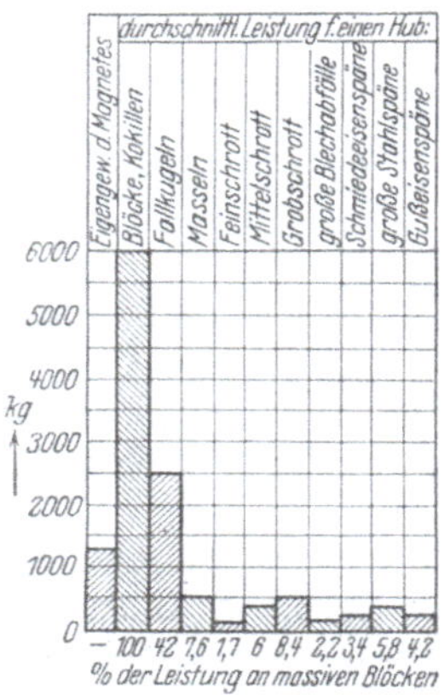

Abb. 360.

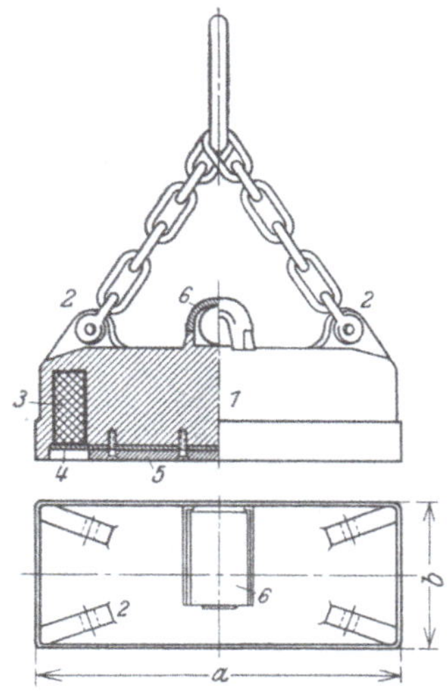

Abb. 361 und 362. Flachmagnet. (Ardeltwerke.)
1 Magnetgehäuse; *2* Aufhängeösen; *3* Spule; *4* Deckplatte; *5* Grundplatte; *6* Kabelanschluß.

2. Flachmagnete (rechteckige Magnete).

Die Flachmagnete (Abb. 361 und 362) dienen zur Förderung regelmäßig gestapelter Blöcke und Masseln, sowie Walzen, Trägern, Rundmaterial, Blechen u. dgl. Die Ausführung der Spule ist grundsätzlich die gleiche wie bei den Rundmagneten.

Der in Abb. 361 und 362 dargestellte Magnet wird in drei Größen $a \cdot b = 770 \cdot 270$, $1016 \cdot 416$ und $1520 \cdot 420$ mm geliefert.

Tragkraft der Magnete an massiven Blöcken: 3000, 12000 und 20000 kg.

3. Magnete mit schmalen Polflächen (Hufeisenmagnete).

Die Hufeisenmagnete (Abb. 363 und 364) haben schmale Polflächen und eignen sich daher besonders zum Aufnehmen von Schienen, Trägern, Stabeisen u. dgl., die von ihnen gut gefaßt werden. Ausführung in vier Größen von 400 bis 4000 kg Tragkraft. Abmessungen: $a \cdot b = 400 \cdot 500$, $490 \cdot 600$, $610 \cdot 1000$ und $810 \cdot 1300$ mm.

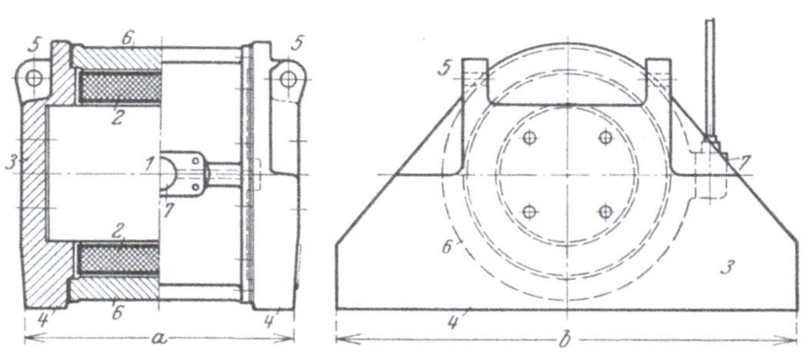

Abb. 363 und 364. Magnet mit schmalen Polflächen. (Lauchhammer.)
1 Kern; *2* Spule; *3* Polplatten; *4* Polflächen; *5* Aufhängeösen; *6* Gehäuse; *7* Kabelanschluß.

4. Magnete mit beweglichen Polen.

Diese Magnete (Abb. 365) dienen zum Verladen von geordnet liegendem Gut, wie Blöcken, Schienen, Trägern u. dgl. Ihre rechteckigen schmalen Polfinger stellen sich den kleinen Höhenunterschieden des Materials entsprechend ein, wodurch die Wirkung des Magneten entsprechend gesteigert wird.

Für Fallwerkkugeln werden auch Sondermagnete hergestellt, da die nutzbare Tragkraft der Rundmagnete mit ebener Polfläche wegen der geringen Anlagefläche der Kugel am Magneten zu gering ist.

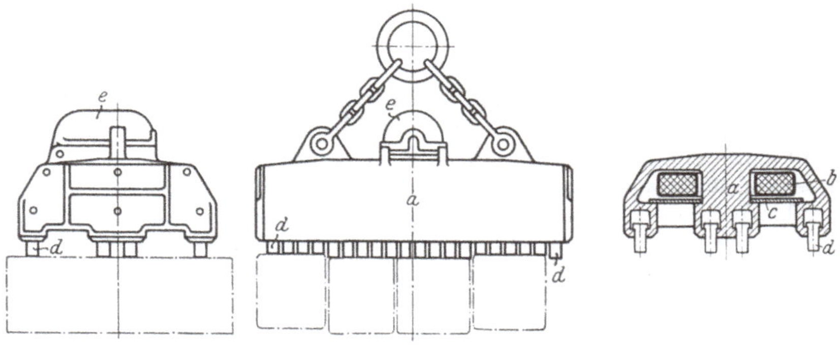

Abb. 365. Magnet mit beweglichen Polen. (Demag.)
a Magnetgehäuse; *b* Spule; *c* Deckplatte; *d* beweglich aufgehängte Polfinger; *e* Kabelanschluß.

III. Fördergefäße für Schüttgüter.

a) Kippkübel.

Bei den Kippkübeln (Abb. 366) ist das Fördergefäß mittels eines Bügels am Kranhaken aufgehängt und um eine waagerechte Achse kippbar. Der Schwerpunkt des gefüllten Kübels ist derart gewählt, daß der Kübel unter der Einwirkung des Fördergutgewichtes zu kippen sucht, durch eine geeignete Verriegelung aber daran verhindert wird. Nach Auslösen der Verriegelung kippt der Kübel und gibt das Fördergut ab. Da der Schwerpunkt des leeren Kübels hinter der Kippachse liegt, so kehrt der Kübel selbsttätig in seine Beladestellung zurück, in der er wieder verriegelt wird.

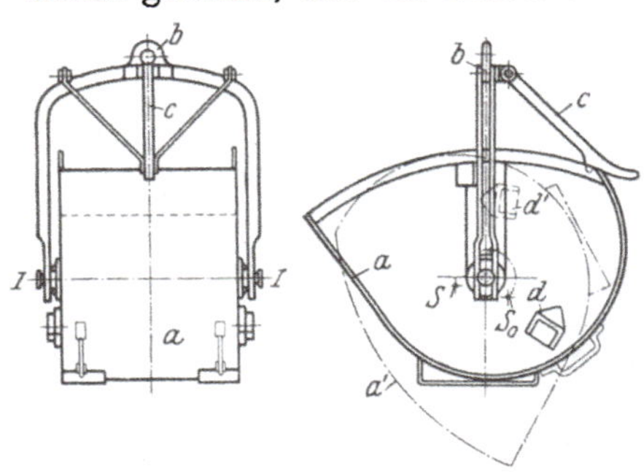

Abb. 366. Kippkübel.
a Fördergefäß, mittels des Bügels *b* am Kranhaken aufgehängt und um die Achse $I-I$ kippbar; *c* Riegelhebel; *d* Anschlag, die Kipplage *a'* begrenzend; *S* Schwerpunkt des gefüllten, S_0 Schwerpunkt des leeren Gefäßes.

Die im Kranbetriebe verwendeten Kippkübel haben meist die Form des alten Brownschen Kübels mit schrägem Auslauf. Dieser bietet den Vorteil, den Kübel an der Böschung des Fördergutes anzusetzen, so daß das Gut zum großen Teil hineingeschoben werden kann und nur der Rest einzuschaufeln ist. Auch erleichtert er das Herausgleiten des Fördergutes und macht ein vollständiges Kippen des Gefäßes überflüssig.

Das gefüllte Gefäß wird entweder wie in Abb. 366 durch einen Nasenhebel verriegelt, der von Hand ausgelöst wird oder es sind zwischen den Tragbügelhälften zwei Winkelhebel gelagert, die den aufgerichteten Kübel durch Eingreifen in Aussparungen verriegeln und durch Federkraft in dieser Stellung halten. Beim Entleeren stoßen die oben hervorstehenden Anschlagenden der Riegelhebel gegen einen Entleerring. Hierdurch wird die Federkraft überwunden, die Verriegelung ausgelöst und der Kübel gekippt.

Die Kippbewegung des Kübels wird durch Anschläge begrenzt, die am Gefäß befestigt sind und sich in der äußersten Kippstellung gegen den Bügel legen.

Damit der Kübel beim Anschlagen am Entleerring nicht aus dem Lasthaken herausspringen kann, soll der Haken ein Sicherheitshaken sein (s. S. 19).

Die Kippkübel werden angewendet, wenn das Fördergut zeitweise in derselben Höhe, z. B. in einen Schüttrumpf, abgegeben wird. Herstellung der Kippkübel (Demag, Duisburg) mit folgenden Inhalten:

Inhalt:	0,5	1,0	2,0	3,0 m³,
Kübelgewicht: . . .	265	540	780	1620 kg.

b) Fördergefäße mit Boden- oder Seitenentleerung.

Fördergefäße mit Bodenentleerung werden im Kranbetriebe zum Verladen von Kies, Sand, Erde u. dgl. verwendet und haben den Kippkübeln gegenüber den Vorzug, daß sie beim Entleeren das Gut nicht so sehr zerstreuen. Der auf Abb. 367 schematisch dargestellte Kübel mit Bodenentleerung ist an einem Tragkreuz und vermittels eines Rohres an den Hubseilen *c* — *c* aufgehängt. Die Bodenklappen sind durch Zugstangen gelenkig an einem Stempel angeschlossen, der senkrecht geführt ist und an dessen oberem Ende das Entleerseil angreift.

In geschlossenem Zustande hängt der Kübel am Seil *h*, wobei die Seile *c*—*c* leicht gespannt sind. Zum Entleeren werden die Seile *c*—*c* festgehalten und das Seil *h* nachgelassen, wobei sich die Bodenklappen unter dem Einfluß des Fördergutgewichtes öffnen.

Abb. 368 zeigt einen Förderkasten mit Bodenentleerung und selbsttätigem Verschluß.

Die Bodenklappen werden durch eine Verriegelung in geschlossenem Zustande gehalten. Soll der Kasten entleert werden, so wird der Riegelhebel ausgelöst und die Klappen öffnen sich durch den Druck des Fördergutes. Nach dem Entleeren werden die Bodenklappen unter der Einwirkung eines Gegengewichtes selbsttätig geschlossen und wieder verriegelt.

Der Förderkasten wird in folgenden Größen hergestellt:

Inhalt:	0,4	0,5	0,75	1,00 m³,
Gewicht:	200	260	410	560 kg.

Fördergefäße mit Seitenentleerung werden im Kranbau nur ausnahmsweise verwendet.

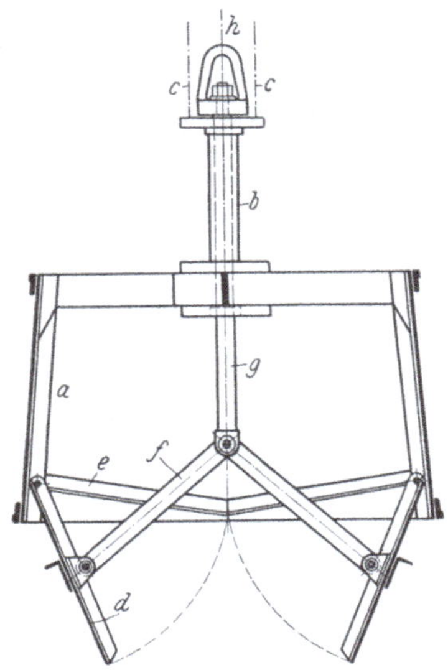

Abb. 367. Fördergefäß mit Bodenentleerung. (Zobel & Neubert.)
a Gefäß, vermittels Tragkreuz am Rohr *b* aufgehängt; *c* Hubseile, am Flansch von *b* befestigt; *d* Bodenklappen; *e* Anschläge zu *d*; *f* Zugstangen, an dem Stempel *g* angreifend; *h* Entleerseil, an *g* befestigt.

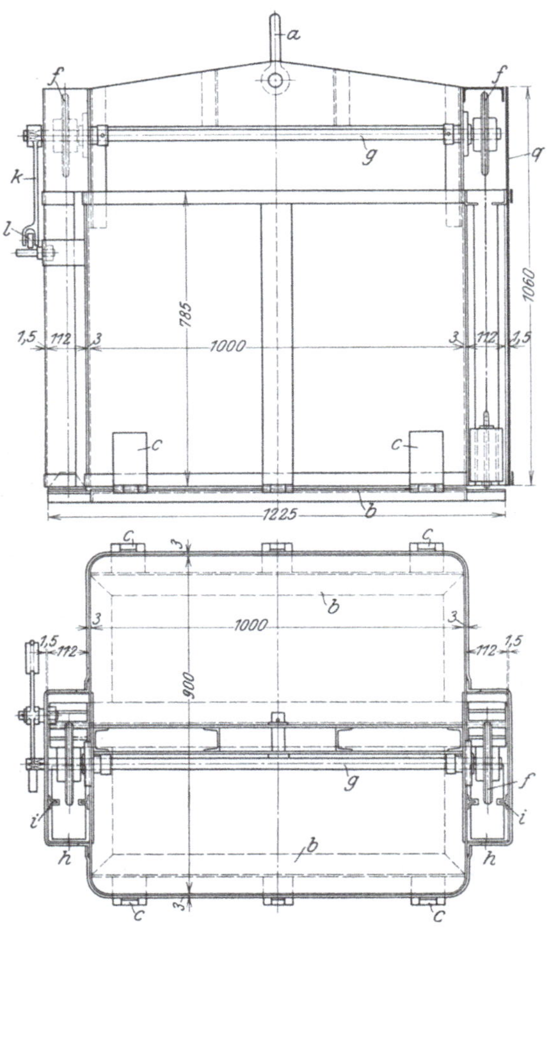

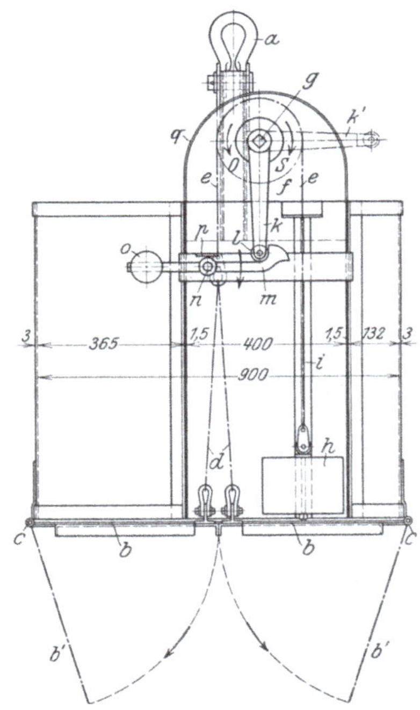

Abb. 368. Fördergefäß mit Bodenentleerung von 0,75 m³ Inhalt. (Weyermann.)
a Aufhängeschäkel; *b* Bodenklappen; *b'* Bodenklappen geöffnet; *c* Scharniere zu *b*; *d* Schließketten an *b* angreifend und mit dem einen Ende der Gelenkketten *e* verbunden; *f* Kettenräder, auf der Welle *g* aufgekeilt; *h* Gewichte am anderen Ende der Gelenkketten *e* befestigt und zum selbsttätigen Schließen der Bodenklappen dienend; *i* Führungen zu *h*; *k* Gabelhebel, mittels Vierkant auf der Kettenradwelle *g* sitzend; *k'* Stellung des Gabelhebels bei geöffnetem Gefäß; *l* Rolle an *k*; *m* Verschlußhebel, bei *n* drehbar und durch das Gewicht *o* belastet; *p* Anschlag zu *m*; *q* Schutzgehäuse zum Schließkettentrieb; *O* Drehrichtung der Kettenradwelle beim Öffnen, *S* beim Schließen der Bodenklappen.

c) Klappkübel (Klappmulden).

Das muldenförmige Gefäß (Abb. 369) ist in der Mitte geteilt und seine beiden Hälften (Schalen) sind zum Abgeben des Fördergutes um eine waagerechte Achse aufklappbar. Die beiden Hubseile des Kübels sind an einer Traverse befestigt, an der der Kübel an seinen Drehpunkten vermittels Ketten aufgehängt ist. Am oberen seitlichen Rande der Schalen greifen die Entleerketten an, die ebenso wie die Entleerseile an einer Traverse befestigt sind.

Zur Betätigung der Klappkübel ist ein besonders gestaltetes Hubwerk mit zwei Trommeln erforderlich, das in baulicher Hinsicht einem Greiferhubwerk (s. S. 211) entspricht.

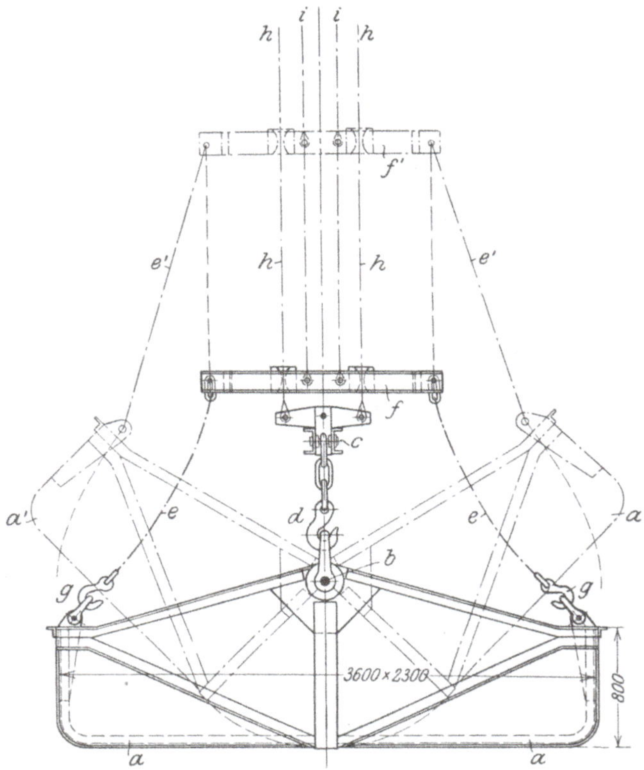

Abb. 369. Klappkübel für Erzumschlag.
a Schalen; b Schalendrehpunkt; c Hubtraverse, an der der Kübel mittels der Ketten d aufgehängt; e Ketten, einerseits an der Entleertraverse f befestigt, andererseits bei g an den Schalen eingehängt; h Hubseile, an der Traverse c befestigt; i Entleerseile, an der Traverse f befestigt.

Beim Beladen, Heben und Senken ist der Kübel an seinen Schalendrehpunkten aufgehängt und wird durch das Gewicht der Schalen und des Fördergutes geschlossen. Zum Öffnen (Entleeren) des Kübels (Abb. 369) werden die Entleerseile festgehalten und die Hubseile nachgelassen. Die Hubseiltraverse bewegt sich abwärts, und die Schalen gehen unter Abgeben des Fördergutes auseinander. Durch Festhalten der Hubseile und durch Nachlassen der Entleerseile wird der Kübel wieder geschlossen.

Die Klappkübel der Demag werden in folgenden Größen hergestellt:

Inhalt: . . .	1,0	1,5	2,0	2,5	3,0 m^3,
Gewicht: . . .	500	580	650	750	900 kg.

Bei kleinerem Inhalt und weniger flottem Betrieb können die Klappkübel auch ohne besonderes Hubwerk betätigt werden. Während des Beladens und Beförderns ist der Kübel an seinen Schalendrehpunkten aufgehängt und bleibt daher geschlossen. Zum Entleeren wird der Kübel abgesetzt.

Die Ketten der Hubtraverse werden an den Schalendrehpunkten ausgehängt und die Entleerketten im Kranhaken eingehängt. Durch Anziehen der Hubseile werden die Schalen geöffnet und das Fördergut wird abgegeben (Demag, Duisburg).

Zum Transport von Erz erhalten die Klappkübel statt der meist halbrunden flache Form und möglichst niedrige Seitenwände, damit das Fördergut beim Einschaufeln nicht zu hoch gehoben werden muß (Abb. 369).

Auf den Kohlenzechen werden Klappkübel bis zu 6 und 8 m^3 Inhalt verwendet. Es werden mehrere Kübel (ohne Gehänge) auf je einen Plattformwagen abgesetzt und von einem Schüttrumpf aus gefüllt. Die Wagen werden dann zur Schiffverladestelle gefahren. An dieser werden die Kübel durch Tordrehkrane, die mit einem entsprechenden Gehänge nach Art von Abb. 370 ausgerüstet sind, aufgenommen, und in das Schiff entladen.

Die Gehänge der Kübel werden zweckmäßig so gestaltet, daß sie sich beim Aufsetzen der Gefäße und Nachlassen der Seile selbsttätig von den Gefäßen lösen.

d) Selbstgreifer.

Der Umschlag größerer Mengen von Schüttgut wird am schnellsten und wirtschaftlichsten mit Selbstgreifern ausgeführt.

1. Zweiseilgreifer.

Die Zweiseilgreifer sind in jeder Höhenlage entleerbar, erfordern jedoch, ebenso wie die Klappkübel, ein Hubwerk mit zwei Trommeln.

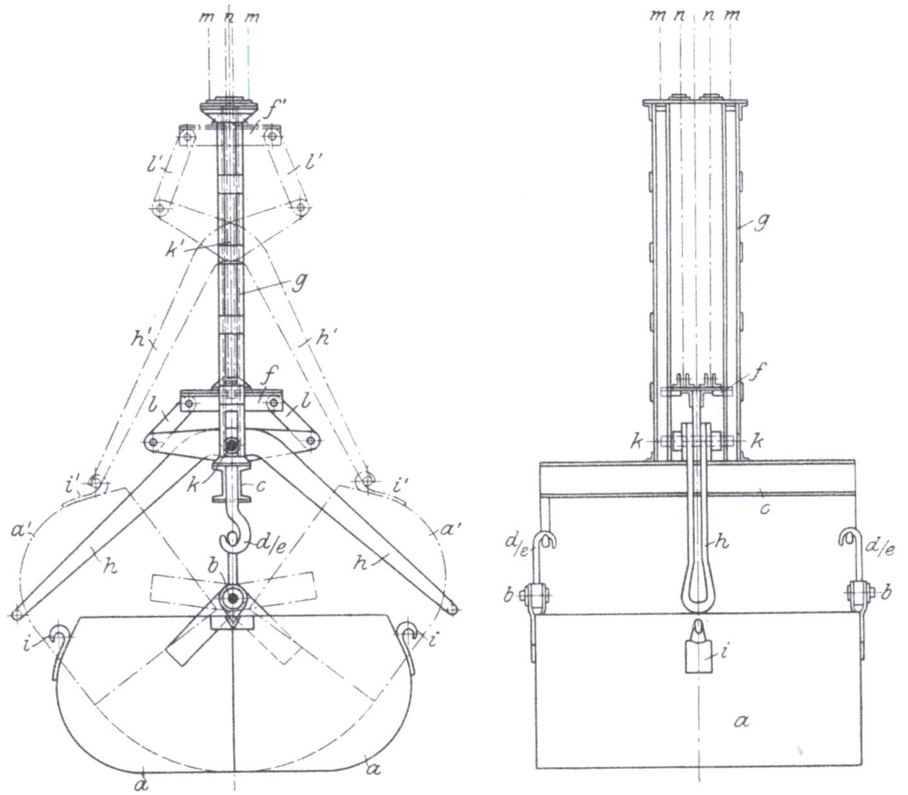

Abb. 370. Klappkübel mit Zangengehänge. (Ardeltwerke.)

a Gefäßschalen; *b* Drehachse, um die *a*—*a* aufklappbar; *c* Querstück; *d*—*e* Haken, mittels denen der Kübel an *c* aufgehängt; *f* auf und ab bewegbares Querstück; *g* Führungsrahmen zu *f*, an dessen unterem Ende *c* angebaut; *h* Zangenhebel, deren Bügel in die Haken *i* der Gefäßschalen eingreifen; *k* Drehachse der Zangenhebel *h* im Rahmen *g* auf und ab bewegbar; *l* Gelenkstangen zwischen *f* und *h*; *m* Hubseile, an *g* befestigt; *n* Entleerseile, an *f* befestigt.

Von den verschiedenen Greiferbauarten hat sich der Priestmann-Greifer mit inneren auf- und abbewegbaren Schaufeldrehachsen und äußerer Schaufelaufhängung durch Lenkerstangen am besten bewährt[1]. Es wird daher von den meisten Kranbaufirmen mit mehr oder weniger großen baulichen Abänderungen ausgeführt.

Abb. 371 bis 374 zeigen den Stangengreifer in schematischer Darstellung unter Fortlassen des Schließflaschenzuges.

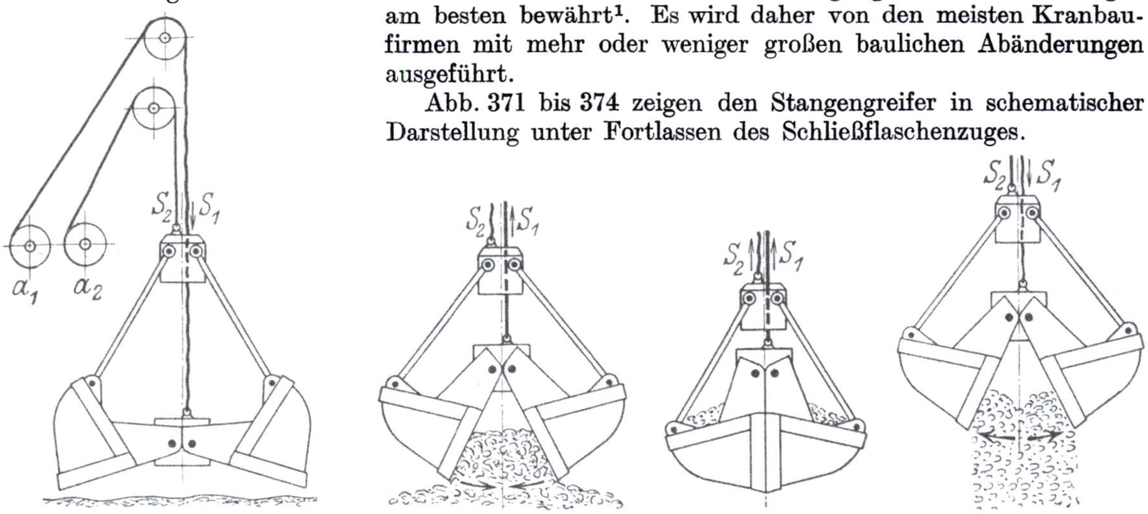

Abb. 371 bis 374. Arbeitsweise des Stangengreifers. (Schematische Darstellung unter Fortlassen des Schließflaschenzuges.) S_1 Hub- und Schließseil; S_2 Entleer- oder Halteseil; a_1 Hub- und Schließtrommel; a_2 Entleertrommel.

Der Greifer ist am Entleerseil aufgehängt und wird durch Nachlassen oder Anziehen des Hub- und Schließseiles geöffnet oder geschlossen.

[1] Kammerer: Versuche mit Selbstgreifern. Z. V. d. I. 1912, S. 617.

In der Ausführung (Abb. 375) sind zwei Entleerseile und zwei Hubseile vorgesehen. Die ersteren sind durch ein Querstück gelenkig am Greiferkopf befestigt. Die letzteren dienen als Zugorgane eines Zwillingsrollenzuges, dessen feste Rollen im Greiferkopf und dessen lose Rollen in dem auf- und abbewegbaren Querstück gelagert sind.

Arbeitsvorgang während eines Greiferspiels:

1. Senken des geöffneten Greifers (Abb. 371). Der Greifer hängt am Entleerseil. Beide Trommeln a_1 und a_2 drehen sich im Senksinne (Rechtssinn). Der Greifer wird so lange gesenkt, bis er sich auf das Fördergut aufgesetzt und eingegraben hat.

2. Schließen und Füllen (Abb. 372). Die Hub- und Schließtrommel a_1 dreht sich im Hubsinne (Linkssinn). Das Schließseil wird eingezogen, das Querstück (Traverse) geht nach oben und die Schalen bewegen sich unter Aufnehmen des Gutes so lange gegeneinander, bis ihre Schneiden zusammentreffen.

3. Heben (Abb. 373). Ist der Greifer geschlossen, so werden beide Trommeln im Hubsinne (Linkssinn) bewegt und die Schließbewegung geht unmittelbar in die Hubbewegung über. Der Greifer hängt am Hub- und Schließseil, während das Entleerseil spannungslos ist.

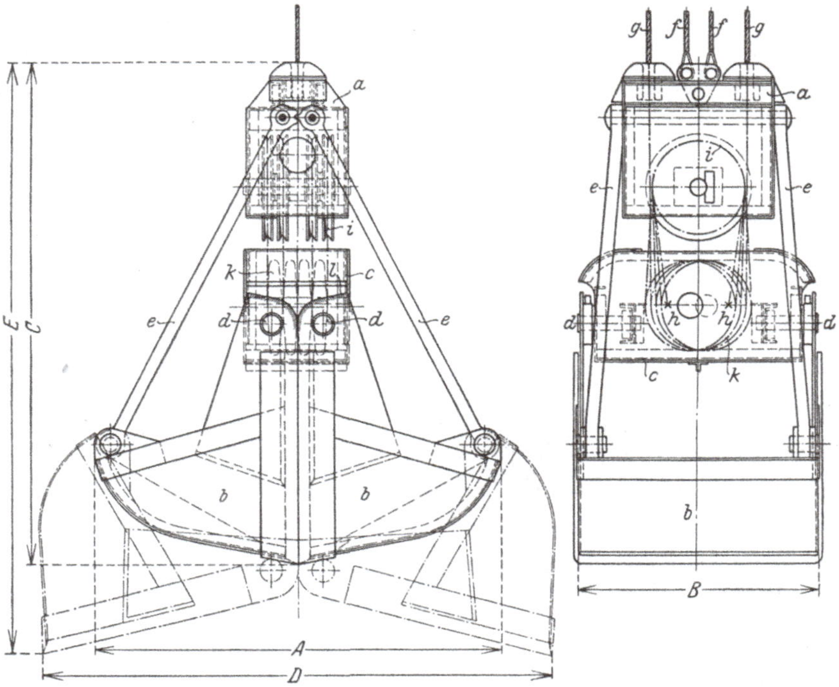

Abb. 375. Demag-Greifer.

a Greiferkopf; *b* Schalen; *c* Traverse; *d* Schalendrehachsen, an *c* angeordnet; *e* Lenker; *f* Entleerseile, am Greiferkopf gelenkig befestigt; *g* Hub- und Schließseile; *h* Befestigungen von *g* an der Traverse; *i* feste Rollen, *k* lose Rollen des Schließflaschenzuges; *l* Anschläge an den Schaufelwangen zur Begrenzung der größten Maulweite.

4. Öffnen und Entleeren (Abb. 374). Die Entleertrommel wird festgehalten und die Hub- und Schließtrommel dreht sich im Senksinne (Rechtssinn). Das Hub- und Schließseil wird nachgelassen und die Traverse bewegt sich unter dem Einfluß ihres Gewichtes und des Schalengewichtes (bzw. auch des Fördergutes) so lange abwärts, bis die Schalenwangen zusammentreffen und der Greifer seine größte Maulweite erreicht hat (Abb. 371).

Das Heben des leeren Greifers geht wie unter 1. vor sich, nur drehen sich beide Trommeln im Hubsinne (Linkssinn).

Die Greiferschalen werden für schweres, grobstückiges Gut vorteilhaft flach gebaut, während für Sand, leicht fließende Salze, Getreide u. dgl. die gewölbte halbrunde Form zweckmäßiger ist.

Die Greiferschneiden werden je nach Art des Fördergutes glatt (Abb. 375) oder gezahnt ausgeführt. Für besondere Zwecke wie zum Aufnehmen steinhaltiger Erde werden die Schalen aus zugespitzten Stahlstäben gebildet.

Der in den Greifer eingebaute Schließflaschenzug ist in der Regel ein Zwillingsrollenzug und dient als Übersetzungsmittel zwischen der verhältnismäßig großen Schließkraft und dem Seilzug der Hub- und Schließtrommel. Die Größe der Übersetzung hängt von der Art des Fördergutes ab und beträgt bei Greifern für Kohle und Erz $^1/_4$ bis $^1/_6$. Steigerung der Schließkraft wird durch den Einbau von Kniehebeln erreicht.

Abb. 375 zeigt die Ausführung des Demag-Greifers, dessen Hauptabmessungen auf Tabelle 38 gegeben sind.

Herstellung je nach Art des Fördergutes in drei Bauarten.

Die Greifer leichter Bauart werden normal in 14 Größen von $^3/_4$—5 m³ Inhalt ausgeführt und kommen für Kohle, nicht zu harten und zu grobstückigen Koks, mulmige Erze, Salze u. dgl. in Betracht.

Für harte grobstückige Kohle, Erze von mittlerem spezifischen Gewicht, Klinker, Kies und Sand werden die Greifer mittlerer Bauart (9 Größen von $^3/_4$ bis $2^3/_4$ m³) verwendet, während die Greifer schwerer Bauart (7 Größen von 1 bis 2,5 m³) zum Aufnehmen und Fördern harten grobstückigen Erzes und anderer Schüttgüter gleicher Beschaffenheit dienen.

Für das Entladen von Schüttgütern an Eisenbahnwagen wähle man keine Greifer mit zu großem Inhalt (nicht über 2 m³), da sonst die Wände des Wagenkastens zu leicht beschädigt werden.

Die Greifer werden entweder mit der Aufhängung nach Abb. 375 geliefert, bei der der Bolzen der festen Flaschenzugrollen parallel zur Bewegungsebene des Greifers steht oder der Rollenbolzen steht unter 90° zur Bewegungsebene und damit auch der Greifer zu den Aufhängeseilen. Die Art der Greiferaufhängung ist beim Be- und Entladen von Eisenbahnwagen von Bedeutung, da hierbei die Bewegungsebene des Greifers stets mit der Gleisrichtung der Wagen zusammenfallen soll.

Tabelle 38. Hauptabmessungen, Gewichte und Krantragkräfte der Demag-Greifer (Abb. 375).

Hauptmaße	Rechnerischer Greiferinhalt in m³																
	$^3/_4$	1	$1^1/_4$	$1^1/_3$	$1^3/_4$	2	$2^1/_4$	$2^1/_2$	$2^3/_4$	3	$3^1/_2$	4	$4^1/_2$	5	8	10	
A . . . . mm	1780	1860	2000	2050	2250	2370	2370	2500	2500	2700	3000	3100	3200	3200	3550	3620	
B . . . . mm	1000	1050	1150	1200	1300	1400	1500	1600	1700	1700	1850	1950	2050	2100	2300	2500	
C . . . . mm	1850	2055	2200	2300	2300	2650	2650	2680	2680	3000	3250	3400	3500	3500	3870	4100	
D . . . . mm	2050	2250	2350	2650	2750	2850	2850	3000	3000	3250	3450	3650	3850	3700	4440	4900	
E . . . . mm	2300	2500	2700	2750	2850	3000	3000	3315	3315	3700	3900	4050	4200	4200	4730	4950	
Gewicht . . kg	1350	1500	1700	1800	1950	2200	2300	2650	2700	3200	3600	4000	4250	4900			Leichte Bauart
Tragkraft d. Kranes . kg	2000	2500	2750	3000	3500	4000	4250	4750	5500	6000	6750	7500	8250	9000			
Gewicht . . kg	1700	2500	2800	3000	3000	3600	4000	4600	5200	—	—	—	—	—			Mittelschwere Bauart
Tragkraft d. Kranes . kg	3000	4250	5000	5750	6250	7000	8000	9000	10000	—	—	—	—	—			
Gewicht . . kg	—	3400	3700	4100	4600	5100	5700	6300	—	—	—	—	—	—			Schwere Bauart
Tragkraft d. Kranes . kg	—	5500	6500	7500	8500	9500	10500	12000	—	—	—	—	—	—			

Weitere neuzeitige Greiferbauarten. Bei dem Laudi-Greifer (Abb. 376) ist an Stelle der Lenkerstangen ein Kniehebelsystem angeordnet, das seine Kräfte vermittels Dreieckhebeln auf die Schaufeln überträgt. Hierdurch wird die Schließkraft außerordentlich gesteigert, so daß der Greifer besonders zum Umschlag von hartem Fördergut, wie Erz und großstückige Kohle geeignet ist.

Das Gesamtgewicht der beweglichen Greiferteile kommt beim Laudi-Greifer während des Öffnens voll zur Geltung, da der Greifer an den Entleerseilen hängt und die großen Zugkräfte der Kniehebel besonders zu Beginn des Öffnens eintreten. Diese großen Zugkräfte werden auf die Dreieckhebel übertragen und wirken um die Schaufeldrehachse als Drehpunkt auf die Schaufeln sowie auf das Hubseil ein. Sie pflanzen sich auf den Umfang der Hubtrommel fort, so daß das Hubwerk im Senksinne angetrieben wird, was eine Ersparnis an Arbeitsverbrauch und Zeit bedeutet.

Die Firma Laudi stellt auch eine beachtenswerte Vorrichtung zum Aufheben der bei den Greifern zu Ende des Schließvorganges auftretenden Stöße her (D.R.P. 378592). Im Greiferkopf sind mehrere Ölbremsen derart eingebaut, daß diese beim Zerbeißen der Stücke durch den Greifer in Tätigkeit treten, wodurch ein plötzliches Schließen bzw. Fallen des Greifers verhindert und ein sanftes Schließen erreicht wird. Die Schließkraft des Greifers selbst wird durch die Vorrichtung nicht vermindert.

Der Vulcaan-Greifer der Demag[1] ist sowohl als normaler Greifer wie als Trimmgreifer verwendbar und zeichnet sich durch eine sehr große Maulweite aus. Seine Leistung ist beim Ent-

[1] Demag-Nachrichten, Sonderheft zur 2. Weltkraftkonferenz 1930, S. 55.

laden von Schiffen um 25% größer als die des Normalgreifers. Durch seine Verwendung werden erhebliche Ersparnisse an Trimmlöhnen gemacht und Schiffsbeschädigungen nach Möglichkeit vermieden.

Der Polyp-Greifer[1] hat acht, im Kreis angeordnete und gebogene Schalen, die mit ihren spitzen, schaufelartigen Klauen in das Fördergut eindringen und eine gute Füllung gewährleisten. Anwendung zum Umschlag von grobstückigem Erz, Kohle, Koks und Braunkohlenbriketts. Letztere Güter werden bei Benutzung des Polyp-Greifers mehr geschont als beim üblichen Zweischalen- oder Stangengreifer.

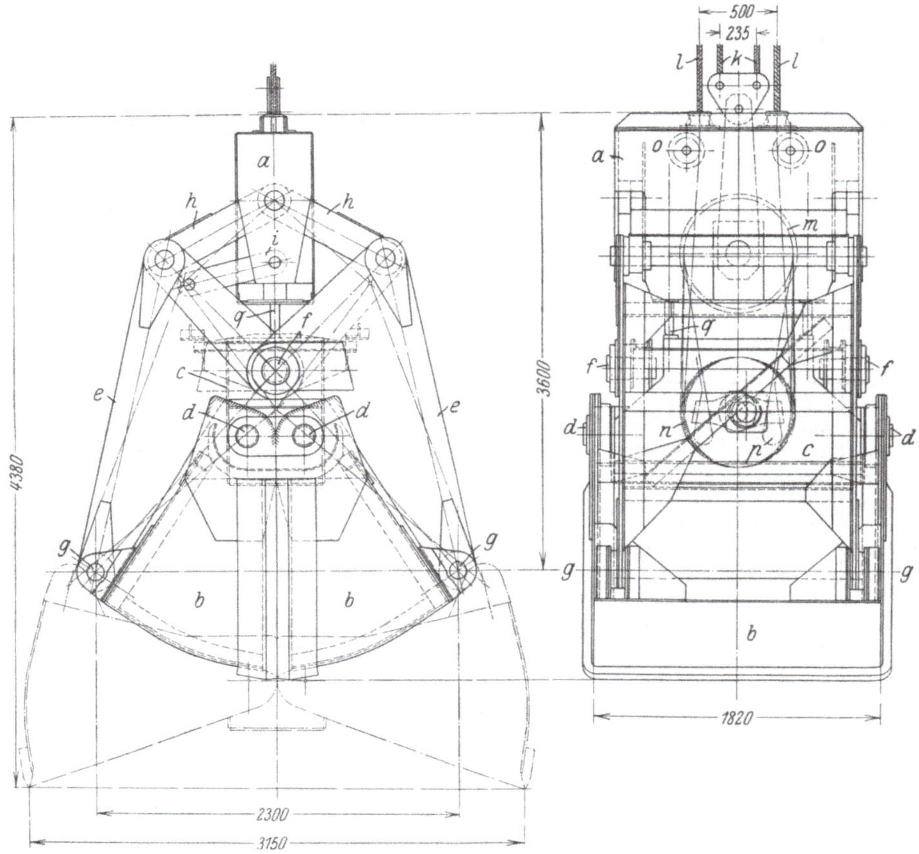

Abb. 376. Laudi-Greifer von $2^3/_4$ m³ Inhalt. (Maschinenfabrik Carl Laudi, Einbeck, Prov. Hannover.)

a Greiferkopf; *b* Schalen; *c* auf- und abbewegbare Traverse, an der die Schalendrehachsen angeordnet; *e* Dreieckshebel mit senkrecht bewegbarer Drehachse *f*, bei *g* an den Schaufeln gelenkig angreifend und durch Kniehebel *h* mit dem Greiferkopf verbunden; *i* Lenker, ein symmetrisches Öffnen des Hebelsystems erzwingend; *k* Entleerseile, am Greiferkopf befestigt; *l* Hub- und Schließseile; *m* feste Rollen des Schließflaschenzuges, im Greiferkopf gelagert; *n* lose Rollen, in der Traverse gelagert; *o* Lenkrollen zu den Hub- und Schließseilen; *p* Befestigungen der Hub- und Schließseilenden in der Traverse; *q* Kolbenstangen, der im Greiferkopf eingebauten Ölbremsen zum sanften Schließen des Greifers.

Die kugelsektorartigen Schalen des Polyp-Greifers sind derart an den gebogenen Armen befestigt, daß sie leicht zu entfernen sind. Der Greifer ist dann zum Aufnehmen von Roheisenmasseln, Blechschrott, langlockigen Eisenspänen u. dgl. an Stelle eines Lasthebemagneten verwendbar. Der Polyp eignet sich auch als Baggergreifer, da er infolge seiner hohen Schließkraft große Steine und Blöcke fassen und festhalten kann.

Herstellung des Polyp auch als Einseilgreifer (mit Fangglocke) und als Motorgreifer (Pohlig).

2. Einseilgreifer.

Anwendung bei Kranen, die vorwiegend Stückgüter und nur zeitweise Schüttgüter verladen. Die Einseilgreifer haben den Vorzug, daß sie kein besonderes Windwerk (mit zwei Trommeln) erfordern und nach Bedarf ohne weiteres am Kranhaken aufgehängt werden können.

[1] Hersteller: Demag, A. G., Duisburg; I. Pohlig, A. G., Köln-Zollstock.

Der Einseilgreifer wird, ebenso wie der Zweiseilgreifer, in geöffnetem Zustande auf das Fördergut aufgesetzt. Er wird dann durch Anziehen der Hubseile geschlossen und durch ein Klinkwerk in diesem Zustande gehalten. Bei den meist üblichen Ausführungen wird der Schließ- und Lösekopf durch einen Entleerring[1] gezogen, der am Auslegerkopf des Kranes aufgehängt ist. Der Greifer wird dann soweit gesenkt, bis die Klinkennasen auf dem Entleerring aufsitzen. Durch weiteres Nachlassen der Hubseile wird das Klinkwerk ausgelöst und der Greifer entleert. Nach dem Entleeren kann der Greiferkopf bei eingezogenen Klinken den Entleerring passieren und geöffnet gesenkt werden. Das Entleeren des Einseilgreifers kann nur in der Höhenlage des Entleerringes geschehen. Diese kann dadurch eingestellt werden, daß man die Ketten oder Seile, an denen der Entleerring aufgehängt ist, nicht am Auslegerkopf befestigt, sondern an der Trommel einer kleinen, im Führerhaus untergebrachten Handwinde angreifen läßt. Bauarten von Einseilgreifern: Bünger — Burgdorf — Demag — Kampnagel — Laudi — Mohr & Federhaff u. a.

Abb. 377 gibt eine grundsätzliche Darstellung des MAN-Einseilgreifers, der sich hinsichtlich der Entleervorrichtung von den anderen Bauarten unterscheidet. Der Greifer hat zwei auf- und abbewegbare Traversen, die durch Stangen am Greiferkopf geführt sind. Die losen Rollen der beiden Schließflaschenzüge sind in der mittleren Traverse gelagert, während die Schaufeldrehpunkte an der unteren Traverse angeordnet sind. Die festen Seilenden der Rollenzüge sind am Greiferkopf gefedert befestigt. Die beiden bewegten Seilenden greifen an einem Gehängebügel an, der im Kranhaken eingehängt wird. An der mittleren Traverse ist eine Verriegelung angebracht, deren Riegelhebel beim Senken des Greifers in einen Bolzen der unteren Traverse eingreift. Hierdurch werden beide Traversen miteinander gekuppelt und der Greifer wird beim Hochgehen derselben geschlossen. Zum Entleeren wird die Verriegelung vermittels einer Zugkette von Hand ausgelöst. Die untere Traverse geht, wie beim Zweiseilgreifer, abwärts und der Greifer wird entleert. Die Zugvorrichtung kann auch so ausgeführt werden, daß sie vom Führerstand des Kranes aus betätigt wird. Wird der geöffnete Greifer auf das Fördergut aufgesetzt und werden die Flaschenzugseile nachgelassen, so setzt sich die obere Traverse auf die untere auf und beide werden durch Einschnappen der Verriegelung wieder miteinander verbunden. Beim Anziehen der Hubseile gehen beide Traversen nach oben und der Greifer wird geschlossen.

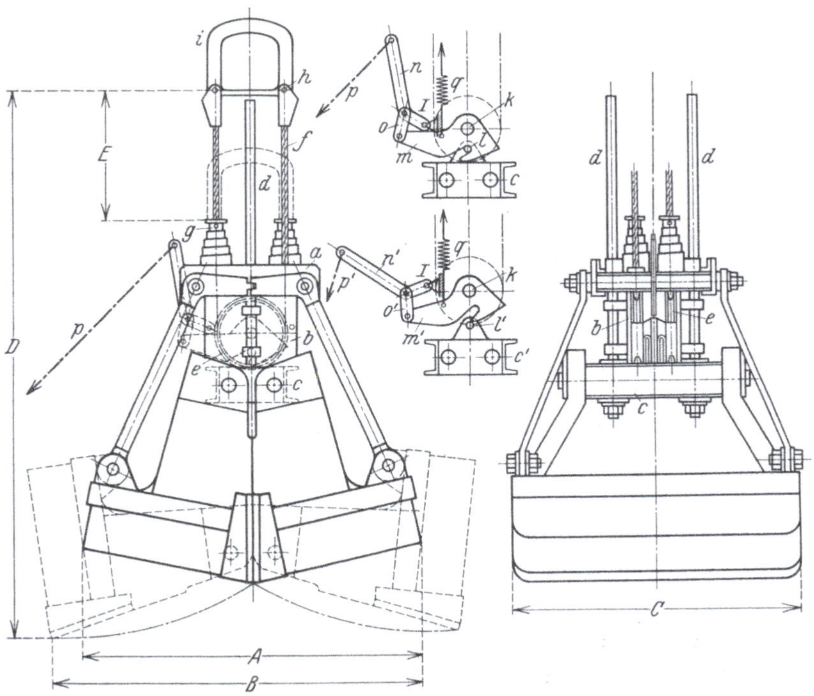

Abb. 377. MAN-Einseilgreifer.
a obere Traverse; *b* mittlere Traverse; *c* untere Traverse mit den Schalendrehpunkten; *d* Stangen, an *c* befestigt und zur senkrechten Führung der Traversen dienend; *e* lose Rollen zu den beiden Schließflaschenzügen; *f* Schließseile, bei *g* federnd an der oberen Traverse befestigt; *h* Befestigung der Schließseile am Aufhängebügel *i* des Greifers; *k* loser Rollenbolzen; *l* bis *o* Verriegelung zum Kuppeln der Traversen *b* und *c*; *p* Zugkette zum Auslösen der Verriegelung; *q* Feder, den Riegelhebel *m* in Eingriff haltend; *I* fester Drehpunkt an der mittleren Traverse.

Tabelle 39. Hauptabmessungen und Gewichte der MAN-Einseilgreifer (Abb. 377).

Inhalt m³	Abmessungen in mm *A*	*B*	*C*	*D*	*E*	Gewicht kg
0,5	1500	1800	1300	3250	1400	1200
1,0	1700	2100	1600	3450	1600	1600
1,5	1900	2400	1900	3650	1700	2100

[1] Oder in eine Fangglocke.

3. Motorgreifer.

Die Motorgreifer (Abb. 378) entsprechen in ihrer Ausführung den Zweiseilgreifern; nur werden sie mittels eines Elektromotors und eines entsprechenden Windwerks geschlossen, die entweder im Greiferkopf oder in der auf- und abbewegbaren Traverse des Greifers eingebaut und staubdicht gekapselt sind.

Der Strom wird dem Schließmotor des Greifers durch ein bewegliches Kabel zugeführt, das an einen Steckkontakt angeschlossen wird. Zum Anlassen des Motors dient eine kleine Steuerwalze im Führerstand des Kranes. Ist der Motorgreifer an einem Dampfkran aufgehängt, so wird ihm der Strom durch Steckkontakte zugeführt, die in bestimmten Abständen längs der Kranfahrbahn angeordnet sind und an die das bewegliche Kabel des Motorgreifers angeschlossen wird.

Der Motorgreifer Bauart Laudi (Abb. 378) ist für großstückiges Fördergut (Steine u. dgl.) bestimmt; seine Schneiden sind zu diesem Zweck mit Stahlzähnen versehen. Der Schließflaschenzug des Greifers ist ein Zwillingsrollenzug mit sechs tragenden Seilsträngen.

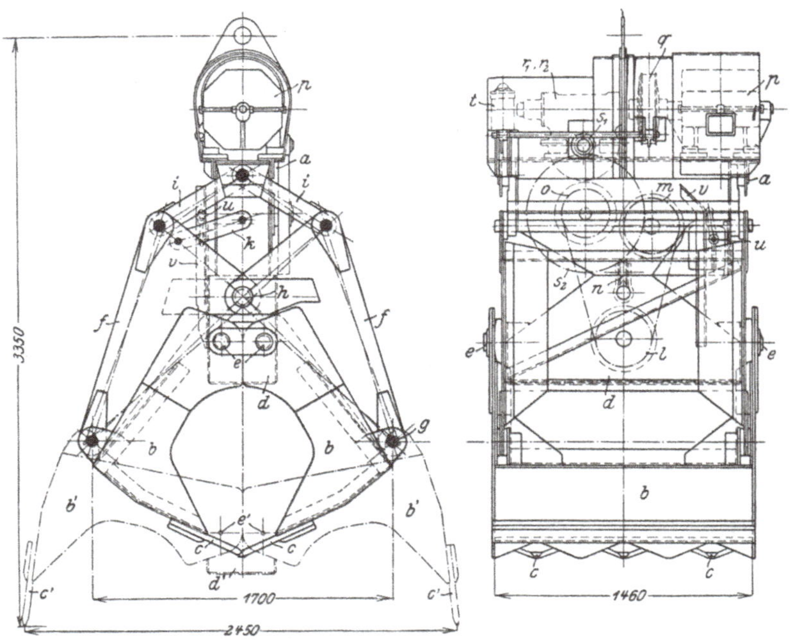

Abb. 378. Motorgreifer Bauart Laudi für großstückiges Fördergut.

a Greiferkopf; *b* Schalen; *c* zugespitzte Stahlzähne; *d* Traverse; *e* Schalendrehachsen an *d*; *f* Winkelhebel bei *g* an den Schalen angreifend und bei *h* an der Traverse drehbar; *i* Lenker, an *a* und *f* gelenkig angreifend; *k* Lenker, ein symmetrisches Öffnen der Schalen erzwingend; *l* lose Rollen, *m* Lenkerrollen, *n* Ausgleichrolle, *o* Trommel mit Rechts- und Linksgewinde zum Schließflaschenzug; *p* Motor; *q* elastische Kupplung, auf der die Haltebremse angeordnet; r_1/r_2 eingängiges Schneckengetriebe; s_1/s_2 Trommelvorgelege; *t* Magnetbremslüfter zur Haltebremse; *u* Endschalter (Kurbelschalter) zum Abschalten des Motors bei Beendigung des Schließvorganges; *v* Schalterlineal, an der Traverse befestigt.

Der Motorgreifer bietet im Betriebe verschiedene Vorteile. Seine hohen Beschaffungskosten infolge des eingebauten motorischen Windwerks werden dadurch teilweise ausgeglichen, daß der mit ihm ausgerüstete Kran kein besonderes Zweitrommelhubwerk erfordert. Auch fällt bei Kranen, die gleichzeitig zum Stückgutverladen herangezogen werden, das umständliche Lösen des Greifers von den Kranseilen und das Ansetzen einer Traverse fort, wodurch wesentlich an Zeit gespart wird.

Der Motorgreifer kann ferner beliebig weit geöffnet werden, was in manchen Fällen, wie beim Abgeben des Formsandes in der Gießerei, wo der ganze Greiferinhalt nicht auf einmal benötigt wird, erwünscht ist. Im Gießereibetrieb kann der Motorgreifer neben der Förderung von Schüttgütern (Koks, Sand u. dgl.) auch zum Graben der Gießgruben verwendet werden. Da er sich schnell abhängen läßt, so ist der Lasthaken des Kranes jederzeit zur Beförderung von Formkästen, Modellen und Gußstücken frei.

Weitere Bauarten von Motorgreifern: Demag („Maschinenbau" 1922, Heft 4, S. 230). — Losenhausenwerk („Maschinenbau" 1923/24, Heft 16, S. 575).

Der Ulmog-Greifer der Maschinenfabrik Unruh & Liebig ist ein elektrisch-hydraulischer Motorgreifer, der von der üblichen Stangengreifer-Bauart abweicht. Seine wesentlichen Vorzüge sind folgende:

Kleinere Bauhöhe und geringeres Gewicht sowie größere Maulweite und höhere Schließkraft gegenüber den bisherigen Motor- und Zweiseilgreifern.

Das Verhältnis von Nutzlast zu Totlast ist günstiger als bei anderen Bauarten. Z. B. ist dieses Verhältnis für Kohle mit einem Schüttgewicht von 0,8 t/m³ größer als 1.

Die Schließ- und Öffnungszeiten des Greifers sind außerordentlich niedrig, was eine entsprechend größere stündliche Spielezahl und Leistungserhöhung zur Folge hat. Für Greifer mit 1 bis 2,5 m³ Inhalt ist die Schließzeit beispielsweise 10 bis 13 sek und die Öffnungszeit 4 bis 5 sek.

Einfache Steuerung, da (bei Drehstrom) zum Betätigen des Greifers ein Schalter dient, der nur die Stellungen „Schließen" und „Öffnen" aufweist. Da dieser Schalter und die Hubsteuerwalze gleichzeitig bedienbar sind, so können beide Bewegungen ohne Gefahr überlagert werden.

Bauart des Ulmog-Greifers siehe Z. V. d. I. 1930, S. 161.

IV. Gießgefäße.

(Fördergefäße für flüssiges Eisen, flüssigen Stahl und andere flüssige Metalle.)

a) Schmelztiegel.

Die Schmelztiegel werden aus feuerfestem Stoff gefertigt und zum Schmelzen von Kupferlegierungen, zum Umschmelzen von schmiedbarem Guß sowie zur Herstellung von Tiegelgußstahl verwendet.

Inhalt der Tiegel: 40 bis 300 kg.

Für das Ausheben der Tiegel aus den feststehenden Tiegelöfen sowie zum Tragen der Tiegel dienen besonders gestaltete Zangen und Gabeln, die die Tiegel so fassen, daß die durch die Hitze weniger widerstandsfähig gewordenen Tiegelwandungen nicht beschädigt werden. Bei Tiegeln größeren Inhalts sind besondere Hebezeuge zum Ausheben aus dem Ofen erforderlich.

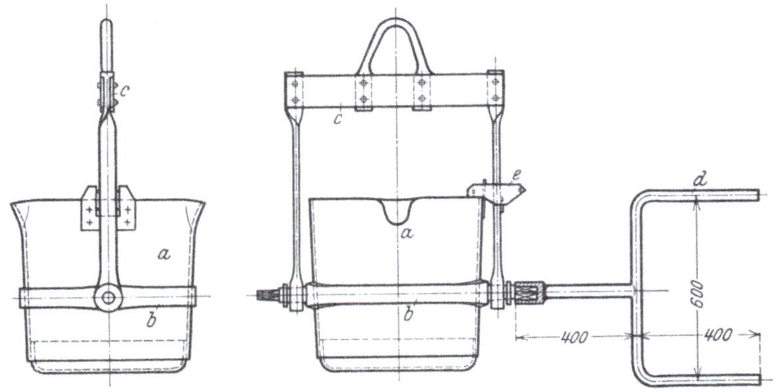

Abb. 379. Krangießpfanne mit Schere. (Senssenbrenner.)
a Pfanne; *b* Tragring mit Zapfen; *c* Bügel zum Aufhängen im Kranhaken; *d* Kippschere; *e* Klinke zum Feststellen der Pfanne während des Transportes.

b) Gießpfannen.

Die Gießpfannen sind kippbare, aus Stahlblech hergestellte Gefäße, die im Innern mit feuerfesten Steinen ausgekleidet sind. Gießpfannen mit kleinem Eiseninhalt werden mit Lehm ausgeschmiert und von Hand befördert. Handgießpfannen von 15 bis 25 kg Inhalt haben einen angenieteten Stiel, Pfannen von 50 bis 300 kg Inhalt werden durch geeignet gestaltete Scheren getragen. Größere Gießpfannen (mit über 300 kg Eiseninhalt) werden auf Schmalspurbahnen, auf Hängebahnen oder durch Krane befördert.

Die im Gießereibetriebe verwendeten Krangießpfannen werden für einen Eiseninhalt von 0,3 bis 15 t hergestellt. Sie haben eine schwach konische Form und lichte Durchmesser von 400 bzw. 500 bis 1500 bzw. 1650 mm. Lichte Höhe: 470 bis 1650 mm. Blechstärke: 6 bis 16 mm. Fertiggewicht (einschließlich Chamottefutter): 105 bis 3000 kg.

Zum Aufhängen am Kranhaken sind die Pfannen in einem Gehängebügel kippbar gelagert. Dieser Bügel wird bei kleineren Pfannen aus einem gebogenen Flacheisen und bei größeren nach Art von Abb. 379 hergestellt.

Besondere Aufmerksamkeit erfordert das Kippen der Gießpfannen.

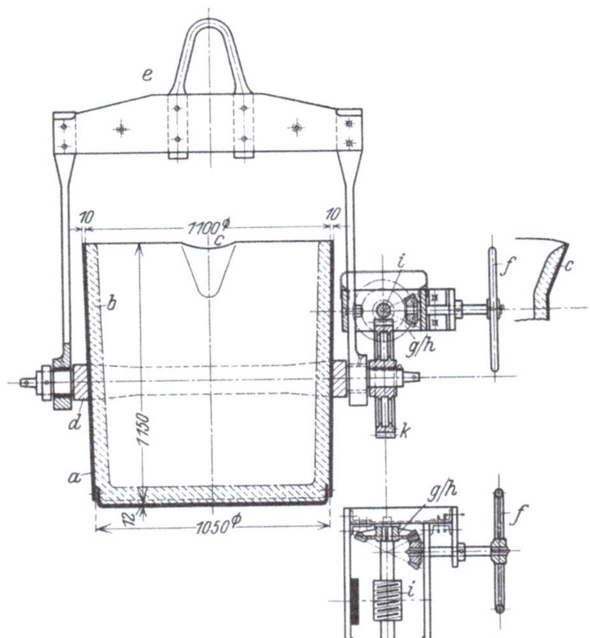

Abb. 380. Gießpfanne für 5000 kg Eiseninhalt. (Ardeltwerke.)
a Pfanne mit angenietetem Boden; *b* Chamottefutter; *c* Schnauze (beiderseitig); *d* Ring mit Zapfen; *e* Gehängebügel; *f* Handrad zum Kippwerk; *g*—*h* Kegelrädergetriebe; *i*—*k* Schneckenvorgelege.

Krangießpfannen mit kleinerem Inhalt werden vermittels einer Schere von Hand gekippt (Abb. 379) und gegen unbeabsichtigtes Kippen durch eine Feststellklinke gesichert. Pfannen dieser Art sind im Bereich der Rheinisch-Westfälischen Maschinen- und Kleineisen-Industrie-Berufsgenossenschaft nur für einen Eiseninhalt bis 1000 kg zugelassen.

Das Kippen größerer Gießpfannen geschieht durch ein besonderes Kippwerk, das durch ein Handrad angetrieben wird. Die Übersetzung des Kippwerks ist je nach der Pfannengröße ein eingängiges, selbsthemmendes Schneckengetriebe oder ein Kegelrädergetriebe und ein Schneckenvorgelege (Abb. 380). Bei ersterer Ausführung kreuzt die Handradwelle die Kippachse, bei letzterer liegt sie parallel zu ihr. Diese Ausführung hat den Vorzug, daß die Arbeiter nicht so sehr von der strahlenden Wärme belästigt werden.

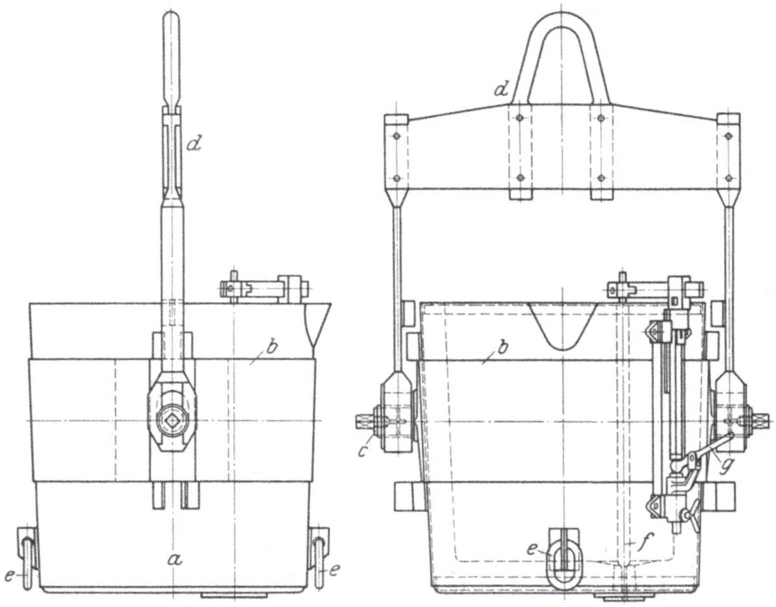

Abb. 381. Stahlgießpfanne mit Stopfenverschluß. (Demag.)
a Pfanne; *b* Ring mit angeschweißten Zapfen *c*; *d* Gehängebügel; *e* Kettenglieder zum Einhängen der Kippkette; *f* Stopfen zum Verschließen des Bodenloches; *g* Handhebel zur Betätigung des Stopfenverschlusses.

Gießpfannen mit Bodenverschluß (Abb. 381) erhalten im Pfannenboden ein Gießloch, das durch einen Stopfen verschlossen wird, der an einer auf- und abbewegbaren Stange sitzt.

Die Stopfenstange (Abb. 382) wird durch ein seitliches Gestänge betätigt und muß wegen der Temperaturausdehnung mit genügend großem Spielraum geführt sein. Wegen des schnellen Verschleißes durch Abbrand müssen die verschiedenen Einzelteile stark bemessen und leicht auswechselbar sein.

Die Gehänge der Gießpfannen erfordern eine sorgfältige Durchbildung. Die Tragzapfen der Pfannen sind reichlich zu bemessen und mit dem Ring aus einem Stück zu schmieden und nicht gesondert anzunieten. Die Zugstangenaugen, in denen die Pfannenzapfen ruhen, müssen reichlich breit sein, da sich die Zapfen sonst leicht festfressen.

Die in den Stahlwerken verwendeten Gießpfannen (Abb. 381) haben den großen Transportmengen entsprechend einen Inhalt von 30 bis 100 t, in neuerer Zeit sogar bis 150 t. Für das Eingießen des flüssigen Stahls in die Kokillen haben die Pfannen im Boden ein Gießloch mit Stopfenverschluß. Zum Kippen sind am unteren Mantelende der Pfannen Ösen angenietet, an denen der Seilzug des elektrischen Kippwerks angreift. Dieses ist entweder als Hilfshubwerk auf der Laufkatze des Kranes angeordnet, oder der Kran erhält eine besondere Hilfslaufkatze, die auf den Untergurt je eines Haupt- und Seitenträgers fährt. Siehe Abschnitt „Hüttenwerkskrane".

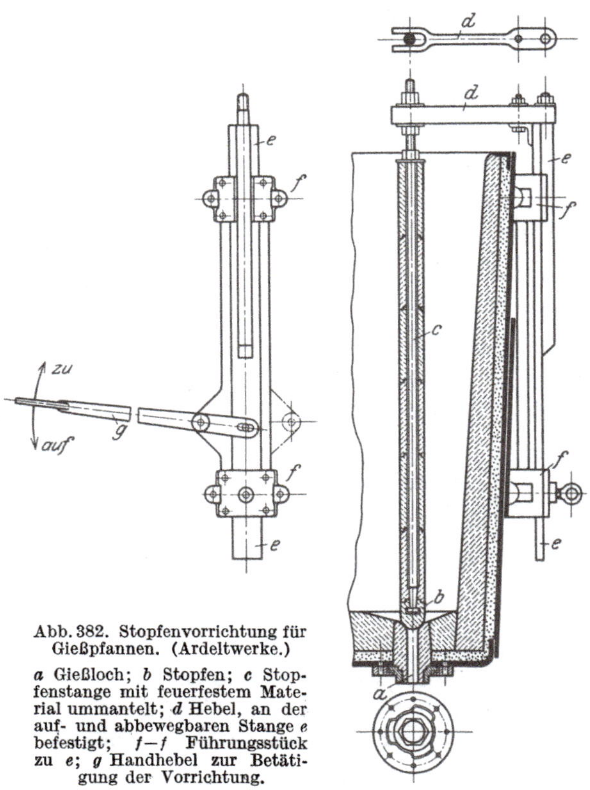

Abb. 382. Stopfenvorrichtung für Gießpfannen. (Ardeltwerke.)
a Gießloch; *b* Stopfen; *c* Stopfenstange mit feuerfestem Material ummantelt; *d* Hebel, an der auf- und abbewegbaren Stange *e* befestigt; *f*—*f* Führungsstück zu *e*; *g* Handhebel zur Betätigung der Vorrichtung.

c) Gießtrommeln.

Die Gießtrommeln (Abb. 383) werden im Gießereibetriebe für Eiseninhalte von 0,5 bis 5 t verwendet und zur Beförderung durch Schmalspurwagen, wie auch für den Krantransport ausgeführt.

Die Anwendung der Gießtrommeln bietet folgende Vorteile: Leichte Handhabung, völlig gefahrlose Bedienung und geringe Wärmestrahlungsverluste infolge der geschlossenen Gefäßform. Die Arbeiter werden nicht so sehr durch Hitze- und Lichtausstrahlung belästigt wie bei den Gießpfannen.

Das Kippen einer Gießtrommel erfordert weniger Kraftaufwand als das einer, an Eiseninhalt gleichwertigen Gießpfanne, bei der das Eisen teilweise gehoben werden muß, während bei den Gießtrommeln lediglich die Reibung des flüssigen Eisens an der Trommelwand und die Zapfenreibung zu überwinden ist. Das Ausmauern der Gießtrommeln geschieht nach Entfernung der leicht abschraubbaren Seitenwände. Da die Gießpfannen von allen Seiten gleiche Spannung haben, so ist ihre Lebensdauer erheblich größer als die der Gießpfannen.

Übliche Ausführungsgrößen von Gießtrommeln für Krantransport:

Inhalt:	0,5	1,0	1,5	2,0	2,5	3	4	5 t,
Gewicht:	270	350	470	575	705	885	950	1200 kg.

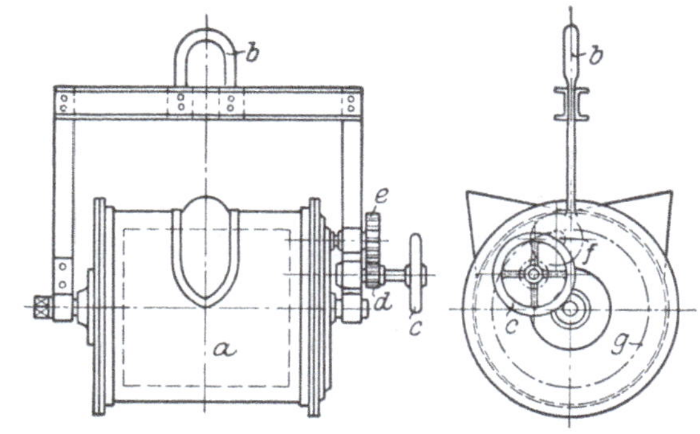

Abb. 383. Gießtrommel. (Senssenbrenner.)
a Trommel, mit Chamotte ausgefüttert; *b* Aufhängebügel; *c* Handrad zum Kippen der Trommel dienend und mittels des Vorgeleges *d*—*e* und des Ritzels *f* auf den an der Trommelstirnwand befestigten Innenzahnkranz *g* arbeitend.

Literatur.

Aumund: Das Verladen und Lagern umladeempfindlicher Güter. Z. V. d. I. 1928, S. 1221.
Borchers: Starrgeführte Greifer, ihre Vorteile und Entwicklungsmöglichkeiten. Jahrb. Schiffsbaut. Ges. 1919.
Götz: Kranwaagen. Fördertechn. Bd. 20, S. 22.
— Seilablenkwaage der Mannheimer Maschinenfabrik Mohr & Federhaff. Fördertechn. Bd. 21, S. 40.
Hänchen: Die Lastaufnahmemittel der Krane. Maschinenbau (Gestaltung) 1922/23, S. 197; 1923/24, S. 1, S. 567 u. 717.
— Die Lasthebemagnete und ihre Anwendung im Werkstättenbetriebe. Betrieb 1921, S. 157.
Müller: Lasthebemagnete. Dingler 1917, S. 246.
Nineelt: Über Kraft- und Arbeitsverteilung an Greifern, besonders an Motorgreifern. Fördertechn. 1927, S. 174.
Pfahl: Versuche mit Selbstgreifern. Z. V. d. I. 1912, S. 2005.
— Kräfteverteilung bei Selbstgreifern. Z. V. d. I. 1913, S. 1182.
Neuer selbsttätiger Stücklastengreifer (Bauart Gerdes). Der Kranführer steuert von seinem Standort aus, läßt den Kranhaken in die Tragöse des Greifers schlüpfen und hebt an. In diesem Augenblick nehmen die beiden Schließwangen des Greiferkopfes Fühlung mit der Hakenflasche und umklammern sie, wodurch der Greifer gegen unerwünschtes Verdrehen gesichert ist. Der Führer kann daher die Last sicher greifen, nach Belieben absetzen und den Greifer wieder allein aushängen. Auch kann er ohne Hilfsarbeiter Lasten stapeln oder vom Stapel abbauen. Der Greifer hat einen bestimmten Schließweg und ist eine Sonderbauart für gleichartige Stückgüter. Herstellung für Formkästen, Maschinenteile, tragbügellose Lastgefäße u. dgl., sowie für Walzen, Röhren, Fässer, Blöcke u. dgl. Fördertechn. 1931, S. 376.
Temperaturschutzpatrone für Lasthebemagnete. Dingler 1921, S. 228.
Lasthebemagnete. Demag-Nachrichten 1928, S. 43.
Krankübel (Betonkübel) mit regelbarer Entleerung (Bauart Wolff). Fördertechn. 1931, S. 325.
Klappkübel-Verladeanlagen mit selbstgreifenden Kübelgeschirren. Demag-Nachrichten 1929, S .86.
Greifer für 23 m³ Fassung. Z. V. d. I. 1919, S. 967.
Ein neuzeitiger Holzgreifer (Mohr & Federhaff, Mannheim). Z. V. d. I. 1929, S. 1174.
Ein drehbarer Holzgreifer (Demag). Z. V. d. I. 1929, S. 1640.
Grubenholz-Selbstgreifer. Demag-Nachrichten 1931, S. A 19.
Elektrisch betriebener Selbstgreifer. Dingler 1920, S. 32.
Wandlungen im Greiferbau (Trimmgreifer und Mehrschalengreifer). Z. V. d. I. 1931, S. 269.
Polyp-Greifer. Demag-Nachrichten 1929, S. 26.
Einseilgreifer von Dango & Dienenthal, Siegen. Fördertechn. 1931, S. 78.
Verwendung von Einseilgreifern in der Gießerei (Bauart; Milwaukee Electric Crane- and Hoist Corporation). Fördertechn. 1930, S. 416.
Vierseilgreifer Bauart Orenstein & Koppel, A.-G., Berlin. Der Greifer kann in jeder Höhenlage schnell oder langsam geöffnet oder geschlossen werden, d. h. man kann die teilweise geöffneten Greiferschalen wieder schließen, wenn noch ein Teil des Fördergutes im Greifer ist. Der Greiferinhalt läßt sich daher beim Entladen auf mehrere Stellen verteilen. Die beiden Hub- und Schließseile und die beiden Entleerseile sind nicht am Greifer selbst geteilt, sondern bestehen aus je einem durchlaufenden Seil, das am Greifer über eine Ausgleichrolle läuft. Durch diese Anordnung fällt das Einstellen des Greifers fort und der Greifer hängt sich in jeder Stellung selbsttätig in die günstigste senkrechte Lage. Fördertechn. 1931, S. 351.

C. Elektrische Ausrüstung der Winden und Krane[1].

Elektrischer Antrieb s. S. 8 „Antriebsarten der Winden und Krane".

Zur elektrischen Ausrüstung eines Kranes gehören: Die Motoren, die Steuervorrichtungen und Widerstände, die Bremslüfter, die Sicherheitsvorrichtungen, die Schaltanlage, die Schleifleitungen und Stromabnehmer, sowie die auf dem Kran isoliert verlegten Leitungen.

Der Betrieb der Winden und Krane ist aussetzend.

Arbeitsbedingungen des aussetzenden Betriebes.

Für die Wahl und Bemessung der Teile der elektrischen Ausrüstung eines Kranes sind folgende vier Richtwerte maßgebend:

1. Prozentuale Einschaltdauer.

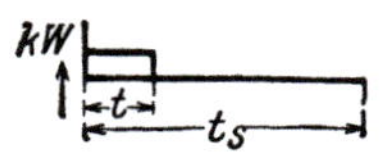

Abb. 384.

Das Verhältnis

$$\varepsilon = \frac{\text{Einschaltdauer während eines Spiels}}{\text{Spieldauer}} = \frac{t}{t_s} \quad \text{(Abb. 384)}$$

wird „relative Einschaltdauer" genannt.

Das Hundertfache dieses Wertes wird als „prozentuale Einschaltdauer" (% ED) bezeichnet. Für die prozentuale Einschaltdauer sind folgende Normalwerte festgelegt:

15%, 25% und 40% ED.

Als Spieldauer für die prüffeldmäßige Ermittelung der Aussetzleistung der Motoren sind 10 Minuten vorgeschrieben, was einer Spielzahl von 6 in der Stunde entspricht.

Die von den Elektrizitätsfirmen für die drei prozentualen Einschaltdauern in ihren Listen geführten Motoren müssen beliebig lange mit ihrer Nennleistung nach folgenden Spielen arbeiten können, ohne sich über die in den REM festgelegten Grenzen zu erwärmen.

Bei 15% ED (Abb. 384): $t = 90$ sek; $t_s = 600$ sek;
„ 25% ED (Abb. 384): $t = 150$ sek; $t_s = 600$ sek;
„ 40% ED (Abb. 384); $t = 240$ sek; $t_s = 600$ sek.

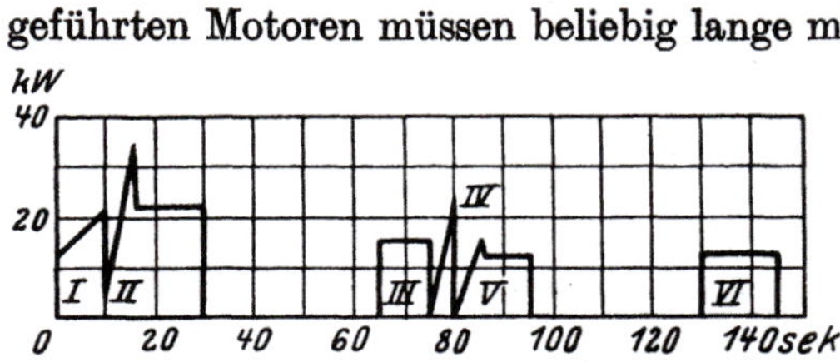

Abb. 385. Arbeitsspiel zum Hubwerk eines Greiferdrehkranes. (SSW.)

I	Greifer schließen	10 sek
II	Greifer voll heben	20 „
III	Greifer voll senken (Bremsschaltung)	10 „
IV	Greifer öffnen	5 „
V	Greifer leer heben	15 „
VI	Greifer leer senken (Bremsschaltung)	14 „
	Summe der Einschaltzeiten:	74 sek

Die zeichnerische Darstellung der Einschaltzeiten und stromlosen Pausen während einer bestimmten Betriebszeit wird als Arbeits- oder Förderspiel bezeichnet.

Ein Arbeitsspiel läßt sich nur bei regelmäßig arbeitenden Hebezeugen, z. B. für das Hubwerk eines Greiferkranes (Abb. 385), aufstellen.

Aus dem Diagramm Abb. 385 werden die Summe der Einschaltzeiten mit 74 sek und die Spieldauer zu 150 sek entnommen. Die prozentuale Einschaltdauer beträgt daher: $100 \cdot \frac{74}{150} = 49\%$. Da jedoch die Motor-

[1] Schiebeler: Elektromotoren für aussetzende Betriebe und Planung von Hebezeugantrieben. Leipzig: S. Hirzel. 1926. — SSW: Berechnung von Kranmotoren für gegebene Arbeitsspiele. — SSW: Fahr- und Hubwerkschaltungen für Hebezeuge. — VDE: Normen für die Betriebsspannungen elektrischer Starkstromanlagen (Sonderdruck Nr. 393). — VDE: Regeln für die Bewertung und Prüfung von elektrischen Maschinen. REM 1923 (SD Nr. 288). — VDE: Regeln für die Bewertung und Prüfung von Steuergeräten, Widerstandsgeräten und Bremslüftern für aussetzenden Betrieb. RAB 1927 (SD Nr. 368). — VDE: Leitsätze für die Errichtung von Fahrleitungen für Hebezeuge und Transportgeräte (SD Nr. 322).

listen nur Motoren bis 40% ED enthalten, so muß die bei 49% ED aus dem Diagramm berechnete mittlere quadratische Leistung auf 40% ED umgerechnet werden, um dann einen passenden Motor auswählen zu können.

Für die meisten Hebezeuge (z. B. Werkstättenkrane) kann ein Arbeitsspiel nicht ermittelt werden, da sie vollkommen unregelmäßig arbeiten. Die prozentuale Einschaltdauer muß dann nach Erfahrungswerten bestimmt werden.

Abb. 386 gibt einen Vergleich der Aussetzleistungen eines Motors (DH 203/10—600 der SSW) bei 15, 25 und 40% ED und läßt die Leistungsabnahme N_{kW} bei zunehmender ED erkennen.

Motoren mit 15% ED kommen heute nur noch selten vor. Häufigster Wert: 40 und 50% ED. Äußerst (z. B. bei Stripperkranen): 70 bis 75% ED. Siehe auch S. 186 „Literatur".

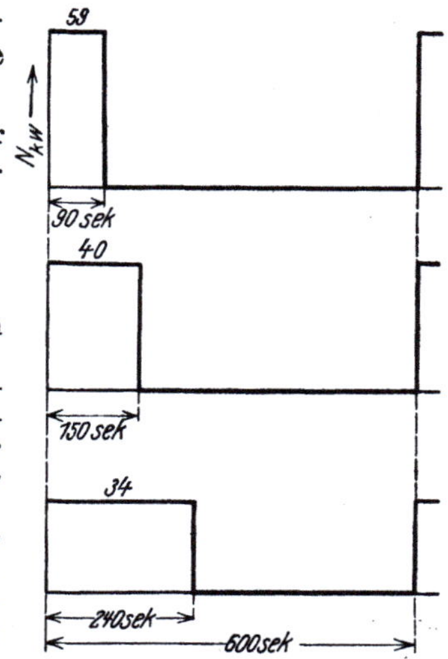

Abb. 386.

2. Relative (prozentuale) Last.

Das Spiel eines Kranes, z. B. eines Laufkranes, setzt sich aus folgenden einzelnen Arbeitsvorgängen zusammen:
Kranfahren (leer) — Katzenfahren (leer) — Senken des leeren Hakens — Lastanbinden — Heben des belasteten Hakens — Katzenfahren (belastet) — Kranfahren (belastet) — Senken des belasteten Hakens — Losbinden der Last. Hierbei wird je ein Weg mit der Vollast (Nutzlast + Totlast) und einer mit der Totlast zurückgelegt.

Beim Hubwerk eines Kranes für Stückguttransport ist die Größe der Nutzlast den jeweiligen Betriebsverhältnissen entsprechend veränderlich. Maßgebend für die Bemessung des Hubwerks ist die Vollast Q = größte Nutzlast Q_n + Totlast Q_0. Die Totlast (leerer Haken, Gehänge, Zange u. dgl.) ist bei den Stückgut-Hubwerken im allgemeinen klein im Verhältnis zur Vollast, während sie bei Hubwerken mit Magnet-, Greifer- oder Gießpfannenbetrieb groß ist.

Für das Katzenfahrwerk gilt das Gewicht der Katze einschließlich dem Lastaufnahmemittel als Totlast, für das Kranfahrwerk das gesamte Krangewicht.

Die relative Last kennzeichnet den Lastenwechsel durch den Mittelwert der Drehmomente an der Motorwelle bei Vollast (M) und bei Totlast (M_0) im Verhältnis zum Vollastmoment.

Relative Last: $$M_r = \frac{1}{2}\left(\frac{M}{M} + \frac{M_0}{M}\right) = \frac{1}{2}\left(1 + \frac{M_0}{M}\right). \tag{178b}$$

Für den Hubmotor eines Stückgutkranes ist das Drehmoment bei Totlast $M_0 \approx 0{,}1\,M$, und die relative Last $M_r = 0{,}55$.

Bei Greiferhubwerken ist das Gewicht des leeren Greifers etwa gleich dem halben Gewicht des gefüllten Greifers. $M_0 \approx 0{,}5\,M$; $M_r = 0{,}75$.

Für Katzenfahrwerke ist die relative Last im Durchschnitt $M_r = 0{,}65$ bis $0{,}75$, und für Kranfahrwerke je nach Größe der Spannweite 0,75 bis 0,90.

Bei der Bestimmung des Wertes M_0/M ist auch der Wirkungsgrad des Triebwerks zu berücksichtigen, der sich mit abnehmender Last verschlechtert.

Die Listenleistungen (der AEG) sind für die relative Last = 1, d. h. für Gleichlast aufgestellt. Bei Wechsellast kann das Motormodell um so höher belastet werden, je kleiner die relative Last ist.

Der Begriff der relativen Last ist für die Bemessung der Motoren nicht von wesentlicher Bedeutung. So z. B. muß ein Hubmotor seinem Anzugsmoment nach der Vollast gewachsen sein, auch wenn diese nur selten gehoben wird. Im übrigen wird die durchschnittliche Motorbelastung durch die Bestimmung der mittleren quadratischen Leistung berücksichtigt.

3. Beschleunigung.

Eine Berücksichtigung der Anlaufbeschleunigung ist im allgemeinen, sowohl bei Gleichstrom-, wie auch bei Drehstrommotoren, nicht erforderlich, da hierfür bereits in den Konstanten der Motoren Zuschläge enthalten sind. Dies gilt besonders für Krantriebwerke, bei denen die Summe der auf die Motorwelle bezogenen Schwungmomente der Triebwerkteile den zu beschleunigenden Motorschwungmassen (Anker und elastische Kupplung) gegenüber klein ist. Eine Nachprüfung des Motoranzugmomentes bzw. ein Zuschlag für die Beschleunigungsarbeit kommt nur gelegentlich, z. B. bei dem Fahrmotor der schnell fahrenden Katze einer Verladebrücke, in Frage.

4. Schalthäufigkeit.

Die Anzahl der während einer Stunde lebhaften Betriebes vorkommenden Schaltungen kennzeichnet mit den an die Regelung des Krans gestellten Anforderungen die Art des Schaltbetriebes.

Arten des Schaltbetriebes:

α) Gewöhnlicher Betrieb. Bei diesem wird ein stoßfreies Anlassen des Motors, aber keine besonders feine Regelung gefordert.

Beispiele: Kleinhebezeuge und Laufkrane in elektrischen Zentralen. Höchstzahl der stündlichen Schaltungen: 30. — Werkstätten-Laufkrane und ähnliche Transportkrane. Höchstzahl der stündlichen Schaltungen: 120.

β) Anlaufregelungsbetrieb. Es wird ein sanftes Anlaufen und eine feinstufige Regelung des Motors gefordert, wobei die Benutzung der ersten Regelstufen besonders häufig ist.

Beispiele: Gießerei-, Montage- und Nietkrane. Höchstzahl der stündlichen Schaltungen: 150 bis 300.

γ) Beschleunigungsbetrieb. Es wird eine schnelle Beschleunigung größerer Massen gefordert, wobei meist bis auf die letzte Stellung des Kontrollers geschaltet wird.

Beispiele: Flott arbeitende Greiferkrane, Hüttenwerkskrane und Blockrollgänge in Walzwerken. Zahl der stündlichen Schaltungen: 240 bis 300 und 600.

I. Motoren.

a) Betriebseigenschaften der Motoren.

1. Gleichstrommotoren.

α) Reihenschlußmotor (Hauptstrommotor).

Anker und Feld liegen in demselben Stromkreis (Abb. 387). Zum Anlassen des Motors dient ein in dem Stromkreis liegender Widerstand, der stufenweise abgeschaltet wird, bis der Motor seine volle Drehzahl erreicht hat. Umkehren der Drehrichtung geschieht durch Umkehren der Ankerstromrichtung unter Beibehalten der Feldstromrichtung.

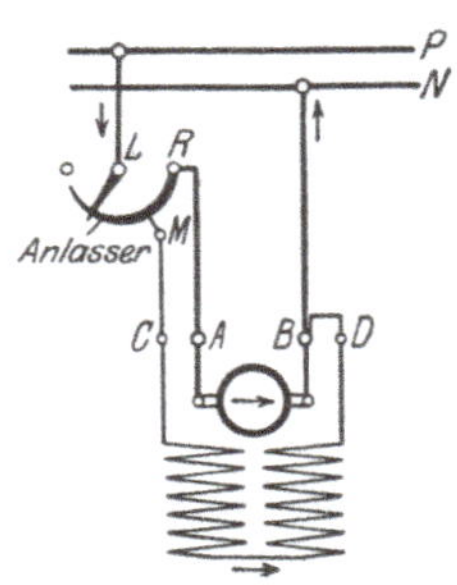

Abb. 387. Schaltbild des Reihenschlußmotors. P—N Netz. A—B Anker. E—F Feld.

Der Hauptstrommotor hat ein großes Anzugsmoment, das etwa gleich dem 2,5 bis 3fachen normalen Drehmoment (Vollastmoment) ist. Bei zunehmender Belastung läßt seine Drehzahl nach, bei sinkender Belastung nimmt er höhere Drehzahlen an (siehe Kurve v_1 auf Abb. 388). Wegen dieser Eigenschaften ist der Reihenschlußmotor der gegebene Kranmotor, und etwa 95% aller mit Gleichstrom betriebenen Kranmotoren sind Reihenschlußmotoren.

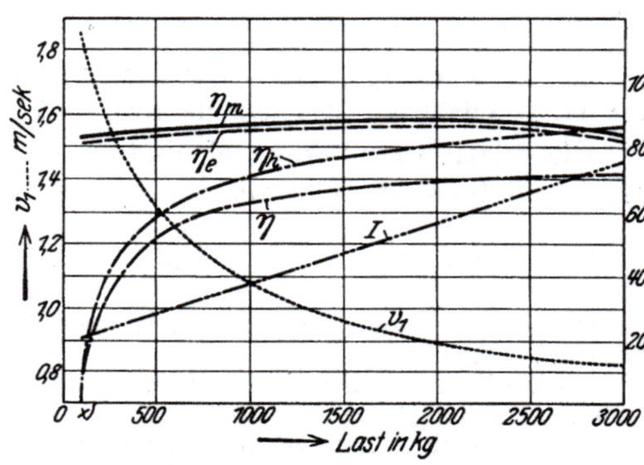

Abb. 388. Schaulinien des Gleichstrom-Hubwerkes eines Stückgut-Tordrehkranes von 3 t Tragkraft (AEG). Motor: 28 kW; 400 Uml./min; 440 V. v_1 Hubgeschwindigkeit in m/sek; I Strom in Amp.; η_h Hubwerk-, η_m Motor-, η_e elektrischer-, η Gesamtwirkungsgrad. *) Leerer Haken.

Die Möglichkeit des Durchgehens liegt bei dem Reihenschlußmotor nur da vor, wo Leerlauf eintreten kann (z. B. durch Herabfallen des Riemens). Leerlauf kommt aber im Kranbau kaum vor, da schon der Reibungswiderstand eines Triebwerks eine genügende Belastung für den Motor darstellt.

Auch bei den Hubwerken der Hafendrehkrane für Stückgutbetrieb (Tragkraft 2,5 bzw. 3 t), die nur ein im Ölbad laufendes Stirnrädergetriebe mit genau geschnittenen Zähnen und entsprechend hohem Wirkungsgrad haben, wurde festgestellt, daß das Hubmoment des leeren Hakens nur etwa 10% des Vollastdrehmomentes beträgt[1]. Auch diese starke Entlastung ist bei Wahl eines langsam laufenden Motors noch zulässig.

Beim Senken schwerer Lasten wird der Motor von der Last angetrieben und ist daher negativ belastet. Auch in diesem Falle kann ein Durchgehen nicht eintreten, da die Last zwecks Regeln der Senkgeschwindigkeit mechanisch oder elektrisch abgebremst wird (s. S. 172).

Reihenschlußmotoren mit Hilfspolen (Wendepolen) beseitigen bei schwerem Kranbetrieb (z. B. bei Hüttenwerkskranen) die am Kollektor auftretende Funkenbildung, die auf zu starke Überlastung, das erforderliche schnelle Anlassen und das scharfe Bremsen zurückzuführen ist. Die Anordnung der Hilfspole erhöht zwar die Anlagekosten des Motors, steigert aber dessen Betriebssicherheit und Lebensdauer.

[1] Schiebeler: Die elektrischen Ausrüstungen der Hebezeuge in Hafenanlagen. Jahrb. d. Hafenbautechn. Gesellschaft 1920.

β) Nebenschlußmotor.

Die Feldwicklung liegt parallel zum Anker (Abb. 389). Der Motor verhält sich wie ein fremderregter Motor, dessen Erregerstrom konstant gehalten wird. Läuft er leer, so nimmt er nur einen geringen Strom auf, der die Leerlaufverluste deckt. Seine Drehzahl ist begrenzt, da er — im Gegensatz zum Reihenschlußmotor — mit vollem Flusse arbeitet. Mit zunehmender Belastung ändert sich die Drehzahl nur wenig und kann daher praktisch als konstant angenommen werden. Der Motor läuft gut an, so lange die Klemmenspannung den ihr zukommenden Wert hat. Er wird überall da angewendet, wo bei wechselnder Belastung eine ziemlich gleichbleibende Geschwindigkeit gefordert wird (Aufzüge, Fördermaschinen u. dgl.).

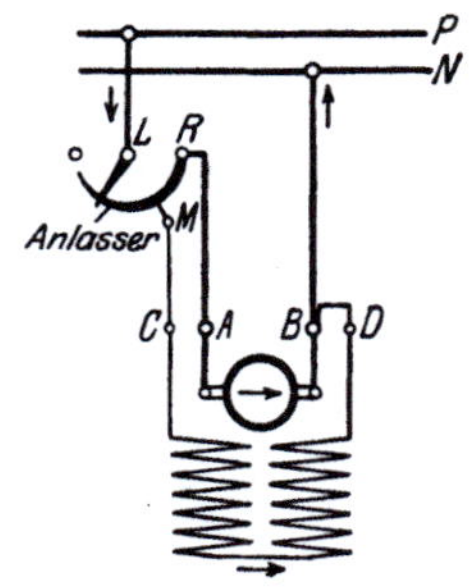

Abb. 389 Schaltbild des Nebenschlußmotors. P—N Netz. A—B Anker. C—D Feld.

2. Drehstrommotoren.

Die im Hebezeugbau angewendeten Drehstrommotoren sind Asynchronmotoren mit Induktionswirkung[1].

Motoren mit Kurzschlußläufern kommen nur für sehr kleine Leistungen (bei elektrischen Kleinhebezeugen) in Betracht. In allen übrigen Fällen haben die Motoren Schleifringläufer (Abb. 390). Für kleinere Leistungen wird der Läufer zweiphasig, für mittlere und größere dreiphasig gewickelt.

Die Ständerwicklung des Drehstrommotors liegt unmittelbar (ohne Widerstand) am Netz. Die Enden der Läuferwicklung sind an drei Schleifringe geführt (Abb. 390), an die je ein regelbarer Vorschaltwiderstand angeschlossen ist. Diese drei Widerstände werden gleichzeitig und durch ein Steuerorgan aus- und eingeschaltet. Umkehr der Drehrichtung dadurch, daß zwei der Netzanschlüsse der drei Ständerwickelungen miteinander vertauscht werden.

Abb. 390. Drehstrommotor mit Schleifringläufer (Schaltbild).

Nenndrehzahlen bei einer Frequenz von 50 Hz in der Sekunde: 1500—1000—750 und 600.

Die Nenndrehzahl des Drehstromasynchronmotors tritt ebenfalls bei Leerlauf auf und auch dann, wenn die Widerstände in den Läuferkreis geschaltet sind. Gibt der Motor Leistung ab, so kann seine Drehzahl durch Einschalten von Widerständen nur vermindert werden. Bei kurz geschlossenem Läufer und einer Belastung gleich dem Vollastmoment sinkt die Drehzahl nur um etwa 5% und kann daher — ebenso wie beim Gleichstromnebenschlußmotor — praktisch als unveränderlich betrachtet werden (Kurve v_1 auf Abbildung 391).

Wird der Drehstrommotor von einer durchziehenden Last als Generator angetrieben, so steigt seine Drehzahl über die synchrone, und zwar in dem Maße, je mehr Widerstand in den Läuferkreis gelegt wird.

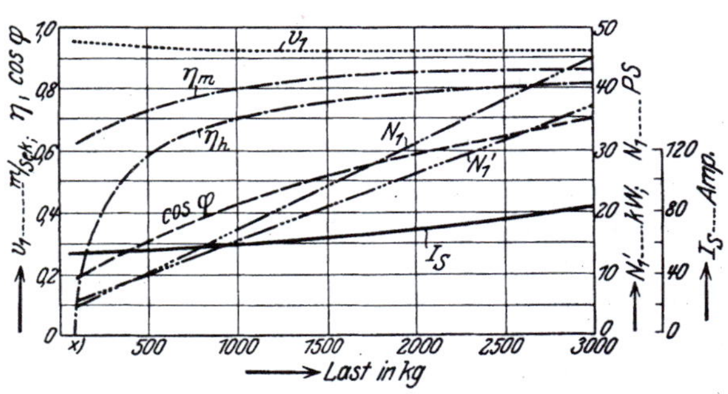

Abb. 391. Schaulinien des Drehstromhubwerkes eines Stückgut-Tordrehkranes von 3 t Tragkraft (AEG).
Motor: 33,2 kW (45 PS); 585 Uml./min; 380 V, 50 Hz.
v_1 Hubgeschwindigkeit in m/sek; N_1 aufgenommene Leistung in kW; N_1' abgegebene Leistung in PS; η_h Hubwerk-; η_m Motorwirkungsgrad in Proz.; I_S Ständerstrom in Amp (bei 380 V); $\cos\varphi$ Leistungsfaktor. *) Leerer Haken.

Der Höchstwert des Drehmomentes eines Drehstrommotors (Abb. 392) wird als Kippmoment bezeichnet. Belastet man den Drehstromasynchronmotor über sein Kippmoment hinaus, so bleibt er stehen und läuft bei Entlastung unter dasselbe wieder weiter. Der Synchronmotor dagegen würde nicht weiterlaufen und müßte neu angelassen werden. Er ist daher für den Hebezeugbau ungeeignet.

Das Kippmoment (Anzugsmoment) des Asynchronmotors ist bei 25% ED etwa gleich dem 2,5 bis 2,8fachen Nenndrehmoment. Bei 15% ED ist es kleiner und bei 40% ED größer.

Der Doppelkranmotor der AEG unterscheidet sich von dem normalen Schleifring-Asynchronmotor dadurch, daß er im Ständer und Läufer eine zweite Wicklung von niederer Polzahl aufweist. Die Ständerwicklung

[1] In neuerer Zeit werden im Kranbau auch Kommutatormotoren (Drehstrom-Reihenschlußmotoren) angewendet, deren Drehzahl wirtschaftlich regelbar ist (SSW).

mit hoher Polzahl für langsameren Gang arbeitet zusammen mit einer Schleifringwicklung im Läufer, die zweite Ständerwicklung mit geringerer Polzahl für schnellen Gang mit einer Kurzschlußwicklung im Läufer.

Für kleinere Leistungen wird der Doppelkranmotor für die synchronen Drehzahlen 750 und 1500, für größere Leistungen für die beiden Drehzahlen 600 und 1000 ausgeführt. Die beiden Wicklungen werden für Kranhubwerke für gleiche Leistung ausgelegt. Der Hauptvorteil des Motors liegt in der, durch die Geschwindigkeitssteigerung bedingten erhöhten Förderleistung. Diese kommt auch bei kleineren Hubhöhen zur vollen Geltung, weil

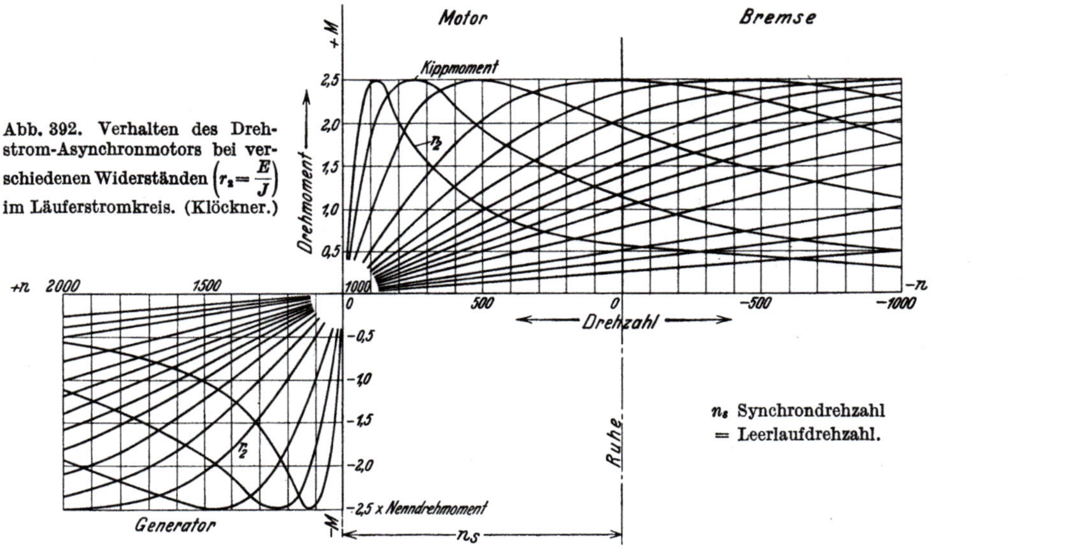

Abb. 392. Verhalten des Drehstrom-Asynchronmotors bei verschiedenen Widerständen $\left(r_2 = \frac{E}{J}\right)$ im Läuferstromkreis. (Klöckner.)

n_s Synchrondrehzahl = Leerlaufdrehzahl.

die Beschleunigung von der normalen auf die doppelte Geschwindigkeit sehr schnell vor sich geht. Bei einem Hafenstückgutkran würde beim Heben der Halblast diese in $1^1/_2$ sek von der normalen auf die doppelte Geschwindigkeit beschleunigt. Der Doppelkranmotor weist einen günstigeren Stromverbrauch und einen besseren Leistungsfaktor als der normale Asynchronmotor auf. Beim Senken durchziehender Lasten ist die Energierückgewinnung beim Einschalten der Kurzschlußwicklung doppelt (bei $n = 1500$) oder 1,66 mal (bei $n = 1000$) so groß als beim normalen Asynchronmotor, der unter Einschalten der Anlaßwiderstände übersynchron mit der gleichen Höchstdrehzahl läuft.

b) Bauarten der Motoren.

Die Kranmotoren werden in ihrer überwiegenden Zahl mit Füßen für stehende Anordnung ausgeführt.

Nach der Ausführungsart unterscheidet man offene und geschlossene Motoren.

Offene Motoren. Sie kühlen leichter ab und sind daher belastungsfähiger als die geschlossenen. Da ihr Beschaffungspreis niedriger ist, so wähle man, wo irgend angängig, offene Motoren. Dies trifft auf alle Krane zu, die in geschlossenen, staub- und feuchtigkeitsfreien Räumen (Montagewerkstätten u. dgl.) arbeiten, sowie auf diejenigen im Freien fahrenden Krane, bei denen die Motoren in geschlossenen Maschinenhäusern aufgestellt sind (Hafendrehkrane u. a.).

Geschlossene Motoren werden bei Kranen angewendet, die im Freien oder in staubigen Räumen (Gießereien, Hüttenwerken u. a.) arbeiten. Die Verwendung der geschlossenen Motoren überwiegt die der offenen.

Bei den Drehstrommotoren erfordert die Lagerung des Läufers wegen des kleinen Luftspaltes (0,25 bis 1,25 mm) besondere Aufmerksamkeit, da die meisten Betriebsstörungen dieser Motoren auf ein Schleifen der Läuferwickelung im Ständer infolge ausgelaufener Lager zurückzuführen sind. Einbau von Rollenlagern, die sich auch nach langer Laufzeit kaum abnutzen, ermöglicht es, den Luftspalt dauernd zu wahren.

Bei den Drehstrom-Hebezeugmotoren mit Oberflächenkühlung (SSW) ist ein zusätzlicher Lüfter angebracht, der einen kräftigen Außenluftstrom zwischen den Kühlrippen durchbläst. Durch diese Maßnahme ist es gelungen, die Belastbarkeit zu steigern, so daß diese Motoren billiger als die älteren gleicher Leistung werden. (Fördertechn. 1931, S. 225: Neue Drehstrommotoren für Kranbetriebe).

Außer Motoren mit Fußbefestigung werden noch Motoren mit Flanschbefestigung und Zentrierleiste für Gleich- und Drehstrom hergestellt. Diese Flanschmotoren kommen jedoch nur für elektrische Kleinhebezeuge (z. B. Elektroflaschenzüge) in Frage und haben daher nur kleine Leistungen (bis etwa 8 kW).

c) Leistung, Drehzahl und Normung der Motoren.

Die Motorlisten der Elektrizitätsfirmen enthalten die Leistungen in kW für 15, 25 und 40% ED. Mit diesen Aussetzleistungen werden die Motoren seit dem 1. Januar 1923 abgestempelt.

Die Nenndrehzahl der Drehstrommotoren ist durch die Frequenz festgelegt. Bei Gleichstrom trägt sie dem Reihenschlußcharakter der Motoren Rechnung und ist möglichst den Umlaufzahlen der Drehstrommotoren angepaßt.

Tabelle 40. Drehstrom-Kranmotoren. Zylindrische Wellenstümpfe. DIN VDE 2701. (Ausgeführt für d = 18 bis 42 mm).

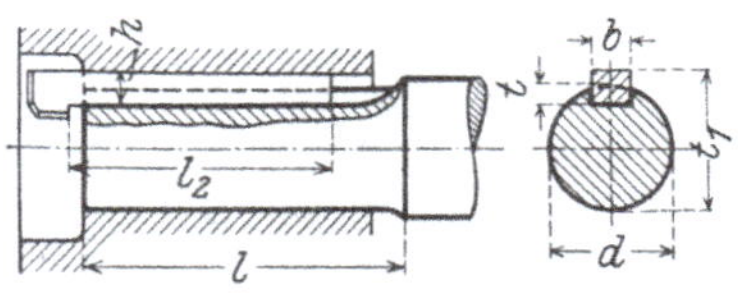

Abb. 393.

Zuordnung der Wellenstümpfe zu den Leistungen				Abmessungen in mm					
Nennleistung kW bei 25% ED	Durchmesser d[1] für Nenndrehzahl			Wellenstumpf				Nabennut-tiefe	Für Nasenkeil[2] nach DIN 493
	1500	1000	750	d	l	b	t	t_1	$b \cdot h \cdot l_2$
0,8	18			18	50			20,5	6 · 6 · 30
1,1	20	22		20	55	6	3,5	22,5	6 · 6 · 35
1,5	22	25		22	60			24,5	6 · 6 · 40
2,2	25	28		25	65			28	8 · 7 · 45
3	28	30		28	75	8	4	31	8 · 7 · 60
4	30	32		30	80			33	8 · 7 · 60
5,5	32	35		32	85			35,5	10 · 8 · 70
7,5	35	(38 od.) 40	(42)	35	90	10	4,5	38,5	10 · 8 · 70
11	(38 od.) 40	(42)		(38)	95			41,5	10 · 8 · 70
				40	100	12	4,5	43,5	12 · 8 · 80
				(42)	105			45,5	12 · 8 · 80

[1] Die Durchmesser sind für die angegebenen Nennleistungen Richtmaße.
[2] Nasenkeile werden nicht mitgeliefert.

Tabelle 41. Drehstrom-Kranmotoren. Kegelige Wellenstümpfe. DIN VDE 2702. (Ausgeführt für d = 45 bis 100 mm).

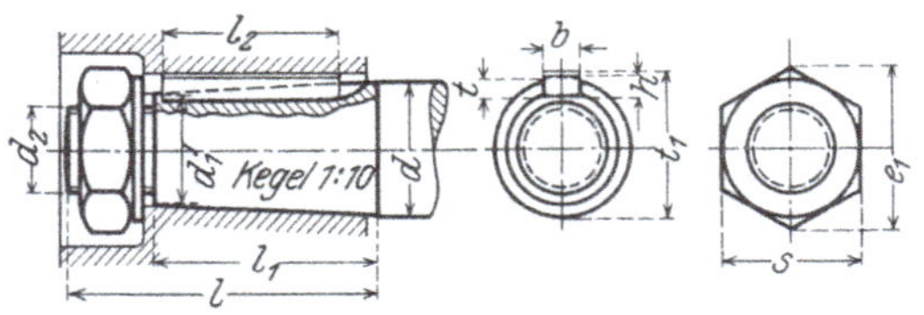

Abb. 394.

Zuordnung der Wellenstümpfe zu den Leistungen				Abmessungen mm										
Nennleistung kW bei 25% ED	Durchmesser d[1] für Nenndrehzahl			Wellenstumpf						Gewindezapfen mit Mutter			Naben-nuttiefe	Für Paßfeder nach DIN 496
	1000	750	600	d	l	l_1	d_1	b	t	d_2[2]	s	e_1	t_1	$b \cdot h \cdot l_2$
7,5		45		45	110	75	37,5	14	6,5	R 7/8″	46	53,1	47,9	14 · 9 · 55
11	45	(45 od.) 50		50	120	85	41,5			R 1″	50	57,7	52,9	14 · 9 · 65
15	(45 od.) 50	55		55	130	95	45,5	16	7,5	R 1″	50	57,7	57,9	16 · 10 · 75
22	55	60	70	60	140	100	50	18	8,5	R 1 1/4″	65	75	62,9	18 · 11 · 80
30	60	70	70	70	170	120	58	20	9	R 1 1/2″	75	86,5	73,4	20 · 12 · 95
40	70	70	80	80	185	130	67	24	10,5	R 1 3/4″	85	98	83,9	24 · 14 · 100
50	70	80	80	90	200	140	76			R 2″	90	104	93,9	24 · 14 · 110
64		80	90	100	220	150	85	28	12	R 2 1/2″	110	127	104,5	28 · 16 · 120
80		90	90											
100		90	100											
125			100											

[1] Die Durchmesser sind für die angegebenen Nennleistungen Richtmaße.
[2] Whitworth-Rohrgewinde mit Spitzenspiel nach DIN 260. Metrisches Feingewinde 3 nach DIN 243 zugelassen. Blanke Sechskantmuttern nach DIN 934. Federringe nach DIN 127.

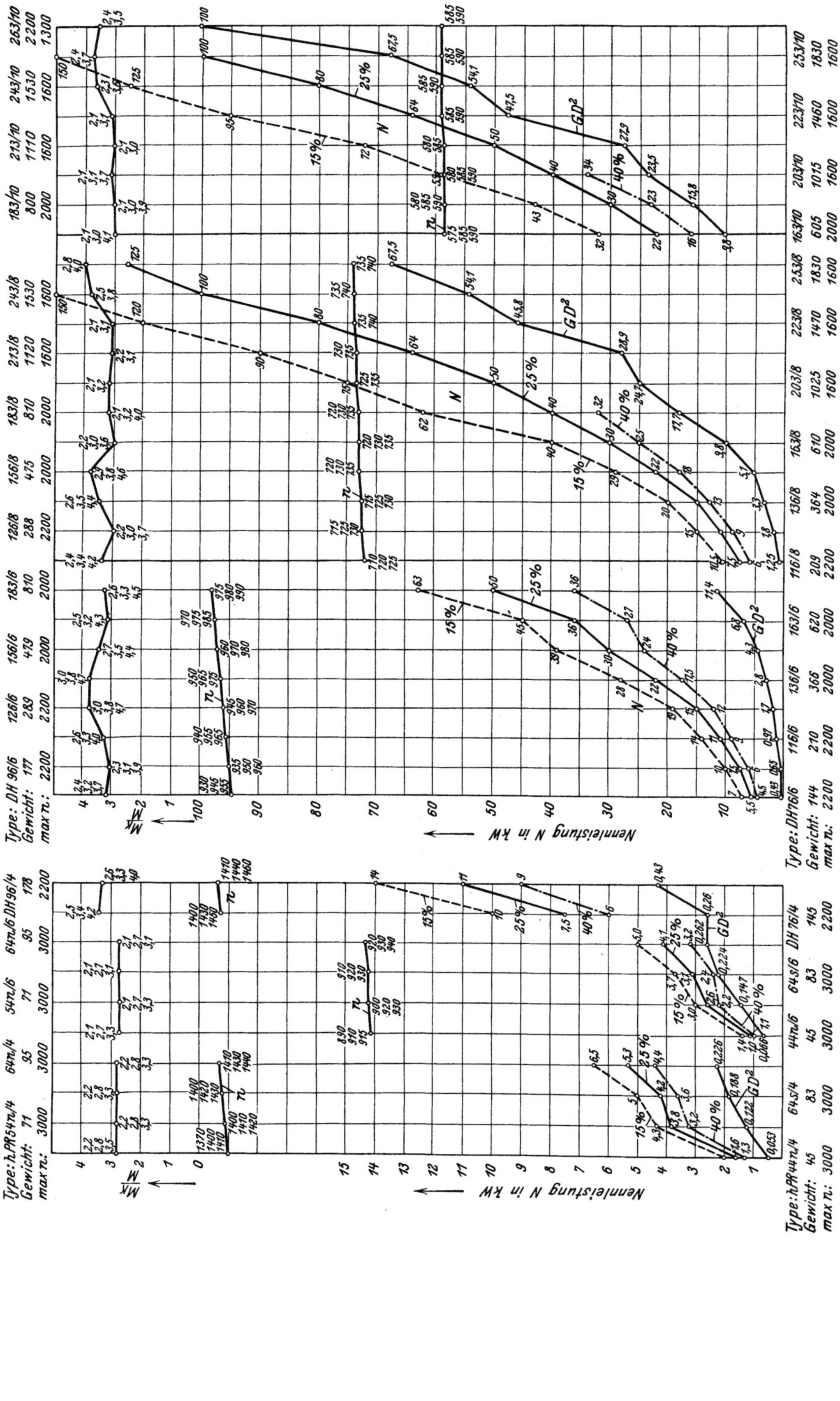

Abb. 395. Geschlossene Drehstrom-Kranmotoren mit Schleifringläufer. (Form B 3 der SSW nach der Liste F 50 v. Juli 1928[1].)

[1] Neueste Liste: F 71 v. Juli 1931, S. 2: Oberflächengekühlte Drehstrommotoren (Type hOR).

DIN VDE 2010: Gleichstrom-Kranmotoren mit Reihenschlußwicklung. Geschlossene Ausführung. Normale Leistungen und Drehzahlen (Nennleistungen in kW und Drehzahlen in 1 min bei 25% ED. Betriebsspannungen: 110—220—440—500—[550] V.).

DIN VDE 2105: Gleichstrom-Kranmotoren. Zuordnung der Wellenstümpfe zu den Leistungen [Wellenstümpfe für $d = 18$ bis 42 mm sind normal zylindrisch nach DIN VDE 2701 (Tab. 40, S. 165), solche für $d = 45$ bis 100 mm normal kegelig nach DIN VDE 2702 (Tab. 41, S. 165)].

DIN VDE 2660: Drehstrom-Kranmotoren mit Schleifringläufer. Geschlossene Ausführung. Normale Leistungen. (Nennleistungen in kW bei 25% ED.)

d) Planung der Motoren.

Bei Hebezeugen, für die sich kein Arbeitsspiel aufstellen läßt (z. B. Werkstättenkrane), wird die erforderliche Motorleistung für die Höchstlast und ihre Geschwindigkeit berechnet.

Liegt ein Arbeitsspiel (bei einem regelmäßig arbeitenden Kran) vor, z. B. Abb. 385, S. 160, so sind folgende Verfahren zur Bestimmung der Motorgröße anwendbar. Für geschlossene Gleichstrommotoren nach Osborne: ETZ 1922, S. 681; für geschlossene Drehstrommotoren nach Liwschitz, ETZ 1926, S. 1345[1].

Abb. 395 gibt eine zeichnerische Darstellung der wichtigsten Daten der geschlossenen Drehstromkranmotoren der SSW. Es bezeichnen: N_{kW} die Nennleistung des Motors für 15%, 25% und 40% ED; n die Nenndrehzahl in der Minute, $M_K : M$ das Verhältnis des Kippmomentes zum Nenndrehmoment für die genannten % ED und GD^2 das Läuferschwungmoment in kgm².

Die Motoren mit Hüttenwicklung (DH 204—8 bis DH 284—10) werden nur für 25 und 40% ED geliefert. Sie sind für alle Antriebe mit hohen Spielzahlen und großer prozentualer ED bestimmt. Unterhalb ihrer Leistungen können die normalen DH 3- bzw. DH 6-Typen (Abb. 395) verwendet werden.

Oberflächengekühlte Drehstrommotoren (SSW) siehe S. 186 „Literatur“.

II. Steuergeräte.

Die Steuergeräte dienen zum Anlassen der Motoren, zum Umkehren ihrer Drehrichtung und zum Regeln der Geschwindigkeit. Bei den Gleichstrom- und Drehstromasynchronmotoren geschieht das Anlassen und das Regeln der Geschwindigkeit durch Widerstände, die meist getrennt vom Steuergerät aufgestellt sind (Widerstandsregelung).

Einphasenstrommotoren (Repulsionsmotoren) und Drehstrom-Reihenschluß-Kommutatormotoren werden durch Bürstenverschiebung gesteuert. Diese Steuerung arbeitet, ebenso wie die Leonard-Schaltung, verlustlos.

a) Bauarten.

Je nach der Schalthäufigkeit (Richtwert 4, S. 161), der Art des Schaltbetriebes (gewöhnlicher Betrieb — Anlaufregelungsbetrieb — Beschleunigungsbetrieb) und der höchstzulässigen Schaltleistung (in Prozent der Nennschaltleistung) werden folgende Bauarten von Steuergeräten verwendet.

Steuerwalzen mit Kontaktsegmenten und Schleiffingern, Steuerschalter mit Wälzkontakten und Schützensteuerungen. Die beiden ersteren werden unmittelbar von Hand betätigt, die letzteren mittelbar durch eine sog. Meisterwalze und mehrere Schützen.

Abb. 396. Gleichstromsteuerwalze, geöffnet (SSW).

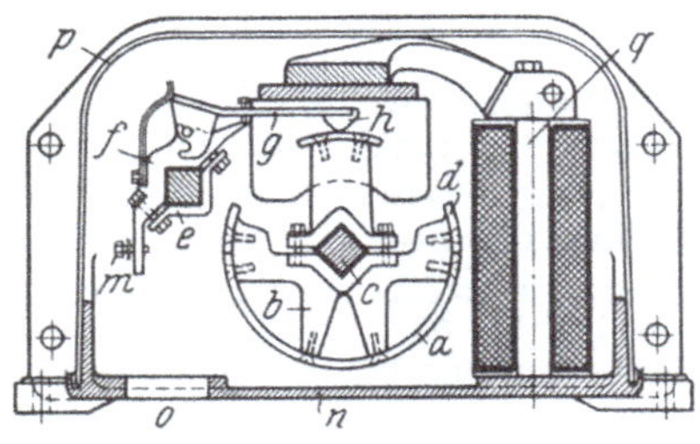

Abb. 397. Gleichstromsteuerwalze, Querschnitt (SSW).
a Kontaktring; *b* Kontaktringhalter, isoliert auf der Vierkantachse *c* befestigt; *d* auswechselbare Brennstücke; *e* Hammerleiste; *f*—*g* Kontakthammer; *h* kupferner Hammerkopf; *m* Kabelanschluß; *n* Gehäusewand; *o* Schlitz zum Einführen der Leitungen; *p* aufklappbare Gehäusekappe; *q* Funkenbläser.

1. Steuerwalzen.

Sie sind das im Kranbau am meisten angewendete Steuergerät. Eine normale Steuerwalze (Abb. 396 und 397) besteht im wesentlichen aus dem eisernen aufklappbaren Gehäuse, der Hammer- oder Fingerleiste, der meist vermittels eines Handrades drehbaren Schalt-

[1] Die Druckschrift der SSW, Berechnung von Kranmotoren für gegebene Arbeitsspiele (2. Aufl.), gibt Beispiele für diese Berechnungsverfahren.

walze mit den Kontaktringen, dem auf der Schaltwalze sitzenden Rastenrad (auf Abb. 396 nicht ersichtlich) und dem Funkenfächer. Bei Gleichstrom tritt noch ein Funkenbläser hinzu, der das an den Kontaktstellen auftretende Schaltfeuer löscht (Abb. 397). Ein an dem Gehäuseoberteil vorgesehener Skalenring und ein am Antriebsorgan angebrachter Zeiger gibt die einzelnen Schaltstellungen an. Diese sind durch das Rastenrad und eine in seine Zahnlücken eingreifende federbelastete Klinke fühlbar gemacht.

Die einzelnen Kontakthämmer (Abb. 398 bis 400) sind isoliert an der vierkantigen Hammerleiste befestigt und werden vermittels der Schrauben *m* an das Stromführungskabel angeschlossen. Auf der Vierkantwelle der Steuerwalze sind die kupfernen Kontaktringsegmente isoliert aufgesetzt. Durch Drehen der Steuerwalze kommen diese Kontaktringsegmente mit den unter Federkraft stehenden Kontakthämmern in sichere Berührung, wodurch der Stromkreis geschlossen wird. Die Anzahl und Form der Kontaktringsegmente und die Zahl der Kontakthämmer sind von der gewählten Schaltung (s. S. 170 u. f.) abhängig.

Da die Kontaktteile durch das auftretende Schaltfeuer starkem Verschleiß unterworfen sind, so haben die Ringsegmente auswechselbare Brennstücke und die Hämmer auswechselbare kupferne Kopfstücke.

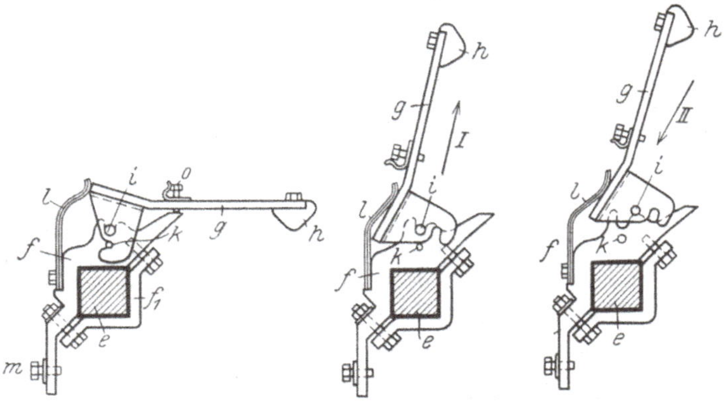

Abb. 398 bis 400. Auswechselbarer Kontakthammer. (SSW.)
e Hammerleiste; *f* Grundkörper; f_1 Schelle, beide isoliert auf *e* befestigt; *g* Kontaktfinger mit Hammerkopf *h*; *i* Stift an *g*, in einem Schlitz an *f* eingreifend; *k* Stift an *f*, in einen Schlitz an *g* eingreifend; *l* übereinander liegende Bronze- und Stahlfedern; *m* Kabelanschluß.

In Rücksicht auf das Auswechseln werden die Kontakthämmer so gestaltet, daß sie leicht herausnehmbar sind (Abb. 398 bis 400). Zu diesem Zweck sind die Federn *l* so angeordnet, daß der Hammer bequem um 90° gedreht werden kann. Er läßt sich dann in dieser Stellung in Richtung des Pfeiles *I* (Abb. 399) herausziehen und wird durch Drücken in Richtung des Pfeiles *II* (Abb. 400) und unter Überwinden der Federkraft wieder eingesetzt.

Ein wesentlicher Vorzug der dargestellten Kontakthammerbauart ist der, daß zum Herausnehmen der Kontaktfinger mit den auswechselbaren Kopfstücken keinerlei Verbindungen zu lösen sind und keine Werkzeuge benötigt werden.

Der Übergang von Schaltfeuer von einem Kontaktsegment zum andern wird durch Funkenfächer vermieden, die aus nichtleitendem Werkstoff bestehen und an einer seitlich herausklappbaren Wand aus dem gleichen Werkstoff befestigt sind (Abb. 396).

Beschreibung des Radial-Gleitfingers (der Firma Klöckner, Köln-Bayenthal) s. Hänchen: Steuervorrichtungen und Schaltkästen für elektrische Krane. Helios 1924, S. 21.

Weitere bewährte Kontaktfingerausführungen sind die der AEG, des Sachsenwerks, Dresden-Niedersedlitz, der Brown-, Boveri & Co., Mannheim, u. a.

Die letztgenannte Firma führt ihre Steuerwalzen nur in vier Größen mit Leistungen von 15—30—60 und 100 kW bei 500 V Spannung aus. Diese vier Walzengrößen entsprechen den im Kranbau üblichen Motorleistungen und haben sich als vollkommen ausreichend gezeigt. Sie werden für Gleichstrom oder Drehstrom und für die verschiedenen Schaltungen verwendet.

2. Steuerschalter.

Anwendung bei hoher stündlicher Schaltzahl und großen Schaltleistungen.

Die Steuerschalter gleichen in ihrem Äußeren den Steuerwalzen. Sie bestehen aus einer Reihe von Einzelschaltern, die durch Nockenscheiben mechanisch geöffnet und geschlossen werden. Nach § 8 der RAB 1927 (Regeln für die Bewertung und Prüfung von Steuergeräten für aussetzenden Betrieb) sind folgende höchstzulässige Schaltleistungen in Prozenten der Normalschaltleistung (Listenwert) festgelegt:

1. Anlaufregelungsbetrieb (240 Schaltungen je Stunde): 120%,
2. Beschleunigungsbetrieb (240—300—600 und 1000 Schaltungen je Stunde): 115—110—100 und 80%.

Bei dem Steuerschalter der SSW sind die festen Teile der Einzelschalter (Abb. 401 a und b) an isolierten Leisten aus Flacheisen befestigt. Zwischen den Einzelschaltern sind Funkenfächer angeordnet, die das Übertreten des Stromes von einem Schalter zum anderen verhindern. Die Kontaktgebung der Einzelschalter geschieht durch Federkraft (Abb. 401 a), das Öffnen durch Nockenscheiben unter Überwindung der Federkraft (Abb. 401 b). Die aus sechskantigem, mit Regulit umpreßtem Eisen bestehende Steuerwelle läuft oben und unten in Kugellagern. Durch eine Rastenscheibe und eine Sperrolle sind die einzelnen Schaltstellungen des Steuerschalters für den Kranführer fühlbar gemacht.

Bei Drehstrommotoren werden die Einzelschalter der Ständerschaltung mit, die der Läuferschaltung ohne Blasspulen ausgeführt.

Die Steuerschalter haben sich im schwersten Betriebe gut bewährt und erfordern weniger Wartung als die Steuerwalzen und Schützensteuerungen, welch letztere in vielen Fällen durch die Steuerschalter ersetzt werden können. Sie werden für alle vorkommenden Schaltungen gebaut. Hierbei sind nur die richtige Zahl von Einzelschaltern und entsprechend ausgebildete Nocken vorzusehen.

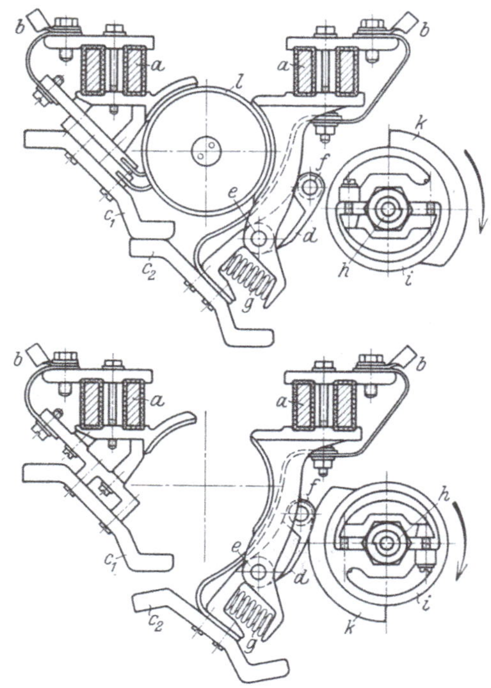

Abb. 401 a und b. Steuerschalter der SSW. (Einzelschalter geschlossen und geöffnet.)

a mit Isolierstoff umpreßte Leisten; *b* Kabelanschlüsse; c_1 feste, c_2 bewegliche, gegenseitig austauschbare Kontaktstücke; *d* Doppelarmiger Hebel, um den festen Bolzen *e* drehbar; *f* Nockenrolle, in *d* gelagert; *g* Feder, den Kontakt $c_1 - c_2$ schließend; *h* Steuerwelle (durch Handrad oder Hebel betätigt); *i* Steuerscheibe (isoliert auf *h* befestigt) mit Nocken *k*; *l* Blasspule.

3. Schützensteuerungen.

Das Steuern großer Motorleistungen erfordert entsprechend große Steuerwalzen. Da jedoch deren Betätigung einen großen Kraftaufwand erfordert, so verwendet man in diesem Falle die Schützensteuerung.

Bei der Schützensteuerung bedient der Führer eine kleine Steuerwalze, die sog. Meisterwalze, die ihrerseits eine Anzahl elektromagnetisch betätigter Schalter, die Schützen, steuert (Abb. 402 bis 404).

Da die Meisterwalze nur die kleinen Zugspulenströme der Schützen schaltet und die eigentliche Arbeit des Aufeinanderpressens der Wälzkontakte von den Magneten geleistet wird, so ist sie auch bei flottem, schwerem Betrieb leicht bedienbar.

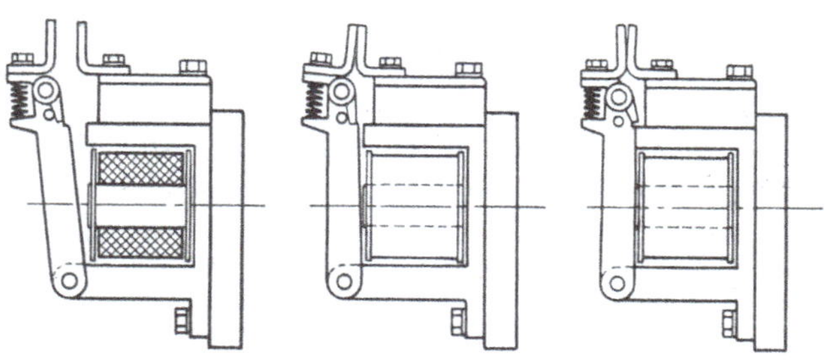

Abb. 402 bis 404. Schützensteuerung. (AEG.)

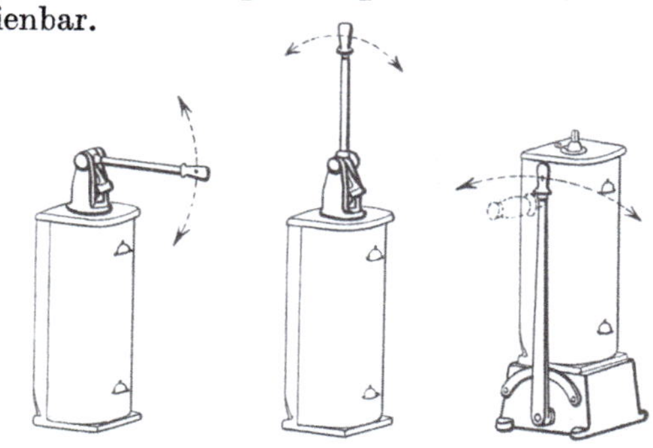

Abb. 405 bis 407. Handhebelsteuerung. (AEG.)

Die Schützensteuerung eignet sich hauptsächlich für Krane mit mehr als drei Motoren, bei denen größere Steueranforderungen an den Führer gestellt werden.

Antriebsmittel der Steuervorrichtungen.

Das in der Bedienung bequemste und sicherste Antriebsmittel ist das Handrad, das daher auch am meisten angewendet wird.

Die Bedienung der Steuerwalzen durch einen Handhebel (Abb. 405 bis 407) hat den Nachteil, daß der Führer für die einzelnen Stellungen der Schaltwalze nicht das gleiche sichere Gefühl hat wie bei der Handradsteuerung. Er erkennt jedoch aus der Abweichung des Hebels aus der waagerechten bzw. senkrechten Lage sofort die jeweilige Schaltwalzenstellung. Ein wesentlicher Vorzug des Handhebelantriebes ist, daß der Hebel so angeordnet werden kann, daß seine Bewegung mit der Lastbewegung sinnfällig ist. Für Hubsteuerwalzen steht dann der Hebel in der Nullage waagerecht (Abb. 405) und für Fahr- oder Drehsteuerwalzen senkrecht (Abb. 406). Die Ausführung mit seitlichem Steuerhebel (Abb. 407) wird zweckmäßig angewendet, wenn der Hebel gleichzeitig auch das Bremsgestänge betätigt.

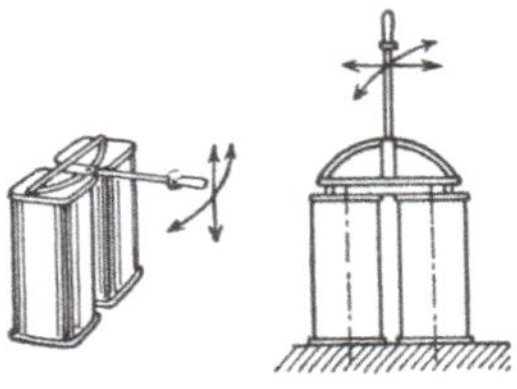

Abb. 408 und 409. Universalsteuerung.

Die Bedienung zweier Steuerwalzen, z. B. Hub- und Katzenfahrsteuerwalze (Abb. 408) oder Katzen- und Kranfahrsteuerwalze (Abb. 409), durch einen gemeinsamen Hebel, die sog. Universalsteuerung, erleichtert dem Führer das Steuern von flott arbeitenden Kranen mit mehreren Motoren.

Steuerwalzen, die an Trägerlaufkatzen oder erhöht an Kranbrücken angebaut sind, erhalten als Antrieb eine Seilscheibe, die vom Fußboden aus durch Zugschnüre bedient wird. Der Antrieb ist mit einer Rückschnellfeder ausgerüstet, die die Walze nach Loslassen der Zugschnüre sofort wieder in ihre Nullage zurückführt. Der Seilscheibenantrieb kommt nur für Steuerwalzen mit kleiner Leistung (bis etwa 8 kW) in Frage.

b) Schaltungen[1].

Im folgenden werden die Schaltungen der Steuervorrichtungen durch Schaltbilder erläutert. In den Schaltbildern (z. B. Abb. 410) denke man sich die Nullinie der abgewickelten Walze mit den Anschlüssen der Kontaktfingerleiste (E bis b_2) zusammenfallend. Je nach der Bewegungsrichtung wird dann die abgewickelte Walze nach rechts oder nach links verschoben und die Kontakte werden nacheinander ein- oder abgeschaltet.

Die Schaltungen werden durch Schaulinien (z. B. Abb. 411) gekennzeichnet, in denen die Abszissen den Schaltweg der Steuerwalze und die Ordinaten das jeweilige Drehmoment (M) darstellen.

Die Regelfähigkeit der Schaltungen ist aus den Regellinien ersichtlich, bei denen das Drehmoment der Motorwelle in Prozent auf der Abszissenachse und die Drehzahl in Prozent auf der Ordinatenachse aufgetragen sind. Das im Vorwärts- bzw. Hubsinne wirkende Drehmoment ist nach oben, das im Rückwärtssinne wirkende und das Bremsmoment sind nach unten aufgetragen.

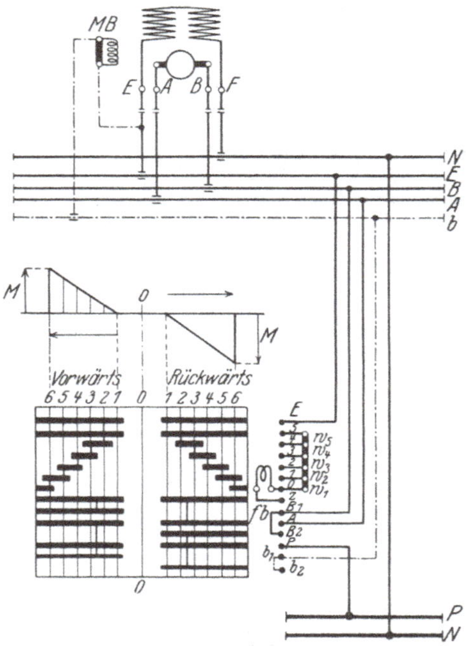

Abb. 410 und 411. Einfache Fahrschaltung. (SSW.) $P-N$ Netz; $A-B$ Anker; $E-F$ Feld; MB Magnetbremslüfter; w_1-w_5 Widerstand; fb Funkenbläser.

1. Gleichstromschaltungen.

Der Drehsinn des Motors wird durch Umkehren der Stromrichtung im Anker geändert. Zum Anlassen des Motors und zum Regeln der Geschwindigkeit dient ein im Stromkreis liegender Widerstand.

α) Schaltungen für Fahr- und Drehwerke.

Der Bewegungsvorgang ist nach beiden Seiten gleich, die Schaltung ist daher symmetrisch.

Einfache Fahrschaltung (Fahrschaltung *a*). Abb. 410 und 411: Schaltbild und Drehmomentenbild.

In der Walzenstellung *1* ist dem Motor der Gesamtwiderstand w_1 bis w_5 vorgeschaltet. Dieser ist so bemessen, daß auch das unbelastete Fahrzeug mit geringer Geschwindigkeit anfahren kann. In den folgenden Schaltstellungen wird der Widerstand stufenweise abgeschaltet, wodurch die Geschwindigkeit erhöht wird. Bei ganz abgeschaltetem Widerstand (Stellung *6*) läuft der Motor mit seiner größten Drehzahl. Die beiden Schaltseiten unterscheiden sich nur durch die Umkehr der Stromrichtung, entsprechend der Vorwärts- und Rückwärtsfahrt.

Abb. 414, S. 172 (rechte Hälfte) zeigt die Abhängigkeit der Drehzahl von dem jeweiligen Drehmoment in den einzelnen Schaltstellungen der Steuerwalze.

Das Schaltbild Abb. 410 gibt die einfache Umkehrung ohne Endschaltung. Wird ein Nebenschluß-Magnetbremslüfter vorgesehen, so wird er an b_1 und an E angeschlossen. Ein Hauptstrom-

[1] Weiteres s. SSW, Fahr- und Hubwerkschaltungen für Hebezeuge.

bremslüfter wird zwischen F und N gelegt. Der Magnet hält die Bremse so lange gelüftet, als der Motor unter Strom steht und fällt dann in Stellung 0 ab. Gegenstromgeben kommt nur im äußersten Notfall in Frage

Die einfache Fahrschaltung wird mit Hauptstrom- oder mit Hilfsstromendschaltung (siehe S. 183) ausgeführt.

Sie wird für Katzen- und Kranfahrwerke, sowie für Drehwerke angewendet. Bei größeren Arbeitsgeschwindigkeiten (über 30 m/min) wird in Rücksicht auf genaues Anhalten eine mechanische Bremse zum Abbremsen des Nachlaufes vorgesehen.

Fahrbremsschaltung (Fahrschaltung mit Nachlauf-Generatorbremsung)[1]. Abb. 412 und 413: Schaltbild und Drehmomentenbild.

Die Schaltung ist die gleiche wie auf Abb. 410, nur sind in der Mitte zwischen den Vorwärts- und Rückwärtsschaltstellungen (*6* ← *1* bzw. *1* → *6*) noch drei Bremsstellungen B_1—B_2—B_1 angeordnet, die für Rechts- wie für Linksumlauf des Motors benutzt werden. Das Umkehren der Ankerstromrichtung geschieht durch einen Schleppschalter und in Abhängigkeit von der letzten Schaltstellung.

In den Bremsstellungen B_1—B_2—B_1 wird der Motor vom Netz getrennt und über den Anlaßwiderstand kurz geschlossen. Er arbeitet daher als Generator und setzt die lebendige Kraft der bewegten Massen in elektrische Energie um, die dann in den Widerständen vernichtet wird (Ankerkurzschluß-Bremsung). Die Bremswirkung und der auftretende Stromstoß sind um so stärker, je kleiner der im Bremsstromkreis liegende Widerstand ist. Sie ist also in „Bremse B_2" am größten und in „Bremse B_1" am kleinsten. Der Bremsstromkreis wird beim Überschalten der mittleren Bremsstellung B_2 nicht unterbrochen, sondern die Bremswirkung nur vermindert, da der Anker durch den Schleppschalter erst dann umgeschaltet wird, wenn sämtliche Bremsstellungen verlassen sind und die Walze auf einer der beiden Nullstellungen steht.

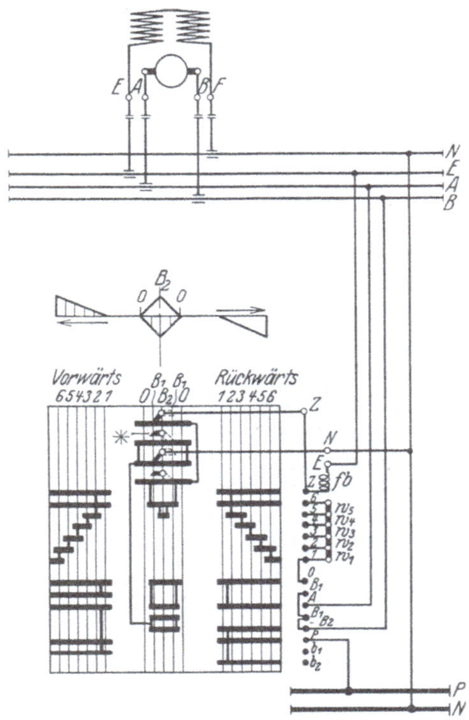

Abb. 412 und 413. Fahrbremsschaltung. (SSW.)

* Kontaktstellungen: Ausgezogen für Bremsen nach Vorwärtsfahrt, punktiert für Bremsen nach Rückwärtsfahrt.

Ein etwa vorhandener Magnetbremslüfter ist in allen Bremsstellungen stromlos. Die mittlere Bremsstellung B_2 ist die eigentliche Nullstellung der Steuerwalze.

Die Fahrbremsschaltung wird bei gewöhnlichem Betrieb (s. S. 162) und bei nicht zu großen Fahrgeschwindigkeiten angewendet. Bei höheren Fahrgeschwindigkeiten und bei Drehkranen zieht man die mechanische Bremse (Fußbremse oder Magnetlüftbremse) der Kurzschlußbremse vor.

Für Anlaufregelungsbetriebe, bei denen auf genaues und sicheres Anhalten Wert gelegt wird, kommt die Fahrbremsschaltung nicht in Frage, da das Erregen des Motors eine bestimmte Zeit erfordert und daher noch eine längere Strecke gefahren wird, bis die Bremse wirkt. Die mechanische Bremse (Hand- oder Fußbremse) ist in diesem Falle am besten, da sie am feinfühligsten regelbar ist.

Bei den Beschleunigungsbetrieben wird die Fahrbremsschaltung mit Nachlaufbremsung in ausgedehntem Maße verwendet. Da hier stets in sehr kurzen Zeiten umgesteuert wird, so liegt es nahe, daß der Führer durch Gegenstromgeben stillegt, was einen starken Verschleiß der Kontaktteile der Steuerwalze und eine unzulässig hohe Beanspruchung des Kollektors zur Folge hat. Dies wird durch eine Steuerwalze mit Bremsschaltung vermieden.

Fahrwerke, bei denen große lebendige Kräfte abzubremsen sind, erhalten Ankerkurzschlußbremsung und eine mechanische Bremse (Hand-, Fuß- oder Gewichtbremse mit Nebenschluß-Magnetbremslüfter).

Der Magnet kann dann so geschaltet werden, daß er auf den ersten Fahrbremsstellungen noch lüftet und erst auf der letzten (mittleren) Bremsstellung einfällt.

Abb. 414 zeigt die Regellinien der Fahrbremsschaltung.

[1] Fahrbremsschaltung *c* der SSW.

Fahrbremsschaltung mit Ankerparallelwiderstand (Fahrbremsschaltung *am* der SSW). Der Forderung, auch bei kleinster Belastung niedrige Drehzahlen zu erhalten (z. B. bei Gießereikranen), wird dadurch Rechnung getragen, daß die Fahrschaltung mit Ankerparallelwiderstand ausgeführt wird. Dieser verursacht eine Feldverstärkung des Motors und vermindert dadurch die Drehzahl.

Der durch die Anwendung des Ankerparallelwiderstandes bedingte, etwas größere Stromverbrauch ist im Hinblick auf die guten Regeleigenschaften der Schaltung belanglos.

Fahrbremsschaltung mit Feldteilung (D.R.P. 392920)[1]. Eine weitere Verbesserung der Regel- und Bremseigenschaften des Reihenschlußmotors wird durch die Unterteilung der Feldwicklung erreicht. Diese wird so ausgeführt, daß z. B. bei dem vierpoligen Motormodell mit hintereinanderliegenden Feldspulen die Wicklungen je zweier gegenüberliegender Pole unter Beibehaltung ihres Stromflusses bzw. ihrer Polarität in Serie geschaltet werden, die dann paarweise in Reihe liegend die gesamte Feldwicklung ergeben. Die Wirkung der Schaltung wird dadurch erreicht, daß der Anker parallel zu einem Feldspulenpaar und einem Teil des Anlaßwiderstandes geschaltet wird.

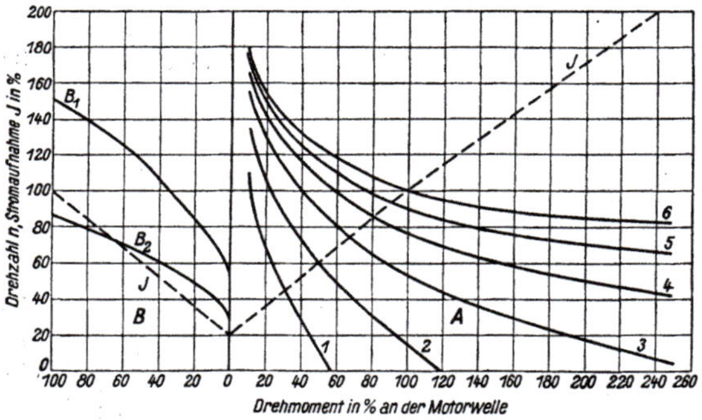

Abb. 414. Regellinien der Fahrbremsschaltung. *A* Fahren; *B* Bremsen; *J* Strom.

Beschreibung der Schaltung mit Schaltbild, Stromlaufbild und Regelkurven s. SSW: „Fahr- und Hubwerkschaltungen für Hebezeuge“.

β) Hubschaltungen.

Der Bewegungsvorgang der Hubwerke, insbesondere das betriebssichere Senken der Last und die Anpassung der Senkgeschwindigkeit an die jeweilige Lastgröße gestalten die sachgemäße Durchbildung der Hubschaltungen schwieriger als die der Fahrschaltungen.

Die Hubschaltungen lassen sich in zwei Gruppen einteilen: Schaltungen mit mechanischer Senkbremse (Reibungsbremse) und elektrische Senkschaltungen (Senkbremsschaltungen und Senkkraftschaltungen). Sie unterscheiden sich im allgemeinen nur auf der Senkseite durch die Art der Bremsung, auf der Hubseite sind sich alle Schaltungen im wesentlichen einander gleich.

Bei allen elektrischen Senkschaltungen ist stets eine mechanische Bremse (Band- oder doppelte Backenbremse) erforderlich, die durch ein Gewicht belastet ist und durch einen Nebenschluß-Magnetbremslüfter gelüftet wird. In der Nullstellung der Steuerwalze ist die Bremse angezogen, da Motor und Magnet stromlos sind (Haltebremse). Während des Hebens und Senkens ist die Bremse gelüftet. Beim Hubauslauf und Senkauslauf dient die Bremse als Nachlaufbremse.

Während des Senkens ist der am Netz liegende Motor über den Anlaßwiderstand als Generator geschaltet und wird durch die Last angetrieben. Der Motor übernimmt hierbei die Lastführung. Wegen der Triebwerkreibung ist jedoch das auf den Motor rückwärts arbeitende Lastmoment kleiner als das zum Lastheben erforderliche Motordrehmoment. Bei einem Hubwerkwirkungsgrad von 70% beträgt das Senklastmoment an der Motorwelle nur 50% des bei der gleichen Last erforderlichen Hubmomentes[2]. Da der Senkwirkungsgrad des Hubwerkes mit der Lastgröße sinkt, so wird der Prozentsatz der dem Motor zugeführten Energie beim Senken leichterer Lasten noch kleiner.

Senkbremsschaltung mit starker Fremderregung (Schaltung *h*). Abb. 415: Schaltbild und Drehmomentenlinie. Die Schaltung beim Heben (*1* bis *6*) entspricht der Fahrschaltung (Abb. 410).

Beim Senken der Last wird auf Stellung *I* die Bremse gelüftet. Hierbei ist der Motoranker über einen Teil des Anlaßwiderstandes kurz geschlossen. Der Motor wird von der sinkenden Last angetrieben und arbeitet als Generator. Die von ihm erzeugte elektrische Energie wird in den Widerständen in Wärme umgesetzt; der Widerstand ist dabei so gewählt, daß auch die Höchstlast langsam abläuft. In den folgenden Stellungen (*II* bis *IV*) wird die Senkgeschwindigkeit durch Einschalten weiterer Widerstände gesteigert. Die Geschwindigkeit der Höchstlast kann zwischen 20 und 150% einreguliert werden. Bei kleiner Last ist die Höchstgeschwindigkeit in Stellung *II* etwa 120%. Wird bei gleicher Last am Haken bzw. gleichem Drehmoment weiter geschaltet, so steigt die Senkgeschwindigkeit. Ist die angehängte Last gerade so groß, daß sie die Reibung im Hubwerk überwindet, aber eine übermäßige Beschleunigung nicht hervorruft, so kann auf Freifallstellung *0* vor den folgenden Senkkraftstellungen geschaltet werden. Hierbei ist der (Nebenschluß-)Magnetbremslüfter ebenfalls gelüftet, aber der Anker vom Netz und auch der Kurzschlußkreis vollständig getrennt.

[1] SSW, Berlin-Siemensstadt.

[2] Ritz: Über die Ausnutzungsmöglichkeiten der Kransteuerungen. Westdeutsche Techn. Blätter 1924.

Reicht die Hakenlast nicht aus, um die Triebwerkreibung zu überwinden, so wird auf „Senken mit Kraft" (*2* ← *1*) geschaltet. In diesen beiden Stellungen ist der Motor im Senksinne geschaltet.

In der Freifallstellung (*0* zwischen *IV* und *1*) ist die Last bei unvorsichtigem Steuern sich selbst überlassen. Die Betriebssicherheit der Schaltung ist daher nur durch Umsicht seitens des Kranführers gewährleistet.

Die Regellinien der Schaltung (Abb. 416) lassen erkennen, daß man leichte Lasten auch mit einer verhältnismäßig hohen Geschwindigkeit senken kann.

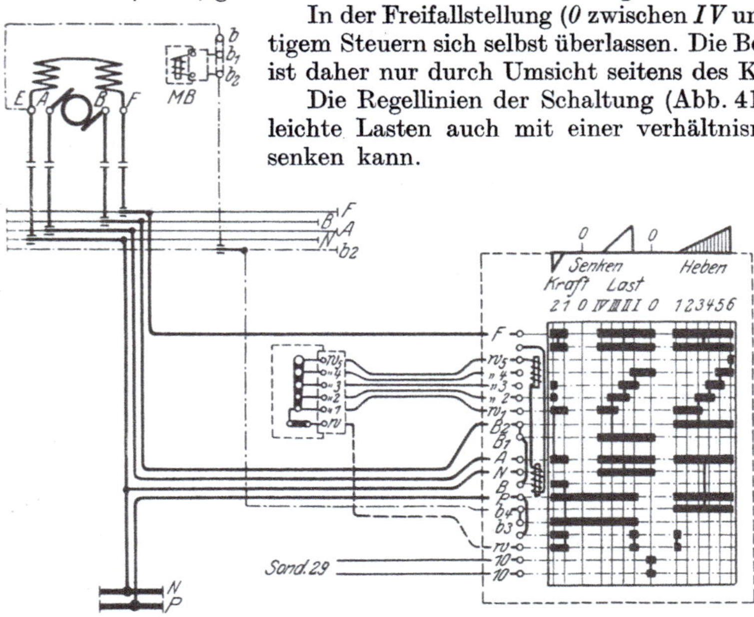

Abb. 415. Senkbremsschaltung ohne Endausschaltung. (Klöckner.)
P—N Netz; *A—B* Anker; *E—F* Feld; *MB* Magnetbremslüfter; $b-b_1-b_2$ Vorschalt- und Schutzwiderstände zu *MB*; w_1 bis w_5 (und *w*) Widerstände. Sond. 29 nur für Doppelschlußmotor.

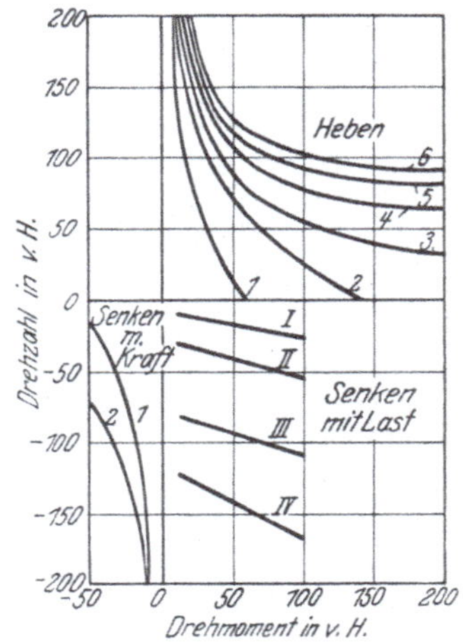

Abb. 416. Regellinien zur Senkbremsschaltung.

Die Senkbremsschaltung wird im allgemeinen bei gewöhnlichem Schaltbetrieb angewendet. Voraussetzung für die Anwendung der Schaltung ist ein Hubwerk mit gutem Wirkungsgrad (60 bis 80%).

Senkkraftschaltung (Schaltung *r*). Abb. 417: Schaltbild und Drehmomentenbild. Bei dieser Schaltung ist ein Durchgehen der Last ohne besondere Hilfsmittel durch das Wesen der Schaltung selbst ausgeschlossen.

Der Motor liegt in allen Senkstellungen am Netz und arbeitet, je nachdem die Last groß oder klein ist, als Motor oder als Generator. Da der Motor auf dem größten Teil der Regellinie Nebenschlußcharakteristik hat, so ändert sich die Senkgeschwindigkeit mit steigender Last nur wenig. Die Regellinien (Abb. 418) zeigen die ausgezeichnete Regelfähigkeit der Schaltung, vor allem bei kleinen Lasten.

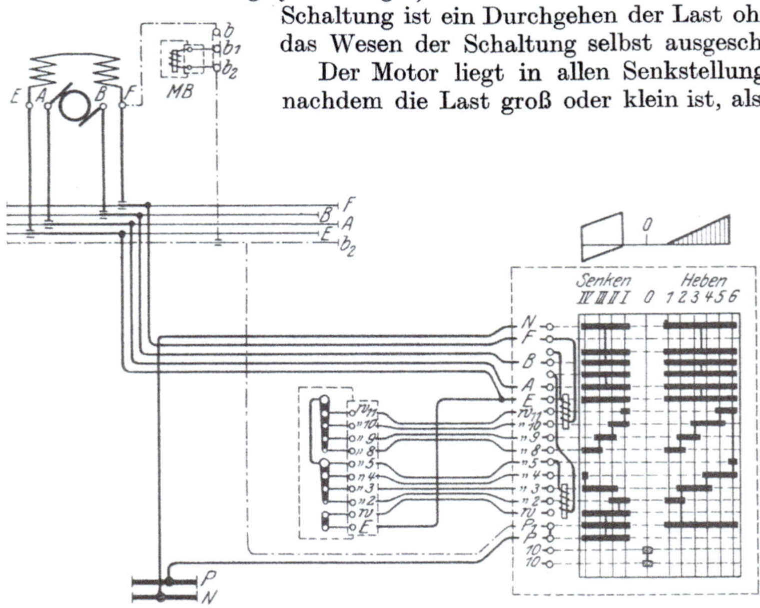

Abb. 417. Senkkraftschaltung ohne Endausschaltung. (Klöckner.)
(Bezeichnungen wie unter Abb. 415.)

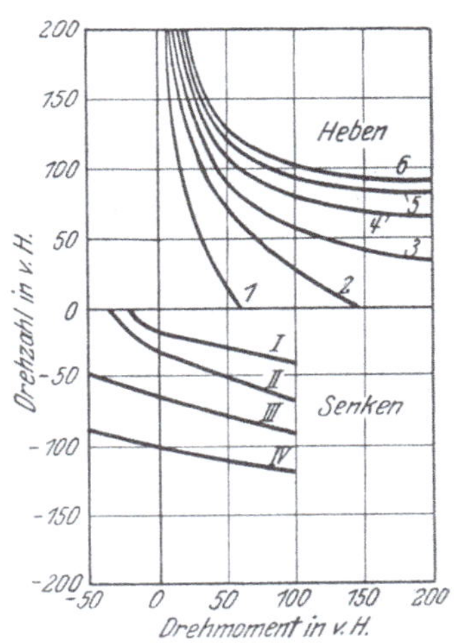

Abb. 418. Regellinien zur Senkkraftschaltung.

Die dem Anker und Feld vorgeschalteten Widerstände sind für sich regelbar. Das größte Drehmoment, das der den leeren Haken abwärts treibende Motor auszuüben hat, beträgt im allgemeinen nicht mehr als 30 bis 40% des Vollastdrehmomentes. Man kann daher mit verhältnismäßig schwachem Feld, also geringem Stromverbrauch, arbeiten. Niedrige Ankerdrehzahlen werden bei der Schaltung durch die Ankervorschaltwiderstände erreicht. Diese verbrauchen ebenfalls bei dem kleinen positiven erforderlichen Drehmoment wenig Strom.

Die Unabhängigkeit der Felderregung von der Regelung des Ankerstromes ist darauf zurückzuführen, daß der eingebaute Brems- oder Brückenwiderstand *w—E* in gewissem Sinne von der Einstellung der Vorschaltwiderstände für Anker und Feld unabhängig ist. Wird durch Änderung des Drehmomentes der Motor als Generator angetrieben, so geht der erzeugte Stern durch den Brückenwiderstand und das Feld und wirkt dadurch bremsend auf den Anker. Da der Bremsstrom das Feld verstärkt, so wird trotz der verhältnismäßig schwachen Felderregung aus dem Netz eine kräftige Bremswirkung erzielt.

Damit die Schaltung wirtschaftlich arbeitet, soll der Hubwirkungsgrad über 75% liegen. Sie kommt für Anlaufregelungsbetrieb und Beschleunigungsbetrieb in Frage.

An neueren Hubwerkschaltungen haben die SSW folgende entwickelt[1]:

Sicherheits-Senkbremsschaltung mit Netzspeisung (Schaltung *l*, D.R.P. 253448 und 307292). Die Schaltung zeichnet sich durch den dem Motor aufgezwungenen großen Drehzahlbereich aus, in dessen Grenzen die Senkgeschwindigkeit beliebig regelbar ist.

Sicherheits-Senkbrems-Sparschaltung (Schaltung *r*, D.R.P. 304722). Beim Heben wird die feldverstärkende Wirkung des Ankerparallelwiderstandes (s. S. 172) zum Erreichen kleiner Hubgeschwindigkeiten und zur Abbremsung des Nachlaufes außer auf Hubstellung *1* auch auf Hubstellung *2* benutzt. Hierdurch kann den weitestgehenden Regelanforderungen entsprochen werden.

Die Senkseite besteht aus den Stellungen für Generatorbremsung ohne Stromentnahme aus dem Netz zum Senken von Lasten und den Senkkraftstellungen für leichte Lasten und den leeren Haken.

Der Stromverbrauch der Schaltung ist gering, da der Kranführer die Senkschaltung als Sparschaltung benutzen kann, die es ermöglicht, mittlere und schwere Lasten ohne Stromentnahme aus dem Netz zu senken. Bei geschickter Benutzung der Senkkraftstellungen zum Senken schwerer Lasten ist es möglich, Strom in beträchtlichen Mengen in das Netz zurückzuliefern.

Sicherheits-Senkschaltung mit Feldteilung (Schaltung *w*, D.R.P. 448370). Der besondere Vorteil der Schaltung liegt in der guten Regelfähigkeit des Motors über den gesamten Drehmomentenbereich, sowohl beim Heben als auch beim Senken.

Gleichstrom-Hubwerkschaltungen der AEG: Senkbremsschaltung (Steuerwalze Typ R-SB). — Senkkraftschaltung (Steuerwalze Typ R-SK). — Spez. 12 Hub: Senkbremsschaltung mit Hilfsstrom-Endschaltung beim Heben. — Spez. 16 Hub: Sicherheits-Endschaltung. — Spez. 12 Hub — 29: Hilfsstrom-Endschaltung für einen, Höchststromauslöserschaltung für mehrere Motoren. — Spez. 32 Hub: Starkstrom-Endschaltung beim Heben. — Spez. 51: Senkkraftschaltung mit Erhöhung der Regelfähigkeit durch Drehzahlverminderung. — Spez. 82: Senkkraftschaltung mit Drehzahlsteigerung bei mittleren und leichten Lasten[2].

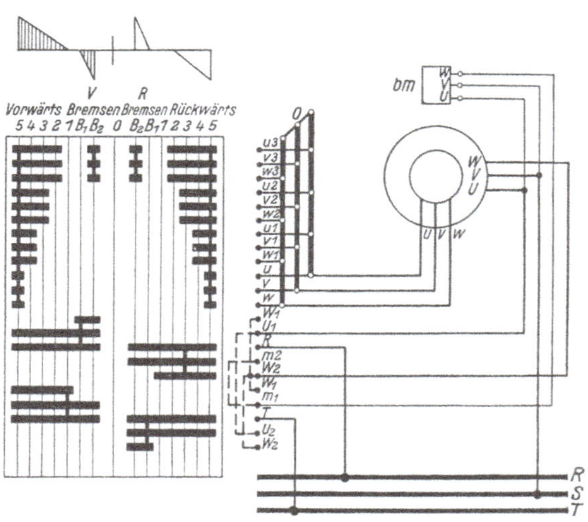

Abb. 419. Drehstrom-Fahrschaltung mit Nachlaufbremsung. (SSW.)
RST Netz; *UVW* Ständer; *uvw* Läufer; *bm* Bremslüfter; $B_1 B_2$ Bremsstellungen; u_1-u_3, v_1-v_3, w_1-w_3 Widerstände im Läuferstromkreis.

2. Drehstromschaltungen.

Umkehren des Motordrehsinnes geschieht durch Vertauschen zweier Netzanschlüsse der Ständerwicklungen. Die Widerstände zum Anlassen der Motoren liegen im Läuferstromkreis.

α) Schaltungen für Fahr- und Drehwerke.

Fahrschaltung (einfache Umkehrung, Fahrschaltung *a*). Sie wird auch mit Hauptstromendschaltung oder mit Hilfsstromendschaltung ausgeführt.

Im Gefahrfalle kann der Nachlauf durch „Gegenstromgeben" abgebremst werden. Die Steuerwalze wird dann auf die andere Fahrtrichtung geschaltet, der Drehsinn des Motors also umgekehrt. Sobald jedoch der Motor stillgelegt ist, muß die Steuerwalze sofort wieder in ihre Nullstellung gebracht werden. Öfteres

[1] SSW: Fahr- und Hubwerkschaltungen für Hebezeuge.
[2] Sonderschaltung spez. 51 und 82 s. Steigerung der Produktion und Regulierfähigkeit von Hebezeugen durch neue Hub- und Senkschaltungen. ETZ 1924, S. 242.

Bremsen mit Gegenstrom hat einen vorzeitigen Verschleiß der Steuerwalzenkontakte zur Folge und ist auch für den Motor schädlich.

Fahrschaltung mit Nachlaufbremsung (Fahrschaltung *c* der SSW, DRP a). Abb. 419: Schaltbild und Drehmomentenlinie.

Der Motor wird in den Bremsstellungen ähnlich wie ein Einphaseninduktionsmotor an eine Netzphase gelegt. Treibt nun die kinetische Energie des beschleunigten Fahrwerks den Läufer an, so entsteht durch das Zusammenwirken von Ständer und Läuferfeld ein Drehmoment, das der Drehrichtung des Läufers entgegengesetzt ist. Das entstehende Bremsmoment ist von der Drehzahl und von der Größe des dem Läufer vorgeschalteten Widerstandes abhängig. Ebenso wie bei dem Gleichstrom-Reihenschlußmotor fällt die Bremsung mit abnehmender Drehzahl stark ab und wird bei kleiner Drehzahl wirkungslos.

Hinsichtlich der mechanischen Bremse gelten die bei der Gleichstrom-Fahrbremsschaltung gemachten Angaben.

Abb. 420 gibt die Regellinien dieser einfachen Schaltung.

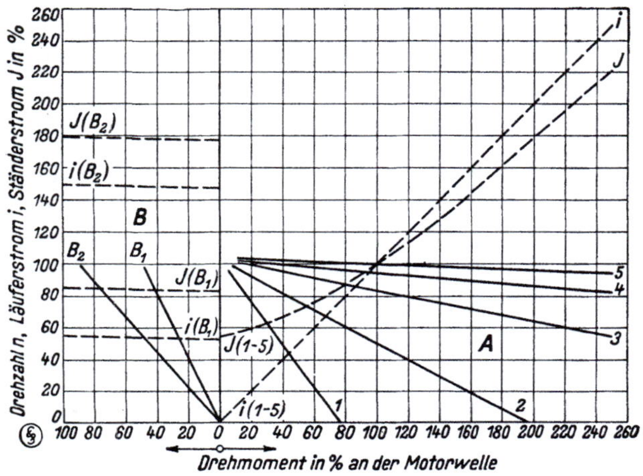

Abb. 420. Regellinien der Drehstrom-Fahrschaltung mit Nachlaufbremsung.
A Fahren; *B* Bremsen; *J* Ständer-; *i* Läuferstrom.

β) Hubschaltungen.

Sicherheitssenkschaltung mit übersynchroner Bremsung (Schaltung *ag* der SSW). Bei dieser einfachen Drehstromsteuerung wird der Motor zum Heben der Last im Hubsinne eingeschaltet und durch Läuferwiderstände entsprechend der geforderten Geschwindigkeit geregelt. Beim Lastsenken mit durchziehender Last wird der Motor als Generator angetrieben und seine Drehzahl liegt oberhalb der synchronen. Hierbei gibt er Strom ins Netz zurück. Die Drehzahl des Motors ist um so größer, je größer die Last ist und je mehr Widerstand in den Läuferkreis geschaltet ist. Die größte übersynchrone Geschwindigkeit entspricht der zulässigen Höchstdrehzahl des Motors (siehe Abb. 392, S. 164) und ist durch den Widerstand eingestellt.

Beim Lastheben und Senken des leeren Hakens ist die Geschwindigkeit bis nahezu zur synchronen regelbar. Sie nimmt mit zunehmendem Einschalten der Steuerwalze (bei kleiner werdendem Widerstand) ab. Das Halten der Last in der Schwebe geschieht durch die gewichtbelastete Haltebremse, deren Bremslüfter parallel zum Ständer des Motors liegt.

Trotz ihrer wenig günstigen Regelverhältnisse ist die Sicherheits-Senkschaltung die am meisten angewendete Hubwerkschaltung.

Gegenstrom - Senkbremsschaltung (Schaltung *e* der SSW). Sie bietet zwar eine brauchbare Drehzahlcharakteristik, hat jedoch den Nachteil, daß sie zur Sicherung des Betriebes umfangreiche Vorrichtungen (Hub- und Senksperradbremse, Schleppschalter, Fliehkraftschalter u. dgl.) erfordert. Man zieht ihr daher die nachfolgenden Schaltungen vor.

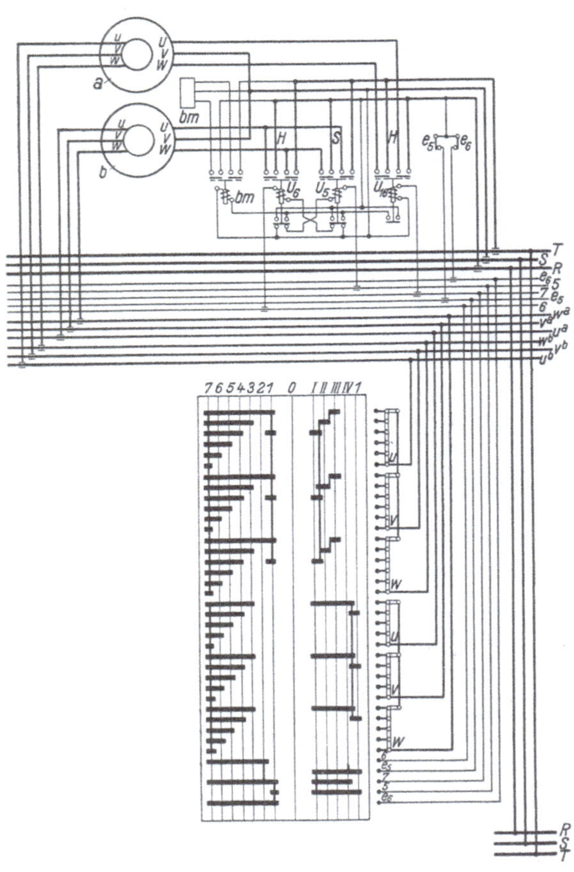

Abb. 421. Zweimotoren-Senkschaltung. (SSW.)
a Hubmotor; *b* Senkmotor; *bm* Magnetbremslüfter; *1* bis *7* Hubstellungen; *I bis IV* Senkbremsstellungen; *1* Senkkraftstellung; U_6 und U_{16} Schütze zum Hubmotor; U_5 Schütz zum Senkmotor, auf den Endausschalter e_5-e_6 wirkend.

Zweimotoren-Senkschaltung (Schaltung *r* der SSW, DRP 308092). Abb. 421: Schaltbild; Abb. 421a: Drehmomentenlinie.

Bei dieser Schaltung sind zwei gleich große Asynchronmotoren starr miteinander gekuppelt. Jeder der beiden Motoren hat seinen Anlaßwiderstand und ist für sich steuerbar.

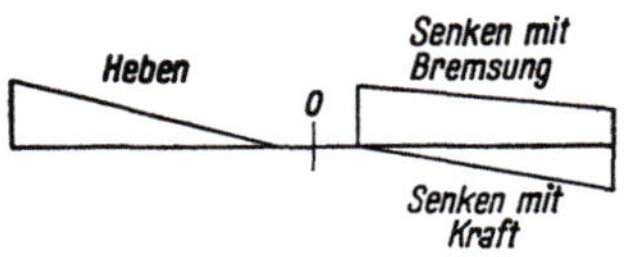

Abb. 421a. Drehmomentenlinie zur Zweimotoren-Senkschaltung.

Die Summe der Leistungen beider Motoren entspricht der zum Heben der Vollast erforderlichen Leistung. Beim Heben der Last werden beide Motoren gleichsinnig, beim Senken gegensinnig geschaltet.

Das Heben mit den zwei Motoren und das Regeln der Hubgeschwindigkeit durch Einschalten von Widerstand in den Läuferkreis ist wie bei einem Motor.

Zum Senken wird der eine Motor (Hubmotor) im Hubsinne und der andere (Senkmotor) im Senksinne geschaltet. Beides geschieht durch eine Steuerwalze, mit der alle erforderlichen Lastbewegungen ausgeführt werden.

Auf der ersten Senkstellung (*I*) der Walze wird in den Läuferkreis jedes der beiden Motoren ein gleich großer Widerstand geschaltet, der so bemessen ist, daß das volle Drehmoment entwickelt wird. Die Motoren halten sich also bei Leerlast das Gleichgewicht, und das Hubwerk steht still. Eine am Haken hängende Last wirkt mit dem im Senksinne geschalteten Motor gleichsinnig. Es tritt daher eine Abwärtsbewegung und eine Geschwindigkeitssteigerung bis zu dem Zeitpunkt ein, in dem das Lastmoment und das Drehmoment des Senkmotors gleich dem Drehmoment des Hubmotors ist.

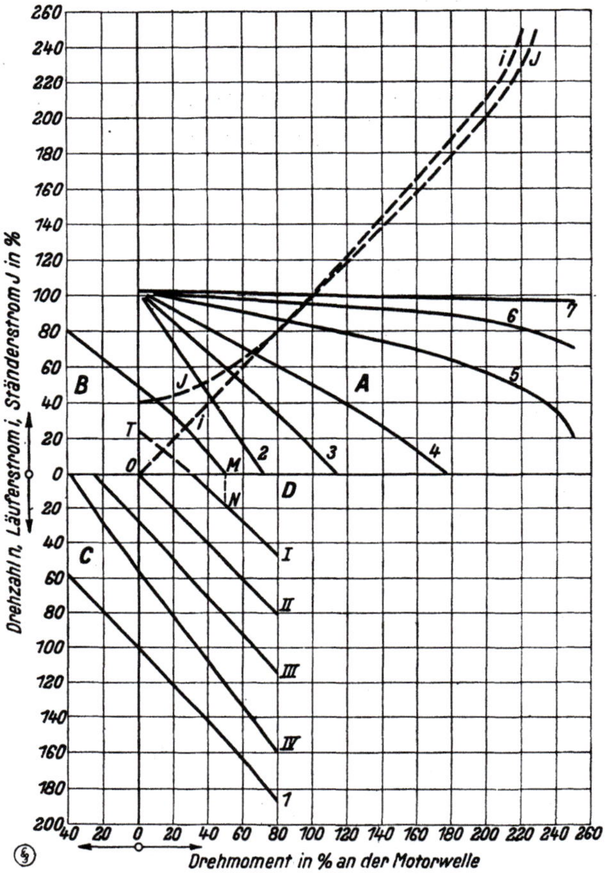

Abb. 422. Regellinien zur Zweimotoren-Senkschaltung.
A Heben; *B* Nachlaufbremsung beim Heben; *C* Senken mit Kraft; *D* Senken mit elektrischer Bremsung.

Hierbei sind die Widerstände auf der Stellung *I* unverändert geblieben, während die Spannung an den Läuferklemmen des Hubmotors infolge der Drehzahlsteigerung zugenommen und die an den Klemmen des Senkmotors abgenommen hat. Die Stromaufnahme in den Widerständen und damit auch die Drehmomente konnten sich daher ändern, so daß das Lastmoment und das Senkmoment gleich dem Drehmoment des Hubmotors geworden sind. Hierdurch wird erreicht, daß sich der Doppelmotor der jeweiligen Last gleichsam elastisch anpaßt, ohne daß er eine unzulässig hohe Drehzahl annimmt.

Abb. 422 gibt die Regellinien der Zweimotorenschaltung. Die Regelkurven *II* und *III* ergeben sich, wenn der Läuferwiderstand des im Hubsinne geschalteten Motors vergrößert und der des Senkmotors verkleinert wird.

Größere Senkgeschwindigkeiten werden erreicht, wenn der Hubmotor in den Stellungen *IV* bis *VI* der Steuerwalze ganz abgeschaltet wird. Es wird dann nur mit dem Senkmotor in der übersynchronen Senkschaltung (s. S. 175) weitergearbeitet.

Die Zweimotorenschaltung ist den vollkommensten Gleichstromschaltungen gleichwertig und ist bei solchen Kranen angebracht, bei denen es auf gute Regelfähigkeit und die Beherrschung kleiner Senkgeschwindigkeiten ankommt, was z. B. auf Gießerei- und Montagekrane zutrifft.

Sicherheitssenkschaltung für untersynchrone Bremsung (Schaltung *eh* der SSW, DRPa). Abb. 423: Schaltbild, Abb. 424: Drehmomentenlinie.

Durch die Einführung der einphasigen Bremsung ähnlich wie bei der Fahrbremsschaltung (Abb. 419) wurde eine einfache, betriebssichere Schaltung mit sehr guter Regelbarkeit erhalten. Die Schaltung ist sowohl für den in Stern, wie für den in Dreieck geschalteten Ständer anwendbar.

Ist der Ständer beim Heben in Stern geschaltet, so liegt beim Senken die eine Ständerphase des Motors mit den beiden anderen parallel geschalteten Ständerphasen in Reihe an einer Netzphase, so daß der Motor ein Kraftdrehmoment nicht entwickeln kann. Erst wenn der Läufer durch eine sinkende Last angetrieben wird, entsteht durch das Zusammenwirken von Ständer- und Läuferfeld ein Bremsmoment. Die Läuferdrehzahl steigt so weit, bis zwischen Motordrehmoment und Lastdrehmoment Gleichgewicht herrscht. Die Drehzahl ist um so größer, je größer der im Läuferkreis eingeschaltete Widerstand ist.

Die Regellinien der Schaltung (Abbildung 425) liegen bedeutend günstiger als bei der Gegenstrom-Senkbremsschaltung.

Die einphasige Stromentnahme aus dem Netz ist bei kleinster Senkgeschwindigkeit am größten und bleibt in zulässigen Grenzen, nämlich dem 1,8fachen Nennstrom. Bei Kranen mit einem Hubwirkungsgrad von 70% läßt sich mit der Schaltung eine Senkdrehzahl erreichen, die etwa gleich 50% der Nenndrehzahl ist.

Um bei Kranen mit höherem Wirkungsgrad ebenso niedrige Senkgeschwindigkeiten zu erhalten, wird die Senkstellung *I* als Gegenstrombremsstellung ausgebildet. Hat ein Hubwerk einen Wirkungsgrad von 80%, so kann die Vollast auf Senkstellung *I* mit etwa 40% der normalen Geschwindigkeit gesenkt werden. Hierbei ist der Regelwiderstand des Läufers für ein Motordrehmoment von etwa 50% des normalen, bezogen auf die Nennleistung, bemessen.

Ist nun das Lastdrehmoment plus dem Reibungsmoment kleiner als das Motordrehmoment, so wird die Last gehoben statt gesenkt. Es muß dann schnell auf Stellung *II* geschaltet werden, in der entweder Senkbewegung oder Motorstillstand eintritt. Durch Weiterschalten auf die nächsten Stellungen wird sodann die Last gesenkt.

Zum Senken des leeren Hakens folgt noch eine Senkkraftstellung (*1*), in der der Motor wie beim Heben, jedoch nur für umgekehrte Drehrichtung geschaltet ist.

Bei versehentlicher Benutzung der nicht gerasteten Zwischenstellungen (—) tritt keine unzulässig große Senkgeschwindigkeit ein, da der Motor mit entsprechend kleinem Regelwiderstand im Läufer einphasig am Netz liegt. In dieser Art geschaltet, kann der laufende Asynchronmotor sowohl ein Kraft- wie auch ein Bremsmoment ausüben.

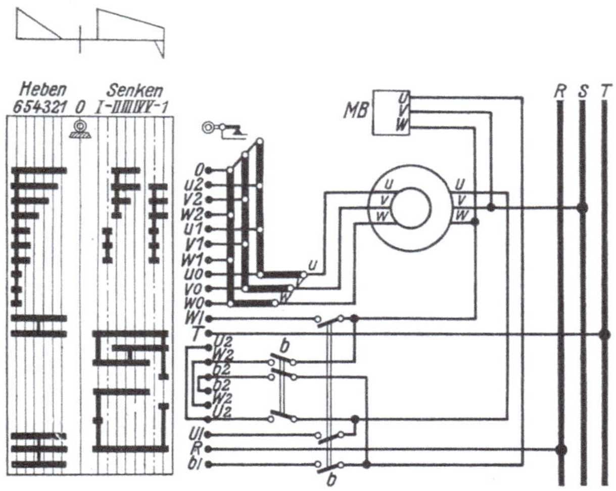

Abb. 423 und 424. Sicherheits-Senkschaltung für untersynchrone Bremsung. (SSW.)

RST Netz; *UVW* Ständer; *uvw* Läufer; *MB* Magnetbremslüfter; u_0 *bis* u_2, v_0 *bis* v_2, w_0 *bis* w_3 Widerstände im Läuferstromkreis; *b* Endausschalter.

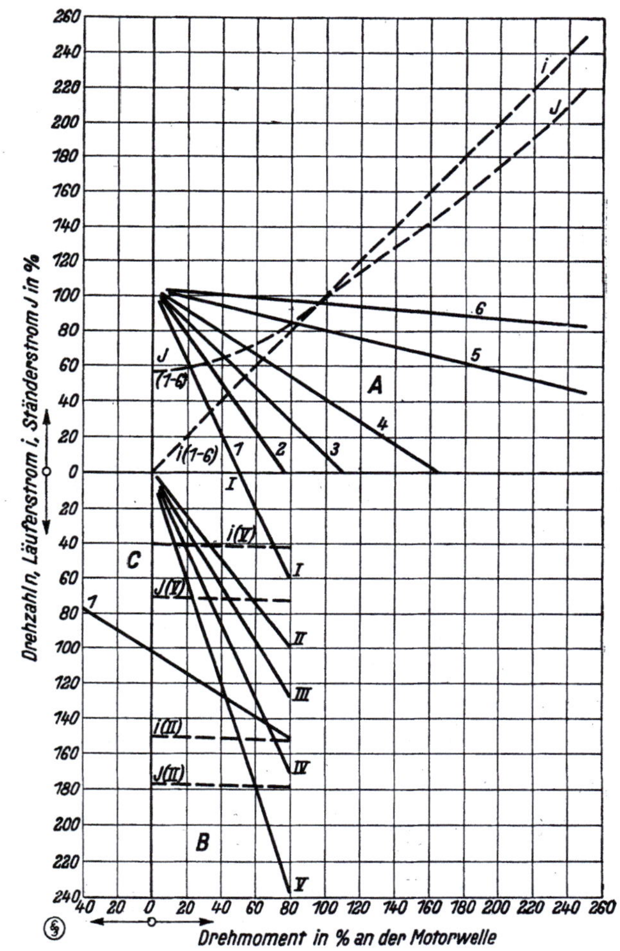

Abb. 425. Regellinien zur untersynchronen Senkschaltung.
A Heben; *B* Senken mit elektrischer Bremsung; *C* Senken mit Kraft.

Wesentliche Vorteile der neuen Senkbremsschaltung sind: Einfachster Aufbau unter Vermeidung jeglicher Hilfsapparate (im Gegensatz zur Gegenstromsenkbremsschaltung), gute Regelbarkeit bei ziemlich flachen Drehzahllinien, sowohl im unter-, wie auch im übersynchronen Drehzahlbereich und grundsätzliche Vermeidung von Freifallstellungen. Durch die untersynchrone Bremsung werden ferner die mechanischen Bremsen weitgehend geschont.

Die auf Senkstellung *I* in Abhängigkeit von der Last sich gegebenenfalls einstellende unerwünschte verkehrte Lastbewegung läßt sich beim Senken leichter Lasten durch Weiterschalten unterdrücken.

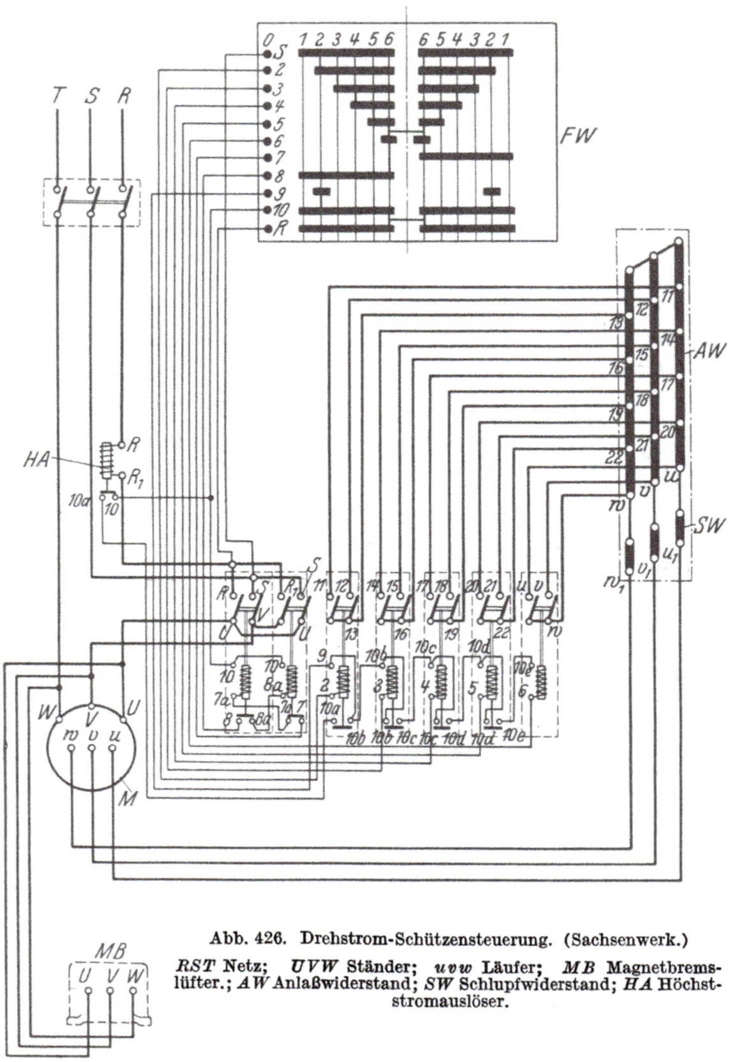

Abb. 426. Drehstrom-Schützensteuerung. (Sachsenwerk.)
RST Netz; *UVW* Ständer; *uvw* Läufer; *MB* Magnetbremslüfter.; *AW* Anlaßwiderstand; *SW* Schlupfwiderstand; *HA* Höchststromauslöser.

Drehstrom-Hubschaltungen der AEG: 1. Als übersynchrone Senkschaltung wirkende Fahrschaltung (Steuerwalze Typ D). — 2. Tippschaltung (D spez. 51 und D spez. 52). Durchziehende Lasten werden mit Gegenstrom gesenkt. Anwendung, wenn größere Anforderungen hinsichtlich der Regelung gestellt werden. — 3. Gegenstrom-Senk- und übersynchrone Schnellsenkschaltung (Steuerwalzentypen DZ 353 SBS, DZ 273 SBS, DZ 343 SP und Dz 303 SP). Der Übergang von „Senken Bremse" auf „Senken Kraft" erfolgt ohne Freifallstellung (DRP) und die Kurzschlußgefahr ist durch die Lichtbogensperrung der Ständerschütze (DRP) beseitigt. Anwendung bei größeren Schaltleistungen. — 4. Sonderschaltungen für Doppelkranmotoren (siehe S. 163). — 5. Sonderschaltungen für zwei nicht mechanisch gekuppelte Hubmotoren (z. B. bei Lokomotivhebekranen mit zwei Laufkatzen). — 6. Schaltungen für Greiferhubwerke siehe Abschnitt D. „Winden".

3. Schützensteuerung.

Während bei den Steuerwalzen und Steuerschaltern (siehe S. 167) die einzelnen Kontakte vom Führer unmittelbar ein- oder abgeschaltet werden, geschieht dies bei der Schützensteuerung mittelbar. Der Führer bedient eine kleine Steuerwalze, die sog. Führer- oder Meisterwalze (Abb. 426) durch die eine Anzahl elektromagnetisch betätigte Kontakte, die „Schütze", geschlossen oder geöffnet werden. Die Schütze (Abb. 402 bis 404, S. 169) werden für Gleichstrom ein- oder zweipolig, für Drehstrom nur zweipolig hergestellt. Die Zahl der Schütze ist von der gewählten Schaltung abhängig. Anwendbar sind alle S. 170ff. beschriebenen Schaltungen. Auf. Abb. 426 ist die Schaltung eine einfache Umkehrschaltung für Drehstrom. Da die Führerwalze nur schwache Erregerströme führt, so erhält sie kleine Abmessungen und ist auch bei sehr großen Motorleistungen leicht bedienbar. Auch bei einer großen Zahl von Arbeitsspielen, wie sie bei vielen Hüttenwerkskranen vorkommt, wird der Führer nicht müde und kann die ganze Schicht durchhalten. Sind gleichzeitig mehrere Steuervorrichtungen zu bedienen, so ermöglicht es die Schützensteuerung mit einem Führer auszukommen und entsprechend Lohn zu sparen. Da die stark beanspruchten, leicht zugänglichen Schütze nur elektrisch mit der Führerwalze verbunden sind, so können sie getrennt vom Führerstand und an leicht erreichbarer Stelle angeordnet werden. Um den Motor vor einem zu hohen Anlaufstrom zu schützen, ist vor die Schützen ein Höchststromauslöser (Abb. 426) geschaltet.

4. Leonard-Steuerung.

Die Leonard-Steuerung (Schaltbild Abb. 427) wird bei Hebezeugen mit großen Motorleistungen (Schwerlastkranen), bei Gießerei-Laufkranen, hauptsächlich jedoch bei Fördermaschinen angewendet. Sie zeichnet sich durch eine besonders feine, mit den gewöhnlichen Steuervorrichtungen nicht erreichbare Regelung aus. Da in den Regelwiderständen keine Verluste auftreten, so arbeitet die Leonard-Steuerung mit gutem Wirkungsgrad (60 bis 80%). Ein Nachteil der Steuerung ist die Erhöhung der Krananlagekosten, die durch das Hinzutreten der Steuerdynamo verursacht wird.

Die Steuerdynamo ist mit dem Antriebmotor (einem Gleichstrom- oder Drehstrommotor) durch eine elastische Kupplung verbunden und läuft, von größeren Betriebspausen abgesehen, dauernd durch. Die Drehzahl des von ihr gespeisten Arbeitsmotors ist von der Spannung der Steuerdynamo abhängig. Zur Spannungsregelung dient eine besondere Steuerwalze (Abb. 427). Schalten der Walze nach vorwärts bewirkt Zunahme der Drehzahl in diesem Sinne, Schalten nach rückwärts Zunahme in entgegengesetztem Sinne. Zurückdrehen der Walze hat sofortiges Abnehmen der Drehzahl (Bremsen) zur Folge. Da der Arbeitsmotor jeder Bewegung des Steuerorganes genau folgt, so ist eine feinstufige Einstellung der Geschwindigkeit innerhalb der weitesten Grenzen möglich. Durch Schwächen des Feldes des Arbeitsmotors kann dessen Drehzahl noch auf das Doppelte gesteigert werden. Die Einflüsse der Steuerung, Remanenz und der Verluste lassen sich durch geeignete Schaltungen (sog. Genauigkeitsschaltungen) beseitigen.

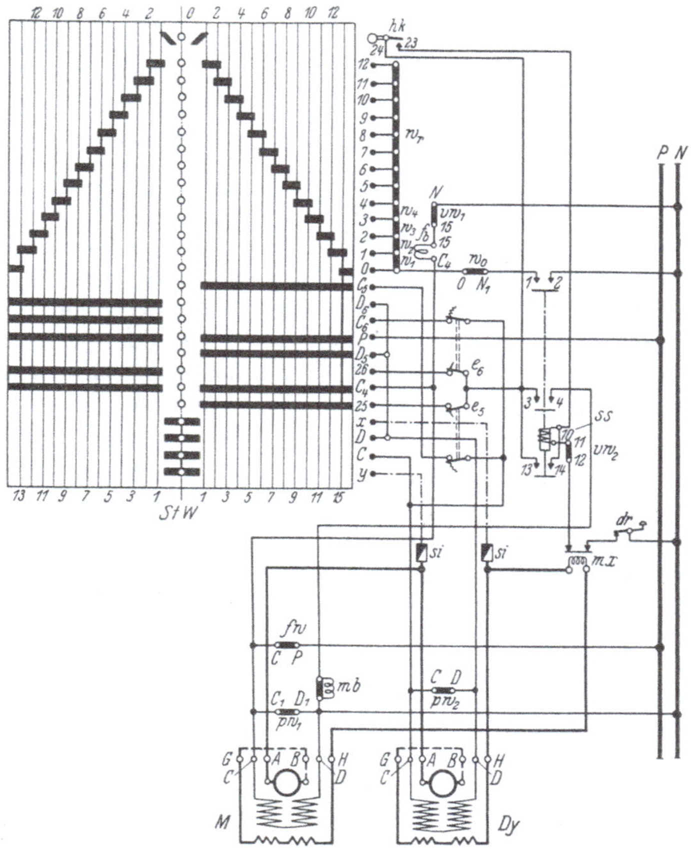

Abb. 427. Schaltbild der Leonard-Steuerung. (SSW.)

Dy Steuerdynamo; *M* Arbeitsmotor; *StW* Leonardwalze; w_0 feste Widerstandsstufe; w_1 bis w_{12}, (w_r) Regelwiderstände; *mx* Maximalkontakt; *hk* Hilfskontakt; *fw* Feldschwächwiderstand; pw_1 und pw_2 Parallelwiderstände; *dr* Druckknopf; vw_1-vw_2 Vorschaltwiderstände; *mb* Magnetbremslüfter; *ss* Sicherheitsschütz; *si* Sicherungen; *fb* Funkenbläser; e_5-e_8 Endschalter mit stufenweiser Ausschaltung.

Besonders störend wirkt die in dem Magnetgestell der Steuerdynamo vorhandene Remanenz. Wird die Steuerwalze auf Null gestellt, so soll der Arbeitsmotor still stehen. Infolge der Remanenz gibt jedoch die Steuerdynamo trotz stromloser Erregerwicklung Strom an den Arbeitsmotor ab und setzt denselben in Gang. Diese ungewollte Bewegung läßt sich dadurch verhindern, daß man die Erregerwicklung, die normal fremd erregt ist, kurz vor dem Bewegungsende umgekehrt an die Klemmen der Steuerdynamo legt, die dadurch Selbsterregung erhält. Diese selbstmordende Selbsterregung bzw. die Remanenzspannung treibt einen Strom durch die Erregerwicklung, die die Magnete umzupolen sucht und den Magnetismus schwächt. Dadurch verschwindet der Kraftfluß fast vollständig und damit die Spannung. Der Arbeitsmotor steht also still (Selbstmordschaltung).

III. Bremslüfter.

Zum Lüften der gewichtbelasteten Bremsen werden je nach der Stromart und dem Arbeitszweck der Bremse Magnetbremslüfter oder Motorbremslüfter verwendet. Diese erhalten, sobald die Steuerwalze auf Bewegung geschaltet wird, Strom und lüften die Bremse so lange, als die Bewegung andauert. Wird die Steuerwalze in die Nullstellung zurückgedreht, so wird der Strom unterbrochen, der Bremslüfter läßt das Gewicht los, und die Bremse wird angezogen.

a) Magnetbremslüfter.

1. Gleichstrom-Magnetbremslüfter.

In einem gußeisernen Gehäuse (Abb. 428) ist die Spule untergebracht. In dieser ist ein zylindrischer Ankerkern auf und ab bewegbar, an dessen Unterteil eine Bohrung für den Anschluß an den Bremshebel vorgesehen ist. Die Wirkung des Magneten besteht darin, daß die vom Strom durchflossene Spule ein magnetisches Feld hervoruft, durch das der Ankerkern angezogen und die Bremse gelüftet wird.

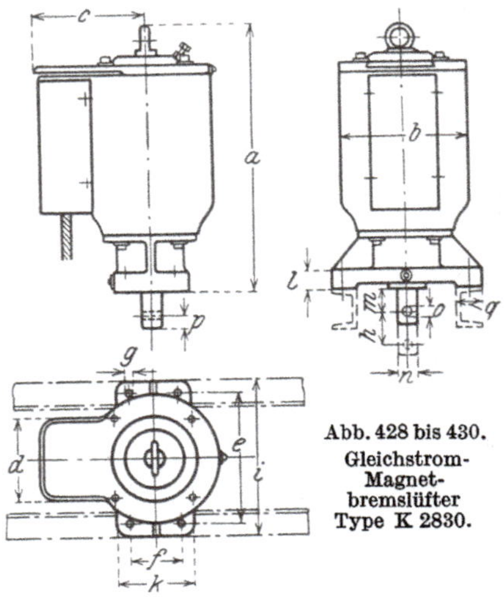

Abb. 428 bis 430. Gleichstrom-Magnet-bremslüfter Type K 2830.

Da das Ankergewicht des Magneten bremsend wirkt, so ist es auf die Angriffsstelle des Bremsgewichtes umzurechnen und von diesem abzuziehen.

Es ist auch darauf zu achten, daß der Magnetanker bei gelüfteter Bremse vollständig angezogen werden kann. Der in den Listen der Elektrizitätsfirmen angegebene Hub ist der größtmögliche und in Rücksicht auf den Verschleiß der Bremsklötze und sicheres Anziehen nicht voll auszunutzen.

Wegen der Stöße bei Loslassen des Bremsgewichtes sind die Bremslüfter mit einem Luftpuffer versehen, dessen Dämpfung vermittels einer Stellschraube regelbar ist.

Die Bohrung des Ankerkerns ist mit dem Bremshebel durch Zwischenschalten einer Lasche gelenkig zu verbinden, damit keine Kräfte senkrecht zur Kernbewegung und keine unzulässig hohe Reibung in der Kernführung auftreten.

Da der Ankerkern der Gleichstrombremslüfter drehbar ist, so kann das Magnetgehäuse in beliebiger Lage befestigt werden.

Maßgebend für die Wahl der Bremslüfter sind die relative Einschaltdauer (15, 25 und 40% ED), die Schalthäufigkeit und die aus diesen berechnete größte Einschaltzeit. In seltenen Fällen beträgt die ED 100% (Dauereinschaltung).

α) Hauptstrom-Magnetbremslüfter.

Der Hauptstrombremslüfter ist in den Motorstromkreis geschaltet. Es sind daher bei seiner Verwendung keine besonderen Kontakte an der Steuerwalze und bei der Stromzuführung keine besonderen Schleifleitungsdrähte erforderlich. Dieses ist bei langen Schleifleitungen, wie z. B. den Querschleifleitungen der Verladebrücken, von Bedeutung.

Ein Nachteil des Hauptstrommagneten ist der hohe Spannungsabfall, der die Drehzahl und Leistung des Motors, in dessen Stromkreis er geschaltet ist, herabmindert. Dies ist besonders bei Hubwerken störend, da bei diesen vorsichtig angefahren wird und der Anfahrstrom etwa ein Drittel des normalen Betriebsstromes beträgt.

Bei Hubwerken mit Senkbremsschaltung ist die Anwendung des Hauptstrommagneten ausgeschlossen, da der Motorstrom erst durch das Senken der Last erzeugt wird und die Bremse schon vorher gelüftet sein muß.

β) Nebenschluß-Magnetbremslüfter.

Der Nebenschlußbremslüfter ist parallel zum Motor geschaltet. Seine Stromstärke ist daher vom Motorstrom unabhängig, was für das sichere Arbeiten der Bremse wesentlich ist.

Der Nebenschlußbremslüfter erfordert an der Steuerwalze einen besonderen Kontaktring und in der Stromzuführung einen besonderen Leitungsdraht. Bei Anwendung einer Endausschaltung werden sogar zwei besondere Zuleitungen erforderlich.

Der Nebenschlußbremslüfter wird hauptsächlich angewendet. Bei Senkbremsschaltungen ist seine Verwendung Bedingung.

Für Dauereinschaltung (z. B. bei den Katzenfahrwerken der Verladebrücken und Kranfahrwerken mit langer Fahrstrecke des Kranes) werden die Magnetbremslüfter auch mit einem Sparschalter ausgerüstet. Der Sparschalter öffnet sich nach erfolgtem Anziehen selbsttätig und schaltet dadurch einen Widerstand vor die Magnetwicklung, wodurch der Stromverbrauch während der folgenden Einschaltzeit vermindert wird.

Tabelle 42. Nebenschluß-Magnetbremslüfter[1] für aussetzenden Betrieb der SSW (Abb. 428 bis 430).
Höchstzulässige Spieldauer: 5 min.

Type	15% Einschaltdauer						25% Einschaltdauer						40% Einschaltdauer					
	Hub-arbeit	Hub	Kern-ge-wicht	Aufnahme bei 220 Volt	440 Volt	500 Volt	Hub-arbeit	Hub	Kern-ge-wicht	Aufnahme bei 220 Volt	440 Volt	500 Volt	Hub-arbeit	Hub	Kern-ge-wicht	Aufnahme bei 220 Volt	440 Volt	500 Volt
—	cmkg	cm	kg	etwa Watt	etwa Watt	etwa Watt	cmkg	cm	kg	etwa Watt	etwa Watt	etwa Watt	cmkg	cm	kg	etwa Watt	etwa Watt	etwa Watt
K 2830 *0*	75	4	1,6	300	390	450	40	4	1,6	185	290	350	35	4	1,6	130	230	260
K 2830 *I*	100	5	2,7	340	400	465	75	5	2,7	200	250	300	45	5	2,7	140	175	200
K 2830 *II*	230	5	5,4	470	600	600	150	5	5,4	330	360	365	115	5	5,4	185	240	285
K 2830 *III*	400	5	8,9	570	770	810	300	5	8,9	410	485	490	220	5	8,9	260	310	210
K 2830 *IV*	825	5	17,5	880	1150	1220	600	5	17,5	585	690	730	480	5	17,5	375	425	460
K 2830 *V*	1670	5	32,5	1120	1370	1560	1200	5	32,5	620	840	915	850	5	32,5	410	525	525

Abmessungen in mm.

Type	*a*	*b*	*c*	*d*	*e*	*f*	*g*	*h*	*i*	*k*	*l*	*m*	*n*	*o*	*p*	*q*
K 2830 *0/40*	300	116	135	116	160	60	10,5	40	190	90	18	40	20	8	14	30
K 2830 *I/75*	340	128	145	128	160	60	10,5	50	190	90	18	30	20	8	14	40
K 2830 *II/150*	385	167	160	130	230	80	14	50	270	120	28	34	30	13	20	40
K 2830 *III/300*	425	202	180	130	230	80	14	50	270	120	28	34	30	13	20	40
K 2830 *IV/600*	470	230	200	130	310	110	17	50	370	170	40	50	45	20	30	50
K 2830 *V/1200*	500	290	235	130	310	110	17	50	370	170	40	50	45	20	30	50

[1] Sie werden für die in der Tabelle angegebenen Nennspannungen gewickelt. Bei anormalen Spannungen unter 600 V erhalten sie Wicklung für die nächstniedrige Nennspannung nebst einem entsprechenden Vorschaltwiderstand. Ein Parallelwiderstand zum Schutze der Nebenschlußwicklung ist stets im Preise der Bremslüfter enthalten. Abweichungen von den Nennspannungen bis zu $\pm 5\%$ sind zulässig.

2. Drehstrom-Magnetbremslüfter.

Der Drehstrom-Magnetbremslüfter wird stets parallel zum Ständer des Motors geschaltet. Wegen seiner dreiphasigen Wickelung hat der Magnetanker flache gabelartige Form. Der Anker ist daher nicht drehbar. Zum Anschluß an den Bremshebel ist er mit zwei um 90° zueinander versetzten Bohrungen an der Ankerzugstange versehen. Das Magnetgehäuse kann daher nur in zwei entsprechenden Stellungen befestigt werden.

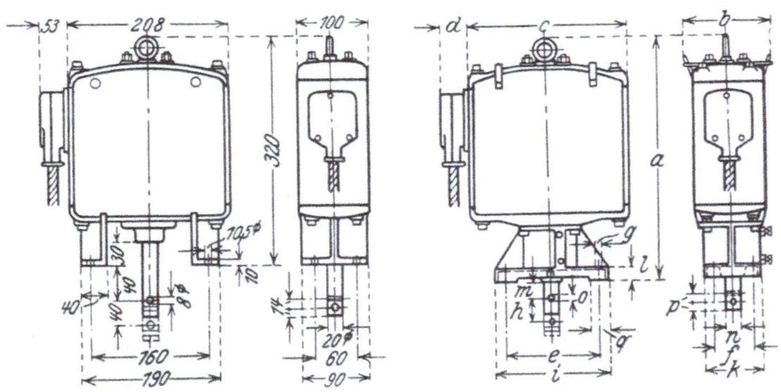

Abb. 431 und 432. Drehstrom-Magnetbremslüfter Type K 3830/*0* und K 3830*I* bis K 3830*IV*.

Der Drehstrommagnet nimmt im Augenblick des Einschaltens einen verhältnismäßig hohen Strom auf, der dann schnell sinkt. Seine Leistungsfähigkeit ist deshalb weniger von der Einschaltdauer als von der Zahl der Einschaltungen abhängig.

Für die Wahl der Größe des Drehstrommagneten sind daher die relative Einschaltdauer und die Zahl der stündlichen Schaltungen (Schalthäufigkeit) maßgebend. In den Listen werden die Magnete für 120 und 300 Schaltungen je Stunde und für Dauerschaltung geführt.

Wegen des nach erfolgtem Anziehen niedrigen Stromverbrauches (des Haltestromes) sind die Drehstrommagnete mit verringerter Leistung für Dauerschaltung geeignet.

Die Drehstrommagnete müssen so eingebaut sein, daß der Anker ohne Behinderung durch das Bremsgestänge ganz angezogen werden kann, bis die Polflächen sich berühren. Ist dies nicht der Fall, so verbrennen die Spulen.

Um diese gegen zu hohe Stromstärke, hervorgerufen durch etwaiges Klemmen des Bremsgestänges, zu schützen, werden auch besondere Sicherungen angeordnet.

Der beim Anziehen der Drehstrommagnete auftretende hohe Strom erfordert einen Zuschlag zum Arbeitsstrom. Dieser Gesamtstrom ist für die Bemessung der Motorsicherungen maßgebend.

Tabelle 43. Drehstrom-Magnetbremslüfter für aussetzenden Betrieb der SSW (Abb. 431 u. 432). Spannung: 125—220—380 und 500 V; Frequenz: 50 Hz.

Type	Kern-gewicht	Hub	Höchstzulässige Spieldauer 5 Minuten bei 15 bis 40% ED						Bei Dauereinschaltung[1]		
			Schalthäufigkeit bis 120 je Std.[1]			Schalthäufigkeit bis 300 je Std.[1]					
			Hub-arbeit	Schein-verbrauch beim Einschalten etwa	Aufnahme bei angezogenem Kern etwa	Hub-arbeit	Schein-verbrauch beim Einschalten etwa	Aufnahme bei angezogenem Kern etwa	Hub-arbeit	Schein-verbrauch beim Einschalten etwa	Aufnahme bei angezogenem Kern etwa
—	kg	cm	kgcm	V·A	Watt	kgcm	V·A	Watt	kgcm	V·A	Watt
K 3829	0,9	2	15	2150	50	—	—	—	12	2040	40
K 3830 *0*	2	4	40	4500	70	—	—	—	37	4100	50
K 3830 *I*	3,5	5	75	9400	110	50	6000	65	65	8000	75
K 3830 *II*	4,5	5	150	15000	90	100	10000	85	140	15000	90
K 3830 *III*	12	5	300	33000	160	250	30000	130	280	33000	160
K 3830 *IV*	22	5	600	68000	450	400	47000	180	450	50000	240
K 3830 *V*	54	5	1200	128000	650	675	67000	275	900	93000	410

Abmessungen in mm.

Type	a	b	c	d	e	f	g	h	i	k	l	m	n	o	p	q
K 3830 *I*	374	125	245	60	160	60	10,5	50	190	90	18	30	20	8	14	40
K 3830 *II*	434	137	260	60	230	80	14	50	270	120	28	34	30	13	18	40
K 3830 *III*	515	155	334	60	230	80	14	50	270	120	28	34	30	13	18	40
K 3830 *IV*	596	190	390	82	310	110	17	50	370	170	40	50	45	20	30	50

[1] Die Magnetbremslüfter sind, da sie verschiedene Spulenwicklungen für 120 Schaltungen und 300 Schaltungen je Stunde und für Dauereinschaltung haben, für keine größere als die bestellte Schaltzahl verwendbar. Das Bremsgewicht muß so schwer sein, daß die Zugkraft mindestens zu $^2/_3$ ausgenutzt wird.

b) Motorbremslüfter.

Bei Drehstrom (und einphasigem Wechselstrom) werden auch Motorbremslüfter angewendet.

Ein kleiner Asynchronmotor mit Kurzschluß- oder Schleifringläufer arbeitet über ein Stirnrädergetriebe auf eine Kurbel, die mittels einer Zugstange am Bremshebel angreift.

Erhält der Motor Strom, so wird die Bremse gelüftet. In der höchsten Lüftstellung der Bremse wird die lebendige Kraft des Läufers durch einen Spiralfederpuffer aufgenommen.

Bei Stromunterbrechung geht die Kurbel in ihre Ruhelage zurück. Ein Luftpuffer, dessen Dämpfung vermittels einer Stellschraube regelbar ist, nimmt den Stoß in der Endstellung auf.

Die Motorbremslüfter werden angewendet, wenn der starke Stromstoß beim Einschalten des Lüfters und der dadurch verursachte Spannungsabfall vermieden werden soll.

Für die Bemessung der Motorbremslüfter ist die stündliche Schaltzahl nicht maßgebend, da der Einschaltstrom nicht größer als der Haltestrom ist.

Motorbremslüfter für lange Einschaltdauer müssen besonders gewickelt werden. Bei Dauereinschaltung wird der Magnetbremslüfter angewendet.

IV. Sicherheitsvorrichtungen.

a) Endschalter.

Die Bauart der zur Begrenzung des Weges dienenden Endschalter ist von der Art des Triebwerkes (Hub- oder Fahrwerk), der Größe der abzuschaltenden Motorleistung, der Art der gewünschten Endschaltung (ob Not- oder betriebsmäßige Ausschaltung) und der zulässigen Größe des stromlos befahrenen Nachlaufweges abhängig.

Als Endschalter kommen einfache Vorrichtungen wie Hebelendschalter, Spindelendschalter und Sternradschalter in Frage.

1. Hebel- (Kurbel-) Endschalter.

Der Schalter (Abb. 433) besteht im wesentlichen aus einer kleinen Schaltwalze nach Art der Steuerwalzen, die in einem gußeisernen Gehäuse gelagert ist, einer Rückzugfeder, die die Walze in Schaltstellung hält und einem auf der Welle der Walze sitzenden Rollenhebel. Dieser wird durch eine geeignete Vorrichtung (z. B. ein abgeschrägtes Lineal, Abb. **433**, oder eine andere mechanische Vorrichtung) gedreht, wodurch der Motorstrom und gegebenenfalls auch der des Bremslüfters unterbrochen und das Triebwerk stillgelegt wird.

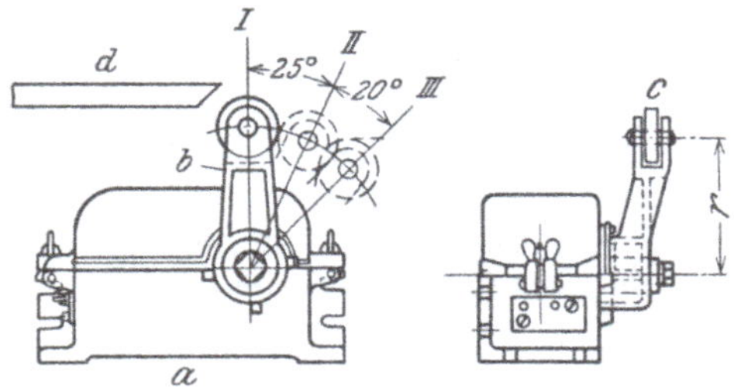

Abb. 433. Kurbel-Endausschalter. (AEG.) *a* Schaltergehäuse; *b* Kurbel mit Rolle *c*; *r* Kurbelhalbmesser; *d* Lineal; *I* Einschaltstellung; *II—III* Ausschaltstellungen.

Hinsichtlich der Wirkungsweise und Bauart unterscheidet man Hauptstrom- und Hilfsstrom-Endausschalter.

Bei den **Hauptstrom-Endausschaltern** (Abb. 434 und 436) wird der Motorstrom unmittelbar unterbrochen. Das Ausschalten muß vor Erreichen der Endstellung geschehen, damit die bewegten Massen auf einen bestimmten Weg auslaufen können. Wird das schaltende Organ (Lineal u. dgl.) zurückgezogen, so wird der Schalter selbsttätig wieder eingeschaltet. Die Endausschalter für Gleichstrom sind ein- oder zweipolig. Einpolige Schalter lassen ein gleichzeitiges Abschalten des Bremslüfters nicht zu. Die Endausschalter für Drehstrom sind zwei- oder dreiphasig.

Bei den **Hilfsstrom-Endausschaltern** (Abb. 435 und 437) betätigt das schaltende Organ nur einen verhältnismäßig kleinen Hilfsschalter (e bzw. e_1 und e_2). Dieser schaltet seinerseits den Strom eines Schützes S ab, durch welches der Strom des Motors und gegebenenfalls auch der des Bremslüfters unterbrochen wird. Die Hilfsstrom-Endausschalter werden bei häufigem (betriebsmäßigem) Schalten, bei großen Motorleistungen und großer Entfernung des Schalters von der Steuerstelle angewendet. Ausführung der Hilfsstrom-Endausschalter im allgemeinen nur einpolig.

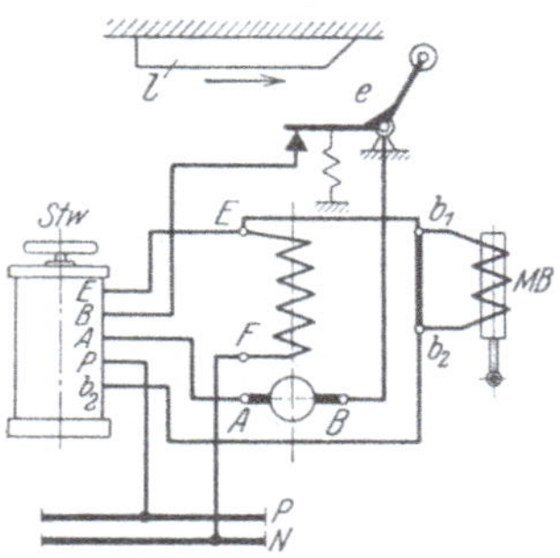

Abb. 434. Gleichstrom-Hauptstrom-Endausschalter.

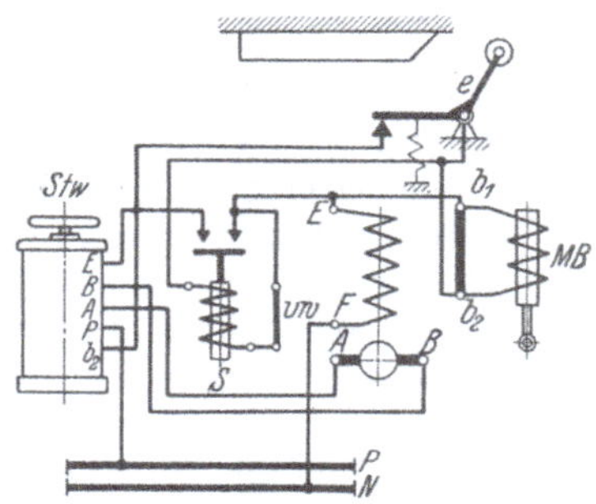

Abb. 435. Gleichstrom-Hilfsstrom-Endausschalter.

Endschalter mit Umgehungsschaltung. Die Umgehungsschaltung ermöglicht es, nach erfolgtem Abschalten des Motors nicht nur rückwärts, sondern in der alten Richtung weiter zu fahren und den sonst verlorenen Nachlaufweg wieder zu gewinnen.

Der Umgehungsschalter wird parallel zum Endschalter gelegt und hebt dessen Wirkung auf. Er wird neben der zugehörigen Steuerwalze angeordnet und durch Niederdrücken eines Fußhebels geschlossen.

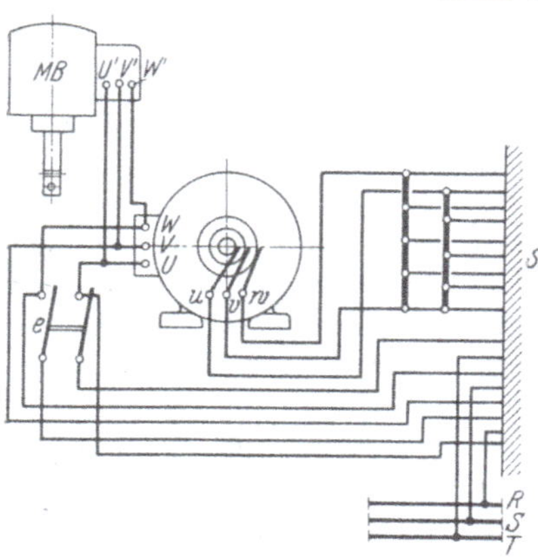

Abb. 436. Drehstrom-Hauptstrom-Endausschalter.

Die Umgehungsschaltung wird bei Fahrwerken angewendet, bei denen oft in der Nähe der Endstellungen gefahren wird. Bei Hubwerken mit Endschaltung für die höchste Hakenstellung kommt sie dann in Frage, wenn die Hubhöhe möglichst ausgenutzt werden soll. Der Schalter wird dann für den Nachlauf des leeren Hakens eingestellt, da hierbei die verzögernde Wirkung der Last fehlt und die Geschwindigkeit und damit auch der Nachlaufweg am größten sind.

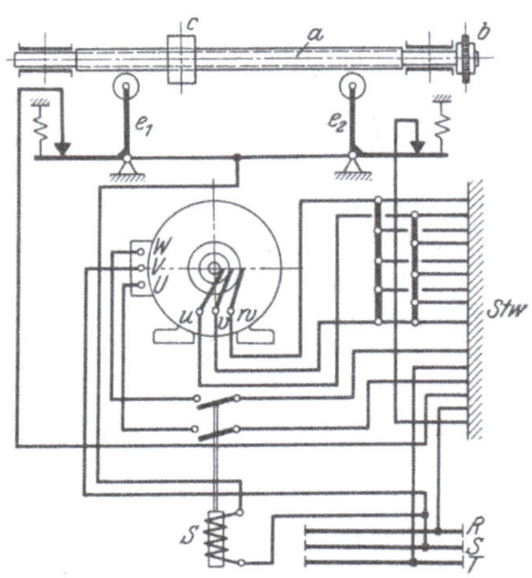

Abb. 437. Drehstrom-Hilfsstrom-Endausschalter (Spindel-Endausschalter.) *a* Spindel; *b* Antrieb der Spindel; *c* Wandermutter (gegen Drehen gesichert); e_1 und e_2 Endausschalter (z. B. für höchste und tiefste Hakenstellung).

Endschaltung mit Geschwindigkeitsverminderung. Sie wird angewendet, wenn der Nachlaufverlustweg zu groß und der Arbeitsweg unzulässig verkürzt wird. Bei dieser Schaltung wird der Hebelendschalter zweimal hintereinander betätigt und die Geschwindigkeit stufenweise herabgesetzt.

2. Spindelendschalter.

Sie werden bei Hubwerken ausgeführt und sind bei diesen die sicherste Endausschaltung.

Die Spindel (Abb. 437) wird von einem langsam laufenden Triebwerkteil, z. B. dem Trommelrad, durch kleine Zahnräder oder durch einen Kettentrieb angetrieben. Auf der Spindel sitzt eine Wandermutter. Diese unerbricht in den, der höchsten und tiefsten Hakenstellung entsprechenden Stellungen den Strom des Motors und den des Bremslüfters.

Die Spindelendschalter werden von den Elektrizitätsfirmen nur für Hilfsstromendausschaltung geliefert. Ausführung mit gußeisernem Gehäuse und Ölfüllung.

Die Hebezeugfirmen stellen die Spindel mit ihrer Lagerung und der Wandermutter selbst her und bringen diese Vorrichtung, je nachdem in der höchsten oder in der höchsten und tiefsten Hakenstellung ausgeschaltet wird, mit einem oder mit zwei Hebelendschaltern in Verbindung (Abb. 437).

3. Sternradschalter.

Sie werden bei Katzen- und Kranfahrwerken verwendet und ebenfalls nur für Hilfsstromausschaltung geliefert.

Der Sternradschalter[1] ist für beide Fahrtrichtungen verwendbar. Beim Einfahren in die Schaltstellungen stößt der mit sechs Zähnen versehene Stern gegen einen, an der Fahrbahn befestigten, mit einer Rolle versehenen Anschlagbolzen und wird dadurch aus der Freifahrtstellung in die Verzögerungsstellung gedreht. Hierdurch wird die Geschwindigkeit selbsttätig auf etwa die Hälfte vermindert, so daß die Katze oder der Kran ohne heftigen Anprall bis an die Puffer in den Endstellungen heranfahren können.

Bei besonders großer Massenwirkung, wie bei den schnellfahrenden Laufkatzen der Verladebrücken, sowie bei Kranfahrwerken wird eine zweite Verzögerungsstellung vorgesehen. Die Geschwindigkeit wird dann in zwei Stufen auf etwa ein Drittel der normalen Geschwindigkeit herabgesetzt.

Wird eine selbsttätige Stromunterbrechung vor Erreichen der Endstellung gefordert, so wird die zweite Verzögerungsstellung als Ausschaltstellung für den Bremslüfter vorgesehen.

Maßgebend für die Bemessung der den Strom unterbrechenden Endschalter sind die Schaltleistung und die Schalthäufigkeit.

b) Überstromauslöser.

Die Schutzvorrichtungen der Motoren gegen zu hohe Stromaufnahme (Überstrom) müssen folgenden Bedingungen genügen:

1. Der Anlauf des Motors muß unter allen Umständen auch unter Vollast möglich sein.
2. Während des Betriebes soll der Motor gegen Dauerüberlastungen von mehr als 20% geschützt sein.
3. Bei Kurzschluß soll der Motor unverzögert abgeschaltet werden.

Diese Forderungen werden durch die Schmelzsicherungen nicht erfüllt, da sie zum Durchschmelzen eine bestimmte Zeit erfordern, in der der Motor unter Umständen schon geschädigt werden kann. Auch ist in lebhaften Kranbetrieben das Einsetzen neuer Sicherungen lästig und der Verbrauch an Sicherungen entsprechend hoch.

Ein vollwertiger Motorenschutz wird durch die Anwendung der Überstromauslöser erreicht, die auf einem Selbstschalter (Höchststromauslöser) einwirken. Die Überstromauslöser werden als magnetische Relais mit Zeitverzögerung oder als thermische Zeitrelais ausgebildet. Sie werden mit dem Höchststromauslöser, sowie den Strom- und Spannungszeigern in einem gemeinsamen Schaltkasten untergebracht (siehe S. 186, „Schaltanlage").

Bei der Relaissicherung eines Kranes[2] wird für jeden Motor ein Relais vorgesehen, das mit seinen Schaltkontakten im Erregerstromkreis der Festhaltespule des Höchststromauslösers liegt.

Das in Abb. 438 schematisch dargestellte Relais ist so eingerichtet, daß es bei dem betriebsmäßigen hohen Anlaufstrom, der durch das vom Motor verlangte Anzugmoment bedingt ist, anzusprechen beginnt, daß aber die Auslösung über die normale Überlastungszeit beim Anfahren des Motors hinaus verzögert wird. Dauert jedoch eine Überlastung, auch bei kleinerer Stromstärke als beim Anlauf, zu lange oder treten kurzschlußartige Stromstöße auf, so löst das Relais aus und der Höchststromauslöser schaltet den Motor vom Netz ab. Das Relais arbeitet also bei weniger gefährlichen Überlastungen mit Verzögerungsauslösung und bei Kurzschluß mit Schnellauslösung.

[1] Hersteller: AEG, Berlin.

[2] Ritz: Relaissicherungen für elektrische Antriebe von Kranen, Rollgängen usw. ETZ 1917, S. 542.

Arbeitsweise des Relais: Die Zugkraft des Drehankers *a* wird durch eine Feder *b* im Gleichgewicht gehalten. Spricht das Relais an, so trifft der am Drehanker angebrachte Anschlag *c* auf den Anschlaghebel *d* eines Hemmwerks *e*, das ähnlich dem einer einfachen Uhr ausgebildet ist. Dieses Hemmwerk hindert den Anker an der weiteren Drehbewegung und gibt ihn erst dann frei, wenn die im Hemmwerk vorgesehene Sperrklinke durch einen Anschlag ausgelöst wird. Dieser Anschlag läßt sich durch Drehen des Gehäusedeckels des Hemmwerks leicht verstellen und damit die Laufzeit des Hemmwerks regeln. Eine Skala zeigt die jeweilige Einstellung des Hemmwerks an. Ist der Anker freigegeben, dann trifft der federnde Hebel *f* auf einen Anschlag *g* und öffnet den Kontakt *h*.

Um bei größeren Stromstößen eine Schnellauslösung zu erreichen, steht der Anschlag *d* unter Federkraft. Das bei Stromstößen durch den Anker hervorgerufene Drehmoment ist imstande, das federnde Gabelende *d* soweit zu drehen, daß der Anschlag *c* vorbeigleiten und dadurch das Relais auslösen kann.

Nach Aufhören der Überlastung wird der Relaisanker wieder durch die Feder *b* in seine ursprüngliche Lage zurückgeführt. Die Zugkraft der Feder *b* und damit die Auslösestromstärke des Relais ist durch eine Stellschraube regelbar.

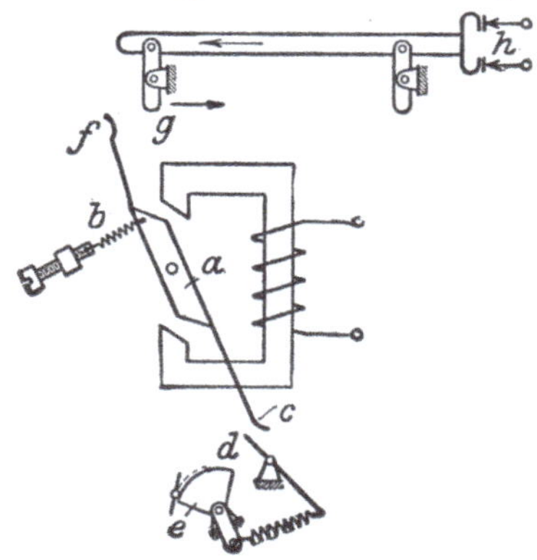

Abb. 438. Relais mit vereinigter Verzögerungs- und Schnellauslösung. (SSW.)

Beim Antrieb eines Kranes mit mehreren Motoren wird bei der Stromverteilung für jeden Motor ein Relais vorgesehen, die alle gemeinsam auf den Kontakt *h* arbeiten (Abb. 438).

Der Höchststromausschalter ist mit der bekannten Freiauslösung versehen. Er wird mit der Schaltung der Steuerwalze so in Verbindung gebracht, daß der Kranführer alle Steuerwalzen auf Null stellen muß, bevor der Schalter wieder eingelegt werden kann.

Schaltbild eines Laufkranes mit Drehstrombetrieb und Relaissicherungen siehe Abschnitt „Laufkrane“.

Abb. 439 gibt das Schaltbild des von den SSW auf Grund umfangreicher Versuche entwickelten Mehrmotoren-Schutzschalters H 920 III. Der Schalter ist vollkommen gekapselt und eignet sich für alle Mehrmotorenantriebe, insbesondere für Krane und Verladebrücken.

Der Strom ist vom Netz an die im unteren Gehäuse *AK* befindlichen Sammelschienen geführt, an denen die zu den einzelnen Motoren abgehenden Leitungen angeschlossen sind. In der mittleren Phase (*V*) jedes Motors liegt einer der im Gehäuse eingebauten Überstromauslöser. Der Schalter wird zwei- oder dreipolig und mit ein oder zwei nichtverzögerten Auslösern geliefert. Der Selbstschalter kann mit einem Gehäuse für 2—4 oder 5—6 Auslösern zusammengebaut werden, so daß bis zu 6 Motoren geschützt werden können.

Die im Schalterkasten *SK* befindlichen Auslöser *a*, deren Spulen für den Gesamtstrom bemessen sind, lösen unverzögert aus und wirken mechanisch auf das Schaltschloß. Sie werden so hoch eingestellt, daß sie z. B. bei gleichzeitigem Anlauf von 2 Motoren nicht ansprechen und nur Schutz gegen Kurzschluß bieten.

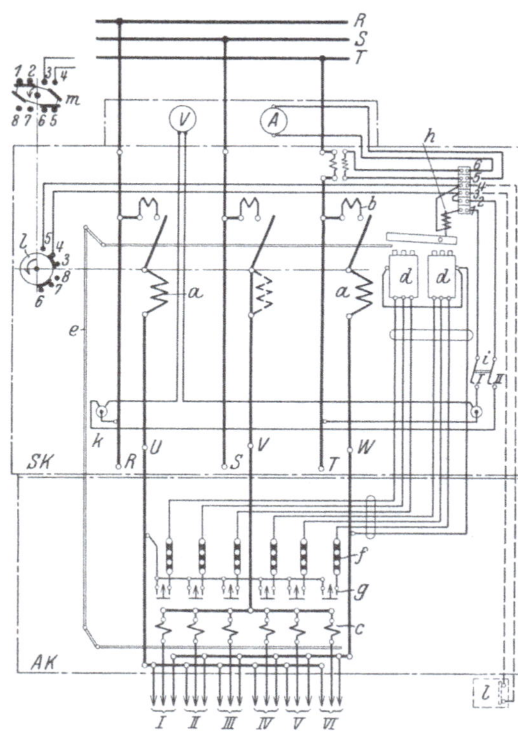

Abb. 439. Schaltbild eines Mehrmotoren-Schutzschalters. (SSW.) *RST* Netz; *I* bis *VI* Ständeranschlüsse für sechs Motoren; *AK* Auslöserkasten; *SK* Selbstschalterkasten; *V* Spannungszeiger; *A* Stromzeiger; *a* Überstromauslöser für nicht verzögerte Auslösung; *b* Blasspule; *c* Überstromauslöser für gemischt verzögerte Auslösung; *d* Wärmeauslöser; *e* Auslöserstange; *f* Vorschaltwiderstand für den Wärmeauslöser; *g* Kontakte am Überstromauslöser für die Wärmeauslösung; *h* Spannungs-Rückgang-Auslöser; *i* zweipoliger Hilfsschalter zum Spannungsauslöser; *k* Sicherung; *l* Kontakt (in der Ausschaltstellung der Steuerwalze geschlossen); *m* Meldeschalter.

Die im unteren Kasten befindlichen Überstromauslöser *c* schützen die Motoren sowohl gegen Kurzschluß wie auch gegen Überlastung. Bei Überlastung lösen sie durch Einschalten eines am Schalter befindlichen Wärmeauslösers *d—d* verzögert aus, während sie bei Kurzschluß durch mechanische Einwirkung auf das Schaltschloß unverzögert auslösen. Die Spulen der einzelnen Auslöser sind nach dem jeweiligen Motornennstrom auszuwählen. Die verzögerte Auslösung kann so eingestellt werden, daß der Motor vor einer Überlastung um mehr als 20% geschützt wird. Die vom Strom unabhängige Verzögerungszeit ist auf 10 bis 20 sek einstellbar, so daß der Motor inzwischen anlaufen und der Strom auf seinen Dauerwert abklingen kann. An den Widerständen, die den einzelnen Wärmeelementen des Wärmeauslösers vorgeschaltet sind, kann die Verzögerungszeit für jeden Motor verschieden eingestellt werden. Die unverzögerte Auslösung ist so hoch wählbar, daß der Anlaufstrom kein Ansprechen zur Folge hat.

Neben der geschilderten Überstromauslösung kann der Schalter noch einen Spannungsauslöser *h* für Ruhe oder Arbeitsstrom erhalten.

Weiteres über Mehrmotoren-Schutzschalter siehe SSW-Druckschrift „Selbstschalter R 910 und H 910". Überstromauslöser der AEG siehe Preisliste D—Kr 2, Teil I „Drehstrom-Steuergeräte für Hebezeuge und Transportmaschinen".

V. Schaltanlage.

Die früher verwendeten offenen Schalttafeln mit einer Marmor- oder anderen Isolierplatte waren den starken Erschütterungen des meist rauhen Kranbetriebes nicht gewachsen. Auch waren sie infolge des mangelhaften Schutzes von Schalthebel und Sicherungen gegen Berührung in dem engen Führerhaus, sowie gegen Schmutz und Feuchtigkeit, wenig geeignet.

Man verwendet daher in neuerer Zeit allgemein eiserne Kranschaltkästen, in denen der Haupt- und Selbstschutzschalter, die Überstromauslöser und sonstige Schaltteile, sowie Strom- und Spannungszeiger untergebracht sind. Die Türen der Schaltkästen dichten derart ab, daß die empfindlichen Schaltteile gegen Staub und Feuchtigkeit gesichert sind.

Der Mehrmotoren-Schutzschalter Abb. 439 hat 2 Kästen, die miteinander verbunden sind. Außer dem am Oberkasten befindlichen Handhebel zum Wiedereinrücken des Haupt- und Selbstschalters haben die Kästen keine hervorstehenden Teile. Die Stellung des Schalters („Ein" oder „Aus") ist an einem kleinen Fenster der Türe durch *E* bzw. *A* kenntlich gemacht. Auf dem Oberkasten ist noch ein Gehäuse befestigt, in dem Strom- und Spannungszeiger untergebracht sind.

Schleifleitungen und Stromabnehmer siehe Abschnitt „Laufkrane", Ringschleifkontakte Abschnitt „Drehkrane".

Literatur.

Adler u. Schiebeler: Die Leistungsbewertung der Motoren für aussetzende Betriebe. ETZ 1920, Nr. 25 u. 26.
Behne: Zweimotorensteuerung für Selbstgreifer. Bergmann-Mitt. 1925, S. 208.
Engel: Elektrische Ausrüstungen für Hebezeuge und Transportanlagen im Gaswerk. AEG-Mitteilungen 1929, S. 249.
— Steuerungen für Greiferhubwerke. AEG-Mitteilungen 1928, S. 369.
Frisch: Die neuen oberflächengekühlten Drehstrommotoren für Walzwerkhilfs- und Kranbetriebe. Siemens-Zeitschrift 1930, Heft 12.

In neuester Zeit geht das Streben dahin, auch aussetzend arbeitende Betriebe immer stärker auszunutzen und durch zweckmäßige Anordnung der Arbeitsmaschine den nicht ausgenutzten Teil des Arbeitsspieles möglichst abzukürzen. Die Motoren werden daher neuerdings für eine größere ED verlangt als bisher. Bei der 1923 festgelegten normalen Einschaltdauer von 15, 25 und 40% war der Hauptnormwert 25% (siehe S. 160 und 165).

Heute kommen 15% ED nur noch selten vor. Als häufigster Wert sind jetzt 40% ED anzusehen. Auch erheblich größere ED wird immer mehr verlangt (für Stripperkrane sind z. B. 70 bis 75% ED fast normal geworden), so daß die Forderung nach geschlossenen Hebezeugmotoren für größere ED als 50% immer dringlicher wurde.

Dieser Forderung haben die SSW durch ihren neuen LOR-Hebezeugmotor mit Oberflächenkühlung Rechnung getragen. Die LOR-Motoren sind Sondermotoren, die auch den Anforderungen sehr rauher Betriebe vollständig genügen. Sie sind um etwa 20% leichter als die bisherigen DH-Motoren gleicher Leistung (Abb. 395, S. 166). Auch ist ihr Schwungmoment erheblich kleiner als das der DH-Motoren.

Gewecke: Die neuen untersynchronen Drehstrombremsschaltungen für Hebezeuge. Siemens-Zeitschrift 1929, S. 565.
— Ein vereinfachtes Verfahren zur Bestimmung der Motorgröße bei Hebezeugtriebwerken. Fördertechn. 1931, S. 1.
Hänchen: Die elektrische Ausrüstung der Krane. Helios 1923, S. 105.
— Steuervorrichtungen und Schaltkästen für elektrisch betriebene Krane. Helios 1924, S. 21.
Huth: Der Elektromotor als Antriebsmittel für Hebezeuge und die Ermittelung der erforderlichen Leistung. Prakt. Masch.-Konstr. 1926, S. 198.
Meyer: Neuerungen im elektrischen Antrieb von Hebezeugen. Z. V. d. I. 1919, S. 617.
Michenfelder: Fortschritte der Elektrizität in der Fördertechnik. ETZ 1928, Nr. 42.
Richter: Berechnung der Kranmotoren für aussetzenden Betrieb. Z. V. d. I., 24. III. 1928.
Rothe: Steuerungen für Greiferwinden. (SSW-Broschüre).
Schiebeler: Derimotor oder Drehstrom-Asynchronmotor für Kranhubwerke? Fördertechn. Bd. 19, S. 273.
— Drehstrom-Asynchronmotoren für Kranhubwerke. Fördertechn. 1926, H. 18 u. 25.
— Elektrische Ausrüstung von Hebezeugen und Transportmaschinen in Hüttenwerken. Stahleisen 1919, Nr. 6.
— Neuerungen bei elektrischen Ausrüstungen von Gießereikranen. Die Gießerei 1930, Heft 8.
Unold: Elektrische Kranschaltungen. Prakt. Masch.-Konstr. 1927, Nr. 18.
Weiler: Regelung und Strombedarf bei Kran- und Hubwerkschaltungen für Gleichstrom-Hauptstrommotoren. Fördertechn. 15. IV. 1927.
— Wahl der elektrischen Steuergeräte, Widerstandsgeräte und Bremslüfter bei aussetzendem Betrieb. Z. V. d. I. 1928, S. 511.
AEG-Feinregelung durch Tippschaltung für Montage-, Gießerei- und Nietkrane. Stahleisen 1930, S. 53.
AEG-Schnellhubschaltungen für Gleichstrom- und Drehstrom-Krane. Stahleisen 24. XII. 1931 (Anz.-S. 29).
Steuerungen für Greiferhubwerke (AEG). Fördertechn. 1929, S. 30.
Über Magnetbremslüfter (auf Grund von Versuchen entwickelte neue Bauart eines Bremslüfters der Firma Brown, Boveri & Co., A.-G., Mannheim). Fördertechn. 1931, S. 300.

D. Winden.

I. Ortsfeste und tragbare Winden.

a) Zahnstangenwinden.

Anwendung zu Montagezwecken, zur Ausrüstung von Lokomotiven, als Wagenwinden u. dgl.

Bei den Zahnstangenwinden (Abb. 440) ruht die Last mittels eines drehbaren Horns auf der im Gehäuse geführten Zahnstange oder auf einer, am Fuß der Zahnstange angeordneten Pratze (Abb. 447, S. 188). Diese darf jedoch der exzentrischen Beanspruchung wegen nur mit der Hälfte der Tragkraft belastet werden.

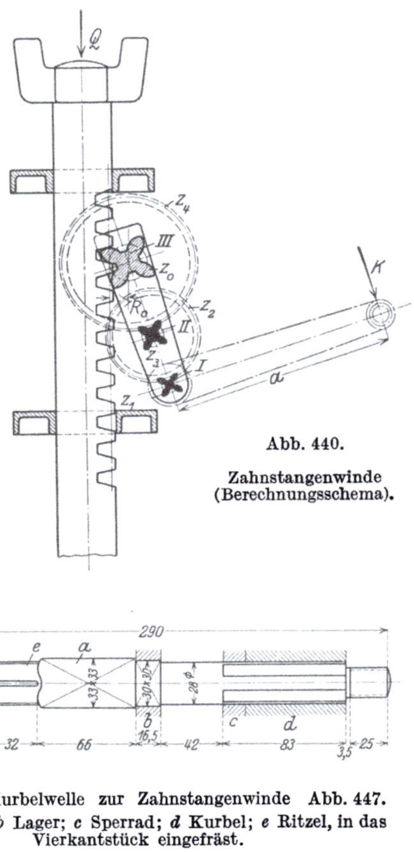

Abb. 440. Zahnstangenwinde (Berechnungsschema).

Antrieb allgemein durch eine Handkurbel, die mit ein oder zwei Stirnrädervorgelegen auf den mit der Zahnstange kämmenden Triebling arbeitet. Zum Festhalten der Last in der jeweiligen Höhenlage dient ein Sperrwerk, dessen Klinke beim Senken der Last ausgelöst wird.

Herstellung der Zahnstangenwinden (Lokomotivwinden) für Tragkräfte von 2 bis 25 t. Hubhöhe (je nach Tragkraft): 300 bis 400 mm. Gewicht je nach Tragkraft und Ausführung: 30 bis 130 kg.

Berechnung (Abb. 440). Wegen der Tragbarkeit der Zahnstangenwinden sind gedrängter Bau und geringes Gewicht Hauptbedingung. Die Zähne des Zahnstangentrieblings und der Vorgelegeritzel werden daher unmittelbar in die Wellen eingeschnitten und erhalten die kleinst zulässige Zähnezahl ${}_{\min}z = 4$ (Abb. 441).

Damit die Winden möglichst leicht ausfallen, werden die Getriebe sehr hoch beansprucht und aus Stahl von großer Festigkeit hergestellt.

1. Zahnstangen-Triebling. Werkstoff: St 70 · 11 oder leg. Einsatzstahl (s. S. 9). Verhältnis von Zahnbreite zu Teilung: $\psi = b/t = 1{,}0$ bis $1{,}3$.

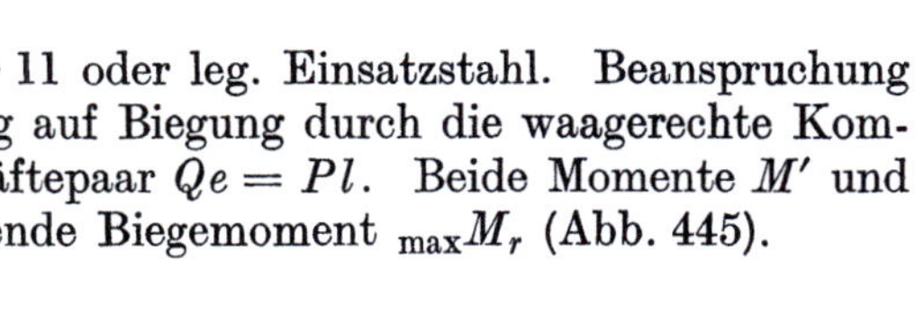

Abb. 441. Kurbelwelle zur Zahnstangenwinde Abb. 447. *a* Vierkant; *b* Lager; *c* Sperrad; *d* Kurbel; *e* Ritzel, in das Vierkantstück eingefräst.

Da die Zähne in Vierkantstahl eingefräßt werden (Verzahnung s. Abb. 162 und 163, S. 70) und durch das seitlich stehenbleibende Material versteift werden (Abb. 441), so kann man verhältnismäßig hohe Beanspruchungen zulassen. $c = 150$ bis $210\ \text{kg/cm}^2$, entsprechend: $\sigma_{zul} = 2500$ bis $3500\ \text{kg/cm}^2$.

2. Zahnstange (Abb. 442). Werkstoff: St 70 · 11 oder leg. Einsatzstahl. Beanspruchung auf Druck durch die Höchstlast Q. Beanspruchung auf Biegung durch die waagerechte Komponente P' des Zahndruckes P_z und durch das Kräftepaar $Qe = Pl$. Beide Momente M' und M_1'' (Abb. 443 und 444) ergeben das größte resultierende Biegemoment ${}_{\max}M_r$ (Abb. 445).

Größte resultierende Spannung (Abb. 446):

$$\sigma_r = -\sigma - \sigma' = -\frac{Q}{b \cdot h} - \frac{{}_{\max}M_r}{\frac{b h^2}{6}} \ldots \text{kg/cm}^2. \qquad (179)$$

$\sigma_{zul} = 2200$ bis $3000\ \text{kg/cm}^2$. Ferner ist der gefährliche Querschnitt der mit $Q/2$ belasteten Tragpratze (Abb. 447, S. 188) auf exzentrischen Zug nachzurechnen.

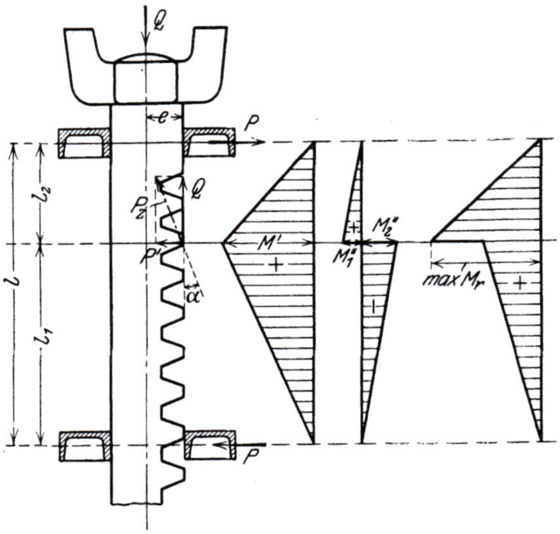

Abb. 442 bis 445. Berechnung der Zahnstange.

3. Erforderliche Übersetzung. Bezeichnen $Q \cdot R_0$ das Lastmoment (Moment des Zahnstangentrieblings) in kgcm, K den Kurbeldruck in kg, a den Kurbelhalbmesser in cm und η den Wirkungsgrad der Winde, so ist die Übersetzung:

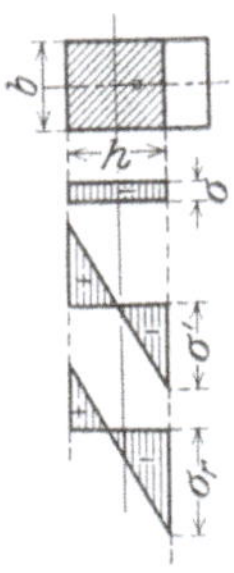

Abb. 446.

$$i = \frac{\eta \cdot K \cdot a}{Q \cdot R_0} = \frac{z_1}{z_2} \cdot \frac{z_3}{z_4}. \qquad (180)$$

Der Kurbeldruck wird bei der kurzen Hubhöhe zu $K = 20$ bis 30 kg angenommen. Kurbelhalbmesser: $a = 250$ bis 300 mm. Wirkungsgrad $\eta \approx 0{,}70$.

4. Vorgelege. Zähnezahl der Trieblinge $z_1 = z_3 = 4$. Zulässige Zahnbeanspruchung (St 70 · 11 bzw. leg. Einsatzstahl) $c = 130$ bis 180, entsprechend. $\sigma_{zul} = 2200$ bis $3000\ \text{kg/cm}^2$.

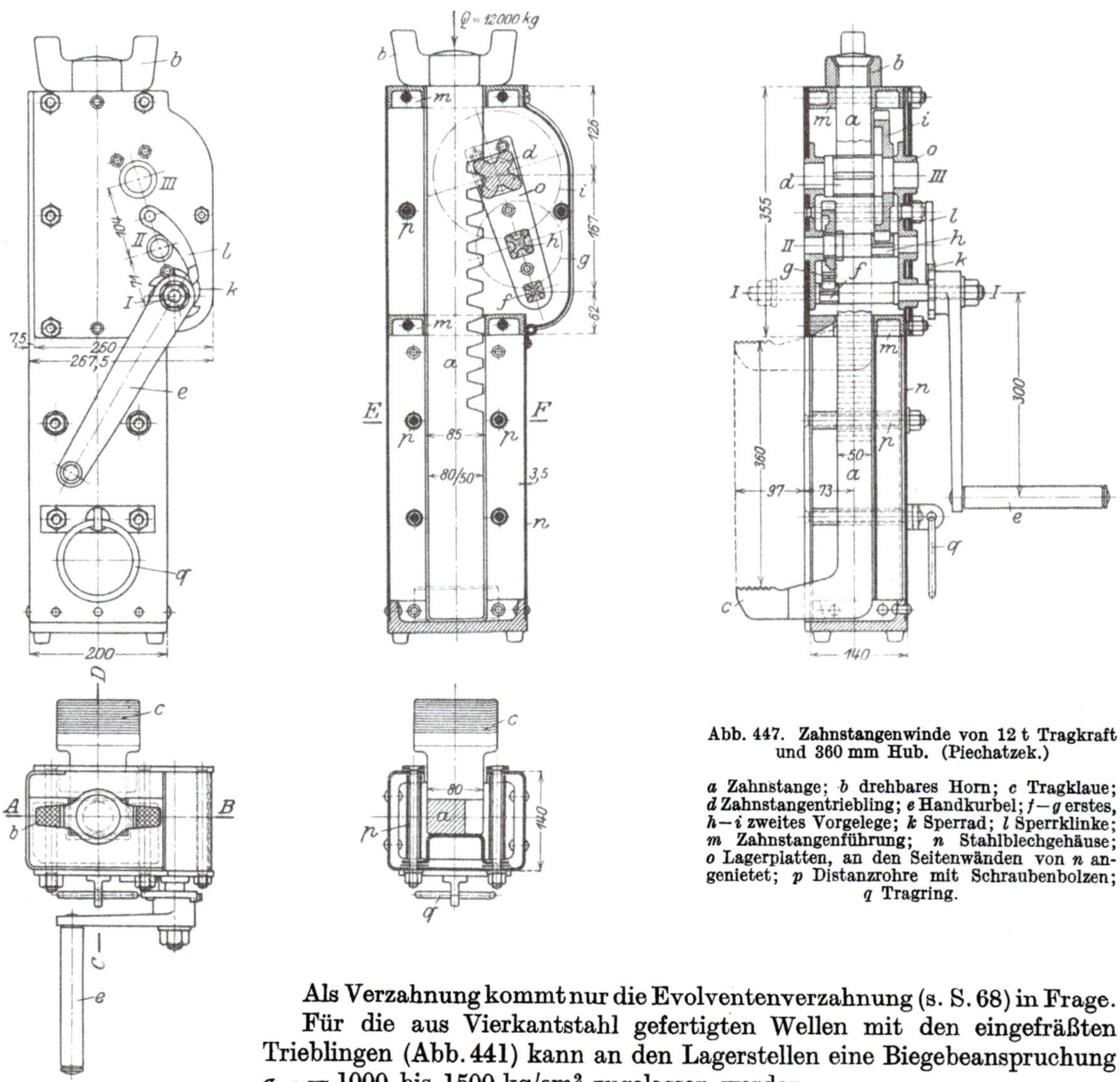

Abb. 447. Zahnstangenwinde von 12 t Tragkraft und 360 mm Hub. (Piechatzek.)

a Zahnstange; *b* drehbares Horn; *c* Tragklaue; *d* Zahnstangentriebling; *e* Handkurbel; *f*—*g* erstes, *h*—*i* zweites Vorgelege; *k* Sperrad; *l* Sperrklinke; *m* Zahnstangenführung; *n* Stahlblechgehäuse; *o* Lagerplatten, an den Seitenwänden von *n* angenietet; *p* Distanzrohre mit Schraubenbolzen; *q* Tragring.

Als Verzahnung kommt nur die Evolventenverzahnung (s. S. 68) in Frage. Für die aus Vierkantstahl gefertigten Wellen mit den eingefräßten Trieblingen (Abb. 441) kann an den Lagerstellen eine Biegebeanspruchung $\sigma_{zul} = 1000$ bis $1500\ \text{kg/cm}^2$ zugelassen werden.

Verdrehungsbeanspruchung: $\tau_{zul} = 600$ bis 800 kg/cm^2. Zulässiger Flächendruck in den Lagern: $\sigma_{zul} = 200$ bis 300 kg/cm^2.

Die von den Herstellerfirmen angegebene Gesamtübersetzung der Zahnstangenwinden ist (Abb. 440):

$$i = \frac{R_0}{a} \cdot \frac{z_1}{z_2} \cdot \frac{z_3}{z_4} = \frac{1}{x}. \tag{181}$$

Ausführung. Die sog. Lokomotivwinden (Abb. 447) werden mit Stahlblechmantel hergestellt. Alle der Reibung ausgesetzten Teile, wie die Räder und Wellen, werden im Einsatz gehärtet.

Durch zweifache Ausführung des mittleren Vorgeleges und die Anordnung zweier mit der Zahnstange kämmender Trieblinge (Abb. 448) wird eine erhöhte Sicherheit gegen Bruch der Zähne und ein leichter stoßfreier Gang des Windwerks erreicht. Die Last wird bei den Zahnstangenwinden bei ausgerückter Sperrklinke und durch Zurückdrehen der Kurbel gesenkt. Die Winden werden auch mit Sicherheitskurbeln (siehe S. 132) geliefert.

Zahnstangenwinden mit einem selbsthemmenden Schnekkengetriebe als erstes Vorgelege bieten vollkommen sicheres Senken der Last durch Zurückkurbeln, haben jedoch einen schlechten Wirkungsgrad.

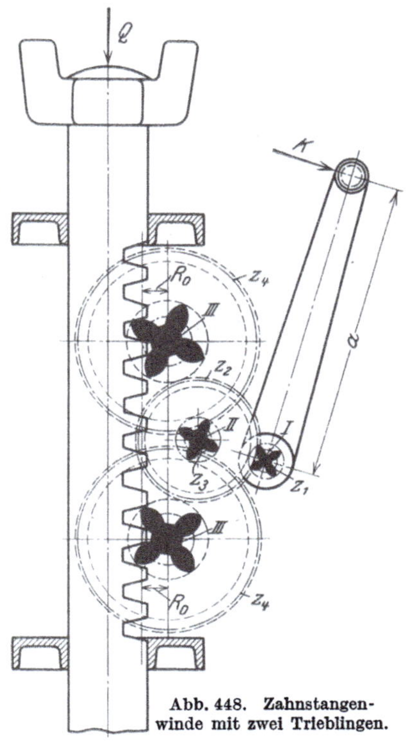

Abb. 448. Zahnstangenwinde mit zwei Trieblingen.

b) Schraubenwinden.

Anwendung als Nietwinden, Montagewinden und als Senkschrauben für Lehrgerüste.

Tragkraft der normalen Schraubenwinden: 2 bis 25 t. Hubhöhe: 100 bis 300 mm. Gewicht je nach Tragkraft und Ausführung: 5 bis 50 kg.

Antrieb der Schraubenspindel durch Handhebel oder Ratsche. Siehe S. 64, Antriebsmittel für Handbetrieb.

Die Last ruht bei den Schraubenwinden (Abb. 449) auf dem am Spindelkopf angeordneten drehbaren Horn. Die Spindelmutter ist im Gehäuseoberteil eingesetzt, oder das Muttergewinde ist unmittelbar in den Gehäusekörper eingeschnitten. Damit die Last in jeder Höhenlage ohne Anwendung eines Sperrwerks stehen bleibt, muß das eingängige Schraubengewinde selbsthemmend sein.

Der Wirkungsgrad der Schraubenwinden beträgt daher nur 30 und 40%. Den Zahnstangenwinden gegenüber sind die Schraubenwinden in der Herstellung billiger, haben jedoch geringere Lastgeschwindigkeit. Sie werden daher weniger zum Heben und Senken von Lasten als zum Abstützen derselben verwendet.

Berechnung. Mit Bezug auf Abb. 449 bezeichnen: d den äußeren, d_0 den inneren Gewindedurchmesser der Spindel, r_m den mittleren Gewindehalbmesser, s die (Steigung) Ganghöhe der Spindel in cm, α den mittleren Steigungswinkel in Grad, $\operatorname{tg}\alpha = \frac{s}{2 r_m \pi}$ die Tangente des Steigungswinkels, ϱ den Reibungswinkel, $\mu = \operatorname{tg}\varrho$ die Reibungszahl zwischen Spindel und Mutter, P_0 die ideelle und P die wirkliche, am Halbmesser r_m gemessene Antriebskraft.

Die am Handhebel bzw. an der Ratsche erforderliche Antriebskraft ist, wenn a die Hebelarmlänge bedeutet:

$$K = P \cdot \frac{r_m}{a}. \tag{182}$$

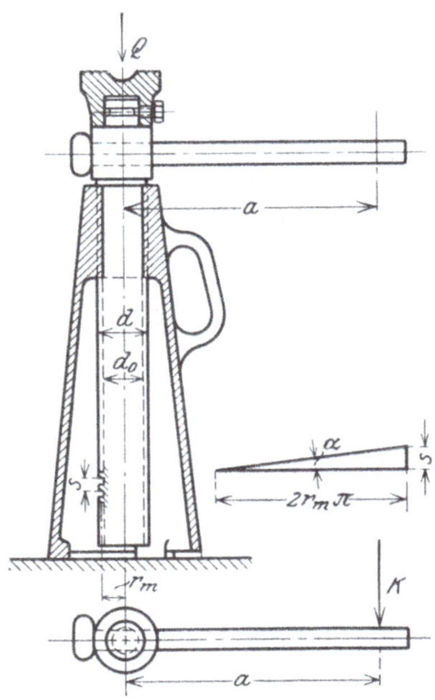

Abb. 449. Schraubenwinde (Berechnungsschema).

Ohne Berücksichtigung der Spurreibung zwischen dem drehbaren Horn und der Spindel ist die am Halbmesser r_m gemessene Antriebskraft:

$$P_0 = Q \cdot \operatorname{tg}\alpha; \quad P = Q \cdot \operatorname{tg}(\alpha \pm \varrho). \tag{183}$$

Das $+$-Zeichen gilt für das Heben, das $-$-Zeichen für das Senken der Last.

Die Bedingung der Selbsthemmung gegen ungewolltes Senken erfordert:

$$\alpha \leq \varrho .$$

Für $\mu = \operatorname{tg}\varrho \approx 0{,}1$ wird $\varrho \approx 6°$, daher $\alpha \approx 4$ bis $5°$.

Das zum Lastheben erforderliche Antriebmoment ist ohne Berücksichtigung der Spurreibung:

$$M_a = K \cdot a = Q \cdot r_m \cdot \operatorname{tg}(\alpha + \varrho) \ldots \text{kgcm}. \tag{184a}$$

Bezeichnen $\mathfrak{r}$ den mittleren Halbmesser der ringförmigen Spurfläche und μ_1 die Reibungszahl zwischen Horn und Spindel, so ist das Antriebmoment mit Berücksichtigung der Spurreibung:

$$M_a = K \cdot a = Q \cdot [r_m \cdot \operatorname{tg}(\alpha + \varrho) + \mu_1 \cdot \mathfrak{r}]. \tag{184b}$$

Nach Annahme der Hebellänge a wird die erforderliche Antriebkraft:

$$K = Q \cdot \frac{r_m}{a} \cdot \operatorname{tg}(\alpha + \varrho) \quad \text{bzw.} \quad K = \frac{Q}{a} \cdot [r_m \cdot \operatorname{tg}(\alpha + \varrho) + \mu_1 \cdot \mathfrak{r}] \ldots \text{kgcm}. \tag{185}$$

Der Wirkungsgrad beim Heben ist ohne Berücksichtigung der Spurreibung:

$$\eta = \frac{P_0}{P} = \frac{\operatorname{tg}\alpha}{\operatorname{tg}(\alpha + \varrho)}. \tag{186a}$$

Mit Berücksichtigung der Spurreibung wird:

$$\eta = \frac{\operatorname{tg}\alpha}{\operatorname{tg}(\alpha + \varrho) + \frac{\mu_1 \cdot \mathfrak{r}}{r_m}}. \tag{186b}$$

1. Schraubenspindel. Werkstoff: St 50 · 11. Gewinde: Genormtes Trapez- oder Sägengewinde.

Die Spindel wird auf Druck und Verdrehung beansprucht.

$$\left.\begin{aligned} &\text{Druckbeanspruchung:} && \sigma = \frac{Q}{d_0^2 \cdot \pi/4} \ldots \text{kg/cm}^2, \\ &\text{Drehbeanspruchung:} && \tau = \frac{M_a}{W_p} = \frac{K \cdot a}{\pi/16 \cdot d_0^3} \ldots \text{kg/cm}^2. \end{aligned}\right\} \tag{187}$$

Hierbei bezeichnet W_p das polare Widerstandsmoment des Kernquerschnittes in cm^3.

Reduzierte Spannung (nach der Schubspannungstheorie):

$$\sigma_r = \sqrt{\sigma^2 + 4(\alpha_0 \tau)^2} \ldots \text{kg/cm}^2. \tag{188}$$

Zulässige Druckbeanspruchung: $\sigma_{zul} = 800$ bis $1000\ \text{kg/cm}^2$,
Zulässige Drehbeanspruchung: $\tau_{zul} \approx 600\ \text{kg/cm}^2$.

Anstrengungsverhältnis: $\alpha_0 = \dfrac{\sigma_{zul}}{1{,}3 \cdot \tau_{zul}}$.

Bei größerer Spindellänge ist nachzuprüfen, ob die Beanspruchung auf Knickung nicht eine stärkere Bemessung der Spindel erfordert. Knicksicherheitsgrad: $\nu \approx 4$ bis 6.

2. Gehäuse und Mutter. Es wird je nach der Bauart aus Gußeisen, Temperguß oder Stahlguß gefertigt. Das Muttergewinde wird entweder unmittelbar in den Gehäusekörper eingeschnitten, oder die Mutter wird aus Rotguß (Rg 9) hergetellt und in den Gehäusekörper eingesetzt.

Zulässiger Flächendruck:

Stahl auf Gußeisen (Ge 22 · 91): $\sigma_{zul} = 40$ bis 60 im Mittel $50\ \text{kg/cm}^2$,
Stahl auf Rotguß (Rg 9): $\sigma_{zul} = 80$ bis 120 im Mittel $100\ \text{kg/cm}^2$.

Eine Festigkeitsprüfung des Gehäusekörpers ist meist nicht erforderlich, da die Abmessungen in Rücksicht auf die Herstellung genügend groß ausfallen.

Das aus Stahl geschmiedete drehbare Horn muß eine genügend große Auflagerfläche am Spindelkopf haben, da sonst an der Reibfläche ein zu starker Verschleiß auftritt.

Zulässiger Flächendruck (Stahl auf Stahl) $\sigma \approx 100\ \text{kg/cm}^2$.

Ausführung. Trapez- und Sägengewinde (Abb. 16 und 17, S. 18) werden in neuerer Zeit dem Flachgewinde (Abb. 449) allgemein vorgezogen, da sich dieses nicht fräsen läßt. Das auf der Spindel drehbar sitzende Horn wird durch eine Stellschraube, die in eine Rille der Spindel eingreift, gehalten.

Bei Antrieb der Spindel durch einen Handhebel ist der Spindelkopf kreuzweise durchbohrt. Der Antrieb durch eine Ratsche ist teurer, ermöglicht jedoch bequemere Bedienung der Winde.

Für den Gehäusekörper ist besonders bei Winden mit größerer Tragkraft eine genügend große Fußfläche wesentlich. In Rücksicht auf die Tragbarkeit erhält er einen angegossenen Handgriff.

Damit die Spindel in unbelastetem Zustand schnell herausgeschraubt werden kann, werden Mutter und Gehäuse auch getrennt voneinander ausgeführt. Die Mutter erhält dann zum Drehen zwei Handgriffe. Ist die Spindel in die gewünschte Höhe gebracht, so wird die Mutter durch einen in den Windenkörper eingreifenden Vorsteckbolzen festgestellt[1].

Als Bauschrauben, zur Montage eiserner Brücken und sonstiger Stahlkonstruktionen sowie zur Aufstellung von Lehrgerüsten für Betonbauten sind behördlicherseits breitfüßige Winden vorgeschrieben. Diese werden für Tragkräfte von 12 bis 35 t und für Hubhöhen von 190 bis 320 mm hergestellt (Pützer-Defries, Düsseldorf).

Schrauben-Schlittenwinden (Abb. 450) erteilen der Last außer der Hub- und Senkbewegung noch eine waagerechte Verschiebung, die je nach Tragkraft der Winde (5 bis 20 t) 180 bis 300 mm beträgt.

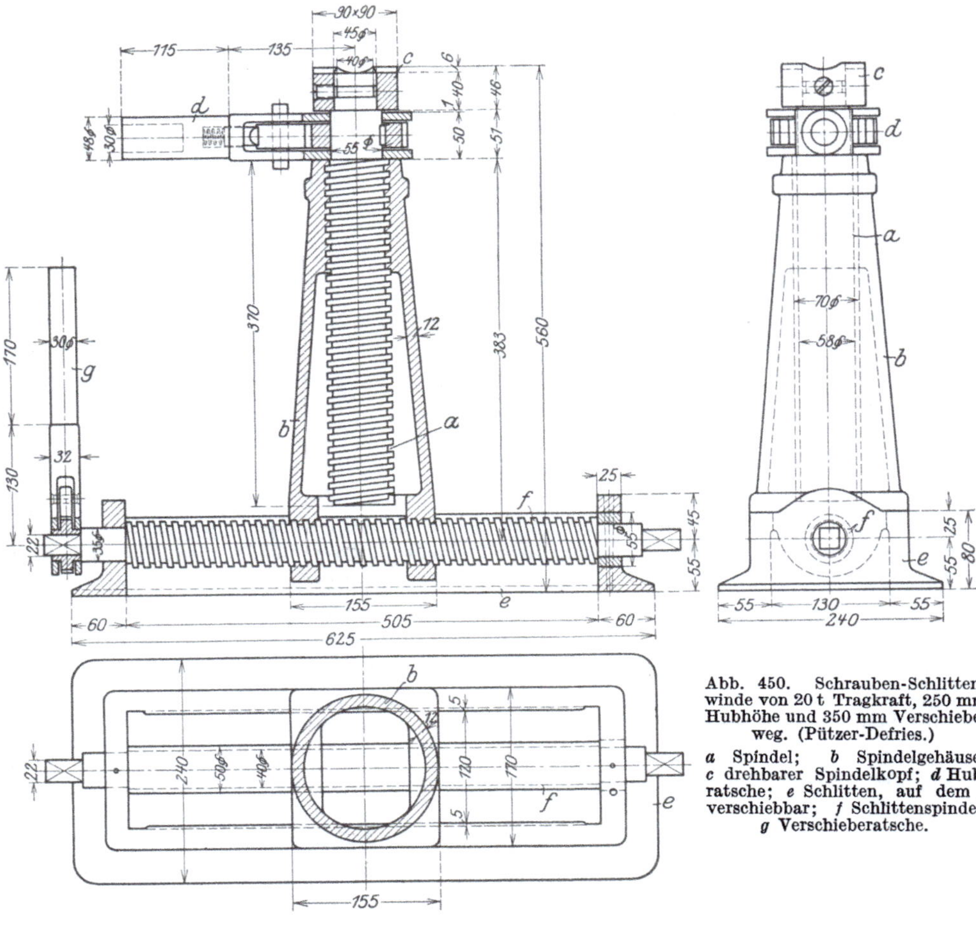

Abb. 450. Schrauben-Schlittenwinde von 20 t Tragkraft, 250 mm Hubhöhe und 350 mm Verschiebeweg. (Pützer-Defries.)

a Spindel; *b* Spindelgehäuse; *c* drehbarer Spindelkopf; *d* Hubratsche; *e* Schlitten, auf dem *b* verschiebbar; *f* Schlittenspindel; *g* Verschieberatsche.

Der Windenkörper sitzt mit seinem entsprechend ausgebildeten Unterteil auf einem Schlitten und wird durch eine im Schlitten gelagerte Spindel mittels einer einfachen Ratsche nach Art von Abb. 153, S. 64, verschoben. Hierbei muß der der Bewegung entgegenwirkende Reibungswiderstand

$$W_r = Q \cdot \mu \ldots \text{kg} \tag{189}$$

überwunden werden. Trotz Bearbeitung und Schmierung der Gleitflächen nimmt man die Reibungszahl mit $\mu = 0{,}2$ bis $0{,}3$ verhältnismäßig hoch an.

Bezeichnen r_m den mittleren Gewindehalbmesser und a die Länge des Ratschenhebels, so ist unter Vernachlässigung der Spurreibung der Spindel die erforderliche Antriebskraft zum Verschieben der Vollast:

$$K \approx W_r \cdot \frac{r_m}{a} \cdot \operatorname{tg}(\alpha + \varrho) \ldots \text{kg}. \tag{190}$$

Die Verschiebespindel erhält, da Selbsthemmung nicht erforderlich ist, eine größere Steigung als die Hubspindel. Sie ist ebenso wie diese auf zusammengesetzte Festigkeit zu berechnen.

[1] Fried. Krupp A.-G., Grusonwerk, Magdeburg.

c) Lokomotivhebeböcke.

Die Lokomotivhebeböcke werden im Eisenbahnbetriebe als Hebemittel beim Instandsetzen von Lokomotiven, Tendern und Wagen verwendet.

Sie sind Schraubenwinden mit 1200 bis 2200 mm Hubhöhe und werden für Tragkräfte bis 100 t je Satz hergestellt. Zu einem vollständigen Satz (Abb. 451) gehören vier Einzelböcke, die paarweise am vorderen bzw. hinteren Lokomotivende aufgestellt und durch je einen Tragbalken miteinander verbunden werden. Diese Tragbalken liegen auf den senkrecht geführten Muttern der Hebeböcke auf, bewegen sich bei entsprechendem Drehsinn der Spindeln nach oben und tragen die Lokomotive am vorderen bzw. hinteren Rahmenende (Abb. 451). Spannweite der Tragbalken bzw. Spindelmittenentfernung eines Bockpaares: 2500 bis 4000 mm. Herstellung der Tragbalken aus I-Eisen mit angenieteten oder angeschweißten Gabeln. Erhöhung der Tragfähigkeit der I-Eisen durch aufgenietete Gurtplatten (Abb. 452).

Abb. 451. Lokomotivhebeböcke mit Antrieb durch einen fahrbaren Elektromotor. (Krupp, Essen.)

1. Von Hand betriebene Lokomotivhebeböcke.

Bei Handantrieb erhält jeder Hebebock zwei Kurbeln, die ein- oder zweimännig sind.

Abb. 452 zeigt die Ausführung eines Lokomotivhebebocks mit Handantrieb von 15 t Tragkraft und 2100 mm Hubhöhe. Die Schraubenspindel ist in einem unteren Längs- und Querlager und einem oberen Querlager drehbar. Als Übersetzung zwischen Kurbelwelle und Spindel dienen ein Kegelrädergetriebe und ein Stirnrädervorgelege, dessen großes Rad auf der Spindel aufgekeilt ist. Die die Last tragende Spindelmutter ist im Bockgestell senkrecht geführt und daher auf- und abbewegbar. Höhe der in Gußeisen (Ge 22 · 91) gehaltenen Spindelmutter: 250 mm.

Halbmesser der einmännigen Kurbeln: 350 mm. Sämtliche Zahnräder haben gefräste Zähne.

Die Spindeln der Lokomotivhebeböcke werden bei der Ausführung Abb. 452 auf Druck und Verdrehung beansprucht und sind für die höchste Mutterstellung noch auf Knickung ($\nu \approx 4$ bis 6) zu berechnen. Günstiger hinsichtlich der Spindelbeanspruchung ist die Anordnung mit oben liegendem Stirnrädergetriebe und obenliegendem Querlager. Die Spindel wird dann nur auf Zug und Verdrehung beansprucht.

Um eine bessere Druckverteilung des belasteten Tragbalkens auf die Spindelmutter zu erzielen, läßt man den Tragbalken nicht unmittelbar auf der Mutter, sondern auf einer kugelig einstellbaren Platte aufsitzen (Abb. 453, S. 194).

2. Elektrisch betriebene Hebeböcke

arbeiten um ein Vielfaches schneller als die von Hand betriebenen. Zu ihrer Bedienung sind nur ein oder zwei Mann erforderlich.

Ausführung des Antriebs derart, daß alle vier Hebeböcke von einem fahrbaren Motor aus angetrieben werden (Abb. 451) oder jeder Hebebock erhält einen besonderen Motor. Die Motoren je zweier, durch einen Tragbalken miteinander verbundener Hebeböcke werden dann durch eine gemeinsame Steuerwalze angelassen.

Die Lokomotivhebeböcke, Bauart Kutruff (Abb. 454, S. 194), sind dadurch gekennzeichnet, daß sie nicht mit Tragbalken, sondern mit Tragklauen arbeiten, die durch vordere und hintere Druckrollen am Hebebock geführt sind und durch Spindeln auf- und abbewegt werden.

Die Tragklauen haben entweder feste oder veränderliche Ausladung.

Der auf Abb. 454 dargestellte elektrisch betriebene Hebebock Bauart Kutruff ist auf drei Rollen fahrbar. Diese Rollen sind derart exzentrisch gelagert, daß sich der Bock bei Drehen der Rollenachsen im einen Sinne auf den Fußboden aufsetzt und im anderen angehoben wird. Tragkraft des Hebebockes: 10 t. Hubhöhe: 1000 mm. Kleinste bzw. größte Ausladung der Tragklauen: 400 bzw. 600 mm.

Hubgeschwindigkeit: 0,2 m/min. Motor: 2,2 PS bei 945 Uml/min.

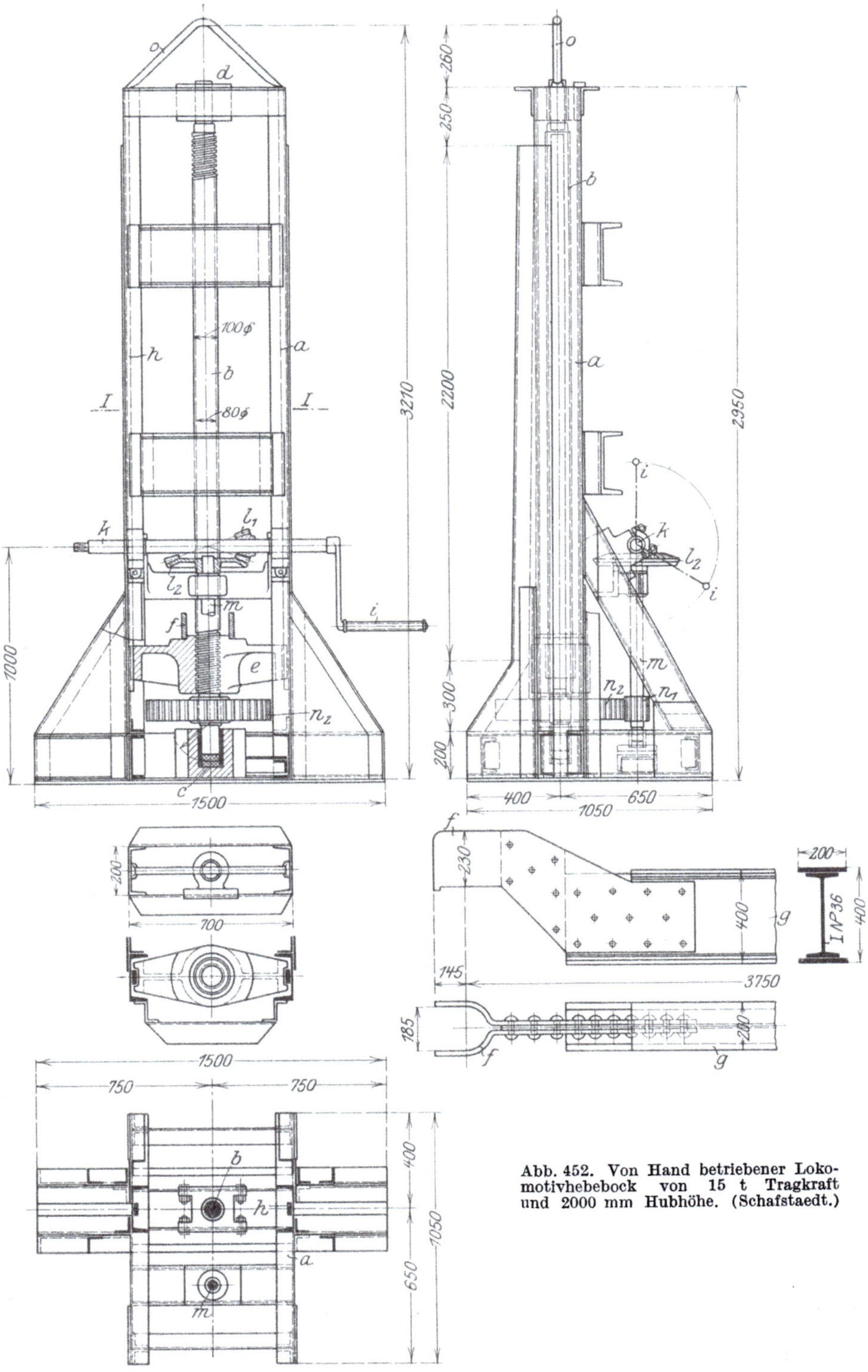

Abb. 452. Von Hand betriebener Lokomotivhebebock von 15 t Tragkraft und 2000 mm Hubhöhe. (Schafstaedt.)

a Ständer; *b* Schraubenspindel; *c* unteres Längs- und Querlager; *d* oberes Querlager zu *b*; *e* Spindelmutter, auf der die Gabel *f* des Tragbalkens *g* aufsitzt; *h* Mutterführung am Ständer; *i* Handkurbel; *k* Kurbelwelle; l_1/l_2 Kegelrädergetriebe; *m* senkrechte Getriebewelle; n_1-n_2 Stirnrädergetriebe, dessen Rad n_2 auf der Spindel aufgekeilt.

Übersetzung zwischen Motor und Spindel: Stirnrädervorgelege, Kettentrieb und Schneckengetriebe. Außen- und Innendurchmesser der Spindel 80 bzw. 64 mm.

Die vier Motoren eines Hebebocksatzes werden von einem Bock aus gesteuert. Am Fuße dieses Bockes sind zwei Steuerwalzen angebaut, von denen die eine zum gleichzeitigen Ingangsetzen aller vier Motoren dient und für eine Steuerleistung von 10 PS bemessen ist. Durch die andere Steuerwalze kann jeder Motor wechselweise angelassen oder abgeschaltet werden.

Die Lokomotivhebeböcke werden gegenwärtig nur noch in weniger leistungsfähigen Werkstätten mit kleiner Hallenhöhe benutzt. In neuzeitigen Instandsetzungswerkstätten werden besondere Laufkrane verwendet. Siehe Abschnitt „Krane“ (Eisenbahnkrane).

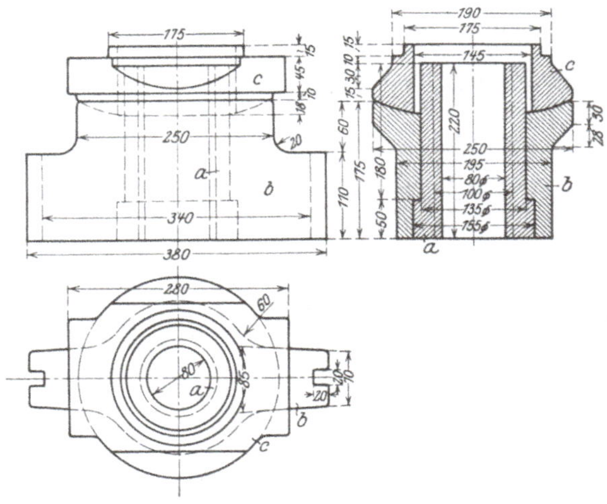

Abb. 453. Spindelmutter mit balliger Einstellscheibe. (Schafstaedt.)
a Rotgußbüchse, in die Spindelmutter *b* eingepreßt; *c* ballige Druckscheibe für die Tragbalkengabel.

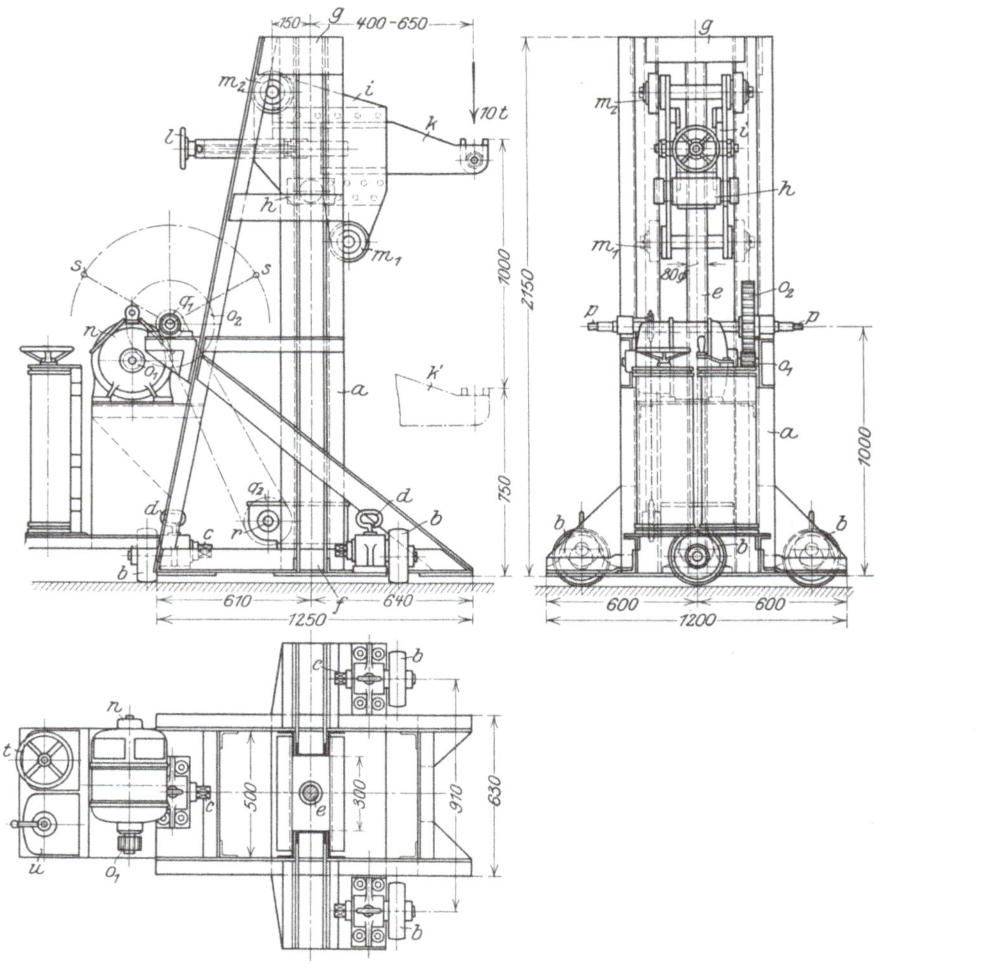

Abb. 454. Elektrisch betriebener Hebebock Bauart Kutruff. Tragkraft: 10 t; Hubhöhe: 1000 mm. (Schafstaedt.)
a Ständer; *b* Rollen zum Fahren des Hebebockes, an *a* exzentrisch gelagert; *c* Vierkant der Exzenterwelle zum Einstellen der Rollen bzw. Absetzen des Ständers auf den Fußboden; *d* Schraube zum Feststellen der Exzenterwelle; *e* Schraubenspindel; *f* unteres, *g* oberes Spindellager; *h* Spindelmutter; *i* Tragklauenwagen, auf den beiderseitigen Zapfen von *h* ruhend; *k* Tragklaue, deren Ausladung mittels Handrad *l* und Spindel verstellbar; m_1-m_2 Druckrollen, das Tragklauenmoment auf den Ständer übertragend; *n* Motor; o_1-o_2 Motorvorgelege, auf die Welle *p* arbeitend; q_1-q_2 Kettentrieb; *r* Schneckengetriebe, dessen Schneckenrad auf der Hubspindel *e* aufgekeilt; *s* Kurbeln, die bei Handantrieb (Reserve) auf die Welle *p* aufgesteckt werden; *t* Steuerwalze zum gleichzeitigen Steuern aller vier Motoren; *u* Steuerwalze zum wahlweisen Steuern der Motoren.

d) Druckwasserhebezeuge.

Anwendung. Die Druckwasserhebeböcke (hydraulische Hebeböcke) werden zum Heben und Verschieben schwerer Lasten im Eisenhoch- und Brückenbau sowie im Schiffbau und in Maschinenfabriken verwendet. Auch als Montagewinden werden sie in Dampfkessel- und Maschinenfabriken, in elektrischen Zentralen und im Eisenbahnbetriebe den anderen kleinhubigen Hebemitteln vorgezogen, da sie noch zu besonderen Arbeiten, wie zum Ausdrücken von Beulen an Kesseln, zum Auf- und Lospressen von Rädern, zum Ausrichten schwerer Werkstücke an Bearbeitungsmaschinen usw., benutzbar sind. Ferner werden sie im Bergbau zum Einsetzen der Schachtringe verwendet.

Der erforderliche Druck wird durch eine, mittels eines Handhebels bediente, einfach wirkende Pumpe erzeugt, deren Behälter mit Öl, meist jedoch mit Wasser gefüllt wird. Ein Gefrieren des Druckwassers wird durch Beigabe von Glyzerin (1 Teil Glyzerin auf 2 Teile Wasser) verhindert. Die mit den Druckwasserhebeböcken erreichbare hohe Leistung ist auf die große Übersetzung zwischen Hubstempel- und Plungerquerschnitt, sowie auf den guten Wirkungsgrad (etwa 70%) zurückzuführen.

Die Druckwasserhebeböcke werden mit feststehendem Zylinder und auf- und abbewegbarem Stempel oder mit feststehendem Stempel und verschiebbarem Zylinder hergestellt. Erstere werden auch als Daumenkräfte (Abb. 456 und 457), letztere als Hebeknechte (Abb. 459) bezeichnet.

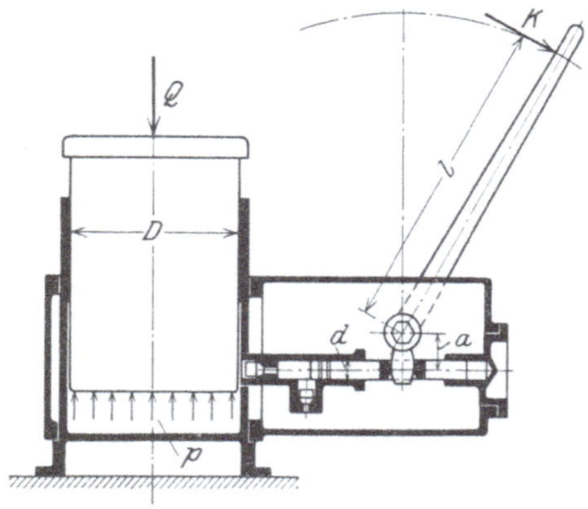

Abb. 455. Druckwasserhebebock (Berechnungsskizze).

Berechnung. Bezeichnen mit Bezug auf Abb. 455 D den Hubstempeldurchmesser (Durchmesser des Arbeitszylinders), d den Plungerdurchmesser, a die Länge des den Plunger bewegenden Druckdaumens und l die Länge des Handhebels vom Handgriff bis Mitte Daumenwelle in cm, so ist die Gesamtübersetzung:

$$i = \frac{d^2}{D^2} \cdot \frac{a}{l}. \tag{191}$$

Wasserdruck im Zylinder:

$$p = \frac{Q}{D^2 \frac{\pi}{4}} \ldots \text{kg/cm}^2. \tag{192}$$

Plungerdruck:

$$P = d^2 \frac{\pi}{4} \cdot p \ldots \text{kg}. \tag{193}$$

Erforderliche Kraft am Handhebel:

$$K = d^2 \frac{\pi}{4} \cdot p \cdot \frac{a}{l} \cdot \frac{1}{\eta} \ldots \text{kg}. \tag{194}$$

Beispielsweise hat ein Hebebock von $Q = 100$ t Tragkraft und 160 mm Hubhöhe einen Stempeldurchmesser $D = 180$ mm, einen Plungerdurchmesser $d = 18$ mm, eine Druckdaumenlänge $a = 38$ mm und eine Handhebellänge $l = 800$ mm.

Der nach Gleichung (192) berechnete Wasserdruck ist $p = 394 \approx 400$ kg/cm².

Plungerdruck nach Gleichung (193): $P \approx 1030$ kg.

Wirkungsgrad: $\eta \approx 0{,}70$.

Erforderliche Handkraft am Pumpenhebel [Gleichung (194)]: $K \approx 69$ kg.

Ausführung. Abb. 456 und 457 zeigen die Ausführung eines normalen Druckwasserhebebockes (hydraulischen Schiffshebebockes) von 100 t Tragkraft, 160 mm Hubhöhe und den vorstehend angegebenen Abmessungen; Hub bei einer vollen Hebelbewegung: 0,35 mm; rechnerische Hubgeschwindigkeit bei einem Arbeiter und bei 30 Hebelbewegungen in der Minute: 10,5 m/min; Zeit zum Heben der Vollast auf 160 mm Hub und bei 30 Hebelbewegungen: 15 min.

Bei den neueren Ausführungen fällt die Ventilschraube n fort und die Last wird in einfacher Weise durch Auslegen des Handhebels gesenkt (Abb. 458).

Zum Senken der Last wird dann der Handhebel über seine Bewegungsgrenze hinaus nach hinten ausgelegt. Dadurch wird der Plunger so weit vorgezogen (Abb. 458), daß der Ansatz 7 am Plunger auf den Ablaßventilkegel und die Schraube am Plungerende auf den Druckventilkegel 3 drückt. Beide Ventile werden dadurch geöffnet, das Druckwasser strömt in den Wasserkasten zurück und die Last geht nieder. Durch mehr oder weniger starkes Lüften der Ventile ist der Lastniedergang regelbar.

Die Hebeböcke können nicht nur senkrecht, sondern auch waagerecht zum Verschieben von Lasten angeordnet werden.

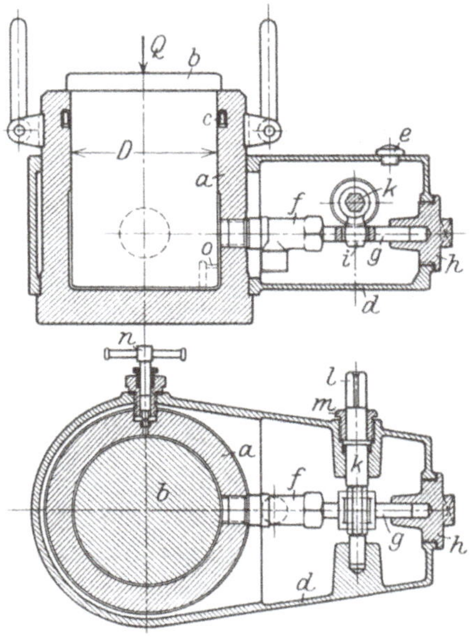

Abb. 456 und 457. Druckwasserhebebock. (Bauart Pützer-Defries.)
a Arbeitszylinder; *b* heb- und senkbarer Stempel; *c* Ledermanschette; *d* Wasserkasten; *e* Verschlußschraube zur Einfüllöffnung; *f* Pumpenzylinder mit Saug- und Druckventil; *g* Plunger; *h* Wasserkastenverschlußdeckel, zur Plungerführung dienend; *i* Daumen, in die Aussparung der Plungerstange eingreifend; *k* Daumenwelle mit Vierkant *l* zum Aufsetzen des Handhebels; *m* Stopfbüchse zur Daumenwelle; *n* Ventilschraube mit Handgriff zum Regeln der Senkbewegung; *o* Kanal, durch den das Druckwasser in der höchsten Stempelstellung ins Freie entweicht.

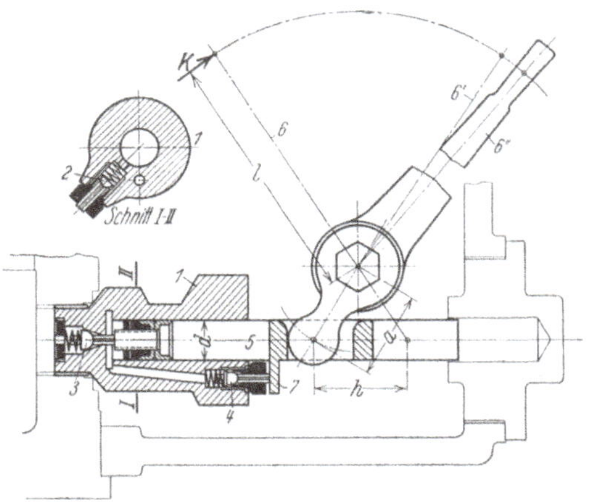

Abb. 458. Vorrichtung zum Lastsenken mittels des Handhebels. (Pützer-Defries.)
1 Pumpenzylinder; *2* Saugventil; *3* Druckventil; *4* Ablaßventil; *5* Plunger; *6* Handhebel; *7* Ansatz am Plunger zum Öffnen der Ablaßschraube, wobei gleichzeitig die Druckschraube am Plungerende des Druckventils öffnet.

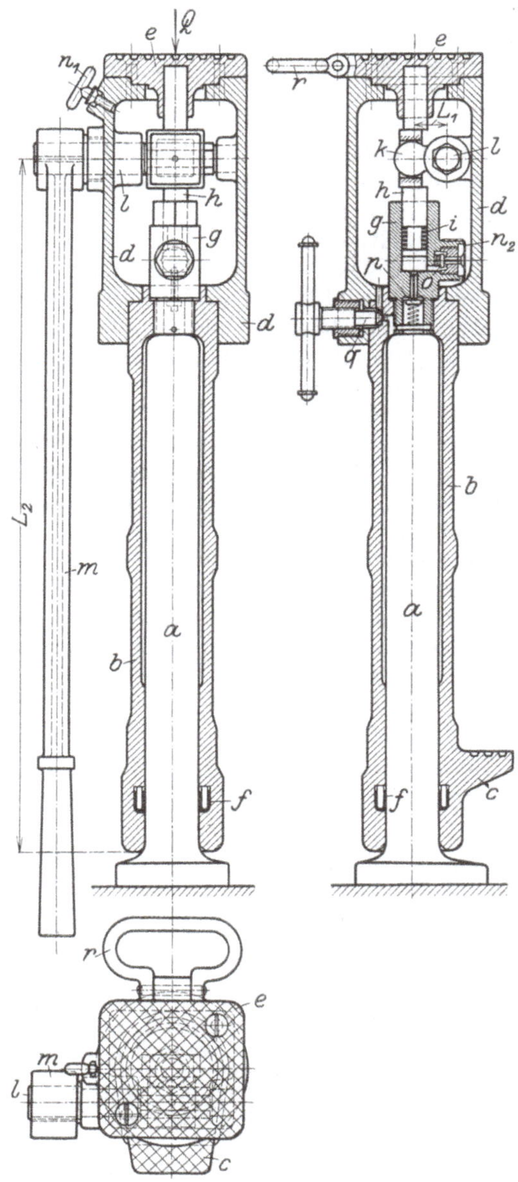

Abb. 459. Hebeknecht von 4 t Tragkraft und 320 mm Hub. (Krupp-Grusonwerk.)
a feststehender Stempel; *b* heb- und senkbarer Lastzylinder mit Tragklaue *c*; *d* Pumpengehäuse; *e* Deckel zu *d*, als Lasttragplatte dienend; *f* Ledermanschette; *g* Pumpenzylinder; *h* Plunger; *i* Lederdichtung zu *h*; *k* Daumenhebel zum Bewegen von *h*; *l* Daumenwelle; *m* Handhebel zur Bedienung der Pumpe auf *l* aufgekeilt; n_1 Schraube zum Verschließen des Einfülloches; n_2 Sieb; *o* Saugventil; *p* Druckventil; *q* Schraube zum Regeln der Senkbewegung; *r* Griff zum Tragen des Hebeknechtes.

Der Arbeitszylinder wird aus Rundstahl (St 34 · 11) aus dem Vollen hergestellt, während Hubstempel und Wasserkasten aus Gußeisen sind. Der auf der Daumenwelle sitzende Handhebel zum Antrieb der Pumpe ist aus Stahl geschmiedet. Pumpenzylinder, Saug-, Druck- und Ablaßkegel werden in Deltametall, der Plunger in Rotguß ausgeführt.

Die normalen Druckwasserhebeböcke nach Abb. 456 und 457 werden für Tragkräfte von 7 bis 300 t und für eine gleiche Hubhöhe von 160 mm hergestellt.

Der Plungerdurchmesser beträgt bei den Ausführungsgrößen von 20 bis 30 t Tragkraft 18 mm. Gewicht der Hebeböcke von 7 bis 300 t Tragkraft: 45 bis 700 kg.

Abb. 459 zeigt die Ausführung eines Druckwasserhebebockes, bei dem der Stempel feststeht und der Zylinder mit dem Wasserkasten auf- und abbewegbar ist. Der Deckel des Wasserkastens ist als Tragplatte ausgebildet, und zum Heben leichterer Lasten ist am Zylinder noch eine Tragklaue angeordnet, die jedoch nur mit einem Viertel der angegebenen Tragkraft belastet werden darf.

Diese, auch als Hebeknechte bezeichneten Druckwasserhebeböcke werden für eine Tragkraft von 3 bis 60 t bei einer Hubhöhe von 155 bis 300 mm hergestellt.

Bei Anwendung des Druckwasserhebebockes Perpetuum (Patent Sommerstadt)[1] wird das Heben und Senken schwerer Lasten (Brückenträger u. dgl.) dadurch außerordentlich erleichtert und beschleunigt, daß die Hubbewegung des Hebezeuges nicht unterbrochen wird und der Bock seine eigenen Stützpunkte für eine neue Unterklotzung, also für die Hochführung seines eigenen Fundaments, freigibt. Begrenzt wird die Hubhöhe lediglich durch die Stabilität der Unterklotzung und die Art derselben.

Sonderhebezeuge Marke „Stella" für die Eisenbahn (Gleishebewinden, Lokomotiv-Hebeböcke, Hydraulische Hebezeuge usw.) siehe: Schieß-Defries Nachrichten 1931, S. 90.

e) Flaschenzüge.

Die Tragbarkeit erfordert, ebenso wie bei den kleinhubigen Winden (Zahnstangenwinden, Schraubenwinden und Druckwasserhebeböcken) gedrängten Bau und geringes Gewicht.

1. Handflaschenzüge.

α) Gewöhnliche Flaschenzüge (Seilflaschenzüge)

sind einfache Faktorenflaschenzüge, die mit einem Hanfseil oder Drahtseil als Zugorgan geliefert werden. Die Rollenzahl der Taukloben (Ober- und Unterflasche) hängt von der Übersetzungsgröße des Flaschenzuges ab. Bei den Faktorenflaschenzügen mit drei, vier, fünf und sechs tragenden Seilsträngen (Abb. 73 bis 76, S. 35) ist das Zugseil zur Handbedienung noch über eine weitere Rolle am festen Taukloben geführt.

Wegen ihrer großen Arbeitsverluste und ihrer kleinen Tragkraft werden die Seilflaschenzüge nur zu untergeordneten Zwecken und im Baubetrieb verwendet. Bei der Zugkraft eines Arbeiters mit $Z = 50$ kg, einer Rollenzugübersetzung von $i = 1/8$ (je 4 Rollen in der Ober- bzw. Unterflasche) und einem Wirkungsgrad $\eta_r \approx 0{,}75$ beträgt die Tragkraft eines Seilflaschenzuges nur:

$$Q = Z \cdot \frac{1}{i} \cdot \eta_r = 50 \cdot 8 \cdot 0{,}75 \approx 300 \text{ kg}. \tag{195}$$

Zum Heben größerer Lasten verwendet man die Kettenflaschenzüge, die eine größere Übersetzung zulassen.

β) Schrauben- oder Schneckenflaschenzüge.

Die als Lastkette dienende lehrhaltige Kette (Abb. 460) ist am Flaschenzuggehäuse aufgehängt, geht über eine lose Rolle und umfaßt die treibende Kettennuß, an der das unbelastete Kettenende frei abläuft. Als Übersetzung zwischen dem Haspelradantrieb und der Kettennuß dient ein zweigängiges Schneckengetriebe, dessen Rad mit der Kettennuß aus einem Stück hergestellt ist und lose auf dem festgestellten Bolzen läuft.

Der Lastzug dreht die Kettennuß und das Schneckenrad im Rechtssinne (Abb. 460) und schiebt die Schneckenwelle nach links. Durch diesen Längsdruck der Schneckenwelle, der stets der Last verhältnisgleich ist, wird die Drucklagerbremse betätigt, die bei der älteren Beckerschen Ausführung eine einfache Kegelbremse (Abb. 304, S. 129) ist. Bei der neueren Ausführung ist die Drucklagerbremse nach Abb. 460 gestaltet und hat eine Reibfläche mehr.

Arbeitsweise: Beim Heben wird der Vollkegel der Schneckenwelle durch den Längsdruck mit dem Sperrad-Hohlkegel gekuppelt. Während der Längsdruck von dem Spurpfannen-Querstück aufgenommen wird, dreht sich das Sperrad im Uhrsinne und seine Zähne gleiten unter der federbelasteten Klinke fort.

Hört die Antriebskraft auf, dann dreht das unter dem Einfluß des Lastzuges stehende Schneckenrad die Schneckenwelle entgegengesetzt, die Sperrklinke greift ein und die Last wird durch die Reibung zwischen den beiden Bremsflächen festgehalten. Diese muß daher stets etwas größer als die an der Bremsfläche angreifende, der Last entsprechende Umfangskraft sein.

Zum Senken der Last wird das Haspelrad entgegengesetzt gedreht, die Reibung in den Bremsflächen wird durch den Haspelkettenzug überwunden und die Last zwangläufig nach abwärts bewegt.

[1] Pützer-Defries, Düsseldorf. (Der praktische Maschinenkonstrukteur 1924, S. 333: Bau und Anwendung der Druckwasserhebeböcke.)

Die Schraubenflaschenzüge werden für Tragkräfte von 500 bis 20000 kg hergestellt. Hubhöhe: Bis etwa 10 m. Gewicht bei 3 m Hubhöhe je nach Tragkraft: 25 bis 700 kg. Huborgan bis 10000 kg: Kalibrierte Rundeisenkette, über 10000 kg: Gelenkkette. Die Flaschenzüge von 500 kg Tragkraft haben keine lose Rolle. Die Last hängt bei ihnen unmittelbar an der Kette.

Steigungswinkel des doppelgängigen Schneckengetriebes: $\alpha \approx 18$ bis $20°$. Wirkungsgrad der Flaschenzüge: $\eta \approx 0{,}55$ bis $0{,}70$.

Die von den Hebezeugfirmen hergestellten Schraubenflaschenzüge unterscheiden sich nur bezüglich der verwendeten Drucklagerbremse.

Kettennuß und Schneckenrad werden zweckmäßig aus einem Stück und in Hartguß hergestellt. Die Schneckenradzähne bleiben roh, da das Fräsen aus dem Vollen zu teuer ist. Die Gewindegänge der Schneckenwelle werden geschnitten oder gefräst, worauf die Schneckenwelle im Einsatz gehärtet wird.

Statt des in Stahlguß gehaltenen Flaschenzuggehäuses (Abb. 460) führen die meisten Firmen einfache Blechschilde von 8 bis 15 mm Stärke aus (Abb. 461). Das Spurpfannenquerstück wird, da es in großen Mengen benötigt wird, im Gesenk geschmiedet.

Die Schraubenflaschenzüge werden in großen Reihen hergestellt und mit der $1^1/_2$fachen Last erprobt.

Die Arbeitsweise der Flaschenzüge mit Lüdersbremse (Abb. 461) ist grundsätzlich die gleiche wie die des Beckerschen Flaschenzuges.

Die mit einem Bund versehene Schneckenwelle greift in eine Spurbüchse ein, die vermittels eines Federkeils an der Drehung teilnimmt. Ihr Längsdruck wird durch einen Spurkegel oder durch eine gehärtete Druckschraube aufgenommen. Zwischen dem Bund und der Spurbüchse sitzt das Sperrad lose auf der Welle. Es ist zwecks Aufnahme von Staufferfett hohl ausgebildet und mit Schmierlöchern versehen. Zur Erhöhung der Reibung ist zwischen Bund und Schneckenrad eine Scheibe aus Leder oder Ferodofibre eingesetzt.

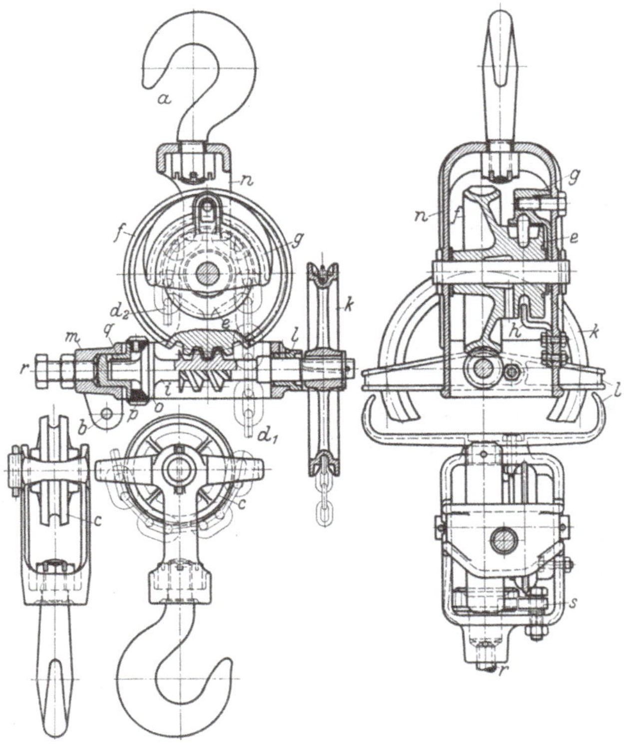

Abb. 460. Schraubenflaschenzug von 1500 kg Tragkraft. (Becker.)

a Haken zum Aufhängen des Flaschenzuges; *b* Befestigung der Lastkette; *c* lose Rolle; d_1 arbeitendes, d_2 loses Kettenende; *e* Kettennuß, mit dem Schneckenrad *f* aus einem Stück gegossen; *g* Kettenbügel; *h* Abstreifer; *i* Schneckenwelle mit Haspelrad *k*; *l* Kettenbügel zu *k*; *m* Spurpfanne, mit dem Gehäuse *n* aus einem Stück gefertigt; *o* Vollkegel; *p* Sperrad mit Hohlkegel; *q* längsverschiebbare Muffe; *r* Druckschraube; *s* federbelastete Sperrklinke.

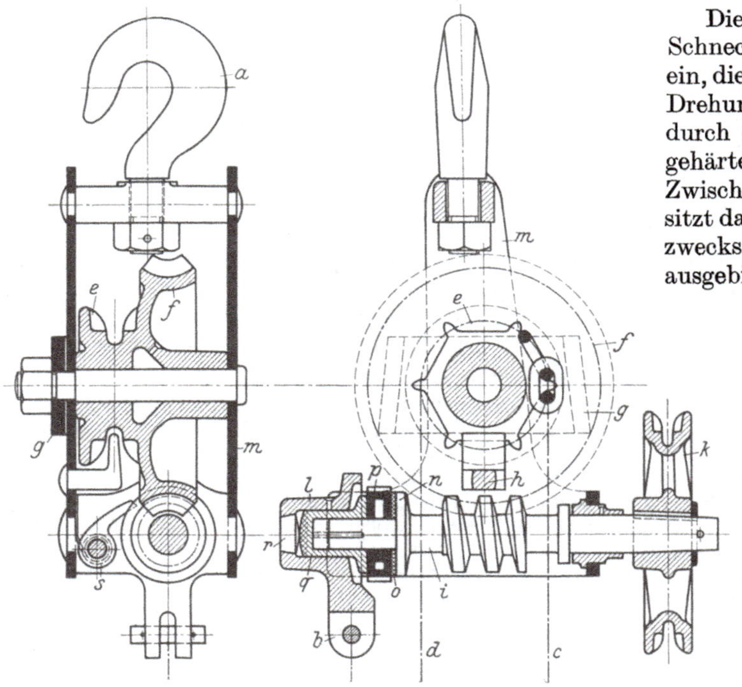

Abb. 461. Schraubenflaschenzug mit loser Rolle. (Piechatzek.)

a Haken zum Aufhängen des Flaschenzuges; *b* Befestigung der Lastkette; *c* arbeitendes, *d* loses Kettenende; *e* Kettennuß mit dem Schneckenrad *f* aus einem Stück gegossen; *g* Kettenbügel; *h* Abstreifer; *i* Schneckenwelle mit Haspelrad *k*; *l* Spurpfanne an den Blechschilden *m* befestigt; *n* Bund an der Schneckenwelle; *o* Ferodoscheibe; *p* Sperrrad, lose auf *i* sitzend; *q* Spurbüchse; *r* Putzen, den Längsdruck der Schneckenwelle aufnehmend; *s* federbelastete Sperrklinke.

γ) Stirnradflaschenzüge.

Sie arbeiten mit zwei- oder dreifacher Stirnräderübersetzung und haben daher einen Wirkungsgrad von 75 bis 85%. Da die Antriebwelle der Stirnradflaschenzüge nicht wie die der Schraubenflaschenzüge einen durch den Lastzug hervorgerufenen Längsdruck zur Betätigung der Bremse hat, so muß dieser künstlich durch ein Gewinde (Abb. 462) hervorgerufen werden.

Die Stirnradflaschenzüge werden für Tragkräfte von 250 bis 10000 kg hergestellt. Hubhöhe: Bis 10 m. Huborgan: Meist kalibrierte Rundeisenkette (Abb. 462), bei größerer Tragkraft auch Gelenkkette. Ausführung von 250 bis 2500 kg Tragkraft ohne, von 1000 bis 10000 kg mit loser Rolle.

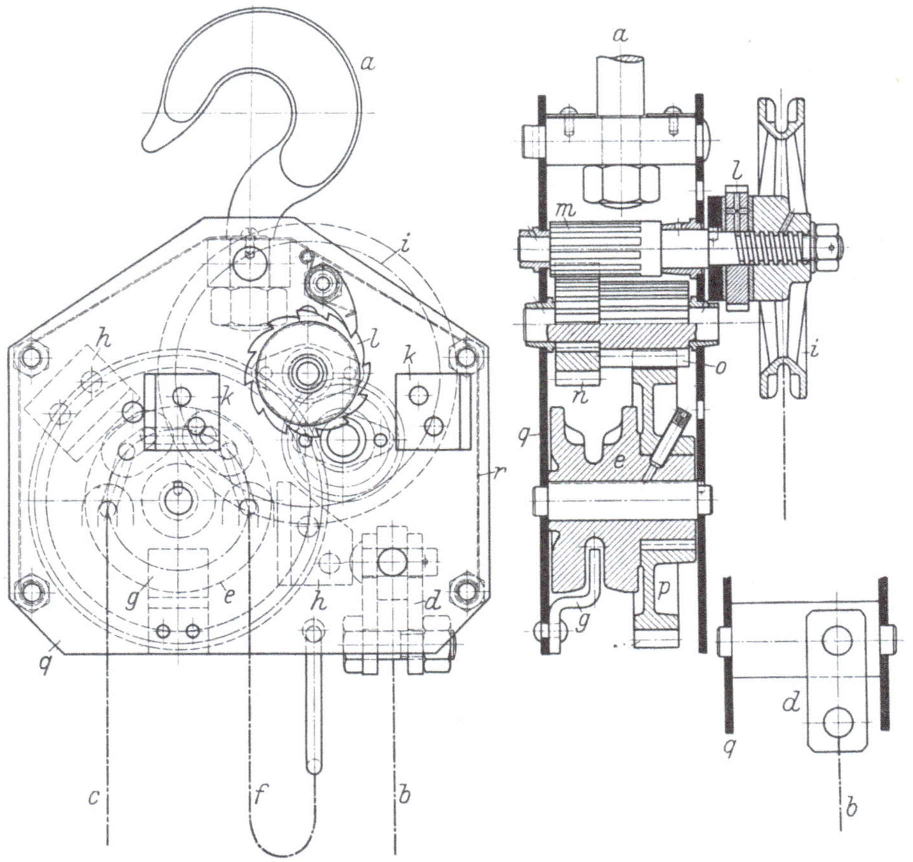

Abb. 462. Stirnradflaschenzug von 2000 kg Tragkraft. (Pützer-Defries.)
a Haken zum Aufhängen des Flaschenzuges; *b*—*c* Lastkette, bei *d* an den Schildblechen befestigt und über die lose Rolle zur Kettennuß *e* gehend; *f* loses Kettenende; *g* Kettenabstreifer; *h* Führungswinkel zur Lastkette; *i* Haspelrad; *k* Führungswinkel zur Haspelkette; *l* Drucklagerbremse; *m*—*n*, *o*—*p* Stirnrädervorgelege; *q* Schildbleche; *r* Schutzblech.

Im Vergleich mit den Schraubenflaschenzügen sind die Stirnradflaschenzüge schwerer. Ihre Hubgeschwindigkeit ist im Durchschnitt die gleiche. Dagegen ist der Handkettenzug der Stirnradflaschenzüge wegen des besseren Wirkungsgrades wesentlich niedriger als der der Schraubenflaschenzüge.

Die Stirnradgetriebe erhalten gefräste Zähne. Werkstoff der Ritzel: St 60 · 11, der Räder: Stahlguß. Gegebenenfalls werden auch hochwertige Werkstoffe (Nickel- oder Chromnickelstahl) verwendet. Mit der Zähnezahl der Ritzel geht man herab bis auf $z = 9$ bis 10. Die Ritzel der beiden Vorgelege sind unmittelbar in die Wellen eingefräßt (Abb. 462). Ausführung des zweiten Vorgelegeritzels auch als Hohlwelle und mit aufgekeiltem Rad des ersten Vorgeleges (Abb. 175, S. 74). Auf das Ausbüchsen der auf dem festgestellten Bolzen umlaufenden Hohlwelle wird bei Handbetrieb verzichtet. Die ebenfalls lose auf ihrem Bolzen sitzende Kettennuß hat eine seitlich verlängerte Nabe, auf der das treibende Stirnrad aufgekeilt ist.

Ein sehr gedrängter Bau der Stirnradflaschenzüge wird durch die Anwendung von Umlauf- oder Planetengetrieben erreicht.

Abb. 463 zeigt als Beispiel hierfür einen Veloxflaschenzug von 2000 kg Tragkraft. Der Flaschenzug zeichnet sich durch eine außerordentlich niedrige Bauhöhe, große Hubgeschwindigkeit und geringe Zugkraft an der Handkette aus. Er wird in acht Größen von 250 bis 5000 kg Tragkraft hergestellt.

Die Bremse ist bei den meisten Ausführungen eine Lastdruckbremse mit planen Reibflächen und einem flachgängigen oder Trapezgewinde (Abb. 462 und 463). Sie hält die Last in jeder Höhenlage fest. Das Senken geschieht ebenso wie bei den Schraubenflaschenzügen durch Ziehen an der Haspelkette.

Zum Schutze gegen Staub- und Witterungseinflüsse wird das Triebwerk der Stirnradflaschen züge mit einer Blechkappe versehen.

Das viel Zeit erfordernde Herabhaspeln des leeren Hakens wird bei den Stirnradflaschenzügen kleiner Tragkraft (bis 250 kg) dadurch vermieden, daß man auch an dem losen Kettenende einen Haken anbringt. Die Last wird dann an dem jeweils tiefsten Haken angeschlagen. Da die Kettennuß bei dieser Ausführung, je nachdem die Last am einen oder anderen Haken hängt, in der einen bzw. anderen Richtung umlaufen muß, so ist bei diesen Schnellflaschenzügen eine doppelt wirkende Bremse erforderlich.

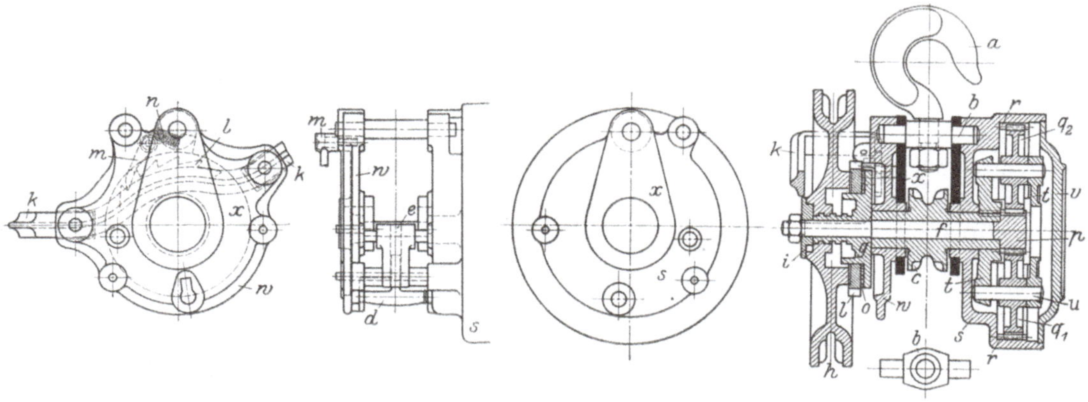

Abb. 463. Velox-Stirnradflaschenzug von 500 kg Tragkraft. (Schlösser & Feibusch.)

a Haken zum Aufhängen des Flaschenzuges; *b* Traverse zu *a*; *c* Kettennuß; *d* Abstreifer; *e* Führungsstück zur Lastkette; *f* Antriebwelle, auf der *c* lose sitzt; *g* Bremsscheibe der Lastdruckbremse, auf *f* aufgekeilt; *h* Haspelrad auf dem Flachgewinde von *g* sitzend; *i* Gegenscheibe mit Nocken; *k* Handkettenführung; *l* Sperrad; *m* Sperrklinke, durch die Feder *n* belastet; *o* Lederscheibe zur Lastdruckbremse; *p* Ritzel, aus einem Stück mit der Welle *f* hergestellt, q_1-q_2 Umlauf- (Planeten-) Räder; *r* Innenzahnkranz im Gehäuse *s* angeordnet; *t*—*t* Planetenträger, auf der Kettennußnabe aufgekeilt; *u* Bolzen an *t*, auf denen die Umlaufräder q_1-q_2 lose sitzen; *v* Verschlußkappe; *w* Sperrklinkenplatte, durch Distanzschrauben mit dem Gehäuse *s* verbunden; *x* Zuglaschen.

2. Elektroflaschenzüge (Elektrozüge).

Vorzüge. Den Handflaschenzügen gegenüber zeichnen sich die Elektroflaschenzüge durch schnelles Arbeiten und durch leichte Bedienung aus.

Im Vergleich zu der bei ihrer Benutzung erreichten großen Zeit- und Lohnersparnis spielen die höheren Anlagekosten der Elektroflaschenzüge sowie die Stromkosten in den meisten Fällen eine untergeordnete Rolle.

Anwendung. Die Elektroflaschenzüge (Abb. 464 bis 466) bieten die verschiedensten Anwendungsmöglichkeiten.

Sie werden zur Förderung von Lasten in höhere Stockwerke verwendet, wobei der Elektrozug an der Decke des obersten Stockwerkes aufgehängt wird. Die Steuerung wird dann so eingerichtet, daß das Ingangsetzen von jedem Stockwerk aus möglich ist. Solche Aufzugvorrichtungen sind billig und den baupolizeilichen Bestimmungen nicht unterworfen, da die Last nicht auf einer Plattform und zwischen festen Führungen bewegt wird.

In mechanischen Werkstätten, in denen die Flaschenzüge zum Auf- und Absetzen der Arbeitsstücke an den Werkzeugmaschinen benutzt werden, ist es angebracht, die vielfach noch verwendeten langsam arbeitenden Handflaschenzüge durch Elektroflaschenzüge zu ersetzen.

Die Elektroflaschenzüge ermöglichen die Herstellung billiger Laufkatzen mit Hand- oder elektrischem Fahrwerk (s. Abschnitt „Laufwinden").

Ausführung. Die Elektroflaschenzüge werden allgemein für Tragkräfte von 500 bis 5000 kg gebaut. Hubhöhe: Normal bis 8 m. Hubgeschwindigkeit je nach Tragkraft 4 bis 10 m/min. Gewicht je nach Tragkraft 190 bis 660 kg.

Ausrüstung mit Gleichstrom- oder Drehstrommotoren für alle normalen Spannungen (s. S. 8).

An die Elektroflaschenzüge werden folgende Anforderungen gestellt: Niedrige Bauhöhe, gedrungene Bauart, möglichst niedriges Gewicht, guter Wirkungsgrad, wasser- und staubdichte Kapselung, leichte Zugänglichkeit und gefälliges Aussehen.

Als Huborgan wird allgemein das Drahtseil angewendet. Der Rollenzug ist hierbei ein Zwillingsrollenzug mit vier tragenden Seilsträngen, so daß genau senkrechtes Auf- und Abgehen der Last gewährleistet ist.

Die Steuerwalze zum Anlassen und Steuern des Motors wird bei ortfester Anordnung des Elektroflaschenzuges getrennt von diesem angeordnet und je nach ihrer Lage durch ein Handrad oder durch Zugketten betätigt.

Die Elektroflaschenzüge werden mit einer selbsttätigen Endausschaltung versehen, wodurch Überschreiten der Höchst- und Tiefststellung des Hakens mit Sicherheit vermieden wird.

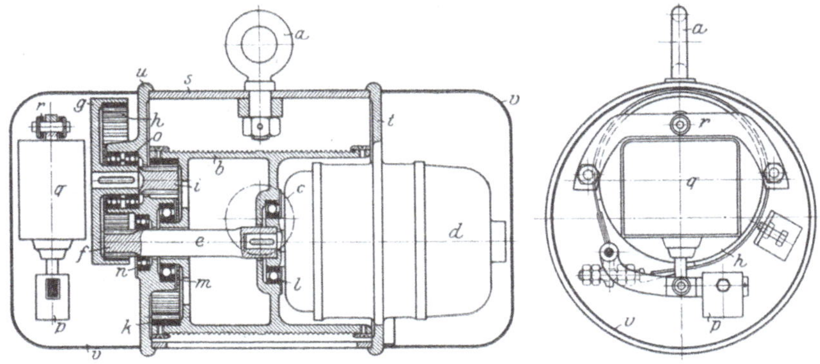

Abb. 464. Elektroseilzug. (Wilhelmi.)

a Aufhängeöse; *b* Seiltrommel mit Rechts- und Linksgewinde; *c* Ausgleichrolle; *d* Hubmotor; *e* Welle, mit der Motorwelle durch Hülse und Feder gekuppelt; *f* Ritzel, in *e* eingefräst und mit dem in der Bremsscheibe *g* eingesetzten Innenzahnkranz *h* kämmend; *i* Ritzel, in die Bremsscheibenwelle eingefräst und mit dem in der Trommel *b* eingepreßten Innenzahnkranz *k* kämmend; *l*–*m* Trommellager; *n* Lager zur verlängerten Motorwelle; *o* Lager zur Bremsscheibenwelle; *p* Bremsgewicht zur Hubwerksbremse; *q* Magnetbremslüfter; *r* Aufhängung zu *q*; *s* zylindrisches Gehäuse, einerseits in den Flansch *t* des Motors, andererseits in das Lagerschild *u* eingepaßt und mit diesen verschraubt; *v* aus Blech gefertigte Schutzkappen.

Bauarten. Äußerlich weisen die meisten Bauarten eine geschlossene zylindrische Form auf, die auch am gefälligsten wirkt.

Die Elektroflaschenzüge werden zur Verminderung der Gestehungskosten in großen Reihen hergestellt. Hierbei hat sich gezeigt, daß es bei geeigneter Einrichtung vorteilhaft ist, die Motoren, Bremslüfter und Steuerwalzen selbst herzustellen.

Von der Anwendung von Schneckengetrieben hat man trotz ihrer großen Übersetzung Abstand genommen und Stirnräder vorgezogen. Man wählt meist Innenverzahnungen, da diese einen äußerst gedrängten Bau des Flaschenzuges ermöglichen.

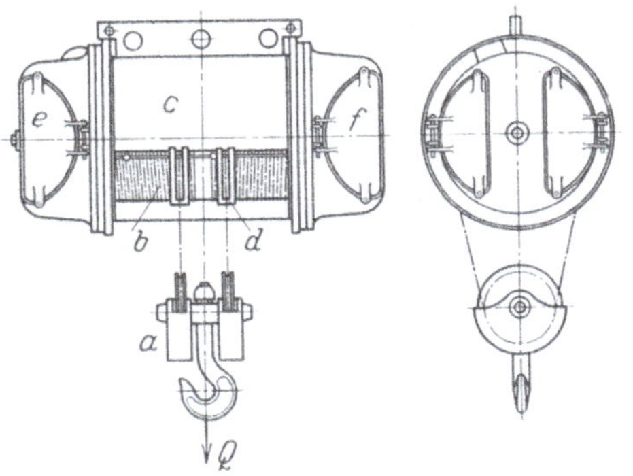

Abb. 465. Demag-Elektrozug (Ansicht).

a zweirollige Hakenflasche; *b* Seiltrommel mit Rechts- und Linksgewinde; *c* Gehäuse; *d* Endausschaltung; *e* linksseitiger Flansch mit Getrieben und Schutzkappe; *f* Motor.

Umlauf- (Planeten-) Getriebe werden selten mehr angewendet, da sie zu teuer in der Herstellung sind. Ein großer Trommeldurchmesser schont das Seil und ermöglicht, Motor und Getriebe zum größten Teil im Innern der Trommel unterzubringen.

1. Elektroseilzug der H. Wilhelmi-A.-G., Mülheim-Ruhr (Abb. 464). Der Motor arbeitet mittels zweier innenverzahnter Stirnrädervorgelege auf die Trommel. Das Rad des ersten (innenverzahnten) Getriebes dient gleichzeitig als Scheibe für eine gewichtbelastete, elektromagnetische gelüftete Bandbremse, deren Bremslüfter pendelnd aufgehängt ist. Sämtliche Getriebe laufen auf Kugellagern.

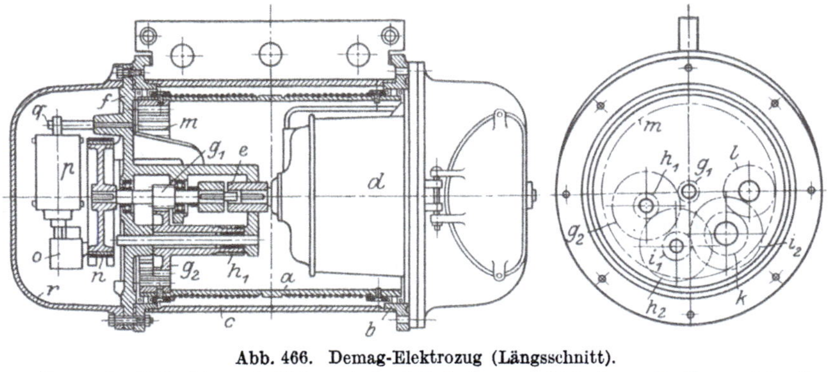

Abb. 466. Demag-Elektrozug (Längsschnitt).

a Trommel mit Rechts- und Linksgewinde; *b* Rollenlager, mittels denen die Trommel im Gehäuse *c* gelagert; *d* Motor, am Gehäuseflansch angeschraubt; *e* Muffenkupplung; *f* Flansch mit Triebwerk und Bremse; g_1-g_2, h_1-h_2, i_1-i_2 Stirnrädervorgelege; *k* Ritzel, mittels Zwischenrad *l* auf den an der Trommel befestigten Innenzahnkranz *m* treibend; *n* Bandbremse; *o* Bremsgewicht zu *n*; *p* Magnetbremslüfter, bei *q* pendelnd aufgehängt; *r* Schutzkappe.

2. Demag-Zug. Die neue Bauart (Abb. 465 und 466) zeichnet sich durch große Einfachheit, billige Herstellung der Einzelteile und vor allem durch einen bequemen Zusammenbau aus.

Die Trommel ist ebenso wie bei der alten Ausführung an ihren beiden Rändern und im Gehäuse auf Rollen gelagert. Sie bildet mit dem Gehäuse ein Teilmontagestück (Abb. 466 Mitte). An das Gehäuse wird an der einen Seite der mit einem Flansch und mit Klappen versehene Motor (Abb. 466 rechts) angeschraubt.

An der anderen Gehäuseseite (Abb. 466 links) wird ein Flansch angeschraubt, an dem das ganze Getriebe und die Bremse angeordnet sind und der nach dem Verfahren der Teilmontage vollständig fertiggestellt wird. Die Bremse ist bei allen Ausführungsgrößen eine gewichtbelastete Bandbremse, die durch einen Magnetbremslüfter gelüftet wird.

Tabelle 44. Demag-Elektrozüge mit normaler Hubhöhe. (Abb. 465 und 466.)

Tragkraft (an vier Seilsträngen)	500	1000	2/3000	5000 kg
Hubhöhe (Hakenweg)	8,5	8,5	7,5	8,0 m
Hubgeschwindigkeit	9—10	6—8	4	4 m/min
Hubmotor	1,5	2	4	6,3 PS
Gewicht	190	240	420	660 kg
Länge	855	920	975	1075 mm
Ösendurchmesser	30	30	45	55 „
Bauhöhe	700	750	950	1200 „
Außendurchmesser	385	430	500	635 „
Ösenentfernung	252	252	354	400 „

Bei der neuesten Bauart der Demag (Modell K) ist der Motor zwecks gedrängten Baues in das Innere der Trommel verlegt. Die Bremse ist eine federbelastete Kegelbremse und wird durch den Verschiebeanker des Motors gelüftet (Demag-Nachrichten 1930, Heft 1). Flasche zweisträngig. Tragkraft: 750 bis 5000 kg. Hubhöhe und Hubgeschwindigkeit sind bei dieser Bauart größer.

Weitere Bauarten von Elektroflaschenzügen: Bamag-Meguin, A.-G., Berlin. — E. Becker, Berlin-Reinickendorf (Ost). — Gebr. Bolzani, Berlin N. — F. Piechatzek, Berlin N. — Pützer-Defries, Düsseldorf. — R. Stahl, Stuttgart. — Fr. Schüle, Feldkirchen bei München. — Adolf Zaiser, Stuttgart.

Die Demag-Doppelwinde ist eine Schnellwinde mit einem eingebauten Drehstrommotor von $^3/_4$ PS. Sie arbeitet — ebenso wie die von handbetriebenen Schnellflaschenzüge (siehe S. 200) — mit zwei Seilstängen und zwei Lasthaken, die wechselweise gehoben oder gesenkt werden. Ausführung ortsfest oder fahrbar. Tragkraft: 125 bzw. 250 kg. Hubhöhe beliebig. Hubgeschwindigkeit: 22 m/min. Der Motor hat einen kegelförmigen Kurzschlußläufer, der um einen gewissen Betrag längsverschiebbar ist. An seinem Wellenende ist er mit einer federbelasteten, im Ständer angeordneten Lastdruckbremse (Kegelbremse) verbunden. Ist der Motor stromlos, so ist die Bremse durch die Federkraft angezogen. Wird der Strom eingeschaltet, so wird der Läufer durch das magnetische Feld in den Ständer gezogen und die Bremse wird gelüftet. Anwendungsgebiet: Zum Fördern von Säcken, Kisten, Ballen usw. in landwirtschaftlichen Betrieben, Lagerhäusern, Mühlen, Brauereien u. a. (Fördertechn. u. Frachtverkehr 1930, S. 27).

f) Räderwinden.

Sie dienen zum Heben von Lasten auf größere Förderhöhen und arbeiten daher mit einem Huborgan (Kette oder Seil). Bei Winden kleinerer Tragkraft wird der Lasthaken unmittelbar am Huborgan, bei solchen größerer Tragkraft an der Unterflasche des Rollenzuges angeordnet.

Als Übersetzungsmittel zwischen der Antriebwelle und der Trommel bzw. der Kettennuß oder dem Kettenrad werden Rädergetriebe verwendet. Die Rädergetriebe sind entweder Stirnrädergetriebe oder Schneckengetriebe. Reibungsräder werden nur in besonderen Fällen (z. B. bei Speicherwinden) eingebaut.

1. Handwinden.

Antrieb durch Kurbeln, bei größerer Entfernung des Windwerks vom Fußboden durch Handkette und Haspelrad. Siehe S. 63 „Antriebmittel für Handbetrieb".

Berechnung.

Wirkungsgrad. Im folgenden bedeuten:

Q die der Höchstlast (Vollast) entsprechende Tragkraft der Winde in kg,
h den Lastweg oder Hub in m, v_1 die Hubgeschwindigkeit in m/min,
K_0 die ideelle Triebkraft (der reibungslos gedachten Winde), K wirkliche Triebkraft in kg,
s den Weg der Triebkraft in m, c die Antriebsgeschwindigkeit in m/min und
W_r den gesamten Reibungswiderstand des Windwerks in kg.

Der Wirkungsgrad η ist das Verhältnis der nutzbar gemachten Arbeit zur aufgewendeten Arbeit bzw. das Verhältnis der ideellen Triebkraft zur wirklichen Triebkraft und ist stets < 1.

$$\left.\begin{aligned} \eta &= \frac{Q \cdot h}{K \cdot s} = \frac{Q \cdot v_1}{K \cdot c}; \\ \eta &= \frac{K_0}{K} = \frac{K_0}{K_0 + W_r}. \end{aligned}\right\} \quad (196)$$

Bezeichnet K' die am Antriebsorgan zum Halten bzw. Senken der Last erforderliche Gegenkraft und denkt man sich die Antriebskraft bzw. die Gegenkraft am einen und die Last mit dem Reibungswiderstand am anderen Ende eines gleichseitigen, doppelarmigen Hebels angreifend, so ist:

$$\text{beim Heben } K = Q + W_r, \quad \text{beim Senken } K' = Q - W_r. \tag{197}$$

Wird $K' = 0$, so ist zum Halten der Last kein Kraftaufwand mehr nötig. Die Winde ist dann selbstsperrend oder selbsthemmend.

Für $K' = 0$ wird in obiger Gleichung $W_r = Q$, $K' = 2Q$ und für $W_r = 0$ die ideelle Antriebskraft $K_0 = Q$. Unter Einsetzung der Werte in Gleichung (196) ergibt sich für selbsthemmende Windwerke der größtmögliche Wirkungsgrad zu:

$$\eta = \frac{K_0}{K'} = \frac{Q}{2Q} = \frac{1}{2} = 0{,}5. \tag{198}$$

Aus Sicherheitsgründen bleibt man jedoch mit dem Wirkungsgrad erheblich unter diesem Grenzwert. Außer dem schlechten Wirkungsgrad haben die selbsthemmenden Windwerke noch den Nachteil, daß die Last zwangsläufig, d. h. durch Drehen des Antriebsorgans im entsprechenden Sinne gesenkt werden muß.

Die zum Heben der Last erforderliche Triebkraft ist nach Gleichung (196)

$$K = \frac{Q \cdot h}{s \cdot \eta}. \tag{198a}$$

Da jedoch die zur Verfügung stehende Handtriebkraft im Verhältnis zur Last klein ist, so ist zwischen beiden eine Übersetzung erforderlich. Es wird stets vom Schnellen ins Langsame übersetzt.

Bedeuten für eine Winde üblicher Bauart:

η_r den Wirkungsgrad des Rollenzuges,

η_t den Wirkungsgrad der Trommel (oder des treibenden Kettenrades),

$\eta_1, \eta_2, \eta_3 \ldots$ die Wirkungsgrade der Übersetzungsmittel (Stirnrädergetriebe bzw. Schneckenvorgelege), so ist der Gesamtwirkungsgrad des Windwerkes gleich dem Produkt der Wirkungsgrade der einzelnen Getriebe:

$$\eta = \eta_r \cdot \eta_t \cdot \eta_1 \cdot \eta_2 \cdot \eta_3 \ldots \tag{199}$$

Für den Entwurf einer Winde ist der Gesamtwirkungsgrad überschläglich zu berechnen. Wirkungsgrade der Rollenzüge s. S. 35.

Tabelle 45. Wirkungsgrade der Winden- und Krangetriebe.

Lfde. Nr.	Art des Getriebes	η	Lfde. Nr.	Art des Getriebes	η
1.	Kettenrollen (für Gliederketten)	0,94 bis 0,96	10.	Stirnrädergetriebe[4], Räderkasten mit Wälzlagern, Zähne im Ölbad	0,97 bis 0,98
2.	Kettentrommeln[1]	0,95 bis 0,96	11.	Schneckengetriebe[5], eingängig	0,50 bis 0,70
3.	Kettennüsse und Haspelräder[2]	0,92 bis 0,94		zweigängig	0,70 bis 0,80
4.	Kettenräder (für Gelenkketten)	0,95 bis 0,97		dreigängig	0,80 bis 0,85
5.	Drahtseilrollen	0,94 bis 0,96	12.	Triebstockvorgelege[6]	0,85 bis 0,90
6.	Drahtseiltrommeln	0,94 bis 0,96	13.	Reibungsräder mit Keilnuteneingriff	0,88 bis 0,90
7.	Stirn- und Kegelrädergetriebe, Zähne roh[3]	0,90 bis 0,93	14.	Bewegungsschrauben, eingängig, selbsth.[7]	0,30 bis 0,35
8.	Stirn- und Kegelrädergetriebe, Zähne gefräst	0,95 bis 0,96	15.	Bewegungsschrauben[8]	—
9.	Stirnrädergetriebe[4], Räderkasten mit Gleitlagern, Zähne im Ölbad	0,96 bis 0,97		eingängig	0,35 bis 0,40
				zweigängig	0,40 bis 0,60
				dreigängig	0,70 bis 0,75

[1] Kette nach DIN 672, Lager mit Fettschmierung. [2] Lehrhaltige Kette nach DIN 671, leicht gefettet.
[3] Lager mit Fettschmierung. [4] Werkstoff: St 50 · 11 auf Gußeisen oder Stahlguß.
[5] Werkstoff: St 60 · 11 auf GBz 14, Schneckenwelle mit Ringschmierlagern und Kugeldrucklager, Radwelle mit Rotgußlagern.
[6] Werkstoff: Stahlguß auf St 50 · 11, gefettet. [7] Werkstoff: St 50 · 11 auf Gußeisen, gefettet.
[8] St 50 · 11 auf GBz 14, Rotgußlager und Kugeldrucklager.

Übersetzung. Für eine gewöhnliche Räderwinde, bei der die Last unmittelbar an der Trommel (Abb. 467) oder an einem verzahnten Kettenrad angreift, ist die erforderliche Übersetzung:

$$i = \frac{\eta \cdot \text{Kraftmoment}}{\text{Lastmoment}} = \frac{\eta \cdot M_k}{M_L} = \frac{\eta \cdot K \cdot a}{Q \cdot R} = i_1 \cdot i_2 \cdot i_3 \dots \quad (200)$$

Hierbei bedeuten K die Handkraft an der Kurbel in kg, an deren Stelle bei Haspelradantrieb die Zugkraft Z an der Handkette tritt, a bzw. R_0 den Kurbel- oder Haspelradhalbmesser und R den Trommel- oder Kettenradhalbmesser in cm.

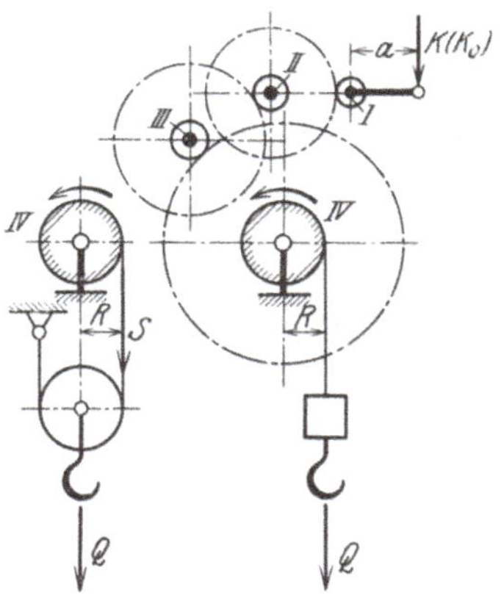

Abb. 467. Handwinde (Berechnungsskizze).

Bei Anwendung eines Rollenzuges ist statt Q in Abb. 467 der an der Trommel bzw. dem verzahnten Kettenrad angreifende Lastzug S zu setzen. Übersetzung und Wirkungsgrad der Rollenzüge s. S. 35.

Der Wirkungsgrad der Winde wird nach Annahme der Art und Anzahl der Vorgelege nach Gleichung (199) und unter Benutzung der Tabelle 45 überschläglich berechnet.

Die nach Gleichung (200) berechnete Übersetzung wird aufoder abgerundet und in gebräuchliche Übersetzungswerte zerlegt.

Handwinden mit Stirnräderübersetzung erhalten bei Tragkräften von 250 bis 1000 kg ein Vorgelege und bei 1000 bis 4000 kg zwei Vorgelege. Bei größeren Tragkräften ordnet man einen Rollenzug mit entsprechender Übersetzung an. Nur in seltenen Fällen führt man die Handwinden mit drei Vorgelegen aus.

Gebräuchliche Übersetzungen der Stirnrädergetriebe: 1 : 2 bis 1 : 6, mitunter auch bis 1 : 8. Die größere Übersetzung wird aus baulichen Gründen an der Trommel angeordnet. Übersetzungen über 1 : 6 ergeben zu große Trommelräder und damit zu große Baumaße der Winde.

Wegen des schlechten Wirkungsgrades sieht man von der Verwendung eingängiger Schneckengetriebe ab und ordnet allgemein zweigängige Getriebe in Verbindung mit einer Drucklagerbremse (s. S. 198) an.

Übliche Übersetzungsgrößen doppelgängiger Schneckengetriebe 1 : 15, 1 : 20, 1 : 25, 1 : 30 und mehr.

Berechnung und Entwurf der Stirnrädergetriebe s. S. 71, der Schneckengetriebe S. 85.

Lastgeschwindigkeit und Geschwindigkeitswechsel. Die Lastgeschwindigkeit läßt sich bei Handwinden nach Gleichung (196) in einfacher Weise ermitteln zu:

$$v_1 = \frac{\eta \cdot K \cdot c}{Q} \dots \text{m/sek} = \frac{60 \cdot \eta \cdot K \cdot c}{Q} \dots \text{m/min}. \quad (201)$$

Die Antriebgeschwindigkeit kann bei Kurbelbetrieb zu $c \approx 27$ bis 48 m/min, bei Haspelradbetrieb zu $c \approx 30$ m/min angenommen werden.

In Rücksicht auf Zeitersparnis ist ein schnelleres Heben und Senken leichterer Lasten, insbesondere des leeren Hakens erwünscht. Der hierzu erforderliche Geschwindigkeitswechsel wird bei Stirnradwinden durch den Einbau umschaltbarer Vorgelege erreicht.

Ausführung.

Die Handwinden erhalten als Huborgan allgemein ein Drahtseil, das auf einer glatten Trommel (ohne Rillen) in ein oder mehreren Lagen aufgewickelt wird.

Nur bei Wandwinden mit kleinerer Hubhöhe wird die durch eine Kettennuß bewegte kalibrierte Kette zur Erzielung eines möglichst gedrängten Baues angewendet.

Die Stirnrädergetriebe der Handwinden erhalten gegossene oder gefräste Zähne. Die Schnecken der Schneckenvorgelege werden mit der Welle aus einem Stück gefertigt.

Als Wellen für die Handwinden genügen blankgezogene (komprimierte) Stahlwellen. Werkstoff St 42 · 11. Sie werden in Flanschlagern ohne Rotgußbüchsen nach DIN 502 gelagert.

Das Schleudern der Kurbeln während des Senkens wird dadurch vermieden, daß man eine Sicherheitskurbel anordnet oder die Kurbelwelle ausrückbar macht.

Die Windenschilde werden allgemein aus Blech und mit angenieteten L-Eisen oder angeschweißten, versteiften Flanschen hergestellt.

Wandwinden oder Konsolwinden. Sie werden hauptsächlich für Bauzwecke sowie in Magazinen, Warenhäusern und Schlachthöfen angewendet.

Ausführung als Stirnräderwinden oder als Schneckenwinden.

Die Wandwinde Abb. 468 hat eine Tragkraft von 1500 kg und arbeitet mit zwei Vorgelegen.

Die Kurbelwelle der Winde wird während des Lastsenkens ausgerückt. Die Bremse ist eine Sperradbremse (Lüftbremse) nach Art von Abb. 308, S. 130.

Die Stirnräderwinden, die bis 2000 kg Tragkraft hergestellt werden, erhalten auf Wunsch des Bestellers auch eine Fliehkraftbremse (s. S. 133).

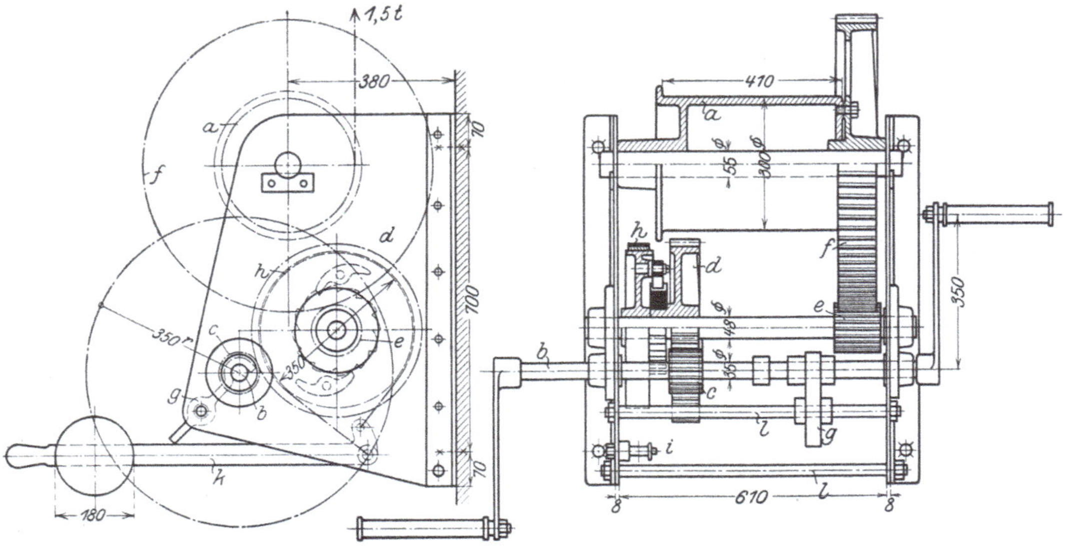

Abb. 468. Stirnräder-Wandwinde von 1,5 t Tragkraft. (Piechatzek.)
a Trommel; *b* Kurbelwelle; *c*—*d* Kurbelvorgelege; *e*—*f* Trommelvorgelege; *g* Falle mit Stellringen zur längsverschiebbaren (ausrückbaren) Kurbelwelle; *h* Sperradbremse, deren Sperrad auf der Nabe von *d* aufgekeilt; *i* fester Bolzen zum gewichtbelasteten Bremshebel *k*; *l* Abstandschrauben der Schildbleche.

Wandwinden mit Schneckenvorgelege werden für Tragkräfte von 200 bis 3000 kg hergestellt. Die Winden mit kleiner Tragkraft (200 kg) erhalten ein selbsthemmendes Schneckengetriebe und erfordern daher keine Bremse. Die übrigen Größen werden mit einem doppelgängigen Schneckengetriebe und mit Drucklagerbremse (s. S. 198) ausgeführt.

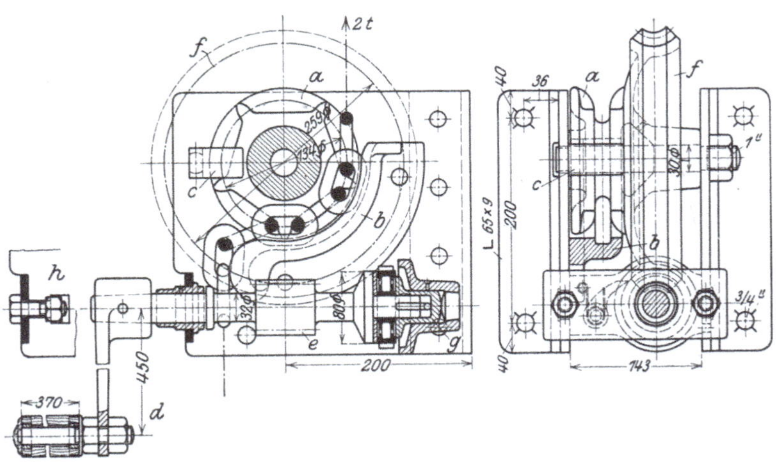

Abb. 469. Wandwinde mit Kettennuß und Schneckenvorgelege von 2 t Tragkraft. (Piechatzek.)
a Kettennuß; *b* Kettenführung; *c* Kettenabstreifer; *d* Handkurbel; *e* Schneckenwelle; *f* Schneckenrad, mit *a* aus einem Stück gegossen; *g* Drucklagerbremse Bauart Lüders; *h* Befestigung der kurbelseitigen Lagertraverse.

Zum schnelleren Heben und Senken leichterer Lasten wird eine verstellbare Handkurbel (s. S. 63) vorgesehen.

Abb. 469 zeigt eine Schneckenwandwinde von 2000 kg Tragkraft mit einer Drucklagerbremse Bauart Lüders. Die Winde arbeitet mit kalibrierter Kette und Kettennuß.

Handkabelwinden (Bockwinden). Die Handkabelwinden (Abb. 470 und 471) eignen sich sowohl für senkrechte wie für waagerechte Lastbewegung.

Tragkraft: 500 bis 4000 kg. Für 500 und 1000 kg Tragkraft werden die Winden mit einem (Abb. 470), und für Tragkräfte von 1000 bis 4000 kg mit zwei Stirnrädergetrieben ausgeführt.

Trommeldurchmesser: 175 bis 275 mm. Kurbelhalbmesser: 300 bis 400 mm. Übersetzung: $^1/_6$ bis $^1/_{30}$. Hub der Last bei einer Kurbelumdrehung: 96 bis 31 mm.

Die Winden mit doppelter Räderübersetzung (Abb. 471) werden zweckmäßig so ausgeführt, daß leichtere Lasten nur mit einem Getriebe (dem Trommelvorgelege) und mit entsprechend größerer Geschwindigkeit gehoben bzw. gesenkt werden. Hierbei ist jedoch die Umlaufsrichtung der Kurbeln entgegengesetzt.

Das Sperrwerk und die Bremse werden bei den Winden mit einfacher Übersetzung an der Trommel und bei den Winden mit doppelter Übersetzung auf der mittleren Welle angeordnet.

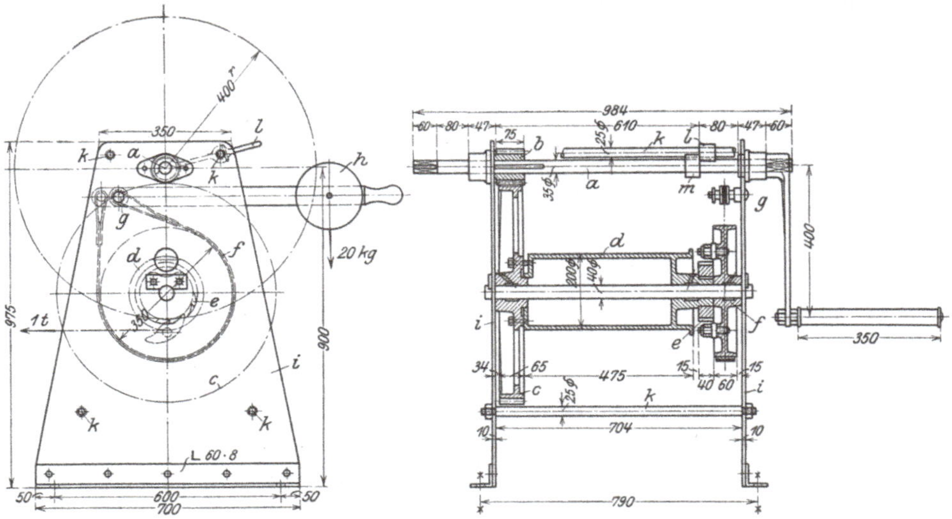

Abb. 470. Handkabelwinde mit einem Vorgelege; Tragkraft: 1 t. (Piechatzek.)
a Kurbelwelle; *b*—*c* Vorgelege; *d* Seiltrommel, mit *c* verschraubt und lose auf der festgestellten Achse laufend; *e* Sperrad, auf der Nabe von *d* aufgekeilt; *f* Bremsscheibe der Sperradbremse, lose auf der Trommelwelle sitzend; *g* fester Bremshebelbolzen; *h* Belastungsgewicht zur Bremse; *i* Windenschilde; *k* Abstandschrauben; *l* Falle; *m* Stellring zur verschiebbaren Kurbelwelle *a*.

Die Ausführung mit einer Sperradbremse (Lüftbremse) hat gegenüber der einfachen Bandbremse den Vorzug, daß keine Klinke aus- und einzulegen ist, wodurch die Bedienung der Winde wesentlich vereinfacht wird.

Bei der Handkabelwinde von 1500 kg Tragkraft (Abbildung 471) ist die Kurbelwelle axial verschiebbar.

1. Stellung (Abb. 471): Zum Heben schwerer Lasten sind beide Vorgelege *d*—*e* und *f*—*g* eingeschaltet.

2. Stellung: Ritzel *d* steht zwischen den Rädern *e* und *f*. Die Kurbelwelle ist zum Lastsenken ausgerückt.

3. Stellung: Ritzel *d* kämmt mit dem Trommelrad *f*. Es wird nur mit einem Vorgelege (dem Trommelvorgelege) gearbeitet. Leichte Lasten werden daher schneller gehoben bzw. gesenkt.

Alle drei Stellungen sind durch eine Falle und entsprechende Stellringe gesichert.

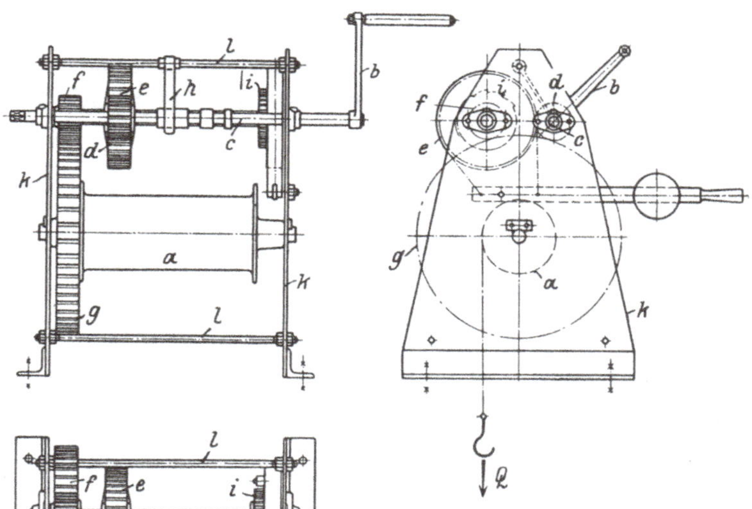

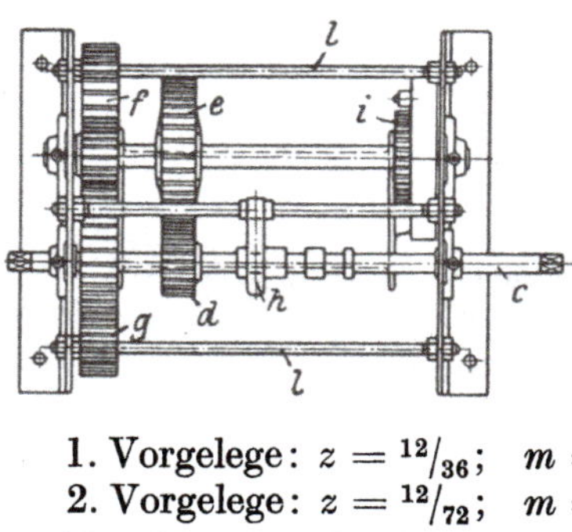

Abb. 471. Handkabelwinde mit doppelter Stirnräderübersetzung.
a Trommel; *b* Handkurbel; *c* verschiebbare Kurbelwelle; *d*—*e* Stirnrädergetriebe, dessen Ritzel *d* ein- und ausrückbar; *f*—*g* Trommelvorgelege; *h* Falle zur Feststellung von *c*; *i* Sperradbremse; *k* Blechschilde; *l* Distanzschrauben.

Trommeldurchmesser: 250 mm.

Getriebeabmessungen:

1. Vorgelege: $z = {}^{12}/_{36}$; $m = 11$ mm; $D = {}^{132}/_{396}$ mm; $b = 90$ mm,
2. Vorgelege: $z = {}^{12}/_{72}$; $m = 11$ mm; $D = {}^{132}/_{792}$ mm; $b = 90$ mm.

Durchmesser der Sperradbremse: 350 mm.

Ausrüstung der Handkabelwinden auf Wunsch des Bestellers auch mit einer Fliehkraftbremse (s. S. 133).

Die Handkabelwinden der Firma Pützer-Defries werden mit folgenden Bremseinrichtungen geliefert:
1. Mit Sperrwerk und einfacher Bandbremse.
2. „ Sperradbremse (Lüftbremse).

3. Mit einseitig wirkendem Klemmgesperre.
4. „ doppelt wirkendem Klemmgesperre.
5. „ einseitig wirkendem Klemmgesperre und Sperradbremse.
6. „ Sicherheitskurbel und Fliehkraftbremse.

Gruben-Kabelwinden. Den bergpolizeilichen Vorschriften entsprechend werden sie mit doppeltem Rädertriebwerk ausgeführt. Sie erhalten zwei Sperrwerke und zwei einfache Bandbremsen, die entweder durch einen Handhebel oder bei Winden über 5000 kg Tragkraft durch ein Handrad und eine Schraubenspindel angezogen werden.

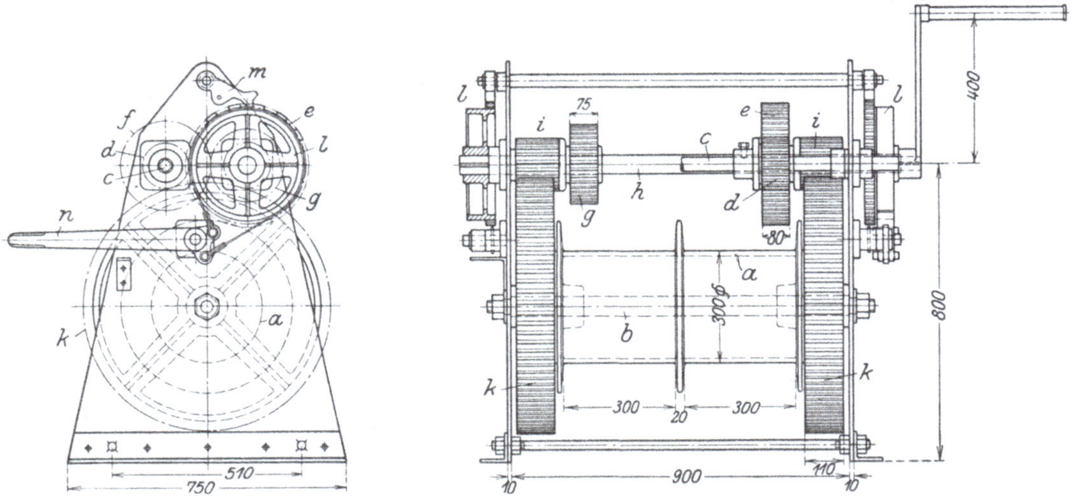

Abb. 472. Gruben-Kabelwinde für 1000 kg Zugkraft. (Zobel & Neubert.)
a Doppeltrommel, lose auf der Welle *b* laufend; *c* Kurbelwelle mit zwei um 180° zueinander versetzten Kurbeln; *d*—*e* Stirnrädergetriebe (für langsamen Gang); *f*—*g* Stirnrädergetriebe (für schnellen Gang), nach Einschalten auf die Zwischenwelle *h* arbeitend; *i*—*k* Trommelvorgelege, deren Räder *k* mit der Trommel verschraubt; *l* Bremsen mit an der Bremsscheibe angegossenem Sperrad (für Rechts- und Linksumlauf); *m* umlegbare Sperrklinke; *n* Bremshebel zu *l*.

Tragkraft der Gruben-Kabelwinden mit rechteckigen Schilden: 5000—7500—10000 und 15000 kg. Bis 10000 kg erhalten sie eine zweifache, über 10000 kg eine dreifache Räderübersetzung ($^1/_{30}$—$^1/_{50}$—$^1/_{75}$ und $^1/_{85}$).

Trommeldurchmesser (bei 5000 und 7500 kg): 300, bei (10000 und 15000 kg): 350 mm.

Abb. 472 zeigt eine Gruben-Kabelwinde von 1000 kg Zugkraft. Die Winde hat eine Doppeltrommel zum Aufwickeln von je 80 m Seil von 15 mm Dmr. Da die Zugkraft in der einen und anderen Richtung wirkt, so sind die Sperrwerke entsprechend und mit umlegbarer Klinke ausgeführt. Die Bremsen, an deren Scheibe die Sperrwerkzähne angegossen sind, sind als Summenbremsen ausgebildet.

Bei Einschalten des ersten linken Vorgeleges arbeitet die Winde mit dem schnellen Gang. Die Hubgeschwindigkeit ist dann 3,2mal so groß als beim Arbeiten mit ersten rechten Vorgelege.

2. Motorische Winden.

Der motorische Antrieb ermöglicht hohe Arbeitsgeschwindigkeiten.

Von den verschiedenen motorischen Antriebsarten (s. S. 2) wird der elektrische Antrieb allgemein angewendet. Die übrigen Antriebsarten (Transmissions-, Dampf- und Brennkraftantrieb) kommen nur gelegentlich und wenn kein Strom zur Verfügung steht, in Betracht.

Berechnung.

Motor. Bezeichnen Q die Vollast (Nutzlast+Totlast) in kg, v_1 die Hubgeschwindigkeit in m/min und η den Wirkungsgrad des Hubwerkes, so ist die erforderliche Motorleistung:

$$\left.\begin{aligned} N_1 &= \frac{Q \cdot v_1}{60 \cdot 75 \cdot \eta} = \frac{Q \cdot v_1}{4500 \cdot \eta} \ldots \text{PS}, \\ &= \frac{0{,}736\, Q \cdot v_1}{4500 \cdot \eta} = \frac{Q \cdot v_1}{6120 \cdot \eta} \ldots \text{kW}. \end{aligned}\right\} \quad (202)$$

Der Wirkungsgrad η der Winde hängt von dem gewählten Rollenzug und der Art und Anzahl der Vorgelege ab. Überschlägliche Berechnung nach S. 203. Der Motor wird nach den Angaben

S. 167 gewählt. Während des Hubanlaufes muß der Motor noch die umlaufenden und geradlinig bewegten Massen beschleunigen. Die Anlaufzeit kann für Hubwerke zu $t_a = 2$ bis 4 sek angenommen werden. Eine Nachprüfung der Beschleunigungsarbeit für den Hubanlauf ist im allgemeinen nicht erforderlich, da die Kranmotoren auch für schweren Betrieb ein genügend großes Anzugsmoment haben. Siehe S. 161 „Elektrische Ausrüstung der Winden und Krane".

Übersetzung. Die zwischen Motor und Trommel erforderliche Übersetzung (Abb. 473) ist:

$$i = \frac{\text{Drehzahl der Trommel}}{\text{Drehzahl des Motors}} = \frac{n_t}{n_m}. \tag{203}$$

Bezeichnet i_r die Übersetzung des Rollenzuges (Rollenzüge s. S. 35), so ist die Seilgeschwindigkeit an der Trommel: $v_s = v_1 \cdot \frac{1}{i_r} \ldots$ m/min. Übersetzung der meist angewendeten Rollenzüge: $i_r = 1/_2$, $1/_3$, $1/_4$ und $1/_5$.

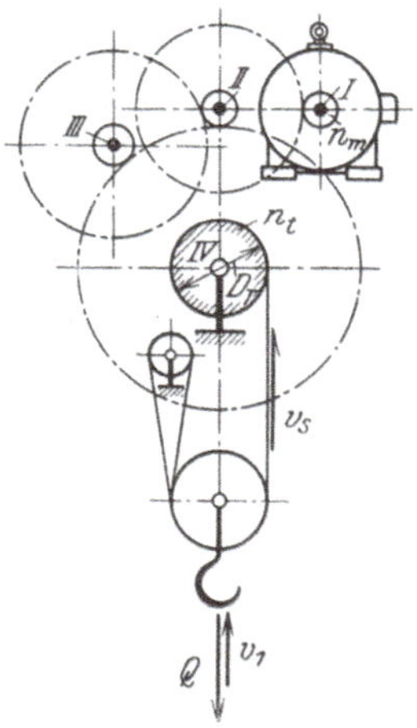
Abb. 473. Motorische Winde (Berechnungsskizze).

Mit dem bereits festgelegten Trommeldurchmesser D_t in m wird die Drehzahl der Trommel:

$$n_t = \frac{v_1}{D_t \pi} \ldots \text{i. d. min.} \tag{204}$$

Die nach Gleichung (203) berechnete Übersetzung wird auf eine gerade Zahl auf- oder abgerundet und auf die einzelnen Vorgelege (Abb. 473) verteilt.

$$i = i_{I-II} \cdot i_{II-III} \cdot i_{III-IV} \ldots$$

Je nach den vorhandenen Betriebsverhältnissen wird ein schnell laufender Motor gewählt und das erste Vorgelege (Motorvorgelege) als Schneckengetriebe ausgeführt oder man nimmt einen Motor mit mittlerer Drehzahl und sieht reine Stirnräderübersetzung vor.

Bei den Hubwerken der Krane mit normalem und schwerem Betrieb ist ein Motor mit mittlerer Drehzahl trotz seiner höheren Beschaffungskosten stets vorteilhafter. Er ergibt für das Hubwerk eine kleinere Übersetzung, für die zwei oder drei Stirnrädergetriebe ausreichen.

Motorvorgelege. Für Stirnrädergetriebe ist die kleinste Zähnezahl: $_{\min}z = 15$ bis 20. Verhältnis von Zahnbreite zu Teilung: $\psi = b/t = 4$ bis 6.

Werkstoff: Stahl (St 42 · 11 oder St 50 · 11) auf Gußeisen bzw. Stahlguß.

Zahnbeanspruchungszahl für Gußeisen: $c \approx 10$ bis 20 kg/cm²; für Stahlguß das Doppelte. Meist Anordnung des Vorgeleges in einem gußeisernen Räderkasten und im Ölbad laufend (Abb. 187 und 188, S. 78).

Schneckengetriebe in der Regel zweigängig. Schnecke aus gehärtetem Stahl (St 70 · 11), Rad aus Gußeisen mit aufgesetztem Kranz aus Gußbronze (GBz 14). Verhältnis von Zahnbreite zu Teilung (im Bogen gemessen): $\psi = b/t = 2{,}5$ bis 3. Zahnbeanspruchungszahl: $c = 30$ bis 70 kg/cm². Gestaltung des Räderkastens nach Abb. 207, S. 86, jedoch ohne Ringschmierlager an der Radwelle.

Trommelvorgelege. Werkstoff: St 50 · 11 auf Gußeisen oder Stahlguß. $\psi = b/t = 2$ bis 3.

Zahnbeanspruchungszahl für Gußeisen: $c = 20$ bis 40 kg/cm²; für Stahlguß das Doppelte. Erhält das Trommelvorgelege zu große Abmessungen, so wird es unterteilt.

Zwischenvorgelege (zwischen Motor- und Trommelvorgelege) werden sinngemäß berechnet.

Änderung der Hubgeschwindigkeit s. Abschnitt „Fahrbare Winden (Laufkatzen)".

Bremsen. Die Haltebremse hält die Last vor und nach dem Heben bzw. Senken fest und verzögert die bewegten Massen während des Senkauslaufes. Sie ist stets eine mechanische Bremse (doppelte Backenbremse oder Bandbremse), die durch ein Gewicht belastet ist und durch einen Magnetbremslüfter gelüftet wird. Sie wird in der Regel auf der elastischen Kupplung zwischen Motor und Triebwerk angeordnet.

Ist der Führerstand nahe dem Hubwerk angeordnet, so kann die Haltebremse auch als Senkbremse verwendet werden. Der Bremshebel wird dann während des Senkens von Hand gelüftet und die Senkgeschwindigkeit ist durch mehr oder weniger starkes Lüften regelbar.

Sind Führerstand und Hubwerk räumlich voneinander getrennt oder werden hinsichtlich der Senkregelung größere Anforderungen gestellt, so erhält die Hubsteuerwalze eine Senkbremsschaltung, bei der der Motor die Lastführung während des Senkens übernimmt.

Senkbremsschaltungen s. S. 172 und 175.

Ausführung.

a) Ortsfeste elektrische Winden.

1. Elektrisch betriebene Anholwinde von 1100 kg Zugkraft und 50 m/min Seilgeschwindigkeit (Abb. 474).

Die Winde dient zum Hochziehen der beladenen Wagen an der Schrägbahn eines Steinbruches und zum Herablassen der leeren Wagen.

Der Motor arbeitet mittels des Stirnrädervorgeleges *c—d* auf die Vorgelegewelle *e*. Das auf dieser Welle sitzende Ritzel *f* kämmt mit dem Trommelrad *g* und ist zum Abschalten des Motors ein- und ausrückbar. Die Winde hat zwei Bremsen, eine Sperradbremse mit Innenverzahnung und gesteuerten Klinken und eine einfache, an der Trommel sitzende Bandbremse, deren Bremshebel gleichzeitig zum Ein- und Ausrücken des Trommelvorgelegeritzels dient.

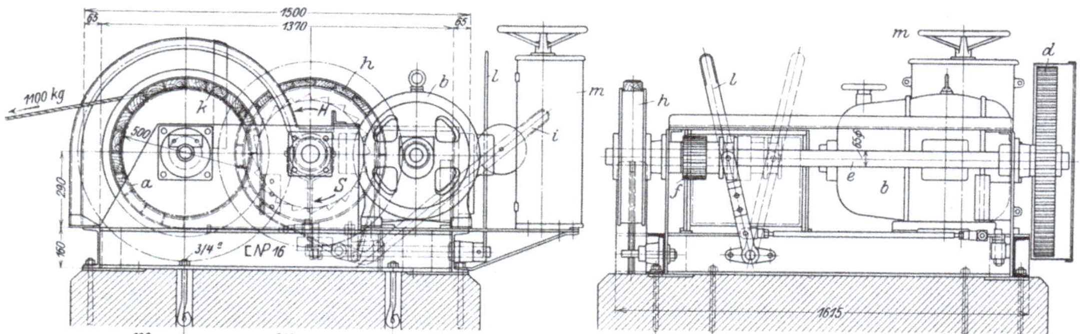

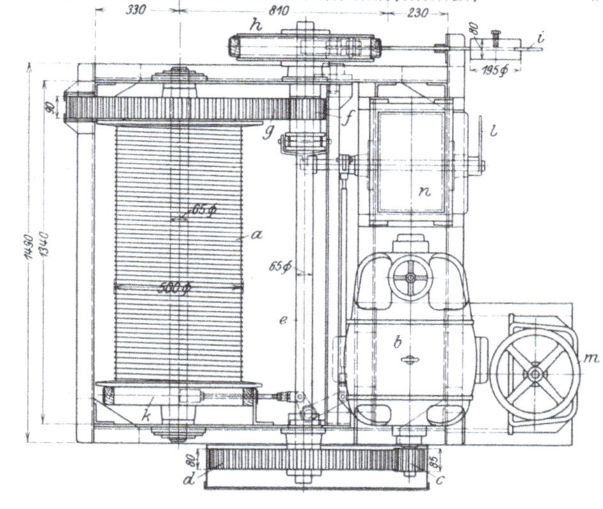

Abb. 474. Elektrisch betriebene Anholwinde von 1100 kg Zugkraft. (Wolff.)
a Trommel; *b* Motor; *c—d* Vorgelege, auf die Welle *e* treibend;, *f—g* Trommelvorgelege, dessen Ritzel *f* ausrückbar; *h* Sperradbremse; *i* gewichtbelasteter Bremshebel zu *h*; *k* Bandbremse, deren Scheibe mit der Trommel aus einem Stück gefertigt; *l* Hebel zum Kuppeln von *f* mit der Welle und zum Bedienen der Bandbremse *k*; *m* Steuerwalze.

Das Zugseil hat einen Durchmesser von 15 mm und wird in drei Lagen auf der Trommel aufgewickelt. Der Motor ist ein Drehstrommotor von 17 PS (Dauerleistung) und 1440 Uml/min.

Motorvorgelege: $z = {}^{14}/_{104}$; $m = 7$ mm; $D = {}^{98}/_{728}$ mm; $b = {}^{85}/_{80}$ mm.

Trommelvorgelege: $z = {}^{11}/_{70}$; $m = 12$ mm; $D = {}^{132}/_{840}$ mm; $b = {}^{100}/_{90}$ mm.

Beide Vorgelege haben AEG-Verzahnung. Durchmesser der Bremsen: 500 mm.

2. Elektrisch betriebene Reibungswinde (Friktionswinde) von 750 kg Tragkraft und 25 m/min Hubgeschwindigkeit (Abb. 475).

Die Reibungswinden dienen bei den Lukenauslegeranlagen der Hafenspeicher als Antrieb des Hubwerks.

Wird der gewichtbelastete Steuerhebel durch das Zugseil nach oben gedreht, so wird das große Reibungsrad gegen das kleine gepreßt. Hierdurch wird die Trommel mit dem Motor gekuppelt und die Last gehoben. Wird das Steuerseil losgelassen, so legt sich das große Reibungsrad gegen einen festen Bremsklotz und hält die Last in jeder Höhenlage fest. Durch teilweises Anziehen des Steuerseiles gelangt das Reibungsrad in eine Mittellage zwischen dem kleinen Reibungsrad und dem Bremsklotz, so daß die Last abwärts geht. Hierbei wird eine unzulässig hohe Senkgeschwindigkeit durch eine Fliehkraftbremse vermieden.

Wird die höchste Hakenstellung bei unaufmerksamer Bedienung überschritten, so wird der Motorstrom durch einen Endschalter unterbrochen und die Last rechtzeitig still gelegt.

Da der Motor zeitweise nahezu unbelastet, d. h. nur durch den Reibungswiderstand des Motorvorgeleges mit etwa 5% belastet ist, so ist bei Anwendung des bei Gleichstrombetrieb allgemein üblichen Hauptschlußmotors ein Durchgehen des Motors zu befürchten.

In diesem Fall wird daher ausnahmsweise ein Nebenschlußmotor eingebaut, der bei jeder Belastung, auch bei negativer, annähernd mit der gleichen Drehzahl umläuft.

Leistung des Motors: 4,5 PS; Drehzahl: 1150 in 1 min. Trommeldurchmesser: 300 mm.

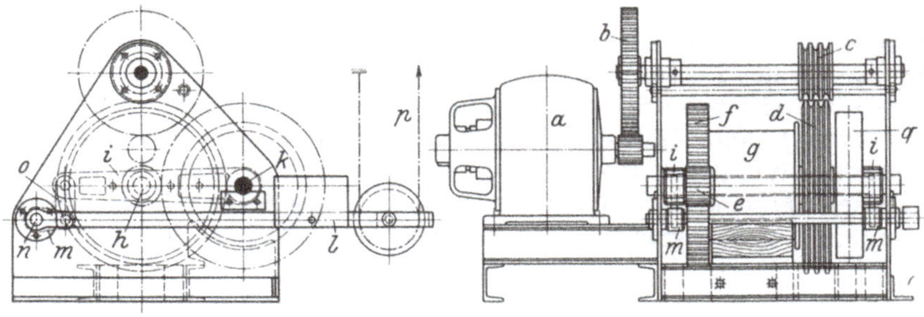

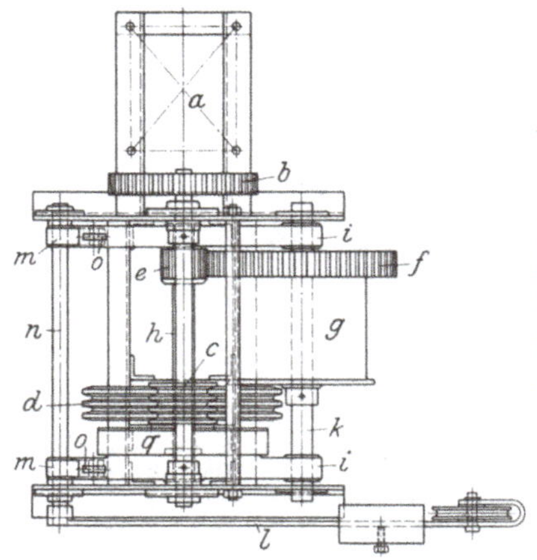

Abb. 475. Elektrisch betriebene Reibungs- (Friktions-) Winde von 750 kg Tragkraft. (Weyermann.)

a Motor; *b* Stirnrädervorgelege; *c*—*d* Reibungsrädergetriebe; *e*—*f* Trommelvorgelege; *g* Trommel; *h* Vorgelegewelle, in den gußeisernen Hebeln *i* gelagert; *k* durch Achshalter festgestellte Trommelwelle, um die die Hebel *i* um einen kleinen Betrag ausschwingen; *l* gewichtbelasteter Hebel, mit den kurzen Hebeln *m* auf der Welle *n* aufgekeilt; *o* Laschen, *i* und *m* verbindend; *p* Steuerseil; *q* Fliehkraftbremse.

3. Demag-Speicherwinde von 750 kg Tragkraft und 60—70 m/min Hub- bzw. Senkgeschwindigkeit (Abb. 475a)[1].

Die Winde hat ein zylindrisches Gehäuse, das vermittels einer angegossenen Befestigungsplatte auf einem Profileisenrahmen aufgeschraubt wird. An einem Ende dieses Gehäuses ist

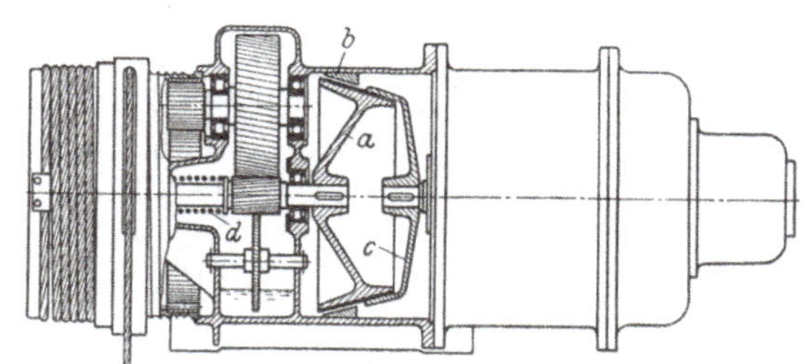

Abb. 475a. Demag-Speicherwinde (Längsschnitt durch das Getriebe).
a kegelige Scheibe auf der Ritzelwelle; *b* Bremsring; *c* Gegenscheibe auf der Motorwelle; *d* Bremsfeder.

die Seiltrommel mit der Seilwickelvorrichtung fliegend gelagert. Am anderen Ende ist ein Verschiebeankermotor mit Kupplungs- und Bremslüftmagnet angeschraubt. Die im Ölbad laufenden Getriebe, die Kupplung und die Bremse sind in dem Gehäuse angeordnet. In Rücksicht auf äußerst gedrängten Bau der Winde sind alle wesentlichen Teile aus hochwertigen Werkstoffen gefertigt. Alle Getriebe laufen in Wälzlagern.

Die Winde zeichnet sich durch einfache Steuerung sowie sanftes Anfahren aus. Bei plötzlichem Absenken mit der Höchstgeschwindigkeit sind ein Durchgehen der Last und Freifallstellungen ausgeschlossen. Anwendung in Verbindung mit einem festen oder ausfahrbaren Ausleger an der Speicherluke sowie mit einem, außen an der Gebäudewand befestigten, um 180° schwenkbaren Drehkran. Siehe Abschnitt „Ortsfeste Drehkrane“.

[1] Z.V.d.I. 1930, S. 1421.

Zwei auf gemeinsamem Rahmen befestigte Speicherwinden können mit gemeinsamem Hubseil als Friktions-Doppelwinde betrieben werden.

Die elektrisch betriebene Demag-Schiffsladewinde hat eine fliegend gelagerte Trommel mit angegossenem Spillkopf. Im äußeren Bau gleicht sie der Speicherwinde und wird vermittels zweier Z-Eisen auf Deck des Schiffes befestigt. Das an der Trommel oder am Spillkopf aufwickelnde Hubseil wird über die Umlenkrollen des am Schiffsmast angeordneten wippbaren Ausleger geführt. Die Winde ist feinfühlig regelbar und paßt ihre Arbeitsgeschwindigkeit der Last an.

b) Greiferwinden (Greiferhubwerke).

Der Betrieb der Zweiseilgreifer (und der Klappkübel) erfordert ein besonderes Windwerk mit zwei Trommeln, das der Arbeitsweise dieser Fördergefäße entsprechend gestaltet wird.

In Rücksicht auf größere Betriebssicherheit und um ein Drehen des Greifers beim Heben und Senken zu vermeiden, wird er mit vier Seilen, zwei Hub- und Schließseilen und zwei Halte- oder Entleerseilen ausgeführt, die paarweise mit Rechts- und Linksgewinde an der Hub- und Schließ- bzw. Halte- oder Entleertrommel angreifen (Abb. 476, S. 212).

Zur Ausführung der verschiedenen Bewegungen während eines Greiferspiels müssen diese beiden Trommeln gleichsinnig (im Hub- oder Senksinne) umlaufen, oder die Haltetrommel steht fest, während die Hub- und Schließtrommel sich im einen oder anderen Sinne dreht. Siehe S. 152 Arbeitsweise des Zweiseilgreifers.

1. Greiferwinden (-hubwerke) mit einem Motor. Abb. 476, S. 212, zeigt eine einfache Ausführung, wie sie noch heute bei Kranen kleiner und mittlerer Tragkraft angewendet wird.

Arbeitsweise des Hubwerks:

Greifer geöffnet senken: Bremsbandkupplung *p* einrücken. Hubwerkbremse *d* und Entleerbremse *r* öffnen. Beide Trommeln *a* und *b* laufen im Senksinne um.

Greifer schließen (Füllen): Bremsbandkupplung ist ausgerückt. Hubwerkbremse offen, Entleerbremse angezogen. Motor *c* wird auf „Heben“ geschaltet, so daß die Hubtrommel in diesem Sinne umläuft, während die Entleertrommel stillsteht.

Greifer heben: Bremsbandkupplung ist eingerückt. Beide Bremsen sind geöffnet. Der Motor treibt beide Trommeln im Hubsinne an.

Greifer öffnen (Entleeren): Bremsbandkupplung ist ausgerückt. Hubwerkbremse offen. Entleerbremse angezogen. Die Hubtrommel läuft solange im Senksinne um, bis der Greifer ganz geöffnet ist.

Arbeitsgeschwindigkeiten des Kranes: Heben: 32 m/min; Drehen: 1,56 mal in 1 min. Kranfahren: 60 m/min.

Eine wesentliche Verbesserung dieses Hubwerks wird dadurch erreicht, daß die Haltetrommel während des Hebens und Senkens des Greifers durch eine Rutschkupplung an die Hubtrommel angeschlossen wird, deren Reibung zum Mitnehmen oder Nachlassen der unbelasteten Halteseile ausreicht. Vgl. Abb. 128, S. 51, und Abb. 229, S. 99. Die im Abschnitt „Fahrbare Winden (Laufkatzen)“ dargestellten Greiferlaufkatzen sind mit einem derartigen Hubwerk ausgerüstet.

Die genannten Hubwerke sind zwar baulich einfach und erfordern nur geringe Anlagekosten, haben jedoch den Nachteil, daß ihre Bedienung durch einen geübten Kranführer geschehen muß, der mehrere Steuerhebel in bestimmter Reihenfolge zu bedienen hat. Wird diese Reihenfolge nicht eingehalten und werden bei dem in der Schwebe befindlichen offenen Greifer die Bremsbandkupplung und die Entleerbremse gelüftet, so kann der Greifer plötzlich zuklappen und abstürzen. Um hierdurch hervorgerufene Unfälle und Betriebsstörungen zu vermeiden, werden die feindlichen Steuerhebel derart gegenseitig verriegelt, daß die Handgriffe nur in der richtigen Reihenfolge ausführbar sind (Demag-Nachrichten 1928, S. 85, Abb. 11).

Greiferhubwerk mit Bedienung der Bremsbandkupplung und der Entleerbremse durch einen gemeinsamen Bremshebel siehe: Volk, Einzelkonstruktionen aus dem Maschinenbau, 7. Heft: Sperrwerke und Bremsen.

Werden die Bremsbandkupplung und die Entleerbremse durch Magnetbremslüfter gesteuert, so können Hubwerk und Bedienungsstand örtlich voneinander getrennt sein (Fernsteuerung).

Bei dem schematisch dargestellten Greiferhubwerk Abb. 477[1], S. 213, ist die sonst übliche Bremsbandkupplung zwischen den beiden Trommelantrieben durch ein Umlauf- (Planeten-) Getriebe ersetzt, dessen Gehäuse *l* durch die Bremse *o* festgehalten ist. Ist die Bremse *o* angezogen und die Bremse *n* gelüftet, so treibt das auf der Vorgelegewelle aufgekeilte Sonnenrad *i* die Planetenräder *k* an, die sich in dem Gehäuse abwälzen und die Planetenscheibe *m* drehen. Hierbei steht die Haltetrommel *e* still, während die Schließtrommel *b* umläuft. Je nach dem Drehsinne wird der Greifer geschlossen oder geöffnet.

---

[1] SSW-Druckschrift: Rothe: Steuerungen für Greiferwinden.

Wird die Bremse *n* angezogen und die Bremse *o* gelüftet, so treibt das Sonnenrad die Planetenräder an, die, da die Scheibe *m* feststeht, das Gehäuse *l* drehen und die Haltetrommel *b* antreiben. Die Planetenräder sind so bemessen, daß beide Trommeln mit gleicher Drehzahl umlaufen. Bei dieser Windwerkbauart ist ein Abstürzen des Greifers ausgeschlossen.

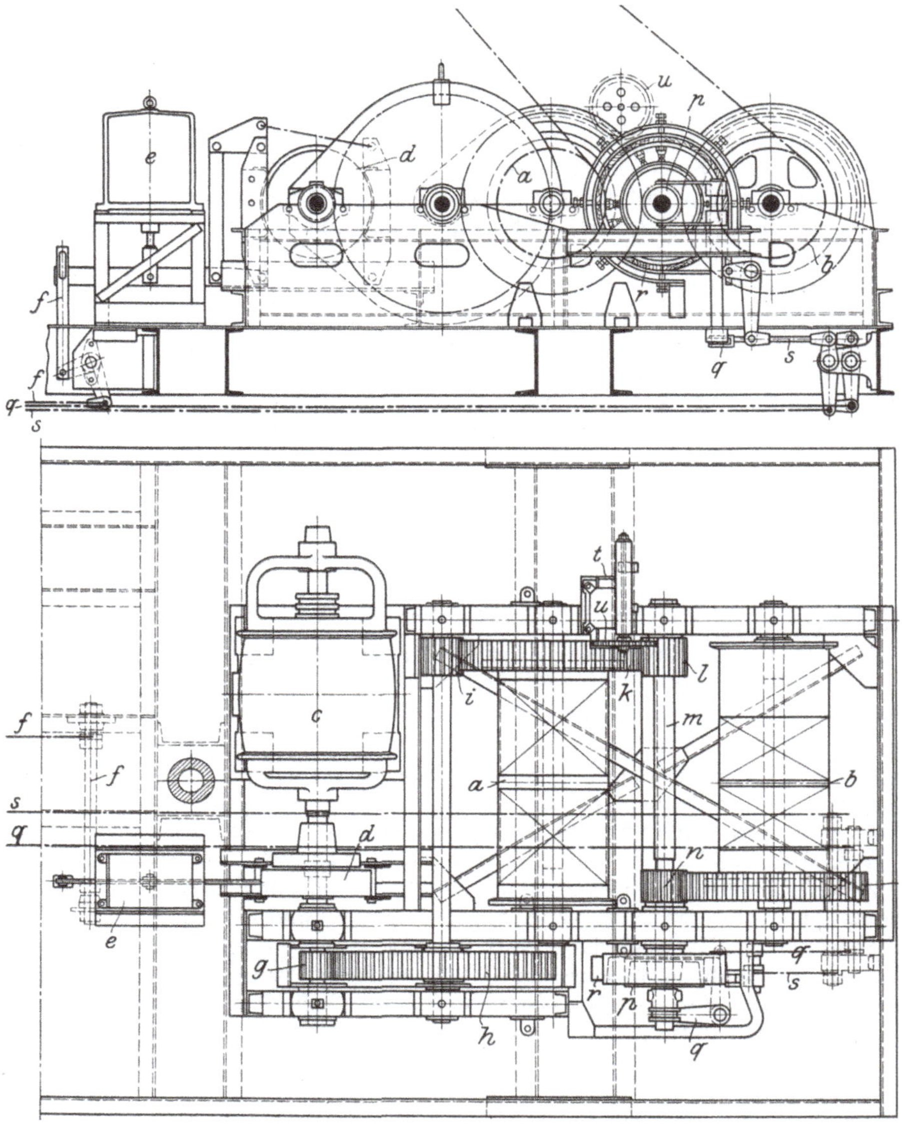

Abb. 476. Greiferhubwerk zu einem elektrisch betriebenen fahrbaren Tordrehkran von 5 t Tragkraft und 15 m Ausladung. (Demag-Tigler.)

a Hubtrommel; *b* Entleertrommel; *c* Hubmotor (50 PS, 725 U/min); *d* Hubwerkbremse, auf dem Umfang der elastischen Kupplung angeordnet; *e* Magnetbremslüfter zu *d*; *f* Gestänge zum Lüften von *d*; *g*—*h* Motorvorgelege (gekapseltes, im Ölbad laufendes Stirnrädergetriebe); *i*—*k* Vorgelege zum Antrieb der Hubtrommel; *l* Ritzel, auf der Zwischenwelle *m* aufgekeilt und mit dem Trommelrad *k* kämmend; *n*—*o* Vorgelege zum Antrieb der Entleertrommel, dessen Ritzel *n* lose auf *m* sitzt und mit der Bremsscheibe der Entleerbremse *r* aus einem Stück gefertigt ist (Abb. 224, S. 96); *p* Bremsbandkupplung zum Ein- und Ausrücken von *n*; *q* Gestänge zu *p*; *r* Entleerbremse; *s* Gestänge zu *r*; *t* Hubwerkendschalter; *u* Antriebrädchen zu *t*, mit *k* kämmend.

Für den normalen Greiferbetrieb kommen die gleichen Hubwerkschaltungen wie beim gewöhnlichen Kranbetrieb (siehe S. 172 und 175) in Betracht.

SSW-Schaltungen: Gleichstrom-Sicherheits-Senkbremsschaltung *r*. — Übersynchrone Drehstrom-Sicherheitssenkschaltung *a*. — Untersynchrone Drehstrom-Bremsschaltung *e h*.

Drehstrom-Greifersteuerungen der AEG:

ID—Eh, Einmotorensteuerung mit rein mechanischer Betätigung durch Handhebel. — ID—Zm, desgleichen mit Magnetumschalter und Zweihebelbedienung. — ID—Em, desgleichen mit Magnetumschalter und Einhebelbedienung.

2. Greiferwinden (-hubwerke) mit zwei Motoren. Die Steigerung der Tragkraft und der Arbeitsgeschwindigkeiten der Krane hat zur Einführung des Zweimotorenantriebes Veranlassung gegeben. Bei diesem dient ein Motor zum Heben und Senken des Greifers, während der zweite (der Steuermotor) den Greifer öffnet und schließt. Es ist daher möglich, die einzelnen Greiferbewegungen gleichzeitig und in beliebiger Reihenfolge auszuführen, wodurch der Verladebetrieb wesentlich beschleunigt wird.

Abb. 478, S. 214, zeigt ein Zweimotorenhubwerk, Bauart Demag-Tigler, bei dem ein Planetengetriebe als Kupplung zwischen der Hub- und der Schließtrommel dient. Das Hubwerk wird lediglich durch zwei Steuerwalzen, eine für den Hub- und eine für den Schließmotor, gesteuert. Zu

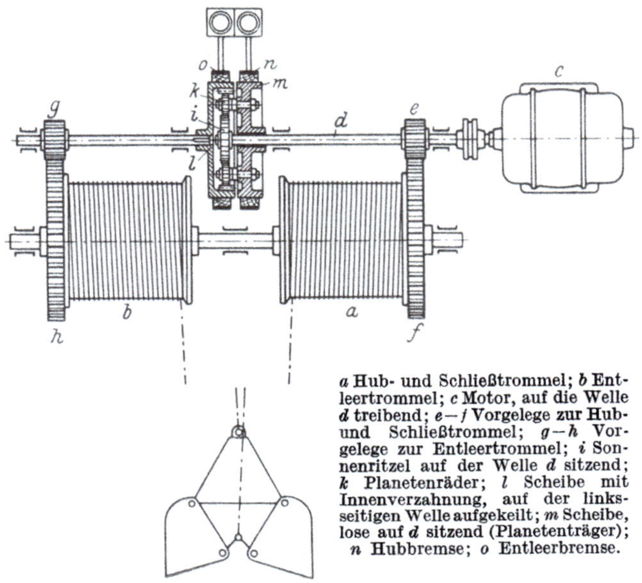

a Hub- und Schließtrommel; *b* Entleertrommel; *c* Motor, auf die Welle *d* treibend; *e—f* Vorgelege zur Hub- und Schließtrommel; *g—h* Vorgelege zur Entleertrommel; *i* Sonnenritzel auf der Welle *d* sitzend; *k* Planetenräder; *l* Scheibe mit Innenverzahnung, auf der linksseitigen Welle aufgekeilt; *m* Scheibe, lose auf *d* sitzend (Planetenträger); *n* Hubbremse; *o* Entleerbremse.

Abb. 477. Greiferhubwerk mit einem Motor und Planetengetriebe (schematische Darstellung).

jedem Motor gehört eine gewichtbelastete doppelte Backenbremse, die durch einen Magnetbremslüfter gelüftet wird. Während die Hubtrommel *g* über die Vorgelege *c—d* und f_1—f_2 vom Motor *a* angetrieben oder durch die Bremse *b* festgehalten wird, kann die Schließtrommel *s* von jedem Motor (*a* bzw. *i*) oder von beiden gleichzeitig in Gang gesetzt werden.

Beim Greiferschließen ist der Motor *a* stromlos und die Bremse *b* ist angezogen. Der Motor *i* ist eingeschaltet und treibt über die Vorgelege *l—m*, n_1—n_2 und p_1—p_2 den Planetenkörper an. Die in diesem gelagerten kleinen Kegelräder *q—q* wälzen auf dem feststehenden Kegelrad *t* ab und treiben das Kegelrad *r* der Schließtrommel *s* an. Diese dreht sich daher im gleichen Sinne wie der Planetenkörper, aber mit größerer Geschwindigkeit. Die Schließseile S_2 werden daher an der Trommel aufgewickelt und der Greifer wird geschlossen.

Greifer öffnen (Entleeren) geschieht durch Umkehren der Drehrichtung des Schließmotors *i*.

Beim Heben des geöffneten Greifers ist der Motor *i* stromlos, die Bremse *k* ist angezogen und der Planetenträger steht fest. Der Motor *a* ist im Hubsinne eingeschaltet und treibt über die Vorgelege *c—d* und f_1—f_2 die Hubtrommel *g* an. Diese Bewegung wird durch die Stirnräder f_2—*u*, das Kegelrad *t*, die als Zwischenräder wirkenden kleinen Kegelräder *q—q* und das Kegelrad *r* auf die Schließtrommel *s* übertragen, die dann im gleichen Sinne und mit gleicher Drehzahl wie die Hubtrommel *g* umläuft. Die Hubseile S_1 und die Schließseile S_2 werden eingezogen und der Greifer wird gehoben.

Senken des geöffneten Greifers geschieht durch Umkehren des Drehsinnes des Hubmotors. Durch gleichzeitiges Einschalten beider Motoren bei verschiedenem Drehsinn lassen sich die verschiedenen Greiferbewegungen beliebig zusammenfassen.

Arbeitsgeschwindigkeiten und Motoren:

Heben (Motor *a*):	50,0 m/min;	119,7 PS	bei	730 Uml/min
Schließen (Motor *b*):	27,7 „ ;	61,2 „	„	575 „

Stromart: Drehstrom 500 V, 50 Hz.

Das Planetengetriebe (Differentialgetriebe) hat sich als Kupplung zwischen Hub- und Schließtrommel sehr gut bewährt und zu zahlreichen Ausführungen von Zweimotorenhubwerken, bei denen es in verschiedener Art eingebaut ist, Veranlassung gegeben (Demag-Nachrichten 1928, S. 88f).

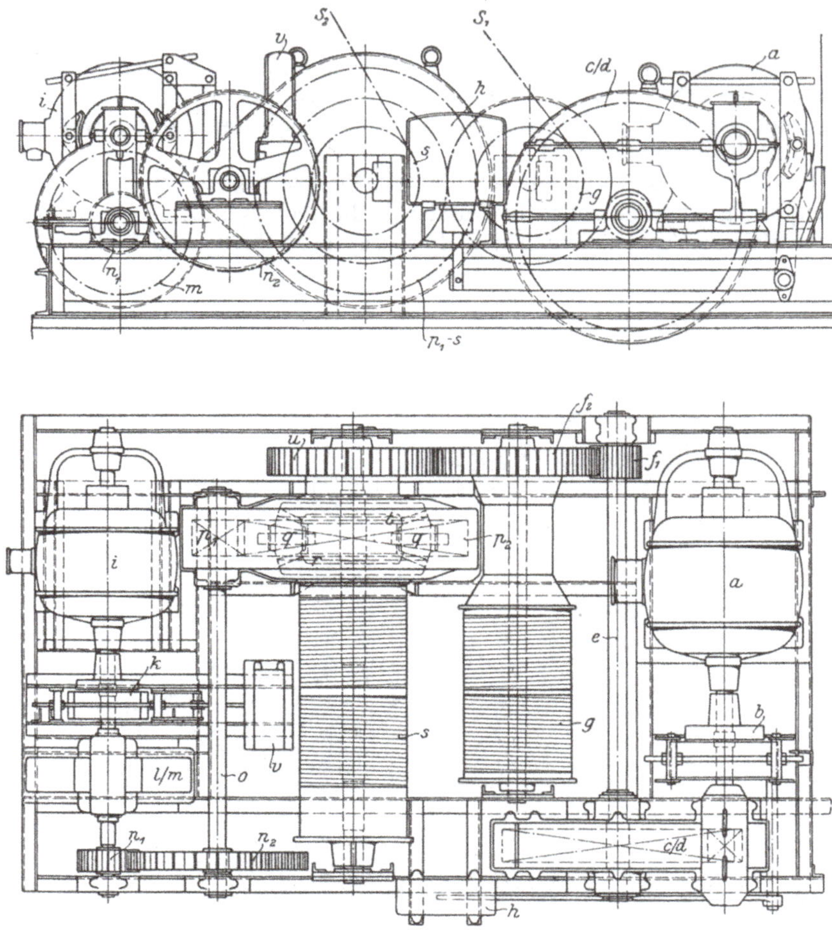

Abb. 478. Zweimotoren-Greiferhubwerk zu einem Tordrehkran von 6/8 t Tragkraft und 21/16 m Ausladung. (Demag-Tigler.)

Hubwerk: *a* Hubmotor; *b* elastische Kupplung mit Haltebremse (gewichtbelastete, elektromagnetisch gelüftete, doppelte Backenbremse); *c*—*d* Motorvorgelege, auf die Welle *e* arbeitend; f_1—f_2 Trommelvorgelege; *g* Hubtrommel; *h* Magnetbremslüfter zur Haltebremse. **Schließwerk:** *i* Schließmotor; *k* elastische Kupplung mit Haltebremse; *l*—*m* Motorvorgelege; n_1—n_2 Vorgelege, auf die Welle *o* arbeitend; p_1 Ritzel auf *o*, mit dem Umlaufrad p_2 kämmend; *q*—*q* Kegelritzel, in dem Planetenträger gelagert; *r* Kegelrad, mit der Schließtrommel *s* verbunden; *t* Kegelrad, mit dem Stirnrad *u* verbunden, das mit dem Hubtrommelrad f_2 kämmt; *v* Magnetbremslüfter zur Haltebremse; S_1 Hubseile; S_2 Schließseile.

Abb. 479 zeigt ein neueres Zweimotorenhubwerk, bei dem das Planetengetriebe auf der Welle des Schließmotors angeordnet ist. Die Arbeitsweise des Windwerks ist die gleiche wie bei dem auf Abb. 478. Die Verlegung des Planetengetriebes auf die Schließmotorwelle hat den Vorzug, daß das Getriebe wegen des kleineren Drehmomentes entsprechend geringere Abmessungen erhält. Das ganze Triebwerk ist, mit Ausnahme der Trommelvorgelege, in einem Räderkasten untergebracht und läuft im Ölbad. Da auch die schnellaufenden Wellen mit Wälzlagern ausgerüstet sind, so hat das Windwerk einen guten Wirkungsgrad (etwa 90%).

Die Greiferhubwerke mit Planetengetrieben zeichnen sich durch große Betriebssicherheit und leichtes Steuern aus.

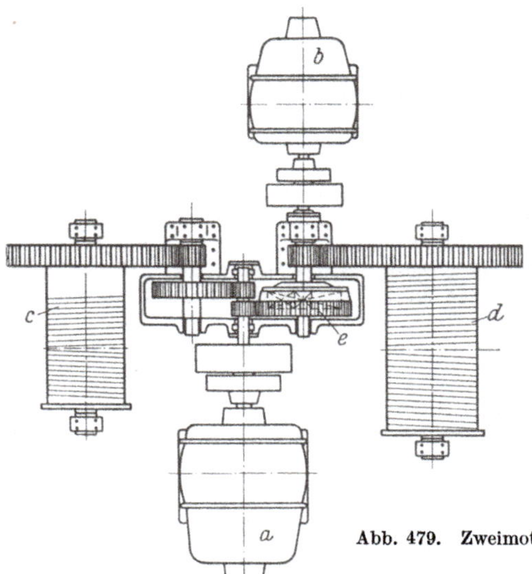

Abb. 479. Zweimotoren-Greiferhubwerk mit Planetengetriebe auf der Welle des Schließmotors. (Demag.)

a Hubmotor; *b* Schließmotor; *c* Hubtrommel; *d* Entleertrommel; *e* Planetengetriebe.

Weiteres über Zweimotoren-Hubwerke siehe: Rothe: Steuerung für Greiferwinden. Druckschrift der SSW. — Toussaint: Differential-Greiferwindwerk mit Getriebekasten (Abb. 479). Z. V. d. I. 1929, S. 234.

Die Steuerwalzen für die Hubmotoren der Zweimotorenwindwerke erhalten zweckmäßig eine Senkbremsschaltung. Für die der Schließmotoren genügt meist eine einfache Umkehrschaltung. Beide Steuerwalzen können auch Universalantrieb erhalten, wobei die Bewegungen des Steuerorganes den Arbeitsbewegungen gleichsinnig sind.

AEG-Drehstrom-Greifersteuerungen: IID—Wk, Zweimotorensteuerung mit Zweihebelbedienung mit mechanischer Kupplung. — IID—W, Zweimotorensteuerung mit Zweihebelbedienung ohne mechanische Kupplung. — IID—E, Zweimotorensteuerung mit Einhebelbedienung ohne mechanische Kupplung.

SSW-Steuerungen siehe: Druckschrift „Steuerungen für Greiferwindwerke" (von Rothe).

g) Winden für Seilverschiebeanlagen.

Die Seilverschiebeanlagen für Eisenbahnwagen (Spills, Verschiebewinden und Verschiebeanlagen mit endlosem Seil) lassen sich jedem Gleisnetz leicht anpassen, haben große Manövrierfähigkeit und erfordern nur geringe Bedienungs- und Wartekosten.

Antrieb allgemein elektrisch.

1. Elektrische Spills.

Arbeitsweise (Abb. 480): Das Zugseil wird mittels eines Hakens an den zu verschiebenden Eisenbahnwagen eingehängt und in einer oder mehreren Umschlingungen um den Spillkopf gelegt. Nach Ingangsetzen des Spills und infolge der Seilreibung kann der Arbeiter bei kleinem Zug am Seil eine große Zugkraft an den Wagen ausüben. Sind die Wagen in entgegengesetzter Richtung zu bewegen, so wird das Zugseil noch um eine Umlenkrolle gelegt (Abb. 480).

Die Spills werden für Zugkräfte von 200 bis 5000 kg und Seilgeschwindigkeiten von 45 bis 15 m/min hergestellt. Von 1000 kg Zugkraft an erhalten die Spills einen doppelten Spillkopf

Abb. 480. Elektrisches Spill. (Krupp-Grusonwerk.)

mit zwei verschieden großen Durchmessern. Der untere Teil desselben mit dem größeren Durchmesser dient zum Aufnehmen des Seiles bei der normalen Zugkraft und Geschwindigkeit, während an dem Oberteil mit dem kleineren Durchmesser eine größere Zugkraft bei kleinerer Seilgeschwindigkeit ausgeübt werden kann.

Stromart: Gleichstrom oder Drehstrom mit den normalen Spannungen.

Wegen etwaiger Bildung von Schwitz- und Tropfwasser kommen für die Spills nur geschlossene Motoren in Frage. Bei Gleichstrom verwendet man Hauptschlußmotoren. Ein Durchgehen des in einem Spill eingebauten Hauptschlußmotors ist auch bei Leerlauf des Spills ausgeschlossen, da der Motor schon durch die Reibung eines Schneckengetriebes genügend belastet ist. Wird die Drehzahlerhöhung des Hauptstrommotors bei schwacher Belastung in besonderen Fällen (kurze Gleisstrecke, Gefälle oder ungünstige Anordnung des Spills) störend empfunden, so kann ein Doppelschlußmotor vorgesehen werden. Nebenschlußmotoren sind für den Spillbetrieb wegen ihres geringen Anzugmomentes und der bei häufigerem Ausschalten auftretenden Induktionserscheinungen wenig geeignet.

Ein Umkehren des Drehsinnes der Spillmotoren ist nicht erforderlich, da das Seil rechts oder links um den Spillkopf gelegt werden kann. Ebenso ist eine Bremsvorrichtung unnötig, da die Last durch Abwerfen des Seiles vom Spill getrennt wird.

Der Motoranlasser wird entweder durch einen Steckschlüssel oder durch einen Fußhebel (Abb. 480 und 481) betätigt. Die Bedienung durch Steckschlüssel ist die gebräuchlichere, da bei ihr der Bau des Spills am einfachsten und billigsten wird, erfordert jedoch von dem Führer ein gewisses Maß von Selbständigkeit und Zuverlässigkeit. Bei Fußtrittsteuerung ist der Anlasser vollkommen unabhängig von der Bedienungsweise des Führers.

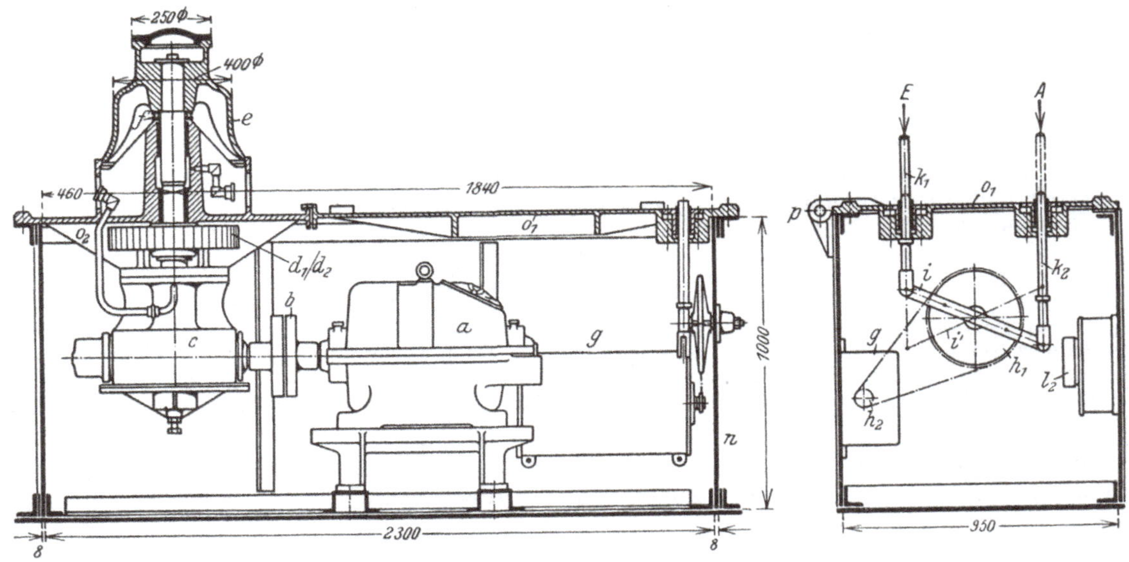

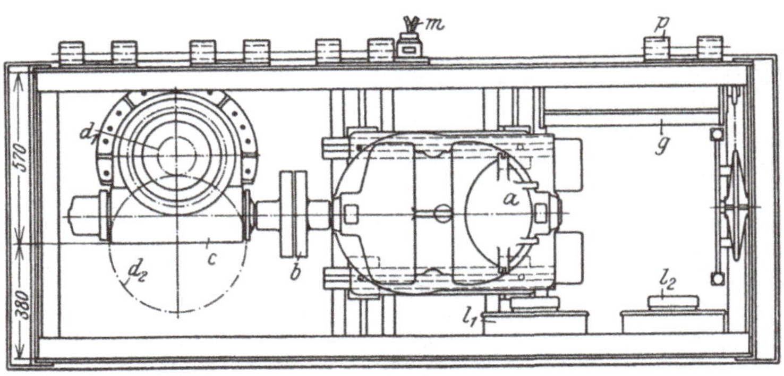

Abb. 481. Elektrisch betriebenes Spill mit Fußtrittsteuerung. (Windhoff.)

Zugkraft: 1500 bzw. 2500 kg;
Seilgeschwindigkeit: 30 bzw. 18 m/min;
Motor: 15 PS bei 1450 U/min.;
Stromart: Drehstrom 220 V, 50 Hz.

a Motor; *b* elastische Kupplung; *c* waagerechtes Schneckengetriebe; d_1-d_2 Stirnrädervorgelege; *e* doppelter Spillkopf; *f* Kugellager; *g* Steuerwalze; h_1-h_2 Kettentrieb; *i* doppelarmiger Hebel mit dem Kettenrad h_1 auf der Welle aufgekeilt; k_1-k_2 Fußstangen zum Betätigen der Steuerwalze (E = ein, A = aus); l_1-l_2 Widerstände; *m* Kabelanschluß; *n* Gehäuse aus Stahlblech (in neuerer Zeit geschweißt statt genietet); o_1-o_2 aufklappbare Deckel; *p* Scharniere zu den Gehäusedeckeln.

Die Spills werden bis Kastenoberkante versenkt eingebaut. Zwecks Untersuchung des Triebwerks wird der Deckel zweiteilig und aufklappbar angeordnet (Abb. 481), oder das ganze Spill wird kippbar ausgebildet und ist um eine waagerechte Achse des halbzylindrischen Gehäuses drehbar[1].

Um das ablaufende Spillseil ordnungsgemäß aufwickeln zu können, verwendet man entweder eine feste oder eine fahrbare Trommel.

Die Spills werden auch mit selbsttätiger Seilaufwicklung[2], die in einem Betonschacht untergebracht ist, ausgeführt. Diese gestattet die Anwendung von Seillängen bis zu 300 m, während bei Spills ohne selbsttätige Seilaufwicklung die größte Seillänge höchstens 120 m beträgt.

Für die Bestimmung des Seilzuges eines Spills kann man bei ebener Fahrstrecke, großen Krümmungshalbmessern und gut verlegtem Gleis mit einer Zugkraft von etwa 10 kg je eine

[1] Fried. Krupp A.-G., Grusonwerk, Magdeburg.
[2] Joseph Vögele, Mannheim.

Tonne Verschiebegewicht rechnen. Für Gleisanlagen mit größerer Steigung ist die Anwendung eines Spills nicht zu empfehlen, da das Seil rutschen kann.

Weitere Bauarten von Spills siehe: Dubbel, Taschenbuch f. d. Maschinenbau. 5. Aufl., II. Bd., S. 457 (Bauart Demag). — Maschinenbau 1923/24, S. 854 (Bauart Losenhausen und Bauart Becker). — Z. V. d. I. 1931, S. 512 (Bauart Heckel. Das Getriebe ist zwecks gedrängten Baues und geringen Gewichtes im Innern des Spillkopfes untergebracht).

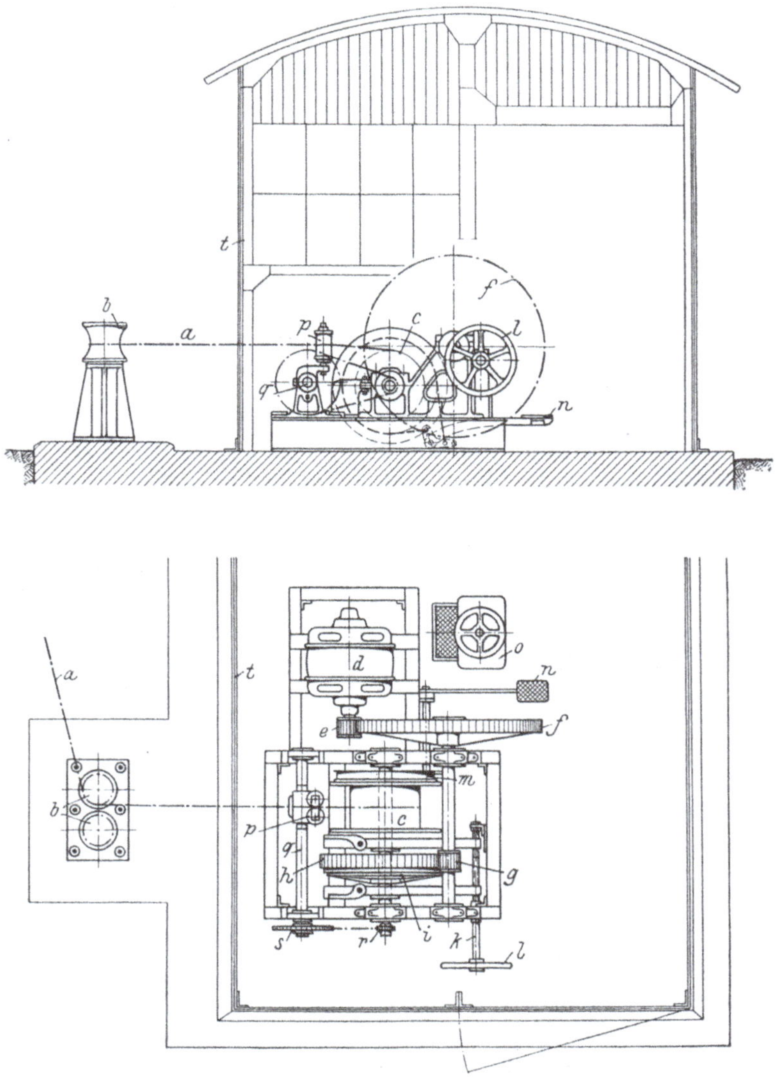

Abb. 482. Elektrisch betriebene Verschiebewinde mit Überlastungskupplung. (Vögele.)

a Zugseil; *b* Doppelrollenbock; *c* Seiltrommel; *d* Motor; *e*—*f* Motorvorgelege; *g*—*h* Trommelvorgelege; *i* Kegelreibungskupplung zum Ein- und Abschalten des Rades *h* und als Überlastungskupplung dienend; *k* Spindel mit Handrad *l* zur Betätigung von *i*; *m* Bandbremse; *n* Fußtritt zu *m*; *o* Steuerwalze mit angebautem Widerstand; *p* Seilführung und Seilauswurfvorrichtung; *q* Kreuzspindel zu *p*; *r*—*s* Kettentrieb zum Antrieb von *q*; *t* Schutzhaus zur Winde.

2. Verschiebewinden (Rangierwinden).

Da der Arbeitsbereich der Spille beschränkt ist, so verwendet man für größere Fahrstrecken Verschiebewinden, bei denen noch mit Seillängen von 400 m bequem gearbeitet werden kann.

Die Verschiebewinden sind gewöhnliche Trommelwinden und unterscheiden sich von den Hubwinden dadurch, daß der Seilzug bei ihnen waagerecht an der Trommel angreift. Auch sind sie mit einer Seilführungsvorrichtung ausgerüstet.

Vor der Winde (Abb. 482) sitzt ein Lagerbock mit zwei Seilrollen, die das Umlenken des Seiles nach verschiedenen Richtungen hin ermöglichen.

Zum Schutze gegen Witterungseinflüsse wird die Winde in einem Schutzhause untergebracht, das meist aus Wellblech hergestellt wird. Damit der Bedienungsmann den Verschiebebereich gut überblicken kann, wird die Winde mit ihrem Schutzhause auch erhöht auf einem Mauersockel angeordnet.

Bei der auf Abb. 482 dargestellten Verschiebewinde arbeitet der Motor mittels zweier Stirnrädergetriebe auf die auf der Welle aufgekeilte Trommel. Diese wird durch eine Kegelreibungskupplung an- oder abgekuppelt. Die Kupplung dient gleichzeitig als Überlastungskupplung (Rutschkupplung). Die an der Trommel angebaute Bandbremse wird durch einen Fußhebel angezogen. Sind starke Steigungen in der Gleisanlage vorhanden, so erhält die Winde an Stelle der Fußbremse eine durch ein Handrad betätigte Spindelbremse.

Statt der Überlastungskupplung kann auch ein Höchststromauslöser angeordnet werden, der mit der Steuerwalze derart in Abhängigkeit gebracht wird, daß er nur dann wieder einschaltbar ist, wenn die Steuerwalze auf Null steht und stromlos ist. Wird ein Höchststromauslöser vorgesehen, so wird an Stelle der Kegelreibungskupplung eine Klauenkupplung am ersten Vorgelege angeordnet, da die Kupplung doch nur bei stillstehender Winde eingerückt wird.

Bei stärkeren und sehr langen Seilen wird außer der Zugseiltrommel noch eine weitere Trommel an der Winde angeordnet, deren dünnes Seil zum Einholen des Zugseiles dient. Diese Seilverholtrommel wird von dem Windwerk aus angetrieben und durch eine Klauenkupplung ein- oder ausgerückt.

Die Verschiebewinden der gekennzeichneten Bauart werden in fünf Größen und für Zugkräfte von 500 bis 2500 kg gebaut. Seilgeschwindigkeit (je nach Größe der Zugkraft): 60 bis 30 m/min.

Weitere Bauarten von Verschiebewinden siehe: Dubbel, Taschenbuch f. d. Maschinenbau, 5. Aufl., II. Bd., S. 458 (Bauart Windhoff) und Maschinenbau 1923/24, S. 856 (Bauart Demag).

3. Verschiebeanlagen mit endlosem Seil.

Ihre Anwendung ist dann gegeben, wenn es sich um eine ausgedehnte Gleisanlage mit wenig Weichen, Drehscheiben, Schiebebühnen und Wegübergängen handelt, die einen verhältnismäßig starken Wagenverkehr aufweist. Den Spills und Verschiebewinden gegenüber haben die Ver-

Abb. 483. Verschiebeanlage mit endlosem Seil (Arbeitsweise).

schiebeanlagen mit endlosem Seil den Vorzug, daß die Wagen sowohl in beiden Richtungen als auch von verschiedenen Stellen aus gleichzeitig verschoben werden können.

Zum Verschieben eines Wagenzuges wird das Hilfsseil mittels Hakens an den Wagen eingehängt und durch einen Seilgreifer mit dem ständig umlaufenden Arbeitsseil gekuppelt (Abb. 483). Werden die Wagen nach der anderen Richtung verschoben, so wird das Hilfsseil mit dem entgegengesetzt laufenden Strang des Arbeitsseiles verbunden. Der mitgehende Arbeiter trägt den Seilgreifer (Abb. 484), der so gestaltet ist, daß er die Umlenk- und Tragrollen des Arbeitsseiles frei passieren kann.

Der Antrieb des endlosen, ständig in einer Richtung umlaufenden Seiles geschieht durch zwei von ihm umschlungene Scheiben mit Lederbelag (Abb. 485). Zum Spannen des Seiles dient eine fahrbare Rolle, die unter der Einwirkung eines Gewichtszuges steht. Es ist wesentlich, in dem Antrieb eine Rutsch- (Überlastungs-) Kupplung anzuordnen.

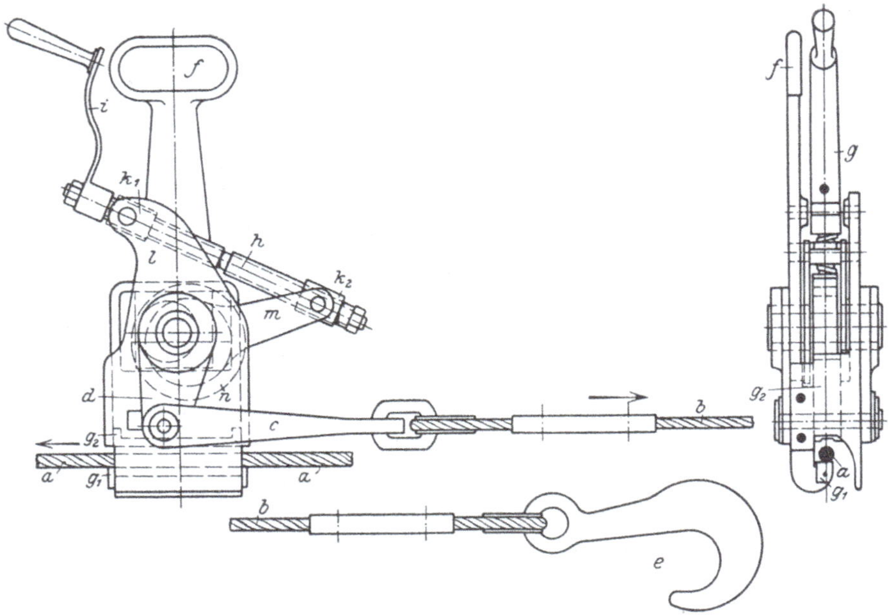

Abb. 484. Seilgreifer zu einer Verschiebeanlage mit endlosem Seil. (Windhoff.)

a Endloses, ständig laufendes Arbeitsseil; *b* Hilfsseil; *c* Gabel, das Hilfsseil mit den Kurbeln *d* verbindend; *e* Haken; *f* Traggriff; g_1 feste, g_2 bewegliche Klemmbacken; *h* Spindel mit Rechts- und Linksgewinde; *i* Handkurbel; k_1 Spindelmutter, gelenkig an den Wangen *l* gelagert; k_2 Spindelmutter, gelenkig mit dem Hebel *m* verbunden; *n* Exzenter, mit *d* und *m* auf der Welle aufgekeilt und die Backe g_2 auf- und abbewegend.

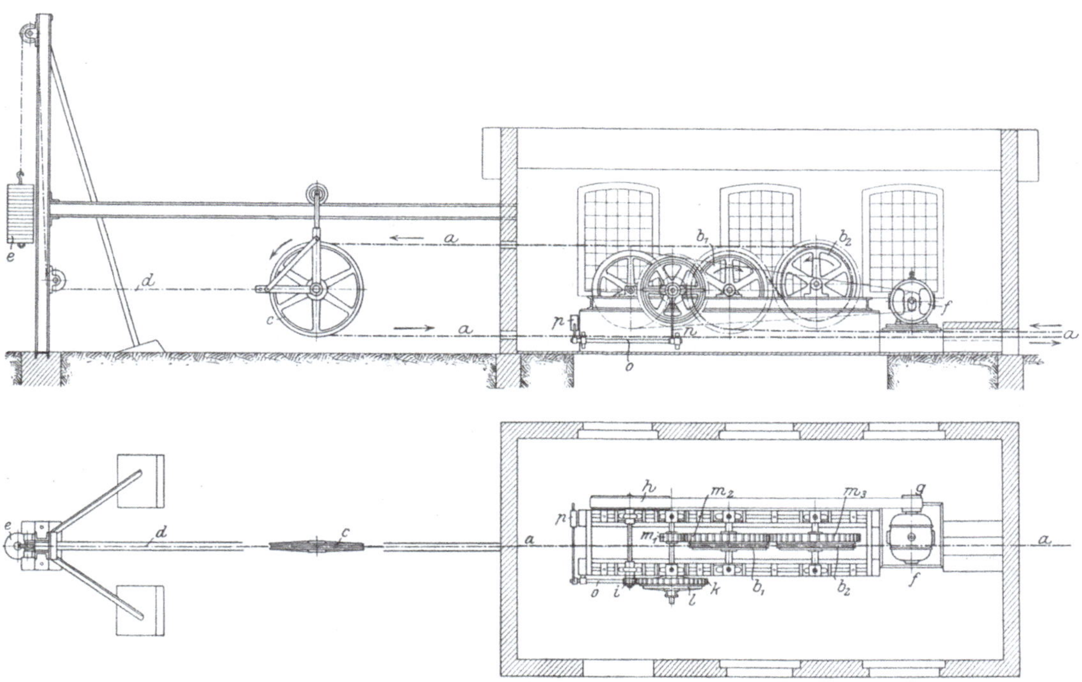

Abb. 485. Antrieb einer Verschiebeanlage mit endlosem Seil. (Windhoff.)

a endloses Seil; b_1-b_2 Treibscheiben; *c* Umlenkrolle; *d* Zugseil, *e* Gewicht zur Seilspannvorrichtung; *f* Motor; *g*—*h* Riementrieb; *i*—*k* Stirnrädervorgelege; *l* Reibungskupplung; $m_1-m_2-m_3$ Treibscheibenvorgelege; *n*—*o*—*p* gewichtbelastetes Gestänge zu *l*.

Um keinen zu starken Motor zu erhalten, ist die getriebene Riemenscheibe (*h* auf Abb. 485) als Schwungrad auszubilden, das genügend Energie hat, um den Wagenzug in Bewegung zu setzen.

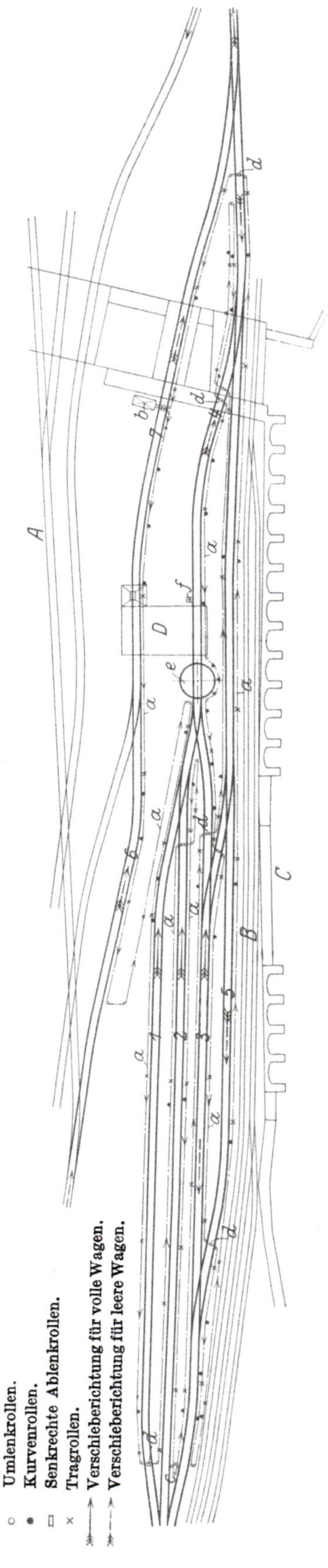

Abb. 486. Grundriß der Verschiebeanlage eines Hochofenwerkes.
A Gleisanschluß; *1* bis *7* Verschiebegleise; *B* Schmalspurgleise; *C* Erzlagerplatz; *D* Kipperanlage mit Füllrumpf; *a* endloses Zugseil; *b* Antrieb (nach Abb. 485); *c* Seilspannvorrichtung; *d* Gleisunterführung des Seiles; *e* Drehscheibe; *f* elektrisches Spill (Zugkraft: 500 kg; Seilgeschwindigkeit: 30 m/min).

Das ständig umlaufende Seil wird in bestimmten Abständen auf besonderen Tragrollen (Abb. 108, S. 45) abgestützt. In den Kurven geht das Seil über sog. Kurvenrollen (Abb. 109, S. 46), die so gestaltet sind, daß sie der Seilgreifer frei passieren kann. Ablenkrollen dienen dazu, das Seil der Gleisführung anzupassen, umzukehren oder an den Weichen und Wegübergängen zu unterführen.

Das Seil wird etwa 300 bis 400 mm über Schienenoberkante verlegt. Ausführung für Strecken bis etwa 2 km Länge. Die Seilgeschwindigkeit ist, damit der Arbeiter noch bequem mitgehen kann, auf etwa 60 m/min beschränkt.

Abb. 486 gibt den Grundriß eines Werkbahnhofes, der mit einer Verschiebeanlage mit endlosem Seil ausgerüstet ist.

Größte Zugkraft des Seiles:	2500 kg
Seilgeschwindigkeit:	42 m/min
Stromart: Gleichstrom	220 V
Motor: 40 PS (dauernd)	etwa 1000 Uml/min

Bei den Verschiebeanlagen mit Zweigeschwindigkeitsschalter (Knackstedt) läuft das Seil in unbelastetem Zustande, d. h. solange keine Wagen angehängt sind, mit einer kleinen Geschwindigkeit. Wird an irgendeiner Stelle ein Wagenzug angekuppelt, so schaltet der Zweigeschwindigkeitsschalter in wenigen Sekunden die betriebsmäßige Seilgeschwindigkeit selbsttätig ein. Nach Abhängen der Last geht die Geschwindigkeit in etwa 30 Sekunden wieder auf die Leerlaufgeschwindigkeit herab. Durch die Anwendung des Zweigeschwindigkeitsschalters wird das Seil erheblich geschont. Dies ist darauf zurückzuführen, daß die Zahl der Biegungen stark vermindert wird, da die Leerlaufzeit des Seiles etwa 85% der Gesamtlaufzeit beträgt.

Literatur.

Böttcher: Über Seilreibungswinden für große Seillängen. Fördertechn. 1919, H. 31 bis 34.
Feigl: Der Wirkungsgrad von Lasthebemaschinen beim Senken der Last. Fördertechn. 1920, S. 61.
Gerhard: Elektrische Spille. Dingler 1916, S. 388.
Hänchen: Bau und Anwendung der Druckwasserhebeböcke. Prakt. Masch.-Konstr. 1924, S. 334.
Hänchen: Verschiebeanlagen für Eisenbahnwagen. Maschinenbau 1923/24, S. 852.
Ingenert: Die Hebung der Willemsbrücke in Rotterdam. Fördertechn. 1927, S. 415.
Selter: Über neuere Eisenbahnhebewinden. Glasers Annalen 1926, S. 189.
Elektrische Winden für Schiffszwecke. Marine Review 1926, S. 60.
Elektro-Doppelwinde der Demag. ZVdI. 1929, S. 486.
Die Entwicklung des Demag-Elektrozuges. Demag-Nachrichten 1930, S. 1.
Elektrozug mit Schnell- und Langsamgang (Bauart R. Stahl, Stuttgart). Z. V. d. I. 1931, S. 1085.
Die Entwicklung der Greiferwindwerke. Demag-Nachrichten 1928, S, 81.
Über Greiferwindwerke. Fördertechn. Bd. 20, S. 354.
Zweimotoren-Greiferhubwerk (Bauart Bamag-Meguin). Fördertechn. 1931, S. 325.
Hebung einer Villa (um 150 cm durch Schraubenwinden). Fördertechn. 1927, S. 289.
Der hydraulische Hebebock „Perpetuum“ (Defries, Düsseldorf). ZVdI. 1923, S. 18.
Mechanische Hebemittel für das Verladen von Oberbaustoffen. Gleistechnik 1928, Nr. 3.
Winde zu einem Schrägaufzug. Demag-Nachrichten 1927, S. 19.

II. Fahrbare Winden (Laufkatzen).

Berechnung des Fahrwerks.

Größter Raddruck. Für vierrädrige Winden mit symmetrischer Lastaufhängung und bei angenähert gleicher Gewichtsverteilung auf die vier Laufräder wird der Raddruck der vollbelasteten Katze:

$$_{\max}P \approx \frac{Q + G_0}{4}, \tag{205}$$

wobei G_0 das schätzungsweise angenommene Katzengewicht bedeutet. Siehe Tabelle 47, S. 237.

Bei unsymmetrischer Lastaufhängung (Abb. 487), wie sie bei Kranlaufwinden mit Hilfshubwerk vorkommt, sind die angenäherten Raddrucke der mit der Hauptlast Q belasteten Katze:

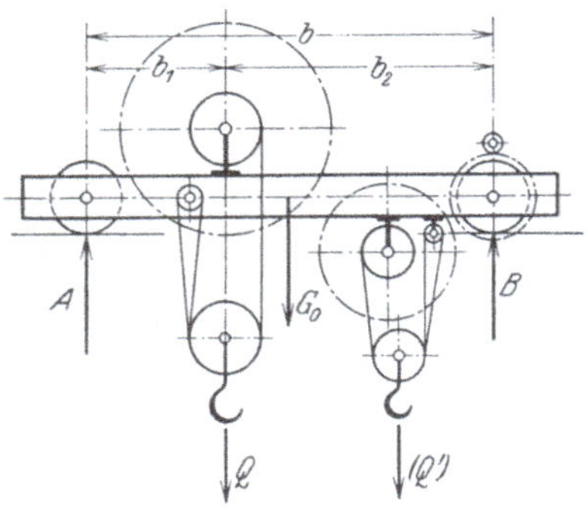

Abb. 487.

$$\left.\begin{aligned} _{\max}P = A &\approx \frac{G_0}{4} + \frac{Q}{2} \cdot \frac{b_2}{b}, \\ _{\min}P = B &\approx \frac{G_0}{4} + \frac{Q}{2} \cdot \frac{b_1}{b}. \end{aligned}\right\} \quad (206 \text{ und } 207)$$

Hierbei ist ebenfalls gleiche Verteilung des Katzengewichtes G_0 auf die vier Laufräder angenommen, was bei rechtsliegendem Fahrwerkantrieb (Abb. 487) mit genügender Annäherung zutrifft.

Berechnung der Raddrucke von Drehlaufkatzen s. Abschnitt „Drehkrane“.

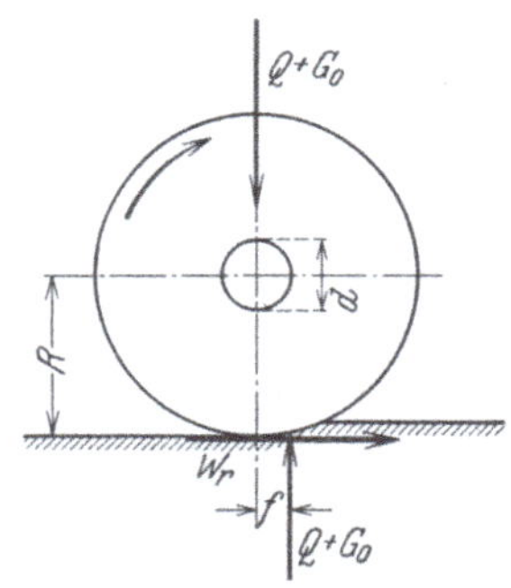

Abb. 488.

Die Laufradgröße wird für den größten vorläufigen Raddruck aus Abb. 322, S. 136, und den Tabellen DIN 4004 bis 4009 entnommen. Über Laufräder siehe S. 135.

Fahrwiderstand. Bezeichnet W_r den am Umfang eines Laufrades wirkend gedachten Fahrwiderstand der voll belasteten Katze, so ist das auf Mitte Laufradachse (Abb. 488) bezogene Fahrwiderstandsmoment:

$$M_r = W_r \cdot R = (Q + G_0) \cdot \mu \cdot \frac{d}{2} + (Q + G_0) \cdot f = (Q + G_0) \cdot \left(\mu \cdot \frac{d}{2} + f\right) \ldots \text{kgcm}. \tag{208}$$

In dieser Gleichung stellt das erste Glied der rechten Seite das Reibungsmoment an der Laufradachse und das zweite das Moment der rollenden Reibung dar.

Aus Gleichung (208) ergibt sich der Fahrwiderstand zu:

$$W_r = \frac{Q + G_0}{R} \cdot \left(\mu \cdot \frac{d}{2} + f\right) \ldots \text{kg}. \tag{209}$$

Q und G_0 sind in kg, R und d in cm einzusetzen. Reibungszahl der gleitenden Reibung: $\mu \approx 0{,}1$; Hebelarm der rollenden Reibung $f \approx 0{,}05$ cm.

Fährt die Winde schräg, so tritt noch ein zusätzlicher Fahrwiderstand hinzu, der mit 20 bis 25% des nach Gleichung (209) berechneten reichlich hoch angenommen ist.

Zur bequemen Berechnung des Fahrwiderstandes nimmt man ein Fahrgewicht von 1 t = 1000 kg an und berechnet für dieses die Einheitsfahrwiderstände für verschiedene Laufrad- und Bolzendurchmesser:

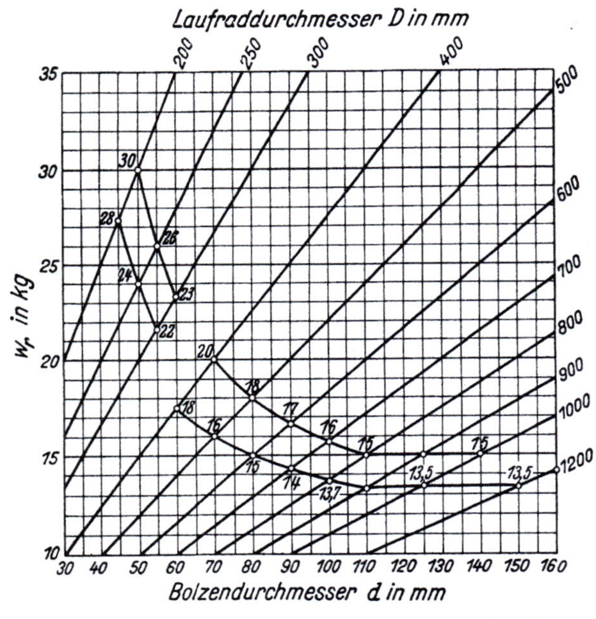

Abb. 489. Einheitsfahrwiderstände der genormten Laufräder.

$$w_r = \frac{1000}{R} \cdot \left(\mu \cdot \frac{d}{2} + f\right) = \frac{1000}{R} \cdot \left(0{,}1 \cdot \frac{d}{2} + 0{,}05\right) \ldots \text{kg}. \tag{210}$$

Diese Einheitsfahrwiderstände sind auf Abb. 489 zeichnerisch dargestellt. Die mit einem ○ bezeichneten Fahrwiderstände gelten für die nach DIN 4009 genormten Laufräder.

Mit einem Zuschlag von 20 bis 25% für den zusätzlichen Fahrwiderstand (bei Schrägfahren der Katze) wird der Gesamtfahrwiderstand:

$$W_r = 1{,}2 \text{ bis } 1{,}25 \cdot (Q + G_0) \cdot w_r \ldots \text{kg}, \tag{211}$$

wobei das Fahrgewicht $Q + G_0$ in t einzusetzen ist.

1. Handfahrwerke.

Antrieb in der Regel vom Fußboden aus durch Handkette und Haspelrad, seltener durch Kurbeln:

Übersetzung (Abb. 490). Bezeichnen [Gleichung (208)]:

$$M_r = 1{,}2 \text{ bis } 1{,}25\ (Q + G_0) \cdot \left(0{,}1 \cdot \frac{d}{2} + 0{,}05\right) \ldots \text{kgcm}$$

das Fahrwiderstandsmoment,

$$M_K = Z \cdot R_0 = \text{Kettenzug} \cdot \text{Haspelradhalbmesser} \ldots \text{kgcm}$$

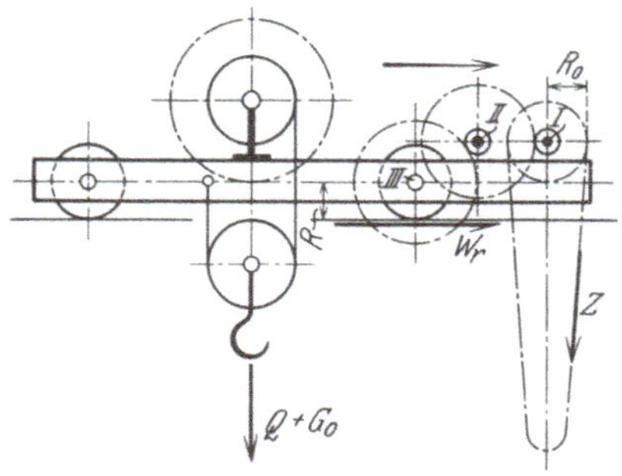

Abb. 490. Handfahrwerk (Berechnungsskizze).

das Kraftmoment und η den Wirkungsgrad des Fahrwerks, so ist die Übersetzung zwischen Antriebwelle und Laufradachse:

$$i = \frac{\eta \cdot M_K}{M_r}. \tag{212}$$

Zugkraft an der Handkette und Haspelraddurchmesser siehe S. 65 „Haspelräder".

Wirkungsgrad des Fahrwerks:

$$\eta = \eta_0 \cdot \eta_1 \cdot \eta_2 \ldots, \tag{213}$$

wobei $\eta_0 \approx 0{,}93$ den Haspelradwirkungsgrad und $\eta_1, \eta_2 \ldots$ die Wirkungsgrade der Rädervorgelege bedeuten. Meist genügen ein oder zwei Stirnrädergetriebe, deren Wirkungsgrad bei gefrästen Zähnen zu je 0,95 angenommen werden kann.

Fahrgeschwindigkeit. Bezeichnen Z die mittlere Zugkraft am Haspelrad in kg, c die mittlere Geschwindigkeit am Haspelrad $\approx 0{,}8$ bis 1,0 m/sek, so ist die durchschnittliche Fahrgeschwindigkeit der Katze:

$$v = \frac{60 \cdot \eta \cdot Z \cdot c \cdot R}{M_r} \ldots \text{m/min}. \tag{214}$$

Um die unbelastete oder wenig belastete Katze schneller fahren zu können, stuft man die Fahrgeschwindigkeit dadurch ab, daß das Haspelradvorgelege umschaltbar und mit zwei verschieden großen Übersetzungen ausgeführt wird.

2. Motorische (elektrische) Fahrwerke.

Fahrgeschwindigkeit. Trägerlaufkatzen (s. S. 225) erhalten im allgemeinen große Fahrgeschwindigkeiten, die jedoch bei Bedienung der Steuerwalzen durch Zugschnüre in Rücksicht auf das Mitlaufen des Arbeiters auf etwa 50 bis 60 m/min beschränkt sind. Laufkatzen mit angebautem Führersitz oder Führerstand lassen höhere Geschwindigkeiten (80 bis 100 m/min) zu.

Die Fahrgeschwindigkeit der elektrischen Kranlaufwinden (s. S. 233) ist von der Betriebsart der Krane abhängig. Für Krane mit normalem Betrieb (z. B. Werkstättenkrane) und für Tragkräfte von 3 bis 75 t beträgt sie 30 bis 18 m/min (Abb. 509, S. 233).

Motor. Bezeichnen W_r in kg den berechneten Fahrwiderstand, v_2 die Fahrgeschwindigkeit in m/min und η den Wirkungsgrad des Fahrwerks, so ist die Beharrungs-Vollastleistung des Motors:

$$\left.\begin{aligned} N_2 &= \frac{W_r \cdot v_2}{60 \cdot 75 \cdot \eta} = \frac{W_r \cdot v_2}{4500 \cdot \eta} \ldots \text{PS} \\ &= \frac{0{,}736\, W_r \cdot v_2}{4500 \cdot \eta} = \frac{W_r \cdot v_2}{6120 \cdot \eta} \ldots \text{kW}. \end{aligned}\right\} \tag{215}$$

Für Trägerlaufkatzen, die Krümmungen befahren, ist bei Berechnung des Fahrwiderstandes ein genügend großer Zuschlag (bis etwa 50%) zu machen, auch ist der Motor nicht zu knapp zu wählen.

Wirkungsgrad: $\eta = \eta_1 \cdot \eta_2 \cdot \eta_3 \ldots$ Es kommen nur Räder mit gefrästen Zähnen in Frage.

Wahl des Motors nach den Angaben S. 165 u. f.

Während des Fahranlaufes muß der Motor zu dem Beharrungs-Vollastmoment noch ein zusätzliches Moment zur Beschleunigung der geradlinig bewegten und umlaufenden Massen abgeben. Anlaufzeit: $t_a = 2$ bis 4 sek.

Eine Berücksichtigung der Beschleunigungsarbeit ist im allgemeinen nicht erforderlich, da hierfür bereits in den Konstanten der Motoren Zuschläge enthalten sind. Siehe auch S. 161 „Elektrische Ausrüstung".

Übersetzung. Die zwischen Motor und Laufrad erforderliche Übersetzung (Abb. 491) ist:

$$i = \frac{\text{Drehzahl des Laufrades}}{\text{Drehzahl des Motors}} = \frac{n_l}{n_m}. \tag{216}$$

Die Drehzahl des Laufrades wird aus der Fahrgeschwindigkeit $v_2 = D\pi \cdot n_l \ldots$ m/min und nach Wahl der Laufradgröße erhalten zu:

$$n_l = \frac{v_2}{D\pi} \text{ in 1 min}. \tag{217}$$

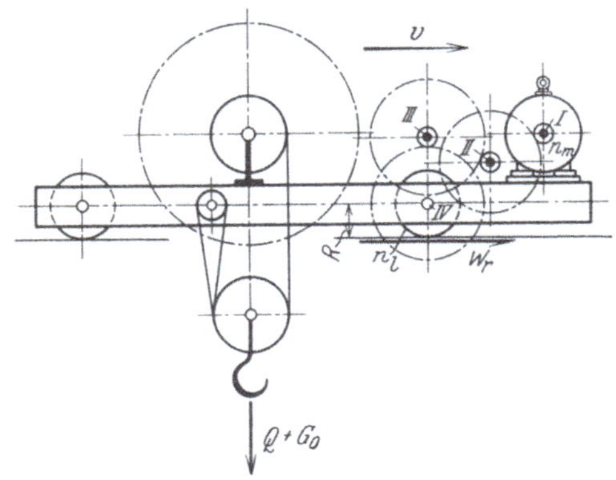

Abb. 491. Motorisches Fahrwerk (Berechnungsskizze).

Die nach Gleichung (216) berechnete Übersetzung wird je nach Größe der Winde auf zwei oder drei Stirnrädergetriebe verteilt. Bei Wahl eines schnelllaufenden Motors wird das erste Vorgelege auch als Schneckengetriebe ausgeführt.

Bremse. Bei kleinerer Fahrgeschwindigkeit (bis etwa 25 m/min) wird meist auf eine Bremse verzichtet. Die Katze läuft dann, nachdem die Steuerwalze auf Null gestellt ist, frei aus. Wird genaues Anhalten gefordert, so sieht man zum Abkürzen des Fahrauslaufes eine mechanische Bremse vor, die die Katze auch bei etwaigem Schrägzug der Last festhält. Bei größerer Fahrgeschwindigkeit wählt man eine Fahrbremsschaltung zum Abbremsen des Nachlaufes, was sowohl bei Gleichstrom wie auch bei Drehstrom (s. S. 171 bzw. 175) möglich ist.

Laufkatzen, deren Fahrgeschwindigkeit größer als 60 m/min ist, erhalten, da die elektrische Bremsung nicht ausreicht, noch eine mechanische Halte- bzw. Verzögerungsbremse.

Diese wird in der Regel als doppelte Backenbremse ausgeführt und auf der elastischen Kupplung zwischen Motor und Triebwerk angeordnet. Ist der Führerstand an der Katze angebaut, so wird sie durch einen Fußhebel angezogen, sonst durch ein Gewicht belastet und durch einen Magnet- oder Motorbremslüfter gelüftet.

a) I-Trägerlaufkatzen.

Fahrbahn. Krümmungen werden mit 2 bis 3,5 m kleinstem Halbmesser ausgeführt; die Fahrbahn ist durch Drehscheiben und Weichen beliebig verzweigbar.

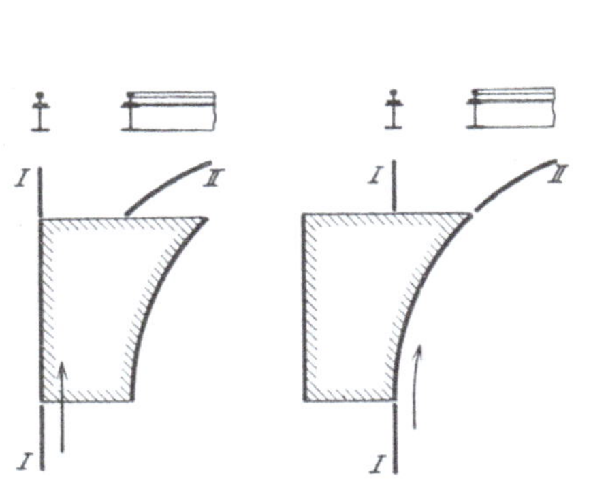

Abb. 492 und 493.

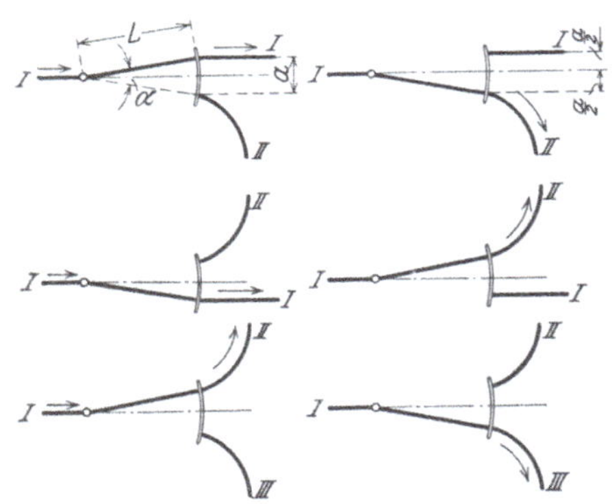

Abb. 494 bis 496.

Im allgemeinen zieht man es vor, die Katzen auf den Unterflanschen der I-Trägerbahn fahren zu lassen, da dies den Vorteil einer einfacheren Aufhängung der Fahrbahn bietet.

Abb. 492 bis 497 geben eine schematische Darstellung der bei den I-Trägerbahnen angewendeten Weichen und Drehscheiben.

Abb. 492 und 493: Schiebeweiche für Obergurtlaufkatzen.

I — I Stammgleis. *II* Zweiggleis.

Die Schiebeweichen erfordern eine ziemlich umfangreiche Konstruktion zur Aufhängung und Unterstützung der bewegten Fahrbahnstücke.

Abb. 494 bis 496: Schwenkweichen für Unterflanschkatzen.

I — I Stammgleis. *II* und *III* Zweiggleise.

Abb. 494: Rechtsweiche. Abb. 495: Linksweiche. Abb. 496: Zweiseitige (symmetrische) Weiche.

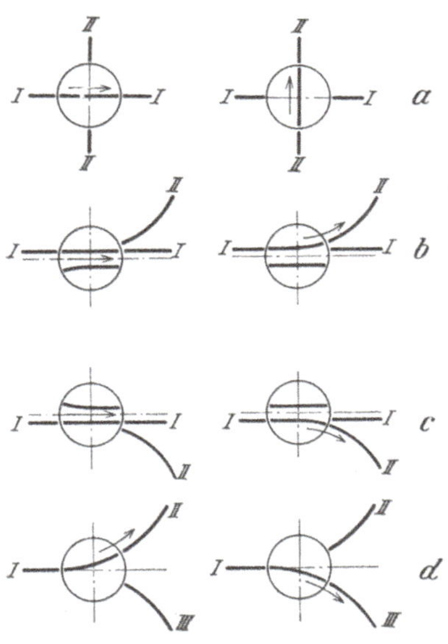

Abb. 497a bis d.

Der Ausschlag a der Schwenkweichen ist von der Baubreite der Katze und dem Abstand der Schleifdrähte von der Fahrbahn abhängig. Die Zungenlänge L der Weiche ist so groß zu wählen, daß am Drehpunkt kein zu scharfer Knick in der Fahrbahn entsteht. Daher kleinste Zungenlänge: $L \geqq 7a$. Der Ausschlag ist nach beiden Seiten symmetrisch zu verteilen, da sonst die Weichenzunge doppelt so lang ausgeführt werden müßte.

Für Tragkräfte von 500 bis 5000 kg und I Nr. 20 bis 36 gibt die Demag folgende Abmessungen: $L = 3500$ mm; $a/2 = 500$ mm; $\alpha = 16° 26'$. Bauhöhe über Fahrbahnoberkante: 300 bzw. 350 mm.

Abb. 497a bis d: Drehscheiben und Drehweichen für Unterflanschlaufkatzen.

I — I Stammgleis. *II* und *III* Zweiggleise.

Abb. 497a: Drehscheibe. Abb. 497b: Linksweiche. Abb. 497c: Rechtsweiche. Abb. 497d: Zweiseitige (symmetrische) Weiche.

Die Drehscheiben und Weichen werden vom Fußboden aus durch Zugschnüre oder durch Handkette und Haspelrad verstellt.

Bei Obergurtfahrbahnen läßt man die Laufkatze nur dann unmittelbar auf dem Träger fahren, wenn es sich um untergeordnete Transportzwecke (kleine Tragkraft und kurze gerade Fahrstrecke) handelt. Für Bahnen mit Krümmungen, die von Katzen größerer Tragkraft befahren werden, verwendet man I-Träger mit aufgenieteter Breitfußschiene.

Die Trägerlaufkatzen kommen nur für kleine und mittlere Tragkräfte bis etwa 5000 kg in Frage. Antrieb entweder von Hand (durch Kette und Haspelrad) oder elektrisch.

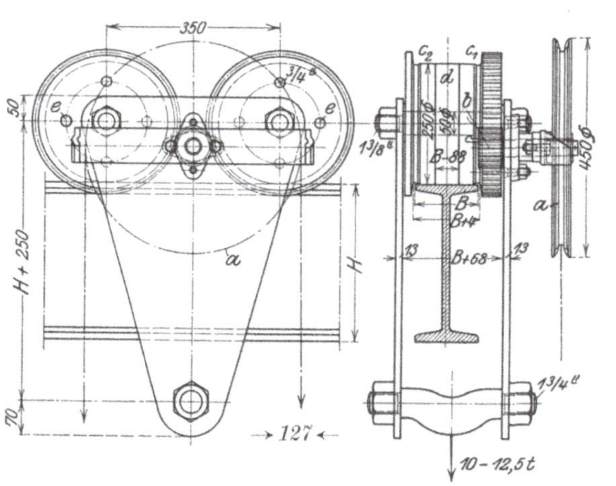

Abb. 498. Zweirollige Obergurtlaufkatze von 10 bis 12,5 t Tragkraft. (Piechatzek.)
a Haspelrad, auf dessen Welle das Ritzel *b* aufgekeilt; c_1 Laufradteile mit Zahnkranz; c_2 Laufradteile ohne Zahnkranz; *d* Zwischenstück, mit der Flanschbreite *B* der I-Träger veränderlich; *e* Schrauben zur Verbindung von $c_1 - d - c_2$.

Bei elektrischem Betrieb sind die Schleifleitungen stets seitlich an der Fahrbahn und nebeneinander (nicht übereinander) anzuordnen. Der beim Umlegen der Weichen auftretenden Verlängerung bzw. Verkürzung der Schleifdrähte wird durch Teleskopgelenke Rechnung getragen (Demag). Bildet die Fahrbahn einen geschlossenen Kreis, so müssen die Schleifleitungen stets auf derselben Seite liegen.

1. Handlaufkatzen.

α) Laufkatzen ohne Hubwerk.

Sie stellen die einfachste Ausführungsart dar und sind mit einer Traverse zum Einhängen eines Hand- oder Elektroflaschenzuges ausgerüstet. Herstellung als ein- bzw. zweirollige Obergurtlaufkatzen oder als zwei- bzw. vierrollige Unterflanschkatzen.

Laufkatzen unter 1000 kg Tragkraft werden ohne, über 1000 kg mit Fahrwerk ausgeführt.

Obergurtlaufkatzen mit Tragkräften über 2000 kg werden zweirollig und mit Zahnradvorgelege nach Art von Abb. 498 ausgeführt, wobei das auf der Haspelradwelle sitzende Ritzel die beiden Zahnkränze der Laufräder antreibt. Ausgleich der verschiedenen I-Trägerbreiten geschieht durch das Zwischenstück *d* der Laufräder.

Bei den Unterflanschkatzen (Abb. 499) haben die Laufräder nur einen Spurkranz. Sie werden der Flanschneigung der I-Träger (14%) entsprechend kegelig und schwach ballig ausgeführt. Infolge des schräg gerichteten Raddruckes der kegeligen Laufräder werden die Seitenbleche der Katze nicht nur auf Zug-, sondern durch die waagerechte Komponente des Raddruckes noch auf Biegung beansprucht. Die Bleche müssen daher genügend stark gehalten und gegebenenfalls durch Winkeleisen versteift werden.

Die vierrollige Unterflanschkatze Abb. 499 ist wiederum so gestaltet, daß die Traverse sowie die Distanzschrauben und Rohre der Breite B der Laufbahnträger (I Nr. 18 bis 36) angepaßt werden können.

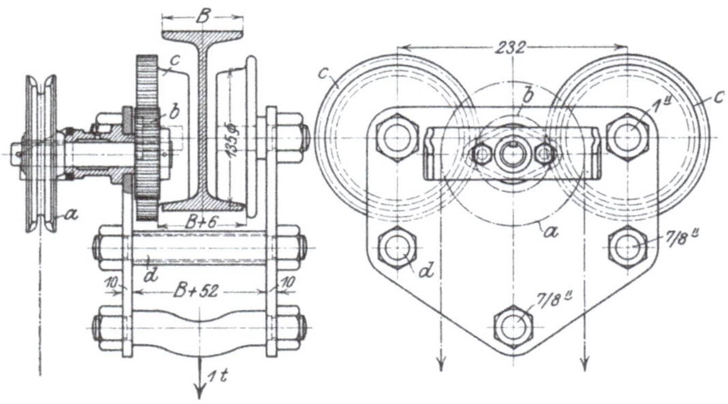

Abb. 499. Vierrollige Unterflanschlaufkatze von 1 t Tragkraft. (Piechatzek.)
a Haspelrad; *b* Ritzel mit den Zahnkränzen der angetriebenen Laufräder *c* kämmend; *d* Distanzbolzen, deren Länge der I-Trägerbreite *B* angepaßt wird.

β) Laufkatzen mit eingebautem Hubwerk.

Die zweirolligen Obergurtlaufkatzen und die vierrolligen Unterflanschkatzen werden auch mit eingebautem Schnecken- oder Stirnradhebezeug hergestellt. Sie sind da angebracht, wo nur eine niedrige Laufbahnhöhe zur Verfügung steht.

Die Unterflanschlaufkatze Abb. 500 hat ein Schneckenhubwerk, das in seiner Ausführung einem normalen Schneckenflaschenzug mit Drucklagerbremse (s. S. 198) entspricht.

Herstellung der Katze in sieben Größen von 500 bis 5000 kg Tragkraft. Von 1000 kg Tragkraft ab wird sie mit loser Rolle ausgeführt.

Die Laufkatzen mit eingebautem Stirnradhebezeug weisen hinsichtlich des Hubwerks die gleichen Vorzüge auf wie die Stirnradflaschenzüge (s. S. 199). Sie arbeiten schneller und erfordern weniger Zugkraft an der Handkette als die Schneckenflaschenzüge. Die Fahrgeschwindigkeit der Unterflanschlaufkatzen von 500 bis 5000 kg Tragkraft liegt bei 30 m minutlicher Handkettenabwicklung zwischen 9,7 und 4,3 m/min. Erforderlicher Zug an der Handkette: 12 bis 42 kg.

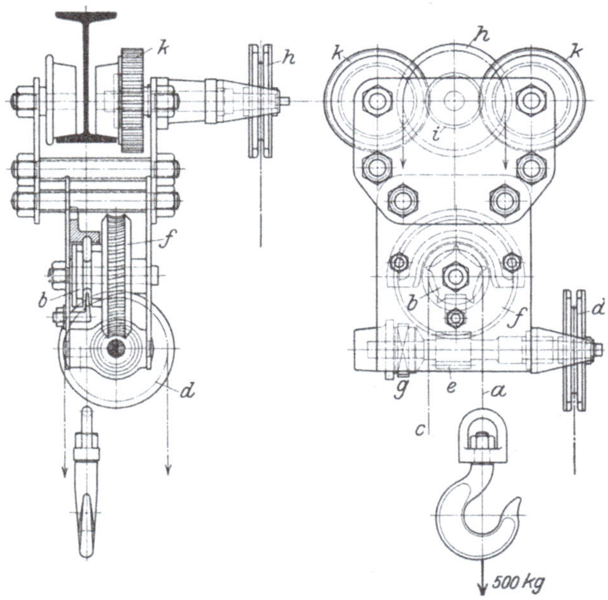

Abb. 500. Unterflanschlaufkatze mit eingebautem Schneckenhebezeug von 500 kg Tragkraft. (Bolzani.)
a Hubkette (kalibrierte Rundeisenkette) mit Lasthaken; *b* Kettennuß mit Schutzbügel und Kettenabstreifer; *c* loses Kettenende; *d* Haspelrad zum Hubwerk; *e*—*f* Schneckengetriebe, dessen Rad *f* mit der Kettennuß aus einem Stück gegossen; *g* Drucklagerbremse Bauart Maxim; *h* Haspelrad zum Katzenfahrwerk; *i* Ritzel auf der Haspelradwelle, mit den Zahnkränzen *k* der angetriebenen Laufräder kämmend.

2. Elektrische Laufkatzen.

Anwendung für größere Hubhöhen und längere Fahrstrecken, sowie bei öfterer Benutzung. Die einfachste und billigste Bauart sind die Laufkatzen mit eingebautem Elektroflaschenzug (sog. fahrbare Elektrozüge). Diese werden allgemein als Unterflanschlaufkatzen und ebenso wie die Elektroflaschenzüge für Tragkräfte von 500 bis 5000 kg hergestellt. Zum Befahren kürzerer Fahrstrecken erhalten die Katzen ein Handfahrwerk (mit kalibrierter Kette und Haspelrad) und für größerere Fahrstrecken ein elektrisches Fahrwerk.

Abb. 501, S. 226, zeigt einen normalen Elektrozug mit elektrischem Fahrwerk. Dieses ist so gestaltet, daß die beiden Laufrollen einer Trägerseite angetrieben sind. Die Steuerwalzen für den Hub- und Fahrmotor sind am Katzengestell angebaut und werden vom Fußboden aus durch Zugschnüre bedient.

Die Tragkräfte, Hubhöhen, Hubgeschwindigkeiten und Baumaße der eingebauten Elektrozüge für normale Hubhöhe sind auf Tabelle 46, S. 226, gegeben.

Die fahrbaren Elektrozüge sind äußerst gedrängt gebaut und können infolge ihres kleinen Radstandes (Tabelle 46) Krümmungen bis zu 3 m kleinstem Halbmesser befahren.

Tabelle 46. Fahrbare Elektrozüge mit elektrischem Fahrwerk und für normale Hubhöhe (Abb. 501).

Tragkraft	500	1000	2/3000	5000	kg
Laufbahnträger I Nr.	18—28	18—28	24—34	32—42,5	
Fahrgeschwindigkeit[1]	35	35	30	30	m/min
Fahrmotor	1	1,3	1,5	2	PS
Radstand	203	203	292	349	mm
Gewicht	300	375	600	910	kg

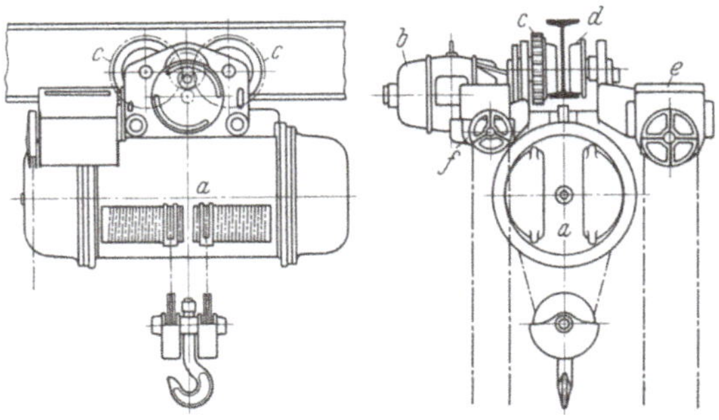

Abb. 501. Laufkatze mit eingebautem Elektrozug und elektrischem Fahrwerk. (Demag.)
a Elektrozug (Abb. 465 und 466, S. 201); *b* Fahrmotor; *c* angetriebene, *d* nicht angetriebene Laufräder; *e* Hubsteuerwalze; *f* Fahrsteuerwalze.

Laufkatzen mit kurzer Bauhöhe (Abb. 502) kommen für I-Trägerbahnen in niedrigen Werkräumen in Frage und werden für die normalen Hubhöhen (siehe S. 202) gebaut. Wegen ihrer großen Breite können sie die normalen Drehscheiben und Weichen nicht befahren. Kurzbauende Katzen mit Handfahrwerk erhalten doppelte Kugellager in den Laufrollen.

Die Stromzuführungsleitungen werden parallel der Katzenfahrbahn verlegt. Lose und übereinander verlegte Schleifleitungen kommen nur für Katzen mit gerader Fahrstrecke in Betracht. Für Katzen, die Krümmungen, Drehscheiben und Weichen befahren, werden die Leitungen fest und nebeneinander angeordnet. Die Stromabnehmer sind dann Rollenstromabnehmer. Als Schleifleitungen in den Krümmungen werden am besten Schienen aus Flachkupfer verlegt.

Laufkatzen, an die größere Leistungsanforderungen gestellt werden (über 5 t Tragkraft), erhalten an Stelle des Elektroflaschenzuges ein gewöhnliches elektrisches Hubwerk.

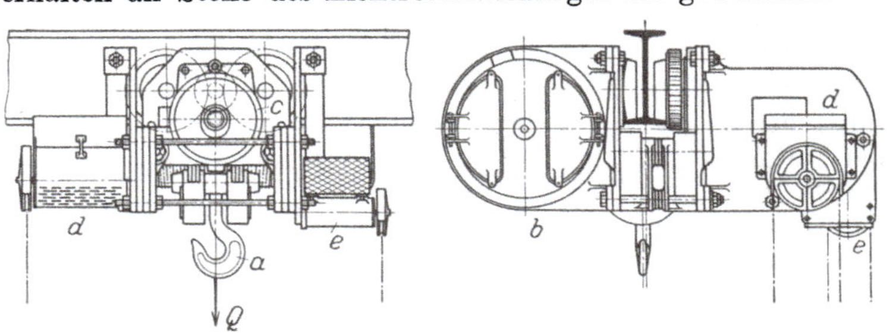

Abb. 502. Laufkatze mit kurzer Bauhöhe. (Demag.)
a zweirollige Hakenflasche; *b* Elektrozug; *c* Fahrmotor; *d* Hubsteuerwalze; *e* Fahrsteuerwalze.

Laufkatzen mit Führerbegleitung. Für große Fahrstrecken erhalten die Laufkatzen entsprechend hohe Fahrgeschwindigkeiten (80 bis 120 m/min). Da bei diesen die Zugschnürsteuerung für die Steuerwalzen nicht mehr anwendbar ist, so erhalten die Katzen einen angebauten Führersitz oder ein angebautes Führerhaus.

Abb. 503 zeigt eine Führersitzlaufkatze mit eingebautem Elektroflaschenzug Bauart Wilhelmi.

Arbeitsgeschwindigkeiten und Motoren:

Heben:	8 m/min;	2,5 PS	bei 940 Uml/min,
Fahren:	60 m/min;	1,5 PS	bei 940 Uml/min.

Zum schnelleren Abstoppen des Fahrauslaufes ist eine Bremse vorgesehen, die vom Führersitz aus durch einen Fußhebel angezogen wird. Laufkatzen, die im Freien fahren, erhalten über dem Führersitz ein Schutzdach.

Die elektrischen I-Trägerlaufkatzen werden auch für Greiferbetrieb und mit angebautem Führerstand (Abb. 504 und 505) ausgeführt. Sie eignen sich dann für den flotten Umschlag von Schüttgütern, insbesondere Kohle. Zum Entladen von Eisenbahnwagen ist ein Greifer von 1 m^3 Inhalt am vorteilhaftesten. Größter Greiferinhalt zweckmäßig nicht über 2 m^3.

Die Laufkatzen für Greiferbetrieb erhalten der Arbeitsweise der Zweiseilgreifer (s. S. 151) entsprechend ein Hubwerk mit zwei Trommeln und entsprechende Steuerung. Über Greiferhubwerke s. S. 211.

Abb. 504, S. 228, zeigt eine Unterflanschlaufkatze für Greiferbetrieb von 5000 kg Tragkraft. Greiferinhalt: $2^1/_2$ m^3. In Rücksicht auf das Befahren von Krümmungen (bis herab auf 3,5 m) hat die Katze zwei vierräderige Drehschemel.

[1] Auf gerader Strecke.

Arbeitsgeschwindigkeiten und Motoren:

Heben:	25,4 m/min;	40,8 PS bei 975 Uml/min,
Fahren:	148 m/min;	2×7,75 PS bei 965 Uml/min.

Stromart: Drehstrom 500 V, 50 Hz.

Die Unterflanschlaufkatzen haben gegenüber den Obergurtlaufkatzen (Abb. 505) folgende Vorzüge: Wesentlich kleinere Bauhöhe und damit bessere Ausnutzung der gegebenen Fahrbahnhöhe; niedrigere Anlagekosten wegen der einfachen Befestigung der I-Trägerbahn und der einfachen Gestaltung des Fahrwerks; geringstes Pendeln der Katze beim Befahren von Krümmungen, da der Massenschwerpunkt sehr nahe unter der Fahrbahn liegt; große Freizügigkeit, da sie auf einem beliebig verzweigten Gleisnetz verwendbar sind und auf fahrbare Krane übergehen können.

Die Obergurtlaufkatzen (Abb. 505) haben dagegen einen kleineren Fahrwiderstand und lassen die Anwendung der billigen Klettenweichen zu. Wegen der einseitigen Aufhängung des Katzen-

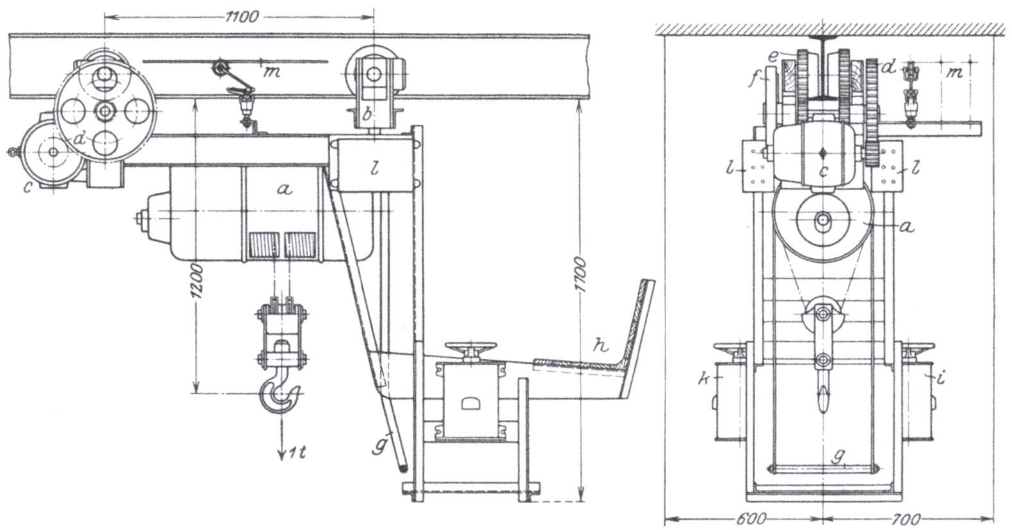

Abb. 503. Führersitzlaufkatze mit eingebautem Elektroflaschenzug von 1000 kg Tragkraft. (Wilhelmi.)
a Elektroflaschenzug; *b* Drehgestell; *c* Fahrmotor; *d* Motorvorgelege; *e* Laufradvorgelege; *f* Fahrwerkbremse; *g* Fußhebel zum Anziehen von *f*; *h* Führersitz; *i* Hubsteuerwalze; *k* Fahrsteuerwalze; *l* Widerstände; *m* Schleifleitung.

gestells an den Drehschemeln geraten sie leicht ins Pendeln, besonders beim Befahren von Krümmungen. Übermäßig starkes Pendeln läßt sich dadurch vermindern, daß die Fahrgeschwindigkeit in den Krümmungen herabgesetzt wird.

Die Obergurtlaufkatzen weisen eine große Bauhöhe auf und werden daher für Fahrbahnanlagen im Freien verwendet. Bei Lösch- und Ladeanlagen steht ihr Gleisnetz vielfach in Verbindung mit einer fahrbaren Brücke, auf die die Katze vermittels Weichen übergehen kann. Diese Anordnung ist besonders zur Bedienung von Lagerplätzen geeignet.

Die auf Abb. 505 dargestellte Obergurtlaufkatze hat einen Greifer mit einem Inhalt von $1^3/_4$ m³.

Arbeitsgeschwindigkeiten und Motoren:

Heben:	15 m/min;	12,5 PS bei 1000 Uml/min,
Fahren:	130 m/min;	15,0 PS bei 1000 Uml/min.

Stromart: Drehstrom 500 V, 50 Hz. Elektrische Ausrüstung: SSW.

Bei den Greiferlaufkatzen, die Eisenbahnwagen entladen, ist auf richtige Aufhängung des Greifers zu achten. Liegt das Eisenbahngleis parallel zur Katzenfahrbahn, so muß der Greifer in Richtung der Fahrbahn öffnen (Abb. 505). Kreuzt es dagegen die Katzenfahrbahn, so ist der Greifer so anzuordnen, daß er in Richtung des Eisenbahngleises, also senkrecht zur Katzenfahrbahn öffnet.

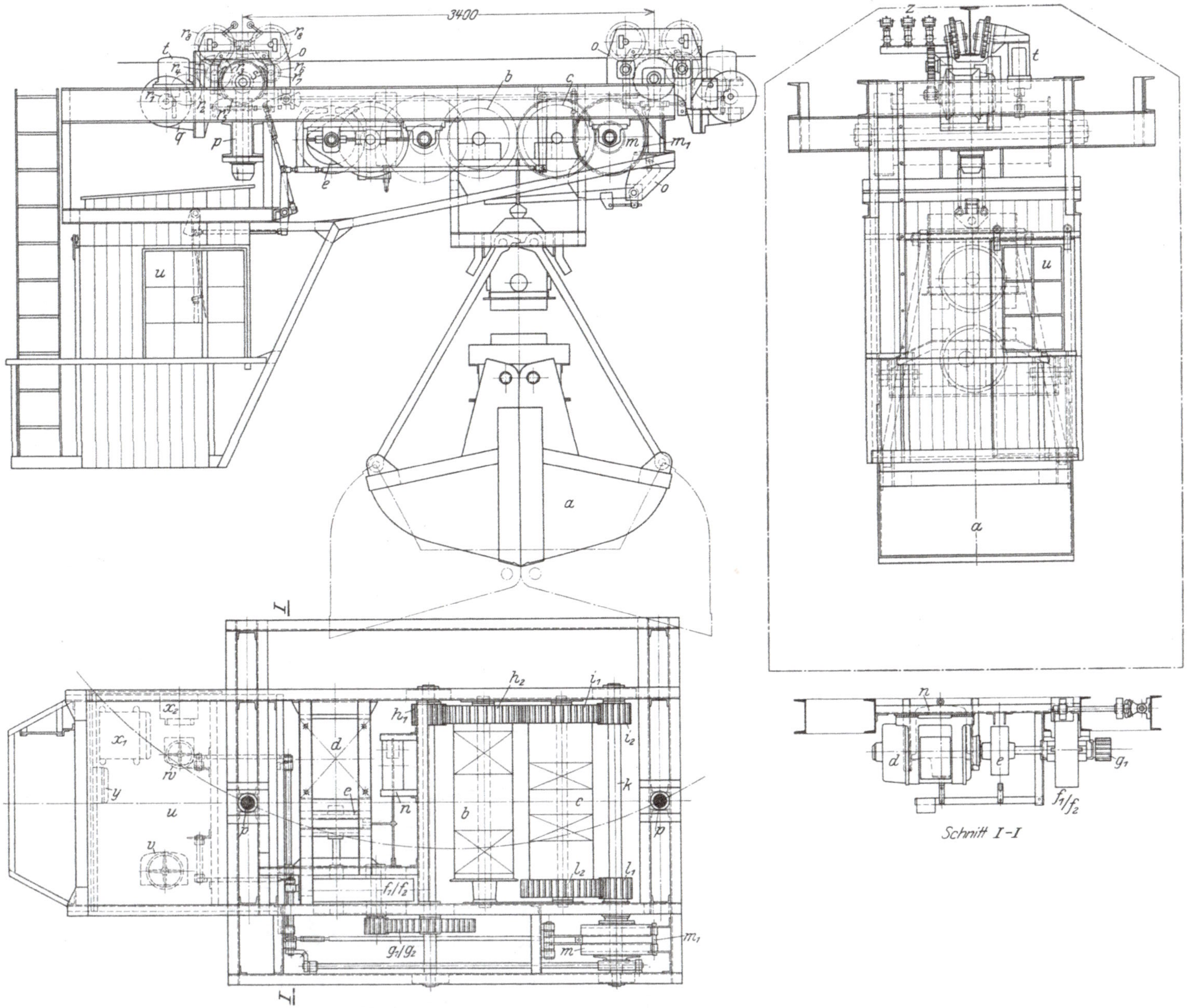

Abb. 504.

Elektrisch betriebene Führerstandslaufkatze für Greiferbetrieb.

Tragkraft: 5 t.

Hubhöhe: 14 m.

(Zobel und Neubert.)

a Greifer;
b Hub- und Schließtrommel;
c Entleertrommel;
d Hubmotor;
e elastische Kupplung mit Hubwerkbremse (doppelte Backenbremse);
f_1-f_2 Motorvorgelege mit Räderkasten;
g_1-g_2 Zwischenvorgelege;
h_1-h_2 Vorgelege zu *b*;
i_1-i_2 Vorgelege, die Welle *k* antreibend (Rad i_1 durch Rutschkupplung mit *c* verbunden);
l_1-l_2 Vorgelege zu *c*;
m Bremsbandkupplung zum Kuppeln von l_1 mit Welle *k*;
m_1 Entleerbremse (Schlingbandbremse), auf der Scheibe von *m* angeordnet;
n Magnetbremslüfter z. Hubwerkbremse;
o einstellbare Fahrgestelle;
p Drehbolzen zu *o*;
q Fahrmotor;
$r_1-(r_2)-r_3$ Motorvorgelege mit Zwischenrad;
$r_4-r_5-r_6$ Zwischenvorgelege;
r_7-r_8 Laufradvorgelege;
s Fahrbremse;
t Magnetbremslüfter zu *s*;
u Führerhaus;
v Hubsteuerwalze;
w Fahrsteuerwalze;
x_1-x_2 Widerstände zu $v-w$;
y Schaltkasten;
z Stromabnahme.

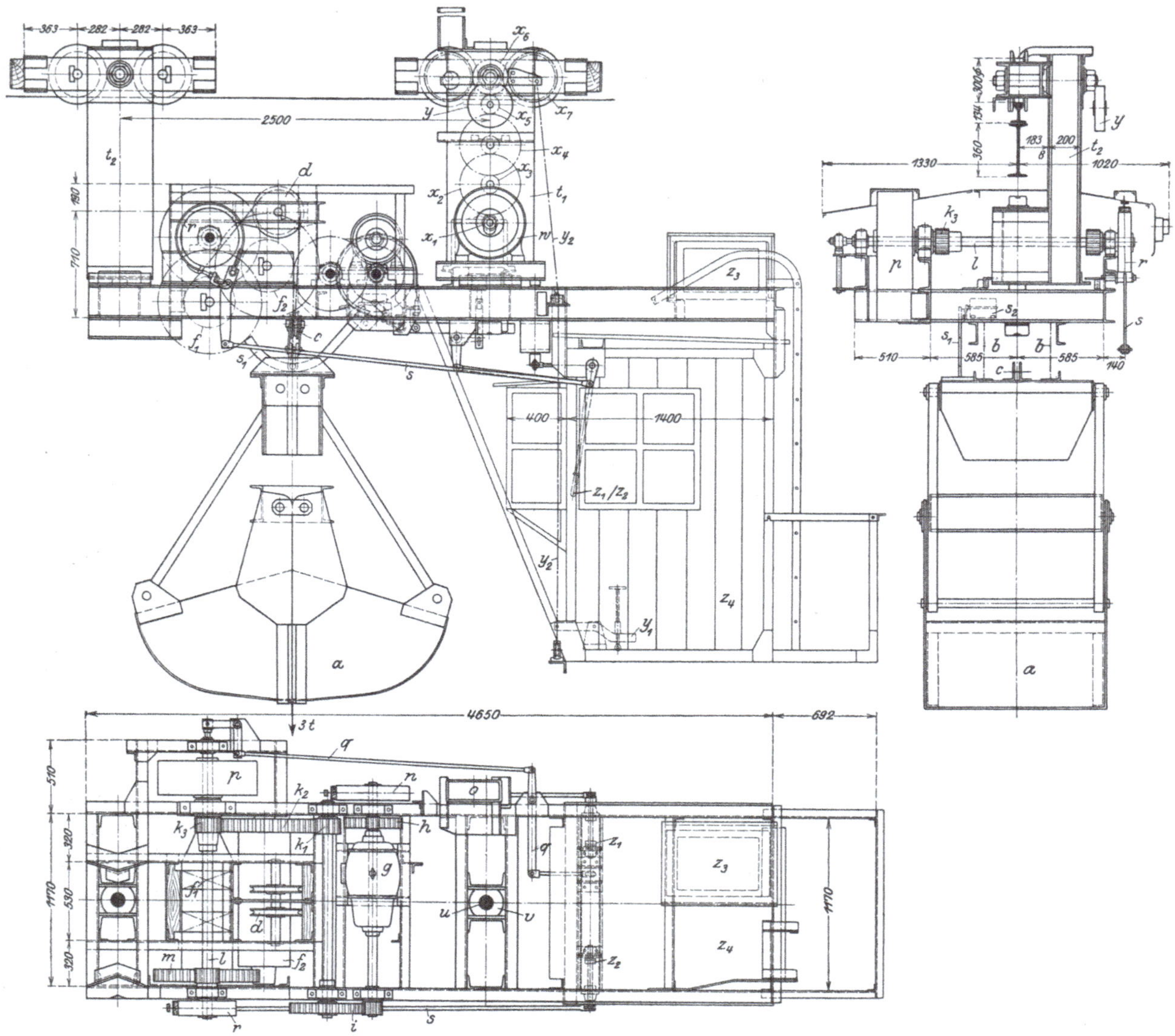

Abb. 505. Elektrisch betriebene Führerstandslaufkatze für Greiferbetrieb. Tragkraft: 3 t. (Flohr.)

a Greifer von $1^1/_2$ m³ Inhalt; *b* Hub- und Schließseile; *c* Ausgleichrolle zu den Entleerseilen; *d* Entleerseil-Umlenkrollen; f_1 Entleertrommel; f_2 Hub- und Schließtrommel; *g* Hubmotor; *h* Motorvorgelege; *i* mitteres Vorgelege; k_1-k_2 Vorgelege zum Antrieb von f_2; k_3 ein und ausrückbares Ritzel, die Welle *l* antreibend; *m* Trommelvorgelege zur Entleertrommel; *n* Hubwerkbremse; *o* Lüftmagnet zu *n*; *p* Bremsbandkupplung zu k_3; *q* Gestänge zu *p*; *r* Entleerbremse; *s* Gestänge zu *r*; s_1 Hebel zur Endausschaltung; t_1-t_2 Drehschemel, an denen das Windengestell aufgehängt; *u* Drehzapfen zu t_1 bzw. t_2; *v* Drehzapfentraverse, im Windengestell gelenkig angeordnet; *w* Fahrmotor; x_1-x_2 Motorvorgelege; x_3-x_7 Stirnrädergetriebe zum Antrieb der Laufräder des Drehschemels t_1; *y* Fahrwerkbremse (einfache, gewichtbelastete Backenbremse); y_1 Fußtritt, y_2 Seilzug zum Lüften von *y*; z_1 und z_2 Handhebel zur Bedienung von *p* bzw. *r*; z_3 Anlaßwiderstand; z_4 Führerhaus.

b) Kranlaufwinden.

Sie sind zweischienige Winden und werden für Laufkrane, Torkrane (Bockkrane), Verladebrücken, Konsolkrane und Drehkrane mit veränderlicher Ausladung (durch eine Laufkatze) verwendet.

Berechnung des Hubwerks s. S. 202 und 207, des Katzenfahrwerks S. 222.

1. Von Hand betriebene Laufwinden (Handlaufkatzen).

Antrieb allgemein durch Handkette und Haspelrad. Ausführung mit Schnecken- oder Stirnräderhubwerk. Die Winden sind in der Regel auf Flacheisen- oder Sonderschienen (s. S. 134), die auf den Kranhauptträgern befestigt sind, fahrbar. Auf Wunsch des Bestellers werden die Laufräder auch so ausgebildet, daß die Winden unmittelbar auf dem Obergurt von **I**-Trägern fahren.

α) Schneckenlaufwinden.

Tragkraft: 1000 bis 20000 kg. Spurweite (von Innenkante zu Innenkante Laufschiene): 340 bis 1040 mm. Gewicht (einschl. Ketten für 3 m Laufbahnhöhe): 100 bis 1500 kg.

Hubwerk. Es entspricht in seiner Bauart den Schneckenflaschenzügen mit Drucklagerbremse, s. S. 198.

Huborgan: Bis 10000 kg kalibrierte Rundeisenkette, über 10000 kg Gelenkkette.

Bei den normalen Ausführungen sitzt das Haspelrad unmittelbar auf der Schneckenwelle. Ein zwischen Haspelrad und Schneckengetriebe noch angeordnetes umschaltbares Stirnrädergetriebe, dessen Kupplung vom Fußboden aus durch einen Kettenzug bedient wird (Abb. 506),

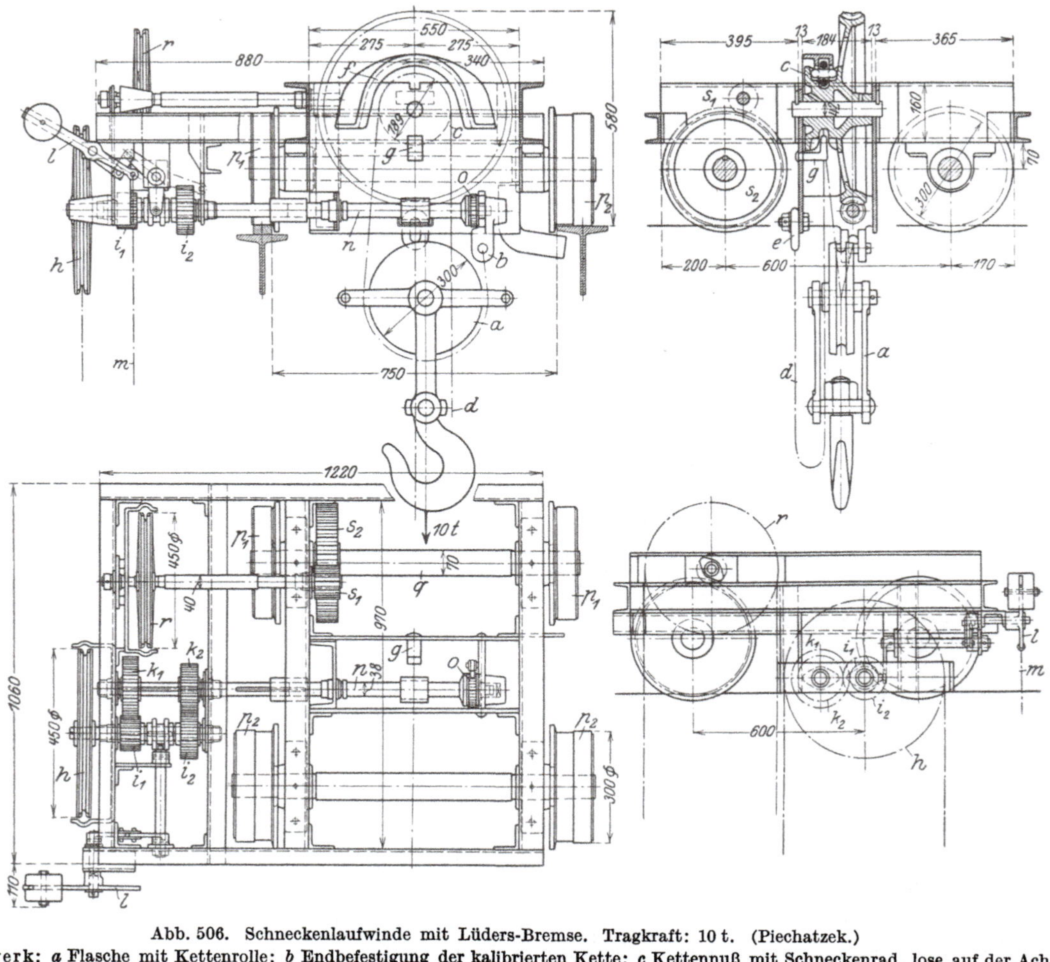

Abb. 506. Schneckenlaufwinde mit Lüders-Bremse. Tragkraft: 10 t. (Piechatzek.)
Hubwerk: *a* Flasche mit Kettenrolle; *b* Endbefestigung der kalibrierten Kette; *c* Kettennuß mit Schneckenrad, lose auf der Achse laufend; *d* loses Kettenende, bei *e* befestigt; *f* Schutzkappe gegen Herausspringen der Kette; *g* Kettenabstreifer; *h* Haspelrad; i_1-k_1 und i_2-k_2 durch doppelseitige Klauenkupplung umschaltbares Stirnrädervorgelege; *l* mittels Kettenzug *m* betätigte Umschaltvorrichtung; *n* Schneckenwelle; *o* Drucklagerbremse Bauart Lüders. **Fahrwerk:** p_1 Laufräder (für Flacheisenschienen); p_2 Laufräder (für I-Trägerbahn); *q* angetriebene Laufradachse; *r* Haspelrad; s_1-s_2 Stirnrädervorgelege, auf *q* arbeitend.

bietet den Vorzug der Einstellung zweier verschieden großer Hubgeschwindigkeiten. Leichte Lasten und der leere Haken werden mit dem schnellen Gang, schwere mit dem langsamen Gang gehoben bzw. gesenkt.

Laufwinden mit großer Hubhöhe und einer Gelenkkette als Huborgan werden, da das herabhängende lose Kettenende beim Arbeiten mit der Winde hinderlich ist, mit einer Kettenaufspeicherung (Kettenrutsche) ausgerüstet.

Wirkungsgrade, Haspelradzugkräfte und Hubgeschwindigkeiten s. S. 197 unter „Handflaschenzüge".

Fahrwerk (Abb. 506). Bei den Winden kleinerer Tragkraft (bis etwa 4000 kg) sitzt das Haspelrad unmittelbar auf der angetriebenen Laufradachse. Die Winden größerer Tragkraft erhalten als Übersetzung ein- oder zwei Stirnrädervorgelege.

Zug an der Haspelkette: Je nach Gewicht und Tragkraft der Katze: 35 bis 100 kg. Fahrgeschwindigkeit bei 30 m minutlicher Handkettenabwicklung 15,4 bis 2,5 m/min.

Die Handlaufkatzen mit Schneckenhubwerk ergeben gedrängten Bau und geringes Gewicht. Ihr Hauptnachteil ist der, daß die Last zwangsläufig gesenkt werden muß.

Beispiel Nr. 1. Eine Handlaufkatze mit Schneckenhubwerk von 10 t Tragkraft ist zu berechnen. Ausführung mit loser Rolle und lehrhaltiger Rundeisenkette nach DIN 671. Zwecks Einstellen zweier Hubgeschwindigkeiten wird zwischen Haspelrad und Schneckengetriebe ein umschaltbares Stirnrädervorgelege angeordnet. Verhältnis der kleinen zur großen Hubgeschwindigkeit 1:2. Gestaltung der Katze nach Abb. 506.

a) Hubwerk.

1. Kette. Zugkraft: $S = \frac{Q}{2} = \frac{10\,000}{2} = 5000$ kg. Nach DIN 671 (Tabelle 12, S. 25) gewählte Kette: 23 DIN 671. Durchmesser: $d = 23$ mm; innere Länge: $l = 64$ mm (Abb. 45, S. 25). Nutzzugkraft bei Handbetrieb: 5000 kg.

2. Lose Rolle. Nach Gleichung (40), S. 40, verlangter theoretischer Rollendurchmesser: $D \approx 20d = 20 \cdot 23 = 460$ mm. Ausgeführt: $D = 330 + d = 330 + 23 = 353$ mm.

3. Kettennuß. Für fünf Daumen ($z = 5$) und den Kettendurchmesser $d = 23$ mm wird der Teilkreisdurchmesser der Nuß nach Abb. 92, S. 41: $D = 208{,}5$ mm. Lastmoment (Moment an der Kettennuß):

$$M_L = S \cdot R = 5000 \cdot 10{,}425 \approx 52150 \text{ kgcm}.$$

4. Haspelrad. Handkette: 6 DIN 671 (s. S. 66). Durchmesser: $d = 6$ mm; innere Länge: $l = 18{,}5$ mm; Nutzzugkraft (nur bei Handbetrieb): 250 kg. Zähnezahl des Haspelrades: $z = 40$ ang. Teilkreisdurchmesser (Tabelle 21, S. 66): $D_0 = 473$ mm. Zug an der Handkette: $Z = 65$ kg ang. Kraftmoment (Moment am Haspelrad):

$$M_K = Z \cdot R_0 = 65 \cdot 23{,}65 \approx 1540 \text{ kgcm}.$$

5. Erforderliche Übersetzung.

$$i = \frac{\eta \cdot M_K}{M_L} = \frac{0{,}55 \cdot 1540}{52150} = \frac{1}{61{,}5} \approx \frac{1}{60} = \frac{1}{2} \cdot \frac{1}{30}.$$

Wirkungsgrad des Hubwerks: $\eta = \eta_r \cdot \eta_k \cdot \eta_h \cdot \eta_{I-II} \cdot \eta_{II-III} = 0{,}95 \cdot 0{,}93 \cdot 0{,}93 \cdot 0{,}95 \cdot 0{,}70 \approx 0{,}55$.

Einzelwirkungsgrade: η_r lose Rolle, η_k Kettennuß, η_h Haspelrad, η_{I-II} umschaltbares Stirnrädervorgelege und η_{II-III} Schneckengetriebe.

6. Schneckengetriebe. $i_{II-III} = {}^1/_{30}$; $z = {}^2/_{60}$; Werkstoff der Schnecke: St 60 · 11; Werkstoff des mit der Kettennuß aus einem Stück gegossenen Schneckenrades: Hartguß oder Stg 38 · 81.

Zahnbeanspruchung: $c_{\text{zul}} \approx 70$ kg/cm² ang.

Verhältnis von Zahnbreite zu Teilung: $\psi = b/t \approx 2{,}5$ ang.

Teilung: $t = \sqrt[3]{\frac{2\pi}{c \cdot \psi \cdot z} \cdot M_L} = \sqrt[3]{\frac{2\pi}{70 \cdot 2{,}5 \cdot 60} \cdot 52150} = \sqrt[3]{31} \approx 3{,}14 \text{ cm} = 10 \cdot \pi \text{ mm}.$

Teilkreisdurchmesser des Schneckenrades: $D_r = 60 \cdot 10 = 600$ mm.

Zahnbreite: $b = 2{,}5\,t = 2{,}5 \cdot 10 \cdot 3{,}14 = 78$ mm.

Teilkreisdurchmesser der Schnecke: $D_s = 70$ mm ang.

Durchmesser der Schneckenwelle: $d = 40$ mm ang.

Steigung der Schnecke: $s = g \cdot t = 2 \cdot 31{,}4 = 62{,}8$ mm.

Reibungszahl: $\mu = \operatorname{tg} \varrho \approx 0{,}1$ ang. $\varrho \approx 6°$.

Tangente des Steigungswinkels (s. S. 82): $\operatorname{tg} \beta = \frac{g \cdot t}{D_s \pi} = \frac{2 \cdot 10 \cdot \pi}{70 \cdot \pi} = 0{,}286$; $\beta \approx 15° 58'$.

Wirkungsgrad des Getriebes (bei 10% Lagerreibung): $\eta = \eta_l \cdot \frac{\operatorname{tg}\beta}{\operatorname{tg}(\beta + \varrho)} = 0{,}90 \cdot \frac{\operatorname{tg} 15° 58'}{\operatorname{tg} 21° 58'} \approx 0{,}64$.

Der die Lastdruckbremse Bauart Lüders (Abb. 461, S. 198) bei Vollast betätigende Längsdruck der Schneckenwelle ist: $P = \frac{M_L}{R_r} = \frac{52150}{30} = 1740 \approx 1800$ kg.

7. Umschaltbares Stirnrädervorgelege. Langsamer Gang: $i_{I-II} = {}^1/_2$; $z = {}^{12}/_{24}$; $m = 7$ mm ang. $D = {}^{84}/_{168}$ mm; Zentrale: $a = 126$ mm; $b = {}^{70}/_{60}$ mm. Werkstoff: St 50 · 11 bzw. Ge 18 · 91.

Schneller Gang: $i'_{I-II} = \frac{1}{1}$; $z' = \frac{12 + 24}{2} = 18$ (für beide Räder); $m = 7$ mm; $D' = {}^{126}/_{126}$ mm; Zentrale: $a = 126$ mm; $b' = 60$ mm. Werkstoff: Ge 18 · 91 (für beide Räder).

Größter Zahndruck: $P_{I-II} = \frac{M_K}{R_1} = \frac{1540}{4{,}2} \approx 370$ kg.

Zahnbeanspruchung: $c = \frac{P_{I-II}}{b \cdot t} = \frac{370}{6 \cdot 0{,}7 \cdot 3{,}14} \approx 28$ kg/cm²; $c_{\text{zul}} \approx 30$ kg/cm².

Durchmesser der Haspelradwelle: $d_1 = 35$ mm ang.

Somit Nabenstärke des 12-zähnigen Ritzels $\delta = \frac{1}{2}(84 - 35 - 2 \cdot \frac{7}{6} \cdot 7) \approx 16$ mm.

8. Lastgeschwindigkeit. Werden in der Minute 30 m Haspelkette abgewickelt, so ist die Geschwindigkeit am Haspelrad: $c = 30$ m/min.

Lastgeschwindigkeit bei langsamem Gang [Gleichung (201), S. 204]

$$v_1 = \frac{\eta \cdot Z \cdot c}{Q} = \frac{0{,}55 \cdot 65 \cdot 30}{10000} = 0{,}1072 \approx 0{,}11 \text{ m/min}.$$

Lastgeschwindigkeit beim schnellen Gang: $v_1' = 2 \cdot v_1 = 2 \cdot 0{,}11 = 0{,}22$ m/min.

b) Katzenfahrwerk.

Katzengewicht: $G_0 \approx 600$ kg ang. Schiene: Flacheisenschiene $b \cdot h = 50 \cdot 25$ mm (Tabelle 34, S. 134).

1. Größter Raddruck. $$P = \frac{Q + G_0}{4} = \frac{10000 + 600}{4} = 2650 \text{ kg}.$$

2. Laufräder. Durchmesser: $D = 300$ mm.
Werkstoff: Ge 18 · 91.

Beanspruchung: $k = \frac{P}{D \cdot b} = \frac{2650}{30 \cdot 5} = 17{,}7 \approx 18$ kg/cm². $k_{\text{zul}} = 15$ bis 40 kg/cm² (s. S. 135).

Die Laufräder sind paarweise auf Achsen (Werkstoff: St 50 · 11) aufgekeilt.

Rohdurchmesser: 70 mm; Durchmesser in den Lagern: 65 mm; Durchmesser an den Aufkeilstellen der Räder: 60 mm.

Lagerlänge (DIN 504): $l = 90$ mm. Abstand von Mitte Schiene bis Lager: $x \approx 90$ mm.
Biegemoment der Achse: $M = P \cdot x = 2650 \cdot 9{,}0 \approx 24000$ kgcm.

Widerstandsmoment: $W = 6{,}5^3 \cdot \frac{\pi}{32} = 26{,}96$ cm³.

Biegebeanspruchung: $\sigma' = \frac{M}{W} = \frac{24000}{26{,}96} \approx 890$ kg/cm² · $\sigma_{\text{zul.}} \approx 1000$ kg/cm².

3. Fahrwiderstand. Berechnung nach Gleichung (211), S. 222, mit 10% Zuschlag:

$$W_r = 1{,}1 \cdot (Q + G_0) \cdot w_r = 1{,}1\,(10 + 0{,}6) \cdot 25 = 290 \approx 300 \text{ kg}.$$

Fahrwiderstandsmoment: $M_r = W_r \cdot R = 300 \cdot 15 = 4500$ kgcm.

4. Haspelrad. Handkette: 6 DIN 671 (s. S. 66). Zähnezahl des Haspelrades: $z = 30$ ang. Teilkreisdurchmesser (Tabelle 21, S. 66): $D_0 = 354$ mm. Zug an der Handkette: $Z \approx 55$ kg ang. Kraftmoment (Moment am Haspelrad): $M_K = Z \cdot R_0 = 55 \cdot 17{,}7 \approx 975$ kgcm.

5. Erforderliche Übersetzung.
Wirkungsgrad des Fahrwerks (bei einem Stirnrädervorgelege): $\eta = \eta_h \cdot \eta_{I-II} = 0{,}93 \cdot 0{,}95 \approx 0{,}88$.
Einzelwirkungsgrade: η_h Haspelrad, η_{I-II} Vorgelege.

Nach Gleichung (212), S. 222, ist: $i = \eta \cdot \frac{M_K}{M_r} = 0{,}88 \frac{975}{4500} = \frac{1}{5{,}2} \approx \frac{1}{5}$.

6. Stirnrädervorgelege. $i_{I-II} = i = \frac{1}{5}$.
Zähnezahl: $z = {}^{12}/_{60}$; Modul: $m = 7$ mm. Teilkreisdurchmesser: $D = {}^{84}/_{420}$ mm.
Zahnbreite: $b = {}^{70}/_{60}$ mm; Werkstoff: St 50 · 11 bzw. Ge 18 · 91.

Zahndruck: $P = \frac{M_r}{R_2} = \frac{4500}{21} \approx 214$ kg.

Zahnbeanspruchung: $c = \frac{P}{b \cdot t} = \frac{214}{6 \cdot 0{,}7 \cdot 3{,}14} \approx 16$ kg/cm²; $c_{\text{zul}} \approx 25$ kg/cm².

Durchmesser der Haspelradwelle: 40 mm, am Sitze des Ritzels: 32 mm.
Nabenstärke des Ritzels: $\delta = \frac{1}{2} \cdot (84 - 32 - 2 \cdot \frac{7}{6} \cdot 7) \approx 18$ mm.

7. Fahrgeschwindigkeit. Werden in der Minute 30 m Handkette abgewickelt, so ist die Geschwindigkeit am Haspelrad: $c = 30$ m/min.
Fahrgeschwindigkeit [Gleichung (214), S. 222]:

$$v_2 = \frac{\eta \cdot Z \cdot R_0 \cdot c}{M_r} = \frac{0{,}88 \cdot 55 \cdot 17{,}7 \cdot 30}{4500} = 5{,}7 \approx 6 \text{ m/min}.$$

β) Stirnradlaufwinden.

Tragkraft: 2000 bis 25000 kg. Spurweite (Bauart mit gußeisernen Zahnrädern): 420 bis 850 mm. Gewicht (einschl. Ketten für 3 m Laufbahnhöhe): 350 bis 2400 kg.

Die Stirnradlaufwinden (Abb. 507) haben einen wesentlich besseren Wirkungsgrad als die Schneckenlaufwinden. Je nach Art der Ausführung ist $\eta \approx 0{,}70$ bis 0,85. Sie sind jedoch im Bau wesentlich schwerer als diese und erfordern daher entsprechend höhere Anlagekosten.

Hubwerk. Huborgan: Bis 10 t kalibrierte Rundeisenkette, darüber Gelenkkette oder bei allen Ausführungen Drahtseil. Im letzteren Falle einfacher Seilzug mit loser Rolle. Ein Zwillingsrollenzug mit vier tragenden Seilsträngen (s. S. 36) ist, da er ein genau senkrechtes Heben und Senken der Last sichert, zweckmäßiger.

Die Ausführung des Hubwerks ist bei den Winden mit Kette als Huborgan (Abb. 507) im wesentlichen die gleiche wie die der Stirnradflaschenzüge (s. S. 199). Als Übersetzung dienen je nach Tragkraft zwei (Abb. 507) oder drei Stirnrädergetriebe mit gefrästen Zähnen. Für zwei Hubgeschwindigkeiten wird das erste Vorgelege hinter dem Haspelrad auch umschaltbar ausgeführt. Es wird vom Fußboden aus durch einen Kettenzug eingestellt.

Die Bremse ist je nach der Bauart der Katze eine Gewindelastdruckbremse, ein einseitig wirkendes Klemmgesperre oder eine Sperradbremse (Abb. 507).

Um ein Überschreiten der zulässigen Senkgeschwindigkeit bei zu starkem Lüften zu vermeiden, wird die Sperradbremse mit einer Fliehkraftbremse (s. S. 133) vereinigt.

Fahrwerk. Die Ausführung ist die gleiche wie bei den Schneckenlaufkatzen. Ebenso weichen die Fahrgeschwindigkeiten (bei 30 m minutlicher Handkettenabwicklung) wenig voneinander ab.

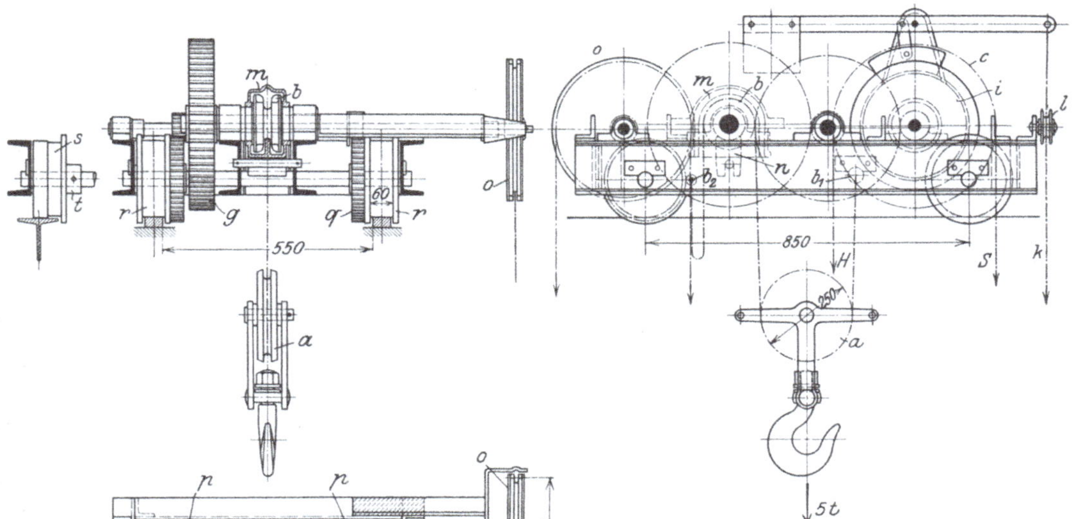
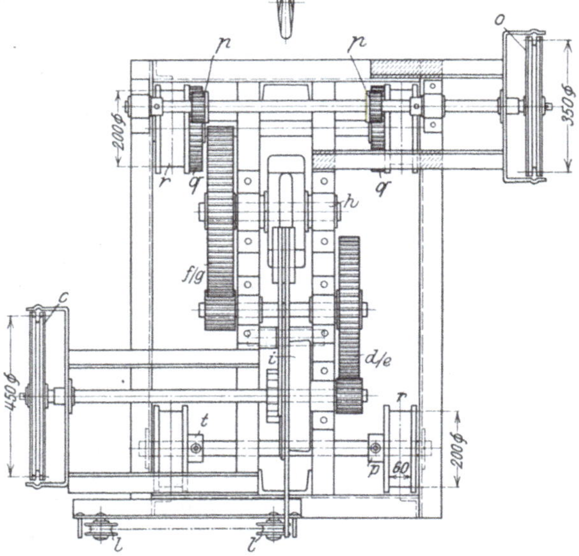

Abb. 507. Stirnräderlaufwinde mit Handantrieb von 5 t Tragkraft. (Bolzani.)
a lose Kettenrolle; *b* Kettennuß; $b_1 - b_2$ Aufhängung der beiden Enden der kalibrierten Rundeisenkette; *c* Hubwerkhaspelrad (*H* Heben — *S* Senken); *d—e* erstes Vorgelege; *f—g* Vorgelege, auf die Kettennußwelle *h* arbeitend; *i* Sperradbremse; *k* Handkettenzug zum Lüften von *i*; *l* Leitrollen zu *k*; *m* Schutzgehäuse zur Kettennuß; *n* Kettenabstreifer; *o* Fahrwerkhaspelrad; *p—q* Laufradvorgelege; *r* Laufräder mit beiderseitigem Spurkranz (für Flacheisenschiene); *s* Laufrad mit einseitigem Spurkranz (für I-Trägerlaufbahn); *t* Stellringe zur Führung der lose auf den Achsen sitzenden Laufräder.

2. Elektrisch betriebene Laufwinden.

Laufkatzen mit eingebautem Elektrozug zeichnen sich durch gedrängten Bau, kleine Anfahrmaße und niedrige Anlagekosten aus. Ausführung bei viersträngigem Zwillingsrollenzug in zwei Größen mit 3000 und 5000 kg Tragkraft[1]. Hubhöhe: 25 und 8 m. Hubgeschwindigkeit: 4,0 m. Hubmotor: 4,0 bzw. 6,3 PS.

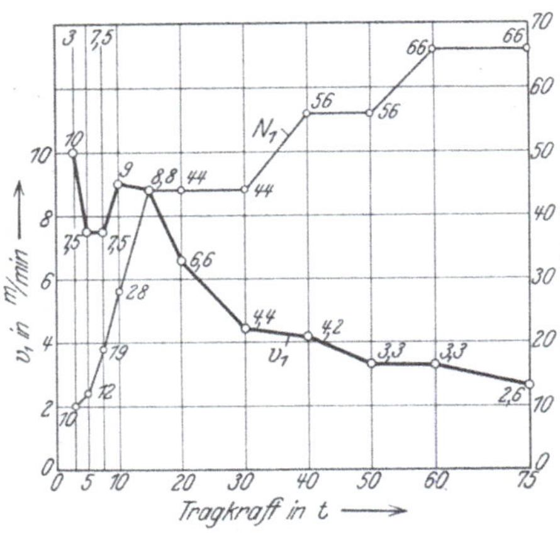

Abb. 508. Hubgeschwindigkeiten (v_1) und Motorleistungen (N_1) der normalen Kranlaufwinden.

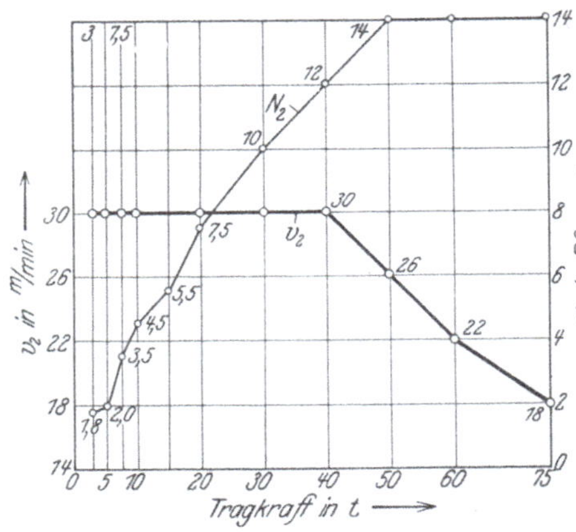

Abb. 509. Fahrgeschwindigkeiten (v_2) und Motorleistungen (N_2) der normalen Kranlaufwinden.

[1] Demag A.-G., Duisburg.

Wird die halbe Last (1500 bzw. 2500 kg) an zwei Seilsträngen aufgehängt, so sind die Hubhöhe und die Hubgeschwindigkeit doppelt so groß.

Fahrwerk mit Antrieb von Hand oder elektrisch. Fahrgeschwindigkeit (bei elektrischem Antrieb): 30 m/min. Fahrmotor: 1,5 bzw. 2,0 PS. Spurweite (von Mitte Schiene bis Mitte Schiene): 680 bzw. 745 mm. Katzengewicht (bei elektrischem Fahrwerk): 600 bzw. 900 kg.

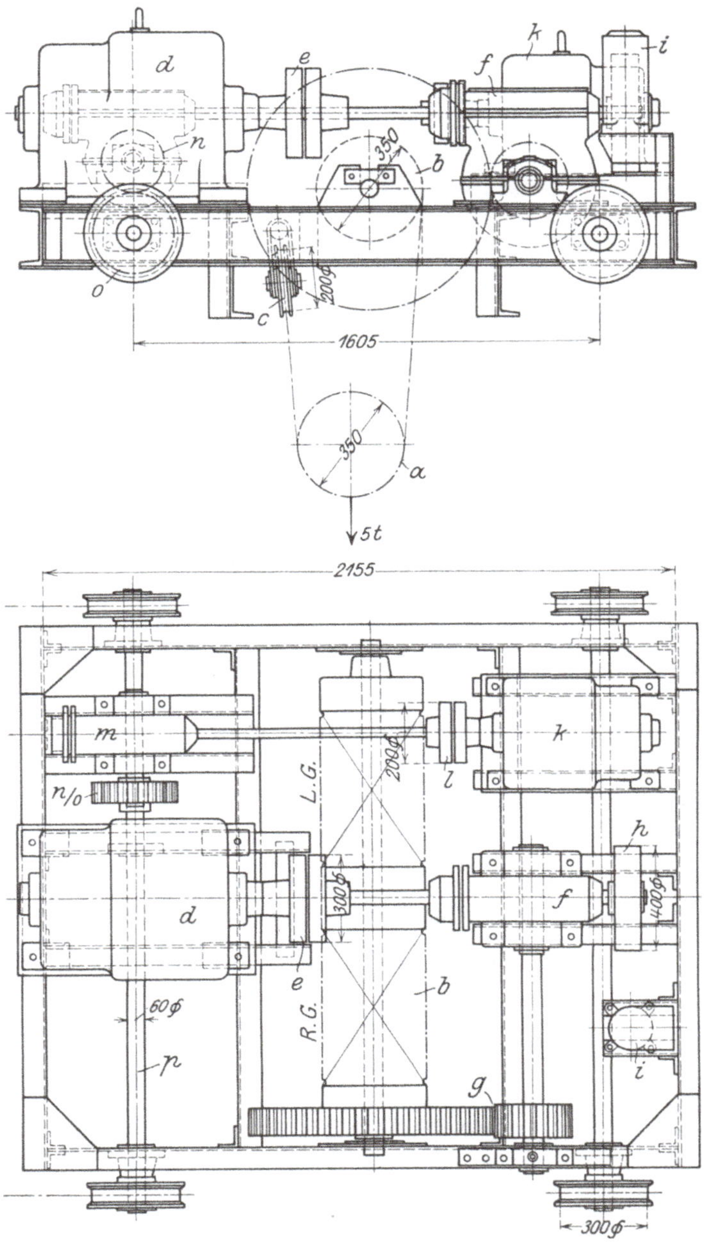

Abb. 510. Elektrisch betriebene Kranlaufwinde von 5 t Tragkraft und 10 m Hub. (Demag.)

a Zweirollige Kranflasche; *b* Seiltrommel mit Rechts- und Linksgewinde; *c* Ausgleichrolle; *d* Hubmotor; *e* elastische Kupplung; *f* Motorvorgelege (2gängiges Schneckengetriebe); *g* Trommelvorgelege; *h* Hubwerkbremse; *i* Magnetbremslüfter zu *h*; *k* Windenfahrmotor; *l* elastische Kupplung; *m* Motorvorgelege (2gängiges Schneckengetriebe); *n*—*o* Laufradvorgelege.

Arbeitsgeschwindigkeiten und Motoren:

Heben:	15 m/min;	27,2 PS bei	870 Uml./min.
Katzenfahren:	20 „	4,62 „ „	765 „

Stromart: Gleichstrom 440 V. Elektrische Ausrüstung: SSW.

Die normalen elektrischen Kranlaufwinden werden für Tragkräfte von 3 bis 100 t hergestellt. Hubhöhe: 8—10—12 m und mehr.

Hub- und Fahrgeschwindigkeiten sowie Motorleistungen normaler Kranlaufwinden von 3 bis 75 t Tragkraft s. Abb. 508 u. 509.

Laufkatzen kleinerer Tragkraft (3 und 5 t), die nur kurze Strecken fahren (bei Kranen kleiner Spannweite), erhalten statt des elektrischen Fahrwerks besser ein Handfahrwerk. Ein elektrisches Fahrwerk wäre bei den kleinen Fahrstrecken unwirtschaftlich, da der Motor — kaum auf seine volle Drehzahl gekommen — schon wieder stillgelegt werden muß.

α) Hubwerk.

Huborgan: Allgemein Drahtseil (s. S. 27).

Rollenzug: Zwillingsrollenzug mit vier, (sechs), acht, zehn oder zwölf tragenden Seilsträngen (Abb. 78 bis 83, S. 37).

Berechnung des Hubwerks nach den Angaben S. 207.

Die neuerdings allgemein bevorzugte Hochlegung der Trommel (Abb. 510 und 511) bietet eine niedrige Bauhöhe der Winde und ist hinsichtlich der Ausnutzung des Hubes günstiger als die frühere Ausführung mit untenhängender Trommel, die jedoch einen kleineren Radstand und damit ein kleineres Anfahrmaß bei den Kranen ergibt.

Bei Laufkatzen von 30 t Tragkraft an aufwärts werden Trommel und Trommelvorgelege unterteilt ausgeführt (Abb. 516, S. 243).

Bei Wahl eines schnellaufenden Motors werden als Übersetzung zwischen Motor und Trommel ein Schneckengetriebe und ein oder zwei Stirnradvorgelege angeordnet (z. B. Abb. 510). Wird bei einem Motor mittlerer Drehzahl eine Stirnräderübersetzung vorgesehen (Abb. 511), so wird das erste Vorgelege (Motorvorgelege) in

Rücksicht auf guten Wirkungsgrad in einen staubdicht gekapselten Räderkasten und im Ölbad laufend eingebaut (Abb. 187 bis 189, S. 78).

Verbindung des Motors mit dem Triebwerk allgemein durch eine elastische Kupplung nach Abb. 215 bzw. 216, S. 93. Nur bei Stirnräderwinden kleiner Tragkraft (bis etwa 5 t) wird das Motorritzel auch unmittelbar auf dem Wellenstumpf des Motors angeordnet.

Die Haltebremse des Hubwerks wird allgemein durch ein Gewicht belastet und durch einen Magnet- oder Motorbremslüfter gelüftet. Sie wird meist als doppelte Backenbremse, aber auch als einfache Bandbremse ausgeführt.

In Rücksicht auf ein möglichst kleines abzubremsendes Moment ordnet man die Bremse auf dem Umfang der elastischen Kupplung oder auf dem zweiten (hinteren) Wellenstumpf des Motors an.

Berechnung und Ausführung der doppelten Backenbremsen s. S. 111, der Bandbremsen S. 120.

Regelung der Senkgeschwindigkeit der Last mittels des Motors und geeigneter, den jeweiligen Betriebserfordernissen angepaßter Senkschaltungen. Siehe S. 172 und 175 „Hubwerkschaltungen".

Änderung der Hubgeschwindigkeit. Eine Änderung der Hubgeschwindigkeit in Abhängigkeit von der Lastgröße bietet bei Gleichstrombetrieb der Hauptschlußmotor. Beim Heben des leeren Hakens beträgt die Geschwindigkeitssteigerung etwa 100% der Vollastgeschwindigkeit.

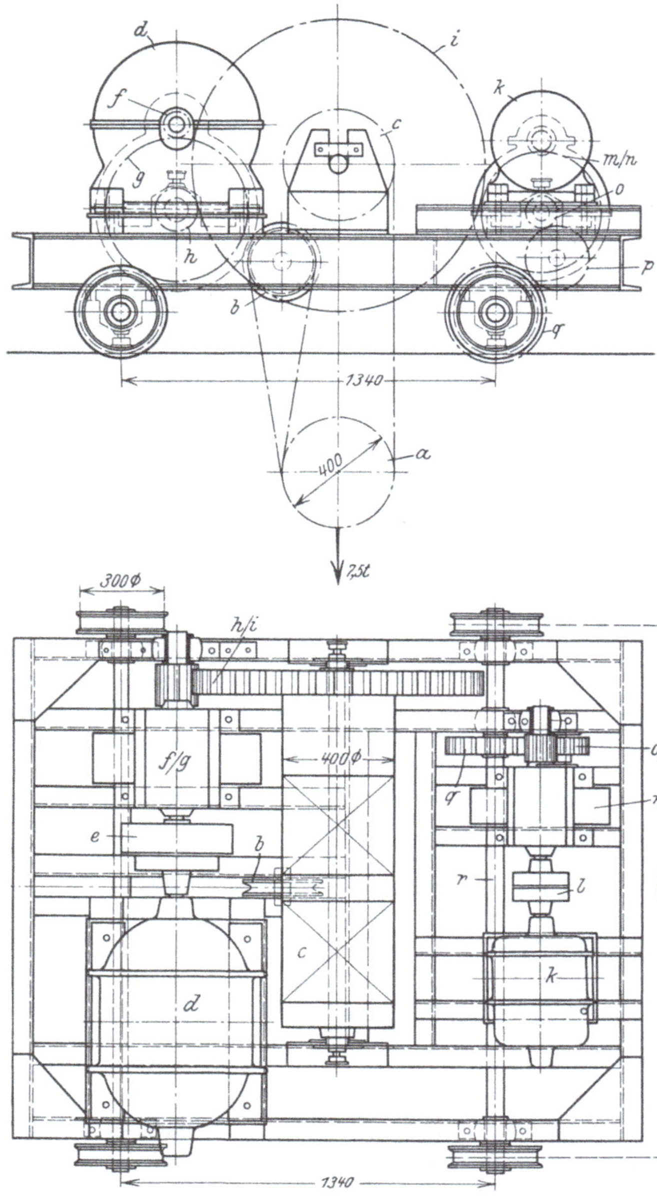

Abb. 511. Elektrisch betriebene Kranlaufwinde von 7,5 t Tragkraft und 10 m Hub. (Demag.)

a zweirollige Kranflasche; *b* Ausgleichsrolle; *c* Trommel; *d* Hubmotor; *e* elastische Kupplung; *f*—*g* Motorvorgelege (Stirnrädergetriebe); *h*—*i* Trommelvorgelege; *k* Windenfahrmotor; *l* elastische Kupplung; *m*—*n* Motorvorgelege (Stirnrädergetriebe); *o*—*p*—*q* Stirnrädervorgelege mit Zwischenrad, auf die Laufradachse *r* arbeitend.

Arbeitsgeschwindigkeiten und Motorleistungen:

Heben:	12 m/min;	25 PS bei	720 Uml/min
Windenfahren	40 „	8,1 „ „	1000 „

Stromart: Drehstrom 500 Volt. Elektrische Ausrüstung: S.S.W.

Der bei Drehstrom verwendete Asynchronmotor dagegen bleibt hinsichtlich der Drehzahl auch bei voller Entlastung nahezu unveränderlich, und es besteht daher, besonders bei Drehstrom, das Bedürfnis nach einer Abstufung der Hubgeschwindigkeit. Diese wird erreicht durch:

1. Umschaltbare Stirnrädervorgelege. Je nachdem zeitweise schwere oder leichte Lasten gehoben werden, wird das Vorgelege auf langsamen oder schnellen Gang geschaltet. Hierbei ist

das Verhältnis der großen zur kleinen Hubgeschwindigkeit aus baulichen Gründen nicht größer als 2,5 zu 1.

Die Ausführung der umschaltbaren Vorgelege oder Wechselrädergetriebe ist derart, daß entweder die treibenden Räder oder die getriebenen Räder lose auf ihrer Welle sitzen. Durch eine doppelseitige Klauenkupplung wird dann das eine oder das andere Rad eingerückt und mit der umlaufenden Welle gekuppelt (s. S. 76).

Bei dieser Art des Umschaltens muß der Führer die Kranbühne betreten, was immerhin umständlich und zeitraubend ist.

Andere Ausführungen haben den Vorzug, daß die Laufkatze bis auf Reichweite an den Führerkorb herangefahren wird, worauf dann ebenfalls von Hand umgeschaltet wird.

Während des Umschaltens muß das Hubwerk unbelastet sein. Wird während des Hebens oder Senkens umgeschaltet, so ist ein Teil der Zahnräder zeitweise außer Eingriff, und es ist möglich, daß die Last abstürzt.

Ein von der Firma Arnold Georg A.-G. Neuwied für elektrische Laufkrane verwendetes Wechselrädergetriebe[1] ist so eingerichtet, daß Unglücksfälle unmöglich gemacht werden. Es wird vom Führerkorb aus elektrisch betätigt, ist unter Belastung umschaltbar und erfordert keinerlei Zeit- und Kraftaufwand.

In vielen Fällen ist es erforderlich, Lasten mit einer außerordentlich geringen Geschwindigkeit millimeterweise zu bewegen, wie z. B. in der Gießerei zum Herausheben der Modelle, zum Einsetzen von Kernen und zum Aufsetzen fertiger Formkästen oder in Zusammenbauwerkstätten zum Absetzen schwerer Maschinenteile während der Montage. Eine derartige weitgehende und feinstufige Regelung der Hubgeschwindigkeit wird auf mechanischem Wege durch die Anwendung von Umlauf- oder Planetengetrieben und auf elektrischem Wege durch die Leonard-Schaltung erreicht.

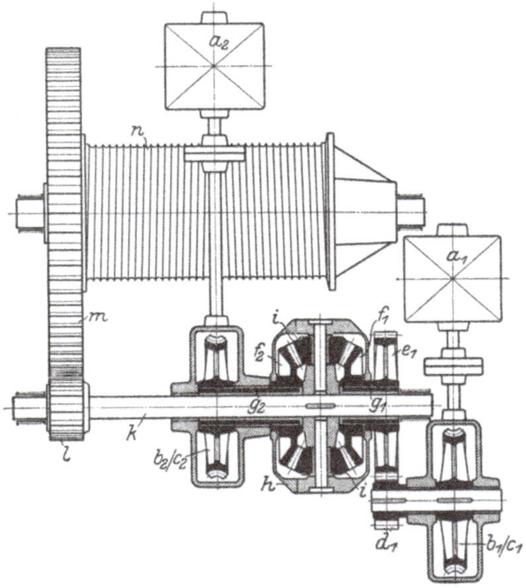

Abb. 512. MAN-Doppelantrieb.
a_1 und a_2 Motoren; b_1-c_1 und b_2-c_2 Schneckenvorgelege; d_1-e_1 Stirnrädergetriebe; $f_1-f_2-g_1-g_2-h-i$ Planeten- oder Umlaufgetriebe; k Welle auf der der Planetenradträger (mit den Rädern i) aufgekeilt; $l-m$ Trommelvorgelege; n Trommel.

2. MAN-Doppelantrieb (Abb. 512). Bei diesem arbeiten zwei gleiche Motoren auf das mit einem Umlauf (Planeten-) Getriebe ausgerüstete Hubwerk. Hierdurch werden zwei Grundgeschwindigkeiten erzeugt, die dann vermittels der Steuerwalzen innerhalb weiter Grenzen und feinstufig veränderlich sind.

Langsamer Gang: Der Motor a_1 arbeitet mittels des Schneckengetriebes b_1—c_1, des Stirnrädervorgeleges d_1—e_1 und des Kegelrades f_1 des Umlaufgetriebes h—i auf die Welle k und durch das Vorgelege l—m auf die Trommel.

Schneller Gang: Der Motor a_2 arbeitet mittels des Schneckengetriebes b_2—c_2 und des Kegelrades f_2 des Umlaufgetriebes h—i auf die Welle k und von dieser wieder durch das Vorgelege l—m auf die Trommel.

Für jeden Motor bzw. Gang ist eine gewichtbelastete, elektromagnetisch gelüftete Haltebremse vorgesehen. Je nach Größe der Last und der gewünschten Geschwindigkeit läuft der eine oder der andere Motor, beide in gleichem oder beide in entgegengesetztem Sinne. Laufen die Motoren gegeneinander, so kann die Geschwindigkeit bis zum Stillstand der Last herabgesetzt werden.

Durch die Anwendung des MAN-Doppelantriebes wird ein Hilfshubwerk zum schnellen Heben leichterer Lasten gespart.

Das auf Abb. 512 schematisch dargestellte Hubwerk gehört zu einer Laufkatze von 15 t Tragkraft. Es hat den üblichen viersträngigen Zwillingsrollenzug und einen Rollen- bzw. Trommeldurchmesser von 450 mm.

Leistung der beiden Motoren: je 12 PS bei 940 Uml/min.
Hubgeschwindigkeiten (ohne Regelung durch Widerstände):
Bei Vollast: 2 m/min; bei Mittellast: 7 m/min; leer: 15 m/min.

Eine weitgehende Hub- und Geschwindigkeitsregelung wird auf mechanischem Wege auch durch den Antrieb Bauart Bury-Humboldt erreicht (Fördertechn. und Frachtverkehr, Bd. XX, Heft 1, S. 12).

[1] Z. V. d. I. Bd. 68, Nr. 48. Claes: Hebezeuge mit Wechselgetrieben.

3. Leonard-Steuerung. Schaltung und Arbeitsweise s. S. 179.

Die mit der Leonard-Schaltung ausgerüsteten Krane erhalten eine Steuerdynamo, die bei Laufkranen auf der einen Bühne aufgestellt wird. Die Leonard-Schaltung kommt hauptsächlich für Krane von großer Tragkraft, insbesondere Schwerlastkrane, in Betracht.

Hilfshubwerk. Winden größerer Tragkraft (über 10 t) erhalten vielfach ein zweites Hubwerk mit kleinerer Tragkraft und größerer Hubgeschwindigkeit.

Abb. 513 und 514 zeigen eine Laufkatze von 20 t Tragkraft mit einem Hilfshubwerk von 5 t Tragkraft. Hubhöhe: 10 m.

Arbeitsgeschwindigkeiten und Motoren:

Heben (20 t)	9,1 m/min;	50 PS bei	585 Uml/min
Hilfsheben (5 t)	17,0 „ ;	25 „ „	720 „
Katzenfahren	30,0 „ ;	7,5 „ „	950 „

Die Haltebremsen der beiden Hubwerke sind gewichtbelastete, doppelte Backenbremsen von 600 bzw. 400 mm Durchmesser. Hubarbeit der Magnetbremslüfter: 300 bzw. 200 kgcm.

β) Winden- (Katzen-) Fahrwerk.

Berechnungsgrundlagen s. S. 221. Tabelle 47 gibt die Spurweiten (Schienenmittenentfernungen), Radstände, Katzengewichte und Raddrucke der normalen elektrisch betriebenen Kranlaufwinden ohne Hilfshubwerk für Tragkräfte von 5 bis 50 t.

Tabelle 47. Elektrische Kranlaufwinden von 5 bis 50 t Tragkraft (Demag A.-G. Duisburg.)

Tragkraft t	Spurweite mm	Radstand mm	Windengewicht t	Raddruck t
5	1400	1650	3,00	2,00
7,5	1500	1700	3,70	2,80
10	1550	1800	4,20	3,56
12,5	1600	1900	4,70	4,30
15	1700	2000	5,30	5,08
20	1800	2200	5,8	6,45
25	2000	2300	7,00	8,00
30	2200	2400	8,60	9,67
40	2300	2500	9,60	12,40
50	2400	2600	10,80	15,20

Bei Winden bis etwa 10 t Tragkraft werden die Laufräder paarweise auf den beiden umlaufenden Achsen aufgekeilt, von denen die eine angetrieben wird (Abb. 510). Sind die Achsen wie bei der Ausführung Abb. 511 in normalen Deckellagern nach DIN 505, gelagert, so gibt man dem Laufradvorgelege aus baulichen Gründen ein Zwischenrad.

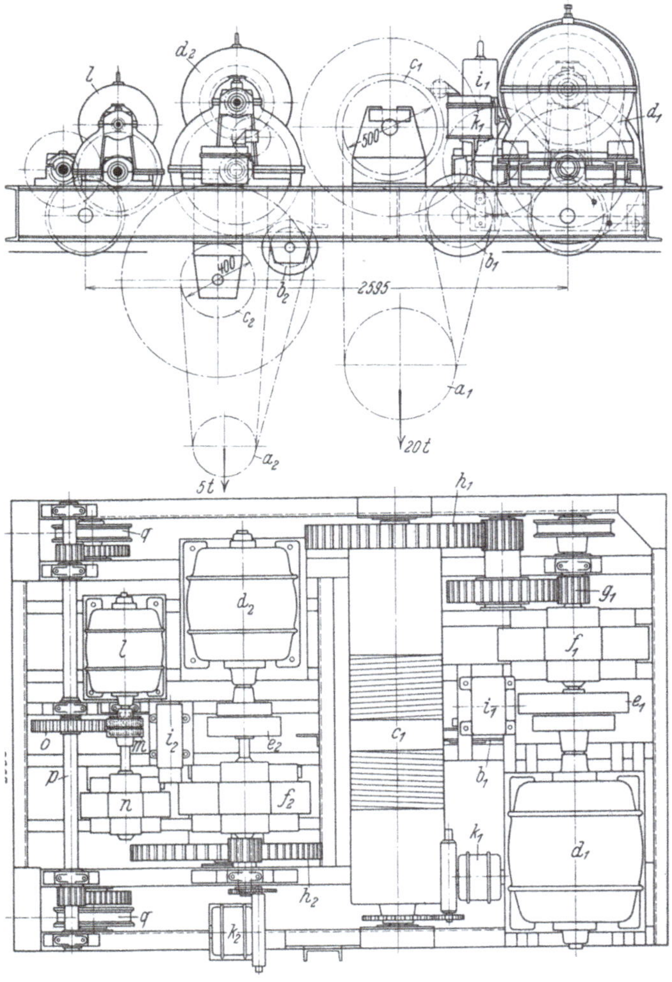

Abb. 513 und 514. Elektrisch betriebene Kranlaufwinde von 20 bzw. 5 t Tragkraft. (Demag.)

a_1, a_2 zweirollige Hakenflaschen; b_1, b_2 Seilausgleichrollen; c_1, c_2 Trommeln; d_1, d_2 Hubmotoren; e_1, e_2 elastische Kupplungen mit Hubwerkbremsen; f_1, f_2 Motorvorgelege (mit Räderkästen); g_1 Zwischenvorgelege zum 20 t-Hubwerk; h_1, h_2 Trommelvorgelege; i_1, i_2 Magnetbremslüfter; k_1, k_2 Endausschalter zum Haupt- bzw. Hilfshubwerk; l Fahrmotor; m elastische Kupplung; n Motorvorgelege (mit Räderkasten); o mittleres Vorgelege, auf die Welle p treibend; q angetriebene Laufräder.

Bei Laufkatzen über 10 t Tragkraft, in neuerer Zeit auch bei allen Größen, laufen die Räder lose auf den durch Achshalter festgestellten Bolzen (Abb. 323, S. 137). Die angetriebenen Laufräder haben bei kleinerem Durchmesser (bis 300 mm) auf den Laufradnaben aufgekeilte Zahnräder (DIN 692), bei größerem Durchmesser angeschraubte Zahnkränze (DIN 4009). Laufräder s. S. 135.

Tabelle 48. Elektrisch betriebene Kranlaufwinden

	Tragkraft Q	in t	5	7,5	10	15
Hubwerk	Hubgeschwindigkeit v_1	in m/min	7,5	7,5	9	8,8
	Zahl der tragenden Seilstränge z	—	4	4	4	4
	Erf. Bruchlast $\mathfrak{S} \cdot S = 8S$	in kg	10000	15000	20000	30000
	Gewähltes Seil. DIN 655; $\sigma_B = 180$ kg/mm²		B 13	B 15	B 18	B 22
	Rollendurchmesser $D = 500\,\delta$	in mm	300	350	400	500
	Trommeldurchmesser $D_T = 600\,\delta$	in mm	350	400	450	600
	D/d	—	23	23,4	22	22,7
	Trommeldrehzahl n_T	i. d. Min.	13,6	11,9	12,7	11,2
	Wirkungsgrad η	—	0,80	0,80	0,80	0,80
	Erf. Leistung N_1	in kW	7,65	11,5	18,4	27
	Gewählte Type	—	DH 116—8 750	DH 126—8 750	DH 156—8 750	DH 163—8 750
	Motorleistung (25% ED)	in kW	7,5	11	22	30
	Motordrehzahl n	i. d. Min.	720	725	730	730
	Nenndrehmoment M	in kgcm	1030	1490	2340	4000
	Erf. Übersetzung i	—	1/53	1/61	1/57,5	1/65
Fahrwerk	Fahrgeschwindigkeit v_2	in m/min	30	30	30	30
	Windengewicht G_0	in t	3	3,7	4,2	5
	Größter Raddruck max P	in t	2	3	4	5
	Laufrad D	in mm	300	300	400	400
	Schienenbreite b	in mm	45	45	55	55
	Laufradbolzen-Durchm. d	in mm	55	60	70	70
	Laufraddrehzahl n_L	i. d. Min.	31,8	31,8	24	24
	Fahrwiderstand W_r	in kg	211	316	340	480
	Wirkungsgrad η	—	0,85	0,85	0,85	0,85
	Erf. Leistung N_2	in kW	1,3	2	2	3
	Gewählte Type	—	hR 54n—6 1000	hR 54n—6 1000	hR 54n—6 1000	hR 64s—6 1000
	Motorleistung (25% ED)	in kW	2,6	2,6	2,6	3,1
	Motordrehzahl n	i. d. Min.	920	920	920	920
	Erf. Übersetzung i	—	1/29	1/29	1/38	1/38

Ebenso wie beim Hubwerk wird der Motor mit dem Triebwerk durch eine elastische Kupplung verbunden. Nur bei Winden mit kleiner Tragkraft wird das Ritzel des Motorvorgeleges unmittelbar auf dem Motorstumpf aufgekeilt.

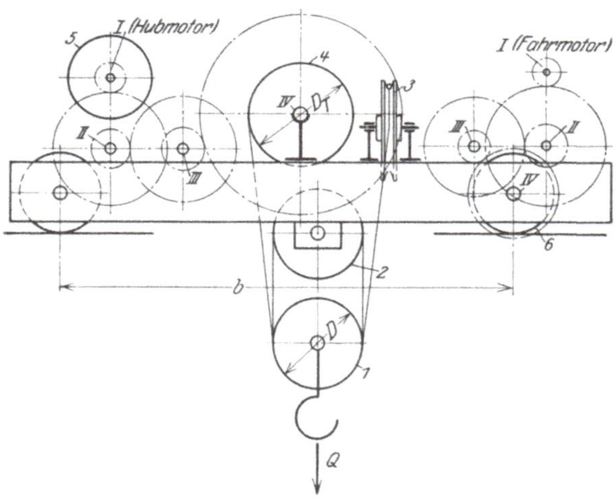

Abb. 515. Elektrisch betriebene Laufkatze. (Berechnungsschema.) *1* vierrollige Unterflasche; *2* zweirollige Oberflasche; *3* Ausgleichrolle; *4* Trommel; *5* elastische Kupplung mit Bremsscheibe; *6* angetriebene Laufräder.

Eine Fahrwerkbremse wird nur bei größerer Fahrgeschwindigkeit, und wenn genaues Anhalten Bedingung ist, vorgesehen. Siehe auch S. 223.

Bei schnellaufenden Katzen (z. B. von Verladebrücken) treten bei elektrischer Bremsung Überlastungen des Fahrwerks durch Bremsstöße auf, die bei schlüpfrigen Schienen die angetriebenen Laufräder zum Gleiten bringen können. Diese Kräfte werden bei trockenen Laufschienen noch erheblich größer und überschreiten den Wert 0,25 × Raddruck bis 0,30 × Raddruck[1]. Bei gut gebauten mechanischen Bremsen sind die Bremsstöße stets niedriger als bei elektrischer Bremsung, auch bei solcher mit Verzögerungsschaltung (s. S. 183).

Bezeichnen $\sum P$ die Raddrücke der abgebremsten Laufräder, μ die Reibungszahl zwischen Rad und Schiene, so ist die Bremskraft gleich dem größten Gleitwiderstand $\sum P\mu$. Sind m die Masse der Katze, v die Fahrgeschwindigkeit in m/sek und s der Bremsweg in m, so ist:

$$\sum P\mu \cdot s = m \cdot \frac{v^2}{2} \quad \text{und die Bremskraft:} \quad \sum P \cdot \mu = \frac{m \cdot v^2}{2s}. \tag{218}$$

[1] Garlepp (Maschinenbau 1931, S. 86).

von 5 bis 100 t Tragkraft (Berechnungsangaben).

20	30	40	50	60	75	100
6,6	4,4	4,2	3,3	3,3	2,6	2
4	8	8	8	8	10	10
40000	30000	40000	50000	60000	60000	80000
B 26	*B* 22	*B* 26	*B* 28	*B* 31	*B* 33	*B* 35
600	500	600	650	700	750	800
700	600	700	750	850	900	1000
23	23	23	23	22,5	22,7	22,8
6	9,35	7,6	5,6	5	3,7	2,5
0,80	0,76	0,76	0,76	0,76	0,74	0,74
27	28,4	36	35,5	42,5	43	44
DH 163–8	*DH* 183–10	*DH* 203–10	*DH* 203–10	*DH* 203–10	*DH* 213–10	*DH* 213–10
750	600	600	600	600	600	600
30	30	40	40	40	50	50
730	585	585	585	585	585	585
4000	5000	5000	5000	6650	6650	6650
1/122	1/62	1/77	1/105	1/117	1/158	1/234
30	30	30	26	22	18	14
6	8,6	10	12	14	18	20
6,5	10	12,5	15	19	23	30
500	500	600	600	700	700	700
55	55	65	65	65	65	75
80	80	90	90	100	100	100
19	19	16	13,8	10	8,1	6,5
562	835	1000	1200	1400	1700	2300
0,85	0,85	0,85	0,85	0,85	0,85	0,85
3,5	5	6	6	6,5	6,5	8
hR 64*s*–6	*DH* 76–6	*DH* 96–6	*DH* 96–6	*DH* 116–8	*DH* 126–8	*DH* 126–8
1000	1000	1000	1000	750	750	750
3,1	5,5	7,5	7,5	7,5	11	11
920	945	950	950	720	725	725
1/49	1/50	1/60	1/69	1/72	1/90	1/110

Bei konstanter Verzögerung b ist die Bremszeit $t = \frac{2s}{v}$ ... sek.

Für Fahrgeschwindigkeiten $v = 1{,}5$ bis 3 m/sek ist die Bremszeit $t \approx 6$ sek, bei $v = 3$ bis 5 m/sek kann mit $t \approx 8$ bis 10 sek gerechnet werden[1].

Tabelle 48 gibt eine Zusammenstellung der wichtigsten Berechnungsgrößen für die Hub- und Fahrwerke der elektrisch betriebenen Kranlaufwinden von 5 bis 100 t Tragkraft. Stromart: Drehstrom.

Beispiel Nr. 2. Eine elektrisch betriebene Kranlaufwinde von 30 t Tragkraft und 12 m Hubhöhe ist zu berechnen. Betriebsart: Normaler Betrieb.
Arbeitsgeschwindigkeiten (aus Abb. 508 und 509, S. 233): Heben: $v_1 = 4{,}4$ m/min; Katzenfahren: $v_2 = 30$ m/min.
Stromart: Drehstrom 500 V, 50 Hz. Ausführung mit Stirnräderübersetzung (Abb. 515, S. 238).

a) Hubwerk.

1. Rollenzug. Für Laufkatzen von 30 bis 60 t kommt der 8-strängige Rollenzug nach Abb. 80, S. 37, in Betracht.
Zugkraft des Seiles: $S = \frac{Q}{8} = \frac{30000}{8} = \mathbf{3750\ kg}$.
Übersetzung des Rollenzuges: $i_r = \frac{1}{4}$.
Seilgeschwindigkeit an der Trommel: $v_s = 4 \cdot v_1 = 4 \cdot 4{,}4 \approx \mathbf{17{,}6\ m/min}$.
An jeder Trommelhälfte aufzuwickelnde Seillänge: $l = 4 \cdot$ Hubhöhe $= 4 \cdot 12 = \mathbf{48\ m}$.
Wirkungsgrad des Rollenzuges: $\eta_r \approx$ **0,90 ang.**

2. Drahtseil. Sicherheitsgrad $\mathfrak{S} = 8$ ang.
Erforderliche Bruchfestigkeit des Seiles: $\mathfrak{S} \cdot S = 8 \cdot 3750 = \mathbf{30000\ kg}$.
Nach DIN 655 (Tabelle 14, S. 28) gewähltes Drahtseil: B 22 mit $\sigma_B = 180$ kg/mm².
Drahtzahl (Bauart B): $i = 222$; Seildurchmesser: $d = 22$ mm.
Drahtdurchmesser: $\delta = 1{,}0$ mm; kleinster Rollen- bzw. Trommeldurchmesser: $D = 500\,\delta = 500 \cdot 1{,}0 = \mathbf{500\ mm}$.
Rechnerische Bruchfestigkeit: 31390 kg.

3. Unterflasche (Hakenflasche). Gestaltung: Normale Bauart nach Abb. 116, S. 48, kurze Bauart nach Abb. 117. Theoretischer Rollendurchmesser $D = 500$ mm.
Rillenprofil der Seilrollen nach DIN 690 mit $r = 15$ mm Halbmesser (Tabelle 16, S. 43).

4. Oberflasche. Sie besteht aus zwei fest am Katzengestell gelagerten Seilrollen. Theoretischer Rollendurchmesser und Rillenprofil wie unter 3.

[1] Siehe Fußnote 1, S. 238.

5. Ausgleichrolle. Sie ist ebenfalls fest am Katzengestell gelagert (Abb. 515). Durchmesser und Rillenprofil wie unter 3.

6. Trommel. Der theoretische Trommeldurchmesser wird aus baulichen Gründen größer als der der Seilrollen genommen. $\boldsymbol{D_T = 600}$ **mm.**

Steigung des Trommelgewindes (Abb. 122, S. 50): $s = d + 2\text{ mm} = 22 + 2 = 24\text{ mm}$.

An jeder Trommelhälfte aufzuwickelnde Seillänge (s. unter 1.): $l = 48$ m.

Länge einer Windung: $D_T \pi = 0{,}600 \cdot 3{,}14 \approx 1{,}884$ m.

Erforderliche Windungszahl: $z = \frac{l}{D_T \pi} + 2 = \frac{48}{1{,}884} + 2 \approx 28.$

Gewindelänge (an jeder Trommelseite) $l_g = z \cdot s = 28 \cdot 24 = 672$ mm. Abstand des Rechts- und Linksgewindes: $e_0 = 500$ mm ang. Durchmesser der Trommelachse: $d = 100$ mm ang.

Drehzahl der Trommel: $n_T = \frac{v\,s}{D_T \pi} = \frac{17{,}6}{0{,}6 \cdot 3{,}14} \approx 9{,}35$ i. d. Min.

7. Motor. Berechnung der erforderlichen Leistung nach Gleichung (202), S. 207, unter Einsetzen von $Q = 30000$ kg und $v_1 = 4{,}4$ m/min. Wirkungsgrad des Hubwerks:

$$\eta = \eta_r \cdot \eta_T \cdot \eta_{I-II} \cdot \eta_{II-III} \cdot \eta_{III-IV} = 0{,}92 \cdot 0{,}95 \cdot 0{,}97 \cdot 0{,}95 \cdot 0{,}95 \approx 0{,}76\,.$$

$$N_1 = \frac{30000 \cdot 4{,}4}{6120 \cdot 0{,}76} \approx \mathbf{28{,}5\ kW.}$$

Gewählt (aus Abb. 395, S. 166):

Type: DH 183 — 10; Nennleistung bei 25% Einschaltdauer: 30 kW; Nenndrehzahl: 585 i. d. Min.

Normales Drehmoment: $M = 97400 \cdot \frac{30}{585} \approx 5000$ kgcm.

Verhältnis des Kippmomentes zum normalen Drehmoment: $M_K : M \approx 3$.

Höchste zulässige Drehzahl: $\max n = 2000$. Schwungmoment des Läufers: $GD^2 \approx 15{,}8\text{ kgm}^2$.

Gewicht des Motors: 800 kg. Durchmesser des Motorzapfens (nach DIN VDE 2702): $d = 70$ mm.

8. Erforderliche Übersetzung. (Abb. 515): $i = \frac{\text{Drehzahl der Trommel}}{\text{Drehzahl des Motors}} = \frac{9{,}35}{585} \approx \frac{1}{62{,}5}$.

Diese Übersetzung werde in folgende Teilwerte zerlegt: $i = \frac{1}{62{,}5} = \frac{1}{5} \cdot \frac{1}{2{,}5} \cdot \frac{1}{5}$.

9. Motorvorgelege. Ausführung mit Räderkasten (Tabelle 22, S. 79) und im Ölbad laufend. Werkstoff: St 50 · 11 / Stg 38 · 81. $i_{I-II} = \frac{1}{5}$; $z = {}^{20}/_{100}$; Umfangsgeschwindigkeit des Getriebes: $v \approx 5$ bis 7 m/sek.

Zulässige Zahnbeanspruchung (Abb. 168, S. 72): $c_{\text{zul}} \approx 35\text{ kg/cm}^2$.

Verhältnis von Zahnbreite zu Teilung $\Psi = b/t = 4$ bis 5.

Teilung nach Gleichung (73), S. 72:

$$t = \sqrt[3]{\frac{612000}{c \cdot \psi \cdot z} \cdot \frac{N_{\text{kW}}}{n}} = \sqrt[3]{\frac{612000}{35 \cdot 4{,}5 \cdot 20} \cdot \frac{28{,}5}{585}} = 2{,}15\text{ cm} \approx \mathbf{7\pi\ mm.}$$

Teilkreisdurchmesser: $D = z \cdot m = {}^{140}/_{700}$ mm. Achsenabstand: $a = \frac{140}{2} + \frac{700}{2} = 420$ mm.

Daher Räderkasten Größe Nr. *III*, Tabelle 22, S. 79.

Zahnbreite: $b = 4{,}5\,t = 4{,}5 \cdot 7 \cdot 3{,}14 = 99$ mm; $b = {}^{150}/_{100}$ mm. Bohrung: $d = {}^{70}/_{90}$ mm.

Vorhandene Nabenstärke des Ritzels: $\delta = \frac{1}{2}(D - 2\,\frac{7}{6}\,m - d) = 27$ mm. Diese reicht nach den Angaben S. 73 nicht aus. Ritzel und Welle werden daher aus einem Stück gefertigt.

10. Trommelvorgelege. $i_{III-IV} = {}^{1}/_{5}$; $z = {}^{16}/_{80}$.

Werkstoff: St 50 · 11/Stg 45 · 81; $v \approx 0{,}5$ m/sek; $c_{\text{zul}} = 60$ bis 50 kg/cm^2; $\psi = b/t = 2$ bis 3.

Drehmoment: $M_{d_{IV}} = 2\,S \cdot R \cdot \frac{1}{\eta_r} \cdot \frac{1}{\eta_T} = 2 \cdot 3750 \cdot 30 \cdot \frac{1}{0.92} \cdot \frac{1}{9{,}95} \approx 260000$ kgcm.

Teilung [nach Gleichung (71), S. 71]:

$$t = \sqrt[3]{\frac{2\pi}{c \cdot \psi \cdot z} \cdot M_{d_{IV}}} = \sqrt[3]{\frac{2\pi}{60 \cdot 3 \cdot 80} \cdot 260000} = \sqrt[3]{113} = 4{,}80\text{ cm} \approx 15\pi\text{ mm}\,.$$

Teilkreisdurchmesser: $D = {}^{240}/_{1200}$ mm.

Zahnbreite: $b = 200/140$ mm. Nabenstärke des Ritzels: $\delta = 60$ mm. Bohrung: $d = {}^{90}/_{100}$ mm.

11. Zwischenvorgelege. $i_{II-III} = 1/2{,}5$; $z = {}^{26}/_{65}$.

Werkstoff: St 50 · 11/Stg 38 · 81; $v \approx 1$ bis 2 m/sek. $c_{\text{zul}} \approx 55$ bis 45 kg/cm^2; $\psi = b/t = 3$ bis 4.

Drehmoment: $M_{d_{II}} = M_{d_I} \cdot \frac{1}{i_{I-II}} \cdot \eta_{I-II} = 4800 \cdot 5 \cdot 0{,}97 \approx 23300$ kgcm.

Teilung: $t = \sqrt[3]{\frac{2 \cdot 3{,}14}{45 \cdot 3{,}5 \cdot 26} \cdot 23300} = \sqrt[3]{36} = 3{,}3\text{ cm} \approx 10\pi\text{ mm}$.

Teilkreisdurchmesser: $D = {}^{260}/_{650}$ mm. Zahnbreite: $b = 3{,}5\,t = 3{,}5 \cdot 10 \cdot 3{,}14 \approx 110$ mm; $b = {}^{150}/_{110}$ mm.

Nabenstärke des Ritzels: $\delta = 52$ mm. Bohrung: $d = {}^{90}/_{100}$ mm.

12. Bremse. Ausführung als gewichtbelastete, elektromagnetisch gelüftete doppelte Backenbremse. Anordnung auf der größeren Scheibe der elastischen Kupplung zwischen Motor und Triebwerk. Damit die Bremse kurz baut, wird der gewichtbelastete Bremshebel parallel zur Motorwelle gelegt (Abb. 279, S. 118).

Durchmesser des Motorzapfens: $d = 70$ mm. Aus Tabelle 25, S. 93, werden entnommen:

Kupplungsdurchmesser: $D_K = 350$ mm; Bremsscheibendurchmesser: $D = 500$ mm; Bremsscheibenbreite: $b = 160$ mm.

Als Bremsmoment wird das volle Motordrehmoment zugrunde gelegt. $M_I = 5000$ kgcm (s. unter 7).

Abzubremsende Umfangskraft: $U = \frac{M_I}{R} = \frac{5000}{25} = 200$ kg.

Sicherheitsgrad: $\mathfrak{S} = 2$ ang. $\mathfrak{S}U = 2 \cdot 200 = 400$ kg. Bremsbelag: Ferodofibre (s. S. 112). $\mu \approx 0{,}4$ ang.
Die Bremse wird zunächst in ihren Umrissen (im Maßstab 1:5) aufgezeichnet.

Höhe der Welle I über Oberkante Katzengestell: Räderkasten-Zentrale + Lagerhöhe der Welle II (Tabelle 22, S. 79) $= 420 + 100 = 520$ mm; Motorhöhe: 290 mm.

Stärke der Platten des Motoruntersatzes: 30 mm.

Daher Höhe der ⌜-Eisen des Motoruntersatzes: 200 mm (⊏ Nr. 20). Die Drehpunkte der Backenhebel werden an L 100 × 10 angeordnet. Wurzelmaß dieser Winkel: ∼ 60 mm.

Aus der Entwurfzeichnung der Bremse werden folgende Übersetzungen entnommen:

Backenhebel: $\frac{a_1}{a_2} = \frac{260}{520} = \frac{1}{2}$; Winkelhebel: $\frac{a_3}{a_4} = \frac{120}{240} = \frac{1}{2}$; Bremshebel: $\frac{a_5}{l} = \frac{180}{450} = \frac{1}{2{,}5}$;

Übersetzung des Bremsgestänges (s. S. 113): $i = \frac{a_1}{a_2} \cdot \frac{a_3}{a_4} \cdot \frac{a_5}{l} = \frac{1}{2} \cdot \frac{1}{2} \cdot \frac{1}{2{,}5} = \frac{1}{10}$;

Erforderlicher Backendruck: $\max N = \frac{\mathfrak{S}U}{2\mu} = \frac{2 \cdot 200}{2 \cdot 0{,}4} = 500$ kg.

Erforderliche Zugkraft des Magnetbremslüfters: $Z_{\text{erf}} = \max N \cdot i \cdot \frac{1}{\eta} = 500 \cdot \frac{1}{10} \cdot \frac{1}{0{,}95} \approx 53$ kg.

Radialer Lüftweg einer Bremsbacke $\lambda = 0{,}2$ cm ang.

Erforderlicher Lüftweg des Bremslüfters: $h_{\text{erf}} = 1{,}2 \cdot 2 \cdot \lambda \cdot \frac{1}{i} = 1{,}2 \cdot 2 \cdot 0{,}2 \cdot 10 = 4{,}8$ cm.

In dieser Gleichung ist mit einem Zuschlag von 20% für Totgang des Gestänges gerechnet.
Erforderliche Hubarbeit des Bremslüfters: $Z_{\text{erf}} \cdot h_{\text{erf}} = 53 \cdot 4{,}8 \approx 264$ kgcm.
Gewählter Bremslüfter nach Tabelle 43 (SSW): Type K 3830/III; Kerngewicht: 12 kg; Hub: 5,0 cm.
Hubarbeit: 300 kgcm bei einer Schalthäufigkeit von 120 i. d. Stde.
Am Abstand $l_1 = 900$ mm erforderliches Bremsgewicht: $G_1 = (Z - G_a) \cdot \frac{l}{l_1} = (53 - 12) \cdot \frac{450}{900} \approx 20$ kg.
Werkstoff des Bremsgewichtes: Ge 12 · 91.

Spezifisches Gewicht: $\gamma = 7{,}25$. Bremsgewichtvolumen: $V = \frac{G_1}{\gamma} = \frac{20}{7{,}25} \approx 2{,}8$ dm³.

Dicke des Bremsgewichts: 100 mm ang. Fläche: $a^2 = 2{,}8$ dm²; $a \approx 170$ mm.
Breite der Bremsbacken: $b_0 = 140$ mm; Länge (Projektion): $l_0 \approx 200$ mm.
Bremsfläche einer Backe: $F_0 = b_0 \cdot l_0 = 14 \cdot 20 = 280$ cm².

Flächendruck zwischen Bremsbacke und Scheibe: $\sigma = \frac{\max N}{2F_0} = \frac{500}{2 \cdot 240} \approx 1{,}05$ kg/cm².

Zulässig für Ferodofibre auf Ge 18 · 91 (s. S. 112): $\sigma_{\text{zul}} = 0{,}5$ bis 3 kg/cm².

Gleitgeschwindigkeit: $v = \frac{D\pi \cdot n_I}{60} = \frac{0{,}5 \cdot 3{,}14 \cdot 585}{60} \approx 15$ m/sek.

Für die Belastung der Bremse maßgebender Wert $= \sigma \cdot v = 1{,}05 \cdot 15 \approx 16$; zulässig (s. S. 114):

$$\sigma \cdot v \approx 20 \text{ kg/cm}^2; \quad \sigma \cdot v \cdot \mu = 1{,}05 \cdot 15 \cdot 0{,}4 \approx 6.$$

b) Katzenfahrwerk.

1. Größter Raddruck. Katzengewicht: $G_0 = 8600$ kg ang.

Größter Raddruck: $P = \frac{Q + G_0}{4} = \frac{30 + 8{,}6}{4} = 9{,}65 \approx 10$ t.

2. Laufräder. Gewählt nach DIN 4009 (Tabelle 37, S. 137).
Laufraddurchmesser: $D = 500$ mm; Schienenbreite: $b = 55$ mm (Schiene Nr. 2, Tabelle 35, S. 134); Bolzendurchmesser $d = 80$ mm; Kopfabrundungshalbmesser der Schiene: $r = 4$ mm; Werkstoff des Laufrades: Stg 38 · 81. Beanspruchung des Laufrades [Gleichung (176), S. 135]:

$$k = \frac{P}{D \cdot (b - 2r)} = \frac{10000}{50 \cdot (5{,}5 - 2 \cdot 0{,}4)} \approx 43 \text{ kg/cm}^2; \quad k_{\text{zul}} = 40 \text{ bis } 60 \text{ kg/cm}^2.$$

3. Fahrwiderstand. Berechnung nach Gleichung (211), S. 222:

$$W_r = 1{,}2\,(Q + G_0) \cdot w_r = 1{,}2\,(30 + 8{,}6) \cdot 18 \approx 835 \text{ kg}.$$

Einheitsfahrwiderstand w_r für 1 t = 1000 kg Fahrgewicht aus Abb. 489, S. 221.

4. Fahrmotor. Erforderliche Leistung nach Gleichung (215), S. 222:

$$N_2 = \frac{W_r \cdot v_2}{6120 \cdot \eta} = \frac{835 \cdot 30}{6120 \cdot 0{,}87} \approx 4{,}7 \text{ kW}.$$

Wirkungsgrad des Fahrwerks (bei drei Vorgelegen): $\eta = \eta_{I-II} \cdot \eta_{II-III} \cdot \eta_{III-IV} = 0{,}97 \cdot 0{,}95 \cdot 0{,}95 \approx 0{,}87$.
Gewählter Motor nach Abb. 395, S. 166: Type: DH 76—6; Nennleistung: 5,5 kW (25% ED).
Nenndrehzahl: $n = 945$; $M_K : M = 3{,}2$. $M \approx 567$ kgcm; höchst zulässige Drehzahl: $\max n = 2200$.
Schwungmoment: GD² = 0,43 kgm²; Gewicht: 144 kg; Durchmesser des (zylindrischen) Motorwellenstumpfes nach VDE DIN 2701: $d = 35$ mm.

5. Übersetzung. Nach Gleichung (216), S. 223 ist:

$$i_{\text{erf}} = \frac{\text{Drehzahl des Laufrades}}{\text{Drehzahl des Motors}} = \frac{19}{945} \approx \frac{1}{50}.$$

Drehzahl des Laufrades s. Gleichung (217), S. 223.

Tabelle 49. Rädertafel zur elektrisch betriebenen Kranlaufwinde von 30 t Tragkraft und 12 m Hubhöhe. (Beispiel Nr. 3, Abb. 515.)

1	2	3	4	5	6	7	8	9	10	11	12	13	14	15	16	17	18	19
Triebwerk	Nr.	Art des Getriebes	Übersetzung i	Leistung N	Drehzahl n	Drehmoment M	Zähnezahl z	Modul m	Durchmesser D	Achsabstand a	Zahnbreite b	Bohrung d	Zahndruck P	Vorhandene Zahnbeanspruchung c	Umfangsgeschwindigkeit v	Zulässige Zahnbeanspruchung c_{zul}	Werkstoff	Bemerkung
	—	—	—	kW	i. d. min.	kgcm	—	mm	mm	mm	mm	mm	kg	kg/cm²	m/sek	kg/cm²	—	—
Hubwerk	I/II	Stirnräder	$\frac{1}{5}$	28,5/27,6	585/117	4800/23300	20/100	7	140/700	420	150/100	70/80	680	31	4,3	38	St 50·11 / Stg 38·81	
	II/III		$\frac{1}{2,5}$	—	117/46,8	23300/55000	26/65	10	260/650	—	150/110	80/90	1700	49	1,6	48	St 50·11 / Stg 38·11	
	III/IV		$\frac{1}{5}$	—	46,8/9,35	55000/260000	16/80	15	240/1200	—	200/140	90/100	4330	66	0,6	65	St 50·11 / Stg 45·81	
Katzenfahrwerk	I/II	Stirnräder	$\frac{1}{4,46}$	4,7/4,55	945/212	484/2060	22/98	5	110/490	300	100/70	35/50	88	8	5,5	20	St 50·11 / Ge 22·91	
	II/III		$\frac{1}{3,6}$	—	212/59	2060/7030	18/65	8	144/520	—	120/90	50/60	270	12	1,6	50	St 50·11 / Stg 38·81	
	III/IV		$\frac{1}{3,12}$	—	59/19	7030/20900	16/50	10	160/500	—	80/50	60/80	417	22	0,5	55	St 50·11 / Stg 38·81	

6. Laufradvorgelege. Nach DIN 4009 (Tabelle 37, S. 137) sind die Zahnkranzabmessungen des Laufrades mit 500 mm Durchmesser:

Zähnezahl: $z = 50$; Modul: $m = 10$ mm; Teilkreisdurchmesser: $D = 500$ mm; Zahnbreite: $b = 60$ mm. Werkstoff des Zahnkranzes: Stg 38·81.

Durchmesser der Fahrwerkswelle (Welle III): $d_3 = 60$ mm ang.

Mindest-Teilkreisdurchmesser des Ritzels (s. auch S. 73):

$\min D = d + 2\delta + 2 \cdot \frac{7}{6} m = 60 + 2 \cdot 28 + 2 \cdot 12 = 140$ mm.

Zähnezahl: $z = {}^{16}/_{50}$; Modul: $m = 10$ mm.
Teilkreisdurchmesser: $D = {}^{160}/_{500}$ mm.
Zahnbreite: $b = {}^{80}/_{60}$ mm.
Werkstoff: St 50 · 11/Stg 38 · 81.
Übersetzung des Getriebes: $i_{III-IV} = \frac{1}{3,12}$.

Zahndruck: $P_{III-IV} = \frac{W_r}{2} = \frac{835}{2} \approx 417$ kg.

Zahnbeanspruchung:

$$c = \frac{P_{III-IV}}{b \cdot t} = \frac{417}{6 \cdot 1,0 \cdot 3,14} \approx 22 \text{ kg/cm}^2.$$

Umfangsgeschwindigkeit:

$$v = \frac{v_2}{60} = \frac{30}{60} = 0,5 \text{ m/sek}.$$

Nach Abb. 168, S. 72: $c_{zul} \approx 55$ kg/cm².

7. Motorvorgelege.

Übersetzung: $i_{I-II} = 1/4,5$ ang.
Zähnezahl: $z = {}^{20}/_{90}$; Modul: $m = 5$ mm ang.
Teilkreisdurchmesser: $D = {}^{100}/_{450}$ mm; Zentrale des Getriebes: $a = 275$ mm.

Gewählter Räderkasten nach Tabelle 22, S. 79: Größe I mit $a = 300$ mm.

Entsprechend geänderte Getriebeabmessungen:

$$z = {}^{22}/_{98}; \quad i_{I-II} = \frac{1}{4,46}; \quad m = 5 \text{ mm};$$

$$D = {}^{110}/_{490} \text{ mm}; \quad b = {}^{100}/_{70} \text{ mm};$$

Werkstoff: St 50 · 11/Stg 38 · 81.

Zahndruck: $P_{I-II} = \frac{M_I}{R_1} = \frac{484}{5,5} \approx 88$ kg.

Zahnbeanspruchung:

$$c = \frac{P_{I-II}}{b \cdot t} = \frac{88}{7 \cdot 0,5 \cdot 3,14} \approx 8 \text{ kg/cm}^2.$$

Umfangsgeschwindigkeit:

$$v = \frac{D\pi \cdot n_I}{60} = \frac{0,11 \cdot 3.14 \cdot 945}{60} \approx 5,5 \text{ m/sek}.$$

$c_{zul} \approx 35$ kg/cm². Das Rad des Vorgeleges kann daher in Gußeisen (Ge 21·91) ausgeführt werden.

8. Zwischenvorgelege.

$$i_{II-III} = \frac{i_{I-II} \cdot i_{II-III}}{i_{erf}} = \frac{4,46 \cdot 3,12}{50} \approx \frac{1}{3,6}.$$

Zähnezahl: $z = {}^{18}/_{65}$; Modul: $m = 8$ mm ang.
Teilkreisdurchmesser: $D = {}^{144}/_{520}$ mm.
Zahnbreite: $b = {}^{120}/_{90}$ mm.
Werkstoff: St 50 · 11 / Stg 38 · 81.

$$\text{Zahndruck:} \quad P_{II-III} = W_r \cdot \frac{r_3}{R_3} \cdot \frac{1}{\eta_{III-IV}} = 835 \cdot \frac{80}{260} \cdot \frac{1}{0,95} \approx 270 \text{ kg}.$$

Zahnbeanspruchung:

$$c = \frac{P_{II-III}}{b \cdot t} = \frac{270}{9 \cdot 0,8 \cdot 3,14} \approx 12 \text{ kg/cm}^2.$$

$v = 0,5 \cdot \frac{260}{80} \approx 1,6$ m/sek; $c_{zul} \approx 50$ kg/cm².

Ebenso wie das Motorvorgelege ist das Zwischenvorgelege nur wenig ausgenutzt. Beide erhalten jedoch aus baulichen Gründen die angegebenen Abmessungen.

Die Abmessungen der Vorgelege des Hub- und Fahrwerks der Katze, die Leistungen, Drehzahlen, Drehmomente usw. sind auf Tabelle 49, S. 242, übersichtlich zusammengestellt.

9. Elastische Kupplung. Nach Tabelle 25, S. 93, wird die Größe Nr. $1^3/_4$ gewählt und auf 35 mm ausgebohrt. Kupplungsdurchmesser: $D_K = 175$ mm. Übertragbares Moment der Kupplung: $\sim$ 550 kgcm.

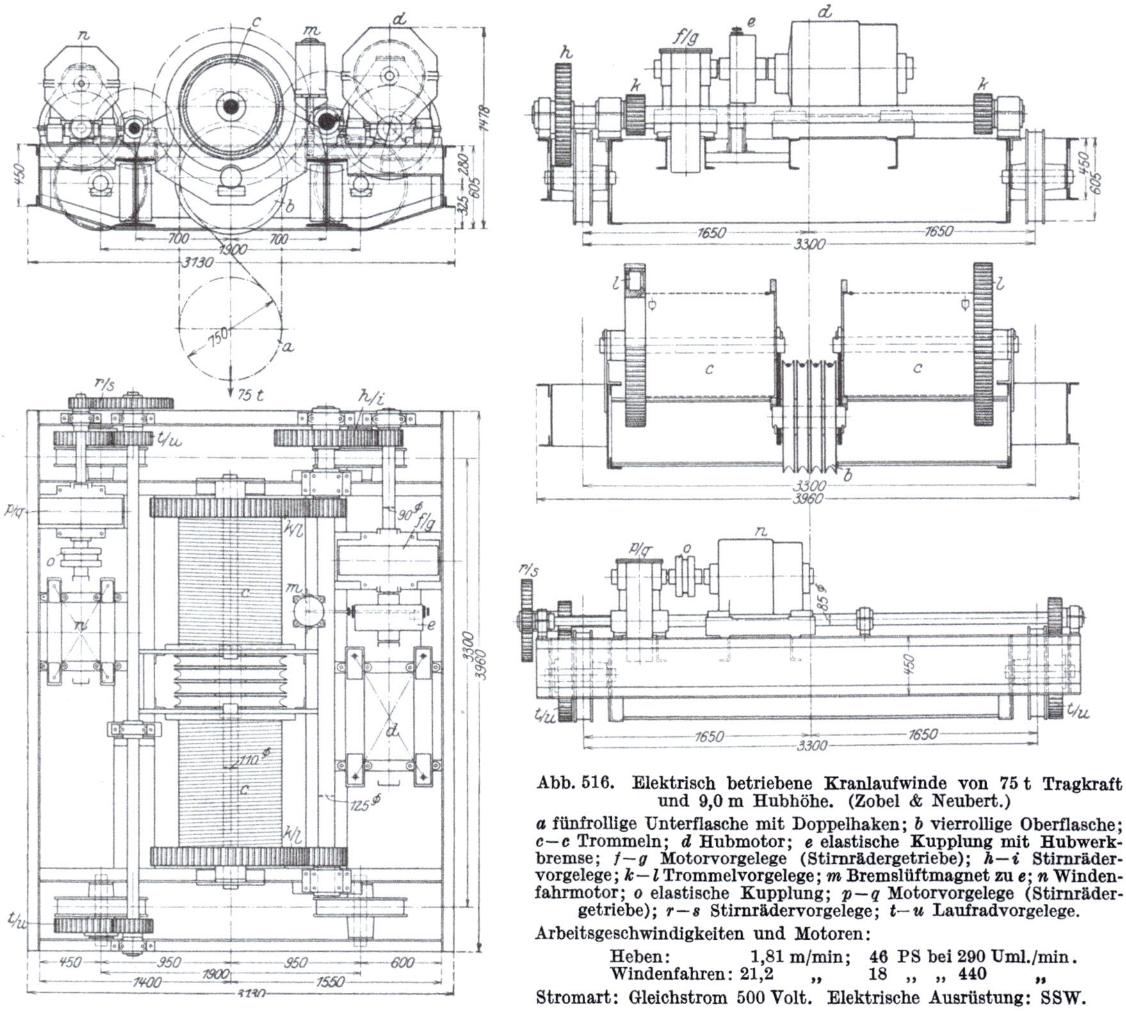

Abb. 516. Elektrisch betriebene Kranlaufwinde von 75 t Tragkraft und 9,0 m Hubhöhe. (Zobel & Neubert.)

a fünfrollige Unterflasche mit Doppelhaken; *b* vierrollige Oberflasche; *c*—*c* Trommeln; *d* Hubmotor; *e* elastische Kupplung mit Hubwerkbremse; *f*—*g* Motorvorgelege (Stirnrädergetriebe); *h*—*i* Stirnrädervorgelege; *k*—*l* Trommelvorgelege; *m* Bremslüftmagnet zu *e*; *n* Windenfahrmotor; *o* elastische Kupplung; *p*—*q* Motorvorgelege (Stirnrädergetriebe); *r*—*s* Stirnrädervorgelege; *t*—*u* Laufradvorgelege.

Arbeitsgeschwindigkeiten und Motoren:

Heben: 1,81 m/min; 46 PS bei 290 Uml./min.
Windenfahren: 21,2 „ 18 „ „ 440 „

Stromart: Gleichstrom 500 Volt. Elektrische Ausrüstung: SSW.

γ) Windengestell (Katzengestell).

Es wird als versteifter [-Eisenrahmen ausgebildet, der für den Aufbau der Getriebelager entsprechende Längs- und Querträger erhält. Diese werden mit dem Rahmen und unter sich durch L-Eisen verbunden.

An den Rahmenecken und sonstigen wichtigen Verbindungsstellen sind kräftige Versteifungsbleche vorzusehen. Die durch die Seilzüge beanspruchten tragenden Teile sind nach Entwurf des Windengestells auf Biegung zu berechnen. Ebenso sind die Nietanschlüsse der einzelnen Träger nachzuprüfen. In neuerer Zeit zieht man es vor, die Nietverbindungen durch Schweißstellen zu ersetzen.

Tabelle 50 gibt einen Anhalt für die Wahl der [-Eisengröße für Laufkatzen von 3 bis 30 t Tragkraft.

Tabelle 50.

Tragkraft in t .	(3)	5	(7,5)	10	(12,5)	15	20	25	30
[-Eisen Nr. . . .	16	18	20	22	24	26	28	30	40

Bei Winden höherer Tragkraft ist das größte [-Eisen (Nr. 40) nicht mehr ausreichend. Man führt dann die Rahmenträger wie bei der Ausführung Abb. 516 als Stehblechträger und mit einseitigen Gurtwinkeln aus.

In neuerer Zeit werden die einzelnen Teile der Windengestelle nicht mehr miteinander vernietet, sondern zusammengeschweißt. Durch das Schweißen werden die Windengestelle leichter und billiger in der Herstellung, auch wird der Aufbau der Maschinenteile einfacher. Beispiele von geschweißten Windengestellen siehe: Die Elektroschweißung 1930, S. 153. Abb. 1, und Z. V. d. I. 1931, S. 653, Abb. 5.

δ) Steuerung der Motoren und Sicherheitsvorrichtungen.

Bei Laufkatzen kleinerer Tragkraft (bis etwa 5 t) werden die Steuerwalzen auch an der Kranbrücke angebaut und vom Fußboden aus durch Zugschnüre gesteuert.

Meist sind jedoch die Steuerwalzen im Führerkorb des Kranes aufgestellt. Laufkatzen mit angebautem Führerstand (Abb. 519 und 520) kommen für Krane mit großem Katzenfahrweg in Betracht und haben den Vorzug, daß der Führer die Last stets vor Augen hat.

Bei Winden mit großen Arbeitsgeschwindigkeiten sind Vorrichtungen zur Begrenzung der Endstellungen der Last erforderlich.

Für die Hubwerke ist es meist ausreichend, einen Endschalter zur Begrenzung der höchstzulässigen Hakenstellung vorzusehen. Wird diese überschritten, so wird der Schalter durch eine mechanische Vorrichtung ausgerückt, der Motorstrom wird unterbrochen und die Last stillgelegt.

Ausführung und Arbeitsweise der Endschalter s. S. 182 unter „Elektrische Ausrüstung".

Abb. 517 zeigt als Beispiel die Endausschaltung zum Hubwerk einer Verladekatze von 12,5 t Tragkraft. Sie wird durch die auf- und abbewegbare Traverse (*i*) betätigt.

Das Ausschalten beginnt bei *I* und ist bei *II* beendigt. Der Leerlauf beginnt bei *II* und ist bei *III* beendigt. Länge des Ausschaltweges $s = 475$ mm, des Nachlaufweges $s_1 = 500$ mm.

Bei den Katzenfahrwerken ordnet man an beiden Enden der Fahrbahn Grenzschalter an, die den Motorstrom unterbrechen. Ist eine Fahrbremse vorgesehen, so wird der Fahrauslauf durch das Einfallen der Bremse abgekürzt.

Auf Abb. 518 ist die Endausschaltung eines Katzenfahrwerks dargestellt. Am Katzengestell sind schräge Lineale (g_1 und g_2) befestigt, die die Schalterkurbeln in den Endstellungen abwärtsdrehen und dadurch den Motorstrom unterbrechen.

Bei den schnell fahrenden Laufkatzen der Verladebrücken ist die Anwendung von Sternradschaltern (s. S. 184) empfehlenswert. Sie werden sowohl für Gleichstrom wie auch für Drehstrom angewendet und vermindern die Fahrgeschwindigkeit selbsttätig in zwei Stufen auf etwa $^1/_3$ ihres vollen Wertes. Der Sternschalter ist für beide Fahrtrichtungen verwendbar. Beim Einfahren in die beiderseitigen Endstrecken stößt der mit sechs Zähnen versehene Schaltstern nacheinander gegen zwei Rollenbolzen, wodurch die Schaltwalze aus der Stellung „Freie Fahrt" in die „Verzögerungsstellungen" gedreht wird.

Der Sternschalter schaltet den Motorstrom nicht unmittelbar, sondern vermittels eines Sicherheitsschützes aus, das gleichzeitig den Bremslüftmagneten abschaltet und die Fahrbremse einfallen läßt.

Weitere Sicherheitsvorrichtungen (Sicherungen und Höchststromauslöser) schützen die Motoren gegen unzulässig hohe Stromaufnahme.

Näheres über Steuerung der Motoren und über Sicherheitsvorrichtungen s. S. 167 und 182 „Elektrische Ausrüstung".

Ausführungen.

1. Magnetlaufkatze mit angebautem Führerhaus (Abb. 519, S. 246). Tragkraft: 5 t. Hubhöhe: 10 m.

Zum Straffhalten des Magnetkabels dient eine Kabeltrommel, die mit einer Seiltrommel verschraubt ist. Das an dieser Trommel angreifende Seil geht über einen Rollenzug, dessen loser Rollenblock senkrecht geführt und durch ein Gewicht belastet ist.

Arbeitsgeschwindigkeiten und Motoren:

Heben	25,2 m/min;	35,0 PS	bei 600 Uml/min.
Katzenfahren	82,0 m/min;	8,7 PS	bei 600 Uml/min.

Stromart: Gleichstrom 220 V. Elektrische Ausrüstung: SSW.

2. Greiferlaufkatze mit angebautem Führerhaus (Abb. 520, S. 247). Die Katze gehört zu einer Erzverladebrücke von 5 t Tragkraft und 45 m Spannweite. Greiferinhalt: $1^1/_4$ m³.

Das Greiferwindwerk wird durch drei Handhebel v_1, v_2 und v_3 gesteuert. Der Hebel v_1 dient zum Lüften der Hubwerkbremse, der Hebel v_2 zum Ein- und Ausrücken der Bremsbandkupplung und der Hebel v_3 zum Anziehen und Lüften der Entleerbremse.

Die Katzenfahrbremse wird durch einen Fußhebel angezogen und durch ein Gewicht gelüftet. In angezogenem Zustande kann sie durch eine Klinke verriegelt werden, so daß ein Fahren außer Betrieb (durch Windkraft) vermieden wird.

Da die Greiferseile, soweit sie sich im Greifer bewegen, schneller verschleißen, so sind die Schließseile mit den Greiferseilen durch Seilschlösser verbunden. Um diese Seilschlösser auf der Schließtrommel aufwinden zu können, hat die Trommel noch ein entsprechend profiliertes Gewinde.

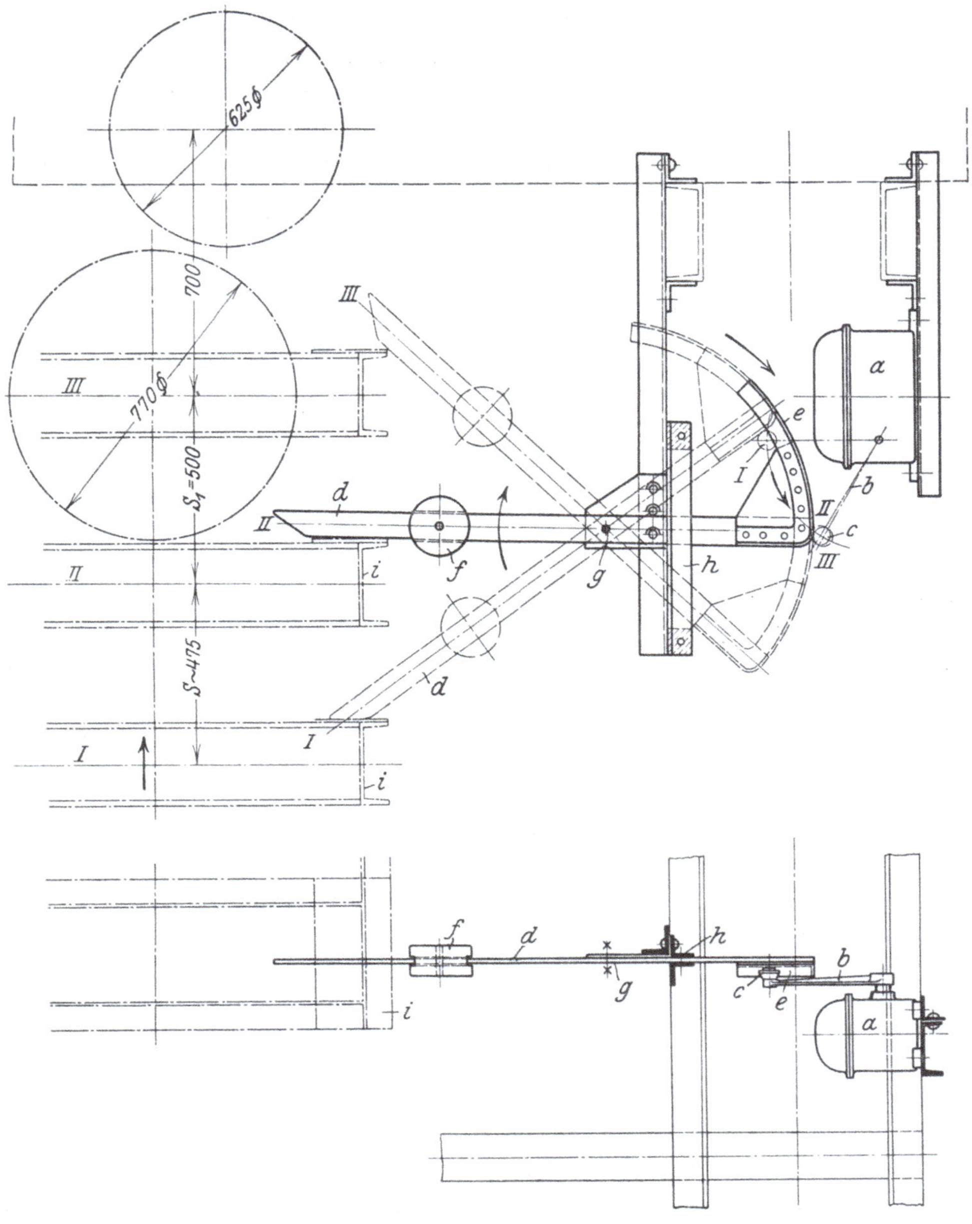

Abb. 517. Endschalter zum Hubwerk einer Greiferlaufkatze von 12,5 t Tragkraft. (Petravič.)
a Endschalter, am Katzenfahrgestell angebaut; *b* Schalterkurbel mit Rolle *c*; *d* doppelarmiger Schalthebel mit Bogenstück *e* und Gegengewicht *f*; *g* Drehpunkt von *d*, ebenfalls am Katzengestell angeordnet; *h* Führung; *i* Greiferkopf, beim Aufwärtsbewegen des Greifers an *d* anschlagend und mittels des Bogenstückes die Schalterkurbel drehend.

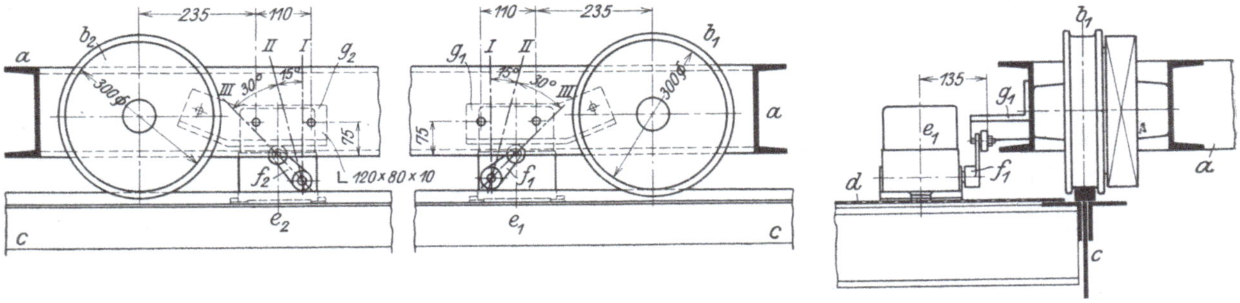

Abb. 518. Endausschaltung zu einem Katzenfahrwerk. (Flohr.)
a Laufkatzenfahrgestell; b_1 rechtes; b_2 linkes Laufrad; *c* Hauptträger-Obergurt; *d* Kranbühne; e_1 rechter, e_2 linker Endausschalter (SSW. Type A 313/10); f_1-f_2 Schalterkurbeln, deren Rollen auf den Linealen g_1 bzw. g_2 auflaufen.

Arbeitsgeschwindigkeiten, Motorleistungen und Stromart der Katzes. Abschn. „Verladebrücken".

3. Kipperlaufkatze von 40 t Tragkraft (Abb. 521, S. 248). Die Katze gehört zur Verladebrücke eines Hochofenwerkes und dient zum Entladen von Erz, Kalk und Koks aus den Eisenbahnwagen in die Bunker. Spannweite der Brücke: 29,7 m.

Die Wagen werden durch ein elektrisches Spill auf dem Anfuhrgleis herangezogen. Verkehrt stehende Wagen mit Bremserhäuschen werden vorher auf einer Drehscheibe gedreht. Da die

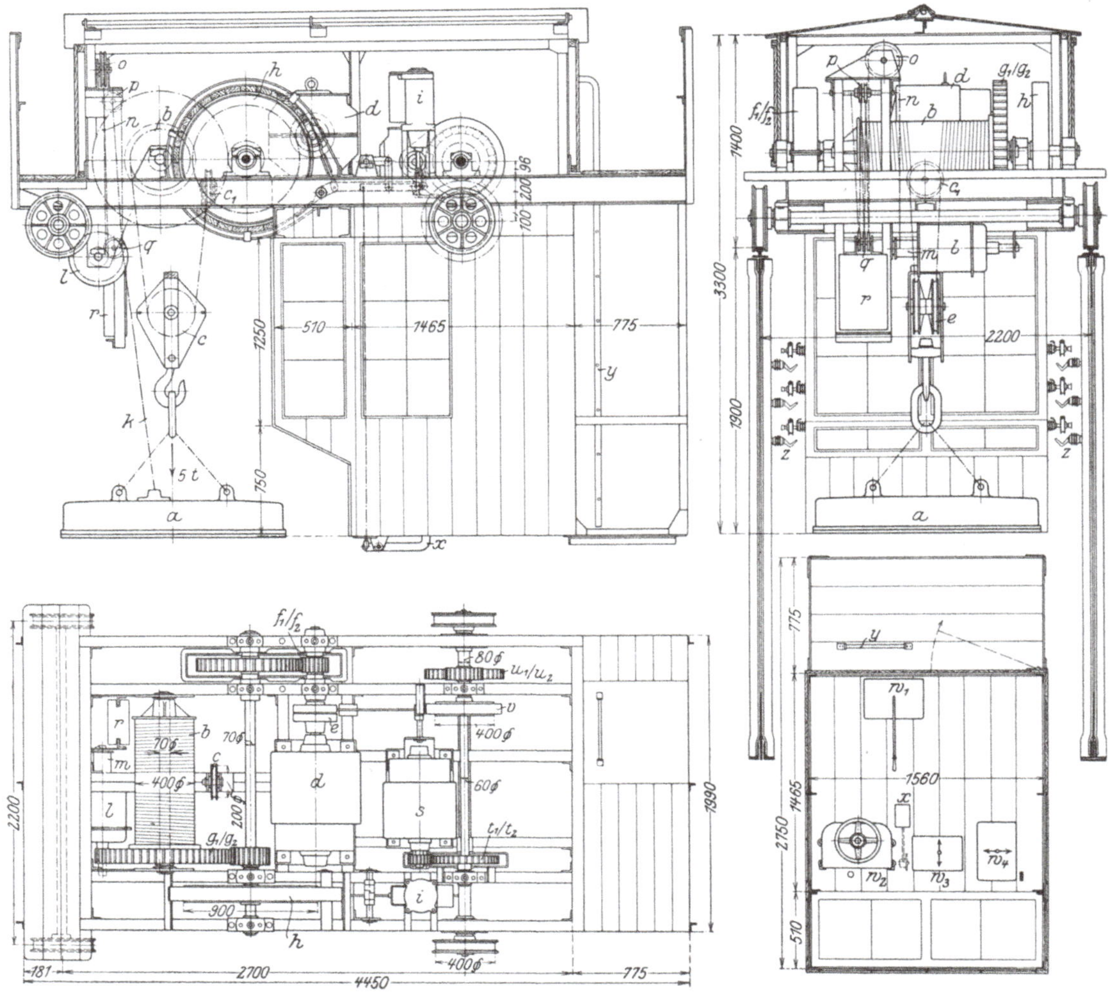

Abb. 519. Magnetlaufkatze mit angebautem Führerhaus. Tragkraft: 5 t. (Lauchhammer.)
a Lasthebemagnet; b Trommel; c zweirollige Flasche; c_1 Ausgleichrolle des Zwillingsrollenzuges; d Hubmotor; e elastische Kupplung; f_1-f_2 Motorvorgelege; g_1-g_2 Trommelvorgelege; h Hubwerkbremse; i Bremslüftmagnet zu h; k Magnetkabel; l Kabeltrommel; m Seiltrommel zur Kabelstraffhaltevorrichtung, mit l verschraubt und beide lose auf der festgestellten Achse laufend; n Seilzug; $o-p$ feste Rollen; q lose Rollen mit Spanngewicht r; s Windenfahrmotor; t_1-t_2 Motorvorgelege; u_1-u_2 Laufradvorgelege; v Fahrwerkbremse; w_1 Hubsteuerwalze; w_2 Fahrsteuerwalze; w_3-w_4 Widerstände zu w_1 bzw. w_2; x Fußtritthebel zum Lüften von v; y Leiter; z Querschleifleitung.

Plattform der Kippenkatze in eine Vertiefung des Hüttenflurs eingesetzt ist, so sind keine Auflaufzungen für die Wagen erforderlich. An der Plattform ist eine kräftige Schurre mit einem Schutzdach angebracht, wodurch eine Staubentwicklung vermieden wird.

Das Kippwerk ist zum Verhüten eines Überkippens der Wagen mit einem Endausschalter (p_2) versehen. Die schwere Katze ist mit einem Endschalter mit Fahrtverzögerung (AEG-Sternschalter, Type E 61) ausgerüstet.

Arbeitsgeschwindigkeiten und Motoren:

Heben	10,9 m/min;	177 PS	bei 650	Uml/min
Kippen	8,6 „	55,5 „	„ 475	„
Katzenfahren	50,0 „	30,6 „	„ 730	„
Brückenfahren . . .	58,0 „	115 „	„ 690	„

Stromart: Gleichstrom 220 V. Elektrische Ausrüstung: AEG.

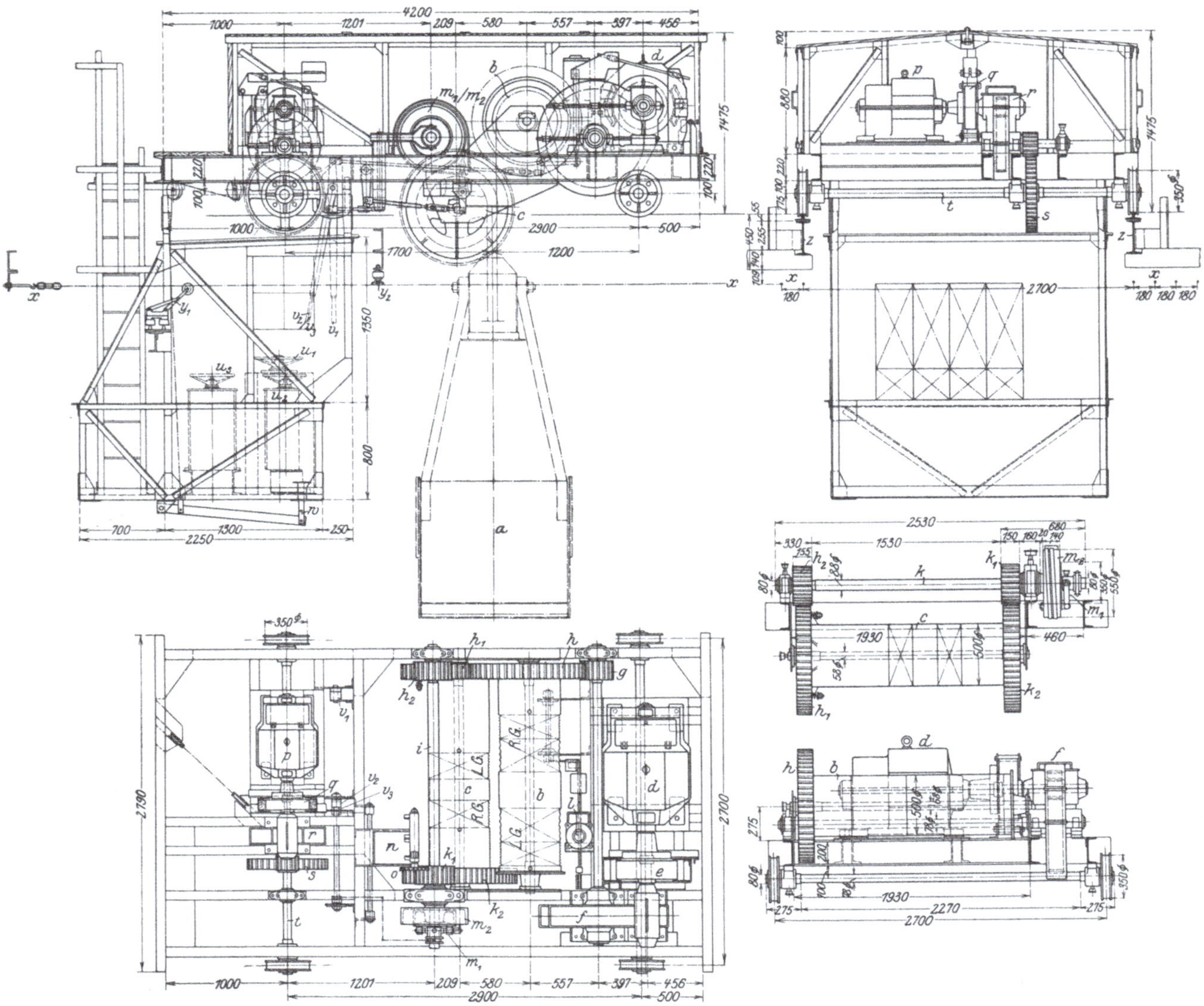

Abb. 520. Elektrisch betriebene Greifer-Laufkatze von 5 t Tragkraft. (Demag.)

a Greifer; *b* Hub- und Schließtrommel; *c* Entleer- oder Haltetrommel; *d* Hubmotor; *e* elastische Kupplung mit Hubwerkbremsscheibe; *f* Motorvorgelege; $g-h$ Trommelvorgelege zu *b*; $h-h_1-h_2$ Antrieb der Zwischenwelle *i*; k_1-k_2 Trommelvorgelege zu *c*; *l* Bremslüftmagnet zu *e*; m_1 Bremsbandkupplung zum Einrücken von k_1; m_2 Entleerbremse (Schlingbandbremse); *n* Endschalter zum Hubwerk; *o* Zahnrad, mit k_1 kämmend und die Spindel von *n* antreibend; *p* Katzenfahrmotor; *q* elastische Kupplung mit Haltebremse; *r* Motorvorgelege; *s* Vorgelege, die Laufradachse *t* antreibend; u_1-u_3 Steuerwalzen; v_1-v_3 Handhebel zum Steuern des Greiferhubwerks; *w* Fußtritt zum Anziehen der Katzenfahrbremse; *x* Katzenschleifleitungen; y_1 Stromabnehmer; y_2 Befestigung der Schleifleitungen; *z* Katzenfahrbahn.

Literatur.

Hänchen: Berechnung und Entwurf einer elektrisch betriebenen Kranlaufwinde von 30/10 t Tragkraft. Prakt. Masch.-Konstr. 1925, S. 18, 177 u. 209.

Jahn: Die Beziehungen zwischen Rad und Schiene hinsichtlich des Kräftespiels und der Bewegungsverhältnisse. Z.V.d.I. 1918, S. 121.

Karch: Regelbare Laufkatze. Z.V.d.I. 1925, S. 1115.

Oerlikon: Versuchsergebnisse an einer Laufwinde von 50 t Tragkraft. Z.V.d.I. 1914, S. 1309.

Rosenbaum: Laufkatze mit veränderlichem Laufraddrucke auf einem doppelt gestützten Träger. Fördertechn. 1929, S. 183.

Schulze: Geschweißte Drehlaufkatzen. Z.V.d.I. 1929, S. 1755.

Elektrozüge der Demag zur Bedienung von Dämpfgruben. Fördertechn. 1930, S. 265.

Sonderbauarten von Elektroflaschenzug-Katzen. Demag-Nachrichten 1927, S. 23.

Der neue Demag-Zug. Demag-Nachrichten 1921, S. B 18.

Weichen und Drehscheiben für Einträgerhängebahnen mit Elektrozügen. Demag-Nachrichten 1928, S. 21.

Sonderrechentafel für die Vorkalkulation von Hubwerken. Maschinenbau 1930, S. 297.

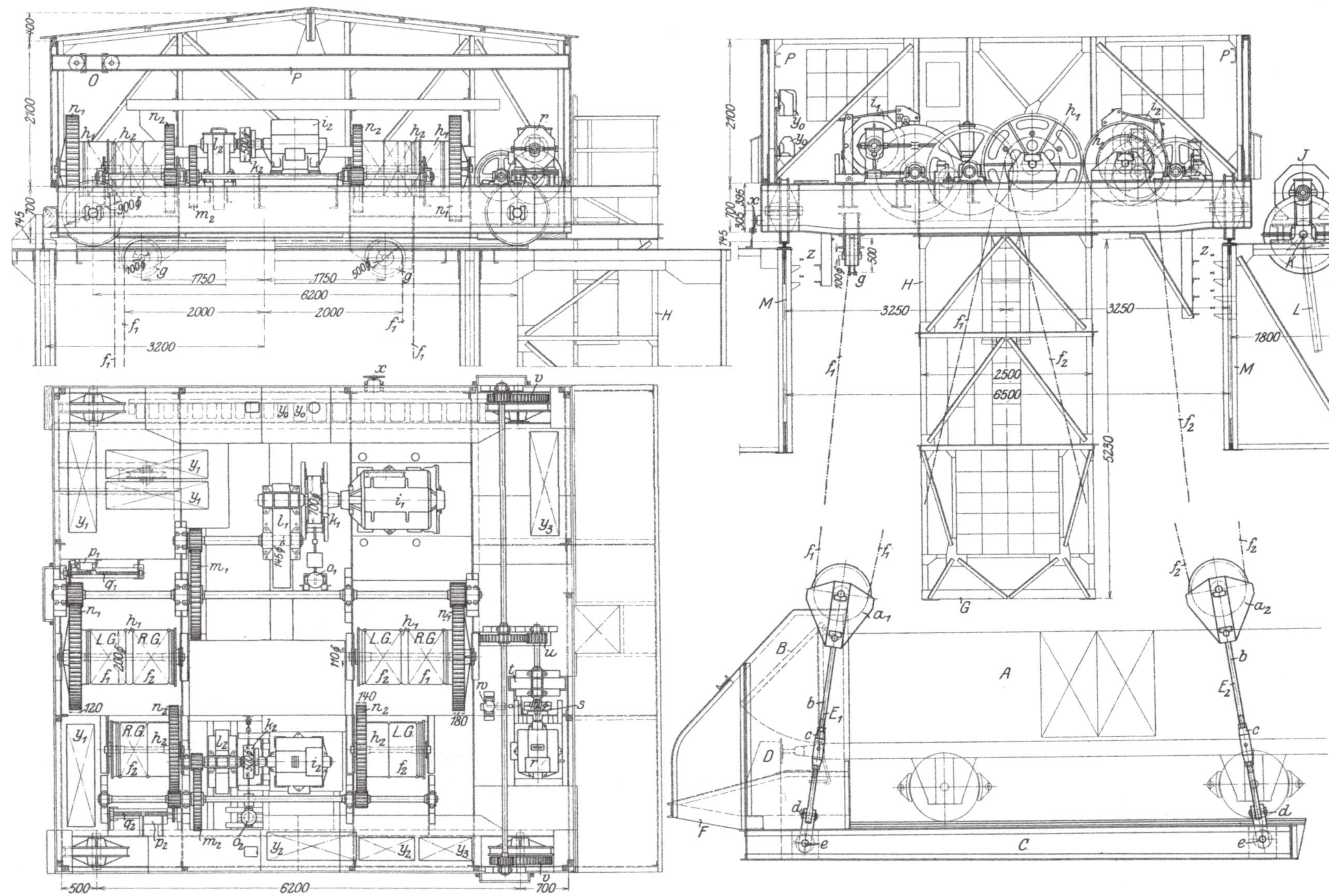

Abb. 521. Kipper-Laufkatze von 40 t Tragkraft. (Demag.)

A O-Wagen von 20 t Ladegewicht; *B* aufklappbare Kopfwand zu *A*; *C* Plattform; *D* Prellbock an *C*; $E_1 - E_2$ Plattformgehänge; *F* Schurre; a_1 Hubflaschen; a_2 Hub- und Kippflaschen; *b* Zugstangen, an a_1 bzw. a_2 und *C* gelenkig angreifend; *c* Spannschlösser; *d*–*e* Gelenkstücke an der Plattform; f_1 Hubseilzug; *g* Ausgleichrollen zu f_1; f_2 Hub- und Kippseilzüge; h_1 Seiltrommeln, an denen f_1 und f_2 auf- und abwickeln; h_2 Seiltrommeln (Kipptrommeln) an denen die anderen Enden von f_2 angreifen; i_1 Hubmotor; k_1 Hubwerkbremse, auf der elastischen Kupplung angeordnet; l_1 Motorvorgelege (Stirnrädergetriebe); m_1 mittleres Vorgelege; n_1 Trommelvorgelege zu h_1; o_1 Magnetbremslüfter zu k_1; p_1 Endschalter für höchste Plattformstellung; q_1 Spindel zu p_1, vom Ritzel des einen Trommelvorgeleges n_1 aus angetrieben; i_2 Kippmotor; k_2 Haltebremse zum Kippwerk, auf der elastischen Kupplung angeordnet; l_2 Motorvorgelege (Stirnrädergetriebe); m_2 mittleres Vorgelege; n_2 Trommelvorgelege zu h_2; o_2 Magnetbremslüfter zu k_2; p_2 Endschalter; q_2 Spindel zu p_2, vom Ritzel des Trommelvorgeleges n_2 aus angetrieben; *r* Katzenfahrmotor; *s* Haltebremse, auf der elastischen Kupplung angeordnet; *t* Motorvorgelege (Stirnrädergetriebe); *u* mittleres Vorgelege; *v* Laufradvorgelege; *w* Magnetbremslüfter zu *s*; *x* Endschalter (Sternrad-

E. Krane.

Neuere, allgemeine Literatur.

Dub: Neuere Hebezeuge. Fördertechn. 1930, S. 315 u. 367.
v. Hanffstengel: Die Entwicklung der Förder- und Verladeanlagen zu großen Abmessungen und Leistungen (I. Krane und Verladebrücken). Maschinenbau 1924, S. 557.
Hubert: Wahl der Arbeitsgeschwindigkeiten von Kranen bei gegebener Gesamtantriebs- und Transportleistung. Fördertechn. 1930, S. 130.
Keller: Neuzeitliche Krananlagen. Iron Steel Engr. Bd. 85, Nr. 12.
Ritter: Leitsätze für den Bau und die Instandhaltung von Kranen- und Kranfahrbahnen. Fördertechn., 8. VII. 1927.
Weber: Fristmäßige Prüfung größerer Krane. Organ Fortschr. Eisenbahnwes. 1919, S. 21.
Anwendung und Leistungsfähigkeit amerikanischer Krananlagen. Z.V.d.I. 1927, S. 1373.
Glasgießkran. Z.V.d.I. 1928, S. 1234.

Allgemeine Kranbauarten.

I. Laufkrane.

Anwendung. Die Laufkrane werden hauptsächlich als Innendienstkrane in Werkstätten, Hüttenwerken und Lagerräumen, zur Bekohlung von Gasgeneratoren und als Montagekrane in Maschinenhäusern verwendet. Auch im Freien werden sie, auf einer Hochbahn fahrend, zur Bedienung der Lagerplätze benützt.

Antrieb. Handantrieb nur bei kleinerer Tragkaft und kurzen Förderwegen oder bei seltener Benutzung des Kranes. Sonst allgemein elektrischer Antrieb mit je einem besonderen Motor für jede Kranbewegung. Mitunter wird bei Kranen kleinerer Tragkraft auch gemischter Antrieb vorgesehen. Z. B. bei kleiner Spannweite des Kranes: Heben und Kranfahren elektrisch, Katzenfahren von Hand.

Vorzüge. Die Laufkrane beanspruchen keine Grundfläche, behindern den Verkehr auf ebener Erde nicht und lassen daher bei elektrischem Antrieb hohe Fahrgeschwindigkeiten zu.

a) Gewöhnliche Laufkrane.

Die Laufkrane bestehen im wesentlichen aus der Kranbrücke, dem Kranfahrwerk und der auf den Hauptträgern der Brücke fahrenden Laufwinde oder Laufkatze. Sie haben daher im allgemeinen drei Lastbewegungen: Heben bzw. Senken, Katzen- oder Querfahren und Kran- oder Längsfahren. Von diesen Bewegungen können bei elektrischem Antrieb zwei gleichzeitig ausgeführt werden, wodurch die auf ein Kranspiel entfallende Zeit entsprechend abgekürzt wird.

Das Arbeitsfeld des gewöhnlichen Laufkranes ist ein Rechteck, dessen Breite gleich der Spannweite des Kranes abzüglich dem rechts- und linksseitigen Anfahrmaß ist und dessen Länge der größten Fahrstrecke des Kranes entspricht.

1. Handlaufkrane.

Antrieb allgemein vom Fußboden aus durch Handkette und Haspelrad. Der Antrieb von oben, mittels Kurbeln und von einer Kranbühne aus ist nur in besonderen Fällen angebracht. Dies trifft z. B. auf Baukrane zu, oder wenn das Arbeitsfeld des Kranes Stellen aufweist, an denen die Bedienungsmannschaft gefährdet ist.

Die einfachste und billigste Bauart der Handlaufkrane sind die Einträger-Laufkrane. Bauart mit Elektrozug und von Hand betriebenem Katzen- und Kranfahrwerk s. Abb. 527 S. 252.

Bei den Einträger-Laufkranen ist der Hauptträger ein I-Träger, auf dessen Unterflanschen eine Laufkatze mit eingehängtem Flaschenzug oder mit eingebautem Schnecken- bzw. Stirnradhebezeug fährt. Unterflanschlaufkatzen mit Handbetrieb s. S. 225. Die Einträger-Laufkrane werden für Tragkräfte von 500 bis 5000 kg und für Spannweiten von 3 bis 8 m hergestellt.

Ist der als Hauptträger dienende I-Träger gegen den Schrägzug der Last nicht genügend widerstandsfähig, so wird zu seiner Versteifung ein waagerechter Verband angeordnet (Abb. 527 S. 252).

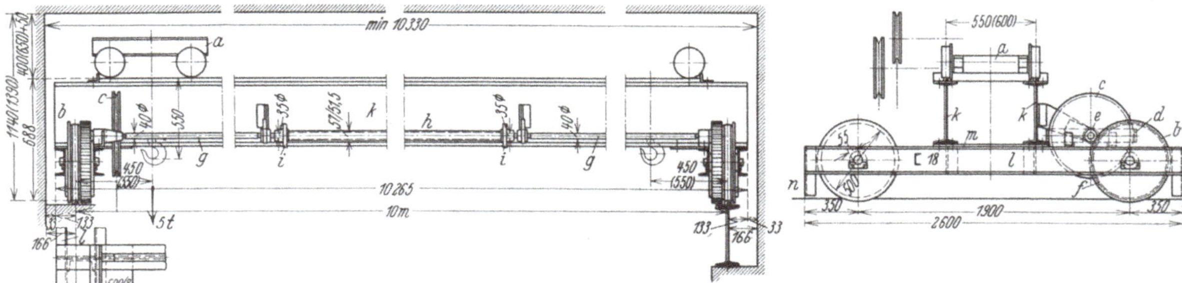
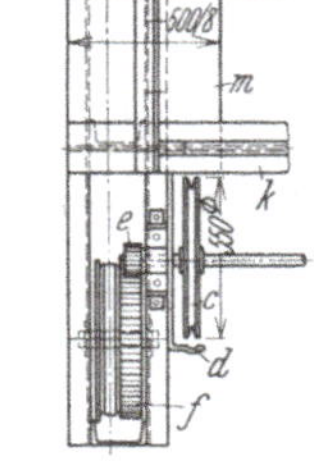

Abb. 522. Normaler Handlaufkran von 5 t Tragkraft und 10 m Spannweite. (Piechatzek.)
a Schneckenlaufkatze mit Lastdruckbremse Bauart Lüders; *b* angetriebene Laufräder; *c* Haspelrad zum Kranfahrwerk; *d* Kettenbügel zu *c*; *e*—*f* Laufradvorgelege; *g* Fahrwerkswellen; *h* Wellenstück aus Rohr, dessen Länge der Spannweite des Kranes angepaßt wird; *i* Kupplungen zur Verbindung von *g* und *h*; *k* Hauptträger; *l* Kopfträger; *m* Versteifungsblech zwischen *k* und *l*; *n* Radbruchstützen.

Die normalen Handlaufkrane (Abb. 522) haben zwei Hauptträger, auf deren Obergurt die Katze fährt. Sie werden für Tragkräfte von 2000 bis 15000 kg und für Spannweiten von 6 bis 18 m hergestellt (Demag A.-G., Duisburg).

α) Laufkatze.

Ausführung mit Schnecken- oder Stirnräderhubwerk. Schneckenwinden sind leichter und billiger als Stirnräderwinden, haben jedoch den Nachteil, daß die Last zwangläufig (durch Herabhaspeln) gesenkt werden muß.

Handlaufkatzen s. S. 229.

β) Kranfahrwerk.

Der größte, für die Bemessung der Laufräder maßgebende Raddruck tritt auf, wenn die vollbelastete Katze im Anfahrmaß e (Abb. 523) steht. Berechnung nach Gleichung (220), S. 257.

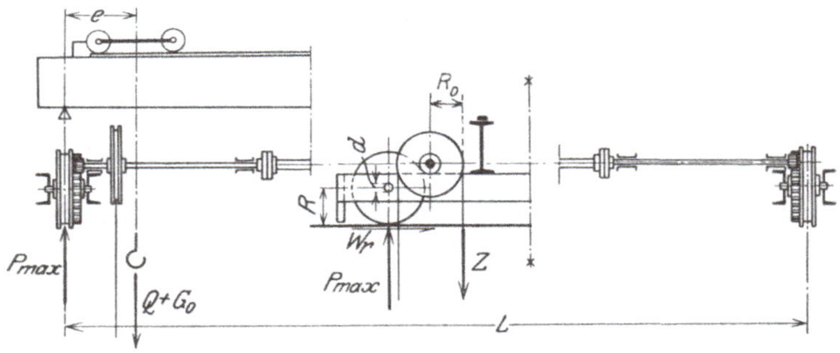

Abb. 523. Kranfahrwerk mit Handantrieb (schematische Darstellung).

Nach Festlegung der Laufradgröße wird der Fahrwiderstand nach S. 221 bestimmt, wobei in Rücksicht auf eintretendes Schrägstellen des Kranes ein Zuschlag von etwa 30 bis 50% gemacht wird.

Die nach den Angaben für Katzenfahrwerke mit Handantrieb (s. S. 222) berechnete erforderliche Übersetzung ergibt je nach Größe des Kranes ein oder zwei Stirnrädergetriebe. Im ersteren Falle (Abb. 523) sitzt das treibende Haspelrad auf der Fahrwerkswelle, an deren Ende die beiden Ritzel sitzen, die mit den Zahnkränzen der angetriebenen Laufräder kämmen.

Ist ein möglichst guter Wirkungsgrad erwünscht, so führt man die Zahnräder mit gefrästen Zähnen und die Lager mit Rotgußbüchsen aus. Eine wesentliche Verbesserung des Wirkungsgrades wird dadurch erreicht, daß man den Laufrädern statt der Gleitlager Kugellager gibt.

Beispiel Nr. 3. Das Kranfahrwerk eines Handlaufkranes ist zu berechnen.

Tragkraft: $Q = 5$ t; Spannweite $L = 12$ m; Radstand: $l = 1800$ mm; Raddruck: $\max P = 3{,}75$ t; Raddurchmesser: $D = 500$ mm; Anfahrmaße: 550 bzw. 625 mm. Gewicht des vollständigen Kranes (bei 5 m Laufbahnhöhe): $G_K = 4750$ kg; Gewicht der Katze: $G_0 = 350$ kg*; Krangewicht ohne Katze: $G = 4400$ kg. Radstand der Katze: $b = 600$ mm; Schienenmittenentfernung: $s = 600$ mm (Abb. 522).

1. Größter Raddruck mit Bezug auf Abb. 523:

$$\max P = \frac{G}{4} + \frac{Q + G_0}{2} \cdot \frac{L - e}{L} = \frac{4{,}4}{4} + \frac{5{,}0 + 0{,}35}{2} \cdot \frac{12 - 0{,}55}{12} = 3{,}65 \approx \mathbf{3{,}7\ t}\,.$$

* Demag A.-G., Duisburg.

Dieser Wert stimmt mit dem von der Demag angegebenen überein.
Gewählte Schiene: $b \cdot h = 50 \times 25$ mm (Tabelle 34, S. 134).

2. Laufräder. Werkstoff: Ge 22 · 91. Durchmesser: $D = 500$ mm. Bolzendurchmesser: $d = 60$ mm ang.
Beanspruchung des Laufrades:

$$k = \frac{\max P}{D \cdot b} = \frac{3700}{50 \cdot 5} \approx \mathbf{15\ kg/cm^2}, \qquad k_{zul} = 15 \text{ bis } 40\ \text{kg/cm}^2.$$

3. Fahrwiderstand. Berechnung nach Gleichung (211), S. 222 mit 30% Zuschlag:

$$W_r = 1{,}3(Q + G_0 + G)_t \cdot w_r = 1{,}3 \cdot (5 + 4{,}75) \cdot 14 = 177{,}5 \approx \mathbf{180\ kg.}$$

Einheitsfahrwiderstand w_r für 1 t = 1000 kg Fahrgewicht aus Abb. 489, S. 221.
Für die im Anfahrmaß $e = 550$ mm stehende Katze ist der Teilfahrwiderstand der stärker belasteten linken Seite:

$$W_r' = 1{,}3\left[\frac{G}{2} \cdot w_r + (Q + G_0) \cdot \frac{L - e}{L} \cdot w_r\right] = 1{,}3\left[\frac{4{,}75 - 0{,}35}{2} \cdot 14 + (5 + 0{,}35) \cdot \frac{12 - 0{,}55}{12} \cdot 14\right] \approx \mathbf{131\ kg.}$$

Fahrwiderstandsmoment: $M_r = w_r R = 180 \cdot 25 \approx \mathbf{4500\ kgcm.}$

4. Haspelrad. Handkette: 6 DIN 691; Durchmesser: $d = 6$ mm; innere Länge: $l = 18{,}5$ mm; Nutzzugkraft (nur bei Handbetrieb): 250 kg (siehe S. 66).
Zähnezahl des Haspelrades: $z = 46$; Teilkreisdurchmesser: $D_0 = 546$ mm (Tabelle 21, S. 66).
Zugkraft an der Handkette: $Z = 35$ kg ang. Kraftmoment: $M_K = Z \cdot R_0 = 35 \cdot 27{,}3 \approx 955$ kgcm.

5. Erforderliche Übersetzung [Gleichung (212), S. 222]:

$$i_{\text{erf}} = \frac{\eta M_K}{M_r} = \frac{0{,}88 \cdot 955}{4500} \approx \frac{1}{5{,}4};$$

Fahrwerk-Wirkungsgrad: $\eta = \eta_h \cdot \eta_{I-II} = 0{,}93 \cdot 0{,}95 \approx 0{,}88$.
Einzelwirkungsgrade: η_h Haspelrad, η_{I-II} Laufradvorgelege. (Ausführung mit gefrästen Zähnen.)

6. Laufradvorgelege. Ausgeführte Übersetzung: $i_{I-II} = \frac{1}{5{,}4}$; Zähnezahl: $z = {}^{12}/_{65}$; Modul: $m = 8$ mm ang.
Teilkreisdurchmesser: $D = {}^{96}/_{520}$ mm; Zahnbreite: $b = {}^{80}/_{65}$ mm; Werkstoff: St 50 · 11/Ge 22 · 91.
Zahndruck: $P \approx W_r' = 131$ kg. Zahnbeanspruchung:

$$c = \frac{P}{b \cdot t} = \frac{131}{6{,}5 \cdot 0{,}8 \cdot 3{,}14} \approx 8\ \text{kg/cm}^2; \qquad c_{zul} \approx 20 \text{ bis } 23\ \text{kg/cm}^2.$$

Das Getriebe ist daher auch für Krane mit größerer Spannweite (bis $L \approx 14$ m) ausreichend.
Durchmesser der Fahrwerkswelle (roh): 45 mm.
Am Ritzel bzw. an der Kupplung abgedreht: $d = 40$ mm.
Nabenstärke des Ritzels: $\delta = R - \frac{7}{6} m - \frac{d}{2} = 48 - 10 - 20 = 18$ mm.

7. Fahrgeschwindigkeit des Kranes. Minutlich sollen 30 m Handkette abgewickelt werden.
Fahrgeschwindigkeit [Gleichung (214), S. 222]:

$$v_3 = \frac{\eta \cdot Z \cdot R_0 \cdot c}{M_r} = \frac{0{,}88 \cdot 35 \cdot 27{,}3 \cdot 30}{4500} \approx \mathbf{5{,}6\ m/min.}$$

γ) Kranbrücke.

Berechnung und Ausführung s. S. 263. Die Hauptträger sind bei Kranen mit kleinerer Spannweite I-Träger mit Flacheisen- oder Sonderschiene (Abb. 550 bzw. 551, S. 269). Bei größerer Spannweite werden Fachwerkträger vorgesehen. Mit den Beanspruchungen kann man bei den Trägern der Handlaufkrane ziemlich hoch gehen, da bei ihnen keine zusätzlichen Kräfte durch Massenwirkung auftreten.

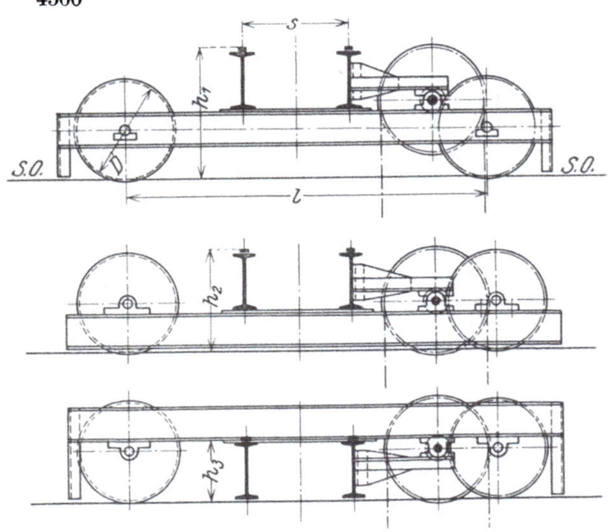

Abb. 524 bis 526. Bauhöhe der Handlaufkrane.

Berechnung und Gestaltung der Vollwandträger s. S. 264 u. f.

Berechnung und Gestaltung der Fachwerkträger nach den Angaben S. 274 u. f.

Die Kopfträger, in denen die Laufräder gelagert sind, bestehen aus 2 [-Eisen. Berechnung auf Biegung nach den Angaben S. 292. Damit die Kranbrücke auch bei etwaigem Ecken des fahrenden Kranes genügende Steifigkeit hat, sind die Hauptträger mit den Seitenträgern durch kräftige Bleche zu verbinden. Bei Kranen größerer Spannweite ist noch ein besonderer Horizontalverband erforderlich, da die sonst als I-Träger ausgebildeten Hauptträger gegen den Schrägzug der Last nicht widerstandsfähig genug sind.

Die Bauhöhe der Kranbrücke (h_1, h_2 und h_3 auf Abb. 524 bis 526) ist je nach der Art der Verbindung von Haupt- und Kopfträger verschieden groß und kann bei genügend großem Laufraddurchmesser den verschiedensten örtlichen Verhältnissen angepaßt werden. Sie ist bei der Verbindung Abb. 524 am größten und bei der Verbindung Abb. 526 am kleinsten.

2. Elektrische Laufkrane.

Wird bei kleinerer Tragkraft und Spannweite Wert auf geringes Krangewicht und niedrigen Anschaffungspreis gelegt, so führt man die Laufkrane, ebenso wie bei Handantrieb als Einträger-Laufkrane aus. Diese erhalten als Hauptträger einen I-Träger mit einer Laufkatze auf den Unterflanschen. In Rücksicht auf die Belastbarkeit der I-Träger sind die Tragkraft und Spannweite der Einträgerlaufkrane beschränkt.

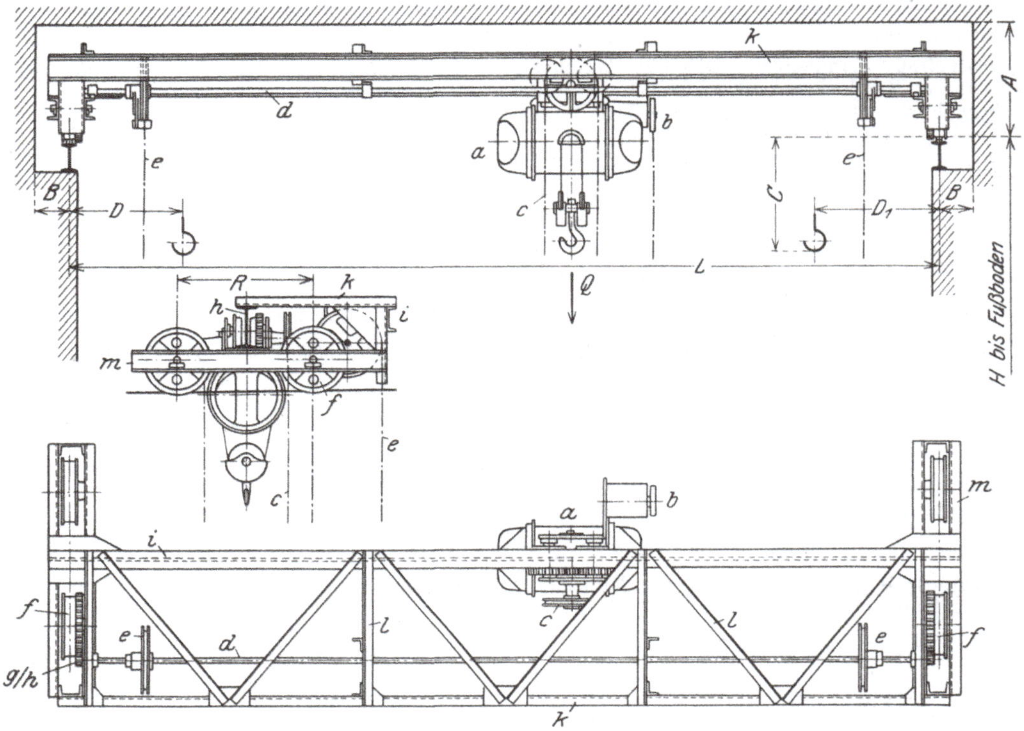

Abb. 527. Einträger-Laufkran mit fahrbarem Elektrozug. (Demag.)
a Elektrozug; *b* Hubsteuerwalze mit Zugschnürsteuerung; *c* Haspelradantrieb zum Katzenfahrwerk; *d* Welle; *e* Haspelradantriebe zum Kranfahrwerk; *f* angetriebene Laufräder; *g*—*h* Laufradvorgelege; *i* Hauptträger (I-Träger); *k* Seitenträger; *l* Querverband; *m* Kopfträger.

Tragkraft: 500 bis 5000 kg. Spannweite: 4 bis 10 m. Die Laufkatze erhält, da das Heben am meisten Zeit- und Kraftaufwand erfordert, stets elektrisches Hubwerk. Für das Katzen- und Kranfahren wird je nach der Spannweite und Fahrstrecke des Kranes Hand- oder elektrischer Antrieb gewählt.

Abb. 527 zeigt einen Einträger-Laufkran mit elektrischem Hubwerk (Elektrozug) und Haspelradantrieb für das Katzen- und Kranfahren.

Bei elektrischem Kranfahrwerk ist im allgemeinen eine Fahrgeschwindigkeit von $\sim$30 m/min ausreichend. Der Motor ist bei den Ausführungen der Demag ein Flanschmotor, der an dem gußeisernen Räderkasten des Motorvorgeleges angeschraubt ist. Wird eine höhere Kranfahrgeschwindigkeit (bis 60 m/min) seitens des Bestellers gefordert, so erhält das Kranfahrwerk, den neuen Unfallverhütungsvorschriften entsprechend, eine Haltebremse, die meist als gewichtbelastete doppelte Backenbremse ausgeführt wird. Diese Bremse verhindert auch bei Kranen im Freien ein unbeabsichtigtes Fahren durch Winddruck.

Der waagerechte Verband (Abb. 527) gibt dem I-Träger die erforderliche Widerstandsfähigkeit gegen waagerechte Massenkräfte und verhindert das Ecken des Kranes bei einseitig stehender Katze.

Genormte Kleinkrananlagen (Demag-Hängekrane von 1000 kg Tragkraft) siehe den Aufsatz von Kemma, Z. V. d. I. 1931, S. 329.

Die normalen elektrisch betriebenen Laufkrane (Abb. 528 und 529) haben zwei Hauptträger und werden von einem an der Kranbrücke angebauten Führerkorb aus gesteuert. Bedienung der Steuerwalzen durch Zugschnüre wird nur gelegentlich und für kleinere Krane ausgeführt.

Die Durchgangsprofile der Laufkrane mit elektrischem Antrieb sind für Tragkräfte von 5 bis 100 t und für Spannweiten von 10 bis 30 m nach DIN 698 (Bl. 1 und 2) genormt.

Diese Profile tragen den von den Berufsgenossenschaften aufgestellten Unfallverhütungsvorschriften Rechnung und sind für den Neubau von Werkgebäuden maßgebend.

Betriebsarten. Nach der Betriebsart unterscheidet man:

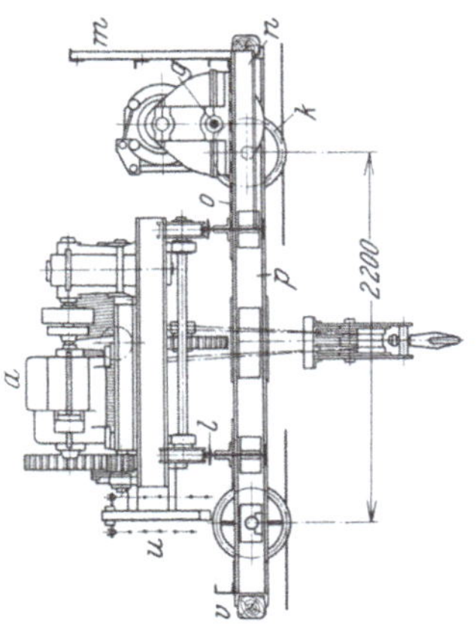

1. Krane für leichten Betrieb. Sie werden wenig benutzt und arbeiten selten mit Vollast (z. B. Laufkrane in Maschinenhäusern und elektrischen Zentralen).

2. Krane für normalen Betrieb. Ihre Betriebszeit geht täglich kaum über 10 bis 12 Stunden hinaus. Auch werden sie nur selten bis zu ihrer vollen Tragkraft belastet. (Die meisten Laufkrane in Werkstätten und auf Lagerplätzen.)

3. Krane für schweren Betrieb. Sie stehen Tag und Nacht in angestrengtem Dienst und arbeiten in der Regel mit Vollast (Laufkrane in Hochofen-, Stahl- und Walzwerken).

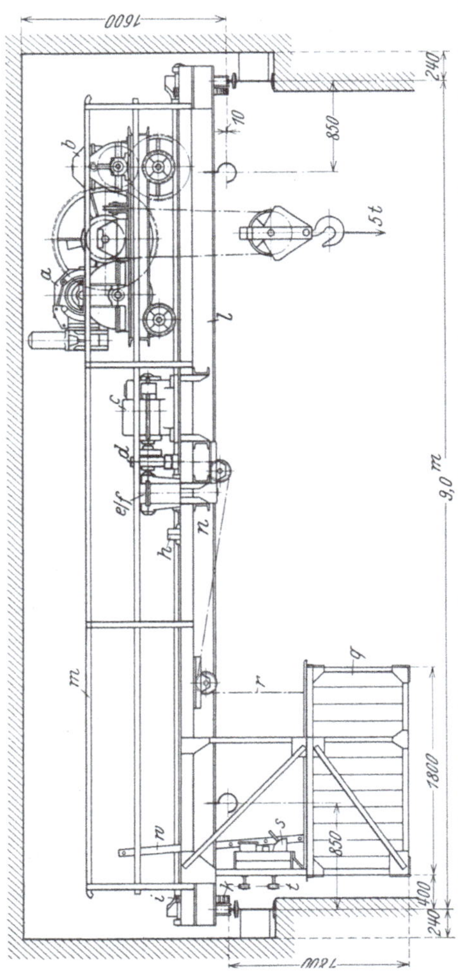

Abb. 528. Elektrisch betriebener Laufkran von 5 t Tragkraft, 9 m Spannweite und 10 m Hubhöhe. (Ardeltwerke.)
a Hubmotor; *b* Katzenfahrmotor; *c* Kranfahrmotor; *d* elastische Kupplung mit Fahrwerkbremse; *e–f* Motorvorgelege; *g* Fahrwerkswelle; *h* Scheibenkupplung; *i–k* Laufradvorgelege; *l* Hauptträger (I-Träger mit Flacheisenschiene); *m* Geländer; *n* Querverband für den Fahrwerksantrieb; *o* Belag (gelochtes Blech 4 mm stark); *p* Kopfträger; *q* Führerkorb; *r* Seilzug zur Fahrwerksbremse; *s* Schaltanlage; *t* Kranschleifleitung; *u* Katzenschleifleitung; *v* Prellklotz; *w* Leiter zum Führerkorb.

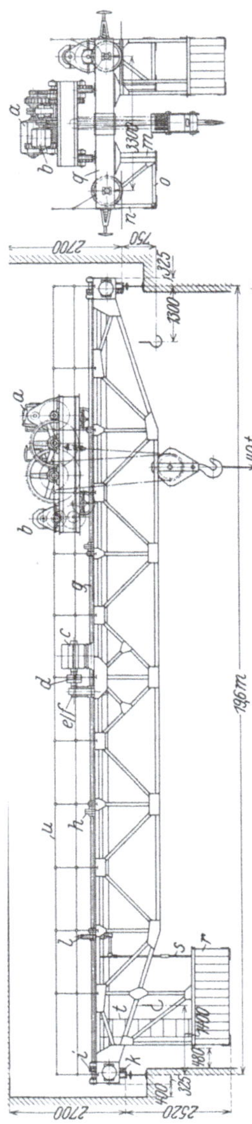

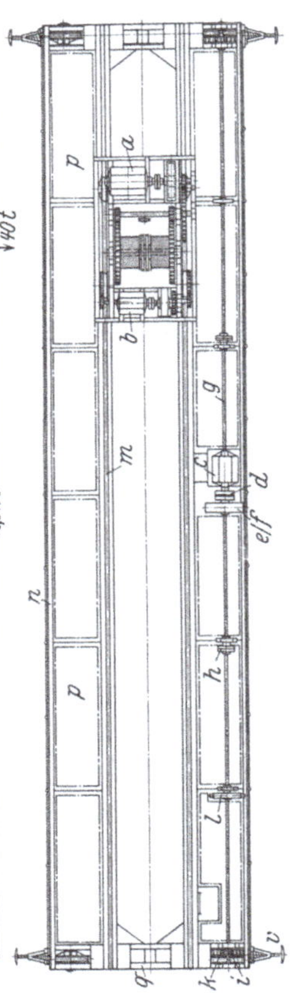

Abb. 529. Elektrisch betriebener Laufkran von 40 t Tragkraft u. 19,6 m Spannweite. (Ardeltwerke.)
a Hubmotor; *b* Katzenfahrmotor; *c* Kranfahrmotor; *d* elastische Kupplung; *e–f* Motorvorgelege (mit Räderkasten); *g* Fahrwerkswelle; *h* Scheibenkupplungen; *i* Ritzel mit den Zahnkränzen *k* der angetriebenen Laufräder kämmend; *l* Fahrwerksbremse, durch Fußhebel vom Führerkorb aus bedient; *m* Hauptträger; *n* Seitenträger; *o* Querverband; *p* Belag; *q* Kopfträger; *r* Führerkorb; *s* Gestänge zur Fahrwerksbremse; *t* Leiter zum Betreten des Führerkorbes; *u* Schutzgeländer; *v* Puffer.

Diese drei Betriebsarten sind für die Größe der Arbeitsgeschwindigkeiten, die Wahl der elektrischen Ausrüstung, die Bemessung der Maschinenteile und für die zulässige Beanspruchung der Eisenkonstruktion maßgebend.

In den BEK (DIN 120) werden die Krane nach der relativen Betriebsdauer, der relativen Lastgröße und der Größe der betriebsmäßig auftretenden Stöße in vier Gruppen eingeteilt (s. S. 1). Nach diesen vier Gruppen wird die Eisenkonstruktion der Laufkrane berechnet und bemessen.

Tabelle 51 (Abb. 530) gibt die Durchfahrtsprofile (nach DIN 698), Raddrucke, Kranfahrgeschwindigkeiten, Motorgrößen und Gewichte der normalen elektrisch betriebenen Laufkrane der Demag A.-G., Duisburg.

Tabelle 51. Elektrisch betriebene Laufkrane von 3 bis 100 t Tragkraft und 10 bis 30 m Spannweite (Abb. 530). Demag A.-G., Duisburg.

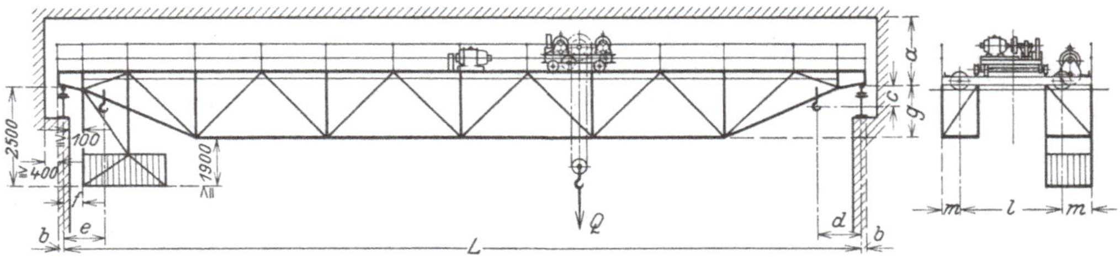

Die Maße l (Radstand) und die Raddrucke gelten für Laufkrane mit vier Laufrädern. Muß der Führer, beispielsweise um in den Krankorb zu gelangen, die Krananlage regelmäßig betreten, so hat der kleinste Abstand zwischen den bewegten Kranteilen und den Gebäudeteilen, um Quetschungen des Führers zu vermeiden, mindestens 400 mm zu betragen. Dieser Abstand kann bis auf 100 mm vermindert werden, wenn das Gebäude mit einem besonderen Laufsteg versehen ist. Bei Kranen, die sowohl in der Halle als auch im Freien arbeiten, erhalten die Laufkatzen zum Schutze gegen Regen ein Schutzdach. Für solche Krane ist das Maß a um etwa 100 mm zu vergrößern. Die Tabellenwerte d und e sind Haupthakenanfahrmaße mit Hilfshub, wobei der Hilfshaken links von dem in obiger Skizze angedeuteten Haupthaken angenommen ist. Wird der Hilfshaken rechts von dem Haupthaken angeordnet, so gelten die gleichen Zahlenwerte, jedoch bei vertauschten Buchstabenbezeichnungen, Maße e und d. Die Entfernung des Hilfshakens von dem Haupthaken ergibt sich durch Subtraktion des Maßes e ohne Hilfshub von dem Maße e mit Hilfshub.

Arbeitsgeschwindigkeiten und Motorleistungen der elektrisch betriebenen Laufkatzen siehe Abb. 508 u. 509, S. 233.

Tragkraft	Stützweite L	Kleinstmaß		Richtmaße in mm								Raddruck	Schienenbreite	Kranfahren		Gewicht des vollst. Krans	
					ohne Hilfshub		mit Hilfshub			Radstand							ohne Hilfshub	mit Hilfshub
t	m	a	b	c	d	e	d	e	f	l	g	m	t		m/min	PS	t	t
	10									2300	—		4,3		125		8,6	
	12									2400	—		4,6		115		9,8	
	14	1500		250						2500	750		4,9		110		10,5	
	16									2600	950		5,3	45	105		11,6	
	18									2700	1050		5,6		100		12,7	
3	20		180		750	700	—	—	400	2800	1200	450	5,9		95	9,0	13,9	—
	22									3000	1300		6,3		90		15,3	
	24									3200	1450		6,7		85		16,9	
	26	1600		150						3500	1600		7,1		80		18,3	
	28									3800	1700		7,6	55	75		20,3	
	30									4000	1900		8,1		70		22,4	
	10									2400	250		6,0		125		10,0	
	12									2500	400		6,3		115		11,0	
	14	1600		400						2600	550		6,5	45	105		12,0	
	16									2700	700		6,8		100		13,0	
	18									2800	900		7,1		95		14,1	
5	20		200		850	750	—	—	400	3000	1000	500	7,5		90	10	15,5	—
	22									3200	1100		7,8		90		17,0	
	24									3400	1400		8,2		85		18,5	
	26	1700		300						3600	1500		8,5	55	80		20,2	
	28									3800	1600		8,8		75		21,9	
	30									4000	1800		9,0		70		23,7	
	10									2600	250		7,5	45	100		11,2	
	12									2600	400		7,8	45	95		12,2	
	14	1700		400						2600	550		8,1	55	90		13,4	
	16									2700	600		8,5	55	85		14,4	
	18									2800	800		8,8	55	80		15,8	
7,5	20		220		900	800	—	—	400	3000	1000	550	9,2	55	75	10	17,2	—
	22									3200	1100		9,5	55	75		19,1	
	24									3400	1300		9,9	55	70		20,9	
	26	1800		300						3600	1400		10,3	55	70		22,5	
	28									3800	1500		10,8	55	65		24,5	
	30									4000	1700		11,3	55	60		26,6	

Tabelle 51 (Fortsetzung).

Tragkraft	Stützweite L	Kleinstmaß		Richtmaße in mm									Raddruck	Schienenbreite	Kranfahren		Gewicht des vollst. Krans	
					ohne Hilfshub		mit Hilfshub			Radstand							ohne Hilfshub	mit Hilfshub
t	m	a	b	c	d	e	d	e	f	l	g	m	t		m/min	PS	t	t
	10									2800	150		9,0	55	110		13,0	15,0
	12									2800	300		9,4	55	105		14,0	16,1
	14	1800		400						2800	500		9,7	55	100		15,1	17,3
	16									2800	600		10,1	55	95		16,5	18,7
	18									2800	700		10,4	55	90		18,0	20,2
10/3[1]	20	—	230	—	950	1000	950	1500	400	3000	850	600	10,9	55	85	14	19,6	21,8
	22									3200	1000		11,3	65	85		21,6	23,9
	24									3400	1200		11,8	65	80		23,6	25,8
	26	1900		300						3600	1300		12,2	65	75		25,6	27,7
	28									3800	1500		12,8	65	70		27,5	30,0
	30									4000	1600		13,4	65	65		30,0	32,2
	10									3200	250	600	12,2	55	110		16,2	18,3
	12									3200	400	600	12,7	55	105		17,6	19,7
	14	2100		400						3200	550	600	13,1	55	100		19,1	21,2
	16									3200	700	600	13,6	55	95		20,7	22,9
	18									3200	900	600	14,0	55	90		22,4	24,6
15/3	20	—	250	—	1000	1100	1000	1600	500	3200	1000	600	14,6	55	85	20	24,5	26,6
	22									3200	1100	650	15,2	65	85		26,5	28,7
	24									3400	1400	650	15,7	65	80		28,5	30,8
	26	2200		300						3600	1500	650	16,2	65	80		30,8	33,0
	28									3800	1600	650	16,8	65	75		33,2	35,4
	30									4000	1800	650	17,4	65	75		36,0	38,0
	10									3400	250	650	15,3	65	105		18,5	21,0
	12									3400	400	650	15,7	65	100		20,0	22,5
	14	2150		500						3400	550	650	16,0	65	95		21,5	24,1
	16									3400	600	650	16,6	65	90		23,5	26,0
	18									3400	800	650	17,2	65	85		25,5	28,0
20/3	20	—	275	—	1050	1100	1050	1950	600	3400	1000	650	17,9	65	80	20	27,5	30,0
	22									3400	1100	650	18,5	65	80		30,2	32,8
	24									3500	1400	650	19,1	65	75		32,5	35,0
	26	2250		400						3600	1400	650	19,7	65	70		35,0	37,5
	28									3800	1500	650	20,3	65	65		37,5	40,0
	30									4000	1700	650	20,9	75	65		40,0	42,8
	10									4000	150	600	20,6	75	100		22,9	26,0
	12									4000	300	600	21,3	75	95		24,0	27,8
	14	2300		700						4000	500	600	22,0	75	95		26,5	29,6
	16									4000	600	650	22,7	75	90		28,5	31,6
	18									4000	700	650	23,4	75	90		30,7	34,0
30/7,5	20	—	300	—	1200	1150	1200	2150	600	4000	850	650	24,1	75	85	32	33,0	36,2
	22									4000	1000	650	24,8	75	85		35,3	38,6
	24									4000	1200	650	25,5	75	80		38,0	41,0
	26	2400		600						4000	1400	650	26,1	75	80		40,7	44,0
	28									4000	1500	700	26,9	75	75		43,5	47,0
	30									4000	1600	750	27,6	75	75		46,7	50,0
	10									4000	100	650	26,4	75	95		27,4	30,8
	12									4000	150	650	27,2	75	90		29,4	32,8
	14	2500		750						4000	300	650	28,0	75	90		31,6	35,1
	16									4000	450	650	28,8	75	85		33,9	37,4
	18									4000	600	650	29,6	75	85		36,3	39,7
40/7,5	20	—	325	—	1300	1400	1300	2150	600	4000	800	650	30,4	75	80	37	38,6	42,0
	22									4000	950	700	31,2	75	80		41,5	45,0
	24									4000	1100	700	32,0	75	75		44,3	47,9
	26	2600		650						4000	1300	700	32,7	90	75		47,1	50,7
	28									4000	1500	750	33,5	90	70		50,2	53,8
	30									4000	1600	800	34,3	90	70		53,5	57,0

[1] Mit Hilfshubwerk von 3 t Tragkraft.

Tabelle 51 (Fortsetzung).

Trag-kraft	Stütz-weite *L*	Kleinstmaß		Richtmaße in mm									Rad-druck	Schienenbreite	Kranfahren		Gewicht des vollst. Krans	
					ohne Hilfshub		mit Hilfshub			Rad-stand							ohne Hilfs-hub	mit Hilfs-hub
t	m	a	b	c	d	e	d	e	f	l	g	m	t		m/min	PS	t	t
	10									4200	100	650	31,8	90	90		32,0	36,9
	12									4200	200	650	32,8	90	85		33,8	38,9
	14	2600		800						4200	300	650	33,7	90	85		36,1	41,1
	16									4200	450	650	34,7	90	80		38,6	43,7
	18									4200	600	650	35,7	90	80		41,4	46,5
50/10	20	—	350	—	1400	1500	1400	2250	600	4200	800	650	36,6	90	75	42	44,2	49,3
	22									4200	950	700	37,5	100	75		47,8	53,0
	24									4200	1100	700	38,5	100	70		51,0	56,0
	26	2700		700						4200	1300	700	39,4	100	70		54,8	60,0
	28									4200	1400	750	40,4	100	65		58,8	64,0
	30									4200	1500	800	41,3	100	65		62,8	68,0
	10									4400	100	650	37,3	100	85		36,8	42,3
	12									4400	150	650	38,4	100	80		39,2	44,6
	14	2800		900						4400	300	650	39,5	100	80		42,0	47,3
	16									4400	450	650	41,2	100	75		44,8	50,3
	18									4400	600	650	42,9	100	75		48,0	53,3
60/10	20	—	375	—	1450	1550	1450	2450	600	4400	800	650	43,6	100	75	48	51,5	57,0
	22									4400	950	700	41,3	120	70		55,4	61,0
	24									4400	1100	750	45,4	120	70		59,4	65,0
	26	2900		800						4400	1200	750	46,5	120	65		64,0	69,5
	28									4400	1400	750	47,7	120	65		68,8	74,2
	30									4400	1500	800	48,8	120	65		73,5	79,0
	10									4600	50	750	45,0	100	80		42,3	48,3
	12									4600	100	750	46,7	100	75		45,2	51,2
	14	3000		1000						4600	200	750	48,4	120	75		48,2	54,4
	16									4600	400	750	49,9	120	70		52,2	58,2
	18									4600	500	750	51,3	120	70		56,2	62,3
75/15	20	—	400	—	1500	1600	1500	2550	600	4600	700	750	52,7	120	70	58	60,3	66,4
	22									4600	700	850	54,0	120	70		65,3	71,6
	24									4600	800	850	55,4	120	65		70,3	76,6
	26	3100		900						4600	1000	850	56,7	120	65		75,5	81,6
	28									4600	1200	850	58,2	120	60		81,2	87,3
	30									4600	1300	850	59,7	120	60		86,8	93,0
	10																	
	12																	
	14	3200		1500														
	16																	
	18																	
100	20	—	450	—	1600	1800	—	—	600	—	—	—	—	—	—	—	—	—
	22																	
	24																	
	26	3400		1400														
	28																	
	30																	

Die normalen Laufkrane sind „Obergurtlaufkrane". Bei diesen fährt die Katze auf den Obergurten der Kranhauptträger (Abb. 529 und 530). Im besonderen werden auch „Untergurtlaufkrane" (Abb. 630, S. 299) hergestellt, bei denen die Katze auf den Untergurten und zwischen den beiden Hauptträgern fährt.

α) Kranlaufwinde (Laufkatze).

Berechnung und Gestaltung der normalen elektrischen Kranlaufwinden s. S. 233.

Für Tragkräfte von 10 t ab aufwärts werden auch Laufwinden mit Hilfshubwerk (Abb. 513 und 514, S. 237) angewendet. Sonderausführungen: Laufkatzen mit umschaltbarem Hubwerkvorgelege, Gießlaufkatzen, Magnetlaufkatzen, Greiferlaufkatzen, Laufkatzen für Lokomotivhebekrane und Laufkatzen für Hüttenwerkskrane. Diese sind je nach ihrem Arbeitszweck mit Muldentransportgehängen, Beschickvorrichtungen, Zangen usw. ausgerüstet.

β) Kranfahrwerk.

Es ist auf der einen Laufbühne der Kranbrücke angeordnet (Abb. 529). Der auf Mitte Kran sitzende Fahrmotor arbeitet mittels eines Stirnrädergetriebes auf die Fahrwerkswelle, an deren Enden Ritzel aufgekeilt sind, die mit den Zahnkränzen der beiden angetriebenen Laufräder kämmen.

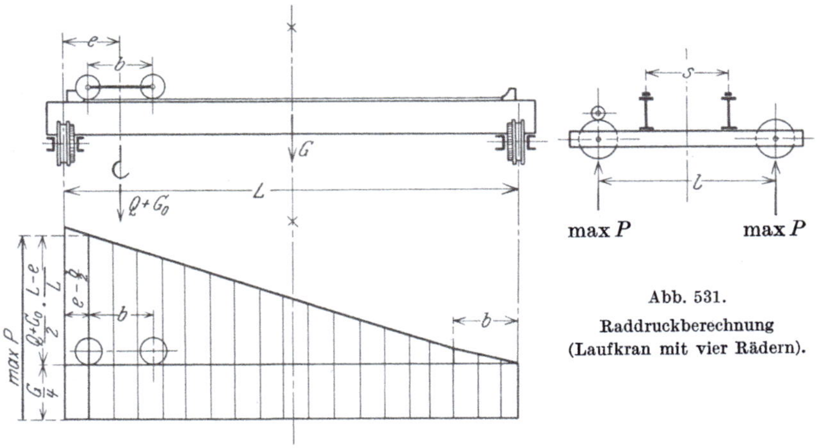

Abb. 531. Raddruckberechnung (Laufkran mit vier Rädern).

Größter Raddruck. Der größte Raddruck tritt auf, wenn die vollbelastete Laufkatze im Anfahrmaße steht (Abbildung 531).

Bezeichnen mit Bezug auf Abb. 531 G das Krangewicht (ohne Laufkatze) und G_0 das Gewicht der Katze, so wird der größte Raddruck des vierrädrigen Kranes hinreichend genau erhalten zu:

$$_{\max}P \approx \frac{G}{4} + \frac{Q+G_0}{2} \cdot \frac{L-e}{L}. \tag{219}$$

Bei Kranen mit größerer Tragkraft und Spannweite sind vier Räder wegen des zu hohen Raddruckes nicht mehr ausreichend und man sieht dann acht Laufräder vor.

Eine statisch bestimmte Verteilung der Raddrucke wird bei der Anordnung von acht Laufrädern dadurch erreicht, daß man die Querträger in der Mitte teilt und mit einem Gelenk ausführt (Abb. 532), oder man lagert die Laufräder paarweise in einstellbaren Radgestellen. Diese Ausführung ist teurer und kommt nur für schwere Krane (über 100 t Tragkraft) in Frage.

Raddrucke des achträdrigen Kranes (Abb. 532)

$$\left.\begin{aligned} _{\max}P = P_1' = P_1 \cdot \frac{n}{l_1} &= \approx \left(\frac{G}{4} + \frac{Q+G_0}{2} \cdot \frac{L-e}{L}\right) \cdot \frac{n}{l_1}, \\ P_1'' = P_1 \cdot \frac{m}{l_1} &= \approx \left(\frac{G}{4} + \frac{Q+G_0}{2} \cdot \frac{L-e}{L}\right) \cdot \frac{m}{l_1}. \end{aligned}\right\} \tag{220}$$

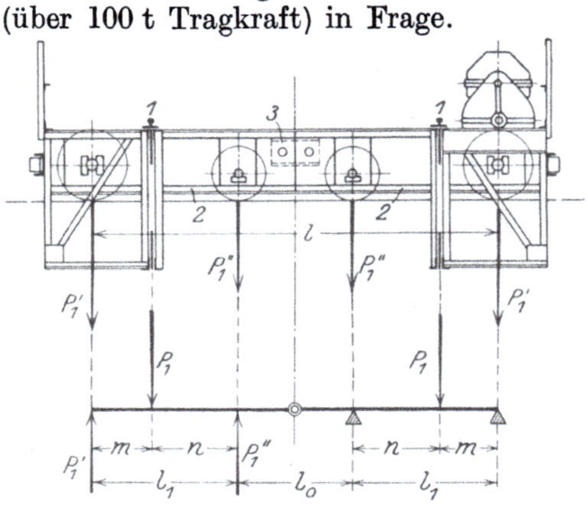

Abb. 532. Raddruckberechnung (Laufkran mit acht Rädern).
1 Hauptträger; 2 geteilter Kopfträger; 3 Gelenkstücke.

Die mittleren Laufräder erhalten dem kleineren Raddruck entsprechend einen kleineren Durchmesser.

Radstand. Damit der fahrende Kran nicht eckt, muß der Radstand genügend groß sein. Der Mindestradstand l des vierrädrigen Laufkranes (Abb. 530) ist durch die Schienenmittentfernung (Spurweite) s der Katze, den Durchmesser der Kranlaufräder, den größten Durchmesser des Räderkastens des Motorvorgeleges und einen genügend großen Spielraum zwischen diesem und dem Hauptträger festgelegt.

Laufräder. Berechnung und Ausführung s. S. 135.

Fahrwiderstand. Mit Bezug auf Abb. 488 und mit den Bezeichnungen S. 221 ist der Reibungsfahrwiderstand des genau geradeaus fahrenden Kranes:

$$W_r = \frac{Q+G_0+G}{R} \cdot \left(\mu \cdot \frac{d}{2} + f\right) = (Q + G_0 + G)_t \cdot w_r \ldots \text{kg}, \tag{221}$$

wobei $\mu \approx 0{,}1$ und $f \approx 0{,}05$ cm eingesetzt werden.

Hierzu kommt bei Schrägfahren des Kranes infolge der Spurkranz- und Nabenstirnreibung noch ein zusätzlicher Fahrwiderstand hinzu, der zu 30 bis 50% des nach Gleichung 221 berechneten veranschlagt werden kann[1].

Mit Berücksichtigung obigen Zuschlages ist der Reibungsfahrwiderstand:

$$W_r = 1{,}3 \text{ bis } 1{,}5 \cdot (Q + G_0 + G)_t \cdot w_r \ldots \text{kg}. \tag{222}$$

[1] Fördertechnik 1927, S. 261 u. 1929, S. 29.

Der Einheitswiderstand w_r je 1 t Fahrgewicht kann für die normalen Kranlaufräder aus der Kurventabelle Abb. 489, S. 221 entnommen werden. Für überschlägliche Berechnungen ist es ausreichend, $w_r = 15$ bis 20 kg je 1 t Fahrgewicht anzunehmen.

Während der Anlaufzeit des Motors tritt zu dem Reibungswiderstand noch der Massenfahrwiderstand hinzu. Dieser ist, am Umfang des Laufrades gemessen,

$$W_m = \frac{Q + G_0 + G}{g} \cdot \frac{v_3}{t_1} \ldots \text{kg}, \tag{223}$$

wobei G_0 das Katzengewicht und G das Krangewicht (ohne Katze) in kg, $g = 9{,}81$ m/sek² die Erdbeschleunigung, v_3 die Kranfahrgeschwindigkeit in m/sek und t_1 die Anlaufzeit in Sekunden bedeuten. Je nach der Größe der bewegten Massen und der Fahrgeschwindigkeit wird $t_1 = 3$ bis 6 sek angenommen.

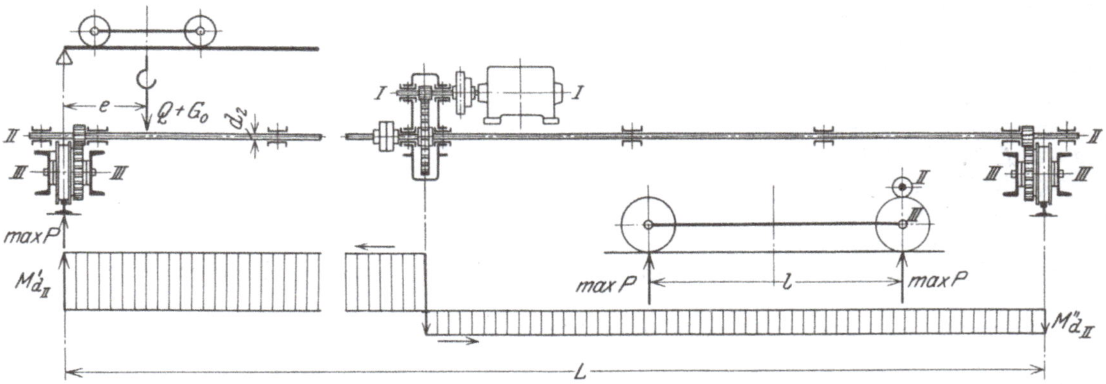

Abb. 533. Schematische Darstellung des Kranfahrwerks.

Fahrgeschwindigkeit. Sie wird der Größe der Tragkraft und der Spannweite des Kranes entsprechend gewählt. Kranfahrgeschwindigkeiten für normale Laufkrane (Betriebsart II) s. Tabelle 51, S. 254 u. f.

Motor. Die Motorleistung im Beharrungszustand ist:

$$N_3 = \frac{W_r \cdot v_3}{6120 \cdot \eta} \ldots \text{kW}, \tag{224}$$

wobei W_r nach Gleichung (222) berechnet wird. Kranfahrgeschwindigkeit v_3 in m/min. Der Wirkungsgrad des Kranfahrwerks beträgt bei zwei Stirnrädervorgelegen (Abb. 533) $\eta \approx 0{,}90$ und bei drei $\eta \approx 0{,}85$.

Der Motor muß während der Anlaufzeit eine dem Massenfahrwiderstand entsprechende größere Leistung abgeben. Bezüglich des zusätzlichen Beschleunigungsmomentes beim Fahranlauf siehe die S. 161 gemachten Angaben.

Übersetzung (Abb. 533). Sie wird ebenso wie bei dem Windenfahrwerk (s. S. 223) berechnet.

$$i = \frac{\text{Drehzahl des Laufrades}}{\text{Drehzahl des Motors}} = \frac{n_l}{n_m}. \tag{225}$$

Bezeichnet v_3 die Kranfahrgeschwindigkeit in m/min, so ist die Drehzahl des Laufrades: $n_l = v_3/D\pi$.

Die berechnete Übersetzung verteilt sich bei kleinen und mittleren Kranen auf das Motorvorgelege und das Laufradvorgelege. Von dem Laufradvorgelege sind die Abmessungen des am Laufrad angeschraubten Zahnkranzes (DIN 4009) gegeben. Seine Übersetzungsgröße ist daher durch den Durchmesser der Fahrwerkswelle (*II*) und die erforderliche Nabenstärke des Ritzels begrenzt. Der Motor erhält einen Untersatz aus Profileisen (meist [-Eisen), dessen Größe durch die Abmessungen des Räderkastens und des Motors festgelegt ist. Abb. 534 zeigt den Motoruntersatz eines Laufkranes von 7,5 t Tragkraft und 14 m Spannweite. Das Motorvorgelege wird in einem Räderkasten angeordnet und läuft im Ölbad. Abmessungen der normalen Räderkästen s. Tabelle 22, S. 79.

Das Laufradritzel wird nur bei Kranen kleiner Tragkraft fliegend angeordnet, bei mittleren und schwereren Kranen wird es beiderseits gelagert (Abb. 535).

Um bei der Montage der Krane kleinere Unterschiede in der Spannweite ausgleichen zu können, werden beiderseits von jedem Laufrad zwei 5 mm starke Scheiben beigelegt (Abb. 535). Man kann dann Unterschiede in der Kranspannweite von $\pm$ 20 mm ausgleichen. Damit dieser axialen

Verschiebung des Laufrades Rechnung getragen wird, muß das Ritzel entsprechend breit sein und genügenden Abstand vom Laufradspurkranz haben.

Der größte Zahndruck, für den das Laufradvorgelege berechnet wird, tritt auf, wenn die voll belastete Katze im Anfahrmaß steht (Abb. 533). Er ist gleich dem an dieser Seite wirkenden Teilbetrag des Fahrwiderstandes:

$$P_{II-III} = W'_r = (1{,}3 \text{ bis } 1{,}5) \cdot \left[\frac{G}{2} + (Q + G_0) \cdot \frac{L-e}{L}\right] \cdot w_r \ldots \text{kg}, \tag{226}$$

wobei G das Krangewicht ohne Katze, G_0 das Katzengewicht und w_r den Einheitsfahrwiderstand (je 1 t Fahrgewicht) bedeuten.

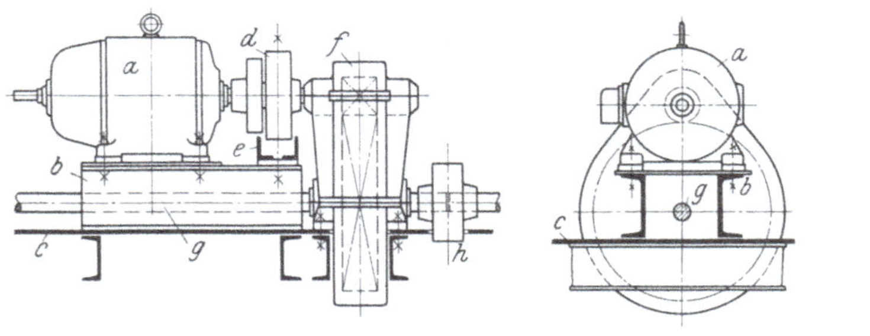

Abb. 534. Motoruntersatz zu einem Kranfahrwerk. (Ardeltwerke.)
a Motor; *b* Untersatz; *c* Belagblech; *d* elastische Kupplung; *e* Unterteil zur Fahrwerkbremse; *f* Räderkasten zum Motorvorgelege; *g* Fahrwerkswelle; *h* Scheibenkupplung zu *g*.

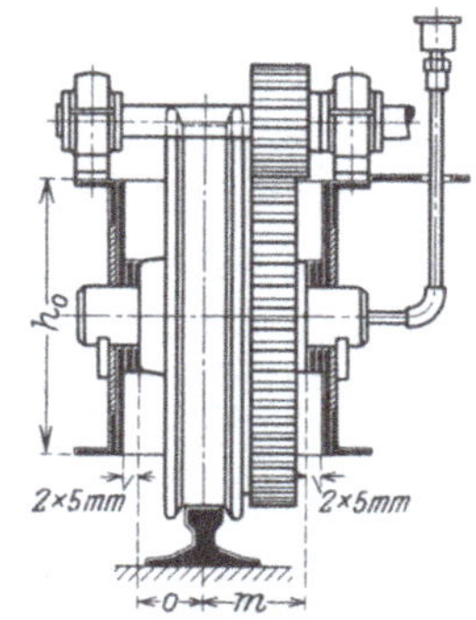

Abb. 535.
Einbau der Kranlaufräder.

Fahrwerkswelle. Berechnung nach den S. 91 gemachten Angaben.

Fahrwerksbremse. Sie hat den Zweck, die Bewegungsenergie der längsbewegten und der umlaufenden Massen während einer bestimmten Bremszeit zu vernichten, d. h. in Wärme umzusetzen. Die Bremse dient ferner dazu, den Kran bei Schrägzug der Last festzuhalten und ihn, wenn er im Freien fährt, gegen etwaiges Abrollen durch Winddruck zu sichern. Ausführung allgemein als gewichtbelastete doppelte Backenbremse, die durch einen Magnetbremslüfter gelüftet wird. Siehe S. 111. Anordnung der Bremse meist auf der elastischen Kupplung zwischen Motor und Fahrwerk (Abb. 534). Wird die Bremse auf der Fahrwerkswelle angeordnet (Abb. 529, S. 253), so ist das abzubremsende Moment um die Übersetzung des Motorvorgeleges größer und die Bremse entsprechend teurer. Gelegentlich wird die auf der Fahrwerkswelle sitzende Bremse durch einen Seilzug und einen im Führerkorb befindlichen Fußhebel betätigt.

1. Längsbewegte Massen. Bezeichnen G_0 das Katzengewicht, G Krangewicht (ohne Katze) in kg und g die Erdbeschleunigung in m/sek², so ist die Masse:

$$m = \frac{Q + G_K}{g} = \frac{Q + G_0 + G}{g} \ldots \frac{\text{kg} \cdot \text{sek}^2}{m}. \tag{227}$$

Mit der Bremszeit t in sek wird die am Umfang eines Laufrades wirkend gedachte Trägheitskraft:

$$\mathfrak{P} = m \cdot b = m \cdot \frac{v_3}{t} \ldots \text{kg}, \tag{228}$$

wobei b die konstant angenommene Verzögerung in m/sek² und v_3 die Kranfahrgeschwindigkeit in m/sek bedeuten.

Das auf die Motorwelle umgerechnete Verzögerungsmoment der längsbewegten Massen ist

$$\mathfrak{M}_{Q+G_K} = \mathfrak{P} \cdot R_L \cdot i \cdot \frac{1}{\eta} \ldots \text{kgm}. \tag{229}$$

Hierbei bedeuten $G_K = G_0 + G$ das gesamte Krangewicht, R_L den Laufradhalbmesser in m, i die Übersetzung und η den Wirkungsgrad des Fahrwerks.

Das auf die Motorwelle umgerechnete, bremsend wirkende Fahrwiderstandsmoment ist:

$$M_{rI} = W_r \cdot R_L \cdot i \cdot \frac{1}{\eta} \ldots \text{kgm}. \tag{230}$$

Abzubremsendes Moment der längsbewegten Massen an der Motorwelle:

$$\mathfrak{M}_{Q+G_K} - M_r = (\mathfrak{P} - W_r) \cdot R_L \cdot i \cdot \frac{1}{\eta} \ldots \text{kgm}. \tag{231}$$

2. Umlaufende Massen. Es kommen in Frage: die auf der Motorwelle befindlichen Massen des Motorankers (Läufers), der elastischen Kupplung und des Vorgelegeritzels. Die übrigen Massen bzw. deren Trägheitsmomente (Laufräder und Laufradvorgelege) werden auf die Motorwelle reduziert.

Abb. 536 gibt eine zeichnerische Darstellung der auf die Motorwelle reduzierten Beschleunigungsmomente der längsbewegten und umlaufenden Massen und deren Größe in Prozent. Die Darstellung läßt erkennen, daß die längsbewegten Massen den größten Anteil haben (über 80%). Der Motoranker (Läufer) und die elastische Kupplung machen zusammen etwa 10 bis 12% aus, während die Momente der Laufräder und Laufradvorgelege prozentual sehr klein sind. Man kann diese daher vernachlässigen oder durch einen Prozentzuschlag berücksichtigen.

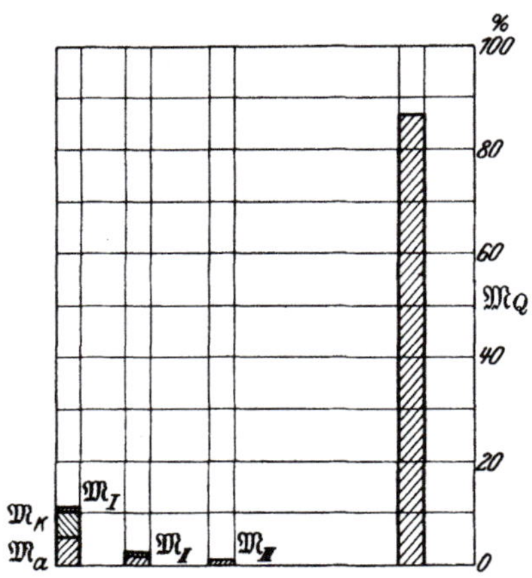

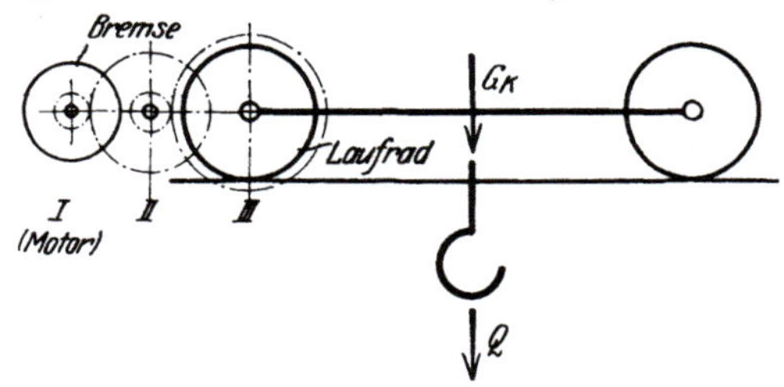

Abb. 536. Reduktion der Beschleunigungsmomente auf die Motorwelle.

Das Schwungmoment des Motorankers $GD^2 \ldots \text{kgm}^2$ ist in den Motorlisten der Elektrizitätsfirmen enthalten. Für die geschlossenen Drehstrommotoren der SSW kann das Schwungmoment des Läufers aus Abb. 395, S. 166, entnommen werden.

Trägheitsmoment des Motorankers (Läufers):

$$J_a = \frac{GD^2}{4g} \ldots \text{kgm} \cdot \text{sek}^2. \tag{232}$$

Winkelgeschwindigkeit der Motorwelle:

$$\omega = \frac{\pi \cdot n_1}{30} \ldots \frac{1}{\text{sek}}.$$

Verzögerungsmoment des Ankers:

$$\mathfrak{M}_a = J_a \cdot \frac{\omega}{t} \ldots \text{kgm}. \tag{233}$$

Zur Berechnung des Trägheitsmomentes der elastischen Kupplung denke man sich diese in drei Hohlzylinder zerlegt (Abb. 537a), berechne für diese die Trägheitsmomente und addiere sie.

Trägheitsmoment der Kupplung:

$$J_K = \sum \left[\frac{m}{2} \cdot (R^2 + r^2)\right] = \sum \left[\frac{m}{4} (R^2 + r^2) + \frac{1}{3} h^2\right] \ldots \text{kgm} \cdot \text{sek}^2. \tag{234}$$

Hierbei bedeuten G das Gewicht je eines Hohlzylinders in kg, $g = 9{,}81$ m/sek² die Erdbeschleunigung und m die Masse je eines Hohlzylinders in $\frac{\text{kg} \cdot \text{sek}^2}{\text{m}}$.

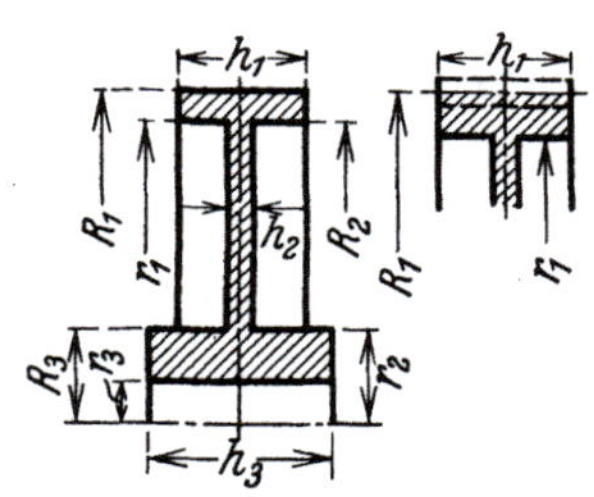

Abb. 537a und b.

Zur Berechnung des Trägheitsmomentes von Zahnrädern denke man sich die Spitzen der Zähne oberhalb des Teilkreises abgeschnitten und die Zahnlücken am Fuß mit ihnen ausgefüllt (Abb. 537b). Alsdann rechne man mit dem äußeren Zylinder, ebenso wie bei der Kupplung.

Verzögerungsmoment der Kupplung:

$$\mathfrak{M}_K = J_K \cdot \frac{\omega}{t} \ldots \text{kgm}. \tag{235}$$

Sollen die auf der Welle II (der Fahrwerkswelle) sitzenden Zahnräder berücksichtigt werden, so sind sie auf die Welle I (die Motorwelle) zu reduzieren, indem man sie mit dem Quadrat des Verhältnisses der Drehzahlen multipliziert. Das auf die Welle I reduzierte Trägheitsmoment eines auf der Welle II sitzenden Zahnrades ist:

$$J_{2(I)} = J_2 \left(\frac{\omega_2}{\omega_1}\right)^2 = J_2 \left(\frac{n_2}{n_1}\right) \ldots \text{kgm} \cdot \text{sek}^2.$$

Wie jedoch Abb. 536 zeigt, ist der Einfluß dieser Getriebeteile so gering, daß er meist vernachlässigt werden kann.

Das gesamte, an der Motorwelle abzubremsende Moment ist:

$$M_{br} = (\mathfrak{M}_{Q+G_K} - M_{rI}) + \mathfrak{M}_a + \mathfrak{M}_K \ldots \text{kgm}. \tag{236}$$

Bezeichnet $R = D/2$ den Halbmesser der Bremsscheibe in m, so ist die Umfangskraft der Bremse:

$$U = \frac{M_{br}}{R} \dots \text{kg}. \tag{237}$$

Wird die Verzögerung b = konstant angenommen und sind v_3 die Anfangsgeschwindigkeit in m/sek und o die Endgeschwindigkeit während der Bremszeit t in sek, so ist $v_3 = b \cdot t \dots$ m/sek.

Bremsweg:

$$s = \frac{v_3}{2t} \dots \text{m}.$$

Um dem nicht sofort in seiner ganzen Größe auftretenden Bremsdruck Rechnung zu tragen, gebe man auf den berechneten Bremsweg einen Zuschlag von 3%. Wirklicher Bremsweg:

$$s = 1{,}03 \cdot \frac{v_3}{2t} \dots \text{m}. \tag{238}$$

Abb. 538 gibt eine zeichnerische Darstellung des Bremsweges und des abzubremsenden Momentes in Abhängigkeit von der Bremszeit.

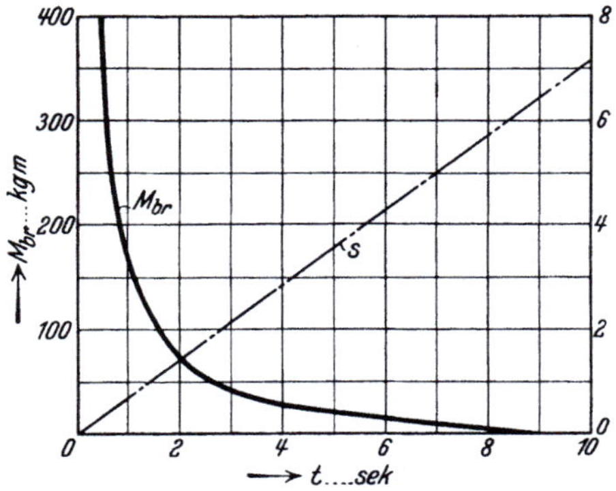

Abb. 538. Bremsmoment und Bremsweg in Abhängigkeit von der Bremszeit.

Werden nur die längsbewegten Massen berücksichtigt und die umlaufenden Massen vernachlässigt, so ist ohne Bremsung:

$$m \cdot \frac{v_3^2}{2} = W_r \cdot s, \tag{239}$$

d. h. die ganze Bewegungsenergie wird durch den Fahrwiderstand W_r auf den Auslaufweg s aufgezehrt.

$$\text{Auslaufweg:} \quad s = \frac{m\frac{v_3^2}{2}}{W_r} \dots \text{m}. \qquad \text{Auslaufzeit:} \quad t = \frac{v_3}{2s} \dots \text{sek}. \tag{240 und 241}$$

Literatur. Bethmann: Berechnung der Kranfahrbremsen für elektrische Laufkrane. Fördertechn. 1929. S. 4.

Beispiel Nr. 4. Das Kranfahrwerk eines elektrisch betriebenen Laufkranes ist zu berechnen.

Tragkraft: $Q = 30$ t; Spannweite: $L = 16$ m; Radstand: $l = 4{,}0$ m; Raddruck: $\max P = 22{,}7$ t; Breite der Kranfahrschienen: $b = 75$ mm (Schiene Nr. 4); Kranfahrgeschwindigkeit: $v_3 = 90$ m/min $= 1{,}5$ m/sek; Gewicht des vollständigen Kranes: $G_K = 28{,}5$ t (Tabelle 51, S. 255). Gewicht der Katze: $G_0 = 8600$ kg; Radstand der Katze: $b = 2400$ mm. Anfahrmaß: $e = 1300$ mm. Stromart: Drehstrom 500 V, 50 Hz.

1. Größter Raddruck. Mit Bezug auf Abb. 531, S. 257 ist:

$$\max P = \frac{G}{4} + \frac{Q + G_0}{2} \cdot \frac{L - e}{L} = \frac{28{,}5 - 8{,}6}{4} + \frac{30 + 8{,}6}{2} \cdot \frac{16 - 1{,}3}{16} = 22{,}65 \approx \mathbf{22{,}7\ t}.$$

Dieser Wert stimmt mit dem auf Tabelle 51 gegebenen überein.

2. Laufräder. Gewählt nach DIN 4009, Tabelle 37, S. 137:

Laufraddurchmesser: $D = 800$ mm; Schienenbreite: $b = 75$ mm (Schiene Nr. 4); Abrundungshalbmesser des Schienenkopfes: $r = 6$ mm (Tabelle 35, S. 134).

Bolzendurchmesser: $d = 110$ mm. Werkstoff: Stg 38 · 81.

Beanspruchung des Laufrades [Gleichung (176), S. 135]:

$$k = \frac{\max P}{D \cdot (b - 2r)} = \frac{22\,700}{0.80 \cdot (7{,}5 - 2 \cdot 0{,}6)} \approx \mathbf{45\ kg/cm^2}; \qquad k_{zul}\ 40 \text{ bis } 60\ \text{kg/cm}^2.$$

$$\text{Drehzahl des Laufrades:} \quad n_L = \frac{v_3}{D\pi} = \frac{90}{0{,}80 \cdot 3{,}14} = 35{,}9 \approx \mathbf{36\ i.\ d.\ Min.}$$

3. Fahrwiderstand. Berechnung nach Gleichung (222), S. 257:

$$W_r = 1{,}4\,(Q + G + G_0) \cdot w_r = 1{,}4 \cdot (30 + 20 + 8{,}6) \cdot 15 \approx 1230 \text{ kg}.$$

Einheitsfahrwiderstand w_r für 1 t = 1000 kg Fahrgewicht aus Abb. 489, S. 221.

Steht die Katze im Anfahrmaß, so ist der Teilfahrwiderstand der stärker belasteten linken Seite (Abb. 533, S. 258):

$$W_r' = 1{,}4\left[\frac{G}{2} \cdot w_r + (Q + G_0) \cdot \frac{L - e}{L} \cdot w_r\right] = 1{,}4\left[\frac{20}{2} \cdot 15 + (30 + 8{,}6) \cdot \frac{16 - 1{,}3}{16} \cdot 15\right] \approx 955 \text{ kg};$$

Teilfahrwiderstand der rechten, weniger belasteten Seite:

$$W_r'' = 1{,}4\left[\frac{G}{2} \cdot w_r + (Q + G_0) \cdot \frac{e}{L} \cdot w_r\right] = 1{,}4\left[\frac{20}{2} \cdot 15 + (30 + 8{,}6) \cdot \frac{1{,}3}{16} \cdot 15\right] \approx 275 \text{ kg};$$

$$W_r = W_r' + W_r'' = 955 + 275 = 1230 \text{ kg}.$$

4. Motor. Erforderliche Leistung nach Gleichung (224), S. 258:

$$N_3 = \frac{W_r \cdot v_3}{6120 \cdot \eta} = \frac{1230 \cdot 90}{6120 \cdot 0{,}90} \approx \mathbf{20\ kW}; \qquad \eta = \eta_{I-II} \cdot \eta_{II-III} = 0{,}97 \cdot 0{,}95 = 0{,}92 \approx 0{,}90\,.$$

Gewählt nach Abb. 395, S. 166.

Type: DH 156—8; Nennleistung bei 25% Einschaltdauer: 22 kW; Nenndrehzahl: 730 i. d. Min.

Normales Drehmoment: $M_I = 97400 \cdot \frac{22}{730} \approx 2940$ kgcm.

Verhältnis des Kippmomentes zum normalen Drehmoment: $M_K : M = 3{,}8$; höchst zulässige Drehzahl: $\max n = 2000$; Schwungmoment des Läufers: $GD^2 = 5{,}1$ kgm²; Gewicht des Motors: 475 kg; Durchmesser des Motorzapfens (DIN VDE 2702): $d = 60$ mm.

5. Erforderliche Übersetzung. [Gleichung (225), S. 258]:

$$i = \frac{n_L}{n_m} = \frac{n_{III}}{n_I} = \frac{36}{730} = \frac{1}{20{,}3} \approx \frac{1}{20} = i_{I-II} \cdot i_{II-III}\,.$$

6. Laufradvorgelege. Nach DIN 4009, S. 137, sind die Abmessungen **des am Laufrad angeschraubten Zahnkranzes**:

Zähnezahl: $z = 68$; Modul: $m = 12$ mm; Teilkreisdurchmesser: $D = 816$ mm; Zahnbreite: $b = 75$ mm; Werkstoff: Stg 38 · 81.

Durchmesser der Fahrwerkswelle (Welle *II* auf Abb. 533): $d_{II} = 70$ mm ang.

Ungefährer Teilkreisdurchmesser des Ritzels:

$$D = d_{II} + 2 \cdot 0{,}4(d + 10\text{ mm}) + 2 \cdot \tfrac{7}{6}\,\text{m} = 70 + 2 \cdot 0{,}4 \cdot 80 + 2 \cdot \tfrac{7}{6} \cdot 12 \approx 162\text{ mm}\,.$$

Zähnezahl des Ritzels: $z = \frac{D}{m} = \frac{162}{12} \approx 14$.

Abmessungen des Getriebes: $z = {}^{14}/_{68}$; $i_{II-III} = \frac{1}{4{,}86}$; $D = {}^{168}/_{816}$; $m = 12$ mm; $b = {}^{100}/_{75}$ mm; Werkstoff: St 50 · 11/Stg 38 · 81.

Drehzahl der Fahrwerkswelle: $n_{II} = n_{III} \cdot \frac{1}{i_{II-III}} = 36 \cdot 4{,}86 \approx 175$ i. d. Min.

Umfangsgeschwindigkeit des Getriebes: $v = \frac{D\pi \cdot n_{III}}{60} = \frac{0{,}168 \cdot 3{,}14 \cdot 175}{60} = 1{,}54 \approx 1{,}5$ m/sek.

Zahndruck des Getriebes: $P_{II-III} = 955 \cdot \frac{800}{816} \approx 935$ kg.

Beanspruchung: $c = \frac{P_{II-III}}{b \cdot t} = \frac{935}{7{,}5 \cdot 1{,}2 \cdot 3{,}14} \approx 33$ kg/cm²; $c_{\text{zul}} \approx 52$ kg/cm².

7. Motorvorgelege. $i_{I-II} = i : i_{II-III} = \frac{4{,}86}{20{,}3} \approx \frac{1}{4{,}18} \approx \frac{1}{4{,}2}$; $z = {}^{23}/_{97}$; $m = 7$ mm ang.; $D = {}^{161}/_{679}$ mm; Achsenabstand $a = \frac{161}{2} + \frac{679}{2} = 420$ mm; Gewählt nach Tabelle 22, S. 79: Räderkasten Nr. III mit $a = 420$ mm; $b = {}^{150}/_{100}$ mm; Bohrung: $d = {}^{60}/_{70}$ mm; Werkstoff: St 50 · 11 bzw. Stg 38 · 81.

Umfangsgeschwindigkeit des Getriebes:

$$v = \frac{D\pi \cdot n_I}{60} = \frac{0{,}161 \cdot 3{,}14 \cdot 730}{60} \approx 6\text{ m/sek}; \qquad \text{Zahndruck: } P_{I-II} = \frac{M_I}{R} = \frac{2940}{8{,}05} \approx 365\text{ kg};$$

Zahnbeanspruchung: $c = \frac{P_{I-II}}{b \cdot t} = \frac{365}{10 \cdot 0{,}7 \cdot 3{,}14} \approx 16{,}6 \approx 17$ kg/cm²; $c_{\text{zul}} = 34$ kg/cm².

Das Rad des Vorgeleges kann daher in Gußeisen (Ge 22 · 91) ausgeführt werden.

8. Elastische Kupplung. Der Motor hat nach DIN VDE 2702 (S. 165) einen kegeligen Zapfen von $d = 60$ mm. Diesem Durchmesser entspricht eine elastische Kupplung von 300 mm Dmr. Bremsscheibendurchmesser: $D = 400$ mm; Bremsscheibenbreite: $b = 125$ mm (Tabelle 25, S. 93). Übertragbares Moment der Kupplung: $M_I = 3000$ kgcm.

9. Fahrwerkswelle. (Welle *II*, Abb. 533, S. 258.) Durchmesser $d = 70$ mm ang. Werkstoff: St 50 · 11.

Steht die vollbelastete Katze im linken Anfahrmaß, so ist der Teilfahrwiderstand am linken Laufrad (siehe unter 3.): $W_r = 955$ kg. Das vom Motorvorgelege aus nach links gehende (größere) Drehmoment ist daher: $M_{dII} = W_r' \cdot R = 955 \cdot 8{,}4 \approx$ **8000 kgcm**, wobei R den Halbmesser des Laufradvorgelege-Ritzels bedeutet. Siehe unter 6.

Drehungsbeanspruchung der Welle: $\tau = \frac{M_{dII}}{W_p} = \frac{8000}{2 \cdot 33{,}67} \approx$ **119 kg/cm²**.

Nach Aufzeichnen des Laufrades werden die Abstände des Zahndruckes vom linken bzw. rechten Auflager (Abb. 212, S. 91) zu $l_1 = 287{,}5$ mm und $l_2 = 162{,}5$ mm bestimmt. Lagerentfernung: $l = 450$ mm. Die Welle ist ein Träger auf n Stützen (gleich der Zahl der Lager), belastet durch die schrägen Zahndrucke P_{II-III} und den waagerechten Zahndruck P_{I-II}. Dieser wird vernachlässigt und die Welle mit dem Zahndruck P_{II-III} und der Stützweite l als Träger auf zwei Stützen gerechnet. Siehe S. 91 unter „Wellen".

Auflagerdrucke:

$$A = P_{II-III} \cdot \frac{l_2}{l} = 955 \cdot \frac{162{,}5}{450} \approx 345\text{ kg}; \qquad B = P_{II-III} \cdot \frac{l_1}{l} = 955 \cdot \frac{287{,}5}{450} \approx 610\text{ kg}\,.$$

Biegemoment (siehe S. 91): $M = A \cdot l_1 = 345 \cdot 28{,}75 =$ **9930 kg.**

Das ideelle Moment ist nach Gleichung (111 b), S. 89:

$$M_i = \sqrt{M^2 + (\alpha_0 \cdot M_d)^2} = \sqrt{9930^2 + (1{,}15 \cdot 8000)^2} \approx 13\,130\text{ kgcm}; \quad \sigma_{\text{zul}} = 600\text{ kg/cm}^2; \quad \tau_{\text{zul}} = 400\text{ kg/cm}^2; \quad \alpha_0 \approx 1{,}15\,.$$

Resultierende Beanspruchung: $\sigma_r = \frac{M_i}{W} = \frac{13\,130}{33{,}67} \approx$ **390 kg/cm²**; $\sigma_{r\,\text{zul}} \approx 600$ kg/cm².

Formänderung der Welle. Verdrehungswinkel:

$$\varphi = \frac{180}{\pi} \cdot \frac{100 \cdot M_{dII}}{G \cdot I_p} = \frac{180}{3{,}14} \cdot \frac{100 \cdot 8000}{810000 \cdot 2 \cdot 117{,}9} = 0{,}238 \approx \frac{1}{4{,}2}\,\text{Grad/lfd. m}; \quad \varphi_{zul} = \frac{1}{4}\,\text{Grad/lfd. m.}$$

10. Fahrwerkbremse. Sie wird auf der elastischen Kupplung angeordnet, die den **Motor mit dem Fahrwerk** verbindet. (Elastische Kupplung siehe unter 8.)

Längsbewegte Massen [Gleichung (227), S. 259]:

$$m = \frac{Q + G_K}{g} = \frac{30000 + 28600}{9{,}81} \approx 5970\,\frac{\text{kg/sek}^2}{\text{m}}.$$

Verzögerungszeit: $t = 3$ sek ang. Trägheitskraft: $P = \frac{m \cdot v_3}{t} = \frac{5970 \cdot 1{,}5}{3} \approx 2990\,\text{kg}$.

Das auf die Motorwelle umgerechnete Moment der längsbewegten Massen ist:

$$\mathfrak{M}_{Q+G_K} = \mathfrak{P} \cdot R_L \cdot i \cdot \frac{1}{\eta} = 2990 \cdot 40 \cdot \frac{1}{20} \cdot \frac{1}{0{,}90} \approx 6650\,\text{kgcm}.$$

Moment des Fahrwiderstandes an der Motorwelle:

$$M_{rI} = W_r \cdot R_L \cdot i \cdot \frac{1}{\eta} = 1230 \cdot 40 \cdot \frac{1}{20} \cdot \frac{1}{0{,}90} \approx 2730\,\text{kgcm}.$$

Auf die Motorwelle umgerechnetes Bremsmoment der längsbewegten Massen:

$$\mathfrak{M}_{Q+G_K} - M_r = 6650 - 2730 = 3290\,\text{kgcm}.$$

Von den umlaufenden Massen werden nur die des Motorläufers und der elastischen Kupplung berücksichtigt. Die übrigen umlaufenden Massen werden als belanglos vernachlässigt.

Schwungmoment des Läufers: $GD^2 \approx 5{,}1\,\text{kgm}^2$.

Trägheitsmoment: $J_a = \frac{GD^2}{4g} = \frac{5{,}1}{4 \cdot 9{,}81} \approx 0{,}13\,\text{kgm sek}^2$.

Winkelgeschwindigkeit der Motorwelle: $\omega = \frac{\pi n_1}{30} = \frac{3{,}14 \cdot 730}{30} \approx 76{,}5\,\frac{1}{\text{sek}}$.

Moment: $\mathfrak{M}_a = J_a \frac{\omega}{t} = 0{,}13 \cdot \frac{76{,}5}{3} \approx 3{,}31\,\text{kgm} = 331\,\text{kgcm}$.

Trägheitsmoment der elastischen Kupplung: $J_K = 0{,}115\,\text{kgm sek}^2$.

Moment: $\mathfrak{M}_K = J_K \cdot \frac{\omega}{t} = 0{,}115 \cdot \frac{76{,}5}{3} \approx 2{,}93\,\text{kgm} = 293\,\text{kgcm}$.

Gesamtes abzubremsendes Moment:

$$M_{br} = (\mathfrak{M}_{Q+G_K} - M_{rI}) + \mathfrak{M}_a + \mathfrak{M}_k = (6650 - 2730) + 331 + 293 \approx 4540\,\text{kgcm}.$$

Umfangskraft der Bremsscheibe: $U = \frac{M_{br}}{R} = \frac{4540}{20} = 227\,\text{kg}$.

Die Bremse hat bei dem von der Kupplung übertragbaren Moment (siehe Tabelle 30, S. 114) eine Umfangskraft $U = \frac{3000}{20} = 150$ kg. Sie wird mit 2facher Sicherheit gerechnet. Daher äußerst abbremsbare Umfangskraft max $U = 300$ kg.

Bremsweg [Gleichung (238), S. 261]: $s = 1{,}03 \frac{v_3 \cdot t}{2} = 1{,}03\,\frac{1{,}5 \cdot 3}{2} \approx 2{,}32\,\text{m}$.

Für eine Bremszeit $t = 4$ sek beträgt das Bremsmoment $M_{br} \approx 2500$ kgcm. Bremsweg: $s \approx 3{,}1$ m.

Ohne Bremsung und unter Vernachlässigung der umlaufenden Massen ist der Auslaufweg des voll belasteten Kranes nach Gleichung (240), S. 261:

$$s = \frac{m\frac{v_3^2}{2}}{W_r} = \frac{5970 \cdot 1{,}5^2}{2 \cdot 1150} = 5{,}85\,\text{m}. \qquad \text{Auslaufzeit: } t = \frac{2s}{v_3} = \frac{2 \cdot 5{,}85}{1{,}5} = 7{,}80 \approx 8\,\text{sek}.$$

γ) Kranbrücke.

(Statische Berechnung und Ausführung.)

Das Gesamtgewicht des Kranes ist schätzungsweise anzunehmen.

Gesamtgewichte der Demag-Laufkrane für normalen Betrieb s. Tabelle 51, S. 254 u. f.

Gewichte und Radstände normaler Kranlaufwinden von 5 bis 50 t Tragkraft, s. Tab. 47, S. 237.

Von dem Gesamtkrangewicht wird das Gewicht der Laufwinde abgezogen und das verbleibende Gewicht verteilt auf:

Kranfahrwerk ohne Laufräder — Laufräder mit Bolzen — Führerkorb mit Steuervorrichtungen und Schaltanlage — 2 Hauptträger — 2 Seitenträger — 2 Querverbände — 2 Belage — Geländer und Sonstiges.

a) Hauptträger.

Je nach Tragkraft und Spannweite wird er als Vollwandträger (I-Träger bzw. Stehblechträger) oder als Fachwerkträger ausgebildet. Vollwandträger für Spannweiten bis etwa 16 m, Fachwerkträger für Spannweiten von etwa 12 m an aufwärts.

Belastung in senkrechtem Sinne durch die Eigenlast (ständige Last) und durch die Raddrucke der vollbelasteten Katze als wandernde Last (Verkehrslast).

1. Vollwandträger.

Maßgebend für die Bemessung der Vollwandträger sind die zulässige Biegebeanspruchung und die zulässige Durchbiegung des Trägers.

Biegemomente und Querkräfte aus Eigenlast. Eigenlast = Hauptträgergewicht + $^1/_2$ Fahrwerk (ohne Laufräder) + $^1/_2$ Querverband + $^1/_2$ Belag der einen Bühnenseite.

Abb. 539 gibt die Eigengewichtsbelastungen der Hauptträger normaler elektrischer Laufkrane von 5 bis 50 t Tragkraft und für Spannweiten von 10 bis 30 m.

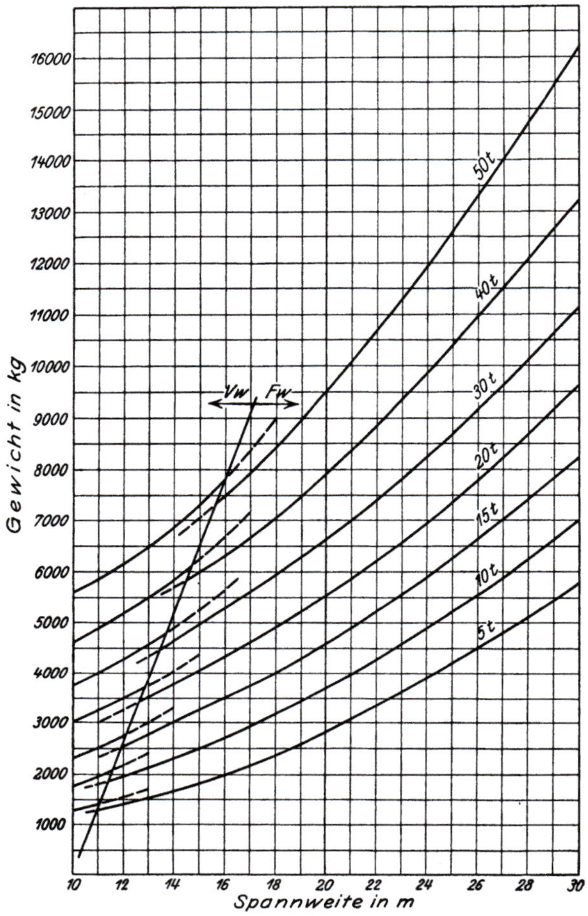

Abb. 539. Eigengewichtsbelastungen der Hauptträger. (Demag *VW* Vollwandträger; *FW* Fachwerkträger.

Bezeichnen L die Spannweite in m, G das Eigengewicht in t gleichmäßig verteilt angenommen (Abb. 540a), g das Eigengewicht in t für den lfd. m, so ist das Biegemoment im Abstand x vom linken Auflager:

$$M_g = g \cdot \frac{L}{2} \cdot x - g \cdot \frac{x^2}{2} = g \cdot \frac{x}{2} \cdot (L - x) \ldots \text{tm}. \quad (242)$$

Größtes Biegemoment für $x = L/2$:

$$_{\max}M_g = g \cdot \frac{L^2}{8} = G \cdot \frac{L}{8} \ldots \text{tm}. \quad (243)$$

Das Biegemoment verläuft nach einer Parabel mit der Länge L und dem Wert $_{\max}M_g$ als Pfeilhöhe (Abb. 540b). Querkraft im Abstand x vom linken Auflager:

$$T'_x = g \cdot \left(\frac{L}{2} - x\right) \ldots \text{t}. \quad (244)$$

Größte Querkraft am rechten bzw. linken Auflager ($x = 0$):

$$_{\max}T' = \pm g \cdot \frac{L}{2} \ldots \text{t}. \quad (245)$$

Verlauf der Querkraft nach Abb. 540e.

Biegemomente und Querkräfte aus den wandernden (rollenden) Lasten[1].

1. Fall. Der Träger wird von zwei gleich großen Lasten $P - P$ im Abstand b befahren (Abb. 540a). Berechnung des Raddruckes der vollbelasteten Laufkatze s. S. 221.

Biegemoment unter dem linken Raddruck und im Abstand x vom linken Auflager:

$$M_p = \frac{2P}{L} \cdot \left[\left(L - \frac{b}{2}\right) - x\right] \cdot x \ldots \text{tm}. \quad (246)$$

Das im Abstand $b/4$ von der Trägermitte auftretende Größtmoment ist:

$$_{\max}M_p = \frac{P}{2L} \cdot \left(L - \frac{b}{2}\right)^2 \ldots \text{tm}. \quad (247)$$

Der Verlauf des Biegemomentes nach Gleichung (246) stellt eine Parabel mit der Länge $L - b/2$ und dem Wert $_{\max}M_p$ als Pfeilhöhe dar (Abb. 540c). Sie ist nur solange gültig, bis die rechte Last über dem rechten Auflager steht. Momentenfläche für die ungünstigste Laststellung: 0 — 1 — 2 — 3 (Abb. 540c).

Das größte Biegemoment wird mit zunehmendem Radstand kleiner. Für $b \geqq 0{,}5857\,L$ kommt nur die eine Last P in Frage, die auf der Trägermitte stehend das Moment $_{\max}M_p = P \cdot \frac{L}{4}$ ergibt. Ist der Radstand (z. B. bei Handlaufkatzen) im Verhältnis zur Spannweite sehr klein, so wird mit hinreichender Genauigkeit $b = 0$ und $_{\max}M_p = 2\,P \cdot \frac{L}{4} = P \cdot \frac{L}{2}$ angenommen. In beiden Fällen verläuft das Biegemoment nach einer Parabel mit der Länge L und der Pfeilhöhe $P \cdot \frac{L}{4}$ bzw. $P \cdot \frac{L}{2}$.

[1] Andree: Die Statik des Kranbaus.

Für den rechten Raddruck gelten — vom rechten Auflager ausgehend — die gleichen Biegemomente. Ihr Verlauf stellt ebenfalls eine Parabel mit den gleichen Abmessungen dar (Abb. 540c).

Querkraft im Abstand x vom linken Auflager (Abb. 540f):

$$T''_x = \frac{2P}{L} \cdot \left[\left(L - \frac{b}{2}\right) - x\right] \ldots \text{t}. \tag{248}$$

Größte Querkraft am linken Auflager ($x = 0$):

$$_{\max}T'' = A = \frac{2P}{L} \cdot \left(L - \frac{b}{2}\right) = 2P - P \cdot \frac{b}{L} \ldots \text{t}. \tag{249}$$

Querkraft im Abstand $L - b$ vom linken Auflager:

$$T''_b = P \cdot \frac{b}{L} \ldots \text{t}. \tag{250}$$

Verlauf der Querkraft (A-Linie) nach Abb. 540f. Die B-Linie ist das Spiegelbild zu ihr.

2. Fall. Der Träger wird von zwei verschieden großen Raddrucken P_1 und P_2 im Abstand b befahren (Abb. 541).

Bezeichnen mit Bezug auf Abb. 541 $V = P_1 + P_2$ die Resultierende der beiden Raddrucke, $b_1 = \frac{P_2 \cdot b}{V}$ und $b_2 = \frac{P_1 \cdot b}{V}$ die Abstände dieser Resultierenden, so ist das Biegemoment unter dem linken Raddruck und im Abstand x vom linken Auflager:

$$M'_p = \frac{V}{L} \cdot [(L - b_1) - x] \cdot x \ldots \text{tm}. \tag{251}$$

Das größte Biegemoment tritt unter der Last P_1 und im Abstand $b_1/2$ von der Trägermitte auf:

$$_{\max}M'_p = \frac{V}{4L} \cdot (L - b_1)^2 \ldots \text{tm}. \tag{252}$$

Gleichung (251) stellt eine Parabel mit der Länge $L - b_1$ und der Pfeilhöhe $_{\max}M'_p$ dar.

Mit dem Abstand x vom rechten Auflager werden in gleicher Weise die Momente unter der Last P_2 erhalten:

$$M''_p = \frac{V}{L} \cdot [(L - b_2) - x] \cdot x \ldots \text{tm}, \tag{253}$$

$$_{\max}M''_p = \frac{V}{4L} \cdot (L - b_2)^2 \ldots \text{tm}. \tag{254}$$

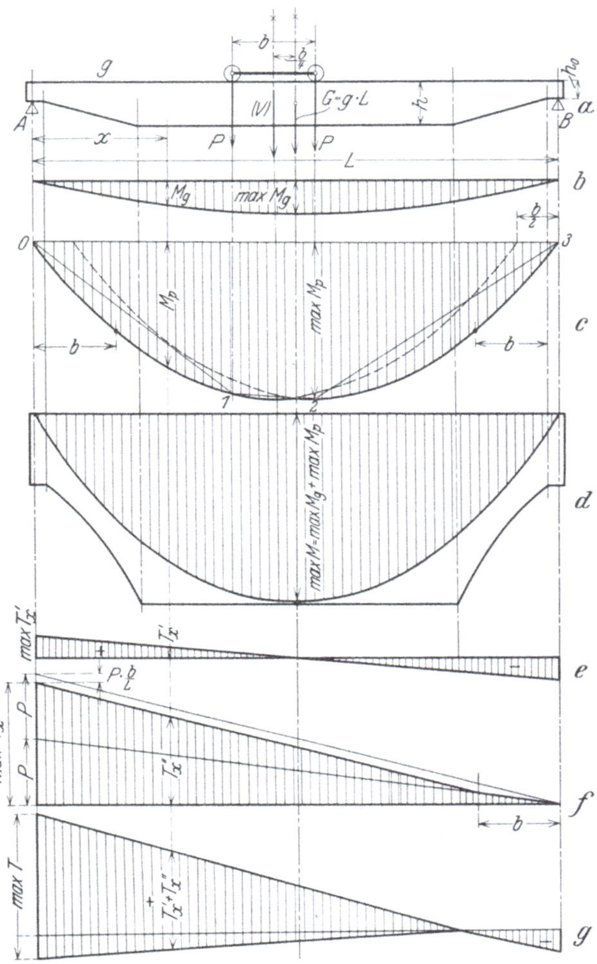

Abb. 540a bis g. Biegemomente und Querkräfte aus Eigenlast und Verkehrslast (zwei gleich große Raddrucke P—P).

Die den Verlauf des Biegemomentes darstellende Parabel hat die Länge $L - b_2$ und die Pfeilhöhe $_{\max}M''_p$.

Querkraft im Abstand x und unter der Last P_1:

$$T'_x = \frac{V}{L} \cdot [(L - b_1) - x] \ldots \text{t}. \tag{255}$$

Größte Querkraft am linken Auflager ($x = 0$):

$$_{\max}T' = A = \frac{V}{L} \cdot (L - b_1) = (P_1 + P_2) - P_2 \cdot \frac{b}{L} \ldots \text{t}. \tag{256}$$

Querkraft im Abstand $L - b$ vom linken Auflager:

$$T'_x = P_1 \cdot \frac{b}{L} \ldots \text{tm}. \tag{257}$$

Verlauf der Querkraft (A-Linie) nach Abb. 541.

Die B-Linie wird in gleicher Weise aufgezeichnet. Abb. 542 gibt die Eigengewichtsmomente ${}_{\max}M_g$ und Abb. 543 die größten Lastmomente ${}_{\max}M_p$ der Hauptträger für Krane von 5 t bis 50 t Tragkraft und für Spannweiten von 10 bis 30 m.

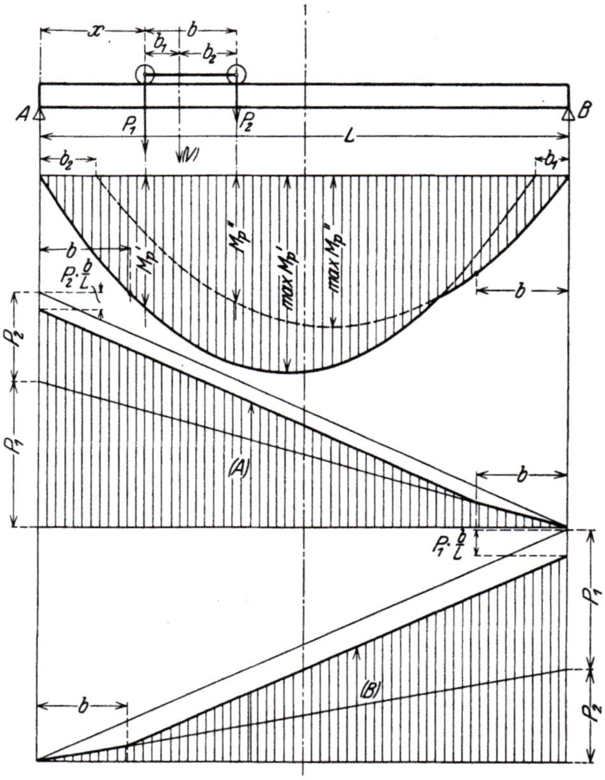

Abb. 541. Biegemomente und Querkräfte aus der Verkehrslast (zwei ungleich große Raddrucke $P_1 - P_2$).

Die Addition der Momentflächen aus Eigengewicht (Abb. 540b) und aus den wandernden Lasten (Abb. 540c) ergibt die Gesamtmomentenfläche (Abb. 540d). Multipliziert man die Widerstandsmomente an den verschiedenen Trägerstellen mit der zulässigen Belastung (s. S. 258), so erhält man die Tragfähigkeitskurve des Trägers (Abb. 540d).

In den BEK (DIN 120) sind die zulässigen Spannungen unter der Voraussetzung gewählt, daß die Belastung der Bauteile durch die Stabkräfte, Querkräfte und Momente ruhend ist.

Damit auch die von der schwellenden Belastung herrührenden Spannungen mit denen für ruhende Belastung verglichen werden können, sind die schwellenden Kräfte durch Vervielfachen mit einem Ausgleichfaktor in ideelle ruhende Kräfte zu verwandeln und die mit diesen Kräften (bzw. Momenten) ermittelten ideellen Spannungen in die Rechnung einzuführen. Hierbei ist zu beachten, daß nicht die Belastung mit dem Ausgleichfaktor zu multiplizieren ist, sondern die von der Belastung herrührenden Stabkräfte, Querkräfte und Momente.

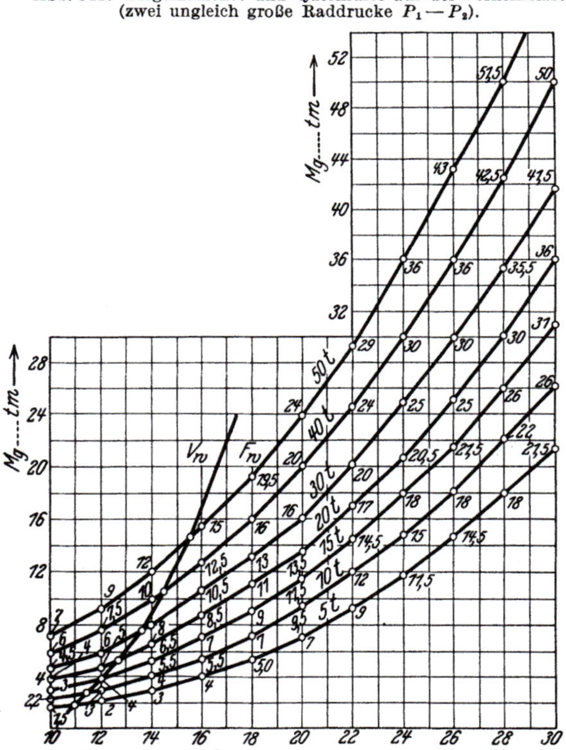

Abb. 542.

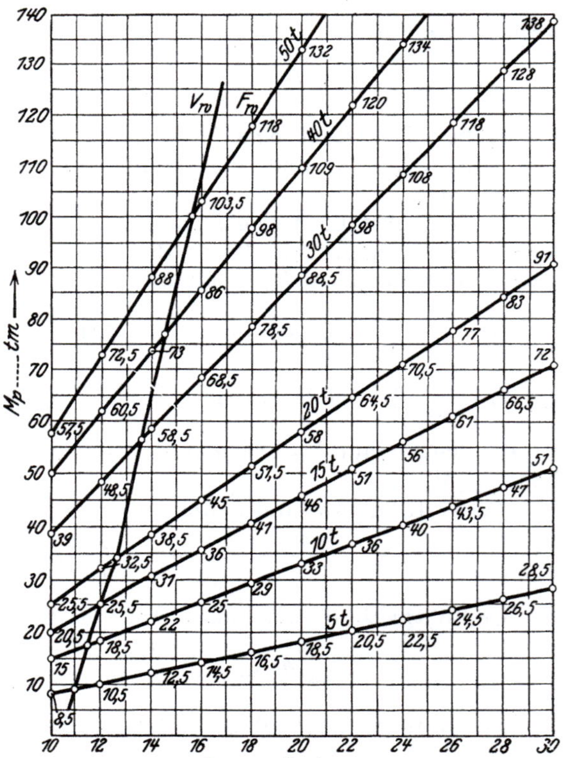

Abb. 543.

Ausgleichfaktor. Da die zulässige Spannung bei schwellender Belastung nicht allein von deren Höchstwert abhängt, sondern mit der Höhe und Häufigkeit, sowie mit dem mehr oder weniger stoßweisen Einsetzen des Anschwellens sich ändert, so muß auch der Ausgleichfaktor ψ von diesen Größen abhängen. Der Ausgleichfaktor wird daher nach der Gruppenzugehörigkeit des Krans (s. S. 1), in der alle diese Einflüsse berücksichtigt sind, bemessen. Abb. 544 gibt die Ausgleichfaktoren zur Berechnung der Spannungen aus der Last entsprechend den Gruppen I bis IV.

Stoßzahl. Hat die zu berechnende Konstruktion eine eigene Fahrbewegung, so verursachen auch die Eigengewichte im Zusammenhang mit den Stößen aus dieser Fahrbewegung keine rein ruhenden Spannungen. Um diese von den Eigengewichtskräften herrührenden Spannungen mit denen für ruhende Belastung vergleichen zu können, sind die von dem Eigengewicht herrührenden Stabkräfte, Querkräfte und Momente mit einer von der Eigenfahrgeschwindigkeit der zu berechnenden Konstruktion abhängigen Stoßzahl φ zu vervielfachen.

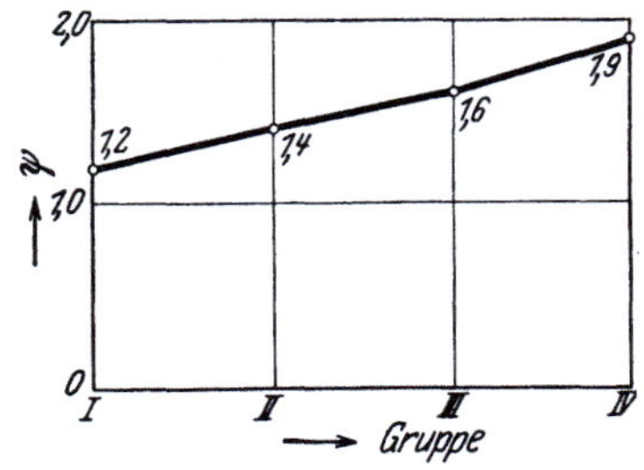

Abb. 544. Ausgleichfaktor.

Größe der Stoßzahl:

1. Konstruktion ruhend . . . . $\varphi = 1{,}0$;
2. Konstruktion mit einer Eigenfahrgeschwindigkeit bis 60 m/min . . . . $\varphi = 1{,}1$;
3. Konstruktion mit einer Eigenfahrgeschwindigkeit über 60 m/min . . . . $\varphi = 1{,}2$.

Bezeichnen ${}_{\max}M_g$ das nach Gleichung (243) berechnete größte Eigengewichtsmoment, ${}_{\max}M_p$ das größte Lastmoment nach Gleichung (247), σ_{zul} die zulässige Biegespannung, so ist das nur bei Berücksichtigung der Hauptkräfte (aus Eigengewicht und Last) erforderliche Widerstandsmoment:

$$W_{erf} = \frac{\varphi \cdot {}_{\max}M_g + \psi \cdot {}_{\max}M_p}{\sigma_{zul}} \;\ldots\; \mathrm{cm}^3. \tag{258}$$

Als zusätzliches Moment kommt für den Laufkranträger noch das Moment der Bremskraft hinzu. Die in der Fahrtrichtung in Höhe der Schienenoberkante wirkende größte Bremskraft wird nach BEK (DIN 120) zu $^1/_7$ der Belastung aller gebremsten Räder angenommen.

Betriebsmäßig auftretende Massenkräfte (Beschleunigungs- und Verzögerungskräfte) gehören zur Last. Sie können unberücksichtigt bleiben, wenn sie gegenüber den Zusatzkräften (Winddruck usw.) klein sind. Für Laufkrane im Freien kann der Winddruck für die statische Berechnung unberücksichtigt bleiben.

Das zusätzliche Moment M_{br} aus der Bremskraft ist bei Berechnung der wirklichen Biegespannung mit zu veranschlagen.

Zur Berechnung des erforderlichen Widerstandsmomentes nach Gleichung (258) wird für ruhende Belastung und die Hauptkräfte allein folgende größte Biegespannung zugelassen:

$$\sigma_{zul} = 1400 \cdot \frac{\sigma_S}{2400} \;\ldots\; \mathrm{kg/cm}^2. \tag{259}$$

Für den allgemein bei den Stahlkonstruktionen verwendeten Werkstoff St 37 · 12 (s. Tabelle 6, S. 10) ist die mittlere Streckgrenze $\sigma_S \approx 2400$ kg/cm². Mit diesem Wert wird in Gleichung (259) die größte zulässige Biegespannung $\sigma_{zul} = 1400$ kg/cm².

Bei Verwendung des hochwertigen Stahls St 48 (Tabelle 6) und dessen mittlerer Streckgrenze $\sigma_S \approx 3120$ kg/cm² wird $\sigma_{zul} = 1820$ kg/cm².

Formänderung (Durchbiegung). Eine zu große Durchbiegung des Trägers ruft, besonders bei elektrischen Laufkranen mit flottem Betrieb und größerer Hubgeschwindigkeit, Trägerschwankungen hervor, die im Betriebe störend empfunden werden. Dies ist z. B. in der Gießerei beim Aufsetzen eines Oberkastens auf den Unterkasten der Fall. Auch haben solche Schwankungen leicht ein Lockern der Nieten zur Folge.

Für einwandfreien Betrieb soll die zulässige Durchbiegung aus der Last bei elektrischen Laufkranen je nach der Betriebsart (s. S. 253) folgenden Wert nicht wesentlich überschreiten:

$$\delta'' \approx \tfrac{1}{1000} L \text{ bis } \tfrac{1}{800} L \;\ldots\; \mathrm{cm}. \tag{260}$$

Bei Handlaufkranen können auch größere Werte ($\frac{1}{600} L$ bis $\frac{1}{500} L$) zugelassen werden.

Damit die Durchbiegung den zulässigen Wert nicht überschreitet, muß der Träger eine genügende Höhe und ein ausreichendes Trägheitsmoment haben.

Für einen Träger mit dem unveränderlichen Trägheitsmoment J in cm⁴ ist die größte Durchbiegung aus der Eigenlast (Abb. 545):

$$\delta' = \frac{G}{E \cdot J} \cdot \frac{5 L^3}{384} \;\ldots\; \mathrm{cm}, \tag{261a}$$

wobei G die Eigenlast in kg und $E \approx 2\,200\,000$ kg/cm² die Elastizitätszahl bezeichnen.

Die Durchbiegung aus den wandernden Lasten läßt sich mit genügender Annäherung rechnerisch ermitteln, wenn man das Lastenpaar P–P symmetrisch zur Kranmitte stellt (Abb. 546):

$$\delta'' = \frac{P}{48EJ} \cdot (L - b) \cdot [L^2 + (L + b)^2] \ldots \text{cm}. \qquad (261\text{b})$$

Für die Bemessung eines Vollwandträgers ist es zweckmäßig, Gleichung (261b) nach J aufzulösen und den zulässigen Wert für δ'' in die Gleichung einzusetzen. Mit dem erhaltenen J_{erf} bestimme man dann den Trägerquerschnitt oder wähle einen I-Träger mit dem am nächsten liegenden J_x. Darnach berechne man das größte Biegemoment ${}_{\max}M$ und die vorhandene Biegespannung σ'.

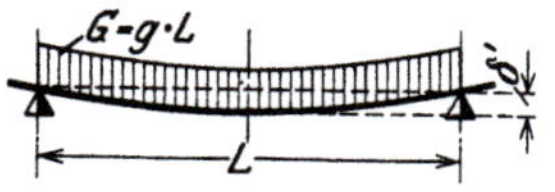

Abb. 545.

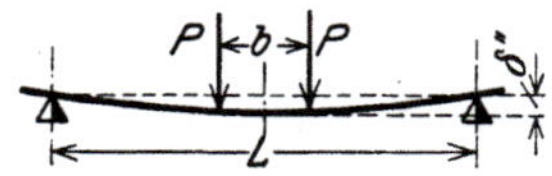

Abb. 546.

Beispiel Nr. 5. Der Hauptträger zu einem Handlaufkran von 5 t Tragkraft und 12 m Spannweite ist zu berechnen. Ausführung als I-Träger mit aufgeschraubter Flacheisenschiene.

Radstand des Kranes: $l = 1900$ mm; gesamtes Krangewicht: $G_K = 4750$ kg; Gewicht der Katze: $G_0 = 350$ kg; Radstand der Katze: $b = 850$ mm; Schienenmittenentfernung: $s = 550$ mm (Abb. 522, S. 250).

Nach der Schwere der Arbeitsbedingungen gehört ein Handlaufkran in Gruppe I (siehe Tabelle 2, S. 1). Relative Betriebsdauer: normal; relative Last: wechselnd; Stöße: normal.

Stoßzahl für Eigenfahrgeschwindigkeiten bis 60 m/min: $\varphi = 1{,}1$. Ausgleichsfaktor: $\psi = 1{,}2$.

1. Durchbiegung. Es werde eine Durchbiegung $\delta'' = \frac{1}{600} L = \frac{1}{600} \cdot 1200 = 2$ cm zugelassen. Gleichung (261b) wird nach J aufgelöst und ergibt ein erforderliches Trägheitsmoment:

$$J_{\text{erf}} = \frac{P \cdot (L - b) \cdot [L^2 + (L + b)^2]}{48 \cdot E \cdot \delta''} = \frac{1340 \cdot (1200 - 85) \cdot [1200^2 + (1200 + 85)^2]}{48 \cdot 2100000 \cdot 2} \approx 27250 \text{ cm}^4.$$

Diesem Trägheitsmoment entspricht ein I-Träger Nr. 40 mit $J_x = 29210$ cm⁴ und $W_x = 1460$ cm³.

Es werde jedoch ein I-Träger Nr. 38 mit $J_x = 24010$ cm⁴ und $W_x = 1260$ cm³ gewählt. Alsdann ist die Durchbiegung: $\delta'' = 2{,}0 \cdot \frac{29210}{24010} \approx 2{,}4$ cm. $\frac{\delta''}{L} = \frac{2{,}4}{1200} = \frac{1}{500}$. Dieser Wert wird für einen Handlaufkran noch als ausreichend betrachtet.

2. Moment aus Eigenlast. Eigengewichtsbelastung des Trägers: $G = 1600$ kg ang.

$$\max M_g = G \cdot \frac{L}{8} = 1{,}6 \cdot \frac{12}{8} = 2{,}4 \text{ tm}. \qquad \varphi\, Mg = 1{,}1 \cdot 2{,}4 = \mathbf{2{,}64\ tm}.$$

3. Moment aus der Verkehrslast. Größter Raddruck der Katze: $P = 1340$ kg.

$$\max M_p = \frac{P}{2L} \cdot \left(L - \frac{b}{2}\right)^2 = \frac{1{,}34}{2 \cdot 12}(12 - 0{,}85)^2 \approx 6{,}94 \text{ tm}. \qquad \varphi\, M_g = 1{,}2 \cdot 6{,}94 \approx \mathbf{8{,}34\ tm}.$$

4. Vorhandene Biegespannung.

$$\sigma' = \frac{\varphi M_g + \psi M_p}{W_x} = \frac{264000 + 834000}{1260} \approx 870 \text{ kg/cm}^2. \qquad \sigma_{\text{zul}} = 1400 \text{ kg/cm}^2 \text{ (für St } 37 \cdot 12).$$

Waagerechtes Biegemoment (durch Schrägzug der Last): $M_h = \frac{1}{10} \psi M_p = \frac{1}{10} \cdot 1{,}2 \cdot 694000 = 83400$ kgcm ang.

Widerstandsmoment: $W_y = 131$ cm³.

Waagerechte Biegespannung:

$$\sigma_h' = \frac{M_h}{W_y} = \frac{83400}{131} \approx 637 \text{ kg/cm}^2.$$

Resultierende Biegebeanspruchung:

$$\sigma_r' = \sqrt{(\sigma')^2 + (\sigma_h')^2} = \sqrt{870^2 + 637^2} \approx 1075 \text{ kg/cm}^2.$$

$$\sigma_{\text{zul}} = 1400 \text{ bzw. } 1600 \text{ kg/cm}^2 \text{ (DIN 120)}.$$

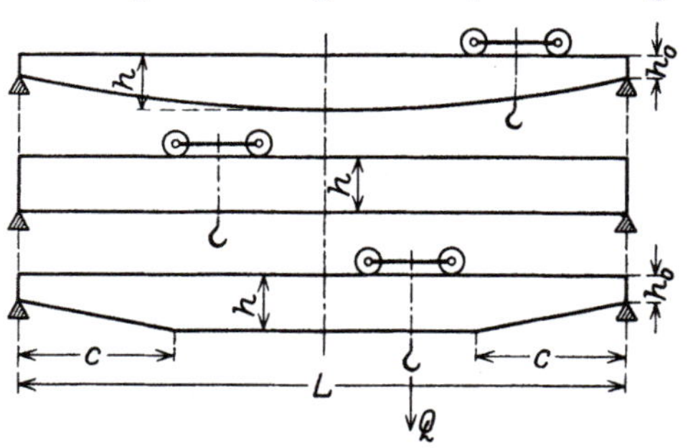

Abb. 547 bis 549. Stehblechträger (Formgebung).

Stehblechträger. Sie werden angewendet, wenn die I-Träger nicht mehr ausreichen.

Trägerhöhe (Abb. 547 bis 549): $h \approx {}^1/_{12}$ bis ${}^1/_{10} L$.

Trägerform: Der, der theoretischen Form angepaßte Träger mit gebogenem Untergurt (Abb. 547) bietet den Vorzug guter Werkstoffausnutzung, ist jedoch teuer in der Herstellung.

Der in der Herstellung einfachere Parallelträger (Abb. 548) hat den Nachteil eines größeren Gewichtes.

Man macht daher zwischen beiden Trägerformen einen Ausgleich und führt die Träger meist nach Abb. 549 mit beiderseitigen Abschrägungen aus. Länge der Abschrägung: $c \approx {}^1/_4 L$.

Die Endträgerhöhe h_0 ist im allgemeinen durch die Höhe der Kopfträger (s. S. 292) festgelegt.

Wahl und Bemessung des Trägerquerschnittes. Bei Kranen kleinerer Tragkraft und Spannweite genügt ein einfacher **I**-Träger mit aufgeschraubter oder aufgenieteter Schiene (Abb. 550 bis 552).

Rechteckige Laufkranschienen (Tabelle 34, S. 134) werden meist mittels versenkter Schrauben auf dem **I**-Träger befestigt (Abb. 550).

Schraubendurchmesser: $^5/_8''$ bis $^7/_8''$. Schraubenentfernung: 300 bis 500 mm.

Wegen der ungenügenden Verbindung von Schiene und Träger nach Abb. 550 bzw. 551 ist der Träger allein als tragend anzunehmen.

Wird eine breitfüßige Normalkranschiene (Tabelle 35, S. 134) verwendet und mit dem Träger vernietet (Abb. 552), so ist diese ein Festigkeitselement und läßt die Wahl eines kleineren Trägerprofils zu.

„Stahl im Hochbau" 8. Aufl. 1930 enthält eine Tabelle mit den Querschnittsfunktionen der **I**-Träger Nr. 26 bis 60 mit aufgenieteter Kranschiene (Regelprofil Nr. 1 bis 4).

Bei Laufkranen ohne Bühne sind die gewöhnlichen **I**-Träger in Rücksicht auf die waagerechte Beanspruchung (s. S. 279) meist nicht genügend biegefest. Die Biegefestigkeit wird durch einen waagerechten Verband erreicht, der nach Art von Abb. 603a, S. 285, gestaltet wird.

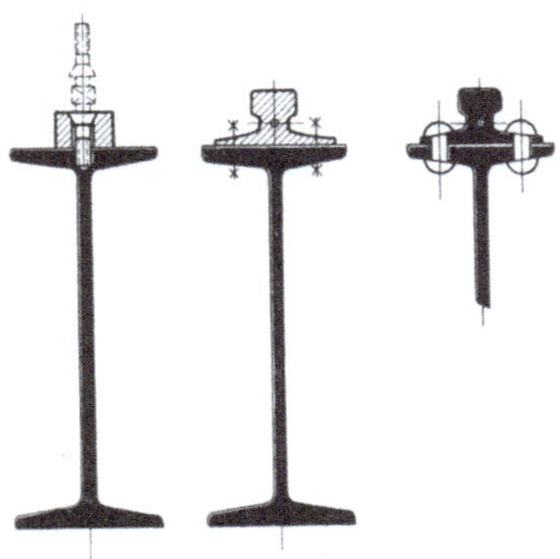

Abb. 550 bis 552.

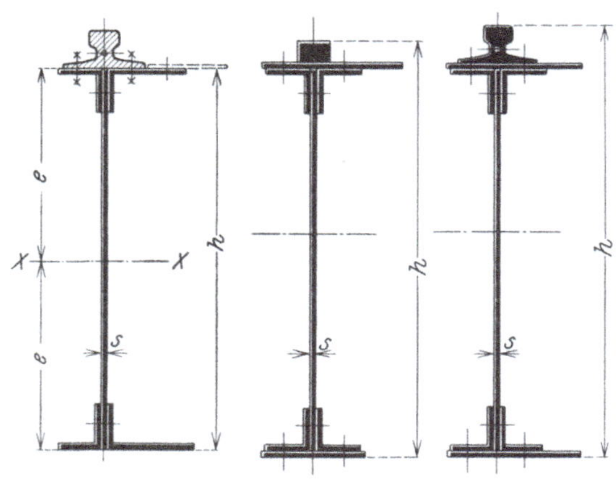

Abb. 553 bis 555. Stehblechträger (Querschnittsgestaltung).

Bei den Stehblechträgern (Abb. 553 bis 555) wähle man die Stehblechstärke s zwischen 8 und 13 mm. Meist $s = 10$ mm. Für die Stehblechhöhe nehme man möglichst runde, den vorhandenen Blechplatten entsprechende Werte (z. B. 800—1000—1200—1500 mm).

Der Stehblechträgerquerschnitt entspricht in seiner Form dem **I**-Träger. Kastenträger werden im Kranbau nicht angewendet.

Die Gurtwinkeldicke (Abb. 553 bis 555) wähle man gleich der Stegdicke s oder 1 mm stärker. Zum leichteren Anschluß der Querverbandswinkel und des Belagbleches werden als Gurtwinkel der einen Trägerseite vielfach ungleichschenkelige Winkel verwendet (Abb. 553).

Die Schiene ist meist eine Normalkranschiene nach Tabelle 35, S. 134, die auf den Gurtwinkeln aufgeschraubt (Abb. 553) oder aufgenietet wird (Abb. 555). Im ersteren Falle ist die Schiene kein Festigkeitselement und die Trägerberechnung ist wesentlich einfacher. Wird eine Flacheisenschiene verwendet (Abb. 554), so wird diese zunächst mit der Gurtplatte (oben und unten versenkt) vernietet und die Gurtplatte dann auf den Gurtwinkeln aufgenietet.

Sind zur Verstärkung des Trägerquerschnittes (Abb. 554 und 555) Gurtplatten erforderlich, so nehme man diese 12 bis 15 mm stark und lasse sie seitlich um etwa 5 bis 10 mm überstehen. Für den Anschluß des Belagbleches macht man die Gurtplatten oben breiter (Abb. 554 und 555).

Nieten. Den Nietdurchmesser (Lochdurchmesser) bestimme man nach der Stehblechstärke. Bezeichnet s die Stehblechstärke in cm, so ist der Nietdurchmesser allgemein:

$$d = \sqrt{5s} - 0{,}2 \text{ cm}. \qquad (262)$$

Nachstehende Tabelle gibt die Werte für die üblichen Stehblechstärken:

Stehblechstärke	$s =$	6 bis 7	8 bis 10	11 bis 13 mm
Lochdurchmesser	$d =$	17	20	23 „
Rohnietdurchmesser	$d' =$	16	19	22 „

Nachprüfung des gewählten Querschnittes. Bei Trägern mit aufgeschraubter Schiene (Abb. 550 und Abb. 553) ist der Trägerquerschnitt symmetrisch und die Biegespannungen in der oberen und unteren Randfaser sind einander gleich.

Zur Ermittelung des Trägheitsmomentes und der Widerstandsmomente eines unsymmetrischen Querschnittes (Abb. 556a) ist zunächst die Lage der neutralen Faser $X—X$ zu berechnen, die durch den Schwerpunkt des Querschnittes geht und die Abstände e_1 und e_2 hat.

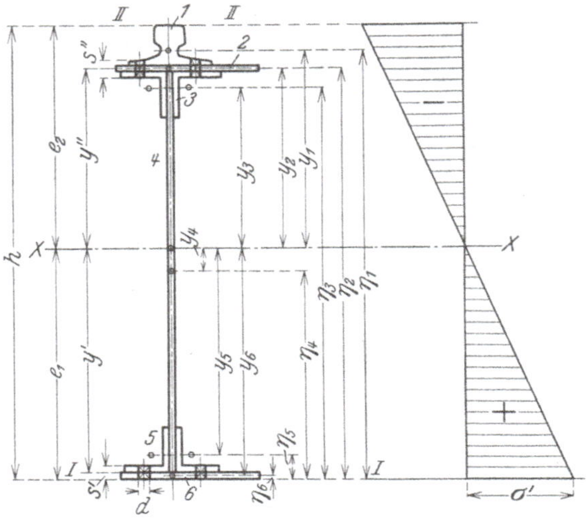

Abb. 556a und b. Berechnung des Stehblechträgers.

Bezeichnen $F_1, F_2, F_3 \ldots$ die Flächen der Einzelquerschnitte 1, 2, 3 ..., $\eta_1, \eta_2, \eta_3 \ldots$ deren Schwerpunktsabstände von der Achse $I—I$ und F die Fläche des Gesamtquerschnittes, so ist nach dem Satze vom statischen Moment (ohne Berücksichtigung des Nietabzuges):

$$F \cdot e_1 = F_1 \cdot \eta_1 + F_2 \cdot \eta_2 + F_3 \cdot \eta_3 + \ldots \text{cm}^3. \quad (263)$$

Der untere Faserabstand ohne den Nietabzug ist:

$$e_1 = \frac{F_1\eta_1 + F_2\eta_2 + F_3\eta_3 + \cdots}{F_1 + F_2 + F_3 + \cdots} \ldots \text{cm}. \quad (264)$$

Der obere Faserabstand e_2 wird in gleicher Weise berechnet, nur sind die Schwerpunktsabstände $\eta_1', \eta_2', \eta_3' \ldots$ auf die Achse $II—II$ zu beziehen.

Die Lage der neutralen Faser $X—X$ ist richtig, wenn $h = e_1 + e_2$ ist.

Es empfiehlt sich, die Rechnung zwecks besserer Übersicht tabellarisch durchzuführen.

Trägheitsmoment. Bezeichnen (Abb. 556a) $J_1, J_2, J_3 \ldots$ die Trägheitsmomente der Einzelquerschnitte, $y_1, y_2, y_3 \ldots$ die Schwerpunktsabstände der Einzelquerschnitte von der neutralen Faser $X—X$, so ist ohne den Nietabzug:

$$J = J_1 + J_2 + J_3 + \cdots + F_1 \cdot y_1^2 + F_2 \cdot y_2^2 + F_3 \cdot y_3^2 + \cdots \text{cm}^4. \quad (265)$$

Nietabzug:

$$J_0 = 2\left(\frac{d(s')^3}{12} + \frac{d(s'')^3}{12} + ds'(y')^2 + ds'' \cdot (y'')^2\right) \ldots \text{cm}^4. \quad (266)$$

Da die beiden ersten Werte im Verhältnis zu den beiden letzteren verhältnismäßig klein sind, so können sie meist vernachlässigt werden. Nach den BEK (s. unten) werden nur die Nieten im Zuggurt abgezogen. Alsdann fallen das 2. und 4. Glied in Gleichung (266) fort.

Nutzbares Trägheitsmoment:

$$J_n = J - J_0. \quad (267)$$

Um den richtigen Trägerquerschnitt zu erhalten, ist meist eine zwei- und unter Umständen eine dreimalige Durchrechnung erforderlich, die durch das tabellarische Rechnen wesentlich erleichtert wird.

Nutzbare Widerstandsmomente:

$$W_1 = \frac{J_n}{e_1} \quad \text{und} \quad W_2 = \frac{J_n}{e_2} \ldots \text{cm}^3. \quad (268)$$

Das kleinste Widerstandsmoment $W_1 = J_n/e_1$ muß gleich oder kleiner als das erforderliche Widerstandsmoment W_{erf} (S. 267) sein.

Vorhandene Biegespannungen. Sind in Abb. 556a W_1 und W_2 die nutzbaren Widerstandsmomente, so werden für die Hauptkräfte allein folgende Randspannungen erhalten:

$$\left.\begin{aligned} \sigma_1' &= + \frac{\varphi \cdot {}_{\max}M_g + \psi \cdot {}_{\max}M_p}{W_1} \le \sigma_{\text{zul}}, \\ \sigma_2' &= - \frac{\varphi \cdot {}_{\max}M_g + \psi \cdot {}_{\max}M_p}{W_2} \le \sigma_{\text{zul}}. \end{aligned}\right\} \quad (269)$$

Abb. 556b zeigt den Verlauf der Biegespannung, wobei die Zugwerte nach rechts und die Druckwerte nach links aufgetragen sind.

Die BEK (DIN 120) enthalten für die Berechnung der Blechträger folgende Angaben:

Die Gurtplatten von genieteten Blechträgern sind erst an der Stelle voll wirksam, wo sie mit der ihrem nutzbaren Querschnitt entsprechenden Anzahl von Kopfnieten angeschlossen sind. Jede Gurtplatte ist mit mindestens zwei Nietpaaren über den rechnerischen Endpunkt hinauszuführen. Bei der Bestimmung des erforderlichen Querschnittes von Blechträgern sind in der Zuggurtung die Löcher der Kopfniete abzuziehen. Wenn Kopf- und Halsniete in kleinerem Abstand t als $2\,d$ sitzen, sind die Löcher der Kopf- und Halsniete abzuziehen. Bei Trägern ohne Gurtplatten ist das Loch von einem Halsniet für die Zuggurtung abzuziehen, die Nietlöcher im Druckgurt brauchen nicht abgezogen zu werden.

Bei der Berechnung der Nietteilung eines Blechträgers sind das Trägheitsmoment des Gesamtquerschnittes und das statische Moment des Gurtquerschnittes ohne Nietabzug einzuführen. Liegen Schienen unmittelbar auf der Gurtung, so ist das Stegblech so auszuführen, daß der Schienendruck unmittelbar durch das Stegblech aufgenommen wird. Ist dies nicht der Fall, so ist der Abstand der Halsniete so zu bemessen, daß sie imstande sind, auch noch den Auflagerdruck der Schiene auf das Stehblech zu übertragen.

Ausführung der Stehblechträger. Die BEK (DIN 120) geben folgende Richtlinien:

Liegt die Kranschiene (wie bei der Mehrzahl aller Bauarten) unmittelbar auf dem Obergurt des Trägers, so dürfen die Raddrucke der Katze nur das Stehblech belasten. Die obere Stehblechkante ist deshalb zu bearbeiten und es ist dafür zu sorgen, daß sie beim Annieten der Gurtwinkel nicht gegen die Winkelkanten zurücktritt, da sonst eine meist unzulässige Überlastung der Halsnieten in den Gurtwinkeln eintritt.

Die Blechwand muß in ausreichender Weise, besonders an Stellen, wo sie Einzellasten aufnimmt, ausgesteift werden.

Die Gurtplatten sollen in der Regel mindestens 5 mm über die waagerechten Schenkel der Gurtwinkel vorstehen. Sind zwei oder mehrere Gurtplatten vorhanden und werden diese nicht so breit gewählt, daß sie außerhalb der Gurtwinkel noch eine Nietreihe erhalten können, so darf der Abstand der Plattenkante von der nächsten Nietreihe nicht mehr als $4\,d$ betragen.

Fahrschienen, die auf dem Trägerobergurt aufgenietet werden (auch für Fachwerkträger gültig), bilden mit dem Träger (Obergurt) einen zusammengesetzten Querschnitt und müssen der Querkraft entsprechend angeschlossen werden.

Werden die Schienen mittels Klemmplatten (auswechselbar) befestigt, so ist durch geeignete Anschläge eine Längsverschiebung (Wanderung) der Schiene zu verhindern.

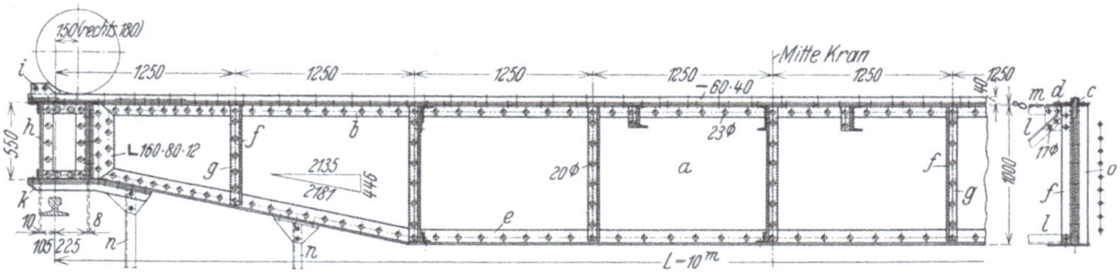

Abb. 557. Stehblechträger (Hauptträger) zu einem Laufkran von 50 t Tragkraft und 10 m Spannweite. (Ardeltwerke.) *a* Stehblech (1000 × 12 mm); *b* Obergurtwinkel (∟90 × 11); *c* Gurtplatte (250 × 8 mm); *d* Katzenfahrschiene (60 × 40 mm), mit *c* oben und unten versenkt genietet; *e* Untergurtwinkel (∟100 × 12 bzw. 150 × 100 × 12); *f* Versteifungswinkel (∟70 × 7); *g* Futter (70 × 12 mm); *h* Kopfträger (Radträger); *i* Prellklotz; *k* Kranfahrschiene; *l* Querverband (zwischen Haupt- und Seitenträger); *m* Bühnenbelag (gelochtes Blech 4 mm stark); *n* Anschluß für den Führerkorb; *o* Katzenschleifleitung.

Damit die Versteifungswinkel (Abb. 557) nicht abgekröpft werden müssen, werden sie zwischen den oberen und unteren Gurtwinkeln durch Flacheisen unterfuttert. Die Blechversteifungen sind besonders gegen das Trägerende zu, wo die Querkraft am größten ist, am kräftigsten zu halten.

Die Abstände der senkrechten Versteifungswinkel sind durch die Feldweiten des als Fachwerkträger ausgebildeten Seitenträgers bestimmt.

Nietteilung der Gurtwinkel und Gurtplatten (Abb. 558). Bezeichnen J das Trägheitsmoment des Trägers in cm⁴, $M_s = F \cdot y$ das statische Moment des Gurtquerschnittes (Winkel und Platten) in cm³, T die Querkraft in kg, d den Nietlochdurchmesser, s die Stehblechstärke in cm und σ_l den zulässigen Lochleibungsdruck in kg/cm², so ist die auf Lochleibung gerechnete Nietteilung der Gurtwinkel.

$$t \leqq \frac{J}{M_s T} \cdot d \cdot s \cdot \sigma_l \ldots \text{cm.} \qquad (270\text{a})$$

Auf Abscherung ist:

$$t \leqq \frac{J}{M_s T} \cdot 2 \cdot d^2 \frac{\pi}{4} \cdot \tau_{\text{zul}} \ldots \text{cm.} \qquad (270\text{b})$$

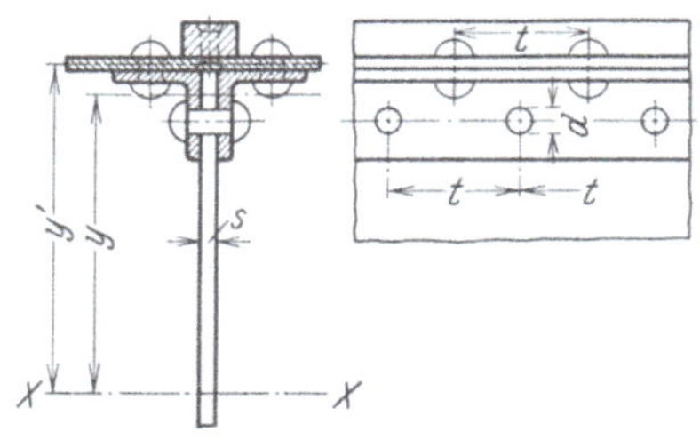

Abb. 558. Nietteilung der Gurtwinkel und platten.

Gleichung (270a) gilt unter der Voraussetzung gleichen Nietdurchmessers auch zur Berechnung der Nietteilung der Gurtplatten, nur ist für M_s das statische Moment $M_s' = F' \cdot y'$ des Plattenquerschnittes (mit Nietabzug) einzusetzen.

Für kleine Trägerhöhen brauchbare Formel zur Berechnung der Nietteilung s.: Stahl im Hochbau, 8. Aufl. Berlin 1930. Jul. Springer.

Stehblechstoß. Maßgebend für die Berechnung sind das Moment und die Querkraft an der Stoßstelle.

Das Trägheitsmoment der beiden Decklaschen (Abb. 559a) muß mindestens gleich dem Trägheitsmoment des Stehbleches sein. Hieraus Stärke der Stoßlaschen (Decklaschen):

$$s_1 = 0{,}5 s \cdot (h : h_1)^3 \ldots \text{cm}.$$

$$s_1 \approx 0{,}66 s \text{ bis } 1{,}0 s; \quad \min s = 8 \text{ mm}.$$

Bei dem Stoß Abb. 559a liegen die Decklaschen innerhalb der Gurtwinkel. Eine Überbeanspruchung der Gurtwinkel wird durch Decklaschen oder Deckwinkel (Abb. 559a) vermieden.

Bezeichnet d den Nietdurchmesser (Lochdurchmesser), so ist:

$$a = 2d; \quad e = 3d \text{ bis } 4d; \quad t = 3d \text{ bis } 5d.$$

Nicht versetzte Nieten (Abb. 559a) sind den versetzten vorzuziehen, da sie in den waagerechten Reihen I—I ein Niet mehr haben.

Die Nietbeanspruchungen sind den Nietabständen von der neutralen Faser X — X verhältnisgleich.

Auf das Stehblech entfallender Momentenanteil:

$$M = s \cdot \frac{h^2}{6} \cdot \sigma_{zul} \ldots \text{kgcm}. \tag{271}$$

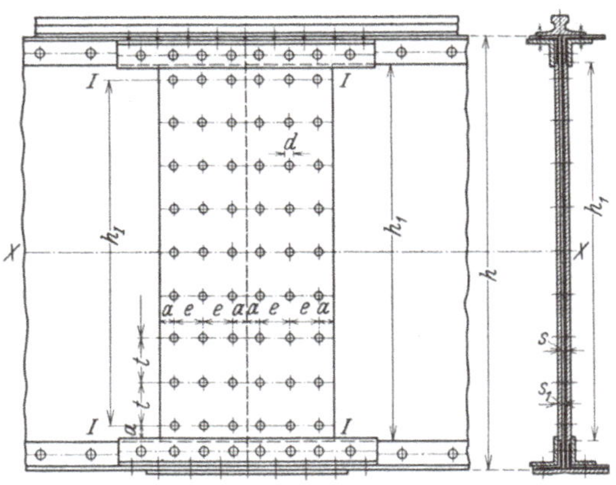

Abb. 559a. Stehblechstoß (genietet).

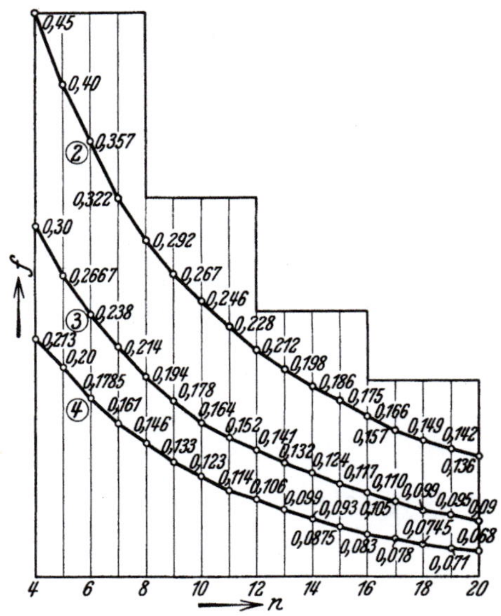

Abb. 559b. Stoßberechnung (f Werte für 2 bis 4 Nietreihen nach Otto „Eisenbrückenbau").

Lochleibungsdruck des am meisten von X—X entfernten Nietes unter Voraussetzung gleicher Nietteilung:

$$\sigma_l = f \cdot \frac{1}{d \cdot s} \cdot \frac{M}{h_I} \ldots \text{kg/cm}^2. \tag{272}$$

Die Werte f sind für nicht versetzte Nieten von Otto[1] berechnet worden und sind auf Abb. 559b für zwei-, drei- und vierreihige Vernietungen zeichnerisch dargestellt.

Zulässiger Lochleibungsdruck: $\sigma_l = 2 \cdot \tau_{zul}$.

Stoß der Gurtwinkel und -platten. Die Gurtwinkel sind derart zu stoßen, daß der Nutzquerschnitt der Stoßwinkel gleich dem Nutzquerschnitt der Gurtwinkel ist.

Bezeichnen F den nutzbaren Querschnitt des anzuschließenden Gurtteiles, σ_{zul} die zulässige Beanspruchung desselben, σ_l den zulässigen Lochleibungsdruck in kg/cm², so ist der erforderliche Nietquerschnitt an jeder Stoßseite:

$$f_n = F \cdot \frac{\sigma_{zul}}{\tau_{zul}} = n \cdot d^2 \frac{\pi}{4} \ldots \text{cm}^2. \tag{273a}$$

Erforderlicher Nietlochquerschnitt:

$$f_l = F \cdot \frac{\sigma_{zul}}{\sigma_l} = n \cdot d \cdot s \ldots \text{cm}^2. \tag{273b}$$

Hierbei bedeutet n die Zahl der Nieten auf jeder Stoßseite.

Besondere Sorgfalt erfordert die Verbindung des Stehblechträgers mit dem Kopfträger (s. S. 292), da hier die Querkraft ihren Höchstwert erreicht. Wesentlich sind kräftige obere und untere Versteifungsbleche an der Verbindungsstelle beider Träger.

Geschweißte Blechträger (Abb. 560a und b) unterscheiden sich von den genieteten dadurch, daß bei ihnen keine Winkeleisen zur Verbindung der Gurte mit dem Stegblech erforderlich

[1] Eisenbrückenbau. Siehe auch „Stahl im Hochbau".

sind. Das Fortfallen der Gurtwinkel hat eine günstigere Werkstoffausnutzung zur Folge, da der ganze Gurtquerschnitt näher an der, am meisten beanspruchten äußersten Faser liegt. Der Träger wird daher leichter als ein gleichwertiger genieteter Träger und ist auch in der Herstellung billiger.

Die Gurtplatten werden bei den geschweißten Trägern dicker als bei den genieteten gewählt. Reicht eine Gurtplatte nicht aus, so sieht man eine zweite vor, die zur Unterbringung der Schweißnähte etwas breiter genommen wird (Abb. 560b). Mehr als zwei Gurtplatten werden, um an Schweißnähten zu sparen, nicht vorgesehen. Die Schweißnähte werden in Rücksicht auf die Schrumpf- und Wärmespannungen so dünn als angängig ausgeführt. Dickere Nähte sind unzweckmäßig, da der Nahtquerschnitt nicht geradlinig, sondern quadratisch mit der Dicke wächst. Um eine unsymmetrische Wirkung der Schrumpf- und Wärmespannungen zu vermeiden, ist auf eine richtige Reihenfolge der Schweißungen zu achten. Die Reihenfolge auf Abb. 560b ist in dieser Hinsicht günstig, jedoch muß der Träger dreimal gekantet werden.

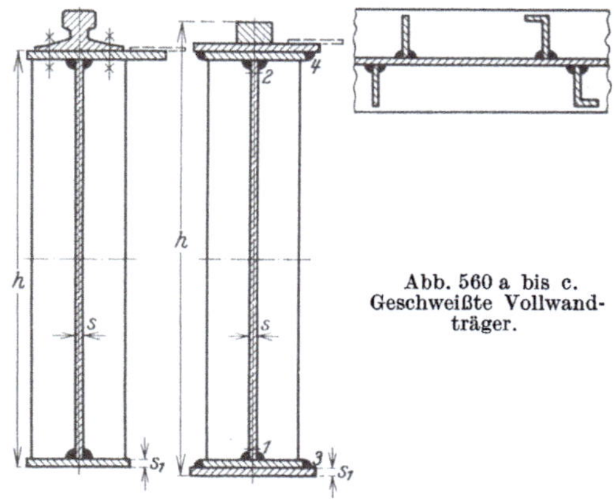

Abb. 560 a bis c. Geschweißte Vollwandträger.

Die Nähte werden als Streckennähte (Abb. 561b) oder als durchlaufende Nähte mit geringerer Stärke ausgeführt. Bei Kranen, die im Freien arbeiten, ist die durchlaufende Naht des besseren Rostschutzes wegen vorzuziehen.

Berechnung der Schweißnähte s. S. 287.

In dem Preuß. Ministerialerlaß vom 10. V. 1931[1] ist die Mindestbruchfestigkeit der Schweißverbindungen mit 3000 kg/cm² angenommen. Diesem Wert steht bei St 37 · 12 eine Mindestbruchfestigkeit des vollen Werkstoffes von 3700 kg/cm² gegenüber. Die zulässige Beanspruchung der Schweißnähte ist nach den genormten Vorschriften:

$$\varrho_{zul} = 0{,}5 \cdot \sigma_{zul}. \tag{274}$$

Die zulässige Beanspruchung für St 37 · 12 ist: $\sigma_{zul} = 1400$ kg/cm² (s. auch S. 267). Alsdann: $\varrho_{zul} = 700$ kg/cm².

Bei den Schweißkonstruktionen fallen die Decklaschen des **Stehblechstoßes** (Abb. 561a und b) wesentlich kleiner als beim genieteten Stoß (Abb. 559a, S. 272) aus, was eine entsprechende Ersparnis an Werkstoff bedeutet. Reichen die vier Flankennähte (Abb. 561a und b) nach der statischen Berechnung nicht aus, um das an der Stoßstelle wirkende Biegemoment und die auftretende Querkraft aufzunehmen, so werden sie durch eine V- oder X-Naht (Abb. 561a bzw. b) ergänzt. Die V-Naht erfordert ebensoviel Schweißstoff wie die X-Naht. Sie ist jedoch der geringeren Bearbeitung wegen billiger und wird daher vorgezogen. Sind auch die fünf Nähte noch nicht ausreichend, so wendet man die Schlitzschweißung zur Verstärkung an (Abbildung 561c, S. 274). Für die Decklaschen genügt meist eine Breite von 50 bis 70 mm. Den nach den Gurtungen zu wachsenden Spannungen kann man dadurch Rechnung tragen, daß man die Schweißnaht von der neutralen Faser nach den Gurtungen hin allmählich verstärkt. Wenn irgend möglich nimmt man von der Stumpfnaht Abstand[2].

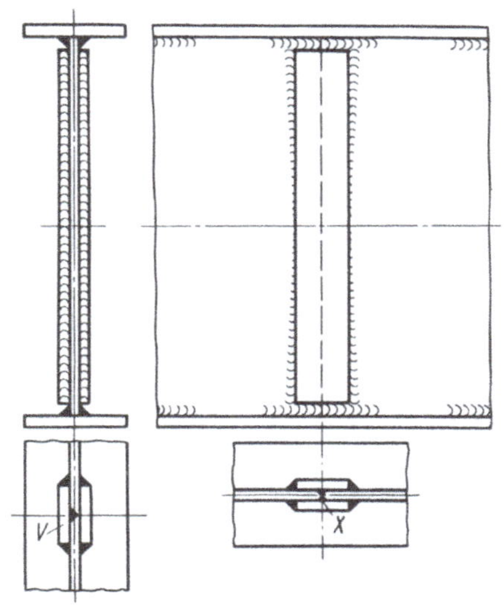

Abb. 561 a und b. Geschweißter Stehblechstoß (V- und X-Naht mit Decklaschen).

Für die **Aussteifungen des Trägers** wähle man Flach- oder Winkeleisen (Abb. 560c). Erstere sind leichter und in der Regel ausreichend. Um eine unzulässige Schwächung des Stehbleches durch die beim Schweißen auftretende Kerbwirkung sowie eine zu starke Wärme-

[1] Die Elektroschweißung 1931, Heft 6.

[2] Die Elektroschweißung 1931, S. 127f.: Ausführungen über die Anwendung der „Vorschriften für geschweißte Stahlbauten“ mit Beispielen. Von Dr.-Ing. H. Schmuckler.

anhäufung zu vermeiden, werden die gegenüberliegenden Aussteifungen zueinander versetzt (Abb. 560c).

Literatur über geschweißte Stahlkonstruktionen s. S. 306.

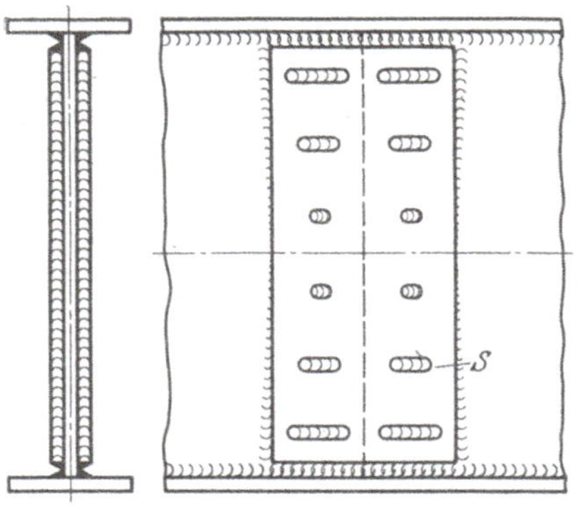

Abb. 561c. Stehblechstoß mit Schlitznähten (S) als Zusatznähte.

2. *Fachwerkträger.*

System. Trägerhöhe $h = \frac{1}{12} L$ bis $\frac{1}{10} L$.

Träger mit gebogenem Untergurt (Abb. 562) passen sich am besten dem Verlauf der Momentenlinie aus Eigenlast und Verkehrslast (Abb. 540d, S. 265) an. Vorteile: Gefällige Gestalt und geringes Gewicht. Nachteil: Teuere Herstellung wegen des sehnenförmig ausgeführten Untergurts und der verschiedenen Längen der Füllungsstäbe (Senkrechte und Schrägen).

Parallelträger (Abb. 574, S. 276) kommen hauptsächlich für Lagerplatzkrane in Frage. Ihre Anwendung ist Bedingung, wenn noch eine Hilfslaufkatze auf den Untergurten je eines Haupt- und Seitenträgers fährt oder wenn Führungsrollen wie bei Laufkranen mit verschiebbarem Ausleger, Drehlaufkranen und Beschickkranen auf den Untergurt drücken.

Vorteil: Gleiche Längen der Füllungsstäbe, daher einfache Herstellung. Nachteil: Hohes Trägergewicht im Vergleich zu Abb. 562.

Träger mit beiderseits abgeschrägtem Untergurt (Abb. 563a) bieten einen Ausgleich zwischen den Vor- und Nachteilen der Systeme Abb. 562 und 574, und werden daher allgemein bevorzugt.

Die Endhöhe h_0 des Trägers richtet sich nach der Kopfträgerhöhe (s. S. 292). $h_0 \approx 0{,}4\,h$ bis $0{,}45\,h$. Feldweite $\lambda \approx h$. Aus baulichen Gründen ist stets eine gerade Felderzahl zu wählen.

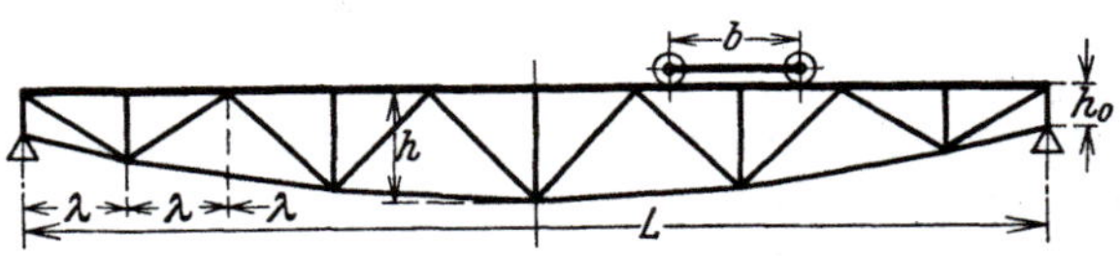

Abb. 562. Träger mit gebogenem (parabelförmigem) Untergurt.

Schrägen (Diagonalen) wie in den vorstehenden Abbildungen abwechselnd steigend und fallend.

Die Senkrechten sind keine eigentlichen Systemstäbe und haben den Zweck, die Stützweite des durch die Raddrucke der Laufkatze auf Biegung beanspruchten Obergurts auf die Hälfte zu vermindern, wodurch auch gleichzeitig die Knicklänge der auf Druck beanspruchten Obergurtstäbe entsprechend verkleinert wird.

Stabkräfte aus Eigenlast. Schätzungsweise Verteilung des Gesamtkrangewichtes abzüglich der Laufkatze auf Kranfahrwerk, Hauptträger usw., sowie Bestimmung der Eigenlast nach den S. 263 und 264 unter Vollwandträger gemachten Angaben.

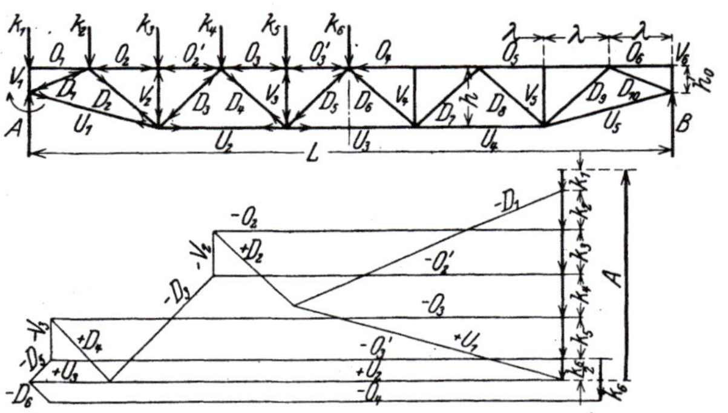

Abb. 563 a und b. Bestimmung der Stabkräfte aus der Eigenlast.

Die Stabkräfte aus Eigenlast werden am einfachsten zeichnerisch nach dem Verfahren von Cremona ermittelt. Hierbei wird die Eigenlast $G \approx$ Hauptträgergewicht $+ \frac{1}{2}$ Fahrwerk (ohne Laufräder) $+ \frac{1}{2}$ Querverband und $\frac{1}{2}$ Belag der einen Bühne auf die Knotenpunkte des Obergurtes (Abb. 563a) verteilt, und zwar derart, daß

$$\left.\begin{aligned} G &= k_1 + k_2 + k_3 + \cdots + k_n \\ &= \frac{k}{2} + k + k + \cdots + \frac{k}{2} \end{aligned}\right\} \qquad (275)$$

ist. Da die beiden Endknoten zusammen als ein Knoten gerechnet sind, erhält man eine gerade Knotenzahl $n - 1$ und die Knotenlasten:

$$k = \frac{G}{n-1}. \qquad (276)$$

Nachdem die Knotenlasten in geeignetem Maßstab aufgetragen sind, wird der Kräfteplan (Abb. 563b) entworfen, der jedoch der Symmetrie wegen nur zur Hälfte aufgezeichnet wird. Stab O_1 ist spannungslos.

Beim Aufzeichnen des Cremonaplanes ist darauf zu achten, daß die Reihenfolge der Stäbe stets in gleichem Sinne (z. B. im Uhrzeigersinne) genommen wird. Im Kräfteplan werden die Belastungskräfte und Auflagerkräfte stark ausgezogen und mit den ihrem Wirkungssinn entsprechenden Pfeilen versehen. Die Stabkräfte werden dünn gezeichnet und erhalten im Kräfteplan keine Pfeile. Ihre aus dem Kräftezug sich ergebenden

Pfeile werden in das System eingetragen. Jeder Stab erhält zwei Pfeile, den einen vom Kräftezug des einen Knotens und den anderen vom Kräftezug des folgenden. Weisen die beiden Pfeile eines Stabes (z. B. beim Untergurt, Abb. 563a) von den Knoten fort, so ist die Stabkraft eine Zugkraft, weisen sie gegen den Knoten zu, so ist diese (z. B. beim Obergurt) eine Druckkraft.

Zug und Druck werden im Kräfteplan durch Vorzeichen (+ bzw. —) gekennzeichnet.

Die aus dem Eigengewichtskräfteplan erhaltenen Stabkräfte werden in eine Tabelle (52, S. 290) eingetragen, in der alle für die statische Berechnung in Frage kommenden Werte übersichtlich zusammengestellt sind.

Stabkräfte aus den wandernden (rollenden) Lasten. Durch die wandernden Lasten P—P bzw. P_1—P_2 mit dem festen Abstand b wird der Obergurt des Trägers (Abb. 564 bis 572) auf Druck und der Untergurt auf Zug beansprucht. Die Diagonalen D_2 bis D_9 erhalten je nach der Katzenstellung Zug oder Druck. Die Vertikalen (Senkrechten) sind im System nur Hilfsstäbe und dienen dazu, die Stützweiten des durch die wandernde Last noch auf Biegung beanspruchten Obergurtes zu vermindern.

Die Laststellungen, in denen die einzelnen Stäbe ihre größte Beanspruchung erhalten, sind bekannt (Abb. 564 bis 572). Läßt man die Katze vom linken Auflager nach dem rechten rollen und stellt sie nacheinander mit dem linken Rad über die Knoten *II*, *III* ... bis *IX*, so erhalten jedesmal zwei Stäbe ihre größte Stabkraft.

Die bei diesen Laststellungen in den Stäben auftretenden größten Zug- bzw. Druckkräfte sind in den Abb. 564 bis 572 dadurch gekennzeichnet, daß die Stäbe stark ausgezogen sind.

Die Obergurtstäbe O_1 und O_6 (Abb. 573a und 574) sind spannungslos. Bei dem System Abb. 562 ist dagegen der Untergurtstab U_1 spannungslos.

Die Diagonalen D_1—D_3—D_5 des linken Trägerteils erhalten bei den angegebenen Laststellungen ihren größten Druck und die Diagonalen D_2 und D_4 ihren größten Zug.

Überschreitet die nach rechts fahrende Katze die Trägermitte, so erhalten die Diagonalen D_6 (D_5) und D_8 (D_3) ihren größten Zug und die Diagonalen D_7 (D_4) ihren größten Druck.

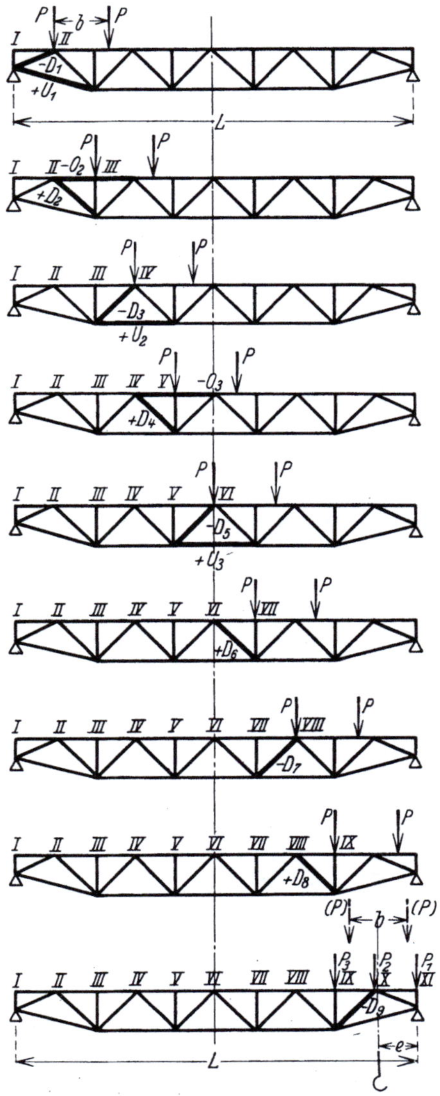

Abb. 564 bis 572.

Da der Katzenradstand größer als die Feldweite ist, so kommt die ungünstigste Laststellung für den größten Druck von D_9 (D_2) nicht mehr in Frage. Ist der Radstand kleiner als die Feldweite, oder wird der Träger nur von einer Last (z. B. $P = 1$ t) befahren, so kann dieser Größtwert ebenfalls festgelegt werden.

Um den Druckwert des Stabes D_9 (D_2) bei $b > \lambda$ zu erhalten, bringe man die vollbelastete Katze in das Anfahrmaß e (Tabelle 51, S. 254), reduziere die Raddrucke P —P als P_1—P_2—P_3 auf die benachbarten Knoten *IX* bis *XI* (Abb. 572) und entwerfe einen Kräfteplan, aus dem —D_9 entnommen wird.

Die Stabkräfte werden rechnerisch nach dem Verfahren von Ritter, meist jedoch zeichnerisch bestimmt.

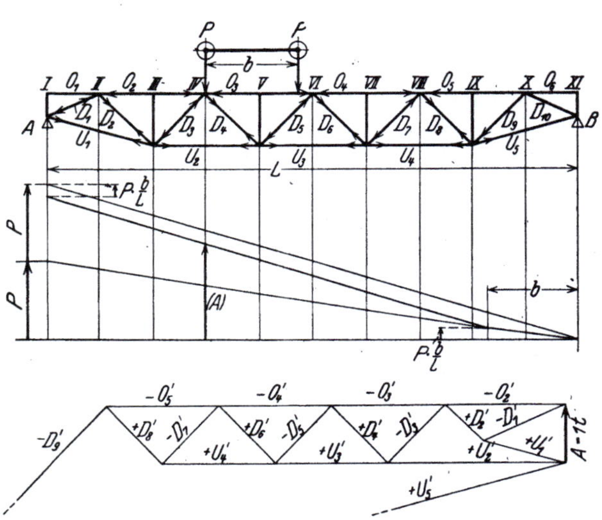

Abb. 573 a bis c. Bestimmung der Stabkräfte aus der Verkehrslast (A-Linie und $A = 1$ — Plan).

Am einfachsten und bequemsten ist das Verfahren mit dem **Kräfteplan für den Zustand $A = 1$ t in Verbindung mit der A-Linie.**

Man denke sich den Träger (Abb. 573a) bei B eingespannt und bei A durch eine nach aufwärts wirkende Kraft von 1 (t) belastet. Für diese Auflagerkraft zeichne man unter Annahme eines geeigneten Maßstabes (z. B. 1 t = 20 mm) einen Kräfteplan (Abb. 573c) auf, aus dem die Stabkräfte O_2', O_3', ..., U_1', U_2', ... und D_1', D_2', ... entnommen werden.

Die senkrechten Stäbe gehören als Hilfsstäbe nicht zum System und sind daher im Kräfteplan nicht enthalten.

Bringt man nun statt der Krafteinheit von 1 (t) die Auflagerkraft (A) am linken Auflager an, die der für den betreffenden Stab ungünstigsten Katzenstellung entspricht, und die, aus der Auflager- oder A-Linie (Abb. 573b) entnommen wird, so sind z. B. die größten Stabkräfte der Stäbe O_2, U_2 und D_3:

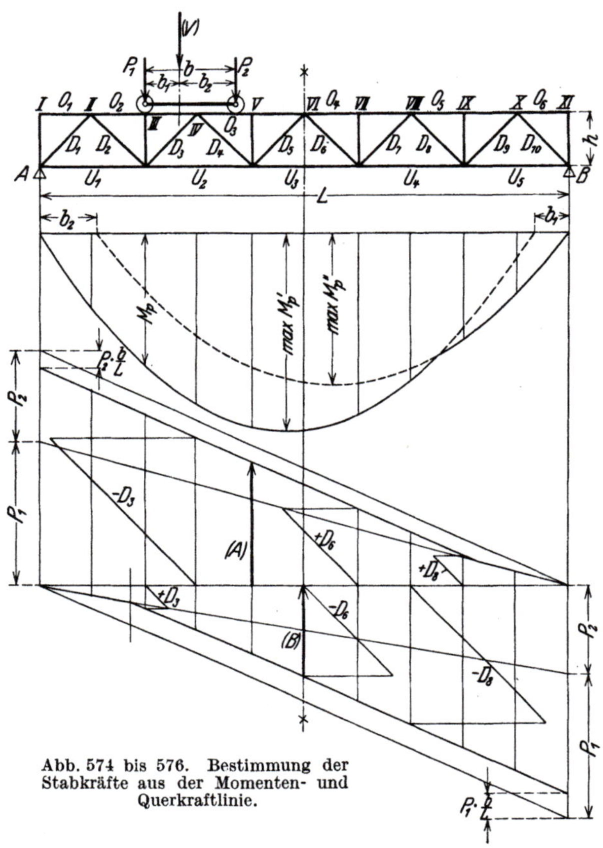

Abb. 574 bis 576. Bestimmung der Stabkräfte aus der Momenten- und Querkraftlinie.

$$O_2 = -O_2' \cdot (A),$$
$$U_2 = +U_2' \cdot (A),$$
$$D_3 = -D_3' \cdot (A).$$

Viel angewendet wird auch das **Verfahren mit der Momenten- und Querkraftlinie (A-Linie).**

Die Momentenlinie für die wandernden Lasten, z. B. P_1 und P_2 (Abb. 574), wird ebenso wie für einen Vollwandträger entworfen (Abb. 575) und aus den Knotenmomenten werden die größten Ober- und Untergurtstabkräfte berechnet.

Bezeichnen M_p das der jeweiligen Laststellung entsprechende Knotenmoment (unter dem linken Laufrad) und h die Gurthöhe des Trägers, so ist allgemein:

$$O = -\frac{M_p}{h} \text{ (Druck)}; \qquad U = +\frac{M_p}{h} \text{ (Zug)}.$$

Für den Träger Abb. 574 ergeben sich die größten Ober- und Untergurtstabkräfte zu:

$$O_3 = -\frac{M_{p_V}}{h}; \qquad U_3 = +\frac{M_{p_{VI}}}{h}.$$

Zur Berechnung von U_3 und auch angenähert für O_3 (reichlich) können die größten Lastmomente bei dem von zwei gleichen Lasten $P-P$ befahrenen Träger nach Aufzeichnen der Parabeln Abb. 540c, S. 265 bestimmt werden.

Die nach den vorstehenden Angaben maßstäblich aufgezeichnete Querkraftlinie oder A-Linie gibt für alle Laststellungen (Abb. 564 bis 572) die Querkräfte.

Steht z. B. die Katze mit dem linken Rad über dem Knoten V, so ist (A) die dieser Laststellung entsprechende Querkraft.

Auf Abb. 576 ist die A-Linie nach oben und die B-Linie nach unten aufgetragen. Die größten Zug- und Druckkräfte der Diagonalen sind wegen der parallelen Gurte durch die im jeweiligen Feld wirkenden Querkräfte bestimmt. Sie ergeben sich, wenn man die Querkraft in waagerechter Richtung und in Richtung der betreffenden Diagonalen zerlegt (Abb. 576).

Steht z. B. die von A nach B fahrende Katze mit dem linken Rad über dem Knoten IV, so erhält die Diagonale D_3 ihre größte Druckkraft $-D_3$. Ihr größter Zugwert $+D_8$ wird erhalten, wenn die Katze mit dem linken Rad über dem Knoten IX steht.

Sehr übersichtlich ist das **Einflußlinienverfahren** (Abb. 577 bis 582), das den Spannungswechsel der Diagonalen klar zeigt (Abb. 581 und 582).

Dieses Verfahren ist besonders dann angebracht, wenn mehrere Krane von gleicher Spannweite (mit demselben System) und verschiedener Tragkraft zu berechnen sind oder wenn der Träger von zwei Katzen befahren wird.

Man denke sich den Träger von einer Last von 1 t befahren und zeichne für diese die Einflußlinien der Stäbe auf.

Obergurtstäbe. Stab O_1 ist spannungslos. Stab O_2 (Abb. 577): Die Einheitslast 1 t wird über den Knoten *III* (ungünstigste Laststellung) gebracht und ruft am linken Auflager eine Auflagerkraft

$$A = 1 \cdot \frac{e'}{L} \tag{277}$$

hervor, wobei $e' = 8\lambda$ ist.

Aus der Momentengleichung (Drehpunkt bei c)

$$O_2 \cdot h = A \cdot e \tag{278}$$

und mit $e = 2\lambda$ wird die durch die Last von 1 t erzeugte Stabkraft erhalten zu:

$$O_2 = A \cdot \frac{e}{h} = 1 \cdot \frac{e'}{L} \cdot \frac{e}{h}. \tag{279}$$

Gleichung (279) wird als Verhältnisgleichung

$$(O_2) : e' = \frac{e}{h} : L \tag{280}$$

ausgedrückt.

Für das rechte Auflager ergibt sich mit der Auflagerkraft

$$B = 1 \cdot \frac{e}{L} \tag{281}$$

entsprechend:

$$(O_2) : e = \frac{e'}{h} : L. \tag{282}$$

Die Gleichungen (280) und (282) werden in geeignetem Maßstab zeichnerisch dargestellt (Abb. 578) und ergeben die Einflußlinie für den Stab O_2. Da es sich um einen Druckstab (—) handelt, wird die Einflußlinie unterhalb der Abszissenachse aufgezeichnet.

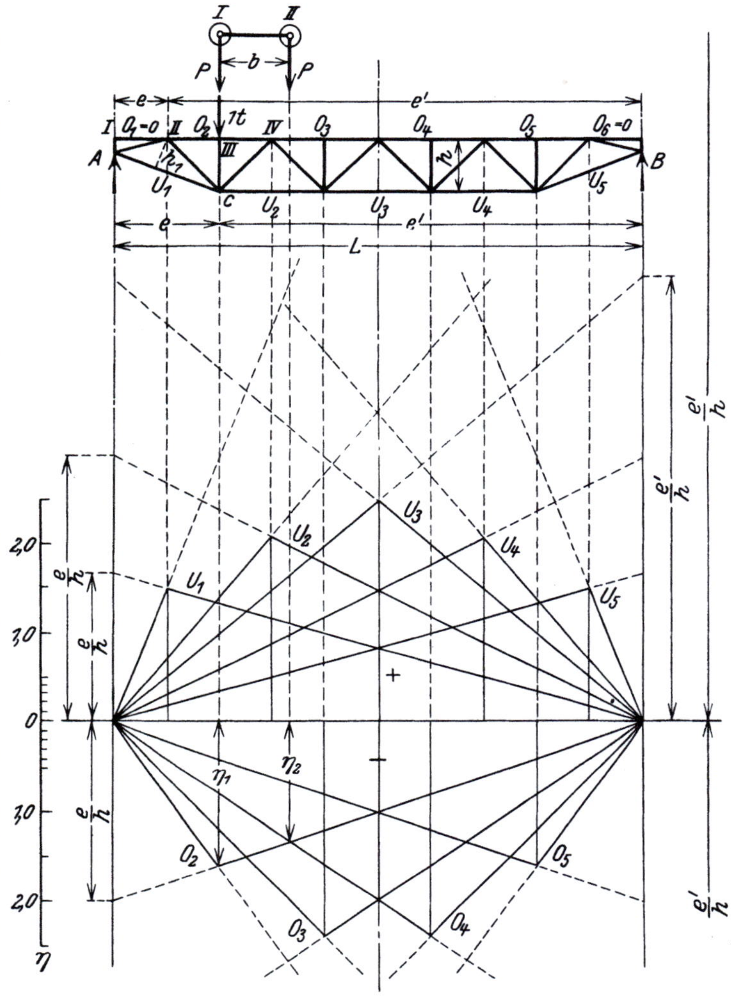

Abb. 577 und 578. Einflußlinien der Ober- und Untergurtstäbe.

Steht die Einheitslast von 1 t z. B. im Knoten *III*, so ist die Stabkraft (O_2) gleich dem Größtwert η_1 der Ordinate.

In gleicher Weise werden die Einflußlinien der übrigen Obergurtstäbe $O_3, O_4 \ldots$ aufgezeichnet (Abb. 578).

Untergurtstäbe. Stab U_1 (Abb. 577). Momentengleichung für den Drehpunkt *II*:

$$U_1 \cdot h_1 = A \cdot e, \tag{283}$$

wobei $e = \lambda$.

Unter Einsetzen des Auflagerdruckes $A = 1 \cdot \frac{e'}{L}$ (Gleichung 277) wird:

$$U_1 \cdot h_1 = 1 \frac{e'}{L} \cdot e \tag{284}$$

und als Verhältnis ausgedrückt:

$$(U_1) : e = \frac{e'}{h_1} : L. \tag{285}$$

Mit der rechten Auflagerkraft B (Gl. 281) wird entsprechend erhalten:

$$(U_1) : e' = \frac{e}{h_1} : L. \tag{286}$$

Da es sich um einen Zugstab (+) handelt, wird die Einflußlinie des Stabes (Abb. 578) oberhalb der Abszissenachse aufgezeichnet.

Stab U_2 (Abb. 577). Momentengleichung für Drehpunkt IV:

$$U_2 \cdot h = A \cdot e \tag{287a}$$

mit $e = 3\lambda$ und $e' = 7\lambda$.

Durch Einsetzen des Auflagerdruckes $A = 1 \cdot \frac{e'}{L}$ [Gleichung (277)] wird erhalten:

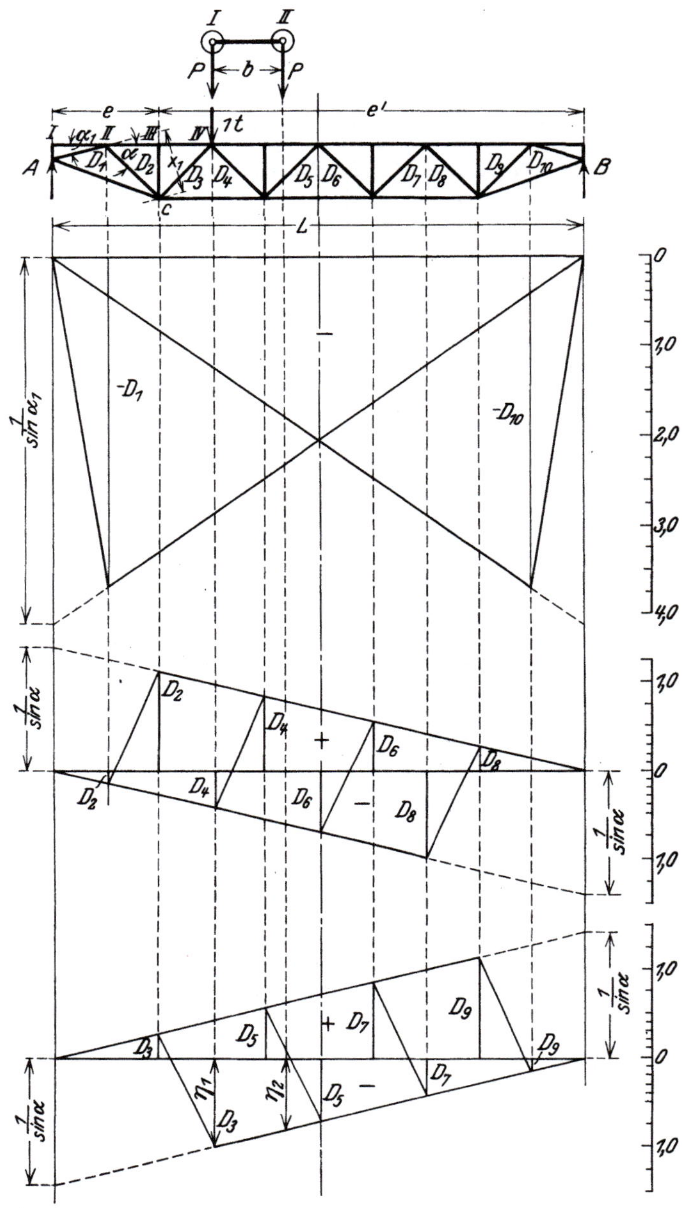

Abb. 579 bis 582. Einflußlinien der Diagonalstäbe.

$$U_2 = 1 \cdot \frac{e'}{L} \cdot \frac{e}{h}, \tag{287b}$$

$$(U_2) : e' = \frac{e}{h} : L. \tag{288}$$

Mit der rechten Auflagerkraft B (Gl. 281) wird entsprechend erhalten:

$$(U_2) : e = \frac{e'}{h} : L. \tag{289}$$

Entwurf der Einflußlinien für die Stäbe U_3, U_4 ... ebenso wie bei Stab U_2 (Abb. 578).

S c h r ä g e n (Diagonalstäbe). Stab D_1 (Abb. 579) ist für das System als Obergurtstab anzusehen und wird daher nur auf Druck beansprucht. Ähnlich wie für den Untergurtstab U_1 wird mit Bezug auf Knoten c als Drehpunkt (Abb. 579) erhalten:

$$(D_1) : e = \frac{e'}{x_1} : L, \tag{290a}$$

$$(D_1) : e' = \frac{e}{x_1} : L. \tag{290b}$$

Einflußlinie s. Abb. 580.

Die Einflußlinie für D_1 kann auch (ähnlich wie bei den folgenden Diagonalen) mit dem Wert $1/\sin\alpha_1$ aufgezeichnet werden (Abb. 580).

Die übrigen Diagonalstäbe erhalten je nach Stellung der Katze eine größte Zugkraft (+) und eine größte Druckkraft (—) (Abb. 581 und 582).

Stab D_2 (Abb. 579). Die Einheitslast (1 t) wird über den Knoten III gestellt und ruft die größte Zugkraft

$$(D_2) = + \frac{A}{\sin\alpha} = + \frac{1 \cdot e'}{L} \cdot \frac{1}{\sin\alpha} \tag{291}$$

hervor, wobei $e' = 8\lambda$ ist.

Gleichung 291 wird als Verhältnisgleichung

$$(D_2) : e' = \frac{1}{\sin\alpha} : L \tag{292a}$$

ausgedrückt und $1/\sin\alpha$ wird unter A aufgetragen.

Wird die Einheitslast über den Knoten II gestellt, so erhält man mit dem Auflagerdruck $B = 1 \cdot \frac{e}{L}$ [Gleichung (281)] die größte Druckkraft

$$(D_2) = - \frac{B}{\sin\alpha} = - \frac{1 \cdot e}{L} \cdot \frac{1}{\sin\alpha} \tag{292b}$$

und als Verhältnisgleichung geschrieben:

$$(D_2) : e = \frac{1}{\sin\alpha} : L, \tag{293}$$

wobei der Wert $1/\sin\alpha$ über B aufgetragen wird.

Die vom Auflager B nach A wandernde Last von 1 t ruft bis Knoten III wachsende Zugkräfte hervor. Zwischen Knoten III und II tritt Spannungswechsel ein und bei Knoten II wird der Höchstwert der Druckkraft erreicht, die dann bis zu A auf Null sinkt.

Die Stelle des Spannungswechsels wird durch Eintragen der Verbindungslinie erhalten.

Ebenso wie für D_2 werden die Einflußlinien der übrigen Diagonalen $D_3, D_4 \ldots$ (Abb. 581 und 582) entworfen.

Die Ordinate η unter der jeweiligen Stellung der Einheitslast gibt die dieser Laststellung entsprechende Stabkraft. Wird anstatt 1 t die beliebig große Last P gesetzt, so ist die Stabkraft $S = P \cdot \eta$.

Wird der Träger von mehreren Lasten $P_1, P_2 \ldots$ mit festen Abständen befahren, so ist die Stabkraft

$$S = P_1 \cdot \eta_1 + P_2 \cdot \eta_2 + \cdots, \tag{294}$$

deren Größtwert dann eintritt, wenn der Lastenzug bis zur größten Ordinate der Einflußlinie verschoben wird. Z. B. ist für den Stab O_2 (Abb. 577 und 578): $O_2 = -P \cdot \eta_1 - P\eta_2$.

Bei den Diagonalen treten ein positiver und negativer Größtwert auf.

So z. B. wird für die Diagonale D_3 die größte Zugkraft erreicht, wenn die von links kommende Laufkatze mit dem rechten Rad über der größten $+ =$Ordinate steht. Die größte Druckkraft tritt auf, wenn die von rechts nach links fahrende Katze mit dem linken (und dem größten Raddruck) über der größten negativen Ordinate steht.

Für zwei gleiche Raddrucke $P - P$ ist zum Beispiel (Abb. 582):

$$D_3 = -P \cdot \eta_1 - P\eta_2.$$

Stabkräfte in den senkrechten Stäben (Vertikalen). Die Vertikalen sind nur Hilfsstäbe und haben die Aufgabe, die Biegestützweite des Obergurtes auf die Hälfte zu verringern. Sie werden durch die rollenden Lasten $P - P$ bzw. $P_1 - P_2$ auf Druck beansprucht.

Wird die größere Last P_1 über eine Vertikale gestellt und ist der Radstand b kleiner als die Feldweite λ (Abb. 583), so ist die Stabkraft:

$$V = P_1 + P_2 \cdot \frac{\lambda - b}{\lambda}. \tag{295}$$

Ist $b = \lambda$ oder $b > \lambda$, so ist die Stabkraft V gleich der größeren Last P_1.

Bei gleich großen Katzenraddrucken treten an Stelle von P_1 und P_2 die Raddrucke $P—P$.

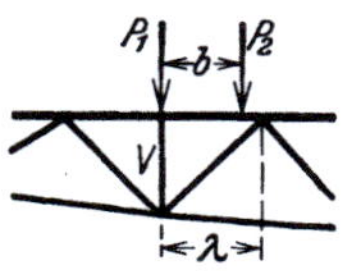

Abb. 583.

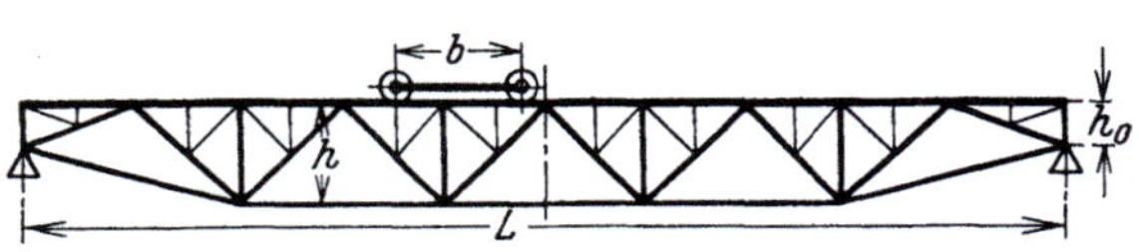

Abb. 584. Unterteiltes Trägersystem.

Bei großen Spannweiten ist der Radstand meist im Verhältnis zur Feldweite klein und der Obergurt des Trägers ist dann starken Biegebeanspruchungen durch die Katzenraddrucke ausgesetzt (s. S. 283). Um die Biegebeanspruchung zu vermindern, wählt man das unterteilte System Abb. 584, durch das die Biegespannweite auf die halbe Feldweite vermindert wird.

Zusatzkräfte. Der Obergurt wird noch in waagerechtem Sinne durch den Massendruck der vollbelasteten, in der ungünstigsten Laststellung (s. S. 265) befindlichen Katze auf Biegung beansprucht.

Der Massendruck erreicht seinen Größtwert, wenn die angetriebenen Laufräder plötzlich abgebremst werden. Der Kran gleitet dann noch eine gewisse Strecke und die Verzögerung der gleitenden Kranbrücke muß gleich derjenigen der vollbelasteten Katze sein.

Bezeichnen Q die Vollast, G_0 das Katzengewicht, G Krangewicht (ohne die Katze) in kg, $g = 9{,}81 \approx 10\,\mathrm{m/sek^2}$ die Erdbeschleunigung und μ die Reibungszahl zwischen Laufrad und Schiene, dann ist, wenn die Hälfte der Kranlaufräder abgebremst wird:

$$\left.\begin{aligned} \frac{Q + G_0 + G}{g} \cdot \operatorname{tg}\alpha &= \frac{Q + G_0 + G}{2} \cdot \mu. \\ \text{Verzögerung: } \operatorname{tg}\alpha &= \mu \cdot \frac{g}{2}. \end{aligned}\right\} \tag{296}$$

Der Massendruck der Katze ergibt sich dann zu:

$$P_m = \frac{Q + G_0}{g} \cdot \operatorname{tg}\alpha = (Q + G_0) \cdot \frac{\mu}{2} \ldots \mathrm{kg}. \tag{297}$$

Mit $\mu = 0{,}2$ wird:

$$P_m = \tfrac{1}{10}(Q + G_0) \; . \; . \; . \; \text{kg}. \tag{298}$$

Da dieser Massendruck durch Reibungsschluß auf die Schienen der beiden Hauptträger übertragen wird, so nimmt jeder Obergurt und seine waagerechte Versteifung (durch den Querverband und Belag) den halben Massendruck auf.

Das größte Biegemoment tritt im Abstand $b/4$ von der Kranmitte auf und wird nach Gleichung (247), S. 264 berechnet. In dieser Gleichung ist für den senkrechten Raddruck P der waagerechte $P_h = \frac{1}{10}\,\frac{Q+G_0}{4}$ zu setzen. Größtes waagerechtes Biegemoment:

$$_{\max}M_h = \frac{P_h}{2L}\cdot\left(\frac{L-b}{2}\right)^2 \; . \; . \; . \; \text{kgcm}. \tag{299}$$

Nach DIN 120 (Berechnungsgrundlagen für die Eisenkonstruktionen von Kranen) ist die in Höhe der Schienenoberkante wirkende größte Bremskraft zu $^1/_7$ der Belastung aller gebremsten Räder anzunehmen.

„Stahl im Hochbau"[1] enthält in dem Abschnitt „Bremskräfte und Schrägzug[2] bei Laufkranen" folgende Angaben:

Für die Berücksichtigung dieser Kräfte bei der Berechnung der Fahrbahn können nur angenäherte Werte gegeben werden. Die Höchstbremskraft von Laufkranen in Richtung der Kranschienen ist etwa $0{,}13\,(Q + G_K)$, worin Q die Höchstlast und G_K das vollständige Krangewicht ist.

Die Bremskraft von Laufkatzen, die senkrecht zu den Kranschienen wirkt, kann mit Hilfe der auf Abb. 585 gegebenen Verhältniszahlen festgestellt werden. Die eingeschriebenen Zahlenwerte beziehen sich auf die genormten Laufkrane nach DIN 698 (Tabelle 51, S. 254). Diese sind zur Ermittelung der Bremskraft ebenfalls mit $Q + G_K$ zu vervielfachen.

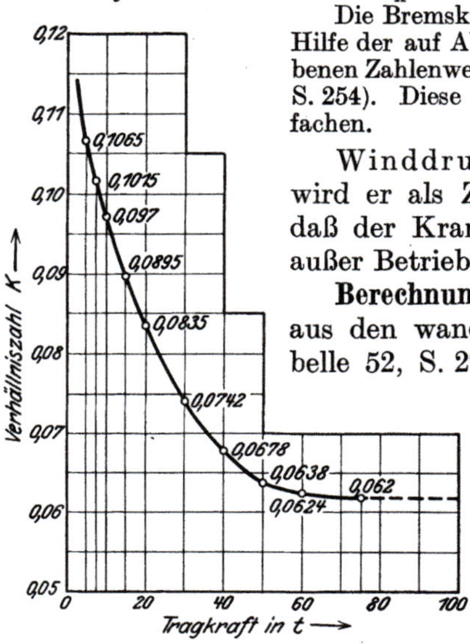

Abb. 585.

Winddruck. Bei der Berechnung von Laufkranen, die im Freien fahren, wird er als Zusatzkraft nicht berücksichtigt. Es ist jedoch zu beachten, daß der Kran bei plötzlichen Stürmen an einer beliebigen Stelle der Bahn außer Betrieb gesetzt werden kann. Siehe Abschnitt „Torkrane".

Berechnung und Bemessung der Stäbe. Die aus dem Eigengewicht und aus den wandernden Lasten herrührenden Stabkräfte werden, wie in Tabelle 52, S. 290 gezeigt, übersichtlich zusammengestellt.

Die Stabkräfte S_g aus Eigengewicht werden mit der von der Kranfahrgeschwindigkeit abhängig gemachten Stoßzahl φ (s. S. 267) vervielfacht. Die Stabkräfte S_p aus den wandernden Lasten werden, da sie von einer schwellenden Belastung herrühren, mit dem Ausgleichfaktor ψ (s. S. 267) vervielfacht.

Ohne Berücksichtigung der Zusatzkräfte ist der erforderliche Querschnitt eines Zugstabes:

$$F_{\text{erf}} = 1{,}15\,\frac{\varphi\,S_g + \psi\,S_p}{\sigma_{\text{zul}}} \; . \; . \; . \; \text{cm}^2. \tag{300}$$

Für die Hauptkräfte allein und den allgemein verwendeten Stahl St 37 · 12 ist die zulässige Zugbeanspruchung (s. auch S. 267): $\sigma_{\text{zul}} = 1400\ \text{kg/cm}^2$ *.

Die etwa 15% betragende Querschnittsschwächung durch die Nieten ist dadurch berücksichtigt, daß in Gleichung (300) der Faktor 1,15 eingesetzt ist.

Für den hochwertigen Stahl St 48 mit einer mittleren Streckgrenze $\sigma_S = 3120\ \text{kg/cm}^2$ wird $\sigma_{\text{zul}} \approx 1800\ \text{kg/cm}^2$.

Druckstäbe sind stets auf Knickung zu berechnen, da das hierbei erforderliche kleinste Trägheitsmoment einen größeren Querschnitt erfordert als die Berechnung auf Druck.

Nach den Preuß. Ministerialbestimmungen für Flußstahl und den Vorschriften für Eisenbauwerke kann für den unelastischen Bereich ($\lambda < 100$, Abb. 586) und für den Belastungsfall *II* (s. S. 9) der erforderliche Querschnitt nach folgender Gleichung berechnet werden:

$$F_{\text{erf}} = \frac{\varphi\,S_g + \psi\,S_p}{1{,}4} + 0{,}577\cdot k\cdot s_K^2 \; . \; . \; . \; \text{cm}^2. \tag{301}$$

---

[1] 8. Auflage. Berlin: Julius Springer 1930.

[2] Schrägzug von Kranen ist nach den Deutschen Unfallverhütungsvorschriften verboten. Die ÖNORM (Österreichische Industrienorm) gibt als Kraftgröße für die Berücksichtigung des Schrägzuges $^1/_{15}$ der abgebremsten Tragkraft eines Kranes an. Bei mehreren Kranen ist gleichartig errechnet nur die Kraftgröße des schwersten Kranes zu berücksichtigen.

* DIN 120, Berechnungsgrundlagen für die Eisenkonstruktionen von Kranen.

In dieser Gleichung sind S_g und S_p in t einzusetzen. s_K ist die freie Knicklänge (Systemlänge des Stabes) in m. Der Profilwert k ist für ein Winkeleisen 6,2, für zwei nach Abb. 587 4,6, für zwei nach Abb. 588 2,9 und für zwei [-Eisen (Abb. 589) und $NP > 8$ gleich 8,2.

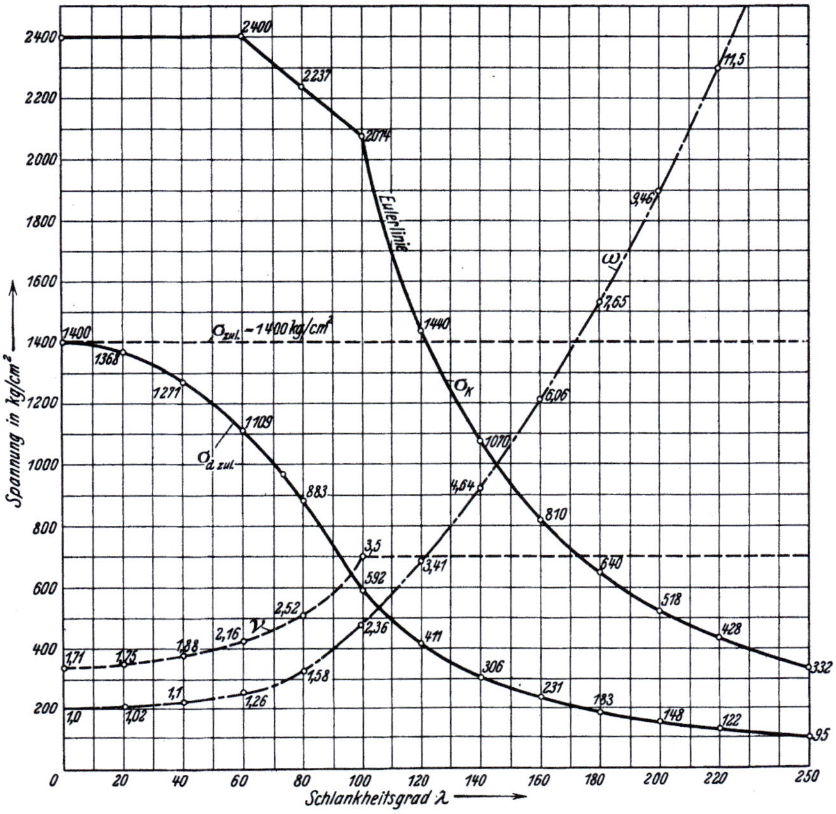

Abb. 586. Knickdiagramm für *St* 37 · 12 und $\sigma_{zul} = 1400$ kg/cm².

Für den elastischen Bereich ($\lambda > 100$) und den Belastungsfall *II* gilt wie bisher für den Knicksicherheitsgrad $\nu = 3{,}5$:

$$J_{erf} \approx 1{,}7\,(\varphi\, S_g + \psi\, S_p) \cdot s_K^2 \;\ldots\; \text{cm}^4, \tag{302}$$

wobei S_g und S_p wiederum in t und s_K in m einzusetzen sind. Nachdem der Stabquerschnitt gewählt ist, bestimme man den Schlankheitsgrad $\lambda = \frac{s_K}{i}$. i = Trägheitshalbmesser $= \sqrt{\frac{J}{F}} \ldots$ cm.

Hierbei sind das Trägheitsmoment J und die Querschnittsfläche F für den vollen Stab (ohne Nietabzug) einzusetzen.

Nach Berechnung des Schlankheitsgrades λ wird die ihm entsprechende Knickzahl ω aus Abb. 586 entnommen. Die Stabkraft (Druckkraft) wird nun mit der Knickzahl vervielfacht und der Stab wird mit der Kraft $\omega\,(\varphi\, S_g + \psi\, S_p)$ wie ein Zugstab behandelt, nur mit dem Unterschied, daß die Nietlöcher bei der Ermittelung des nutzbaren Querschnittes eines Druckstabes nicht abgezogen werden[1].

Für jeden Druckstab ist die größte Randspannung $\sigma = \omega \cdot \frac{\varphi\, S_g + \psi\, S_p}{F}$ dem Wert der zulässigen Spannung gegenüberzustellen.

Abb. 586 gibt eine zeichnerische Darstellung der Knickzahlen, Knicksicherheiten und Knickspannungen für St 37 · 12 in Abhängigkeit von dem Schlankheitsgrad.

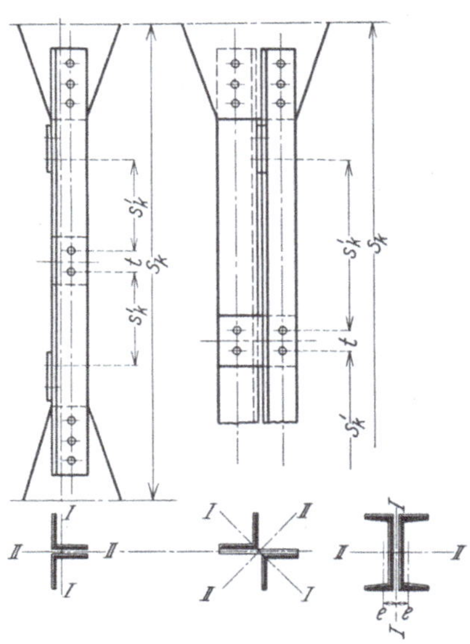

Abb. 587 bis 589. Gegliederte Druckstäbe (Knickberechnung).

[1] Sog. ω-Verfahren.

Die Knickspannung σ_K, d. h. die Spannung, bei der ein Stab ausknickt, ist von $\lambda = 0$ bis $\lambda = 60$ gleich der Streckgrenze $\sigma_S = 2400\,\text{kg/cm}^2$, von $\lambda = 100$ bis $\lambda = 250$ verläuft sie auf der Eulerlinie $\left(\sigma_K = \frac{\pi^2 \cdot E}{\lambda^2}\right)$, von $\lambda = 60$ bis $\lambda = 100$ ist sie als verbindende Gerade angenommen.

Bei der Berechnung der zulässigen Druckspannung $\sigma_{d\,zul}$ ist im Bereich $\lambda > 100$ von der Knicksicherheit ν ausgegangen worden. Diese Knicksicherheit beträgt von $\lambda = 100$ bis $\lambda = 250$ $\nu = 3{,}5$. Die zulässige Druckspannung berechnet sich in diesem Bereich als Quotient aus Knickspannung durch Knicksicherheit $\left(\sigma_{d\,zul} = \frac{\sigma_K}{\nu}\right)$.

Um eine glatte $\sigma_{d\,zul}$-Kurve zu erhalten, ist in dem Bereich von $\lambda = 0$ bis $\lambda = 100$ die zulässige Druckspannung nicht aus der Knicksicherheit berechnet, sondern unmittelbar angenommen worden, und zwar als Parabel, welche die Linie der zulässigen Zugspannung ($\sigma_{zul} = 1400\,\text{kg/cm}^2$) an der Stelle $\lambda = 0$ berührt. Die Knicksicherheit ist in diesem Bereich nachträglich als Quotient aus Knickspannung durch zulässige Druckspannung $\left(\nu = \frac{\sigma_K}{\sigma_{d\,zul}}\right)$ errechnet worden.

Die Knickzahlen ω ergeben sich durch Division der zulässigen Spannung durch die zulässige Druckspannung $\left(\omega = \frac{\sigma_{zul}}{\sigma_{d\,zul}}\right)$.

Bei mehrteiligen Druckstäben (Abb. 587 bis 589, S. 281) darf der Schlankheitsgrad der Einzelstäbe nicht größer sein als der Schlankheitsgrad des ganzen Stabes und soll im allgemeinen nicht größer sein als $\lambda = 30$. Als freie Knicklänge der Einzelstäbe (s'_K Abb. 587) kann bei Vergitterungen und bei Bindeblechen der Abstand der inneren Anschlußniete gewählt werden.

Wird der Schlankheitsgrad eines Einzelstabes > 30, so ist der Nachweis der Tragfähigkeit des Einzelstabes zu erbringen.

Nach dem Krohnschen Verfahren zur Berechnung gegliederter Stäbe ist die größte Belastung des Einzelstabes:

für jeden Stab: $P_1 = P \cdot \frac{68\,h}{136\,h - s_K}$ ... bei zwei Einzelstäben; für den äußersten Stab: $P_1 = P \cdot \frac{F_1}{F} \cdot \frac{272}{272 - \frac{s_K}{i}}$ bei mehreren Stäben.

Hierbei bezeichnen: $P = \varphi\, Sg + \psi\, Sp$ die gesamte Stabkraft in t, h den Abstand der Schwerachsen der Einzelstäbe in cm, s_K die Knicklänge des gesamten Stabes in cm, F_1 die Querschnittsfläche des von der neutralen Achse am meisten entfernten Einzelstabes in cm², F den Querschnitt des gesamten Stabes in cm² und i den Trägheitshalbmesser des gesamten Stabes in cm.

Hiernach ist die zulässige Knicklänge der Einzelstäbe zu bestimmen.

Die Abmessungen und Anschlüsse der Vergitterungen oder Bindebleche sind für eine Querkraft zu bemessen, die zu 2% der größten Druckkraft des Gesamtstabes (ohne Vervielfachen mit der Knickzahl ω) anzunehmen ist, falls die Querkraft nicht genau ermittelt wird.

Infolge der exzentrischen Kraftwirkung treten an dem Nietanschluß der Stäbe Nebenspannungen auf. Durch die Anordnung von Schnallen (Abb. 587 bis 589) wird eine Entlastung des Anschlusses erreicht.

Wechselstäbe sind solche Stäbe, in denen betriebsmäßig Zug- und Druckspannung abwechseln. Sie werden ebenso wie einfache Zug- bzw. Druckstäbe berechnet.

Außerdem sind sie mit den Hauptkräften allein (ohne Zusatzkräfte) nachzurechnen. Unter Berücksichtigung der Stoßzahl φ und des Ausgleichfaktors ψ ist:

$$_{\max}S = \varphi \cdot S_g + \psi \cdot S_p \text{ die größte Zugkraft und}$$
$$_{\min}S = -\varphi \cdot S_g - \psi \cdot S_p \text{ die größte Druckkraft.}$$

Für Wechselstäbe gilt ohne Rücksicht auf das Vorzeichen von $_{\max}S$ bzw. $_{\min}S$:

$$\sigma = \frac{_{\max}S + 0{,}3\,_{\min}S}{F_n} \leq \sigma_{zul} \quad \text{für Hauptkräfte, wenn} \quad _{\max}S > {}_{\min}S,$$

$$\sigma = \frac{0{,}3\,_{\max}S + {}_{\min}S}{F - (F - F_n) \cdot \frac{_{\max}S}{_{\min}S}} \leq \sigma_{zul} \quad \text{für Hauptkräfte, wenn} \quad _{\max}S > {}_{\min}S.$$

Hierbei bedeuten F den Querschnitt ohne Nietabzug und F_n den nutzbaren Querschnitt (mit Nietabzug).

Eine Bestimmung des vorläufigen Stabquerschnittes ist nach den gemachten Angaben nur für den Untergurt und die Füllungsstäbe (Vertikale und Diagonale) möglich.

Für den Obergurt, der außer der Druckbeanspruchung aus der Eigenlast und den wandernden Lasten noch auf Biegung durch die Katzenraddrucke, sowie in waagerechtem Sinne durch den Massendruck (s. S. 279) beansprucht ist, wird ein diesen Belastungen entsprechender Querschnitt gewählt, der dann auf Festigkeit nachgeprüft wird (s. S. 283).

Wahl der Stabquerschnitte und Nachprüfung auf Festigkeit. Ober- und Untergurt. Bei Kranen mit kleinerer Tragkraft und Spannweite genügt als Obergurt ein **[**-Eisen mit aufgeschraubter oder aufgenieteter Flacheisenschiene (Abb. 590). Der Untergurt besteht dann aus zwei einfachen **L**-Eisen.

Größere Krane erhalten als Obergurt 2 **[**-Eisen nach Abb. 591. Dieser Querschnitt erfordert wegen des Anschlusses der Füllungsstäbe große Knotenbleche und man zieht daher meist den **T**-Querschnitt Abb. 592 bis 594 vor. Für den Anschluß des Belagbleches ordnet man auf der einen Seite einen ungleichschenkligen Winkel an (Abb. 592) oder man läßt die Gurtplatte seitlich soviel überstehen, daß die Nietreihe genügend Platz hat (Abb. 593 und 594).

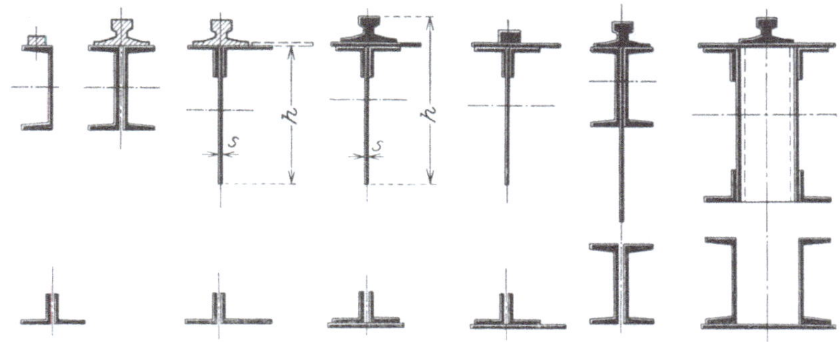

Abb. 590 bis 596. Querschnittsbildung des Ober- und Untergurts.

Zum Ersparen von Nietarbeit sucht man am Untergurt möglichst ohne Gurtplatte auszukommen. Sind Gurtplatten nicht zu vermeiden, so führt man sie nur soweit durch, als es die Stabkräfte des Untergurtes erfordern.

Für schwere Krane (über 100 t) führt man den Ober- und Untergurt mit Kastenquerschnitt (Abb. 596) aus.

Der Obergurt wird auf Druck und durch die rollenden Lasten noch auf Biegung beansprucht. Da er ein Träger auf n-Stützen (gleich der Knotenzahl) ist, so ist eine genaue Berechnung des Biegemomentes nur umständlich möglich.

Bezeichnet P_1 den größten auf Mitte Feld des am stärksten beanspruchten Stabes O_3 (Abb. 577 und 578, S. 277) stehenden Raddruck der Katze (Abb. 597), so kann das Biegemoment an dieser Stelle nach Andree[1] angenähert zu

$$M_m \approx P_1 \cdot \frac{\lambda}{6} = 0{,}167\, P_1 \cdot \lambda \text{ (positiv)} \tag{303}$$

angenommen werden.

Das an den beiden benachbarten Knoten auftretende Biegemoment wird hinreichend genau gleich dem halben Werte des Momentes unter der Last gesetzt.

$$M_{Kn} \approx P_1 \cdot \frac{\lambda}{12} = 0{,}0835\, P_1 \lambda \text{ (negativ)}. \tag{304}$$

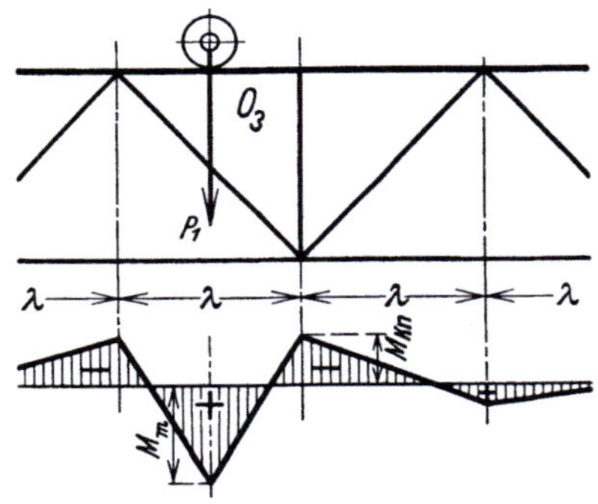

Abb. 597.

Die Momente M_m und M_{Kn} sind für die weitere Berechnung noch mit dem Ausgleichsfaktor ψ (s. S. 267) zu multiplizieren.

Zur Spannungsermittelung des Obergurtes berechne man zunächst den Stabquerschnitt F (ohne Nietabzug), die Abstände e_1 und e_2 der neutralen Faser X—X, das Trägheitsmoment J, das nutzbare Trägheitsmoment J_n und die nutzbaren Widerstandsmomente $W_1 = J_n/e_1$ und $W_2 = J_n/e_2$.

Bei Stäben, die durch eine nicht unerhebliche außermittige Kraft oder die außer einer mittigen Kraft noch durch ein Biegemoment beansprucht werden, darf die größte Randspannung nicht größer als die zulässige Spannung sein. Für jede Randfaser des gefährlichen Querschnittes setzt sich die Gesamtspannung aus der in ihr auftretenden größten Knickspannung und aus der für sie geltenden Biegespannung zusammen. Ungünstigstenfalls ist die größte Randspannung im gefährlichen Querschnitt:

$$\sigma_r = \omega_x \frac{\varphi S_g + \psi S_p}{F} + \frac{\psi M_p}{W_n} \leqq \sigma_{\text{zul}}, \tag{305}$$

wobei ω_x die dem größten Schlankheitsgrad entsprechende Knickzahl bedeutet.

Abb. 598 zeigt den Verlauf der Druckspannung σ, der Biegespannung σ' und der resultierenden Spannung σ_r für den Querschnitt unter dem Angriff der Last (Stabmitte) und Abb. 599 den Verlauf der gleichen Größen an den Knoten.

[1] Statik des Kranbaues.

Unold[1] betrachtet den Obergurt als durchlaufenden Träger, wobei die Berechnung für den der Trägermitte benachbarten, stärkst beanspruchten Stab (O_3 in Abb. 577 und 578, S. 277) durchgeführt wird. Es werden die Einflußlinien der Biegemomente für die Stabmitte von O_3 und für die beiden Knoten unter der Voraussetzung gleicher Feldteilung aufgezeichnet. Mit den Katzenraddrucken P_1 und P_2 werden die Momente M_{pm}

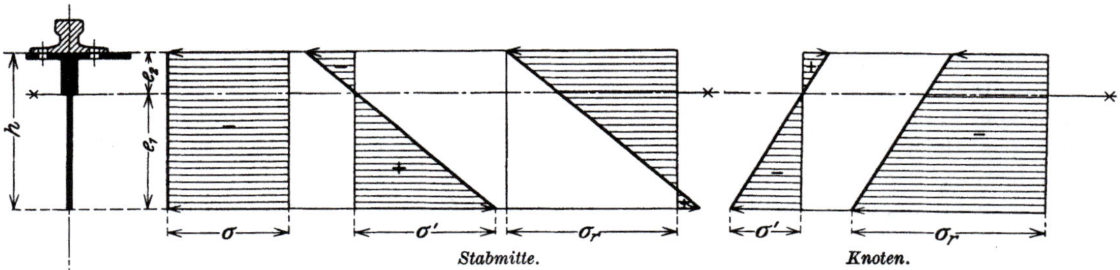

Abb. 598 und 599. Spannungsdiagramme des Obergurts.

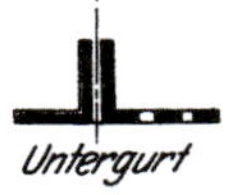

(positiv) und M_{pk} (negativ) erhalten. Bezeichnen P_1 und P_2 die Katzenraddrucke, J das Trägheitsmoment des Obergurtstabes und J_H das Trägheitsmoment des Hauptträgers (aus den Gurtquerschnitten und der Systemhöhe), dann kommt von der Katzenlast $V = P_1 + P_2$ (oder $=2P$) der Anteil $V' = V \frac{J}{J_H + J}$ auf den Obergurt mit der Stützweite L.

In dem betrachteten Mittelstück ist das Biegemoment $M_K = V' \cdot \frac{L}{4}$ (positiv), wobei auf die kleinen Unterschiede zwischen den benachbarten Stellen Stabmitte und Knoten nicht geachtet wird.

Das Eigengewicht G des Hauptträgers liefert für den Obergurtstab den Anteil $G' = G \cdot \frac{J}{J_H + J}$ und das Biegemoment $M_g' = G' \cdot \frac{L}{8}$.

Die Addition der Momente ergibt in der Stabmitte:

$$M_m = M_g' + M_{pm} + M_K \text{ (positiv)} \tag{306a}$$

und an den beiden Knoten:

$$M_{Kn} = M_g' + M_{pk} + M_K \text{ (negativ)}. \tag{306b}$$

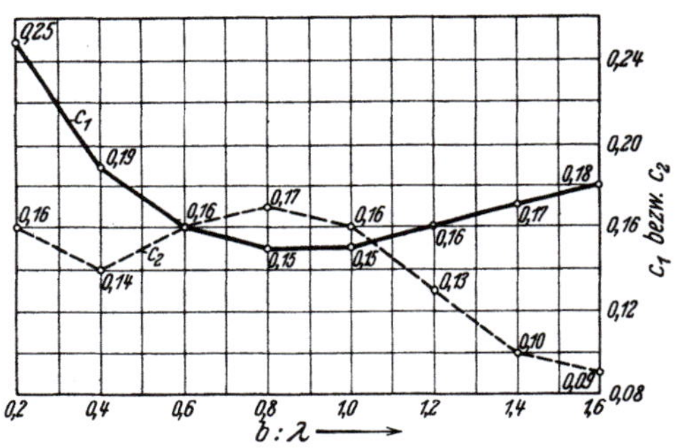

Abb. 600.

Bezeichnen bei gleichen Raddrucken $P - P$ in t λ die Feldweite und b den Katzenradstand in m, so ergibt die Auswertung der Einflußlinien

$M_{pm} = c_1 \cdot P \cdot \lambda$ (positiv); $M_{pK} = c_2 \cdot P \cdot \lambda \ldots$ tm (negativ).

Abb. 600 gibt die berechneten Werte c_1 und c_2 in Abhängigkeit von dem Verhältnis $b : \lambda$.

In den Gleichungen 306a und b sind das Eigengewichtsmoment M_g' noch mit der Stoßzahl φ und die Lastmomente M_p und M_K mit dem Ausgleichsfaktor ψ zu multiplizieren (s. S. 267).

Der Durchbiegung der Fachwerkträger unter dem Einfluß der Last trägt man dadurch Rechnung, daß man dem System eine Überhöhung (Abb. 601) und damit auch den Stäben eine Vorspannung gibt. Die Überhöhung auf Mitte Obergurt nimmt man zu etwa $^1/_{1000}$ der Spannweite an. Zur Berechnung der Überhöhungen der übrigen Knoten legt man eine Parabel zugrunde.

In waagerechtem Sinne wird der Obergurt noch durch den Massendruck der in der ungünstigsten Laststellung befindlichen Katze (s. S. 279) auf Biegung beansprucht. Dieser Massen-

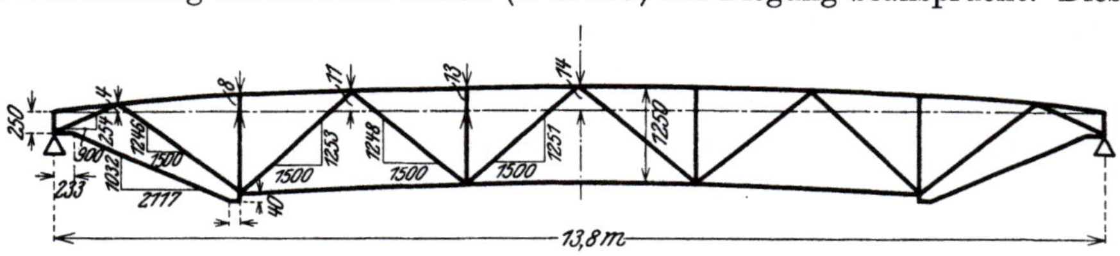

Abb. 601. Überhöhtes Trägersystem.

druck wird von dem Querschnitt Abb. 602 oder dem waagerechten Verband zwischen Haupt- und Seitenträger Abb. 603a aufgenommen.

Nimmt man (bei Fehlen eines Diagonalverbandes) den Blechbelag als tragend an, so werden die waagerechten Randspannungen aus dem Moment Gleichung (299), S. 280 berechnet. Wider-

[1] Statik f. d. Eisen- und Maschinenbau. Berlin: Julius Springer 1925.

standsmomente (Abb. 602): $W_1' = \frac{J_y}{e_1'}$; $W_2' = \frac{J_y}{e_2'}$ ... cm³. Wegen der Lochung nehme man das Belagblech nur mit 60% als tragend an. Je nach der Fahrtrichtung des Kranes sind die Biegebeanspruchungen Zug- oder Druckspannungen.

Überträgt der waagerechte Stabverband (Abb. 603a) den Massendruck, so reduziere man die Raddrucke P_h der in der ungünstigsten Laststellung befindlichen Katze als P_1 bis P_4 auf die benachbarten Knoten, berechne die waagerechten Reaktionen H_1 und H_2 und entwerfe einen Kräfteplan (Abb. 603b). Aus diesem werden die Zusatzkräfte der Stäbe O_3 (und O_2) entnommen, die für die angenommene Kranfahrtrichtung Druckkräfte sind. Die waagerechte Zusatzspannung: $\sigma_h = -\frac{O_{3h}}{F}$ ... kg/cm² wird zur größten senkrechten Druckspannung (am Knoten, Abb. 599, S. 284 bzw. 602) hinzugerechnet und ergibt den größten Spannungswert des Obergurts.

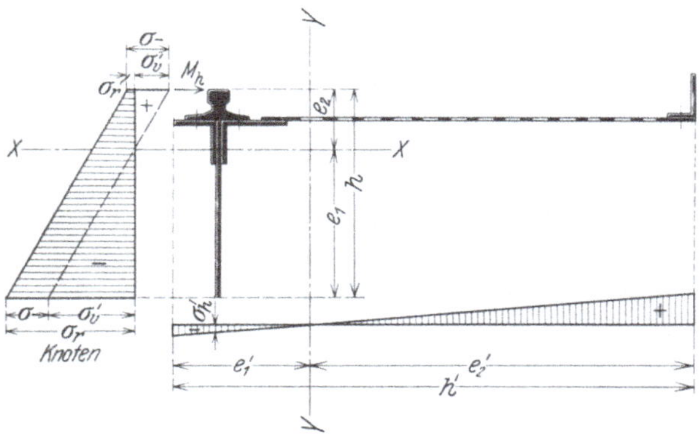

Abb. 602. Waagerechte Biegebeanspruchung des Obergurts durch den Massendruck der vollbelasteten Katze.

Der Untergurt ist nur auf Zug beansprucht. Querschnitte s. Abb. 590 bis 596.

Füllungsstäbe (Vertikale und Diagonale). Die Vertikalen werden auf Druck und die Diagonalen je nach der Katzenstellung auf Zug oder auf Druck beansprucht. Ihre erforderlichen Querschnitte werden nach den Angaben S. 280 berechnet und erhalten je nach Größe der Stabkraft und der Knicklänge einen der folgenden Querschnitte:

1. 2 L-Eisen nach Abb. 587, S. 281. Dieser Querschnitt wird am meisten angewendet.

$$J_{\min} = J_I = 2J_x = 2J_y\,*; \quad J_{II} > J_I.$$

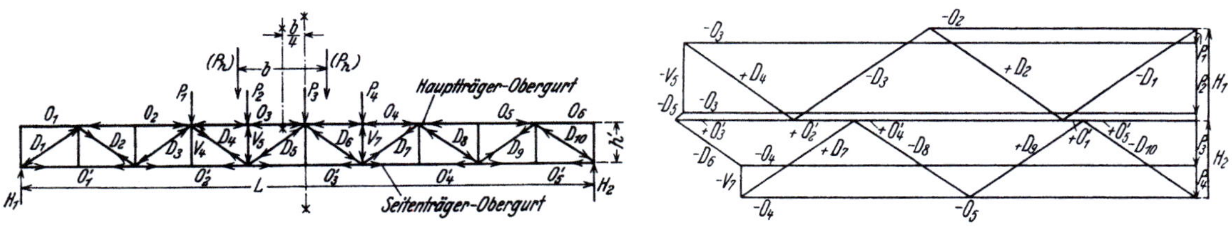

Abb. 603 a und b. Stabkraftbestimmung des Querverbandes durch den Massendruck der Katze.

2. 2 L-Eisen nach Abb. 588. Der Querschnitt bietet eine gute Werkstoffausnutzung, sieht jedoch im Fachwerk breit aus.

$$J_{\min} = J_I = 2J_\xi;$$

3. 2 [-Eisen nach Abb. 589. Der Querschnitt wird angewendet, wenn der unter 1. oder 2. nicht mehr ausreicht.

$$J_{\min} = J_I = 2J_y + 2Fe^2; \quad J_{II} = 2J_x > J_I.$$

Damit die L- bzw. [-Eisen dieser Querschnitte nicht einzeln ausknicken, werden sie in bestimmten Abständen durch Bindebleche (Abb. 587) oder durch eine Vergitterung miteinander verbunden. Siehe S. 282 mehrteilige Druckstäbe.

Zulässige Spannungen. Als Höchstwerte der Zug- und Biegespannung für ruhende Belastung und für St 37 · 12 sind nach DIN 120 zugelassen:

Für die Hauptkräfte $\sigma_{zul} = 1400$ kg/cm²,

„ „ „ und Zusatzkräfte (s. S. 279) $\sigma_{zul} = 1600$ „

Bauglieder, die unter Berücksichtigung der Haupt- und Zusatzkräfte bemessen werden, dürfen durch die Hauptkräfte allein nur eine Spannung erreichen, welche für die Hauptkräfte ohne die Berücksichtigung der Zusatzkräfte zugelassen ist.

Für hochwertige Baustoffe sind die zulässigen Zug- und Biegespannungen entsprechend der höheren Streckgrenze σ_S dieses Werkstoffes zu erhöhen. Bei einer mittleren Streckgrenze von 2400 kg/cm² für St 37 · 12 darf für einen höherwertigen Werkstoff zugelassen werden:

* Diese Bezeichnungen entsprechen den Bezeichnungen der Deutschen Profileisen-Tafeln (vgl. Taschenbuch des Stahlwerk-Verbandes „Stahl im Hochbau").

Für die Hauptkräfte: $\sigma_{zul} = 1400 \cdot \frac{\sigma_s}{2400} \ldots$ kg/cm²

„ „ Haupt- und Zusatzkräfte: $\sigma_{zul} = 1600 \cdot \frac{\sigma_s}{2400} \ldots$ „

Für hochwertigen Baustahl St 48 mit einer mittleren Streckgrenze $\sigma_S = 3120$ kg/cm² ergibt sich danach $\sigma_{zul} = 1820$ kg/cm² für die Hauptkräfte allein und $\sigma_{zul} = 2080$ kg/cm² für die Haupt- und Zusatzkräfte zusammen.

Nietanschlüsse der Füllungsstäbe. Die Nietanschlüsse der Füllungsstäbe (Vertikale und Diagonale) an das Stehblech des Obergurts und an die Knotenbleche des Untergurts sind bei den Stabquerschnitten Abb. 604 bis 607 zweischnittig.

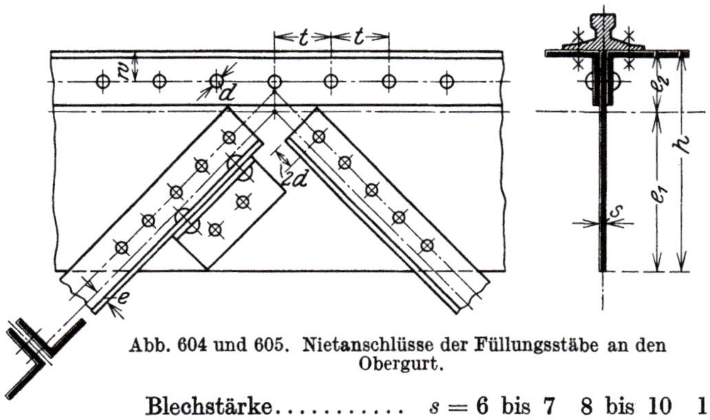

Abb. 604 und 605. Nietanschlüsse der Füllungsstäbe an den Obergurt.

Den Nietdurchmesser (Lochdurchmesser) d wähle man in Abhängigkeit von der Blechstärke s.

Allgemein:

$$d = \sqrt{5s} - 0{,}2 \ldots \text{cm}. \qquad (307)$$

Blechstärke	$s =$	6 bis 7	8 bis 10	11 bis 13	14 und mehr	... mm
Lochdurchmesser	$d =$	17	20	23	26	... „
Rohnietdurchmesser ...	$d' =$	16	19	22	25	... „

Maßgebend für den Rohnietdurchmesser, die Kopfabmessungen und die Länge der Nieten sind die DI-Normen.

DIN 124: Halbrundniete für den Eisenbau für Durchmesser von 10 bis 43 mm.
DIN 302/303: Senkniete und Linsensenkniete von 10 bis 43 mm.

Zur Kennzeichnung der Nieten und Schrauben in den Eisenkonstruktionszeichnungen hat der Normenausschuß nach DIN 139 Sinnbilder festgelegt.

Bezeichnen: $S = \varphi S_g + \psi S_p + \cdots$ die zu übertragende Stabkraft in kg, d den Nietlochdurchmesser in cm, $m = 1$ oder 2 die Schnittigkeit der Nietverbindung und τ_{zul} die zulässige Scherspannung der Niete in kg/cm², so ist die erforderliche Nietzahl:

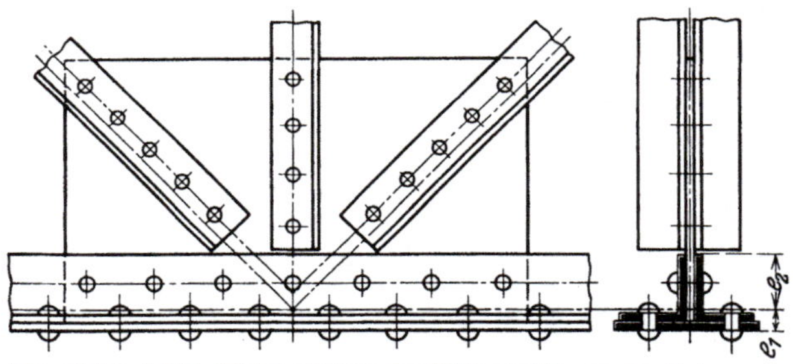

Abb. 606 und 607. Nietanschlüsse der Füllungsstäbe an den Untergurt.

$$z_1 = \frac{S}{m \cdot \tau_{zul} \cdot d^2 \frac{\pi}{4}}. \qquad (308)$$

Der zulässige Lochleibungsdruck σ_l (zwischen Nietschaft und Lochwand) erfordert eine Nietzahl

$$z_2 = \frac{S}{d \cdot s \cdot \sigma_l} \ldots \qquad (309)$$

Die aus den Gleichungen 308 und 309 sich ergebende größte Nietzahl ist für die Ausführung des Anschlusses maßgebend.

Für die zulässige Scherspannung und den zulässigen Lochleibungsdruck der Niet- und Schraubenverbindungen enthält DIN 120 folgende Angaben:

Als Grenzen für die Scherspannung für ruhende Belastung gelten $^8/_{10}$ der zulässigen Zugspannung, also für Nieteisen St 34 · 13 (s. Tabelle 6, S. 10): $\tau_{zul} = 1120$ kg/cm² für die Hauptkräfte allein und $\tau_{zul} = 1280$ kg/cm² für die Haupt- und Zusatzkräfte zusammen. Diese Werte gelten auch für Paßschrauben, für rohe Schrauben ist nur $^3/_4$ davon zulässig.

Niet- und Schraubenverbindungen, die unter Berücksichtigung der Haupt- und Zusatzkräfte bemessen werden, dürfen durch die Hauptkräfte allein nur eine Spannung erleiden, die für die Hauptkräfte ohne Berücksichtigung der Zusatzkräfte zugelassen ist.

Wird für die Niete ein Werkstoff von höherer Festigkeit verwendet, so dürfen die oben angegebenen Werte für die zulässige Scherspannung entsprechend erhöht werden, jedoch ist es unzulässig, für Niete einen Werkstoff von höherer Festigkeit in die Rechnung einzuführen als für die zu verbindenden Bauteile zulässig ist.

Der zulässige Lochleibungsdruck beträgt das Zweifache der zulässigen Scherspannung.

$$\sigma_l = 2\,\tau_{zul} \ldots \text{kg/cm}^2.$$

Wird die Nietzahl bei den Diagonalen groß und ergibt sie zu große Knotenblechabmessungen, so niete man an den Stäben noch kleine Zusatzwinkel an (Abb. 604), in denen sich noch einige Nieten unterbringen lassen.

Bei derartigen Zusatzwinkeln empfiehlt Garlopp[1] in Rücksicht auf die auftretenden Nebenspannungen ein Niet mehr als erforderlich anzuordnen.

Nach den BEK (DIN 120) soll die geringste Entfernung der Nietmitten voneinander (Nietabstände, Teilung) im allgemeinen nicht weniger als 3,5 d sein, in besonderen Fällen mindestens 3 d.

Randabstand in der Kraftrichtung mindestens 2 d, senkrecht dazu nicht unter 1,5 d.

Geschweißte Fachwerkträger haben gegenüber den genieteten ein geringeres Gewicht und sind billiger in der Herstellung. Man geht daher in neuerer Zeit mehr und mehr auf das Schweißen über und führt ganze Stahlkonstruktionen von Kranen geschweißt aus.

Für die Berechnung, bauliche Durchbildung und Abnahme geschweißter Kranstahlkonstruktionen sind die „Vorschriften für geschweißte Stahlbauten (DIN 1400)" vom 10. V. 1931 maßgebend[2]. Zu diesen Vorschriften macht Schmuckler[3] Ausführungen über deren Anwendung und erläutert sie durch zahlreiche rechnerisch-konstruktive Beispiele.

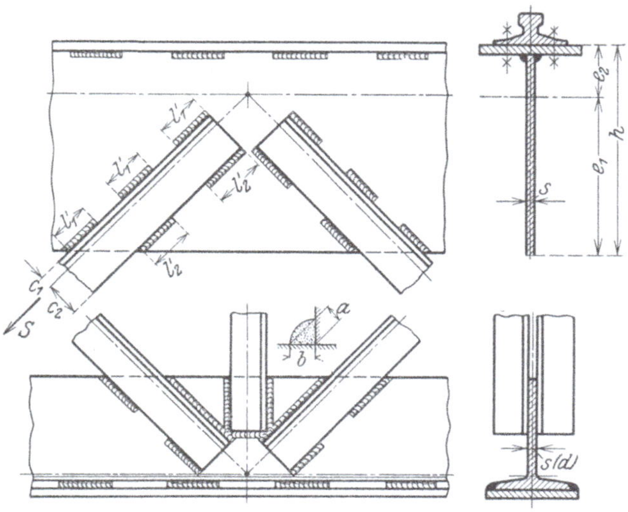

Abb. 608 und 609. Anschlüsse der Füllungsstäbe bei geschweißten Fachwerksträgern.

Die Berechnung und Bemessung der Bauglieder geschieht beim geschweißten Fachwerkträger ebenso wie beim genieteten (Tabelle 52, S. 290, Spalte 1 bis 22). Da jedoch bei den Baugliedern der Schweißkonstruktionen, im Gegensatz zu den der genieteten keine Querschnittsschwächung auftritt, so fällt in Gleichung (300), S. 280 der Faktor 1,15 fort. Ebenso entfallen die Spalten 12 und 14 der Tabelle 52, S. 290.

Für die Berechnung der Beanspruchung auf Zug, Druck oder Schub beanspruchter Schweißnähte dient nachstehende Gleichung:

$$\varrho = \frac{\varphi S_g + \psi S_p}{\Sigma(a \cdot l)} \ldots \text{kg/cm}^2. \qquad (310)$$

In dieser bedeuten a die Stärke und l die Länge der Einzelnähte unter Abzug der Endkrater (Abb. 608 und 609). Bezeichnet b die Nahtbreite, so ist die in Rechnung zu setzende Nahtstärke $a = b : \sqrt{2}$. Nach den Vorschriften (DIN 1400, § 6, Ziffer 8) soll die Nahtbreite nicht größer sein als das dünnste anzuschließende Blech (bzw. der Winkelschenkel). Wegen der Abrundung der Winkeleisen kann die an den Flachschenkeln zu setzende Naht nur dünner sein als dieser. Hinsichtlich der Stärke der Schweißnähte ist zu bemerken, daß dünnere und längere Schweißnähte billiger sind als dicke und kurze. So z. B. erfordert eine 10 mm-Naht das Vierfache an Schweißgut gegenüber einer 5 mm-Naht, obgleich sie nur die doppelte Kraft übertragen kann.

Für Kehlnähte bestimmen die Vorschriften, daß die Nahtlängen nicht kleiner als 40 mm sein sollen. Die größte Kehlnahtlänge ist mit 40 a festgelegt.

Die zulässige Beanspruchung der Schweißnähte (Flanken- oder Kehlnähte und Stirnnähte) ist gleich der halben zulässigen Beanspruchung der Bauglieder.

$$\varrho_{\text{zul}} = 0{,}5 \cdot \sigma_{\text{zul}} \ldots \text{kg/cm}^2.$$

Für den allgemein verwendeten Stahl St 37 · 12 ist nach den BEK (DIN 120) die zulässige Beanspruchung für die Hauptkräfte allein $\sigma_{\text{zul}} = 1400$ kg/cm². Daher zulässige Beanspruchung der Schweißnaht: $\varrho_{\text{zul}} = 0{,}5 \cdot 1400 = 700$ kg/cm².

Nach § 6, Ziffer 4 der Vorschriften soll die Schwerlinie des Schweißanschlusses mit der des anzuschließenden Stabes zusammenfallen.

Unter der Voraussetzung gleichstarker Schweißnähte (Dicke a auf Abb. 608 und 609) gelten folgende Formeln für die Berechnung der Nahtlängen:

$$\left.\begin{aligned} \Sigma l_1' &= \frac{S}{\varrho_{\text{zul}}} \cdot \frac{1}{2a \cdot \left(1 + \frac{c_1}{c_2}\right)} = \frac{\varphi S_g + \psi S_p}{\varrho_{\text{zul}} \cdot 2a \cdot \left(1 + \frac{c_1}{c_2}\right)} \ldots \text{cm}, \\ \Sigma l_2' &= l_1 \cdot \frac{c_1}{c_2} \ldots \text{cm}. \qquad \Sigma l = \Sigma l_1' + \Sigma l_2'. \end{aligned}\right\} \qquad (311)$$

[1] Maschinenbau 1931 (S. 86). [2] Die Elektroschweißung 1931, Heft 6. [3] Desgl. 1931 S. 127.

Ist bei großen Stabquerschnitten und kurzen verfügbaren Anschlußlängen der Anschluß mit Stirn- und Kehlnähten nicht ausreichend, so kann er durch Schlitznähte nach § 6 Ziffer 9 ergänzt werden[1].

Abb. 608 und 609 zeigen den Anschluß der Vertikalen und Diagonalen an den Ober- bzw. Untergurt eines Trägers. Der biegesteife Obergurt besteht aus dem Stehblech und der aufgeschweißten Gurtplatte. Die Schiene ist aufgeschraubt. Durch Aufschweißen der Schiene wird das Trägheitsmoment vergrößert und der Obergurt entsprechend tragfähiger.

Als Querschnitt für den Untergurt ist ein halbes **I**-Eisen angenommen, dessen Größe so gewählt wird, daß es der zulässigen Zugbeanspruchung genügt und die Schweißanschlüsse der Füllungsstäbe ermöglicht. Solange noch keine normalen hochstegigen **T**-Eisen ohne Steg- und Flanschneigung hergestellt werden, behilft man sich dadurch, daß ein **I**-Träger durch Brennen in zwei Hälften geteilt wird, die für die beiden Hauptträger verwendet werden. Reicht der halbe **I**-Träger nicht aus, so kann er durch eine aufgeschweißte Gurtplatte, soweit dies erforderlich, verstärkt werden. Der Vertikalstab ist, wenn die Längen der Flankennähte nicht ausreichen, noch durch eine Stirnnaht an den Untergurt anzuschließen.

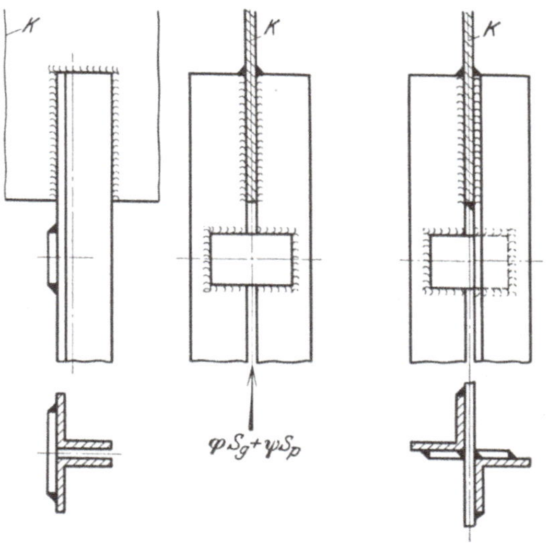

Abb. 610 a und b. Geschweißte Schnallenverbindung gegliederter Stäbe (*K* Knotenblech).

Zwecks Verhütung von Biegebeanspruchungen im Anschluß wird eine Schnalle zur Verbindung der beiden Winkel von dem Ober- bzw. Untergurt eingeschweißt (Abbildung 610a und b). Siehe auch Abb. 587, S. 281.

Die Verbindung des Obergurtstehbleches und des halben **I**-Trägers an das Endblech des Hauptträgers geschieht durch stumpfe Stöße, die beiderseitig durch Laschen gedeckt werden.

Bei der statischen Berechnung der geschweißten Stahlkonstruktionen fallen die Spalten 23 bis 27 der Tabelle 52, S. 290 (Nietberechnung) fort und werden durch die entsprechenden Werte der Schweißnahtberechnung ersetzt.

Literatur über geschweißte Stahlkonstruktionen s. S. 15 und 306.

Beispiel Nr. 6. Der Hauptträger zu einem elektrisch betriebenen Laufkran von 30 t Tragkraft und 16 m Spannweite ist zu berechnen.

Ausführung als Fachwerkträger mit dem System Abb. 563a, S. 274. Trägerhöhe: $h = 1{,}6$ m; Endhöhe: $h_0 \approx 0{,}70$ m; Felderzahl: 10; Feldweite: $\lambda = 1{,}6$ m; Raddruck der Katze: $P = 10$ t; Radstand: $b = 2500$ mm; Fahrgeschwindigkeit des Kranes: $v_3 = 90$ m/min.

Der Kran ist ein Werkstättenkran großer Tragkraft. Daher Gruppe II der Tabelle 2, S. 1. Stoßzahl: $\varphi = 1{,}2$; Ausgleichfaktor: $\psi = 1{,}4$.

1. Stabkräfte aus Eigenlast. Eigengewichtsbelastung des Trägers (aus Abb. 539, S. 264 entnommen): $G \approx 5500$ kg.

Knotenlasten: $k_1 = k_{11} = 275$ kg; $k_2 = k_3 = \ldots k_{10} = 550$ kg. Auflagerdrucke: $A = B = 2750$ kg. Maßstab des Trägersystems: 1:100; Kräftemaßstab des Cremonaplanes: 1 mm = 200 kg. Die aus dem Plan entnommenen Stabkräfte S_g und die Werte φS_g sind in den Spalten 2 und 3 der Tabelle 52 eingetragen.

2. Stabkräfte aus der Verkehrslast. Maßstab des Trägersystems: 1:100; Maßstab der A-Linie: 1 mm = 200 kg; Maßstab für den A = 1-Plan: 1 t = 20 mm.

Die mit dem A = 1-Plan und der A-Linie nach S. 275 berechneten Stabkräfte aus der Verkehrslast S_p und die Werte ψS_p sind in die Spalten 4 und 5 der Tabelle 52 eingetragen.

Aus der Summe der Stabkräfte $\varphi \cdot S_g + \psi S_p$ (Spalte 6) wurden die F_{erf} (Spalte 8) für Zug nach Gleichung (300) sowie die F_{erf} und J_{erf} (Spalte 9) für Druck nach Gleichung 301 bzw. 302 berechnet. Werkstoff: St 37 · 12. $\sigma_{\text{zul}} = 1400$ kg/cm² für die Hauptkräfte allein. Die gewählten Querschnitte wurden in Spalte 10 eingetragen. Berechnung der Druckstäbe (Spalten 15 bis 21) nach den Angaben S. 280.

3. Obergurt. Faserabstände bei aufgenieteter Schiene Nr. 2: $e_1 = 336$ mm; $e_2 = 129$ mm; Trägerhöhe: $h = 465$ mm. Nietdurchmesser (Lochdurchmesser): $d = 20$ mm. Trägheitsmomente: $J \approx 17\,314$ cm⁴; $J_n \approx 17\,000$ cm⁴. Widerstandsmomente (ohne Nietschwächung): $W_1 = 516$ cm³; $W_2 = 1340$ cm³. Nutzbare Widerstandsmomente: $W_{n1} = 508$ cm³; $W_{n2} = 1320$ cm³. Der größt beanspruchte Obergurtstab O_3 (O_4) hat eine Stabkraft (Spalte 6): $\varphi S_g + \psi S_p = -66\,200$ kg.

Die Biegemomente des Obergurtstabes O_3 wurden nach dem Verfahren von Unold (s. S. 284) bestimmt, wobei der eine Raddruck P auf Mitte Feldweite λ steht.

[1] Beispiel: Die Elektroschweißung 1931, S. 130.

Faserabstände des Untergurts: $e_1 = 26{,}2$ mm; $e_2 = 85{,}8$ mm. Gurthöhe: $h = 112$ mm. Trägheitsmoment: $J_u \approx 537$ cm⁴. Trägheitsmoment des Hauptträgers: $J_H \approx 1107000$ cm⁴. Eigenlast des Hauptträgers (s. S. 288): $G = 5500$ kg. Hiervon entfällt auf den Obergurtstab der Anteil:

$$G' = G \cdot \frac{J}{J_H + J} = 5500 \cdot \frac{17314}{1107000 + 17314} \approx 85\,\text{kg}.$$

Biegemoment: $M'_g = G' \frac{L}{8} = 85 \cdot \frac{1600}{8} = 17000$ kgcm. Katzenlast: $V = 2P = 2 \cdot 10000 = 20000$ kg.

Auf den Obergurtstab entfällt der Anteil: $V' = V \cdot \frac{J}{J_H + J} = 20000 \cdot \frac{17314}{11070000 + 17314} \approx 308\,\text{kg}.$

Biegemoment: $M_k = V' \cdot \frac{L}{4} = 308 \cdot \frac{1600}{4} \approx 123000$ kgcm.

Verhältnis von Radstand zu Feldweite: $\frac{b}{\lambda} = \frac{2500}{1600} \approx 1{,}56.$

Biegemoment in der Mitte (positiv):

$$M_{pm} = c_1 \cdot P \cdot \lambda = 0{,}1775 \cdot 10000 \cdot 160 \approx 284000\,\text{kgcm}.$$

Wert c_1 aus Abb. 600, S. 284.
Addition der Momente in der Stabmitte (positiv):

$$M_m = +\varphi M'_g + \psi M_k + \psi M_{pm} = 1{,}2 \cdot 17000 + 1{,}4 \cdot 123000 + 1{,}4 \cdot 284000 \approx +590\,000\,\text{kgcm}.$$

Biegemoment an den Knoten:

$$M_{pk} = c_2 \cdot P \cdot \lambda = 0{,}0925 \cdot 10000 \cdot 160 \approx 148000\,\text{kgcm}.$$

Addition der Biegemomente an den beiden Knoten (negativ):

$$M_{Kn} = -\varphi M'_g - \psi M_k - \psi \cdot M_{pk} = -1{,}2 \cdot 17000 - 1{,}4 \cdot 123000 - 1{,}4 \cdot 148000 \approx -399400\,\text{kgcm}.$$

Spannungen in der Mitte:

Unten: $\sigma_1 = \omega_x \cdot \frac{\varphi S_g + \psi S_p}{F} + \frac{M_m}{W_{n1}} = -1 \cdot \frac{66200}{124} + \frac{590000}{508} = -533 + 1160 = +627\,\text{kg/cm}^2.$

Oben: $\sigma_2 = \omega_x \cdot \frac{\varphi S_g + \psi S_p}{F} + \frac{M_m}{W_{n2}} = -1 \cdot \frac{66200}{124} + \frac{590000}{1320} = -533 - 447 = -980\,\text{kg/cm}^2.$

Spannungen an den Knoten:

Unten: $\sigma_1 = -\frac{66200}{124} - \frac{399400}{508} = -533 - 785 = -1318\,\text{kg/cm}^2.$

Oben: $\sigma_2 = -\frac{66200}{124} + \frac{399400}{1320} = -533 + 302 = -231$ „

Spannungsdiagramme nach Abb. 598 (Mitte) und 599 (Knoten).
Zulässige Spannung (Hauptkräfte allein): $\sigma_{\text{zul}} = 1400\,\text{kg/cm}^2$.
Zur Bestimmung der Zusatzspannung durch den Massendruck der in der ungünstigsten Laststellung befindlichen Katze (um $b/4$ links der Kranmitte) werde angenommen, daß nur ein waagerechter Diagonalverband (Abb. 603a) trägt. Waagerechte Raddrucke: $P_h = \frac{1}{10} \cdot \frac{Q + G_0}{4} = \frac{1}{10} \cdot \frac{30000 + 10000}{4} = 1000$ kg. Diese Raddrucke werden auf die benachbarten Knoten reduziert. Reduzierte Raddrucke: $P_1 = 172$ kg; $P_2 = 828$ kg; $P_3 = 610$ kg; $P_4 = 390$ kg. Das Aufzeichnen des Kräfteplanes Abb. 603b (Längenmaßstab 1:100, Kräftemaßstab: 1 cm = 250 kg) ergibt für den Stab O_3 eine Stabkraft $S_h \approx -6170$ kg.

Zusatzspannung: $\sigma_h = \frac{\varphi S_h}{F} = -\frac{1{,}4 \cdot 6170}{124} \approx -70\,\text{kg/cm}^2.$

Größte Spannung im Stab O_3 (an den Knoten unten):

$$\max \sigma = -\sigma_1 - \sigma_h = -1318 - 70 = -\mathbf{1388\,kg/cm^2}.$$

Zulässige Spannung mit Berücksichtigung der Nebenkräfte: $\sigma_{\text{zul}} = 1600\,\text{kg/cm}^2$.
In gleicher Weise wird auch die Größtspannung für den Obergurtstab O_2 berechnet. Diese beträgt (s. Kolonne 21 der Tabelle 52): $\max \sigma = -1160\,\text{kg/cm}^2$.

4. Nietanschlüsse der Füllungsstäbe. Sie werden nach den Angaben S. 286 berechnet und die Werte werden in die Kolonnen 23 bis 27 der Tabelle 52 eingetragen.

Wird der Träger geschweißt, so werden die Kolonnen 23 bis 27 entsprechend geändert.

b) Seitenträger (Bühnenträger).

Bei den kleineren Laufkranen, deren Hauptträger ein I-Träger ist, wird der Seitenträger als Parallelträger und aus Schönheitsrücksichten mit abwechselnd steigenden und fallenden Diagonalen ausgebildet. Trägerhöhe gleich Geländehöhe ≈ 1,0 m. Ober- und Untergurt sind einfache Winkeleisen, ebenso die Diagonalen und Vertikalen, die durch einschnittige Nietverbindungen an die Knotenbleche der Gurtungen angeschlossen werden.

Da solche freistehende Parallelträger bei Durchbiegung der Kranbrücke Neigung zu seitlichem Ausknicken haben, so bringe man in genügenden Abständen Versteifungen an.

Tabelle 52. Zur statischen Berechnung des elektrisch betriebenen Laufkranes von 30 t Tragkraft und 16 m Spannweite.

1	2	3	4	5	6	7	8	9	10	11	12	13	14	15	16	17	18	19	20	21	22	23	24	25	26	27
Stab	S_g	$\varphi S_g = 1,2 S_g$	S_p	$\psi S_p = 1,4 S_p$	$\varphi S_g + \psi S_p$	s_K	F_{erf}	J_{erf}	Gewählter Querschnitt	F	F_n	J	J_n	i	λ	ω	$\omega (\varphi S_g + \psi S_p)$	ν	$\sigma_{d\,zul}$	σ_K	σ	f_{erf}	z	f_{vorh}	τ_{vorh}	$\sigma_{l\,vorh}$
—	t	t	t	t	t	m	cm²	cm⁴	—	cm²	cm²	cm⁴	cm⁴	cm	—	—	t	—	kg/cm²	kg/cm²	kg/cm²	cm²	—	cm²	kg/cm²	kg/cm²
$O_1 = O_6$	—	—	—	—	—	—	—	—	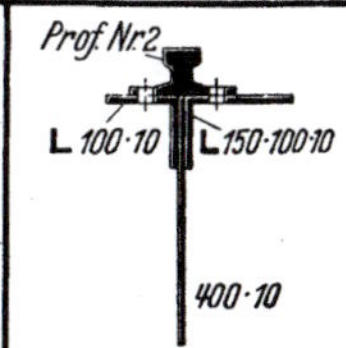 Prof Nr 2, L 100·10, L 150·100·10, 400·10	—	—	—	—	—	—	—	—	—	—	—	—	—	—	—	—	—
$O_2 = O_5$	−4,0	−4,8	−29	−41	−45,8	1,6	—	—		124,4	—	17330	16980	11,8	13,6	1,013	−47,2	1,78	1390	2400	1160	—	—	—	—	—
$O_3 = O_4$	−6,0	−7,2	−42	−59	−66,2	1,6	—	—		124,4	—	17330	16980	11,8	13,6	1,013	−68,2	1,78	1390	2400	1388	—	—	—	—	—
$U_1 = U_5$	+3,1	+3,7	+22	+31,0	+34,7	—	28,3	—	 2 L 100·10	38,4	34,4	—	—	—	—	—	—	—	—	—	1001	31,0	8	50,2	690	2170[1]
$U_2 = U_4$	+5,3	+6,4	+37	+52	+58,4	—	49,0	—	2 L 100·10 Gpl. 220·12	64,8	56,0	—	—	—	—	—	—	—	—	—	1040	—	—	—	—	—
U_3	+6,3	+7,6	+43	+60	+67,6	—	55,5	—		64,8	56,0	—	—	—	—	—	—	—	—	—	1210	—	—	—	—	—
V	−0,5 [2]	−0,6	−10	−14	−14,6 − 9,7	1,6 0,26	17,5 —	63,5 —	 2 L 70·7	18,8 9,4	—	84,8 17,6	—	2,12 2,12	75,4 10,2	1,49 1,01	−22,0 − 9,79	2,4 1,7	930 1390	2240 2400	1160 1040	13,0	4	25,0	585	1825
$D_1 = D_{10}$	−3,3	−4,0	−25	−35	−39	1,75	36,0	203	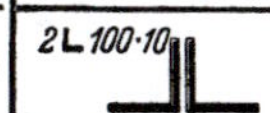 2 L 100·10 [3]	38,4	—	354	—	3,04	57,6	1,28	−50,00	2,1	1130	2400	1300	34,9	9	56,5	690	2170
$D_2(D_9)$[4]	+1,4	+1,7	+14	+19,6	+21,3	—	17,5	—	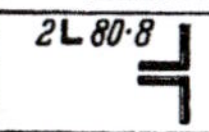 2 L 80·8	24,6	21,4	—	—	—	—	—	—	—	—	—	1000	19,0	5	31,4	678	2130
$D_3(D_8)$[5]	−1,8	−2,2	−18	−25	−27,2 −14,3	2,27 0,465	33,0 —	238 —	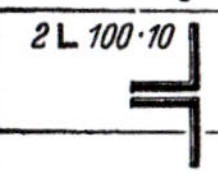 2 L 100·10	38,4 19,2	—	354 73,3	—	3,04 1,95	74,6 24,0	1,5 1,04	−40,8 −14,8	2,4 1,77	950 1350	2275 2400	1065 770	24,3	7	44	618	1945
D_4	+1,1	+1,3	+15	+21	+22,3	—	18,0	—		24,6	21,4	—	—	—	—	—	—	—	—	—	89,0	19,9	5	31,4	710	2230
(D_7)	+1,1	+1,3	− 6,5	− 9,1	− 7,8 − 4,15	2,27 0,465	19,87 —	68,2 —	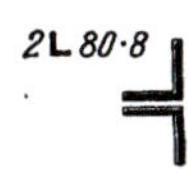 2 L 80·8	24,6 12,3	—	144,6 29,6	—	2,42 1,55	94,0 30,0	2,1 1,1	−16,4 − 4,56	3,1 1,8	670 1320	2110 2400	670 370	7,0	5	31,4	249	780
D_5	−0,4	−0,5	−12	−16,8	−17,3 − 9,24	2,27 0,465	26,1 —	152 —		24,6 12,3	—	144,6 29,6	—	2,42 1,55	94,0 30,0	2,1 1,1	−36,3 −10,20	3,1 1,8	670 1320	2110 2400	1475 827	15,4	5	31,4	550	1730[6]
(D_6)	−0,4	−0,5	+ 9,2	+13,0	+12,5	—	10,3	—		24,6	21,4	—	—	—	—	—	—	—	—	—	580	11,2	5	31,4	400	1250

[1] Anschluß an das Endblech am Kopfträger.
[2] Zweite Zeile: Berechnung nach der Krohnschen Formel.
[3] Da die Diagonale ihrer ganzen Länge nach auf dem Endblech befestigt ist, sind L 80 × 8 ausreichend.
[4] D_9 erhält, wenn die Katze im rechten Anfahrmaß steht, eine kleine Druckkraft (— 6,0 t), für die der Stab reichlich knicksicher ist.
[5] D_8 erhält eine Zugkraft von 3 t, die vernachlässigt werden kann.
[6] Der Wert $\sigma = 1475$ (Spalte 22) ist etwas hoch, gegebenenfalls wähle man L 90 × 9.

Bei größeren Kranen, deren Hauptträger ein an beiden Enden abgeschrägter Stehblechträger ist (Abb. 557, S. 271), erhält der Seitenträger den Umriß des Hauptträgers und wird in gleicher Weise wie bei einem Fachwerklaufkran gestaltet, dessen Seitenträgersystem gleich dem des Hauptträgers ist. Nur erhält der Seitenträger, seiner geringen Beanspruchung entsprechend, schwächere Profile.

Als Belastung des Seitenträgers kommen in Frage: Sein Eigengewicht, der halbe Querverband und der halbe Belag der einen Seite, das halbe Fahrwerkgewicht und ein schweres Montageteil der Laufkatze (z. B. die Trommel mit dem Trommelrad).

Nach den BEK (DIN 120) sind die Seitenträger (Bühnenträger) für eine wandernde Einzellast von 300 kg auszuführen.

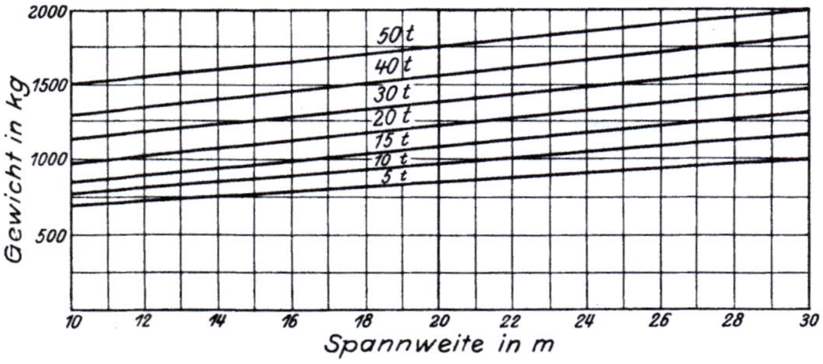

Abb. 611. Belastungen der Seitenträger (Bühnenträger). Demag.

Abb. 611 gibt die Belastungen der Seitenträger für normale elektrische Laufkrane von 5 bis 50 t Tragkraft und für Spannweiten von 10 bis 30 m.

In Rücksicht auf Erschütterungen durch den auf Mitte der einen Bühne stehenden Kranfahrmotor ersetze man die Obergurtknotenbleche der beiden mittleren Felder des Seitenträgers durch ein durchgehendes Flacheisen von der Höhe und Stärke der Knotenbleche, oder man versteift den Mittelknoten nach Art von Abb. 529, S. 253.

c) Querverband und Belag.

Je ein Haupt- und Seitenträger sind durch einen Querverband (Abb. 529, S. 253) miteinander verbunden. Dieser Verband ist in der Untergurtebene ein Diagonalverband, in der Obergurtebene sind, wenn der Blechbelag trägt, einfache Querwinkel ausreichend. Damit der Verband die erforderliche Steifigkeit erhält, werden in der Ebene der Vertikalen des Haupt- und Seitenträgers Diagonale angeordnet (Abb. 612).

Auf dem oberen Teil des Querverbandes wird der Bühnenbelag angeordnet. Der Belag wurde früher in Holz oder in Riffelblech ausgeführt. Da die neuzeitigen Werkstätten ihr Licht hauptsächlich von oben erhalten, so sind Holz und Riffelblech ungeeignet, da sie einen Schlagschatten in die Werkstätte werfen. Man verwendet daher gegenwärtig als Belag allgemein gelochtes (perforiertes) Blech, das nach den Mustern (Abb. 613 bis 617) gelocht wird. Blechstärke: Etwa 5 mm. Blechbreite: 800, 1000 oder 1200 mm. Der Blechbelag wird mit den Obergurten des Haupt- und Seitenträgers, mit den Querverbandswinkeln und an den Trägerenden mit den Kopfträgern vernietet oder verschweißt.

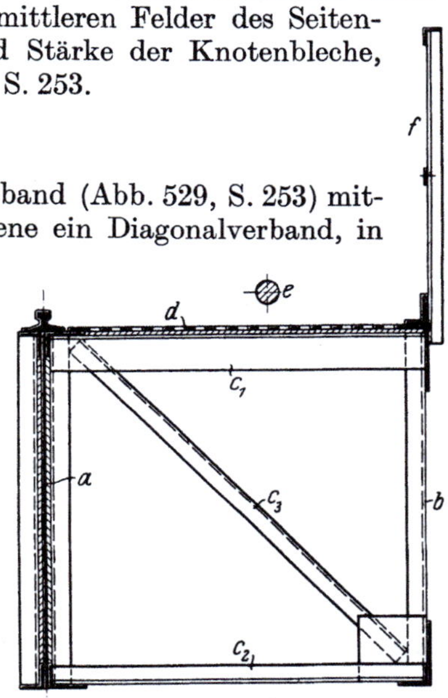

Abb. 612. Querversteifung der Kranbrücke. *a* Hauptträger (Vollwandträger); *b* Seitenträger (Fachwerkträger); c_1 bis c_3 Querverband; *d* Blechbelag; *e* Fahrwerkswelle; *f* Geländer.

Der Blechbelag wird jedes zweite Feld gestoßen. An den Stoßstellen werden statt der L-Eisen des Querverbandes [-Eisen angeordnet (Abb. 618), die so groß gewählt werden, daß zwei Nietreihen nebeneinander Platz haben. Stärke der Belagnieten: 12 bis 16 mm. Nietteilung: $t = 18\,d$ bis $50\,d$.

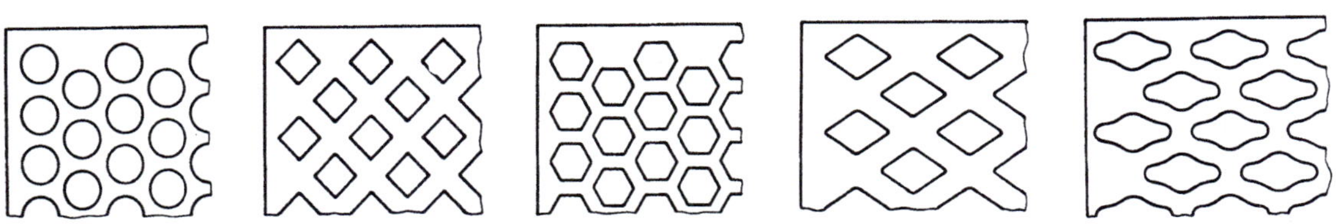

Abb. 613 bis Abb. 617. Lochungsmuster der Belagbleche.

Nachdem die Eisenkonstruktion des Kranes entworfen ist, wird der Blechbelag besonders herausgezeichnet und die zu lochenden Flächen werden durch strichpunktiere Linien umrissen.

Die Laufbühnen erhalten an der Außenseite (über den Seitenträgern) ein Geländer, das am einfachsten aus L-Eisen hergestellt wird.

Abb. 618.

Nach DIN 120 sind die Laufstege und Treppen im allgemeinen für eine wandernde Einzellast von 300 kg auszuführen. Diese Belastung ist nur für die Bühnenträger und für die Anschlüsse der Laufstege und Treppen zu berücksichtigen und darf bei allen auch durch die Last beanspruchten Konstruktionsteilen (Hauptträgern) außer acht gelassen werden. Die Geländer sind für eine wandernde waagerechte Einzellast von 30 kg zu bemessen.

Bei Laufstegen und Treppen, die selten und nur ohne Traglasten begangen werden (Zugänge zu den Schmierstellen an Drehkranauslegern usw.) können die vorstehenden Werte um 50% ermäßigt werden.

d) Kopfträger (Querträger).

Die Haupt- und Seitenträger ruhen mit ihren Enden auf den Kopfträgern und sind mit ihnen fest verbunden. In den Kopfträgern (Abb. 619) sind die Kranlaufräder gelagert. Ihr kleinster Radstand l ist durch die Schienenmittenentfernung der Laufkatze, die Größe der Laufräder und durch den erforderlichen Spielraum zwischen den Laufrädern und den Hauptträgern baulich festgelegt. Radstände der normalen elektrisch betriebenen Laufkrane s. Tabelle 51, S. 254.

Geeignetster Querschnitt der Kopfträger in Rücksicht auf die Lagerung der Laufräder: 2 [-Eisen (Abb. 528) oder bei größeren Kranen zwei Blechträger in [-Eisenform (Abb. 535, S. 259).

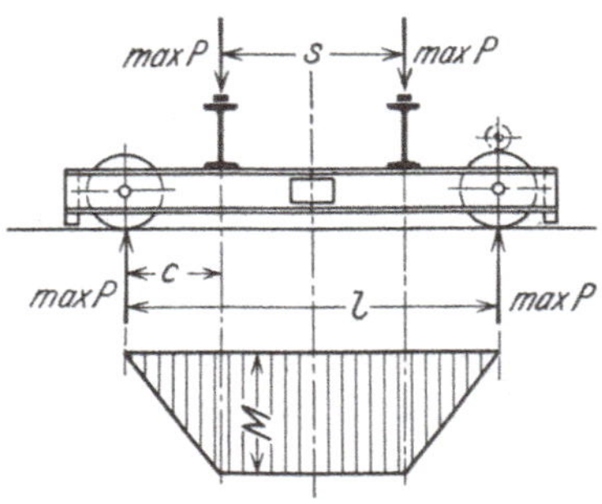

Abb. 619. Kopfträger (Berechnungsskizze).

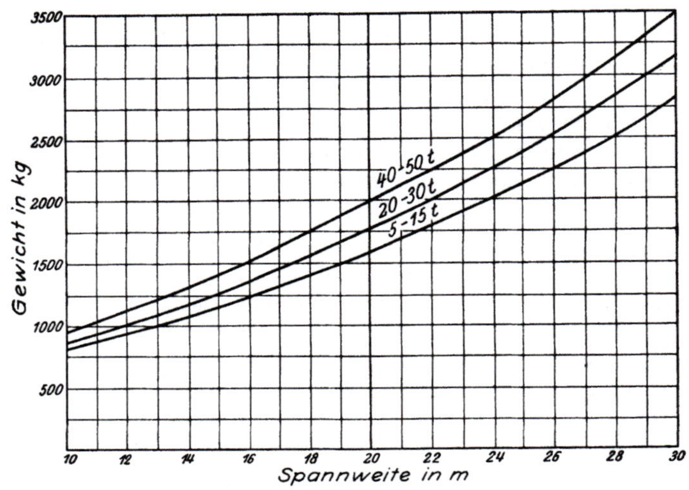

Abb. 620. Gewichte der Kopfträger. (Demag.)

Die Kopfträger sind durch das Gewicht der Hauptträger und durch den Druck der vollbelasteten Katze auf Biegung beansprucht; sie erhalten ihre größte Beanspruchung, wenn die vollbelastete Katze im Anfahrmaß e steht (Abb. 531, S. 257).

Alsdann tritt an den Laufrädern ein der Biegekraft gleich großer und entgegengesetzter Auflagerdruck auf. Die Größe der Biegekraft bzw. des Auflagerdruckes ist mit genügender Annäherung gleich dem größten, nach Gleichung (219), S. 257 berechneten Raddruck ${}_{\max}P$. In diesem ist das Eigengewicht der Kopfträger, das auf Abb. 620 für Krane von 5 bis 50 t Tragkraft und 10 bis 30 m Spannweite zeichnerisch dargestellt ist, enthalten.

Mit dem größten Raddruck ${}_{\max}P$ und den Bezeichnungen Abb. 619 ist das größte Biegemoment:

$$M = {}_{\max}P \cdot \frac{l - s}{2} = {}_{\max}P \cdot c\,. \tag{312}$$

Dieses Moment verteilt sich auf die beiden Trägerhälften im Verhältnis $\frac{m}{m+0}$ bzw. $\frac{0}{m+0}$ (Abb. 535, S. 259), wobei für die Nabenlängenmaße m und 0 die DI-Normen (siehe S. 136 und 137) maßgebend sind. Das für die Bestimmung des [-Eisens bzw. des Blechträgers maßgebende größte Teilmoment ist:

$$M' = M \cdot \frac{m}{m+0}\,. \tag{313}$$

Es ist noch mit dem Ausgleichfaktor ψ (s. S. 267) zu multiplizieren.

Die zulässige Biegebeanspruchung nehme man aus baulichen Gründen verhältnismäßig niedrig und mache sie von der Tragkraft und Größe des Kranes abhängig.

$$\sigma_{\text{zul}} = 800 \text{ bis } 1200 \text{ kg/cm}^2.$$

Ist das erforderliche Widerstandsmoment größer als das W_x des ⊏-Eisens Nr. 40, so wird der Träger als Blechträger nach Abb. 621 und Abb. 535, S. 259 hergestellt. Für diesen ist das Widerstandsmoment (ohne Berücksichtigung der Nietschwächung):

$$W_x = \frac{2}{h_0}\left[\frac{s h_0^3}{12} + 2 J_x + 2 F \cdot \left(\frac{h_0}{2} - e\right)^2\right] \ldots \text{cm}^3. \tag{314}$$

Geschweißte Kopfträger erhalten, um das Abrollen der Laufräder bei Instandsetzungsarbeiten zu ermöglichen, einen Querschnitt nach Abb. 622.

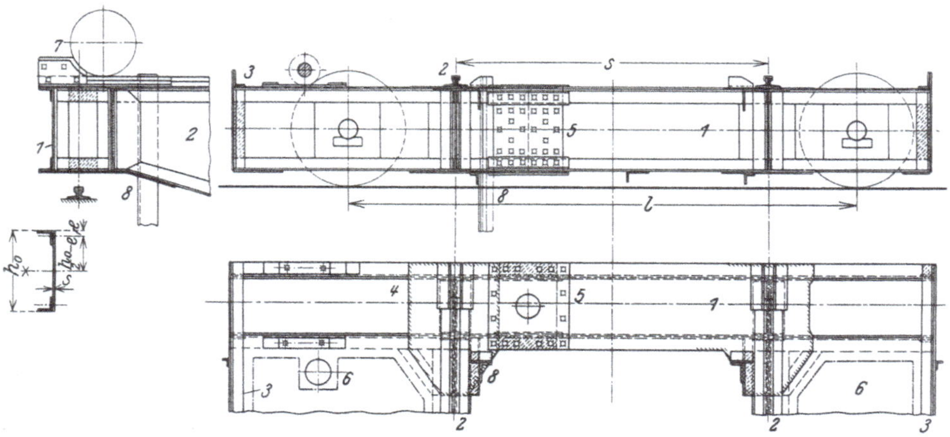

Abb. 621. Gestaltung der Kopfträger. (Demag-Tigler.)
1 Kopfträger; *2* Hauptträgeranschluß; *3* Seitenträger; *4* Versteifungsbleche; *5* Kopfträgerstoß; *6* Blechbelag; *7* Prellklötze; *8* Stromabnehmerarme.

Die Kopfträger werden in der Mitte geteilt und an Ort und Stelle durch Laschen und Deckbleche miteinander verschraubt. Der Stoß (Abb. 621) muß das volle Moment aufnehmen können. Stoßberechnung s. S. 272.

Die Teilung der Kopfträger ist in Rücksicht auf den Versand erforderlich. Je eine Kranhälfte, bestehend aus Hauptträger, Seitenträger, zugehörigem Querverband mit Belag und einem halben Kopfträger werden fertig vernietet und verladen. Nur bei Kranen von sehr großer Spannweite ist eine Längsteilung erforderlich. Die Winde und der Führerkorb mit den Steuervorrichtungen werden für sich verladen. Dieser wird am Aufstellungsort an der Kranbrücke angeschraubt.

Bei schweren Laufkranen mit acht Laufrädern (Abb. 532, S. 257) werden die Kopfträger geteilt und beide Hälften gelenkig miteinander verbunden. Nur bei Schwerlastkranen (über 100 t Tragkraft) werden je zwei Laufräder in Radgestellen gelagert, die am Kopfträger einstellbar angeordnet werden.

In allen vorgenannten Fällen ist die Berechnung der Kopfträger statisch bestimmt.

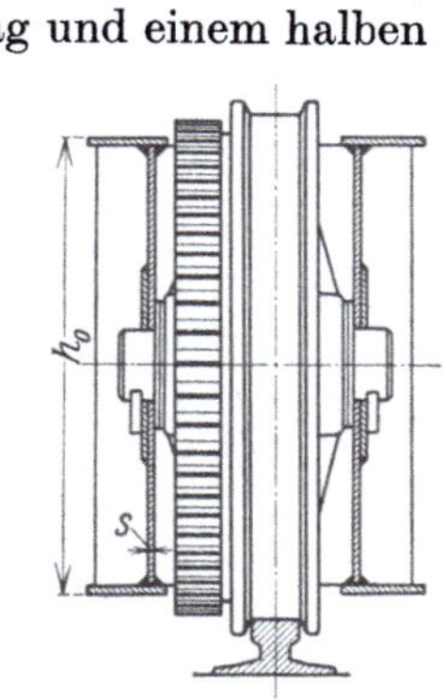

Abb. 622. Geschweißter Kopfträger.

Die Kopfträger haben außer den senkrechten Lasten auch beträchtliche waagerechte Kräfte aufzunehmen, z. B. beim Anfahren oder Bremsen einer schweren Katze, beim Anfahren des Kranes mit einseitig stehender Katze oder beim Anprallen gegen ungleich stehende Endpuffer der Kranbahn. Die Kopfträger sind daher auch in der waagerechten Ebene durch kräftige Kopfbleche genügend zu versteifen. Ein Verbiegen der Kopfträger in dieser Ebene veranlaßt das Schieflaufen der Laufräder und hierdurch einen größeren Fahrwiderstand und schnelleren Verschleiß der Fahrwerksteile. Nötigenfalls sind die Kopfbleche bzw. Teile derselben über den Laufrädern zum Abschrauben einzurichten, um die Laufräder, Anlaufscheiben und sonstige innenliegende Getriebeteile leichter auswechseln zu können.

Zur Sicherheit gegen einen etwaigen Laufradbolzenbruch erhalten die Kopfträger Radbruchstützen (Abb. 524, S. 251). Diese sind meist ⊏-Eisen und haben etwa 5 bis 10 mm Abstand von der Fahrbahnschiene. Sie sind mit genügender Nietzahl an die Kopfträger anzuschließen.

Die Kopfträger erhalten an beiden Seiten hölzerne Prellklötze, welche die Stoßwirkung des am Laufbahnende anfahrenden Kranes mildern.

Beispiel Nr. 7. Der Kopfträger zu einem elektrisch betriebenen Laufkran von 30 t Tragkraft und 16 m Spannweite (Beispiel Nr. 6, S. 288) ist zu berechnen. Gestaltung nach Abb. 621. Radstand: $l = 4000$ mm; Spurweite der Katze: $s = 2500$ mm; größter Raddruck: $\max P = 22700$ kg. Trägerhöhe: $h_0 = 700$ mm.

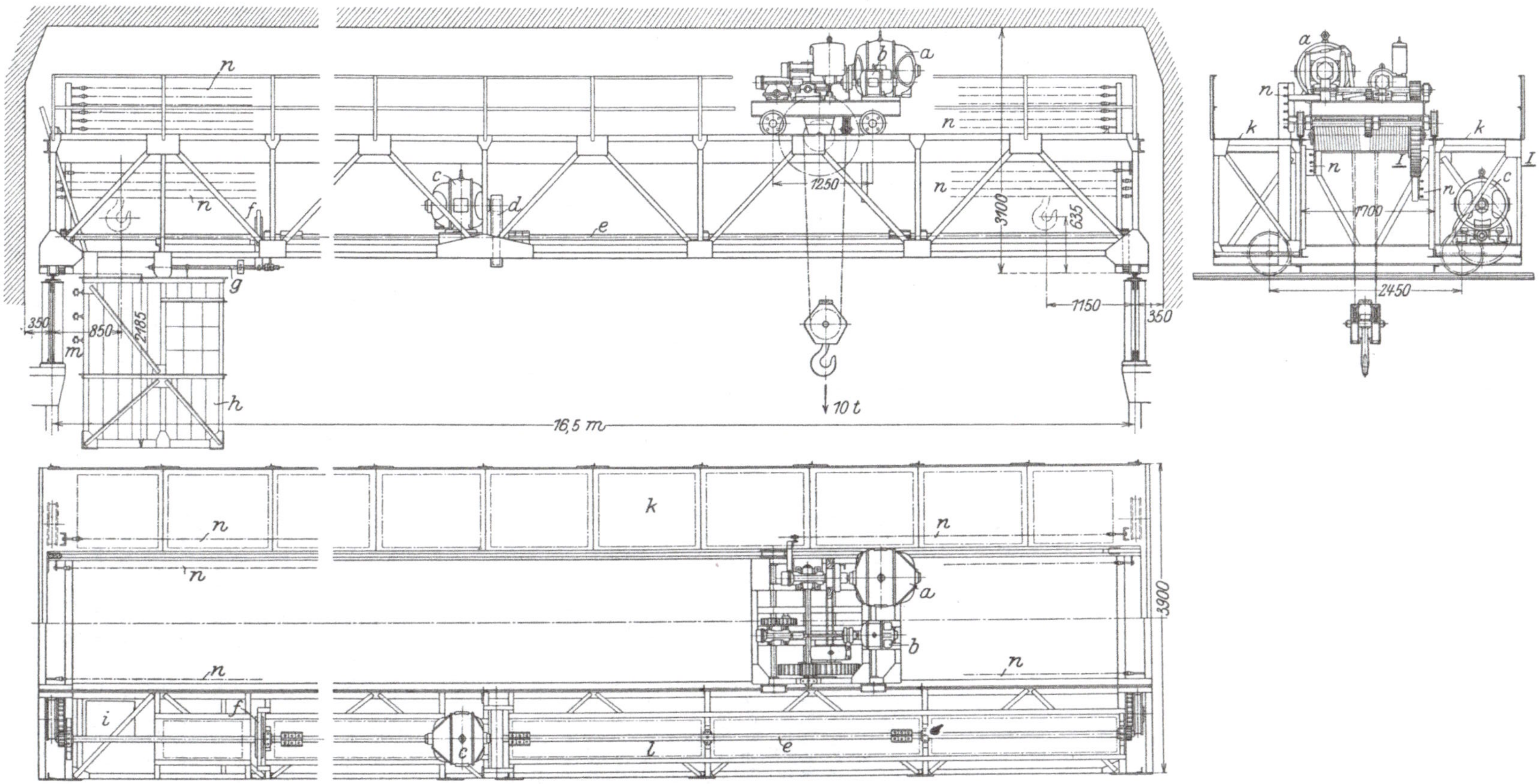

Abb. 623. Elektrisch betriebener Laufkran von 10 t Tragkraft und 16,5 m Spannweite.

a Hubmotor; *b* Katzenfahrmotor; *c* Kranfahrmotor; *d* Motorvorgelege; *e* Fahrwerkswelle; *f* Fahrwerksbremse; *g* Gestänge zu *f*; *h* Führerhaus; *i* Einsteigöffnung zu *h*; *k* und *l* Bühnenbelag; *m* Kranschleifleitung; *n* Katzenschleifleitung.

Arbeitsgeschwindigkeiten und Motoren:

Heben	12 m/min; 40 PS bei 970 Uml./min;	Kranfahren .	100 m/min; 21 PS bei 970 Uml./min;
Katzenfahren	30 „ ; 6 „ „ 1450 „ ;	Stromart . .	Drehstrom 220 V, 50 Hz.;

Elektrische Ausrüstung: AEG.

Biegemoment nach Gleichung (312), S. 292: $M = \max P \cdot c = 22700 \cdot 75 \approx 1700000$ kgcm.
Nabenabstände des gewählten Laufrades (Tabelle 37, S. 137): $m = 180$ mm; $o = 110$ mm.

Biegemoment des stärker belasteten (linken) Trägers: $M' = M \cdot \frac{m}{m+o} = 1700000 \cdot \frac{180}{290} \approx 1055000$ kgcm.
Angenommene Trägerabmessungen (Abb. 621, S. 293).
Stehblech: $s = 10$ mm; $h_0 = 700$ mm. Gurtwinkel: L 100 × 100 × 10.
Nach Gleichung (314) berechnetes Trägheitsmoment ohne Nietschwächung: $J_x \approx 68600$ cm⁴.

Widerstandsmoment: $W_x \approx 1960$ cm³. Biegespannung: $\sigma = \frac{\psi M'}{W_x} = \frac{1{,}4 \cdot 1055000}{1960} \approx 755$ kg/cm².

Mit Berücksichtigung der Nietschwächung kommt dieser Wert entsprechend höher. Überschreitet er den zulässigen Wert ($\sigma_{zul} = 1400$ kg/cm²), so werden zur Vergrößerung des Trägheitsmomentes größere Gurtwinkel gewählt.

Der für die Berechnung des Lochleibungsdruckes zwischen Laufradbolzen und Stehblech in Frage kommende Druck ist:

$$\max P' = \max P \cdot \frac{m}{m+o} = 22700 \cdot \frac{180}{290} \approx 14100 \text{ kg}.$$

An der Stelle des Laufrades ist der Querschnitt durch ein aufgenietetes Blech mit der Stärke $s_0 = 10$ mm verstärkt.

Lochleibungsdruck: $\sigma_l = \frac{\max P'}{d \cdot (s + s_0)} = \frac{14100}{11 \cdot (1+1)} \approx 640$ kg/cm². $\sigma_{l\,zul} = 2240$ kg/cm².

e) Führerkorb, Steuerung und Sicherheitsvorrichtungen.

Kleinere Laufkrane mit einer Tragkraft bis etwa 5 t und Fahrgeschwindigkeiten nicht über 50 m/min werden auch ohne Führerkorb ausgeführt. Die Steuerwalzen werden dann an der Kranbrücke angebaut und vom Fußboden aus durch Zugschnüre bedient.

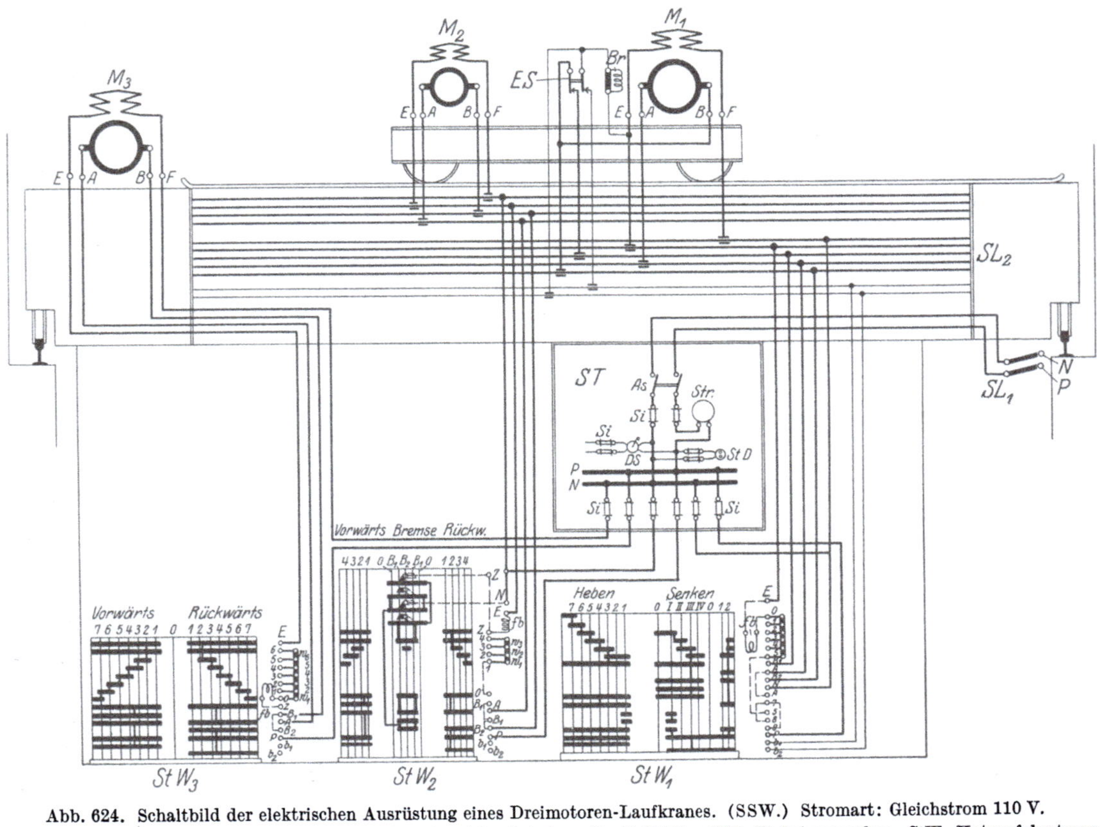

Abb. 624. Schaltbild der elektrischen Ausrüstung eines Dreimotoren-Laufkranes. (SSW.) Stromart: Gleichstrom 110 V. M_1 Hubmotor, M_2 Katzenfahrmotor, M_3 Kranfahrmotor (*A*—*B* Anker, *E*—*F* Feld); StW_1 Hubsteuerwalze; StW_2 Katzenfahrsteuerwalze; StW_3 Kranfahrsteuerwalze; *Br* Bremslüftmagnet; *ES* Endschalter zum Hubwerk; SL_1 Kranschleifleitung; SL_2 Katzenschleifleitung; *ST* Schalttafel; *As* Ausschalter; *Si* Sicherungen; *Str* Stromzeiger; *DS* Dosenschalter zur Lichtleitung; *StD* Steckdose; w_1 bis w_6 Widerstände; *fb* Funkenblasmagnete.

In der Regel erhalten die Laufkrane jedoch einen Führerkorb, der bei Kranen von kleinerer Spannweite seitlich an der Kranbrücke angebaut wird (Abb. 623). Bei Kranen mittlerer Spannweite wird er auf Mitte Kranbrücke und bei Kranen großer Spannweite an der Laufkatze angeordnet. Grundfläche des Führerkorbes: Je nach Größe des Kranes etwa 1,75 bis 3,0 m².

Die Bewegungsrichtung der Bedienungsorgane der Steuervorrichtungen (Handrad oder Hebel) soll zu der auszuführenden Kranbewegung sinnfällig sein.

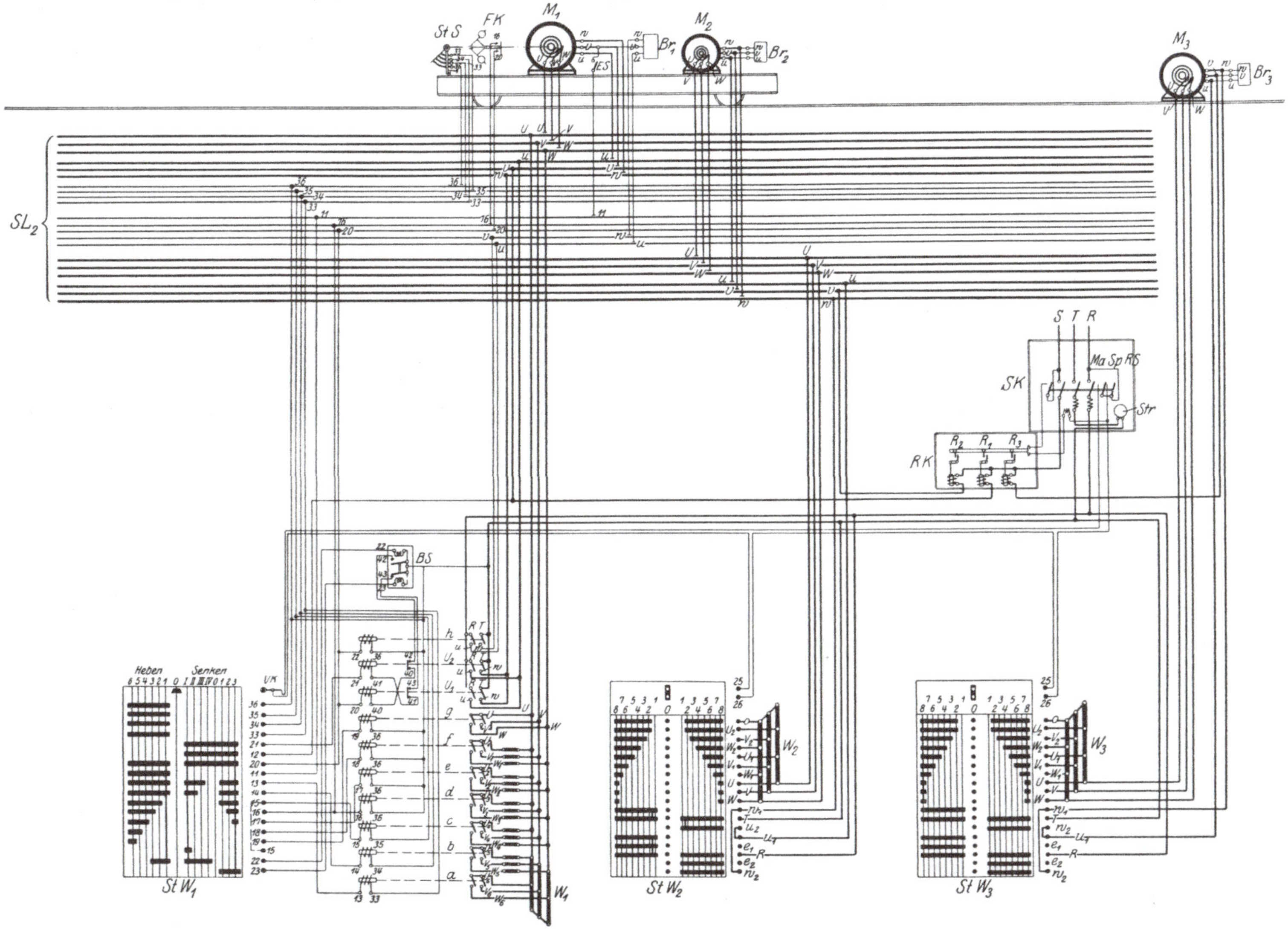

Abb. 625. Schaltbild der elektrischen Ausrüstung eines Dreimotoren-Laufkranes. (SSW.) Stromart: Drehstrom, 500 V, 50 Hz.

M_1 Hubmotor; **M_2** Katzenfahrmotor; **M_3** Kranfahrmotor; ***StW_1*** Hubsteuerwalze; ***StW_2*** Katzenfahrsteuerwalze; ***StW_3*** Kranfahrsteuerwalze; ***W_1***, ***W_2***, ***W_3*** Anlaßwiderstände zu den Steuerwalzen; ***Br_1***, ***Br_2***, ***Br_3*** Bremslüftmagnete; ***ES*** Endschalter zum Hubwerk; ***StS*** Stufenschalter; ***FK*** Fliehkraftkontakt zum Stufenschalter; ***BS*** Blockierungsschalter; ***VK*** Verriegelkontakt; ***U_1***, ***U_2*** Ständer-Umschaltschütze; ***a*** bis ***g*** Läuferschütze; ***h*** Schutz zum Hubwerk-Bremsmagnet ***Br_1***; ***SK*** Schaltkasten; ***R***, ***S***, ***T*** Sammelschienen; ***Ma-Sp-RS*** Maximal-Strom- und Spannung-Rückgangausschalter; ***R_1***, ***R_2***, ***R_3*** Relais; ***RK*** Relaisführungskasten; ***Str*** Stromzeiger.

Die Schaltanlage war früher allgemein eine Marmortafel, auf der der Hauptschalter (Netzschalter), die Sicherungen für die Motoren, Strom- und Spannungszeiger, sowie die Schaltteile für die elektrische Beleuchtung des Kranes angeordnet wurden.

In neuerer Zeit sieht man allgemein einen verschließbaren Schaltkasten (s. S. 186) vor, in dem der Hauptschalter und statt der Sicherungen ein Höchststromauslöser untergebracht sind. Strom- und Spannungszeiger werden dann in einem besonderen Kasten am Führerstand angeordnet.

Die Zahl der Drähte der Querschleifleitung, durch die die Stromverbraucher auf der Katze gespeist werden, wird durch das Aufzeichnen des Kranschaltschemas bestimmt.

Abb. 624 gibt als Beispiel das Schaltschema eines Laufkranes für Gleichstrombetrieb.

Der Hubkontroller hat Senkbremsschaltung (Schaltung *ag* der SSW), der Katzenfahrkontroller Fahrbremsschaltung und der Kranfahrkontroller ist ein einfacher Umkehranlasser.

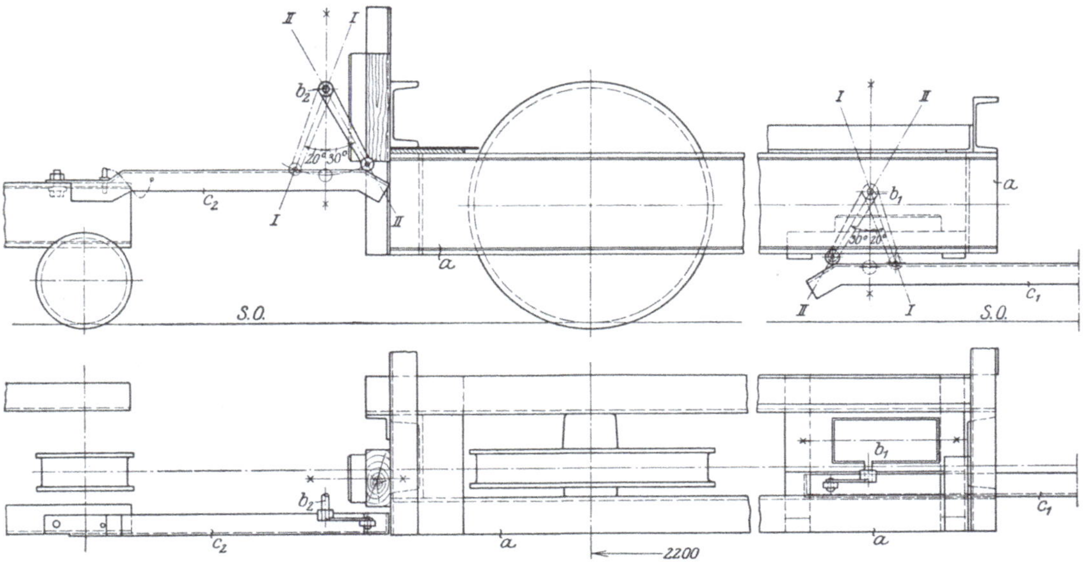

Abb. 626. Endausschaltung zum Kranfahrwerk eines elektr. betr. Laufkranes (Petravič).
a Kopfträger des Laufkranes; b_1 rechter, b_2 linker Endschalter mit Rollenkurbel; c_1, c_2 Auflauflineale für die Rollenkurbeln. *I – I* eingeschaltet; *II – II* ausgeschaltet. *SO* Schienenoberkante der Kranfahrbahn.

Auf Abb. 625 ist das Schaltschema eines Laufkranes für Drehstrombetrieb dargestellt.

Das Hubwerk hat Gegenstromsenkschaltung, bei der die Ständer- und Läuferschützen des Motors durch einen Stufenschalter geschaltet werden, der unter der Einwirkung eines Fliehkraftkontaktes steht.

An Sicherheitsvorrichtungen können ausgeführt werden:

1. Hubwerkendschalter, die den Motorstrom bei Überschreiten der höchsten Hakenstellung unterbrechen. Siehe S. 183 „Elektrische Ausrüstung" und S. 244 „Laufkatzen".

2. Endschalter zur Begrenzung des Katzenfahrweges sind bei normalem Kranbetrieb im allgemeinen nicht erforderlich und kommen nur bei flottem Betrieb, z. B. bei Hüttenwerkskranen, in Frage. Ein Überschreiten der Endstellungen (Anfahrmaße) der Katze wird durch feste Hemmschuhe vermieden (Abb. 621, S. 293).

3. Endschalter zur Begrenzung des Kranfahrweges. Auch auf diese kann in den meisten Fällen verzichtet werden. Man ordnet jedoch an den Kopfträgern der Laufkrane hölzerne Prellklötze an, die den Stoß beim Anfahren am Fahrbahnende mildern.

Abb. 626 zeigt als Beispiel die Sicherung eines Laufkranes gegen Anstoßen an einem Fahrbahnende und gegen das Zusammenstoßen mit einem anderen, auf der gleichen Bahn fahrenden Laufkran.

Sind die Drähte der Längs- oder Querschleifleitung an der Führerkorbseite verlegt, so ist an dieser Stelle ein Schutzgitter anzubringen.

4. Sicherung der Motoren gegen zu hohe Stromaufnahme. Bei Kranen mit leichtem oder normalem Betrieb sind Schmelzsicherungen ausreichend. Krane mit schwerem Betrieb erhalten einen Höchststromauslöser in Verbindung mit Relaissicherungen (Abb. 625, S. 296) oder einen Mehrmotoren-Schutzschalter neuester Bauart. Siehe S. 185 „Elektrische Ausrüstung".

Fahrleitungen und Stromabnehmer. Lose verlegte Leitungen (Abb. 627a und b) werden bei Fahrgeschwindigkeiten bis etwa 90 m/min angewendet. Die Drähte sind Runddrähte, die an beiden Enden isoliert abgespannt sind. Drahtquerschnitt (Kupfer): 25 bis 120 mm² bei 5,7 bis 12,4 mm Durchmesser. Zur Vermeidung zu großen Durchhanges und größerer Schwankungen werden in Abständen von etwa 8 m Drahtstützen an-

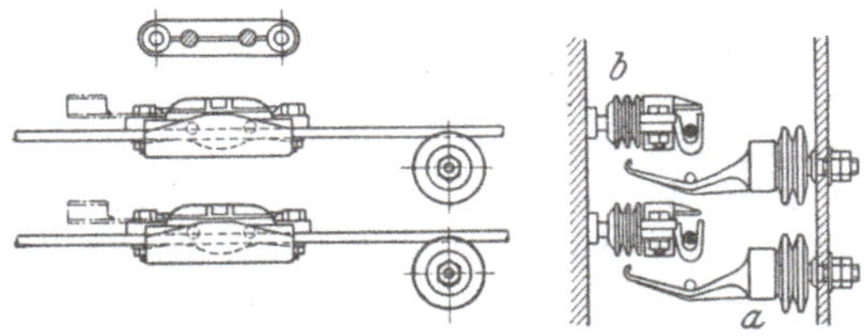

Abb. 627a. Schleifschuhstromabnehmer, übereinander angeordnet. (AEG.)
a Drahtstützen; *b* Stromabnehmer.

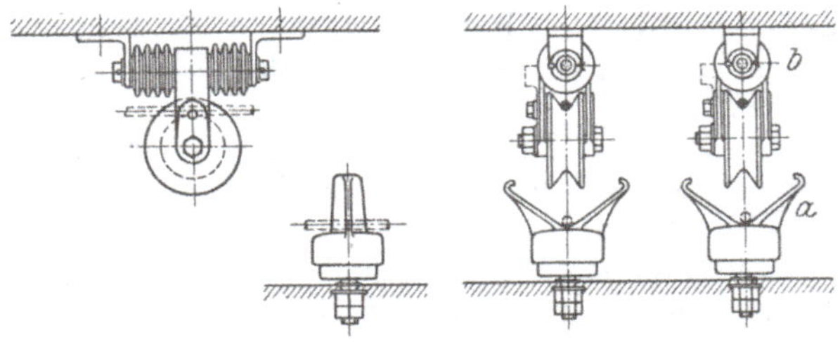

Abb. 627b. Rollenstromabnehmer, nebeneinander angeordnet (AEG.)
a Drahtstützen; *b* Stromabnehmer.

geordnet, in denen sich die Drähte auflegen. Speisung der Drähte an den Endpunkten. Anordnung der Leitungen übereinander (Abb 627a) oder nebeneinander (Abb. 627b). Die Stromabnehmer sind Schleifschuh-Stromabnehmer (Abb. 627a) oder Rollenstromabnehmer (Abb. 627b).

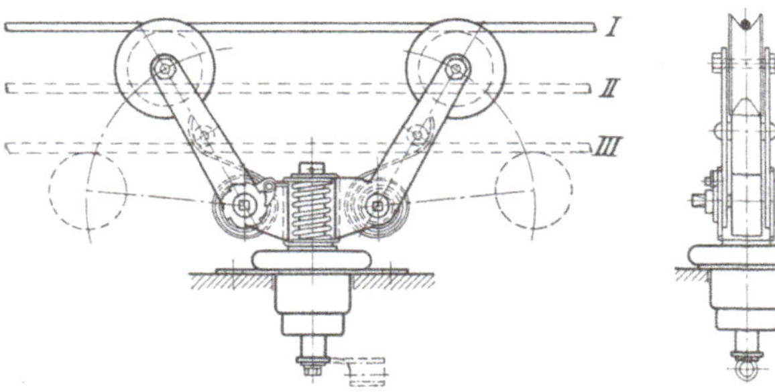

Abb. 628a. Rollenstromabnehmer mit drehbarem Arm. (AEG.)
I höchste, *II* normale, *III* tiefste Lage des Schleifdrahtes.

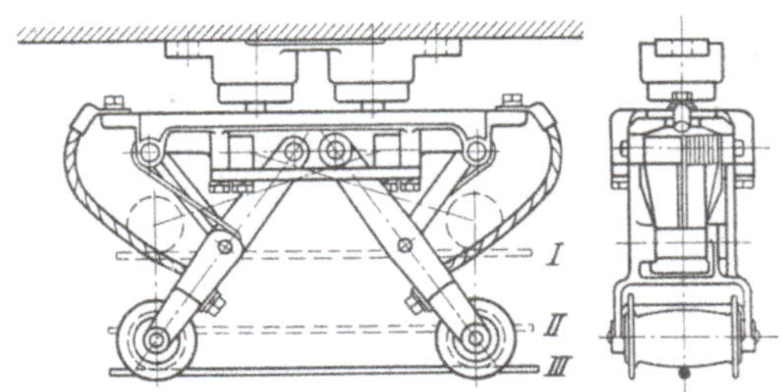

Abb. 628b. Walzenstromabnehmer, Druckrichtung nach unten. (AEG.)
I höchste, *II* normale, *III* tiefste Lage des Schleifdrahtes.

Fest verlegte Leitungen (Abb. 628a und b) haben runde oder profilierte Drähte (ru-, ri- oder no-Drähte). Sie werden ebenso wie die lose verlegten abgespannt und in bestimmten Abständen an isoliert angeordneten Drahthaltern gefaßt. Abstände der Drahthalter auf gerader Strecke etwa 8 m, in Krümmungen weniger. Speisung der Drähte an beliebiger Stelle, meist jedoch des geringeren Spannungsabfalls wegen von der Mitte aus. Anwendung bei Kupferdrähten mit über 80 mm² Querschnitt und Fahrgeschwindigkeiten über 90 m/min. Die Stromabnehmer sind Schleifschuh-, Rollen- oder Walzenstromabnehmer. Für größere Fahrgeschwindigkeiten kommen Walzenstromabnehmer (Abb. 628b) in Betracht.

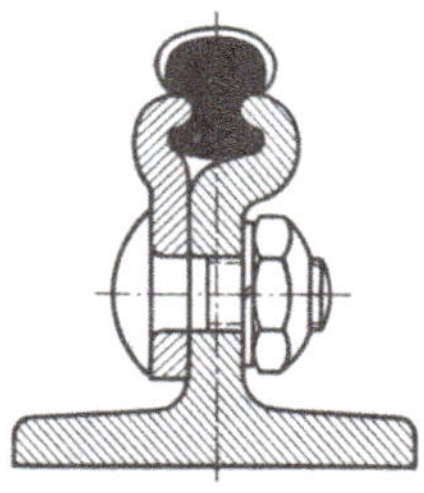

Abb. 629. Stromschiene mit auswechselbarem Kupferprofildraht (Bischoff & Hensel, Mannheim).

Stromschienen nach Art von Abb. 629 sind da am Platze, wo die Streckenführung schwierig und große Leistungen bei schneller Fahrt und angestrengtem Betrieb (z. B. bei Verladebrücken) übertragen werden. Bei der Stromschiene Abb. 629 wird ein auswechselbarer Kupferprofildraht von 65 bis 400 mm² Querschnitt vermittels Laschen und Schrauben festgeklemmt.

Sonderausführungen.

α) Untergurtlaufkrane (Laufkrane mit innenfahrender Katze).

Die Katzenfahrbahn ist ein [- oder I-Eisen mit aufgenieteter bzw. aufgeschraubter Flacheisenschiene. Sie ist an den Stäben des unteren Querverbandes befestigt, die ihrerseits am Untergurt je eines Haupt- und Seitenträgers angreifen (Abb. 630).

Bei gleicher Höhe der Kranfahrbahn haben die Untergurtlaufkrane ein größeres freies Profil unterhalb des Kranes und ergeben daher eine bessere Ausnutzung der Hubhöhe der Katze. Dieses größere freie Profil ist besonders dann vorteilhaft, wenn unterhalb des Laufkranes noch Konsolkrane fahren, deren Hubhöhe möglichst ausgenutzt werden soll. Nachteile der Untergurtlaufkrane sind der umständlichere Bau ihrer Kranbrücke, die daraus sich ergebenden größeren Anlagekosten und die Behinderung an der Kranbühne durch die Diagonalen des Querverbandes.

Abb. 630 zeigt die einfachste Bauart eines Untergurtlaufkranes, dessen Haupt- und Seitenträger als Parallelträger ausgebildet sind.

Die Querträger, an denen die Katzenfahrbahn befestigt ist, sind durch das Moment $M = P \cdot c$ (Abb. 631a) auf Biegung beansprucht.

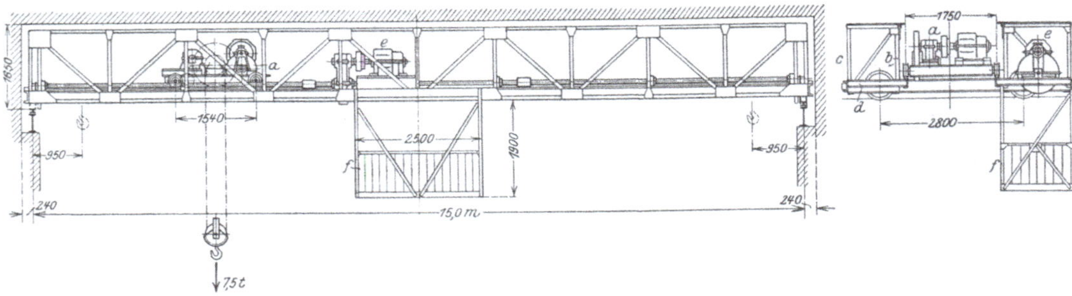

Abb. 630. Untergurt-Laufkran von 7,5 t Tragkraft und 15 m Spannweite. (Demag.)
a normale Kranlaufwinde; *b* Hauptträger; *c* Seitenträger; *d* Querverbindungen von *b* und *c*, an denen die Windenfahrbahn angebaut; *e* Kranfahrmotor; *f* Führerkorb.

Das Moment $P \cdot c$ beansprucht die eine Trägerhälfte (Hauptträger, Seitenträger und Querverband) auf Verdrehung. Im Gegensatz zu den Obergurtlaufkranen erhalten die Hauptträger-Vertikalen Zug. Die Vertikalen des Seitenträgers werden auf Druck beansprucht.

$$A = P \cdot \frac{c+m}{m}; \quad B = P \cdot \frac{c}{m}. \tag{315}$$

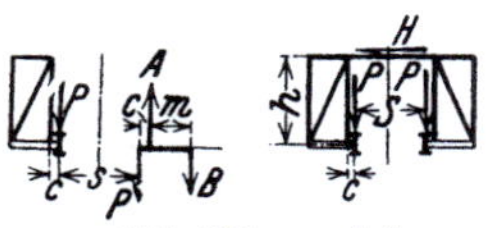

Abb. 631 a und b.

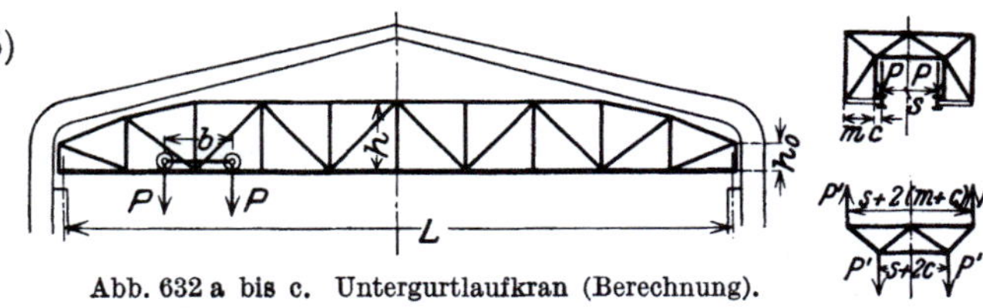

Abb. 632 a bis c. Untergurtlaufkran (Berechnung).

Bei größeren Kranen werden die beiden Trägerhälften oben durch knicksichere Stäbe miteinander verbunden (Abb. 631b), deren Druckbeanspruchung aus der Beziehung

$$H \cdot h = P \cdot c \tag{316}$$

zu $H = P \cdot \frac{c}{h}$ erhalten wird.

Sind diese Querstäbe zur Verbindung beider Trägerhälften nicht ausreichend, so wird in der Obergurtebene ein Diagonal- oder Netzwerkverband vorgesehen.

Um den Kran möglichst hochzulegen und ihn der Konstruktion des Dachstuhls anzupassen, wird das Trägersystem nach Art von Abb. 632a ausgeführt. Der Kranträger erhält den Querschnitt Abb. 632b, bei dem die äußeren Träger als Hauptträger zu betrachten sind.

Die Katzenfahrbahn greift bei Ausführung (Abb. 632b) an einem zwischen den beiden Hauptträgern angeordneten Hängewerk an, das die Katzenraddrucke auf die Hauptträger überführt und gleichzeitig eine gute waagerechte Versteifung beider Hauptträger bildet.

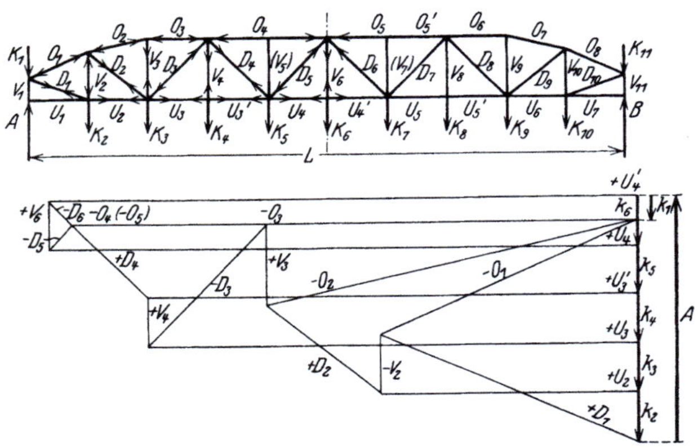

Abb. 633 und 634. Untergurtlaufkran (Bestimmung der Stabkräfte aus Eigenlast).

Für die Übertragung der Katzendrücke auf die Hauptträger betrachte man nur den einfachen Träger (Abb. 632c). Die an ihm wirkenden Kräfte sind:

$$P' = P \cdot \frac{c+m}{m}. \tag{317}$$

Im übrigen werden die Hauptträger in gleicher Weise wie bei den Obergurtlaufkranen berechnet. Abb. 634 gibt den Eigengewichtsplan zu dem System Abb. 632, und Abb. 636 den Kräfteplan für den Zustand $A = 1$ t. (Siehe auch S. 275.)

β) Greiferlaufkrane.

In Kraftwerken dienen sie zum Entladen und Stapeln der ankommenden Brennstoffe, sowie zur Beschickung von Gasgeneratoren. Die Laufkatze erhält entsprechend der Wirkungsweise der Zweiseilgreifer ein Hubwerk mit zwei Trommeln (Hub- und Entleertrommel). Über Greiferhubwerke s. S. 211. Bauart einer Greiferlaufkatze von 5 t Tragkraft s. Abb. 520, S. 247.

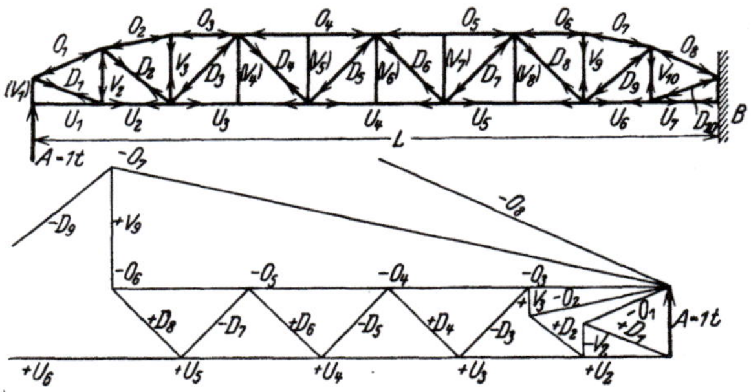

Abb. 635 und 636. Untergurtlaufkran (Kräfteplan für $A = 1$ t)[1].

Weitere Sonderausführungen von Laufkranen: Eisgeneratorkrane, Laufkrane für Hellinganlagen (s. Abschnitt „Werftkrane"), Laufkrane zum Heben und Befördern von Lokomotiven, Tendern und Eisenbahnwagen (s. Abschnitt „Eisenbahnkrane") und Laufkrane für Hochofen-, Stahl- und Walzwerke (s. Abschnitt „Hüttenwerkskrane").

b) Laufkrane mit erweitertem Arbeitsbereich.

Liegt, wie z. B. in mehrschiffigen Werkstätten (s. Abschnitt „Werkstättenkrane"), das Bedürfnis vor, Lasten aus einem Werkstättenschiff in das andere und ohne Zuhilfenahme ebenerdiger Transportmittel zu befördern, so verwendet man je nach den räumlichen und Betriebsverhältnissen Laufkrane mit verschiebbarem Ausleger, Laufkrane mit drehbarem Ausleger oder Laufkrane mit Übergangsbrücken.

1. Laufkrane mit verschiebbarem Ausleger (Auslegerlaufkrane).

Der Arbeitsbereich wird bei diesen Kranen (Abb. 637) dadurch vergrößert, daß auf der Kranbrücke statt der gewöhnlichen Laufkatze ein Wagen angeordnet wird, an dem parallel den Hauptträgern ein als Parallelträger ausgebildeter Fachwerksausleger angebaut ist. Auf dem Untergurt

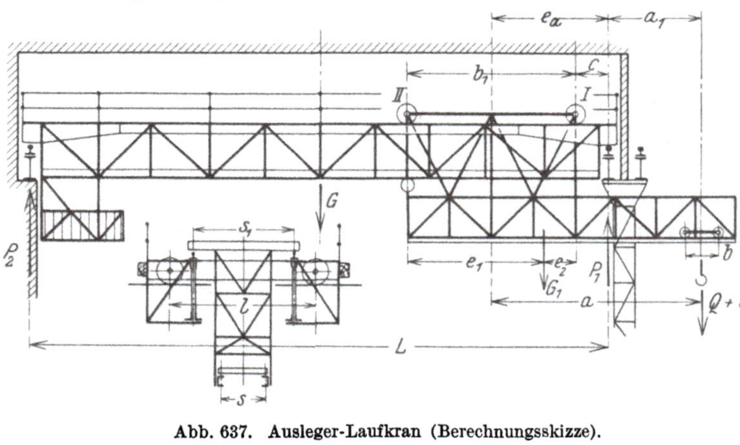

Abb. 637. Ausleger-Laufkran (Berechnungsskizze).

und im Innern dieses Auslegers fährt dann eine normale Kranlaufwinde oder eine Katze, deren Hub- und Fahrbewegung durch Seilzüge von dem auf dem Wagen fest angeordneten Triebwerk aus abgenommen werden.

Die Laufkrane mit verschiebbarem Ausleger haben vier Lastbewegungen: Heben, Katzenfahren, Auslegerfahren und Kranfahren.

Je nach Bedürfnis erhalten sie ein- oder beiderseitige Ausladung (Abb. 637 bzw. 639).

Ein Nachteil der Auslegerlaufkrane gegenüber den normalen Laufkranen ist, daß sie infolge des noch hinzutretenden Auslegergewichtes und -momentes wesentlich höhere Raddrucke haben.

Standsicherheit und Raddrucke des Auslegerwagens. Der auf dem Hauptträgerobergurt fahrende Auslegerwagen ist bei ganz ausgefahrener vollbelasteter Katze (Abb. 638) standfest, wenn die Resultierende aus Last, Katzengewicht und Auslegergewicht noch innerhalb des Radstandes b_1 liegt. Diese Bedingung läßt sich durch Anbringen eines Gegengewichtes am hinteren Auslegerende oder bei kleinerer nutzbarer Ausladung durch einen genügend großen Radstand erfüllen.

[1] Für die Berechnung der Stabkräfte nach S. 275 sind die Stabkräfte im Kräfteplan für $A = 1$ t mit O_1', D_1', V_2' usw. zu bezeichnen.

Das Anbringen eines Gegengewichtes ist nicht zweckmäßig, da durch dieses das an sich schon große Auslegergewicht noch mehr erhöht wird. Ebenso ist ein großer Radstand unvorteilhaft, da er einen lang bauenden Ausleger ergibt und dessen Fahrstrecke verkleinert. Man

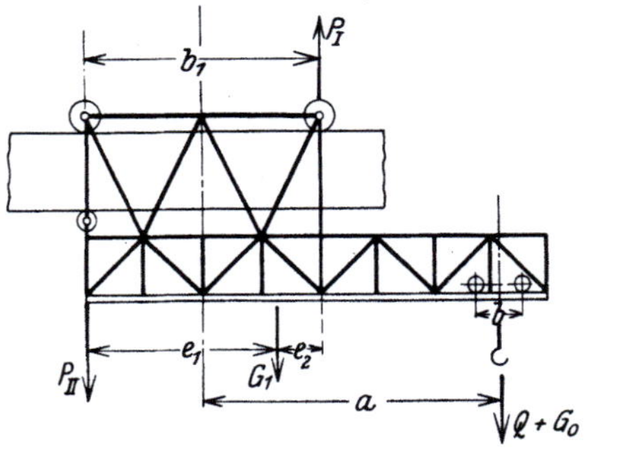

Abb. 638. Berechnung der Raddrucke des Auslegerwagens.

zieht daher vor, den Auslegerwagen durch die Anordnung eines auf den Hauptträgeruntergurt wirkenden hinteren Druckrollenpaares standfest zu machen (Abb. 638).

In diesem Falle ergeben sich folgende Raddrucke des Auslegerwagens (Abb. 638):

$$\left.\begin{aligned} P_I &= +\frac{1}{2b_1}\cdot\left[(Q+G_0)\cdot\left(a+\frac{b_1}{2}\right)+G_1\cdot e_1\right],\\ P_{II} &= -\frac{1}{2b_1}\cdot\left[G_1\cdot e_2-(Q+G_0)\cdot\left(a-\frac{b_1}{2}\right)\right]. \end{aligned}\right\}\quad(318)$$

Kranraddrucke. Der größte und kleinste Raddruck treten auf, wenn der Auslegerwagen im Anfahrmaß e_a und die vollbelastete Katze in der größten Ausladung a steht (Abb. 637).

Bezeichnen (Abb. 637) G_0 das Katzengewicht, G_1 das Gewicht des verschiebbaren Auslegers, G das Gewicht der Kranbrücke und a_1 die nutzbare Ausladung, so werden für den auf vier Rädern laufenden Kran folgende Raddrucke erhalten:

$$\left.\begin{aligned} {}_{\max}P = P_1 &\approx \frac{1}{2L}\cdot\Big[(Q+G_0)\cdot(L+a_1)\\ &\quad + G_1\cdot(L-c-e_2)+G\cdot\frac{L}{2}\Big],\\ {}_{\min}P = P_2 &\approx \frac{1}{2L}\cdot\Big[G_1\cdot(e_2+c)+\\ &\quad + G\cdot\frac{L}{2}-(Q+G_0)\cdot a_1\Big]. \end{aligned}\right\}\quad(319)$$

Bei den Kranen mit beiderseitiger Ausladung (Abb. 639) ist der Rechnungsgang der gleiche und erstreckt sich noch auf den im linken Anfahrmaß stehenden Auslegerwagen und die in der anderen nutzbaren Ausladung stehende vollbelastete Katze.

Eine Standfestigkeitsuntersuchung des Kranes ist im allgemeinen überflüssig und kommt nur dann in Frage, wenn der Raddruck ${}_{\min}P$ sehr klein wird.

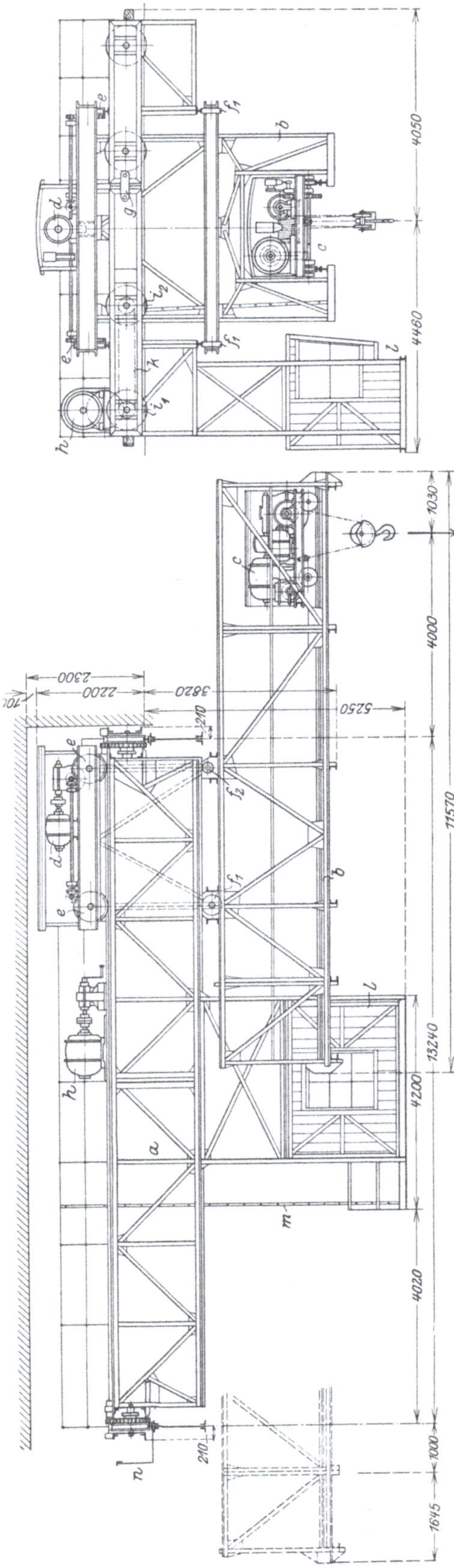

Abb. 639. Elektrisch betriebener Laufkran mit verschiebbarem Ausleger von 10 t Tragkraft, 13,24 m Spannweite und 4 bzw. 1 m Ausladung. (MAN.)

a Kranbrücke; *b* verschiebbarer Ausleger; *c* normale 10 t-Laufwinde; *d* Ausleger-Fahrmotor; *e* Laufräder des Auslegerwagens; f_1 — f_2 Druckrollen, ein Kippen des Auslegerwagens verhindernd; *g* Kopfträger-Gelenkstück; *h* Kranfahrmotor; i_1 — i_2 angetriebene Kranlaufräder; *k* Kettentrieb, i_2 von i_1 aus antreibend; *l* Führerkorb; *m* Leiter zum Betreten von *l* von der Kranbühne aus; *n* Podest zum Betreten des Kranes.

Beispiel Nr. 8. Für den Ausleger-Laufkran Abb. 639 sind die Raddrucke des Auslegerwagens und die Kranraddrucke zu berechnen.

Tragkraft: $Q = 10$ t; Spannweite: $L = 13{,}24$ m; rechtsseitige Ausladung: $a_1 = 4{,}0$ m; linkseitige Ausladung: $a_2 = 1{,}0$ m; Katzengewicht: $G_0 = 4{,}2$ t; Gewicht des Auslegewagens: $G_1 = 8$ t; Radstand (Abb. 637): $b_1 = 2{,}66$ m; Abstände: $e_1 = 2{,}40$ m; $e_2 = 0{,}26$ m; Anfahrmaß des Auslegewagens (Abb. 637): $e_a = 1{,}93$ m; Abstand $c = e_a - \frac{b_1}{2} = 1{,}93 - \frac{2{,}66}{2} = 0{,}60$ m; Ausladung (Abb. 637): $a = a_1 + c + \frac{b_1}{2} = 4{,}0 + 0{,}60 + \frac{2{,}66}{2} = 5{,}93$ m;

Gewicht der Kranbrücke (ohne Auslegerwagen und Katze): $G = 16$ t.

Der Wagen fährt auf acht Rädern. Radstand (Abb. 532, S. 257) $l = 6{,}9$ m; Abstände: $m = 1{,}25$ m; $n = 0{,}75$ m; $l_1 = 2{,}0$ m.

1. **Raddrucke des Auslegerwagens** (Abb. 638). Das Einsetzen der Werte in Gleichung (318), S. 301 ergibt:

$$P_I = \frac{1}{2 \cdot 2{,}66} \cdot \left[(10 + 4{,}2) \cdot \left(5{,}93 + \frac{2{,}66}{2}\right) + 8 \cdot 2{,}4\right] = \frac{1}{5{,}32} \cdot [103 + 19{,}2] \approx 23 \text{ t}.$$

$$P_{II} = -\frac{1}{2 \cdot 2{,}66} \cdot \left[8{,}0 \cdot 0{,}26 - (10 + 4{,}2) \cdot \left(5{,}93 - \frac{2{,}66}{2}\right)\right] = -\frac{1}{5{,}32} \cdot [2{,}08 - 65{,}4] = 11{,}9 \approx -12 \text{ t}.$$

$$\Sigma V = \frac{Q + G_0}{2} + \frac{G_1}{2} + P_{II} - P_I = \frac{10 + 4{,}2}{2} + \frac{8}{2} + 12 - 23 \approx 0;$$

2. **Kranraddrucke** (Abb. 637): Das Einsetzen in Gleichung (319), S. 301 ergibt:

$$P_1 = \frac{1}{2 \cdot 13{,}24} \cdot \left[(10 + 4{,}2) \cdot (13{,}24 + 4{,}0) + 8 \cdot (13{,}24 - 0{,}60 - 0{,}26) + 16 \cdot \frac{13{,}24}{2}\right]$$

$$= \frac{1}{26{,}48} \cdot [245 + 99 + 106] \approx 17 \text{ t}.$$

Dieser Raddruck verteilt sich auf zwei Laufräder mit den Abständen m und n von der Hauptträgermitte und dem Radstand l_1 (Abb. 532, S. 257)

$$P_1' = P_1 \cdot \frac{n}{l} = 17 \cdot \frac{0{,}75}{2{,}0} \approx 6{,}4 \text{ t}. \qquad P_1'' = P_1 \cdot \frac{m}{l} = 17 \cdot \frac{1{,}25}{2{,}0} \approx 10{,}60 \text{ t}.$$

$$P_2 = \frac{1}{2 \cdot 13{,}34} \cdot \left[8{,}0 \cdot 0{,}86 + 16 \cdot \frac{13{,}24}{2} - (10 + 4{,}2) \cdot 4{,}0\right] = \frac{1}{26{,}48} \cdot [6{,}87 + 106 - 56{,}8] = 2{,}11 \approx 2{,}1 \text{ t}.$$

Verteilung des Raddruckes auf die beiden Laufräder:

$$P_2' = P_2 \cdot \frac{n}{l} = 2{,}1 \cdot \frac{0{,}75}{2{,}0} = 0{,}79 \text{ t}. \qquad P_2'' = P_2 \cdot \frac{m}{l} = 2{,}1 \cdot \frac{1{,}25}{2{,}0} = 1{,}31 \text{ t}.$$

$$\Sigma V = \frac{Q + G_0}{2} + \frac{G_1}{2} + \frac{G}{2} - (P_1' + P_1'' + P_2' + P_2'')$$

$$= 7{,}1 + 4 + 8 - (6{,}4 + 10{,}60 + 0{,}79 + 1{,}31) \approx 0.$$

Da die linksseitigen Raddrucke P_2' und P_2'' positiv, d. h. aufwärtswirkend, sind, so ist der Kran auch bei ungünstigster Laststellung standfest.

Ausführungsbeispiel: Auslegerlaufkran von 10 t Tragkraft, 13,24 m Spannweite und 4,0 bzw. 1,0 m nutzbarer Ausladung (Abb. 639).

Die auf den Untergurten des verschiebbaren Auslegers fahrende Katze ist eine normale elektrische Laufkatze. Siehe S. 233.

Die Standsicherheit des Auslegerwagens wird durch die Druckrollenpaare f_1 und f_2 gewährleistet. Damit der Auslegerwagen in den beiden äußersten Stellungen der vollbelasteten Katze mit Sicherheit anläuft, sind die vier Laufräder der einen Kranhälfte angetrieben (Abb. 639 Seitenriß).

Arbeitsgeschwindigkeiten und Motoren:

Heben	12	m/min;	41	PS bei	730	Uml/min
Katzenfahren. . .	35—40	„ ;	8,8	„ „	710	„
Auslegerfahren . .	25	„ ;	8,8	„ „	710	„
Kranfahren: . . .	100—105	„ ;	41	„ „	730	„

Stromart: Drehstrom 500 V, 50 Hz.

2. Laufkrane mit drehbarem Ausleger (Laufdrehkrane).

Abb. 640 zeigt einen Deckenlaufdrehkran von 2 t Tragkraft und 4 m Ausladung.

Der Ausleger des Kranes ist an einer drehbaren Säule angebaut, die im Fahrgestell in einem oberen Längs- und Querlager und in einem unteren Querlager gelagert ist, das als vierrolliges Lager ausgebildet ist. Um die Biegebeanspruchung der Säule möglichst niedrig zu halten, ist am hinteren Auslegerende ein Gegengewicht angeordnet, welches das Lastmoment voll und das Eigengewichtsmoment des Auslegers zur Hälfte ausgleicht. Das ebenfalls am hinteren Auslegerende angeordnete Hubwerk unterstützt die Wirkung des Gegengewichtes.

Der Drehmotor arbeitet mittels eines waagerechten Schneckengetriebes und eines Stirnrädergetriebes auf das Ritzel k, das mit dem auf der Kransäule befestigten Zahnrad l kämmt.

Bezüglich Berechnung und Gestaltung des drehbaren Teils des Krans und des Drehwerks wird auf Abschnitt „Drehkrane" verwiesen. Im wesentlichen ist der Laufdrehkran Abb. 640 nur eine

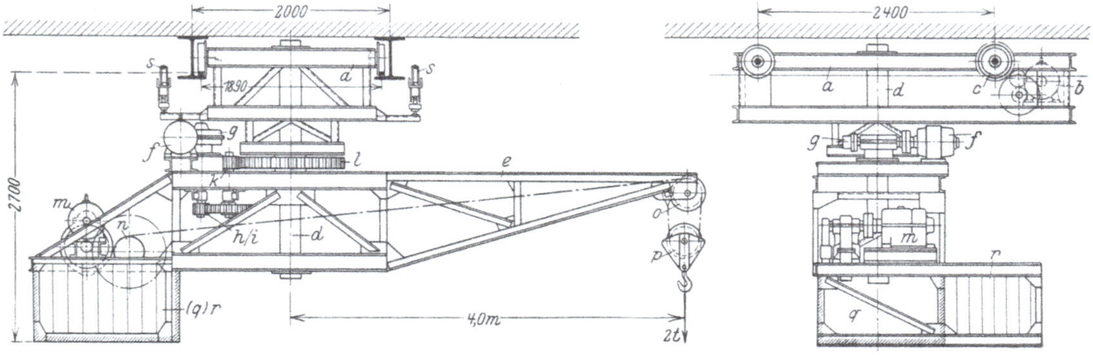

Abb. 640. Decken-Laufdrehkran von 2 t Tragkraft und 4,0 m Ausladung. (Beck & Henkel.)
a Fahrgestell; *b* Kranfahrmotor; *c* angetriebene Laufräder; *d* drehbare Säule, an der der Ausleger *e* angebaut; *f* Drehmotor; *g* Schneckengetriebe; *h — i*, *k — l* Stirnrädervorgelege zum Drehwerk; *m* Hubmotor; *n* Trommel; *o* Auslegerrolle; *p* lose Rolle; *q* Ausleger-Gegengewicht; *r* Führerkorb.

hängende Anordnung des gewöhnlichen fahrbaren Drehkranes, von dem er sich dadurch unterscheidet, daß er statt einer festen, eine drehbare Säule hat.

Bestimmung des größten Raddruckes der Kranlaufräder und Berechnung des Kranfahrwerks s. Abschnitt „Fahrbare Drehkrane".

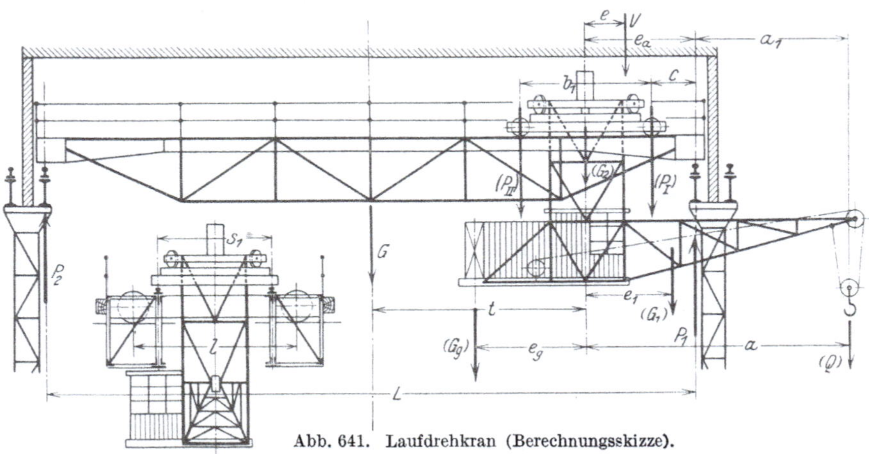

Abb. 641. Laufdrehkran (Berechnungsskizze).

Arbeitsgeschwindigkeiten und Motoren:

Heben	6,0 m/min;	4,62 kW bei	930 Uml/min
Drehen	50,0 „ ;	2,18 „ „	1020 „
Kranfahren. . . .	70,0 „ ;	4,62 „ „	930 „

Stromart: Gleichstrom 220 V. Elektrische Ausrüstung: SSW.

Bei den meisten Ausführungen von Laufdrehkranen ist der Drehkran auf dem Obergurt der Kranhauptträger fahrbar. Der Drehkran wird entweder mit drehbarer Säule (Abb. 643, S. 305) oder als Drehscheibenkran (Abb. 641) ausgeführt.

Gegenüber den Laufkranen mit verschiebbarem Ausleger haben die Laufdrehkrane den Vorzug einer größeren Beweglichkeit. Auch ermöglichen sie ein bequemes und leichtes Einstellen des Auslegers in die jeweilige Lastlage, wobei jede Stelle des vom Kran befahrenen Arbeitsfeldes erreichbar ist. Infolge dieser Vorzüge zieht man die Laufdrehkrane zum Bedienen benachbarter Werkstättenschiffe den Laufkranen mit verschiebbarem Ausleger (Auslegerlaufkranen) meist vor.

Drehlaufkatze. Meist wendet man die Drehscheibenbauart an und zentriert den drehbaren Ausleger zum Katzengestell statt durch einen Königzapfen durch vier waagerechte Druckrollen, die sich innen gegen den Kopf der kreisförmig gebogenen Schiene legen.

Standfestigkeitsuntersuchung des drehbaren Teils s. Abschnitt „Drehscheibenkrane".

Die Katzenraddrucke P_I bis P_{IV} werden nach den im Abschnitt „Drehscheibenkrane" aufgestellten vier Gleichungen berechnet, wobei $t = 0$ gesetzt wird. An Stelle von l und s treten nach Abb. 642 die Bezeichnungen b_1 und s_1. Drehwinkel: $\alpha = 0°$ (Ausleger senkrecht zur Kranfahrbahn; $\alpha = 45°$ (Ausleger über Rad I); $\alpha = 90°$ (Ausleger parallel zur Kranfahrbahn). Das Gewicht des Fahrgestells G_2 (Abb. 642) verteile man gleichmäßig auf alle vier Laufräder.

Bestimmung der Kranraddrucke. Der vollbelastete Drehkran wird in seine Anfahrstellung (Maß e_a, Abb. 641) gebracht, und es werde angenommen, daß sich das Gewicht der Kranbrücke G (ohne die Drehlaufkatze) zu gleichen Teilen auf alle vier Kranlaufräder verteile.

Gegebenenfalls kann das Kranfahrwerk gesondert gerechnet werden, wodurch die in Frage kommenden Räder höher und die beiden anderen niedriger belastet werden.

1. Ausleger steht senkrecht zur Kranfahrbahn.

$$\left.\begin{aligned} P_1 = P_4 &\approx \frac{G}{4} + P_I \cdot \frac{L-c}{L} + P_{II} \cdot \frac{L-b_1-c}{L}, \\ P_2 = P_3 &\approx \frac{G}{4} + P_I \cdot \frac{c}{L} \quad + P_{II} \cdot \frac{b_1+c}{L}. \end{aligned}\right\} \quad (320)$$

Raddrucke P_I und P_{II} für den Drehwinkel $\alpha = 0°$ (Abb. 642, S. 305).

2. Ausleger steht unter 45° zur Kranfahrbahn. Die Raddrucke an der stark belasteten (rechten) Seite sind:

$$\left.\begin{aligned} P_1 &= \frac{G}{4} + \left(P_I \cdot \frac{L-c}{L} + P_{II} \cdot \frac{L-b_1-c}{L}\right) \cdot \frac{l+s_1}{2l} + \left(P_{III} \cdot \frac{L-b_1-c}{L} + P_{IV} \cdot \frac{L-c}{L}\right) \cdot \frac{l-s_1}{2l}; \\ P_4 &= \frac{G}{4} + \left(P_I \cdot \frac{L-c}{L} + P_{II} \cdot \frac{L-b_1-c}{L}\right) \cdot \frac{l-s_1}{2l} + \left(P_{III} \cdot \frac{L-b_1-c}{L} + P_{IV} \cdot \frac{L-c}{L}\right) \cdot \frac{l+s_1}{2l}. \end{aligned}\right\} \quad (321)$$

Raddrucke P_I bis P_{IV} für den Drehwinkel $\alpha = 45°$.

In gleicher Weise werden auch die Raddrucke an der schwach belasteten linken Seite berechnet.

3. Ausleger steht parallel zur Kranfahrbahn. Raddrucke an der stark belasteten (rechten) Seite:

$$\left.\begin{aligned} P_1 &= \frac{G}{4} + \frac{P_I}{L} \cdot (2L - b_1 - 2c) \cdot \frac{l+s_1}{2l} + \frac{P_{III}}{L} \cdot (2L - b_1 - 2c) \cdot \frac{l-s_1}{2l}, \\ P_4 &= \frac{G}{4} + \frac{P_I}{L} \cdot (2L - b_1 - 2c) \cdot \frac{l-s_1}{2l} + \frac{P_{III}}{L} \cdot (2L - b_1 - 2c) \cdot \frac{l+s_1}{2l}. \end{aligned}\right\} \quad (322)$$

Raddrucke P_I und P_{III} für den Drehwinkel: $\alpha = 90°$.

Für die Raddrucke P_2 und P_3 gelten entsprechende Gleichungen.

Die Berechnung der Kranraddrucke kann auch für den ganzen Kran und für die im Anfahrmaß e_a stehende Katze durchgeführt werden. Für die Teilraddrucke aus dem drehbaren Teil gilt dann bei Anwendung der im Abschnitt „Drehscheibenkrane" aufgestellten vier Gleichungen die gleiche Resultierende V und der gleiche Abstand e wie bei Berechnung der Katzenraddrucke. An Stelle von s tritt die Spannweite L des Kranes. $t = \frac{L}{2} - e_a$.

Beispiel Nr. 9. Für einen Laufdrehkran (Abb. 641)[1] sind die Katzen- und Kranraddrucke zu berechnen. Tragkraft: $Q = 5$ t; Spannweite: $L = 16$ m; Ausladung: $a = 7$ m.

Radstand der Katze: $b_1 = 2{,}9$ m; Spurweite (Schienenmittenentfernung) der Katze: $s_1 = 3{,}0$ m; Gewicht des drehbaren Teils (ohne Gegengewicht): $G_1 = 7$ t; dessen Abstand von der Drehachse: $e_1 = 1{,}0$ m; Auslegergegengewicht: $G_g = 8$ t; dessen Abstand von der Drehachse: $e_g = 2{,}2$ m; Abstand der Drehrollenpaare von der Drehachse (s. Abschnitt „Drehscheibenkrane"): $e_r = 1{,}35$ m; Gewicht der Katze (ohne den drehbaren Teil): $G_2 = 6$ t; Anfahrmaß der Katze $e_a = 2{,}3$ m; Radstand des vierrädrigen Krans: $l = 4{,}35$ m; Gewicht der Kranbrücke (ohne Drehlaufkatze): $G \approx 12$ t.

Raddrucke der Drehlaufkatze (Abb. 642). Resultierende der senkrechten Kräfte des drehbaren Teils: $V = Q + G_1 + G_g = 5 + 7 + 8 = 20$ t. Abstand der Resultierenden von der Drehachse: $e = \frac{Q \cdot a + G_1 \cdot e_1 - G_g \cdot e_g}{V} = \frac{5 \cdot 7 + 7 \cdot 1{,}0 - 8 \cdot 2{,}2}{20} \approx 1{,}22$ m. Der drehbare Teil ist daher bei Vollast standfest. Er ist durch je ein vorderes und hinteres waagerechtes Druckrollenpaar zentriert, die an den inneren senkrechten Kopfflächen der kreisförmig gebogenen Schiene anlaufen.

Die Raddrucke P_I bis P_{IV} werden nach den im Abschnitt „Drehscheibenkrane" aufgestellten vier Gleichungen berechnet. Es werden eingesetzt: $V = 20$ t; $e = 1{,}22$ m; $\alpha = 0°$ (Ausleger senkrecht zur Kranfahrbahn); $\alpha = 45°$ und $\alpha = 90°$ (Ausleger parallel zur Kranfahrbahn); $t = 0$; $l = b_1 = 2{,}9$ m; $s = s_1 = 3{,}0$ m. Zu diesen Raddrücken wird noch der vierte Teil des Katzengewichtes (ohne drehbaren Teil) $\frac{G_2}{4} = \frac{6}{4} = 1{,}5$ t hinzugerechnet.

Es werden folgende Raddrucke erhalten:

1. Ausleger steht senkrecht zur Kranfahrbahn ($\alpha = 0°$):

$P_I = P_{IV} \approx 10{,}7$ t; $P_{II} = P_{III} = 2{,}3$ t; $\Sigma V = Q + G_1 + G_g + G_2 - (P_I + P_{II} + P_{III} + P_{IV}) = 0$.

2. Ausleger steht unter 45° zur Kranfahrbahn ($\alpha = 45°$):

Größtwert: $P_I = 14{,}05$ t; $P_{II} \approx 4{,}7$ t; Kleinstwert: $P_{III} = 2{,}35$ t; $P_{IV} \approx 4{,}9$ t.

3. Ausleger steht parallel zur Kranfahrbahn ($\alpha = 90°$): $P_I = P_{II} = 10{,}56$ t; $P_{III} = P_{IV} = 2{,}44$ t.

Kranraddrucke (Abb. 641). Das Gewicht der Kranbrücke (ohne die Katze) werde zu gleichen Teilen auf alle vier Kranlaufräder verteilt. $\frac{G}{4} = \frac{12}{4} = 3$ t je Rad.

Durch die im Anfahrmaß e_a stehende Katze werden folgende Raddrucke erhalten [Gleichung (320 bis 322)].

[1] Nach einer Ausführung der ATG, Leipzig-Großzschocher.

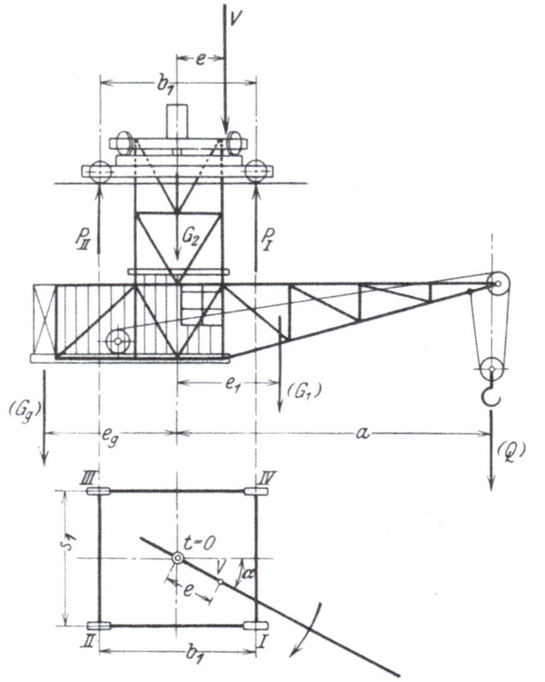

Abb. 642. Berechnung der Raddrucke der Drehlaufkatze.

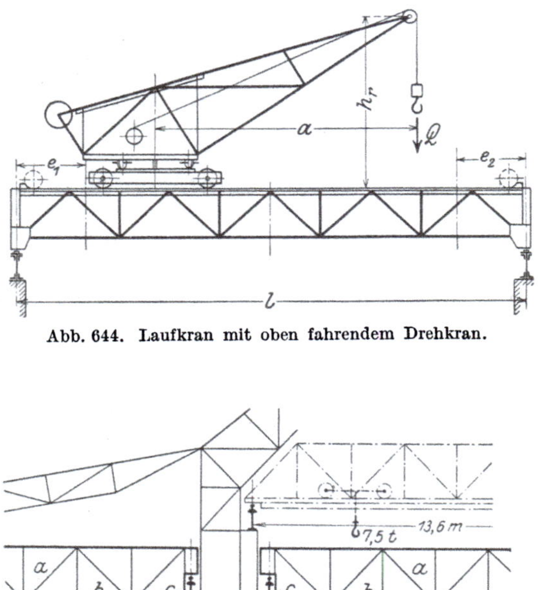

Abb. 644. Laufkran mit oben fahrendem Drehkran.

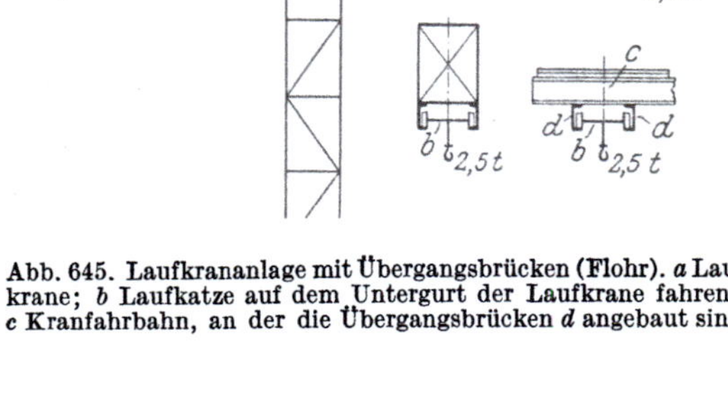

Abb. 645. Laufkrananlage mit Übergangsbrücken (Flohr). *a* Laufkrane; *b* Laufkatze auf dem Untergurt der Laufkrane fahrend; *c* Kranfahrbahn, an der die Übergangsbrücken *d* angebaut sind.

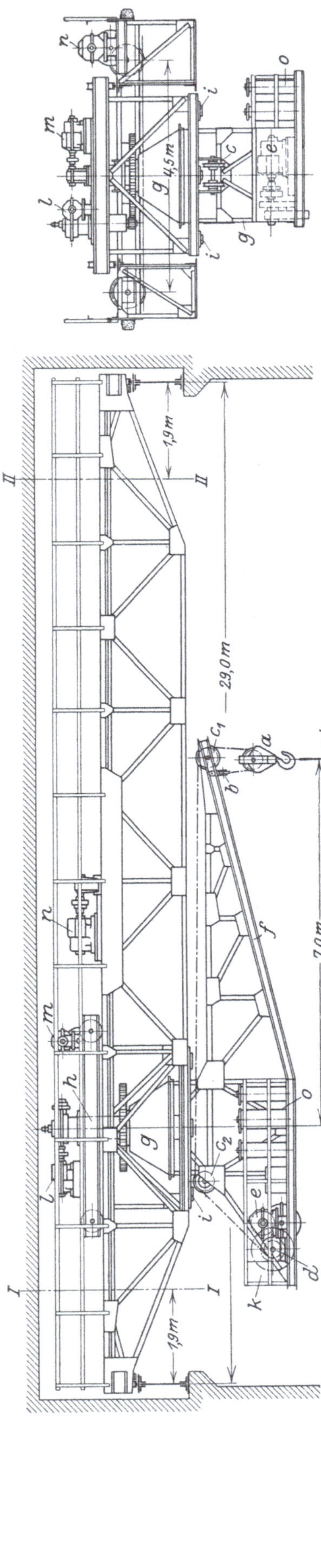

Abb. 643. Elektrisch betriebener Laufdrehkran von 5 t Tragkraft, 29 m Spannweite und 7 m Ausladung. (Ardeltwerke.)
a zweirollige Kranflache; *b* Seilausgleichrolle; c_1 Auslegerrollen, c_2 Seilumlenkrollen; *d* Trommel; *e* Hubmotor, mittels zweier Stirnrädervorgelege auf *d* arbeitend; *f* Ausleger an der drehbaren Säule *g* angebaut; *h* oberes Längs- und Querlager (im Katzenfahrgestell eingebaut); *i* unteres Querlager (Rollenlager) zu *g*; *k* Ausleger-Gegengewicht; *l* Drehmotor; *m* Katzenfahrmotor; *n* Kranfahrmotor; *o* Führerstand mit Steuerwalzen, *I—I*, *II—II* Anfahrstellungen der Drehlaufkatze.

1. Ausleger steht senkrecht zur Kranfahrbahn.

$$P_1 = P_4 \approx 15\,\mathrm{t}; \quad P_2 = P_3 \approx 4{,}0\,\mathrm{t};$$

$$\Sigma V = Q + G_1 + G_g + G_2 + G - (P_1 + P_2 + P_3 + P_4) = 5 + 7 + 8 + 6 + 12 - (2 \cdot 15 + 2 \cdot 4) = 0\,.$$

2. Ausleger steht unter 45° zur Kranfahrbahn.

$$P_1 \approx 17{,}6\,\mathrm{t}; \quad P_2 \approx 5{,}0\,\mathrm{t}; \quad P_3 \approx 8{,}7\,\mathrm{t}; \quad P_4 \approx 6{,}5\,\mathrm{t}\,.$$

3. Ausleger steht parallel zur Kranfahrbahn.

$$P_1 \approx 18{,}5\,\mathrm{t}; \quad P_2 \approx 6\,\mathrm{t}; \quad P_3 \approx 7\,\mathrm{t}; \quad P_4 \approx 6{,}4\,\mathrm{t}\,.$$

Ausführungsbeispiel: Laufdrehkran von 5 t Tragkraft, 29 m Spannweite und 5,1 m nutzbarer Ausladung (Abb. 643, S. 305). Der Ausleger des Kranes ist an einer drehbaren Säule angebaut, deren oberes Lager ein Spur- und Halslager und deren unteres Querlager ein Rollenlager mit vier Rollen ist. Der Führerkorb des Kranes ist seitlich am Ausleger angeordnet.

Arbeitsgeschwindigkeiten und Motoren:

Heben	12 m/min;	18,4 PS	bei	790 Uml/min
Drehen	2 × i. d. min;	6,4 „	„	865 „
Drehkranfahren. .	25 m/min;	6,4 „	„	865 „
Kranfahren . . .	80 „ ;	29,2 „	„	775 „

Stromart: Drehstrom 500 V, 50 Hz.

Bei Kranen, die im Freien laufen, wird mitunter ein normaler fahrbarer Drehkran an Stelle der Drehlaufkatze auf der Kranbrücke angeordnet (Abb. 644, S. 305). Diese Anordnung hat den Vorzug, daß beide Hauptträger miteinander versteift werden und die Seitenträger fortfallen können.

3. Laufkrane mit Übergangsbrücken.

Ein zweckmäßiges Mittel zur Förderung leichter und mittlerer Lasten aus einem Werkstättenschiff in das andere, ohne Zuhilfenahme ebenerdiger Fördermittel, ist eine Krananlage mit Übergangsbrücken (Abb. 645, S. 305).

Bei dieser für die Reichswerft Wilhelmshaven ausgeführten Anlage dient der obere 7,5 t-Laufkran zum Transport schwerer Lasten innerhalb des Mittelschiffes.

Die Laufkrane *a* im Mittelschiff und in den Seitenschiffen, deren Trägerquerschnitt aus der Abb. 645 ersichtlich, werden von elektrisch betriebenen Untergurtlaufwinden *b* mit einer Tragkraft von 2,5 t befahren. An den Kranfahrbahnen *c* dieser Krane sind in bestimmten Abständen Übergangsbrücken *d* angeordnet, auf denen die Laufkatzen, wenn zwei Krane vor der Brücke stehen, Lasten von einem Schiff in das andere überführen können. Die Übergangsstellen der Katzenfahrbahnen der beiden Krane sind derart gesichert, daß die Laufwinden ihre Fahrbahnen nur dann verlassen können, wenn beide Krane genau vor den Übergangsbrücken stehen.

Die Steuerapparate des oberen 7,5 t-Laufkranes sind in einem auf Mitte Kran angeordneten Führerkorb aufgestellt, während die der 2,5 t-Laufkrane vom Fußboden aus durch Zugschnüre gesteuert werden.

Literatur.

Decke, Elektrisch geschweißter Laufkran in Oberschlesien. Z. V. d. I. 1931, S. 233.

Freudenthal: Der Einfluß des Lastpendelns beim Bremsen von Laufkranen. Fördertechn. 1930, S. 249.

Gottfeld: Ausbildung geschweißter Blechträger. Z. V. d. I. 1930, S. 1755.

— Schweißung und Probebelastung eines Blechträgers von 200 t Tragkraft. Elektroschweißung 1931, Heft 1.

Hilpert: Geschweißte Stahlbauten in Deutschland. (Versuche an einem elektrisch geschweißten Kranträger. Dieser als Fachwerkträger gestaltete Versuchsträger der Ardeltwerke G. m. b. H., Eberswalde, hatte 3,2 m Stützweite. Radstand der Katze: 200 mm. Belastung aus Eigengewicht der Katze plus Last: 910 bis 5030 kg.) Elektroschweißung 1930, S. 5.

Melcher: Verhütung des Werfens beim Schweißen von Kranträgern. Fördertechn. 1930, S. 337.

Pirnsch: Beitrag zur Ermittlung von Kranträger-Obergurtstäben. Z. V. d. I. 1919, Nr. 44.

Rosenberg: Elektrisch geschweißte Eisenkonstruktionen. Z. V. d. I. 1929, S. 1742.

— Elektrisch geschweißte Krane und ihre behördliche Genehmigung. Z. V. d. I. 1929, S. 1345.

Rücker: Allgemeine Darstellung über das Ecken der Laufkrane und ihre Spurkranzreibung. Fördertechn. 1929, S. 4 u. 27.

Stockmann: Untersuchungen am Laufkran. (Ein Beitrag zur Kenntnis der Fahrwiderstände.) Fördertechn. 1927, S. 261.

Worch, Der statisch bestimmte Kranbahnträger mit Y-Stützen. Bautechn. 1927, Nr. 52.

Arbeitsgeschwindigkeiten und Anlaufregelung bei Laufkranen. Demag-Nachrichten, April 1929.

Die Wirkung der bewegten Massen der Laufkrane. Prakt. Masch.-Konstr. 1926, S. 200.

Einrichtung zum Verhindern des Lastpendelns bei Laufkranen. Kruppsche Monatshefte 1925, S. 112.

Geschweißte Laufkatzen und Laufträger für Krane (amerikanische Ausführungen). Fördertechn. 1930, S. 282.

Laufkrane für explosionsgefährliche Räume. Demag-Nachrichten 1929, S. 70.

Laufkran mit Kurvenfahrwerk. Kruppsche Monatshefte 1926, S. 223.

Montagekrane in Großkraftwerken. Demag-Nachrichten, Sonderheft zur 2. Weltkraftkonferenz 1930, S. 44.

Geschweißte Kräne. Z. V. d. I. 1931, S. 652.

II. Torkrane (Bockkrane).

Anwendung und Aufbau. Die Torkrane werden im Eisenbahnbetrieb, auf Fabrikhöfen, auf Lagerplätzen und in Steinbrüchen als Umladekrane verwendet. Beim Bau eiserner Brücken dienen sie in behelfsmäßiger Ausführung als Montagekrane.

Das Krangerüst hat die Form eines Voll- oder Halbtores und überspannt ein oder mehrere Eisenbahngleise.

a) Ortfeste Torkrane und Verladegerüste.

Die ortfesten Torkrane haben einen geringen Arbeitsbereich und eignen sich daher nur als Überladekrane auf Bahnhöfen und in industriellen Werken.

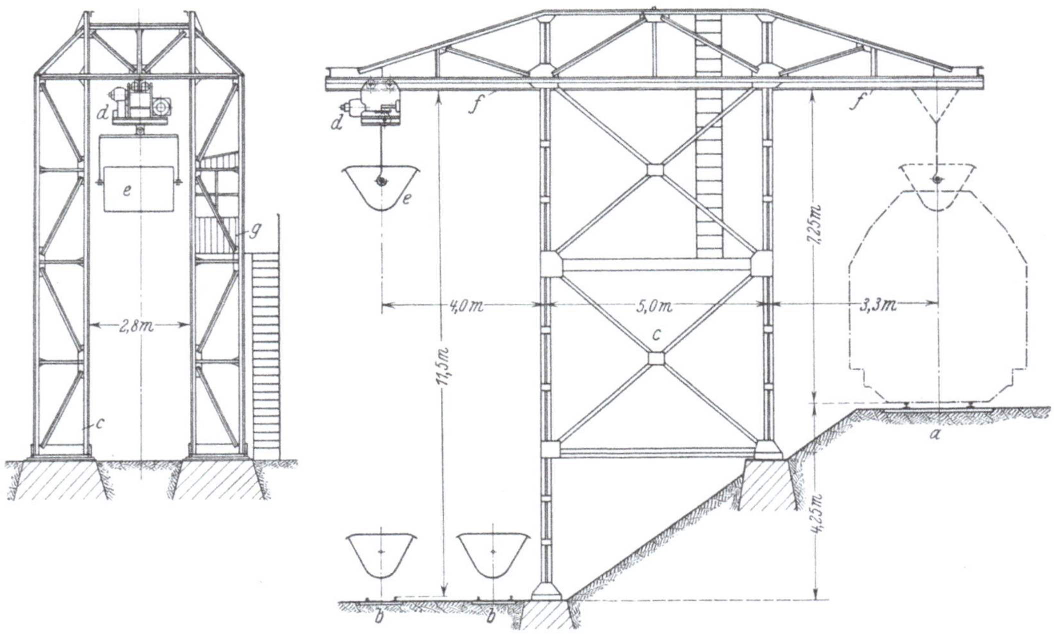

Abb. 646. Ortsfestes Verladegerüst mit beiderseitigen Kragarmen. (Demag.)

a Vollspurgleis; *b—b* Schmalspurgleise; *c* Verladegerüst; *d* Laufkatze mit elektrischem Hub- und Fahrwerk; *e* Kippkübel; *f* Katzenfahrbahn (I-Träger); *g* Führerhaus.

Arbeitsgeschwindigkeiten und Motoren:	Heben:	5,0 m/min; 8,5 PS bei 1075 Uml/min;
	Katzenfahren:	30 m/min; 2,0 PS bei 1020 Uml/min;

Tragkraft: 5000 kg. Stromart: Gleichstrom 440 V.

Überladekrane. Die normalen von Hand betriebenen Überladekrane der deutschen Reichsbahn haben eine Tragkraft von 5—10—15 oder 20 t und eine lichte Weite zwischen den beiden Stützen von 7,25 bis 7,5 oder 8 m. Lichte Torhöhe (von Schienenoberkante bis Unterkante Längsträger): 6,0 bis 6,5 und 7,0 m.

Der Antrieb des Hub- und Katzenfahrwerks ist meist am Unterteil der einen Kranstütze angebaut. Seine Bewegungen werden durch Seil- oder Kettenzüge auf die Katze übertragen. Seilzüge s. S. 36.

Bei anderen Ausführungen sind an den Hauptträgern durch Konsolwinkel abgesteifte Bühnen angebaut, von denen aus die Winde unmittelbar durch Handkurbeln bedient wird.

Ein großer Nachteil der von Hand betriebenen Überladekrane ist der, daß ihre schwere Winde für die meist umzuladenden leichteren Lasten zu langsam arbeitet. Diese Krane werden dadurch verbessert, daß als weiterer Fahrbahnträger ein I-Träger am Kran angebaut wird, auf dessen Unterflanschen eine Laufkatze mit eingebautem Elektrozug fährt[1], dessen Tragkraft zu 2 bis 5 t gewählt wird. Das Fahrwerk der Katze wird von Hand oder elektrisch angetrieben. Ausführungen s. S. 226. Leichtere Lasten werden daher bei seitlich stehender Handwinde schnell und ohne Kraftaufwand mittels des Hilfshebezeuges umgeladen, während die nur selten vorkommenden schweren Lasten mittels der Handwinde befördert werden.

[1] Demag A.-G., Duisburg.

Wird der Torkran unmittelbar neben einem Werkgebäude angeordnet, so fällt die gebäudeseitige Stütze fort und die Hauptträger werden im Mauerwerk der Gebäudewand gelagert (Halbtorkran).

Ortfeste Verladegerüste mit elektrisch betriebener Katze werden meist zum Umschlag von Schüttgütern verwendet und mit Fördergefäßen (Kippkübeln, Klappgefäßen oder Greifern) ausgerüstet.

Das in Abb. 646 als Beispiel dargestellte Verladegerüst hat eine Tragkraft von 5 t, 5,0 m Stützweite und eine beiderseitige Ausladung von 4,0 bzw. 3,3 m. Es dient zum Umladen der Kohle aus den Eisenbahnwagen in die Schmalspurwagen. Diese haben einen Kippkübel, der an der Laufkatze eingehängt, vom Fahrgestell abgehoben und nach dem Eisenbahnwagen befördert wird. Dort wird der Kübel beladen, über den Schmalspurwagen gefahren und auf ihm abgesetzt.

Die Katze fährt auf den Unterflanschen eines I-Trägers und wird von dem in der einen Gerüststütze eingebauten Führerkorb aus gesteuert.

b) Fahrbare Torkrane.

Sie werden zum Güterumschlag und zur Bedienung von Lagerplätzen (Abb. 647) angewendet und fast allgemein elektrisch angetrieben. Handantrieb kommt nur für Krane kleinerer Tragkraft, die selten benutzt werden, in Frage.

Die auf ebener Erde fahrenden elektrischen Torkrane erfordern wesentlich geringere Anlagekosten, als die auf einer Hochbahn fahrenden Laufkrane (s. S. 252). Dagegen haben die Torkrane bei gleicher Tragkraft und Spannweite ein bedeutend größeres Krangewicht, das wiederum einen größeren Stromverbrauch beim Kranfahren bedingt. In vielen Fällen, insbesondere bei flott arbeitenden Kranen, wird man jedoch dem auf einer eisernen Hochbahn fahrenden Laufkran den Vorzug geben, da die dem Torkran gegenüber gemachte Stromersparnis mit der Zeit die Anlagekosten für die Fahrbahn deckt.

Der Hochbahnlaufkran behindert überdies nicht den Verkehr auf ebener Erde und läßt größere Kranfahrgeschwindigkeiten zu, was besonders bei langen Fahrstrecken ausschlaggebend ist. Die Fahrgeschwindigkeit der Torkrane dagegen ist aus Gründen der Betriebssicherheit beschränkt.

Abb. 647. Elektrisch betriebener fahrbarer Torkran (Bockkran) zur Bedienung eines Formkasten-Lagerplatzes. (Ardeltwerke.) Tragkraft: 5000 kg. Spannweite: 8 m.

Arbeitsgeschwindigkeiten und Motoren:

Heben:	6 m/min;	10 PS bei 950 Uml/min;
Katzenfahren:	20 m/min;	1,4 PS bei 950 Uml/min;
Kranfahren: .	60 m/min;	10 PS bei 950 Uml/min.

Stromart: Drehstrom 500 V, 50 Hz.

Die fahrbaren elektrischen Torkrane werden als Volltorkrane (Abb. 648) oder als Halbtorkrane (Abb. 660, S. 313) für Tragkräfte von 5 bis 150 t gebaut. Spannweite (je nach Tragkraft): 5 bis 30 m. Lichte Torhöhe: 5 bis 10 m. Zur Verminderung der Spannweite erhalten die Torkrane einen (Abb. 649) oder zwei Kragarme (Abb. 651).

1. Laufwinde (Laufkatze).

Für die Torkrane werden, ebenso wie für die Laufkrane, die normalen Kranlaufwinden (s. S. 229) verwendet. Bei Torkranen mit Handantrieb, deren Tragkraft auf etwa 10 t beschränkt ist, zieht man meist die billigeren Schneckenlaufkatzen den Stirnradlaufkatzen vor.

Die Laufkatzen für die elektrischen Torkrane erhalten geschlossene Motoren und werden gegen die Einflüsse der Witterung mit Holz oder Blech verschalt.

2. Kranfahrwerk.

Das Kranfahrwerk (Abb. 650) gleicht im wesentlichen dem der Laufkrane (s. S. 258), nur sind zum Antrieb der Laufräder noch zwei senkrechte Wellen mit entsprechenden Kegelrädergetrieben erforderlich.

Größter Raddruck. Bei den Volltorkranen ohne Kragarme (Abb. 648) tritt der größte Raddruck dann auf, wenn die vollbelastete Katze im Anfahrmaß steht.

Unter der Annahme, daß sich das Krangewicht zu gleichen Teilen auf alle vier Laufräder verteilt, wird der größte Raddruck, ebenso wie beim Laufkran, nach Gleichung (219), S. 257, berechnet.

Hat der Kran einen Kragarm (Abbildung 649) und ist a dessen größte nutzbare Ausladung, so ist der größte Raddruck:

$$_{\max}P = B \approx \frac{G}{2} \cdot \frac{L-c}{L} + \frac{Q+G_0}{2} \cdot \frac{L+a}{L} \ldots \text{t.} \qquad (323)$$

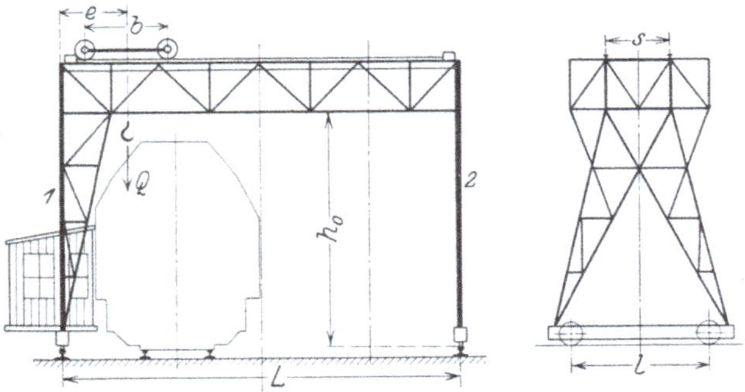

Abb. 648. Torkran mit Fachwerkgerüst. (Schematische Darstellung.) *1* Feste Stütze; *2* Pendelstütze.

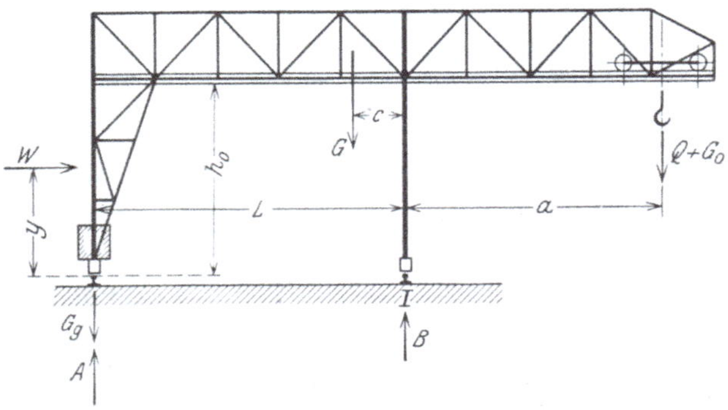

Abb. 649. Torkran mit einem Kragarm. (Schematische Darstellung.)

Bei Kranen, die stärkerem Winddruck ausgesetzt sind, ist dieser bei der Raddruckberechnung zu berücksichtigen. Erreicht der Raddruck einen zu hohen Wert, so werden statt vier, acht Laufräder angeordnet, die paarweise in einstellbaren Radgestellen gelagert werden.

Bemessung und Ausführung der Laufräder s. S. 135.

Fahrwiderstand und Motorleistung werden nach den S. 257 unter „Laufkrane" gemachten Angaben berechnet.

Bei Berechnung der Motorleistung nach Gleichung (224) ist jedoch der Wirkungsgrad η des Kranfahrwerks wegen der noch hinzutretenden Kegelrädergetriebe entsprechend niedriger einzusetzen.

Für das auf Abb. 650 schematisch dargestellte Fahrwerk kann $\eta \approx 0{,}80$ angenommen werden.

Bei Torkranen, die mit Vollast gegen einen Wind von bestimmter Stärke fahren sollen, ist der noch hinzutretende zusätzliche Fahrwiderstand zu bestimmen.

Übersetzung und Vorgelege. Die nach Gleichung (225), S. 258, berechnete Übersetzung wird auf die einzelnen Vorgelege verteilt.

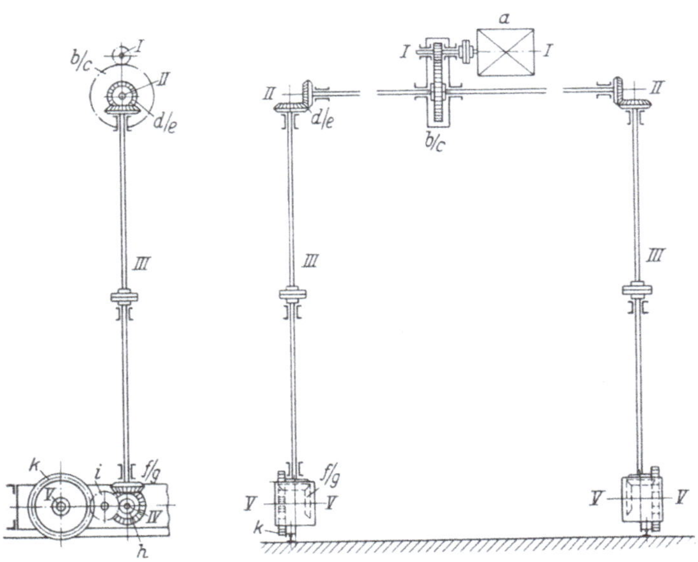

Abb. 650. Kranfahrwerk zu einem Volltorkran. (Schematische Darstellung.) *a* Motor; *b/c* Motorvorgelege (mit Räderkasten); *d–e*, *f–g* Kegelrädergetriebe; *h* Ritzel, mittels des Zwischenrades *i* auf den Zahnkranz *k* der angetriebenen Laufräder arbeitend.

Ebenso wie bei den Laufkranen wird das Motorvorgelege in einem gußeisernen Räderkasten und im Ölbad laufend (Abb. 188, S. 78) angeordnet. Bei Kranen, die stärker in Anspruch genommen werden und die vollbelastet unter Wind fahren, führt man das Motorvorgelege zwecks Verringerung der Fahrgeschwindigkeit auch umschaltbar aus.

Die Kegelrädergetriebe werden zum Schutze gegen Staub und Feuchtigkeit ebenfalls in Räderkästen untergebracht, die nach Art von Abb. 194, S. 81, ausgeführt werden.

Wellen. Die waagerechte Fahrwerkswelle wird ebenso wie die der Laufkrane (s. S. 91) berechnet.

Die stehenden Wellen zwischen der waagerechten Fahrwerkswelle und den Laufradvorgelegen werden mitunter in der in die Fahrtrichtung fallenden senkrechten Ebene geneigt angeordnet, was hinsichtlich der Lagerung der Wellen baulich unbequem ist. Man zieht daher meist vor, die Wellen auch in dieser Ebene senkrecht anzuordnen und dem Laufradvorgelege ein Zwischenrad zu geben (Abb. 650). Dieses läßt sich dadurch vermeiden, daß man zwischen den unteren Kegelrädergetrieben und den Laufradvorgelegen noch ein Stirnrädergetriebe anordnet, auf das dann ein Teil der Gesamtübersetzung entfällt. Durch das Hinzutreten dieses Getriebes werden gegebenenfalls Kegelrädergetriebe ohne Übersetzung möglich. Man erhält dann acht gleiche Kegelräder, was hinsichtlich der Fertigung einen gewissen Vorteil bietet.

Der Längsdruck der senkrechten Fahrwerkswellen wird zweckmäßig durch ein einstellbares Kugelspurlager aufgenommen, das entweder am oberen oder unteren Kegelräderkasten angeordnet wird. Damit ein Schwanken der senkrechten Wellen im Betriebe vermieden wird, sind sie in angemessenen Abständen an den Kranstützen zu lagern.

Bei den Halbtorkranen (Abb. 660, S. 313) fällt die eine der senkrechten Fahrwerkswellen (auf Abb. 650) fort. Der Laufradantrieb und die Lagerung der auf der erhöhten Bahn rollenden Laufräder sind daher baulich die gleichen wie bei einem Laufkran (s. S. 258).

Die Fahrwerkbremse wird entweder auf der elastischen Kupplung zwischen Motor und Motorvorgelege oder auf der waagerechten Fahrwerkswelle angeordnet.

Die Bremse wird in der üblichen Weise als doppelte Backenbremse ausgeführt, die durch ein Gewicht belastet und durch einen Magneten gelüftet wird. Bei reichlicher Bemessung sichert sie den Kran auch gegen unbeabsichtigtes Fahren durch Windkraft.

3. Krangerüst.

α) Vollwandige Ausführung.

Bei kleineren Kranen (Abb. 647) werden die Hauptträger und die Stützen aus I-Trägern bzw. [-Eisen hergestellt. Größere Krane erhalten ein aus Blechträgern gebildetes Krangerüst.

Das Torgerüst ist bei der Abb. 647 wegen der steifen Ecken am Übergang der Hauptträger zu den Stützen einfach statisch unbestimmt. Diese statische Unbestimmtheit wird dadurch behoben, daß man die eine Stütze, wie bei den Fachwerkkranen Abb. 648 und 649 gezeigt, als Pendelstütze ausbildet. Die andere Stütze dagegen muß so gestaltet sein, daß sie die in Richtung der Katzenfahrbahn auftretenden Kräfte (Bremskraft und Winddruck) aufnehmen kann. Die Pendelstütze wird in neuerer Zeit auch bei den Tordrehkranen (s. Abschnitt „Fahrbare Drehkrane") angewendet.

Fahrbarer elektrisch betriebener Torkran (mit Vollwandträger und Fachwerkstützen) von 480 t Tragkraft und 15 m Spannweite siehe: Genie Civil Bd. 90, S. 569.

β) Fachwerkausführung.

Bei den Volltorkranen ohne Kragarme wird das Torgerüst nach Abb. 648 gestaltet. Auf den Querverbänden ist der als Bühne dienende Belag aus gelochtem 5 mm starkem Blech angeordnet. An Stelle der Kopfträger der Laufkrane treten bei den Torkranen die Stützen, die zweckmäßig gleich ausgeführt werden, nur wird die feste Stütze zum Aufnehmen von Längskräften in Richtung der Katzenfahrbahn fachwerkartig an das nächste Feld der Hauptträger angeschlossen.

Bei Kranen mit größerer Spannweite gibt man dem Torgerüst einen (Abb. 649) oder zwei Kragarme (Abb. 651) und ordnet die Katzenfahrbahn innen an. Als Katzenfahrbahn dienen dann zwei [- oder I-Trägerbahnen, die an den nach innen überkragenden Stäben der unteren Querverbände befestigt sind (Abb. 651, Seitenriß). Bei der Ausführung mit Kragarmen wird das Krangerüst wesentlich leichter und es wird an Werkstoff gespart.

Für die Berechnung der Hauptträger sind die S. 274 unter „Laufkrane" gemachten Ausführungen maßgebend. Zu dem das Krangerüst in der Fahrtrichtung beanspruchenden Massendruck der vollbelasteten Katze (s. S. 279) tritt bei den Torkranen noch der Winddruck als weitere waagerechte Kraft hinzu. Zum Aufnehmen dieser Kräfte müssen die Stützen einen geeigneten Dreieckverband erhalten.

Die Stützen erhalten ihre größte senkrechte Beanspruchung, wenn die vollbelastete Katze im Anfahrmaß steht (Abb. 648). Bei Kranen mit Kragarmen (Abb. 649 und 651) steht sie in der größten Ausladung.

Die Stützen der Torkrane mit Kragarmen müssen so gestaltet sein, daß die Katze mit dem Fördergut frei durchfahren kann (Abb. 651).

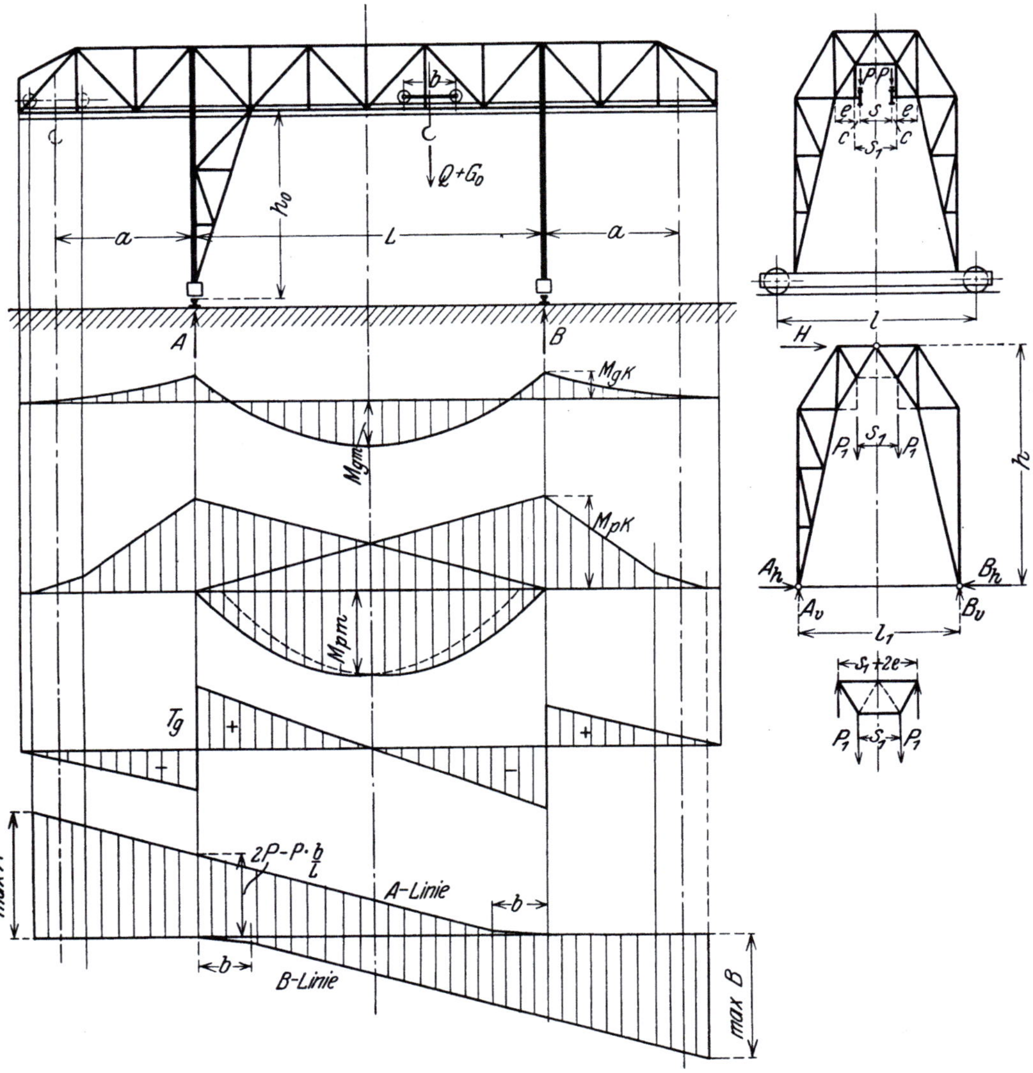

Abb. 651 bis 657. Torkran mit zwei Kragarmen. (Berechnung des Torgerüstes.)
System mit Seitenriß der Stütze (Abb. 651). — Momentenlinie aus Eigenlast (Abb. 652). — Momentenlinie aus den wandernden Lasten $P-P$ (Abb. 653). — Querkräfte aus Eigenlast (Abb. 654). — Querkräfte aus den wandernden Lasten $P-P$ (Abb. 655). — Stütze als Dreigelenkträger und Hängewerk (Abb. 656 u. 657).

Abb. 652 bis 655 zeigen den Verlauf der Biegemomente und Querkräfte aus Eigenlast und Verkehrslast für einen Torkran mit beiderseitigen Kragarmen. Bremskraft der Katze: $H_k = \pm \frac{Q+G_0}{2} \cdot \mu$. Reibungszahl zwischen Rad und Schiene: $\mu \approx 0{,}15$.

Winddruck in Längsrichtung der Brücke (bei vollem Betrieb): 20 bzw. 25 kg/m². Waagerechte Kraft aus Winddruck und Bremskraft (in Richtung der Katzenfahrbahn): $H_0 = H_w + H_k$.

Stabkraftbestimmung der Hauptträger nach den Angaben S. 274 u. f.

Die Stützenkonstruktion und ihre Verbindung mit den Hauptträgern werden baulich am einfachsten, wenn man die Katzenfahrbahn an den Untergurten der Längsträger und an einem geeignet gestalteten Hängewerk anordnet (Abb. 651, 656 und 657), das auch als Querversteifung der Brücke dient und alle waagerechten Kräfte (Massen- und Winddruck) in den in der oberen Längsträgerebene befindlichen Horizontalverband überführt.

Die auf die unteren Knoten des Hängewerkträgers (Abb. 656) reduzierten Katzendrucke sind:

$$P_1 = P \cdot \frac{e+c}{e}.$$

Die Stützenkonstruktion (Abb. 651, Seitenriß) ist statisch unbestimmt. Eine genügend angenäherte Berechnung wird nach Andrée dadurch ermöglicht, daß man sie als Dreigelenkfachwerk ausbildet (Abb. 656).

Bezeichnen Q die Last und G_0 das Katzengewicht, so sind die senkrechten Auflagerdrucke der über der Stütze stehenden Katze (ohne Berücksichtigung des Krangewichtes):

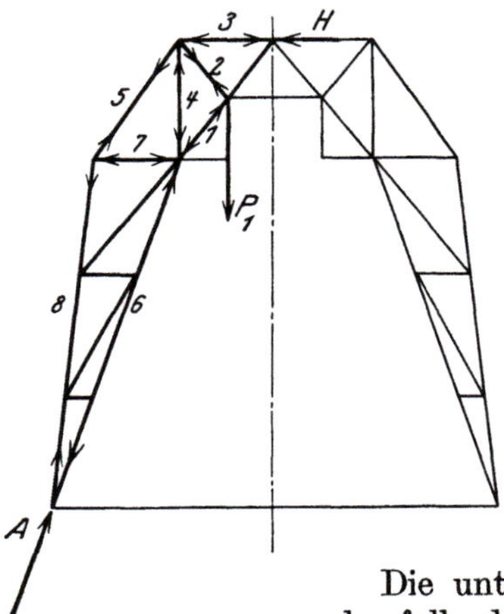

$$A_v = B_v = \frac{Q+G_0}{2}. \tag{324}$$

Die waagerechten Auflagerdrucke ergeben sich zu:

$$A_h = B_h = \frac{Q+G_0}{4 \cdot h} \cdot (l_1 - s). \tag{325}$$

Die aus der senkrechten Belastung sich ergebenden Stabkräfte werden zeichnerisch bestimmt (Abb. 658 und 659).

Für eine am Stützenkopf angreifende waagerechte Kraft H aus Lastschrägzug und Wind (oder Wind allein) sind die Auflagerdrucke:

$$\left.\begin{aligned} A_v &= B_v = H \cdot \frac{h}{l_1}, \\ A_h &= B_h = \frac{H}{2}. \end{aligned}\right\} \tag{326}$$

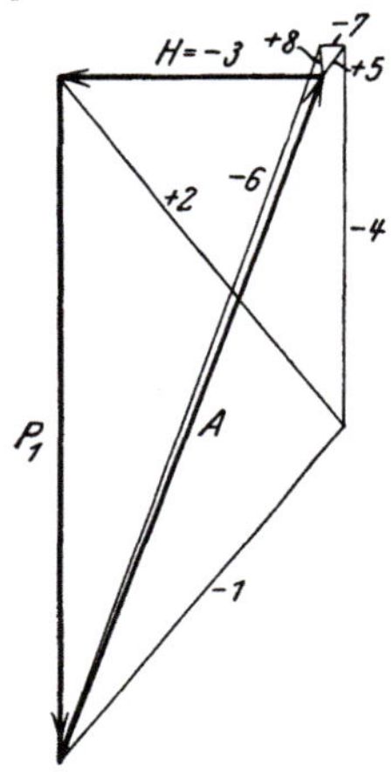

Abb. 658 und 659. Stabkraftbestimmung der Torstütze.

Die unter dieser waagerechten Belastung auftretenden Stabkräfte werden ebenfalls durch Aufzeichnen eines Cremonaplanes ermittelt.

Unter Annahme einer niedrigen Werkstoffbeanspruchung (etwa 75% der des Hauptträgers), durch Einführen des oberen waagerechten Verbindungsstabes und Ausführung steifer Ecken können die drei Gelenke beseitigt werden. Diese Änderung der statischen Bedingungen übt eine Rückwirkung auf die Stabkräfte aus, die im allgemeinen nur günstig ist. Da jedoch einige der Füllungsstäbe ihre Spannkraft wechseln, sind diese Stäbe reichlich zu bemessen.

Die Fußträger (Radträger) der Stützen werden außer auf Zug noch auf Biegung beansprucht, da sich die Laufräder bzw. die einstellbaren Radgestelle aus baulichen Gründen nicht an den theoretischen Stützpunkten anordnen lassen. Sie werden entweder zwischen den Stützen (Abb. 648) oder fliegend (Abb. 651) angeordnet.

Bei Bemessung der festen Stütze ist zu beachten, daß die waagerechte Kraft H_k bzw. H_o (S. 311) längs der Katzenfahrbahn (Bremskraft und Winddruck) in beiden Richtungen einzusetzen ist.

4. Standfestigkeit.

Besonders ungünstig sind die Standfestigkeitsbedingungen bei Kranen mit kleiner Stützweite und verhältnismäßig großer Kragarmausladung. Diese Krane kippen leicht und müssen daher Gegengewichte auf den Fußträgern der Stützen erhalten. Bei der Standfestigkeitsberechnung ist auch der Winddruck zu berücksichtigen.

Bezeichnen mit Bezug auf Abb. 649 $\mathfrak{S}$ den Sicherheitsgrad des vollbelasteten Kranes gegen Kippen, W den seitlich auf den Kran wirkenden Winddruck, y dessen Abstand von Schienenoberkante, G das Krangewicht (ohne Katze), c dessen Abstand von der Kippkante (I) und G_g das zur Wahrung der Standsicherheit erforderliche Gegengewicht, so lautet die Momentengleichung in bezug auf die Kippkante:

$$\mathfrak{S}(Q+G_0) \cdot a + W \cdot y - G \cdot c - G_g \cdot L = 0. \tag{327}$$

Aus dieser wird die erforderliche Gegengewichtsgröße erhalten zu:

$$G_g = \frac{1}{L} \cdot [\mathfrak{S} \cdot (Q+G_0) \cdot a + W \cdot y - G \cdot c]. \tag{328}$$

Nach DIN 120 (Berechnungsgrundlagen für die Eisenkonstruktionen von Kranen) sind für die Standfestigkeitsberechnung der Krane folgende Angaben maßgebend:

Im allgemeinen muß die Standfestigkeit der Krane für eine ruhende Probelast in Höhe von der 1,5fachen Tragkraft gewährleistet sein. Für den Betriebszustand soll die Standfestigkeit bei 25% Überlast und 50 kg/m² Winddruck noch ausreichen. Außerdem müssen die Krane im unbelasteten, außer Betrieb gesetzten Zustande im Binnenland 200 kg/m² und an der Küste 250 kg/m² Winddruck aushalten können, ohne zu kippen. Für Krane, bei denen eine Belastung durch Winddruck nicht oder nur in beschränktem Maße eintreten kann (Krane in geschlossenen Hallen und an windgeschützten Stellen) braucht der Winddruck nicht in Rechnung gestellt zu werden.

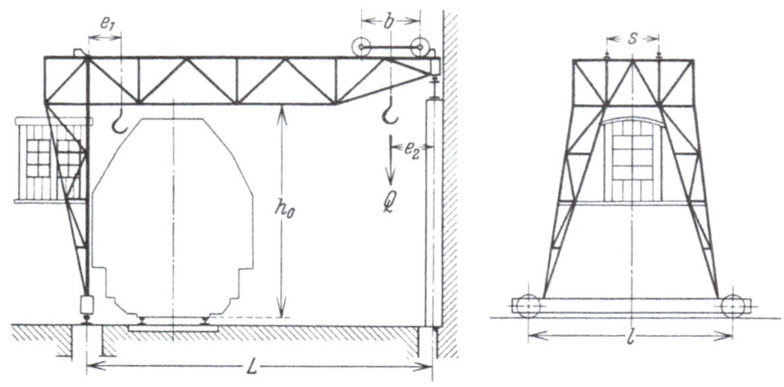

Abb. 660. Halbtorkran. (Schmatische Darstellung.)

Bei den Halbtorkranen wird die Katzenfahrbahn entweder auf dem Obergurt der Hauptträger (Abb. 660) oder an dem Untergurt derselben angeordnet (Abb. 661). Diese Ausführung, bei der die Katze innen läuft, wird bei größerer Spannweite meist vorgezogen. Die Gestaltung der Hauptträger ist dann die gleiche wie bei den Laufkranen mit innen fahrender Katze (s. S. 298).

Abb. 661 zeigt einen Halbtorkran mit Magnetbetrieb zur Bedienung eines Schienenlagerplatzes, dessen Laufkatze auf den Untergurten der Längsträger fährt.

Durchmesser des Magneten: 1350 mm; Gewicht desselben: 1600 kg.

Arbeitsgeschwindigkeiten und Motoren:

Heben:	10 m/min;	48 kW	bei	1000 Uml/min;
Katzenfahren: . .	30 „ ;	5,8 „	„	1000 „ ;
Kranfahren: . . .	60 „ ;	26 „	„	1000 „ .

Stromart: Gleichstrom 440 V.
Elektrische Ausrüstung: SSW.

Abb. 662, S. 314, gibt die schematische Darstellung eines Halbtorkranes mit einem Kragarm.

5. Steuerung und Sicherheitsvorrichtungen.

Anbau der Steuerwalzen an der Kranbrücke und Betätigung durch Zugschnüre kommt nur für kleinere Krane mit niedriger Fahrgeschwindigkeit (unter 50 m/min) in Frage.

Größere Krane werden allgemein von einem Führerkorb aus gesteuert, der an der einen Stütze erhöht angebaut wird. Eine Führerstandslaufkatze kommt bei der verhältnismäßig kleinen Stützweite der Torkrane kaum in Frage. Außer den bei den Laufkranen vorhandenen Sicherheitsvorrichtungen (s. S. 295) ist bei den Torkranen noch eine Sicherung gegen unbeabsichtigtes Ingangsetzen durch Winddruck erforderlich. Bei dem Kran Abb. 661 dient als Sicherung eine Schienenzange, die bei Außerbetriebsetzung des Kranes vermittels Handrad und Spindel angezogen wird.

Bei Kranen, deren Standort von Gebäuden umgeben ist, genügt als Sicherheit gegen Abrollen durch Windkraft die gewichtbelastete, elektromagnetisch gelüftete Fahrbremse.

Für Krane, die vollkommen ungeschützt sind, ist es ebenso wie bei den Verladebrücken (s. S. 315) zweckmäßig, sie bei Außerdienststellung an einem am Fahrbahnende befindlichen Prellbock durch eine Falle zu verriegeln.

6. Kranfahrbahn und Stromzuführung.

Die Schienen der Torkrane werden unmittelbar auf der Betongründung, besser jedoch auf Schienenstühlen nach Art von Abb. 663 und 664 verlegt[1].

Der Universal-Schienenstuhl, Bauart Hahmann, stellt ein Tangential-Gleitkipplager dar, das der Durchbiegung der Schiene Rechnung trägt und unzulässige Kantenpressungen vermeidet. Der auf der Abbildung dargestellte Schienenstuhl ist in Rücksicht auf den hohen Raddruck des Kranes (52 t) besonders kräftig gestaltet. Im allgemeinen genügen für den Kranbetrieb die im Eisenbahnoberbau verwendeten leichteren

[1] Henkes: Die Befestigung von Kranschienen auf massiven Unterstützungen mit Universalschienenstühlen. Fördertechn. 7. Juni 1929.

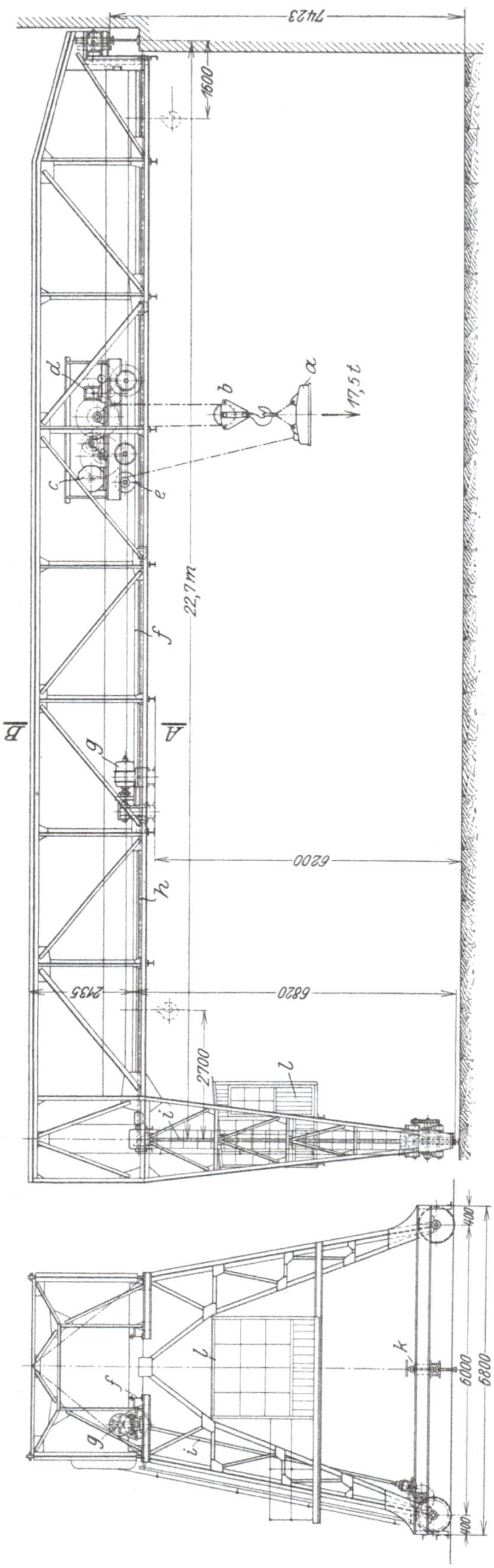

Abb. 661. Elektrisch betriebener Halbtorkran von 17,5 t Tragkraft und 22,7 m Spannweite. (Zobel & Neubert.)
a Lasthebemagnet; *b* zweirollige Hakenflasche; *c* Hubmotor; *d* Katzenfahrmotor; *e* Kabeltrommel; *f* Katzenfahrbahn; *g* Kranfahrmotor; *h* waagerechte, *i* schräge Fahrwerkswelle; *k* Schienenzange; *l* Führerhaus.

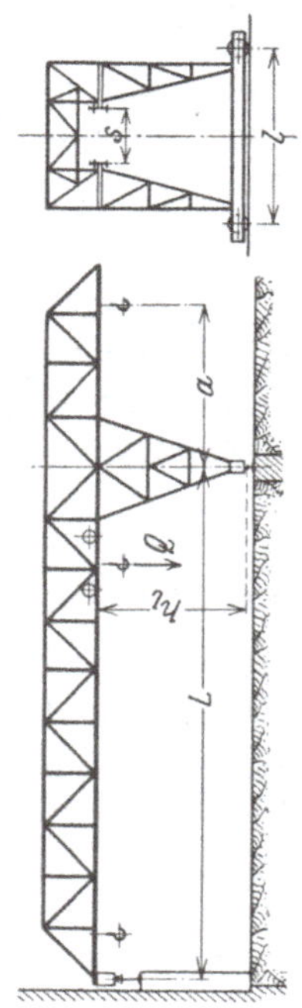

Abb. 662. Halbtorkran mit Kragarm. (Schematische Darstellung.)

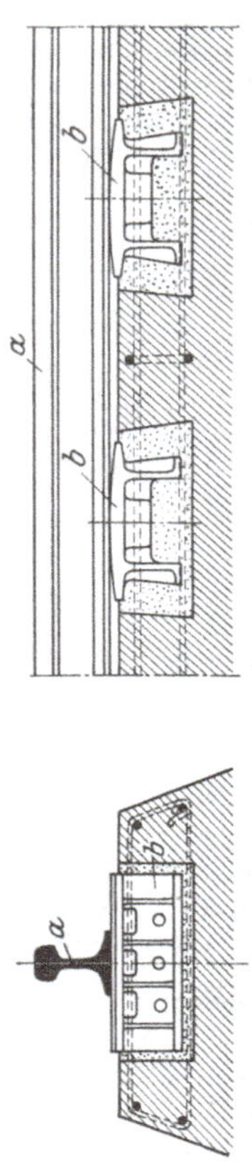

Abb. 663 und 664. Verlegung ebenerdiger Kranschienen auf Universalschienenstühlen. (Bauart Hahmann, Hannover.) *a* Eisenbahnschiene; *b* Schienenstühle.

Bauarten. Zum Befestigen der Schienen auf den Stühlen dienen die üblichen Klemmplatten mit Schraube, Mutter und federnder Unterlegscheibe.

Die Stromzuführung wird meist oberirdisch und nur unter besonderen Umständen unterirdisch verlegt. Siehe S. 298.

7. Sonderausführungen von Torkranen.

Umsetzbare Torkrane. Zur Bedienung breiter Lagerplätze und in Verbindung mit einer entsprechenden Gleisanlage sind sie ihrer bedeutend kleineren Spannweite wegen vielfach wirtschaftlicher als eine den Lagerplatz in seiner ganzen Breite überspannende Verladebrücke.

Die umsetzbaren Torkrane[1] sind dadurch gekennzeichnet, daß ihre Radgestelle nicht nur in der Fahrtrichtung einstellbar, sondern noch um eine senkrechte Achse drehbar sind.

Soll ein in einem Feld befindlicher Umsetzkran in das benachbarte Feld des Lagerplatzes übergeführt werden, so wird er an die Kreuzungsstelle seiner Fahrschienen mit dem Umsetzgleis gefahren. Hier wird die eine Kranstütze durch eine geeignete Hubvorrichtung soweit angehoben, bis die Räder frei über den Schienen stehen. Nachdem die Verriegelung der Radgestelle gegen Drehen ausgelöst ist, werden die beiden Radgestelle um 90° ge-

[1] Ausführungsbeispiele siehe Kruppsche Monatshefte (Juni 1921): Umsetzkrane zur Bedienung großer Lagerplätze.

schwenkt und wieder verriegelt. Die Kranstütze wird nun gesenkt und beide Radgestelle werden auf das Umsetzgleis abgesetzt. Nachdem die Radgestelle der anderen Kranstütze ebenfalls um 90° geschwenkt und abgesetzt sind, ist der Kran in Richtung des Umsetzgleises fahrtbereit. An der Kreuzung des Umsetzgleises mit den Schienen des nächsten Kranfeldes angekommen, werden die Radgestelle in gleicher Weise in die neue Fahrtrichtung eingestellt.

Zum Anheben schwerer Krane werden die S. 195 beschriebenen Druckwasserhebeböcke, die für Tragkräfte bis 300 t hergestellt werden, verwendet.

III. Verladebrücken.

Anwendung. Die Verladebrücken werden für den Umschlag großer Gütermengen, insbesondere Schüttgüter wie Kohle, Koks, Erze u. dgl. zwischen Schiff oder Eisenbahn und einem unmittelbar an der Ladestelle gelegenen ausgedehnten Lagerplatz ausgeführt. Sie finden daher ihre Hauptanwendung in Hafenanlagen, Hüttenwerken, Gasanstalten und Elektrizitätswerken, sowie zur Bedienung großer Eisen- und Holzlagerplätze.

Die meist fahrbaren Verladebrücken gleichen hinsichtlich der Gestalt ihres Krangerüstes den Tor- oder Bockkranen (s. S. 308), nur haben sie bedeutend größere Spannweiten und lichte Torhöhen als diese.

Antrieb stets elektrisch. Tragkraft je nach Art des Fördergutes und der Umschlagverhältnisse: 3 bis 20 t, bei Greiferbetrieb in neuerer Zeit bis 30 t. Stützweite: Bis 120 m.

Zur Erzielung großer Leistungen erhalten die Verladebrücken hohe Arbeitsgeschwindigkeiten. Heben je nach Tragkraft und Hubhöhe: 30 bis 90 m/min. Querfahren: 60 bis 300 m/min. Längsfahren (Kranfahren): 20 bis 60 m/min. Die Leistung hängt von der Art des Fördergutes, der Größe der Förderwege usw. ab. Bestimmung durch Aufzeichnen eines Arbeitsspieldiagrammes (z. B. Abb. 385, S. 160) und der Zahl der stündlichen Spiele. Leistung bei Umschlag von Kohle: Bis 500 t/h, äußerst bis 750 t/h.

a) Bauarten.

Hinsichtlich der Bauart unterscheidet man: Verladebrücken mit Laufkatze und Verladebrücken mit oben fahrendem Drehkran.

1. Verladebrücken mit Laufkatze.

Zweimotorenlaufkatze mit angebautem Führerhaus.

Vorteile: Große Betriebssicherheit und gute Übersicht während des Arbeitsvorganges.

Nachteile: Höheres Katzengewicht und dementsprechend größerer Massenwiderstand beim Fahranlauf sowie größere Beanspruchung der Kranbrücke als bei der früher angewendeten Bauart mit Seillaufkatze (Rollenzüge s. Abb. 84 bis 88, S. 38).

Für Tragkräfte bis etwa 5 t und bei kleineren stündlichen Leistungen führt man die Katze als Trägerlaufkatze (s. S. 226) aus. Ihre Fahrbahn ist dann eine I-Trägerbahn, die ähnlich wie bei dem Verladegerüst (Abb. 646, S. 307) am Untergurt der Längsträger befestigt ist. Diese Anordnung hat den Vorzug, daß die Katze auf eine verzweigbare Hängebahn übergehen kann und daher eine volle Ausnutzung auch ungleichmäßig gestalteter Lagerplätze ermöglicht.

Bei größeren Tragkräften wird eine normale Zweischienenkatze angewendet, deren Fahrbahn auf dem Untergurt und zwischen den beiden Hauptträgern angeordnet wird. Nur bei Brücken kleinerer Spannweite, die keine Kragarme haben, wird die Katzenfahrbahn auf dem Obergurt der Hauptträger vorgesehen (s. S. 309, Torkrane).

Ausführungsbeispiel: Verladebrücke mit Greiferlaufkatze von 5 t Tragkraft, 45 m Spannweite und 5,5 m Kragarmlänge (Abb. 665, S. 316). Greiferinhalt: $1^1/_4$ m³.

Die Brücke überspannt den Erzlagerplatz eines Hüttenwerkes. Das auf ihm lagernde Erz dient bei stockender Zufuhr als Reserve. Vorläufig ist die Brücke mit einem Kragarm ausgeführt. Für den zweiten sind die Anschlüsse schon vorgesehen.

Arbeitsgeschwindigkeiten und Motoren:

Heben	45 m/min;	70,7 PS	bei	625 Uml/min;
Katzenfahren. . .	70 „ ;	13,6 „	„	745 „ ;
Kranfahren	20 „ ;	25,2 „	„	630 „ .

Stromart: Gleichstrom 440 V.
Elektrische Ausrüstung: SSW.

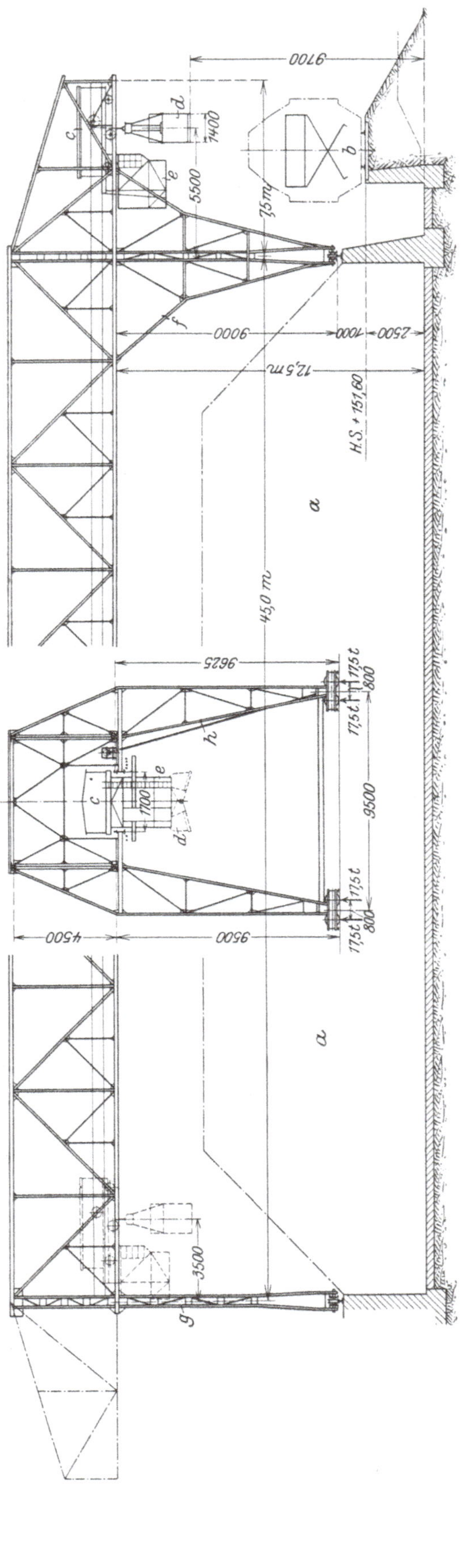

Abb. 665. Verladebrücke mit Greiferlaufkatze von 5 t Tragkraft, 45 m Spannweite und 9,0 m lichter Torhöhe. (Demag.)
a Lagerplatz; *b* Selbstentladewagen; *c* Laufkatze; *d* Greifer; *e* Führerhaus; *f* feste Brückenstütze; *g* Pendelstütze; *h* schräge Fahrwerkwelle; *H.S.* Hüttensohle.

Drehlaufkatze. Durch die Anordnung einer Laufkatze mit drehbarem Ausleger (Abb. 666) wird der Arbeitsbereich vergrößert und das Einstellen auf die Ladeluken der Schiffe erleichtert. Auch braucht die Brücke weniger oft verfahren zu werden als bei einer gewöhnlichen Katze.

Ein Nachteil der Drehlaufkatze ist ihr größeres Eigengewicht. Durch dieses und das noch hinzutretende Auslegermoment wird der Brückenträger entsprechend höher beansprucht. Ferner erfordert die Drehlaufkatze eine größere lichte Torhöhe und ein ihrer Ausladung entsprechendes großes Stützendurchfahrtsprofil.

2. Verladebrücken mit oben fahrendem Drehkran.

Diese Bauart (Abb. 667) hat einen größeren Arbeitsbereich. Die Brücke braucht daher während des Umladevorganges weniger oft verfahren zu werden als bei Anwendung einer Brücke mit einer Laufkatze.

Da die Verladebrücken mit oben laufendem Drehkran ein vollkommen freies lichtes Torprofil haben, so lassen sie bei gleicher Torhöhe eine größere Stapelhöhe des Fördergutes zu als die Laufkatzenbrücken.

Bei der meist großen Ausladung des Drehkranes (12 bis 16 m) kann der wasserseitige Kragarm der Brücke so kurz gehalten werden, daß er die anlegenden Schiffe nicht behindert. Die teure Ausführung der Brücke mit hochklappbarem Ausleger kommt daher bei der Drehkranbauart nicht in Frage.

Vorteilhaft ist ferner die einfache Ausführung der Brücke, deren Hauptträger sich gut miteinander verbinden lassen, wodurch sie gegen waagerechte, in Richtung der Kranfahrbahn wirkende Kräfte sehr widerstandsfähig sind.

Nachteilig ist das hohe Eigengewicht des Drehkranes, das beim Querfahren einen hohen Stromverbrauch und einen großen Massenwiderstand beim Fahranlauf bedingt. Auch wird die Brücke infolge der größeren Raddrucke sowie des noch hinzutretenden exzentrisch auf sie wirkenden Kranmomentes wesentlich höher beansprucht als bei der Bauart mit einer Laufkatze.

Abb. 667 zeigt eine Verladebrücke mit Greiferdrehkran von 8 t Tragkraft. Greiferinhalt: 2,5 m³. Ausladung des Drehkranes 15,55 m. Stützweite der Brücke: 44 m. Nutzbare Kragarmlängen: 9,9 und 5,825 m.

Die Brücke dient zum Umschlag von Kohle zwischen Schiff und Eisenbahnwagen bzw. Schiff und Lagerplatz. Bei der großen wasser-

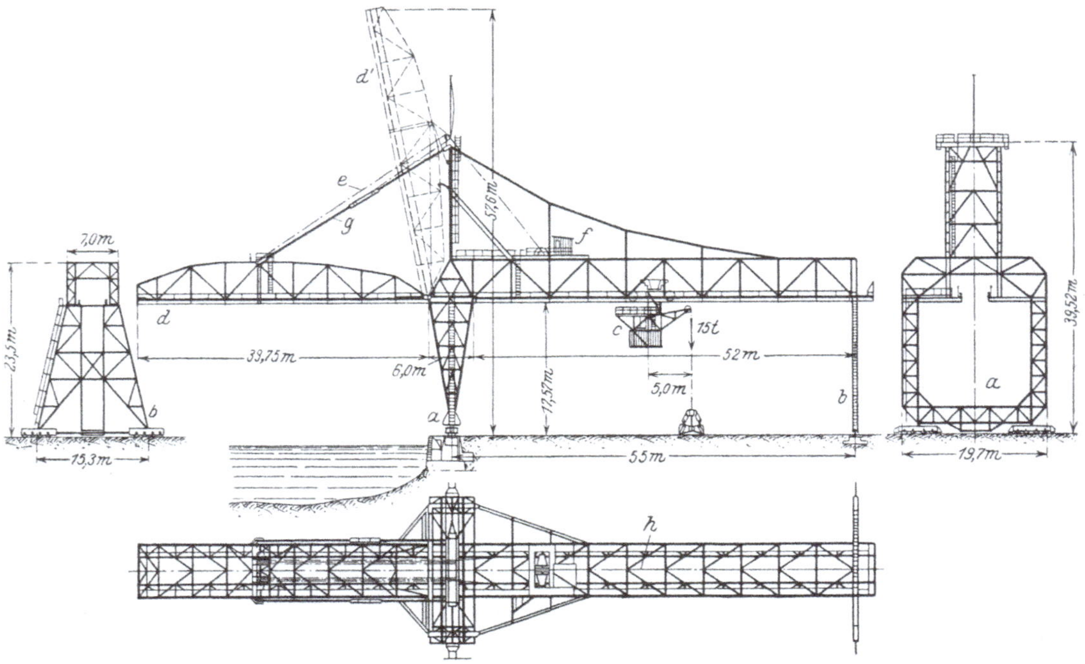

Abb. 666. Verladebrücke mit Drehlaufkatze und einziehbarem wasserseitigem Ausleger. (MAN, Werk Nürnberg.)[1]
a feste Stütze; *b* Pendelstütze; *c* Drehlaufkatze mit Greiferbetrieb (Greiferinhalt: 2,5 m³); *d* einziehbarer Ausleger; *e* Rollenzug, *f* Antrieb zum Auslegereinzieherwerk; *g* zweigelenkige Stange, den Rollenzug in der Tiefstlage des Auslegers entlastend; *h* Windverband.
Tragkraft 15 t; Stützweite 55 m; Hubhöhe 20 m.

Arbeitsgeschwindigkeiten und Motoren:

Heben	60 m/min;	2×127 PS bei	690 Uml/min;
Drehen	120 m/min;	18 PS bei	760 Uml/min;
Katzenfahren	150 m/min;	56 PS bei	800 Uml/min;
Auslegereinziehen in	15 Min.;	37 PS bei	930 Uml/min;
Brückenfahren	22 m/min;	2×37 PS bei	930 Uml/min;

Stromart: Gleichstrom 500 V. Elektrische Ausrüstung: AEG. Leistung: 300 t/Stde.

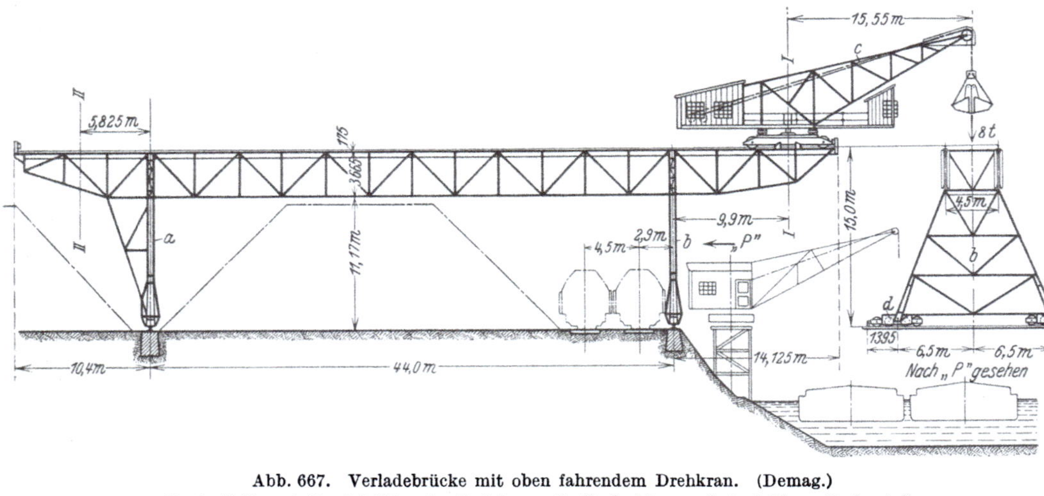

Abb. 667. Verladebrücke mit oben fahrendem Drehkran. (Demag.)
a Feste Stütze, *b* Pendelstütze der Brücke; *c* Greiferdrehkran; *d* einstellbare Radgestelle; *I—I* und *II—II* äußerste Drehkranstellungen.

seitigen Ausladung (etwa 25 m) lassen sich zwei nebeneinander liegende Schiffe noch bequem bedienen.

Arbeitsgeschwindigkeiten und Motoren:

Heben	38,5 m/min;	87,3 PS bei	720 Uml/min;
Drehen	1,5 mal i. d. Min;	17,7 „ „	965 „ ;
Drehkranfahren . .	100 m/min;	43,5 „ „	975 „ ;
Brückenfahren . .	15,6 „ ;	32,0 „ „	730 „ .

Stromart: Drehstrom 500 V, 50 Hz. Elektrische Ausrüstung: AEG.

[1] Zahl der Verladebrücken: drei. Eine vierte Brücke mit ähnlichen Abmessungen ist im Bau.

b) Kranfahrwerk.

Die großen Eigengewichte der Verladebrücken bedingen hohe Stützendrucke, die durch die Laufräder auf die Kranfahrbahn übertragen werden.

Größter Raddruck.

Da die Größe des Raddruckes in Rücksicht auf die Beanspruchung der Fundamentstrecke beschränkt ist, so ist bei größeren Brücken eine große Anzahl Laufräder erforderlich, die paarweise in einstellbaren Radgestellen gelagert werden. Statt zwei Laufrädern an jeder Stütze werden daher bis zu sechzehn Laufräder angeordnet.

Reicht diese Laufräderzahl bei sehr großem Stützendruck nicht aus, so wird die am stärksten beanspruchte Fahrbahn zweischienig ausgeführt und die Laufräderzahl dieser Stütze dadurch verdoppelt.

Der größte Raddruck wird bei Betrieb der Brücke für die ungünstigste Laststellung und je nach den Umschlagverhältnissen für 25 bzw. 50 kg/m² Winddruck berechnet. Außer Betrieb wird der Raddruckberechnung je nach dem Standort der Brücke ein Winddruck von 200 bzw. 250 kg/m² zugrunde gelegt (s. auch S. 322).

Anordnung des Fahrwerks.

Beim Fahren der Brücke mit einseitig stehender Last (Abb. 665) treten an den beiden Stützen entsprechend den verschieden großen Stützendrucken ungleich große Fahrwiderstände auf, deren Unterschied auszugleichen ist.

Zum Ausgleich dieses Fahrwiderstandunterschiedes bzw. zur Erzielung des Gleichlaufes beider Stützen kommen folgende Fahrwerksanordnungen in Frage:

1. Das Fahrwerk wird in gleicher Weise wie das eines Volltorkranes ausgebildet (s. S. 309). Der auf Mitte Kranbrücke stehende Motor arbeitet mittels eines Stirnrädergetriebes auf die waagerechte Fahrwerkswelle und von dieser durch Kegelräderpaare und senkrecht oder schräg stehende Wellen auf die Laufräder. Bei dieser Anordnung, die für Brücken bis etwa 50 m Stützweite noch angewendet wird, dient die waagerechte Fahrwerkswelle als Ausgleichwelle.

Die Ausführung ist elektrisch am einfachsten und betriebssichersten, eignet sich jedoch nicht für Brücken von großer Spannweite, da dann die Wellen zu stark und die Anlagekosten des Fahrwerks zu hoch werden.

Für Brücken mit großer Spannweite kommen folgende Fahrwerksanordnungen zur Anwendung:

2. Jede der beiden Stützen wird für sich durch ein oder zwei Motoren angetrieben und beide Fahrwerkseiten werden durch eine Ausgleichwelle miteinander verbunden, die für den halben Unterschied der Fahrwiderstände bemessen wird.

Die Anordnung hat den Vorzug, daß die Eisenkonstruktion entlastet wird. Durch die Ausgleichwelle und die noch hinzutretenden beiden senkrechten Wellen mit den zugehörigen Kegelrädergetrieben ist jedoch der Gesamtfahrwiderstand fast ebenso groß wie bei der Anordnung 1.

Die Motoren der beiden Fahrwerkseiten sind hierbei derart elektrisch miteinander gekuppelt, daß bei Stromloswerden des Motors der einen Seite der der anderen ebenfalls abgeschaltet wird. Wird beispielsweise der Motor einer Brückenstütze überlastet, so spricht sein Überstromauslöser (s. S. 184) an, wodurch gleichzeitig auch der Motor der anderen Stütze stillgelegt wird.

3. Jede der beiden Stützen wird durch einen oder durch zwei Motoren und unter Fortfall der Ausgleichwelle angetrieben. Diese Anordnung hat im Vergleich mit der unter 2. die Vorzüge, daß der Fahrwiderstand am geringsten und das Fahrwerk baulich am einfachsten wird.

Der Unterschied der Teilfahrwiderstände wird durch die Eisenkonstruktion der Brücke ausgeglichen, die in waagerechtem Sinne durch den halben Unterschied der Teilfahrwiderstände und mit der Stützweite als Hebelarm auf Biegung beansprucht wird.

Wegen der fehlenden Ausgleichwelle und der Nachgiebigkeit der Eisenkonstruktion sind die Anker der Motoren der beiden Seiten elektrisch miteinander zu kuppeln, was sowohl bei Gleich- wie auch bei Drehstrom ausführbar ist. Zur Erzielung eines angenäherten Gleichlaufes der Motoren werden Ausgleichwiderstände vorgesehen. Da jedoch die Ausgleichgenauigkeit hierbei nicht genügend groß ist, so muß die Brücke zeitweise ausgerichtet werden, indem der Motor der einen Seite stillgelegt wird und die andere Stütze durch Einschalten ihres Motors vor- oder zurückgefahren wird.

4. Der Antrieb beider Stützen ist der gleiche wie der unter 3, nur sind die Stützen mit den Brückenträgern gelenkig verbunden. (Siehe S. 322 „Sonderbauarten“.)

Bei der Anordnung mit gelenkigen Stützen kann je nach der baulichen Ausführung die eine Stütze so weit vor- oder nachlaufen, bis eine bestimmte größte Schrägstellung der Brücke erreicht ist. Ein Überschreiten dieser höchst zulässigen Schrägstellung wird durch Grenzschalter vermieden, welche die Motoren stillegen.

Die Schaltung ist hierbei derart, daß die voreilende Stütze nur noch rückwärts und die nachlaufende nur nach vorwärts gesteuert werden kann. Einschalten beider Motoren in gleicher Bewegungsrichtung ist nur dann möglich, wenn beide Stützen gleichstehen.

Bauliche Ausführung der Verladebrücken mit gelenkigen Stützen s. Abb. 322.

Fahrbremsen. Jeder Fahrwerkantrieb einer Brücke erhält eine Halte- bzw. Nachlaufbremse, die meist auf der elastischen Kupplung zwischen Motor und Triebwerk angeordnet wird. Diese Bremsen sind gewichtbelastete, elektromagnetisch gelüftete doppelte Backenbremsen, die auch gegen Winddruck sichern.

c) Kranbrücke.

Sie besteht im wesentlichen aus den beiden Hauptträgern, dem Querverband zwischen beiden (Windverband oder Horizontalverband), dem Laufsteg und den beiden Stützen mit den Radgestellen.

In neuerer Zeit wird allgemein die eine Stütze mit dem Brückenträger fest verbunden, während die andere gelenkig an ihn angeschlossen wird. Diese Pendelstütze (s. auch S. 310) macht das System statisch bestimmt und gleicht Systemänderungen der Längsträger aus, die durch den Einfluß der Belastung und durch Temperaturschwankungen hervorgerufen werden.

1. Auslegereinziehwerk.

Verladebrücken mit Laufkatze, die zum Güterumschlag in Hafenanlagen dienen, erhalten, um das Anlegen und Verholen der Schiffe nicht zu behindern, auf der Wasserseite einen hochklappbaren Ausleger (Abb. 666 und Abb. 674, S. 323).

Dieser stellt eine Verlängerung der Katzenfahrbahn dar und ist gelenkig an den Brückenträger angeschlossen (Abb. 666). Das Einziehen (Hochklappen) des Auslegers geschieht bei den Verladebrücken allgemein durch Rollenzüge, deren Seilenden an den Trommeln des auf der Brücke fest angeordneten Einziehwerks angreifen. In seiner tiefsten (waagerechten) Lage sind die Rollenzüge durch Zugstangen entlastet, die ein oder zwei Gelenke haben und beim Hochklappen ausknikken. Vielfach werden auch selbsttätig einfallende Fanghaken angeordnet, die den Ausleger in seiner Höchststellung festhalten und die Rollenzüge ebenfalls entlasten.

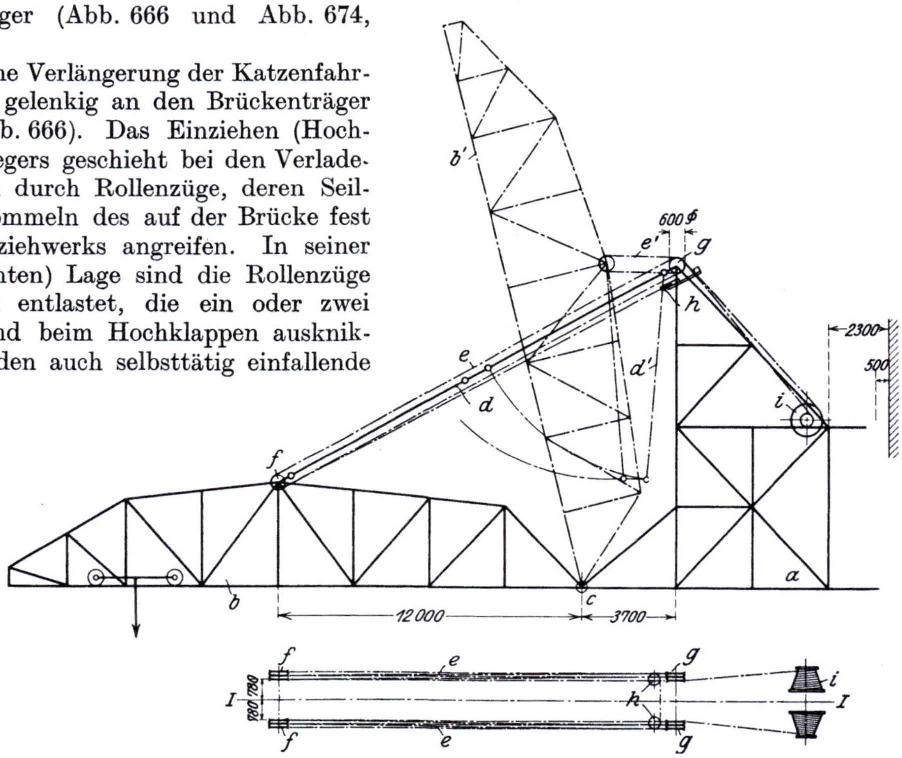

Abb. 668. Hochklappbarer Ausleger eines Verladekranes. (Schematische Darstellung.)
a Krangerüst; *b* Ausleger; *c* Drehachse zu *b*; *d* Lenker, den Ausleger in der waagerechten Lage tragend; *e* 12-strängiger Zwillingsrollenzug; *f* lose Rollen, *g* feste Rollen, *h* Ausgleichrollen zu *e*; *i* kegelige Seiltrommeln zum Auslegereinziehwerk; *I*—*I* Mitte Einziehwerk.

Das Auslegermoment ist in der waagerechten Stellung des Auslegers (beim Beginn des Anhebens) am größten, nimmt mit kleiner werdendem Abstand des Auslegerschwerpunktes von der Drehachse ab und ist in der Höchststellung des Auslegers am kleinsten (unter Umständen nahezu gleich Null). Berechnung des Auslegereinziehwerks s. Abschnitt „Drehkrane“.

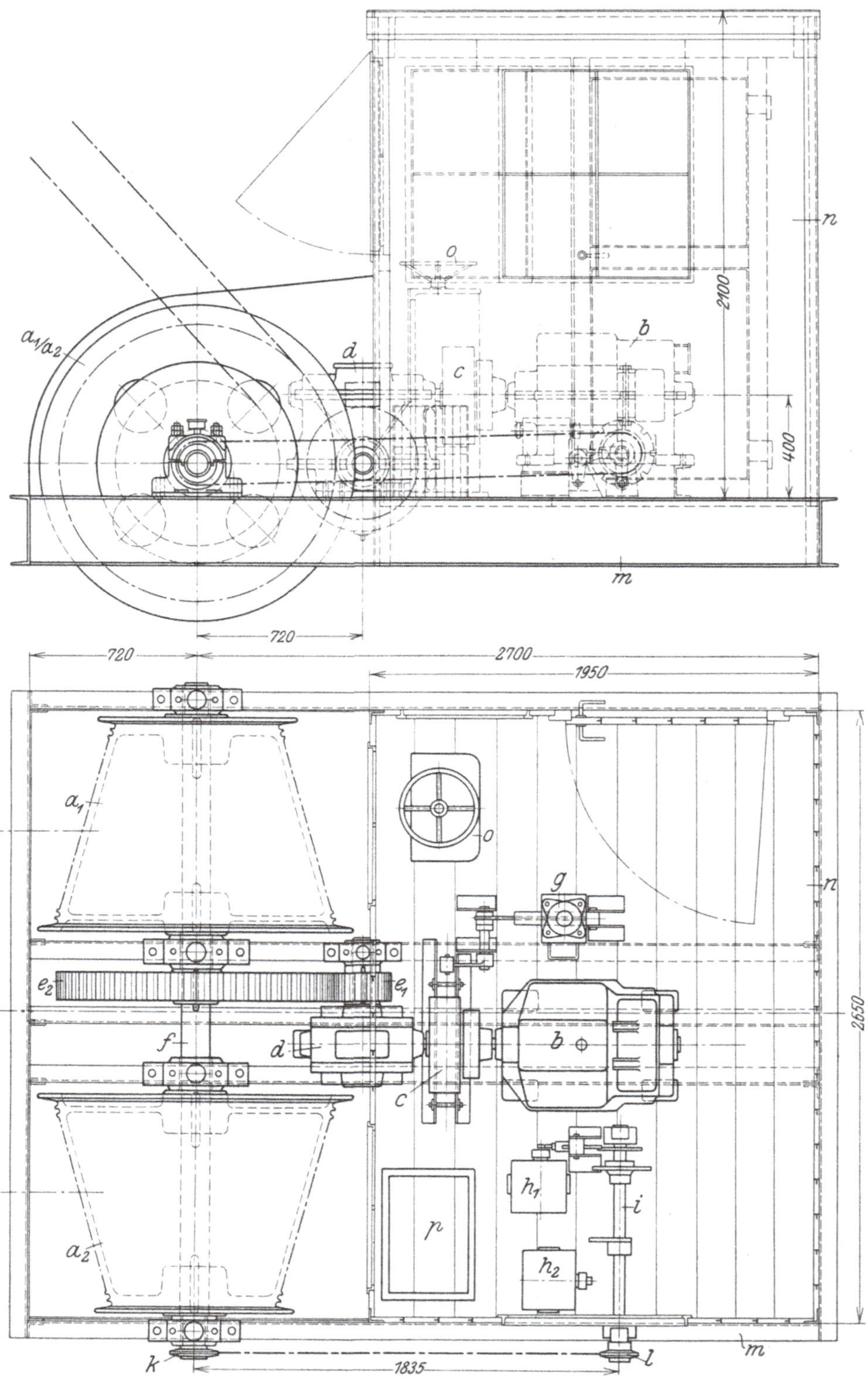

Abb. 669. Auslegereinziehwerk zu einem Verladekran. (MAN.)

$a_1 - a_2$ kegelige Seiltrommeln mit Rechts- bzw. Linksgewinde; b Motor; c elastische Kuppelung mit Haltebremse (doppelte Backenbremse); d Motorvorgelege (eingängiges Schneckengetriebe); $e_1 - e_2$ Stirnrädergetriebe, auf die Trommelwelle f arbeitend; g Magnetbremslüfter zu c; $h_1 - h_2$ Endschalter für höchste bzw. tiefste Auslegerstellung; i Spindel mit Wandermutter zu $h_1 - h_2$; $k - l$ Kettentrieb, i von der Trommelwelle aus antreibend; m [-Eisenrahmen; n Führerhaus; o Steuerwalze; p Anlaßwiderstand zu o.

$I - I$ Mitte Ausleger; II Mitte Lenkrolle (s. Abb. 668).

Bei dem auf Abb. 668 dargestellten Auslegereinziehwerk ist der Rollenzug ein Zwillingsrollenzug mit $2 \times 6 = 12$ tragenden Seilsträngen, dessen Seilenden an zwei kegelig gestalteten Trommeln angreifen. Durch diese kegeligen Trommeln (s. auch S. 53) wird eine annähernd gleichmäßige Belastung des Einziehmotors erreicht.

Dieser (Abb. 669) arbeitet mittels eines Schneckengetriebes und eines Stirnrädervorgeleges auf die Trommeln. Die Haltebremse auf der elastischen Kupplung zwischen Motor und Triebwerk ist die übliche gewichtbelastete doppelte Backenbremse mit Magnetbremslüfter.

Das Einziehwerk hat je einen Endschalter für höchste und tiefste Auslegerstellung. Diese Endschalter werden durch eine Spindel betätigt, die von der Trommelwelle aus durch einen Kettentrieb angetrieben wird.

2. Hauptträger (Längsträger).

Die Ausführung als Parallelträger ist am einfachsten und wird daher meist bevorzugt. Bei größeren Brücken mit Laufkatze wird der Trägerobergurt auch nach dem Verlauf der biegenden Momente gestaltet. Brücken mit hochklappbarem Ausleger (Abb. 666) erhalten über den Hauptträgern eine von der festen Stütze ausgehende Verspannung, durch die die vom hochgeklappten Ausleger herrührenden waagerechten Kräfte auf das ganze System übertragen werden.

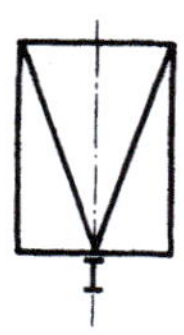

Abb. 670.

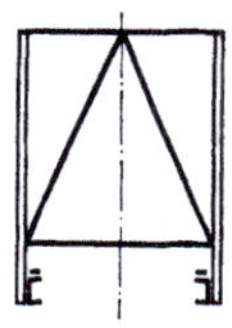

Abb. 671.

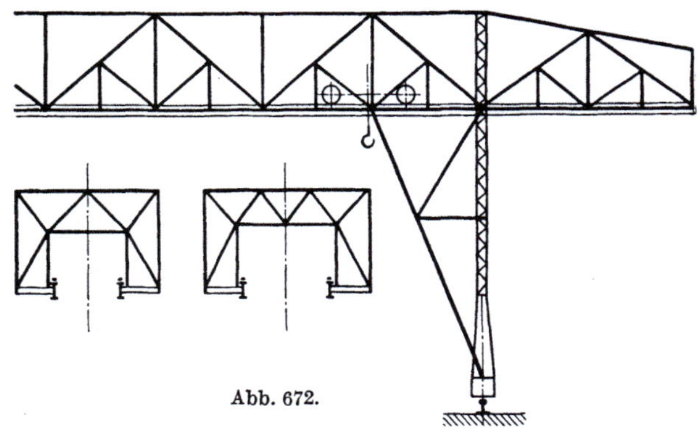

Abb. 672.

Bei Verladebrücken kleinerer Tragkraft (bis etwa 5 t) wird der geringeren Anlagekosten wegen vielfach eine Hängebahnlaufkatze vorgesehen, die auf den Unterflanschen einer I-Trägerbahn fährt. Die Trägerbahn wird dann nach Art von Abb. 670 an den Querverbindungen der beiden Hauptträger angeordnet, so daß auch die Hauptträgeruntergurte miteinander versteift sind, jedoch ergibt sich eine etwas größere Bauhöhe.

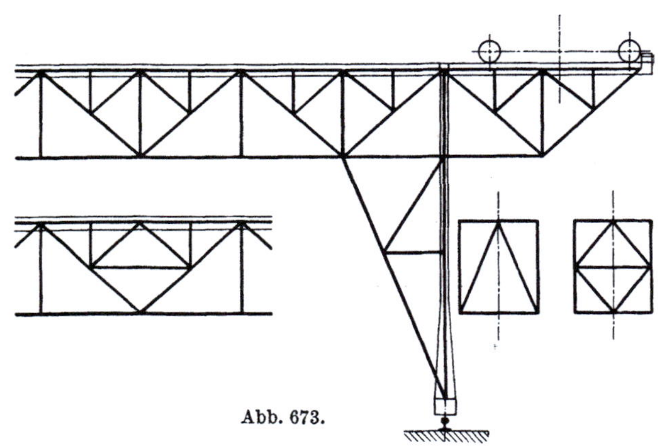

Abb. 673.

Für die meist vorkommenden zweischienigen Laufkatzen wird der Querschnitt der Brückenträger nach Abb. 671 und 672 ausgeführt. Diese Anordnung hat den Vorzug einer geringen Bauhöhe und den Nachteil, daß die Untergurte der beiden Hauptträger sich wegen der durchfahrenden Katze nicht unmittelbar gegeneinander versteifen lassen.

Bei Brücken mit oben fahrendem Drehkran wird der Querschnitt nach Abb. 667 und 673 gestaltet. Diese Anordnung erfordert, im Gegensatz zu den vorhergehenden, keine besonderen Fahrbahnträger. Auch bietet sie ebenfalls eine gute waagerechte Versteifung der Untergurte.

Bei größeren Spannweiten erhalten die Hauptträger große Feldweiten. Der Obergurt ist dann bei der Bauart mit oben laufendem Drehkran durch die hohen Raddrucke starken Biegebeanspruchungen ausgesetzt. Diese vermindert man dadurch, daß man das Hauptträgersystem nach Art von Abb. 673 gestaltet, wodurch die Biegestützweite auf die Hälfte herabgesetzt wird.

Auch bei den Verladebrücken mit Laufkatze macht man von dieser Systemunterteilung Gebrauch (Abb. 665 und 672).

Die Kragarme der Brücken werden in Rücksicht auf Werkstoffersparnis abgeschrägt, und zwar je nach der Brückenbauart der Obergurt oder Untergurt. Vielfach begnügt man sich damit, nur das Gurtstück des letzten Feldes abzuschrägen.

3. Windverband.

Wegen der durch Winddruck und Massenkräfte in Richtung der Kranfahrbahn auftretenden waagerechten Beanspruchung der Hauptträger ist eine gute Horizontalversteifung derselben erforderlich. Diese wird bei den Ausführungen mit Trägerlaufkatze (Abb. 670) und mit oben laufendem Drehkran (Abb. 667) am günstigsten, da beide die Anordnung eines Windverbandes in der Ober- wie in der Untergurtebene ermöglichen. Die Brückenträger mit auf dem Untergurt der Hauptträger und zwischen diesen fahrender Laufkatze (Abb. 665 und 666) lassen einen Windverband nur in der Obergurtebene zu.

4. Stützen.

Die Pendelstütze nimmt nur senkrechte Kräfte (aus Last und Eigengewicht) und waagerechte Kräfte in Richtung der Kranfahrbahn auf.

Die noch in Richtung der Katzenfahrbahn auftretende waagerechte Kraft (Bremskraft und Winddruck) wird durch die entsprechend gestaltete feste Stütze aufgenommen.

Die Verbindung der Pendelstütze mit dem Brückenträger vermittelst zweier Bolzen bietet zwar volle Gelenkigkeit, hat jedoch, besonders bei Trägern mit durchfahrender Laufkatze, bauliche Unzuträglichkeiten zur Folge. Man führt daher die Pendelstütze bis zum Trägerobergurt durch und schließt sie fest an beide Gurtungen an. Sie wird durch die senkrechten Kräfte (Last, Katzengewicht und Trägergewicht) auf Druck und Knickung berechnet und erhält daher, in Richtung der Katzenfahrbahn gemessen, einen verhältnismäßig schwachen Querschnitt. Infolge dieses schwachen Querschnittes ist der Anschluß der Stütze zum Aufnehmen der Längsverschiebungen des Brückenträgers genügend nachgiebig und kann praktisch als gelenkig angesehen werden.

Belastungsangaben und Werkstoffbeanspruchung. Die Verladebrücken erfordern noch eine sorgfältige Nachrechnung auf Winddruck, der je nach den örtlichen und Betriebsverhältnissen der Brücke angenommen wird zu: 50 kg/m² bei in Betrieb befindlicher Brücke, 200 bzw. 250 kg/m² bei außer Betrieb befindlicher Brücke.

Über Winddruck s. auch S. 313. Zu diesen Belastungen kommen noch folgende Zusatzkräfte: Bremskraft in Richtung der Katzenfahrbahn und Stoßkraft beim Auffahren der Laufkatze bzw. des Drehkranes gegen die Puffer an den Enden des Brückenträgers, sowie Bremskraft in Richtung der Kranfahrbahn.

Werkstoffbeanspruchung (St 37 · 12):

1. Brücke außer Betrieb und unter einem Winddruck von 200 bzw. 250 kg/m² stehend: .... $\sigma_{zul} = 1600$ kg/cm²
2. Brücke in Ruhestellung, Drehkran bzw. Laufkatze in Betrieb...... $\sigma_{zul} = 1400$ kg/cm²
3. Brücke wird in voller Fahrt abgebremst, so daß die Räder zu schleifen beginnen............ $\sigma_{zul} = 1200$ kg/cm²

Garlepp[1] gibt für Verladebrücken (auch mit höheren Katzenfahrgeschwindigkeiten von $v \approx 2$ bis 5 m/sek) und für St 37 · 12 folgende zulässigen Beanspruchungen:

1. Brücke in Betrieb und 50 kg/m² Winddruck sowie angenommenen Pufferstoß ... $\sigma_{zul} \leqq 1150$ kg/cm²
2. Brücke in Betrieb und 50 kg/m² Winddruck sowie angenommenen Pufferstoß bei Brückenteilen, die unmittelbar von Stoßwirkungen aus Raddruck belastet sind und wobei Eigengewicht und Wind keine nennenswerte Zusatzbelastungen mit sich bringen (z. B. getrennt aufgehängte Katzenfahrbahnen usw.) .... $\sigma_{zul} \leqq 1000$ kg/cm²
3. Brücke außer Betrieb und 150 kg/m² Winddruck, beliebige Katzenstellung ohne Pufferstoß .... $\sigma_{zul} \leqq 1350$ kg/m²

Liegen besondere Vorschriften vor, so sind diese maßgebend.

Für die Durchführung der statischen Berechnung der Verladebrücken wird auf folgende Sonderwerke verwiesen: Andree, Die Statik des Kranbaues. — Bernhard, Die Berechnung der Brückenkrane.

d) Sonderbauarten.

Schräg einstellbare (winkelverstellbare) Verladebrücken. Jede der beiden Stützen ist für sich angetrieben. Im Gegensatz zu den normalen Ausführungen ist jedoch der Brückenträger derart gelenkig mit den Stützen verbunden, daß sich die Brücke um einen bestimmten Winkel beiderseits zu ihrer Normallage einstellen kann (Abb. 674).

[1] Maschinenbau (Der Betrieb) 1931, S. 86.

Die Winkelverstellbarkeit hat den Vorzug, daß zwei benachbarte Brücken gleichzeitig zwei nebeneinander liegende Schiffsluken bedienen können (Abb. 674) und bietet große Beweglichkeit im Betriebe, einfache Gestaltung des Fahrwerks und klare statische Verhältnisse.

Abb. 674 zeigt eine Ausführung mit Greiferlaufkatze und hochklappbarem wasserseitigem Ausleger. Tragkraft der Katze: 30 t. Greiferinhalt: 6,5 m³. Stützweite: 118 m. Wasserseitige Ausladung: 52 m. Der Brückenträger, an dem die Katzenfahrbahn aufgehängt ist, ist mittels

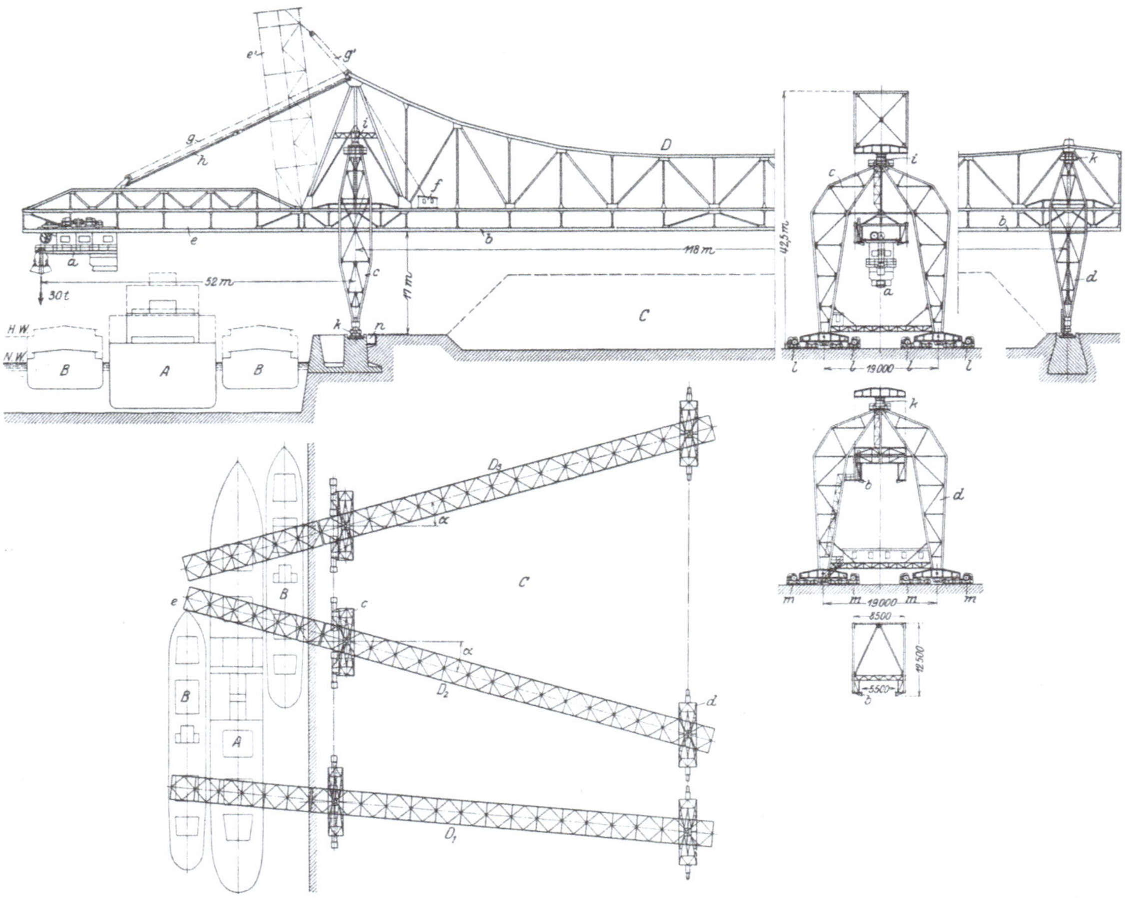

Abb. 674. Schrägeinstellbare Verladebrücken mit Greiferlaufkatze und hochklappbarem wasserseitigem Ausleger. (Lauchhammer-Rheinmetall.)

A Seeschiff; *B* Leichter; *C* Erzlagerplatz; $D_1 - D_3$ schrägeinstellbare Verladebrücken; *a* Laufkatze mit Selbstgreifer Bauart Hulett; *b* Katzenfahrbahn; *c* wasserseitige, *d* landseitige Brückenstütze; *e* wippbarer Ausleger; *f* Auslegerwippwerk; *g* Seilzüge; *h* Lenker, die Seilzüge *g* bei herabgelassenem Ausleger entlastend; *i*—*k* Drehzapfen, ein Schrägstellen des Brückenträgers bis $\alpha = 15°$ zulassend; *l* durch je einen Motor angetriebene (einstellbare) Radgestelle zu *c*; *m* angetriebene Radgestelle zu *d*; *n* Kanal für die Längsschleifleitung.

je eines Spurlagers und einer fachwerkartigen Königsäule so an die Stützen angeschlossen, daß er sich beiderseits um einen Winkel $\alpha = 15°$ schrägstellen kann (Abb. 674, Grundriß).

Arbeitsgeschwindigkeiten und Motoren:

Heben	83 m/min;	2 mal 395 PS	bei 460 Uml/min	
Katzenfahren	300 „ ;	2 mal 200 „	„ 550 „	
Auslegereinziehen:	1 mal in 10 Min.;	80 „	„ 730 „	
Kranfahren	30 m/min;	4 mal 80 „	„ 730 „	(wassers. Stütze)
		4 mal 35 „	„ 730 „	(lands. Stütze)

Leistung jeder Brücke: Je 500 t Kohle in der Stunde.
Stromart: Drehstrom 500 V, 50 Hz.
Elektrische Ausrüstung: SSW.

Die schräg einstellbare Verladebrücke mit Greiferdrehkran der auf Abb. 675 dargestellten Erzumschlaganlage hat eine Tragkraft von 8 t, 78,5 m Stützweite und 36 bzw. 24 m Kragarmlänge.

Ausladung des Drehkrans: 10,5 m; Hubhöhe: 36 m.

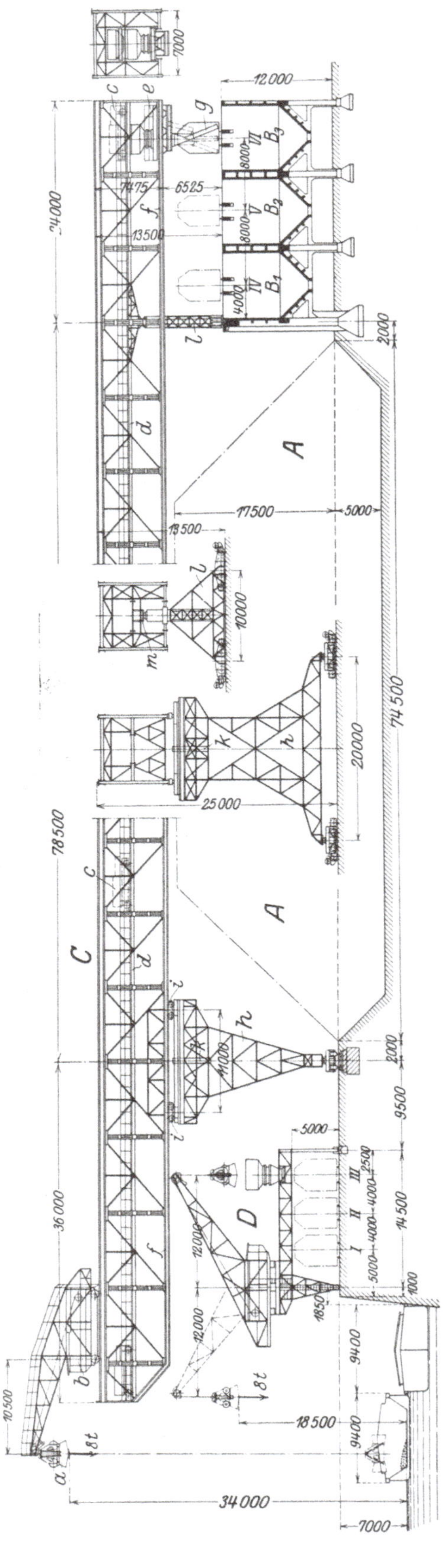

Abb. 675. Erzverladeanlage eines Hochofenwerkes. (Lauchhammer-Rheinmetall.)
A Lagerplatz; B_1 – B_3 Bunkeranlage; *C* Verladebrücke mit fahrbarem Greiferdrehkran; *D* Volltordrehkran für Greiferbetrieb von 8 t Tragkraft und 18,5 m Hubhöhe; *I* – *III* Kaigleise; *IV* – *VI* Gleise über der Bunkeranlage. Zu *C*: *a* Selbstgreifer Bauart Hulett von 1,5 m³ Inhalt; *b* Drehkran, auf dem Obergurt der Brücke fahrend; *c* Trichterlaufkatze; *d* Fahrbahn zu *c*; *e* Trichterlaufkatze, auf dem Untergurt *f* der Brücke fahrend; *g* hochklappbare Auslaufschurren an *e*, die beim Entleeren in die Bunker schräg eingestellt werden; *h* wasserseitige Stütze, auf der der Brückenträger drehbar und verschiebbar gelagert; *i* Fahrgestelle; *k* Königszapfen; *l* Pendelstütze, auf der Bunkermauer fahrend und ein Schwenken des Brückenträgers zulassend; *m* Drehzapfen zu *l*.

Der Brückenträger ist an der landseitigen Pendelstütze um eine senkrechte Achse drehbar aufgesetzt. An der wasserseitigen festen Stütze ist er dreh- und verschiebbar angeordnet. Die beiderseitige Winkelverstellbarkeit der Brücke beträgt ebenfalls 15°.

Das landseitige Kragarmende der Brücke wird von einer Trichterlaufkatze befahren, die zum Beschicken der Erzbunker eine drehbare und hochklappbare Schurre hat.

Leistung der Anlage: 230 t je Stunde.

Arbeitsgeschwindigkeiten und Motoren:

Verladebrücke:

Heben:	60 m/min;	160 PS bei 590	Uml/min
Drehen	$1^3/_4$ mal i. d. Min.;	19 „ „ 730	„
Drehkranfahren	180 m/min;	30 „ „ 730	„
Brückenfahren .	18 „ ; 4mal	30 „ „ 730	„

Tordrehkran:

Heben	60 m/min;	160 PS bei 590	Uml/min
Drehen	$1^3/_4$ mal i. d. Min.;	19 „ „ 730	„
Kranfahren . .	40 m/min;	48 „ „ 725	„

Stromart: Drehstrom 500 V, 50 Hz.

Feigl beschreibt in der Z. V. d. I. 1915, S. 149, eine schräg einstellbare Erzverladebrücke mit Laufkatze der Firma J. v. Petravič, Wien. Die Brücke hat eine Tragkraft von 10 t, 55 m Spannweite und 23 bzw. 33 m nutzbare Kragarmlänge.

Über Verladebrücken mit Kipperlaufkatze siehe Abschnitt „Sonderkrane“ (Hafenkrane).

Literatur.

Gewecke: Zweimotorenantriebe für Fahrwerke von Brücken- und Laufkranen. Fördertechn. 1929, S. 503.

Riedig: Verladebrücken. Fördertechn. 1922, S. 308.

Ritter: Windsicherungen für Verladebrücken. Fördertechn. Rundschau 1927, S. 5.

Brückenkrane zum Verladen schwerer Güter. Organ Fortschr. Eisenbahnwes. 1923, S. 102.

Die Erzverladebrücken im Hafen von Rotterdam-Haardingen. Demag-Nachrichten 1929, S. 49.

Kohlenverladebrücke mit Sieberei (Demag). Z. V. d. I. 1927, S. 929.

Neue amerikanische Verladebrücken. Z. V. d. I. 1927, S. 1239.

Selbsttätige Windschutz-Bremsvorrichtung für fahrbare Krane (insbesondere Verladebrücken) Bauart Beck & Henkel. Maschinenschutz 1931.

IV. Kabelkrane.

Aufbau und Anwendung. Bei den Kabelkranen (Abb. 676) dient als Katzenfahrbahn ein freigespanntes Drahtseil, dessen beide Enden an den Stützen oder Türmen des Kranes befestigt sind. Je nach ihrem Verwendungszweck werden die Kabelkrane ortsfest, schwenkbar oder fahrbar ausgeführt.

Die Kabelkrane lassen sehr große Spannweiten (bis etwa 500 m) und Hubhöhen bis etwa 60 m zu. Tragkraft: Bis 6 t, bei den sog. Doppelkranen bis 12 t. Bei schräger Anordnung des Tragseiles (bis etwa 45°) sind sie geeignet, große Höhenunterschiede zu bewältigen.

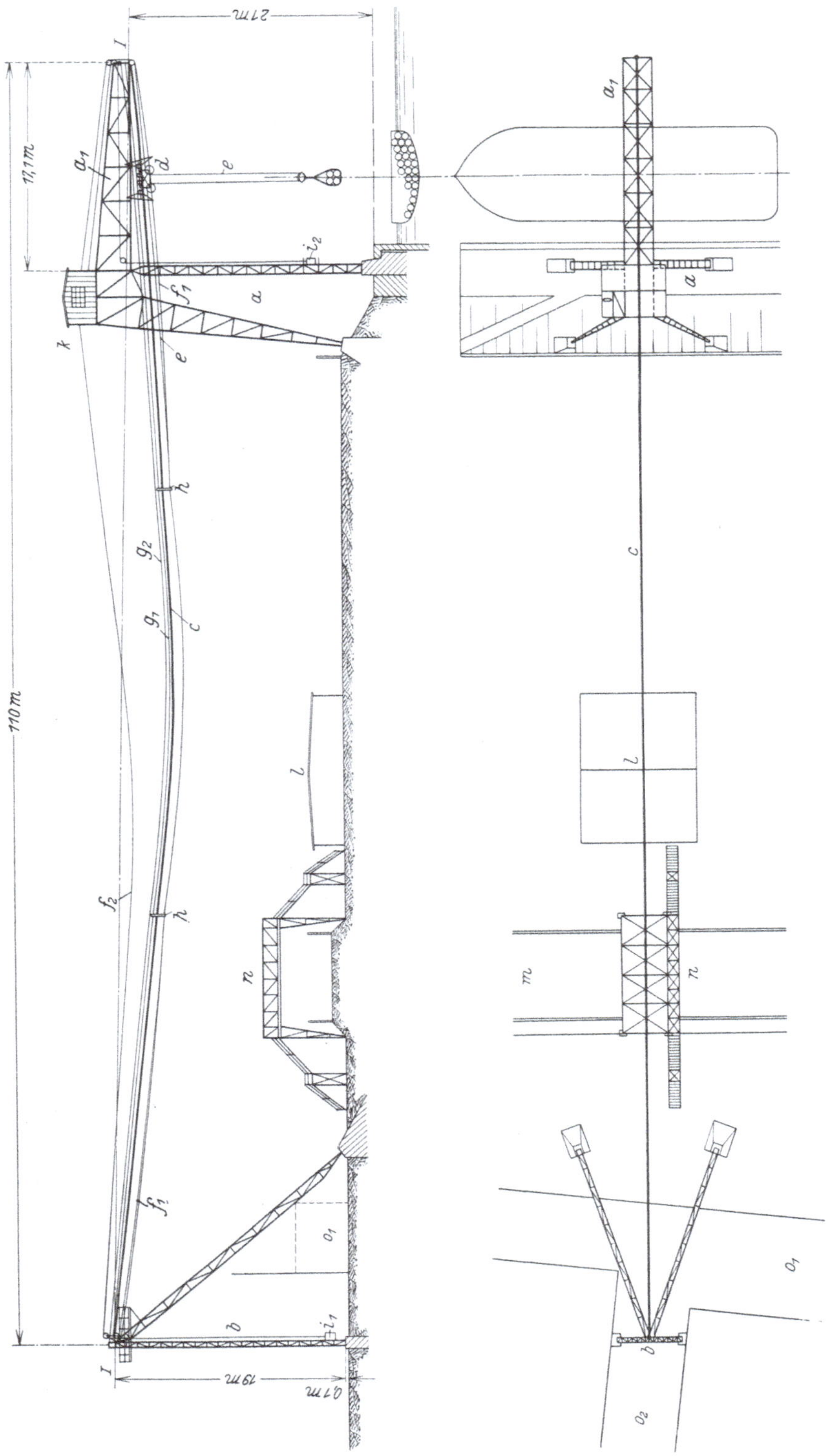

Abb. 676. Ortsfester Kabelkran für den Güterumschlag an Schiffen[1]. (Carlshütte A.-G., Waldenburg-Altwasser, Schlesien.)
a wasserseitige Stütze mit Kragarm; *b* landseitige Stütze; *c* Tragkabel; *d* vierrädrige Laufkatze; *e* Hubseil; f_1 unteres, f_2 oberes Fahrseil; g_1 unteres, g_2 oberes Knotenseil; *h* Seilreiter; i_1 Spanngewicht zum Tragseil; i_2 Spanngewicht zum Fahrseil; *k* Maschinen- und Führerhaus; *l* Schuppen; *m* Straße; *n* Schutzbrücke; o_1—o_2 Fahrwege.
Tragkraft: 2000 kg; Hubhöhe: 25 m; Spannweite: 110 m. Leistung: 125 Fässer je Stunde.

[1] Schlesische Dampfer-Comp., Breslau.

Den großen Förderwegen entsprechend erhalten die Kabelkrane hohe Arbeitsgeschwindigkeiten. Heben: 30 bis 90 m/min. Katzenfahren: 75 bis 230 m/min. Antrieb allgemein elektrisch. Gelegentlich auch Dampfantrieb.

Die Kabelkrane sind wegen ihrer großen Anpassungsfähigkeit in neuerer Zeit zu großer Bedeutung gelangt. In vielen Fällen werden sie den Verladebrücken vorgezogen; zur Bedienung sehr breiter Lagerplätze kommt nur der Kabelkran in Frage.

Ihre Hauptanwendung finden die Kabelkrane im Abraumbetriebe (Braunkohlengruben u. dgl.), zur Bedienung von Steinbrüchen, Tongruben usw., sowie beim Bau von Häfen, Kanälen, Schleusen, Talsperren, Brücken und sonstigen Tiefbauarbeiten. Auch im Hochbau und zur Bedienung von Hellinganlagen werden sie mit Erfolg angewendet.

Abb. 677. Wasserseitige Stütze zum Kabelkran Abb. 676.

a) Ortfeste Kabelkrane.

Die ortfesten Kabelkrane (Abb. 676) haben den Nachteil, daß sie nur einen sehr schmalen Flächenstreifen bedienen können. Sie sind jedoch wesentlich billiger als die schwenkbaren und fahrbaren Kabelkrane.

1. Tragseil (Kabel).

Bei dem auf Abb. 676 und 677 dargestellten, zum Umladen von Holz zwischen Schiff und Lagerplatz dienenden Kabelkran hat der wasserseitige Turm einen Ausleger, an dessen Ende das Tragseil befestigt ist. Die lichte Weite der beiderseitigen Turmstützen ist so groß bemessen, daß die Katze mit dem Fördergut mit genügendem Spielraum durchfahren kann.

Tragkraft: 2000 kg; Spannweite: 110 m; Hubhöhe: $\sim$25 m.

Arbeitsgeschwindigkeiten: Heben: 30 m/min; Katzenfahren: 150 m/min. Motoren: 2 zu je 20 kW bei 960 Uml/min. Stromart: Gleichstrom 220 V. Elektrische Ausrüstung: SSW.

Als Tragseil wird meist ein patentverschlossenes Seil von großer Zerreißfestigkeit verwendet. Dieses läßt eine hohe Seilspannkraft zu, so daß der Durchhang des Seiles in Rücksicht auf einen möglichst geringen Katzenfahrwiderstand sehr klein gehalten werden kann. Für die Bemessung des Tragseiles ist auch eine möglichst große Lebensdauer maßgebend.

Die Befestigung des Tragseiles wird verschieden ausgeführt. Sind beide Stützen des Kranes fest, so wird es an den Spitzen derselben befestigt. Da das Seil jedoch zeitweise nachgespannt werden muß, so ist es vorteilhafter, es an der einen Stütze über einen Tragschuh zu führen und unter Zwischenschaltung einer Spannvorrichtung am Erdboden zu verankern.

Bei anderen Ausführungen ist die eine Stütze fest, während die andere als Pendelstütze ausgebildet ist. Die Pendelstütze ist unter einem Winkel von etwa 60° nach hinten geneigt und wird in ihrer Lage durch ein Gegengewicht gehalten. Diese Anordnung hat den Vorzug, daß das Tragseil immer derselben Zugbeanspruchung ausgesetzt ist und niemals überlastet werden kann, da sich der Durchhang des Seiles stets der Last entsprechend einstellt.

2. Seilführung und Laufkatze.

Bei der meist üblichen Ausführung ist der Antrieb der Katze am Fuße der einen Stütze fest angeordnet. Er hat zwei Trommeln, die Hub- und die Fahrtrommel, deren Bewegungen durch Seilzüge auf die Katze übertragen werden.

Je nach der Tragkraft der Katze hängt die Last an zwei, drei oder vier tragenden Seilsträngen (s. S. 38, Rollenzüge).

Bei der Anordnung Abb. 678 hat der Hubseilzug zwei tragende Seilstränge. Er ist an der einen Stütze befestigt und geht über die Rollen *e* und *f* zur Hubtrommel *g*. Bei der darunter gezeichneten Anordnung ist er dreisträngig. Das Fahrseil ist mit seinen beiden Enden am Fahrgestell der Katze befestigt. Es geht über die oberen und unteren Umlenkrollen *k* und umschlingt die Fahrtrommel *l* in zwei oder drei Windungen.

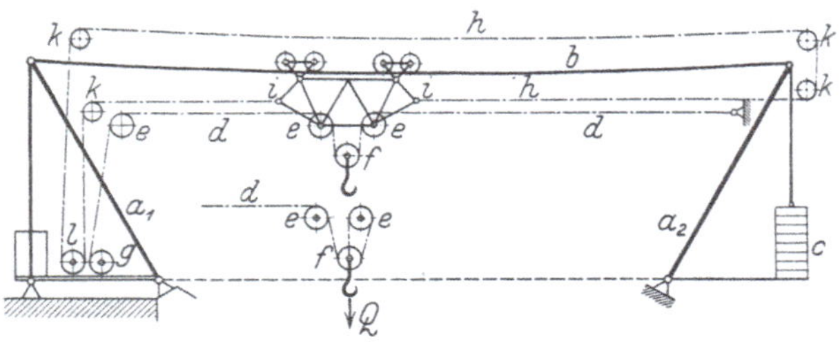

Abb. 678. Seilführung für Kabelkrane mit festem Windwerk.
a_1 feste Stütze; a_2 Pendelstütze; *b* Tragseil; *c* Tragseil-Spanngewicht; *d* Hubseil; *e* feste Rollen, *f* lose Rolle zum Hubseilzug; *g* Hubtrommel; *h* Fahrseil, bei *i* am Katzengestell befestigt; *k* Umlenkrollen des endlosen Fahrseils; *l* Fahrtrommel.

Bei den **Einmotorwinden** werden beide Trommeln mit Hilfe von Reibungskupplungen derart angetrieben, daß sie gemeinsam oder getrennt und gleich oder entgegengesetzt umlaufen können. Ist die Fahrtrommel durch ihre Bremse festgehalten, so wird die Last bei feststehender Katze gehoben oder gesenkt. Wird dagegen die Hubtrommel festgehalten und läuft die Fahrtrommel um, so wird die Katze verfahren, wobei die Last stets in gleicher Höhe bleibt. Bei Umlauf beider Trommeln und entsprechendem Drehsinn wird die Last gehoben oder gesenkt und gleichzeitig die Katze nach links oder nach rechts verfahren.

Die **Zweimotorenwinden** haben einen Motor für das Hubwerk und einen für das Katzenfahrwerk. Während bei der Einmotorwinde der Führer vier Handhebel und die Steuerwalze zu bedienen hat, braucht er bei der Zweimotorenwinde nur einen Hebel zu betätigen, da beide Steuerwalzen Universalsteuerung haben (s. S. 170). Die Bedienung der Zweimotorenwinde erfordert zwar höhere Anlagekosten, ergibt jedoch eine größere Förderleistung und ist in der Bedienung wesentlich einfacher.

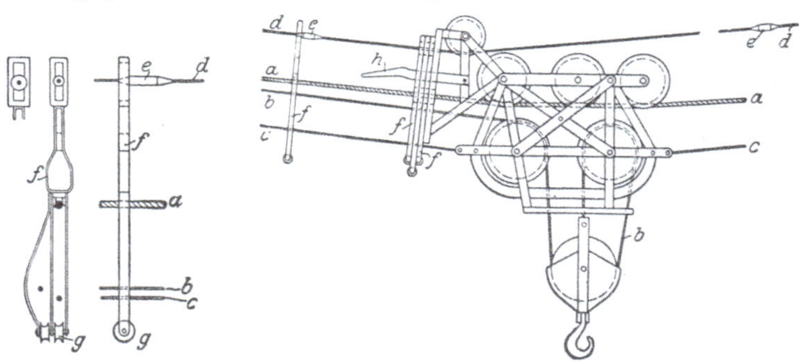

Abb. 679. Laufkatze zu einem Kabelkran.
a Tragseil; *b* Hubseil; *c* Fahrseil; *d* Knotenseil; *e* Knoten; *f* Reiter; *g* Tragrollen für *b* und *c*; *h* Horn.

Um die Biegebeanspruchung des Tragseiles möglichst niedrig zu halten, läuft die Katze auf mindestens drei Rädern (Abb. 679). Bei größerer Tragkraft werden vier, sechs oder acht Laufräder vorgesehen.

Ein zu starker Durchhang des Hub- und Fahrseiles wird durch Reiter *f* (Abb. 679) auf dem Tragseil und vermittelst eines Knotenseiles *d* vermieden. Die Reiter sitzen zunächst auf einem Horn an der Katze und werden beim Fahren dadurch abgegeben, daß sie an den in bestimmten Abständen am Seil *d* angeordneten Knoten *e* anstoßen und die Arbeitsseile vermittelst Rollen tragen. Beim Zurückfahren der Katze werden die Seilreiter wieder nacheinander aufgenommen und am Horn aufgespeichert.

Kabelkrane mit Führerstandslaufkatzen ermöglichen leichtere Verständigung zwischen den Transportarbeitern und dem Kranführer. Laufkatzen mit Greiferbetrieb werden daher stets mit Führerstand ausgerüstet. Hingegen wird das Katzengewicht, das man ohnehin so gering als möglich zu halten sucht, ziemlich hoch.

Zum Transport von schwerem Langholz werden die Kabelkrane zur Erhöung ihrer Leistung als Doppelkrane ausgebildet. Bei diesen sind zwei Tragseile zwischen den beiden Türmen gespannt, auf denen je eine Laufkatze fährt. Beide Katzen sind gelenkig miteinander verbunden und werden durch ein gemeinsames Hub- und Fahrwerk betätigt. Ausführung der Doppelkrane für Tragkräfte bis 12 t.

3. Stützen (Türme).

Ausführung meist in Eisen, bei behelfsmäßigen Kranen auch in Holz. Die Stützen werden entweder mastartig gestaltet und durch Drahtseile verstrebt oder sie erhalten turmartige Gestalt.

Zur Erzielung gleichmäßiger Spannung des Tragseils wird vielfach die eine Stütze fest und die andere als Pendelstütze und mit Spanngewicht ausgeführt (schematische Darstellung Abb. 678).

4. Steuerung und Stromzuführung.

Der Führerstand ist entweder in dem an der einen Kranstütze befindlichen Maschinenhaus angeordnet, oder er ist zwecks besserer Übersichtlichkeit des Arbeitsfeldes erhöht an der Stütze aufgebaut. Die Steuerhebel zum Einleiten der Hub- und Fahrbewegung werden zweckmäßig in einem gemeinsamen Rahmen untergebracht und mit je einer Falle versehen.

Damit der Führer bei den großen Förderwegen die jeweilige genaue Stellung der Katze bzw. der Last kennt, ist an seinem Stand eine Zeigervorrichtung angebracht. Diese ist, besonders bei unsichtigem Wetter, unentbehrlich.

Während die vorstehende Anordnung mit gewöhnlicher Seillaufkatze eine mehr oder weniger ausgedehnte Signaleinrichtung erfordert, können sich bei Anwendung einer Führerstandslaufkatze Arbeiter und Führer jederzeit leicht verständigen.

Für die parallel zum Tragseil liegenden Querschleifleitungen sind die üblichen Kupfer- oder Bronzeleitungen nur bei Kranen von kleinerer Stützweite verwendbar. Bei größeren Stützweiten halten diese den zum Spannen erforderlichen Zug nicht aus und man verlegt dann die sog. Verbandseile. Bei diesen ist der Kern aus Stahldrähten gebildet, um den ein Mantel aus Kupferdrähten gelegt wird, so daß der Querschnitt dem der halbverschlossenen Spiralseile gleicht.

Als Stromabnehmer dienen entweder Rollenkontakte, die federnd gegen die Schleifleitungen drücken, oder besondere Kontaktwagen, die auf den Leitungen laufen und von dem an der Katze befestigten Stromzuführungskabel gezogen werden.

b) Schwenkbare Kabelkrane.

Bei diesen ist die eine Stütze fest angeordnet, während die andere auf einer kreisförmigen Schienenbahn fahrbar ist (Abb. 680). Diese Fahrbewegung erfordert eine drehbare Anordnung der Tragseilverankerung an der festen Kranstütze. Die feste Stütze ist entweder ein Fachwerkmast, der in verschiedenen Richtungen durch Drahtseile verstrebt wird, oder sie wird als A-Stütze ausgebildet, die nach hinten durch ein Seil festgehalten wird.

Die fahrbare Stütze wird meist als Pendelstütze ausgebildet und ist daher auf einer Schiene fahrbar (Abb. 680). Gegenüber der auf zwei Schienen fahrenden Stütze hat die Pendelstütze den Vorzug, daß die Anlagekosten des Kranes wesentlich niedriger werden.

Die schwenkbaren Kabelkrane kommen zur Bedienung von Lagerplätzen und Steinbrüchen sowie für Bauzwecke in Frage. Ihr Arbeitsbereich ist ein Kreisringausschnitt mit dem Schwenkwinkel α als Zentriwinkel (Abb. 680). Die schwenkbaren Kabelkrane sind daher dann angebracht, wenn die zu bedienende Platzfläche diesem Arbeitsbereich entspricht und ein fahrbarer Kran wegen seiner höheren Kosten nicht geeignet ist.

Der auf Abb. 680 dargestellte schwenkbare Kabelkran hat eine Tragkraft von 3 t und eine Spannweite von 160 m. Hubhöhe: $\backsim 18$ m. Schwenkwinkel: $\alpha \approx 30°$.

Die von den Wagen aufgenommene Kohle wird in einen fahrbaren Schüttrumpf abgegeben und gelangt aus diesem in die Hochbunker.

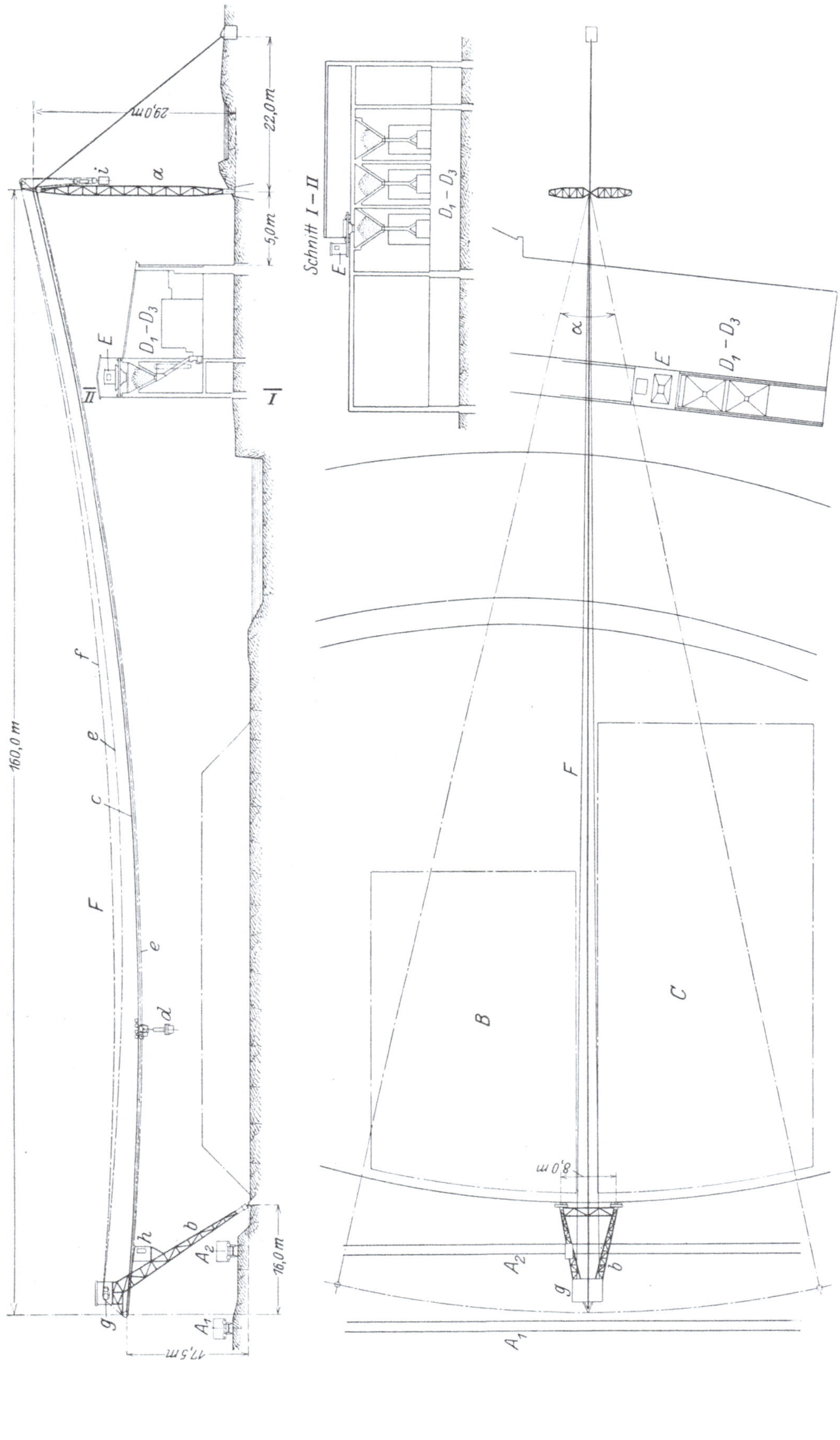

Abb. 680. Schwenkbarer Kabelkran zur Bedienung eines Lagerplatzes. (Pohlig.)

$A_1 - A_2$ Eisenbahngleise; *B* Holzlager; *C* Kohlenlager; $D_1 - D_3$ Kohlenbunker; *E* fahrbarer Schüttrumpf; *F* schwenkbarer Kabelkran; *a* feste Stütze; *b* im Kreisbogen fahrbare Stütze; *c* Tragseil; *d* Greiferlaufkatze; *e* Hubseil; *f* Fahrseil; *g* Windwerk; *h* Führerhaus; *i* Seilspanngewichte.

Tragkraft: 3000 kg; Spannweite: 160 m; Hubhöhe: ca. 18 m; Greiferinhalt: ca. 1 m³; Leistung (Kohle): ca. 18 m³/Stde. vom Wagen zum Hochbunker.

Arbeitsgeschwindigkeiten und Motoren: Heben . . . . . . 60 m/min; } 63 PS bei 1000 Uml/min;
Katzenfahren. . . . 180 „ ; }
Schwenken . . . . 6 „ : 6 „ „ 1000 „
Stromart: Drehstrom 380 V, 50 Hz.

c) Fahrbare Kabelkrane.

Die beiden Stützen, an denen das Tragseil verankert ist, sind bei vorwiegend behelfsmäßigen Ausführungen in Holzkonstruktion ausgeführte Türme, von denen jeder auf zwei Schienen fährt. Meist zieht man es jedoch vor, die eine (feste) Stütze auf zwei Gleisen anzuordnen und die andere als Pendelstütze, auf einem Gleis fahrend, auszubilden (Abb. 681).

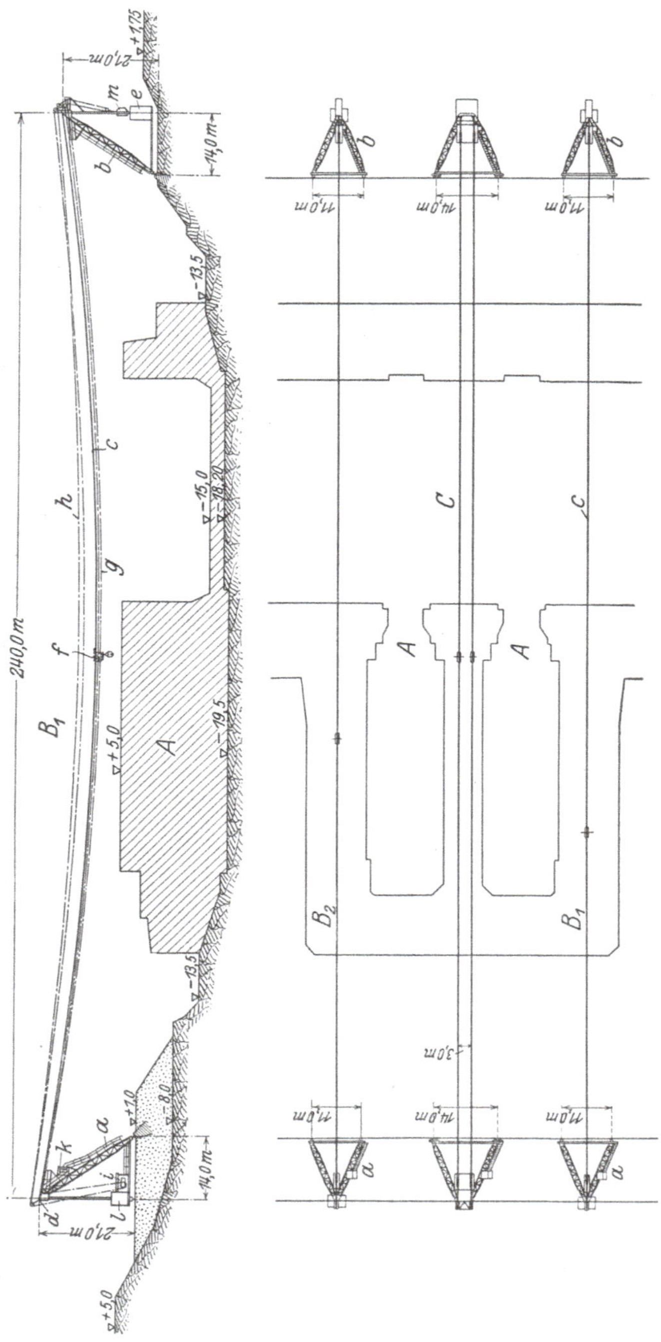

Abb. 681. Kabelkrananlage zum Bau einer Schleuse. (Pohlig.)

A Bauwerk; $B_1 - B_2$ fahrbare Kabelkrane; *C* fahrbarer Doppelkran; *a* zweispurige Stütze; *b* einspurige Stütze (Pendelstütze); *c* Tragseil, bei *d* an der Stütze *a* befestigt; *e* Spanngewicht zum Tragseil; *f* Laufkatze mit Fördergefäß; *g* Hubseil; *h* Fahrseil; *i* Antrieb; *k* Führerhaus; *l* Ballast; *m* Spanngewicht zum Fahrseil.

Tragkraft: 5 t bzw. 2×5 t; Spannweite: 240 m; Hubhöhe: ca. 15 m.

Die Schienen der Pendelstützen sind schräg verlegt; die Neigung soll der Richtung der Resultierenden aus dem Zug des Tragseiles und dem des Spanngewichtes entsprechen.

Im Gegensatz zu den Verladebrücken größerer Spannweite macht die Ausführung des Kranfahrwerks bei den fahrbaren Kabelkranen keine Schwierigkeiten, da ein gleichmäßiges Fahren beider Stützen wegen der Nachgiebigkeit des Tragseiles nicht erforderlich ist. Für Krane, die nur selten oder auf kurze Strecken verfahren werden, ist es meist ausreichend, wenn die Fahrwerke der beiden Stützen von Hand angetrieben werden. Bei elektrischem Antrieb wird das Fahrwerk jeder Stütze durch einen oder zwei Motoren angetrieben.

Abb. 681 zeigt eine Kabelkrananlage zum Bau einer Schleuse. Die beiden fahrbaren Krane B_1 und B_2 haben je ein Tragseil, während der mittlere Kran *C* als Doppelkran mit zwei Tragseilen ausgeführt ist. Die linksseitigen (festen) Stützen der Krane sind auf zwei Schienen fahrbar, die rechtsseitigen sind Pendelstützen und daher einspurig.

Tragkraft der Krane: 5 t bzw. 2 × 5 t. Spannweite: 240 m. Hubhöhe: ∾15 m. Kübelinhalt: 1,75 m^3. Leistung (Beton): ∾33 m^3/Stde.

Arbeitsgeschwindigkeiten und Motoren:

Heben	50 m/min;	80 PS bei 1000 Uml/min
Katzenfahren . . .	300 „ ;	
Kranfahren	5 „ ;	8 „ „ 1000 „

Stromart: Drehstrom 380 V, 50 Hz.

Die fahrbaren Kabelkrane werden auch im Hafenbetriebe zum Güterumschlag und zur Bedienung großer, an der Ladestelle gelegener Lagerplätze verwendet.

Sie erhalten alsdann an der wasserseitigen Stütze einen über die Kaikante hinausragenden Ausleger (Abb. 676 und 677, S. 325), der auch so gestaltet wird, daß die Katze am Ausleger vom Tragseil auf eine feste Hängebahnschiene übergeht.

Literatur.

Bernhard: Berechnung eines Kabelkranes. Fördertechn. 1928, S. 321 u. 382.
Bernhard: Cable Cranes. Engg. Progress 1927, S. 303.
Bradel: Über die praktische Ermittelung der Seildurchhänge bei Seilbahnen und Kabelkranen. Fördertechn. 1930, S. 44 u. 68.
Franke: Die Entwicklung des Kabelkranes in den Vereinigten Staaten. Fördertechn. 1927, S. 343.
Heinold: Seilbahnkrane neuer Bauart. Z. V. d. I. 1916, S. 501.
Pilz: Kabelluftbahnen auf den Möller- und Rheinbabenschächten der Berginspektion zu Gladbach/W. Glückauf 1918, S. 345.
Riedig: Wandlungen in der Anlage von Kabelkranen. Fördertechn. Rundsch. 1927, S. 16.
Stephan: Die größte Kabelkrananlage auf Werften (Deutsche Werft, Hamburg-Finkenwerder). Anz. Essen 1926, Nr. 29.
Kabelkrane für Massenförderung. Z. V. d. I. 1920, S. 47.

V. Konsolkrane (Wandlaufkrane).

Die Konsolkrane sind fahrbare Auslegerkrane, deren Laufbahn erhöht an der Längswand der Werkgebäude angeordnet ist. Sie kommen nur als Innendienstkrane in Frage und sollen die über ihnen fahrenden Laufkrane entlasten. Anwendung hauptsächlich in Gießereihallen und in Zusammenbauwerkstätten. Siehe Abschnitt „Sonderkrane" (Werkstättenkrane).

Ausführung meist mit festem Ausleger und Veränderung der Ausladung durch eine auf dem Ausleger fahrende Laufkatze. Konsolkrane mit drehbarem Ausleger haben in der Regel feste Ausladung und je nach Bedürfnis einen Schwenkbereich von 180° oder 360°.

Antrieb fast ausschließlich elektrisch. Handantrieb (durch kalibrierte Kette und Haspelrad) wird nur für kleinere Krane mit kurzen Förderstrecken ausgeführt. Mitunter auch gemischter Antrieb, wobei das Hubwerk elektrisch und das Katzen- und Kranfahrwerk von Hand angetrieben werden.

a) Konsolkrane mit festem Ausleger.

Der Ausleger (Abb. 682) ist an einem gut versteiften Rahmen aus Profileisen angebaut, der mittels zweier senkrechter Laufräder und eines oberen und unteren waagerechten Druckrollenpaares auf drei, längs der Gebäudewand verlegten Schienen fahrbar ist. Die beiden Laufräder übertragen die senkrechten Kräfte des Kranes aus Last und Eigengewicht auf die mittlere Schiene, während die aus den Kippkräften herrührenden waagerechten Drucke mittels der Laufrollenpaare auf die obere bzw. untere Schiene übertragen werden.

Ausführung meist nach Art von Abb. 682 mit einer normalen elektrisch betriebenen Kranlaufwinde (s. S. 233), die auf dem Obergurt der beiden Lastausleger fährt. Dem Bau der Laufkrane entsprechend haben die Konsolkrane noch einen oder zwei Seitenträger, die ebenso wie die Lastausleger am Fahrgestell angebaut sind. Lastausleger und Seitenträger sind durch einen waagerechten Querverband miteinander verbunden (Abb. 692 bis 695, S. 336). Damit die Laufkatze zugänglich ist, wird auf dem einen Querverband ein Belag aus gelochtem Blech angeordnet, der als Kranbühne dient.

Übliche Tragkräfte der Konsolkrane: $Q = 2{,}5 - 3 - 5 - 7{,}5$ und 10 t. Größte Ausladung (je nach Tragkraft) $a = 4$ bis 10 m. Das Kranmoment der Konsolkrane ($Q \cdot a$ in tm) ist beschränkt, da die am Krangerüst wirkenden Kippkräfte aus Last und Eigengewicht eine erhebliche exzentrische Belastung auf die Gebäudekonstruktion ausüben.

Auslegerstützkräfte. Bezeichnen mit Bezug auf Abb. 683 Q die Höchstlast, G_0 das Katzengewicht, a die größte Ausladung des Kranes, G_1 das Krangewicht (ohne Laufkatze), e_1 dessen Abstand von der senkrechten Laufschiene und h_1 den Abstand der oberen und unteren waagerechten Druckrollenpaare, so ergeben sich die Auslegerstützkräfte aus der Gleichgewichtsbedingung.

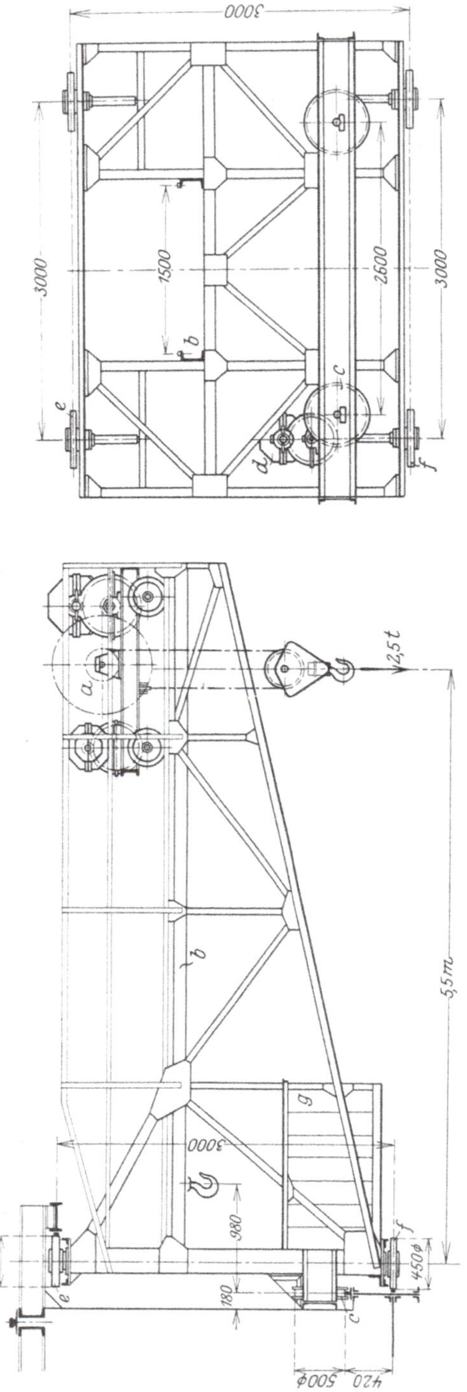

Abb. 682. Konsolkran (Wandlaufkran) von 2,5 t Tragkraft und 5,5 m Ausladung. (Demag.)
a Laufkatze; *b* Ausleger mit Katzenfahrbahn; *c* Kranlaufräder; *d* Kranfahrmotor; *e* obere und *f* untere waagerechte Druckrollen; *g* Führerkorb mit Steuerwalzen.
Arbeitsgeschwindigkeiten und Motoren: Heben: 7,3 m/min; 5,5 PS bei 1075 Uml/min; Katzenfahren: 25 m/min; 2,2 PS bei 1020 Uml/min; Kranfahren: 85 m/min; 8,7 PS bei 870 Uml/min; Stromart: Drehstrom 500 V, 50 Hz. Elektrische Ausrüstung: SSW.

Diese erfordert das Anbringen einer senkrechten, nach oben wirkenden Stützkraft V und eines Kräftepaares $H_1 \cdot h_1$, das dem Kran-

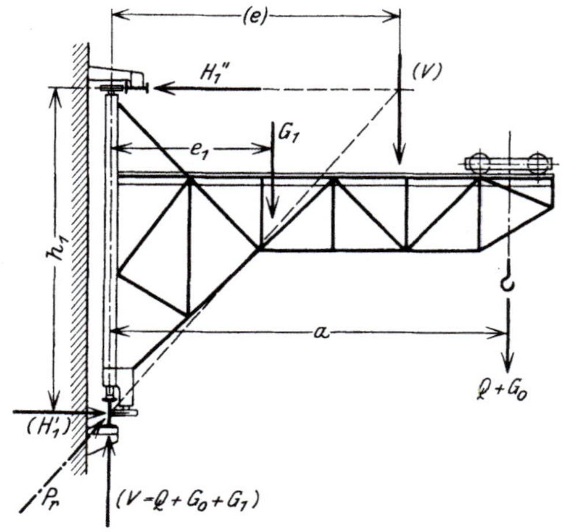

Abb. 683. Konsolkran (Auslegerstützkräfte).

moment $(Q + G_0) \cdot a$ und dem Eigengewichtsmoment $G_1 \cdot e_1$ entgegenwirkt.

Senkrechte Stützkraft:

$$V = Q + G_0 + G_1$$

Waagerechte Stützkräfte:

$$H_1 = \frac{(Q + G_0) \cdot a + G_1 \cdot e_1}{h_1}. \qquad (329)$$

1. Kranfahrwerk.

Laufräder. Größter (senkrechter) Raddruck aus Gleichung (329):

$$_{\max}P_s \approx \frac{V}{2} = \frac{Q + G_0 + G_1}{2}. \qquad (330)$$

Bemessung nach DIN 4009 (Tabelle 37, S. 137), Laufräder mit zweiseitigem Spurkranz und ungleichseitiger Nabe (ohne bzw. mit angeschraubtem Zahnkranz).

Obere und untere waagerechte Druckrollen. Größter (waagerechter) Raddruck:

$$_{\max}P_h \approx \frac{H_1}{2} = \frac{(Q + G_0) \cdot a + G_1 \cdot e_1}{2\,h_1}. \qquad (331)$$

Die Druckrollen werden nach DIN 697 (Laufräder ohne Spurkranz) ausgeführt. Damit sie bei der auftretenden Formänderung des Krangerüstes nicht ecken, werden sie schwach ballig abgedreht. Lagerung entweder fliegend (Abb. 682) oder zu beiden Seiten (Abb. 684).

Werden die waagerechten Druckrollenpaare (im Aufriß) auf Mitte Fahrgestell angeordnet (Abb. 684), so müssen die Radträger der senkrechten Laufräder seitlich angebaut werden und beanspruchen das Fahrgestell noch durch ein zusätzliches Biegemoment. Vielfach zieht man vor, die senkrechten Laufräder auf Mitte Fahrgestell zu setzen, was einen seitlichen Anbau der unteren waagerechten Druckrollen erfordert.

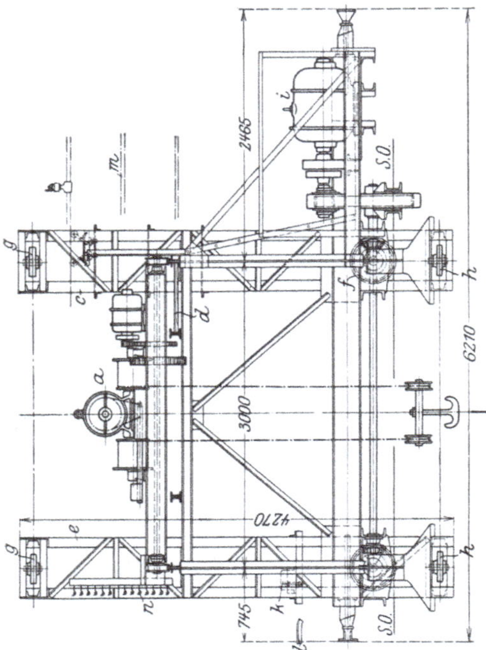

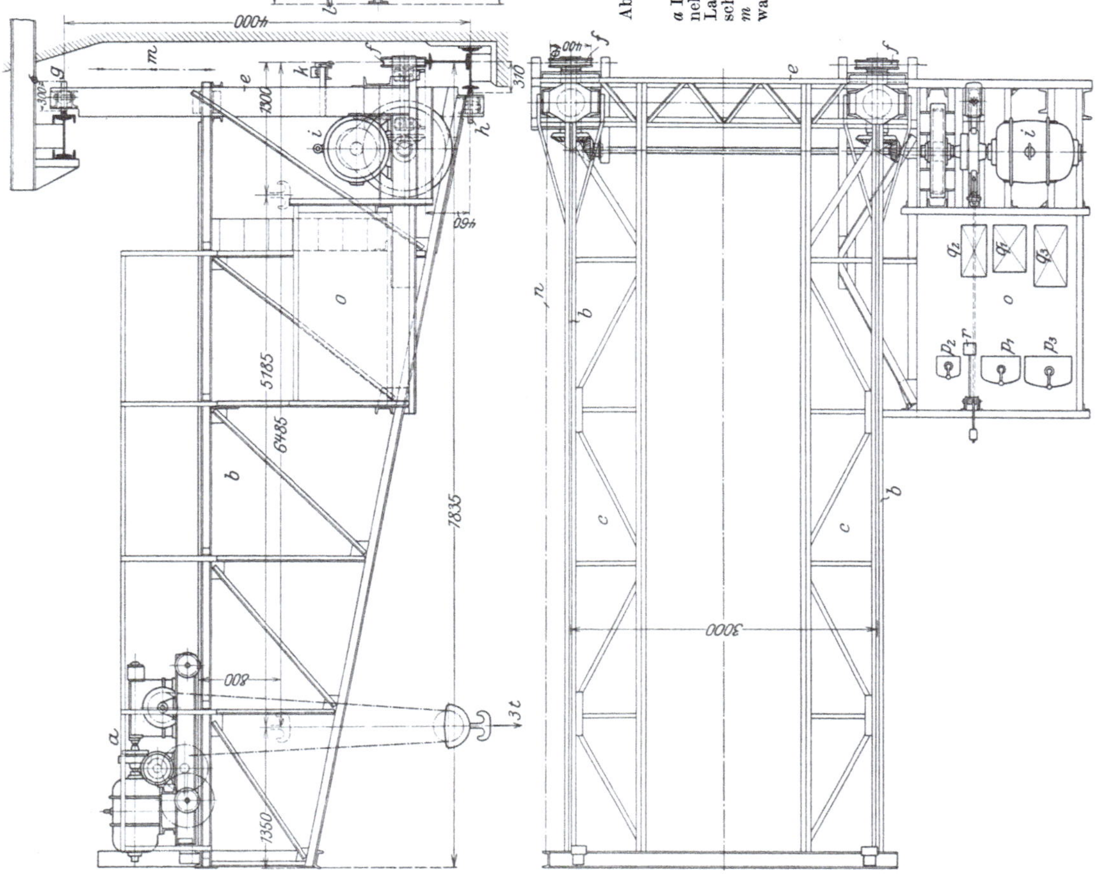

Abb. 684. Konsolkran von 3 t Tragkraft und 6,485 m größter Ausladung. (J. v. Petracič, Wien.)

a Laufwinde; *b* Ausleger mit Windenfahrbahn; *c* Horizontalverband zum Aufnehmen der waagerechten Kräfte; *d* Bühnenbelag; *e* Fahrgestell; *f* senkrechte Laufräder; *g* obere, *h* untere waagerechte Druckrollen; *i* Kranfahrmotor; *k* Endschalter zum Kranfahrwerk; *l* Lineal, auf dem die Kurbel von *k* aufläuft; *m* Hauptschleifleitung; *n* Katzenschleifleitung; *o* Führerkorb; p_1 Hubsteuerwalze; p_2 Katzenfahrsteuerwalze; p_3 Kranfahrsteuerwalze; q_1—q_3 Anlaßwiderstände zu p_1—p_3; *r* Fußtritt zur Kranfahrwerkbremse.

Arbeitsgeschwindigkeiten und Motoren:

Heben: 18,7 m/min; 23 PS bei 955 Uml/min;
Katzenfahren: 15,1 m/min; 2,7 PS bei 925 Uml/min;
Kranfahren: 122 m/min; 43,5 PS bei 960 Uml/min;

Stromart: Drehstrom 220 V, 50 Hz.
Elektrische Ausrüstung: AEG-Union E.-G., Wien.

Fahrwiderstand. Zu dem Fahrwiderstand der senkrechten Laufräder tritt bei den Konsolkranen noch der Fahrwiderstand der oberen und unteren Druckrollenpaare hinzu.

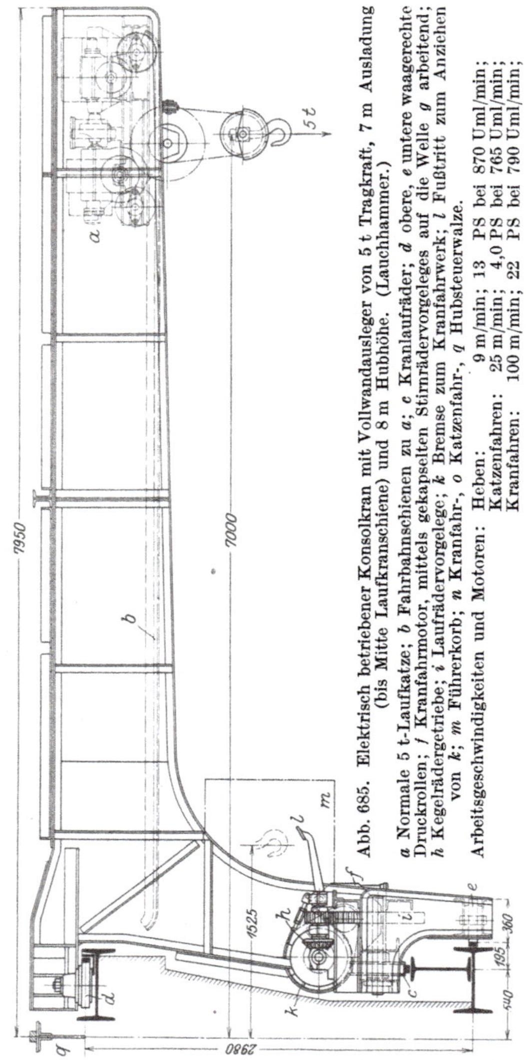
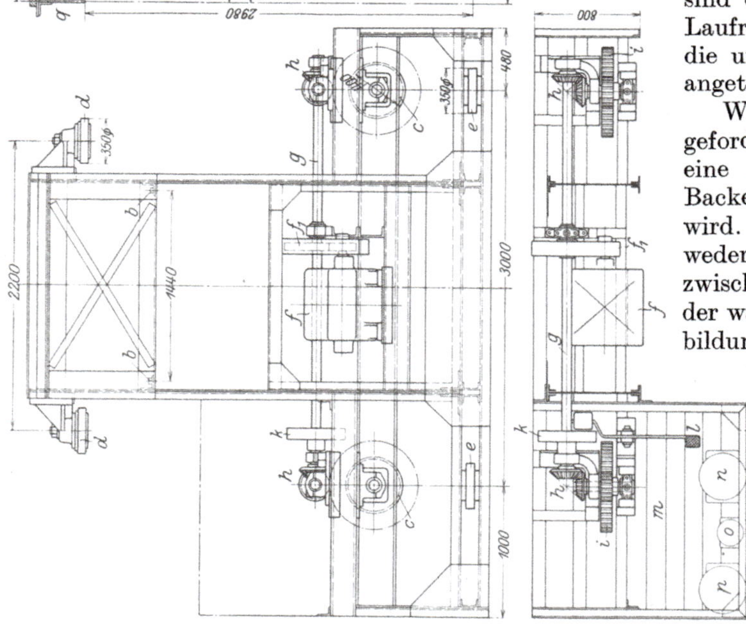

Abb. 685. Elektrisch betriebener Konsolkran mit Vollwandausleger von 5 t Tragkraft, 7 m Ausladung (bis Mitte Laufkranschiene) und 8 m Hubhöhe. (Lauchhammer.)

a Normale 5 t-Laufkatze; *b* Fahrbahnschienen zu *a*; *c* Kranlaufräder; *d* obere, *e* untere waagerechte Druckrollen; *f* Kranfahrmotor, mittels gekapselten Stirnrädervorgeleges auf die Welle *g* arbeitend; *h* Kegelrädergetriebe; *i* Laufrädervorgelege; *k* Bremse zum Kranfahrwerk; *l* Fußtritt zum Anziehen von *k*; *m* Führerkorb; *n* Kranfahr-, *o* Katzenfahr-, *q* Hubsteuerwalze.

Arbeitsgeschwindigkeiten und Motoren: Heben: 9 m/min; 13 PS bei 870 Uml/min; Katzenfahren: 25 m/min; 4,0 PS bei 765 Uml/min; Kranfahren: 100 m/min; 22 PS bei 790 Uml/min; Stromart: Gleichstrom 440 V.

Bezeichnen R_1 den Halbmesser der senkrechten Laufräder, R_2 den Halbmesser der waagerechten Druckrollen und d_1 bzw. d_2 die Bolzendurchmesser, so ist der Gesamtfahrwiderstand:

$$\left.\begin{aligned} W_r = {} & \frac{Q + G_0 + G_1}{R_1} \cdot \left(\mu \cdot \frac{d_1}{2} + f\right) \\ & + 2 \cdot \frac{(Q + G_0) \cdot a + G_1 \cdot e_1}{R_2 \cdot h_1} \cdot \left(\mu \cdot \frac{d_2}{2} + f\right), \end{aligned}\right\} \quad (332)$$

wobei $\mu \approx 0{,}1$ und $f \approx 0{,}05$ cm.

Häufig werden Wälzlager (s. S. 102) an Stelle der Rotgußbüchsen der Laufräder und Druckrollen eingebaut. Bei größeren Kranen begnügt man sich damit, nur die waagerechten Druckrollen mit Kugel- bzw. Rollenlagern auszurüsten.

Die Kranfahrgeschwindigkeit wird entsprechend der Tragkraft, dem Fahrgewicht und der Fahrstrecke des Kranes zu $v_3 = 60$ bis 120 m/min angenommen.

Berechnung der Motorleistung nach Gleichung (224), S. 258, der Übersetzung zwischen Motor und Laufrad nach Gleichung (225).

Ausführung. Meist Antrieb eines Laufrades mit zwei Stirnrädervorgelegen zwischen Motor und Laufrad (Abb. 682). Das Motorvorgelege wird in einem Räderkasten angeordnet und läuft im Ölbad (Abb. 188, S. 78).

Werden beide Laufräder angetrieben (Abb. 684 und 685), dann arbeitet der Fahrmotor mittels des gekapselten Stirnrädergetriebes auf die Fahrwerkwelle. Zwischen dieser und jedem der beiden Laufradvorgelege ist dann noch ein Kegelrädergetriebe erforderlich, bei dessen Anordnung darauf zu achten ist, daß die beiden Ritzel der Laufradvorgelege den gleichen Drehsinn erhalten.

Bei dem Kranfahrwerk (Abb. 684) sind die beiden fliegend angeordneten Laufräder auf ihren Wellen aufgekeilt, die unmittelbar durch die Kegelräder angetrieben werden.

Wird genaues Anhalten des Kranes gefordert, dann erhält das Fahrwerk eine Haltebremse, die als doppelte Backenbremse (s. S. 111) ausgebildet wird. Die Fahrwerkbremse wird entweder auf der elastischen Kupplung zwischen Motor und Triebwerk oder auf der waagerechten Fahrwerkswelle (Abbildung 685) angeordnet. Da die Bremse nahe dem Führerkorb liegt, so wird sie unmittelbar durch einen Fußhebel betätigt.

2. Krangerüst.

Vollwandige Ausführung des Lastauslegers (Abb. 685) kommt nur gelegentlich, bei beschränkter Bauhöhe des Kranes und wenn auf großes freies Profil unterhalb des Auslegers Wert gelegt wird, in Frage.

Der Träger wird als Stehblechträger ausgebildet, der nach den Angaben auf S. 268 berechnet wird.

Wird die Katzenfahrbahn wie bei der Ausführung Abb. 685 im Innern der genügend hoch angenommenen, waagerechten Träger angeordnet, so kann in der Obergurtebene der Träger ein Diagonalverband vorgesehen werden, der das Krangerüst gegen waagerechte Kräfte versteift. Die sonst erforderlichen Seitenträger können dann wie bei der Ausführung Abb. 685 fortfallen.

Der Lastausleger wird meist als Fachwerkträger ausgebildet.

Im Gegensatz zum Laufkranträger sind bei dem Konsolträger gezogene Diagonalen (Abb. 684) zweckmäßig, da die Diagonalen bei allen Laststellungen nur Zugbeanspruchungen ausgesetzt sind. Man wendet jedoch meist Systeme mit wechselweise steigenden und fallenden Diagonalen (Abb. 686) an, die gefälliger wirken.

Bestimmung der Stabkräfte. Die Stabkräfte werden am einfachsten zeichnerisch ermittelt.

1. Eigengewicht. Die Eigengewichtsbelastung ist gleich dem Auslegergewicht $+{}^1/_2$ Querverband $+{}^1/_2$ Belag. Die andere Hälfte des Querverbandes und Belages kommt auf den Seitenträger.

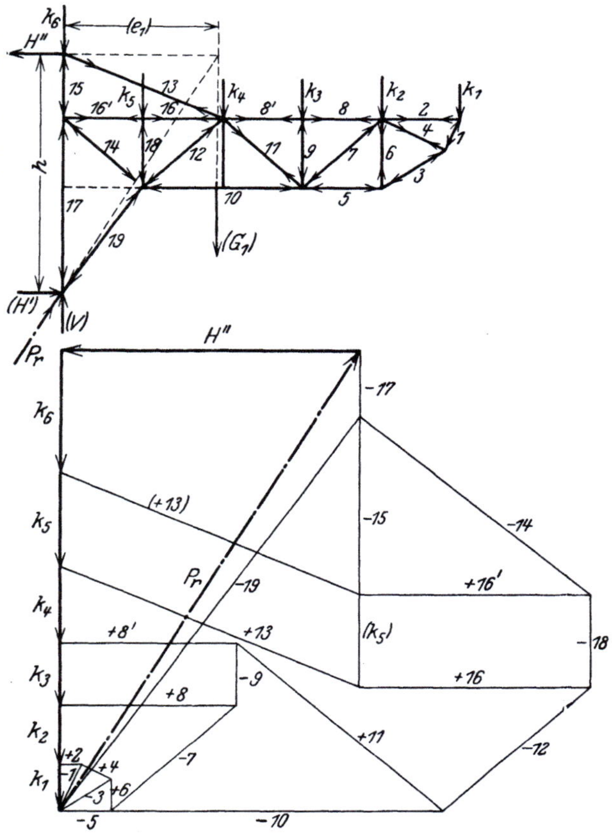

Abb. 686 und 687. Konsolkranausleger (Eigengewichts-Kräfteplan).

Bezeichnen mit Bezug auf Abb. 686 G_1 die Eigengewichtsbelastung und e_1 deren Schwerpunktsabstand, so sind die Auslegerstützkräfte:

$$\left.\begin{aligned} V &= G_1 \\ \text{und} \qquad H &= G_1 \cdot \frac{e_1}{h}\,. \end{aligned}\right\} \qquad (333)$$

Das Eigengewicht G_1 wird gefühlsmäßig auf die Knoten verteilt. Mit den Knotenlasten k_1 bis k_6 wird dann ein Cremonaplan aufgezeichnet (Abb. 687) und aus diesem werden die Stabkräfte entnommen.

2. Wandernde Last. Die Ermittelung der größten Stabkräfte erfordert das Aufzeichnen mehrerer Kräftepläne für verschiedene Laststellungen.

Man bringe zunächst die Katze mit den Raddrucken P—P in die äußerste Laststellung (Abb. 689). Die Raddrucke $P = \dfrac{Q + G_0}{4}$ und

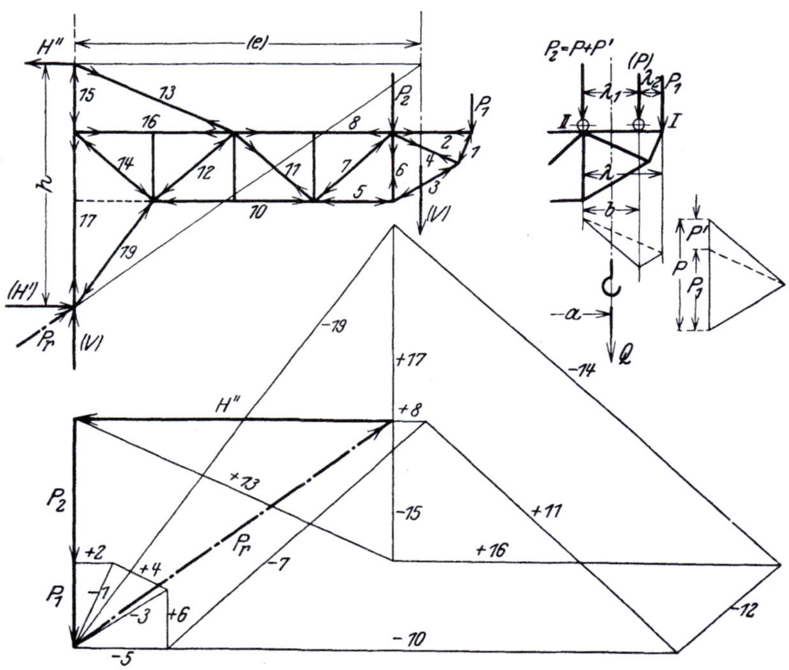

Abb. 688 bis 691. Konsolkranausleger (Lastkräfteplan).

der Radstand b können für die normalen elektrischen Laufwinden der Tabelle 47, S. 237, entnommen werden.

Rechnerisch ergeben sich die Auslegerstützkräfte (Abb. 688) zu:

$$V = \frac{Q + G_0}{2} \quad \text{und} \quad H = \frac{(Q + G_0) \cdot a}{2h} = 2P\frac{a}{h}. \tag{334}$$

Für das Aufzeichnen des Cremonaplanes werden die Raddrucke P — P auf die benachbarten Knoten reduziert.

Auf Abb. 689 steht die Katze mit dem linken Rad auf dem Knoten II. Alsdann werden die Raddrucke P – P auf die Knoten I und II reduziert.

Reduzierte Raddrucke (Abb. 689):

$$P_1 = P \cdot \frac{\lambda_1}{\lambda}; \quad P_2 = P + P' = P + P \cdot \frac{\lambda_2}{\lambda}. \tag{335}$$

Die reduzierten Raddrucke werden in einfacher Weise auch zeichnerisch bestimmt (Abb. 689 und 690).

Abb. 691 zeigt den Lastkräfteplan für die in der größten Ausladung (a) stehende Katze. Die in dem System (Abb. 688) nicht bezeichneten Stäbe sind spannungslos.

Die aus der Eigengewichtsbelastung und den wandernden Lasten erhaltenen größten Stabkräfte werden in einer Tabelle (s. S. 290) zusammengestellt.

Der Obergurt des Auslegers ist auf Zug und durch die Raddrucke der Katze auf Biegung beansprucht. Er wird ebenso wie der Obergurt eines Laufkranhauptträgers (s. S. 284) berechnet und erhält entsprechenden Querschnitt. Da es sich bei den Konsolkranen meist um verhältnismäßig kleine Katzenraddrucke handelt, so kann man als Obergurt ein oder zwei [-Eisen mit Flacheisen- bzw. Laufkranschiene (Abb. 590 und 591, S. 283) wählen.

Bei den Systemen mit wechselweise steigenden und fallenden Diagonalen (Abb. 688) vermindern die Vertikalen die Biegestützweite des Obergurtes. An dem auf Druck beanspruchten Untergurt verringern sie die Knicklänge auf die Hälfte.

Über Bemessung der Stabquerschnitte und Nietenschlüsse, sowie zulässige Beanspruchungen s. unter Laufkrane, S. 280.

Seitenträger (Hilfsausleger). Das System ist das gleiche wie das des Lastauslegers, nur werden seine Stäbe der geringeren Beanspruchung entsprechend schwächer bemessen.

Querverband und Belag. Steht die vollbelastete Katze in der größten Ausladung und wird der in Fahrt befindliche Kran plötzlich abgebremst, so treten in dem Krangerüst noch erhebliche

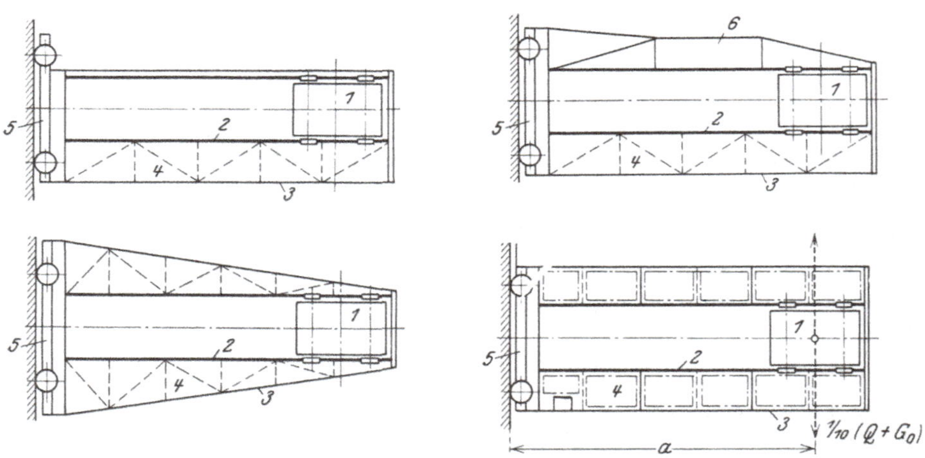

Abb. 692 bis 695. Waagerechte Versteifung der Konsolkrane.
1 Laufkatze; *2* Lastausleger; *3* Hilfsausleger (Seitenträger); *4* Querverband; *5* Fahrgestell; *6* Sprengwerk.

waagerechte Beanspruchungen durch den Massendruck der Winde und Last auf. Dieser Massendruck wirkt parallel der Kranfahrbahn und läßt sich rechnerisch nicht einwandfrei feststellen. Man trägt ihm dadurch Rechnung, daß man im Abstand der größten Ausladung a eine waagerechte Kraft $= {}^1/_{10}\,(Q + G_0)$ angreifen läßt (Abb. 695).

Zum Aufnehmen des Massendruckes sieht man bei kleineren Kranen zwischen den Obergurten eines Last- und Seitenauslegers einen Diagonalverband vor (Abb. 692), auf dem ein Belag (gelochtes Blech 5 mm stark) angeordnet wird. In der Untergurtebene der Ausleger sind meist einfache Winkeleisen als Querstäbe unter Verzicht auf die Diagonalen ausreichend.

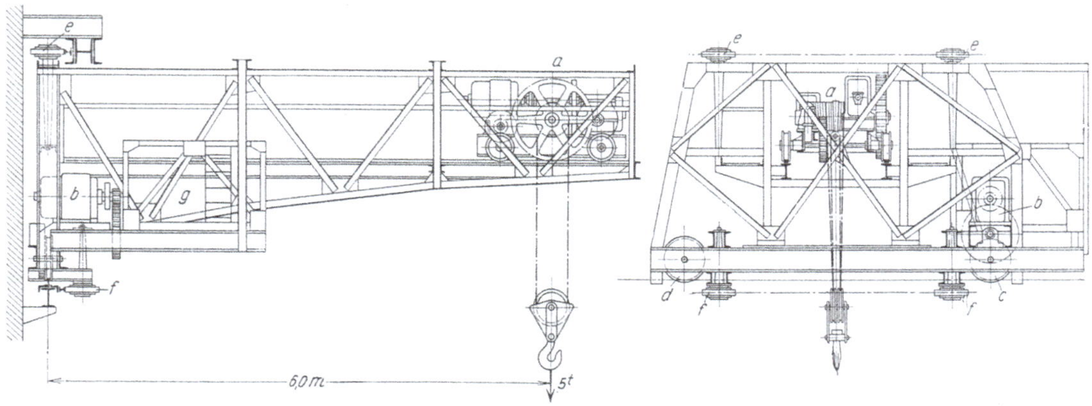

Abb. 696. Konsolkran mit innen fahrender Katze von 5 t Tragkraft und 6 m Ausladung. (Zobel & Neubert.)
a normale 5 t-Laufkatze; *b* Kranfahrmotor, mittels zweier Stirnrädervorgelege auf das Laufrad *c* treibend; *d* Laufrad ohne Antrieb; *e* obere, *f* untere waagerechte Druckrollen; *g* Führerkorb.

Arbeitsgeschwindigkeiten und Motorleistungen:

Heben:	10 m/min;	18 PS bei 750 Uml/min;
Katzenfahren:	25 m/min;	3 PS bei 1400 Uml/min;
Kranfahren:	100 m/min;	18 PS bei 750 Uml/min;
Stromart: Gleichstrom 220 V.		

In Abb. 693 ist ebenfalls nur ein Seitenträger und ein Querverband angenommen. Der andere Lastausleger ist am Obergurt durch ein waagerechtes Sprengwerk versteift.

Bei größeren Kranen sieht man meist zwei Seitenträger und zwei Querverbände, sowie gegebenenfalls beiderseitigen Blechbelag vor (Abb. 694 und 695).

Fahrgestell. Es wird als ⊏-Eisenrahmen ausgeführt und durch einen Diagonalverband gut versteift (Abb. 682, S. 332).

Durch die seitliche Lagerung der senkrechten Laufräder (Abbildung 682) tritt noch eine zusätzliche Biegebeanspruchung am Fahrgestell auf, die bei der Berechnung des Rahmens berücksichtigt werden muß. Gegenüber den Biegekräften ist die am Rahmen noch auftretende Normalkraft verhältnismäßig klein, zumal das Fahrgestell schon aus baulichen Gründen kräftig ausgeführt wird.

Die Konsolkrane werden, ebenso wie die Laufkrane, auch mit innen fahrender Katze ausgeführt (Abb. 696). Diese Bauart ist konstruktiv etwas umständlicher als die normale, erspart jedoch die Seitenträger, da sie in der Obergurtebene der Ausleger die Anordnung eines waagerechten Diagonalverbandes zuläßt.

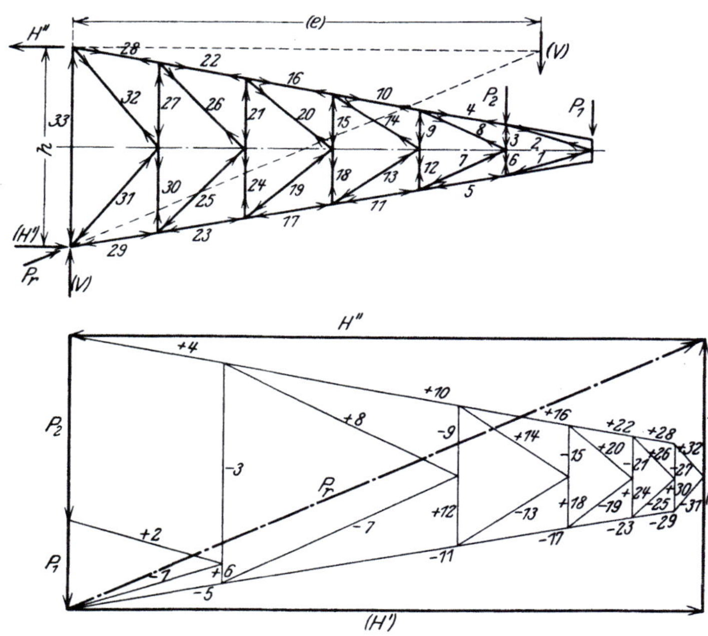

Abb. 697 und 698. Lastausleger zu einem Konsolkran von 5 t Tragkraft und 8 m Ausladung (Lastkräfteplan).

Abb. 697 zeigt das System für einen Konsolkran mit innen fahrender Katze von 5 t Tragkraft und 8 m Ausladung[1]. Das System hat die Form eines gleichschenkligen Dreiecks.

Abb. 698 gibt den Lastkräfteplan für die größte Ausladung des Kranes. Die Katzenraddrucke wurden als P_1 und P_2 auf die nächsten Knoten reduziert.

[1] Maschinenfabrik Eßlingen.

Ein nicht zu vermeidender Nachteil der Konsolkrane ist die der Lastgröße und Ausladung entsprechende starke Durchbiegung des Auslegers und das Zurückfedern bei plötzlicher Entlastung, was besonders bei Kranen mit großer Ausladung im Betrieb oft störend empfunden wird.

Der Führerkorb wird bei den normalen Konsolkranen am Fahrgestell und zwischen je einem Haupt- und Seitenträger angeordnet. Die elektrische Ausrüstung eines Konsolkranes entspricht der eines gewöhnlichen Dreimotorenlaufkranes.

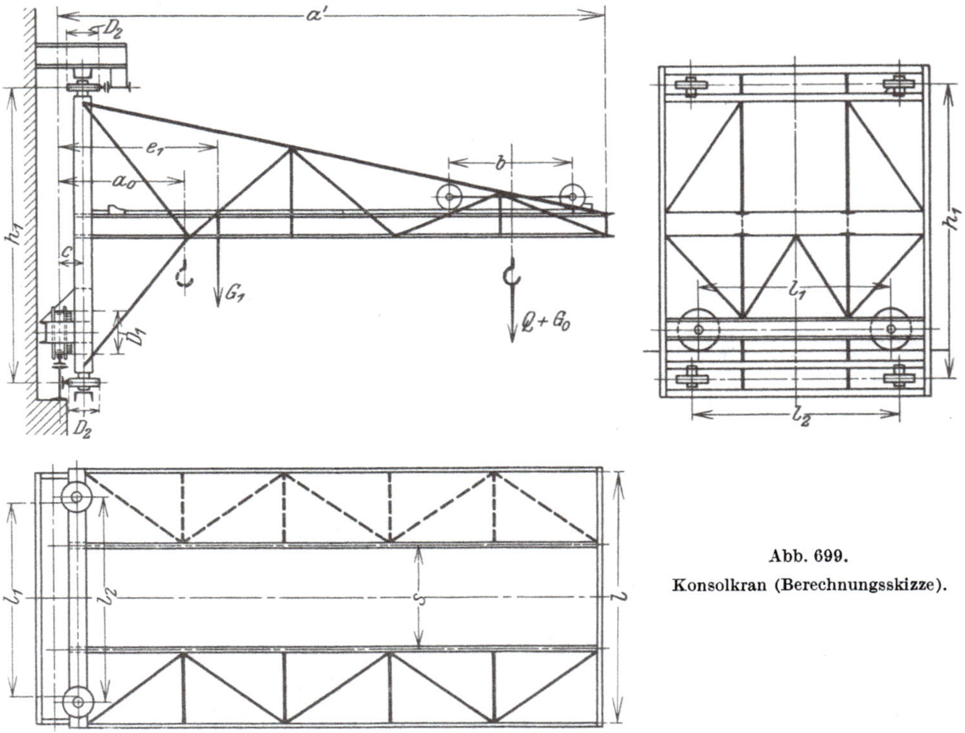

Abb. 699.
Konsolkran (Berechnungsskizze).

Beispiel Nr. 10. Ein elektrisch betriebener Konsolkran von $Q = 5$ t Tragkraft und $a = 6$ m Ausladung (von Mitte Last bis Mitte Laufräder) ist zu berechnen. Gestaltung nach Abb. 699. $a' = 7{,}3$ m.
Arbeitsstelle: Gießereihalle. Hubhöhe: 8 m.
Arbeitsgeschwindigkeiten: Heben: $v_1 = 7{,}5$ m/min; Katzenfahren: $v_2 = 30$ m/min (Abb. 508 u. 509, S. 233); Kranfahren: $v_3 = 90$ m/min.
Stromart: Drehstrom 500 V, 50 Hz. Gesamtgewicht des Kranes: 7500 kg ang. Katzengewicht: $G_0 = 3000$ kg.
Gewicht der normalen Laufkatze: $G_0 = 5000$ kg.
Radstand der Katze: $b = 1650$ mm; Schienenmittenentfernung: $s = 1400$ mm; Raddruck: $P = 2000$ kg.

a) Kranfahrwerk.

1. Auslegerstützkräfte (Abb. 683, S. 332).
Senkrechte Stützkraft: $V = Q + G_0 + G_1 = 5000 + 3000 + 4500 = 12500$ kg.
Gewicht des Kranes (ohne Katze): $G_1 = 4500$ kg; Schwerpunktsabstand von der senkrechten Schiene: $e_1 = 1{,}8$ m ang. Abstand der oberen und unteren waagerechten Druckrollen: $h_1 = 3{,}9$ m.
Waagerechte Stützkräfte:

$$H_1 = \frac{1}{h_1} \cdot [(Q + G_0) \cdot a + G_1 \cdot e_1] = \frac{1}{3{,}9} \cdot [(5000 + 3000) \cdot 6{,}0 + 4500 \cdot 1{,}8] \approx 14400 \text{ kg}.$$

2. Senkrechte Laufräder. Größter Raddruck: $\max P_s = \frac{V}{2} = \frac{12500}{2} = 6250$ kg.

Gewählt nach DIN 4009 (Tabelle 37, S. 137): Raddurchmesser (Abb. 699): $D_1 = 500$ mm; Bolzendurchmesser: $d_1 = 70$ mm; Schienenbreite (Schiene Nr. 1): 45 mm.
Zahnkranz: $z = 50$; $m = 10$ mm; $D = 500$ mm; $b = 60$ mm. Werkstoff (Rad und Zahnkranz): Stg 38 · 81.
Beanspruchung der Laufräder [Gl. (176), S. 135]:

$$k_1 = \frac{\max P_s}{D \cdot (b - 2r)} = \frac{6250}{50(4{,}5 - 2 \cdot 0{,}3)} \approx 32 \text{ kg/cm}^2; \quad k_{zul} = 40 \text{ bis } 60 \text{ kg/cm}^2.$$

3. Waagerechte Druckrollen. Gewählt nach DIN 697 (Laufräder ohne Spurkranz): Raddurchmesser: $D_2 = 400$ mm; Bolzendurchmesser: $d_1 = 60$ mm; Schienenbreite (Schiene Nr. 1): 45 mm.
Beanspruchung der Druckrollen [Gl. (176), S. 135)]:

$$k_2 = \frac{\max P_h}{D \cdot (b - 2r)} = \frac{7200}{40 \cdot (4{,}5 - 2 \cdot 0{,}3)} \approx 46 \text{ kg/cm}^2; \quad k_{zul} = 40 \text{ bis } 60 \text{ kg/cm}^2.$$

4. Fahrwiderstand [Gl. (210) u. (322)]. $W_r = V_{(t)} \cdot w_r + 2 H_1 \cdot w_r = 12{,}5 \cdot 16 + 2 \cdot 14{,}4 \cdot 17{,}5 \approx 700$ kg. Die Einheitsfahrwiderstände w_r je 1 t Fahrgewicht sind aus Abb. 489, S. 221 entnommen.

5. Motor. Berechnung der erforderlichen Leistung nach Gl. (224), S. 258. Wirkungsgrad des Fahrwerks (bei zwei Stirnrädervorgelegen): $\eta \approx 0{,}90$. $N_3 = \frac{W_r \cdot v_3}{6120 \cdot \eta} = \frac{700 \cdot 90}{6120 \cdot 0{,}90} \approx 11{,}45$ kW [15,6 PS].

Gewählt aus Abb. 395, S. 166: Type DH 126—8; Nennleistung (nach DIN/VDE 2702): 11 kW; Nennleistung (SSW) bei 25% ED: 12 kW [16,3 PS]; Nenndrehzahl: 725 i. d. min; Nenndrehmoment: $M = 97400 \cdot \frac{12}{725} \approx 1615$ kgcm; $M_K : M = 3{,}0$; höchste zulässige Drehzahl: 2200 i. d. min; $GD^2 = 1{,}8$ kgm²; Gewicht: 288 kg.

6. Übersetzung. Drehzahl des Laufrades:

$$n_L = \frac{v_3}{D_1 \pi} = \frac{90}{0{,}50 \cdot 3{,}14} \approx 57 \text{ i. d. min}; \quad i = \frac{n_L}{n_M} = \frac{57}{725} \approx \frac{1}{12{,}7} = \frac{1}{4} \cdot \frac{1}{3{,}18}.$$

7. Motorvorgelege. Ausführung mit Räderkasten und im Ölbad laufend (Tabelle 22, S. 79).

Übersetzung: $i_{I-II} = \frac{1}{4}$. Zähnezahl: $z = {}^{20}/_{80}$; Modul: $m = 6$ mm; Teilkreisdurchmesser: $D = {}^{120}/_{480}$ mm; Achsenabstand: $a = \frac{120 + 480}{2} = 300$ mm; Räderkasten Nr. I (Tabelle 22, S. 79); Zahnbreite: $b = {}^{100}/_{70}$ mm; Werkstoff: St 50·11/Stg 38·81.

Umfangsgeschwindigkeit: $v = \frac{0{,}120 \cdot 725 \cdot 3{,}14}{60} \approx 4{,}5$ m/sek. $c_{zul} = 36$ kg/cm² (Abb. 168, S. 72).

Zahndruck: $P_{I-II} = \frac{M_I}{R_1} = \frac{1615}{6} \approx 270$ kg; Zahnbeanspruchung: $c = \frac{P_{I-II}}{b \cdot t} = \frac{270}{7 \cdot 0{,}6 \cdot 3{,}14} \approx 20$ kg/cm².

8. Laufradvorgelege. $i_{II-III} = \frac{1}{3{,}18}$. Zähnezahl: $z = {}^{16}/_{50}$; Modul: $m = 10$ mm; Teilkreisdurchmesser: $D = {}^{160}/_{500}$ mm; Zahnbreite: $b = {}^{80}/_{50}$ mm; Werkstoff: St 50·11/Stg 38·81.

Umfangsgeschwindigkeit: $v = \frac{90}{60} = 1{,}5$ m/sek; $c_{zul} = 48$ kg/cm²; Zahndruck: $P_{II-III} = W_r = 700$ kg; Zahnbeanspruchung: $c = \frac{P_{II-III}}{b \cdot t} = \frac{700}{5 \cdot 1 \cdot 3{,}14} \approx 45$ kg/cm².

Sollen beide Laufräder angetrieben werden, so wird zwischen Motor- und Laufradvorgelege noch eine Welle mit zwei Kegelräderpaaren geschaltet, die mit zur Übersetzung herangezogen werden können. Bei Bestimmung des Fahrwerk-Wirkungsgrades sind die Kegelräder mitzurechnen.

9. Elastische Kupplung. Durchmesser des Motorzapfens: $d_1 = 50$ mm. Entsprechende Kupplung: Nr. $2^1/_2$ (Bauart *B* nach Tabelle 25, S. 93). Durchmesser: $D_k = 250$ mm; Durchmesser der Bremsscheibe: $D = 320$ mm; Breite: $b = 100$ mm. Übertragbares Drehmoment der Kupplung: $M = 1500$ kgcm. Für das um etwa 8% größere Motordrehmoment (siehe unter 5) ist die Kupplung noch ausreichend.

b) Stahlkonstruktion.

1. Hauptträger. Er ist ein I-Träger mit aufgeschraubter Schiene und ist mit dem einen Ende am Fahrgestell und mit dem anderen an dem Querträger der Auslegerspitze befestigt.

Stützweite des Trägers (Abb. 699 und 700): $L = a' - c = 7{,}3 - 0{,}35 = 6{,}95$ m $\approx 7{,}0$ m.

Radstand der Katze: $b = 1{,}65$ m; Raddruck: $P = 2000$ kg.

Da der Kran in einer Gießereihalle arbeitet, so soll das Verhältnis der Durchbiegung zur Trägerlänge nicht größer sein als:

$$\frac{\delta''}{L} = \frac{1}{1000} \text{ bis } \frac{1}{800}.$$

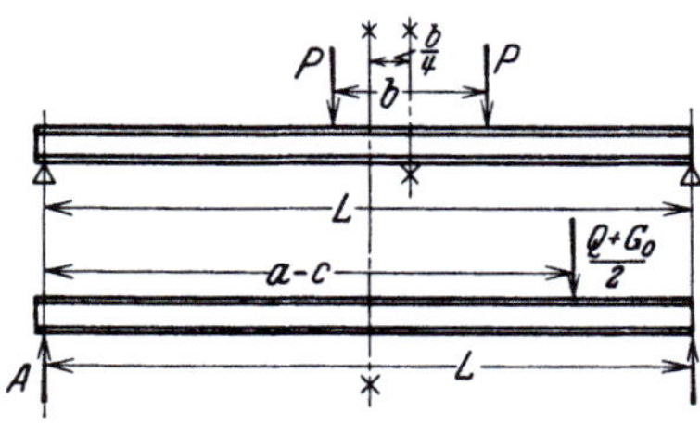

Abb. 700. Berechnung der Katzenfahrbahnträger.

Zulässige Durchbiegung: $\delta'' = \frac{1}{800} L = \frac{1}{800} \cdot 695 \approx 0{,}87$ cm.

Erforderliches Trägheitsmoment [Gl. (261 b), S. 268]:

$$J_{erf} = \frac{P}{48 E \delta''} \cdot (L - b) \cdot [L^2 + (L + b)^2]$$

$$= \frac{2000}{48 \cdot 2100000 \cdot 0{,}87} \cdot (695 - 165) \cdot [695^2 + (695 + 165)^2] \approx 14800 \text{ cm}^3.$$

Gewählt: I Nr. 32 mit $J_x = 12510$ cm⁴ und $W_x = 782$ cm³.

Alsdann ist die Durchbiegung: $\delta'' = 0{,}87 \cdot \frac{14800}{12510} \approx 1{,}0$ cm. Der Wert $\frac{\delta''}{L} = \frac{1{,}0}{695} \approx \frac{1}{700}$ wird noch als ausreichend erachtet. Andernfalls müßte I Nr. 34 mit $J_x = 15700$ cm⁴ gewählt werden.

Eigenlast des Trägers (Trägergewicht + Schiene + ½ Querverband + ½ Belag): $G \approx 800$ kg.

Der Belag ist gelochtes Blech 5 mm stark und 1,0 m breit. Gewichtsminderung durch das Lochen: 40%.

Biegemoment aus Eigengewicht: $\max M_g = G \cdot \frac{L}{8} = 0{,}8 \cdot \frac{6{,}95}{8} \approx 0{,}7$ tm.

Stoßzahl (siehe S. 267) für einen Kran mit über 60 m/min Fahrgeschwindigkeit: $\varphi = 1{,}2$.

Biegemoment aus der Last [Gl. (247), S. 264]: $\max M_p = \frac{P}{2L} \cdot \left(L - \frac{b}{2}\right)^2 = \frac{2}{2 \cdot 7{,}0} \cdot \left(7 - \frac{1{,}65}{2}\right)^2 \approx 5{,}4$ tm.

Ausgleichfaktor für Krane der Gruppe II (s. S. 267): $\psi = 1{,}4$.

Größte auftretende Spannung für die Hauptkräfte allein und ohne Berücksichtigung der Nietschwächung:

$$\sigma' = \pm \frac{\varphi M_g + \psi M_p}{W_x} = \frac{1{,}2 \cdot 70000 + 1{,}4 \cdot 540000}{782} \approx 1075 \text{ kg/cm}^2.$$

Werkstoff: St 37·12; $\sigma_{zul} = 1400$ kg/cm².

2. Querträger (an der Auslegerspitze). Die voll belastete Katze steht in der größten Ausladung (Abbildung 699, S. 338). In dieser werden durch den Hauptträger folgende Drucke auf das Fahrgestell bzw. den Endquerträger ausgeübt:

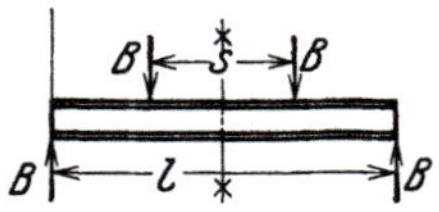

Abb. 700a.

$$A = \frac{G}{2} + \frac{Q+G_0}{2} \cdot \frac{L-a+c}{L} = \frac{800}{2} + \frac{5000+3000}{2} \cdot \frac{7-6+0{,}35}{7} \approx 1170 \text{ kg},$$

$$B = \frac{G}{2} + \frac{Q+G_0}{2} \cdot \frac{a-c}{L} = \frac{800}{2} + \frac{5000+3000}{2} \cdot \frac{6-0{,}35}{7} \approx 3630 \text{ kg}.$$

Das Eigengewicht des Trägers wird vernachlässigt.

Biegemoment durch den Druck B des Hauptträgers (Abb. 700a) bei $\frac{l-s}{2} = 1000$ mm:

$$\max M_p = B \cdot \frac{l-s}{2} = 3630 \cdot 100 = 363000 \text{ kgcm}.$$

Gewählter Träger: [N 32 mit $J_x = 10870$ cm^4 und $W_x = 679$ cm^3.

Größte Spannung des Trägers: $\sigma' = \pm \frac{\psi M_p}{W_x} = \frac{1{,}4 \cdot 363000}{679} \approx 750$ kg/cm^2.

Werkstoff: St 37·12; $\sigma_{zul} = 1400$ kg/cm^2.

3. Seitenträger (Fachwerkträger). Eigenlast = Trägergewicht + $\frac{1}{2}$ Querverband + $\frac{1}{2}$ Belag $\approx$ 1400 kg angenommen. Diese Last wird gefühlsmäßig auf die einzelnen Knoten verteilt (Abb. 701a):

$$k_1 = 100 \text{ kg};\quad k_2 = 150 \text{ kg};\quad k_3 = 200 \text{ kg};\quad k_4 = 250 \text{ kg};\quad k_5 = 300 \text{ kg};\quad k_6 = 400 \text{ kg}.$$

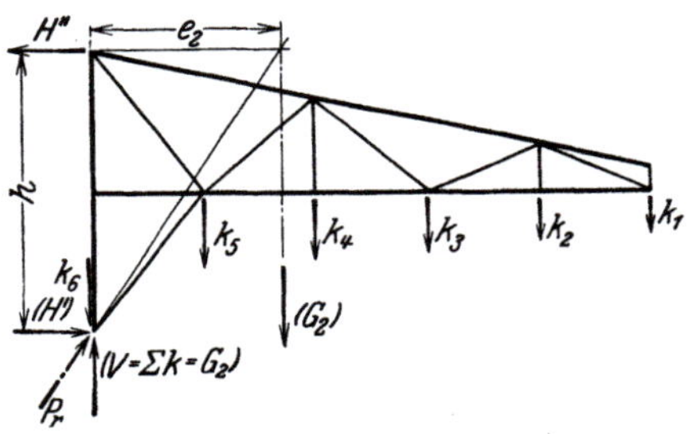

Abb. 701a. Seitenträger (Belastung durch Eigengewicht).

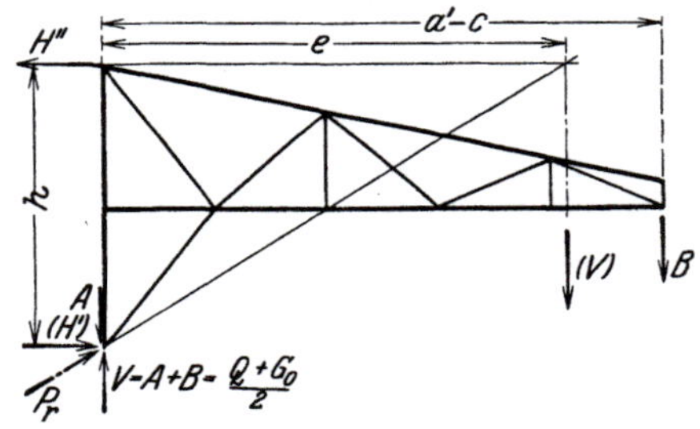

Abb. 701b. Seitenträger (Belastung durch die wandernde Last).

Mit diesen Belastungen werden die Stabkräfte aus Eigengewicht S_g bestimmt und in eine Tabelle (siehe S. 290) eingetragen.

Für die Bestimmung der Stabkräfte S_p aus der wandernden Last sind die unter 2. berechneten Drucke A und B maßgebend. Belastungsschema siehe Abb. 701b.

Bemessung der Stabquerschnitte nach den Angaben S. 283.

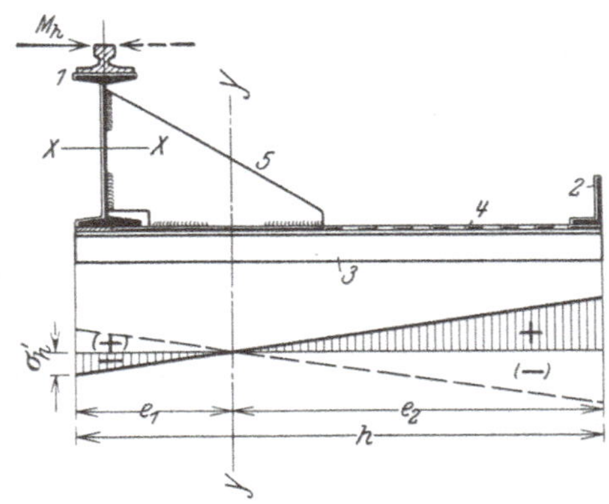

Abb. 701c. Waagerechte Beanspruchung durch den Massendruck.

1 Hauptträger (Katzenfahrbahn); *2* Seitenträger; *3* Querverband; *4* Bühnenbelag; *5* Seitenversteifung der Hauptträger.

4. Waagerechte Beanspruchung durch den Massendruck der in der größten Ausladung stehenden voll belasteten Katze. Biegemoment (Abb. 699 und 700):

$$M_h = \psi \cdot \frac{1}{10} \frac{Q+G_0}{2} \cdot (a-c)$$

$$= 1{,}4 \cdot \frac{1}{10} \cdot \frac{8000}{2} \cdot (600-35) \approx 316000 \text{ kgcm}.$$

Ohne Berücksichtigung des Diagonalverbandes wird die Beanspruchung durch den Querschnitt Abb. 700c aufgenommen. Hauptträger: I Nr. 32; Belagblech: 1000 × 5 mm (gelocht); Untergurtwinkel des Seitenträgers: L 120 × 80 × 10. Höhe: $h = 1061$ mm. Faserabstände: $e_1 = 361$ mm; $e_2 = 700$ mm.

Trägheitsmoment: $J_y = 202053$ cm^4. Von dem Belagblech wurden wegen der Lochung 60% als tragend angenommen.

Widerstandsmomente (ohne Berücksichtigung der Nietschwächung): $W_1 = 5600$ cm^3; $W_2 = 2890$ cm^3.

Biegebeanspruchungen:

$$\sigma'_{h_1} = \frac{M_h}{W_1} = \frac{316000}{5600} \approx \pm 57 \text{ kg/cm}^2,$$

$$\sigma'_{h_2} = \frac{M_h}{W_2} = \frac{316000}{2890} \approx \pm 110 \text{ kg/cm}^2.$$

Die waagerechte Biegebeanspruchung, die im Abstand von $\sim \frac{L}{2}$ noch zur Biegebeanspruchung des Hauptträgers (siehe unter 1) hinzutritt, ist niedrig. Die resultierende Beanspruchung erreicht daher auch bei Berücksichtigung der Nietschwächung nicht den zulässigen Wert von 1400 kg/cm^2.

Wird der Blechbelag vernachlässigt und der Diagonalverband als tragend angenommen, so sind die waagerechten Raddrücke $P_h = \frac{1}{10} P$ der in der Ausladung a stehenden Katze auf die nächsten Knoten zu reduzieren. Mit diesen reduzierten Raddrucken wird ein Kräfteplan entworfen, aus dem die Stabkraft des letzten I-Trägerfeldes entnommen wird.

b) Konsolkrane mit drehbarem Ausleger.

Der Ausleger ist an einer drehbaren Säule angebaut, deren Stützlager am Fahrgestell des Kranes angeordnet sind. Die Konsolkrane mit drehbarem Ausleger haben in der Regel feste Ausladung.

1. Konsolschwenkkrane (Konsoldrehkrane mit 180° Drehbereich).

Die Konsolschwenkkrane (Abbildung 702) haben den Vorzug, daß man mit dem drehbaren Ausleger bequem an jede Stelle ihres Arbeitsfeldes gelangt und etwaigen Hindernissen, wie der Last des über ihnen fahrenden Laufkranes, leicht ausweichen kann. Wird der schmale Ausleger bei Nichtbenutzung der Konsolschwenkkrane parallel der Fahrbahn gestellt, so hat der über ihnen fahrende Laufkran ein vollkommen freies Arbeitsfeld.

Die Konsolschwenkkrane werden im allgemeinen nur für kleinere Tragkräfte (bis etwa 3 t) und für Ausladungen bis etwa 8 m hergestellt. Daher größtes Kranmoment $Q \cdot a \approx 24$ tm.

Bei gleicher Tragkraft und Ausladung haben sie gegenüber den Konsolkranen mit festem Ausleger ein kleineres Eigengewicht sowie kleinere Rad- und Laufrollendrucke.

Bei dem in Abb. 702 dargestellten Konsolschwenkkran sind die Steuerwalzen am Fahrgestell des Kranes angebaut und werden vom Fußboden aus durch Zugschnüre betätigt.

Arbeitsgeschwindigkeiten und Motoren:

Heben . . . 5,5 m/min;
5,44 PS bei 940 Uml/min;

Drehen . . 40 m/min;
2,18 PS bei 930 Uml/min;

Kranfahren. 35 m/min;
3,81 PS kei 940 Uml/min.

Stromart: Drehstrom 380 V, 50 Hz.
Elektrische Ausrüstung: SSW.

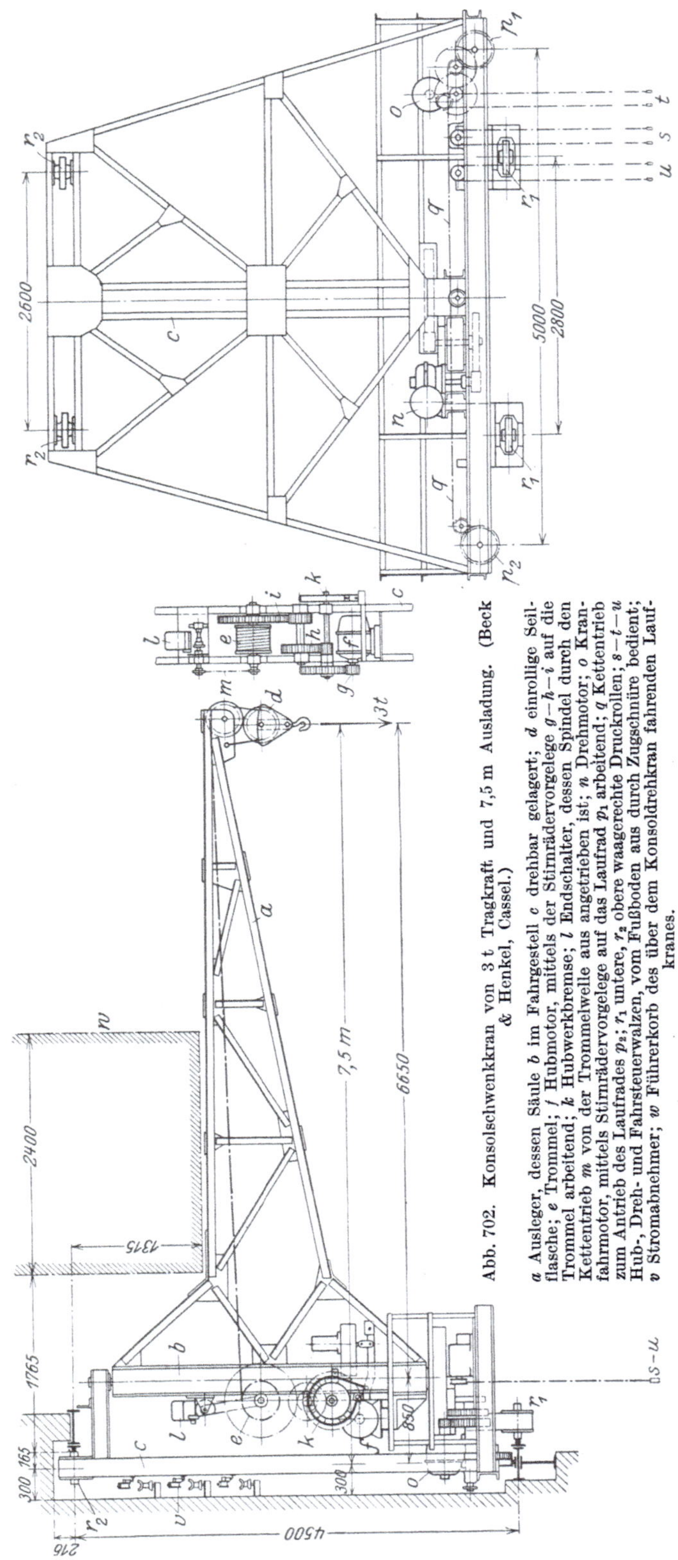

Abb. 702. Konsolschwenkkran von 3 t Tragkraft und 7,5 m Ausladung. (Beck & Henkel, Cassel.)

a Ausleger, dessen Säule *b* im Fahrgestell *c* drehbar gelagert; *d* einrollige Seilflasche; *e* Trommel; *f* Hubmotor, mittels der Stirnrädervorgelege *g*–*h*–*i* auf die Trommel arbeitend; *k* Hubwerkbremse; *l* Endschalter, dessen Spindel durch den Kettentrieb *m* von der Trommelwelle aus angetrieben ist; *n* Drehmotor; *o* Kranfahrmotor, mittels Stirnrädervorgelege auf das Laufrad p_1 arbeitend; *q* Kettentrieb zum Antrieb des Laufrades p_2; r_1 untere, r_2 obere waagerechte Druckrollen; *s*–*t*–*u* Hub-, Dreh- und Fahrsteuerwalzen, vom Fußboden aus durch Zugschnüre bedient; *v* Stromabnehmer; *w* Führerkorb des über dem Konsoldrehkran fahrenden Laufkranes.

α) Hubwerk.

Es wird derart an dem Ausleger aufgebaut, daß sein Schwerpunkt möglichst nahe an der Drehachse liegt. Hubseilzug mit loser Rolle

(Last hängt an zwei Seilsträngen). Als Übersetzung zwischen Hubmotor und Trommel werden entweder ein Schneckengetriebe und ein Stirnrädervorgelege oder drei Stirnrädergetriebe (Abb. 702) ausgeführt. Die Hubwerkbremse ist, wie üblich, eine gewichtbelastete, elektromagnetisch gelüftete doppelte Backenbremse oder eine Bandbremse (Abb. 702). Anordnung eines Endausschalters für höchste Hakenstellung ist, besonders bei größerer Hubgeschwindigkeit, empfehlenswert.

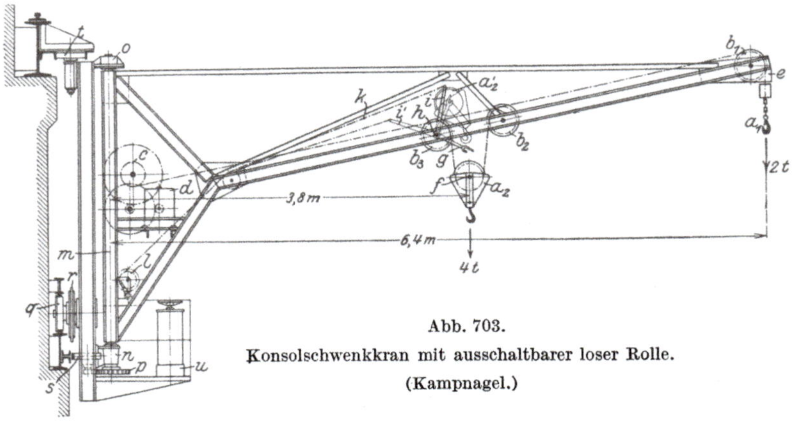

Abb. 703.
Konsolschwenkkran mit ausschaltbarer loser Rolle.
(Kampnagel.)

a_1 Hakengeschirr von 2 t Tragkraft; a_2 einrollige Kranflasche von 4 t Tragkraft; $b_1 - b_3$ Seilumlenkrollen; c Trommel; d Hubmotor; e Anschlag für das Hakengeschirr a_1; f beiderseitige Zapfen des Rollenbolzens von a_2, in die Gabel g der bei h drehbaren Winkelhebel i eingreifend; k, an i befestigtes Seil der Handwinde l zum Ausschalten der Kranflasche a_2 (a_2' Ausschaltstellung); m drehbare Auslegersäule; n unteres Spur- und Halslager, o oberes Halslager des drehbaren Auslegers; p, am Unterteil von m aufgekeilter Zahnkranz zum Drehwerk; q senkrechte Kranlaufräder durch den Kettenantrieb r miteinander verbunden; s untere, t obere waagerechte Druckrollen; u Steuerwalzen.

Der Konsolschwenkkran, Abb. 703, hat zwei Haken, einen gewichtbelasteten 2 t-Haken mit 6,4 m Ausladung und einen 4 t-Haken mit loser Rolle und 3,8 m Ausladung.

In der gezeichneten Stellung des Rollenzuges wird mit dem 4 t-Haken gearbeitet. Das Belastungsgewicht des Hakens liegt dann an der Auslegerspitze an und dient so als Festpunkt für das Hubseil.

Soll mit dem 2 t-Haken gearbeitet werden, so wird die lose Rolle durch ein, vom Führerstand aus bedienbares kleines Handwindwerk ausgeschaltet. Die am 2 t-Haken hängende Last wird daher mit einer Geschwindigkeit gehoben, die doppelt so groß ist als die am 4 t-Haken.

β) Ausleger und Drehwerk.

Der Ausleger (Abb. 702) ist ebenso wie bei den Wanddrehkranen (s. S. 347) an einer aus zwei [-Eisen gebildeten drehbaren Säule angebaut. Das untere Lager ist ein Längs- und Querlager und ist auf einer, am Fahrgestell angebauten Konsole befestigt. Das obere Lager ist ein einfaches Querlager, dessen Träger ebenfalls am Fahrgestell angeschraubt ist.

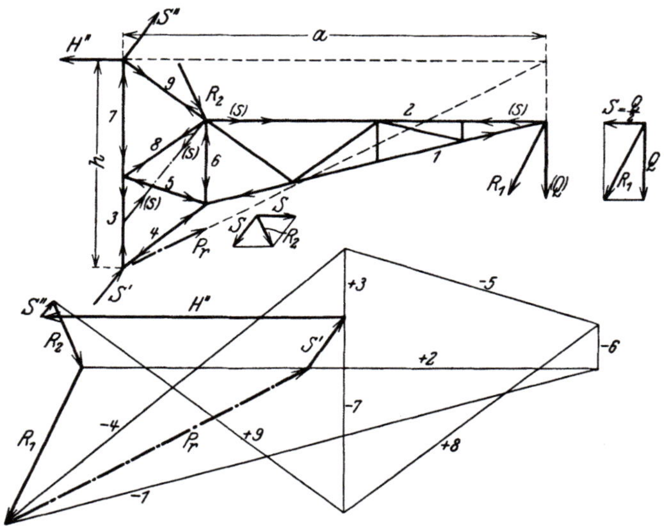

Abb. 704 und 705. Ausleger zum Konsolschwenkkran, Abb. 702. (Lastkräfteplan mit Berücksichtigung des Seilzuges.)

Berechnung der Auslegerstützkräfte s. S. 347 unter „Wanddrehkrane". Gestaltung der Säulenlager nach Abb. 728 bis 732, S. 350.

Abb. 705 gibt den Lastkräfteplan (mit Berücksichtigung des Seilzuges) für den Ausleger des Konsolschwenkkranes Abb. 702, S. 341.

Am vorteilhaftesten ist die Ausführung der Säulenlager mit Rotgußbüchsen für die Querlager und einem Einstellkugellager als Längslager (siehe Abschnitt „Drehkrane" (Wanddrehkrane).

Bei reichlicher Bemessung des Drehmotors ist eine Berücksichtigung des Massenwiderstandes der Last und des Auslegers beim Drehanlauf nicht erforderlich. Dagegen ist bei der Berechnung und Bemessung des Auslegers noch eine waagerechte Kraft $\approx {}^1/_{10} Q$ zugrunde zu legen.

Der Drehmotor arbeitet mittels eines waagerechten Schneckengetriebes, eines Stirnrädervorgeleges und eines Ritzels auf das an der Auslegersäule befestigte Stirnrad.

Berechnung des Drehwerks s. Abschnitt „Drehkrane".

Die Drehwerkbremse wird entweder auf der elastischen Kupplung zwischen Motor und Drehwerk oder auf einer besonderen Scheibe am hinteren Schneckenwellenlager angeordnet und wird am einfachsten durch einen Fußhebel vom Führerstand aus bedient.

γ) Kranfahrwerk.

Die senkrechten Raddrucke und die waagerechten Rollendrucke sind mit der Auslegerstellung veränderlich.

Senkrechte Raddrucke. Es bezeichnen mit Bezug auf Abb. 706 Q die Last, G_1 das Gewicht des drehbaren Auslegers, a bzw. e_1 deren Abstände von der Drehachse, $V = Q + G_1$ die Resultierende der am drehbaren Teil wirkenden Kippkräfte, $e = \frac{Q \cdot a + G_1 \cdot e_1}{Q + G_1}$ deren Abstand von der Drehachse, e_0 den Abstand der Drehachse von der senkrechten Laufschiene, G_2 das Gewicht des Fahrgestells und l den Radstand.

Steht der Ausleger unter einem beliebigen Winkel α zur Nullstellung (Abb. 707), so sind die senkrechten Raddrucke:

$$\left.\begin{aligned} A &\approx \frac{G_2}{2} + V \cdot \frac{\frac{l}{2} - e \cdot \sin\alpha}{l}\,; \\ B &\approx \frac{G_2}{2} + V \cdot \frac{\frac{l}{2} + e \sin\alpha}{l}\,. \end{aligned}\right\} \tag{336}$$

Steht der Ausleger senkrecht zur Fahrbahn ($\alpha = 0$; $\sin\alpha = 0$), so ist:

$$A = B = \frac{G_2}{2} + \frac{V}{2}\,.$$

Steht er parallel zur Fahrbahn ($\alpha = 90°$; $\sin\alpha = 1$), so erhält A seinen Kleinst- und B seinen Größtwert bzw. umgekehrt.

$$\left.\begin{aligned} \min P_s = A &= \frac{G_2}{2} + V \cdot \frac{\frac{l}{2} - e}{l}\,; \\ \max P_s = B &= \frac{G_2}{2} + V \cdot \frac{\frac{l}{2} + e}{l}\,. \end{aligned}\right\} \tag{337}$$

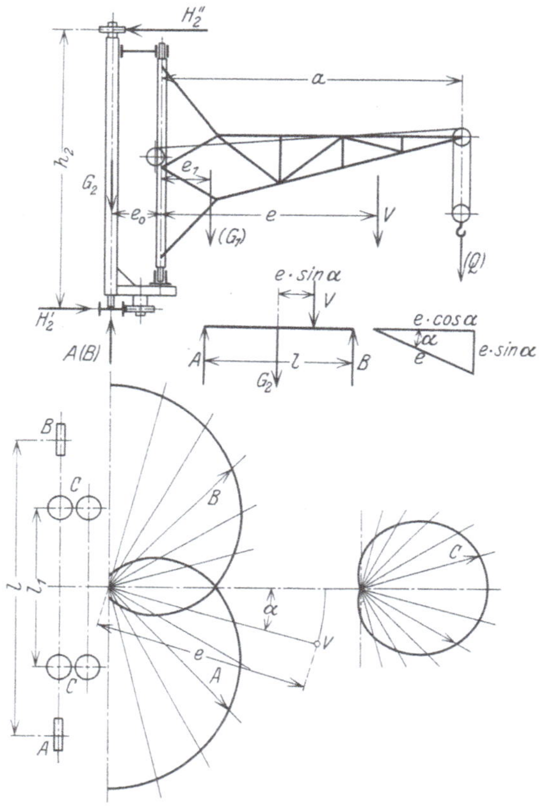

Abb. 706 bis 710. Konsolschwenkkran (Verlauf der Rad- und Rollendrucke in Abhängigkeit vom Drehwinkel).

Abb. 709 zeigt den Verlauf der Raddrucke A und B zwischen $\alpha = 0°$ und $\alpha = 90°$.

Damit der Kran bei parallel zur Fahrbahn stehendem Ausleger mit Sicherheit standfest ist, muß der Abstand der Resultierenden sämtlicher am Kran wirkenden senkrechten Kräfte kleiner als der halbe Radstand sein.

Obere und untere waagerechte Rollendrucke. Für eine beliebige Stellung des Auslegers zwischen 0 und 90° (Abb. 710) ist:

$$C = \frac{H_2}{2} = \frac{V}{2h_2}(e_0 + e \cdot \cos\alpha)\,. \tag{338}$$

Der Größtwert des Rollendrucks tritt auf, wenn der Ausleger senkrecht zur Fahrtrichtung steht ($\alpha = 0$; $\cos\alpha = 1$):

$$\max P_h = C = \frac{H_2}{2} = \frac{V}{2h_2} \cdot (e_0 + e)\,. \tag{339}$$

Der Kleinstwert tritt bei parallel zur Fahrtrichtung stehendem Ausleger auf ($\alpha = 90°$, $\cos\alpha = 0$):

$$\min P_h = C = \frac{H_2}{2} = \frac{V}{2h_2} \cdot e_0\,. \tag{340}$$

Abb. 710 zeigt den Verlauf der waagerechten Raddrucke C zwischen $\alpha = 0°$ und $\alpha = 90°$.

Fahrwiderstand. Er setzt sich zusammen aus dem Fahrwiderstand der senkrechten Laufräder und dem der oberen und unteren waagerechten Druckrollen (Abb. 706).

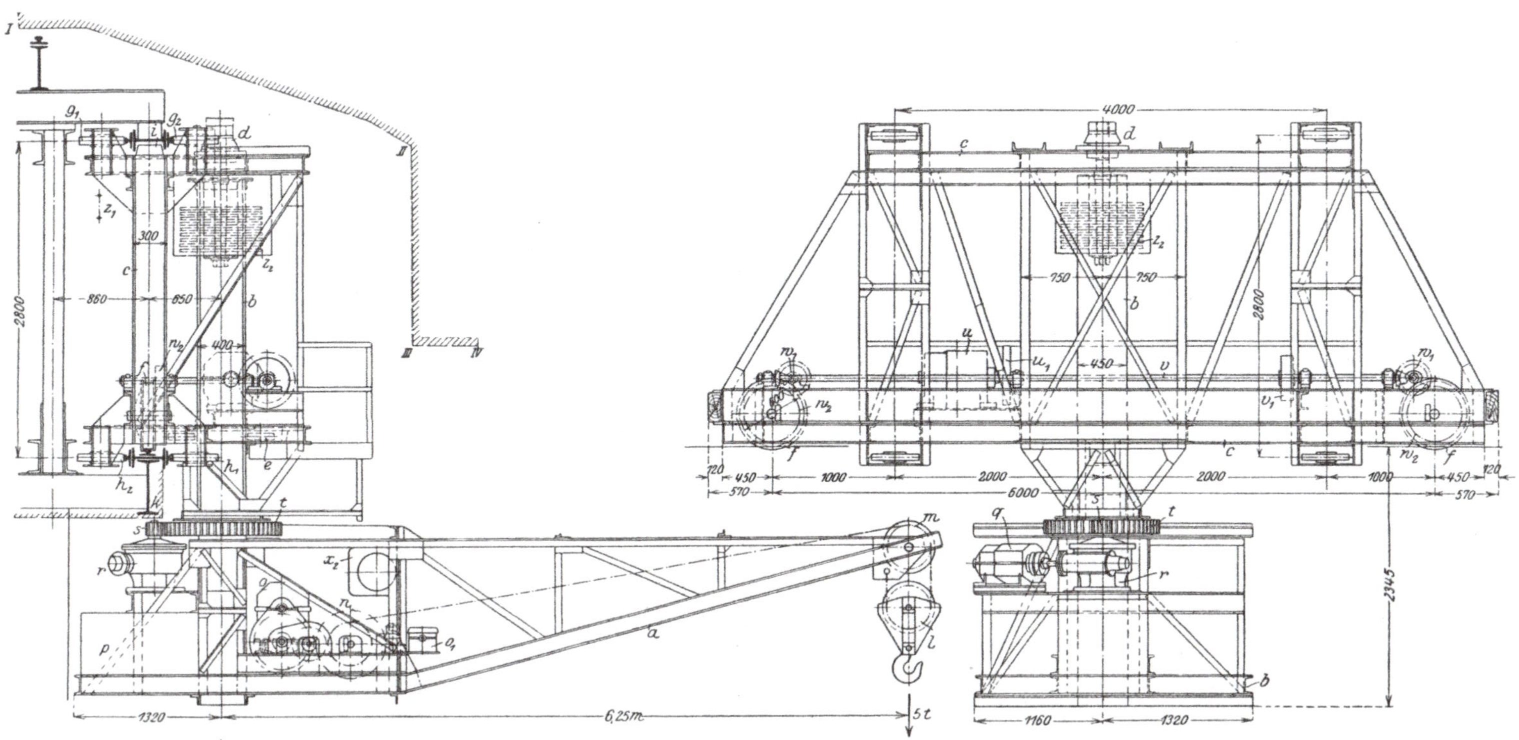

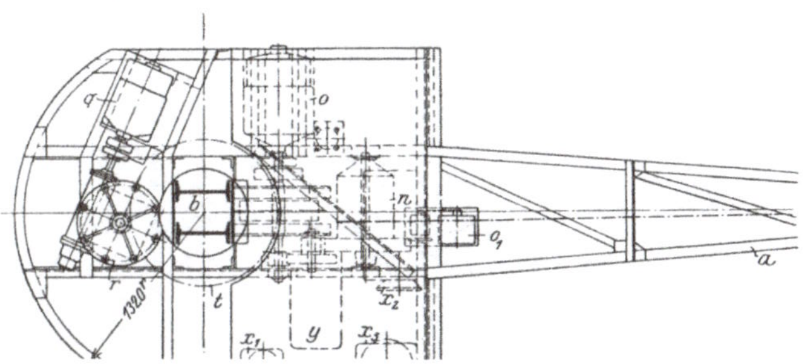

Abb. 711. Elektrisch betriebener Konsoldrehkran von 5 t Tragkraft und 6,25 m Ausladung. (Carl Flohr A.-G., Berlin.)

a Ausleger, an die drehbare Säule *b* angebaut; *c* Fahrgestell; *d* oberes Spur- und Halslager; *e* unteres Rollenlager, beide in *c* eingebaut; *f* senkrechte Laufräder; g_1-g_2 obere, h_1-h_2 untere waagerechte Druckrollenpaare; *i* obere, *k* untere Fahrbahnträger; *l* einrollige Kranflasche; *m* Aulegerrolle; *n* Trommel; *o* Hubmotor; *p* Auslegergegengewicht; *q* Drehmotor; *r* waagerechtes Schneckengetriebe; *s* Ritzel auf der Schneckenradwelle, mit dem am Unterteil von *c* befestigten Zahnkranz *t* kämmend; *u* Kranfahrmotor; u_1 Motorvorgelege; *v* Fahrwerkswelle; v_1 Fahrwerkbremse; w_1 Kegelrädergetriebe; w_2 Laufradvorgelege; x_1-x_3 Steuerwalzen; *y* Führersitz; z_1 Schleifleitung; z_2 Schleifringkontakt; *I*–*IV* Unterkanten des über den Konsoldrehkran fahrenden 15 t-Laufkranes.

Bezeichnen R_1 den Laufradhalbmesser, R_2 den Halbmesser der waagerechten Druckrollen und d_1 bzw. d_2 die zugehörigen Bolzendurchmesser in cm, so ist der Größtwert des Fahrwiderstandes bei senkrecht zur Fahrtrichtung stehendem, voll belastetem Ausleger:

$$W_r = \frac{Q + G_1 + G_2}{R_1} \cdot \left(\mu \frac{d_1}{2} + f\right) + 2 \cdot \frac{Q \cdot (a + e_0) + G_1 \cdot (e_1 + e_0)}{R_2 \cdot h_2} \cdot \left(\mu \frac{d_2}{2} + f\right) \text{ kg}. \quad (341)$$

Reibungszahlen: $\mu \approx 0{,}1$ und $f \approx 0{,}05$ cm.

Motorleistung und Übersetzung s. die S. 258 gemachten Angaben.

Ausführung. Steht der vollbelastete Ausleger eines Konsoldrehkranes parallel zur Fahrtrichtung, so hat das eine Laufrad seinen größten und das andere seinen kleinsten Raddruck. Würde man, wie bei den gewöhnlichen Konsolkranen, nur ein Laufrad antreiben, so bestände die Möglichkeit, daß der Adhäsionsdruck des angetriebenen Laufrades für das Anfahren des Kranes nicht ausreicht. Man treibt daher bei den Konsoldrehkranen stets beide Laufräder an. Dies geschieht durch die Anordnung einer Fahrwerkswelle mit zwei Kegelräderpaaren oder durch einen Kettentrieb (Abb. 702 und 703).

Die Konsolschwenkkrane werden gelegentlich auch mit veränderlicher Ausladung (durch eine Laufkatze) hergestellt. Bei einer Ausführung von Beck & Henkel von 5 t Tragkraft und 5,5 bzw. 1,5 m Ausladung ist der Ausleger vollwandig gehalten.

2. Konsoldrehkrane mit vollem Drehbereich (360°).

Sie werden angewendet, wenn in mehrschiffigen Werkstätten Lasten aus einem Raum in den anderen und ohne Zuhilfenahme ebenerdiger Transportmittel befördert werden.

Abb. 711 zeigt die Ausführung eines Konsoldrehkranes von 5 t Tragkraft und 6,25 m Ausladung.

Arbeitsgeschwindigkeiten und Motoren:

Heben	7,5 m/min;	14 PS	bei 740 Uml/min;
Drehen	100 „ ;	14 „	„ 740 „ ;
Kranfahren	95 „ ;	8 „	„ 950 „ .

Stromart: Gleichstrom 440 V.

Steht der Ausleger des Kranes im linken Seitenschiff, so wirken die Kräfte an den beiden waagerechten Fahrbahnen entgegengesetzt und suchen den Kran abzuheben. Es sind daher je zwei obere und untere Fahrbahnschienen und am Kran zwei obere und zwei untere waagerechte Druckrollenpaare erforderlich.

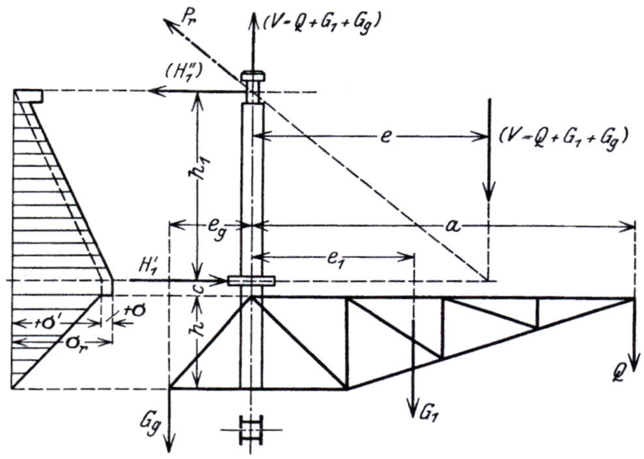

Abb. 712 und 713. Konsoldrehkran (Berechnung der drehbaren Säule).

α) Ausleger.

Der Ausleger wird so gestaltet, daß er unter der Kranfahrbahn durchschwenken kann (Abb. 711). Er ist am Unterteil einer drehbaren Säule angebaut, die mittels eines oberen Längs- und Querlagers und eines unteren vierrolligen Querlagers im Fahrgestell gelagert ist.

Herstellung der Säule aus zwei I-Eisen, die durch Gurtplatten miteinander vernietet werden (Abb. 711). Um die Säule auf Biegung zu entlasten, ordnet man am hinteren Auslegerende ein Gegengewicht an, das so bemessen wird, daß die größte Biegebeanspruchung der Säule den zulässigen Wert nicht überschreitet.

Auslegerstützkräfte. Bezeichnen mit Bezug auf Abb. 712 G_1 das Gewicht des drehbaren Teils, e_1 dessen Abstand von der Drehachse, G_g das Gegengewicht, e_g dessen Abstand von der Drehachse und h_1 die Mittenentfernung des oberen und unteren Querlagers, so sind die Auslagerstützkräfte:

$$\left.\begin{aligned} &\text{Senkrechte Stützkraft (oben):} && V = Q + G_1 + G_g\,; \\ &\text{Waagerechte Stützkräfte:} && H_1' = H_1'' = \frac{Q \cdot a + G_1 \cdot e_1 - G_g \cdot e_g}{h_1} = V \cdot \frac{e}{h_1}\,. \end{aligned}\right\} \quad (342)$$

Beanspruchung der Säule. Sie ist durch das Moment

$$M = V \cdot e = Q \cdot a + G_1 \cdot e_1 - G_g \cdot e_g \qquad (343)$$

auf Biegung beansprucht.

Gefährlicher Querschnitt unmittelbar am unteren Querlager. Verlauf des Biegemomentes nach Abb. 713. Zu der Biegebeanspruchung tritt zwischen H_1'' und dem Ausleger-Obergurt noch eine Zugbeanspruchung durch die Resultierende V der am drehbaren Teil wirkenden senkrechten Kräfte hinzu. Bezeichnen W_x das Widerstandsmoment der Säule in cm², F deren Querschnitt in cm², so ist die resultierende Spannung:

$$\sigma_r = \sigma' + \sigma = + \frac{V \cdot e}{W_x} + \frac{V}{F} \ldots \text{kg/cm}^2. \qquad (344)$$

Die Zugbeanspruchung kann bei der Spannungsermittelung meist vernachlässigt werden.

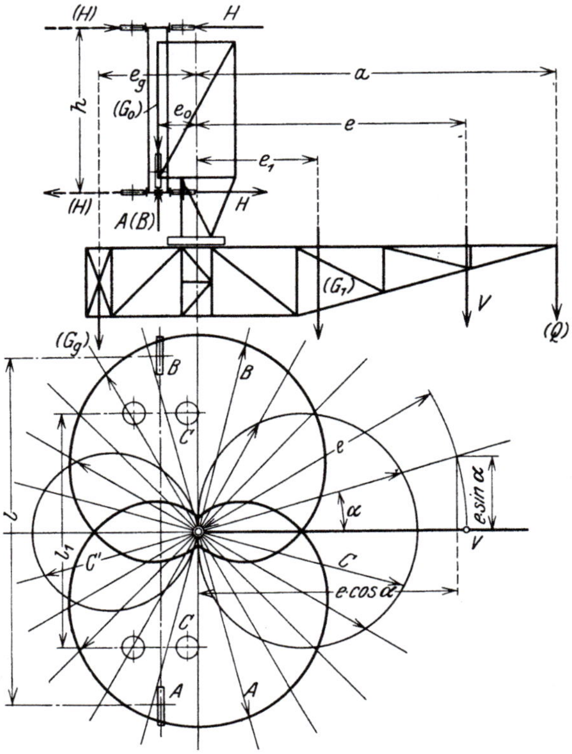

Abb. 714 und 715. Konsoldrehkran (Verlauf der Rad- und Rollendrucke in Abhängigkeit vom Drehwinkel).

β) Kranfahrwerk.

Ebenso wie bei den Konsolschwenkkranen (s. S. 343) sind die senkrechten Raddrucke und die waagerechten Rollendrucke mit der Auslegerstellung veränderlich.

Senkrechte Raddrucke (Abb. 714). Sie werden in gleicher Weise wie bei den Konsolschwenkkranen berechnet, nur ist in der Gleichung (336) die Resultierende mit $V = Q + G_1 + G_g$ und der Abstand derselben von der Drehachse mit $e = \frac{Qa + G_1 \cdot e_1 - G_o \cdot e_g}{Q + G_1 + G_g}$ einzusetzen. Das Gewicht des Fahrgestells G_2 wird zu gleichen Teilen auf beide Laufräder verteilt.

Auf Abb. 715 ist der Verlauf der Raddrucke A und B für alle Drehwinkel zwischen $\alpha = 0°$ und $\alpha = 360°$ dargestellt.

Der Größtwert bzw. Kleinstwert des Raddruckes tritt auf, wenn der Ausleger parallel zur Kranfahrbahn steht ($\alpha = 90°$).

Obere und untere waagerechte Rollendrucke (Abb. 714). Berechnung nach Gleichung (338), S. 343, wobei für die Resultierende V und ihren Abstand e von der Drehachse die bereits angegebenen Werte einzusetzen sind.

Abb. 715 zeigt den Verlauf der waagerechten Rollendrucke C bzw. C' zwischen $\alpha = 0°$ und $\alpha = 360°$. Im rechten Teil der Kurve (C) sind die linken oberen und die rechten unteren Rollen belastet, während im linken die rechten oberen und die linken unteren Rollen belastet sind.

Die Berechnung und Ausführung des Kranfahrwerks ist die gleiche wie bei den Konsolschwenkkranen (S. 343).

VI. Drehkrane.

Anwendung. Vorwiegend als Außendienstkrane, und zwar als Verladekrane in Häfen, auf Bahnhöfen und in industriellen Werken, sowie als Hebe- und Fördermittel auf Schiffswerften und Baustätten. Im Innendienst der Werkbetriebe treten die Drehkrane wegen ihres geringen Arbeitsbereiches den Laufkranen gegenüber in den Hintergrund.

a) Ortfeste Drehkrane.

Maßgebend für die Gestaltung der Drehkrane, insbesondere die Art der Lagerung des drehbaren Auslegers, sind die Größe des Kran- oder Auslegermomentes, der Verwendungszweck des Kranes und die gegebenen örtlichen Verhältnisse.

Nach der Art der Auslegerlagerung unterscheidet man: Drehkrane mit drehbarer Säule, Drehkrane mit fester Säule und Drehscheibenkrane.

1. Drehkrane mit drehbarer Säule.

α) Wanddrehkrane.

Das obere Säulenlager (Abb. 716) ist an einer Gebäudewand oder an einer eisernen Stütze befestigt, während das untere meist auf dem Fußboden angeordnet ist. Das Kran- oder Auslegermoment $Q \cdot a$ der Wanddrehkrane ist in Rücksicht auf die Belastbarkeit der Gebäudewand bzw. -stütze auf etwa 10 tm beschränkt.

Drehbereich: Im allgemeinen 180°, bei Anordnung an einer Gebäudeecke 270°.

Anwendung. Als Rampenkrane an Güter- und Zollschuppen, sowie zu Ladearbeiten in Magazinen und Fabriken. An der Außenwand von Hafenspeichern angeordnet, dienen sie zum Fördern der Güter nach den oberen Stockwerken.

Hubwerk. Es wird auf dem drehbaren Ausleger befestigt und seltener getrennt von diesem aufgestellt.

Bei kleineren Tragkräften (bis etwa 1 t) hängt die Last unmittelbar am Seil, bei größeren (1 bis 3 t) wird eine lose Rolle vorgesehen.

Als Übersetzungsmittel zwischen Antriebwelle und Trommel kommen nur Stirnrädervorgelege in Frage.

Bei Handantrieb sind je nach Größe der Tragkraft ein bis drei Stirnrädergetriebe erforderlich. Werden zwei oder drei Stirnrädergetriebe vorgesehen, so führt man das erste bei verschiebbarer Kurbelwelle als umschaltbares Vorgelege aus. Man kann dann mit zwei verschieden großen Geschwindigkeiten arbeiten (Abb. 468 und 471, S. 206). Die Bremse wird als Sperradbremse ausgebildet. Hat der Kran eine größere Hubhöhe, so wird noch eine Fliehkraftbremse (s. S. 133) eingebaut.

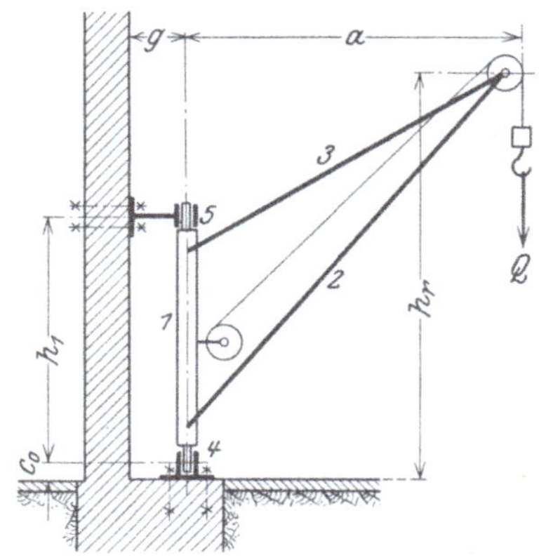

Abb. 716. Wanddrehkran (schematische Darstellung). *1* drehbare Säule; *2* Druckstrebe; *3* Schließe; *4* unteres Längs- und Querlager, *5* oberes Querlager zu *1*; *a* Ausladung; h_r Rollenhöhe über Fußboden.

Elektrische Hubwerke (Abb. 717) erhalten drei Stirnrädervorgelege und bei Senkbremsschaltung eine gewichtbelastete, elektromagnetisch gelüftete doppelte Backenbremse oder Bandbremse. Bei Schaltung *a* (s. S. 170) wird die Anordnung so getroffen, daß die Bremse während des Hebens vom Magneten und beim Senken von Hand gelüftet wird. Das Hubwerk ist stets mit einem Endausschalter für höchste Hakenstellung auszurüsten. Dieser ist bei dem Hubwerk in Abb. 717 ein Kurbelschalter mit Spindel und Wandermutter.

Auslegerlagerung. An den beiden Enden der Kransäule (Abb. 716 bzw. 717) sind Zapfen befestigt, von denen der eine in einem unteren Längs- und Querlager und der obere in einem Querlager angeordnet ist.

Theoretische Säulenhöhe (Abb. 718): $h_1 = 0{,}5a$ bis $1{,}0a$.

Auslegerstützkräfte. Bezeichnen mit Bezug auf Abb. 718 G_1 das Eigengewicht des drehbaren Teils und e_1 dessen Abstand von der Drehachse und denkt man sich die Säulenlager (Abb. 716) entfernt, so erfordert der Gleichgewichtszustand das Anbringen einer senkrechten Stützkraft

$$V = Q + G_1 \tag{345}$$

sowie eines Kräftepaares

$$H_1 \cdot h_1 = V \cdot e = Q \cdot a + G_1 \cdot e_1. \tag{346}$$

Waagerechte Stützkräfte:

$$H_1' = H_1'' = H_1 = \frac{1}{h_1} \cdot (Q \cdot a + G_1 \cdot e_1). \tag{347}$$

Die Auslegerstützkräfte können auch zeichnerisch ermittelt werden. Man bringe die Richtung der oberen waagerechten Stützkraft H_1'' (Abb. 718) mit der Kippkräfteresultierenden V, deren Abstand von der Drehachse

$$e = (Q \cdot a + G_1 \cdot e_1) : (Q + G_1) \tag{348}$$

ist, zum Schnitt und verbinde den Schnittpunkt mit der unteren Zapfenmitte. Hierdurch ist die Richtung der resultierenden Stützkraft P_r am Unterzapfen bestimmt.

Da die Kräfte $V = Q + G_1$, H_1'' und P_r sich im Gleichgewicht befinden, so bilden sie ein Kräftedreieck (Abb. 719), aus dem H_1'' und P_r entnommen werden. Die senkrechte Stützkraft V und die untere waagerechte Stützkraft H_1' sind die Komponenten von P_r.

Der Seilzug S wirkt, wenn das Hubwerk auf dem Ausleger befestigt ist (Abb. 718), nur als innere Kraft und kommt daher bei der Berechnung der Auslegerstützkräfte nicht in Frage.

Ist dagegen das Hubwerk getrennt vom drehbaren Teil angeordnet, so ist S als äußere Kraft mit einzuführen.

Bei dem Kran Abb. 720 vergrößert der nach abwärts wirkende Seilzug die senkrechte Stützkraft V. Man denke sich das Seil kurz unterhalb des unteren Lagers abgeschnitten, das Hub-

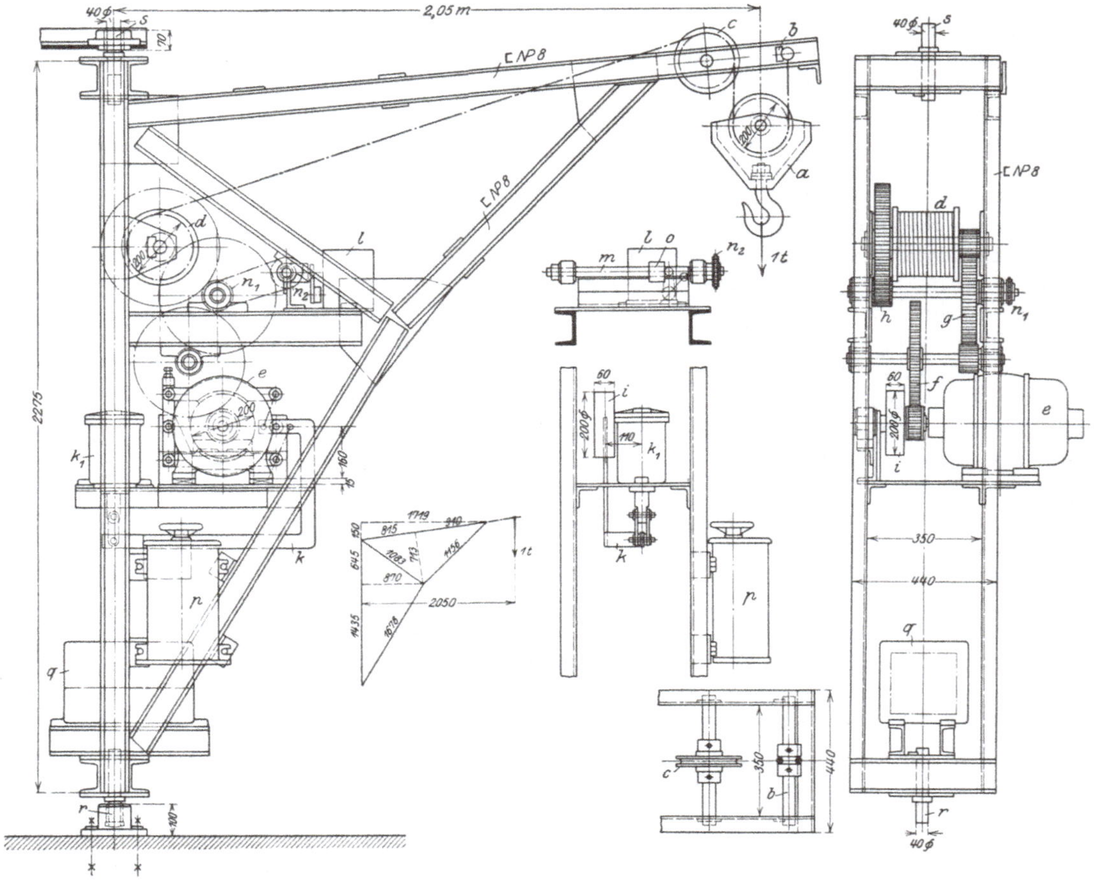

Abb. 717. Elektrisch betriebener Wanddrehkran von 1 t Tragkraft und 2,05 m Ausladung. (Gebr. Bolzani, Berlin.) a Lose Rolle; b Befestigung des Hubseiles; c Umlenkrolle; d Seiltrommel; e Hubmotor; f Motorvorgelege; g Zwischenvorgelege; h Trommelvorgelege; i Hubwerkbremse; k Bremshebel; k_1 Magnetbremslüfter; l Endausschalter für höchste Hakenstellung; m Spindel; $n_1 - n_2$ Kettentrieb zum Antrieb von m; o Wandermutter; p Hubsteuerwalze; q Widerstand zu p; r Unterzapfen; s Oberzapfen. Stromart: Gleichstrom 220 V. Hubgeschwindigkeit: 7 m/min. Hubmotor: 2,7 PS bei 1350 Uml./min. Hubarbeit des Bremslüfters: 75 kgcm.

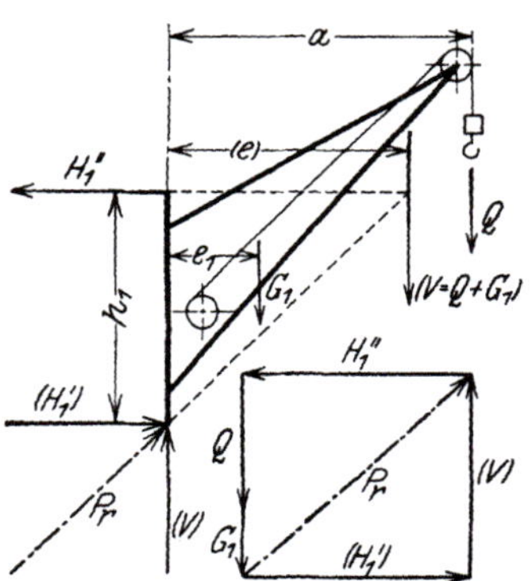

Abb. 718 und 719. Berechnung der Auslegerstützkräfte.

werk mit der Umlenkrolle entfernt und am Seil dessen Spannkraft S (hier gleich Q) angebracht. Die am System im Gleichgewicht befindlichen Kräfte Q, G_1, S, H_1'' und P_r sind in Abb. 721 zu einem Kräftedreieck vereinigt.

Bei dem Drehkran Abb. 722 vermindert der nach oben wirkende Seilzug $S = Q/2$ die senkrechte Stützkraft V, während er bei dem Kran Abb. 724 die obere waagerechte Stützkraft H_1'' entlastet.

Ober- und Unterzapfen werden nach Art von Abb. 726 an den Säulenenden des Auslegers befestigt und erhalten aus Herstellungsrücksichten gleiche Abmessungen. Werkstoff: St 50 · 11. Damit sich die Zapfen nicht drehen, werden sie durch Achshalter (s. S. 61) festgestellt.

Der Unterzapfen (Abb. 726) ist durch die waagerechte Lagerkraft H_1 auf Biegung und durch die senkrechte Kraft V auf Druck beansprucht.

$$\left.\begin{aligned} &\text{Biegemoment im gefährlichen Querschnitt:} && M_1 = H_1 \cdot y_1\,, \\ &\text{Biegemoment unterhalb des Bundes:} && M = H_1 \cdot y\,. \end{aligned}\right\} \qquad (349)$$

Die Biegespannung und die Druckspannung aus der senkrechten Kraft V werden zu einer resultierenden Spannung vereinigt:

$$\sigma_r = \pm\,\sigma' - \sigma = \pm\,\frac{H_1 \cdot y_1}{\frac{\pi}{32} d_1^3} - \frac{V}{d_1^2 \frac{\pi}{4}} \leq \sigma_{\text{zul}} \;\ldots\; \text{kg/cm}^2 . \tag{350}$$

Abb. 727 gibt die Spannungsschaulinien des Unterzapfens.

Zulässige Druckspannung für St 50 · 11: $\sigma_{\text{zul}} = 800$ bis $1200\ \text{kg/cm}^2$.

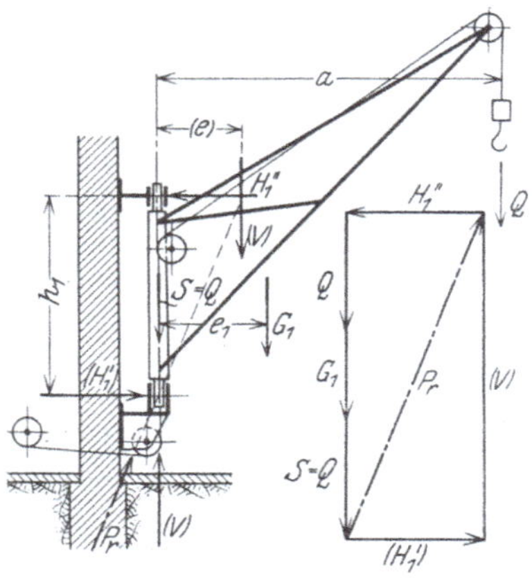

Abb. 720 und 721.

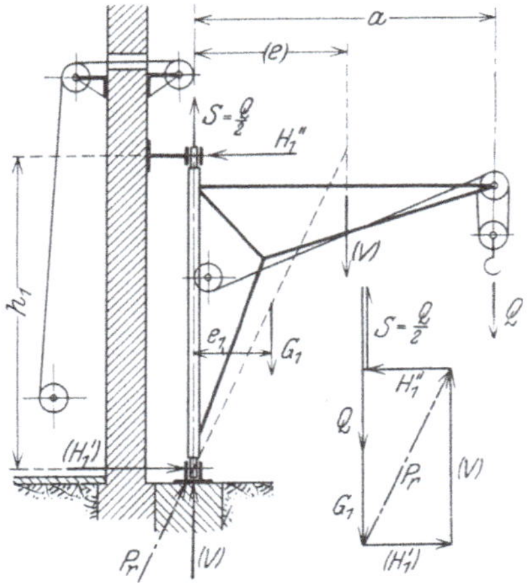

Abb. 722 und 723.

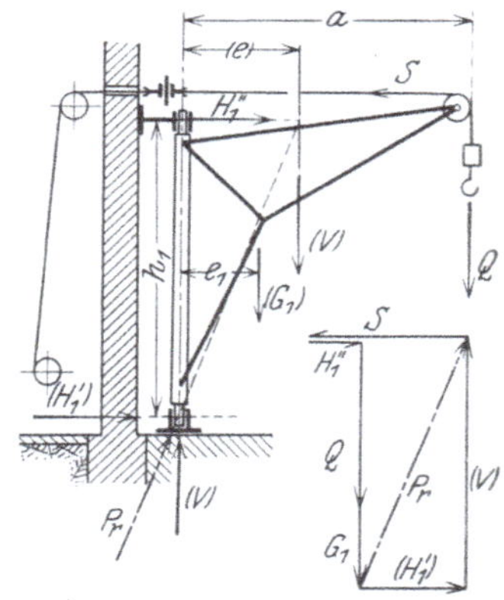

Abb. 724 und 725.

An der unteren Blechplatte ist noch der Flächendruck zwischen Zapfen und Platte nachzuprüfen (Lochleibungsdruck und senkrechter Druck zwischen Zapfenbund und Platte).

Zulässiger Flächendruck (St 50 · 11/St 37 · 12): $\sigma_{\text{zul}} = 800$ bis $1200\ \text{kg/cm}^2$.

Gestaltung der Säulenlager. Bei kleineren Kranen verzichtet man darauf, die Lagerkörper auszubüchsen, bei größeren wird das untere Lager nach Abb. 728 gestaltet.

Werkstoff der Lagerbüchse: Rg 9, der Spurplatte: St 70 · 11.

Wegen des in der Mitte unendlich großen Flächendrucks führe man die Spurplatte ringförmig mit der Bohrung d_0 aus. Alsdann ist der Flächendruck zwischen dem Zapfen und der gehärteten Spurplatte:

$$\sigma = \frac{V}{d^2\,\pi/4 - d_0^2\,\pi/4} \;\ldots\; \text{kg/cm}^2 . \tag{351}$$

Zulässiger Flächendruck (St 50 · 11/St 70 · 11): $\sigma_{\text{zul}} = 100$ bis $150\ \text{kg/cm}^2$.

Flächendruck zwischen Zapfen- und Lagerbüchse

$$\sigma = \frac{H_1}{l \cdot d} \;\ldots\; \text{kg/cm}^2 . \tag{352}$$

Zulässig (St 50 · 11/Rg 9): $\sigma_{\text{zul}} = 80$ bis $120\ \text{kg/cm}^2$.

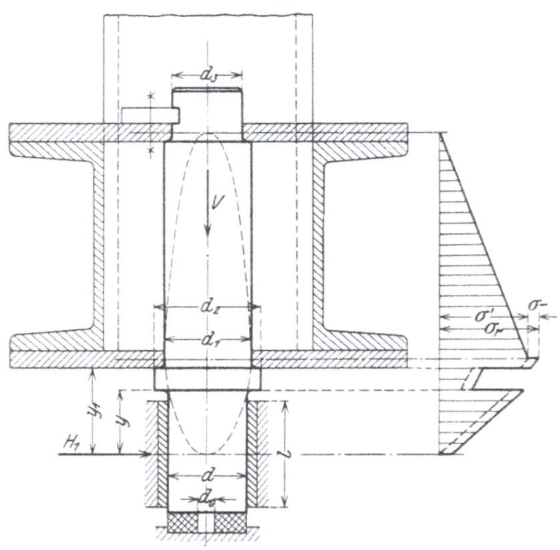

Abb. 726 und 727. Berechnung des Unterzapfens.

Die zwischen Spurplatte und Lagerkörper eingelegte Bleiplatte (Abb. 728) ermöglicht eine gewisse Einstellbarkeit des Zapfens, die der Formänderung bei Belastung Rechnung trägt.

An Stelle einer ballig gedrehten Spurplatte, die eigentlich das gegebene ist, baut man lieber ein normales einstellbares Kugellängslager (Abb. 729) ein. Zur Verminderung der Halslagerreibung können einstellbare Kugelquerlager vorgesehen werden (Abb. 730). Bei dem unteren Säulenlager müssen alsdann die Halbmesser r_1 und r_2 der balligen Einstellflächen gemeinsamen Mittelpunkt haben. Da Kugellager die Anlagekosten wesentlich erhöhen, so gibt man meist der Ausführung nach Abb. 728 den Vorzug.

Gestaltung des oberen Säulenlagers nach Abb. 731 und 732.

Drehwiderstand und Drehwerk. Der Drehwiderstand ist von der baulichen Durchbildung der Säulenlager abhängig.

Bezeichnen für die Ausführung mit Gleitlagern (Abb. 733) $2r$ den Durchmesser des Ober- und Unterzapfens, W_r den an der Auslegerspitze wirkend gedachten Drehwiderstand, μ_1 die

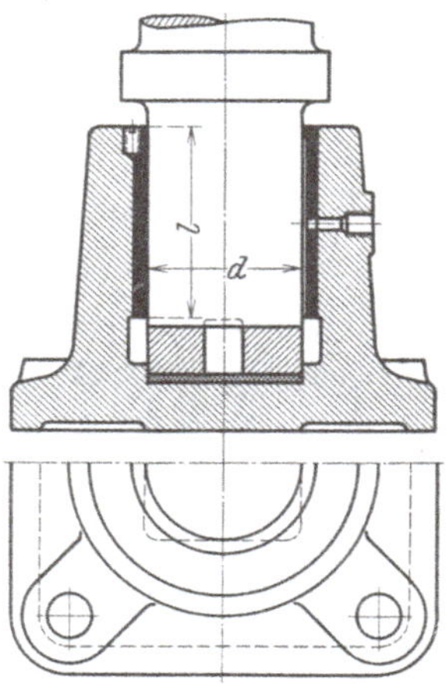

Abb. 728.

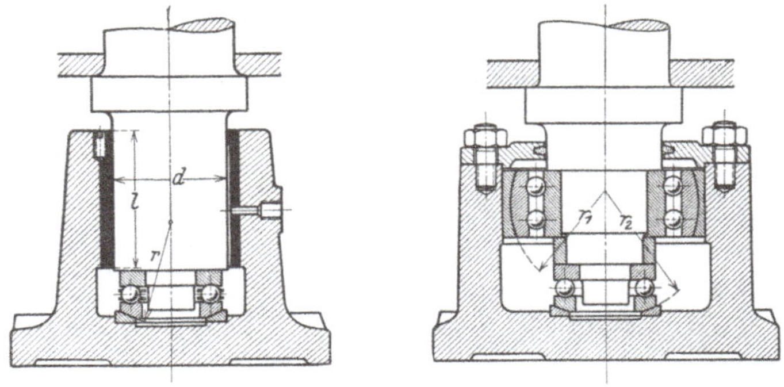

Abb. 729 und 730. Gestaltung des unteren Säulenlagers.

Reibungszahl des Spurlagers und μ die Reibungszahl der Halslager, so ist das auf Mitte Kransäule bezogene Gesamtreibungsmoment:

$$\left.\begin{aligned} M_r = W_r \cdot a &= V\mu_1 \frac{r + r_0}{2} + 2H\mu r \\ &= (Q + G_1)\,\mu_1 \cdot \frac{r + r_0}{2} + 2H\mu r\,. \end{aligned}\right\} \qquad (353)$$

In dieser Gleichung stellt das erste Glied das Moment der Spurreibung und das zweite die Momente der Halslagerreibung des oberen und unteren Lagers dar.

$\mu_1 = \mu \approx 0{,}1$. Die Reibungszahl der Ruhe ist das 1,5fache der der Bewegung.

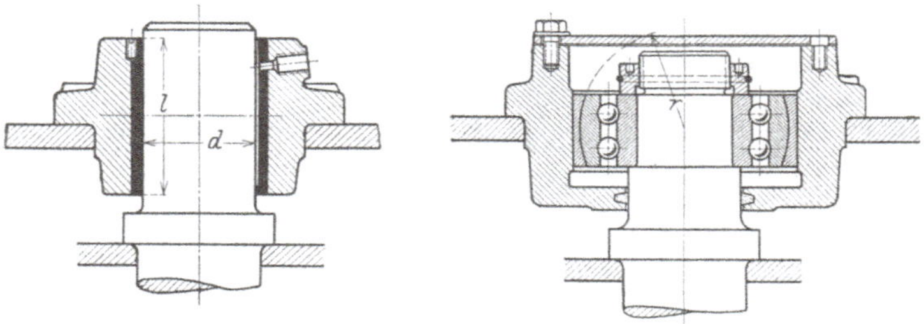

Abb. 731 und 732. Gestaltung des oberen Säulenlagers.

Bei Kranen mit kleinerem Drehwiderstand wird der Ausleger durch seitlichen Druck auf die Last oder mittels einer am Auslegerkopf befestigten Zugkette geschwenkt.

Krane mit größerem Drehwiderstand erfordern die Anordnung eines Drehwerks, das von Hand oder elektrisch angetrieben wird.

Ausleger. Der Ausleger erhält meist einfache Dreieckform (Abb. 734). Vergrößerung des freien Profils unterhalb des Auslegers wird durch Anwendung der Systeme Abb. 737 und 743 erreicht.

Bestimmung der Stabkräfte. Bei der meist kleinen Ausladung der Wanddrehkrane ist der Einfluß des Auslegereigengewichtes gegenüber der Last gering. Man entwerfe daher zunächst einen Lastkräfteplan und vernachlässige das Eigengewicht.

Für die Last allein sind die Auslegerstützkräfte (Abb. 734):

$$V = Q\,; \qquad H' = H'' = Q \cdot \frac{a}{h}\,. \qquad (354)$$

Da der Seilzug S in den Auslegerstäben Zusatzkräfte hervorruft, so ist er bei der Stabkraftbestimmung zu berücksichtigen.

Ist die Last unmittelbar am Seil aufgehängt, so ist $S = Q$. Für den Rollenzug mit zwei tragenden Seilsträngen (Abb. 734) ist $S = Q/2$.

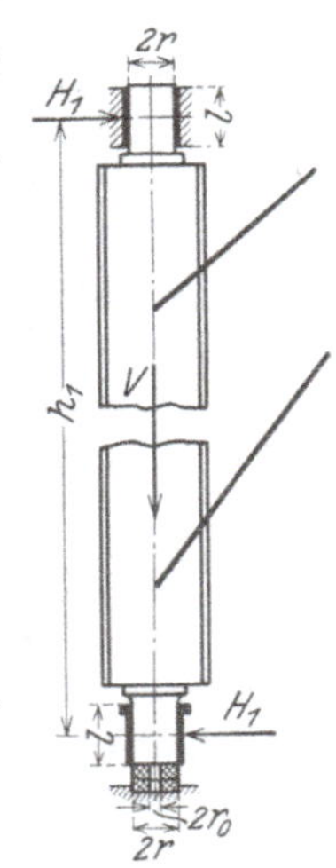

Abb. 733.

Zum Aufzeichnen des Kräfteplanes aus Last und Seilzug denke man sich das Seil (Abb. 734) durchschnitten und die beiden für den Gleichgewichtszustand erforderlichen Spannkräfte S — S

an Mitte Auslegerrolle bzw. Trommel angreifend. Die obere Spannkraft S wird mit der Last Q zu einer an der Auslegerspitze wirkenden Resultierenden R (Abb. 735) vereinigt.

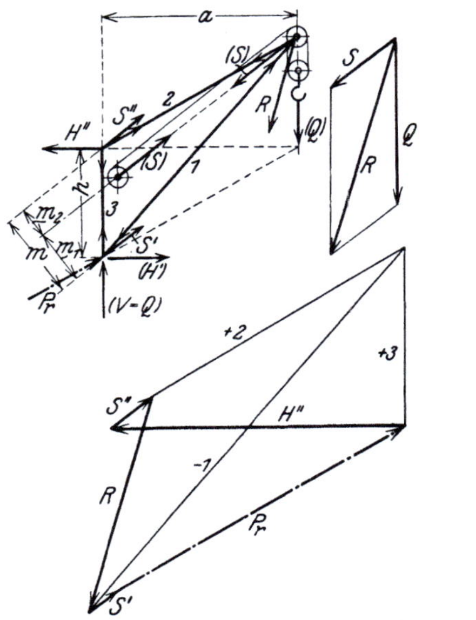

Abb. 734 bis 736. Wanddrehkran (Lastkräfteplan mit Berücksichtigung des Seilzuges).

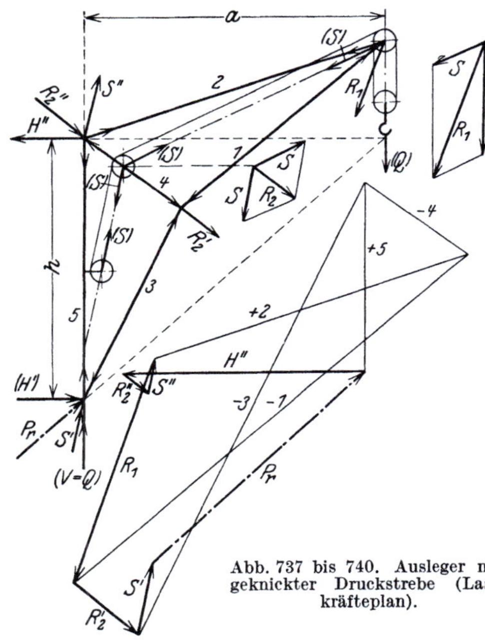

Abb. 737 bis 740. Ausleger mit geknickter Druckstrebe (Lastkräfteplan).

Den unteren Seilzug S reduziere man auf die benachbarten Knoten (Abb. 734) als:

$$S' = S \cdot \frac{m_2}{m} \quad \text{und} \quad S'' = S \cdot \frac{m_1}{m}. \tag{355}$$

Mit den am System (Abb. 734) wirkenden Kräften R, S' und S'' wird nunmehr der Kräfteplan Abb. 736 entworfen.

Abb. 737 bis 740 gibt den Lastkräfteplan unter Berücksichtigung des Seilzuges für einen Ausleger mit geknickter Druckstrebe. Die am System angreifenden Kräfte sind: die Resultierende R_1 an der Auslegerspitze, die auf die benachbarten Knoten reduzierten Kräfte R_2' und R_2'' aus der Resultierenden R_2 und die reduzierten Seilzugkräfte S' und S'', Abb. 741 und 742: Eigengewichtsplan für den gleichen Ausleger. Da die Eigengewichtskräfte wegen der kleinen Ausladung der Wanddrehkrane im Verhältnis zu den Stabkräften aus der Last klein sind, so entwerfe man den Eigengewichtsplan in entsprechend größerem Maßstab.

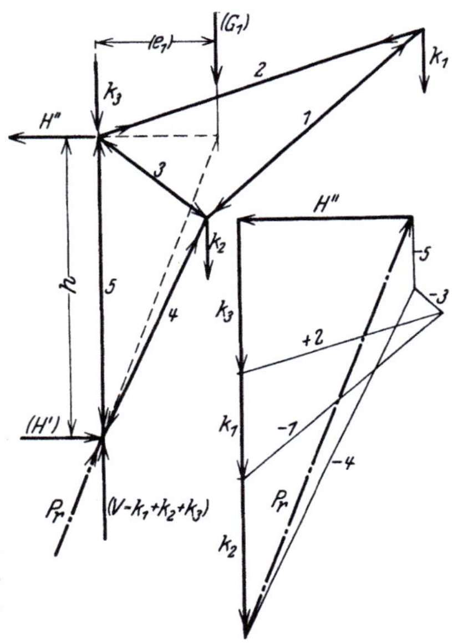

Abb. 741 und 742. Ausleger mit geknickter Druckstrebe (Eigengewichtskräfteplan).

Auf Abb. 743 bis 746 ist noch der Lastkräfteplan mit Berücksichtigung des Seilzuges für ein System mit großem freiem Profil unterhalb des Auslegers entworfen. An den Knoten des Systems wirkende Kräfe: R, R_1, S' und S''.

Dem Schrägzug der Last und den Massenkräften bei größeren Kranen mit elektrischem Drehwerk trägt man dadurch Rechnung, daß an der Auslegerspitze eine horizontale Kraft $P \approx {}^1/_{10}\, Q$ angenommen wird (Abb. 747). Diese wird von der Druckstrebe aufgenommen, deren eine Hälfte noch eine zusätzliche Druckkraft erhält, während die andere auf Zug beansprucht wird.

Bemessung der Stäbe. Die aus Eigengewicht, Last und Seilzug erhaltenen größten Stabkräfte sind für die Stabbemessung und die Niet- bzw. Schweißanschlüsse maßgebend.

Stab 1 (Druckstrebe). Beanspruchung auf Druck und Knickung. Querschnitt: Zwei [-Eisen (Abb. 748), die durch einen Diagonalverband nach Art von Abb. 747 miteinander verbunden sind. Ausschlaggebend gegen das Ausknicken beider [-Eisen senkrecht zur Achse $X—X$

sind die Stabkraft S_1 und die Knicklänge s_K (Systemlänge). Damit ein [-Eisen senkrecht zur Y-Achse bei der Knicklänge s'_K (Abb. 747) knicksicher ist, muß das [-Eisen ein genügend großes Trägheitsmoment haben. Siehe auch S. 282.

Berechnung auf Druck und Knickung beanspruchter Stäbe s. S. 280.

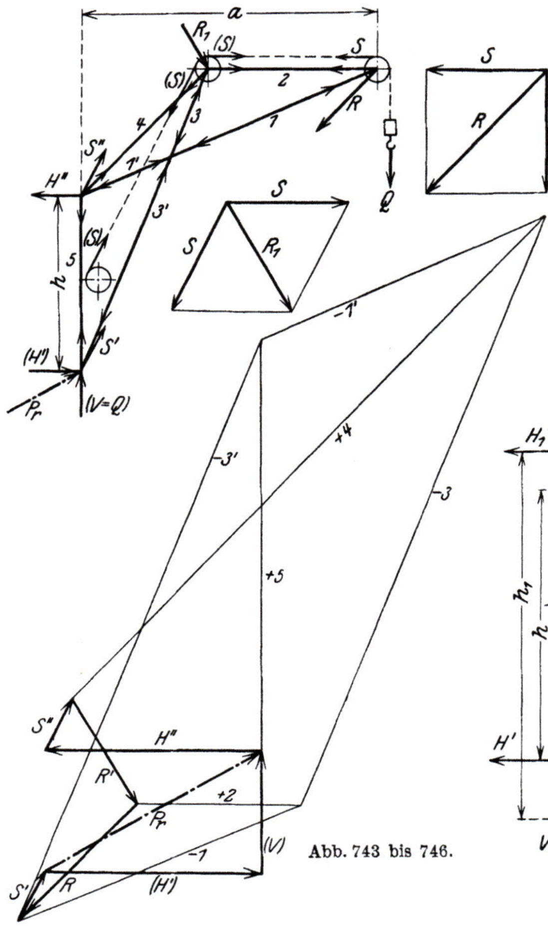

Abb. 743 bis 746.

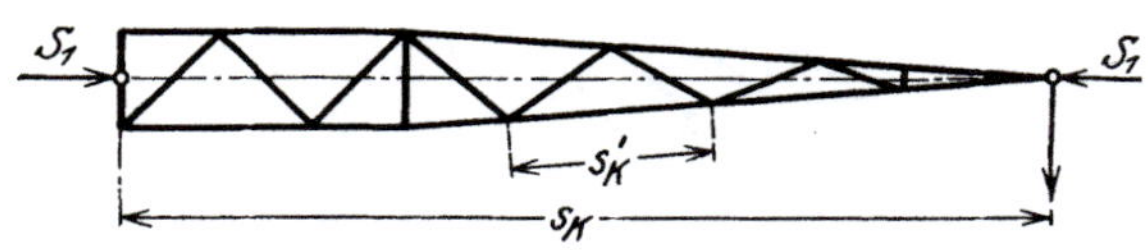

Abb. 747. Berechnung der Druckstrebe.

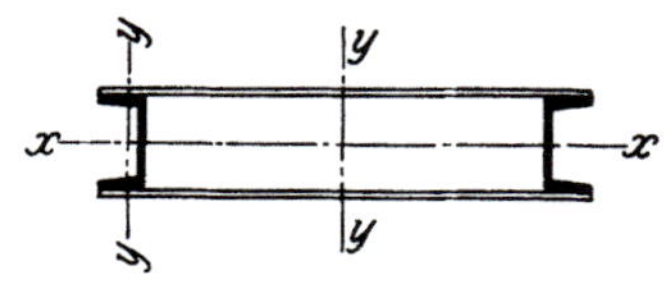

Abb. 748.

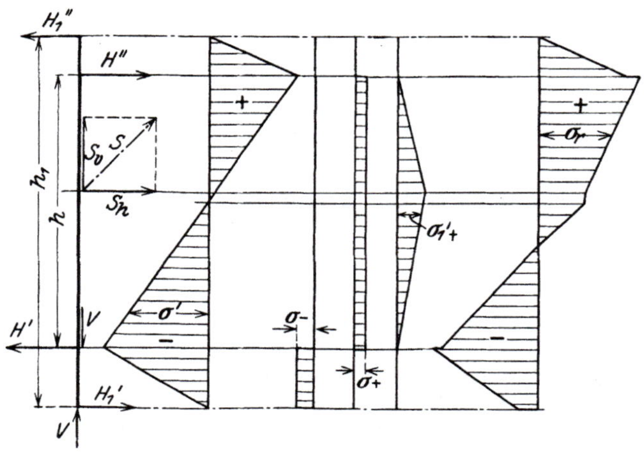

Abb. 749 bis 754. Berechnung der drehbaren Säule.

Stab 2 (Zugstrebe). Querschnitt: Zwei —-Eisen, besser zwei L-Eisen.

Die Zug- und Druckstrebe werden an der Auslegerspitze durch Knotenbleche miteinander verbunden und ebenso an die Kransäule angeschlossen.

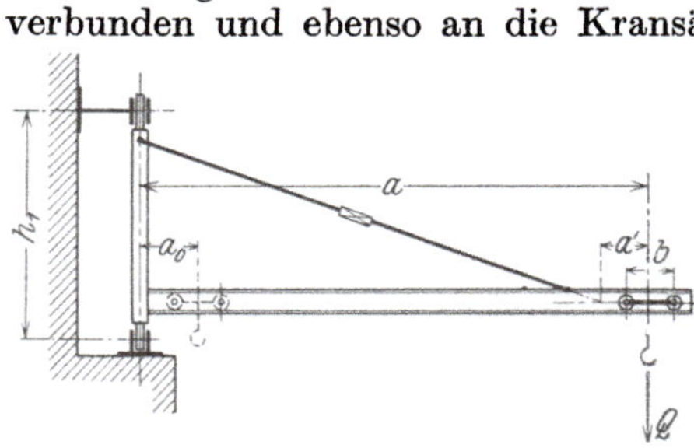

Abb. 755. Wanddrehkran mit veränderlicher Ausladung (schematische Darstellung).

Kransäule (Stab 3). Die auf Abb. 749 schematisch dargestellte Kransäule wird durch das Kräftepaar $H \cdot h$ auf Biegung und durch die senkrechte Kraft V auf Druck beansprucht. Querschnitt der Säule: Zwei [-Eisen, an die die Ober- und Unterzapfen angeschlossen werden. Eine weitere zusätzliche Beanspruchung der Säule tritt noch durch den Seilzug S auf, der in die Seitenkräfte S_h und S_v zerlegt wird. Die Biegespannung σ' aus $H \cdot h$, die Druckspannung $\sigma-$ aus V, die Zugspannung $\sigma+$ aus der Stabkraft und die Biegespannung σ_1' aus S_v werden zu der resultierenden Spannung σ_r vereinigt. Die noch unterhalb von H'' durch die Kraft S_v hervorgerufene Zugspannung kann vernachlässigt werden.

Berechnung der Auslegerstäbe und der Nietanschlüsse nach den BEK (DIN 120). Siehe S. 280 unter „Laufkrane".

Bei den Kranen mit veränderlicher Ausladung (Abb. 755 bis 771) liegt die als Fahrbahnträger dienende Druckstrebe waagerecht und ist ein einfacher I-Träger, auf dessen Unterflanschen eine Laufkatze mit Handhubwerk oder eingebautem Elektrozug fährt. Da die Ausladung der Krane in der Regel 6 m nicht überschreitet, so ist für das Katzenfahrwerk Handantrieb ausreichend. Laufkatzen für I-Trägerbahnen s. S. 225.

Abb. 755 zeigt einen, an einer Gebäudestütze angeordneten Drehkran zur Bedienung von Werkzeugmaschinen.

Für die zeichnerische Bestimmung der Stabkräfte aus der Last bringe man die vollbelastete Katze mit dem Gewicht G_0 in die größte Ausladung a und reduziere die Belastung $Q + G_0$ (Abb. 756) als Q' auf den benachbarten Knoten.

$$Q' = (Q + G_0) \cdot \frac{a}{a - a'} \,. \tag{356}$$

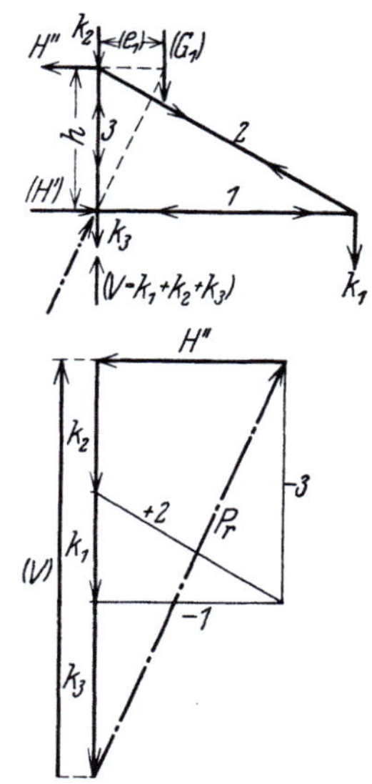

Abb. 758 und 759. Eigengewichtskräfteplan zum Ausleger Abb. 755.

Damit das System im Gleichgewicht bleibt und $\sum V = 0$ ist, wird am oberen Säulenknoten eine nach oben wirkende Kraft $V_0 = Q' - (Q + G_0)$ angeordnet.

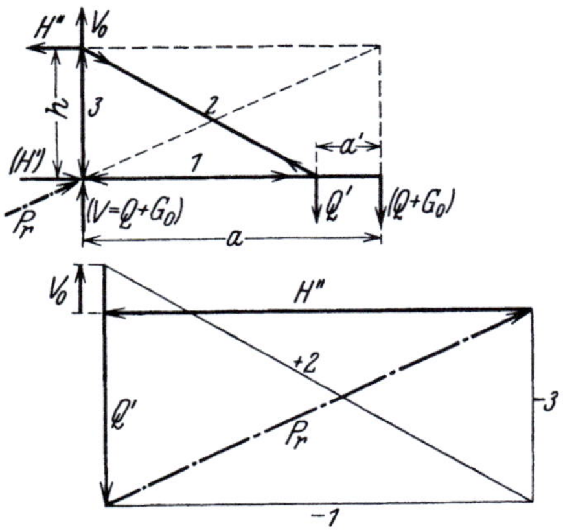

Abb. 756 und 757. Lastkräfteplan zum Ausleger Abb. 755.

Der Lastkräfteplan (Abb. 757) ergibt für den Stab 2 Zug und für die Stäbe 1 und 3 Druck. Abb. 758 und 759 geben den Eigengewichtsplan des Auslegers.

Der auf Abb. 760 dargestellte Kran hat den gleichen Ausleger wie auf Abb. 755. Das untere Säulenlager ist dagegen am Fußboden angeordnet.

Der Fahrbahnträger wird durch die Raddrucke der Katze noch auf Biegung beansprucht.

Biegemoment am Kragarm (Abb. 760):

$$M_K = (Q + G_0) \cdot a' \,. \tag{357}$$

Für die Berechnung des größten Biegemomentes zwischen den Auflagerstellen des Trägers kann man bei dem meist kleinen Katzenradstand $Q + G_0$ als Einzelkraft und auf Trägermitte annehmen.

$$M = (Q + G_0) \cdot \frac{a - a'}{4} \,. \tag{358}$$

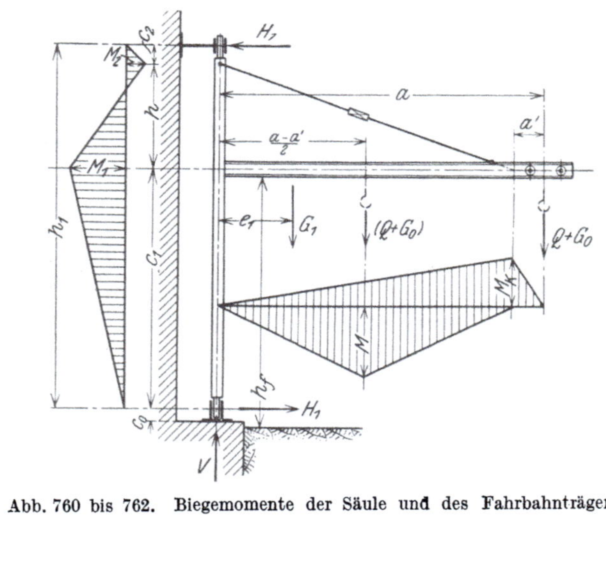

Abb. 760 bis 762. Biegemomente der Säule und des Fahrbahnträgers.

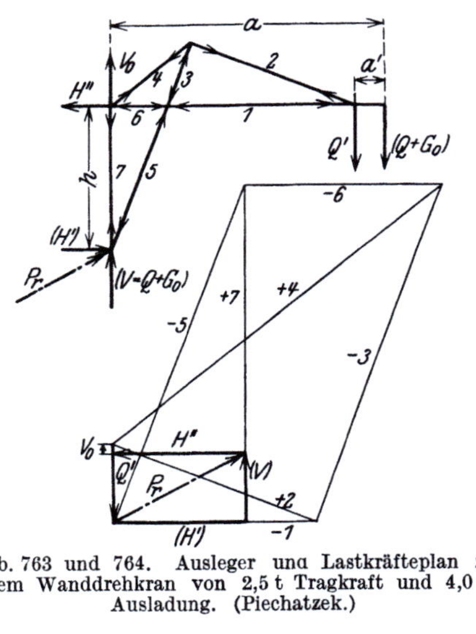

Abb. 763 und 764. Ausleger und Lastkräfteplan zu einem Wanddrehkran von 2,5 t Tragkraft und 4,0 m Ausladung. (Piechatzek.)

Verlauf der Biegemomente: Abb. 761. Die Säule ist ebenfalls auf Biegung und Druck beansprucht. Biegemomente (Abb. 762)

$$M_1 = H_1 \cdot c_1 ; \quad M_2 = H_1 \cdot c_2 \,. \tag{359}$$

Abb. 763 zeigt einen Wanddrehkran mit veränderlicher Ausladung, dessen System von dem Kran nach Abb. 743 abgeleitet ist. Abb. 764: Lastkräfteplan für die in der größten Ausladung stehende voll belastete Katze. Belastungskräfte Q' und V_0 wie bei dem System Abbildung 756.

Der in Abb. 765 dargestellte Wanddrehkran dient für Verladezwecke und hat, da an einer Gebäudeecke angeordnet, einen Schwenkbereich von etwa 270°.

Abb. 765. Elektrisch betriebener Wanddrehkran von 5 t Tragkraft und 7,6 bzw. 1,6 m Ausladung. (Piechatzek.)

Arbeitsgeschwindigkeiten und Motoren:	Heben:	5,0 m/min;	7,5 PS bei 950 Uml/min;
	Katzenfahren:	9,0 m/min;	1,0 PS bei 950 Uml/min;
	Drehen (bei 7,6 m Ausladung):	2,5 m/min;	2,5 PS bei 930 Uml/min.

Stromart: Drehstrom 220 V, 50 Hz.

Für den Entwurf des Lastkräfteplanes werden die Raddrucke $P - P$ der in der größten Ausladung (Abb. 766) stehenden Katze auf die Knoten *I* und *II* reduziert. Mit den reduzierten Kräften P_1 und P_2 (Abb. 767) wird dann der Plan Abb. 768 aufgezeichnet. Abb. 769 und 770: System und Kräfteplan für die Eigenlast.

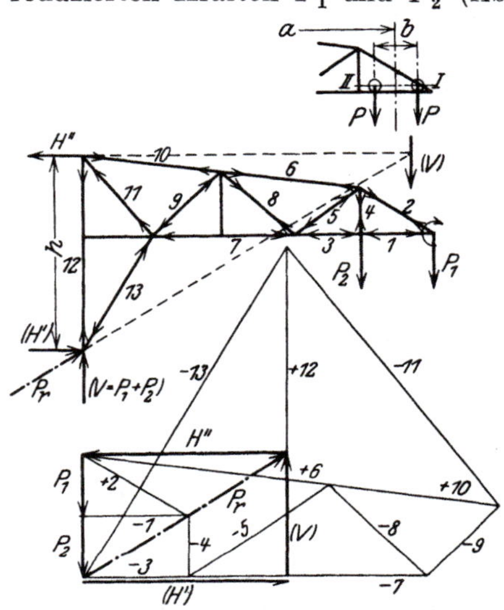

Abb. 766 bis 768. Lastkräfteplan zum Drehkran-Ausleger Abb. 765.

Wird das obere Säulenlager des Kranes, Abb. 760, an einer Gebäudedecke oder Dachkonstruktion angeordnet, so erhält der Kran vollen Drehbereich (Abb. 771). Hierdurch ist es möglich, am hinteren Ausleger ein Gegengewicht anzubringen, das die Biegebeanspruchung der Säule vermindert.

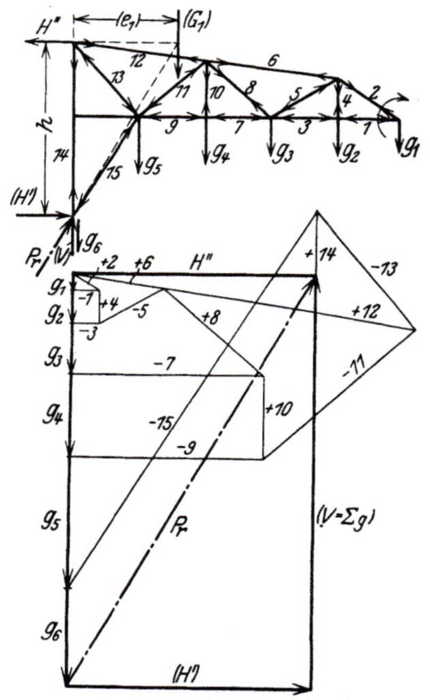

Abb. 769 und 770. Eigengewichtskräfteplan zum Drehkran-Ausleger Abb. 765.

Das Gegengewicht wird so bemessen, daß die waagerechten Auslegerstützkräfte bei vollbelasteter, ganz ausgefahrener Katze denen bei ganz eingefahrener unbelasteter Katze gleich, aber entgegengesetzt sind.

Bezeichnen a_0 die kleinste Ausladung des Kranes, G_g das Gegengewicht und e_g dessen Abstand von der Drehachse, so lautet die Bedingung für die Bemessung des Gegengewichtes:

$$\left.\begin{aligned} H_1 \cdot h_1 &= (Q + G_0) \cdot a + G_1 \cdot e_1 - G_g \cdot e_g\,, \\ H_1 \cdot h_1 &= G_g \cdot e_g - G_1 \cdot e_1 - G_0 \cdot a_0\,. \end{aligned}\right\} \quad (360)$$

Größe des Gegengewichtes:

$$G_g = \frac{(Q + G_0) \cdot a + 2\,G_1 \cdot e_1 + G_0 \cdot a_0}{2\,e_g}\,. \quad (361)$$

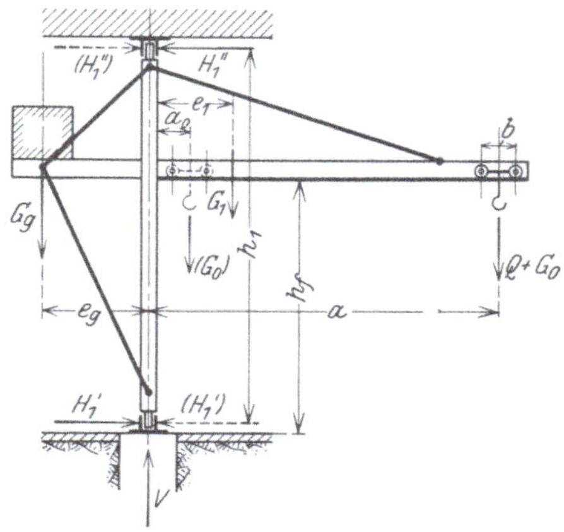

Abb. 771. Drehkran mit vollem Schwenkbereich. (Schematische Darstellung.)

Abb. 773 gibt den Lastkräfteplan des Kranes für die in der größten Ausladung stehende vollbelastete zweischienige Katze. Belastungskräfte am System (Abb. 772): Q', V_0 und G_g, Gegengewichtsgröße nach Gleichung (361) unter Einsetzen von $G_1 = 0$.

Krane mit Vollwandausleger (Abb. 774, S. 356) haben den Vorzug eines großen freien Profils unterhalb des Auslegers. Die Trägerform wird dem Momentenverlauf (Abb. 775) entsprechend angenommen. Gute Abrundung am Übergang des waagerechten Trägerteils in den senkrechten ist wesentlich.

Liegt die Zugstrebe, wie bei dem Kran Abb. 776, S. 357, waagerecht, so fährt die Katze stets auf zwei Schienen, und der Ausleger besteht aus zwei gleichen Hälften, die an der Säule und am Auslegerende miteinander verbunden sind.

Die nach Abb. 776 ausgeführten Drehkrane wurden früher vielfach im Gießereibetriebe angewendet und als „Gießereidrehkrane" bezeichnet. In neuerer Zeit kommen sie nur noch für kleinere Gießereien in Frage, da größere allgemein mit Lauf- und Konsolkranen ausgerüstet werden.

Die Gießereidrehkrane werden für Tragkräfte von 5 t, 7,5 t und 10 t und für Ausladungen bis etwa 7 m hergestellt. Antrieb von Hand oder elektrisch. Bei den Handdrehkranen wird das Hubwerk am Unterteil des Auslegers angebaut. Ein umschaltbares Stirnrädergetriebe mit beiderseitiger, einfach gestalteter Klauenkupplung ermöglicht das Einstellen eines langsamen und schnellen Ganges für schwere bzw. leichte Lasten. Zum Fahren der Katze dienen zwei Rundeisenketten, deren Enden am Katzengestell befestigt sind. Die Kettenbefestigungen am einen Ende müssen nachstellbar sein. Zwischen dem Haspelrad und den Kettennüssen des Fahrantriebes werden ein oder zwei Stirnrädergetriebe als Übersetzungsmittel angeordnet. Schwenken der Krane durch eine an der Auslegerspitze befestigte Handkette. Krane mit größerer Tragkraft und Ausladung erhalten des größeren Schwenkwiderstandes wegen ein Drehwerk.

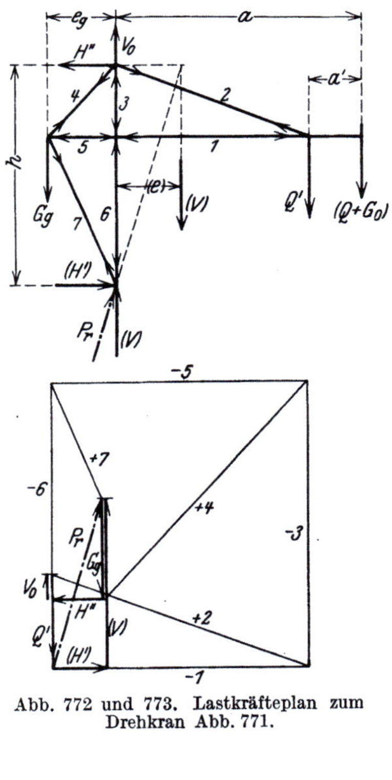

Abb. 772 und 773. Lastkräfteplan zum Drehkran Abb. 771.

Bei Anordnung des oberen Säulenlagers an der Gebäudedecke oder Dachkonstruktion erhält der Kran (Abb. 776) vollen Drehbereich und kann mit einem Gegengewicht ausgerüstet werden (Abb. 777), das nach den obigen Angaben bemessen wird.

Steht die vollbelastete Katze in der größten Ausladung, so sind die Auslegerstützkräfte:

Senkrechte Auslegerstützkraft:

$$V = Q + G_0 + G_1 + G_g\,. \quad (362)$$

Waagerechte Auslegerstützkräfte:

$$H_1' = H_1'' = \frac{(Q + G_0) \cdot a + G_1 \cdot e_1 - G_g \cdot e_g}{h_1}\,. \quad (363)$$

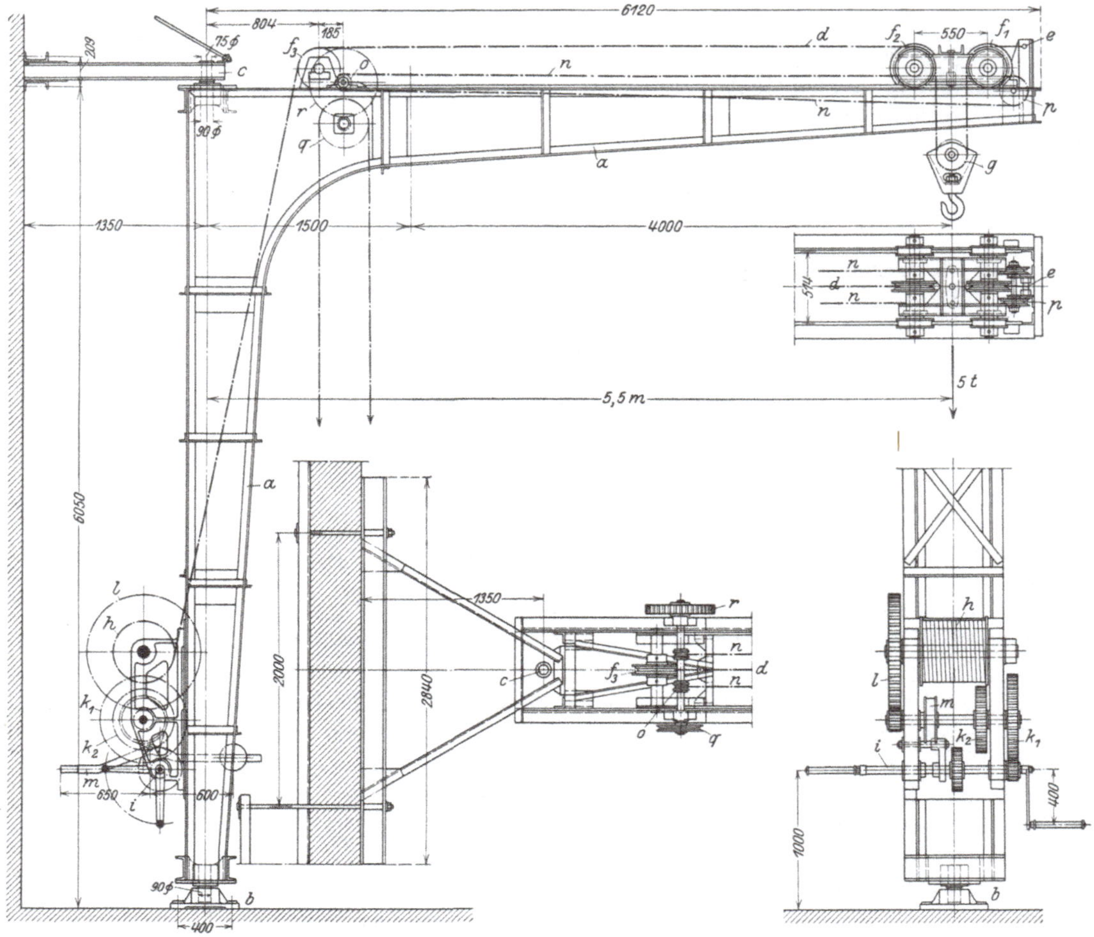

Abb. 774. Wanddrehkran mit Handbetrieb von 5 t Tragkraft, 5,5 m Ausladung und 5,5 m Hubhöhe. (Flohr.)
a Vollwandausleger; *b* Unteres Spur- und Halslager; *c* oberes Halslager; *d* Hubkette; *e* Befestigung von *d*; f_1/f_3 Umlenkrollen, *g* lose Rolle, *h* Trommel zur Hubkette; *i* verschiebbare Kurbelwelle; k_1 und k_2 umschaltbares Vorgelege; *l* Trommelvorgelege; *m* Sperrradbremse; *n* Fahrketten, deren beide Enden am Katzenfahrgestell befestigt; *o* treibende Kettenrollen (Kettennüsse), *p* Umlenkrollen zu den endlosen Fahrketten; *q* Haspelrad; *r* Stirnrädergetriebe, auf die Kettennußwelle arbeitend.

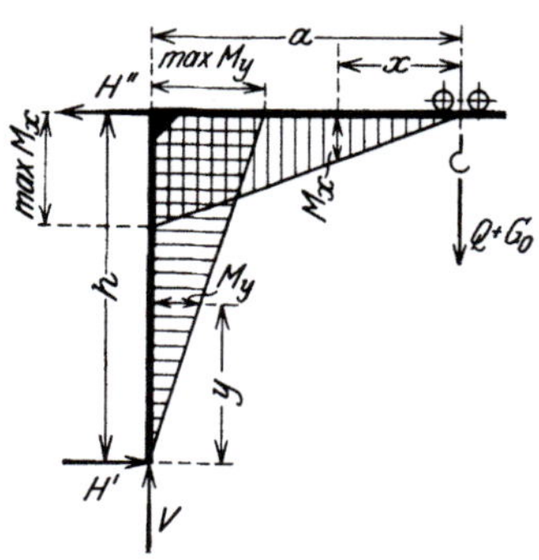

Abb. 775.

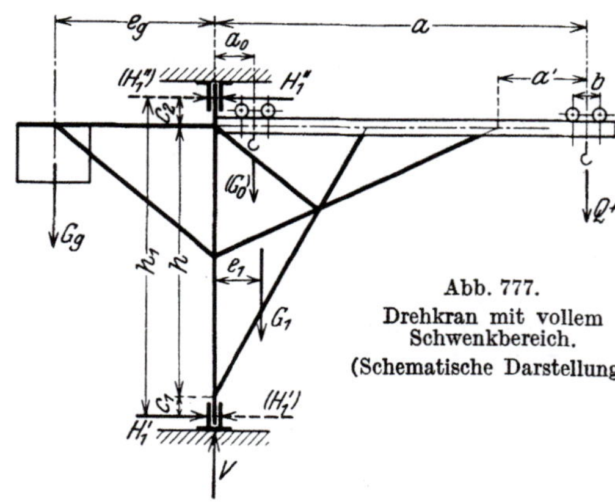

Abb. 777.
Drehkran mit vollem Schwenkbereich.
(Schematische Darstellung.)

Abb. 779 gibt den Lastkräfteplan des Kranes und Abb. 781 den Eigengewichtsplan. In diesem treten keine waagerechten Stützkräfte auf, da das Eigengewicht voll ausgeglichen ist ($G_g \cdot e_g = G_1 \cdot e_1$).

β) Derrickkrane.

Der Ausleger (Abb. 782, S. 358) ist an dem drehbaren Mast zwecks Veränderung der Ausladung einziehbar (wippbar) angeordnet. Der Mast ruht in einem unteren, auf einem Betonfundament

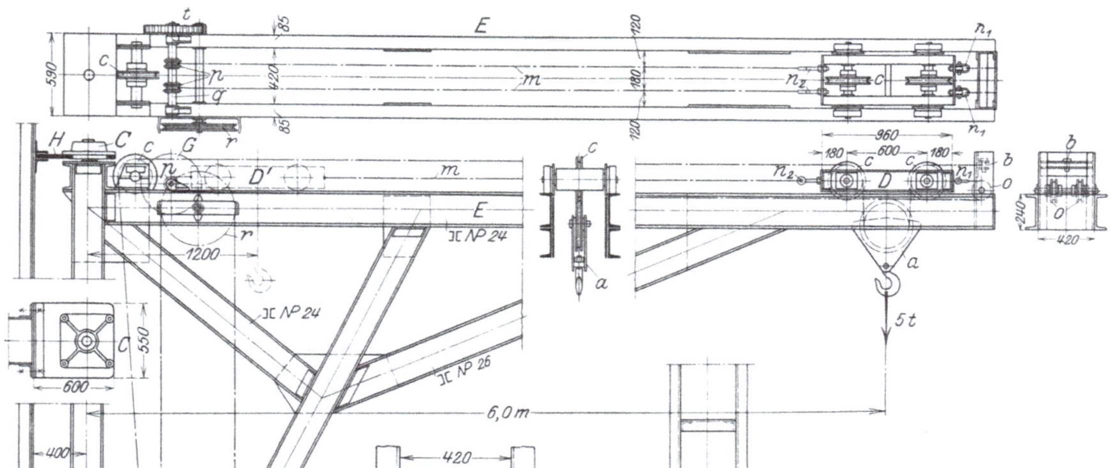

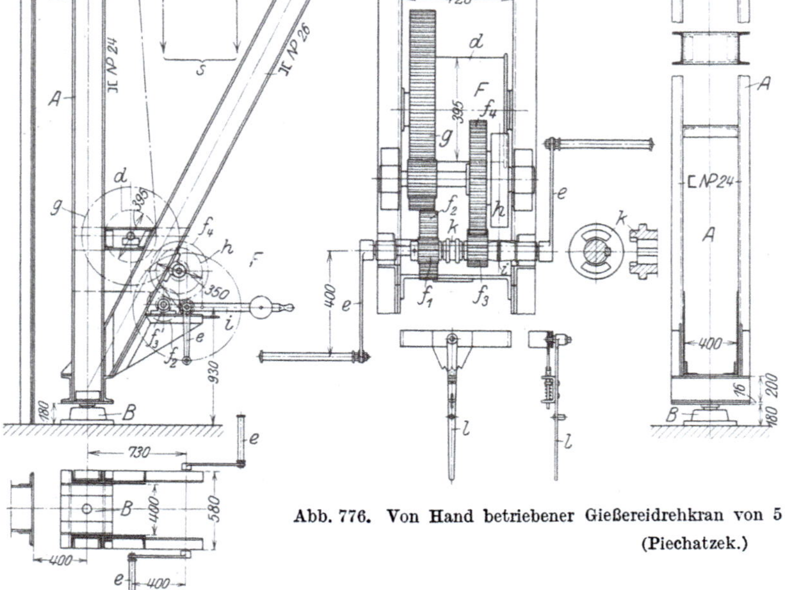

A drehbare Kransäule; *B* unteres Spur- und Halslager; *C* oberes Halslager; *D* Laufkatze in größter, *D'* in kleinster Ausladung; *E* Katzenfahrbahn; *F* Hubwerksantrieb; *G* Fahrwerksantrieb.

Hubwerk: *a* Kranflasche; *b* Hubseilbefestigung; *c* Seilumlenkrollen; *d* Trommel; *e* Handkurbeln; f_1-f_2 umschaltbares Vorgelege; f_3-f_4 mittleres Vorgelege; *g* Trommelvorgelege; *h* Sperradbremse; *i* Bremshebel zu *h*; *k* doppelseitige Klauenkupplung zu f_1-f_2; *l* Ausrückhebel mit Verriegelung zu *k*.

Katzenfahrwerk: *m* Fahrketten; n_1-n_2 Befestigungen von *m* am Katzenrahmen (n_2 nachstellbar); *o* Umlenkrollen; *p* Kettennüsse, auf der Welle *q* aufgekeilt; *r* Haspelrad; *s* Haspelkette; *t* Stirnrädervorgelege, auf *q* arbeitend.

Abb. 776. Von Hand betriebener Gießereidrehkran von 5 t Tragkraft und 6 m Ausladung. (Piechatzek.)

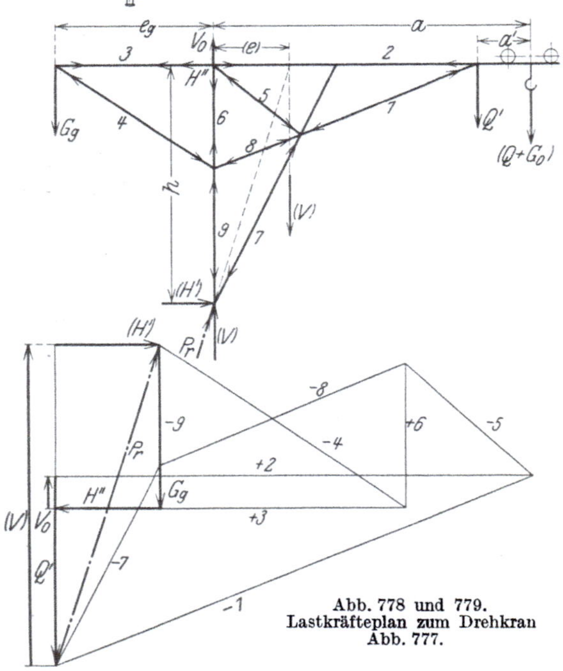

Abb. 778 und 779. Lastkräfteplan zum Drehkran Abb. 777.

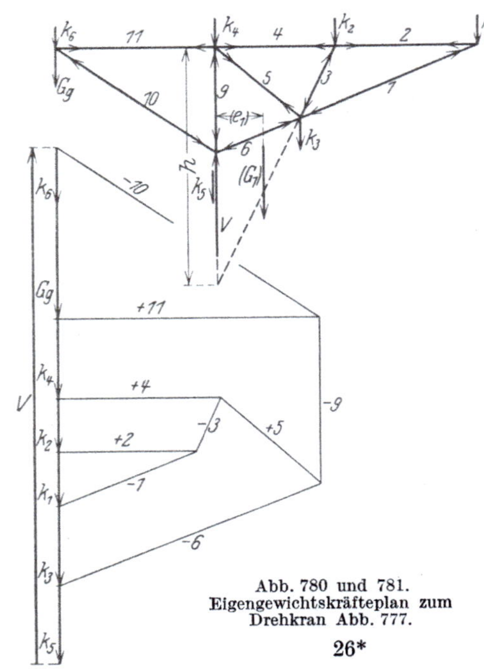

Abb. 780 und 781. Eigengewichtskräfteplan zum Drehkran Abb. 777.

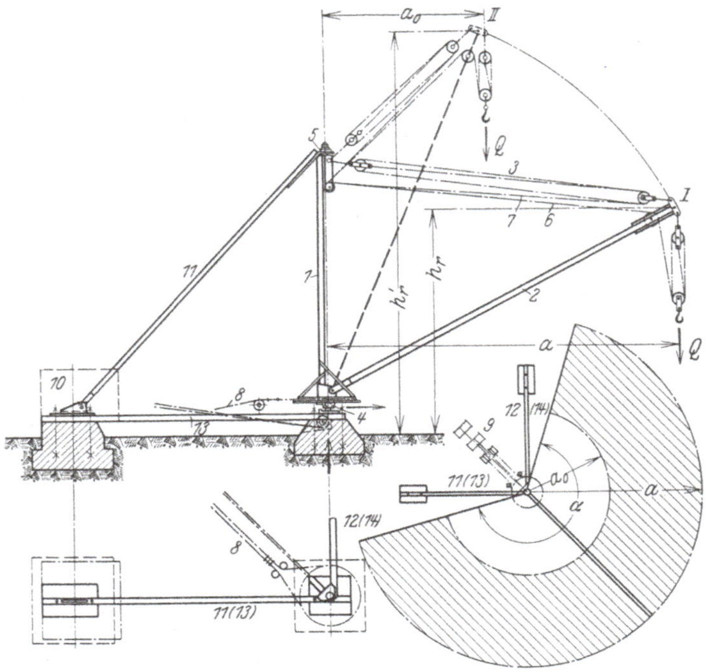

Abb. 782 und 783. Derrickkran. (Schematische Darstellung.)
1 drehbarer Mast; *2* Ausleger, an *1* wippbar angeordnet; *3* Seilzug zum Ausleger-Einziehwerk; *4* unteres Längs- und Querlager, *5* oberes Querlager zum drehbaren Mast; *6* Hubseil; *7* Einziehseil; *8* Seilzug zum Drehwerk (Abb. 789); *9* Winde (Abb. 784); *10* Gegengewicht zum Stützgerüst *11* bis *14*.

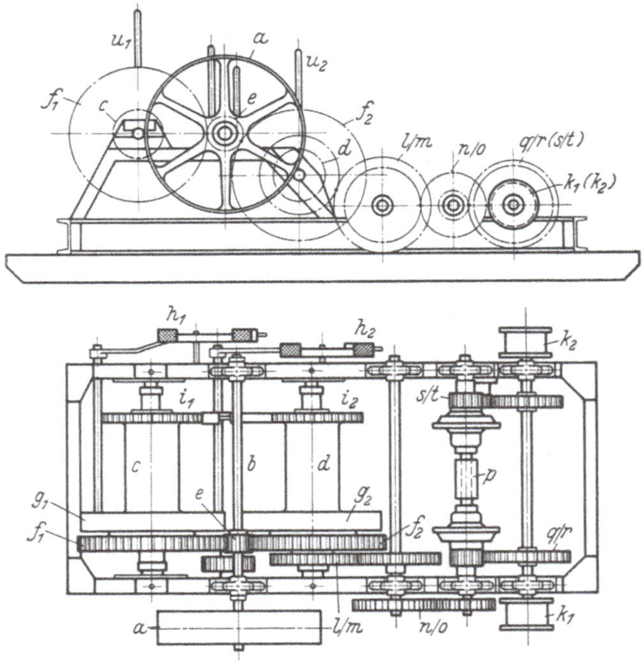

Abb. 784. Motorisch betriebene Winde für Derrickkrane. (Schmidt-Tychsen, Kiel-Heikendorf.)
a Riemenscheibe, die Hauptwelle *b* antreibend; *c* Hubtrommel; *d* Ausleger-Einziehtrommel, durch Reibungskupplungen mit den Rädern f_1 bzw. f_2 des Getriebes $e-f_1-f_2$ verbunden; g_1 und g_2 Bremsen zum Hub- bzw. Einziehwerk; h_1-h_2 Fußhebel zur Bedienung von g_1 bzw. g_2; i_1 und i_2 Sperrwerke zum Festhalten der Trommeln in der Ruhelage; k_1-k_2 Trommeln zum Drehwerk; $l-m$, $n-o$ Stirnrädervorgelege; *p* doppelseitige Klauenkupplung; $q-r$ Stirnrädergetriebe zur Trommel k_1; $s-t$ Stirnrädergetriebe mit Zwischenrad, die Trommel k_2 entgegengesetzt zu k_1 antreibend; u_1 und u_2 Handhebel zum Einrücken der Trommeln *c* und *d*.

befestigten Längs- und Querlager, während das obere Querlager in einem meist zweibeinigen Stützgerüst eingebaut ist. Durch dieses Stützgerüst ist der Drehbereich der Derrickkrane auf etwa 270° beschränkt (Abb. 783).

Wird der Mast an seinem oberen Querlager durch Drahtseile nach vier Richtungen versteift (Abb. 793, S. 362), so fällt das Stützgerüst fort und der Derrickkran erhält vollen Drehbereich (360°).

Anwendung. Die Derrickkrane werden als Verladekrane, zur Bedienung von Lagerplätzen und Steinbrüchen, sowie als Baukrane verwendet und lassen Ausladungen bis 20 und 30 m zu. Tragkraft je nach Größe der Ausladung: 3—5—7,5—10—12,5—15 und 20 t. Den freistehenden Drehkranen gegenüber zeichnen sich die Derrickkrane durch ein kleineres Eigengewicht und niedrigere Anlagekosten aus. Diese werden besonders klein, wenn Ausleger, Mast und Stützgerüst in Holz ausgeführt werden.

Antrieb. Die Derrickkrane werden von Hand oder elektrisch, mitunter auch durch einen Brennkraftmotor angetrieben. Der Antrieb für das Hub- und Auslegereinziehwerk sowie für das Drehwerk wird meist gesondert vom drehbaren Teil aufgestellt.

Abb. 784 zeigt eine Derrickwinde mit vier Trommeln, zwei beiderseitig gelagerten Trommeln für das Hub- und Einziehwerk und zwei fliegend gelagerten Trommeln für das Drehwerk. Die treibende Welle (*b*) wird durch einen Elektromotor vermittels eines Riemenvorgeleges angetrieben.

Die Winde dient zum Fördern von Stückgut und wird in zwei Größen für 1500 und 2500 kg Seilzug hergestellt. Hubgeschwindigkeit beider Größen: 30 m/min. Arbeitsverbrauch 15 bzw. 20 PS, bei 220 bzw. 300 minutlichen Umläufen der Antriebswelle.

Die Tragkraft des mit der Winde ausgerüsteten Kranes hängt von dem gewählten Rollenzug des Hubwerks ab. Bei vier tragenden Seilsträngen beträgt die Tragkraft 6000 bzw. 10000 kg.

Für den Betrieb mit Zweiseilgreifern (siehe S. 150) erhält das Windwerk noch eine weitere, beiderseitig gelagerte Trommel.

Lagerung des drehbaren Teils.

Maststützkräfte. Denkt man sich das Stützgerüst und das untere Säulenlager entfernt (Abb. 785), so erfordert der Gleichgewichtszustand das Anbringen der senkrechten Stützkraft V und der waagerechten Stützkräfte H_1' und H_1''. Da die Antriebwinde getrennt vom drehbaren Teil aufgestellt ist (Abb. 782), so treten die abwärts wirkenden Seilzüge S_1 des Hubwerks und S_2 des Auslegereinziehwerks mit als äußere Kräfte auf.

Bezeichnen mit Bezug auf Abb. 785 G_1 das Auslegergewicht, e_1 dessen Abstand von der Drehachse und G_2 das Mastgewicht, so sind die Maststützkräfte:

$$\left.\begin{array}{l} \text{Senkrechte Stützkraft:} \\ \qquad V = Q + G_1 + G_2 + S_1 + S_2\,, \\ \text{Waagerechte Stützkräfte:} \\ \qquad H_1' = H_1'' = \dfrac{Q \cdot a + G_1 \cdot e_1}{h_1}\,. \end{array}\right\} \tag{364}$$

Abb. 786 gibt den Kräftezug der Belastungs- und Stützkräfte mit dem resultierenden Lagerdruck P_r des unteren Lagers.

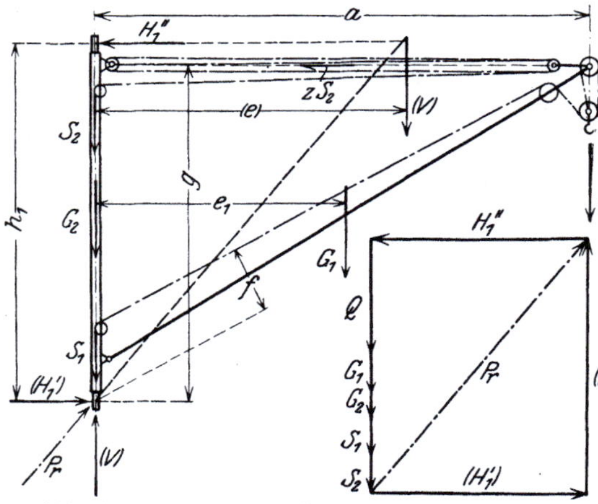

Abb. 785 und 786. Derrickkran (Auslegerstützkräfte).

Mastlager. Bei zylindrischen Ober- und Unterzapfen werden die Lager in ähnlicher Weise wie in den Abb. 728 bis 732, S. 350, gestaltet.

Die Firma Schmidt-Tychsen, Kiel-Heikendorf, führt das untere Mastlager mit einem kugeligen Zapfen (Abb. 787 und 788) aus, der am Mastfuß angegossen ist. Der Mastfuß erhält noch den Lagerträger für die Umlenkrollen des Hub- und Auslegereinziehseils.

Der Mastschuh ist dem Kugelzapfen entsprechend mit einem hohlkugeligen geteilten Lager ausgeführt. In seinem Oberteil ist der hölzerne Mast eingesetzt und verschraubt. An der Vorderseite des Mastschuhs ist das Gelenk für den Anschluß des einziehbaren Auslegers angeordnet. Werkstoff von Mastfuß und -schuh: Gußeisen.

Drehwerk.

Bei der Ausführung nach Abb. 789, S. 360, ist am Mastunterteil eine mehrfach versteifte Scheibe angebracht, deren Durchmesser je nach der Größe des Kranes 2 bis 3 m beträgt. Um diese Scheibe ist ein Seil gelegt, das die Scheibe mit genügend großem Winkel umspannt, über Leitrollen geht und an den beiden fliegend gelagerten Trommeln der Derrickwinde (Abb. 784, S. 358) befestigt ist.

Wird das Vorgelege der einen Trommel (k_1 auf Abb. 784) durch die zugehörige Reibungskupplung eingerückt, so wird dieses Seilende eingezogen, während das Seilende an der anderen Trommel (k_2) abgewickelt wird. Die Scheibe und damit der Mast werden daher im entsprechenden Sinne gedreht. Die Schwenkbewegung wird dadurch umgekehrt, daß das Vorgelege der Trommel k_2 eingerückt wird, so daß dieses Seilende aufgewickelt und das der Trommel k_1 abgewickelt wird.

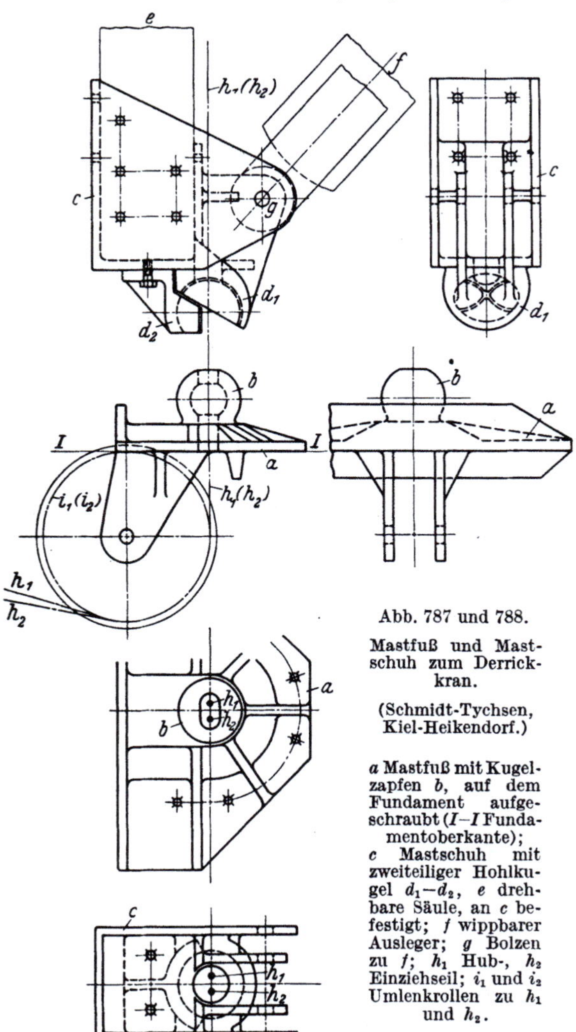

Abb. 787 und 788.
Mastfuß und Mastschuh zum Derrickkran.
(Schmidt-Tychsen, Kiel-Heikendorf.)

a Mastfuß mit Kugelzapfen b, auf dem Fundament aufgeschraubt (I–I Fundamentoberkante); c Mastschuh mit zweiteiliger Hohlkugel d_1–d_2, e drehbare Säule, an c befestigt; f wippbarer Ausleger; g Bolzen zu f; h_1 Hub-, h_2 Einziehseil; i_1 und i_2 Umlenkrollen zu h_1 und h_2.

Auslegereinziehwerk.

Das Auslegereinziehwerk besteht aus mehrsträngigem Rollenzug, dessen lose Rollen am Auslegerkopf und dessen feste Rollen am Mastoberteil angeordnet sind (Abb. 782, S. 358). Das eine

Ende des Einziehseiles ist je nach der Zahl der tragenden Stränge am losen oder festen Rollenkopf befestigt. Das Seil umschlingt dann die festen und losen Rollen, geht, wenn das Einziehwerk getrennt von dem drehbaren Teil angeordnet ist (Abb. 782) noch über ein oder zwei Leitrollen und ist dann an der Einziehtrommel befestigt. Durch Auf- oder Abwickeln des Seiles wird der Ausleger eingezogen oder gesenkt.

Der Seilzug des Einziehwerks (Wippwerks) ist am größten, wenn sich der Ausleger in seiner tiefsten Lage (größten Ausladung) befindet.

Bezeichnen mit Bezug auf Abb. 785, S. 359, G_1 das Auslegergewicht, e_1 dessen Abstand von der Drehachse, S_1 den Hubseilzug, f dessen Abstand vom unteren Maststützpunkt und g denselben Abstand des Rollenzuges, so ist die größte Gesamtzugkraft des Rollenzuges:

$$Z = \frac{1}{g} \cdot (Q \cdot a + G_1 \cdot e_1 - S_1 \cdot f). \qquad (365)$$

Je nach der Größe des Kranes hat der Rollenzug $z = 2$ bis 5 Rollen. Mit dem Wirkungsgrad η_r des Rollenzuges ist daher der Seilzug:

$$S_2 = \frac{Z}{(z+1) \cdot \eta_r}. \qquad (366)$$

Der an der Einziehtrommel angreifende Seilzug ist wegen der Reibungswiderstände der Umlenkrolle am Mastschuh entsprechend größer.

Während des Auslegereinziehens nimmt der Seilzug S_2 stetig ab und erreicht seinen Mindestwert in der kleinsten Ausladung a_0 (Abb. 782, S. 358). Mit abnehmendem Seilzug sinkt auch das Motordrehmoment. Unveränderliches Motordrehmoment wird dadurch erreicht, daß man die Einziehtrommel kegelig ausführt. Man zieht jedoch im allgemeinen die bequemer herzustellende zylindrische Trommel vor.

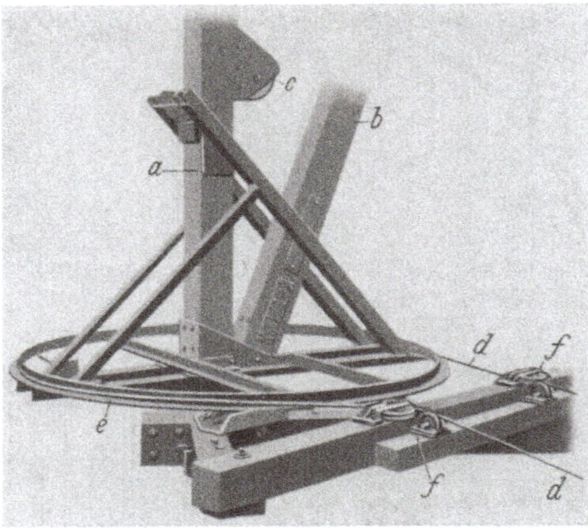

Abb. 789. Drehwerk zu einem Derrickkran. (Schmidt-Tychsen, Kiel-Heikendorf.)
a drehbare Säule; *b* wippbarer Ausleger; *c* Leitrollen zum Hub- und Einziehseil; *d* Drahtseil, die am drehbaren Teil angebaute Scheibe *e* umspannend und an den Trommeln k_1 und k_2 der Winde (Abb. 784) befestigt; *f* Umlenkrollen zum Drehseil.

Wird der Ausleger aus seiner tiefsten Lage in die höchste gebracht, so wird die Last nicht nur radial bewegt, sondern auch um Betrag $h'_r - h_r$ (Abb. 782) gehoben. Diese unerwünschte Hubbewegung kann durch geeignete Vorrichtungen, die einen genauen oder angenäherten waagerechten Lastweg erzwingen, vermieden werden (s. S. 394). Derartige Vorrichtungen kommen jedoch für die Derrickkrane nicht in Frage, da sie den Bau dieser einfachen Krane umständlich machen. Man begnügt sich daher damit, den während des Auslegerwippens auftretenden Hub- bzw. Senkweg durch gleichzeitiges Nachlassen bzw. Einziehen des Hubseiles auszugleichen.

Ausleger und Mast.

Die Stabkräfte des Auslegers und Mastes werden für den in der größten Ausladung stehenden Ausleger am einfachsten zeichnerisch ermittelt (Abb. 790). Das Auslegergewicht G_1 wird auf die benachbarten Knoten verteilt, ebenso das Mastgewicht G_2. Die Last Q, die Kraft $G_1/2$, sowie die Seilzüge S_1 und S_2 werden an der Auslegerspitze zur Resultierenden R vereinigt. Am Mast werden die entsprechenden Kräfte ebenfalls zu Resultierenden R_1 und R_2 vereinigt, die ihrerseits auf den oberen und unteren Säulenknoten reduziert werden. Mit den Belastungskräften R, R'_1, R''_1, R'_2, R''_2 und $G_2/2$ (oben und unten) wird dann der Kräfteplan (Abb. 791) entworfen.

Ausleger und Mast sind auf Druck und Knickung beansprucht.

Sie werden vielfach, besonders für behelfsmäßige Krane, aus Holz hergestellt, da dieses auf Druck und Knickung verhältnismäßig widerstandsfähig ist. Holzart: Kiefer oder Tanne.

Werden Ausleger und Mast als Gitterträger (Abb. 793, S. 362) hergestellt, so erhalten sie quadratischen, aus vier L-Eisen gebildeten Querschnitt und in allen vier Ebenen Flach- oder L-Eisenverbände.

In Rücksicht auf vereinfachte Herstellung sowie auf den Transport führt man den Ausleger zweiteilig aus (Abb. 793) und paßt die Teillängen der jeweils erforderlichen Auslegerlänge an. Ebenso wird der Mast aus drei Teilen und mit veränderlichem Zwischenstück (Abb. 793) hergestellt.

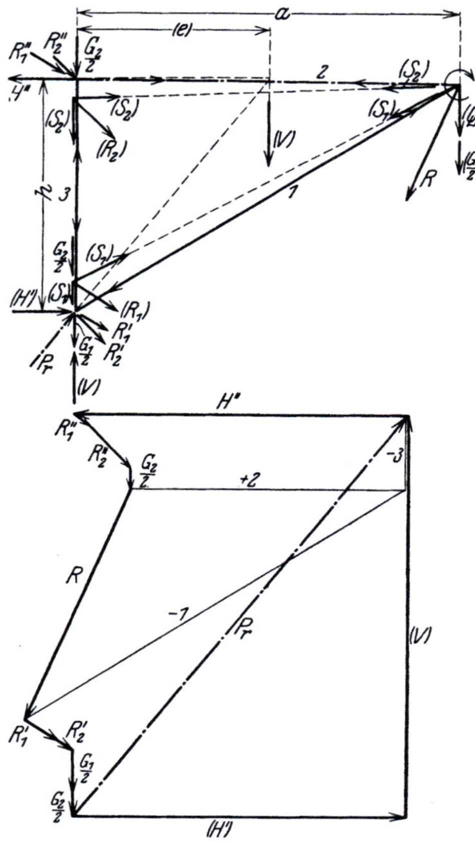

Abb. 790 und 791. Derrickkran (Stabkraftbestimmung).
1 einziehbarer Ausleger; *2* Einziehrollenzug; *3* drehbarer Mast.

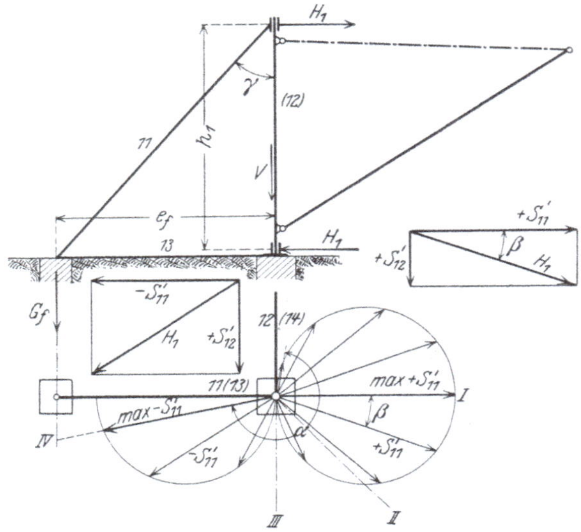

Abb. 792. Zweibeiniges Stützgerüst (Stabkraftbestimmung).

Stützgerüst.

Ausführung meist nach Art von Abb. 792 mit zwei geneigten Streben *11* und *12* für das obere und gegebenenfalls auch zwei waagerechten Stäben *13* und *14* für das untere Mastlager.

Steht der Ausleger (Abb. 792, Grundriß) in I ($\beta = 0$) bzw. in der Ebene der Stäbe *11* und *13*, so erhält die Strebe *11* ihre größte Zugkraft ${}_{\max}S_{11} = +\frac{H_1}{\sin\gamma}$, wobei γ den Neigungswinkel der Strebe mit der Mastdrehachse bedeutet. Die Strebe *12* ist spannungslos. Wird der Ausleger von I aus im Linkssinne gedreht, so nimmt die Zugkraft von *11* ab und die Strebe *12* nimmt an der Kraftübertragung teil.

Befindet sich der Ausleger in Stellung II ($\beta = 45°$), so sind die Streben *11* und *12* durch die gleiche Zugkraft belastet:

$$S_{11} = S_{12} = H_1 \cdot \cos 45° \cdot \frac{1}{\sin\gamma} = +0{,}707 \cdot \frac{H_1}{\sin\gamma}.$$

In der Auslegerstellung III ($\beta = 90°$) ist die Strebe *11* spannungslos, da die Strebe *12* die waagerechte Kraft H_1 aufnimmt.

Wird $\beta > 90°$, so erhält die Strebe *11* Druck, der in der Endstellung IV des Auslegers am größten wird.

$${}_{\max}S_{11} = H_1 \cdot \sin(\beta - 90°) \cdot \frac{1}{\sin\gamma} \approx -1{,}0 \frac{H_1}{\sin\gamma}.$$

Das Polardiagramm Abb. 792 zeigt den Verlauf der Stabkraft S_{11} für die Stellungen I bis IV. Für die Stabkraft S_{12} ist er der gleiche.

Die am Fußboden angeordneten waagerechten Stäbe *13* und *14* werden je nach der Auslegerstellung (Abb. 792) auf Druck oder Zug beansprucht. Stab *13* erhält seinen größten Druck, wenn der Ausleger sich in Stellung I befindet. ${}_{\max}S_{13} = -H_1$. Größter Zug bei Stellung des Auslegers bei IV.

$${}_{\max}S_{13} = H_1 \cdot \sin(\beta - 90°) \approx +1{,}0 H_1.$$

Die waagerechten Stäbe *13* und *14* können fortfallen, wenn das untere Säulenlager die waagerechte Stützkraft unmittelbar auf das Betonfundament übertragen kann.

Die unteren Enden der Streben *11* und *12* werden in je einem Betonfundament verankert. Damit der vollbelastete Kran bei der Kippsicherheit $\mathfrak{S}$ nicht kippt, muß das Fundamentgewicht (Abb. 792)

$$G_f \geq \frac{\mathfrak{S} \cdot Q + G_1 \cdot e_1}{e_f} = V \cdot \frac{e}{e_f} \tag{367}$$

sein. Ist G_f zu klein, so wird noch ein zusätzliches Gegengewicht angeordnet.

Über zulässigen Flächendruck zwischen Betonfundament und Erde s. S. 378.

Soll der Kran vollen Schwenkbereich (360°) erhalten, so wird das obere Säulenlager nicht in einem Stützgerüst angeordnet, sondern durch Drahtseile versteift, die am Erdboden (Abb. 793) oder an Werkgebäuden verankert werden.

Zahl der Versteifungsseile: Fünf (Abb. 793) oder sechs. Von diesen kann man annehmen, daß stets zwei Seile tragen. Bei sechs Seilen ist die auf ein Seil wirkende Zugkraft: $\frac{H_1}{2 \cdot \cos 30°}$. Sind die Seile unter dem Winkel γ zur Waagerechten geneigt, so ist die Zugkraft eines Seiles:

$$S = \frac{H_1}{2 \cdot \cos 30° \cdot \cos\gamma}.$$

Für die Bemessung der Seile wird ein Sicherheitsgrad $\mathfrak{S} = 5$ angenommen. Drahtseile s. S. 27.

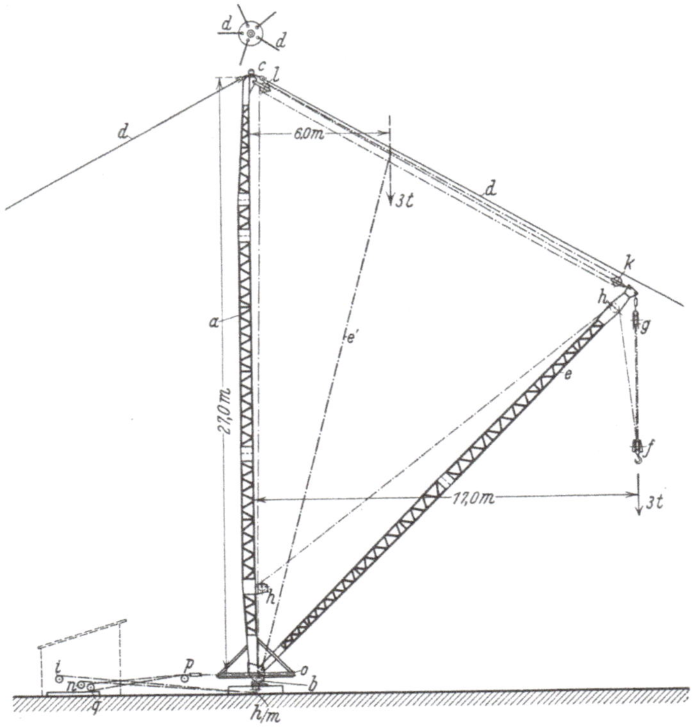

Abb. 793. Seilversteifter Derrickkran von 3 t Tragkraft. 17,0 bzw. 6 m Ausladung und 40 m Hubhöhe. (Schmidt-Tychsen, Kiel-Heikendorf.)
a drehbare Säule; *b* unteres Längs- und Querlager; *c* oberes Querlager; *d* Versteifungsseile zu *c*; *e* einziehbarer Ausleger; *f* lose Rolle, *g* feste Rolle, *h* Umlenkrollen, *i* Trommel zum Hubwerk; *k* lose Rollen, *l* feste Rollen, *m* Umlenkrollen zum Einziehflaschenzug; *n* Trommel zum Einziehwerk; *o* Seilscheibe, *p* Umlenkrollen, *q*—*q* Seiltrommeln zum Drehwerk.
Arbeitsgeschwindigkeiten: Heben: 15 m/min; Ausleger-Einziehen: 6 m/min; Drehen: 90 m/min (an der Auslegerspitze und bei der größten Ausladung). Leistung des Antriebsmotors: 15 PS; Drehzahl: 1000 in der Minute; Drehzahl der Hauptwelle: 275 in der Minute.

γ) Krane, deren Säule unterhalb des Auslegers gelagert ist.

Diese Art der Auslegerlagerung (Abb. 794) wird nur noch gelegentlich bei ortfesten Kranen, und zwar bei solchen mit veränderlicher Ausladung angewendet. Krane mit fester Ausladung, deren Säule in einem Schacht gelagert ist, sog. Fairbairnkrane, werden nicht mehr hergestellt. Sie erfordern wegen des Schachtes eine teure Gründung, auch ist der Unterzapfen schwer zugänglich.

Kleinere Krane mit veränderlicher Ausladung (Abb. 794) werden als Hilfshebezeuge an schweren Schmiedehämmern und Werkzeugmaschinen angebaut. Siehe Abschnitt „Sonderkrane" (Werkstättenkrane).

Sie erhalten eine geschmiedete Stahlsäule, an der der Ausleger befestigt ist, und lassen, im Gegensatz zu den Kranen mit Ober- und Unterzapfen, die Anordnung eines Gegengewichtes zu. Schwenkbereich 360°.

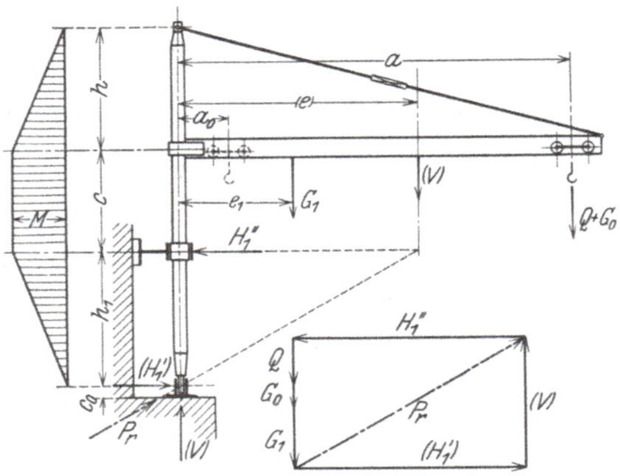

Abb. 794 bis 796. Drehkran mit drehbarer Säule (Lagerung der Säule unterhalb des Auslegers).

Ein etwaiges Gegengewicht wird in gleicher Weise wie bei den anderen Kranen mit veränderlicher Ausladung (durch eine Laufkatze) bemessen (s. S. 355).

Berechnung der Auslegerstützkräfte s. S. 355.

Die Kransäule erhält ihre größte Beanspruchung, wenn die vollbelastete Katze in der größten Ausladung steht.

Größtes Biegemoment (Abb. 794 und 795):

$$M = H_1 \cdot h_1 = (Q + G_0) \cdot a + G_1 \cdot e_1. \qquad (368)$$

Verlauf des Biegemomentes s. Abb. 795.

Bei kleineren Kranen wird die aus Stahl (St 34 · 11) geschmiedete Säule dem Verlauf des Biegemomentes entsprechend nach oben und unten verjüngt ausgeführt. Sie wird in ihrer ganzen Länge noch durch die Resultierende aus den senkrechten Belastungskräften auf Druck beansprucht.

Berechnung und Gestaltung der Lager für geschmiedete Stahlsäulen nach S. 349 u. f.

Krane mit drehbarer Fachwerksäule und Stützgerüst (s. Abschnitt „Werftkrane") erhalten als oberes Querlager ein vier- oder sechsrolliges Rollenlager. Die Rollen erhalten schwach balliges Kranzprofil und werden entweder im Turmgerüst oder am drehbaren Teil gelagert. Die vorderen Rollen liegen bei belastetem, die hinteren bei unbelastetem Ausleger an. Bei den sechsrolligen Lagern dienen die beiden seitlichen Rollen zum Aufnehmen von Windkräften und sonstigen zusätzlichen Kräften, wie durch Pendeln der Last u. dgl.

Von der Veränderung der Ausladung durch einen einziehbaren Ausleger macht man hauptsächlich bei fahrbaren Turmdrehkranen für Hochbauzwecke und gelegentlich auch bei fahrbaren Helling-Turmdrehkranen Gebrauch. Bei diesen zieht man jedoch meist Veränderung der Ausladung durch eine Laufkatze vor, die auf dem waagerechten Untergurt des Auslegers fährt. Siehe Abschnitt „Sonderkrane" (Werftkrane).

2. Drehkrane mit fester Säule (freistehende Drehkrane).

Aufbau. Die an dem drehbaren Ausleger (Abb. 797) wirkenden senkrechten Kräfte und Momente werden mittels eines in der oberen Traverse angeordneten Längs- und Querlagers und eines unteren Querlagers auf die feststehende Kransäule übertragen. Diese ist in einen Fundamentstern eingesetzt, der in einem Betonklotz verankert ist.

Die Drehkrane mit fester Säule haben vollen Schwenkbereich (360°).

Bei kleinen und mittleren Kranen wird die Säule aus Stahl (St 42 · 11) geschmiedet und erhält aus Herstellungsrücksichten einen größten Durchmesser von höchstens 300, äußerst 350 mm. Für Drehkrane ohne Gegengewicht ist daher das Kranmoment auf etwa 25 tm beschränkt.

Bei Anordnung eines Gegengewichtes (Abbildung 801, S. 366) wird die Säule auf Biegung entlastet, und es ist dann ein größeres Kranmoment zulässig. Theoretische Säulenhöhe: $h = 0{,}45a$ bis $0{,}6a$.

Große Krane erhalten eine aus Blech hergestellte Säule von quadratischem Querschnitt oder eine Fachwerksäule. Die Anwendung der sich nach oben verjüngenden Fachwerksäule und eines auf ihr drehbaren hammerförmigen Auslegers läßt Tragkräfte bis 250 t, bei großer Ausladung und großer Hubhöhe zu (s. S. 376).

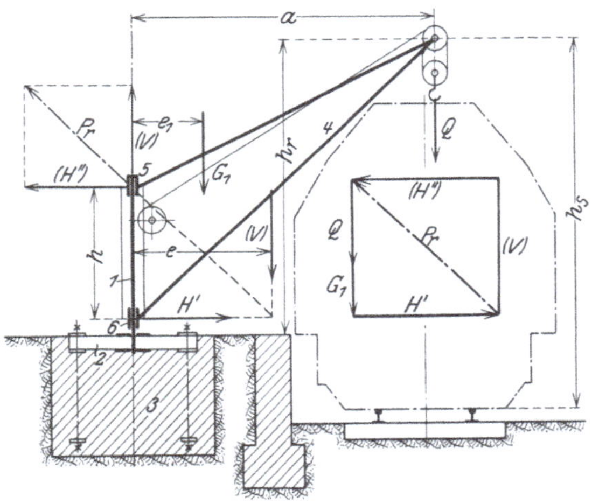

Abb. 797 und 798. Freistehender Drehkran (Aufbau und Auslegerstützkräfte).
1 Stahlsäule, in der Grundplatte 2 befestigt; 3 Gründung; 4 drehbarer Ausleger; 5 oberes Längs- und Querlager (Traverse); 6 unteres Querlager.

Anwendung. Die Drehkrane mit fester Säule werden als Verladekrane im Eisenbahnbetriebe, in Häfen und auf Fabrikhöfen verwendet. Schwerlastkrane mit Hammerausleger dienen im Werftbetriebe zur Schiffsausrüstung, s. Abschnitt „Sonderkrane" (Werftkrane).

a) Hubwerk.

Bei den Kranen mit fester Ausladung und vollwandigem Ausleger (Abb. 799) wird das Hubwerk am hinteren senkrechten Auslegerteil angebaut. Bei den Kranen mit Fachwerkausleger (Abb. 800) werden die die Traverse und das untere Querlager verbindenden Zugstäbe breiter gehalten, als kräftige [-Eisen ausgeführt, und das Hubwerk wird an ihnen befestigt. Nur bei Handdrehkranen bis etwa 5 t Tragkraft ordnet man das Hubwerk auch auf der Druckstrebe an.

Elektrisch betriebene Krane mit den meist vorkommenden Tragkräften von 3—5—7,5 oder 10 t erhalten einen zwei- oder dreisträngigen Rollenzug und drei Stirnrädervorgelege als Übersetzung zwischen Motor und Trommel. Hinsichtlich der Hubwerkschaltung und der Bremse gilt das auf S. 347 Gesagte.

β) Auslegergegengewicht.

Nach Schätzung des Eigengewichts G_1 des drehbaren Teils (Abb. 801, S. 366) und seines Abstandes e_1 von der Drehachse wird das Gegengewichtsmoment so groß angenommen, daß das

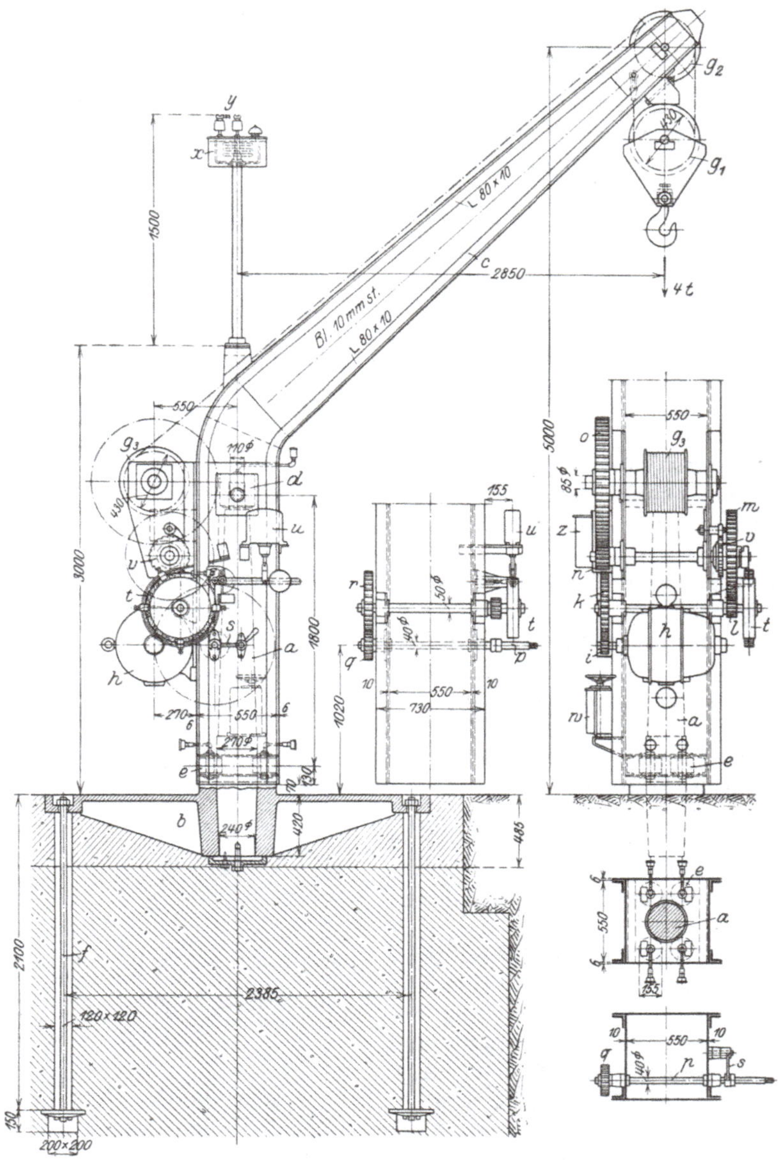

Abb. 799. Freistehender Drehkran mit Vollwandausleger und elektrischem Hubwerk. (Wolff.)
Tragkraft: 4 t. Ausladung: 2,85 m. Rollenhöhe: 5 m.

a Kransäule (St 42 • 11), in der Grundplatte *b* eingesetzt; *c* Vollwandausleger; *d* oberes Längs- und Querlager; *e* unteres Querlager (Rollenlager); *f* Ankerschrauben (6 Stück); g_1 lose Rolle; g_2 Auslegerrolle; g_3 Hubtrommel; *h* Hubmotor; *i*—*k* Motorvorgelege; *l*—*m* mittleres Vorgelege; *n*—*o* Trommelvorgelege; *p* verschiebbare Kurbelwelle (für Handbetrieb); *q*—*r* Vorgelege, dessen Ritzel *q* bei elektrischem Betrieb ausgerückt wird; *s* Falle zu *p*; *t* gewichtbelastete Bandbremse; *u* Magnetbremslüfter; *v* Lastdruckbremse (für Handbetrieb); *w* Hubsteuerwalze; *x* Ringschleifkontakt mit Stromzuführung *y*; *z* Schaltkasten.

Hubgeschwindigkeit: 6,0 m/min. Hubmotor: 7 PS; 930 Uml./min. Stromart: Drehstrom, 220 V, 50 Hz.

Auslegermoment des vollbelasteten Kranes zur Hälfte und das Eigengewichtsmoment voll ausgeglichen wird:

$$G_g \cdot e_g = \tfrac{1}{2} Q \cdot a + G_1 \cdot e_1 \,. \qquad (369)$$

Alsdann sind die waagerechten Auslegerstützkräfte des unbelasteten Kranes denen des vollbelasteten gleich und entgegengesetzt und die Säule ist am günstigsten beansprucht.

Das Gegengewicht wird je nach dem Aufstellungsort des Kranes in Gußeisen, Marmor, Stein, oder aus einem Blechkasten mit Kiesbeton bzw. Beton mit Gußschrott gemischt ausgeführt.

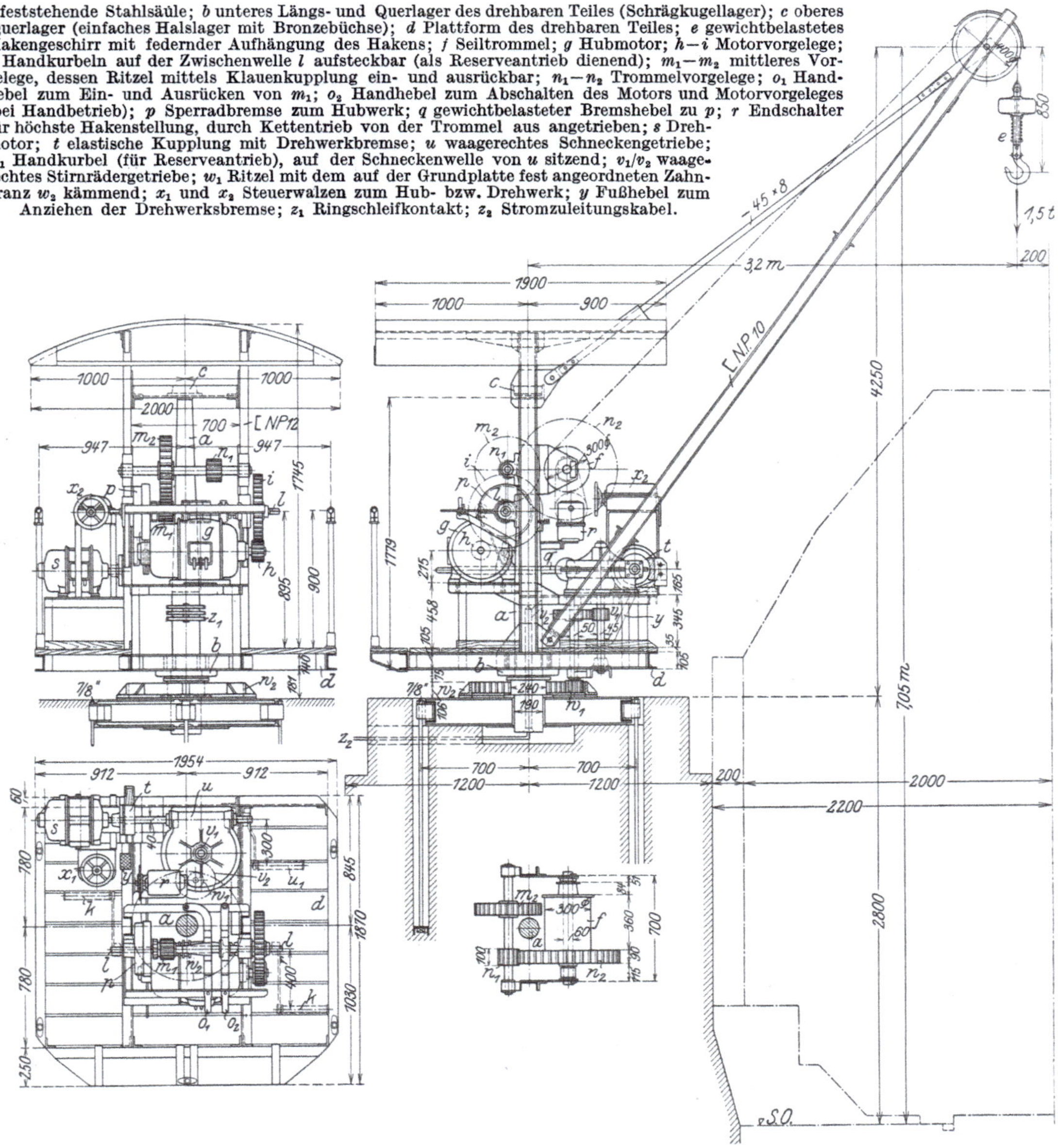

a feststehende Stahlsäule; *b* unteres Längs- und Querlager des drehbaren Teiles (Schrägkugellager); *c* oberes Querlager (einfaches Halslager mit Bronzebüchse); *d* Plattform des drehbaren Teiles; *e* gewichtbelastetes Hakengeschirr mit federnder Aufhängung des Hakens; *f* Seiltrommel; *g* Hubmotor; *h*—*i* Motorvorgelege; *k* Handkurbeln auf der Zwischenwelle *l* aufsteckbar (als Reserveantrieb dienend); m_1—m_2 mittleres Vorgelege, dessen Ritzel mittels Klauenkupplung ein- und ausrückbar; n_1—n_2 Trommelvorgelege; o_1 Handhebel zum Ein- und Ausrücken von m_1; o_2 Handhebel zum Abschalten des Motors und Motorvorgeleges (bei Handbetrieb); *p* Sperradbremse zum Hubwerk; *q* gewichtbelasteter Bremshebel zu *p*; *r* Endschalter für höchste Hakenstellung, durch Kettentrieb von der Trommel aus angetrieben; *s* Drehmotor; *t* elastische Kupplung mit Drehwerkbremse; *u* waagerechtes Schneckengetriebe; u_1 Handkurbel (für Reserveantrieb), auf der Schneckenwelle von *u* sitzend; v_1/v_2 waagerechtes Stirnrädergetriebe; w_1 Ritzel mit dem auf der Grundplatte fest angeordneten Zahnkranz w_2 kämmend; x_1 und x_2 Steuerwalzen zum Hub- bzw. Drehwerk; *y* Fußhebel zum Anziehen der Drehwerksbremse; z_1 Ringschleifkontakt; z_2 Stromzuleitungskabel.

Abb. 800. Elektrisch betriebener Kohlenladekran von 1,5 t Tragkraft und 6,15 m Hub. (Piechatzek.)

Arbeitsgeschwindigkeiten und Motoren:

Heben:	11,5 m/min;	5,44 PS;	950 Uml./min;
Drehen:	2mal in der Minute;	2,04 PS;	950 Uml./min.

Stromart: Zweiphasiger, außen verketteter Wechselstrom. Elektrische Ausrüstung: AEG.

γ) Auslegerlagerung.

Auslegerstützkräfte. Für einen Kran mit Gegengewicht (Abb. 801, S. 366) ist die senkrechte Stützkraft des vollbelasteten Auslegers:

$$V = Q + G_1 + G_g. \tag{370}$$

Die waagerechten Stützkräfte ergeben sich aus dem Kräftepaar

$$H \cdot h = Q \cdot a + G_1 \cdot e_1 - G_g \cdot e_g$$

zu:

$$H' = H'' = \frac{Q \cdot a + G_1 \cdot e_1 - G_g \cdot e_g}{h}. \tag{371}$$

Zu kleine Säulenhöhe ergibt große waagerechte Lagerkräfte, zu große Säulenhöhe eine zu starke Durchbiegung der Säule.

Resultierende Stützkraft am oberen Lager:

$$P_r = \sqrt{V^2 + H^2}\,. \tag{372}$$

Die resultierende Stützkraft P_r, die untere waagerechte Stützkraft H' und die Resultierende V der am Ausleger wirkenden senkrechten Kräfte Q, G_1 und G_g sind miteinander im Gleichgewicht und bilden ein Kräftedreieck. Bringt man daher die Wirkungslinie von V mit dem Abstand von der Drehachse

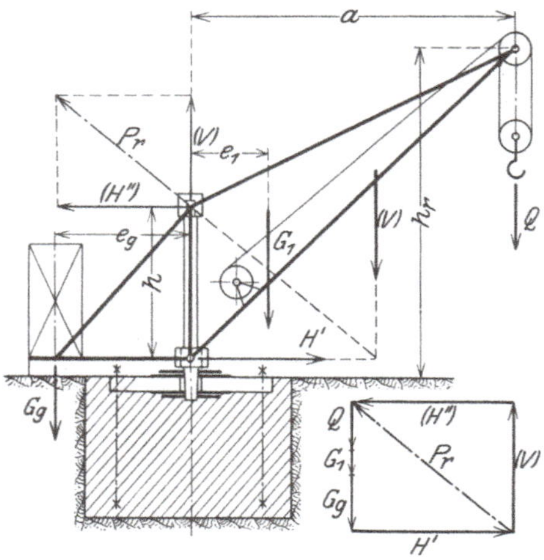

Abb. 801 und 802. Freistehender Drehkran mit Gegengewicht (Auslegerstützkräfte).

$$e = \frac{Q \cdot a + G_1 \cdot e_1 - G_g \cdot e_g}{Q + G_1 + G_g} \tag{373}$$

und die Richtung der unteren waagerechten Stützkraft H' zum Schnitt, so sind P_r und seine Komponenten V und H'' sowie H' nach Richtung und Größe festgelegt (Abb. 802).

Hat der Ausleger kein Gegengewicht (Abb. 797), so fällt in den Gl (370) bis (373) G_g bzw. $G_g \cdot e_g$ fort.

Kransäule (Abb. 803). Sie wird in der Grundplatte als eingespannt betrachtet und ist durch das Kräftepaar $H \cdot h$ [Gleichung (371)] auf Biegung und durch die senkrechte Kraft V [Gleichung (370)] auf Druck beansprucht. Gefährlicher Querschnitt an der Grundplattennabe.

Dem Verlauf des Biegemomentes M (Abb. 806) entsprechend wird die Säule kegelig gestaltet. Sie erhält oben einen Zapfen und unten einen zylindrischen Ansatz für das Querlager. In der Grundplatte wird sie kegelig (Abb. 803) oder zylindrisch und mit Bund eingesetzt (Abb. 804). Zwischen dem Zapfen und dem unteren zylindrischen Ansatz bleibt sie roh.

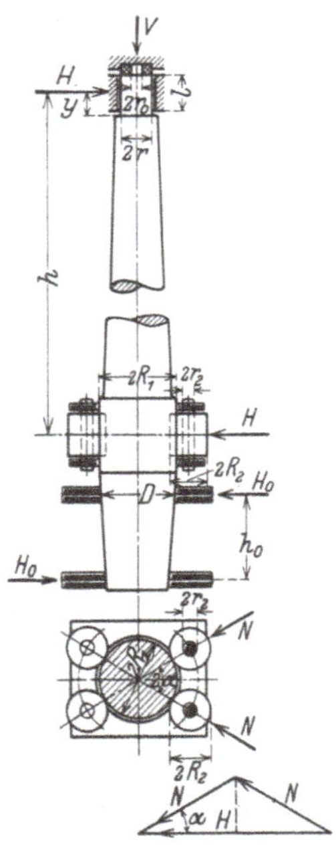

Abb. 803. Kransäule (Berechnung).

Kleinere Säulen (bis etwa 150 mm Durchmesser) werden auch zylindrisch ausgeführt und aus dem Vollen gedreht.

Der Säulendurchmesser am gefährlichen Querschnitt (Abb. 803) wird aus dem erforderlichen Widerstandsmoment

$$W_{\text{erf}} = \frac{{}_{\max}M}{\sigma_{\text{zul}}} = \frac{Q \cdot a + G_1 \cdot e_1 - G_g \cdot e_g}{\sigma_{\text{zul}}} = \frac{\pi}{32} D^3 \ldots \text{cm}^3 \tag{374}$$

erhalten.

Ist kein Gegengewicht vorhanden, so ist $G_g \cdot e_g = 0$.

Die zulässige Biegebeanspruchung wird für Stahl (St 42 · 11) je nach der Antriebsart des Kranes (elektrisch oder von Hand) zu

$$\sigma_{\text{zul}} = 800 \text{ bis } 1200, \text{ im Mittel } 1000 \text{ kg/cm}^2$$

angenommen.

Gesamtbeanspruchung des Stützzapfens (Abb. 803):

$$\sigma_r = \pm \sigma' - \sigma = \pm \frac{H \cdot y}{d^3 \pi/32} - \frac{Q + G_1 + G_g}{d^2 \pi/4}\,, \tag{375}$$

wobei in Rücksicht auf brauchbare Abmessungen $\sigma_r = 600$ bis 800 kg/cm^2 zugelassen wird.

Der Säulenansatz für das untere Querlager wird nur so stark gehalten, als es die Bearbeitung erfordert.

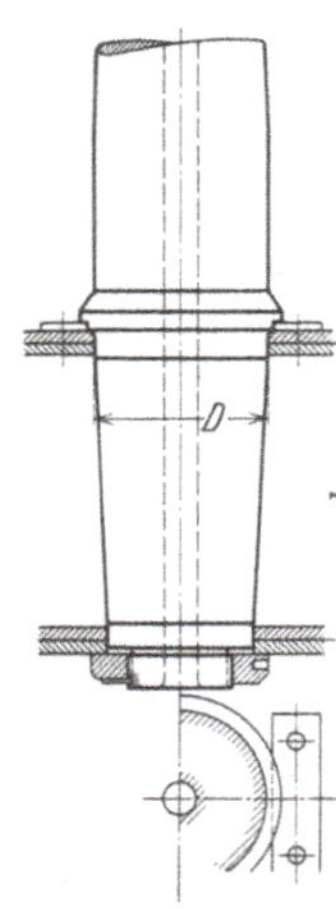

Abb. 804.

Die theoretische Form der Säule zwischen der oberen und unteren Kraft H ist die kubische Parabel (Körper gleicher Biegefestigkeit). Solange die kubische Parabel noch innerhalb der ausgeführten kegeligen Form liegt oder an diese tangiert (Abb. 805), wird die zulässige Biegespannung nicht überschritten. Man zeichne daher bei der Formgebung der Säule erst die kubische Parabel auf.

Abb. 807 zeigt den Verlauf der Biegespannungen in der Säule und läßt erkennen, ob die Säule nicht zu stark verjüngt ist.

Die am Angriffspunkt der oberen waagerechten Kraft H auftretende größte Durchbiegung der Säule wird zeichnerisch nach dem Mohrschen Seilzugverfahren bestimmt.

Wegen des veränderlichen Querschnittes der Säule zeichne man die M/J-Fläche (Abb. 808) auf und belaste mit ihr einen eingespannt gedachten Träger. Die M/J-Fläche wird dann in bestimmten Abständen in Einzelflächen F_1 bis F_{13} unterteilt, deren Schwerpunkte in bekannter Weise zeichnerisch bestimmt werden. Die Teilflächen werden als Kräfte aufgefaßt (Abb. 809) und die elastische Linie wird als Seillinie entworfen (Abb. 810). Der Schnitt ihres letzten Seilstrahles mit der Wirkungslinie der oberen waagerechten Kraft H ergibt den Wert $_{\max}y$. Die größte Durchbiegung ist dann:

$$_{\max}\delta = \frac{1}{E\,\text{kgcm}^{-2}}\left(H_p\,\text{cm}\cdot b\,\frac{\text{kgcm}^{-2}}{\text{cm}}\right)\cdot\left(_{\max}y\,\text{cm}\cdot a\,\frac{\text{cm}}{\text{cm}}\right)\ldots\text{cm}. \tag{376}$$

Hierbei bedeuten: E den Elastizitätsmodul, H_p die Polentfernung, b den Kräftemaßstab, $_{\max}y$ die größte Ordinate der elastischen Linie und a den Längenmaßstab.

Der Elastizitätsmodul wird für St 42 · 11 zu $E \approx 2100000\,\text{kg/cm}^2$ angenommen.

Geeignete Maßstäbe sind: $H_p = 10\,\text{cm}$, $b = 1000\,\frac{\text{kgcm}^{-2}}{\text{cm}}$, und $a = 10\,\frac{\text{cm}}{\text{cm}}$. Die Größe $_{\max}y$ wird aus der Zeichnung abgegriffen.

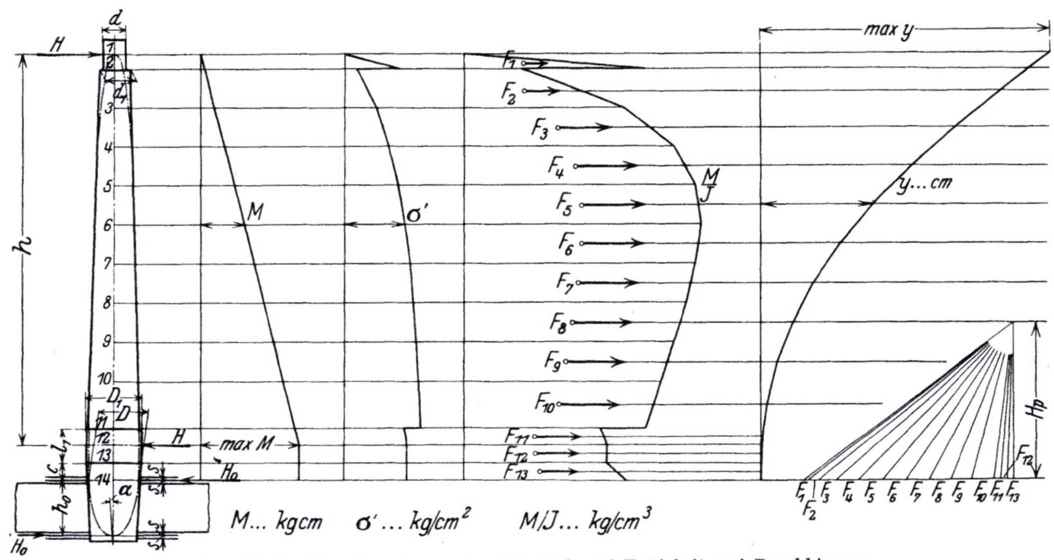

Abb. 805 bis 810. Berechnung der Kransäule auf Festigkeit und Durchbiegung.

Das Verhältnis der größten Durchbiegung und der Ausladung liegt zwischen $\frac{_{\max}\delta}{a} = \frac{1}{400}$ bis $\frac{1}{300}$.

Ohne Berücksichtigung der Formänderung der Auslegerstäbe ist dann die angenäherte Senkung der Auslegerspitze:

$$\delta_a = {}_{\max}\delta \cdot \frac{a}{h}. \tag{377}$$

Wird die Säule kegelig in der Grundplatte eingesetzt (Abb. 803), so erhält sie eine Neigung entsprechend $\operatorname{tg}\alpha = 0{,}04$ bis $0{,}07$. Sitzt sie zylindrisch in der Grundplatte (Abb. 804), so muß die Bundfläche so groß sein, daß der Flächendruck an der Grundplatte den zulässigen Wert nicht überschreitet. Waagerechte Nabenkräfte (Abb. 803 und 805): $H_0 = H \cdot h : h_0$.

Zulässiger Flächendruck für Stahl auf Gußeisen: $\sigma_{\text{zul}} = 500$ bis $700\,\text{kg/cm}^2$,
Zulässiger Flächendruck für Stahl auf Stahl: $\sigma_{\text{zul}} = 800$ bis $1200\,\text{kg/cm}^2$.

Traverse (Abb. 811). Sie überträgt die Gewichte der Last und des drehbaren Teils, sowie die aus den Kippmomenten herrührende obere waagerechte Kraft auf den Stützzapfen und ist daher mit einem Längs- und Querlager ausgerüstet. Sie wird in der Regel aus Stahl geschmiedet und ist mittels seitlicher Zapfen in den Auslegerschilden eingesetzt. An diesen Zapfen greifen auch die Zugstangen des Auslegers, sofern sie nicht an den Schilden angenietet sind, gelenkig an. Das gleiche gilt von den Zugstangen des Gegengewichtauslegers. Die Traverse wird auch mitunter in Stahlguß hergestellt oder aus zwei [-Eisen mit eingesetztem Lagerkörper aus Gußeisen oder Stahlguß gebildet. Die Spurplatte (Werkstoff: St 70 · 11) wird ringförmig ausgeführt und gehärtet.

Die Traverse wird durch die senkrechte Kraft V und die waagerechte Kraft H auf Biegung beansprucht (Abb. 812 bis 815). Gefährlicher Querschnitt in der Traversenmitte.

Größtes Biegemoment in der senkrechten Belastungsebene (Abb. 813):

$$M_v = V \cdot \frac{l_1}{4} \ldots \text{kgcm}. \qquad (378)$$

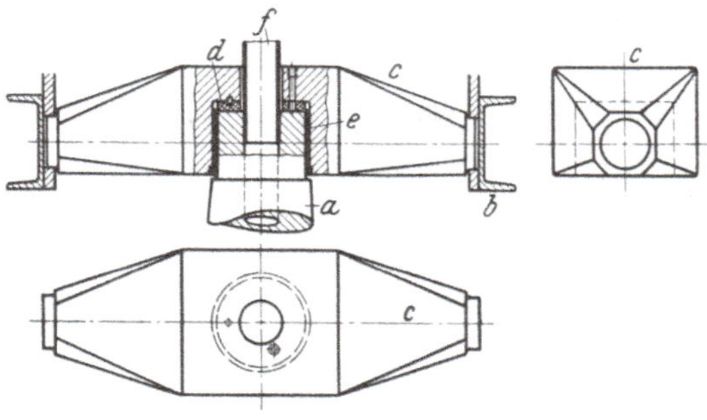

Abb. 811. Gestaltung der Traverse. (Losenhausenwerk.)
a Kransäule; *b* Ausleger; *c* aus Vierkantstahl geschmiedete Traverse; *d* Spurplatte; *e* Lagerbüchse; *f* Rohr zum Durchführen des Kabels.

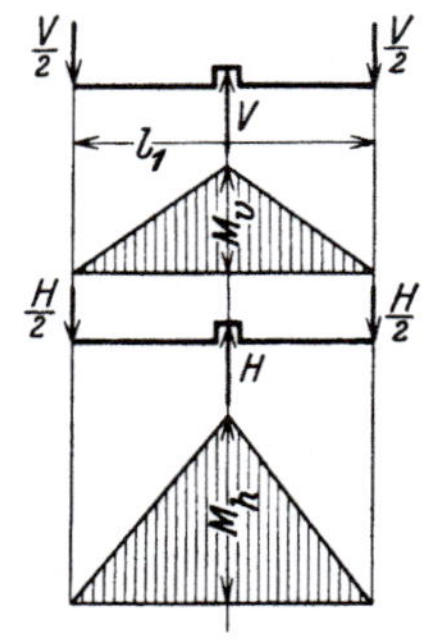

Abb. 812 bis 815. Berechnung der Traverse.

Größtes Biegemoment in der waagerechten Belastungsebene (Abb. 815):

$$M_h = H \cdot \frac{l_1}{4} \ldots \text{kgcm}. \qquad (379)$$

Der gefährliche Querschnitt hat die Form auf Abb. 816.

Nach Berechnung der äußersten Faserabstände e_1 und e_2, der Trägheitsmomente J_x und J_y, sowie der Widerstandsmomente $W_1 = \frac{J_x}{e_1}$ bzw. $W_2 = \frac{J_x}{e_2}$ und $W_y = \frac{J_y}{b/2}$ werden die Biegespannungen σ_v' und σ_h' in den beiden Belastungsebenen bestimmt und zu resultierenden Biegespannungen σ' zusammengesetzt.

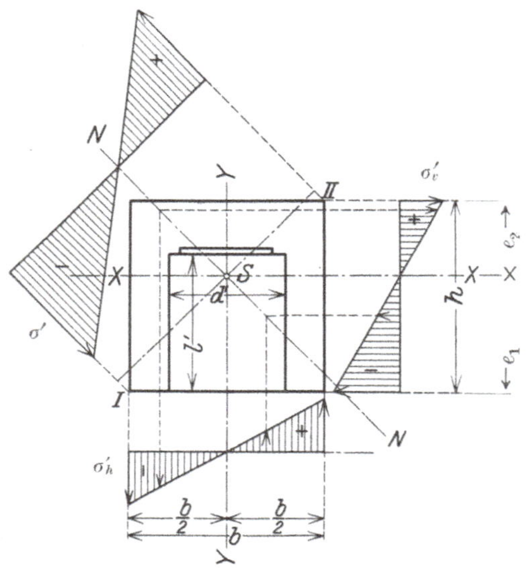

Abb. 816. Spannungsdiagramm des gefährlichen Traversenquerschnittes.

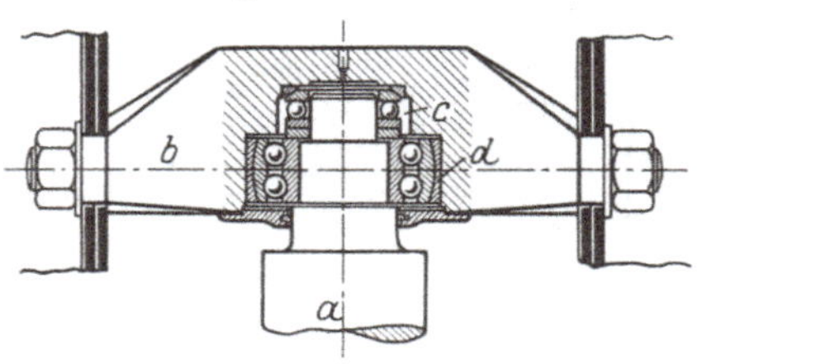

Abb. 817. Traverse mit Kugellagern. (Defries.)
a Kransäule; *b* Traverse; *c* Längslager mit Einstellscheibe; *d* einstellbares Querlager.

Die Spannungsprüfung des Querschnittes ergibt eine größte Druckspannung bei I (Abb. 815)

$$\sigma' = -\frac{M_v}{W_1} - \frac{M_h}{W_y} \ldots \text{kg/cm}^2 \qquad (380)$$

und eine größte Zugspannung bei II:

$$\sigma' = +\frac{M_v}{W_2} + \frac{M_h}{W_y} \ldots \text{kg/cm}^2, \qquad (381)$$

von denen die erstere den Größtwert hat.

Abb. 816 zeigt den Verlauf der resultierenden Biegespannungen σ', bezogen auf die Achse $N - N$, die, wie aus der Abbildung ersichtlich, zeichnerisch bestimmt werden kann.

Zulässige Biegespannung: Stahl (St 34 · 11): $\sigma_{zul} = 600$ bis 800 kg/cm²;
Stahlguß (Stg 38 · 81): $= 500$ „ 700 „ .

Die Traversenzapfen sind mit dem halben resultierenden Zapfendruck P_r (Abb. 801) auf Biegung zu berechnen und auf Flächendruck nachzuprüfen.

Abb. 817 zeigt die Ausführung einer Traverse mit Kugellagern für einen freistehenden Drehkran von 5 t Tragkraft, 3 m Ausladung und 3,6 m Rollenhöhe.

In Rücksicht auf möglichst niedrige Herstellungskosten führt man meist nur das Längslager als Kugellager aus.

Unteres Querlager. Bei kleinen Kranen wird es als gewöhnliches Halslager oder mit einer Druckrolle an der Auslegerseite ausgeführt. Größere Krane erhalten zwei vordere Druckrollen und bei Anwendung eines Gegengewichtes ein vorderes und ein hinteres Druckrollenpaar (Abb. 819), die in einem Kasten am unteren Auslegerteil gelagert sind und sich auf dem Ansatz der Kransäule abwälzen.

Bezeichnen mit Bezug auf Abb. 803, S. 366, H den waagerechten Lagerdruck und 2α den Winkel der beiden Druckrollen, so ist der Druck einer Rolle auf die Säule:

$$N = \frac{H}{2\cos\alpha}. \tag{382}$$

Wird $\alpha = 30°$ angenommen, so ist $N \approx 0{,}58\,H$.

Werkstoff der Rollen: Je nach Beanspruchung Gußeisen (Ge 22·91), Stahlguß (Stg 38·81) oder Stahl (St 34·11). Die Rollen (Abb. 818) werden aus baulichen Gründen möglichst klein ausgeführt. Sie erhalten schwachballiges Kranzprofil und laufen lose auf den durch Achshalter festgestellten Bolzen.

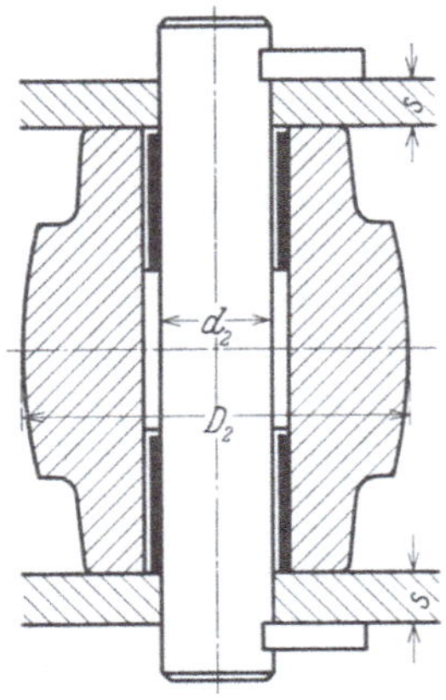

Abb. 818.

Man nehme zunächst den Bolzendurchmesser d_2 (Abb. 818) schätzungsweise an und entwerfe die Rolle, die je nach der Betriebsart des Kranes ohne oder mit Rotgußbüchsen versehen wird. Vorläufiger Rollendurchmesser

$$D_2 \approx 2{,}5\,d_2 \text{ bis } 3{,}0\,d_2. \tag{383}$$

Darnach ermittle man die Biegespannung des Rollenbolzens und prüfe den Flächendruck zwischen Büchse und Bolzen nach.

Abb. 819 zeigt die Gestaltung des Rollenkastens für einen Drehkran mit Gegengewicht.

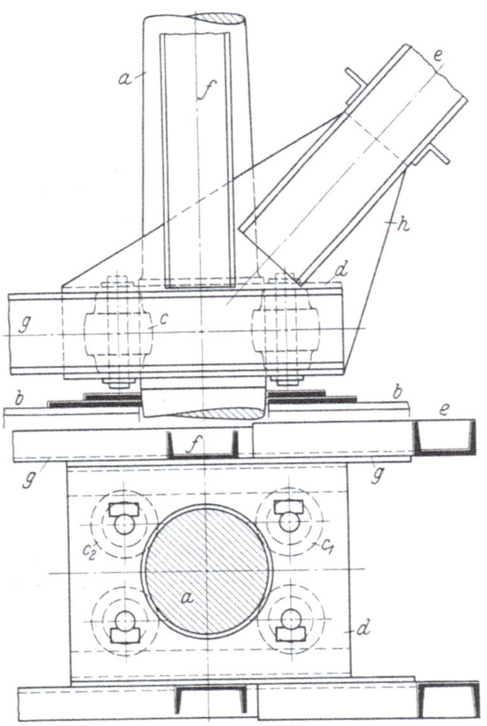

Abb. 819. Rollenkasten zu einem freistehenden Drehkran. *a* Stahlsäule, in der Grundplatte *b* eingesetzt; c_1–c_2 Rollen; *d* Rollenkasten; *e–f–g* Fachwerkstäbe zum Ausleger; *h* Knotenbleche zum Ausleger.

Bei Drehkranen mit Fachwerksäule wird das untere Querlager meist sechsrollig (Abb. 845, S. 376) ausgeführt. Die noch hinzugetretenen seitlichen Rollen nehmen am Ausleger wirkende zusätzliche Kräfte (durch Winddruck, Lastpendeln u. dgl.) auf.

Bei kleineren Drehkranen, wie den Lokomotiv-Bekohlkranen nach Abbildung 800, S. 365, wird der drehbare Teil auch vollständig mit Kugellagern ausgerüstet.

d) Drehwerk.

Drehwiderstand. Bei der für Krane mittlerer Tragkraft und Ausladung (5 bis 10 t bzw. 4 bis 6 m) meist angewendeten Lagerung mit der Traverse nach Abb. 811 und dem unteren vierrolligen Querlager (Abbildung 803, S. 366) ist das Gesamtreibungsmoment[1]:

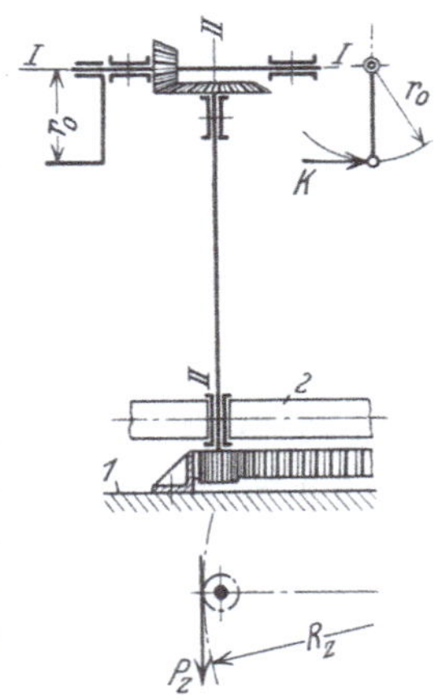

Abb. 820. Drehwerk mit Handantrieb. (Schematische Darstellung.) *1* Grundplatte; *2* drehbare Plattform.

$$\left.\begin{aligned} M_r = W_r \cdot a = V\mu_1 \cdot \frac{r + r_0}{2} + H\mu \cdot r \\ + 2N\mu \cdot R_1 \cdot \frac{r_2}{R_2} + 2Nf \cdot \frac{R_1 + R_2}{R_2}, \end{aligned}\right\} \tag{384}$$

wobei W_r den auf die Auslegerspitze bezogenen Drehwiderstand bedeutet.

Die Lagerdrucke V, H und der Rollendruck N werden nach den Gleichungen (370) bzw. (371) und (382) berechnet, $\mu = \mu_1 \approx 0{,}1$. Hebelarm der rollenden Reibung: $f \approx 0{,}05$ cm.

[1] Z. V. d. I. 1914, S. 38: Füsgen, Berechnung des Schwenkwiderstandes der Drehkrane. Desgl. S. 358: Zuschriften zu den Ausführungen.

Beispiel für Einbau von Kugellagern s. Abb. 817, S. 368.

Im allgemeinen wird man sich jedoch, um die Anlagekosten möglichst niedrig zu halten, damit begnügen, nur das Längslager als Kugellager auszuführen.

Für das als Kugellager ausgeführte Längslager kann man die Reibungszahl zu $\mu \approx 0{,}01$ annehmen. Die Reibung des Längslagers ist daher auf $\sim 1/_{10}$ vermindert und kann dann bei der Berechnung des Drehwiderstandes [Gleichung (384)] vernachlässigt werden.

Krane mit geringem Drehwiderstand werden ohne Drehwerk ausgeführt. Der Ausleger wird dann durch seitlichen Druck auf die Last oder auf die Druckstrebe geschwenkt. Der an der Last auszuübende waagerechte Druck ist gleich dem auf die Auslegerspitze bezogenen, nach Gleichung (384) berechneten Drehwiderstand $W_r = M_r/a$.

Beispiel Nr. 11. Für einen freistehenden Drehkran (Rampenkran) mit elektrischem Hubwerk ist die Lagerung des drehbaren Auslegers zu berechnen. Gestaltung des Kranes nach Abb. 797, S. 363.

Tragkraft: $Q = 5$ t; Ausladung: $a = 4{,}5$ m; Rollenhöhe: $h_r = 5{,}0$ m; Rollenhöhe über S.O.: 6,2 m; theoretische Säulenhöhe: $h = 2{,}0$ m; Hubgeschwindigkeit: $v_1 = 5$ m/min; Stromart: Gleichstrom 440 V.

Ausführung ohne Drehwerk.

1. Auslegerstützkräfte. Gewicht des drehbaren Teils: $G_1 \approx 1800$ kg ang. Schwerpunktsabstand: $e_1 = 1{,}0$ m ang. (Abb. 797, S. 363).

Senkrechte Auslegerstützkraft: $V = Q + G_1 = 5000 + 1800 = 6800$ kg.

Waagerechte Auslegerstützkräfte (Gl. (371), S. 365):

$$H = \frac{1}{h} \cdot (Q \cdot a + G_1 \cdot e_1) = \frac{1}{2{,}0} \cdot (5000 \cdot 4{,}5 + 1800 \cdot 1{,}0) \approx 12000 \text{ kg}.$$

2. Kransäule. Werkstoff: St 42 · 11. Biegemoment: ${}_{\max}M = H \cdot h = 12000 \cdot 200 = 2400000$ kgcm.

Zulässige Biegebeanspruchung: $\sigma_{zul} \approx 1000$ kg/cm² ang. Gefährlicher Querschnitt an der Einspannstelle

$$W_{erf} = \frac{{}_{\max}M}{\sigma_{zul}} = \frac{2400000}{1000} = 2400 \text{ cm}^3.$$

Gewählt: $D = 290$ mm; $W_{vorh} = 2394$ cm³; $F_{vorh} = 660{,}5$ cm³.

Biegespannung: $\sigma' \approx 1005$ kg/cm²; Druckspannung: $\sigma \approx -10$ kg/cm².

Resultierende Spannung: $\sigma_r = -\sigma' - \sigma = -1005 - 10 = -1015$ kg/cm².

Zapfen: Biegemoment: $M = H \cdot y = 12000 \cdot 8{,}5 \approx 102000$ kgcm.

Durchmesser: $d = 110$ mm ang. $W = 130{,}7$ cm³; $F = 95{,}03$ cm².

Biegespannung: $\sigma' = \dfrac{102000}{130{,}7} \approx -782$ kg/cm²; Druckspannung: $\sigma = \dfrac{6800}{95{,}03} \approx -71$ kg/cm²;

Resultierende Spannung: $\sigma_r = -782 - 71 = -853$ kg/cm². Zapfenlänge: $l' = 150$ mm ang.

Nach Aufzeichnen der kubischen Parabel (Abb. 805, S. 367) wird die kegelige Form der Säule festgelegt. $d_1 = 160$ mm; $D_1' = 270$ mm.

Höhe der ⊏-Eisen der sternförmigen Grundplatte (Abb. 805, S. 367): 260 mm. Stärke der Nabenbleche: $s = 20$ mm.

Theoretische Höhe der Grundplatte (Abb. 805, S. 367): $h_0 = 260 + 2 \cdot 20 = 300$ mm.

Waagerechte Nabenkräfte: $H_0 = H \cdot \dfrac{h}{h_0} = 12000 \cdot \dfrac{2000}{300} \approx 80000$ kg.

Flächendruck in der unteren Nabenbohrung:

$$\sigma = \frac{H_0}{2 \cdot s \cdot D''} = \frac{80000}{2 \cdot 2 \cdot 26} \approx -770 \text{ kg/cm}^2; \quad \sigma_{zul} \approx 1500 \text{ bis } 2000 \text{ kg/cm}^2.$$

Durchbiegung der Säule am Angriff der oberen waagerechten Kraft (Abb. 805 bis 810, S. 367).

Längenmaßstab: 1 : 10. Momentenmaßstab: 1 cm = 500000 kgcm.

$\dfrac{M}{J}$-Maßstab: 1 cm = 10 kg/cm³; Kräftemaßstab: 1 cm² = 100 kg/cm²; Polygon-Kräftemaßstab: 1 cm = 2000 kg/cm².

Polentfernung: $H_p = 8$ cm. Elastizitätsmaß: $E = 2100000$ kg/cm².

Durchbiegung (Gl. (376), S. 367):

$$\delta = \frac{1}{E} \cdot \left(H_{p\,(\text{cm})} \cdot b\, \frac{\text{kgcm}^{-2}}{\text{cm}}\right) \cdot \left(y_{\text{cm}} \cdot a\, \frac{\text{cm}}{\text{cm}}\right) = \frac{1}{2100000} \cdot (8 \cdot 2000) \cdot (15{,}4 \cdot 10) \approx 1{,}17 \text{ cm}.$$

Verhältnis der Durchbiegung zur Ausladung: $\dfrac{\delta}{a} = \dfrac{1{,}17}{450} \approx \dfrac{1}{385}$.

3. Traverse (Abb. 811, S. 368)[1]. Zapfendurchmesser: $d = 110$ mm; Stärke der Lagerbüchse: $s = 8$ mm; Länge: $l = 120$ mm. Außendurchmesser der Spurplatte (bei 2 mm Abphasung): $d'd_1 = 106$ mm; Innendurchmesser: $d_0 = 20$ mm.

Werkstoff der Traverse: St 34 · 11, der Spurplatte: St 70 · 11, der Lagerbüchse: Rg 9.

Flächendruck zwischen Spurplatte und Zapfen:

$$\sigma_1 = \frac{V}{(d')^2 \frac{\pi}{4} - d_0^2 \frac{\pi}{4}} = \frac{6800}{10{,}6^2 \frac{\pi}{4} - 2^2 \frac{\pi}{4}} \approx -80 \text{ kg/cm}^2; \quad \sigma_{zul} = 80 \text{ bis } 150 \text{ kg/cm}^2.$$

[1] Die in der Abbildung vorgesehene Bohrung in der Säule und Traverse ist bei diesem Kran nicht vorhanden.

Flächendruck zwischen Lagerbüchse und Zapfen:

$$\sigma_2 = \frac{H}{l \cdot d} = \frac{12000}{12 \cdot 11} \approx -91 \text{ kg/cm}^2; \quad \sigma_{zul} = 80 \text{ bis } 120 \text{ kg/cm}^2.$$

Die Traverse werde aus Vierkanteisen 200 × 200 mm geschmiedet. Ausführung nach Abb. 811, S. 368[1]. Gefährlicher Querschnitt nach Abb. 816, S. 368. Abmessungen: $h = b = 200$ mm; $d = 110$ mm; $d' = d + 2 \cdot s = 110 + 2 \cdot 8 = 126$ mm; $l' = 140$ mm.

Schwerpunktsabstände: $e_1 = 12{,}25$ cm; $e_2 = 7{,}75$ cm. Trägheitsmoment: $J_x = 7559{,}7 \text{ cm}^4$.

Widerstandsmomente: $W_1 = \frac{J_x}{e_1} = \frac{7559{,}7}{12{,}25} \approx 618 \text{ cm}^3$; $\quad W_2 = \frac{J_x}{e_2} = \frac{7559{,}7}{7{,}75} \approx 976 \text{ cm}^3$.

Trägheitsmoment: $J_y = 10917 \text{ cm}^4$. Widerstandsmoment: $W_y = \frac{J_y}{b/2} = \frac{10917}{10} \approx 1092 \text{ cm}^3$.

Lichte Breite des Auslegers an der Traverse: 500 mm; Stützweite (Mitte Zapfen bis Mitte Zapfen): $l_1 = 530$ mm (Abb. 812 bis 815).

Senkrechtes Biegemoment: $M_v = V \cdot \frac{l_1}{4} = 6800 \cdot \frac{53}{4} \approx 90000$ kgcm.

Biegebeanspruchungen: $-\sigma_v' = \frac{M_v}{W_1} = \frac{90000}{618} \approx 145 \text{ kg/cm}^2$; $\quad +\sigma_v' = \frac{M_v}{W_2} = \frac{90000}{976} \approx 92 \text{ kg/cm}^2$.

Waagerechtes Biegemoment:

$$M_h = H \cdot \frac{l_1}{4} = 12000 \cdot \frac{53}{4} \approx 159000 \text{ kgcm}. \quad \sigma_h' = \frac{M_h}{W_y} = \frac{159000}{1092} \approx \pm 145 \text{ kg/cm}^2.$$

Resultierende Biegebeanspruchungen: $\sigma_{r\,I} = -\sigma_v' - \sigma_h' = -145 - 145 = -290 \text{ kg/cm}^2$.

$\sigma_{r\,II} = +\sigma_v' + \sigma_h' = +92 + 145 = +237 \text{ kg/cm}^2$.

$\sigma_{zul} = 800$ bis 1000 kg/cm^2.

4. Unteres Querlager. Es besteht aus zwei Rollen, die sich auf dem Säulenansatz abwälzen (Abb. 803, S. 366). Winkel der Rollendruckrichtungen (Abb. 803, S. 366): $2\alpha = 60°$ ang.

Druck einer Rolle auf die Säule [Gleichung (382), S. 369]:

$$N = \frac{H}{2 \cos 30°} = \approx 0{,}58\,H = 0{,}58 \cdot 12000 \approx 6950 \text{ kg}.$$

Gestaltung der Rolle nach Abb. 818, S. 369.

Rollendurchmesser: $D_2 = 150$ mm ang. Bolzendurchmesser: $d_2 = 50$ mm ang. Büchsenlänge: $l_2 = 60$ mm; Büchsenabstand: $l_0 = 40$ mm; Nabenlänge der Rolle: 160 mm. Obere und untere Blechstärke des Rollenkastens: $s = 15$ mm.

Berechnung des Rollenbolzens nach den Angaben S. 57 unter 5.

Mit dem größten Rollendruck N wird das Biegemoment:

$$M = \frac{N}{2} \cdot \frac{l_2 + s}{2} = \frac{6950}{2} \cdot \frac{6 + 1{,}5}{2} \approx 13000 \text{ kgcm}.$$

Biegebeanspruchung: $\sigma' = \frac{M}{W} = \frac{13000}{12{,}27} \approx 1060 \text{ kg/cm}^2$.

Flächendruck zwischen Büchse und Bolzen (Rg 9/St 50 · 11):

$$\sigma_1 = \frac{N}{2 \cdot l_2 \cdot d_2} = \frac{6950}{2 \cdot 6 \cdot 5} \approx 116 \text{ kg/cm}^2.$$

Flächendruck zwischen Bolzen und Blech (St 50 · 11/St 37 · 21):

$$\sigma_2 = \frac{N}{2 \cdot s \cdot d_2} = \frac{6950}{2 \cdot 1{,}5 \cdot 5} \approx 462 \text{ kg/cm}^2.$$

5. Drehwiderstand. Der an der Auslegerspitze wirkend gedachte Drehwiderstand ist nach Gl. (384), S. 369:

$$W_r = \frac{1}{a} \cdot \left(V \mu_1 \frac{r + r_0}{2} + H \mu \cdot r + 2 N \mu \cdot \frac{r_2}{R_2} \cdot R_1 + 2 N f \cdot \frac{R_1 + R_2}{R_2} \right) \ldots \text{kg}$$

$$= \frac{1}{450} \cdot \left(6800 \cdot 0{,}1 \frac{5{,}5 + 1{,}0}{2} + 12000 \cdot 0{,}1 \cdot 5{,}5 + 2 \cdot 6950 \cdot 0{,}1 \cdot \frac{2{,}5}{7{,}5} \cdot 14{,}5 + 2 \cdot 6950 \cdot 0{,}05 \cdot \frac{14{,}5 + 7{,}5}{7{,}5} \right) = \approx 40 \text{ kg}.$$

Zum Drehen des vollbelasteten Auslegers muß daher an der Last ein waagerechter Druck von 40 kg ausgeübt werden. Wird die Höchstlast öfters gefördert, so ist die Anordnung eines von Hand bedienten Drehwerkes angebracht, das nach Abb. 820, S. 369, ausgeführt wird.

Antrieb des Drehwerks von Hand. Bedeuten mit Bezug auf Abb. 820, S. 369, M_r das auf Mitte Säule bezogene Moment des Drehwiderstandes nebst einem Sicherheitszuschlag von etwa 25%, $M_K = K \cdot r_0$ das Kraftmoment der Antriebswelle und η den Wirkungsgrad des Drehwerks, so ist die erforderliche Übersetzung:

$$i = \frac{\eta \cdot M_K}{M_r}. \tag{385}$$

Zulässiger Kurbeldruck und Kurbelarmlänge s. S. 63, Höhe der Kurbelwelle über dem Standort des Arbeiters: 900 bis 1000 mm.

[1] Siehe Fußnote 1, S. 370.

Das Drehwerk wird entweder auf der Druckstrebe des Auslegers oder auf einer am Auslegerunterteil angebauten Plattform angeordnet.

Die Kurbelbewegung wird mittels eines Kegelrädergetriebes auf eine senkrechte Welle übertragen. Bei kleinerer erforderlicher Übersetzung (Abb. 820) sitzt auf deren unterem Ende ein Ritzel, das sich auf einem auf der Grundplatte aufgeschraubten Zahnkranz abwälzt.

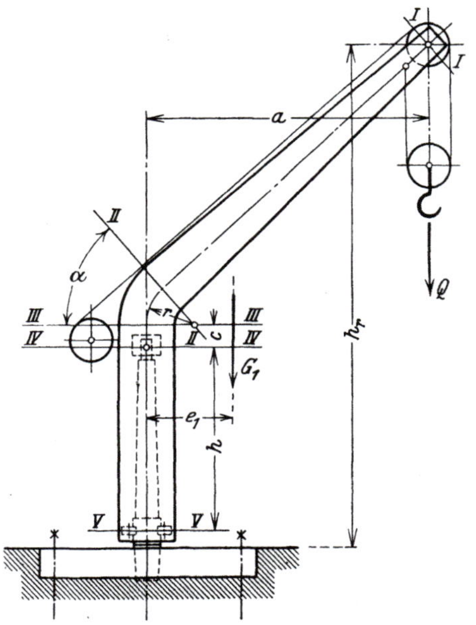

Abb. 821. Vollwandausleger (Berechnung).

Zahndruck des Zahnkranzes:

$$P_z = \frac{M_r}{R_z} = W_r \cdot \frac{a}{R_z}. \qquad (386)$$

Verzahnung Außen- oder Innenverzahnung (s. S. 68). Wirkungsgrad des Drehwerks bei Rädern mit gegossenen Zähnen: $\eta \approx 0{,}85$, bei Rädern mit bearbeiteten Zähnen $\eta \approx 0{,}90$.

Bei größerer Übersetzung wird ein weiteres Stirnrädervorgelege zwischen dem Kegelrädergetriebe und dem Zahnkranzritzel vorgesehen. Wirkungsgrad bei gegossenen Zähnen $\eta \approx 0{,}75$, bei bearbeiteten Zähnen $\eta \approx 0{,}85$.

Unbeabsichtigtes Drehen des Kranes (durch Windkraft) kann durch ein in beiden Drehrichtungen wirkendes Sperrwerk verhindert werden.

Bezeichnet n_k die Drehzahl der Kurbelwelle (10 bis 12 i. d. Minute), so ist die Drehzahl des Auslegers:

$$n_a = i \cdot n_k$$

und die Schwenkgeschwindigkeit an der Auslegerspitze:

$$v = 2 a \pi \cdot n_a \ldots \text{m/min}, \qquad (387)$$

wobei die Ausladung a in m einzusetzen ist.

Elektrischer Antrieb des Drehwerks. Berechnung und Gestaltung s. S. 383 unter „Drehscheibenkrane".

ε) Ausleger.

Vollwandträger. Diese Ausführung (Abb. 821) wird im allgemeinen nur bei Kranen ohne Gegengewicht angewendet und hat den Vorzug eines großen freien Profils unterhalb des Auslegers.

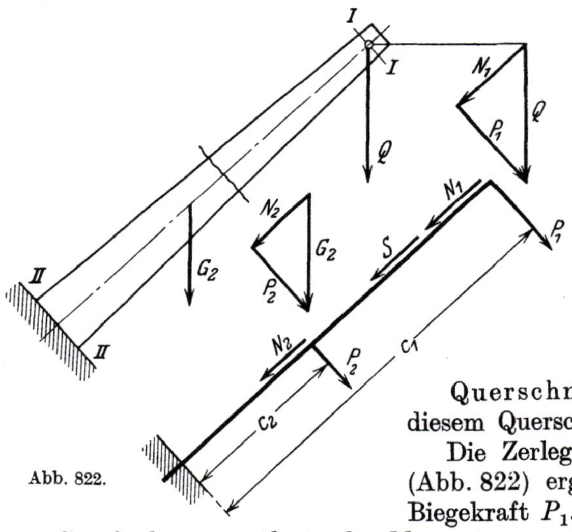

Abb. 822.

Der Träger wird gefühlsmäßig entworfen und erhält kastenförmigen Querschnitt. Am gekrümmten Trägerteil sind oben und unten Gurtplatten (Abb. 799, S. 364) erforderlich. An den anderen Stellen sind beide Trägerhälften durch einen Querverband miteinander verbunden.

Für die Spannungsermittelung werden die Querschnitte II—II (schräges Oberteil), III—III (gekrümmtes Mittelteil) und IV—IV (gerades Unterteil) untersucht.

Es bezeichnen Q die Höchstlast und $S = Q/2$ den Seilzug in kg.

Querschnitt II—II. Das schräge Oberteil wird in diesem Querschnitt als eingespannt betrachtet (Abb. 822).

Die Zerlegung von Q senkrecht und in der Stabrichtung (Abb. 822) ergibt die Normalkraft (Druckkraft) N_1 und die Biegekraft P_1. Als weitere Normalkraft tritt noch der Seilzug S auf, dessen entlastendes Moment vernachlässigt wird.

Die Zerlegung des schätzungsweise berechneten Eigengewichts G_2 ergibt noch die Normalkraft N_2 und die Biegekraft P_2.

$$\left.\begin{aligned} &\text{Biegemoment}^1\text{:} \quad & M_{II} &= P_1 \cdot c_1 + P_2 \cdot c_2 \ldots \text{kgcm}, \\ &\text{Normalkraft:} \quad & N_{II} &= N_1 + N_2 + S \ldots \text{kg}. \end{aligned}\right\} \qquad (388)$$

[1] Biegemoment und Normalkraft sind nach den BEK (DIN 120) auf eine gedachte ruhende Belastung umzurechnen. Siehe S. 266.

Bezeichnen W_2 das Widerstandsmoment des Querschnittes (Abb. 823) in cm³ und F_2 die Querschnittsfläche in cm², so ist die resultierende Spannung (ohne Berücksichtigung der Schubkraft):

$$\sigma_r = \pm\sigma' - \sigma = \pm\frac{M_{II}}{W_2} - \frac{N_{II}}{F_2} \ldots \mathrm{kg/cm^2}. \qquad (389)$$

Spannungsdiagramm s. Abb. 824.

Mit Berücksichtigung der Schubkraft $P = P_1 + P_2$ und der Schubspannung $\tau = P : F_2 \ldots \mathrm{kg/cm^2}$ wird nach der Schubspannungstheorie:

$$\sigma_{rS} = \sqrt{(\sigma' + \sigma)^2 + 4(\alpha_0\tau)^2} \ldots \mathrm{kg/cm^2}, \qquad (390)$$

wobei α_0 das Anstrengungsverhältnis bedeutet.

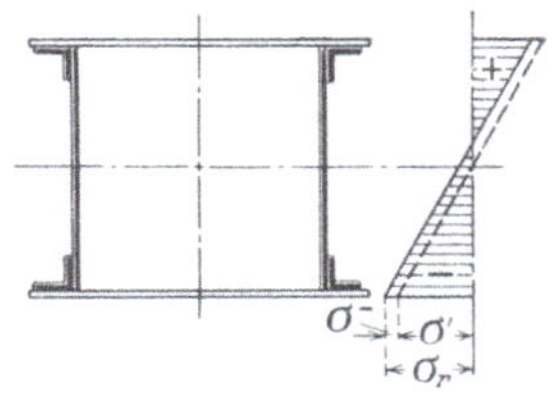

Abb. 823 und 824.

Querschnitt *III — III*. Das gekrümmte Mittelteil (Abb. 825) wird nach der Bachschen Gleichung für gekrümmte Stäbe gerechnet.

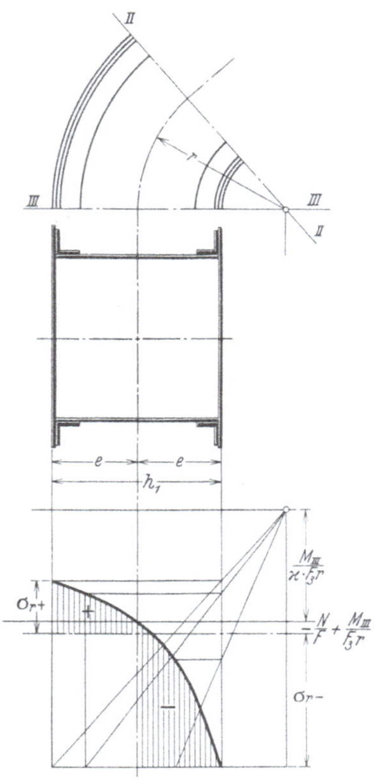

Abb. 825 und 826.

$$\left.\begin{array}{ll}\text{Biegemoment:} & M_{III} = Q\cdot a + G_1 e_1 \ldots \mathrm{kgcm},\\ \text{Normalkraft:} & N_{III} = Q + G_1 \ldots \mathrm{kg}.\end{array}\right\} \quad (391) \text{ und } (392)$$

Resultierende Spannung an der äußeren bzw. inneren Faser:

$$\sigma_r = -\frac{N_{II}}{F_3} + \frac{M_{III}}{F_3\cdot r} \pm \frac{M_{III}}{\varkappa\cdot F_3\cdot r}\cdot\frac{e}{r\pm e} \ldots \mathrm{kg/cm^2}, \qquad (393)$$

wobei r den mittleren Krümmungshalbmesser bedeutet. Die Größe $\varkappa$ kann nach Bantlin[1] zeichnerisch bestimmt werden. Berücksichtigung der durch die Querkräfte erzeugten Normalspannungen und Formänderungen nach Pfleiderer[2].

Das obere Zeichen in Gleichung (393) gilt für die äußere Faser (Zugfaser), das untere für die innere Faser (Druckfaser) des Querschnittes. Abb. 826: Spannungshyperbel.

Querschnitt *IV—IV* (Abbildung 821).

Biegemoment: $M_{IV} = M_{III}$;
Normalkraft: $N_{IV} = N_{III}$.

Resultierende Spannung:

$$\left.\begin{array}{l}\sigma_r = \pm\sigma' - \sigma = \pm\dfrac{M_{IV}}{W_4}\\ \quad - \dfrac{N_{IV}}{F_4} \ldots \mathrm{kg/cm^2}.\end{array}\right\} \quad (394)$$

Alle Querschnitte unterhalb von *IV — IV* erhalten nur Biegung. Verlauf des Biegemomentes des Stabes s. Abb. 827.

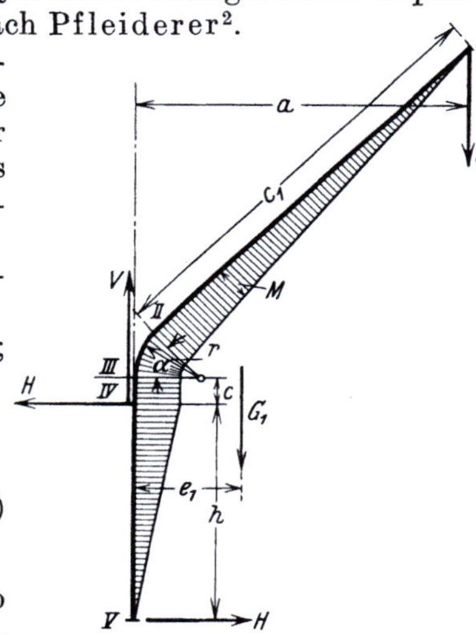

Abb. 827. Vollwandausleger (Verlauf des Biegemomentes).

Abb. 828 gibt eine zeichnerische Darstellung des Spannungsverlaufes des Trägers. Zulässige Spannung nach den BEK (DIN 120) s. S. 267.

Fachwerkausleger. Für Lokomotivbekohlkrane wird der Ausleger auch mit vollwandigem Unterteil und Fachwerkoberteil (Abb. 829a, S. 374) ausgeführt oder er wird, mit Ausnahme des gekrümmten Teils, ganz in Fachwerk gehalten (Abb. 830).

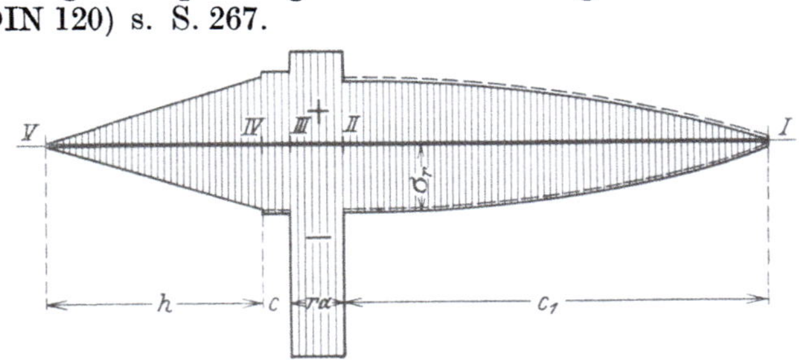

Abb. 828. Spannungsdiagramm zum Vollwandausleger Abb. 821.

Diese schlanken Fachwerke können für die Stabberechnung als gerade Biegestäbe aufgefaßt werden. Bezeichnen F_1 und F_2 die Gurtquerschnitte und e_1 bzw. e_2 deren Faserabstände, M das Biegemoment, N die Normalkraft (Druckkraft) und P die Schubkraft, so sind die Stabkräfte der Gurtstäbe bei verschwindend kleiner Blechstärke:

$$O = +\frac{M}{e_1 + e_2} - N\frac{e_1}{e_1 + e_2}; \qquad U = +\frac{M}{e_1 + e_2} + N\frac{e_2}{e_1 + e_2}. \qquad (395)$$

[1] Z. V. d. I. 1901, S. 164. [2] Desgl. 1907, S. 209.

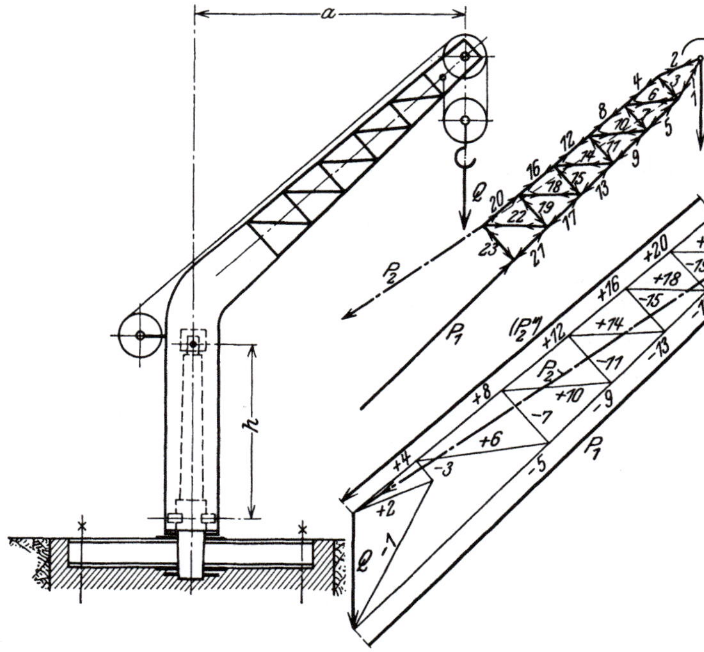

Abb. 829a bis c. Ausleger mit Fachwerkoberteil (Lastkräfteplan).

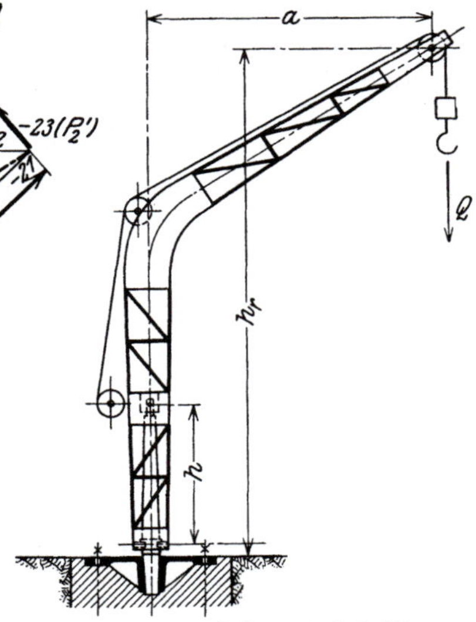

Abb. 830. Ausleger zu einem Lokomotiv-Bekohlkran. (Losenhausenwerk.)

Stabkraft der Diagonalen mit dem Neigungswinkel α:

$$D = \pm \frac{P}{\sin\alpha}\,. \tag{396}$$

Stabkraftbestimmung nach Cremona siehe Abb. 829b und c.

Meist erhält der Ausleger einfache Dreieckform wie bei dem Lokomotivbekohlkran Abb. 800. Bei Anordnung eines Gegengewichtes wird das System mit gerader (Abbildung 801, S. 366) oder mit geknickter Druckstrebe (Abb. 831) ausgeführt, die ein größeres freies Profil unterhalb des Auslegers bietet.

Für den Entwurf des Lastkräfteplanes mit Berücksichtigung des Seilzuges (Abb. 833) wird in gleicher Weise wie bei dem Wanddrehkran Abb. 737, S. 351, verfahren.

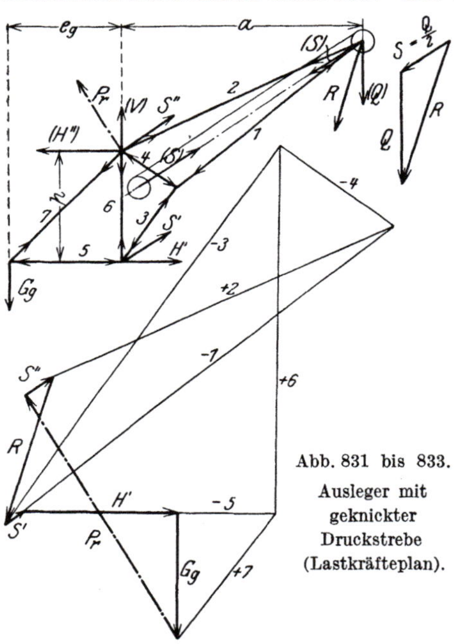

Abb. 831 bis 833. Ausleger mit geknickter Druckstrebe (Lastkräfteplan).

Belastungskräfte:

R, S', S'' und G_g.

Gegengewichtsgröße:

$$G_g = \frac{1}{2}\,Q \cdot \frac{a}{e_g}\,.$$

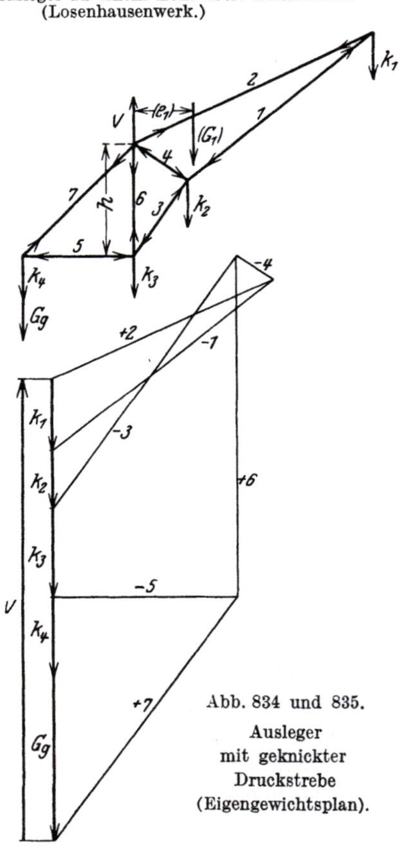

Abb. 834 und 835. Ausleger mit geknickter Druckstrebe (Eigengewichtsplan).

Abb. 835 gibt den Eigengewichtskräfteplan des Systems mit geknickter Druckstrebe. Das Eigengewicht G_1 des drehbaren Teils wird gefühlsmäßig auf die einzelnen Knoten verteilt und mit den Knotenlasten k_1, k_2 ... und dem Gegengewicht $G_g = G_1 \cdot \frac{e_1}{e_g}$ wird der Plan entworfen. Da das Gegengewichtsmoment gleich dem Eigengewichtsmoment ist, so treten in dem Kräfteplan keine waagerechten Stützkräfte auf.

Ausleger für Krane mit veränderlicher Ausladung. Ebenso wie bei den Drehkranen mit drehbarer Säule wird die Ausladung dadurch verändert, daß die Zug- oder Druckstrebe des einfachen Dreieckauslegers waagerecht angeordnet und als Katzenfahrbahn ausgebildet wird.

Bei dem Kran Abb. 836 dient die Druckstrebe als Katzenfahrbahn. Bestimmung des Gegengewichtes nach S. 364. Abb. 838, gibt den Lastkräfteplan des Auslegers für die in der größten Ausladung stehende vollbelastete Katze. Belastungskräfte: Q', V_0 und G_g. Gegengewichtsgröße nach Gleichung (369), S. 364, unter Einsetzen von $G_1 = 0$.

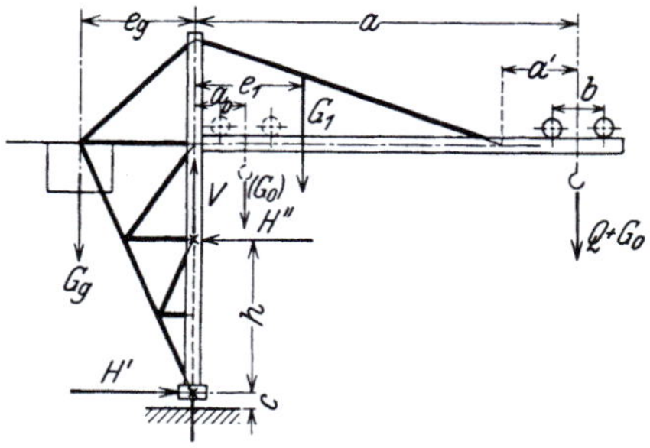

Abb. 836. Freistehender Drehkran von 7,5 t Tragkraft und 5,5 m Ausladung. (Schematische Darstellung.)
Arbeitsgeschwindigkeiten und Motoren:
Heben: 3 m/min; 7,5 PS bei 950 Uml/min
Katzenfahren: 15 m/min; 5,4 PS bei 950 Uml/min
Drehen: Von Hand. Stromart: Drehstrom 500 V, 50 Hz.

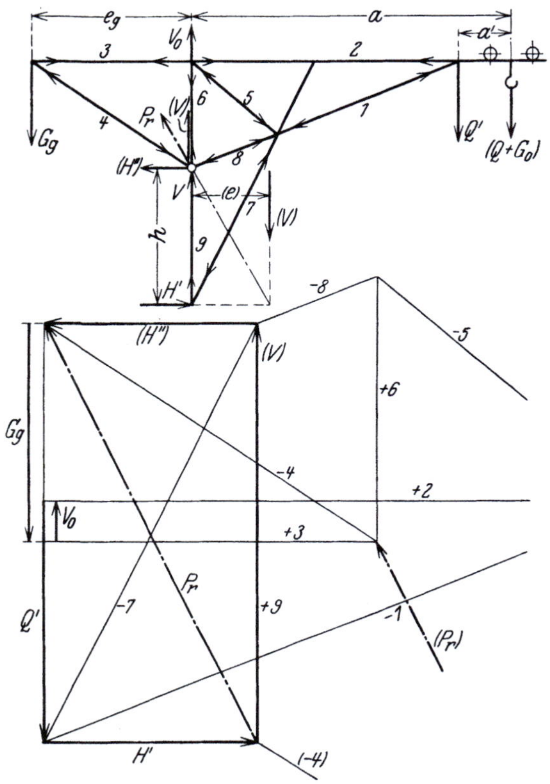

Abb. 840 und 841. Ausleger mit oben fahrender Katze (Lastkräfteplan).

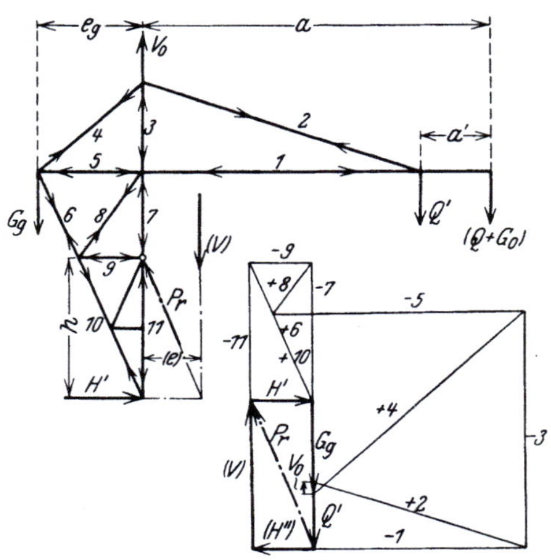

Abb. 837 und 838.
Lastkräfteplan zum Drehkranausleger Abb. 836.

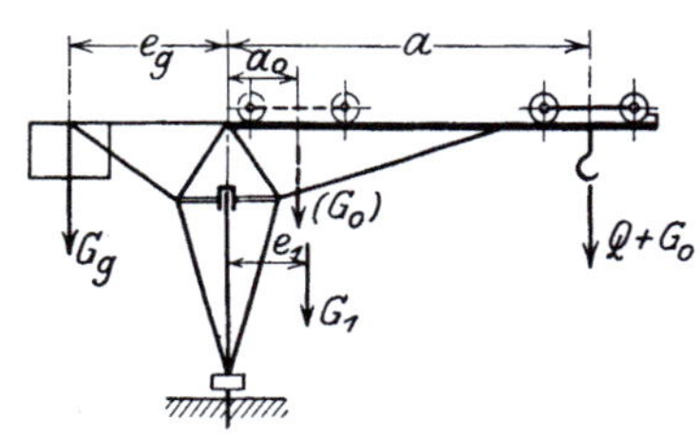

Abb. 842. Ausleger zu einem freistehenden Drehkran von 7,5 t Tragkraft und 6,6 m Ausladung. (Krupp-Grusonwerk.)

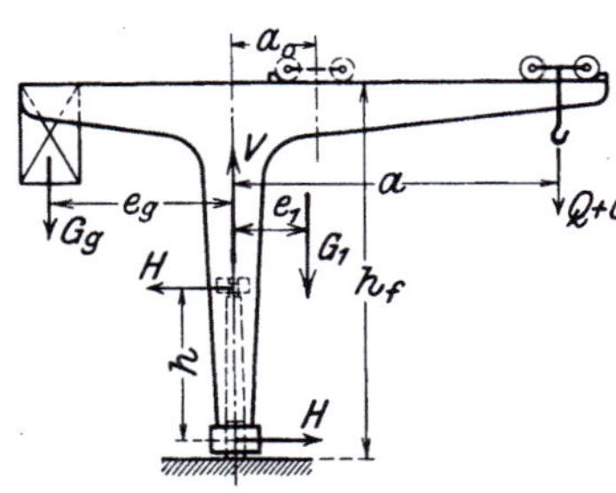

Abb. 839. Vollwandausleger mit Gegengewicht.

Vollwandige Ausleger erhalten bei veränderlicher Ausladung hammerförmige Gestalt (Abb. 839) und [- oder I-förmigen Querschnitt. Hinsichtlich der Berechnung des Vollwandauslegers wird auf S. 355 und 372 verwiesen. Eine Nachrechnung des gekrümmten Auslegerteils nach der Bachschen Gleichung (s. S. 373) ist hier kaum durchführbar und bei den stets reichlich großen Abmessungen und Querschnitten überflüssig.

Abb. 840 zeigt einen Fachwerkausleger mit waagerechter Zugstrebe, geknickter Druckstrebe und Gegengewicht. Belastungskräfte für den Entwurf des Lastkräfteplans (Abb. 841) wie bei Abb. 837 und 838.

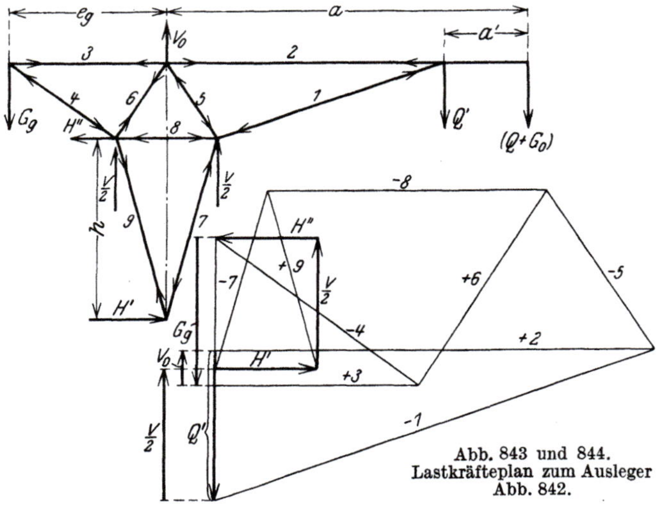

Abb. 843 und 844. Lastkräfteplan zum Ausleger Abb. 842.

Viel angewendet wird das System Abb. 842, dessen Lastkräfteplan in Abb. 844 gegeben ist. Die Biegebeanspruchung der Katzenfahrbahn wird bei dem System Abb. 842, ebenso wie bei Abb. 840, durch Einführen des daselbst nicht bezeichneten Stabes vermindert. Zusätzliche Beanspruchungen des Auslegers durch den Schrägzug der Last und die Massenkräfte der in der größten Ausladung stehenden Katze werden durch eine an dieser Stelle wirkend gedachte waagerechte Kraft von $^1/_{10}$ $(Q + G_0)$ genügend berücksichtigt.

Krane für große Ausladung und Hubhöhe, wie sie in Hafenanlagen und auf Schiffswerften angewendet werden,

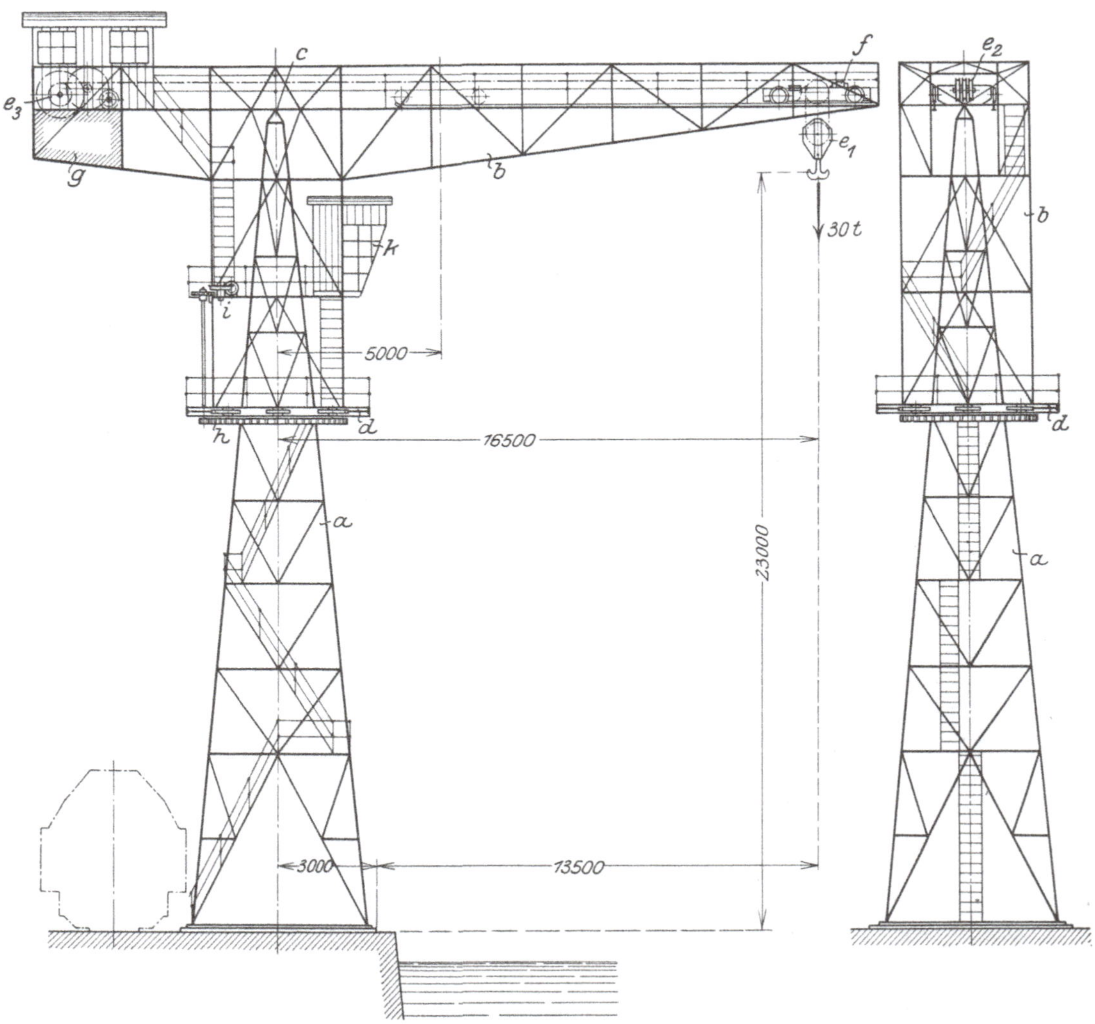

Abb. 845. Ortsfester Turmdrehkran von 30 t Tragkraft, 16,5 m größter Ausladung und 28 m Hubhöhe. (Kampnagel.) *a* feststehende, pyramidenförmige Fachwerksäule; *b* drehbarer, hammerförmiger Ausleger; *c* oberes Längs- und Querlager; *d* unteres Querlager (vierrolliges Rollenlager); e_1 vierrollige Hakenflasche, e_2 feste Rollen, e_3 Trommel zum Hubwerk; *f* Katzenfahrmotor; *g* Ausleger-Gegengewicht; *h* Triebstockkranz, an *a* befestigt; *i* Drehwerk; *k* Führerhaus.

Arbeitsgeschwindigkeiten und Motoren:			
Heben:	2,4 m/min;	30,8 PS bei 440 Uml/min	Stromart: Gleichstrom 500 bis 600 V.
Katzenfahren:	8,4 m/min;	13,5 PS bei 430 Uml/min	Elektrische Ausrüstung: AEG.
Drehen:	24[1] m/min;	13,5 PS bei 430 Uml/min	

[1] Voll belastete Katze in der größten Ausladung von 16,5 m.

erhalten eine feste Fachwerksäule mit quadratischem Querschnitt, die sich nach oben hin verjüngt (Abb. 845). Der Ausleger hat die Gestalt eines Hammers und ruht mit seinem haubenförmigen Unterteil auf der Säule. An dieser ist oben das Längs- und Querlager angeordnet. Das untere Querlager ist ein vier- oder sechsrolliges Rollenlager, dessen Rollen im Auslegerunterteil gelagert sind und sich auf einem, an der Fachwerksäule befestigten Kranz abwälzen. Die Katzenfahrbahn ist im Innern des Auslegers angeordnet und ermöglicht daher eine waagerechte Versteifung der beiden Auslegerhälften. Die Katze ist eine Seillaufkatze, deren Hub- und Fahrantrieb am hinteren Auslegerende fest angeordnet sind, wo sie die Wirkung des Gegengewichtes unterstützen.

Die vorstehend gekennzeichnete Bauart mit fester Fachwerksäule und hammerförmig gestaltetem Ausleger ist für ortfeste Schwerlastkrane (bis 300 t Tragkraft) die gegebene und ist von der Demag in verschiedenen Ausführungen angewendet worden. Siehe Abschnitt „Sonderkrane" (Werftkrane).

A 250 ton elektric hammerhead crane (Hammerkran mit Laufkatze für 250 t engl.) bei 32 m Ausladung und 100 t bei 56 m. Drehkrane auf dem Obergurt mit Hubwerken für 5 und 20 t. Größte Ausladung gegen Hammerkranmitte: 68 m. Heben (250 t): 10,6 m/min; Katzenfahren: 12 m/min; Drehen: 1 mal in 10 min. Der Haupthaken kann 49 m über und 14,6 m unter den Kai geführt werden. Stromart: Wechselstrom von 440 V. Engineer 1931 S. 492/94 (20 Abb.).

ζ) Gründung.

Grundplatte. Die Grundplatte erhält Sternform und wird bei kleineren Kranen (z. B. Lokomotivbekohlkranen) aus Gußeisen, bei größeren aus Profileisen, [- oder I-Eisen (Abb. 846) hergestellt. Sie wird zunächst gefühlsmäßig aufgezeichnet und dann auf Festigkeit untersucht.

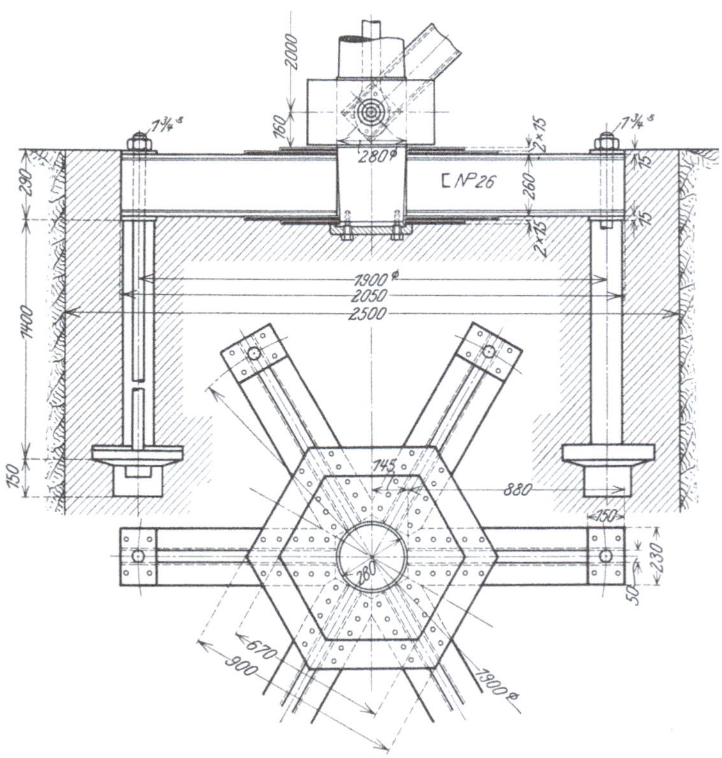

Abb. 846. Grundplatte zu einem freistehenden Drehkran von 5 t Tragkraft und 4,0 m Ausladung.

Die Nabe ist bei der meist kegelig eingesetzten Stahlsäule kräftig auszuführen. In der Bohrung der Säule tritt ein Kräftepaar $H_0 \cdot h_0 = H \cdot h$ auf (Abb. 805, S. 367). Wegen des kleinen Hebelarmes h_0 sind die Kräfte H_0 verhältnismäßig groß und erfordern eine genügend große Anlagefläche zwischen Säule und Nabenbohrung.

Flächendrucke:

$$\sigma' = \frac{H_0}{s \cdot D'} \text{ und } \sigma'' = \frac{H_0}{s \cdot D''}, \quad (397)$$

wobei D' bzw. D'' die Kegeldurchmesser und s die tragende Plattenstärke bedeuten.

Zulässiger Flächendruck für Stahl auf Gußeisen:

$$\sigma = 600 \text{ bis } 800 \text{ kg/cm}^2.$$

Zulässiger Flächendruck für Stahl auf Stahl:

$$\sigma = 800 \text{ bis } 1500 \text{ kg/cm}^2.$$

Die Grundplatte erhält entweder sechs oder acht Arme, die bei gußeiserner Grundplatte T- oder I-förmigen Querschnitt haben. Die Arme werden durch den Zug der Ankerschrauben auf Biegung beansprucht und dem Verlauf des Biegemomentes entsprechend von der Nabe gegen die Schraubenaugen zu verjüngt.

Wird die Grundplatte aus Walzeisen (St 37 · 12) hergestellt, so ist der Querschnitt (][oder I) symmetrisch.

Zulässige Biegebeanspruchung bei Gußeisen (Ge 14 · 91) $\sigma_{zul} = 200$ bis 400 kg/cm², bei Stahl (St 37 · 12) $\sigma_{zul} = 600$ bis 1200 kg/cm².

Die oberen und unteren Nabenbleche (Werkstoff: St 37 · 21) müssen durch eine genügende Anzahl Nieten an die Profileisenarme angeschlossen sein. Bei **I**-Armen werden die Schraubenlöcher für die Anker durch den Schneidbrenner eingebrannt.

In neuerer Zeit wird die Grundplatte nicht mehr genietet, sondern geschweißt und ist dann in der Herstellnng wesentlich billiger.

Zulässige Zugbeanspruchung der Ankerschrauben: $\sigma_{zul} \approx 600$ kg/cm².

Standfestigkeit. Für die Bemessung des Fundamentes ist nicht nur die Standfestigkeit, sondern auch die Beschaffenheit des Erdbodens maßgebend, der vielfach nur geringe Flächendrucke zuläßt.

Der Fundamentklotz erhält meist quadratische Grundfläche und wird in seinen Abmessungen zunächst schätzungsweise angenommen. Ausführung in Beton oder Mauerwerk mit einem Einheitsgewicht von 2,0 bzw. 1,6 t/m³.

Bezeichnen mit Bezug auf Abb. 847 $\mathfrak{S}$ die Standsicherheit des vollbelasteten Kranes, G_2 das Gewicht der Säule und der Grundplatte und G_f das angenommene Fundamentgewicht (Inhalt × Einheitsgewicht), so ist die Resultierende aller senkrechten Kräfte:

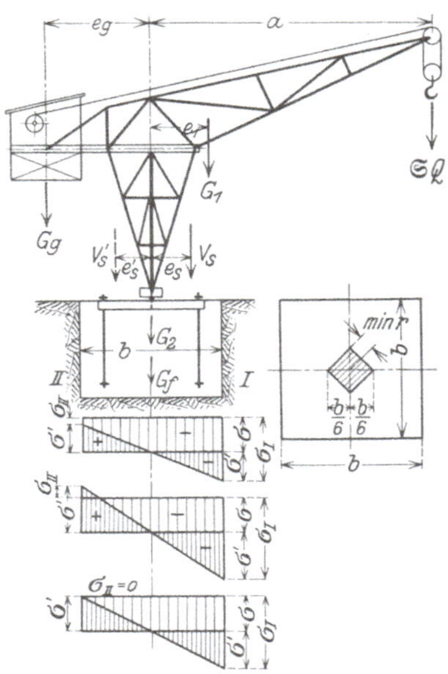

Abb. 847 und 848. Standfestigkeitsberechnung.

$$V_s = \mathfrak{S} \cdot Q + G_1 + G_g + G_2 + G_f. \tag{398}$$

Der Kran ist standfest, wenn der Abstand dieser Resultierenden von der Drehachse kleiner oder gleich der halben Klotzbreite b ist.

$$e_s = \frac{\mathfrak{S} \cdot Q \cdot a + G_1 \cdot e_1 - G_g \cdot e_g}{\mathfrak{S} \cdot Q + G_1 + G_g + G_2 + G_f} \leq \frac{b}{2}. \tag{399}$$

Die Untersuchung erstreckt sich auf die Vollast ($\mathfrak{S} = 1$, keine Sicherheit), die Probelast ($\mathfrak{S} = 1{,}25$) und einen etwaigen noch geforderten Höchstsicherheitswert.

Für den unbelasteten Kran ist die Resultierende der senkrechten Kräfte

$$V_s' = G_1 + G_g + G_2 + G_f. \tag{400}$$

Ihr Abstand von der Drehachse ist:

$$e_s' = \frac{G_g \cdot e_g - G_1 \cdot e_1}{G_g + G_1 + G_2 + G_f} \leq \frac{b}{2}. \tag{401}$$

Die Abstände e_s und e_s' können zwecks Vergleichsmöglichkeit auch zeichnerisch bestimmt werden.

Flächendruck zwischen Fundament und Erdboden. Durch die exzentrische Druckkraft V_s entsteht zunächst eine über die ganze Fläche gleichmäßig verteilte Druckspannung $\sigma = \frac{V_s}{b^2}$. Zu dieser tritt noch die Biegespannung

$$\sigma' = \frac{M}{W} = \pm \frac{6 \cdot V_s \cdot e_s}{b^3}. \tag{402}$$

Diese Spannungen addieren sich bei I und subtrahieren sich bei II. Resultierende Spannungen:

$$\left.\begin{aligned} \sigma_I &= -\frac{V_s}{b^2} - \frac{6\,V_s \cdot e_s}{b^3}, \\ \sigma_{II} &= -\frac{V_s}{b^2} + \frac{6\,V_s \cdot e_s}{b^3}. \end{aligned}\right\} \tag{403}$$

Da das Fundament nur Druckspannungen übertragen kann, so muß bei II $\sigma \geqq +\sigma'$ sein. Dies tritt ein, solange die Resultierende V_s innerhalb des Kernes der Fundamentfläche (Abb. 848) bleibt bzw. solange $e_s < b/6$ ist.

Als Flächendrucke sind zulässig:

Bei felsigem Boden:	$\sigma_{zul} =$	10	bis	15	kg/cm²;
„ Klinker und Kies:	$\sigma_{zul} =$	5	„	8	„
„ grobkörnigem Sandboden:	$\sigma_{zul} =$	2	„	3	„

Bei zu geringer Tragfähigkeit des Erdbodens (Flugsand, Bauschutt, nassem Lehm, Ton u. a.) ist eine künstliche Gründung erforderlich.

Fördertechn. 1930, S. 320: Recknagel, Fundamente freistehender Drehkrane (die Bodenpressungen und Pfahldrucke von Kranfundamenten mit quadratischer und kreisförmiger Grundfläche werden untersucht und verglichen).

3. Drehscheibenkrane.

Aufbau. Der drehbare Teil (Abb. 849, S. 380 und 850, S. 381) besteht aus der aus Profileisen (⊏- oder I-Eisen) hergestellten Plattform, dem auf ihr aufgebauten Ausleger und dem zur Standfestigkeit erforderlichen Gegengewicht. Er ruht mittels vier oder acht Laufrollen auf einer kreisförmig gebogenen Schiene, die auf dem festen Kranunterteil angeordnet ist. Der im Unterteil eingesetzte Königzapfen dient zur zentrischen Führung des drehbaren Oberteils.

Die Drehscheibenkrane bieten bei leichter und billiger Bauart genügend Raum zur Unterbringung des Hub- und Drehwerks. Diese werden auf dem hinteren Teil der Plattform aufgebaut und ermöglichen dann eine schwächere Ausführung des Gegengewichtes. Nachteile der Drehscheibenkrane sind die Verringerung der nutzbaren Ausladung und der größere Schwenkwiderstand gegenüber den Säulendrehkranen.

Anwendung. Die Drehscheibenbauart wird hauptsächlich bei den Hafendrehkranen, sowie bei fahrbaren Dampf- und Motorkranen angewendet.

Die Hafendrehkrane (s. Abschnitt „Sonderkrane") erhalten bei Stückgutverladung folgende Tragkräfte: 1,5—2,5—3—5—10 und 20 t.

Ausladung: 10 bis 20 m. Hubgeschwindigkeit bei der normalen Tragkraft von 2,5 t: 30 bis 100 m/min.

Drehgeschwindigkeit je nach Tragkraft und Ausladung: 40 bis 120 m/min.

Tragkräfte von Greiferdrehkranen (Demag A.-G., Duisburg):

Greiferinhalt . .	1	$1^1/_4$	$1^1/_2$	$1^3/_4$	2	$2^1/_4$	$2^1/_2$	$2^3/_4$ m³.
Tragkraft	4	5	6	6	7	8	9	10 t.

Hubgeschwindigkeit bei Greiferbetrieb: 40 bis 120 m/min.

Drehgeschwindigkeit: 60 bis 180 m/min.

α) Hubwerk.

Die Hubhöhe ist bei den Hafendrehkranen durch die örtlichen Verhältnisse und den niedrigsten Wasserstand bestimmt.

Hubwerke für Stückgutverladekrane. Bei den Kranen kleinerer Tragkraft (bis etwa 3 t) ist der Haken unmittelbar an dem über die Auslegerrolle geführten Drahtseil befestigt und durch ein Gewicht belastet (s. Abb. 111, S. 46). Ein Drehen der freihängenden Last wird durch die Verwendung doppelflachlitziger Drahtseile[1], die völlig drallfrei sind, vermieden. Krane größerer Tragkraft werden mit einer losen Rolle oder mit einem Zwillingsrollenzug ausgerüstet.

Für Krane mit der normalen Tragkraft von 2,5 t bzw. 3 t und einer Hubgeschwindigkeit von 30 bis 60 m/min wird in Rücksicht auf guten Wirkungsgrad des Hubwerks ein langsam laufender Motor gewählt, der eine kleine Übersetzung gibt. Bei Gleichstrombetrieb geht man mit der Motordrehzahl bis herab auf etwa 300 in der Minute und kommt dann mit einem Stirnrädergetriebe aus.

Das in einem Räderkasten angeordnete und im Ölbad laufende Vorgelege (Abb. 849) erhält alsdann eine entsprechend große Übersetzung ($i = 1/_{10}$ bis $1/_{15}$). Damit das Ritzel mit dem kleinst möglichen Durchmesser ausführbar ist, wird es mit der Welle aus einem Stück gefertigt.

Werkstoff: Stahl (St 50 · 11). Werkstoff des Rades: Stahlguß oder Gußeisen mit warm aufgezogenem stählernem Zahnkranz (Abb. 182, S. 75). Mit Rücksicht auf guten Zahneingriff und ruhigen Gang gebe man dem Getriebe kleine Teilung und große Zahnbreite. Verhältnis von Zahnbreite zu Teilung: $\psi = b : t = 8$ bis 10. Kleinste Zähnezahl des Ritzels: ${}_{\min}z = 10$.

Lagerung der Ritzelwelle in Ringschmierlagern oder Wälzlagern (Kugel- bzw. Rollenlagern).

Wirkungsgrad des Hubwerks bei Gleitlagern: $\eta \approx 0{,}85$ bis 0,90.

In neuerer Zeit arbeiten die Krane meist mit Drehstrom, bei dem die kleinste Nenndrehzahl des Motors 600 in der Minute beträgt. Das Hubwerk erhält dann je nach der Motor- und Trommeldrehzahl ein oder zwei Stirnrädergetriebe. Im letzteren Falle wird das im Räderkasten angeordnete Motorvorgelege zwecks Einstellen zweier Hubgeschwindigkeiten auch als Wechselrädergetriebe ausgeführt.

Bei Bemessung des Motors ist kein Beschleunigungszuschlag erforderlich, da praktisch nur die zur Beschleunigung des Ankers zu leistende Arbeit in Frage kommt, die (von Drehstrom-Kommutatormotoren abgesehen) vernachlässigt werden kann.

[1] Felten & Guilleaume, Carlswerk, Mülheim a. Rh.

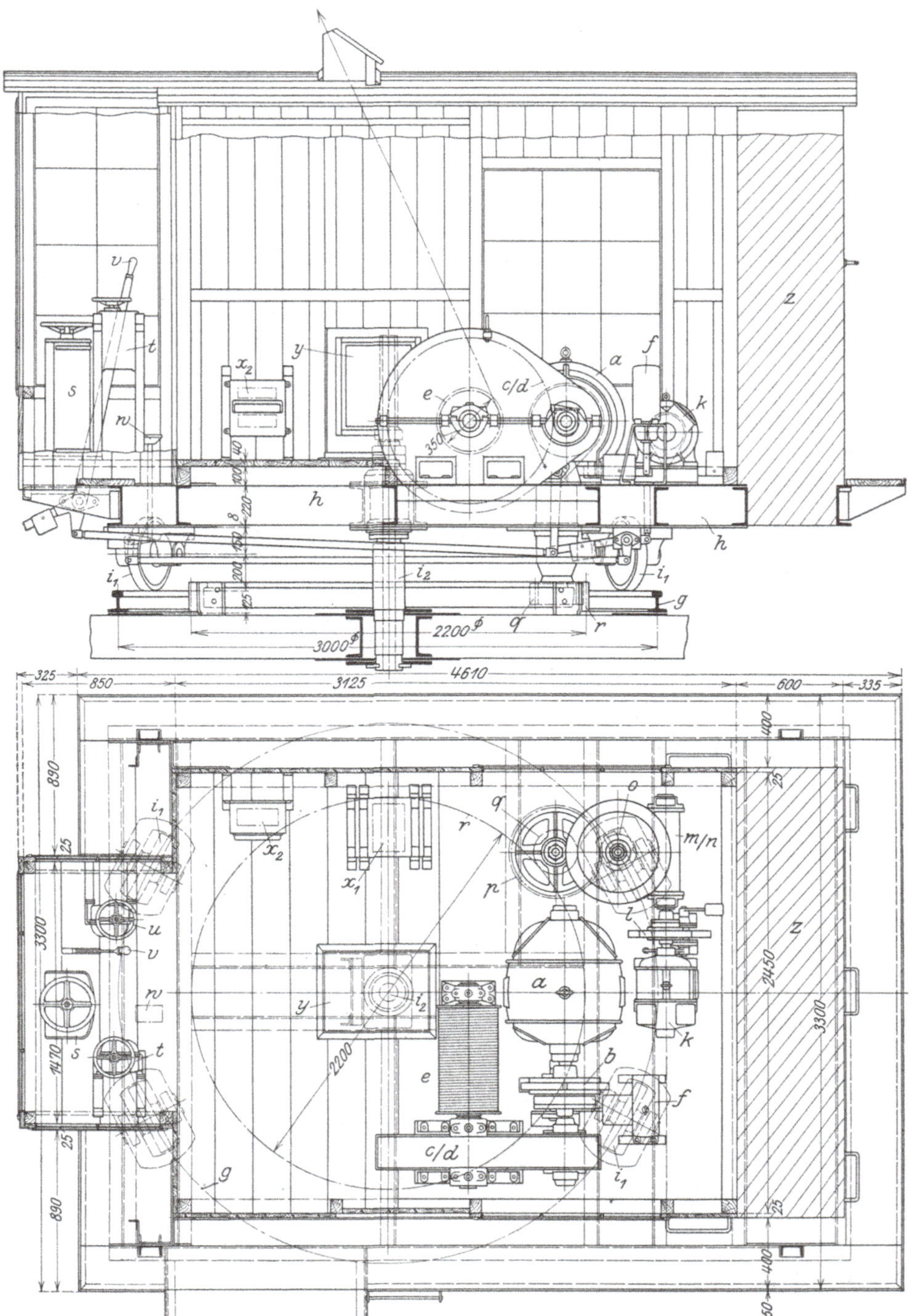

Abb. 849. Oberwagen (drehbarer Teil) zu einem Tordrehkran von 1,5 t Tragkraft, 14 m Ausladung und 25 m Hubhöhe. (J. v. Petravič, Wien.)

a Hubmotor; b elastische Kupplung mit Hubwerkbremse; $c-d$ Stirnrädervorgelege mit Räderkasten; e Hubtrommel; f Lüftmagnet zur Hubwerkbremse; g Schienenring, auf dem Torgerüst aufgebaut; h Plattform des drehbaren Teils; i_1 Laufrollen an h gelagert und auf dem Schienenring g abwälzend; i_2 Führungszapfen (Königszapfen) zur Drehscheibe; k Drehmotor; l Drehwerkbremse, auf der elastischen Kupplung angeordnet; $m-n$ waagerechtes Schneckengetriebe (Motorvorgelege); $o-p$ mittleres Vorgelege (Stirnrädergetriebe); q Ritzel mit p auf gemeinsamer Welle sitzend und mit dem auf dem Torgerüst festen Zahnkranz r kämmend; s Hubsteuerwalze; t Drehsteuerwalze; u Kranfahrsteuerwalze; v Handhebel zum Lüften der Hubwerkbremse beim Senken; w Fußtritt zur Betätigung der Drehwerkbremse; x_1 Anlaßwiderstand zu s bzw. u; x_2 Anlaßwiderstand zu t; y Schutzkasten zu dem auf i_2 sitzenden Schleifringkontakt; z Auslegergegengewicht.

Arbeitsgeschwindigkeiten und Motoren: Heben: 50 m/min; 21 PS bei 720 Uml/min;
Drehen: 122 m/min; 4,5 PS bei 920 Uml/min.

Als Hubschaltung wird bei Gleichstrom vielfach die einfache Fahrschaltung (s. S. 170 bzw. 174) angewendet. Die Bremse ist hierbei eine gewichtbelastete Band- oder doppelte Backenbremse, die beim Heben durch einen Magneten gelüftet wird. Beim Senken wird die Bremse durch einen Handhebel gelüftet, wobei die Senkgeschwindigkeit durchziehender Lasten durch mehr oder weniger starkes Lüften regelbar ist. Senken des leeren Hakens durch Stromgeben im Senksinne.

Krane größerer Tragkraft erhalten Senkbremsschaltung und die übliche gewichtbelastete, elektromagnetisch gelüftete Haltebremse. Bei Kranen mit Drehstrombetrieb kann ebenfalls mit mechanischer Bremse gesenkt werden.

Über Hubwerkschaltungen für Gleichstrom s. S. 172, für Drehstrom S. 175.

Weiteres siehe Frenzen: Bemerkenswertes über Stückgut-Windwerke elektrisch betriebener Verladeanlagen. Fördertechn. 1931, S. 54 und 86.

Hubwerke für Greiferkrane. Sie werden der Arbeitsweise der Zweiseilgreifer (s. S. 150) entsprechend mit zwei Trommeln und mit entsprechender Steuerung ausgerüstet. Über Greiferhubwerke s. S. 211.

Drehbarer Teil eines Tordrehkranes mit Greiferbetrieb s. Abb. 876, S. 390.

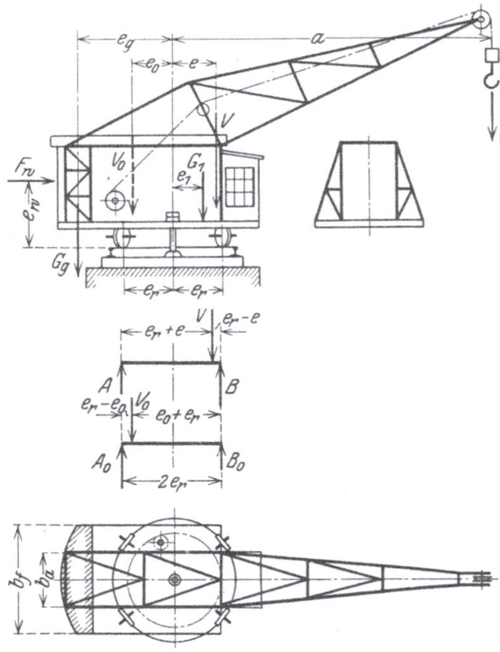

Abb. 850 bis 854. Drehscheibenkran (Berechnung).

β) Drehscheibe.

Die am drehbaren Teil (Abb. 850 und 855) wirkenden Kippkräfte aus Last und Eigengewicht werden nur durch senkrechte Kräfte auf das Unterteil der Drehscheibe übertragen. Es ist daher stets ein Gegengewicht anzuordnen.

Gegengewicht. Es wird so bemessen, daß die Resultierende aller am drehbaren Teil wirkenden senkrechten Kräfte sowohl bei belastetem, wie auch bei unbelastetem Kran innerhalb der Stützkanten *I* und *II* liegt.

Bezeichnen mit Bezug auf Abb. 850 und 855 $G_1 = \Sigma g$ das Eigengewicht des drehbaren Teils, e_1 dessen Abstand von der Drehachse, G_g das Gegengewicht und e_g dessen Abstand von der Drehachse, so muß die Resultierende des vollbelasteten Kranes

$$V = Q + G_1 + G_g \qquad (404)$$

hinter der vorderen Kippkante liegen.

$$e = \frac{Q \cdot a + G_1 \cdot e_1 - G_g \cdot e_g}{Q + G_1 + G_g} < e_r \,. \qquad (405)$$

Bei unbelastetem Kran muß die Resultierende

$$V_0 = G_g + G_1 \qquad (406)$$

vor der hinteren Kippkante liegen.

$$e_0 = \frac{G_g \cdot e_g - G_1 \cdot e_1}{G_g + G_1} < e_r \,. \qquad (407)$$

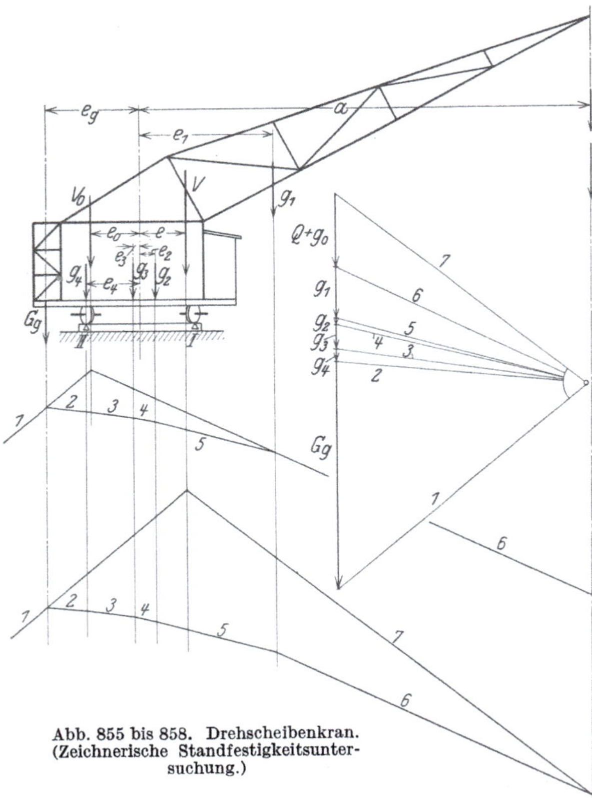

Abb. 855 bis 858. Drehscheibenkran. (Zeichnerische Standfestigkeitsuntersuchung.)

Die Einzelgewichte des drehbaren Teils, ihre Abstände von der Drehachse und ihre auf die Drehachse bezogenen Momente trage man zwecks guter Übersicht in eine Tabelle ein. In dieser werden die rechtsdrehenden Momente mit —, die linksdrehenden mit + bezeichnet.

Das Gegengewicht sucht man möglichst klein zu halten und legt für den vollbelasteten Kran eine Kippsicherheit $\mathfrak{S} = 1{,}1$ bis 1,25 zugrunde. Die Resultierende V fällt dann in die Kippkante und es ist (Abb. 850 bzw. 855):

$$e = \frac{\mathfrak{S} \cdot (Q + g_0) \cdot a + \sum g \cdot e - G_g \cdot e_g}{\mathfrak{S} \cdot Q + \sum g + G_g} = e_r . \tag{408}$$

Zeichnerische Untersuchung der Standfestigkeit des drehbaren Teiles bei vollbelastetem bzw. unbelastetem Kran s. Abb. 855 bis 858.

Zu den senkrechten Belastungen des drehbaren Teils tritt noch als waagerechte Kraft der Winddruck auf die Führerhausfläche hinzu. Für den im Betrieb befindlichen vollbelasteten Kran rechne man mit einem Winddruck von $w = 50\ \text{kg/m}^2 = 0{,}05\ \text{t/m}^2$, auf die hintere Maschinenhausfläche F (Abb. 850). Der Winddruck ist dann $F \cdot w$ und sein Moment:

$$M_w = F \cdot w \cdot e_w . \tag{409}$$

Für den unbelasteten, außer Betrieb gesetzten Kran ist im Binnenland mit $w = 200\ \text{kg/m}^2$ und an der Küste mit $250\ \text{kg/m}^2$ zu rechnen[1].

Die vom Wind getroffenen Flächen sind nach den wirklichen Abmessungen der Teile schätzungsweise zu bestimmen. Dabei brauchen hinten liegende Teile nur dann voll gerechnet zu werden, wenn angenommen werden kann, daß die durch die vorderen Teile verursachten Luftstörungen sie nicht mehr erreichen. Im allgemeinen wird es genügen, wenn die Windfläche jedes weiteren Trägers mit 50% seiner wirklichen Fläche angesetzt wird.

Da das Gegengewicht durch den angenommenen Sicherheitswert beschränkt ist, so fängt der Ausleger bei größerer Belastung und stärkerem Winddruck an zu kippen. Dieses Kippen wird durch den Königzapfen verhindert, der den nach oben wirkenden, aus der Kippkraft herrührenden Zug aufnehmen muß.

Um ein möglichst kleines Gegengewicht zu erhalten, ordnet man das Hub- und Drehwerk mit ihrer gemeinsamen Grundplatte so weit als angängig am hinteren Plattformende an.

Laufrollen. Ausführung der Drehscheibe für kleine und mittlere Krane allgemein mit vier Laufrollen (Abb. 849 und 850). Die größten Raddrucke der vierrolligen Drehscheibe werden mit Bezug auf die Belastungsschemata Abb. 852 und 853 und unter Berücksichtigung des Winddruckes erhalten zu:

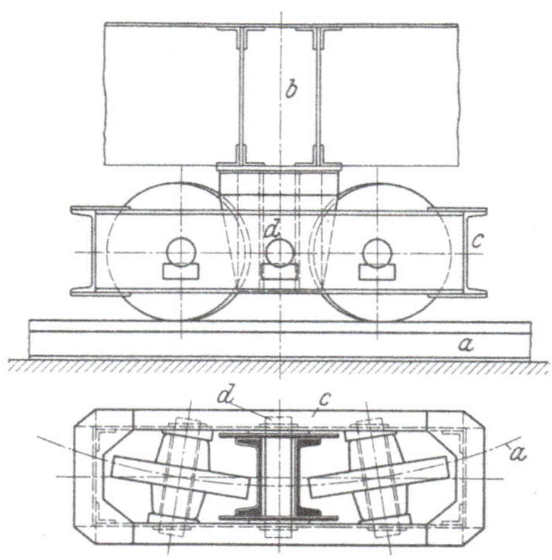

Abb. 859. Laufrollenschemel. (Demag.)
a kreisförmig gebogene Schiene; *b* Plattform des drehbaren Oberteils; *c* Rollenschemel; *d* Gelenkbolzen zu *c*.

1. Kran voll belastet. Druck auf je eine vordere Rolle:

$$_{\max}P = \frac{B}{2} = \frac{V}{2} \cdot \frac{e + e_r}{2e_r} + F \cdot w \cdot \frac{e_w}{2e_r} . \tag{410}$$

Druck auf je eine hintere Rolle:

$$P = \frac{A}{2} = \frac{V}{2} \cdot \frac{e_r - e}{2e_r} \pm F \cdot w \cdot \frac{e_w}{2e_r} . \tag{411}$$

2. Kran unbelastet. Druck auf je eine hintere Rolle:

$$_{\max}P_0 = \frac{A_0}{2} = \frac{V_0}{2} \cdot \frac{e_0 + e_r}{2e_r} \pm F \cdot w \cdot \frac{e_w}{2e_r} . \tag{412}$$

Druck auf je eine vordere Rolle:

$$P = \frac{B_0}{2} = \frac{V_0}{2} \cdot \frac{e_r - e_0}{2e_r} + F \cdot w \cdot \frac{e_w}{2e_r} . \tag{413}$$

Als Schiene für die Laufrollen wird meist eine normale Schiene der Reichsbahn verwendet, die an der Stoßstelle zusammengeschweißt wird.

Als Laufrollen werden die Laufräder ohne Zahnkranz nach DIN 697 verwendet (Abb. 330 und 331, S. 138). Werkstoff der Räder: Stahlguß (Stg 38 · 81). Das zylindrische Kranzprofil der Räder wird schwach ballig abgedreht.

Werden bei Kranen größerer Tragkraft und Ausladung die Rollendrucke zu groß, dann ordnet man statt vier Laufrollen acht an, die dann paarweise in einstellbaren Radträgern gelagert werden (Abb. 859).

Königzapfen (Abb. 860). Er wird in den festen Kranunterteil eingesetzt und durch eine Mutter befestigt. Die Traverse, die den drehbaren Teil zentrisch führt, wird in der Plattform gelenkig

[1] DIN 120, Berechnungsgrundlagen für die Eisenkonstruktionen von Kranen. Berlin 1928. Deutscher Kranverband e. V.

gelagert und erhält eine Rotgußbüchse. Schmierung der Gleitflächen durch ein Gasrohr und eine von der Plattform aus erreichbare Stauffer-Büchse. Zwecks Durchführung des Stromzuführungskabels wird der Königzapfen durchbohrt. Werkstoff des Zapfens: St 42 · 11.

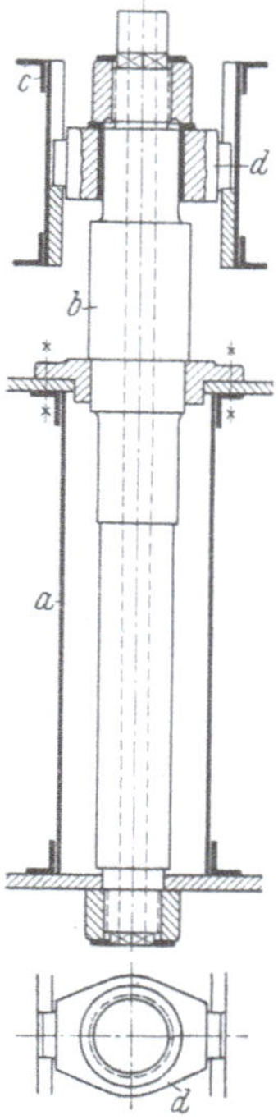

Abb. 860. Königzapfen. (Demag.) *a* festes Kranunterteil; *b* Königzapfen, in *a* befestigt; *c* drehbares Oberteil; *d* Traverse.

Der Zapfen wird im Kernquerschnitt des Gewindes für die größte nach oben wirkende Kraft auf Zug berechnet. Das Gewinde wird auf zulässigen Flächendruck berechnet. Ausführung als Sägengewinde nach DIN 514. Die obere und untere Zapfenmutter sind gegen Lösen zu sichern.

γ) Drehwerk.

Drehwiderstand. Bei vollbelastetem Kran und unter der Annahme zylindrischer (schwach balliger) Laufrollen ist der am Umfang der Laufrollen wirkende Reibungsdrehwiderstand (Abb. 861)

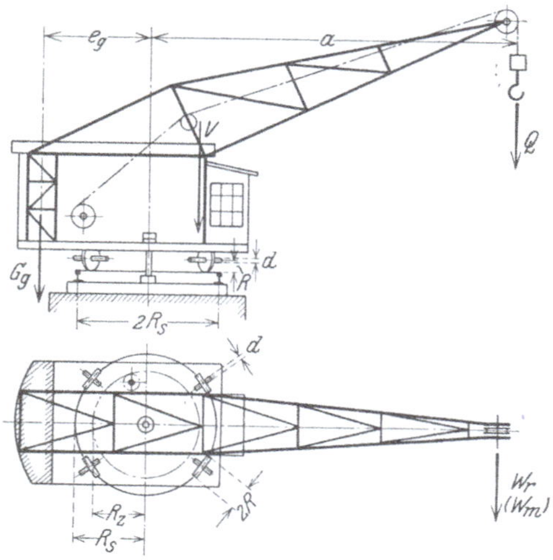

Abb. 861. Drehscheibenkran (Berechnung des Drehwerks).

$$W_r = \frac{V}{R} \cdot \left(\mu \cdot \frac{d}{2} + f\right) = (Q + G_1 + G_g) \cdot w_r \ldots \text{kg}.$$

In dieser Gleichung werden Q, G_1 und G_g in t eingesetzt. Der Einheitsfahrwiderstand w_r wird der zeichnerischen Darstellung Abb. 489, S. 221, entnommen. Das auf Mitte Drehachse bezogene Gesamtreibungsmoment wird durch Multiplikation mit dem Schienenkranzhalbmesser erhalten zu:

$$M_r = V \cdot \left(\mu \cdot \frac{d}{2} + f\right) \cdot \frac{R_s}{R} = (Q + G_1 + G_g)_t \cdot w_r \cdot R_s. \tag{414}$$

Mit der Ausladung a dividiert wird der am Auslegerkopf gemessene Reibungsdrehwiderstand:

$$W_r = V \cdot \left(\mu \cdot \frac{d}{2} + f\right) \cdot \frac{R_s}{R \cdot a} = (Q + G_1 + G_g)_t \cdot w_r \cdot \frac{R_s}{a} \ldots \text{kg}. \tag{415}$$

Für die Bestimmung des Massendrehwiderstandes ist es im allgemeinen ausreichend, nur die Wirkung der großen Massen, der Last und des Gegengewichtes zu berücksichtigen. Bei Kranen von großer Tragkraft und Ausladung wird auch die Masse des Auslegers mit in Rechnung gezogen. Die umlaufenden Massen des Motorankers und der elastischen Kupplung werden vernachlässigt.

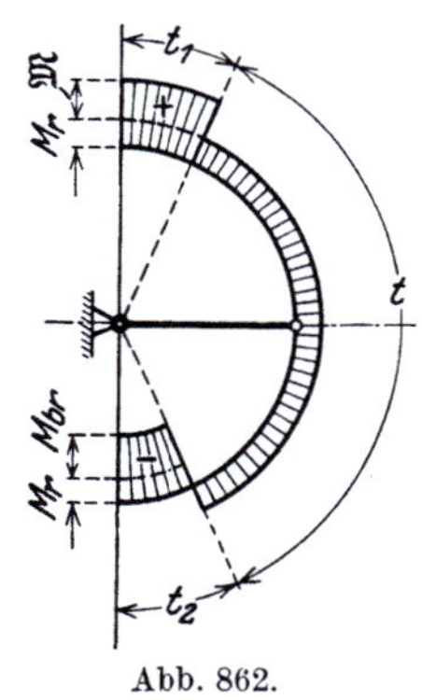

Abb. 862.

Ist J das gesamte Trägheitsmoment der Last, des Auslegers und des Gegengewichtes in kgm · sek² und ε die Winkelbeschleunigung, so ist das auf die Drehachse des Kranes bezogene Beschleunigungsmoment:

$$\mathfrak{M} = J \cdot \varepsilon \ldots \text{kgm}. \tag{416}$$

Das gesamte Trägheitsmoment ist mit Bezug auf Abb. 861:

$$J = J_q + J_a + J_g = \frac{Q}{g} \cdot a^2 + \frac{G_1}{g} \cdot e_1^2 + \frac{G_g}{g} \cdot e_g^2 \ldots \text{kgm} \cdot \text{sek}^2, \tag{417}$$

wobei J_q, J_a und J_g die Trägheitsmomente der Last, des Auslegers und des Gegengewichtes bedeuten.

Unter der Annahme einer konstanten Beschleunigung ist $\varepsilon = \omega/t_1 \ldots \text{sek}^{-2}$ und für parabolischen Anlauf $\varepsilon = 2\omega/t_1$.

Die Winkelgeschwindigkeit ergibt sich mit der minutlichen Drehzahl n_a des Auslegers zu:

$$\omega = \frac{\pi \cdot n_a}{30} \ldots \text{sek}^{-1}. \tag{418}$$

Drehzahl des Auslegers: $n_a = \frac{v}{2a\pi}$ in der Minute, wobei v die am Auslegerkopf gemessene Drehgeschwindigkeit ist.

Um kein zu großes Beschleunigungsmoment zu erhalten und unzulässig hohe zusätzliche Beanspruchungen im Ausleger zu vermeiden, soll die Anlaufzeit t_1 (Abb. 862) nicht zu klein angenommen werden. Üblicher Erfahrungswert: $t_1 = 5$ bis 8 sek.

Der auf den Auslegerkopf bezogene Massendrehwiderstand ist:

$$W_m = \frac{\mathfrak{M}}{a} = \frac{J \cdot \varepsilon}{a} \ldots \text{kg}. \tag{419}$$

Drehmotor. Bezeichnen W_r den nach Gleichung (415) mit Berücksichtigung eines Sicherheitszuschlages berechneten Drehwiderstand, v die Drehgeschwindigkeit in m/min an der Auslegerspitze gemessen und η den Wirkungsgrad des Drehwerks, so ist die Beharrungsvollastleistung des Motors:

$$N = \frac{W_r \cdot v}{4500 \cdot \eta} \ldots \text{PS} \quad \text{bzw.} \quad \frac{W_r \cdot v}{6120 \cdot \eta} \ldots \text{kW}. \tag{420}$$

Für das Drehwerk Abb. 863 mit Schneckengetriebe und Triebstockvorgelege kann $\eta \approx 0{,}65$ bis $0{,}70$ bei ein- bzw. zweigängiger Schnecke angenommen werden.

Den Drehmotor wähle man reichlich, da sich der Ausleger im Betrieb meist nur um einen Winkel von 90 bis 180° dreht und die Anlaufzeit (Abb. 862) im Verhältnis zur ganzen Bewegungszeit groß ist.

Nach den Angaben der AEG beträgt der zur Beschleunigung der Massen während des Drehanlaufes erforderliche Zuschlag zu der nach Gleichung (420) berechneten Motorleistung:

$$z = N_{\text{kW}} \cdot \left(\sqrt{1 + \frac{s \cdot t_1}{1200 \cdot ED}} - 1\right) \ldots \text{kW}. \tag{421}$$

Hierbei bedeuten ED die prozentuale Einschaltdauer (s. S. 160) und s die stündliche Zahl der Einschaltungen, bei denen mit doppeltem Strom beschleunigt wird.

Die Beschleunigungszeit ist dadurch festgelegt, daß die Anlaufleistung gleich der doppelten Beharrungsleistung angenommen wird.

Bezeichnen v' die Beharrungsdrehgeschwindigkeit in m/sek, bezogen auf den Trägheitshalbmesser der Summe aller drehenden Massen, und $w_r = W_r/V$ den Drehwiderstand für 1 t bewegte Masse, so ist die Anlaufzeit:

$$t_1 = \frac{102 \cdot v'}{w_r} \ldots \text{sek}. \tag{422}$$

Die nach dieser Gleichung berechnete Anlaufzeit ist zur Beschleunigung des Motorankers und der elastischen Kupplung auf die Vollastdrehzahl noch um etwa 1 sek zu erhöhen.

Je nach der Zahl der stündlichen Kranspiele beträgt der erforderliche Beschleunigungszuschlag etwa 40 bis 80% der Beharrungs-Vollastleistung.

Da das Drehwerk stets als erstes Vorgelege ein Schneckengetriebe erhält, so wird ein schnellaufender Motor ($n = 750$ bis 1000) gewählt.

Übersetzung. Sie ist durch das Verhältnis der Drehzahl des Auslegers n_a und der des Motors n_m bestimmt

$$i = \frac{n_a}{n_m}. \tag{423}$$

Da n_a meist klein ist (1 bis 3 Uml/min), so erhält das Drehwerk eine große Übersetzung, die in ein Schneckengetriebe und entsprechende Stirnrädervorgelege zerlegt wird.

Ausführung. Abb. 863 zeigt die für Drehkrane mittlerer Größe meist angewendete Ausführungsart.

Der Motor ist durch eine elastische Kupplung mit einem waagerechten, ein- oder zweigängigen Schneckengetriebe verbunden, auf dessen senkrechter Radwelle ein Ritzel sitzt, das mit einem auf dem Kranunterteil befestigten Triebstockkranz kämmt. Der Triebstockkranz (s. S. 70) erhält Innenverzahnung und wird in neuerer Zeit einem aus Gußeisen oder Stahlguß hergestellten zweiteiligem Zahnkranz vorgezogen, der nur noch für kleinere Krane ausgeführt wird.

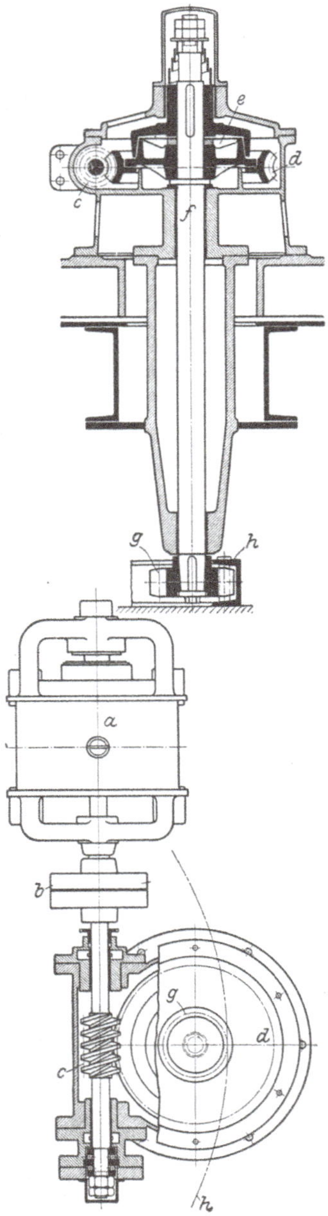

Abb. 863. Gestaltung des Drehwerks. (Gebr. Weismüller, Frankfurt a. M.) *a* Drehmotor; *b* elastische Kupplung; *c*—*d* waagerechtes Schneckengetriebe, dessen Rad *d* durch Rutschkupplung *e* mit der Radwelle *f* gekuppelt; *g* Ritzel, mit dem auf dem Kranunterteil befestigten Triebstockkranz kämmend.

Durch den Einbau einer Rutschkupplung (s. auch S. 98) in das Schneckengetriebe werden unzulässig hohe Beanspruchungen (z. B. bei Anstoßen des Auslegers an einem Schiffsmast) von Motor und Drehwerk ferngehalten.

Bei großen Übersetzungen sind noch ein oder zwei Stirnrädergetriebe zwischen der Schneckenradwelle und dem Triebstockvorgelege erforderlich (s. Abb. 849, S. 380).

Die **Drehwerkbremse** dient zum Abbremsen des Nachlaufes der drehenden Massen nach Abschalten des Motors und wird auf der elastischen Kupplung angeordnet.

Die Drehwerkbremse wird als doppelte Backenbremse ausgeführt und vom Führerstand aus durch einen Fußtritthebel bedient oder durch ein Gewicht belastet und elektromagnetisch gelüftet. Im ersteren Falle wird das Bremsgestänge so eingerichtet, daß bei Nichtbenutzung des Kranes die Bremse fest angezogen und in dieser Stellung gesperrt wird, so daß ein unbeabsichtigtes Drehen des Auslegers durch Windkraft verhindert wird.

Schleifringkontakt. Den auf der drehbaren Plattform sitzenden Teilen der elektrischen Ausrüstung des Kranes (Schaltkasten, Motoren, Steuerwalzen usw.) wird der Strom durch ein biegsames Kabel und über einen Schleifringkontakt (Abb. 864) zugeführt. Die Zahl der Schleifringe des Kontaktes ist durch das Schaltschema des Kranes festgelegt. Schaltschema eines elektrisch betriebenen fahrbaren Drehkranes mit Drehstrombetrieb siehe Abschnitt „Fahrbare Drehkrane“.

Der auf Abb. 864 dargestellte Schleifringkontakt hat feste Schleifringe *f* mit eingedrehten Rillen, in die kreisförmig gebogene Bügel aus Rundmessing leicht federnd eingesetzt sind. Zwischen den Enden dieser Bügel sind am drehbaren Teil Mitnehmer angeordnet, die die Bügel zwingen, an der Drehbewegung teilzunehmen. Die Stromübertragung geschieht an dieser Stelle durch hochflexible Kupferlitze.

Der Vorzug dieser Schleifringkontakt-Bauart ist der, daß die Schleifringe den Bewegungen des Kranes bzw. der Königsäule folgen. Auch werden Kurzschlüsse, wie solche bei den alten Ausführungen der Schleifringkontakte mit Kontakthämmern leicht vorkommen, vermieden.

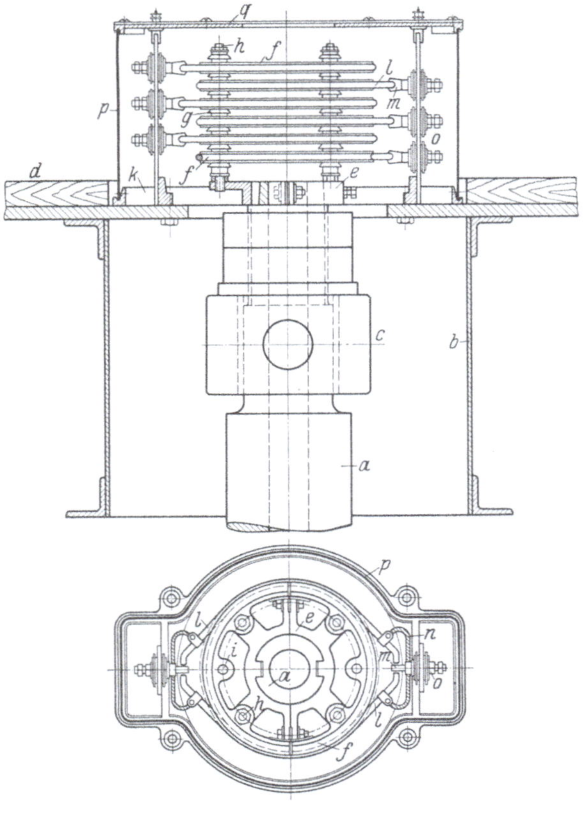

Abb. 864. Schleifringkontakt zu einem Hafendrehkran. (Bischoff & Hensel, Mannheim.)
a Königzapfen, im Unterwagen befestigt und zum Einführen des Kabels durchbohrt; *b* Drehscheibe (Oberwagen); *c* Traverse mit Rotgußbüchse; *d* Holzbelag des Maschinenhauses; *e* fester Teil des Kontaktes auf dem Königzapfen befestigt; *f* Kontaktringe; *g* Isolierstücke, mittels der Schrauben *h* auf *e* befestigt; *i* Kabelanschlüsse an den Kontaktringen; *k* auf der Drehscheibe befestigter Teil des Kontaktes; *l* Kontaktbügel aus Rundmessing, leicht federnd in die Rillen von *f* eingesetzt; *m* Mitnehmer am drehbaren Teil, durch die die Kontaktbügel an der Drehbewegung teilnehmen; *n* Kupferlitzen; *o* Anschlüsse für die Stromleitungen zu den Steuervorrichtungen usw.; *p*—*q* Schutzgehäuse zum Ringschleifkontakt.

Kipprelais (AEG.). Das Wesen dieser Schutzeinrichtung zum Verhindern der Überlastung von Auslegerkranen, insbesondere Drehkranen, besteht darin, den Überstrom, der beim Heben von Überlasten auftritt, nur eine begrenzte Zeit zuzulassen, in der ein Kippen des Kranes nicht zu befürchten ist.

Der Überstrom wird durch einen empfindlichen Höchststromauslöser überwacht, dem ein Zeitrelais als Auslöser zugeordnet ist, das den Motor erst dann abschaltet, wenn der Überstrom länger als 1 bis 2 sek — je nach Einstellung — anhält. Es wird also ein Überstrom in der Höhe zugelassen, die erforderlich ist, um den Motor beim Anheben der Vollast zu beschleunigen. Dagegen wird eine längere Dauer des Überstromes, wie er beim Heben von Überlasten auftreten würde, verhindert.

Das sehr empfindliche Höchststromrelais springt bei geringem Überstrom an und fällt nach Abklingen der Stromspitze auf den 1,2fachen Vollaststrom wieder ab. Der von dem Höchststromauslöser betätigte Kontakt führt jedoch nicht unmittelbar eine Schaltung aus, sondern steht derart mit dem Zeitrelais in Verbindung, daß der Motorstromkreis nach dem Ansprechen des Höchststromauslösers erst dann unterbrochen wird, wenn die Stromspitze tatsächlich länger anhält als die vom Zeitrelais festgelegte Zeitdauer. Der Hilfskontakt des Zeitrelais, durch den die Abschaltung vorgenommen wird, wirkt auf die Nullspannungsspule des Kranschaltkastens oder des Selbstschalters für den Hubmotor.

Bei Versuchen an einem Hafenkran von 5 t Tragkraft wurde das Relais so eingestellt, daß noch 5400 kg gehoben werden konnten, ohne daß eine Auslösung erfolgte. Nachdem die Last auf 5450 kg erhöht wurde, war eine Hubbewegung nicht mehr durchführbar, da das Kipprelais den Höchststromauslöser sicher abschaltete.

Das Relais hat also so genau gearbeitet, daß eine Überlast von 50 kg bereits angezeigt wurde und mit dieser Überlast eine Hubbewegung nicht auszuführen war. (Z. V. d. I. 1931, Anz.-S. 27.)

Beispiel Nr. 12. Das Drehwerk zu einem fahrbaren Tordrehkran (Hafenkran) von 2,5 t Tragkraft, 13 m Ausladung und 9,1 m Torstützweite ist zu berechnen.

Stromart: Drehstrom 500 V, 50 Hz. Drehgeschwindigkeit: $v = 120$ m/min.

Durchmesser des Schienenkranzes der Drehscheibe: $2\,R_s = 2{,}7$ m. Abstand der vorderen und hinteren Kippkante von der Drehachse (Abb. 850): $e_r = 1{,}18$ m. Gegengewichtsabstand: $e_g = 2{,}46$ m. Gewicht des drehbaren Teils: $G_1 = \Sigma g = 11$ t. Gegengewicht: $G_g = 13$ t. Resultierende [Gleichung (404), S. 381]: $V = 26{,}5$ t.

Gestaltung des Drehwerks nach Abb. 863 S. 384.

1. Laufrollen. Gewählt nach DIN 697 (Laufräder ohne Spurkranz): Rollendurchmesser: $D = 500$ mm ang. Bolzendurchmesser: $d = 80$ mm; Kranzbreite: $b = 70$ mm; Werkstoff: Stg 38 · 81. Schiene: Eisenbahnschiene Nr. 6 (Abb. 315 S. 134) mit 58 mm Kopfbreite.

Größter Rollendruck nach Beispiel Nr. 14 (Abschnitt „Fahrbare Drehkrane"): $\max P \approx 10$ t.

Beanspruchung des Laufrades bei 40 mm nutzbarer Schienenbreite:

$$k = \frac{10000}{50 \cdot 4{,}0} = 50 \text{ kg/cm}^2; \quad k_{\text{zul}} = 40 \text{ bis } 60 \text{ kg/cm}^2 \text{ (siehe S. 135 Laufräder).}$$

2. Drehwiderstand. Nach S. 383 ist der Reibungsdrehwiderstand:

$$W_r = V_{(t)} \cdot w_r \cdot \frac{R_s}{a} = 26{,}5 \cdot 18 \cdot \frac{1{,}35}{13} \approx 50 \text{ kg.}$$

Der Einheitsfahrwiderstand w_r (für 1000 kg = 1 t) wurde aus Abb. 489, S. 221 entnommen.

Mit Berücksichtigung eines Sicherheitszuschlages (für Reibung am Königzapfen) werde mit $W_r = 60$ kg gerechnet.

Reibungsmoment: $M_r = W_r \cdot a = 60 \cdot 13 = 780$ kgm.

3. Motor. Beharrungs-Vollastleistung nach Gleichung (420), S. 384:

$$N = \frac{W_r \cdot v}{6120 \cdot \eta} = \frac{60 \cdot 120}{6120 \cdot 0{,}48} \approx 2{,}5 \text{ kW.}$$

$\eta = \eta_{I-II} \cdot \eta_{II-III} = 0{,}53 \cdot 0{,}90 \approx 0{,}48$; Einzelwirkungsgrade: η_{I-II} des eingängig angenommenen waagerechten Schneckengetriebes, η_{II-III} des Triebstockvorgeleges (Abb. 863, S. 384).

Aus Abb. 395, S. 166, gewählter Motor: Type hPR 64 s—6; Nennleistung bei 25% Einschaltdauer: 3,1 kW; Nenndrehzahl: 920 i. d. min; Nenndrehmoment: 3,29 kgm; Verhältnis des Anlaufmomentes zum Nenndrehmoment: $M_K : M = 2{,}7$; $M_K \approx 8{,}9$ kgm; höchstzulässige Drehzahl $\max n = 3000$ i. d. min.; Schwungmoment des Läufers: $GD^2 \approx 0{,}244$ kgm²; Gewicht des Motors: 83 kg.

4. Erforderliche Übersetzung. Nach Gleichung (423), S. 384, ist:

$$i = \frac{n_a}{n_m} = \frac{1{,}47}{920} \approx \frac{1}{626}.$$

Drehzahl des Auslegers: $n_a = \frac{v}{2 a \pi} = \frac{120}{2 \cdot 13 \cdot 3{,}14} \approx 1{,}47.$

Als Übersetzung sind ein waagerechtes, eingängiges Schneckengetriebe und ein Triebstockvorgelege angenommen. Wird auf geringeren Stromverbrauch Wert gelegt, so ist ein zweigängiges Schneckengetriebe ($\eta_{I-II} \approx 0{,}69$) einzubauen, das jedoch einen teureren Motor mit der Nenndrehzahl 750 erfordert.

5. Nachrechnung des Anlaufmomentes des Drehmotors Das Trägheitsmoment $J = \Sigma (m r)^2 \ldots$ kgmsek² wird überschlägig bestimmt. Es werden nur die Massen der Last und des Gegengewichtes gerechnet, während die des Auslegers und der Getriebe unberücksichtigt bleiben.

Trägheitsmoment der Last: $J_Q = m a^2 = \frac{G}{g} \cdot a^2 = \frac{2500}{9{,}81} \cdot 13^2 \approx 43000$ kgmsek².

Trägheitsmoment des Gegengewichtes:

$$J_g = \frac{G_g}{g} \cdot e_g^2 = \frac{13000}{9{,}81} \cdot 2{,}46^2 \approx 8000 \text{ kgmsek}^2. \quad J = J_Q + J_g = 43000 + 8000 = 51000 \text{ kgmsek}^2.$$

Winkelgeschwindigkeit: $\omega = \frac{\pi n_a}{30} = \frac{3{,}14 \cdot 1{,}47}{30} \approx 0{,}154$ ¹/sek;

Winkelbeschleunigung: $\varepsilon = \frac{\omega}{t_1} = \frac{0{,}154}{5} = 0{,}0308$ ¹/sek²; Anlaufzeit: $t_1 = 5$ sek ang.

Das auf die Motorwelle umgerechnete Moment zur Beschleunigung der Massen ist:

$$\mathfrak{M} = J \cdot \varepsilon \cdot i = 51000 \cdot 0{,}0308 \cdot \tfrac{1}{626} \approx 2{,}52 \text{ kgm.}$$

Erforderliches Anlaufmoment des Motors (bei $t_1 = 5$ sek):

$$M_a = M_{r(I)} + \mathfrak{M} = M_r \cdot i \cdot \frac{1}{\eta} + \mathfrak{M} = 780 \cdot \frac{1}{626} \cdot \frac{1}{0{,}48} + 2{,}52 \approx 5{,}12 \text{ kgm.}$$

Kippmoment des Motors (s. unter 3.): $M_K = 8{,}9$ kgm.

6. Schneckengetriebe. Die unter 4. berechnete Übersetzung wird in folgende Teilwerte zerlegt:

$$i = \tfrac{1}{626} = i_{I-II} \cdot i_{II-III} = \tfrac{1}{56} \cdot \tfrac{1}{11}.$$

Bei der geforderten großen Gesamtübersetzung wird ein eingängiges (waagerechtes) Schneckengetriebe gewählt. $i_{I-II} = \frac{1}{56}$; $z = {}^1/_{56}$; $m = 8$ mm ang. Teilkreisdurchmesser: $D = {}^{76}/_{448}$ mm.

Zentrale: $a = \frac{76 + 448}{2} = 262$ mm.

Durchmesser der Schneckenwelle (in den Lagern): $d_1 = 55$ mm; Durchmesser der senkrechten Radwelle: $d_2 = 90$ mm, unten abgesetzt 80 mm.
Zahnbreite: $b = 2{,}5\,t = 2{,}5 \cdot 8 \cdot 3{,}14 \approx 70$ mm. Werkstoff: St 70 · 11/GBz 14.
Steigungswinkel der Schnecke: $\beta \approx 6°$; $\mu = \operatorname{tg}\varrho \approx 0{,}07$ ang.

$$\text{Wirkungsgrad: } \eta_{I-II} = \eta_l \cdot \frac{\operatorname{tg}\beta}{\operatorname{tg}(\beta+\varrho)} = 0{,}90 \cdot \frac{\operatorname{tg}6°}{\operatorname{tg}(6°+4°)} \approx 0{,}54.$$

Drehmoment der Schneckenwelle (Nenndrehmoment des Motors): $M_I = 329 \approx 330$ kgcm.
Drehmoment der Radwelle:

$$M_{II} = M_I \cdot \frac{1}{i_{I-II}} \cdot \eta_{I-II} = 330 \cdot 56 \cdot 0{,}54 \approx 10000 \text{ kgcm}.$$

$$\text{Umfangsgeschwindigkeit der Schnecke: } v_1 = \frac{D_1 \cdot \pi \cdot n_1}{60} = \frac{0{,}076 \cdot 3{,}14 \cdot 920}{60} \approx 3{,}7 \text{ m/sek}.$$

$$\text{Zahndruck: } P_{I-II} = \frac{M_{II}}{R_2} = \frac{10000}{22{,}4} \approx 450 \text{ kg}.$$

$$\text{Zahnbeanspruchung: } c = \frac{P_{I-II}}{b \cdot t} = \frac{450}{7 \cdot 0{,}8 \cdot 3{,}14} \approx 26 \text{ kg/cm}^2; \quad c_{zul} \approx 40 \text{ bis } 60 \text{ kg/cm}^2 \text{ (s. S. 85).}$$

6. Triebstockvorgelege. Übersetzung: $i_{II-III} = \frac{1}{11}$; $z = {}^{10}/_{110}$; Modul $m = 20$ mm ang.; $D = {}^{200}/_{2200}$ mm.
Zahnbreite: $b = 70$ mm. Triebstockdurchmesser: $\Delta = 30$ mm. Werkstoff: St 50 · 11/St 50 · 11.

$$\text{Nabenstärke des Ritzels: } \delta = \frac{200 - 2 \cdot 18 - 80}{2} \approx 42 \text{ mm}. \quad \delta_{erf} = 0{,}4\,(8 + 10 \text{ mm}) = 36 \text{ mm}.$$

Die Triebstöcke sind in einem gebogenen ⊏-Eisen Nr. 14 befestigt. Flanschdicke: 10 mm.

$$\text{Zahndruck: } P_{II-III} = \frac{10000}{10} = 1000 \text{ kg}.$$

$$\text{Biegemoment: } M = A \cdot \frac{l}{2} - \frac{P_{II-III}}{2} \cdot \frac{b}{4} = 500 \cdot \frac{14 - 1{,}0}{2} - \frac{1000}{2} \cdot 1{,}75 \approx 2375 \text{ kgcm}.$$

$$\text{Biegebeanspruchung: } \sigma' = \frac{M}{W} = \frac{2375}{2{,}65} \approx 900 \text{ kg/cm}^2. \quad \sigma_{zul} \approx 900 \text{ kg/cm}^2 \text{ (s. S. 13).}$$

Belastungsfall zwischen *II* und *III*. Die Zahnbreite wird in Rücksicht auf Stöße auf 80 mm vergrößert oder die Teilung wird auf 21π erhöht, wobei der Triebstockdurchmesser den Wert $\Delta = 32$ mm erhält. Teilkreisdurchmesser des Triebstockkranzes: $D = 2310$ mm.

δ) Ausleger.

In Rücksicht auf möglichst geringes Eigengewicht wird er allgemein als Fachwerk ausgeführt. Die Auslegerform ist besonders bei den Hafendrehkranen sehr verschieden.

a) Ausleger für Krane mit fester Ausladung.

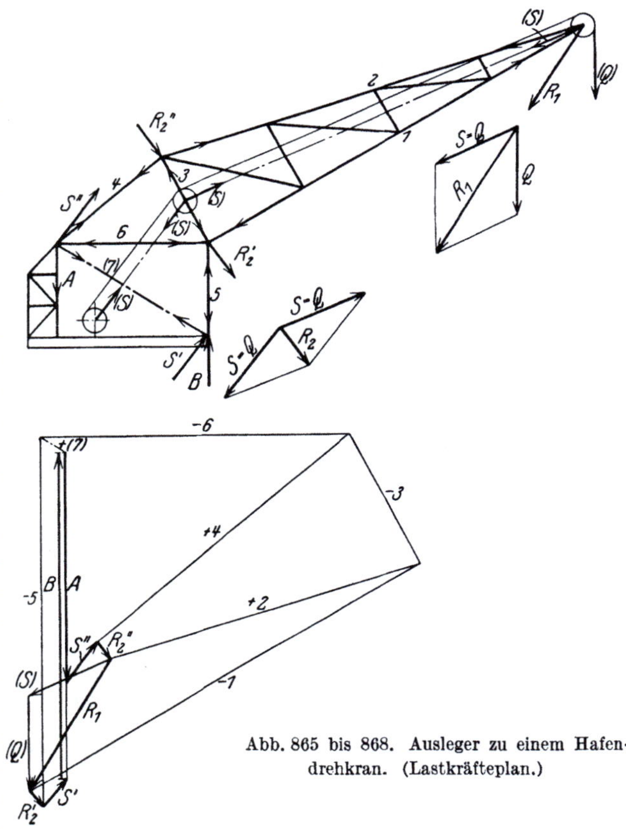

Abb. 865 bis 868. Ausleger zu einem Hafendrehkran. (Lastkräfteplan.)

In neuerer Zeit wendet man meist ein System nach Art von Abb. 865 an. Dieses hat den Vorzug eines großen freien Profils unterhalb des Auslegers und läßt daher auch den Umschlag sperriger Lasten zu. Durch den Fortfall der hindernden Diagonalen (7), die man noch bei älteren Ausführungen findet, wird es ermöglicht, den Ausleger nur so breit auszuführen, als es in Rücksicht auf seine waagerechte Beanspruchung erforderlich ist. Der Ausleger ist an seinem hinteren Ende an zwei Fachwerkstützen befestigt, die mit der Plattform starr verbunden sind und waagerechte Kräfte in der Auslegerrichtung aufnehmen. Am Führerhaus ist daher nur eine knicksichere Stütze erforderlich, die eine Öffnung für den Führerstand hat (Abb. 851) und waagerechte Kräfte senkrecht zur Auslegerrichtung (Schrägzug der Last und Winddruck) übertragen kann. Die Füllungsstäbe im Aufriß des Auslegers verkleinern die Knicklänge des auf Druck beanspruchten Untergurtes und vermeiden zu große Stabquerschnitte.

Der in der Untergurtebene angeordnete Verband wird entweder als Diagonalverband oder als Netzwerk (Abb. 869) ausgebildet und hat die zuletzt genannten waagerechten Kräfte aufzunehmen.

Das Gegengewicht wird meist auf dem Plattformhinterteil aufgebaut und im Grundriß abgerundet (Abb. 861).

Für die Stabkraftbestimmung wird angenommen, daß der Ausleger ein ebenes, senkrechtes Gebilde ist. Durch die Abkröpfung am Führerhaus und am Auslegerkopf (Abb. 861, Grundriß) treten noch zusätzliche Kräfte an ihm auf, die jedoch bei der Stabbemessung vernachlässigt werden.

Als äußere Kräfte wirken an dem System (Abb. 865) die Last Q und die Auflagerdrucke A und B auf.

Der Seilzug S ist auf die Auflagerkräfte ohne Einfluß und ist daher nur als innere Kraft anzusehen. Seine Größe ist von der Zahl der tragenden Seilstränge des gewählten Rollenzuges (Rollenzüge s. S. 35) abhängig. Bei den Stückgutverladekranen bis 3 t Tragkraft hängt die Last unmittelbar am Seil und es ist $S = Q$ (Abb. 865). Meist ist bei dem langen Seil zur Vermeidung zu starken Durchhanges und zur freien Führung zur Trommel noch eine Umlenkrolle erforderlich.

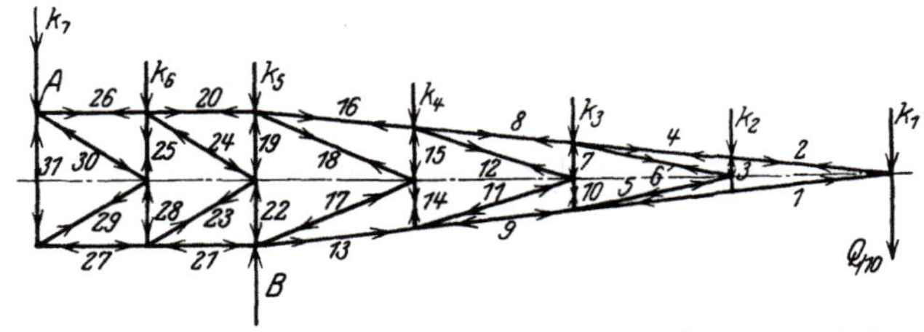

Zur Berücksichtigung des Seilzuges denke man sich das Seil zwischen Ausleger- und Leitrolle, sowie zwischen Leitrolle und Trommel durchschnitten und die für das Gleichgewicht erforderlichen Zugkräfte angebracht.

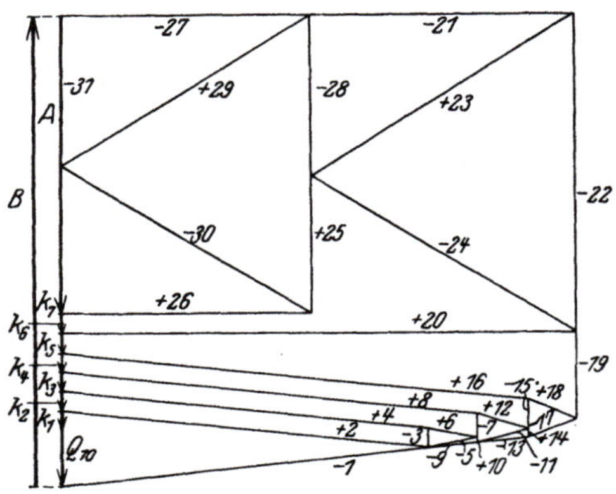

Abb. 869a und b.

Die Last Q und den Seilzug $S = Q$ an der Auslegerrolle ersetze man durch die Resultierende R_1 und die beiden Seilzüge an der Leitrolle durch die Resultierende R_2, die als R_2' und R_2'' auf die benachbarten Knoten reduziert wird. Der an der Trommel wirkende Seilzug S wird in die Komponenten S' und S'' bei A und B zerlegt.

Abb. 868 gibt den Lastkräfteplan mit Berücksichtigung des Seilzuges. Die in dem System nicht bezeichneten Stäbe sind spannungslos.

Bei sehr spitzem Auslegerwinkel ist eine rechnerische Nachprüfung der in den Stäben *1* und *2* auftretenden Kräfte nach dem Ritterschen Verfahren zweckmäßig.

Zur Ermittelung der Stabkräfte aus dem Eigengewicht wird das Auslegergewicht geschätzt, auf die Knotenpunkte verteilt und der Cremona-Plan aufgezeichnet.

Für Last und Eigengewicht kann auch ein gemeinsamer Kräfteplan entworfen werden.

Der Ausleger ist noch in waagerechtem Sinne durch den Schrägzug der Last und durch Massenkräfte beansprucht, die bei plötzlichem Abstoppen der Drehbewegung auftreten. Da diese Kräfte schwer zu ermitteln sind, trägt man ihnen dadurch Rechnung, daß man einen reichlich großen, an der Auslegerspitze wirkenden Schrägzug der Last mit $\approx {}^1/_{10}Q$ als waagerechte Belastung einführt (Abb. 869a).

Als weitere waagerechte Belastung des Auslegers tritt noch der Winddruck auf, der bei Betrieb des Kranes mit 50 kg/m² Fläche angesetzt wird. Er wird nach Abb. 869a auf die Knotenpunkte verteilt. Die Stabspannungen aus Schrägzug und Winddruck werden ebenfalls zeichnerisch ermittelt (Abb. 869b).

Da der Ausleger eine verhältnismäßig geringe Angriffsfläche für den Wind bietet, so kann diese Belastung gegebenenfalls vernachlässigt werden und man rechnet dann nur mit der oben angegebenen Kraft $\frac{1}{10}Q$ als waagerechte Belastung.

Der auf dem Maschinenhaus lastende größere Winddruck wird durch die Laufrollen auf das Kranunterteil übertragen.

Durch diesen Winddruck und die waagerechte Kraft $\frac{1}{10}Q$ werden die Raddrucke der Laufrollen auf der einen Auslegerseite vermindert und auf der anderen erhöht.

Die Stabkräfte des Auslegers aus der senkrechten und waagerechten Belastung werden, wie auf S. 290 gezeigt, in einer Tabelle zusammengestellt und die Stäbe ihrer Beanspruchung entsprechend bemessen.

Für die Ausleger normal beanspruchter Drehkrane gibt Garlepp ohne Berücksichtigung von Nebenspannungskräften folgende zulässigen Spannungen an:

Obergurt: $\sigma_{zul} \leqq 800$ kg/cm²; Untergurt: ohne Wind- und Beschleunigungskräfte: $\sigma_{zul} \leqq 800$ kg/cm²; mit Wind von 50 kg/m² und Beschleunigung $\sigma_{zul} \leqq 1200$ kg/cm²; ohne Last und mit 200 kg/m² Winddruck: $\sigma_{zul} \leqq 1400$ kg/cm².

Um bei fahrbaren Drehkranen mit großer Hubhöhe ein möglichst großes freies Profil unter dem Ausleger zu erhalten, führt man das Auslegerunterteil turmartig aus (Abb. 870)[1]. Das Führerhaus wird dann zum guten Überblicken des Arbeitsfeldes in dem erhöhten Auslegerunterteil und über dem Maschinenhaus angeordnet.

Die Drehscheibe wird aus I- bzw. [-Eisen hergestellt, die miteinander vernietet und durch kräftige Bleche versteift werden. In neuerer Zeit zieht man es vor, die Bauteile zusammenzuschweißen.

Beispiel einer geschweißten Drehscheibe siehe Z. V. d. I. 1931, S. 653.

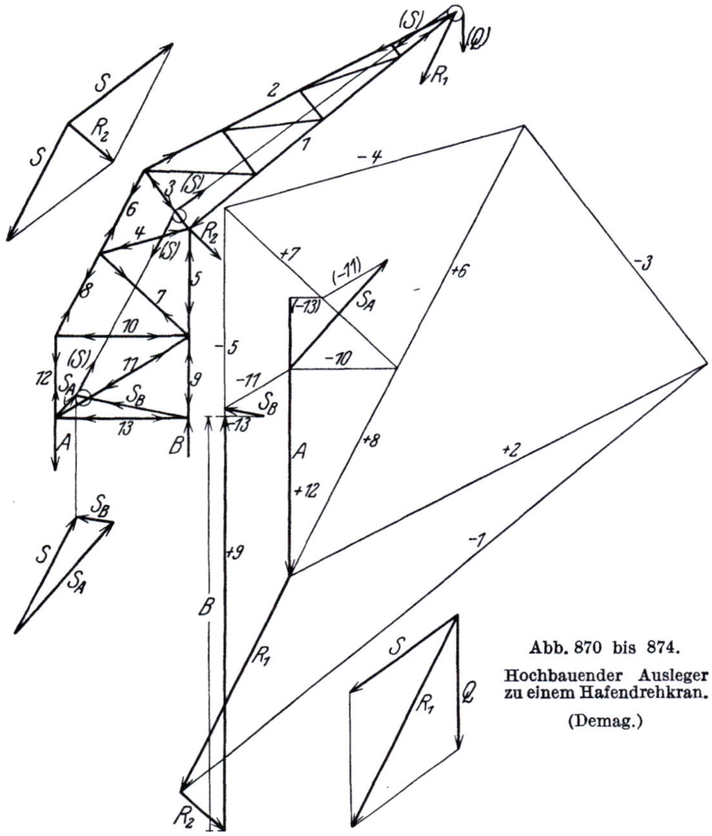

Abb. 870 bis 874. Hochbauender Ausleger zu einem Hafendrehkran. (Demag.)

b) Veränderung der Ausladung als Hilfsbewegung.

Sie wird angewendet, wenn das Arbeitsfeld des Drehkranes zeitweise vergrößert oder verkleinert wird und wenn ein Anstoßen des Auslegers an der Takelage der am Kai liegenden Schiffe vermieden werden soll.

Zu diesem Zweck wird der Ausleger an seinem Unterteil gelenkig angeschlossen und durch Schraubenspindeln oder durch Rollenzüge um eine waagerechte Achse gedreht (Einziehen oder Wippen des Auslegers).

Das zeitweise Einziehen des Auslegers geschieht im allgemeinen ohne Last, da sonst die Leistung des Einziehmotors zu groß wird und die Last gleichzeitig eine unerwünschte Hubbewegung macht.

Auslegereinziehwerk mit Schraubenspindeln (Abb. 875). Diese Art des Auslegereinziehens wird bei den Hafendrehkranen am meisten angewendet.

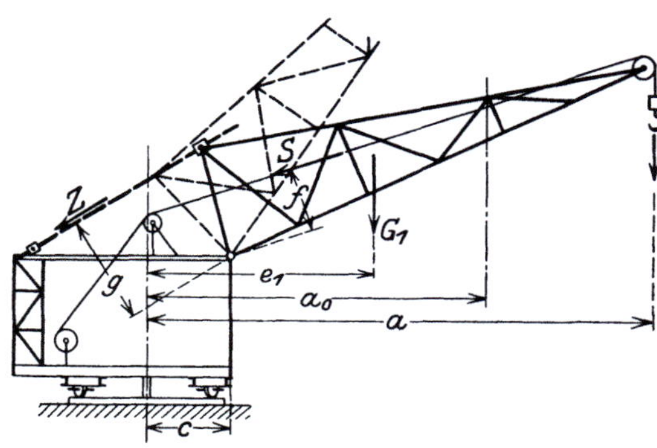

Abb. 875. Veränderung der Ausladung durch Schraubenspindeln.

Die Spindel ist an ihrem einen Ende gelenkig gelagert und wird durch ein Kegelrädervorgelege angetrieben. Das andere Ende greift in eine ebenfalls gelenkig gelagerte Mutter ein. Je nachdem sich die Spindel in der Mutter in der einen oder anderen Richtung dreht, wird die Entfernung der beiden Gelenke verkürzt oder vergrößert, der Ausleger wird gehoben oder gesenkt und die Ausladung verändert.

Der größte Spindelzug tritt auf, wenn der Ausleger sich in seiner tiefsten Lage (in der größten Ausladung) befindet.

[1] Demag A.-G., Duisburg (fahrbare Drehkrane von 3 t Tragkraft und 10,5 m Ausladung am Grevenhofufer des Hamburger Hafens).

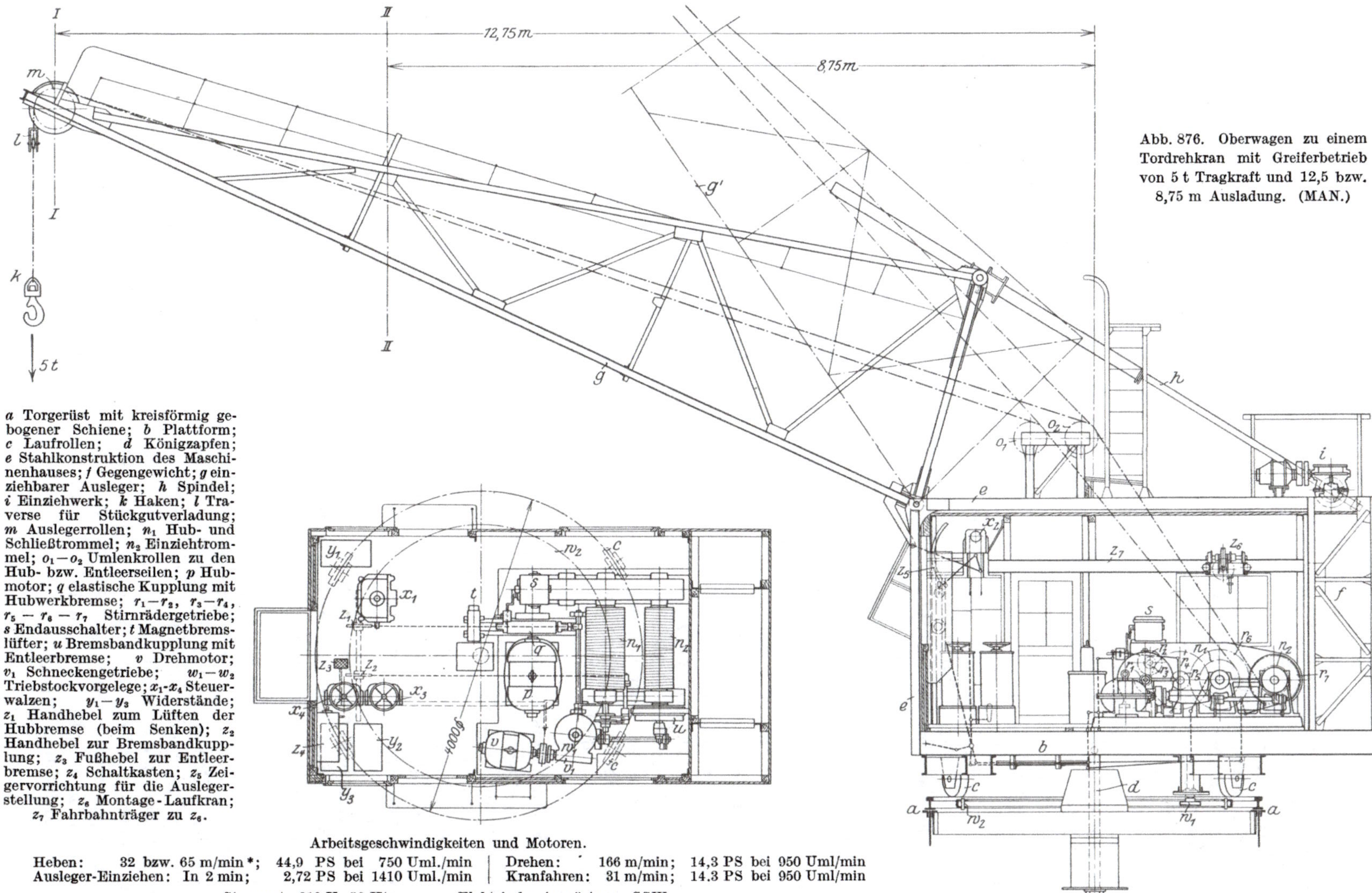

Abb. 876. Oberwagen zu einem Tordrehkran mit Greiferbetrieb von 5 t Tragkraft und 12,5 bzw. 8,75 m Ausladung. (MAN.)

a Torgerüst mit kreisförmig gebogener Schiene; *b* Plattform; *c* Laufrollen; *d* Königzapfen; *e* Stahlkonstruktion des Maschinenhauses; *f* Gegengewicht; *g* einziehbarer Ausleger; *h* Spindel; *i* Einziehwerk; *k* Haken; *l* Traverse für Stückgutverladung; *m* Auslegerrollen; n_1 Hub- und Schließtrommel; n_2 Einziehtrommel; $o_1 - o_2$ Umlenkrollen zu den Hub- bzw. Entleerseilen; *p* Hubmotor; *q* elastische Kupplung mit Hubwerkbremse; $r_1 - r_2$, $r_3 - r_4$, $r_5 - r_6 - r_7$ Stirnrädergetriebe; *s* Endausschalter; *t* Magnetbremslüfter; *u* Bremsbandkupplung mit Entleerbremse; *v* Drehmotor; v_1 Schneckengetriebe; $w_1 - w_2$ Triebstockvorgelege; x_1-x_4 Steuerwalzen; $y_1 - y_3$ Widerstände; z_1 Handhebel zum Lüften der Hubbremse (beim Senken); z_2 Handhebel zur Bremsbandkupplung; z_3 Fußhebel zur Entleerbremse; z_4 Schaltkasten; z_5 Zeigervorrichtung für die Auslegerstellung; z_6 Montage-Laufkran; z_7 Fahrbahnträger zu z_6.

Arbeitsgeschwindigkeiten und Motoren.

Heben:	32 bzw. 65 m/min*;	44,9 PS bei 750 Uml./min	Drehen:	166 m/min;	14,3 PS bei 950 Uml/min
Ausleger-Einziehen:	In 2 min;	2,72 PS bei 1410 Uml./min	Kranfahren:	31 m/min;	14.3 PS bei 950 Uml/min

Stromart: 210 V, 50 Htz. Elektrische Ausrüstung: SSW.

* Bei 5 bzw. 3 t Tragkraft.

Bezeichnen mit Bezug auf Abb. 875 G_1 das Gewicht des heb- und senkbaren Auslegers, e_1 dessen größten Abstand von der Drehachse bei der Ausladung a und S den Seilzug des Hubwerks, so ist der größte Spindelzug:

$$_{\max}Z = \frac{1}{i \cdot g} \cdot [Q(a - c) + G_1 \cdot (e_1 - c) - S \cdot f]. \tag{424}$$

Wird eine Spindel angeordnet, so ist $i = 1$, bei zwei Spindeln ist $i = 2$.

Das Einziehwerk wird bei kleinerem Spindelzug und bei seltenem Verstellen des Auslegers von Hand (durch Kette und Haspelrad) sonst durch einen besonderen Motor angetrieben. Mit-

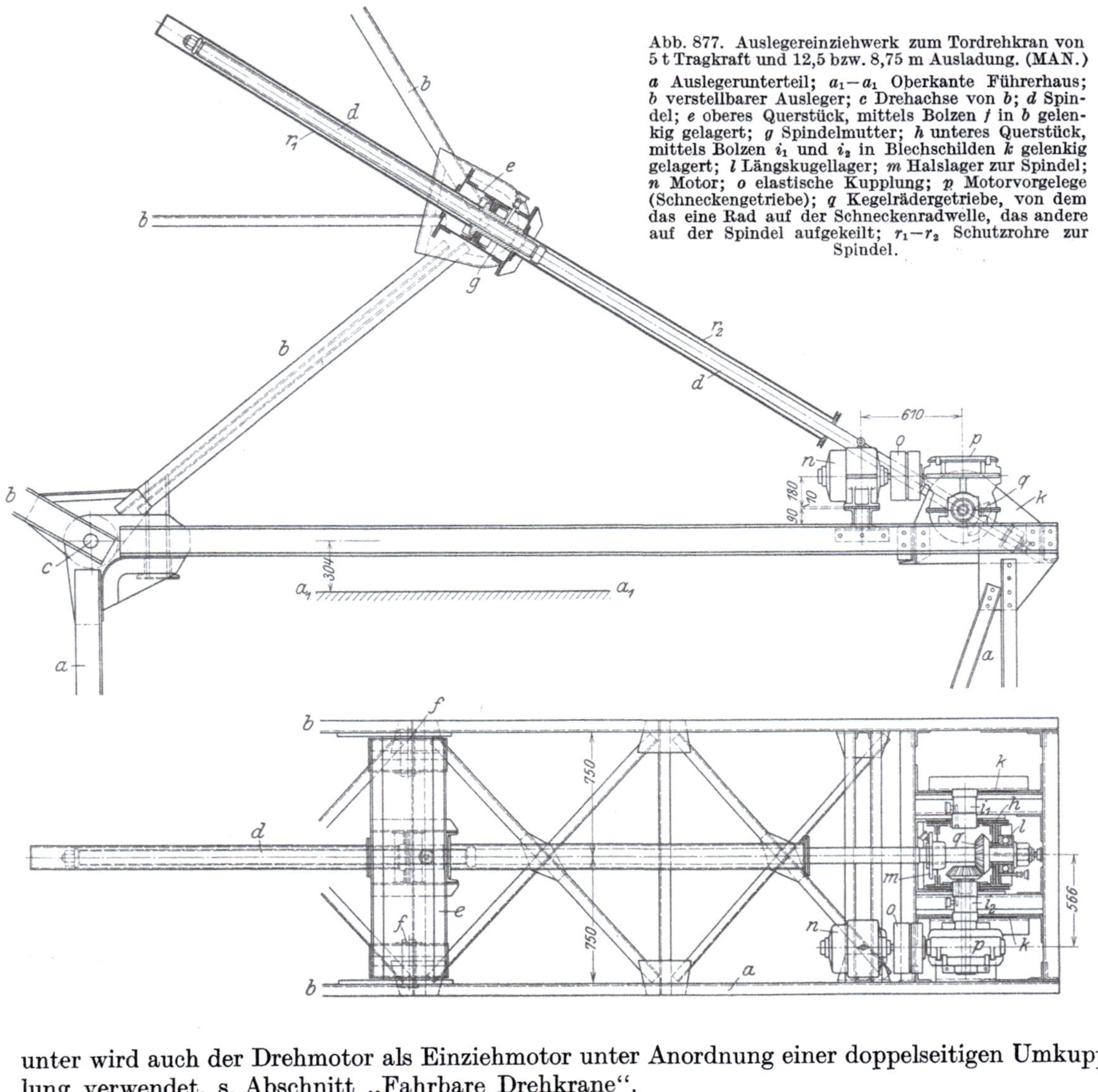

Abb. 877. Auslegereinziehwerk zum Tordrehkran von 5 t Tragkraft und 12,5 bzw. 8,75 m Ausladung. (MAN.)
a Auslegerunterteil; $a_1 - a_1$ Oberkante Führerhaus; *b* verstellbarer Ausleger; *c* Drehachse von *b*; *d* Spindel; *e* oberes Querstück, mittels Bolzen *f* in *b* gelenkig gelagert; *g* Spindelmutter; *h* unteres Querstück, mittels Bolzen i_1 und i_2 in Blechschilden *k* gelenkig gelagert; *l* Längskugellager; *m* Halslager zur Spindel; *n* Motor; *o* elastische Kupplung; *p* Motorvorgelege (Schneckengetriebe); *q* Kegelrädergetriebe, von dem das eine Rad auf der Schneckenradwelle, das andere auf der Spindel aufgekeilt; $r_1 - r_2$ Schutzrohre zur Spindel.

unter wird auch der Drehmotor als Einziehmotor unter Anordnung einer doppelseitigen Umkupplung verwendet, s. Abschnitt „Fahrbare Drehkrane“.

Spindel und Mutter. Die Schraubenspindel wird aus Stahl (St 50 · 11) gefertigt. Werkstoff der Mutter: Rotguß (Rg 9) oder Gußbronze (GBz 14).

Damit der Ausleger nach Aufhören der Antriebkraft und ohne besondere Hilfsmittel in der erreichten Lage mit Sicherheit stehenbleibt, muß die Spindel selbsthemmend (s. auch S. 189, Schraubenwinden), d. h. der Gewindesteigungswinkel muß kleiner als der Reibungswinkel sein. $\beta < \varrho$; für $\mu \approx \operatorname{tg} \varrho \approx 0{,}1$ wird z. B. $\varrho = 6°$.

Wirkungsgrad der Spindel einschließlich Lagerreibung $\eta_s \approx 0{,}30$ bis $0{,}35$.

Ausführung des Spindelgewindes als Trapezgewinde (DIN 103) oder — da die Kraft nur in einer Richtung wirkt — als Sägegewinde (DIN 514).

Zulässige Zugbeanspruchung im Kernquerschnitt des Gewindes: $\sigma_{zul} = 600$ bis $800\ \mathrm{kg/cm^2}$.

Bezeichnen h die Ganghöhe des Gewindes und d_m den mittleren Gewindedurchmesser, so ist die Tangente des Steigungswinkels: $\operatorname{tg}\beta = h/d_m\pi$.

Der Flächendruck im Gewinde ist in Rücksicht auf Abnutzung und schlechtes Schmieren niedrig zu halten. Zulässig (St 50 · 11 auf GBz 14): $\sigma = 40$ bis $60\ \text{kg/cm}^2$.

Die Schraubenspindel ist außer auf Zug noch auf Verdrehung beansprucht und wird daher auf zusammengesetzte Festigkeit gerechnet.

Drehmoment bei einer Spindel:

$$M_d = {}_{\max}Z \operatorname{tg}(\beta + \varrho) \cdot \frac{d_m}{2}. \tag{425}$$

Einziehgeschwindigkeit und Motorleistung. Ist s der Spindelweg in m und t die Einziehzeit in min, so ist die Einziehgeschwindigkeit: $v = s/t \ldots$ m/min.

Bezeichnen η_s den Wirkungsgrad der Spindel und η_t den Wirkungsgrad des Rädertriebwerks, so ist die erforderliche Motorleistung bei Einziehen des Auslegers ohne Last und mit den Bezeichnungen auf Abb. 875:

$$N = \frac{G_1(e_1 - c) \cdot v}{6120 \cdot g \cdot \eta_s \cdot \eta_t} \ldots \text{kW}. \tag{426}$$

Übersetzung zwischen Motor und Spindel. Sie ist durch das Verhältnis der Drehzahl n_s der Spindel und der des Motors n_m bestimmt.

Drehzahl der Spindel: $n_s = s/h$. Als Motor kommt ein schnellaufender Motor ($n_m = 1000$ bis 1500) in Frage.

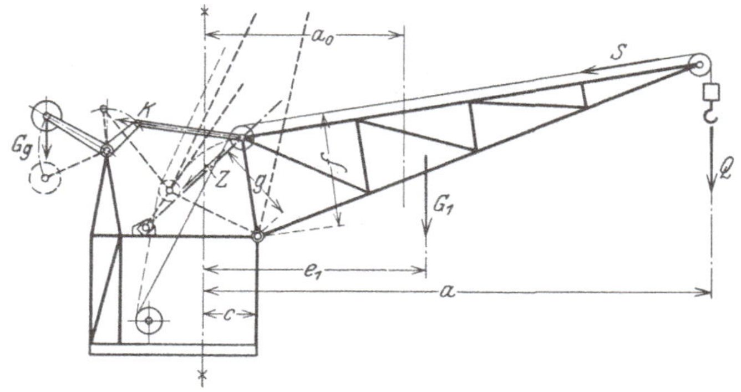

Abb. 878. Einziehbarer Ausleger mit Gegengewicht.

Abb. 876 zeigt den drehbaren Teil eines Tordrehkranes mit Greiferbetrieb und veränderlicher Ausladung durch eine Schraubenspindel. Das Einziehwerk zu diesem Kran ist auf Abb. 877 dargestellt.

Bei den Drehkranen mit betriebsmäßiger Veränderung der Ausladung (s. S. 394 u. f.) wird das Auslegergewicht zwecks Verminderung der Leistung des Einziehmotors zum größeren Teil durch ein besonderes Gegengewicht ausgeglichen. Das Auslegergegengewicht hängt dann wie bei den Abb. 883 und 888 an einem oder an zwei Seilen, die am Ausleger befestigt sind und am hinteren Maschinenhausende derart über Leitrollen geführt sind, daß das Gegengewicht auf- und abbewegbar ist. Auf der schematischen Darstellung Abb. 878 ist das Gegengewicht an zwei Winkelhebeln befestigt, die durch Zugstangen an den Ausleger angeschlossen sind. Bei Bemessung des Gegengewichtes ist zu beachten, daß sein wirksames Moment veränderlich ist.

Bei Anwendung eines Auslegergegengewichtes ist dessen Moment in Gleichung (424) negativ einzusetzen. Für die Bemessung des Einziehmotors ist der gesamte Spindelzug des in der größten Ausladung befindlichen vollbelasteten Auslegers maßgebend.

Beispiel Nr. 13. Das Ausleger-Einziehwerk zu einem elektrisch betriebenen fahrbaren Tordrehkran (Hafenkran) ist zu berechnen.

Tragkraft: $Q = 5$ t; größte Ausladung: $a = 12{,}75$ m; kleinste Ausladung: $a_0 = 8{,}75$ m; Zeit zum Einziehen des Auslegers (aus der tiefsten in die höchste Lage): $t = 2$ min. Stromart: Drehstrom 210 V, 50 Hz. Gestaltung des drehbaren Teils des Kranes nach Abb. 876, S. 390. Das Einziehwerk dient zum zeitweisen Verändern der Ausladung (ohne Last). Ausführung mit einer Spindel und elektrischem Antrieb nach Abb. 877, S. 391. Übersetzung zwischen Motor und Spindel: Zweigängiges Schneckenvorgelege und Kegelrädergetriebe.

1. Zugkraft der Spindel. Mit Bezug auf S. 389 und die Bezeichnungen auf Abb. 875 wird der größte Spindelzug (bei $i = 1$):

$$Z = \frac{1}{i \cdot g} \cdot [Q(a - c) + G_1(e_1 - c) - S \cdot f] = \frac{1}{2{,}85} \cdot [5{,}0 \cdot (12{,}75 - 2{,}15) - 2{,}0 \cdot (5{,}25 - 2{,}15) - 5{,}0 \cdot 1{,}5] \approx 18\ \text{t}.$$

2. Erforderlicher Kernquerschnitt des Gewindes. Werkstoff der Spindel: St 50 · 11. $\sigma_{\text{zul}} = 400\ \text{kg/cm}^2$ ang.

$$F_{\text{erf}} = \frac{Z}{\sigma_{\text{zul}}} = \frac{18000}{400} \approx 45\ \text{cm}^2.$$

3. Gewinde. Trapezgewinde nach DIN 103 Bl. 1 (Abb. 17, S. 18). Gewindedurchmesser $d = 90$ mm; Kerndurchmesser $d_0 = 77{,}5$ mm (d_1); Kernquerschnitt: $F_0 = 47{,}17\ \text{cm}^2$; Gewindetiefe: $t_1 = 6{,}25$ mm; Flankendurchmesser: $d_2 = 84$ mm; Steigung: $h = 12$ mm; Tragtiefe: $t_2 = 5{,}875$ mm.

Zugbeanspruchung im Kernquerschnitt: $\sigma = \frac{Z}{F_0} = \frac{18000}{47{,}17} \approx 382\ \text{kg/cm}^2$.

Hierzu tritt noch die Drehungsbeanspruchung der Spindel (s. S. 190).

Steigungswinkel des Gewindes: $\operatorname{tg}\beta = \frac{h}{d_2 \cdot \pi} = \frac{12}{84 \cdot 3{,}14} \approx 0{,}0455$; $\alpha \approx 2° \, 35'$. Reibungszahl: $\mu = \operatorname{tg}\varrho \approx 0{,}1$.
Da die Bedingung $\operatorname{tg}\beta < \operatorname{tg}\varrho$ erfüllt ist, so ist das Gewinde selbsthemmend.

4. Spindelmutter. Werkstoff: GBz 14.
Gewindeabmessungen (Abb. 16, S. 18). Gewindedurchmesser: $D = 90{,}5$ mm, Kerndurchmesser: $D_1 = 78{,}25$ mm; Gewindetiefe: $T = 6{,}125$ mm.
Mutterhöhe: $h_m = 280$ mm ang. Zahl der Gänge auf die Mutterhöhe: $z = \frac{h_m}{h} = \frac{280}{12} \approx 23$.

Flächendruck im Gewinde: $\sigma = \frac{Z}{z \cdot d_2 \cdot \pi \cdot t_2} = \frac{18000}{23 \cdot 8{,}4 \cdot 3{,}14 \cdot 5{,}875} \approx 51$ kg/cm².

Weg der Spindelmutter beim Einziehen des Auslegers aus der tiefsten in die höchste Lage (aus Abb. 876, S. 390) bestimmt): $s = 1450$ mm.

5. Drehzahl der Spindel. $n_s = \frac{s}{t \cdot h} = \frac{1450}{2 \cdot 12} \approx 60{,}5$ i. d. min.

Geschwindigkeit der Mutter: $v = \frac{s}{t} = \frac{1{,}45}{2} \approx 0{,}725$ m/min.

6. Motor. Leistung: $N_{\text{erf}} = \frac{G_1 \cdot (e_1 - c) \cdot v}{6120 \cdot g \cdot \eta_s \cdot \eta_t} = \frac{2000 \cdot (5{,}25 - 2{,}15) \cdot 0{,}725}{6120 \cdot 2{,}85 \cdot 0{,}30 \cdot 0{,}67} \approx 1{,}3$ kW.

$\eta_s = 0{,}30$ ang., $\eta_t = \eta_{I-II} \cdot \eta_{II-III} = 0{,}70 \cdot 0{,}95 \approx 0{,}67$. Gewählt aus Abb. 395, S. 166: Type hPR 54n-4; Nennleistung: 3,8 kW (25% ED); Nenndrehzahl: $n_I = 1410$ i. d. min. Nenndrehmoment: $M \approx 262$ kgcm; Kippmoment: $M_K = 2{,}8\,M$; höchstzulässige Drehzahl: $\max n = 3000$; Schwungmoment: $GD^2 \approx 0{,}122$ kgm²; Gewicht des Motors: 71 kg. Wellenstumpfdurchmesser: $d = 30$ mm.

7. Erforderliche Übersetzung.

$$i_{\text{erf}} = \frac{\text{Drehzahl der Spindel}}{\text{Drehzahl des Motors}} = \frac{n_s}{n_I} = \frac{60{,}5}{1410} = \frac{1}{23{,}3} \approx \frac{1}{24} = i_{I-II} \cdot i_{II-III} = \frac{1}{20} \cdot \frac{1}{1{,}2}.$$

8. Schneckengetriebe. $i_{I-II} = \frac{1}{20}$. Zähnezahl: $z = {}^2/_{40}$. Modul: $m = 10$ mm ang. Teilkreisdurchmesser: $D = {}^{80}/_{400}$ mm; Zentrale: $a = 240$ mm; Zahnbreite: $b = 70$ mm; Werkstoff: St 70 · 11/GBz 14.

Gleitgeschwindigkeit der Schnecke: $v = \frac{D_1 \pi \cdot n_I}{60} = \frac{0{,}08 \cdot 3{,}14 \cdot 1410}{60} \approx 6$ m/sek.

Drehmoment der Schnecke: $M_I = 262$ kgcm; Drehmoment des Schneckenrades:

$$M_{II} = M_I \cdot \frac{1}{i_{I-II}} \cdot \eta_{I-II} = 262 \cdot 20 \cdot 0{,}78 \approx 4100 \text{ kgcm}.$$

Auslegereinziehwerk mit Rollenzügen. Die arbeitenden Seilenden der beiden mehrsträngigen Rollenzüge (Abb. 879) greifen an zwei Trommeln an, die auf ihrer Welle aufgekeilt sind und von denen die eine Rechts- und die andere Linksgewinde hat. Durch Nachlassen der beiden Seile wird der Ausleger gesenkt und durch Einziehen gehoben, die Ausladung also vergrößert oder verkleinert.

G r ö ß t e r S e i l z u g. Bezeichnen mit Bezug auf Abb. 879 z Rollenzahl, $z+1$ die Zahl der tragenden Seilstränge des Rollenzuges (Rollenzüge s. S. 35), η_r dessen Wirkungsgrad und S den entlastenden Hubseilzug, so ist der größte Seilzug:

$$S_1 = \frac{\max Z}{2 \cdot (z+1) \cdot \eta_r} = \frac{1}{2(z+1) \cdot \eta_r \cdot g} \cdot [Q(a-c) + G_1(e_1 - c) - Sf]. \qquad (427)$$

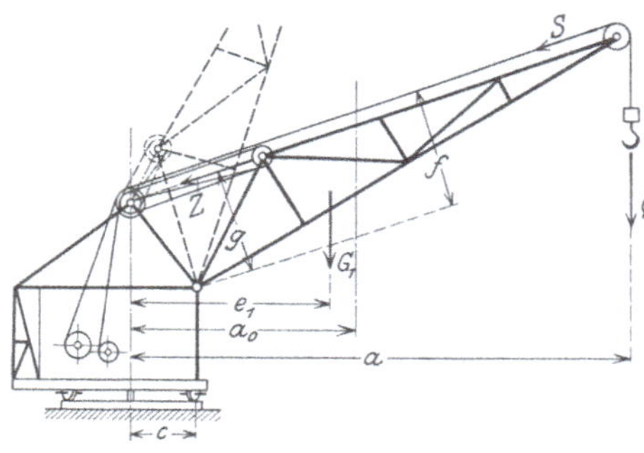

Abb. 879. Auslegereinziehen durch Rollenzüge.

Für diesen wird das Drahtseil nach den Angaben S. 29 bestimmt. Sicherheitsgrad: $\mathfrak{S} = 6$ bis 8.
In der tiefsten Lage des Auslegers werden die Rollenzüge durch zwei mit einem Schlitz versehene Zugstangen, die an den Rollenbolzen angreifen, entlastet.

E i n z i e h g e s c h w i n d i g k e i t u n d M o t o r l e i s t u n g. Ist s der dem Einziehen des Auslegers aus der tiefsten in die höchste Lage entsprechende Weg des losen Rollenkopfes in m und t die Einziehzeit in min, so ist die Einziehgeschwindigkeit: $v = s/t \ldots$ m/min und die Seilgeschwindigkeit an den Trommeln $v_s = v \cdot 1/i_r \ldots$ m/min, wobei i_r die Übersetzung des Rollenzuges bedeutet. Mit dem Wirkungsgrad η_t des Rädertriebwerks wird die erforderliche Motorleistung:

$$N = \frac{2 S_1 \cdot v_s}{6120 \cdot \eta_t} \ldots \text{kW}. \qquad (428)$$

Diese ist in der tiefsten Auslegerlage am größten und in der höchsten am kleinsten. Sie wird dadurch annähernd konstant gehalten, daß man die Trommeln nicht zylindrisch, sondern kegelig ausbildet. Siehe S. 319 „Verladebrücken“.

Übersetzung zwischen Motor und Trommeln. Drehzahl der Trommel: $n_t = \frac{v_s}{D\pi}$ in 1 min, wobei der Durchmesser D der Trommel in m eingesetzt wird.

Je nach der Drehzahl des gewählten Motors ($n_m = 700$ bis 1000) wird die Übersetzung als reine Stirnräderübersetzung oder mit Schneckenvorgelege und Stirnrädergetriebe (Trommelvorgelege) ausgeführt.

Bremse. Die den Ausleger in jeder Höhenlage nach Abstellen des Motors festhaltende Bremse wird als doppelte Backenbremse oder, da sie nur in einer Richtung wirkt, als einfache gewichtbelastete Bandbremse ausgebildet und durch einen Magneten gelüftet. Anordnung der Bremse auf der elastischen Kupplung zwischen Motor und Triebwerk.

c) Betriebsmäßige Veränderung der Ausladung.

Diese kommt in Frage, wenn der belastete Ausleger bei jedem Kranspiel und unter waagerechtem Lastweg verstellt wird. Sie wird bei Hafendrehkranen angewendet und hat bei diesen den Vorzug, daß zwei Krane dicht beieinander stehen und gleichzeitig an einer Schiffsluke arbeiten können. Auch ist das Arbeiten für den Führer leichter, da er den waagerechten Lastweg besser als den Drehweg übersehen kann.

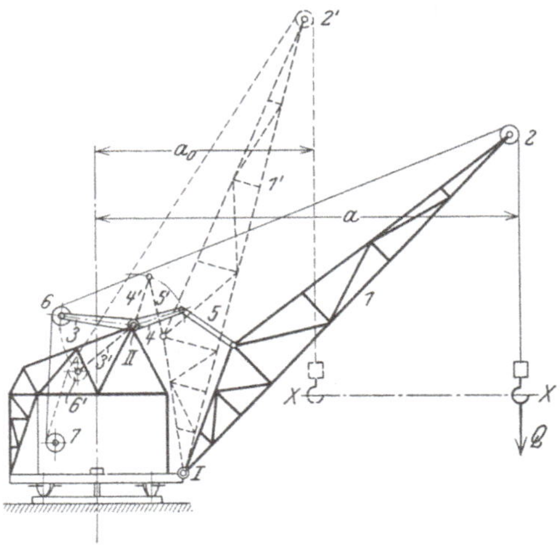

Abb. 880. Einziehdrehkran mit Schwinghebel. (MAN.) *1 (1')* Ausleger; *2 (2')* Auslegerrolle; *3—4 (3'—4')* Schwinghebel; *5 (5')* Zugstange; *6 (6')* Umlenkrolle am Schwinghebel; *7* Hubtrommel; *I* und *II* feste Drehpunkte; *X—X* waagerechter Lastweg.

Die ersten Bauarten von Einziehkranen mit waagerechtem Lastweg sind in England entstanden und auf die dort vorhandenen beengten Kaiverhältnisse zurückzuführen. Diese Krane arbeiten mit Gewichtsausgleich des Auslegers und weichen baulich sehr voneinander ab.

Woernle beschreibt in der Z. V. d. I.[1] die bekanntesten Bauarten (Babcock & Wilcox — Ransomes & Rapier — Mitchel Conveyor & Transporter Co — Stothert & Pitt) und weist auf die Vor- und Nachteile dieser Ausführungen hin.

Die deutschen Bauarten von Einziehkranen mit waagerechtem Lastweg sind auf eine Ausschreibung der bremischen Hafenverwaltung hin entworfen[2] und auch für andere Häfen zahlreich ausgeführt worden. Bauarten wie die von Flohr, Demag[3], Mohr u. Federhaff[4] u. a. waren schon früher bekannt.

Einige kennzeichnende neuere Bauarten werden nachstehend betrachtet:

1. Bauart MAN (Abb. 880). Der Ausleger wird durch einen (in der Abbildung nicht gezeichneten) Zahnstangentrieb unter Vorschalten eines Motors und einer entsprechenden Übersetzung eingezogen. Der waagerechte Lastweg während des Einziehens wird durch einen Schwinghebel erreicht, der mit seinem einen Ende durch eine Zugstange mit dem Ausleger verbunden ist. Am hinteren Ende des Schwinghebels ist eine Umlenkrolle angeordnet, über die das Hubseil geführt ist. Wird der Ausleger eingezogen, so wird der Schwinghebel gedreht und die Umlenkrolle geht von *6* nach *6'*. Hierdurch wird das Hubseil um den Betrag *2—6—7* minus *2'—6'—7* nachgelassen. Dieser Nachlaßweg ist gleich dem Höhenunterschied, um den sich die Auslegerspitze von *2* nach *2'* bewegt hat.

2. Bauart Mohr u. Federhaff (Abb. 881). Der Ausleger hat bei diesem Kran die Grundform eines angenäherten Ellipsenlenkers.

Er ist vermittelst eines starren Lenkers (Abb. 881) am Kranoberteil aufgehängt und wird an seinem unteren Ende vermittelst Rollen in senkrechter Richtung geführt. Der Lenker greift am ersten Viertel der Auslegerlänge an. Seine eigene Länge ist ebenfalls gleich $^1/_4$ der Auslegerlänge.

Der Ausleger wird durch zwei Seile eingezogen, die am unteren Auslegerende befestigt sind. Von diesen geht das eine über eine untere und das andere über eine obere Umlenkrolle zu je einer Trommel. Die beiden Einziehtrommeln werden durch einen Elektromotor unter Zwischenschaltung eines Schnecken- und eines Stirnrädervorgeleges angetrieben.

Etwaige bei Ingangsetzen oder Anhalten des Auslegers auftretende Stöße werden durch Federn zwischen Ausleger und Einziehseilen elastisch aufgenommen.

Der Ausleger ist in jeder Stellung im Gleichgewicht und kann auch bei Reißen der Einziehseile nicht abstürzen. Während des Einziehens geht die Auslegerspitze um den Betrag y nach oben

[1] 1925, S. 65: Hebe- und Fördermittel auf der britischen Ausstellung in Wembley.
[2] Overbeck: Neue Einziehkrane für den Seehafenumschlag. Z. V. d. I. 1926, S. 73.
[3] Z. V. d. I. 1924, S. 62. [4] Fördertechn. 1923, S. 128.

und damit auch die Last. Um dieses zu verhindern, ist das Hubseil über eine am unteren Auslegerteil angeordnete Rolle geführt und geht dann über eine feste Umlenkrolle zur Trommel.

Das Hubseil wird beim Einziehen um den Weg der Rolle *3* nach *3'* nachgelassen. Dieser Weg ist gleich dem Höhenunterschied *y* der Auslegerspitzen in der höchsten und tiefsten Auslegerlage, und es wird daher ein waagerechter Lastweg erzwungen.

Da der Ausleger in allen Stellungen im Gleichgewicht ist, so sind während des Einziehvorganges nur die Reibungswiderstände zu überwinden. Das Auslegereinziehen kann daher mit großer Geschwindigkeit und bei geringstem Arbeitsverbrauch durchgeführt werden.

Beispielsweise dauert das Einziehen des Auslegers bei einem Greiferkran von 4 t Tragkraft, von 17 m Ausladung auf 7,5 m etwa 10 sek, was einer Einziehgeschwindigkeit von 60 m/min entspricht. Arbeitsverbrauch des Einziehwerks beim Heben der Vollast: ∾ 7 PS.

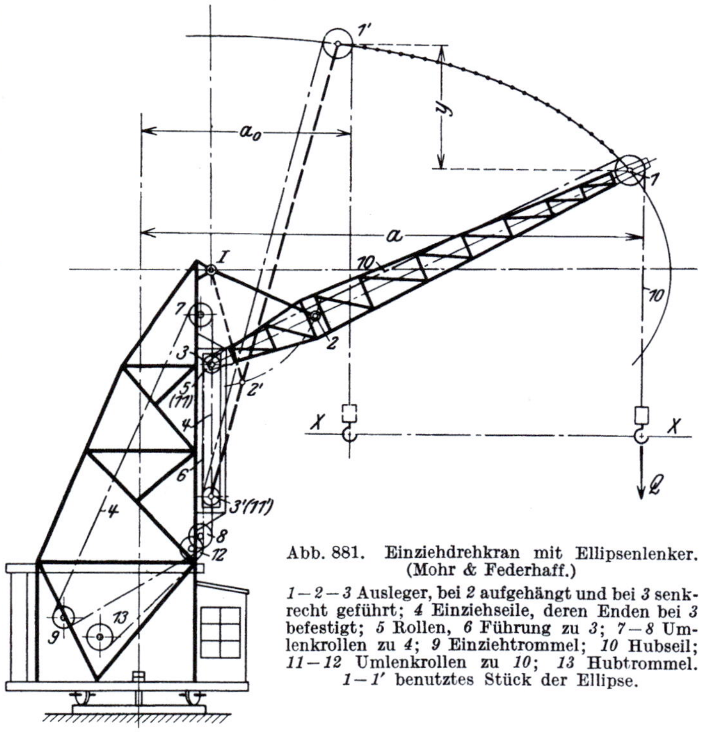

Abb. 881. Einziehdrehkran mit Ellipsenlenker. (Mohr & Federhaff.)

1—2—3 Ausleger, bei *2* aufgehängt und bei *3* senkrecht geführt; *4* Einziehseile, deren Enden bei *3* befestigt; *5* Rollen, *6* Führung zu *3*; *7—8* Umlenkrollen zu *4*; *9* Einziehtrommel; *10* Hubseil; *11—12* Umlenkrollen zu *10*; *13* Hubtrommel. *1—1'* benutztes Stück der Ellipse.

An Stelle der Bauart mit Ellipsenlenker führt die Firma in neuerer Zeit eine andere Bauart aus, die sich als zweckmäßiger erwiesen hat. Siehe Abschnitt „Fahrbare Tordrehkrane".

3. Bauart Demag-Tigler (Abb. 882). Die Grundform des Auslegers stellt einen Lemniskatenlenker dar.

Der eigentliche Ausleger ist an den angetriebenen Lenker und an den Hilfslenker angeschlossen. Diese haben ihre festen Drehpunkte an der erhöht ausgeführten Eisenkonstruktion des Kranoberteils. Das Auslegergewicht ist durch ein am hinteren Ende des angetriebenen Lenkers angeordnetes Gegengewicht in allen Stellungen ausgeglichen.

Da sich die Kraftrichtung der Last und die Achsenrichtungen des angetriebenen Lenkers sowie des Hilfslenkers in einem Punkte schneiden, so ist das System in jeder Lage im Gleichgewicht.

Die Schubstangen des auf den angetriebenen Lenker arbeitenden Kurbeltriebes haben daher kein Hubmoment auszuüben, sondern ebenso wie bei der Bauart 2 nur die Reibungswiderstände zu überwinden.

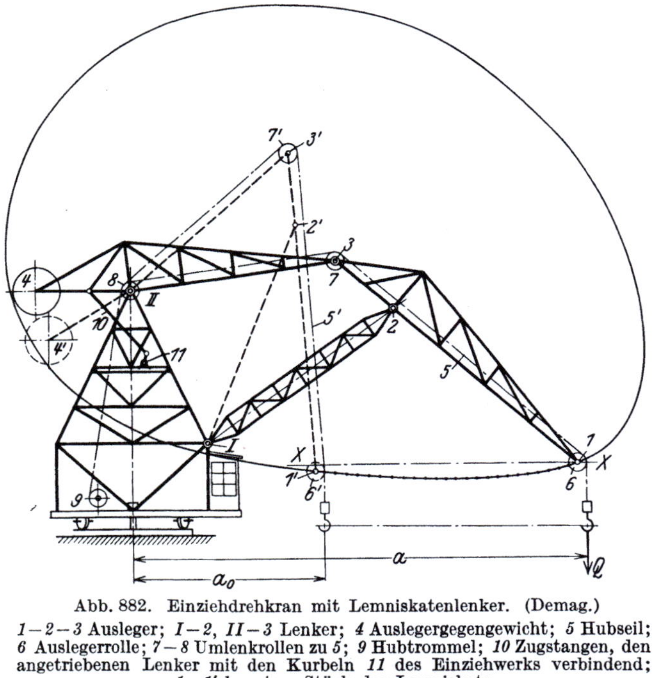

Abb. 882. Einziehdrehkran mit Lemniskatenlenker. (Demag.)

1—2—3 Ausleger; *I—2*, *II—3* Lenker; *4* Auslegergegengewicht; *5* Hubseil; *6* Auslegerrolle; *7—8* Umlenkrollen zu *5*; *9* Hubtrommel; *10* Zugstangen, den angetriebenen Lenker mit den Kurbeln *11* des Einziehwerks verbindend; *1—1'* benutzes Stück der Lemniskate.

Die den oberen Lenker antreibenden beiden Schubstangen werden durch zwei Kurbeln bewegt, wobei das volle Einziehen einer halben Kurbeldrehung entspricht.

Der im Führerhaus angeordnete Motor arbeitet durch Vorgelege auf eine nach oben gehende senkrechte Welle und von dieser durch ein Kegelrädergetriebe auf die Kurbelwelle.

4. Bauart Bamag-Meguin (Abb. 883). Auch bei dieser Ausführung ist die Grundform ein Lemniskatenlenker, bei dem der Untergurt des eigentlichen Auslegers waagerecht angeordnet ist. Im Gegensatz zu Abb. 882 ist hier der vordere Lenker vermittelst eines Zahnradsegmentes angetrieben. Die den angenäherten waagerechten Lastweg ergebende Lemniskate ist auf Abb. 884 aufgezeichnet. Sie ist eine Schleifenkurve, deren Symmetrieachse durch die Festpunkte *I*—*II* geht.

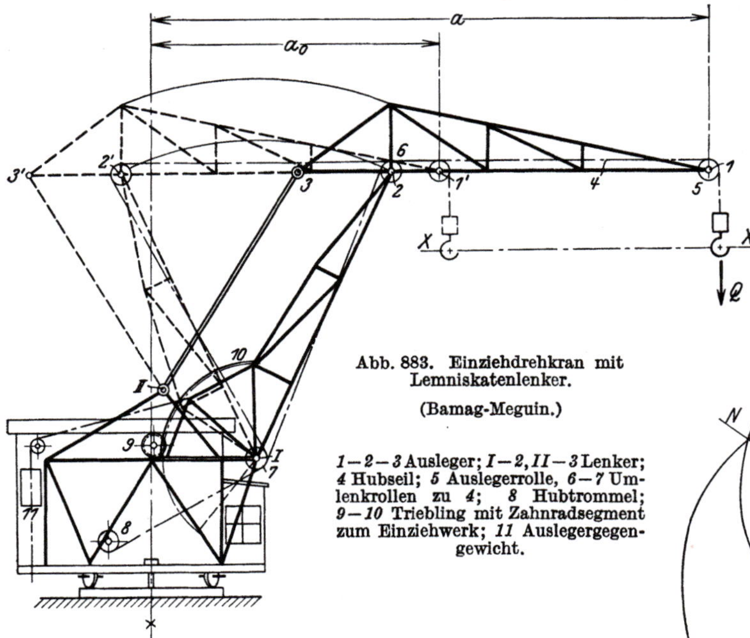

Abb. 883. Einziehdrehkran mit Lemniskatenlenker. (Bamag-Meguin.)

1—2—3 Ausleger; *I—2*, *II—3* Lenker; *4* Hubseil; *5* Auslegerrolle, *6—7* Umlenkrollen zu *4*; *8* Hubtrommel; *9—10* Triebling mit Zahnradsegment zum Einziehwerk; *11* Auslegergegengewicht.

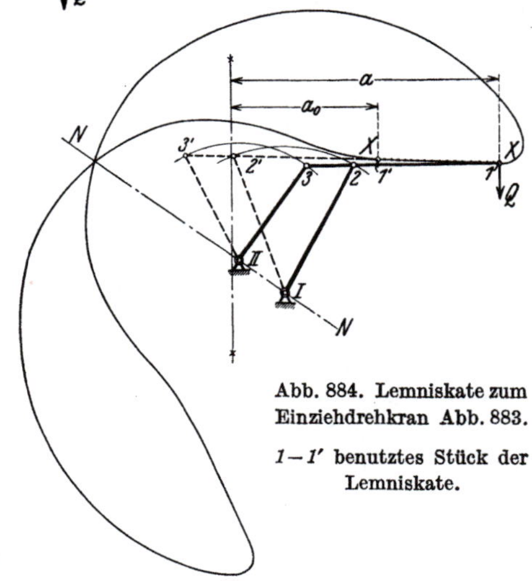

Abb. 884. Lemniskate zum Einziehdrehkran Abb. 883.

1—1' benutztes Stück der Lemniskate.

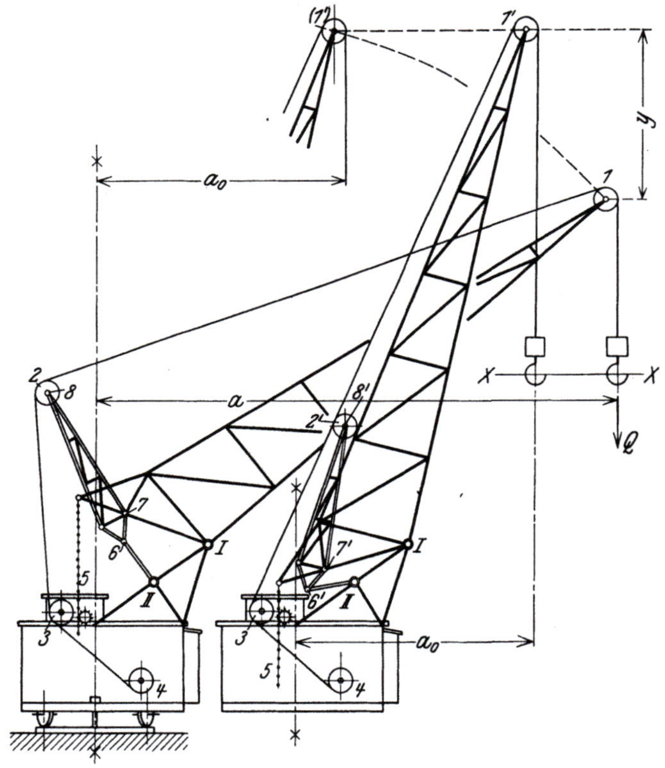

Abb. 885 und 886. Einziehdrehkran mit Lemniskatenlenker für die Seilausgleichrolle. (Ardeltwerke.)

1 Auslegerrolle; *2* Seilausgleichrolle; *3* Umlenkrolle; *4* Hubtrommel; *5* Zahnstangentrieb zum Auslegereinziehwerk; *I—II* Festpunkte; *6—7—8* bewegliche Punkte des Lenkersystems zur Seilausgleichrolle; *X—X* waagerechter Lastweg.

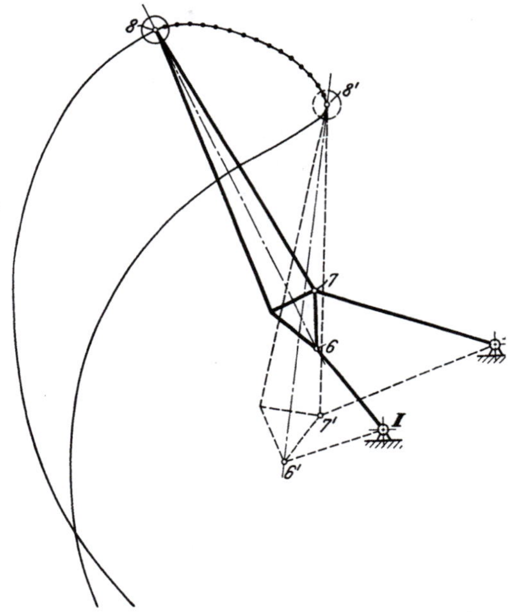

Abb. 887. Bahn der Seilausgleichrolle zum Einziehdrehkran Abb. 885 und 886.

I—7 vom Ausleger angetriebener Lenker; *8—8'* benutztes Stück der Lemniskate.

5. Bauart Ardeltwerke (Abb. 885 und 886). Das Einziehen des Auslegers geschieht bei dieser Bauart durch ein Zahnstangengetriebe, dessen Zahnstange am hinteren Auslegerende ge-

lenkig angreift. Die Verzahnung des Getriebes ist eine Triebstockverzahnung nach Abb. 166, S. 71. Zum Nachlassen des Seiles beim Auslegereinziehen dient ein Lemniskatenlenker, dessen Stange *6—7—8* die Seilausgleichrolle *2* trägt. Das Lenkersystem wird durch die Stange *I—7*, die ein Fachwerkstab des Auslegers ist, angetrieben. Der Punkt *8* beschreibt die auf Abb. 887 gezeichnete Schleifenkurve, deren Stück 8—*8'* benutzt wird. Diesem Weg der Ausgleichrolle *2* (Abb. 885 und 886) entsprechend ist der Unterschied zwischen der Seillänge *1—2—3* (bei tiefster Auslegerstellung) und der Seillänge *1'—2'—3* (bei höchster Auslegerstellung) gleich dem Betrag y, um den die Last beim Einziehen (ohne Seilnachlassen) hochgehen würde. Der so erzwungene waagerechte Lastweg X—X weicht nur unwesentlich von der Horizontalen ab

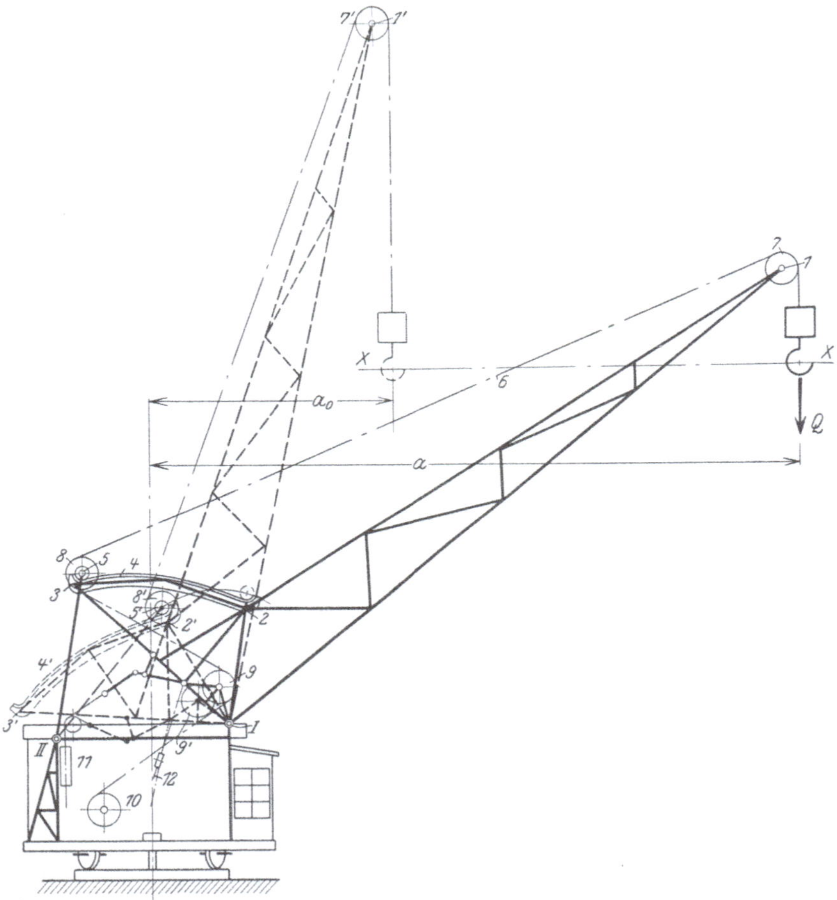

Abb. 888. Einziehdrehkran mit Kurvenbahn. (Kampnagel.)

1—2—3 Ausleger; *4* Kurvenbahnen, am Ausleger befestigt; *5* Rollen, auf *4* aufliegend; *6* Hubseil; *7* Auslegerrolle; *8* Hubseilumlenkrolle, mit *5* auf gemeinsamem Bolzen sitzend; *9* am Ausleger gelagerte Umlenkrolle; *10* Hubtrommel; *11* Ausleger-Gegengewicht; *12* Spindeleinziehwerk.

und ist durch die richtige Wahl der Armlängen des Lenkersystems bedingt. Um den Arbeitsverbrauch des Einziehmotors möglichst niedrig zu halten, wird das Auslegergewicht durch ein bewegliches Gegengewicht (in der Abbildung nicht gezeichnet) zum größten Teil ausgeglichen.

6. Bauart Nagel u. Kämp (Abb. 888). Das Einziehen des Auslegers geschieht durch eine Schraubenspindel und ein besonders gestaltetes, pendelnd aufgehängtes Einziehwerk. Der Ausleger ist nach hinten verlängert und trägt eine (doppelt ausgeführte) Kurvenbahn, auf der sich zwei, auf gemeinsamer Achse sitzende Rollen abwälzen. Das Hubseil geht von der Auslegerrolle zu der auf der Rollenachse sitzenden Seilausgleichrolle und von dieser über eine im Auslegerunterteil gelagerte Rolle zur Trommel. Wird der Ausleger eingezogen, so geht die Seilausgleichrolle von *8* nach *8'* und die Rolle *9* nach *9'*. Hierdurch wird das Hubseil um den Betrag *1—8—9—10* minus 1'—*8'*—*9'*—*10* nachgelassen. Da dieser Betrag gleich dem Höhenunterschied der Ausleger-

spitze (*1* und *1'*) ist, so bleibt die Last beim Einziehen in gleicher Höhenlage. Das Auslegergewicht wird durch ein Gegengewicht zum größeren Teil ausgeglichen.

7. Bauart Zobel, Neubert u. Co. (Abb. 889 und 890). Der Ausleger besteht aus zwei Teilen, die bei *2* gelenkig miteinander verbunden sind. Seine waagerechte Drehachse *I* ist an der Spitze des auf der Plattform aufgebauten Fachwerkgerüstes angeordnet. Das Hubseil geht über die Auslegerrolle *11* und die Umlenkrollen *12* und *13* zur Hubtrommel *14*.

Das Einziehen des Auslegers geschieht durch einen (in der Abbildung nicht gezeichneten) Zwillingsrollenzug, dessen eine Enden am hinteren Auslegerteil befestigt sind und dessen andere Enden an den Einziehtrommeln angreifen.

Der waagerechte Lastweg beim Auslegereinziehen (Wippen) wird durch Senken der Auslegerspitze bzw. durch Drehen des Auslegeroberteils um den Punkt *2* erreicht. Wird der Ausleger eingezogen, so gehen der Schwinghebel *7—II—8*, die Stangen *8—9* und *6—7*, der Winkel-

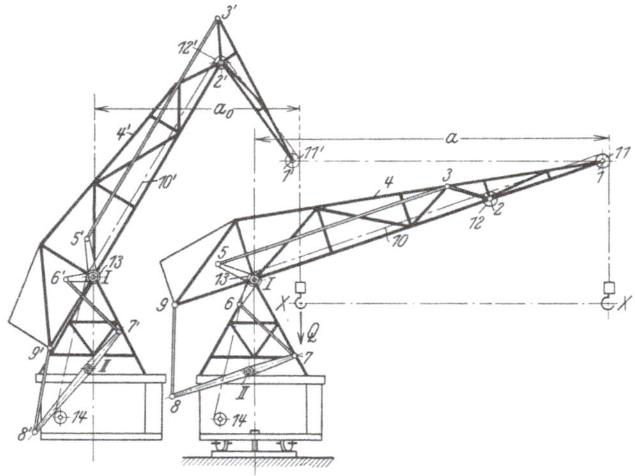

Abb. 889 und 890. Einziehdrehkran mit Parallelführung. (Zobel & Neubert.)

1—2—3 Auslegeroberteil, gelenkig mit dem Unterteil *4* verbunden; *I* waagerechte Drehachse zu *4*; *5—I—6* Winkelhebel durch die Zugstange *6—7* mit dem Doppelhebel *7—II—8* verbunden; *8—9* Stange, den Doppelhebel mit dem hinteren Auslegerende verbindend; *10* Hubseil; *11* Auslegerrolle; *12—13* Umlenkrollen zu *10*; *14* Hubtrommel.

hebel *5—I—6* und die Zugstange *3—5* in die Lagen *7'—II—8'*, *8'—9'*, *6'—7'*, *5'—I—6'* und *3'—5'* über, und die Auslegerspitze wird in waagerechter Richtung von *1* nach *1'* bewegt.

Durch ein am hinteren Auslegerende angeordnetes Gegengewicht wird das Gewicht des Lastauslegers zum größten Teil ausgeglichen. Die hintere Auslegerlänge *I—9* und der Hebelarm *II—8* des Schwinghebels stellen eine Parallelführung dar. Die Winkelbewegung des unteren Auslegerteils und die des Schwinghebels sind daher gleich groß.

Weitere Bauarten von Einziehdrehkranen: ATG, Leipzig (Z. V. d. I. 1929, S. 255). — Franke-Werke, Bremen (Z. V. d. I. 1926, S. 77). — Nagel u. Kämp, Hamburg (Werft Reederei Hafen 1927, Heft 17).

d) Ausleger mit Laufkatze.

Der Untergurt oder Obergurt des Auslegers wird waagerecht gelegt und als Fahrbahn für eine Laufkatze ausgebildet. Damit die Katze möglichst leicht und der Ausleger nicht zu schwer wird, ordnet man das Hub- und Katzenfahrwerk im Führerhaus oder am hinteren Auslegerende an und überträgt seine Bewegungen durch Seilzüge auf die Laufkatze.

Diese Art der Veränderung der Ausladung gibt einen genau waagerechten Lastweg, jedoch wird der noch auf Biegung beanspruchte Ausleger schwer.

Ausleger mit Laufkatze werden bei fahrbaren Drehkranen, bei Hafenkranen und bei Helling-Turmdrehkranen angewendet. Für Hafendrehkrane zieht man meist die Veränderung der Ausladung durch Einziehen des Auslegers bei jedem Kranspiel und unter waagerechtem Lastweg vor und macht von dem Ausleger mit Laufkatze nur selten Gebrauch.

Für die Bemessung des Gegengewichtes wird die vollbelastete Katze in die größte Ausladung und die unbelastete Katze in die kleinste Ausladung gebracht. Die Resultierende aus sämtlichen Kippkräften (Last, Katzengewicht, drehbarer Teil und Gegengewicht) muß dann hinter der vorderen bzw. vor der hinteren Kippkante liegen (s. S. 381).

Abb. 891 zeigt das Auslegersystem zu einem, auf einer Hochbahn fahrenden Helling-Turmdrehkran, dessen Laufkatze auf dem Ausleger-Untergurt fährt. Siehe Abschnitt „Sonderkrane" (Werftkrane).

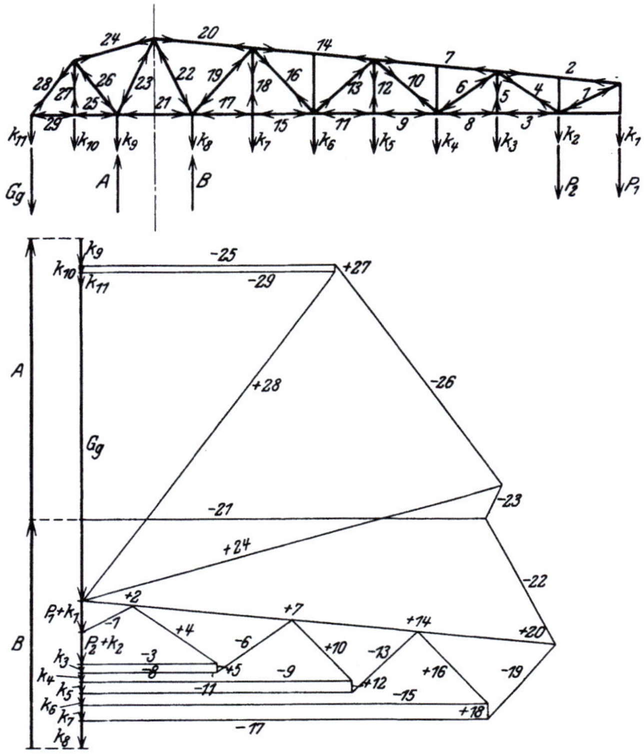

Abb. 891 und 892. Ausleger zu einem Helling-Turmdrehkran von 2,5 t Tragkraft und 12,8 m größter Ausladung. (Last- und Eigengewichtskräfteplan.)

$P_1 - P_2$ auf die Knoten reduzierte Katzenraddrucke; $k_1 - k_{11}$ Knotenlasten aus Eigengewicht.

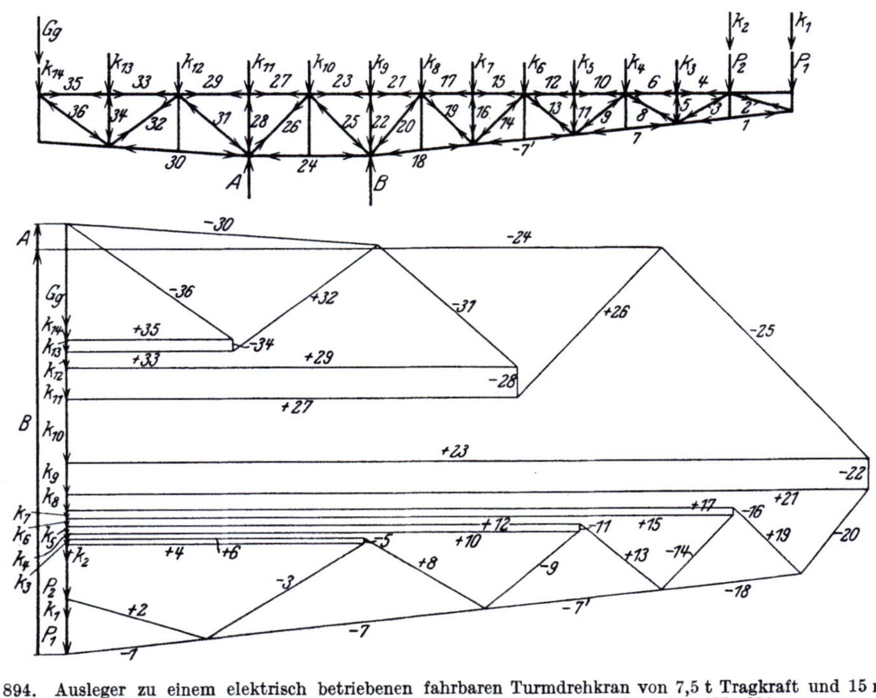

Abb. 893 und 894. Ausleger zu einem elektrisch betriebenen fahrbaren Turmdrehkran von 7,5 t Tragkraft und 15 m größter Ausladung (Last- und Eigengewichtskräfteplan). Belastungen wie unter Abb. 891.

Abb. 892: Kräfteplan für die in der größten Ausladung stehende vollbelastete Katze ohne Berücksichtigung des Hubseilzuges.

Die Massenwirkung durch die Last und Katze beim Drehan- und -auslauf wird durch eine in der größten Ausladung a angreifend gedachte horizontale Kraft $\approx {}^1/_{10}\,Q$ berücksichtigt. Siehe auch S. 388.

Abb. 893 und 894: Auslegersystem und Kräfteplan aus Eigengewicht und Last für einen elektrisch betriebenen fahrbaren Drehkran, dessen Laufkatze auf dem Ausleger-Obergurt fährt. (Siehe Abschnitt „Fahrbare Drehkrane".)

Die Veränderung der Ausladung durch eine auf dem Auslegerobergurt fahrende Katze kommt für Hafendrehkrane und Helling-Turmdrehkrane nicht in Betracht, wird jedoch bei Turmdrehkranen mit großer Tragkraft und Ausladung, wie sie z. B. zur Schiffsausrüstung benutzt werden, angewendet.

Literatur.

Bernhard: Die dynamischen Vorgänge während der Beschleunigungsperiode bewegter Massen bei Drehkranen. Fördertechn. Bd. XIX, S. 320.
Becker: Steuerungen für Wippwerke von Hafenkranen. Werft Reederei Hafen 1929, Nr. 9.
— ATG-Bernhard-Krane. Z. V. d. I. 1929, S. 505.
Eickemeyer: Getriebetechnik einer Greiferwinde mit selbsttätiger Einleitung des Hubes. Fördertechn. 1932, S. 59. (Grundsätzliche Bewegungen bei Greiferwinden. — Selbsttätige Einleitung der Hubbewegung. — Getriebetechnik einer neuen Winde. — Beschreibung der Schaltvorgänge. — Übersicht der Schaltstellungen während der verschiedenen Betriebsmanöver.)
Frenzen: Bemerkenswertes über Greiferwindwerke elektrisch betriebener Verladeanlagen. Fördertechn. 1932, S. 26. (Allgemeine Gesichtspunkte. — Die Arbeitsvorgänge beim Greiferbetrieb. — Wirkungsweise und Konstruktion der gebräuchlichsten Greiferwindwerke. — Das Einmotorenwindwerk ohne Kupplung. — Das Einmotorenwindwerk mit Kupplung zum offenen Senken des Greifers. — Die Steuerung der Einmotorenhubwerke. — Die Entwicklung der Hubwerke mit Planetengetriebe. — Neuzeitliches Planetenwindwerk. — Das Zweimotorenwindwerk mit mechanischer Kupplung. — Das Zweimotorenwindwerk ohne mechanische Kupplung. — Die Einhebelschlitzsteuerung und ihre Bedeutung für neuzeitliche Verladeanlagen.)
Gubatz: Die Berechnung von freistehenden Drehkranen. Fördertechn. 1923, Nr. 6.
Krell: Standfestigkeit und Stützendrücke von Kranen. Fördertechn. 1917, Nr. 10.
Lich: Berechnung eines Schachtkranes. Maschinen-Konstrukteur (Z. f. Betrieb u. Konstruktion) 1929, S. 146.
Niemann: Über Wippkrane mit waagerechtem Lastweg. Diss. Berlin 1927.
Recknagel: Fundamente freistehender Drehkrane. Fördertechn. 1930, S. 320 u. 339.
Rüdiger: Einziehkrane mit waagerechter Lastbahn (Einzelberechnungen). Fördertechn. 1930, S. 334.
Rüdiger: Zur Berechnung von Wippkranen. Fördertechn. 1929, S. 220.
— Die Wirtschaftlichkeit von Einziehkranen mit waagerechter Lastbahn. Fördertechn. 1930, S. 6.
— Einziehkrane mit waagerechter Lastbahn. Fördertechn. 1930, S. 169.
Schmidt-Tychsen: Hölzerne Derrickkrane. Z. V. d. I. 1923, S. 888.
Selter: Wippauslegerkrane mit horizontal bewegter Last. Fördertechn. Rundsch. 1927, S. 28.
Stephan: Die Trägheitskräfte an Drehkranen. Fördertechn. Rundsch. 1927, S. 2.
Woeste: Elektrisch betriebener Portalkran mit Wippausleger (Bauart Ardeltwerke, Eberswalde). Fördertechn. 1926, S. 253.
Neuerungen an elektrischen Greiferkranen. ETZ 1919, S. 337.
Derrickkrane mit vollem Drehbereich zur Lagerplatzbedienung (Bamag, Berlin). Z. V. d. I. 1906, S. 1463.
Elektrisch betriebener Derrickkran von 20 t Tragkraft, 20 bzw. 10 m Ausladung und 30 m Hubhöhe zur Verladung von Steinen. Z. V. d. I. 1913, S. 993.
Drehkrane mit Kletterkatzen (ATG.). Z. V. d. I. 1929, S. 1525.
Elektrischer Drehkran. ETZ 1919, S. 299.
Neuer Wippkran von Mohr & Federhaff. Z. V. d. I. 1929, S. 1716.
Umbau von Drehkranen in Wippkrane. Z. V. d. I. 1930, S. 123.
Wippkrane (Level Luffing Cranes) am Bristol Dock. Engg. 1927, S. 581.
Sonderrechentafel für die Vorkalkulation von Drehkranen. Maschinenbau 1930, S. 299.

b) Fahrbare Drehkrane.

1. Einschienendrehkrane (Velozipedkrane).

Aufbau. Der Ausleger (Abb. 895) ist — ebenso wie bei den Drehkranen mit fester Säule — um eine Stahlsäule drehbar, die hier in einem zweirädrigen Fahrgestell eingesetzt ist. Der Kran ist daher in der Fahrtrichtung standfest. Senkrecht zur Fahrtrichtung wird der Ausleger vermittelst einer Rolle oder eines zwei- bzw. vierrädrigen Wagens an einer oberen Schienenbahn abgestützt.

Anwendung und Antrieb. Die Einschienendrehkrane beanspruchen ihrer einfachen Spur wegen wenig Bodenfläche und werden daher in niedrigen Fabrikräumen, in die keine Laufkrane eingebaut werden können, angewendet. Die Anordnung der Fahrbahn längs einer Gebäudewand (Abb. 899) bietet eine billigere Verlegung der oberen Führungsschienen, hat jedoch den Nachteil, daß der Drehbereich des Kranes auf 180° beschränkt wird und ein Auslegergegengewicht nicht anwendbar ist. Sie ermöglicht auch, unter Umständen die Fahrbahn hoch zu verlegen. Die Fahrbahn der Einschienendrehkrane kann auch über den Hof mehrere Gebäude miteinander verbinden.

Die Einschienendrehkrane werden für Tragkräfte von 2—3—5—7,5 und 10 t gebaut. Ausladung je nach Tragkraft 3 bis 7 m.

Kranmoment nicht über 60 bis 70 tm.

Antrieb in der Regel elektrisch. Bei kleineren Kranen wird das Drehwerk auch von Hand angetrieben (Abb. 895).

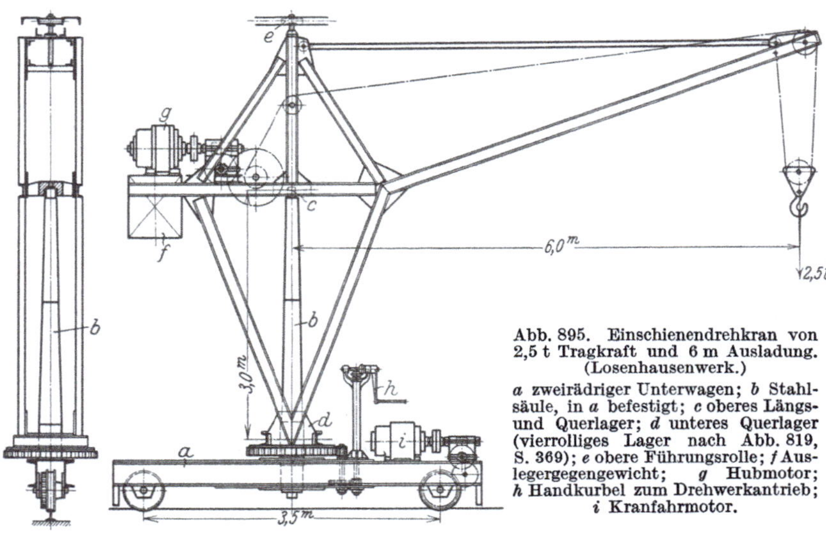

Abb. 895. Einschienendrehkran von 2,5 t Tragkraft und 6 m Ausladung. (Losenhausenwerk.)
a zweirädriger Unterwagen; *b* Stahlsäule, in *a* befestigt; *c* oberes Längs- und Querlager; *d* unteres Querlager (vierrolliges Lager nach Abb. 819, S. 369); *e* obere Führungsrolle; *f* Auslegergegengewicht; *g* Hubmotor; *h* Handkurbel zum Drehwerkantrieb; *i* Kranfahrmotor.

Arbeitsgeschwindigkeiten und Motoren:	Heben:	4,75 m/min;	4,2 PS bei 950 Uml/min
	Drehen:	Von Hand	
	Kranfahren:	40 m/min;	4,2 PS bei 950 Uml/min
Stromart:	Gleichstrom 440 Volt.		

Hubwerk. Dieses wird bei Kranen mit Gegengewicht am hinteren Auslegerende aufgebaut. Seilzug meist mit einer losen Rolle, bei Tragkräften von 5 t aufwärts auch Zwillingsrollenzug mit Übersetzung 1 : 2. Übersetzung zwischen Motor und Trommel: Meist Schneckenvorgelege und ein oder zwei Stirnrädergetriebe.

Da Hubwerk und Führerstand örtlich voneinander getrennt sind, so wird die Hubwerkbremse als gewichtbelastete Band- oder doppelte Backenbremse ausgeführt und durch einen Magneten gelüftet.

α) Lagerung des drehbaren Teils.

Auslegerstützkräfte. 1. Der Ausleger steht in der Fahrtrichtung (Abb. 896). Die Stützkräfte sind die gleichen wie bei einem Drehkran mit feststehender Säule (s. S. 365).

$$\left.\begin{aligned} &\text{Senkrechte Stützkraft:} && V = Q + G_1 + G_g\,. \\ &\text{Waagerechte Stützkräfte:} && H_f' = H_f'' = \frac{Q \cdot a + G_1 \cdot e_1 - G_g \cdot e_g}{h} = V \cdot \frac{e}{h}\,. \end{aligned}\right\} \qquad (429)$$

Durch das Gegengewicht wird das Eigengewichtsmoment voll und das Lastmoment zur Hälfte ausgeglichen (s. S. 364).

An der oberen Fahrbahn tritt keine Stützkraft auf, da die Säule die Auslegerkräfte und Momente voll aufnimmt.

2. Der Ausleger steht senkrecht zur Fahrbahn (Abb. 897). Die senkrechte Stützkraft ist die gleiche wie unter 1. (Abb. 896.)

Waagerechte Stützkräfte an der unteren und oberen Fahrbahnschiene:

$$H_1' = H_1'' = \frac{Q \cdot a + G_1 \cdot e_1 - G_g \cdot e_g}{c_1 + h + c_2} = V\,\frac{e}{h_1}\,. \tag{430}$$

Waagerechte Säulendrucke:

$$H_s'' = H_1' \cdot \frac{c_1}{h}\,; \qquad H_s' = H_1' \cdot \frac{c_1 + h}{h}\,. \tag{431}$$

Die waagerechten Auslegerstützkräfte H' bzw. H'' und H_1 ändern sich mit dem Drehwinkel des Auslegers. Ihr Verlauf läßt sich, wie bei dem Konsolschwenkkran (s. S. 343) in Form eines Polardiagramms (Abb. 898) darstellen.

$\max H' = H_f' = H_f''$ [Gleichung (429)]. $\max H_1 = H_1' = H_1''$ [Gleichung (430)].

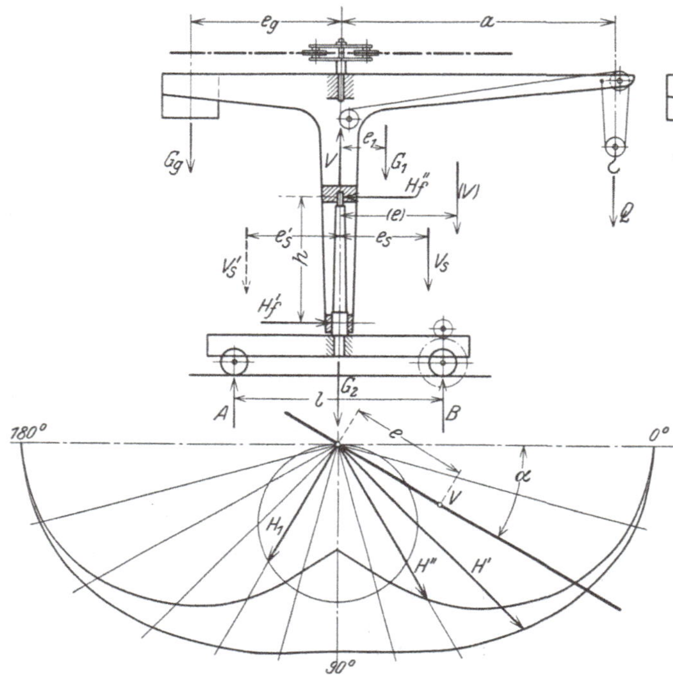

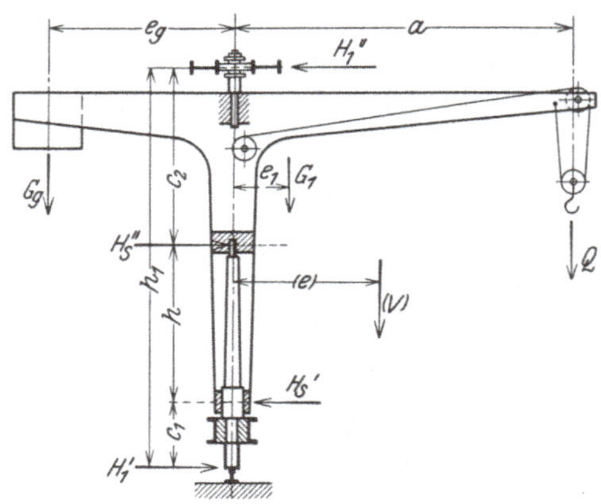

Abb. 896 bis 898. Einschienendrehkran (Auslegerstützkräfte und Raddruckberechnung).

G_2 Gewicht des Unterwagens einschließlich Stahlsäule; V_s und V_s' Standfestigkeitsresultierende des vollbelasteten bzw. unbelasteten Kranes; e_s und e_s' deren Abstände von der Drehachse.

Kransäule, Traverse und unteres Querlager. Berechnung und Gestaltung wie bei Drehkranen mit fester Säule (s. S. 366).. Der Berechnung werden die senkrechte Lagerkraft V und die waagerechten Lagerkräfte $H_f' = H_f''$ nach Gleichung (429) (Ausleger steht in der Fahrtrichtung) zugrunde gelegt.

β) Drehwerk.

Für die meist angewendete Auslegerlagerung nach Abb. 803, S. 366, wird das größte Moment des Reibungsdrehwiderstandes nach Gleichung (384), S. 369 (Ausleger in der Fahrtrichtung), berechnet. In dieser Gleichung tritt H_f'' an Stelle von H. Rollendruck: $N = \dfrac{H_f''}{2 \cdot \cos\alpha}$.

Wird der Ausleger aus der Fahrtrichtung gedreht, so nehmen die Lagerkräfte H_f' und H_f'' ab und erreichen ihren Kleinstwert, wenn der Ausleger senkrecht zur Fahrtrichtung steht. Gleichzeitig wachsen die Drucke H_1' und H_1'' an der oberen und unteren Fahrbahn von Null bis zu ihrem Größtwert, Gleichung (430).

Diesen waagerechten Kräften entsprechend ändert sich auch das Drehwiderstandsmoment. Das Moment der Halslagerreibung am Zapfen des oberen Fahrgestells ändert sich mit H_1''.

Berechnung des Drehwerks mit Antrieb von Hand s. S. 369.

Berechnung des Drehwerks bei elektrischem Antrieb nach S. 384. Ausführung wie auf Abb. 899. Hierbei ist die Achse der Motor- und der Schneckenwelle aus baulichen Gründen schräg zur Kranfahrbahn gelegt.

γ) Ausleger.

Die Einschienendrehkrane haben im allgemeinen feste Ausladung. Ausführung des Auslegers vollwandig, meist jedoch des geringeren Eigengewichts wegen in Fachwerk.

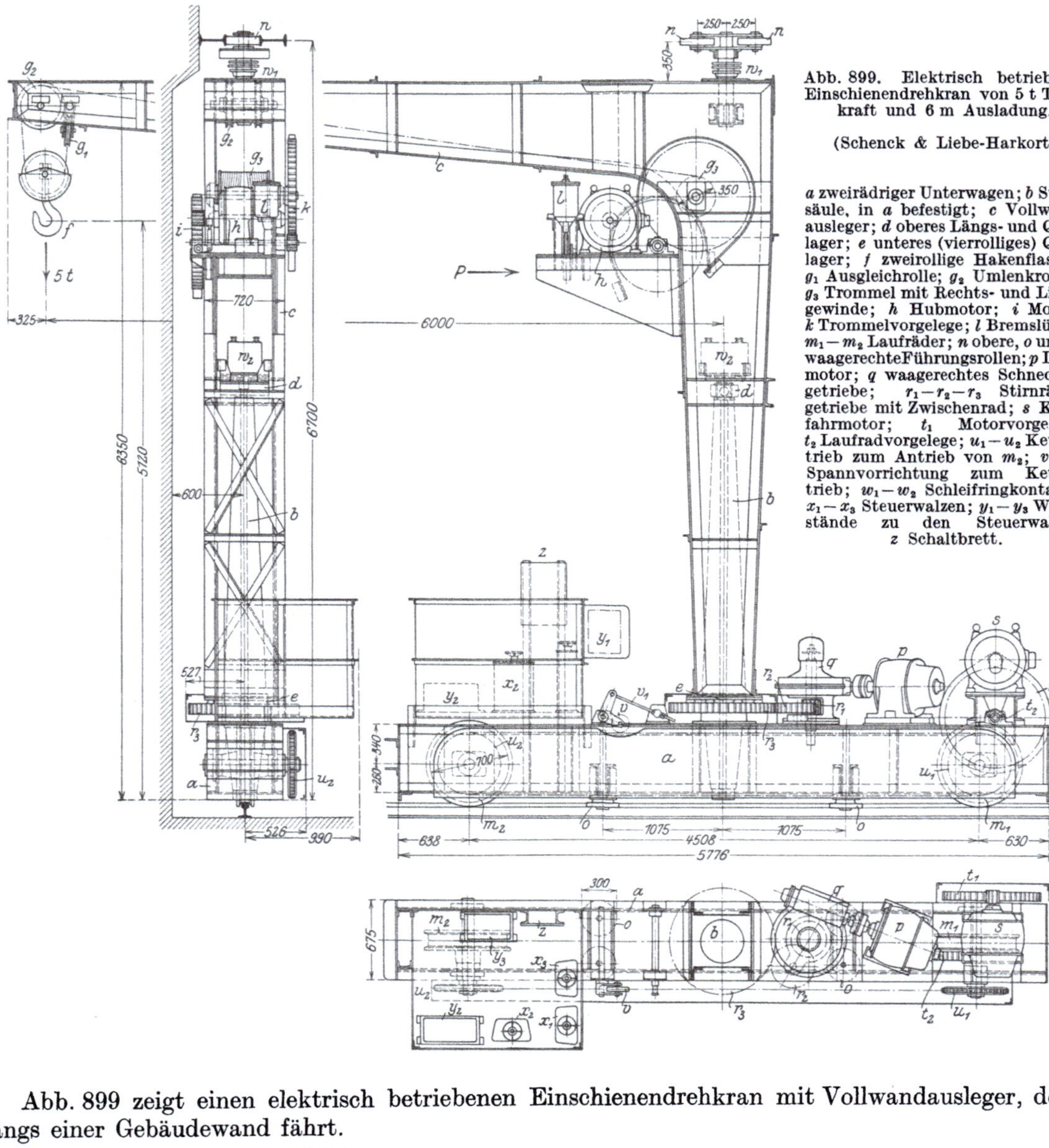

Abb. 899. Elektrisch betriebener Einschienendrehkran von 5 t Tragkraft und 6 m Ausladung.

(Schenck & Liebe-Harkort.)

a zweirädriger Unterwagen; *b* Stahlsäule, in *a* befestigt; *c* Vollwandausleger; *d* oberes Längs- und Querlager; *e* unteres (vierrolliges) Querlager; *f* zweirollige Hakenflasche; g_1 Ausgleichrolle; g_2 Umlenkrollen; g_3 Trommel mit Rechts- und Linksgewinde; *h* Hubmotor; *i* Motor-, *k* Trommelvorgelege; *l* Bremslüfter; $m_1 - m_2$ Laufräder; *n* obere, *o* untere waagerechte Führungsrollen; *p* Drehmotor; *q* waagerechtes Schneckengetriebe; $r_1 - r_2 - r_3$ Stirnrädergetriebe mit Zwischenrad; *s* Kranfahrmotor; t_1 Motorvorgelege; t_2 Laufradvorgelege; $u_1 - u_2$ Kettentrieb zum Antrieb von m_2; $v_1 - v_2$ Spannvorrichtung zum Kettentrieb; $w_1 - w_2$ Schleifringkontakte; $x_1 - x_3$ Steuerwalzen; $y_1 - y_3$ Widerstände zu den Steuerwalzen; *z* Schaltbrett.

Abb. 899 zeigt einen elektrisch betriebenen Einschienendrehkran mit Vollwandausleger, der längs einer Gebäudewand fährt.

Arbeitsgeschwindigkeiten und Motoren:

Heben	10,2 m/min;	15 PS	bei 875	Uml/min
Drehen	3,2 mal i. d. min;	9 „	„ 670	„
Kranfahren.	46,5 m/min;	15 „	„ 875	„

Bei Kranen mit kleiner bzw. mittlerer Tragkraft und Ausladung gibt man dem Fachwerkausleger ein System nach Art von Abb. 900. Für dieses System und für den in der Fahrtrichtung stehenden Ausleger ist der Lastkräfteplan mit Berücksichtigung des Seilzuges (Abb. 903) aufgezeichnet. Belastungskräfte am System: R, G_g, S' und S''. Gegengewichtsgröße: $G_g = \frac{1}{2} Q \cdot \frac{a}{e_g}$. Die auf Mitte Säule wirkende Auslegerstützkraft $V = Q$ ist als $V/2$ an den benachbarten Knoten angebracht.

Bei Kranen mit größerer Tragkraft (bis 10 t) wird der Ausleger nach Abb. 904 gestaltet. Das Drehwerk dieses Kranes ist im oberen Auslegerteil angeordnet. Am unteren Auslegerteil ist der Führerkorb angebaut.

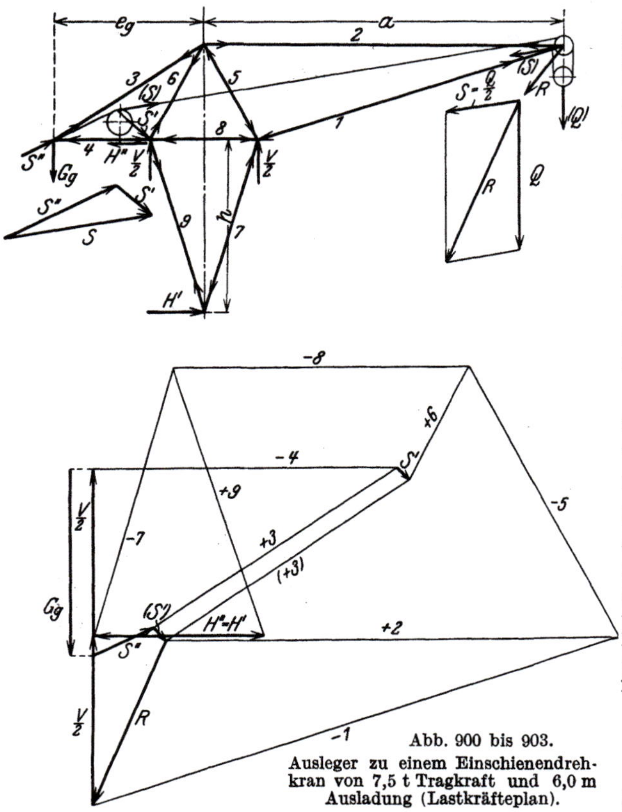

Abb. 900 bis 903.
Ausleger zu einem Einschienendrehkran von 7,5 t Tragkraft und 6,0 m Ausladung (Lastkräfteplan).

Arbeitsgeschwindigkeiten und Motoren:

Heben	10 m/min;	27 PS	bei	645	Uml/min
Drehen . . .	1,5 i. d. Min;	7 „	„	730	„
Kranfahren. .	60 m/min;	27 „	„	645	„

Stromart: Gleichstrom 220 V.
Elektrische Ausrüstung: SSW.

Abb. 906 gibt den Lastkräfteplan (Belastungskräfte: Q und $G_g = \frac{1}{2} Q \cdot \frac{a}{e_g}\Big)$ und Abb. 908 den Eigengewichtskräfteplan für den Ausleger dieses Kranes. Knotenlasten: k_1 bis k_6. Da das Eigengewicht voll ausgeglichen ist (s. S. 364), so treten im Plan keine waagerechten Auslegerstützkräfte auf.

Krane mit veränderlicher Ausladung erhalten zweckmäßig einen Vollwandausleger, auf dessen waagerechtem Obergurt eine Laufkatze angeordnet wird. Diese wird zur Erzielung geringen Eigengewichtes als Seillaufkatze ausgebildet und der Antrieb des Hub- und Katzenfahrwerks wird möglichst nahe an die Drehachse verlegt. Bei der meist beschränkten Ausladung und dem kleinen Katzenfahrweg ist Handantrieb (durch Rundeisenkette und Haspelrad) für das Katzenfahrwerk ausreichend.

d) Unterwagen und Kranfahrwerk.

Bei kleineren Kranen wird er aus zwei [-Eisen (Abb. 895), bei größeren aus zwei Blechträgern

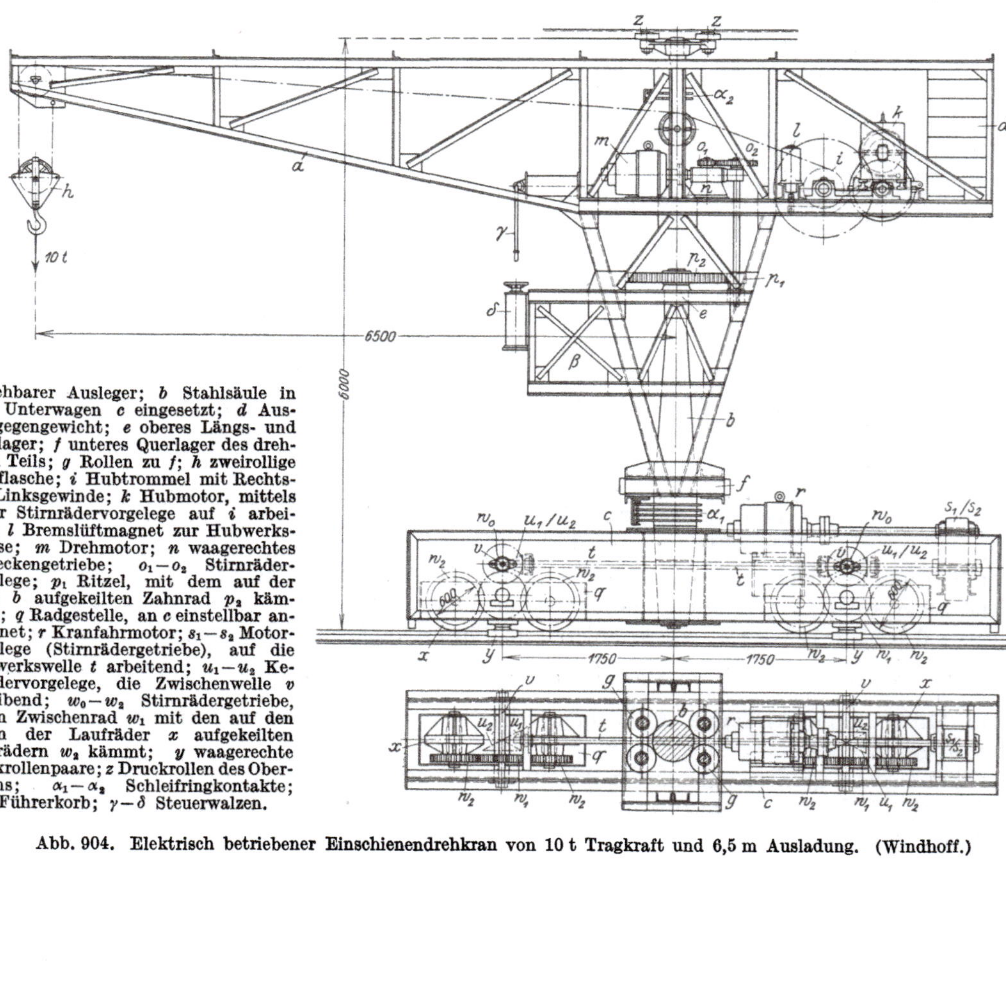

a drehbarer Ausleger; *b* Stahlsäule in dem Unterwagen *c* eingesetzt; *d* Auslegergegengewicht; *e* oberes Längs- und Querlager; *f* unteres Querlager des drehbaren Teils; *g* Rollen zu *f*; *h* zweirollige Kranflasche; *i* Hubtrommel mit Rechts- und Linksgewinde; *k* Hubmotor, mittels zweier Stirnrädervorgelege auf *i* arbeitend; *l* Bremslüftmagnet zur Hubwerksbremse; *m* Drehmotor; *n* waagerechtes Schneckengetriebe; $o_1 - o_2$ Stirnrädervorgelege; p_1 Ritzel, mit dem auf der Säule *b* aufgekeilten Zahnrad p_2 kämmend; *q* Radgestelle, an *c* einstellbar angeordnet; *r* Kranfahrmotor; $s_1 - s_2$ Motorvorgelege (Stirnrädergetriebe), auf die Fahrwerkswelle *t* arbeitend; $u_1 - u_2$ Kegelrädervorgelege, die Zwischenwelle *v* antreibend; $w_0 - w_2$ Stirnrädergetriebe, dessen Zwischenrad w_1 mit den auf den Naben der Laufräder *x* aufgekeilten Stirnrädern w_2 kämmt; *y* waagerechte Druckrollenpaare; *z* Druckrollen des Oberwagens; $\alpha_1 - \alpha_2$ Schleifringkontakte; *β* Führerkorb; *γ*—*δ* Steuerwalzen.

Abb. 904. Elektrisch betriebener Einschienendrehkran von 10 t Tragkraft und 6,5 m Ausladung. (Windhoff.)

(Abb. 899 und 904) hergestellt, deren Form auch dem Verlauf des Biegemomentes entsprechend abgeschrägt werden kann.

Unter Vernachlässigung des Trägergewichtes ist das auf Mitte Träger auftretende größte Biegemoment (Abb. 896):

$$_{\max}M = (Q + G_1 + G_g + G_s) \cdot \frac{l}{4} = (V + G_s) \cdot \frac{l}{4}, \qquad (432)$$

wobei G_s = Gewicht der im Unterwagen eingesetzten Kransäule und l den Radstand bedeutet. Dieses Moment wird zu gleichen Teilen auf beide Trägerhälften übertragen. Der Unterwagen erhält ebenso wie die Querträger der Laufkrane und die Fußträger der Torkrane Radbruchstützen.

Standfestigkeit ist nur für den in der Fahrtrichtung stehenden Ausleger zu untersuchen und erfordert einen genügend großen Radstand. Im allgemeinen soll die Standfestigkeit für eine ruhende Probelast in Höhe der 1,25-fachen Tragkraft gewährleistet sein.

Raddrucke. Die senkrechten Raddrucke A und B (Abb. 896) sind mit der Auslegerstellung veränderlich.

Für den im beliebigen Winkel α stehenden Ausleger (Abb. 896 und 898) ist:

$$\left.\begin{aligned} A &= \frac{G_2}{2} + V \cdot \frac{l/2 - e\cos\alpha}{l}, \\ B &= \frac{G_2}{2} + V \cdot \frac{l/2 + e\cos\alpha}{l}. \end{aligned}\right\} \qquad (433)$$

Für $\alpha = 90°$ (Ausleger senkrecht zur Fahrtrichtung) ist:

$$A = B = \tfrac{1}{2}(V + G_2).$$

Der größte Raddruck tritt auf, wenn der vollbelastete Ausleger in der Fahrtrichtung steht ($\alpha = 0°$).

$$_{\max}P_v = B = \frac{G_2}{2} + V \cdot \frac{l/2 + e}{l}. \qquad (434)$$

Gleichzeitig auftretender kleinster Raddruck:

$$_{\min}P_v = A = \frac{G_2}{2} + V \cdot \frac{l/2 - e}{l}. \qquad (435)$$

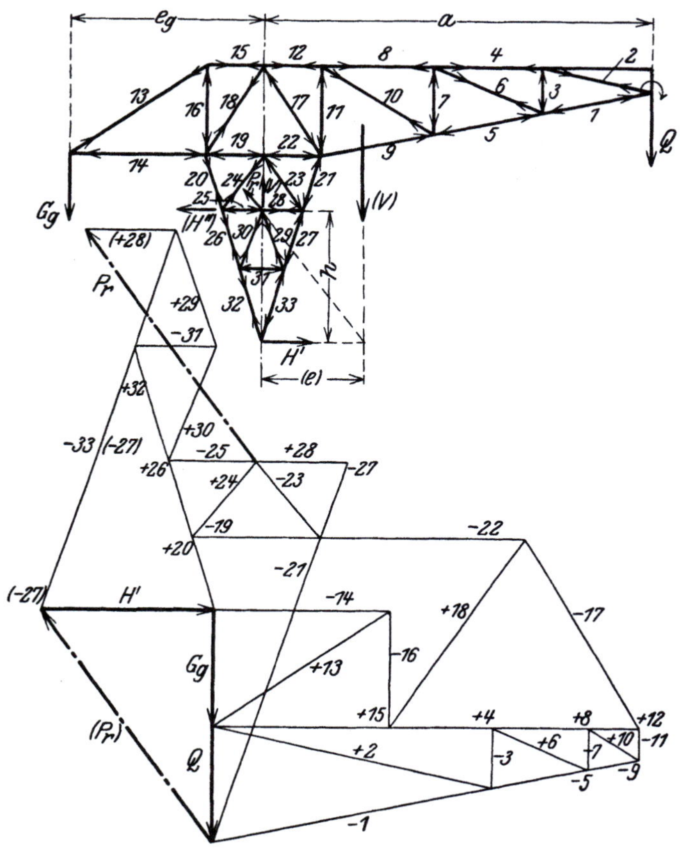

Abb. 905 und 906. Lastkräfteplan zum Ausleger des Kranes Abb. 904.

Der Verlauf des Raddruckes läßt sich in Abhängigkeit von der Auslegerstellung [Gleichung (433)] in Form eines Polardiagrammes übersichtlich darstellen.

Die waagerechten Rollendrucke an der oberen und unteren Fahrbahn sind ebenfalls mit dem Auslegerdrehwinkel veränderlich.

Ist an der oberen Fahrbahn nur eine Laufrolle vorgesehen, so ist der größte waagerechte Rollendruck bei dem senkrecht zur Fahrtrichtung stehenden Ausleger

$$_{\max}P_h = H_1 = V \cdot \frac{e}{h_1}. \qquad (436)$$

Steht der Ausleger in der Fahrtrichtung, so ist: $_{\min}P_h = 0$.

Bei zwei- (Abb. 899) bzw. vierrolligem Oberwagen (Abb. 904) verteilt sich $_{\max}P_h$ auf zwei Laufrollen. Laufräder und Laufrollen s. S. 135.

Als Schiene für die Laufräder wird eine Eisenbahnschiene (s. S. 134) verlegt. Die obere waagerechte Fahrbahn besteht aus zwei [-Eisen (Abb. 895), zwei I-Eisen (Abb. 899) oder bei einem vierrolligen Wagen aus einem I-Eisen, das zwischen den beiden Rollenpaaren angeordnet ist.

Fahrwiderstand. Er setzt sich zusammen aus der gleitenden und rollenden Reibung der senkrechten Laufräder und der der oberen und unteren waagerechten Druckrollen.

Bezeichnen D_1 den Raddurchmesser und d_1 den Bolzendurchmesser der Laufräder, D_2 bzw. d_2 und D_3 bzw. d_3 die entsprechenden Durchmesser der oberen und unteren waagerechten Druckrollen in cm, so ist der Größtwert des Fahrwiderstandes (Ausleger senkrecht zur Fahrtrichtung):

$$\left.\begin{aligned} W_r &= \frac{V+G_2}{R_1}\cdot\left(\mu\cdot\frac{d_1}{2}+f\right)+V\cdot\frac{e}{h_1}\cdot\left[\frac{1}{R_2}\cdot\left(\mu\cdot\frac{d_2}{2}+f\right)+\frac{1}{R_3}\cdot\left(\mu\cdot\frac{d_3}{2}+f\right)\right] \\ &= (V+G_2)_t\cdot w_1+V_t\cdot\frac{e}{h_1}\cdot(w_2+w_3)\ \ldots\ \mathrm{kg}\,. \end{aligned}\right\} \quad (437)$$

Die Fahrwiderstände für je 1 t Raddruck können aus Abb. 489, S. 221, entnommen werden. V und G_2 sind im zweiten Teil der Gleichung in t einzusetzen.

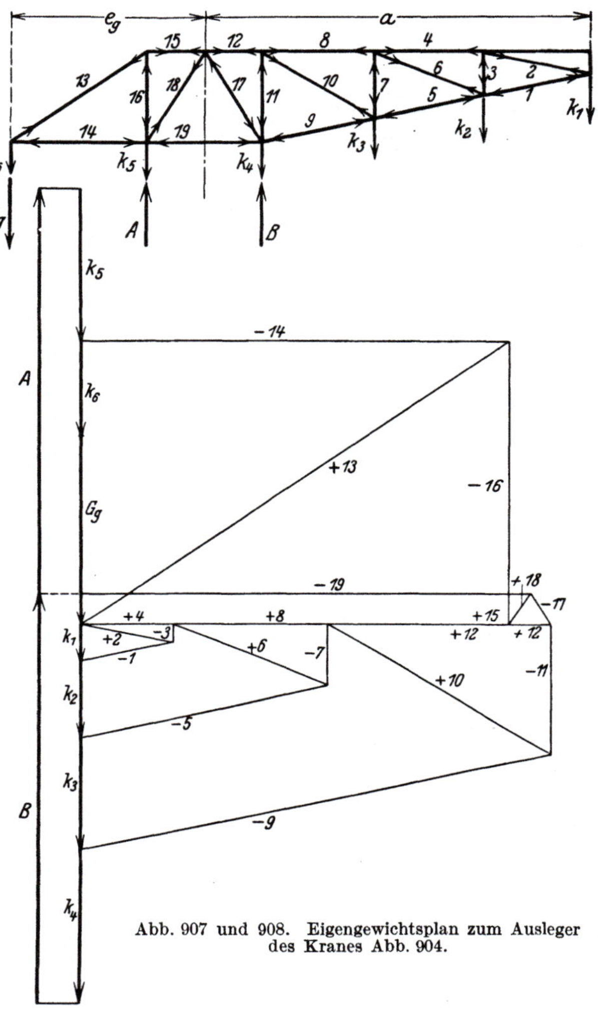

Abb. 907 und 908. Eigengewichtsplan zum Ausleger des Kranes Abb. 904.

Steht der vollbelastete Ausleger in der Fahrtrichtung und über dem linken Laufrad A (Abb. 896), so hat das rechte angetriebene Laufrad den kleinsten Raddruck ${}_{\min}P_v$ [Gleichung (435)]. Damit der Kran in dieser Stellung anfahren kann, muß sein:

$$\left.\begin{aligned} &{}_{\min}P_v\,\mu_1 > {}_{\min}W_r\,; \\ &\left(\frac{G_2}{2}+V\cdot\frac{\frac{l}{2}-e}{l}\right)\cdot\mu_1 > (V+G_2)_t\cdot w_1\,. \end{aligned}\right\} \quad (438)$$

Hierbei bedeutet $\mu_1 \approx 0{,}1$ bis $0{,}2$ die Reibungszahl zwischen Laufrad und Schiene. Ist ${}_{\min}P_v\,\mu_1 < {}_{\min}W_r$, so hat das angetriebene Laufrad nicht den erforderlichen Adhäsionsdruck und es sind dann beide Laufräder anzutreiben.

Fahrmotor. Berechnung der erforderlichen Leistung nach Gleichung (224), S. 258, unter Einsetzen des Größtwertes des Fahrwiderstandes nach Gleichung (437).

Kranfahrgeschwindigkeit je nach Tragkraft und Ausladung des Kranes $v_3 = 40$ bis 80 m/min. Größere Fahrgeschwindigkeiten sind für ebenerdig fahrende Krane aus Gründen der Betriebssicherheit nicht angängig.

Fahrwerk. Je nach der Drehzahl des Motors (700 bis 1000) werden zwei (Abb. 899) oder drei Stirnrädergetriebe vorgesehen. In Rücksicht auf sicheres Anfahren werden beide Laufräder durch einen Kettentrieb (Abb. 899) oder durch eine Welle mit Kegelrädergetrieben miteinander verbunden.

Bei Kranen mit großer Tragkraft und Ausladung werden statt zwei Laufräder vier angeordnet, die paarweise in einstellbaren Radgestellen gelagert werden (Abb. 904).

Zum schnelleren Abbremsen des Nachlaufes erhält das Fahrwerk eine doppelte Backenbremse, die durch einen Fußhebel bedient wird.

Waagerechte Druckrollen. Bei kleineren Kranen werden am Untergestell keine Druckrollen angebaut. Die bei senkrecht zur Fahrtrichtung stehendem Ausleger auftretende untere waagerechte Kraft H_1' [Gleichung (430)] wird dann durch die Reibung bzw. die Spurkränze der Laufräder auf die Schiene übertragen. Größere Krane erhalten Druckrollen (Abb. 899 und 904). Je nach Größe der oberen waagerechten Kraft H_1'' [Gleichung (430)] ist eine ausgebüchste Druckrolle ausreichend (Abb. 895), die auf einem im Auslegeroberteil befestigten Zapfen drehbar ist, oder es werden zwei Druckrollen vorgesehen, die mittels Bolzen auf einem Träger sitzen, der am Oberzapfen einstellbar ist.

Führerstand. Er wird meist auf dem Unterwagen angeordnet und mit einem Schutzgeländer versehen (Abb. 899). Bei größeren Kranen (Abb. 904) wird er am drehbaren Ausleger angebaut.

In diesem Falle wird die Fahrwerkbremse durch ein Gewicht belastet und elektromagnetisch gelüftet.

Stromzuführung. Der drehbare Teil erhält den Strom durch einen Schleifringkontakt, der an der Säule oder am Oberzapfen des Kranes und bei größerer Schleifringzahl an beiden angeordnet wird. Gestaltung der Schleifringkontakte s. S. 385.

2. Zweischienendrehkrane (Rollkrane).

Aufbau. Ein Drehkran mit fester Säule oder ein Drehscheibenkran ist auf einem in Walzeisen hergestellten vier- oder achträdrigen Unterwagen aufgebaut, der auf zwei Eisenbahnschienen fahrbar ist.

Für die Berechnung und Gestaltung des drehbaren Teils, der Kransäule und der Drehscheibe, gelten die Angaben auf S. 364 bzw. 381.

Anwendung. Infolge des größeren Arbeitsbereiches werden diese Krane in Hafenanlagen, auf Bahnhöfen und in industriellen Werken als Verladekrane verwendet. In den industriellen Werken sowie auf Lagerplätzen werden die motorisch betriebenen, fahrbaren Drehkrane auch zum Verschieben der Eisenbahnwagen herangezogen.

Die Spurweite der fahrbaren Drehkrane ist von der Größe des Kranmomentes (Tragkraft × Ausladung) abhängig. Im Eisenbahnbetrieb und in industriellen Werken sind die Krane auf Normalspur (1432 mm) fahrbar. Ihre Tragkraft und Ausladung sind daher in Rücksicht auf ausreichende Standsicherheit beschränkt. Im Eisenbahnbetriebe darf überdies der höchst zulässige (ruhende) Raddruck von 9 t nicht überschritten werden.

Antrieb. Handantrieb wird nur noch gelegentlich für kleinere Tragkräfte (bis etwa 5 t) und bei seltener Benutzung des Kranes angewendet. Sonst allgemein motorischer Antrieb, wobei Dampfantrieb, Antrieb durch einen Brennkraftmotor und elektrischer Antrieb vorgesehen werden. Dampfkrane, Motorkrane (mit Antrieb durch einen Brennkraftmotor), sowie elektrische Krane mit einer Akkumulatorenbatterie haben den Vorzug einer eigenen Kraftquelle und zeichnen sich durch Unabhängigkeit, große Beweglichkeit und stete Betriebsbereitschaft aus.

Antriebarten der Winden und Krane s. S. 2.

α) Standfestigkeit.

Allgemeine Angaben für die Standfestigkeitsberechnung der Krane nach den BEK (DIN 120).

Für die fahrbaren Drehkrane gelten nach DIN 120 folgende besondere Vorschriften:

Eine Ausnahme bilden die Drehkrane, die auf Normal- oder Schmalspur laufen. Für diese gilt bei waagerechter Lage des Gleises, sofern nicht besondere Verhältnisse größere Standfestigkeiten bedingen, eine ruhende Probelast in Höhe der 1,3fachen Tragkraft, für den Betriebszustand 25% Überlast ohne Wind bzw. die Vollast mit 25 kg/m² Winddruck zur Bemessung der Standfestigkeit. Ohne Last müssen diese Krane mit in die Windrichtung gestelltem Ausleger bei 150 kg/m² Winddruck standfest sein.

Für große Tragkräfte, Riesenkrane usw. kann von diesen Werten abgewichen werden.

Bezeichnet $\mathfrak{S}$ den nach vorstehendem festgelegten Sicherheitsgrad, so ist die an der Auslegerspitze wirkende Kipplast $\mathfrak{S} \cdot Q$.

Für den außer Betrieb befindlichen Kran ist allgemein: $\mathfrak{S} = 1{,}5$.
Im Betriebszustand und bei $w = 50$ kg/m² Winddruck ist: $\mathfrak{S} = 1{,}25$.

Winddruck des unbelasteten Kranes $w_0 = 200$ bzw. 250 kg/m².
Bei Drehkranen, die auf Normalspur (1432 mm) laufen, gilt:

Für den außer Betrieb befindlichen Kran: $\mathfrak{S} = 1{,}3$;
Im Betriebszustand und bei $w = 25$ kg/m² Winddruck: $\mathfrak{S} = 1{,}25$.
Winddruck für den unbelasteten Kran: $w_0 = 150$ kg/m².

Da die Spurweite bzw. Schienenmittenentfernung s (Abb. 909) der fahrbaren Drehkrane meist kleiner als der Radstand l ist, so wird die Standfestigkeit zunächst für den senkrecht zur Fahrtrichtung stehenden Ausleger untersucht.

Mit Bezug auf Abb. 909 gelten außer den für den drehbaren Teil (s. S. 364 und 381) bereits gegebenen Bezeichnungen noch folgende:

G_2 das Gewicht des Unterwagens, G_3 das Gewicht eines etwaigen, im Unterwagen erforderlichen zusätzlichen Gegengewichtes (Ballastes), F die Windfläche des Kranes in m² und e_w deren Abstand von Schienenoberkante in m.

Der mit der Kipplast $\mathfrak{S} \cdot Q$ belastete Kran ist in bezug auf die vordere Kippkante (Abb. 909) standfest, wenn der Abstand e_s der Resultierenden V_s aller am Kran wirkenden Kräfte kleiner oder gleich der halben Schienenmittenentfernung s ist:

$$V_s = \mathfrak{S}Q + G_1 + G_g + G_2 + G_3 + F \cdot w. \tag{439}$$

$$e_s = \frac{\mathfrak{S}Q \cdot a + G_1 \cdot e_1 - G_g \cdot e_g \pm G_2 \cdot 0 \pm G_3 \cdot 0 + Fw \cdot e_w}{\mathfrak{S}Q + G_1 + G_g + G_2 + G_3 + Fw} \leq \frac{s}{2}. \tag{440}$$

Schienenmittenentfernung bei Normalspur: $s \approx 1500$ mm.

Für den unbelasteten Kran mit der hinteren Kippkante (Abb. 909) ist die Resultierende der Kippkräfte:

$$V_s' = G_1 + G_g + G_2 + G_3 + F \cdot w_0. \tag{441}$$

Ihr Abstand e_s' muß kleiner oder gleich der halben Spurweite sein.

$$e_s' = \frac{G_g \cdot e_g - G_1 \cdot e_1 \pm G_2 \cdot 0 \pm G_3 \cdot 0 + F \cdot w_0 \cdot e_w}{G_g + G_1 + G_2 + G_3 + F \cdot w_0} \leq \frac{s}{2}. \tag{442}$$

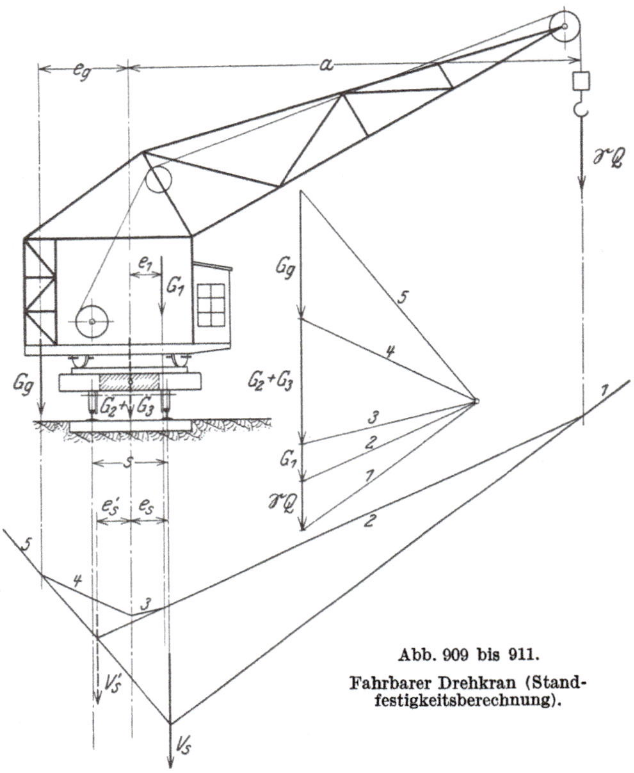

Abb. 909 bis 911.
Fahrbarer Drehkran (Standfestigkeitsberechnung).

Die Abstände e_s und e_s' der Kippkräfteresultierenden V_s des belasteten Kranes und V_s' des unbelasteten Kranes können auch zeichnerisch ermittelt werden (Abb. 909 bis 911).

Das Kranmoment (Tragkraft × Ausladung) der fahrbaren Drehkrane ist durch die gegebene Spurweite beschränkt. Es läßt sich durch das zusätzliche Gegengewicht G_3 im Unterwagen noch erhöhen, jedoch nur in begrenztem Maße, da hierdurch auch das gesamte Krangewicht und die Raddrucke vergrößert werden.

Abb. 912 gibt die Kranmomente ausgeführter fahrbarer Drehkrane für Spurweiten von 1,432 bis 3,5 m.

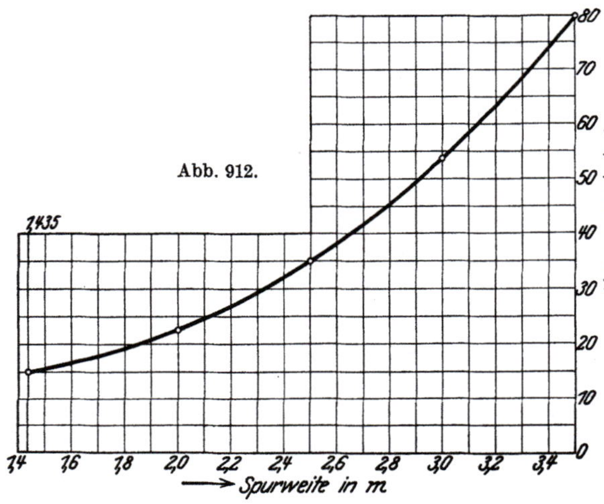

Abb. 912.

Bei vollspurigen Handdrehkranen, die nur unbelastet fahren und während des Arbeitsvorganges (beim Heben und Drehen der Last) stehenbleiben, wird die Standsicherheit durch Stützschrauben oder Schienenzangen erreicht. [Siehe Abschnitt „Sonderkrane" (Eisenbahnkrane).] Diese sollen jedoch nur ein Sicherheitsmittel sein und im Betriebe nur ausnahmsweise beansprucht werden.

β) Kranfahrwerk.

Raddruckberechnung. Für das Gewicht des Unterwagens (einschließlich eines zusätzlichen Gegengewichtes) kann angenommen werden, daß es sich zu gleichen Teilen auf die vier Laufräder verteilt. Daher Teildruck eines Rades:

$$P' \approx \frac{G_2 + G_3}{4}. \tag{443}$$

Die durch den drehbaren Teil des vollbelasteten Kranes hervorgerufenen Raddrucke sind mit der Auslegerstellung veränderlich.

Für einen Drehscheibenkran mit der Trägeranordnung nach Abb. 913 werden die Raddrucke der vier Laufräder erhalten zu[1]:

[1] Andree, Statik der Schwerlastkrane.

$$\left.\begin{aligned}
P_1 &= \frac{V}{4}\cdot\left(1 + 2\cdot\frac{e\cdot\cos\alpha + t}{l}\right)\cdot\left(1 + 2\cdot\frac{e\sin\alpha}{s}\right);\\
P_2 &= \frac{V}{4}\cdot\left(1 - 2\cdot\frac{e\cdot\cos\alpha + t}{l}\right)\cdot\left(1 + 2\cdot\frac{e\sin\alpha}{s}\right);\\
P_3 &= \frac{V}{4}\cdot\left(1 - 2\cdot\frac{e\cdot\cos\alpha + t}{l}\right)\cdot\left(1 - 2\cdot\frac{e\sin\alpha}{s}\right);\\
P_4 &= \frac{V}{4}\cdot\left(1 + 2\cdot\frac{e\cdot\cos\alpha + t}{l}\right)\cdot\left(1 - 2\cdot\frac{e\sin\alpha}{s}\right).
\end{aligned}\right\} \quad (444)$$

In diesen Gleichungen bedeuten V die Resultierende der am vollbelasteten drehbaren Teil wirkenden senkrechten Kräfte, e deren Abstand von der Drehachse und t den Abstand der Drehachse von Mitte Unterwagen.

$$V = Q + G_1 + G_g .$$

Die Gleichungen gelten für jeden Winkel zwischen 0° und 360°, sowie für beliebige Werte von e und t.

Da die rechnerische Bestimmung von ${}_{\max}P_1$ und ${}_{\min}P_3$ umständlich und schwierig ist, so nehme man nach dem Vorgang von Andree zur Bestimmung von ${}_{\max}P_1$ einige Winkel probeweise an, berechne die entsprechenden Werte P_1 und trage sie zeichnerisch (Abb. 914) auf. In gleicher Weise verfährt man zur Bestimmung von ${}_{\min}P_3$. Beide Werte lassen sich aus diesen Schaulinien hinreichend genau abgreifen.

Für $t = 0$ und das Verhältnis $s/l = \frac{2}{3}$ ergibt sich ${}_{\max}P_1$ bei $\alpha \approx 40°$ und nicht, wenn der Ausleger über dem Rad steht. Ist jedoch $s/l = 1$, so tritt der Größtwert von P_1 bei $\alpha = 45°$ und Stellung des Auslegers über Rad I ein.

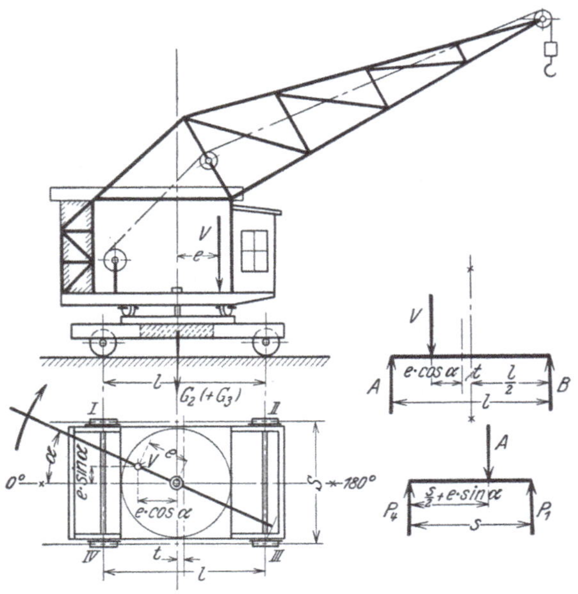

Abb. 913. Berechnung der Kranraddrucke.

Zur Bestimmung der Raddrucke des unbelasteten Kranes wird für V die Resultierende $V_0 = G_1 + G_g$ und deren Abstand e_0 von der Drehachse gesetzt. Der nach Gleichung (444) ermittelte größte Raddruck zuzüglich dem Teilraddruck durch den Unterwagen ergibt den größten, für die Bemessung der Laufräder maßgebenden Raddruck.

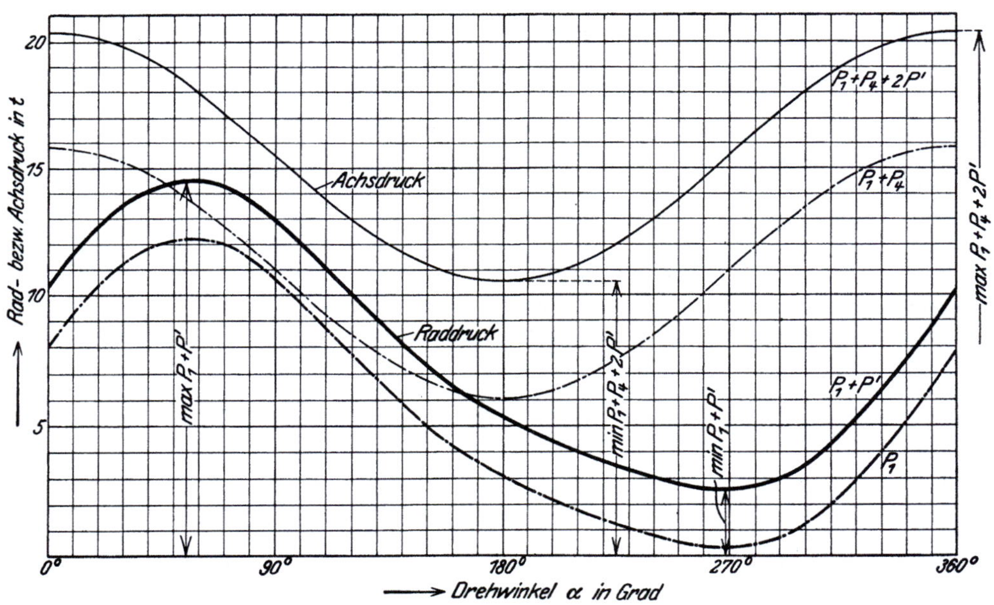

Abb. 914. Zeichnerische Darstellung des Rad- und Achsdruckverlaufes.

Werden aus dem Diagramm Abb. 914 die jeweiligen Werte für P_1 abgegriffen und zu den Werten P_4 hinzuaddiert, so erhält man den Achsdruck $P_{1-4} = P_1 + P_4$. Der Größtwert des Achsdruckes ${}_{\max}P_1 + P_4 + 2P'$ tritt auf, wenn der Ausleger in der Fahrtrichtung und über der Achse *I—IV* steht. Der Kleinstwert wird erhalten, wenn der Ausleger in der Fahrtrichtung über der Achse *II—III* steht.

Die Achsdrucke bestimmen sich zu:

$$\left.\begin{aligned} {}_{\max}P_{1-4} &\approx \frac{G_2 + G_3}{2} + V\,\frac{\frac{l}{2} + e}{l}\,; \\ {}_{\min}P_{1-4} &\approx \frac{G_2 + G_3}{2} + V\,\frac{\frac{l}{2} - e}{l}\,. \end{aligned}\right\} \qquad (445)$$

Da die gezeigte Raddruckberechnung für Drehscheibenkrane doch nur angenäherte, praktisch jedoch ausreichende Werte liefert und eine genaue Berechnung wegen des elastischen Verhaltens der Unterwagenkonstruktion, sowie des Einflusses der Laufschienenhöhenlage kaum möglich ist, so können die Gleichungen (444) auch zur überschläglichen Ermittelung der Raddrucke fahrbarer Drehkrane mit feststehender Säule benutzt werden.

Zu den aus Last und Krangewicht berechneten Raddrucken treten noch zusätzliche Raddrucke durch den auf die senkrechte Kranfläche wirkenden Winddruck. Siehe S. 407.

Ist der berechnete Raddruck größer als der zulässige Wert, so werden statt vier acht Laufräder vorgesehen. Eisenbahnwagendrehkrane haben je nach der Belastung zwei, drei oder vier federnd gelagerte Achsen.

Fahrwiderstand. Das gesamte Fahrgewicht des vollbelasteten Kranes ist (s. S. 408):

$$Q + G_K = Q + G_1 + G_g + G_2 + G_3\,.$$

Der diesem Fahrgewicht entsprechende Reibungsfahrwiderstand ist mit Berücksichtigung eines Zuschlages von 25 bis 50% für Spurkranz- und Nabenstirnreibung:

$$W_r = (1{,}25 \text{ bis } 1{,}50)\cdot\frac{Q + G_1 + G_g + G_2 + G_3}{R}\cdot\left(\mu\cdot\frac{d}{2} + f\right) = (1{,}25 \text{ bis } 1{,}50)\cdot(Q + G_K)_t\cdot w_r. \qquad (446)$$

Hierbei bezeichnen R den Laufradhalbmesser und d den Achsendurchmesser an der Lagerstelle. Der Einheitsfahrwiderstand w_r in kg für 1 t Fahrgewicht kann für die normalen Laufräder mit einem Durchmesser bis 1200 mm und einem Bolzen- bzw. Achsendurchmesser bis 150 mm aus Abb. 489, S. 221, entnommen werden.

Ist die Achse *I—IV* angetrieben und steht der vollbelastete Ausleger in der Fahrtrichtung und über der Achse *II—III*, so ist nachzuprüfen, ob der Achsdruck ${}_{\min}P_{I-IV}$ zum Anfahren des Kranes ausreicht. Dies ist der Fall, wenn

$${}_{\min}P_{I-IV}\cdot\mu > W_r' \qquad (447)$$

ist, wobei W_r' den Teilfahrwiderstand der Achse *I—IV* bedeutet und $\mu \approx 0{,}1$ bis 0,2 gesetzt wird.

Ist der Adhäsionsdruck ${}_{\min}P_{I-IV}$ nicht ausreichend, so schleifen die Räder und der Kran fährt nicht an. In diesem Falle müssen beide Achsen gleichzeitig angetrieben werden und sind durch Kegelräderpaare und eine Zwischenwelle, durch einen Kettentrieb oder durch Parallelkurbeln und Schubstangen miteinander zu verbinden.

Handfahrwerke. Antrieb des Fahrwerks von Hand kommt für Handdrehkrane und für elektrische Drehkrane, die selten und nur auf kurze Strecken verfahren werden, in Betracht.

Bezeichnen $M_r = W_r \cdot R$ das Fahrwiderstandsmoment in kgcm, $M_k = K \cdot a =$ Kurbeldruck $\times$ Kurbelhalbmesser in kgcm das Kraftmoment und η den Wirkungsgrad des Fahrwerks, so ist die erforderliche Übersetzung (s. auch S. 222):

$$i = \frac{\eta \cdot K \cdot a}{M_r}\,. \qquad (448)$$

Es werden zwei um 120° zueinander versetzte Kurbeln vorgesehen. Für kleine und mittlere Krane ist Antrieb durch zwei Mann ausreichend. Meist Anordnung zweier oder dreier Stirnrädergetriebe.

Motorische Fahrwerke. Je nach dem Arbeitszweck des Kranes und der Länge der Fahrstrecke wählt man eine größere oder kleinere Fahrgeschwindigkeit. Wechselt der Kran nur seinen Standort, so nehme man $v = 20$ bis 50 m/min und bei Kranen, die unter Last fahren oder Verschiebezwecken dienen, $v = 50$ bis 120 m/min. Bei Drehkranen, die auf dem Obergurt einer Verladebrücke fahren, geht man bis 200 m/min.

Erforderliche Motorleistung nach Gleichung (224), S. 258.

Im allgemeinen Antrieb einer Laufradachse. Bei Rangierkranen werden beide Achsen angetrieben. Übersetzung zwischen Motor und Laufradachse zwei oder drei Stirnrädergetriebe. Bei öfterem Fahren des Kranes und längerer Fahrstrecke wird das Motorvorgelege in einem Räderkasten angeordnet und läuft im Ölbad.

Ist genaues Anhalten gefordert, dann sieht man zum Abbremsen des Nachlaufes eine gewichtbelastete, elektromagnetisch gelüftete doppelte Backenbremse vor, die den Kran auch bei Nichtbenutzung gegen Windkraft sichert.

γ) Unterwagen.

Die Längs- und Querträger werden je nach der Größe der Beanspruchung als [-, I-Eisen oder als Stahlblechträger ausgeführt, durch Winkeleisen miteinander verbunden und durch Eckbleche versteift. In den Rahmen wird ein kräftiges Profileisenkreuz eingebaut, auf das in der Mitte und oben kräftige Bleche aufgenietet bzw. aufgeschweißt werden.

Der durch die Rollendrucke der Drehscheibe (s. S. 382) beanspruchte Schienenkranz ist so auf dem Unterwagen anzuordnen, daß er auf den Längsträgern, den Querträgern und auf Hilfsträgern ruht und ein Freitragen vermieden wird. Eine gute Versteifung der Tragkonstruktion für den Schienenkranz wird dadurch erreicht, daß man den Kranz nicht unmittelbar auf den Trägern aufsetzt, sondern auf kräftigen Blechen, die mit den Trägern vernietet werden. Auf der gleichen Tragkonstruktion wird auch der Zahnkranz des Drehwerks aufgeschraubt.

Alle tragenden Teile des Unterwagens sind soweit als möglich auf Festigkeit nachzuprüfen. Die Niet- bzw. Schweißverbindungen der Längs- und Querträger und des Tragkreuzes sind reichlich zu bemessen, da sie beim flotten Heben und Senken, insbesondere bei Greiferbetrieb, meist erheblichen nicht ermittelbaren Beanspruchungen ausgesetzt sind.

Die Unterwagen normalspuriger Drehkrane, die gleichzeitig Verschiebezwecken dienen, werden mit Zughaken und Puffern, den Normen der Reichsbahn entsprechend, ausgerüstet.

δ) Ausführungen.

a) Handkrane.

Die Handdrehkrane sind meist auf Normalspur (1435 mm) fahrbar und werden für Tragkräfte von 3—5—7,5 und 10 t bei Ausladungen von 3 bis 6 m gebaut. Die Rollenhöhe über Schienenoberkante ist etwa gleich der 1,0 bis 1,4fachen Ausladung.

Bei Kranmomenten bis etwa 35 tm ruht der drehbare Ausleger auf einer Stahlsäule, die im Unterwagen eingesetzt ist. Berechnung und Ausführung s. S. 365, Drehkrane mit fester Säule.

Bei größeren Kranen zieht man die Drehscheibenbauart vor, da die Stahlsäule im Durchmesser zu groß und zu teuer in der Herstellung wird.

Das Hubwerk erhält ein umschaltbares Rädergetriebe zum Einstellen eines langsamen und schnellen Ganges. Die Bremse ist entweder eine einfache Bandbremse oder eine Sperrad- (Lüft-) Bremse; häufig auch Einbau einer Fliehkraftbremse (s. S. 133).

Berechnung und Gestaltung des Hubwerks s. S. 202 Handwinden.

Drehwerke mit Kegel- und Stirnräderübersetzung werden mit einem doppelt wirkenden Zahngesperre ausgerüstet, das ein unbeabsichtigtes Drehen des Auslegers durch Windkraft verhindert.

Zur Erhöhung der Standfestigkeit erhalten die Krane Stützschrauben oder Schienenzangen.

Die in Eisenbahnzüge einstellbaren, zu Bau- und Aufräumungsarbeiten dienenden Handdrehkrane werden, um einen besonderen Schutzwagen zu sparen, mit umklappbarem Ausleger hergestellt. Siehe Abschnitt „Sonderkrane“ (Eisenbahnkrane).

b) Dampfkrane.

Die normalspurigen fahrbaren Dampfdrehkrane, kurz „Dampfkrane“ genannt, werden in Hafenanlagen und in industriellen Werken zu Verladezwecken und zum Verschieben der Eisenbahnwagen angewendet. Sie kommen überall da in Frage, wo kein Strom zur Verfügung steht oder die Anlage eines elektrischen Leitungsnetzes nicht angängig ist.

Vorzüge der Dampfkrane: Unabhängigkeit wegen der eigenen Kraftquelle, vielseitige Verwendbarkeit und große Beweglichkeit.

Nachteile: Längeres Anheizen vor Inbetriebnahme, Brennstoffverbrauch auch während der Arbeitspausen, regelmäßige Kesselprüfung und Erfordernis eines als Heizer geprüften Führers.

Trotz dieser Nachteile sind die Dampfkrane auch in Gegenden, die weit von den Kohlenzentren abliegen, zu einem beliebten Hebe- und Verschiebemittel geworden und werden daher von den Kranbaufirmen reihenweise hergestellt und in ihren Teilen auf Vorrat gehalten.

Die Dampfkrane werden allgemein als Drehscheibenkrane und zwecks Veränderung der Ausladung mit wippbarem Ausleger hergestellt.

Die normalen Dampfkrane (Abb. 915) sind so gestaltet, daß alle Teile des Kranes bei ganz gesenktem in der Fahrtrichtung stehendem Ausleger innerhalb des Durchgangsprofils der Reichsbahn (Abb. 915 Seitenriß) liegen. Die vierrädrigen Krane haben den kleinstmöglichen Radstand von 2,0 m und können daher die in Werkanlagen meist üblichen Gleiskrümmungen von kleinem Halbmesser durchfahren.

Dampfkessel und Dampfmaschine s. S. 3 „Dampfantrieb“.

Die stehend oder liegend angeordnete Dampfmaschine (Abb. 916) arbeitet mittels eines Stirnrädervorgeleges auf die Hauptantriebwelle. Von dieser aus werden das Hubwerk, Auslegerein-

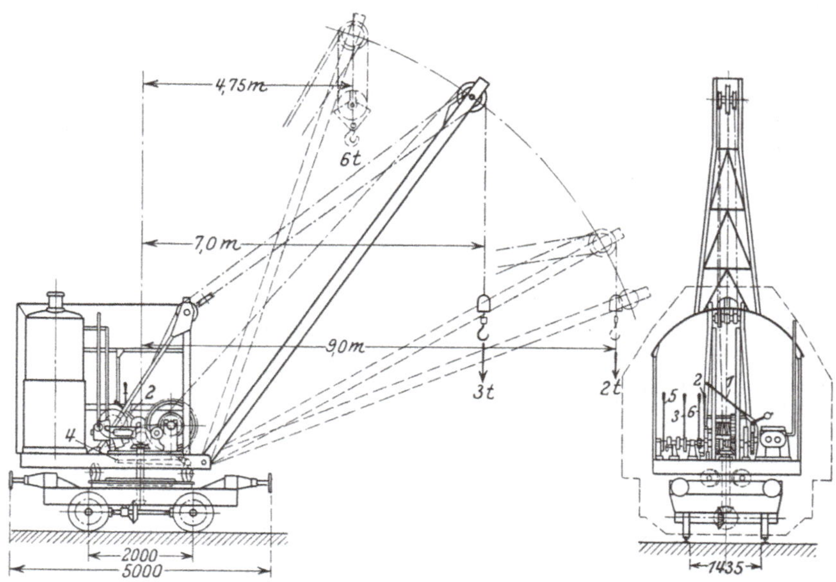

Abb. 915. Normaler Demag-Dampfkran von 6 bzw. 2 t Tragkraft und 4,75 bzw. 9,0 m Ausladung. (Aufbau und Anordnung der Steuerorgane.)

Steuerhebel: *1* Öffnen und Schließen des Dampfabsperrschiebers; *2* Verstellen der Kulisse zum Umsteuern der Dampfmaschine; *3* Ein- und Ausrücken des Hubwerkritzels; *4* Fußhebel zum Lüften der Hubwerkbremse; *5* Umschalten des Drehwerkwendegetriebes; *6* Ankuppeln des Einzieh- oder Fahrwerks an die Hauptantriebwelle.

ziehwerk, Drehwerk und Kranfahrwerk angetrieben und durch geeignete Steuervorrichtungen ein- oder abgeschaltet.

Hubwerk. Es ist so eingerichtet, daß es für Stückgut-, Magnet- oder Greiferbetrieb ausführbar ist.

Die Hubtrommel wird von der Hauptwelle aus durch ein Stirnrädervorgelege angetrieben, dessen Ritzel beim Lastsenken ausgerückt wird. Lasten bis 3 t werden unmittelbar an einem Seilstrang, solche von 3 bis 6 t an einer zweisträngigen Unterflasche aufgehängt (Abb. 915).

Die Hubwerkbremse ist eine gewichtbelastete Bandbremse (Schlingbandbremse), die durch einen Fußhebel gelüftet wird. Bei Greiferbetrieb wird die vor der Hubtrommel gelagerte Entleertrommel durch Zahnräder von der Hubtrommel aus angetrieben. Beide Trommeln haben, den vier Greiferseilen entsprechend, Rechts- und Linksgewinde.

Für den Umschlag von Kohle hat der Greifer einen Inhalt von 1,5 m³ und der Kran eine Tragkraft von 3 t bei 7 m größter zulässiger Ausladung. Wird ein Klappkübel verwendet, so kann die volle Tragkraft des Kranes von 6 t bei 4,75 m größter Ausladung ausgenutzt werden.

Soll ein Greiferkran für Stückgüterumschlag verwendet werden, so wird der Greifer mit seinen Flaschenzugseilen entfernt und durch eine Hakentraverse ersetzt.

Auslegereinziehwerk. Der Rollenzug (Abb. 915) ist ein viersträngiger Zwillingsrollenzug mit Ausgleichrolle. Das Seil ist bei *l* (Abb. 916) befestigt, geht über die erste Auslegerrolle zur Ausgleichrolle, von dieser zur zweiten Auslegerrolle und ist dann an der Einziehtrommel befestigt.

Die Einziehtrommel wird durch ein Kegelrädergetriebe und ein selbsthemmendes Schneckenvorgelege mit schräg liegender Schneckenwelle angetrieben. Das auf der Hauptwelle sitzende Kegelrad wird beim Einrücken des Einziehwerks durch eine doppelseitige Kupplung mit der Welle verbunden

Drehwerk. Ein Kegelräder-Wendegetriebe auf der Hauptwelle (Abb. 916) arbeitet mittels eines Stirnrädervorgeleges auf eine senkrechte Welle. Am unteren Ende dieser Welle sitzt ein Ritzel, das sich auf einem, auf dem Unterwagen befestigten Zahnkranz abwälzt. Je nachdem das linke oder rechte Kegelrad des Wendegetriebes mit der Hauptwelle gekuppelt wird, ändert sich die Auslegerdrehrichtung.

Kranfahrwerk. Die Drehbewegung der Hauptwelle (Abb. 916) wird durch zwei Kegelrädergetriebe auf eine waagerechte Vorgelegewelle geleitet. Von dieser aus werden die beiden Laufrad-

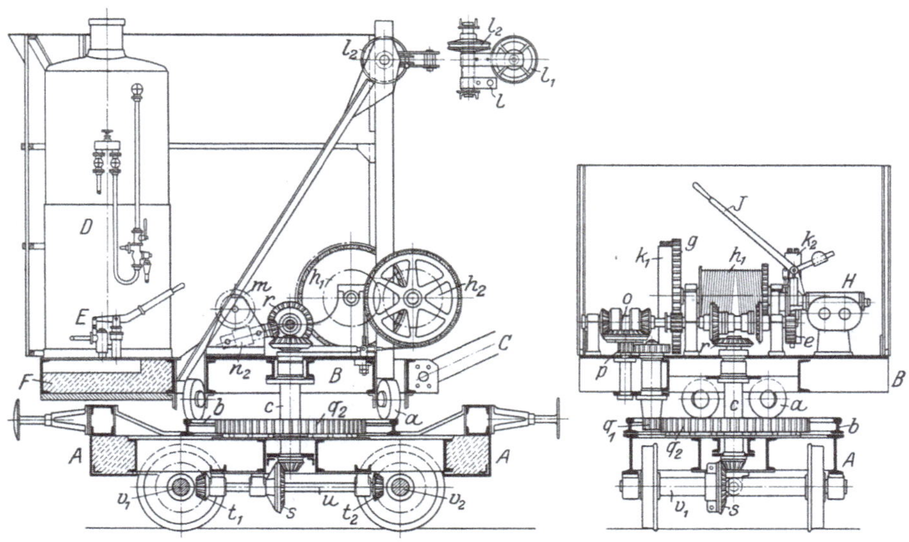

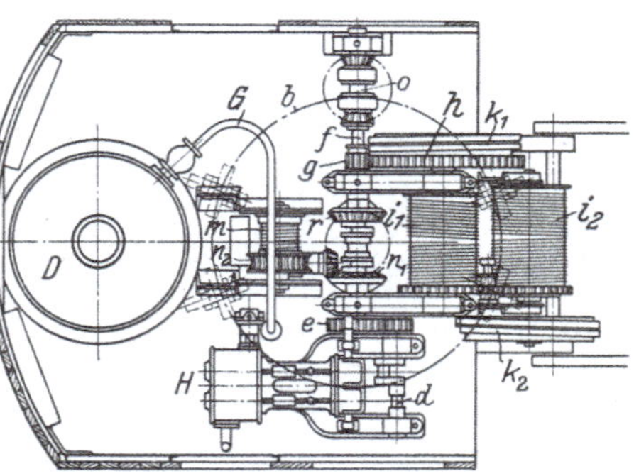

Abb. 916. Normaler Demag-Dampfkran mit Greifer-Hubwerk. (Maschineller Teil.)

A Unterwagen mit Zughaken und Puffern; *B* Oberwagen, an dem der Ausleger *C* wippbar angeordnet; *D* Dampfkessel; *E* Speisepumpe; *F* Auslegergegengewicht; *H* Dampfmaschine; *J* Handhebel zum Dampfeintrittsventil.
a Laufrollen, an *B* gelagert; *b* kreisförmige Schiene, auf *A* befestigt; *c* Königstock; *d* Kurbelwelle; *e* Stirnrädergetriebe; *f* Hauptwelle; *g*—*h* Vorgelege zum Antrieb der Hubtrommel i_1; i_2 Entleer- oder Haltetrommel; k_1 Hubbremse; k_2 Entleerbremse; *l* Endbefestigung, l_1 Ausgleichrolle; l_2 Umlenkrolle zum Auslegereinziehseil; *m* Einziehtrommel; n_1 Kegelrädergetriebe; n_2 Schneckenvorgelege zum Antrieb von *m*; *o* Kegelräderwendegetriebe, *p* Stirnrädervorgelege, q_1 Ritzel, q_2 fester Zahnkranz zum Drehwerk; *r*, *s*, t_1 und t_2 Kegelrädergetriebe zum Fahrwerk; *u* Fahrwerkswelle; v_1 und *v* Radachsen.

achsen durch weitere Kegelrädervorgelege angetrieben. Das auf der Hauptwelle sitzende Rad des ersten Kegelrädergetriebes wird durch die doppelseitige, auch für das Einziehwerk dienende Kupplung ein- oder abgeschaltet.

Steuerung (Abb. 915). Der Kran wird durch fünf Handhebel und einen Fußhebel gesteuert, die unmittelbar nebeneinander und übersichtlich angeordnet sind. Mit diesen Hebeln werden folgende Steuerbewegungen ausgeführt:

1. Öffnen und Schließen des Dampfabsperrschiebers.
2. Verstellen der Kulisse zum Umsteuern der Dampfmaschine.
3. Ein- und Ausrücken des Hubwerkritzels.
4. Lüften der Hubwerkbremse.
5. Umschalten des Drehwerk-Wendegetriebes.
6. Ankuppeln des Auslegereinzieh- oder Kranfahrwerks.

Von den vier Kranbewegungen können gleichzeitig zwei ausgeführt werden, und zwar: Heben bzw. Senken und Auslegerverstellen — Heben bzw. Senken und Drehen — Heben bzw. Senken und Kranfahren — Drehen und Auslegerverstellen — Drehen und Kranfahren.

Arbeitsgeschwindigkeiten. Heben (bis 3 t): 20 m/min, (3 bis 6 t): 10 m/min. Auslegereinziehen (aus der tiefsten in die höchste Lage): Etwa 50 sek. Drehen (eine volle Umdrehung): Etwa 24 sek. Kranfahren (bei Vollast): 50 bis 60 m/min, ohne Last: 100 bis 120 m/min.

Größter Raddruck (bei ungünstigster Auslegerstellung und Belastung): Etwa 15 t.

Zugkraft des Kranes. Auf geradem Gleis kann der Kran drei beladene 20 t-Wagen oder neun bis zehn leere Wagen verschieben. In Gleiskrümmungen ist die Zugkraft entsprechend geringer.

Dampfkrane, die vorwiegend Verschiebearbeiten ausführen, erhalten zweckmäßig eine besondere Fahrdampfmaschine und entsprechend höhere Fahrgeschwindigkeit (bis etwa 200 m/min).

Ausleger. Die normalen Dampfkrane (Abb. 915) erhalten einen einfachen Ausleger aus zwei [-Eisen, die durch einen Querverband miteinander verbunden sind. Der Ausleger ist an der drehbaren Plattform gelenkig angeordnet und wird durch einen viersträngigen Rollenzug eingezogen. Berechnung des Einziehwerks s. S. 393.

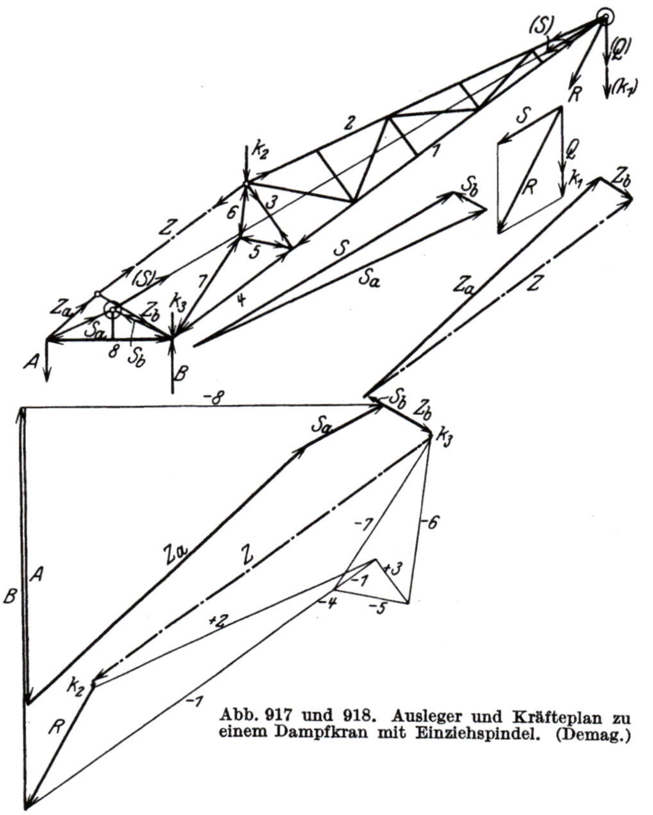

Abb. 917 und 918. Ausleger und Kräfteplan zu einem Dampfkran mit Einziehspindel. (Demag.)

Durch geeignete Sonderausführung des Auslegers lassen sich die Dampfkrane ohne Änderung des maschinellen Teils den verschiedensten örtlichen und Betriebsverhältnissen anpassen. (Verlängerter gerader Ausleger. — Gerader Fachwerkausleger für sehr große Hubhöhen. — Geknickter Ausleger und geknickter hoher Ausleger für Schiffbauplätze.)

Abb. 917 zeigt das Auslegersystem zu einem Dampfkran von 5 t Tragkraft und 17,0 bzw. 10,0 m Ausladung. Der Ausleger wird bei diesem Kran durch eine Schraubenspindel verstellt. Berechnung des größten Spindelzuges s. S. 391.

Abb. 918 gibt den Lastkräfteplan für diesen Kranausleger mit Berücksichtigung des Auslegergewichtes.

Für den Entwurf des Kräfteplanes wird der Hubseilzug parallel und auf Mitte Auslegerrolle bzw. Trommel verschoben und durch die daselbst wirkenden Spannkräfte $S = Q$ ersetzt (Abb. 917). Die Last Q, der Seilzug S und die Knotenlast k_1 werden zu einer Resultierenden R an der Auslegerspitze vereinigt. Den an der Trommel angreifenden Seilzug S reduziere man als S_a und S_b auf die Stützpunkte der biegesteifen Plattform. Der Spindelzug Z wird durch seine an den gleichen Punkten wirkend gedachten Komponenten Z_a und Z_b ersetzt.

Abb. 919 zeigt das System für einen geknickten hohen Fachwerkausleger, der vermittelst eines Rollenzuges eingezogen wird. Abb. 920: Lastkräfteplan mit Berücksichtigung des Auslegergewichtes.

Belastungskräfte am System (Abb. 919): Resultierende R_1 aus Q, k_1 und dem Hubseilzug $S_1 = Q$; die Resultierende R_2 aus $S_1 = Q$ und $S_2 = Q$ ist als $R_2/2$ an den benachbarten Knoten angebracht. Die Resultierende R_3 aus Z, $S_2 = Q$ und $S_3 = Q$ ist als $R_3/2$ auf die nächtgelegenen Knoten reduziert. Die gesamte Rollenzugkraft Z am Kranunterteil ist in die Komponenten Z_R und Z' zerlegt. Z_R ist als Z_{RB} und Z_{RA} auf die Auflagerpunkte reduziert, desgleichen Z' als Z'_B und Z'_A. Der an der Trommel angreifende Seilzug $S_3 = Q$ ist als S_{3B} und S_{3A} ebenfalls auf die Auflager reduziert.

Stark geknickte Fachwerkausleger nach Art von Abb. 919 sind an ihrem Unterteil (zwischen Auslegerfuß und Knickpunkt) beim Drehan- und -auslauf sowie bei Pendeln der Last noch auf Verdrehung beansprucht. Durch diese Verdrehung erhalten die Auslegerstäbe noch Zusatzkräfte, die sehr erhebliche Werte annehmen können, rechnerisch jedoch schwer zu erfassen sind.

Zur angenäherten zeichnerischen Bestimmung dieser Zusatzkräfte lege man, wie üblich, den waagerechten Schwenkdruck $\approx \frac{1}{10}$ der Last zugrunde.

Drehmoment: $\frac{1}{10}\,Q$ mal waagerechtem Abstand der Last vom Knickpunkt.

Sonderausführungen von Dampfkranen. Für größere Tragkraft und Ausladung ist die normale Bauart mit zwei starr gelagerten Laufradachsen nicht mehr ausreichend. Die Krane werden dann, um den zulässigen Raddruck beim Verkehr auf der Reichsbahn nicht zu überschreiten, mit drei oder vier federnden Achsen hergestellt. Ausführungen siehe Abschnitt „Sonderkrane“ (Eisenbahnkrane).

Dampfkrane mit Raupenketten-Fahrwerk zeichnen sich durch Freizügigkeit und große Beweglichkeit aus. Sie werden daher in neuerer Zeit vielfach zur Bedienung von Lagerplätzen sowie im Baubetriebe verwendet.

Gestaltung des drehbaren Teils (Oberwagens) wie bei einem normalen Dampfkran.

Der Unterwagen (Abb. 921) fährt auf zwei Raupenketten, deren Glieder (Abb. 922) aus zähem und dichtem Stahlguß (St 60 · 11) hergestellt sind. Die Form der scharnierartig miteinander verbundenen Glieder ist so gewählt, daß sie schuppenartig übereinander greifen und dadurch eine vollkommen geschlossene Fläche bilden. Es ist daher ausgeschlossen, daß sich Fremdkörper irgendwelcher Art dazwischen klemmen. Die Gelenke sitzen in der Mitte der Kettenglieder und geben dadurch den Ketten eine große Beweglichkeit und Anpassungsfähigkeit an die Unebenheiten des Bodens. Herstellung der Gelenkbolzen aus verschleißfestem Kruppschem Stahl.

Das Krangewicht ruht an zwölf Auflagestellen gleichmäßig auf den Ketten und wird von diesen auf den Boden übertragen. Durch die einstellbaren, abgefederten Rollenwagen (Abb. 921) wird das gesamte Krangewicht gleichmäßig auf den Boden verteilt, was bei starr gelagerten Tragrollen nicht erreicht wird.

Jede Raupenkette kann für sich angetrieben und durch Auskuppeln stillgelegt werden. Durch Betätigung der auf der verstellbaren Achse (Abb. 921) sitzenden Kegelbremsen und jeweiliges Einrücken der auf der angetriebenen Achse sitzenden Klauenkupplung ist es möglich, mit dem Kran Krümmungen von mehr oder weniger großem Halbmesser zu fahren. Die Kupplungen und Bremsen der Raupenkettenräder können sowohl vom Führerstand im Oberwagen wie auch außerhalb des Kranes vom Boden aus bedient werden.

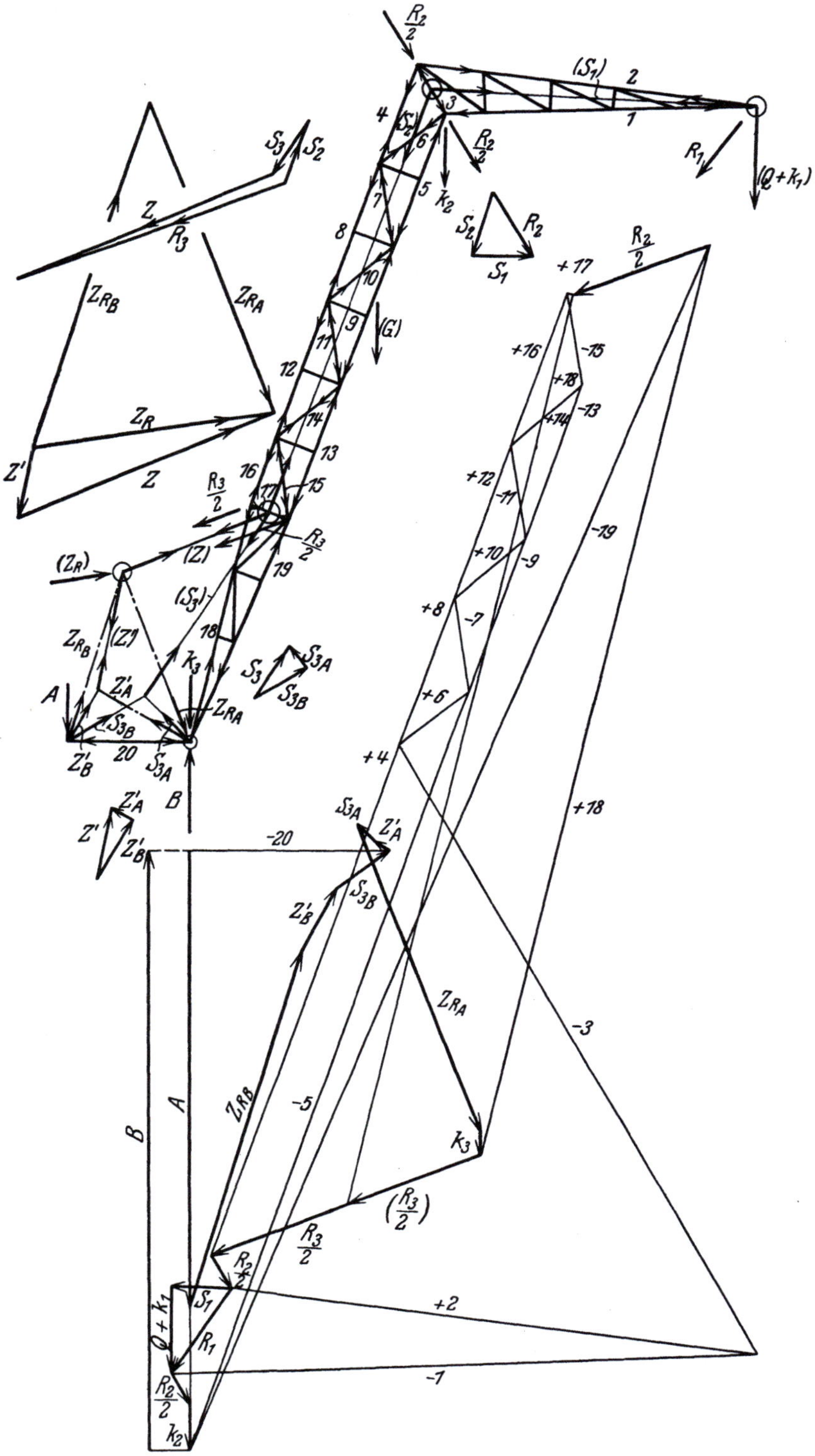

Abb. 919 und 920. Hoher, geknickter Ausleger zu einem Dampfkran mit Einziehrollenzug Bauart Demag. (Kräfteplan.)

Der auf Abb. 921 dargestellte Unterwagen gehört zu einem Dampfkran von 3,5 bis 7,0 und 10 t Tragkraft bei 9,5 bis 6,0 und 4,0 m Ausladung.

Arbeitsgeschwindigkeiten:

Heben (bis 3,5 t): Etwa 40 m/min; bis 7 t: Etwa 20 m/min; bis 10 t: Etwa 13 m/min. Auslegereinziehen (aus der tiefsten in die höchste Stellung): Etwa 35 sek.

Drehen (leer): 4 mal i. d. min; (je nach Lastgröße): 1,5 bis 2,5 mal i. d. min.

Kranfahren: Etwa 17 bis 20 m/min.

Dampfkessel:

Betriebsdruck: 10 atü; Heizfläche: 8 m²; Rostfläche: 0,70 m²; Kohlenverbrauch: Bei angestrengtem Dauerbetrieb etwa 250 bis 300 kg gute Steinkohle in 10 Arbeitsstunden.

Dampfmaschine:

Zylinderdurchmesser: 160 mm; Hub: 180 mm; Drehzahl: 200 i. d. min; Leistung (max.): 35 PS.

Baugewicht des Kranes: Etwa 25 t; Gegengewicht (Ge): Etwa 4 t; Dienstgewicht: Etwa 29 t.

Ausführung des Kranes auch mit geknicktem hohem Fachwerkausleger (nach Art von Abb. 919) sowie als Löffelkran für leichte Baggerarbeiten.

Gestaltung der Raupenketten siehe: **Friedrich**, Die Bauarten der Raupen-

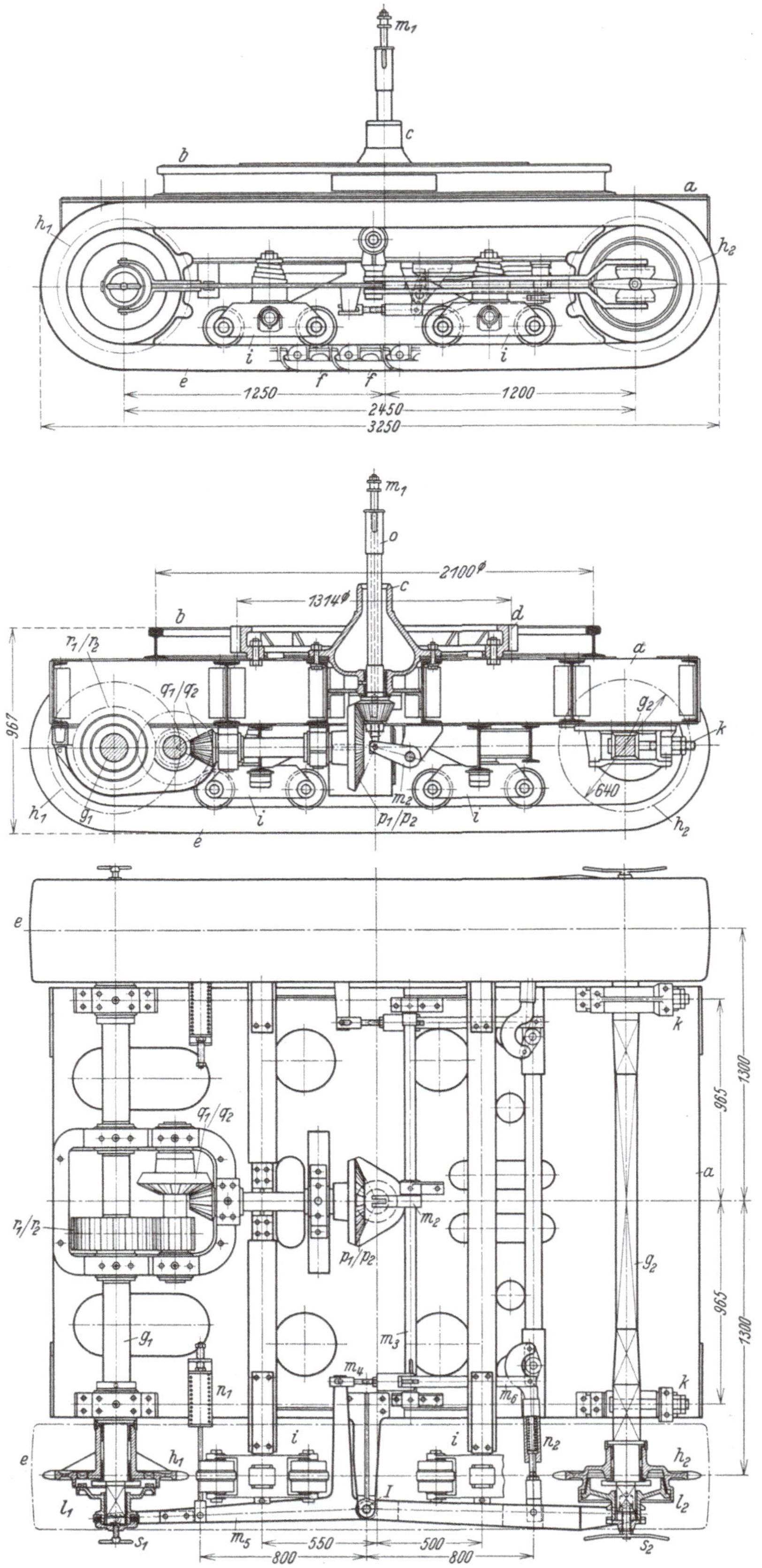

Abb. 921. Unterwagen mit Raupenketten zu einem normalen Dampfkran.

(Orenstein & Koppel A.-G., Berlin).

a Fahrgestell; *b* kreisförmig gebogene Schiene zur Drehscheibe; *c* Königstock zur zentrischen Führung von Ober- und Unterwagen; *d* zweiteiliger Zahnkranz zum Drehwerk; *e* Raupenketten; *f* Kettenglieder (Abb. 922), durch Bolzen miteinander verbunden; g_1 angetriebene Achse; g_2 Vierkantachse (fest angeordnet); h_1 treibende Kettenrolle, lose auf g_1 sitzend; h_2 Umlenkrolle, lose auf g_2 sitzend; *i* federnde und einstellbare Rollenwagen; *k* Nachstellvorrichtung für g_2; l_1 Klauenkupplung zur Verbindung des Kettensterns h_2 mit der Antriebachse; l_2 mit Ferodofibre belegte Kegelbremse zum Feststellen der Umlenkrolle h_2; m_1-m_6 Gestänge zur Betätigung der Kupplungen l_1 und Bremsen l_2; n_1 und n_2 Zylinderfedern zum Aufnehmen des Stoßes bein Einrücken der Kupplungen bzw. Bremsen; *o* senkrechte (durchbohrte Welle), vom Oberwagen aus angetrieben; p_1-p_2, q_1-q_2 Kegelrädergetriebe und r_1-r_2 Stirnrädergetriebe zum Antrieb der Achse g_1; s_1 Knebel zum aushilfsweisen Ausrücken der Klauenkupplung von Hand; s_2 doppelarmiger Hebel zum aushilfsweisen Ausrücken der Kegelbremse von Hand.

I Festpunkt zum Kupplungsgestänge.

bandfahrwerke. Fördertechn. 1930, S. 114. — Böttcher, Raupenkette und Antriebe, besonders für Löffel- und Eimerketten-Trockenbagger (verschiedene Arten von Raupenketten und Antrieben). Fördertechn. 1931, S. 357.

c) Krane mit Brennkraftantrieb (Motorkrane).

Die mit einem Brennkraftmotor ausgerüsteten fahrbaren Drehkrane sind stets betriebsbereit, arbeiten wirtschaftlich am günstigsten und erfordern keinen als Heizer geprüften Führer.

Über Brennkraftantrieb s. S. 5.

Der auf Abb. 923 dargestellte Rohölkran hat ein Fahrgestell mit drei federnden Radsätzen und ist unter Vorschalten eines Schutzwagens in Eisenbahnzüge einstellbar. Er ist sowohl für Greifer- wie auch für Magnetbetrieb eingerichtet und hat eine Tragkraft von 3 t. Größte Ausladung: 10 m, kleinste Ausladung: 7 m. Hubhöhe: 10 m. Nutzlast am Magneten: 1500 kg.

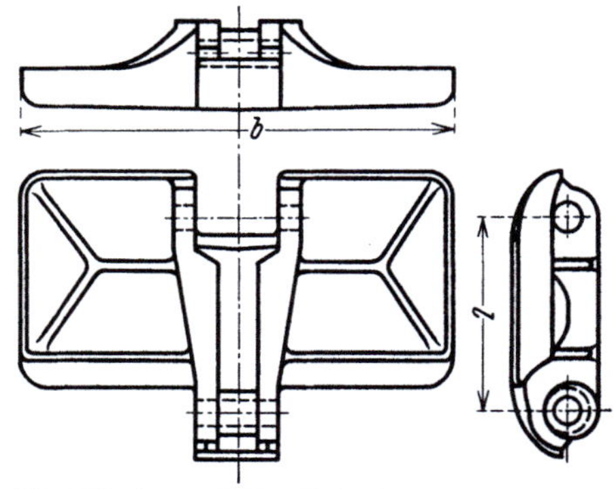

Abb. 922. Raupenkettenglied. (Orenstein & Koppel.)

Der Motor ist ein kompressorloser Dieselmotor Bauart Deutz von etwa 40 PS und 1000 Uml/min. Er treibt auch die Dynamo an, die den Strom für den Lasthebemagneten und die Beleuchtung des Kranes liefert. Sämtliche Bewegungen des Kranes können gleichzeitig und

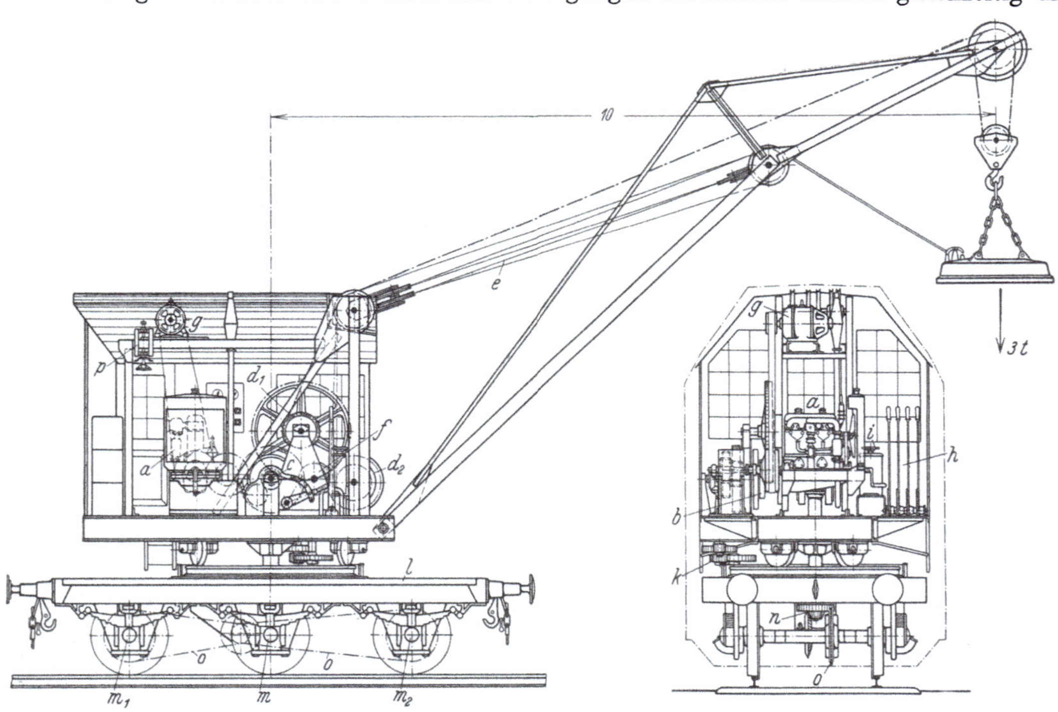

Abb. 923. Normalspuriger Dieselkran für Greifer- und Magnetbetrieb von 3 t Tragkraft und 10 m Ausladung. (Mohr & Federhaff.) *a* Kompressorloser Dieselmotor; *b* Reibungskupplung; *c* Hauptwelle; d_1 Hub- und Schließtrommel; d_2 Entleertrommel; *e* Einziehrollenzug; *f* Einziehtrommel; *g* Dynamo für den Magnetbetrieb; *h* Steuerhebel; *i* Steuerwalze zum Lasthebemagnet; *k* Drehwerkvorgelege; *l* Unterwagen; $m - m_1 - m_2$ federnd gelagerte Achsen; *n* Fahrantrieb; *o* Kettentriebe zum Antrieb der Achsen m_1 und m_2; *p* Riemenspannvorrichtung zur Dynamo.

unabhängig voneinander ausgeführt werden. Sie werden durch das Einrücken von Reibkupplungen eingeleitet, die auch als Rutschkupplung dienen und eine Überlastung des Motors verhindern.

Arbeitsgeschwindigkeiten des Kranes. Heben: 30 m/min. Auslegereinziehen (aus der tiefsten in die höchste Lage): In 2 min. Drehen: 1,5mal i. d. Minute. Kranfahren: 50 m/min.

Stromart der Dynamo: Gleichstrom 500 V. Größter Raddruck in Arbeitsstellung: ∾ 10 t, im Transportzustande: ∾ 7,5 t. Zugkraft: Etwa 4 beladene O-Wagen.

Orenstein & Koppel A.-G., Berlin, führen einen auf Raupenketten fahrenden Dieselkran aus, dessen Unterwagen nach Abb. 921 gestaltet ist. Der Kran wird durch einen dreizylindrischen, kompressorlosen Viertakt-Dieselmotor von 40 PS angetrieben.

Überlastbarkeit: 10 bis 15%. Brennstoffverbrauch: Etwa 3 bis 4 kg/h. Schmierölverbrauch: Etwa 0,2 bis 0,3 kg/h. Der Kran hat die gleichen Tragkräfte und Ausladungen wie der S. 415 erwähnte Dampfkran. Seine Arbeitsgeschwindigkeiten weichen von denen des Dampfkranes etwas ab.

Baugewicht des Kranes: Etwa 21 t; Gegengewicht (*Ge*): Etwa 7 t; Dienstgewicht: Etwa 28,5 t.

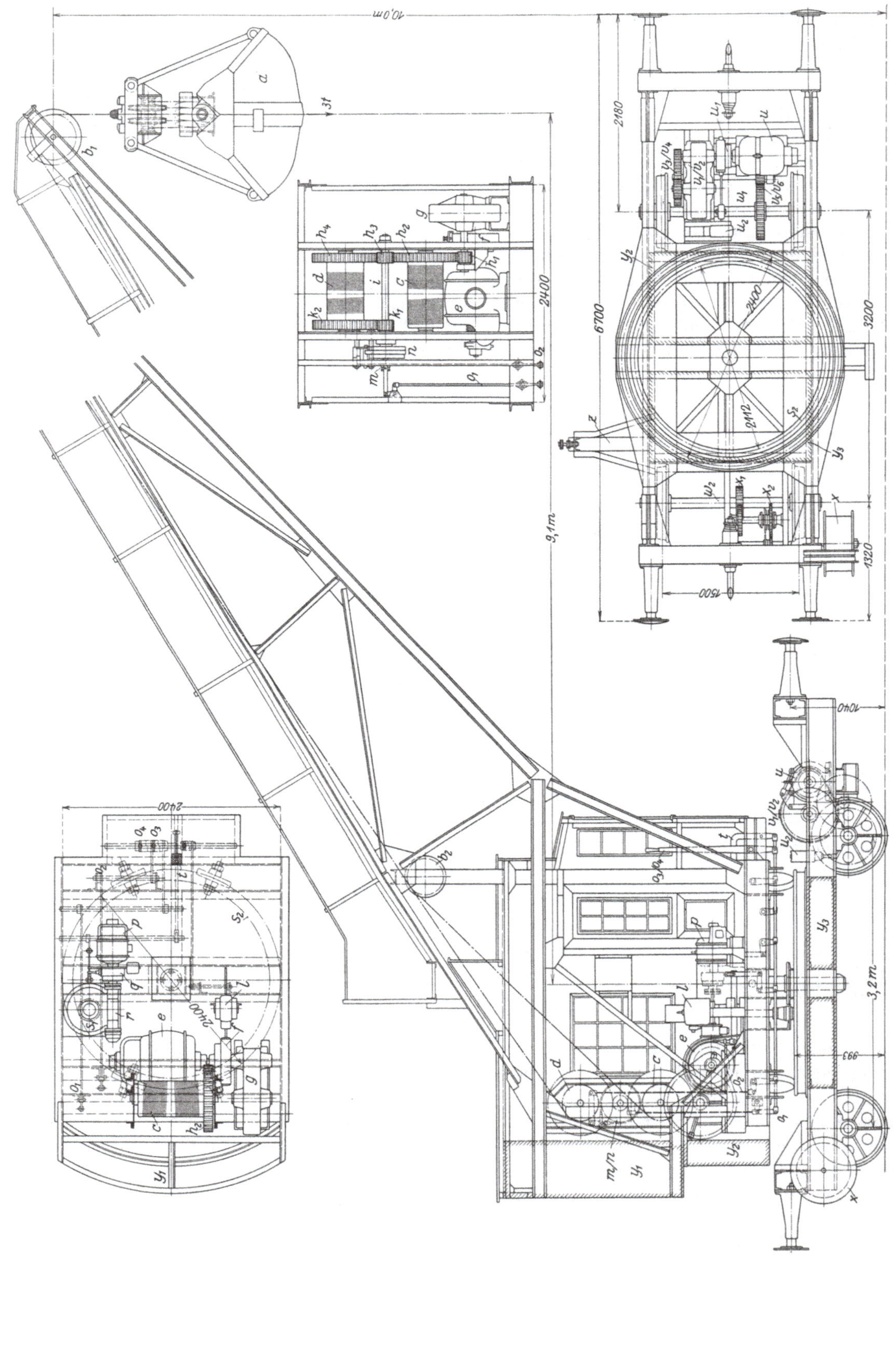

Abb. 924. Elektrisch betriebener normalspuriger Greiferdrehkran von 3 t Tragkraft und 9,1 m Ausladung. (Losenhausenwerk.)

a Greifer von 1,25 m³ Inhalt; $b_1 - b_2$ je vier Umlenkrollen; *c* Hubtrommel; *d* Entleertrommel; *e* Hubmotor; *f* elastische Kupplung mit Hubwerkbremse; *g* Motorvorgelege (Stirnrädergetriebe); $h_1 - h_2$ Stirnrädervorgelege zum Antrieb der Hubtrommel; h_3 Ritzel auf Welle *i*, einerseits mit Rad h_2, andererseits mit dem Stirnrad h_4 kämmend, das durch Friktion mit der Entleertrommmel verbunden; $k_1 - k_2$ Vorgelege zum Antrieb der Entleertrommel; *m* Bremsbandkupplung zum Ein- und Ausrücken des Ritzels k_1; *n* Entleerbremse; $o_1 - o_2$ Gestänge zu *m* bzw. *n*; *l* Lüftmagnet zur Hubwerkbremse; *p* Drehmotor; *q* elastische Kupplung mit Drehwerkbremse; *r* waagerechtes Schneckengetriebe; s_1 Ritzel, mit dem auf dem Unterwagen festen Triebstockkranz s_2 kämmend; *t* Fußtritt zur Bedienung der Drehwerkbremse; *u* Kranfahrmotor; u_1 elastische Kupplung mit Fahrwerkbremse; u_2 Lüftmagnet zur

d) Elektrisch betriebene fahrbare Drehkrane.

Für den Güterumschlag in Häfen werden sie für Tragkräfte von 1,5—2,5—3—5—7,5 und 10 t, gelegentlich auch bis 20 t gebaut. Ausladung: 5 bis 16 m. Rollenhöhe über Schienenoberkante: 7,5 bis 14,0 m. Spurweite je nach Größe des Kranmomentes: 1,5 bis 4,0 m.

Auf Normalspur fahrend und mit Zughaken und Puffern ausgerüstet werden die elektrisch betriebenen fahrbaren Drehkrane, ebenso wie die Dampf- und Motorkrane, auch zum Verschieben der Eisenbahnwagen auf den Werkhöfen herangezogen. Im Eisenbahnbetrieb werden sie zum Umladen der Kohle und zum Bekohlen der Lokomotiven verwendet. Lokomotivbekohlung s. S. 457.

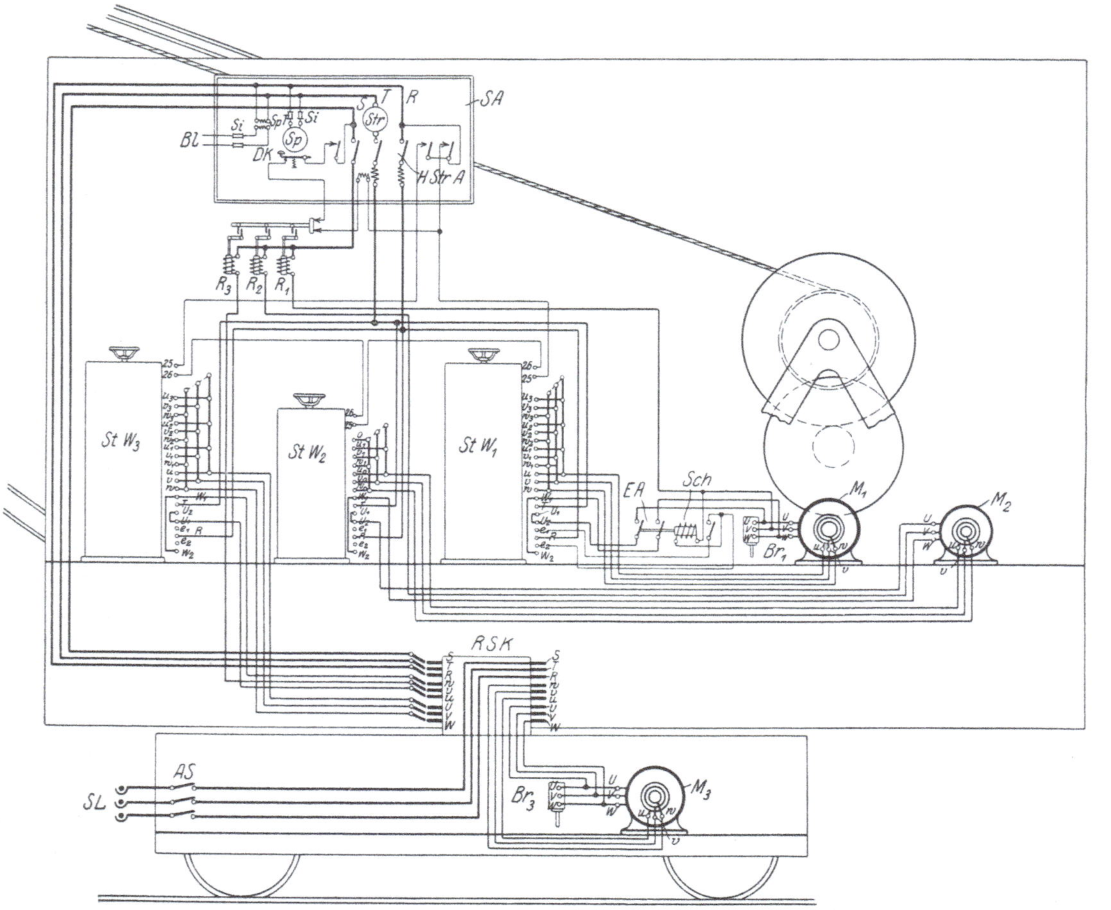

Abb. 925. Schaltbild der elektrischen Ausrüstung eines fahrbaren Drehkranes. (SSW.)
Stromart: Drehstrom 500 V, 50 Hz.

M_1 Hubmotor; M_2 Drehmotor; M_3 Kranfahrmotor ($U-V-W$ Ständer, $u-v-w$ Läufer); *St*W_1 Hubsteuerwalze; *St*W_2 Drehwerksteuerwalze; *St*W_3 Kranfahrsteuerwalze; Br_1 Bremslüftmagnet zum Hubwerk; Br_3 Bremslüftmagnet zum Kranfahrwerk; *EA* Endschalter zum Hubwerk; *Sch* Schütz zur Betätigung von *EA*; *SL* Kranschleifleitung; *As* Ausschalter; *RSK* Ringschleifkontakt; *SA* Schaltbrett; $R-S-T$ Sammelschienen; *HStrA* Höchststromauslöser; $R_1-R_2-R_3$ Relais zum Höchststromauslöser; *Si* Sicherungen; *Sp* Spannungszeiger; *Str* Stromzeiger; *DK* Druckknopf; *Bl* Beleuchtung; *SpT* Spannungstransformator.

Ausführung der Krane allgemein als Drehscheibenkrane mit fester oder veränderlicher Ausladung.

Die Fahrgeschwindigkeit ist von den jeweiligen Betriebsverhältnissen abhängig. Hafendrehkrane, die nur zeitweise und auf verhältnismäßig kurze Strecken verfahren werden, erhalten eine kleine Fahrgeschwindigkeit (20 bis 30 m/min). Zur Ersparung des Fahrmotors kann dann der Hubmotor durch den Einbau einer Kupplung auf das Fahrwerk umgeschaltet werden. Steuerung des Fahrmotors durch die vermittelst eines Umschalters angeschlossene Hubsteuerwalze. Diese Anordnung schließt jedoch ein gleichzeitiges Heben und Kranfahren aus, und man führt daher flott arbeitende Krane mit eigenem Fahrmotor und bei größerer Fahrstrecke mit entsprechend hoher Fahrgeschwindigkeit (50 bis 120 m/min) aus. Drehkrane, die auf dem Obergurt einer Verladebrücke und unter Last fahren, erhalten eine große Fahrgeschwindigkeit (120 bis 200 m/min).

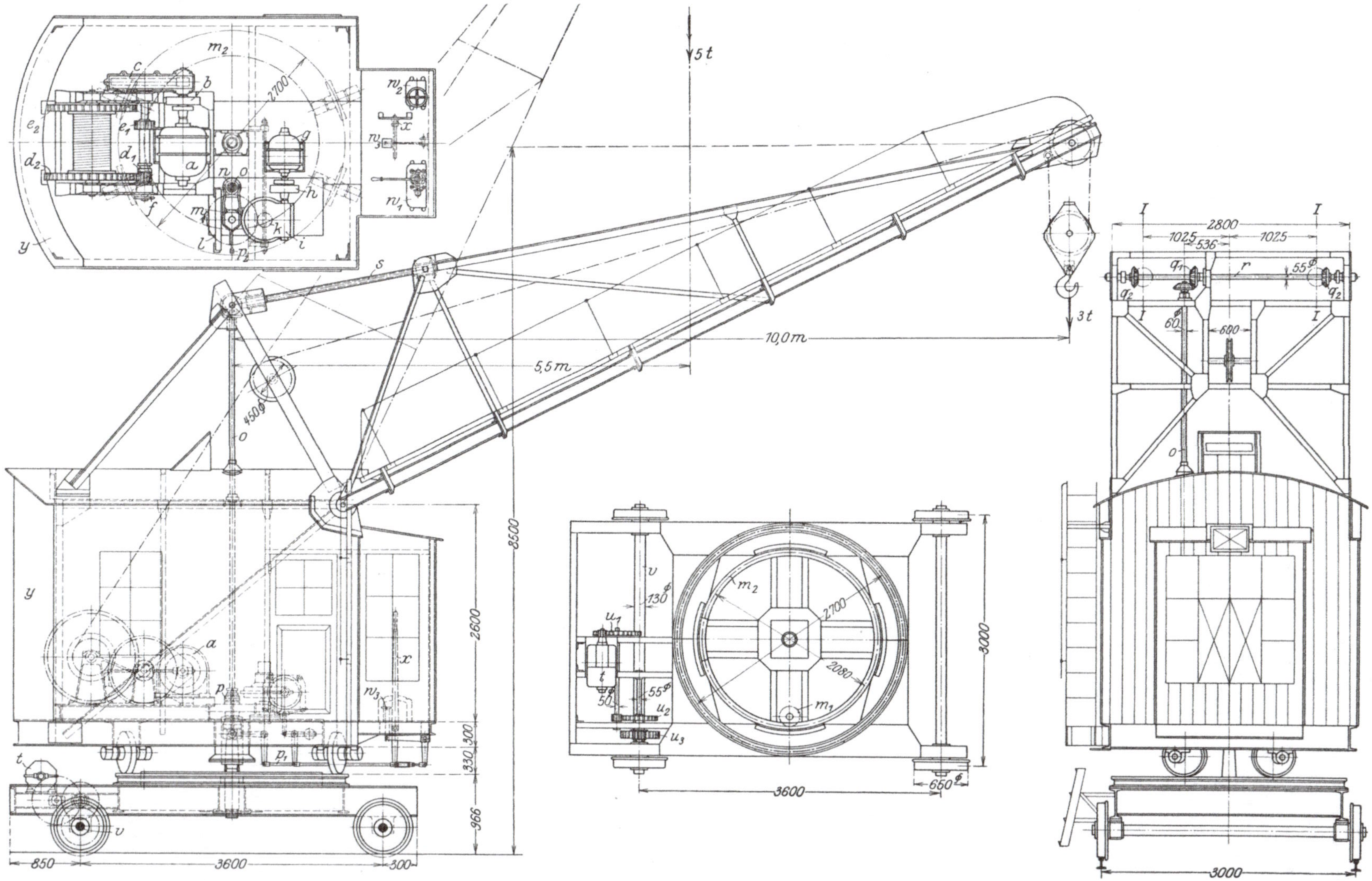

Abb. 926. Elektrisch betriebener, normalspuriger Drehkran von 3 bzw. 5 t Tragkraft bei 10 bzw. 5,5 m Ausladung. (Maschinen- und Kranbau Aktiengesellschaft, Düsseldorf.)

a Hubmotor; *b* elastische Kupplung mit Hubwerkbremse; *c* Motorvorgelege (Stirnrädergetriebe); d_1-d_2, e_1-e_2 umschaltbares Trommelvorgelege; *f* Handrad zum Umkuppeln von d_1-d_2 bzw. e_1-e_2; *g* Motor, das Auslegereinziehwerk oder das Drehwerk antreibend; *h* elastische Kupplung mit Haltebremse; *i* waagerechtes Schneckengetriebe; *k*–*l* Stirnrädergetriebe; m_1 Ritzel, mit dem auf dem Unterwagen festen Triebstockkranz m_2 kämmend; *n* aus- und einrückbares, mit *l* kämmendes Ritzel, die senkrechte Welle *o* antreibend; *p* doppelseitige Klauenkupplung, p_1-p_2 Gestänge zum Aus- und Einrücken von *n*; q_1 Kegelrädergetriebe, die Welle *r* antreibend; q_2-q_2 Kegelrädergetriebe zum Antrieb der beiden Spindeln *s*; *I*–*I* Spindelmitten; *t* Kranfahrmotor; u_1, u_2, u_3 Stirnrädervorgelege auf die Laufradachse *v* treibend; w_1 Hub- und Drehsteuerwalze; w_2 Fahrsteuerwalze; w_3 Fußtritt zur Drehwerkbremse; *x* Hebel zum Umschalten des Motors *g* auf das Auslegerverstell- bzw. Drehwerk; *y* Auslegergegengewicht.

Der normalspurige Greiferdrehkran Abb. 924, S. 418, dient auf einer Eisenbahnstation zum Verladen der Kohle und Asche und zur Bekohlung der Lokomotiven.

Der Strom wird dem Kran durch ein biegsames Kabel zugeführt, das in bestimmten Abständen an Steckdosen angeschlossen wird. Das Kabel wird an einer Trommel auf- bzw. abgewickelt, die von der einen Laufradachse aus angetrieben wird.

Arbeitsgeschwindigkeiten und Motoren:

Heben	33 m/min;	27,2 PS bei 710 Uml/min;
Drehen	1,57 mal i. d. min;	5,17 „ „ 940 „
Kranfahren.	33,5 m/min;	7,48 „ „ 950 „

Stromart: Drehstrom 380 V, 50 Hz.

Abb. 925 gibt das Schaltbild der elektrischen Ausrüstung eines fahrbaren Drehkranes, dem der Strom durch unterirdisch verlegte Schleifleitungen (s. S. 432) zugeführt wird. Die Motoren sind durch Relais mit vereinigter Verzögerungs- und Schnellauslösung, die auf den Höchststromauslöser einwirken, gegen unzulässig hohe Stromaufnahme gesichert.

Abb. 927. Elektrisch betriebener, fahrbarer Drehkran zur Bedienung eines Walzeisenlagers. (Demag.)

Oberirdische Schleifleitungen werden für normalspurige Werkkrane, die vorwiegend Verschiebezwecken dienen und wenig Weichen befahren, ausgeführt, haben jedoch den Nachteil, daß ihre Hubhöhe durch die Lage der Schleifdrähte beschränkt ist.

Bei dem fahrbaren Drehkran Abb. 926 wird der Ausleger durch zwei Spindeln eingezogen. Da die Ausladung des Kranes nur zeitweise verstellt wird, so benutzt man den Drehmotor zum Auslegereinziehen. Je nach Bedarf wird dann das Drehwerk oder das Einziehwerk durch eine doppelseitige Klauenkupplung ein- bzw. abgeschaltet.

Ebenso wie bei dem Kran Abb. 924 ist der Führerstand zwecks guter Übersicht des Arbeitsfeldes an der Plattform vorgebaut. Der Hub- und der Drehmotor werden durch einen Universalkontroller gesteuert (s. S. 170).

Arbeitsgeschwindigkeiten und Motoren:

Heben	15 bzw. 25 m/min;	19 PS bei 720 Uml/min;
Drehen	2 mal i. d. min;	5,6 „ „ 930 „
Auslegereinziehen: In	4 min;	
Kranfahren.	30 m/min;	10 „ „ 970 „

Stromart: Gleichstrom 220 V.

Wird die Ausladung betriebsmäßig, d. h. bei jedem Kranspiel verstellt, so wird das Auslegergewicht durch ein Gegengewicht ausgeglichen und die Leistung des Einziehmotors entsprechend vermindert. Auch wird durch geeignete Auslegergestaltung und entsprechende Vorrichtungen (s. S. 394) ein angenäherter waagerechter Lastweg während des Auslegereinziehens erreicht.

Abb. 927 zeigt einen elektrisch betriebenen fahrbaren Drehkran zur Bedienung eines Walzeisenlagers. Die Ausladung dieses Kranes wird durch eine, auf dem waagerechten Obergurt des Auslegers fahrende Seillaufkatze geändert. Tragkraft: 7,5 t. Größte und kleinste Ausladung: 15 bzw. 3,5 m. Seiner größten Ausladung entsprechend kann der Kran ein Arbeitsfeld von 30 m Breite bedienen. Spurweite: 4,0 m. Kranfahrgeschwindigkeit: 70 m/min. Stromzuführung: Unterirdisch.

Orenstein & Koppel A.-G., Berlin, stellen einen auf Raupenketten fahrenden Elektrokran her, der ähnlich dem auf S. 417 genannten Dieselkran gestaltet ist. Der Kran wird durch einen Motor von 36 kW und 950 Uml/min angetrieben. Der Motor arbeitet mittels eines Stirnradvorgeleges und eines Kegelräder-Wendegetriebes auf die Hauptantriebswelle, von der aus die übrigen Kranbewegungen abgeleitet werden. Gestaltung des Unterwagens nach Abb. 921. Stromzuführung durch ein Schleppkabel, das durch eine Steckvorrichtung oder eine Kabeltrommel am Unterwagen angeschlossen ist. Die Arbeitsgeschwindigkeiten des Kranes sind die gleichen wie die des Dieselkranes und weichen von denen des Dampfkranes etwas ab.

Baugewicht des Kranes: Etwa 19,5 t; Gegengewicht (*Ge*): Etwa 8 t; Dienstgewicht: Etwa 27,5 t.

Akkumulatorenkrane.

Die Anwendung dieser Krane ist dann gegeben, wenn Dampfkrane wegen der Feuergefährlichkeit (z. B. in Holzbearbeitungsbetrieben) und Motorkrane wegen der Belästigung durch die Auspuffgase nicht in Frage kommen. Bei einer stark verzweigten Werkgleisanlage ist der Akkumulatorenkran vorteilhafter als der aus einem Netz gespeiste fahrbare Drehkran, da das Oberleitungsnetz alsdann in der Anlage und Unterhaltung zu teuer ist. Auch bringt es viele Unzuträglichkeiten und bei hohen Spannungen auch Gefahren für die Platzarbeiter mit sich.

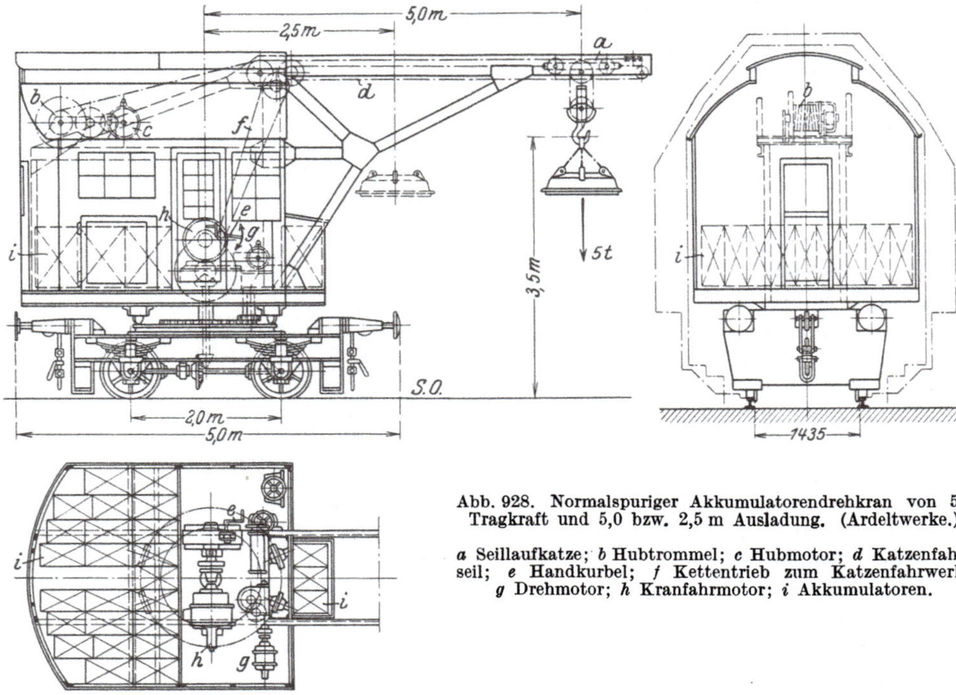

Abb. 928. Normalspuriger Akkumulatorendrehkran von 5 t Tragkraft und 5,0 bzw. 2,5 m Ausladung. (Ardeltwerke.)

a Seillaufkatze; *b* Hubtrommel; *c* Hubmotor; *d* Katzenfahrseil; *e* Handkurbel; *f* Kettentrieb zum Katzenfahrwerk; *g* Drehmotor; *h* Kranfahrmotor; *i* Akkumulatoren.

Die Akkumulatoren werden meist auf dem hinteren Ende der Plattform des Oberwagens aufgestellt, wo sie das erforderliche Gegengewicht zum Teil oder ganz ersetzen. Der elektrische Antrieb ist in diesem Falle der gleiche wie bei dem gewöhnlichen fahrbaren Drehkran mit drei Motoren.

Mitunter werden die Akkumulatoren auch in einem besonderen Beiwagen untergebracht, der mit dem Kranwagen gekuppelt wird. Der Kran erhält dann Antrieb durch einen Motor und entspricht in baulicher Hinsicht einem normalen Dampfkran. Der an Stelle der Dampfmaschine getretene Motor arbeitet mittels zweier Stirnrädergetriebe auf die Hauptantriebwelle, von der aus alle Kranbewegungen, ebenso wie beim Dampf- und Motorkran, entnommen werden.

Der auf Abb. 928 dargestellte Akkumulatorenkran ist für Stückgutverladung und Magnetbetrieb eingerichtet. Der Kran fährt auf Normalspur und ist mit Zughaken und Puffern ausgerüstet. Das Hub-, Dreh- und Katzenfahrwerk werden durch je einen Motor angetrieben. Das Katzenfahrwerk ist bei dem geringen Fahrweg der Katze (2,5 m) von Hand (durch Kurbeln vom Innern des Führerhauses aus) angetrieben:

Arbeitsgeschwindigkeiten und Motoren:

Heben	5,0 m/min;	7,2 PS	bei 740	Uml/min;
Katzenfahren. . . .	Von Hand;	— „	„ —	„
Drehen	Etwa $1^3/_4$mal i. d. Min.;	5,0 „	„ 830	„
Kranfahren.	70 m/min;	25,0 „	„ 950	„

Die Akkumulatorenbatterie besteht aus 120 Zellen der Gattung *III* F150[1] mit Hartgummigefäßen. Kapazität: 207 Ah bei einem Entladestrom von 103,5 A. Mittlere Entladespannung: Etwa 216 V.

Weiteres über Akkumulatorenkrane siehe: Rödiger, Akkumulatorenkranfahrzeuge. Fördertechn. 1926, S. 269. — Woeste, Akkumulatorenkrane. Zentralbl. d. Hütten- u. Walzwerke 30. Jahrg., Heft 9.

[1] Afa, Berlin.

Literatur.

Albrecht: Stahlakkumulatoren zum Antrieb von Fahrzeugen. Fördertechn. 1929, S. 265.
Benedict: Normale Dampfkrane. Maschinenbau 1923/24, S. 576.
Boehlmann: Die hauptsächlichsten Bauarten der Raupenbandfahrwerke an Baggern. Fördertechn. 1929, S. 224.
Fricke: Beitrag zur Berechnung des größten Raddruckes von Drehkranen. Fördertechn. 30. VIII. 1929.
Keßner u. Benedict: Normale Dampfdrehkrane. Z. V. d. I. 1922, S. 965.
Kühner: Neuzeitlicher Eisenbahnwagendrehkran mit benzolelektrischem Antrieb, 25000 kg Tragkraft. Fördertechn. 1926, S. 324.
Recknagel: Standsicherheit und Raddruck fahrbarer Drehkrane. Fördertechn. 29. X. 1926.
Ritz: Versuche über Energie bzw. Brennstoffverbrauch bei Waggondrehkranen. Fördertechn. 1928, S. 260.
Santamarina: Einziehdrehkrane für Häfen (Vorteile und zu erfüllende Bedingungen, Arten der Einziehkrane. Neuer spanischer Einziehkran mit angelenktem Ausleger). Rev. de Ingeniera Indust. 1930, S. 1.
Steinbrecher: Kranbahnen in Eisenbeton für Drehkrane. Beton und Eisen 1929, Nr 1.
Woeste: Automobilkrane. Fördertechn. 1927, S. 117.
Woeste: Beschickung von Generatoren und Hochbunkern mittels Rangierdrehkranes. Fördertechn. Rundsch. 1927, S. 222.
Woeste: Krane mit eigener Kraftquelle. Z. V. d. I. 1926, S. 291.
Demag-Normaldrehkrane mit Dampf-, Diesel- oder Benzolantrieb. Demag-Nachrichten 1930, S. 12.
Greiferkran mit Verbrennungsmotor für Ascheverladung. Demag-Nachrichten 1931, S. B 18.
Vierachsiger Krantriebwagen für die Straßenbahnen der Stadt Köln (Linke-Hofmann-Busch-Werke A.-G., Köln). Fördertechn. 1929, S. 135.
Normalspuriger Dampfdrehkran hoher Leistungsfähigkeit. Werft Reederei Hafen 1926, S. 18.

3. Fahrbare Turmdrehkrane.

Anwendung als Hellingkrane und als Hochbaukrane. Über Hellingkrane s. S. 445 „Schiffswerftkrane".

Bei den im Hochbau vorkommenden großen Hubhöhen haben sich die fahrbaren Turmdrehkrane als das geeignetste Transportmittel erwiesen. Die Krane ersparen das bisher erforderliche teure Baugerüst und tragen viel zur schnellen Ausführung der Bauten bei.

Während bei den Hellingturmdrehkranen die Ausladung meist durch eine auf dem waagerechten Auslegeruntergurt fahrende Katze verändert wird, gibt man bei den Hochbaukranen dem wippbaren (einziehbaren) Ausleger den Vorzug.

Der auf Abb. 929 dargestellte elektrisch betriebene Turmdrehkran von 4 t Tragkraft (Form 30 der Herstellerfirma) besteht aus dem fahrbaren Torgerüst, dem auf ihm aufgebauten, in Fachwerk ausgeführten Turm von quadratischem Querschnitt und dem, an dem pyramidenförmigen Oberteil des Turmes drehbar gelagerten, einziehbaren Ausleger.

Die Hubwinde des Kranes, die auch zum Auslegereinziehen dient, wird als Normalhubwinde (Motor: 11 PS) oder als Schnellhubwinde (Motor: 25 PS) ausgeführt. Der Motor arbeitet mittels zweier Stirnrädergetriebe auf die Trommel. Das erste Vorgelege (Motorvorgelege) ist in einem Räderkasten angeordnet und läuft im Ölbad. Die auf der elastischen Kupplung angeordnete Bremse ist eine gewichtbelastete, elektromagnetisch gelüftete doppelte Backenbremse. Die Normalwinde ist mit einer Schnellsenkvorrichtung für leichte Lasten und den leeren Haken ausgerüstet. Bei dieser wird die Trommel dadurch vom Windwerk getrennt, daß das Ritzel des Trommelvorgeleges abgeschaltet wird. Eine besondere Bremse regelt den Niedergang der Last. Die Bremse und das ausrückbare Ritzel werden durch einen gemeinsamen Hebel bedient. Senkgeschwindigkeit: 5 m/min.

Der Drehmotor ist bei den neueren Ausführungen (im Gegensatz zu Abb. 929) oben an der Turmspitze angeordnet, wodurch die lange Zwischenwelle g fortfällt.

Das Kranfahrwerk ist so gestaltet, daß der Kran Krümmungen mit 25 m Halbmesser befahren kann.

Zur Bedienung mehrerer Gebäudefronten wird in der Gleisanlage eine Drehscheibe eingebaut.

Form 30 des Wolff-Kranes (Abb. 929) wird je nach der geforderten Hubhöhe ohne, mit einem oder mit zwei Zwischenstücken (b_1) geliefert. Länge des Zwischenstückes: 5,08 m. Auslegerlänge: 15 m. Höchste Hakenstellung bei 4 t Tragkraft, 4,5 m Ausladung und einem Zwischenstück: $h_1 = 34$ m.

Entsprechende Hakenstellung bei 1 t Tragkraft und 12 m Ausladung: $h_1 = 29{,}3$ m.

Arbeitsgeschwindigkeiten: Heben (Motor: 11 PS)[1]: Bis 4 t ... 9 m/min; bis 2 t ... 18 m/min;
„ 1 t ... 35 „ .

Drehen (1,5 bis 2 PS): 1,1 mal i. d. Min.; Kranfahren (11 PS): 30 m/min.
Stromart: Gleichstrom oder Drehstrom.

[1] Die neue Schnellhubwinde hat einen Motor von 25 PS und kann Lasten bis 2 t mit einer Geschwindigkeit von 45 m/min heben.

Bei Gleichstrom erhält die Hubsteuerwalze Sicherheitssenkschaltung (siehe S. 172ff.).

Ausführung auch mit 20 m langem Ausleger. Bei Anordnung eines Gegengewichtsauslegers wird das Kranmoment beim 15 m langen Ausleger auf 4 · 7,5 = 30 tm erhöht. Beim 20 m langen Ausleger ist es das gleiche. Jedoch sind die kleinste bzw. größte Ausladung bei kleinerer Tragkraft entsprechend größer.

Bei den neuesten Bauarten des Wolff-Kranes sind die Tragkraft und Ausladung wesentlich erhöht.

Form 45: Tragkraft 7,5 t bei 6 m Ausladung; Tragkraft 2 t bei 20 m Ausladung. Schienenmittenentfernung: 3,8 m.

Form 60: Tragkraft 10 t bei 6 m Ausladung; Tragkraft 1,5 t bei 20 m Ausladung. Schienenmittenentfernung: 4,5 m.

Ein großer Vorzug der Wolff-Krane ist ihre schnelle und sichere Aufstellung. Das Aufrichten des Turmes geschieht mit der elektrischen Winde in nur 4 bis 5 min.

Veröffentlichungen über Hochbau-Turmdrehkrane siehe Abschnitt „Sonderkrane" (Baukrane).

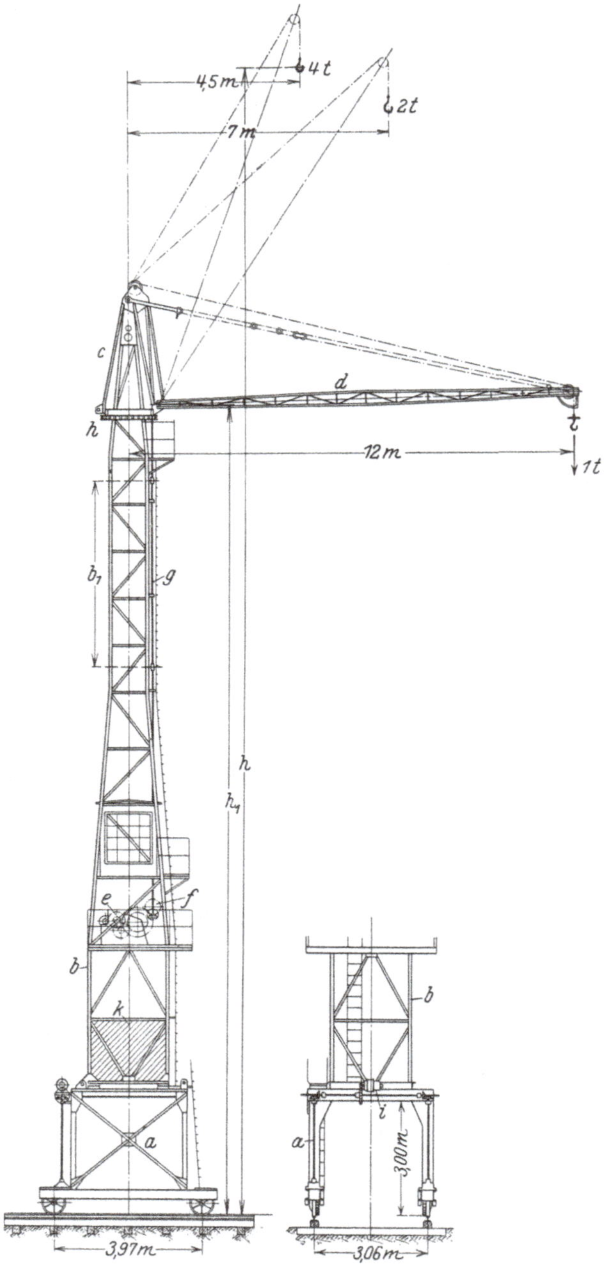

Abb. 929. Fahrbarer Hochbau-Turmdrehkran von 4 t Tragkraft. (Form 30; Jul. Wolff & Co., Heilbronn.)

a Torgerüst; *b* quadratische Fachwerksäule, auf *a* befestigt; b_1 Zwischenstück, der geforderten Kranhöhe angepaßt; *c* drehbarer Teil; *d* einziehbarer Ausleger; *e* Hub- und Auslegereinziehwerk; *f* Drehwerk; *g* senkrechte Drehwerkwelle; *h* Zahnkranz, am drehbaren Teil befestigt; *i* Fahrwerkantrieb; *k* Ballast.

4. Fahrbare Tordrehkrane (Portaldrehkrane).

Aufbau und Anwendung. Auf dem voll- bzw. halbtorförmigen Krangerüst ist ein Drehkran mit fester (Abb. 930) oder

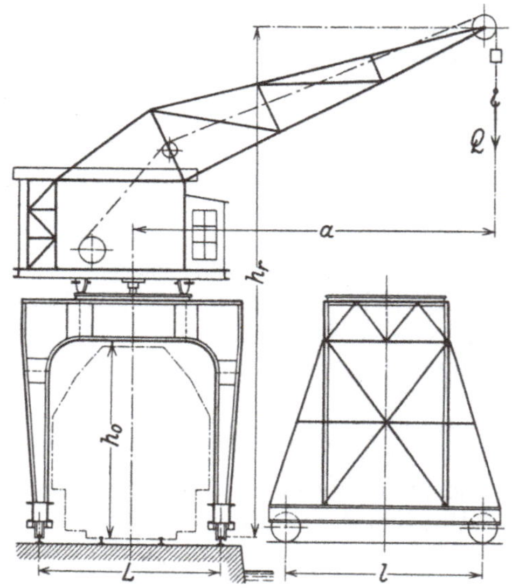

Abb. 930. Fahrbarer Volltordrehkran (schematische Darstellung).

veränderlicher Ausladung aufgebaut. Dieser Drehkran ist allgemein ein Drehscheibenkran (s. S. 379), der je nach der Art des Umschlaggutes mit einem gewöhnlichen oder mit einem Greiferhubwerk ausgerüstet wird.

Die Tordrehkrane werden hauptsächlich im Hafenbetriebe angewendet, wo sie in großer Zahl längs des Kais aufgestellt sind. S. auch S. 438 „Hafenkrane". Sie überspannen ein oder mehrere Eisenbahngleise, die sich bei der schmalen Torstütze sehr nahe an der Kaikante verlegen lassen.

Hierdurch wird der Ladeweg zwischen Schiff und Eisenbahnwagen abgekürzt und der Güterumschlag beschleunigt.

Das Hub- und Drehwerk der Tordrehkrane wird stets elektrisch angetrieben. Das Kranfahrwerk erhält elektrischen oder Handantrieb.

Tragkraft bei Stückgutverladung: 1,5 bis 7,5 t (meist 2,5 t bzw. 3 t), bei Schüttgüterumschlag und Greiferbetrieb: 3 bis 10 t. Ausladung: $a = 10$ bis 18 m. Rollenhöhe (über S.-O.): $h_r = 12$ bis 17 m. Hub- und Drehgeschwindigkeit s. S. 379 „Drehscheibenkrane". Kranfahrgeschwindigkeit (bei elektrischem Antrieb): 30 bis 60 m/min.

α) Volltordrehkrane.

Maßgebend für die Stützweite des Torgerüstes (Abb. 930) ist die Zahl der zu überspannenden Gleise und das Eisenbahndurchfahrtsprofil (Abb. 931), durch das auch die lichte Torhöhe festgelegt ist.

Stützweite: Bei einem Gleis $L \approx 4{,}5$ m, bei zwei Gleisen 9,5 m, bei drei Gleisen 15 m. Lichte Torhöhe: $h_0 \approx 5{,}0$ m. Berechnung und Gestaltung des Drehkranes s. S. 381, Greiferhubwerke S. 211.

a) Kranfahrwerk.

Handantrieb des Fahrwerks. Er kommt nur für Krane kleinerer Tragkraft, die selten oder nur auf kurze Strecken verfahren werden, in Betracht. Jede Torseite wird für sich angetrieben. Antriebmittel meist Kurbeln, gelegentlich auch Ratschen. Als Übersetzung zwischen der Kurbelwelle und dem angetriebenen Laufrad werden zwei Stirnrädergetriebe vorgesehen. Berechnung des Handfahrwerks s. S. 222.

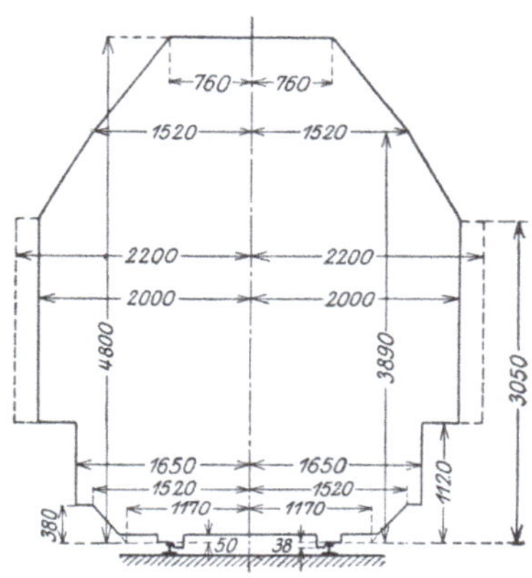

Abb. 931.

Motorischer Antrieb des Fahrwerks. Das Kranfahrwerk gleicht im wesentlichen dem der elektrischen Torkrane (Abbildung 650, S. 309), nur ist seine waagerechte Fahrwerkwelle der kleinen Spannweite entsprechend kürzer. Die Fahrgeschwindigkeit hängt von der Länge der Fahrstrecke und der Größe des Fahrgewichtes ab und beträgt im allgemeinen 12 bis 80 m/min. Größere Geschwindigkeiten sind aus Gründen der Betriebssicherheit nicht angebracht.

Ist die Größe der Fahrgeschwindigkeit bei weniger oftem Verholen des Kranes von geringer Bedeutung, so kann man den Fahrmotor gleich dem Drehmotor wählen. In diesem Falle ist der Drehkontroller bei Anbringen eines Umschalters am Schaltbrett auch als Kranfahrkontroller verwendbar. Die Anordnung hat den Vorzug der Billigkeit und eignet sich für die normalen Stückgutkrane von 2,5 und 3 t Tragkraft.

Das Kranfahrwerk wird ebenso wie das der elektrischen Torkrane (s. S. 309) berechnet und ausgeführt. Der Fahrmotor wird auf einer am Torgerüst angebauten Bühne aufgestellt (Abb. 932), die auch die waagerechte Fahrwerkswelle trägt und vom Fußboden aus durch eine Leiter zugänglich ist. Das Motorvorgelege und die oberen und unteren Kegelrädergetriebe werden in Räderkästen angeordnet (siehe S. 78 und 81). Die senkrechten (oder schrägen) Fahrwerkwellen erhalten zweckmäßig Kugelspurlager.

Die Fahrwerkbremse wird als gewichtbelastete doppelte Backenbremse ausgeführt und durch einen Magneten gelüftet. Die Bremszeit kann gleich der halben Anlaufzeit des Motors angenommen werden. Sind größere Massen abzubremsen und wird der Kran öfters verfahren, so sieht man außer der mechanischen noch elektrische Bremsung vor (bei Gleichstrom Ankerkurzschlußbremsung, bei Drehstrom Gegenstrombremsung). Der größte Teil der lebendigen Kraft wird dann elektrisch abgebremst und der Rest durch die mechanische Bremse, deren Backenverschleiß entsprechend vermindert wird.

Der Tordrehkran Abb. 932 mit einer Tragkraft von 20 t, 15 m Ausladung und 6,0 m Torstützweite dient auf einem großen Hüttenwerk zum Entladen der mit Erz ankommenden Rheinkähne. Der Greifer hat einen rechnerischen Inhalt von 3,5 m³. Das Greiferhubwerk ist ein Zweimotorenhubwerk, dessen Bauart S. 214 gekennzeichnet ist.

Arbeitsgeschwindigkeiten und Motoren:	Heben	60 m/min;	177	PS	und	585	Uml/min;
	Greiferschließen	30 „	177	„	„	585	„
	Drehen	1,5 mal i. d. Min.;	58,5	„	„	720	„
	Kranfahren . .	60 m/min;	65,3	„	„	730	„

Stromart: Drehstrom 380 V, 50 Hz. Elektrische Ausrüstung: AEG.

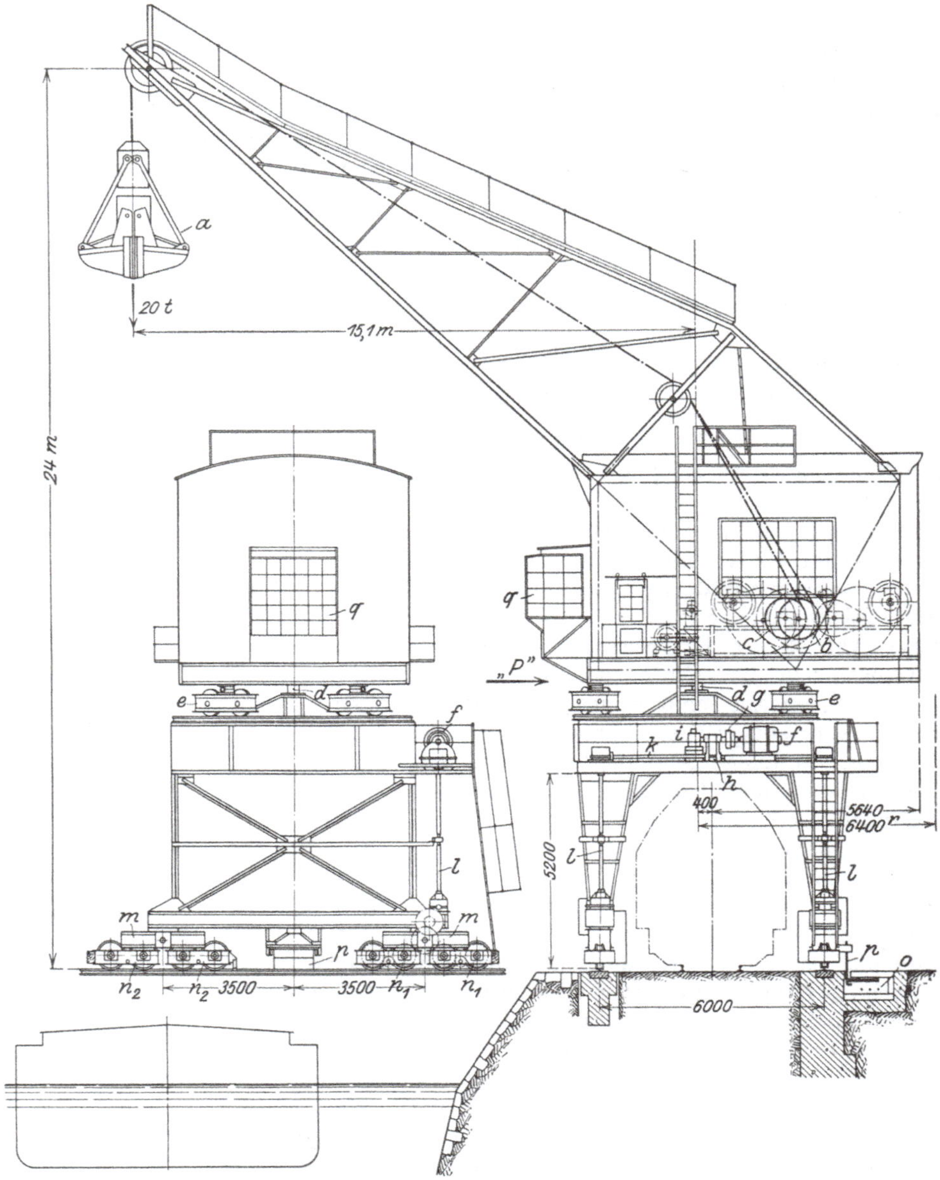

Abb. 932. Volltor-Drehkran mit Greiferbetrieb von 20 t Tragkraft, 15,1 m Ausladung und 26 m Hubhöhe. (Demag-Tigler.)

a Greifer; *b* Entleertrommel; *c* Hubtrommel; *d* Königzapfen; *e* sich selbst einstellende Rollenträger der Krandrehscheibe; *f* Kranfahrmotor; *g* elastische Kupplung mit Fahrwerkbremse; *h* Motorvorgelege (Stirnrädergetriebe); *i* Bremslüftmotor zur Fahrwerkbremse; *k* waagerechte Fahrwerkwelle; *l* senkrechte Fahrwerkwellen; *m* Fußträger, am Volltorgerüst gelenkig angeordnet; $n_1 - n_2$ sich einstellende Radgestelle; *o* Stromleitungskanal; *p* Stromabnehmerarm; *q* Führerstand.

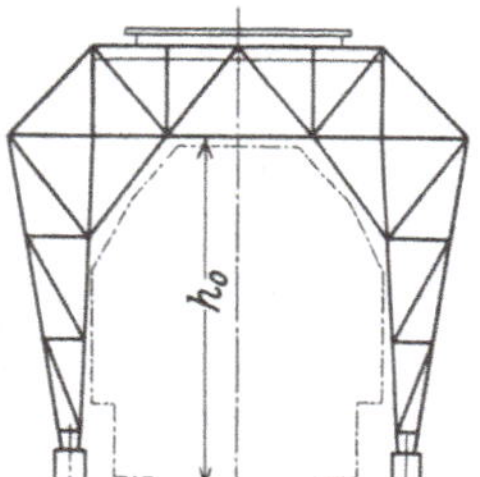

Abb. 933.

b) Torgerüst.

Ausbildung. Das Torgerüst wird meist aus zwei Vollwandträgern (Abb. 930) hergestellt, deren untere Enden an die Radträger angeschlossen sind. Ein sachgemäßer Querverband zwischen den beiden Torträgern (Abb. 930, Seitenriß) ist wesentlich. Da die steifen Ecken zwischen dem waagerechten Trägerteil und den Stützen in abgerundeter Form teuer sind, so zieht man meist die Ausführung nach Abb. 932 vor. Die Berechnung des Tores ist statisch unbestimmt. Durchführung s. Andree, die Statik des Kranbaues. Ebenso wie bei den Torkranen (s. S. 309) wird die statische Unbestimmtheit dadurch behoben, daß man die eine Stütze des Torgerüstes als Pendelstütze ausführt (Abb. 935, S. 428).

Die Ausführung des Torgerüstes in Fachwerk (Abb. 933) hat den Vorzug einer kleineren Windfläche und eines geringeren Eigengewichtes.

Für die statische Berechnung der Torgerüste (Portale) gibt Garlepp[1] nachstehende zulässige Beanspruchungen:

Ohne Wind und Beschleunigungskräfte: $\sigma_{zul} \leqq 1000\ kg/cm^2$; mit $50\ kg/m^2$ Winddruck und Beschleunigung: $\sigma_{zul} \leqq 1200\ kg/cm^2$; ohne Last und mit $200\ kg/m^2$ Winddruck: $\sigma_{zul} \leqq 1400\ kg/cm^2$.

Standfestigkeit. Die Untersuchung der Standfestigkeit erstreckt sich auf den im Betrieb befindlichen vollbelasteten Kran unter Berücksichtigung eines Winddruckes von $50\ kg/m^2$, und zwar für den senkrecht sowie parallel zur Kaikante gestellten Ausleger. Ohne Last ist die Standfestigkeit je nach dem Standort des Kranes für einen Winddruck von 200 bzw. $250\ kg/m^2$ zu untersuchen. Der Ausleger steht dann senkrecht zur Kaikante und der Wind wirkt parallel zu dieser und auf die volle Kranfläche.

Im allgemeinen ist es ausreichend, die Standsicherheit nach dem kleinsten auftretenden Raddruck zu bewerten. Ist dieser zu niedrig, oder ist er negativ, so wird an der betreffenden Seite ein Zusatzgewicht (Ballast) eingebaut.

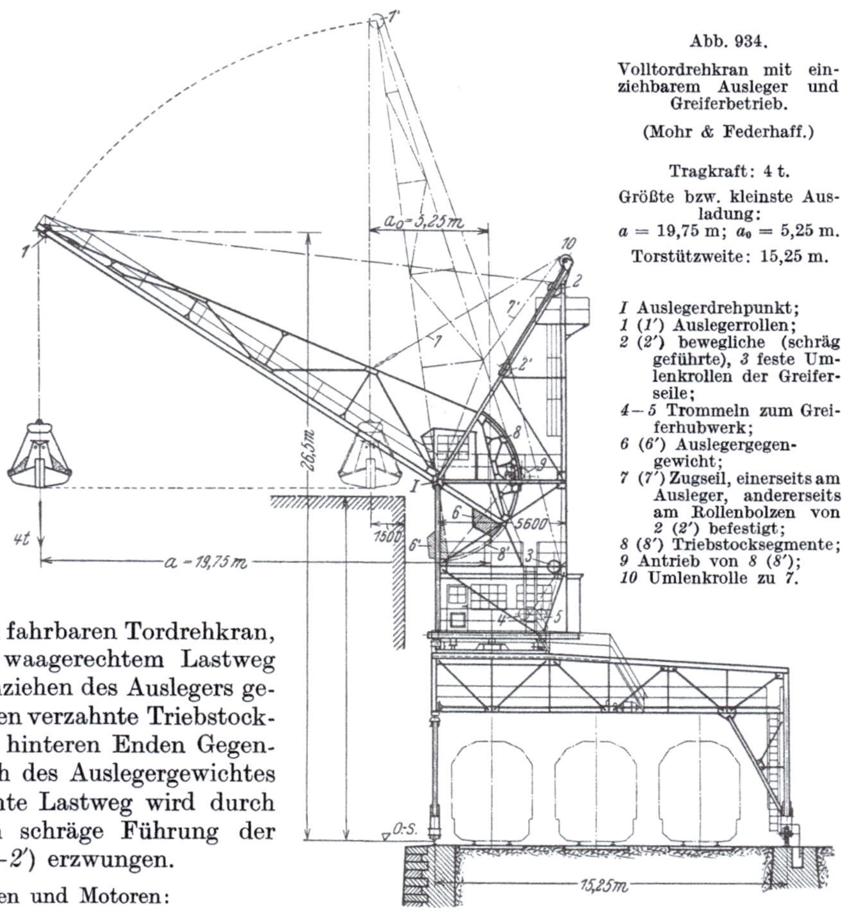

Abb. 934.
Volltordrehkran mit einziehbarem Ausleger und Greiferbetrieb.
(Mohr & Federhaff.)
Tragkraft: 4 t.
Größte bzw. kleinste Ausladung: $a = 19{,}75$ m; $a_0 = 5{,}25$ m.
Torstützweite: 15,25 m.

1 Auslegerdrehpunkt; *1* (*1'*) Auslegerrollen; *2* (*2'*) bewegliche (schräg geführte), *3* feste Umlenkrollen der Greiferseile; *4*—*5* Trommeln zum Greiferhubwerk; *6* (*6'*) Auslegergegengewicht; *7* (*7'*) Zugseil, einerseits am Ausleger, andererseits am Rollenbolzen von *2* (*2'*) befestigt; *8* (*8'*) Triebstocksegmente; *9* Antrieb von *8* (*8'*); *10* Umlenkrolle zu *7*.

Abb. 934 zeigt einen fahrbaren Tordrehkran, dessen Ausleger unter waagerechtem Lastweg einziehbar ist. Das Einziehen des Auslegers geschieht durch zwei außen verzahnte Triebstocksegmente, die an ihren hinteren Enden Gegengewichte zum Ausgleich des Auslegergewichtes tragen. Der waagerechte Lastweg wird durch ein Zugseil und durch schräge Führung der Hubseilumlenkrolle (*2*—*2'*) erzwungen.

Arbeitsgeschwindigkeiten und Motoren:

Heben	69 m/min;	87 PS[2]	bei	730 Uml/min;
Auslegereinziehen . . .	60 „ ;	12,3 „	„	965 „
Drehen	156 „ ;	17,7 „	„	960 „
Kranfahren	30 „ ;	23,8 „	„	975 „

Stromart: Drehstrom 220 V, 50 Hz. Elektrische Ausrüstung: SSW.

Überspannt das Torgerüst mehrere Eisenbahngleise, so wird eine Vergrößerung des Arbeitsbereiches der Tordrehkrane dadurch erreicht, daß der Drehkran fahrbar auf dem Torgerüst angeordnet wird (Abb. 935, S. 428).

Der Kran Abb. 935 dient zum Schüttgüterumschlag und hat eine Tragkraft von 7,5 t. Ausladung des Greiferdrehkranes: 15 m. Das vollwandige Torgerüst, dessen Stützweite $\backsim$ 16 m beträgt, hat wasserseitig eine Pendelstütze und landseitig einen Kragarm von 3 m nutzbarer Ausladung. Rechnerischer Inhalt des Greifers: $1{,}5\ m^3$.

Arbeitsgeschwindigkeiten und Motoren:

Heben	42 m/min;	76,2 PS	und	560 Uml/min;
Drehen	150 „ ;	17,4 „	„	755 „
Drehkranfahren . . .	60 „ ;	17,4 „	„	755 „
Torfahren	18 „ ;	17,4 „	„	755 „

Stromart: Gleichstrom 440 V. Elektrische Ausrüstung: AEG.

[1] Maschinenbau (Der Betrieb) 1931, S. 86. [2] 40% ED.

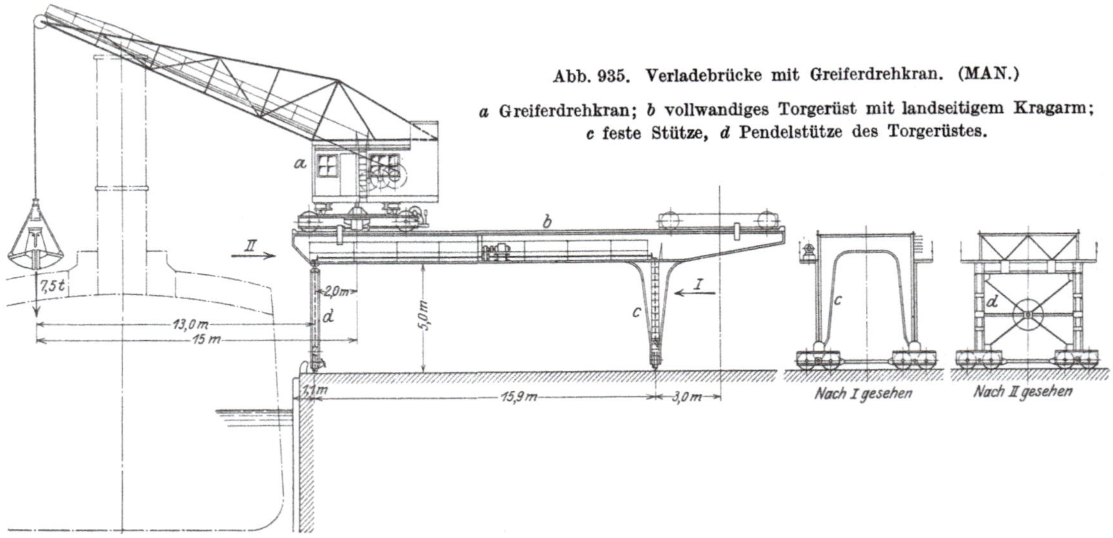

Abb. 935. Verladebrücke mit Greiferdrehkran. (MAN.)

a Greiferdrehkran; *b* vollwandiges Torgerüst mit landseitigem Kragarm; *c* feste Stütze, *d* Pendelstütze des Torgerüstes.

Beispiel Nr. 14. Standfestigkeitsberechnung zu einem fahrbaren, elektrisch betriebenen Volltor-Drehkran (Hafenkran)[1]. Abb. 936 bis 940. Der Drehkran ist fest auf dem Torgerüst angeordnet.

Tragkraft: $Q = 2500$ kg; Ausladung: $a = 13$ m; Torstützweite: $L = 9{,}1$ m.

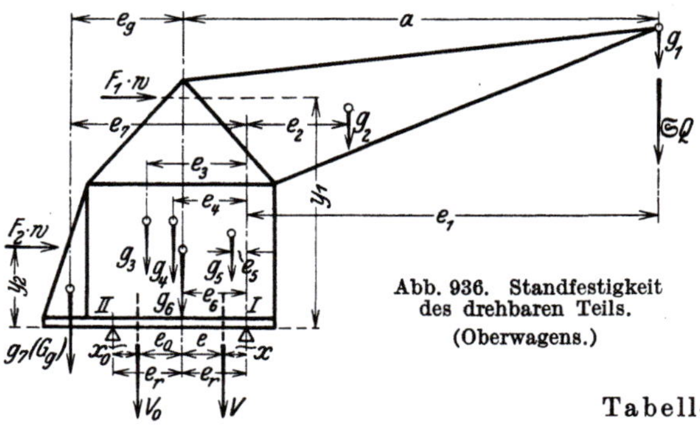

Abb. 936. Standfestigkeit des drehbaren Teils. (Oberwagens.)

Arbeitsgeschwindigkeiten: Heben: $v_1 = 36$ m/min; Drehen: $v_2 = 120$ m/min; Kranfahren: $v_3 = 23$ m/min.

Standfestigkeitsbedingungen nach den BEK (DIN 120)[2].

A. Standfestigkeit des drehbaren Teils (Abb. 936).

1. Im Betriebszustand bei 25% Überlast und 50 kg/m² Winddruck.

Abstand der Kippkanten (*I* und *II*) von der Drehachse: $e_r = 1{,}18$ m.

Abstand des Gegengewichtes von der Drehachse: $e_g = 2{,}46$ m.

Tabelle 53.

Nr.	Gegenstand	Gewicht	t	Abstand	m	Momente M_l tm	Momente M_r tm
1	Last und Hakengeschirr + 25% Überlast .	$\mathfrak{S}Q + g_1$	3,33	e_1	—11,82	—	—39,30
2	Ausleger	g_2	2,44	e_2	— 2,80	—	— 6,82
3	Plattform und Kranhaus	g_3	3,00	e_3	+ 1,92	+ 5,77	—
4	Hub- und Drehwerk	g_4	4,10	e_4	+ 1,70	+ 7,00	—
5	Steuerwalzen	g_5	0,60	e_5	+ 0,20	+ 0,12	—
6	Drehrollen und Halslager	g_6	0,70	e_6	+ 1,18	+ 0,82	—
7	Gegengewicht	$(G_g)\,g_7$	13,00	e_7	+ 3,64	+47,33	—
	Sa.	V	27,17		Sa.	+61,04	—46,12

Schwerpunktsabstand von der vorderen Kippkante *I* (ohne Wind):

$$x = \frac{\Sigma M_l - \Sigma M_r}{V} = \frac{+61{,}04 - 46{,}12}{27{,}17} \approx 0{,}550 \text{ m}.$$

Abstand der Resultierenden *V* von der Drehachse: $e = e_r - x = 1{,}18 - 0{,}55 = 0{,}63$ m.

Größter Raddruck der Drehrollen (Abb. 850, S. 381): $\max P = \frac{V}{2} \cdot \frac{e_r + e}{2 e_r} = \frac{27{,}17}{2} \cdot \frac{1{,}81}{2{,}36} \approx 10$ t (je Rolle).

Standfestigkeit bei ruhender Last und ohne Winddruck.

Verlangte Standsicherheit: $\mathfrak{S}_1 = \frac{\text{Kipplast}}{\text{Tragkraft}} = \frac{Q_K}{Q} \geqq 1{,}75$ [DIN 120].

Kipplast: $Q_K = \frac{\Sigma M_l - \Sigma M_r}{e_1} + \mathfrak{S} \cdot Q = \frac{+61{,}04 - 46{,}12}{11{,}82} + 1{,}25 \cdot 2{,}5 \approx 4{,}40$ t.

Vorhandene Standsicherheit: $\mathfrak{S}_1 = \frac{Q_K}{Q} = \frac{4{,}40}{2{,}50} = 1{,}76 > 1{,}75$.

[1] E. Becker, Berlin-Reinickendorf. [2] Entwurf 2. Berlin 1930, Deutscher Kranverband e. V.

Standfestigkeit ohne Last und ohne Winddruck. (Schwerpunktsabstand von der vorderen Kippkante Abb. 936): $x = \frac{\Sigma M_l - \Sigma M_r{}^*}{V_0} = \frac{+61{,}04 - 9{,}18}{24{,}0} \approx 2{,}16$ m; $x_0 = 2 \cdot e_r - x = 2 \cdot 1{,}18 - 2{,}16 = 0{,}20$ m.

Abstand der Resultierenden V_0 von der Drehachse: $e_0 = e_r - x_0 = 1{,}18 - 0{,}20 = 0{,}98$ m.

Windmomente. α) Winddruck von 50 kg/m² auf der hinteren Ausleger- und Maschinenhausfläche:

1. Ausleger . . . . $F_1 \cdot w \cdot y_1 = 3 \cdot 0{,}05 \cdot 5{,}4 \approx 0{,}80$ tm
2. Maschinenhaus . . . . $F_2 \cdot w \cdot y_2 = 6 \cdot 0{,}05 \cdot 1{,}65 \approx 0{,}50$ tm

Sa. 9 m² $M_{w=50} = 1{,}30$ tm

β) Winddruck von 200 kg/m² auf der vorderen Ausleger- und Maschinenhausfläche:

1. Ausleger . . . . $F_1 \cdot w \cdot y_1 = 3 \cdot 0{,}2 \cdot 5{,}4 \approx 3{,}24$ tm
2. Maschinenhaus . . . . $F_2 \cdot w \cdot y_2 = 6 \cdot 0{,}2 \cdot 1{,}65 \approx 1{,}98$ tm

Sa. 9 m² $M_{w=200} = 5{,}22$ tm

Standfestigkeit bei 25% Überlast und 50 kg/m² Winddruck (Kippkante I):
Bedingung: $\Sigma M \geqq 0$; $+\Sigma M_l - \Sigma M_r - M_{w=50} = +61{,}04 - 46{,}12 - 1{,}30 = +13{,}62 \text{ tm} > 0$.

Standfestigkeit ohne Last und bei 200 kg/m² Winddruck (Kippkante II):
Bedingung: $\Sigma M \geqq 0$; $V_0 = V - 1{,}25 Q = 27{,}17 - 1{,}25 \cdot 2{,}5 \approx 24$ t;

$$V_0 \cdot x_0 - M_{w=200} = +24 \cdot 0.20 - 5{,}22 = -0{,}42 \text{ tm} < 0.$$

Das noch verbleibende kleine Kippmoment ist für den außer Betrieb befindlichen Kran belanglos und wird vom Königzapfen aufgenommen.

B. Standsicherheit des ganzen Kranes.

1. Ausleger senkrecht zur Kaimauer (Abb. 937). Gewicht des fahrbaren Tores (ohne Drehkran): $G \approx 11{,}2$ t; Abstände: $c = 0{,}455$ m; $f = x - c = 0{,}55 - 0{,}455 = 0{,}095 \approx 0{,}10$ m.

a) Im Betrieb mit 25% Überlast und Winddruck von 50 kg/m².

Nr.	Gegenstand	Gewicht t	Hebelarm m	Momente tm
1	Fahrbares Tor (Portal)	$G = 11{,}2$	$\frac{L}{2} = +4{,}55$	$+51{,}0$
2	Drehkran mit 25% Überlast . .	$V = 27{,}17$	$f = +0{,}10$	$+\ 2{,}72$
		$V_s = 38{,}37$	M_K	$+53.72$

Abstand der Resultierenden V_s von der Kippkante I (ohne Winddruck): $x_1 = \frac{\Sigma M_K}{V_s} = \frac{53{,}72}{38{,}37} \approx 1{,}40$ m.

Windmomente (50 kg/m² auf der hinteren Ausleger- und Maschinenhausfläche):

1. Ausleger . . . . $F_1 \cdot w \cdot y_1' = 3 \cdot 0{,}05 \cdot 11{,}40 = 1{,}70$ tm
2. Maschinenhaus . . . . $F_2 \cdot w \cdot y_2' = 6 \cdot 0{,}05 \cdot 7{,}65 = 2{,}30$ „
3. Fahrbares Tor . . . . $F_3 \cdot w \cdot y_3' = 2 \cdot 0{,}05 \cdot 5{,}50 = 0{,}55$ „
$F_4 \cdot w \cdot y_4' = 4 \cdot 0{,}05 \cdot 3{,}10 = 0{,}62$ „

Sa. 15 m² $M_{w=50} = 5{,}17$ tm

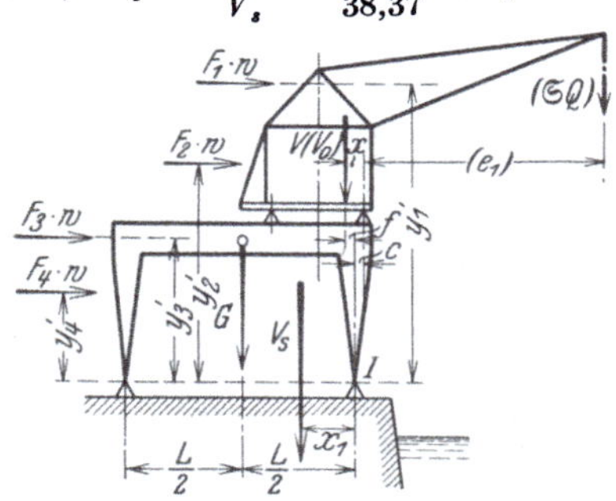

Abb. 937. Standfestigkeit des Kranes. (Ausleger senkrecht zur Kaimauer, Wind parallel zum Ausleger.)

Standfestigkeit bei 25% Überlast und 50 kg/m² Winddruck:
Bedingung: $\Sigma M \geqq 0$; $M_K - M_{w=50} = +53{,}72 - 5{,}17 = +48{,}55 \text{ tm} > 0$.

Kipplast: $Q_K = \frac{M_K}{e_1 + c} + \mathfrak{S} Q = \frac{53{,}72}{12{,}27} + 1{,}25 \cdot 2{,}5 \approx 7{,}5$ t.

Vorhandene Standsicherheit: $\mathfrak{S}_2 = \frac{Q_K}{Q} = \frac{7{,}5}{2{,}5} \approx 3{,}0 > 1{,}75$.

b) Außer Betrieb (ohne Last) und mit Winddruck von 200 kg/m².

Nr.	Gegenstand	Gewicht t	Hebelarm m	Momente tm
1	Fahrbares Tor (Portal)	$G = 11{,}2$	$\frac{L}{2} = +4{,}55$	$+51{,}0$
2	Drehkran ohne Last	$V_0{}^* = 24{,}0$	$f = -1{,}71$	$+41{,}0$
		$V_s = 35{,}2$	M_{K_0}	$+92.0$

Windmomente (200 kg/m² auf der hinteren Ausleger- und Maschinenhausfläche):

1. Ausleger . . . . $F_1 \cdot w \cdot y_1' = 3 \cdot 0{,}200 \cdot 11{,}40 = 6{,}85$ tm
2. Maschinenhaus . . . . $F_2 \cdot w \cdot y_2' = 6 \cdot 0{,}200 \cdot 7{,}65 = 9{,}20$ „
3. Fahrbares Tor . . . . $F_3 \cdot w \cdot y_3' = 2 \cdot 0{,}200 \cdot 5{,}50 = 2{,}20$ „
$F_4 \cdot w \cdot y_4' = 4 \cdot 0{,}200 \cdot 3{,}10 = 2{,}48$ „

Sa. 15 m² $M_{w=200} = 20{,}73$ tm

* Ohne Last und mit 200 kg Hakengeschirr.

Standfestigkeit ohne Last und mit Winddruck von 200 kg/m².

Bedingung: $\Sigma M \geqq 0;\ +M_{K_0} - M_{w=200} = +92{,}0 - 20{,}73 = +71{,}27\ \text{tm} > 0$.

c) Außer Betrieb (ohne Last) und mit 200 kg/m² Winddruck seitlich auf die Ausleger- und Maschinenhausfläche. (Abb. 938a und b.)

Windmomente:

1. Ausleger . . . . $F_1'' \cdot w \cdot y_1'' = \ \ 6{,}0 \cdot 0{,}200 \cdot 11{,}4 = 13{,}7$ tm
2. Maschinenhaus . . . . $F_2'' \cdot w \cdot y_2'' = 10{,}0 \cdot 0{,}200 \cdot \ \ 7{,}6 = 15{,}2$ „
3. Fahrbares Tor . . . . $F_3'' \cdot w \cdot y_3'' = 10{,}0 \cdot 0{,}200 \cdot \ \ 5{,}5 = 11{,}0$ „
   $F_4'' \cdot w \cdot y_4'' = \ \ 5{,}0 \cdot 0{,}200 \cdot \ \ 3{,}0 = \ \ 3{,}0$ „

Sa. 31,0 $\quad M_{w=200} = 42{,}9$ tm

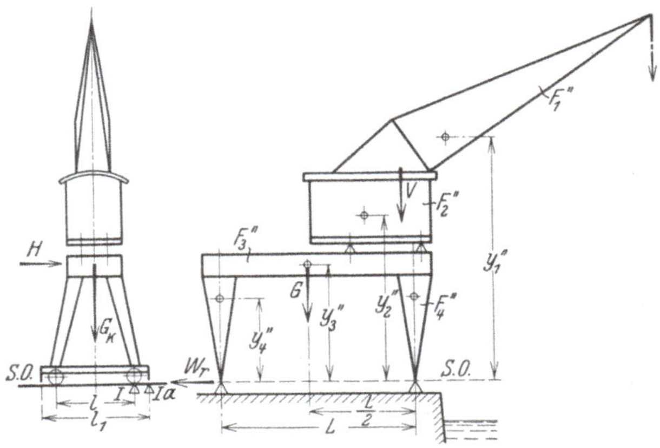

Abb. 938a und b. Standfestigkeit des Kranes. (Ausleger senkrecht zur Kaimauer, Wind senkrecht zum Ausleger.)

Gesamtes Krangewicht:

$G_K = V_0 + G = 24 + 11{,}2 = 35{,}2$ t.

Standmoment, bezogen auf die Kippkante I (Abb. 938a):

$$M_s = G_K \cdot \frac{l}{2} = 35{,}2 \cdot 2{,}0 \approx 70{,}4\ \text{tm}.$$

Standsicherheit: $\Sigma M \geqq 0;\ +M_s - M_{w=200} = +70{,}4 - 42{,}9 = +27{,}5\ \text{tm} > 0$.

$$\mathfrak{S}_{\text{vorh.}} = \frac{M_s}{M_{w=200}} = \frac{70{,}4}{42{,}9} = 1{,}64 < 1{,}75\,.$$

Tritt bei $w = 200$ kg/m² Kippen ein, so entsteht bei Ia (Abb. 938a) eine neue Kippkante. Standmoment:

$$M_s = G_K \cdot \frac{l_1}{2} = 35{,}2 \cdot 2{,}48 \approx 87{,}3\ \text{tm}.$$

Standsicherheit:

$$\mathfrak{S}_{\text{vorh.}} = \frac{M_s}{M_{w=200}} = \frac{87{,}3}{42{,}9} \approx 2{,}0 > 1{,}75\,.$$

Die waagerechte Windschubkraft (Abb. 938a) ist: $H = F \cdot w = 31 \cdot 0{,}2 = 6{,}2$ t.

Reibungswiderstand des Kranes (2 Laufräder abgebremst): $W_r = \frac{1}{2}(V_0 + G) \cdot \mu = \frac{1}{2}(24 + 11{,}2) \cdot 0{,}1 \approx 1{,}76$ t.

Bei einem Winddruck von 200 kg/m² würde daher der Kran zu gleiten beginnen. Es sind deshalb Befestigungskeile anzubringen, die dies verhindern.

2. Ausleger parallel zur Kaikante (Abb. 939 und 940).

a) Im Betrieb mit 25% Überlast und Winddruck von 50 kg/m².

Nr.	Gegenstand	Gewicht t	Hebelarm m	Momente tm
1	Fahrbares Tor (Portal)	$G = 11{,}2$	$\frac{l}{2} = +2{,}0$	+22,40
2	Drehkran mit 25% Überlast .	$V = 27{,}17$	$f = +1{,}37$	+37,3
		$V_s = 38{,}37$	M_K	+59,70

Abstand von der Kippkante I ohne Wind (Abb. 940): $x_2 = \frac{M_K}{V_s} = \frac{59{,}70}{38{,}37} \approx 1{,}56$ m.

Windmomente (50 kg/m² auf der hinteren Ausleger- und Maschinenhausfläche):

1. Ausleger . . . . $F_1 \cdot w \cdot y_1' = \ \ 3 \cdot 0{,}05 \cdot 11{,}40 \cdot\ = \ \ 1{,}70$ tm
2. Maschinenhaus . . . . $F_2 \cdot w \cdot y_2' = \ \ 6 \cdot 0{,}05 \cdot \ \ 7{,}65\ = \ \ 2{,}30$ „
3. Fahrbares Tor . . . . $F_3'' \cdot w \cdot y_3'' = 10 \cdot 0{,}05 \cdot 11{,}00\ = \ \ 5{,}55$ „
   $F_4'' \cdot w \cdot y_4'' = \ \ 5 \cdot 0{,}05 \cdot \ \ 3{,}00\ = \ \ 0{,}75$ „

Sa. 24 m² $\quad M_{w=50} = 10{,}30$ tm

Standsicherheit: $\Sigma M \geqq 0;\ +M_K - M_{w=50} = +59{,}7 - 10{,}30 = +49{,}4\ \text{tm} > 0$.

b) Außer Betrieb (ohne Last) und mit Winddruck von 200 kg/m² (Kippkante bei II).

Nr.	Gegenstand	Gewicht	Hebelarm m	Momente tm
1	Fahrbares Tor (Portal)	$G = 11{,}2$	$\frac{l}{2} = 2{,}0$	+22,40
2	Drehkran ohne Last	$V_0 = 24{,}0$	$f = 1{,}02$	+24,50
		$V_s = 35{,}2$		$M_{K_0} = +46{,}90$

Windmomente (200 kg/m² auf der vorderen Ausleger- und Maschinenhausfläche):

1. Ausleger	$F_1 \cdot w \cdot y'_1 = 3 \cdot 0{,}200 \cdot 11{,}40 =$	6,84 tm
2. Maschinenhaus	$F_2 \cdot w \cdot y'_2 = 6 \cdot 0{,}200 \cdot 7{,}65 =$	9,20 „
3. Fahrbares Tor	$F''_3 \cdot w \cdot y''_3 = 10 \cdot 0{,}200 \cdot 11{,}00 =$	22,00 „
	$F''_4 \cdot w \cdot y''_4 = 5 \cdot 0{,}200 \cdot 3{,}0 =$	3,0 „
Sa.	24 m²	$M_{w=200} = 41{,}04$ tm

Standsicherheit:

$$\Sigma M \geqq 0;$$

$$+M_{K_0} - M_{w=200} = +46{,}90 - 41{,}04 \approx +5{,}86 \text{ tm} > 1\,.$$

Der Kran ist daher genügend standfest. Der bei dem belasteten (in Betrieb befindlichen) Kran eingesetzte Winddruck von 50 kg/m² kann in Wirklichkeit nicht auftreten, da bereits bei einem Winddruck von 12 bis 15 kg/m² die Betriebsmöglichkeit aufhört. Ebenso bietet die Annahme der Windstärke von 200 kg/m² (an der Küste 250 kg/m²) eine erhebliche Sicherheit selbst bei Orkanen.

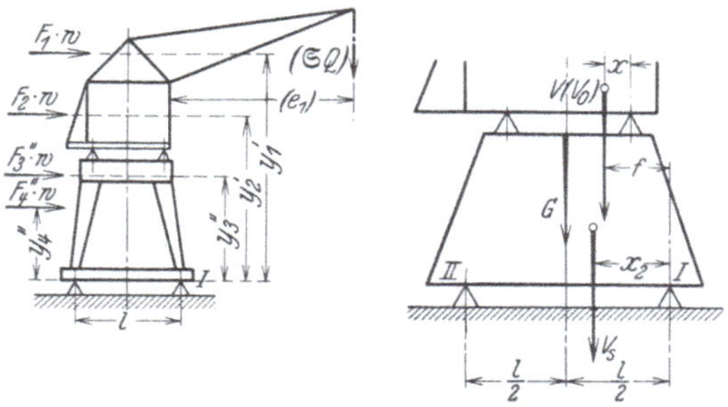

Abb. 939 und 940. Standfestigkeit des Kranes. (Ausleger parallel zur Kaimauer.)

β) Halbtordrehkrane.

Sie werden angewendet, wenn die Lagerschuppen mit ihrer Längsrichtung parallel zur Kaistrecke liegen. Die Krane überspannen dann zwei oder drei Eisenbahngleise und haben nur eine wasserseitige Stütze. Das andere Ende des halbtorartigen Krangerüstes (Abb. 941) ruht auf einer Fahrbahn, die längs der Lagerschuppenwand erhöht verlegt ist.

Die Halbtordrehkrane bieten eine noch bessere Raumausnutzung des Hafenkais als die Volltordrehkrane mit ihren beiden Stützen. Diese haben dagegen, da sie nicht von der Länge des Gebäudes abhängig sind, den Vorteil größerer Beweglichkeit.

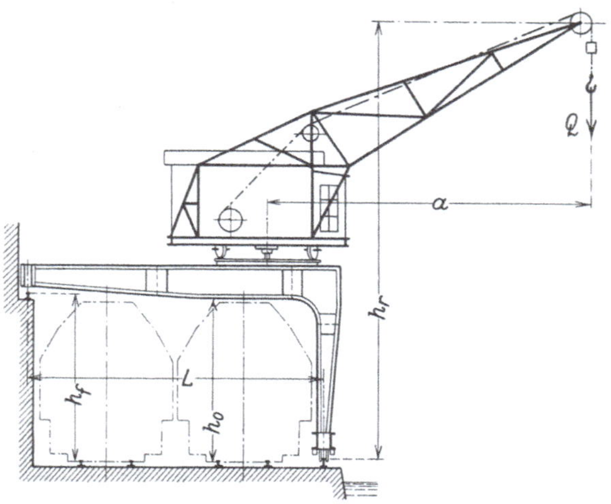

Abb. 941. Fahrbarer Halbtordrehkran. (Schematische Darstellung.)

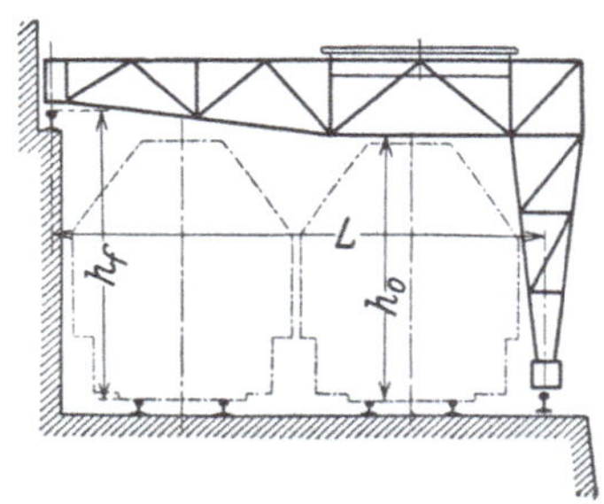

Abb. 942.

Halbtordrehkrane, deren Fahrstrecke größer als die Schuppenlänge ist, erfordern auf der Landseite noch eine eiserne Hochbahn, die an die erhöhte Fahrbahn am Lagerschuppen angeschlossen ist.

Ausladung und Hubhöhe, sowie die Arbeitsgeschwindigkeiten sind die gleichen wie bei den Volltordrehkranen. Die Tragkraft der Halbtordrehkrane geht dagegen meist nicht über 5 t hinaus.

Das Kranfahrwerk entspricht an der Wasserseite dem der Volltorkrane. An der Landseite ist wie bei den Laufkranen ein Kopfträger angeordnet, in dem die Laufräder gelagert sind.

Das halbtorförmige Krangerüst wird entweder vollwandig (Abb. 941) oder in Fachwerk (Abb. 942) ausgeführt.

Der auf Abb. 943 dargestellte Halbtordrehkran hat einen, unter waagerechtem Lastweg einziehbaren Ausleger. Das Einziehen geschieht bei diesem Ausleger durch zwei Triebstocksegmente mit Außenverzahnung, die durch zwei Gelenkstangen mit dem Ausleger verbunden sind. Der waagerechte Lastweg wird bei diesem Kran in gleicher Weise erreicht wie bei dem Volltordrehkran Abb. 934.

Arbeitsgeschwindigkeiten und Motoren:

Heben	60 m/min;	2 × 49 PS*	bei	970 Uml/min
Auslegereinziehen . . .	60 „ ;	12,3 „	„	965 „
Drehen	168 „ ;	17,7 „	„	960 „
Kranfahren	30 „ ;	23,8 „	„	975 „

Stromart: Drehstrom 275/225 V, 50 Hz. Elektrische Ausrüstung: SSW.

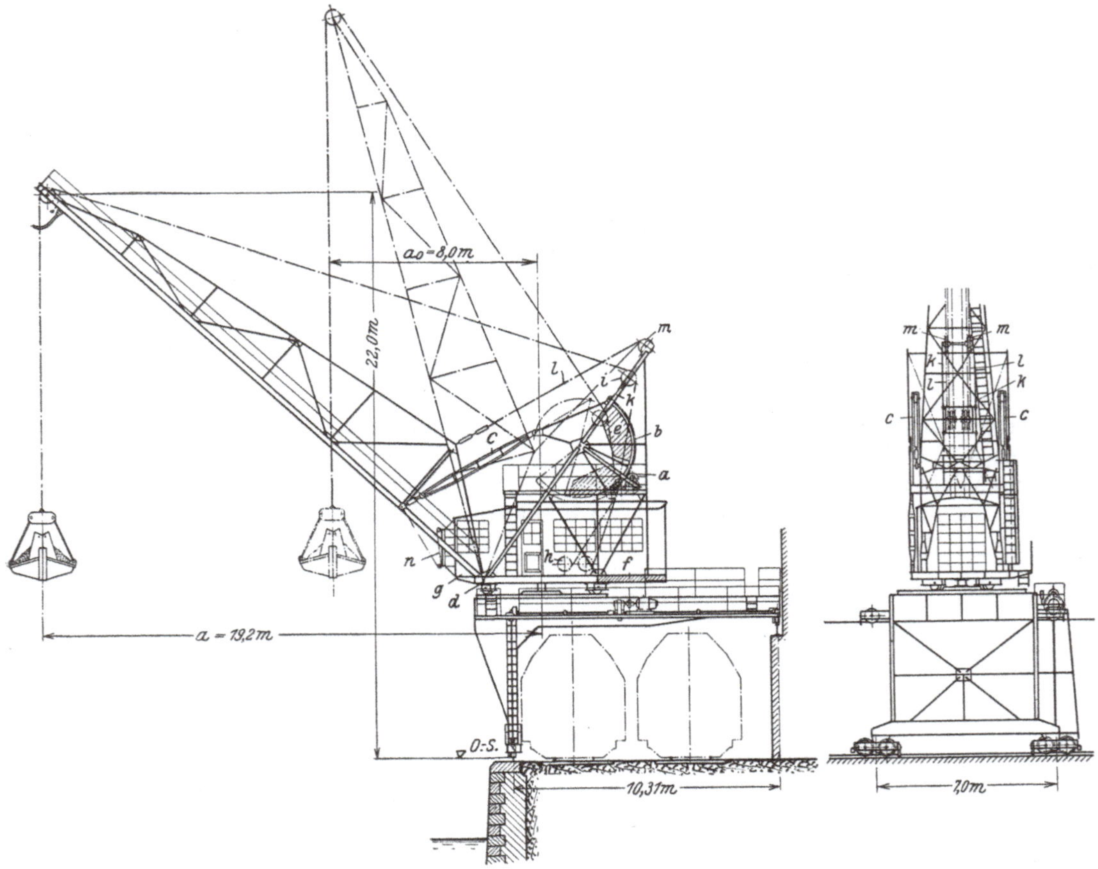

Abb. 943. Halbtordrehkran mit einziehbarem Ausleger und Greiferbetrieb. (Mohr & Federhaff.)

Tragkraft: 5 t bei 8 bis 16 m, 4 t bei 8 bis 19,20 m Ausladung. Größte bzw. kleinste Ausladung: $a = 19,2$ m; $a_0 = 8,0$ m; Torstützweite: 10,31 m.

a Einziehmotor; *b* Triebstocksegmente; *c* drucksteife Stangen, den Ausleger mit *b* verbindend; *d* Auslegerdrehpunkt; *e* Auslegergegengewicht, an *b* angebracht; *f* Auslegergegengewicht an der Oberwagenplattform; *g* Führerstand; *h* Windwerk; *i* bewegliche (schräg geführte) Umlenkrollen der Greiferseile; *k* Bahn zu *i*; *l* Zugseile, einerseits am Ausleger, andererseits am Rollenbolzen von *i* befestigt; *m* Umlenkrollen zu *l*.

Stromzuführung, Führerstand und Sicherheitsvorrichtungen der Tordrehkrane.

Kranen, die selten und nur auf kurzen Strecken verfahren werden, wird der Strom durch ein biegsames Kabel zugeführt, das an Steckkontakte angeschlossen wird, die in bestimmten Abständen (etwa 20 m) längs der Kranfahrstrecke vorgesehen sind. Das Kabel wird beim Fahren an einer Kabeltrommel auf- oder abgewickelt, die von einem Laufrad aus angetrieben wird und deren Antrieb mit einer Umschaltvorrichtung ausgerüstet ist.

Krane, die öfters und auf längere Strecken verfahren werden, erhalten unterirdisch verlegte blanke Schleifleitungen, die in einem abgedeckten Kanal verlegt sind.

Die bisher allgemein verwendeten unterirdischen Schleifleitungen haben wegen des für den Stromabnehmer erforderlichen durchgehenden Kanalschlitzes oft Unfälle und Betriebsstörungen veranlaßt, die durch die Verwendung der schlitzlosen Abdeckung für Schleifleitungskanäle Bauart EID (Abb. 944) vermieden werden.

Bei dieser Bauart ist der Stromabnehmerwagen gelenkig an den Fußträger des Torgerüstes angeschlossen, auch werden die Stromabnehmer durch eine geeignete Federung gegen die Lei-

* 40% ED.

tungen gepreßt. Bodensenkungen und Unterschiede in der Parallelen zwischen Kranschiene und Schleifleitungskanal haben daher kein zeitweises Stromloswerden zur Folge. Da die Stromschienen nebeneinander angeordnet sind, so ist nur eine geringe Kanaltiefe erforderlich.

Der Kanal wird durch einzelne Blechplatten abgedeckt, die scharnierartig ineinander gehängt sind und sich zwecks Untersuchung des Stromabnehmerwagens leicht abnehmen lassen.

Der Stromabnehmerwagen fährt auf den Unterflanschen von [-Eisen, die auch den Kanal armieren und die Blechplatten tragen. Außer den Laufrollen hat der Stromabnehmerwagen noch vier größere Rollen, die die Kanalabdeckung in ihrer ganzen Breite so weit lüften, daß die von den Stromabnehmern kommenden Kabel herausgeführt werden können. Die während der

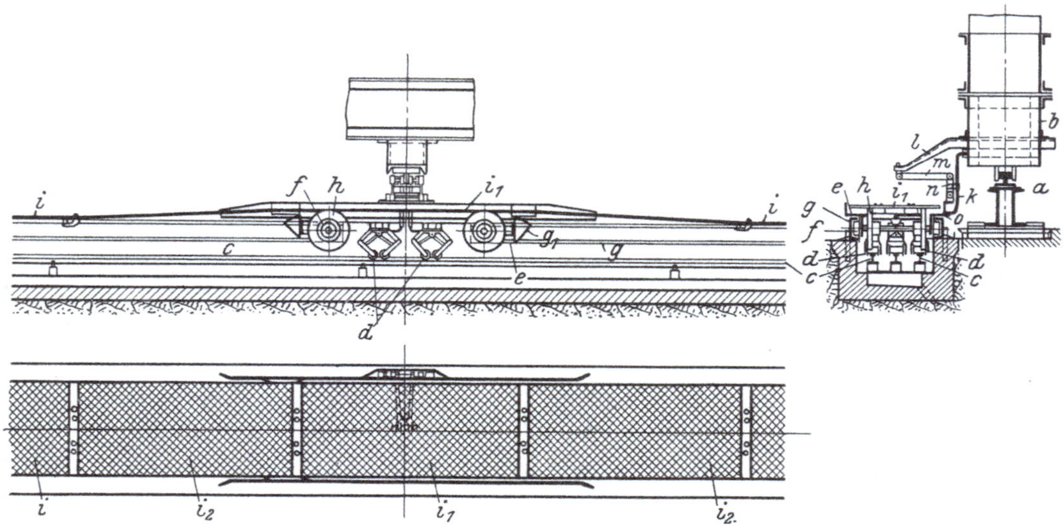

Abb. 944. Schlitzlose Abdeckung für Schleifleitungskanäle.
(Bauart EID der Elektrotechnischen Industrie G. m. b. H., Duisburg-Wanheimerort.)

a Kranfahrbahn; *b* Radträger; *c* Stromschienen; *d* Rollenstromabnehmer; *e* Wagen, mittels der Räder *f* auf den Unterflanschen der [-Eisen *g* fahrend; g_1 Stoßbügel; *h* Rollen, die Blechabdeckung i_1 anhebend; i_2 durch den Stoßbügel g_1 angehobene Blechabdeckung; *i* Blechabdeckung aufliegend; *k* Stromzuführungskabel; *l—m—n—o* Stromabnehmerarm.

Fahrt nacheinander durch die Lüftrollen angehobenen Blechplatten legen sich rückwärts wieder nieder und dichten infolge ihres Gewichtes den Kanal genügend ab.

Die schlitzlose Schleifkanalabdeckung Bauart „EID“ wird wegen der Gefahrenminderung von den zuständigen Berufsgenossenschaften empfohlen.

Der Führerstand der Tordrehkrane wird in Rücksicht auf gute Übersichtlichkeit des Arbeitsfeldes am Maschinenhaus des Kranes und nach der Auslegerseite zu vorgebaut und erhält allseitig Fenster (Abb. 932). Bei dem Kran Abb. 934 ist er erhöht am Ausleger angeordnet.

Die fahrbaren Tordrehkrane werden mit Schienenzangen ausgerüstet, die bei Außerbetriebnahme der Krane angezogen werden und ein Abrollen durch Windkraft verhindern.

c) Schwimmkrane.

Der auf dem Schwimmkasten (Ponton) angeordnete Kran ist in neuerer Zeit fast allgemein ein Drehkran mit veränderlicher Ausladung.

Die Schwimmkrane haben den Vorzug eines unbegrenzten Arbeitsbereiches.

Über Berechnung und Gestaltung des Schwimmkastens s. Andree, Die Statik der Schwerlastkrane.

DIN 120 (Berechnungsgrundlagen für die Eisenkonstruktionen von Kranen) enthält bezüglich der Schwimmkrane folgende Vorschrift:

Schwimmkrane dürfen bei einer betriebsmäßigen Belastung in Höhe der angegebenen Tragkraft nur soweit einsinken, daß an der tiefer liegenden Seite des Schwimmkörpers noch Freibord von mindestens 300 mm bleibt.

1. Schwimmkrane für Schüttgüterumschlag.

Die mit einem Greifer ausgerüsteten Schwimmkrane dienen im Hafenbetriebe zum Umladen von Schüttgütern, sowie zum Bekohlen von Schiffen.

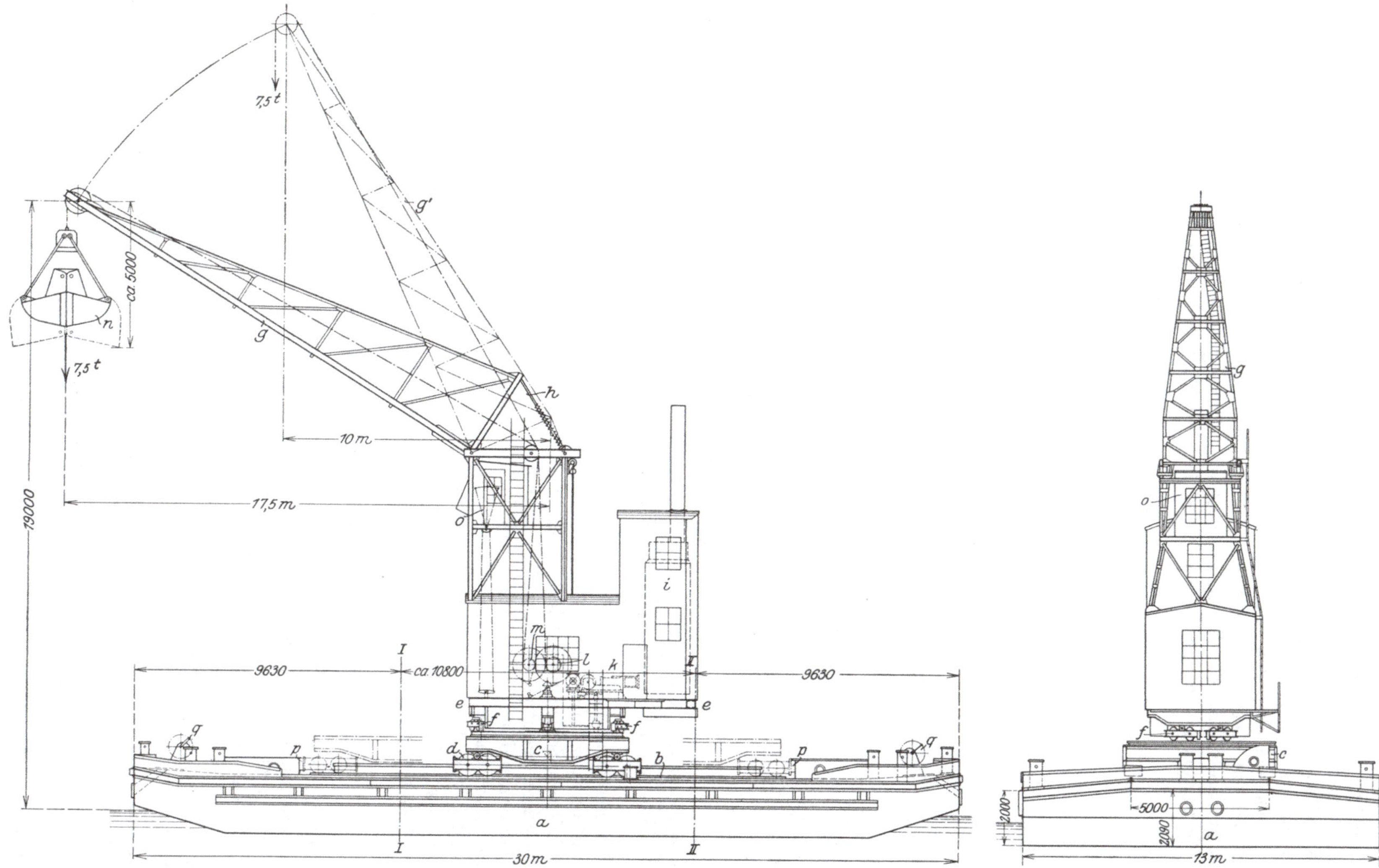

Abb. 945. Schwimmkran für Schüttgutumschlag mit fahrbarem Dampfdrehkran von 7,5 t Tragkraft, 17,5 bzw. 10 m Ausladung und 30 m Hub. (Demag.)

a Schwimmkasten; *b* Laufbahn des Dampfkranes; *c* Unterwagen mit Drehscheibe; *d* einstellbare Radgestelle; *e* drehbare Plattform; *f* Laufrollenpaare zur Drehscheibe, einstellbar gelagert; *g* wippbarer Ausleger; *h* Spindeln zum Auslegerwippwerk; *i* Dampfkessel; *k* Dampfmaschine; *l*–*m* Trommeln zum Greiferwindwerk; *n* Greifer (mittelschwere Bauart) von 4 m^3 Inhalt; *o* Führerhaus; *p* Prellklötze zur Begrenzung der Drehkranlaufbahn; *q* Ankerwinden; *I*–*I*, *II*–*II* Drehkran-Anfahrstellungen.

Der Drehkran wird allgemein als Drehscheibenkran ausgebildet und fest oder auf kurze Strecke fahrbar (Abb. 945) auf dem Schwimmkörper angeordnet. Tragkraft je nach Greiferinhalt: 5 bis 10 t. Größte Ausladung: 15 bis 20 m. Entsprechende Rollenhöhe über dem Wasserspiegel: 16 bis 22 m.

Antriebarten: Dampfantrieb, Brennkraftantrieb (durch einen Dieselmotor), in neuerer Zeit auch elektrisch mit eigener Zentrale.

Der Ausleger wird auf einem turmartigen, auf der drehbaren Plattform aufgebauten Fachwerkgerüst angeordnet, wodurch ein großes freies Profil unterhalb des Auslegers erhalten wird. Das Führerhaus wird in den Oberteil dieses turmartigen Gerüstes eingebaut, so daß der Führer das Arbeitsfeld gut übersieht.

Die Schwimmkrane für Schüttgüterumschlag erhalten hohe Arbeitsgeschwindigkeiten.

Greiferinhalt	$2^1/_2$	4,0	5,0	m^3
Krantragkraft	5	7,5	10	t
Leistung	70—80	90—100	100—120	t/h

Die Schwimmkrane werden entweder durch Schleppdampfer verholt, oder sie fahren mit eigener Maschinenkraft.

Abb. 945 zeigt einen Schwimmkran von 7,5 t Tragkraft, bei dem der Dampfdrehkran auf dem Schwimmkasten fahrbar ist. Zur Begrenzung der Drehkranfahrbahn sind an beiden Enden Prellböcke vorgesehen.

Arbeitsgeschwindigkeiten des Drehkranes. Heben: 60 m/min; Auslegereinziehen (von 17,5 m auf 10 m): in 2,5 Min; Drehen: 150 m/min; Kranfahren: 40 m/min.

Heizfläche: des Dampfkessels (s. S. 2): 30 m². Rostfläche: 1,5 m². Betriebsdruck: 10 atü.

Höchstleistung der liegend angeordneten Dampfmaschine ($D = 260$ mm; $H = 340$ mm): 125 PS. Drehzahl: 200 i. d. Min.

In neuerer Zeit baut man die Krane so, daß der Lastweg beim Auslegereinziehen waagerecht bleibt. Siehe auch S. 394 „Einziehdrehkrane".

Abb. 946 gibt die schematische Darstellung eines derartigen durch Dampf angetriebenen Kranes, bei dem der Ausleger durch einen Kurbeltrieb eingezogen wird. Der Seilausgleich beim Einziehen geschieht bei diesem Kran, ähnlich wie bei dem Kran Abb. 880, S. 394, durch eine Schwinge. Diese trägt an ihrem hinteren Ende eine Umlenkrolle, über die das Hubseil geführt ist.

Greiferinhalt: 4,0 m³; Tragkraft: 8 t.

Größte bzw. kleinste Ausladung: $a = 17,5$ m; $a_0 = 10$ m.

Arbeitsgeschwindigkeiten des Drehkranes. Heben: 50 m/min; Auslegereinziehen: 30 m/min; Drehen: 1,5 mal i. d. Min.

Heizfläche des Dampfkessels: 53 m²; Rostfläche: 2 m². Leistung der Dampfmaschine: max 150 PS; Drehzahl: 260 i. d. Min.

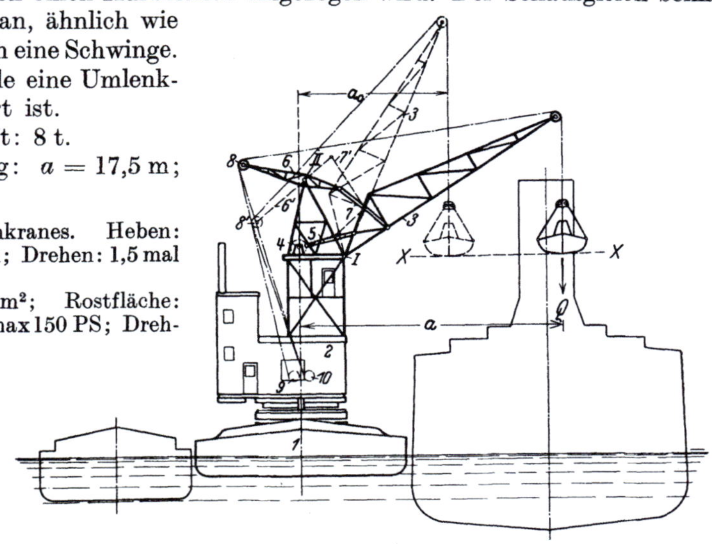

Abb. 946. Schwimmkran mit Einziehdrehkran. (Demag.)
1 Schwimmkasten; *2* drehbares Oberteil; *3* einziehbarer Ausleger; *4–5* Kurbeltrieb zum Einziehwerk; *6* Schwinghebel; *7* Zugstange; *8* Seilumlenkrolle; *9* Hubtrommel, *10* Entleertrommel zum Greiferhubwerk. *X–X* waagerechter Lastweg.

Bei Kranen, die zwischen einem Seeschiff und einem Leichter verladen (Abb. 947), wird die Ausladung so groß gewählt, daß der Greifer über den Leichter hinweg bis zur Schiffsmitte reicht. Man kann dann mit der Einziehbewegung allein auskommen, so daß die Last auf dem kürzesten und damit schnellsten Wege befördert wird.

Der auf Abb. 947 schematisch dargestellte Schwimmkran hat dieselelektrischen Antrieb. Sein unter waagerechtem Lastweg (bei jedem Kranspiel) einziehbarer Ausleger hat die Grundform eines Lemniskatenlenkers (s. S. 395).

Greiferinhalt: 3,5 m³. Tragkraft: $Q = 6$ t.

Größte bzw. kleinste Ausladung: $a = 25$ m; $a_0 = 8,5$ m.

Abmessungen des Schwimmkörpers: Länge 29 m, Breite 14 m, Höhe 2,35 m, Tiefgang 0,8 m.

Arbeitsgeschwindigkeiten und Motoren:

Heben	54,4 m/min;	95 PS bei 640 Uml/min;
Auslegereinziehen . .	60 bis 45 „	21,8/15 „ „ 800/600 „
Drehen	1,5 mal i. d. Min.;	30,6 „ „ 730 „

Leistung des Kranes (Kohle): 130 t/h.

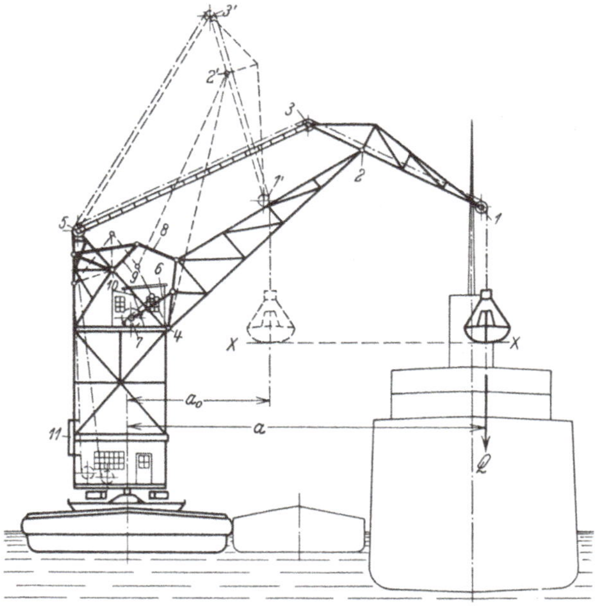

Abb. 947. Schwimmkran mit Einziehdrehkran. (Demag.)
1—2—3 Ausleger; *2—4* und *3—5* Lenker; *6* Stange; *7* Krubeltrieb zum Auslegereinziehen; *8* Stange, den Lenker *2—4* mit dem Winkelhebel *9* verbindend; *10* Drehpunkt des Winkelhebels; *11* Gewicht, am hinteren Ende des Winkelhebels angreifend und den Ausleger entlastend. *X—X* waagerechter Lastweg.

Ausführung eines Schwimmkranes (für Stückgüterumschlag) von 50 t Tragkraft bei 16,25 bzw. 13,0 m Ausladung und dieselelektrischem Antrieb s. Z. V. d. I. 1929, S. 32.

2. Schwerlastschwimmkrane.

Die Schwerlastschwimmkrane werden hauptsächlich auf den Werften zur Ausrüstung der von Stapel gelaufenen Schiffe angewendet. Siehe S. 454 „Schiffswerftkrane“.

Auch im Hafenbetriebe leisten diese Schwimmkrane zum Verladen schwerer Lasten, sowie beim Bau von Kaimauern, Molen und anderen Bauwerken gute Dienste. Für das Heben und Bergen gesunkener Schiffe sind sie unentbehrlich.

Die Entwickelung der Schwerlastschwimmkrane[1] beginnt mit dem auf dem Schwimmkasten aufgebauten, durch Dampf betriebenen Scheren- oder Mastenkran von 40 t Tragkraft (1886), und geht über den 60 t-Kran mit bockartigem Gerüst und einseitigem Kragarm (1903) zum 140 t-Wippauslegerkran mit geknicktem Ausleger über. Auf den wegen seines geringen Arbeitsbereiches wenig befriedigenden Wippauslegerkran folgt der elektrisch betriebene Drehkran mit wippbarem Ausleger, dessen geeignetste Form 1909 erreicht wurde. Bei dieser (Abbildung 948) ist auf dem Schwimmkasten eine pyramidenförmige Fachwerksäule von quadratischem Querschnitt aufgebaut. Das Unterteil des Auslegers ist glockenförmig gestaltet und wird durch ein oberes Längs- und Querlager nach Art von Abb. 949 und durch ein als Rollenlager ausgebildetes unteres Querlager gegen die feste Säule abgestützt. Das Wippen des Aus-

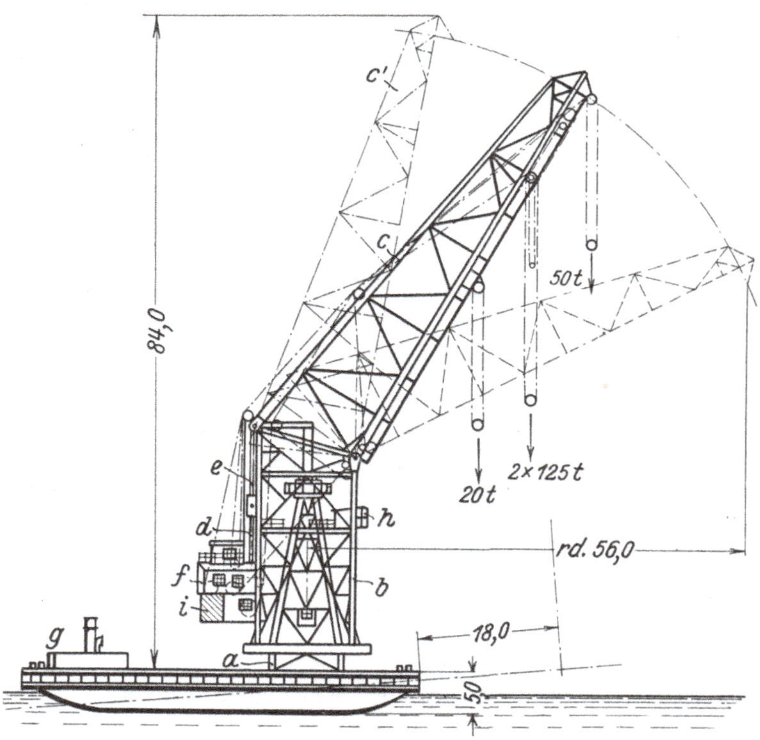

[1] Matschoss: Ein Jahrhundert deutscher Maschinenbau (Geschichte der Demag). Berlin 1919. Jul. Springer.

Abb. 948. Schwerlastschwimmkran von 250 t Tragkraft. (Demag.)
a auf dem Schwimmkasten fest angeordnete pyramidenförmige Fachwerksäule; *b* Unterteil des drehbaren Auslegers; *c* wippbarer Ausleger; *d* Spindeln; *e* Lenker zum Auslegerwippwerk; *f* Antrieb des Hub- und Wippwerks; *g* Dampfkessel; *h* Führerhaus; *i* Auslegergegengewicht.

legers geschieht durch zwei Spindeln, die am hinteren Ende seines Unterteils angeordnet sind und deren senkrecht geführte Muttern durch Lenker mit dem Ausleger verbunden sind.

Durch die Anwendung des elektrischen Antriebes ließ sich die Tragkraft auf 250 t steigern und eine schnelle, betriebssichere Lastbewegung erzielen.

Der zum Speisen der Arbeitsmotoren erforderliche Strom wird in einer elektrischen Zentrale erzeugt, deren Dynamo durch eine Dampfmaschine angetrieben wird. Der Brennkraftmotor (Dieselmotor) ist zwar als Antriebmaschine sehr geeignet, bei der großen erforderlichen Leistung jedoch höher in den Anlagekosten als die Dampfanlage.

Der in Abb. 948 dargestellte Schwerlastschwimmkran von 250 t Tragkraft hat an der Auslegerspitze und bei tiefster Auslegerstellung eine größte Ausladung von 56 m. Seine Gesamthöhe über Deck beträgt bei ganz eingezogenem Ausleger etwa 84 m.

Länge des Schwimmkastens: 50 m; Breite 30,5 m.

Leistung der beiden Dreifach-Expansionsmaschinen: 1000 PS.

Als Haupthebezeug des Kranes dienen zwei mit Schäkeln ausgerüstete, an zehn Seilsträngen hängende Flaschen von je 125 t Tragkraft, die beim Heben der Höchstlast durch eine Traverse miteinander verbunden werden. Nutzbare Ausladung (bei 2 × 125 t): 18 m. Entsprechende Rollenhöhe über dem Wasserspiegel: 55 m. Tragkraft des Hilfshakens (an der Auslegerspitze): 50 t. Ausladung desselben (bis Bordkante): 42 m. Tragkraft des zweiten Hilfshakens: 20 t.

Arbeitsgeschwindigkeiten und Motoren:

Heben (2 × 125 t):
1,2 m/min; 2 × 95 PS bei 400 Uml/min;
Heben (50 t):
5,4 m/min; 95 PS bei 400 Uml/min;
Heben (20 t):
10,12 m/min; 95 PS bei 400 Uml/min;
Auslegereinziehen (2 × 125 t)[1]:
in 12 Min; 2 × 95 PS bei 400 Uml/min;
Auslegereinziehen (50 t):
in 25 Min; 2 × 95 PS bei 400 Uml/min;
Drehen (bei 2 × 125 t)[2]:
15 m/min; 2 × 45 PS bei 525 Uml/min.
Stromart: Gleichstrom 440 V.
Elektrische Ausrüstung: Bergmann Elektr.-Werke.

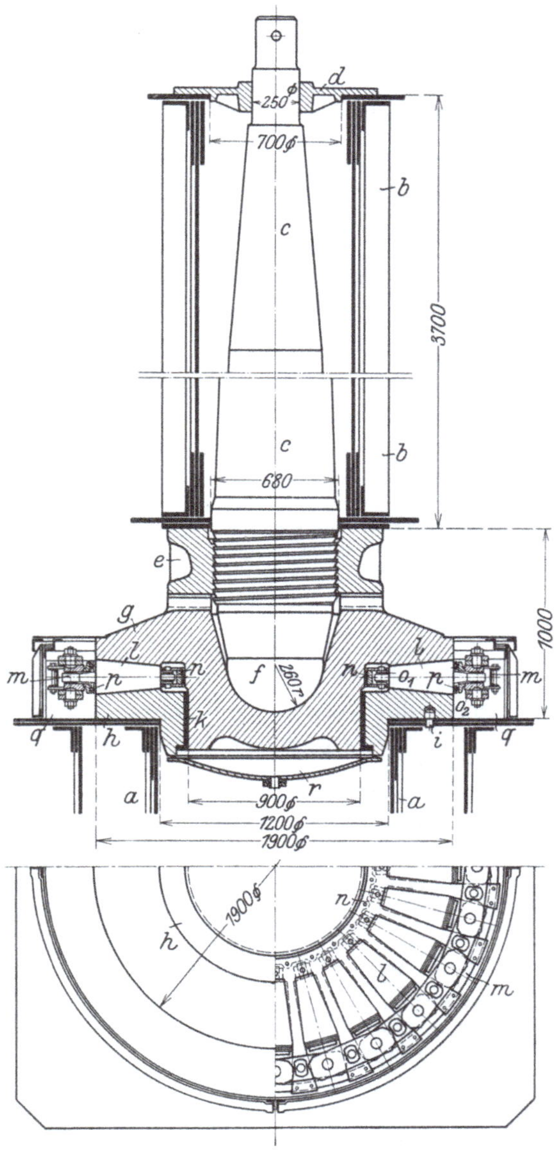

Abb. 949. Königstock und Kegelrollenlager zu einem Schwerlastschwimmkran von 150 t Tragkraft. (Demag.)

a Auf dem Schwimmkasten feststehende, pyramidenförmige Fachwerksäule; *b* drehbarer Teil, an dem der Ausleger wippbar angeordnet; *c* Königstock, in *d* und *e* fest eingebaut; *f* Kugelzapfen, den gesamten senkrechten Druck auf das drehbare Lagenoberteil *g* übertragend; *h*, auf *a* festes Lagerunterteil; *i* Arretierstifte; *k* Querlager; *l* Kegelrollen; *m*—*n* Rollenkäfig, an *g* zentrisch geführt; o_1—o_2 Lagerbüchsen zu *m*—*n*; *p* einstellbares Kugelspurlager, den Längsdruck der Kegelrollen aufnehmend; *q*—*r* Schmierbehälter.

Literatur.

Frenzen u. Neugebauer: Ein schnellfahrender Schwimmkran mit dieselelektrischem Vierschraubenantrieb. Z. V. d. I. 1929, S. 1668.
Krahnen: Schwimmkörper für Riesenkrane. Z. V. d. I. 1923, S. 325.
Dieselelektrisches Kran- und Werkstättenschiff. Helios (Fachz. f. Elektrotechnik) 1929, Nr. 43.

[1] Aus der tiefsten in die höchste Stellung (33,25 bzw. 13 m Ausladung).
[2] Desgleichen (57,25 bzw. 19 m Ausladung).

Ein 200-t-Schwimmkran. Engg. 1926, S. 315.
Schwimmkran von 300 t Tragkraft. Ingenieur 1925, Nr. 43.
60 t-Schwimmkran mit einziehbarem Ausleger für das staatl. Hafenbauamt Pillau (Ardeltwerke Eberswalde). Z. V. d. I. 1929, S. 32.
Umbau eines Dampfschwimmkrans in einen neuzeitlichen Wippkran. Z. V. d. I. 1928, S. 1935.
Schwimmkrane für den Hafen von Dünkirchen. (Bauart MAN. 120 t-Kran mit dieselelektrischem Antrieb und zwei Leonard-Maschinensätzen zum Speisen der Kranmotoren oder der Schiffschraubenmotoren. Der wippbare Ausleger ist um eine feste kegelförmige Blechsäule drehbar. Ausladung am 120 t-Haken: 26 bzw. 15 m, am 40 t-Hilfshaken: 38 bzw. 21 m. — 20 t-Kran mit Gelenkausleger und waagerechtem Lastweg beim Einziehen. Größte Ausladung: 28 m. Der Ausleger ist in einem auf dem Schwimmkörper aufgebauten Fachwerkgerüst drehbar. Antrieb ebenfalls dieselelelektrisch.) Z. V. d. I. 1932, S. 165.

Sonderkrane.

I. Hafenkrane.

Je nach den Anforderungen des Umschlagverkehrs und den örtlichen Verhältnissen kommen für den Hafenbetrieb hauptsächlich folgende Kranbauarten in Frage: Ortfeste Drehkrane und Verladegerüste, fahrbare Drehkrane (Rollkrane), fahrbare Voll- und Halbtordrehkrane, Verladebrücken und Schwimmkrane.

Ortfeste Krane sind angebracht, wenn schwere Lasten zu heben sind oder wenn der Kran seltener benutzt wird und ein Verholen des Schiffes von geringer Bedeutung ist.

Sind öfters sehr schwere Lasten zu verladen, so sieht man in Rücksicht auf die hochbauenden Schiffe einen feststehenden Turmdrehkran mit veränderlicher Ausladung vor (Abb. 845, S. 376). Die ortfesten Turmdrehkrane werden für Tragkräfte bis 250 t und 300 t hergestellt und gleichen den im Werftbetrieb zur Schiffsausrüstung benutzten Schwerlastkranen. Siehe S. 453 „Schiffswerftkrane".

Fahrbare Krane.

Durch die Bauart von Einziehdrehkranen mit waagerechtem Lastweg wird es ermöglicht, daß zwei Krane gleichzeitig an einer Schiffluke arbeiten können, wodurch die Umschlagzeit und damit auch die Liegezeit des Schiffes entsprechend vermindert wird.

Einziehdrehkrane mit waagerechtem Lastweg s. S. 394.

Rollkrane (fahrbare Drehkrane). Bei diesen ist der Drehkran auf einem einfachen Unterwagen angeordnet, dessen Fahrbahn längs der Kaikante verlegt ist. Da die fahrbaren Drehkrane der Standsicherheit wegen eine entsprechend große Spurweite erfordern, so beanspruchen sie einen großen Teil der Kaianlage als Fahrbahnfläche.

Elektrisch betriebene fahrbare Drehkrane s. S. 419.

Haben die Krane hochbordige Schiffe zu bedienen, so führt man das Auslegerunterteil, um eine genügend große Hubhöhe und ein größeres freies Profil unter dem Ausleger zu erhalten, turmartig aus (Abb. 870, S. 389).

Tordrehkrane. Handelt es sich um einen lebhaften Lösch- und Ladeverkehr zwischen Schiff und Eisenbahnwagen, sowie um größere Hubhöhen, so sind die Rollkrane ungeeignet, da sie wegen ihrer großen Spur zuviel Platz an der Kaianlage erfordern. Man verwendet dann die Volltordrehkrane, die ein oder mehrere Eisenbahngleise überspannen und deren schmale Stützen es ermöglichen, die Gleise ganz nahe an die Kaikante zu verlegen. Hierdurch wird der Ladeweg und damit auch die Ladezeit entsprechend abgekürzt.

Allgemeines über Tordrehkrane s. S. 424.

Liegen die Lagerschuppen des Hafens nahe der Kaikante, so kann die landseitige Schiene erhöht längs der Gebäudewand verlegt werden. Die mitunter beim Ladeverkehr hinderliche landseitige Stütze des Tores fällt dann fort und der Volltordrehkran geht in einen Halbtordrehkran über.

Um den Ladeverkehr mit den Voll- und Halbtordrehkranen möglichst zu beschleunigen, hat man die Arbeitsgeschwindigkeiten derart erhöht, daß man mit den Kranen in der Stunde 25 bis 30 Kranspiele erreicht. Eine weitere Erhöhung der Arbeitsgeschwindigkeiten ist, wenigstens bei Stückgutkranen, zwecklos, da das Anschlagen der Last den größten Teil der Zeit erfordert.

Über Halbtordrehkrane s. S. 431.

Abb. 950 zeigt eine Verladeanlage mit einem fahrbaren Torgerüst und einem auf diesem fahrenden Greiferdrehkran von 5 t Tragkraft, einer Hochbahn von 80 m Länge und einem Abstellgerüst.

Die Anlage wurde für die Utrechtsche Maschinenfabrik in Utrecht geliefert und ist für Haken-, Magnet- und Greiferbetrieb eingerichtet.

Der 5 t-Drehkran *c* hat die außerordentlich große Ausladung von 26,5 m und kann daher auch zwischen dem Schiff und den auf dem jenseitigen Gleis des Kanals stehenden Eisenbahnwagen umladen.

Soll der Kran *c* auf der Hochbahn arbeiten, so wird der Hilfsdrehkran *d* vorher auf das Abstellgerüst *e* gefahren und dort verriegelt. Das Abstellen des Hilfsdrehkranes ist dadurch möglich, daß beide Drehkrane auf dem fahrbaren Tor *b* Platz haben.

Das Befahren der Hochbahn *a* (oder des Abstellgerüstes *e*) von dem Torgerüst *b* aus ist nur dann möglich, wenn das Torgerüst genau vor der Hochbahn steht und mit ihr verriegelt ist. Diese Verriegelungsvorrichtung ist derart gestaltet, daß sie beim Fahren des Torgerüstes an diesem hochgeklappt wird und landseitig als Prellbock für den Drehkran dient.

Fährt einer der Drehkrane auf der Hochbahn und steht das Torgerüst nicht vor dieser, so werden am rechten Hochbahnende ebenfalls Prellböcke hochgeklappt und durch Bolzen festgestellt, so daß auch ein Abstürzen des Kranes von der Hochbahn ausgeschlossen ist.

Das Torfahrwerk ist mit einer gewichtbelasteten doppelten Backenbremse ausgerüstet, die durch einen Magneten gelüftet wird. Zur Sicherung gegen unbeabsichtigtes Fahren durch Winddruck sind an den ebenerdigen Schienen zwei Feststellvorrichtungen angeordnet.

Die Schleifleitungsschienen für das Torfahren sind so verlegt, daß das Fahrwerk nur von dem auf der Wasserseite auf dem Tor stehenden Drehkran betätigt werden kann. An der festen (wasserseitigen) Torstütze ist auf dem Fußträger noch ein Torfahrkontroller angeordnet, dessen Handrad normalerweise durch eine Kette mit Schloß festgestellt ist. Dieser Kontroller kommt für das Torfahren nur dann in Frage, wenn kein Drehkran auf dem Tor steht.

Arbeitsgeschwindigkeiten und Motoren:

Heben (5 t-Drehkran)	0,65 m/sek;	67,0 PS bei	600 Uml/min
Drehen „	3,0 „	20,4 „ „	730 „
Drehkranfahren .	1,26 „	42,2 „ „	745 „
Torgerüstfahren .	0,42 „	27,9 „ „	830 „

Stromart: Gleichstrom 500 V.

Doppel- und Dreifachkrane (Demag A.-G., Duisburg). Die Doppelkrane (Abb. 951) sind fahrbare Torkrane, die mit zwei voneinander unabhängigen Hebezeugen ausgerüstet sind. Das eine Hebezeug ist ein auf dem Torgerüst sitzender Einziehdrehkran mit waagerechtem Lastweg. Bauarten von Einziehdrehkranen s. S. 394.

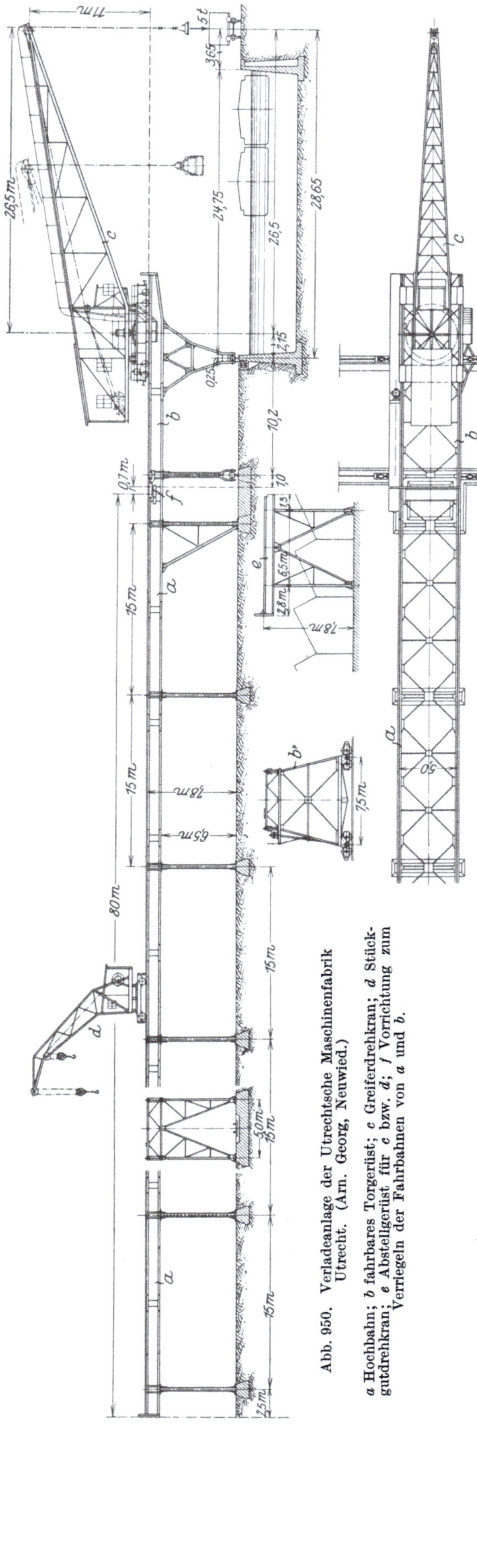

Abb. 950. Verladeanlage der Utrechtsche Maschinenfabrik Utrecht. (Arn. Georg, Neuwied.)

a Hochbahn; *b* fahrbares Torgerüst; *c* Greiferdrehkran; *d* Stückgutdrehkran; *e* Abstellgerüst für *c* bzw. *d*; *f* Vorrichtung zum Verriegeln der Fahrbahnen von *a* und *b*.

Das zweite Hebezeug ist eine Laufkatze, deren Fahrbahnträger senkrecht zur Kaikante steht und der bei Nichtbenutzung der Katze in das Torgerüst eingefahren wird.

Bei dem Doppelkran Abb. 951 ist das Windwerk zum Antrieb der Laufkatze in einem Schutzhause am oberen landseitigen Teil des Torgerüstes fest angeordnet. Die Hub- und Fahrtrommel übertragen ihre Bewegung durch Seilzüge auf die Laufkatze (Seilzüge s. S. 36).

Drehkran.	Tragkraft $Q_2 = 3000$ kg. Ausladung: $a = 12$ m; $a_0 = 8$ m. Hubhöhe: ~ 28 m.				
	Heben	36 m/min;	28 PS	bei 405	Uml/min;
	Auslegereinziehen	In 10 sek;	10,9 „	„ 630	„
	Drehen: 1,67 mal i. d. Min.		4,5 „	„ 515	„
Laufkatze.	Tragkraft $Q_1 = 1500$ kg. Ausladung: $a_1 \approx 10$ m. Hubhöhe: ~ 20 m.				
	Heben	36 m/min;	28 PS	bei 405	Uml/min;
	Katzenfahren	90 „	9,2 „	„ 820	„
Kran.	Fahren	9 „	17,7 „	„ 670	„

Stromart: Gleichstrom 500 V. Elektrische Ausrüstung: AEG.

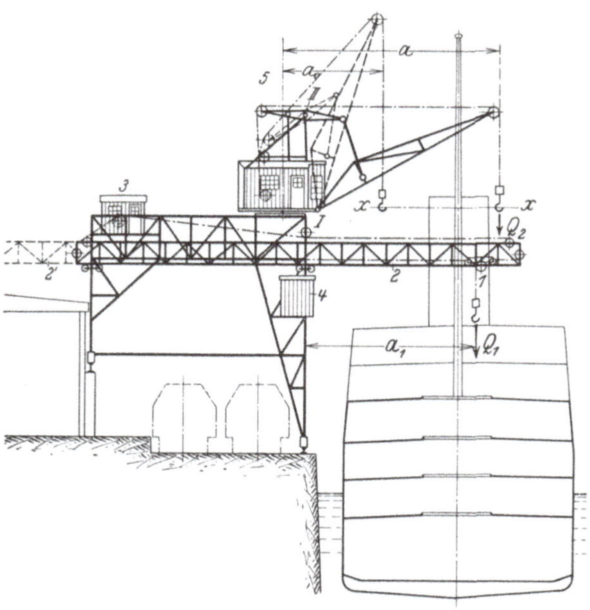

Abb. 951. Doppelkran für Hafenbetriebe. (Demag.)

1 Seillaufkatze; *2* senkrecht zur Kaikante verschiebbarer Ausleger; *3* Hub- und Fahrantrieb zur Seillaufkatze; *4* Führerhaus; *5* Einziehdrehkran mit waagerechtem Lastweg; *I* und *II* feste Drehpunkte.

Das Führerhaus ist an der wasserseitigen Torstütze eingebaut, so daß der Führer die Last sowohl im Laderaum des Schiffes, wie auch auf dem Wege zum Speicher verfolgen kann. Diese Ausführung hat gegenüber der früheren (mit Motorlaufkatze und angebautem Führerstand) den Vorzug eines geringeren Katzengewichtes, einer größeren Ausladung des Fahrbahnträgers und einer höheren Katzenfahrgeschwindigkeit.

Zwei Doppelkrane können so zusammen arbeiten, daß eine Reihe verschiedener Verladeweisen ermöglicht wird. So kann man vier Lasthaken auf eine Luke einstellen oder mit den Drehkranen die Schiffsluke bedienen, während die Laufkatzen Decklasten befördern. Oder die Laufkatze arbeitet vom Seeschiff auf einen anliegenden Leichter, während der Drehkran die Lasten zum Kai bzw. umgekehrt fördert.

Bei den Dreifachkranen sind auf dem senkrecht zur Kaikante verschiebbaren Ausleger zwei Laufkatzen mit getrennten Fahrbahnen angeordnet. Der Drehkran ist ebenfalls ein Einziehdrehkran mit waagerechtem Lastweg.

Die Dreifachkrane bieten die Möglichkeit, daß gleichzeitig drei Lasthaken an einer Schiffsluke arbeiten. Stehen zwei Dreifachkrane dicht nebeneinander, so sind sechs Hebezeuge auf kleinstem Raum vereinigt; der Güterumschlag wird hierdurch entsprechend beschleunigt.

Schrägbahnentlader (Hunt-Elevatoren) dienen zum Entladen von Schüttgütern aus den Schiffen und werden mit einem Kippkübel oder Greifer ausgerüstet. Ausführung meist fahrbar.

Die Hunt-Elevatoren sind einfach zu bedienen und eignen sich für große Umschlagleistungen, die wesentlich höher als die der üblichen Hafendrehkrane sind.

Abb. 952 zeigt einen fahrbaren Schrägbahnentlader, der in Verbindung mit einer Elektrohängebahn steht, die zur Weiterbeförderung des aus dem Schiff entladenen Gutes (Kohle oder Koks) dient. Die Laufkatze ist mit einem Greifer ausgerüstet und hat eine Tragkraft von 3 t. Ihre schräge Fahrbahn besteht aus dem bei Nichtbenutzung des Kranes hochklappbaren Ausleger c und dem festen Fahrbahnstück c_1.

Der gefüllte Greifer wird über den Schüttrumpf o gefahren und in diesen entleert. Aus dem Schüttrumpf wird das Fördergut durch Öffnen des Drehschieberverschlusses in die Gefäße der Hängebahnwagen abgegeben.

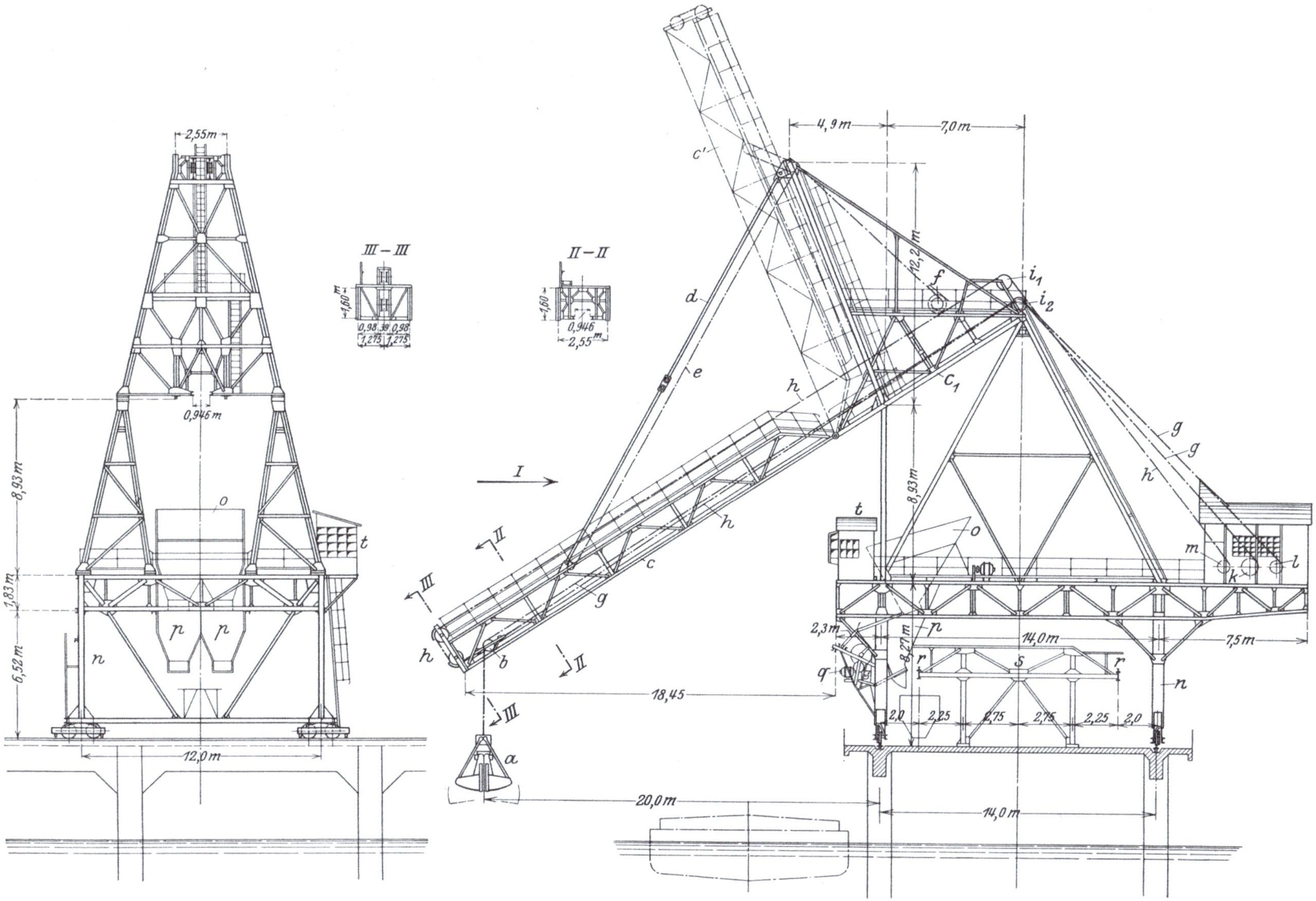

Abb. 952. Fahrbarer Schrägbahnentlader mit Anschluß an eine Elektrohängebahn. (Pohlig.)

a Greifer von 2,4 m^3 Inhalt; *b* Laufkatze; *c* schrägstehender einziehbarer Ausleger, dessen Untergurt als Katzenfahrbahn dient; c_1 feste Katzenfahrbahn; *d* Lenker; *e* Einziehseile; *f* Einziehwerk; *g* Hubwerkseile; *h* Katzenfahrseile; i_1—i_2 Umlenkrollen zu *g*—*h*; *k* Hubtrommel; *l* Entleertrommel; *m* Katzen-Fahrtrommel; *n* fahrbares Torgerüst; *o*—*p* Schüttrumpf mit zwei Ausläufen; *q* Triebwerk zum Einstellen des Schüttrumpfes und zum Öffnen der Drehschieberverschlüsse; *r*—*r* Hängebahnschienen; *s* Hängebahngerüst; *t* Führerhaus.

Arbeitsgeschwindigkeiten und Motoren:

Heben	105 m/min;	175 PS bei 730 Uml/min;
Katzenfahren	105 „	175 „ „ 730 „
(Auslegereinziehen) . .	1 mal in 6 Min.;	22 „ „ 970 „
Kranfahren	20 m/min;	22 „ „ 970 „

Stromart: Drehstrom 500 V, 50 Hz.

Pohlig stellt einen Universalverladeapparat her, der zum Entladen und Beladen von Schüttgut und Stückgut vom Schiff in Eisenbahnwagen oder auf einen Lagerplatz bzw. umgekehrt dient. Auch zum Verladen von Stückgütern aus Schiffen in ein mehrgeschossiges Lagerhaus ist der Apparat verwendbar, da sein Umbau in einen Schrägbahnkran vorgesehen ist. Das fahrbare Krangerüst überspannt mehrere Eisenbahngleise und hat an der Kaiseite einen hochklappbaren

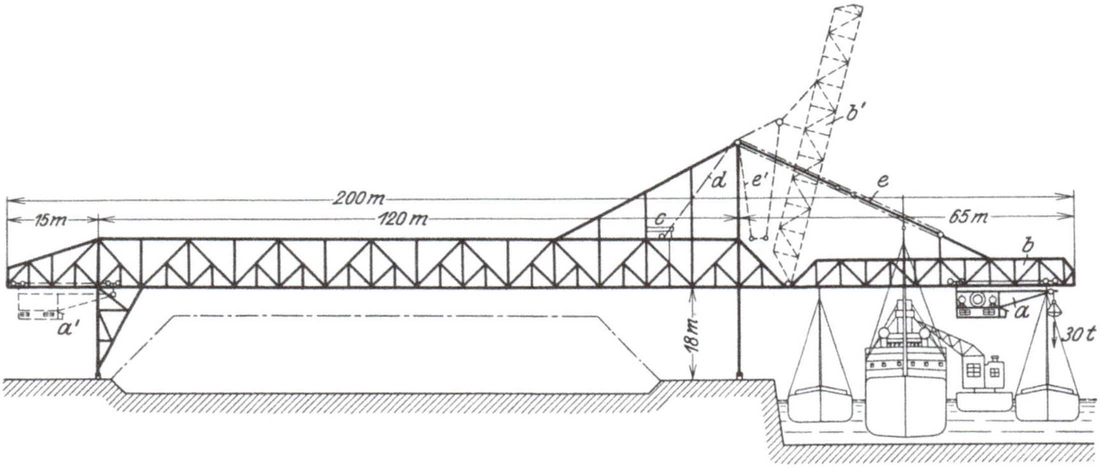

Abb. 953. Verladebrücke mit Drehlaufkatze und Greiferbetrieb von 30 t Tragkraft, 120 m Spannweite und 58 m wasserseitiger Ausladung. (Demag.)

a Drehlaufkatze; *b* einziehbarer Ausleger; *c* Einziehwerk; *d* Einziehseile; *e* Gelenkstangen, die Einziehseile in der tiefsten Auslegerstellung entlastend.

Ausleger von 21 m Ausladung und an der Landseite einen solchen von 21,5 m Ausladung. Tragkraft der Führerstandskatze: 5 t.

Verladebrücken werden angewendet, wenn nahe der Kaikante ein größer Lagerplatz liegt, auf dem Fördergut gestapelt wird und wenn genügend große Gutmengen umgeschlagen werden.

Bauarten der Verladebrücken s. S. 315.

In Abb. 953 ist eine Verladebrücke mit Drehlaufkatze und Greiferbetrieb dargestellt, die in einem großen Seehafen (Rotterdam-Vlaardingen) zum Entladen der angekommenen Erzdampfer dient. Die Schwenklaufkatze hat eine Tragkraft von 30 t und eine Ausladung von 13,5 m.

Beim Umladen zwischen Seeschiff und Leichter beträgt die Leistung der Brücke 550 t/h und bei den großen Fahrwegen zwischen Schiff und Lagerplatz 500 t/h. Diese Leistung läßt sich je nach den Ladeverhältnissen noch wesentlich steigern.

Der zum Verladen von Erz dienende Greifer ist ein normaler Demag-Greifer schwerer Bauart von 6,5 m^3 Inhalt. Das Greiferhubwerk ist ein Zweimotorenwindwerk mit Umlaufgetriebe (s. S. 213). Es ist mit zwei Hubmotoren zu je 320 PS und einem Schließmotor gleicher Leistung ausgerüstet. Hubgeschwindigkeit: 66 m/min.

Der Ausleger der Katze ist derart drehbar angeordnet, daß die Auslegerspitze nach jeder Seite um etwa 5,4 m aus der Mittellinie herausschwenken kann.

Katzenfahrgeschwindigkeit: 330 m/min.

Das Einziehen des etwa 50 m langen hochklappbaren Auslegers (aus der tiefsten in die höchste Lage) dauert etwa 10 Min.

Die beiden Antriebmotoren für das Brückenfahrwerk (Leistung: je 200 PS) sind auf Brückenmitte angeordnet. Jeder von ihnen treibt über eine waagerechte und zwei senkrechte Wellen zwei gegenüberliegende Brückenecken an.

Fahrgeschwindigkeit der Brücke: 20 m/min.

Stromart: Gleichstrom 550 V.

Weiteres über die Erzverladebrücke im Hafen Rotterdam—Vlaardingen siehe: Demag-Nachrichten 1929, S. 49.

Die Verladebrücke Abb. 954 ist mit einem auf dem Obergurt der Brücke fahrenden Einziehdrehkran ausgerüstet und dient zum Verladen der Kohle in Kähne. Die Kohle wird auf der Zeche aus Schütttrümpfen in Klappgefäße gefüllt, die auf Eisenbahnwagen abgestellt sind. Bauart der Klappgefäße siehe S. 150 unter „Lastaufnahmemittel".

Die gefüllten Klappgefäße werden nach der Ladestelle gefahren, von dem Drehkran aufgenommen und in die Kähne entleert.

Tragkraft des Drehkranes: $Q = 12$ t, entsprechend einem Klappgefäßinhalt von 10 m³. Größte Ausladung: $a = 27$ m; kleinste Ausladung: $a_0 = 13{,}5$ m.

Stützweite der Brücke: $L = 21$ m. Leistung: 250 t/h.

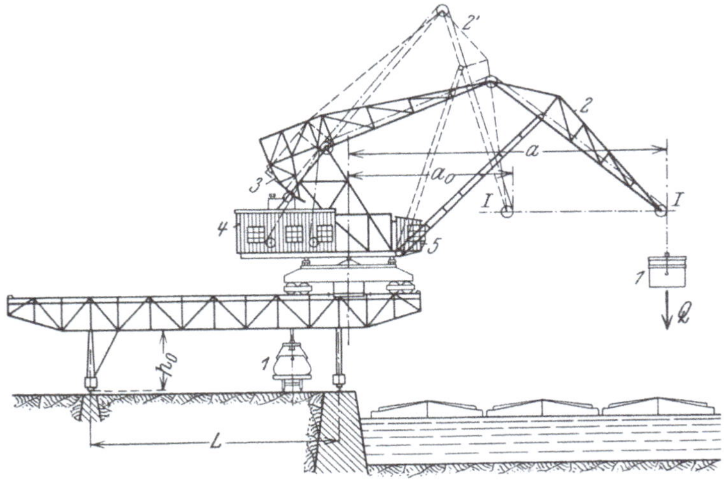

Abb. 954. Verladebrücke mit auf dem Obergurt fahrendem Einziehdrehkran. (Demag.)
1 Klappgefäß; *2* Ausleger; *3—4* Lenker; *5* feste Stütze; *6* Pendelstütze der Verladebrücke.

Arbeitsgeschwindigkeit und Motoren:

Heben	51,3 m/min;	83,0 PS	bei	600	Uml/min;
Auslegereinziehen .	40,0 „	13,5 „	„	1000	„
Drehen	1 mal i. d. Min.;	54,4 „	„	735	„
Drehkranfahren . .	41,1 m/min;	54,4 „	„	735	„
Brückenfahren. . .	60,0 „	120 „	„	735	„

Stromart: Drehstrom 500 V, 50 Hz.
Elektrische Ausrüstung: BBC.

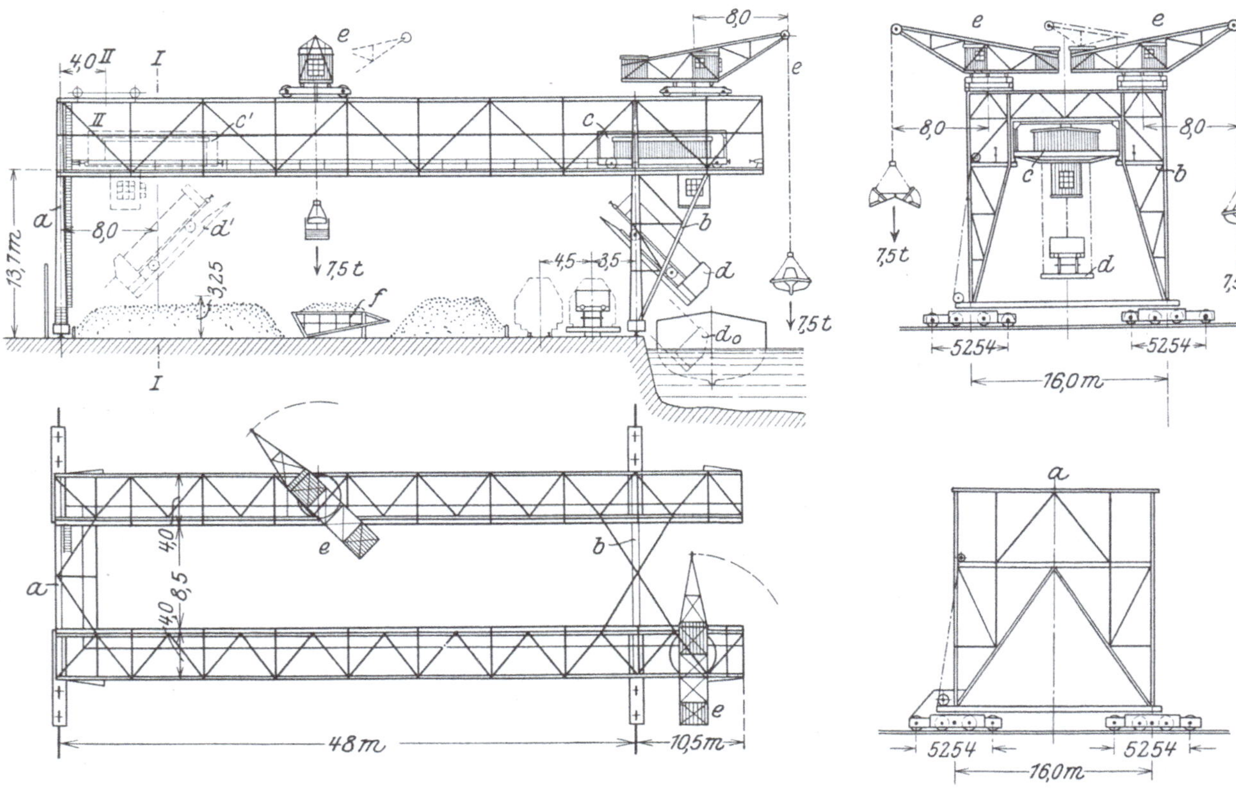

Abb. 955. Kipperkatzen-Verladebrücke mit zwei Greiferdrehkranen. (Demag.)
a Pendelstütze, *b* feste Stütze zur Verladebrücke; *c* Kipperkatze; *d* Plattform mit Auflaufzungen und Entladeschurre; *e* Greiferdrehkrane.

Kipperkatzenverladebrücken (Abb. 955) dienen zum unmittelbaren Entladen der mit Schüttgütern (Kohle, Erz u. dgl.) beladenen Eisenbahnwagen in die am Kai liegenden Schiffe oder auf den von der Brücke überspannten Lagerplatz. Die durchschnittliche Leistung der Katze (Abb. 955) beträgt 18 bis 20 *O*-Wagen mit je 20 t Ladegewicht in der Stunde, also 360 bis 400 t/h.

Durch die Anordnung fahrbarer Greiferdrehkrane auf den Obergurten der Brücke (Abb. 955) wird noch ein Umladen der Güter zwischen den Schiffen und dem Lagerplatz oder den Eisenbahnwagen bzw. umgekehrt erreicht und die Leistung der Verladebrücke entsprechend gesteigert.

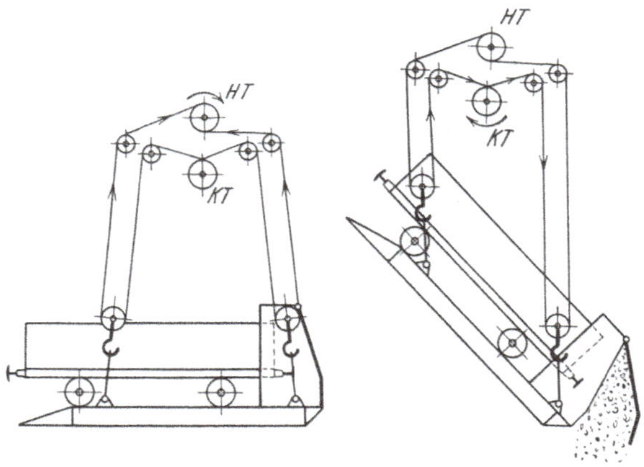

Abb. 956 und 957. Seilzüge zum Hub- und Kippwerk. *HT* Hubtrommel: *KT* Kipptrommel.

Arbeitsweise der Kipperkatze (Abb. 956 und 957): Die an den Seilen der Katze heb- und senkbar, sowie kippbar aufgehängte Plattform wird auf das Ladegleis abgesetzt. Der zu entladende Wagen wird nun vermittelst eines elektrisch betriebenen Spills über Auflaufzungen auf die Plattform gezogen und dann verriegelt. Durch Ingangsetzen der Hubtrommel HT (Abb. 956) wird die Plattform gehoben und der Wagen dann zur Entladestelle (über dem Schiff oder dem Lagerplatz) gefahren. Durch entgegengesetztes Drehen der Hubtrommel wird die Plattform in Rücksicht auf Schonung des Fördergutes so tief als möglich gesenkt. Durch Drehen der Kipptrommel KT (Abb. 957) und Festhalten der Hubtrommel wird nun die Plattform gekippt und der Wagen wird bei geöffneter Kopfwand entleert. Damit das Fördergut nicht auf die Plattform fällt, ist am Prellbockende derselben noch eine Schurre angebracht, deren Klappe sich beim Kippen selbsttätig öffnet und Verluste an Fördergut verhindert.

Ausführung einer Kipperkatze (Bauart Demag-Tigler) siehe Abb. 521, S. 248.

Abb. 955 zeigt die Kipperkatzen-Verladebrücke der Reichswerft Wilhelmshaven.

Tragkraft der Kipperkatze: 30 t; Hubhöhe: 10 m. Lichte Torhöhe: 13,2 m. Tragkraft der auf dem Obergurt der Brücke fahrenden Drehkrane: 7,5 t (entsprechend einem Greiferinhalt von 4 m³).

Arbeitsgeschwindigkeiten und Motoren:

		Kipperkatze:			
Heben	12 m/min;	175	PS	bei	720 Uml/min;
Kippen	10 „	37,5	„	„	750 „
Katzenfahren	80 „	52	„	„	750 „
		Drehkrane:			
Heben	45 m/min;	110	PS	bei	725 Uml/min;
Drehen	2 mal i. d. Min.;	18	„	„	730 „
Fahren	100 m/min;	32	„	„	750 „
Brückenfahren	30 „	110	„	„	750 „

Stromart: Drehstrom 500 V, 50 Hz.

Elektrische Ausrüstung: Bergmann, Elektr.-Werke A.-G., Berlin.

Leistung der Kipperkatze (20 Wagen)	400 t/Stde
Leistung eines Drehkranes	120 „
Leistung beim Zusammenarbeiten der Kipperkatze und der Drehkrane	640 „

Zahl der Brücken (Anlage Wilhelmshaven): 2.

Die Bewegungen der Kipperkatze und der Brücke werden von dem Führerhaus der Katze aus gesteuert. Die Steuervorrichtungen der Kipperkatze und der Drehkrane sind gegenseitig elektrisch blockiert. Hierdurch werden Kurzschlüsse und Betriebsstörungen, wie sie durch das gleichzeitige Ingangsetzen verschiedener Hebezeuge auftreten können, vermieden.

Literatur.

Bosshardt: Die neuen Hafenanlagen Basels. Werft Reederei Hafen 1926, S. 336.

Fabricius & Schulze: Ein neuer Schuppenspeicher für Stückgut im Seehafen Stettin. Z. V. d. I. 1929, S. 1453.

Franke: Beispiele aus der amerikanischen Hafenumschlagstechnik. Fördertechn. 1929, S. 239.

Franke: Verladeanlage auf Gräfin-Johanna-Schacht in Bobrek, O.-S. (Schwenkbare Kabelkrane). Z. V. d. I. 1928, S. 583.

Franke: Neue Erzverladeanlagen in Rotterdam. Werft Reederei Hafen 1929, Heft 6.

Franzen: Die Bedeutung neuzeitlicher Verladeeinrichtungen für Schiffahrt und Häfen. Fördertechn. 1929, S. 251.

Friedrich: Uferkrane mit waagerechtem Lastwege für den Güterumschlag in Seehäfen. Fördertechn. 1929, S. 244.

Hacker: Der Ausbau des Hafens II in Bremen. Z. V. d. I. 1929, S. 1837.
v. Hanffstengel: Die Entwickelung der Förder- und Verladeanlagen zu großen Abmessungen und Leistungen. Maschinenbau 1924, S. 557.
Iwersen: Die Kohlenumschlaganlage im Freihafen Rendsburg. Werft Reederei Hafen 1928. S. 411.
Kropf: Einige Industriehäfen am Rhein-Herne-Kanal mit Kübel- und Greiferkrananlagen, sowie Verladebrücken. Z. Binnenschiff. 10. VII. 1926.
Mewes: Die Entwicklung der Krane für den Umschlag von Massengütern. Werft Reederei Hafen 1927, S. 207.
Overbeck: Der Kalihafen in Bremen. Z. V. d. I. 1930, S. 307.
— Neue Einziehkrane für den Seehafenumschlag. Z. V. d. I. 1926, S. 73.
Piper: Hochleistungsverladekrane für Hafenanlagen. Werft Reederei Hafen 1925, Heft 23.
Riedig: Der gegenwärtige Stand des Güterumschlagwesens bei der Binnenschiffahrt. Fördertechn. 1927, S. 264.
Weicken: Doppelausleger-Drehkran (für den Massenumschlag von Stückgütern). Z. V. d. I. 1926, S. 78.
Woeste: Neuzeitliche Hafenkrane. Techn. Rundsch. 1927, S. 282.
— Neuzeitliche Kohlen- und Kokstransportanlage für Gaswerke. Gas und Wasserfach 31. VII. 1926.
Wundram: Neuartige Schwimmkrane im Hamburger Hafen. Z. V. d. I. 1929, S. 1547.
Die Kohlenlöschanlage für das neue Großkraftwerk in Buenos-Aires (Uferkrane mit Greiferbetrieb). Z. V. d. I. 1929, Nr. 43.
Die Umschlaganlagen am Erz- und Hafenkai des Emdener Hafens. Demag-Nachrichten 1927, S. 3.
Kipperkatzen-Verladeanlagen. Demag-Nachrichten 1929, S. 77.
Kohlenförderanlagen großer Elektrizitätswerke (insbesondere Verladebrücken). Demag-Nachrichten (Sonderheft zur 2. Weltkraftkonferenz) 1930, S. 2.
Kostenersparnis bei Entladung von Kohlenschiffen. Fördertechn. 1930, S. 36.
Moderne Hafenkrane. Pacific Mar. Rev. 1927, S. 512.
Neuartige Ausführung einer Klappkübel-Verladeanlage. Z. Binnenschiff. Nr. 11, Sept. 1928.
Neuzeitliche Wippkrane im Hamburger Hafenbetrieb. Werft Reederei Hafen 1927, H. 17.
Stückgutkrane in Seehäfen. Demag-Nachrichten 1929, S. 16.
40 t-Wippkran (ortfest). Z. V. d. I. 1928, S. 1296.
Wippkrane für den Güterumschlag. Demag-Nachrichten 1929, S. 26.
Die ersten Groß-Kohlenlöschanlagen in Japan (verschiedene Bauarten von Verladebrücken). Demag-Nachrichten 1931, S. B 45.
Die neue Massengut-Umschlaganlage Antwerpens (Verladebrücken mit Greiferbetrieb und fahrbaren Wiege- und Verladebunkern). Demag-Nachrichten 1932 (Jahrg. VI B Nr. 1), S. 16.

II. Schiffswerftkrane.

a) Hellingkrane.

Die auf den Schiffbauplätzen, den Hellingen, befindlichen Krane haben die Aufgabe, die für den Bau des Schiffsrumpfes erforderlichen Teile (Spanten, Profileisen, Bleche u. dgl.) von den ebenerdigen Transportmitteln aufzunehmen und zu ihren Anbaustellen zu befördern. Diese Transportarbeiten müssen bei den großen Förderwegen schnell durchgeführt werden. Die Zahl dieser Krane muß daher so gewählt sein, daß die ganze Grundfläche des Hellings restlos bestreichbar ist und die Krane einander nicht behindern.

1. Ortfeste Drehkrane.

Sie wurden früher viel angewendet und sind auch heute noch auf kleineren Werften zu finden.

Die gegenwärtig noch verwendeten ortfesten Drehkrane sind Turmdrehkrane mit feststehender Säule und einer auf dem waagerechten Untergurt des Auslegers fahrenden Katze. Von diesen Kranen werden an jeder Seite des Hellings mehrere aufgestellt, deren Ausladung so gewählt wird, daß die ganze Schiffbaufläche bedient werden kann.

2. Auf ebener Erde fahrende Drehkrane.

Für kleinere Schiffbauplätze genügen vielfach normale Dampfkrane mit hohem geknicktem Ausleger, deren Fahrbahnen auf ebener Erde und längs der Baustelle verlegt sind. In eingezogenem Zustande beträgt die Auslegerhöhe bis Schienenoberkante 16,75 m und ist auch für hochbauende Seeschiffe noch ausreichend. Dampfkrane s. S. 411.

Fahrbare elektrisch betriebene Turmdrehkrane (Abb. 958 bis 960). Das fahrbare Turmgerüst ist an seinem Unterteil torartig gestaltet und überspannt das längs dem Helling verlegte Gleis, auf dem die Bauteile für den Schiffsrumpf angefahren werden. Torstützweite: Meist 6 m. Die Krane werden entweder mit drehbarer oder mit fester Säule, mitunter auch mit Drehscheibe ausgeführt. Veränderung der Ausladung durch Einziehen des Auslegers, meist jedoch durch Anordnung einer Laufkatze auf dem waagerechten Untergurt des Auslegers.

Bei Veränderung der Ausladung durch eine Laufkatze (Seillaufkatze) wird der Antrieb für das Hub- und Katzenfahrwerk fest auf dem hinteren Auslegerteil angeordnet und unterstützt daher die Wirkung des Gegengewichtes.

Zur sicheren Wahrung der Standfestigkeit sind in der Regel noch Gegengewichte erforderlich, die an den Fußträgern des fahrbaren Turmgerüstes aufgesetzt werden.

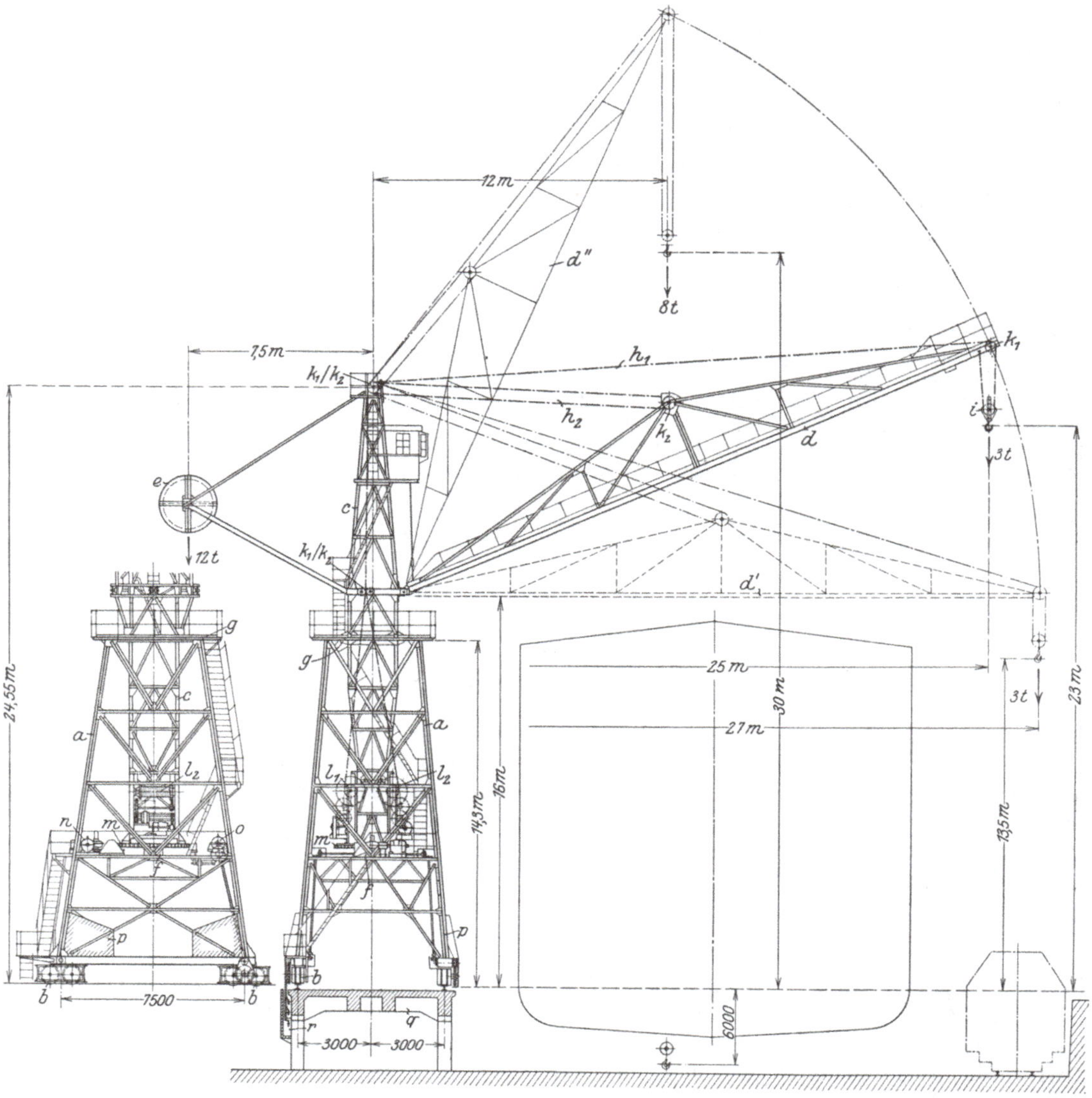

Abb. 958. Fahrbarer Turmdrehkran mit einziehbarem Ausleger von 3 bzw. 8 t Tragkraft und 27 bzw. 12 m Ausladung. (Rheinmetall.)

a Fahrbares Turmgerüst; *b* einstellbare Radgestelle zu *a*; *c* drehbare Säule, an der der Ausleger *d* wippbar angeordnet (*d'* tiefste, *d''* höchste Auslegerstellung); *e* Ausleger-Gegengewicht; *f* unteres Säulenlager (Spur- und Halslager); *g* oberes Säulenlager (Rollenlager); h_1 Hubseil; h_2 Auslegereinziehseil; *i* zweirollige Kranflasche; k_1-k_2 Umlenkrollen zu h_1 bzw. h_2; l_1 Hubtrommel; l_2 Auslegereinziehtrommel; *m* Triebstockkranz zum Drehwerk, an *c* angeschraubt; *n* Drehmotor; *o* Kranfahrmotor; *p* Gegengewichte am Turmgerüstfuß; *q* Kranfahrbahn; *r* Stromleitungskanal.

Der fahrbare Turmdrehkran Abb. 958 hat eine drehbare Säule und einen an ihr angebauten wippbaren Ausleger, der vermittelst eines achtsträngigen Rollenzuges gehoben und gesenkt wird. Zur Vermeidung des Tiefersinkens des Auslegers ist eine Verriegelung vorgesehen.

Der auf Abb. 959 schematisch dargestellte fahrbare Turmdrehkran hat eine im Turmgerüst gelagerte drehbare Säule und Veränderung der Ausladung durch eine Laufkatze. Tragkraft bei 24 m Ausladung 2 t, bei 4,5 m Ausladung 6 t. Hubhöhe: $\sim$ 26 m. Spannweite: $s = 5{,}85$ m.

Arbeitsgeschwindigkeiten. Heben: 16 m/min; Katzenfahren: 20 m/min; Drehen: 120 m/min; Kranfahren: 60 m/min.

Der Kran Abb. 960 hat eine feste Säule, die auf dem fahrbaren Torgerüst aufgebaut und nach oben hin verjüngt ist.

Tragkraft, Ausladung, Arbeitsgeschwindigkeiten usw. sind die gleichen wie bei dem Kran Abb. 959.

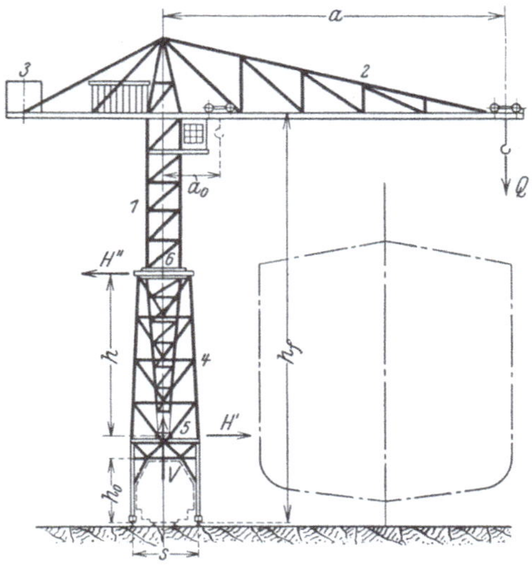

Abb. 959. Fahrbarer Turmdrehkran mit drehbarer Säule (schematische Darstellung).

1 Fachwerksäule mit quadratischem Querschnitt; *2* Ausleger, an *1* angebaut; *3* Ausleger-Gegengewicht; *4* Stützgerüst mit torartigem Unterteil; *5* unteres Längs- und Querlager; *6* oberes Querlager (sechsrolliges Lager).

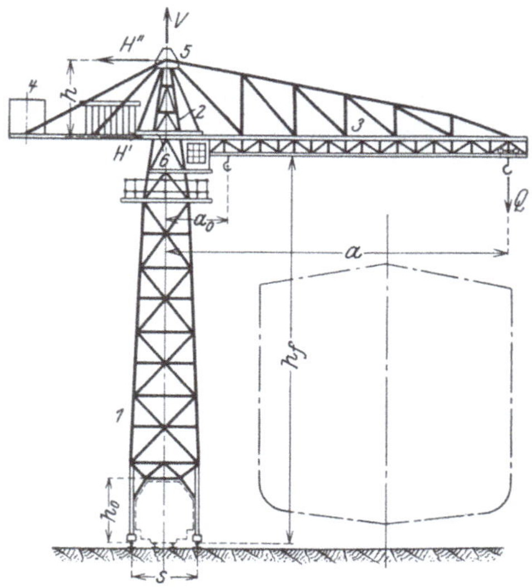

Abb. 960. Fahrbarer Turmdrehkran mit fester Säule (schematische Darstellung).

1 Fachwerksäule; *2* pyramidenförmiges Oberteil; *3* Ausleger; *4* Ausleger-Gegengewicht; *5* oberes Längs- und Querlager; *6* unteres Querlager (sechsrolliges Lager).

Berechnung der Auslegerstützkräfte V und $H' = H''$ nach den Angaben S. 362 und 363.

Die Krane werden meist mit einer Zeigervorrichtung ausgerüstet, die im Führerhaus die Katzenstellung anzeigt, so daß ein Überlasten des Kranes in den einzelnen Stellungen verhindert wird.

3. Auf Hochbahnen fahrende Krane.

Die Hochbahnkrane haben den Vorzug, daß sie den ebenerdigen Verkehr nicht behindern und betriebssicherer sind. Da sie auch höhere Kranfahrgeschwindigkeiten erhalten können, so sind sie leistungsfähiger.

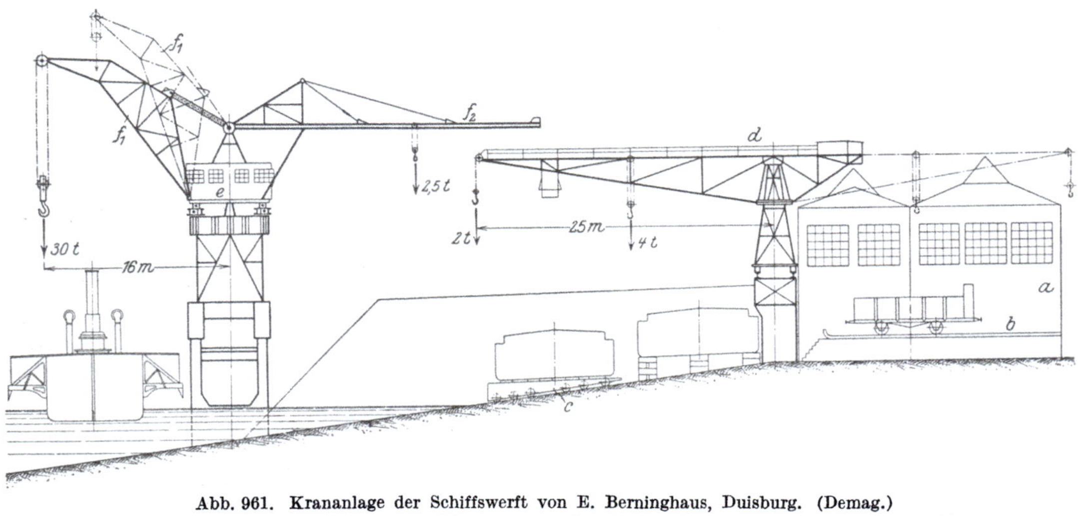

Abb. 961. Krananlage der Schiffswerft von E. Berninghaus, Duisburg. (Demag.)

a Werkstättengebäude; *b* Material-Anfuhrgleise; *c* Schrägaufzug; *d* auf einer Hochbahn fahrbarer Turmdrehkran; *e* ortsfester Schiffausrüstungskran (Doppelkran); f_1 wippbarer Ausleger, f_2 Ausleger mit Katzenfahrbahn zu *e*.

In Abb. 961 ist die Krananlage einer Werft für Flußschiffe dargestellt. Der auf einer Hochbahn fahrende Turmdrehkran von 2 bzw. 4 t Tragkraft und 25 bzw. 12 m Ausladung dient zum Transport der Bauteile, sowie zu Montagezwecken.

Zum Ausrüsten der Schiffe dient ein ortfester, auf einem Betonunterbau sitzender Drehkran, der als Doppelkran ausgebildet ist. Der wippbare Ausleger hat eine Tragkraft von 30 t und wird zum Einsetzen schwerer Teile (Kessel, Maschinen u. dgl.) in die Schiffe verwendet. Der zweite Ausleger dient zum Bewegen leichterer Teile bei Instandsetzungsarbeiten und wird von einer Laufkatze von 2,5 t Tragkraft befahren.

Abb. 962 gibt die schematische Darstellung einer Hellinganlage mit zwei auf Hochbahnen fahrenden Turmdrehkranen, die nach Abb. 963 ausgeführt sind.

Tragkraft: 5 t bei 8 m Ausladung, 3 t bei 13 m Ausladung und 2,5 t bei 15 m Ausladung.

Die Drehscheibe dieser Krane ist auf dem oberen Teil des fahrbaren Turmgerüstes angeordnet und ist vierrollig. Das Hubwerk hat einen achtsträngigen Zwillingsrollenzug und ist zum Einstellen zweier Hubgeschwindigkeiten mit einem umschaltbaren Stirnrädervorgelege ausgerüstet.

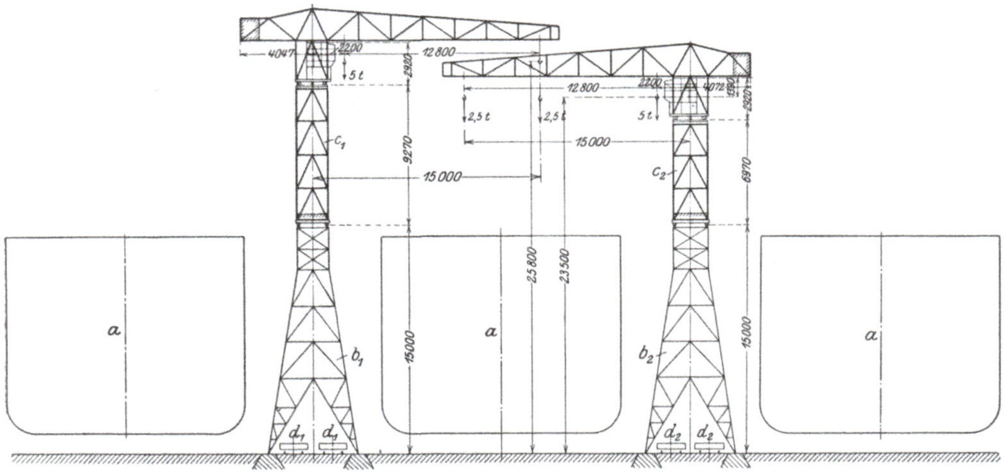

Abb. 962. Hellinganlage mit auf Hochbahnen fahrenden Turmdrehkranen nach Abb. 963.
a Hellinge; b_1-b_2 Hochbahnen; c_1-c_2 fahrbare Turmdrehkrane (Drehscheibenbauart) von 2,5 bzw. 5 t Tragkraft und 15 bzw. 8 m Ausladung; d_1-d_2 Anfuhrgleise für die Bauteile.

Der Fahrseilzug ist ebenfalls ein Zwillingsrollenzug, dessen Seilenden am Katzengestell befestigt sind. Die Vorrichtung z_1 zum Anzeigen der jeweiligen Katzenstellung wird von der Fahrtrommel r aus angetrieben.

Von den vier Kranlaufrädern sind zwei einander diagonal liegende angetrieben. Die Bremse des Kranfahrwerks ist eine gewichtbelastete doppelte Backenbremse, die durch einen Nebenschlußmagnetbremslüfter gelüftet wird.

Arbeitsgeschwindigkeiten und Motoren:

Heben (bis 2,5 t) . .	30,5 m/min;	} 35,0 PS bei 525 Uml/min;
„ (2,5 bis 5 t) .	15,25 „	
Katzenfahren . . .	35,4 „	11,5 „ „ 675 „
Drehen	1,14 „	10,6 „ „ 675 „
Kranfahren	68,5 „	35,0 „ „ 525 „

Stromart: Gleichstrom 440 V. Elektrische Ausrüstung: Bergmann, Elektr.-Werke, Berlin.

Bei mäßiger Breite der Hellinganlage werden zu beiden Seiten derselben Hochbahnen angeordnet, auf denen ein **Laufkran** fährt, der die ganze Grundfläche bestreicht. Der Kran wird zweckmäßig als Untergurtlaufkran ausgebildet und erhält den großen Förderwegen entsprechend hohe Arbeitsgeschwindigkeiten.

4. Krananlagen für Hellinggerüste.

In neuerer Zeit ist man dazu übergegangen, die zum Bau von Seeschiffen dienenden Hellinganlagen der Breite und Länge nach durch ein eisernes Gerüst zu überspannen, das mit mehreren Laufkranen oder Laufdrehkranen ausgerüstet wird, durch die die Hellinggrundfläche in verschiedene Arbeitsstreifen unterteilt wird.

Die Abb. 964 und 965 geben zwei kennzeichnende Beispiele derartiger Helling-Krananlagen in schematischer Darstellung.

Abb. 964: Zweischiffige Hellinganlage mit je zwei Laufkranen und einer auf Schiffmitte fahrenden Katze.

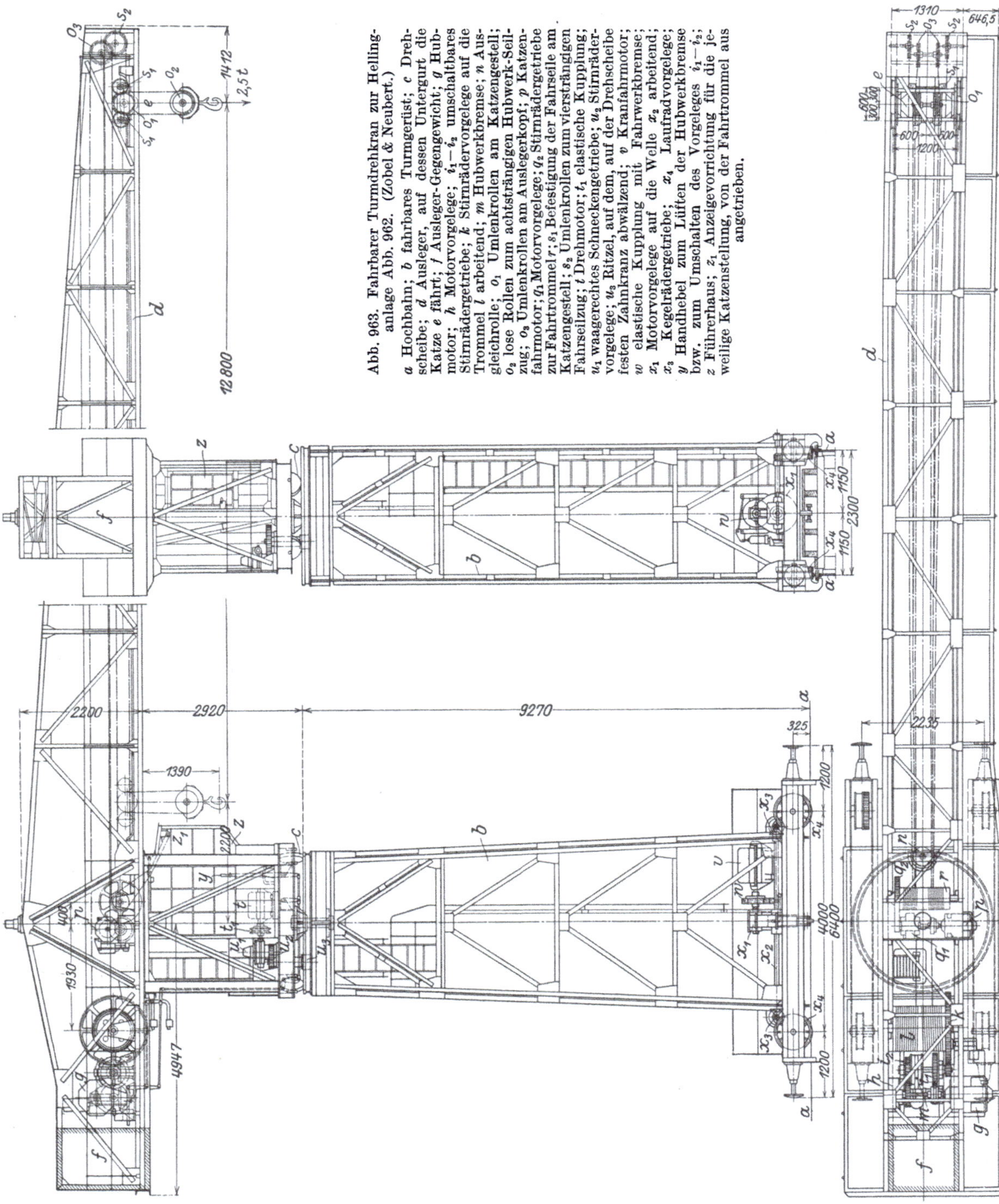

Abb. 963. Fahrbarer Turmdrehkran zur Hellinganlage Abb. 962. (Zobel & Neubert.)

a Hochbahn; *b* fahrbares Turmgerüst; *c* Drehscheibe; *d* Ausleger, auf dessen Untergurt die Katze *e* fährt; *f* Ausleger-Gegengewicht; *g* Hubmotor; *h* Motorvorgelege; $i_1 - i_2$ umschaltbares Stirnrädergetriebe; *k* Stirnrädervorgelege auf die Trommel *l* arbeitend; *m* Hubwerkbremse; *n* Ausgleichrolle; o_1 Umlenkrollen am Katzengestell; o_2 lose Rollen zum achtsträngigen Hubwerk-Seilzug; o_3 Umlenkrollen am Auslegerkopf; *p* Katzenfahrmotor; q_1 Motorvorgelege; q_2 Stirnrädergetriebe zur Fahrtrommel *r*; s_1 Befestigung der Fahrseile am Katzengestell; s_2 Umlenkrollen zum viersträngigen Fahrseilzug; *t* Drehmotor; t_1 elastische Kupplung; u_1 waagerechtes Schneckengetriebe; u_2 Stirnrädervorgelege; u_3 Ritzel, auf dem, auf der Drehscheibe festen Zahnkranz abwälzend; *v* Kranfahrmotor; *w* elastische Kupplung mit Fahrwerkbremse; x_1 Motorvorgelege auf die Welle x_2 arbeitend; x_3 Kegelrädergetriebe; x_4 Laufradvorgelege; *y* Handhebel zum Lüften der Hubwerkbremse bzw. zum Umschalten des Vorgeleges $i_1 - i_2$; *z* Führerhaus; z_1 Anzeigevorrichtung für die jeweilige Katzenstellung, von der Fahrtrommel aus angetrieben.

Abb. 965: Zweischiffige Hellinganlage mit Laufdrehkranen und Laufkatzen auf Schiffsmitte.

Hellinganlage mit Kabelkranen s. Stephan, Die größte Kabelkrananlage auf Werften. Anz. Essen 1926, Nr. 29.

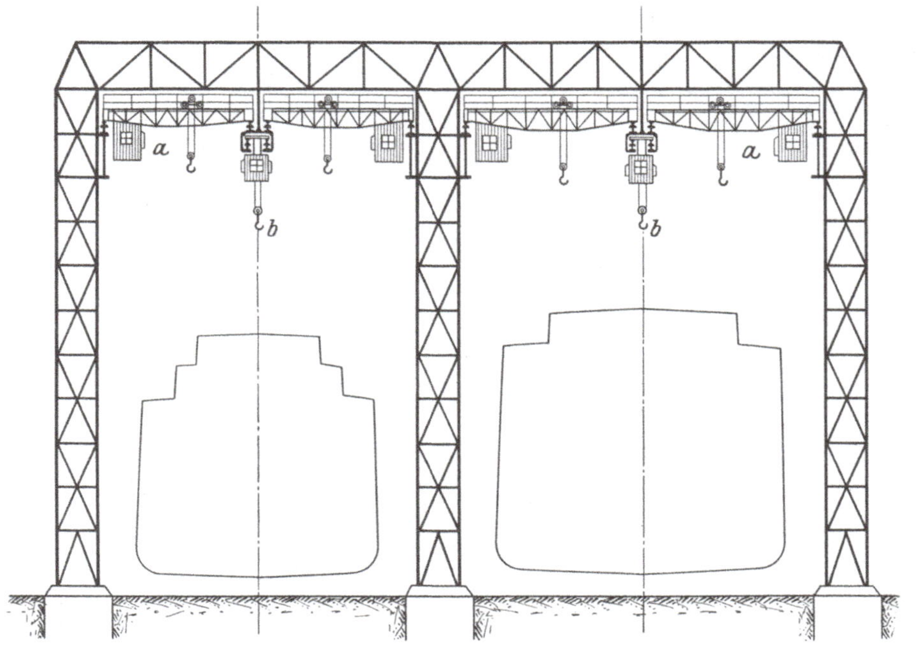

Abb. 964. Helling-Krananlage (schematische Darstellung).
a Laufkrane; *b* Laufkatzen.

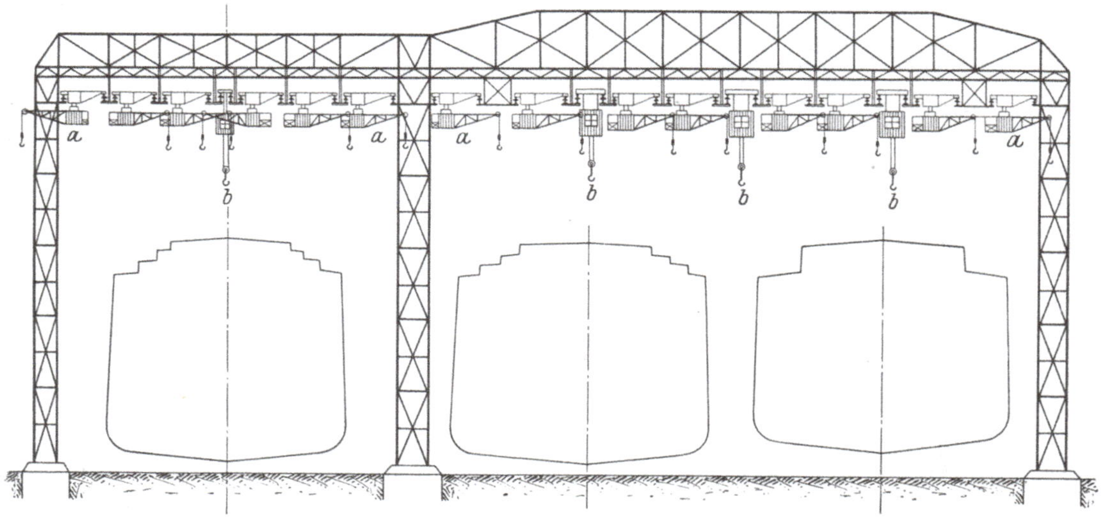

Abb. 965. Helling-Krananlage (schematische Darstellung).
a Laufdrehkrane; *b* Laufkatzen.

b) Krane zur Schiffsausrüstung.

Zur Ausrüstung der von Stapel gelaufenen Schiffe wie zum Einsetzen von Kesseln, Maschinen, Geschützen u. dgl. werden Krane mit entsprechend großer Tragkraft, Ausladung und Hubhöhe benötigt.

Für beschränkte Tragkraft und Ausladung werden diese Krane fahrbar, für Schwerlasten (über 100 t) ortfest oder schwimmend ausgeführt.

Der auf Abb. 966 dargestellte, zur Schiffsausrüstung dienende fahrbare Tordrehkran hat eine Tragkraft von 7 bzw. 14 t bei 20 bzw. 11 m Ausladung. Zum Heben leichter Lasten (bis 7 t) wird die 14 t-Flasche vermittelst eines Windwerks in ihre höchste Stellung gebracht und dort ausgeschaltet. Die Last wird daher doppelt so schnell als an der 14 t-Flasche gehoben. Ähnliche Ausführung des Hubseilzuges bei einem Konsoldrehkran s. S. 342. Das Führerhaus des Kranes ist zwecks guter Übersichtlichkeit des Arbeitsfeldes erhöht im Ausleger eingebaut.

Arbeitsgeschwindigkeiten und Motoren:

Heben: 7 t mit 15 m/min;		
„ 3,5 t „ 30 „	} 27,9 PS bei 950 Uml/min	
„ 14 t „ 7,5 „		
Drehen . . . 1,25 mal i. d. Min.;	17,6 PS bei 950 Uml/min	
Kranfahren . 55 m/min;	27,2 „ „ 870 „	
Stromart: Drehstrom 500 V, 50 Hz.		

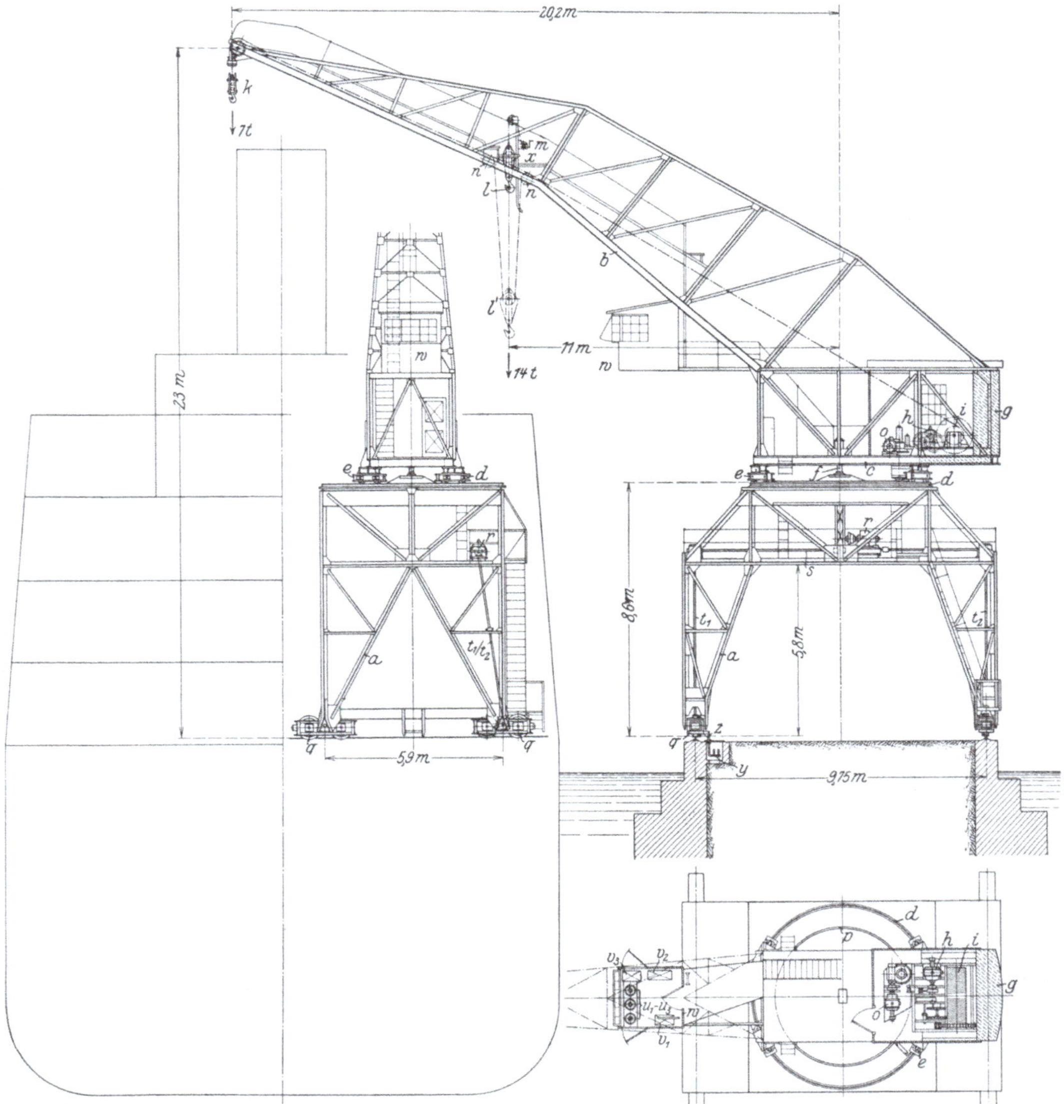

Abb. 966. Fahrbarer Tordrehkran von 7 bzw. 14 t Tragkraft und 20 bzw. 11 m Ausladung. (Arn. Georg, Neuwied.) *a* Volltorgerüst; *b* drehbarer Ausleger; *c* Plattform von *b*; *d* kreisförmige Fahrbahn der Auslegerdrehscheibe; *e* Laufrollenpaare, an *c* einstellbar angeordnet; *f* Führungszapfen der Drehscheibe; *g* Auslegergegengewicht; *h* Hubmotor; *i* Hubtrommel mit Rechts- und Linksgewinde; *k* 7 t-Flasche, deren lose Rolle als Ausgleicherolle dient; *l* 2-rollige 14 t-Flasche, mittels des Windwerks *m* hochgezogen; *l'* 14 t-Flasche in Betrieb (*k* an der Auslegerspitze anliegend); *n* Lenkrollen zu den Hubseilen; *o* Drehmotor; *p* Triebstockkranz, auf dem Volltorgerüst aufgeschraubt; *q* einstellbare Radgestelle an *a*; *r* Kranfahrmotor; *s* waagerechte, t_1-t_2 schräge Fahrwerkswellen; u_1-u_3 Steuerwalzen; v_1-v_3 Widerstände zu u_1-u_3; *w* Führerhaus; *x* Plattform zur Bedienung von *m*; *y* Stromleitungskanal; *z* Stromabnehmer.

Die doppelte Hubgeschwindigkeit von 30 m/min für Lasten bis 3,5 t wird durch ein umschaltbares Stirnrädergetriebe eingestellt, dessen Kupplung durch einen Handhebel bedient wird. Eine im Führerhaus angebrachte Zeigervorrichtung gibt dem Kranführer an, ob das Getriebe auf die große oder kleine Hubgeschwindigkeit eingestellt ist.

Abb. 967 zeigt einen f a h r b a r e n T u r m d r e h k r a n von 40 bzw. 12 t Tragkraft bei 13,5 bzw. 30 m Ausladung. Der Kran entspricht in baulicher Hinsicht dem ortfesten Turmdrehkran Abb. 845,

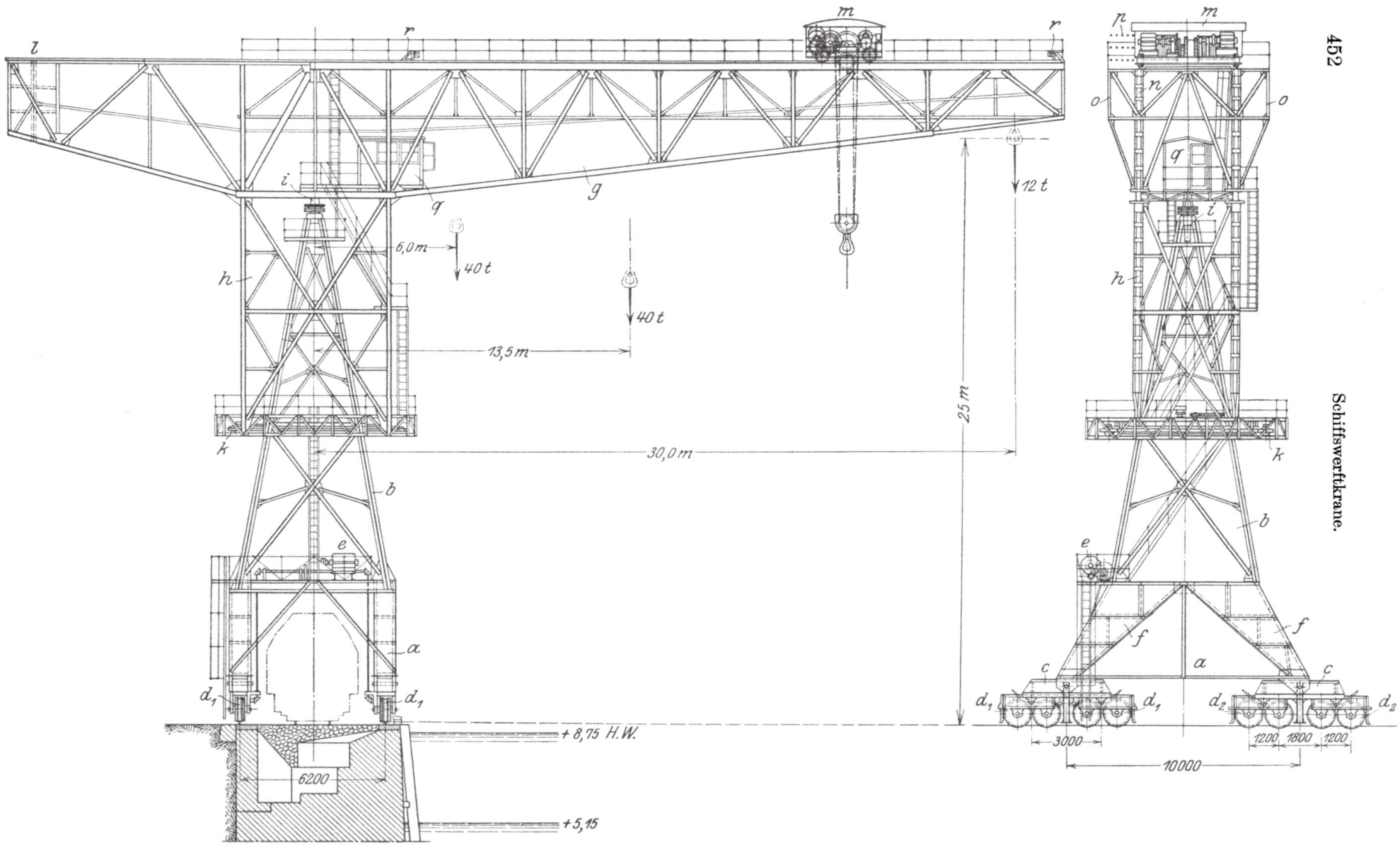

Abb. 967. Fahrbarer Turmdrehkran von 40 bzw. 12 t Tragkraft und 13,5 bzw. 30 m Ausladung. (MAN.)

a Fahrbares Torgerüst mit aufgebauter pyramidenförmiger Fachwerksäule *b*; *c* Kranfußträger, an *a* gelenkig angeordnet; d_1—d_2 einstellbare Radgestelle; *e* Kranfahrmotor; *f* Gegengewichte am Torgerüst; *g* hammerförmiger Ausleger, dessen haubenartiges Unterteil *h* auf die Fachwerksäule *b* aufgesetzt; *i* oberes Auslegerlager (Längs- und Querlager); *k* unteres Auslegerlager (vierrolliges Querlager, dessen Laufkranz an *b* befestigt); *l* Gegengewicht am hinteren Arm des Hammerauslegers; *m* 40 t-Laufwinde; *n* Hauptträger (Fahrbahnträger der Winde); *o* Seitenträger; *p* Katzenschleifleitung; *q* Führerhaus; *r* Prellböcke.

S. 376, nur ist seine feste Säule auf einem fahrbaren Torgerüst von 6,2 m Spannweite angeordnet. Er fährt auf sechzehn Laufrädern. Das Hubwerk hat ein umschaltbares Stirnrädergetriebe für langsamen und schnellen Gang.

Arbeitsgeschwindigkeiten und Motoren:

Heben (40 t) . . .	2,6 m/min;	} 35,4 PS bei 670 Uml/min;
„ (12 t) . . .	12,0 „	
Katzenfahren . . 20 bis 25	„	10,7 „ „ 650 „
Drehen . . . . . 2,5 „ 3,0	„	20,4 „ „ 620 „
Kranfahren . . . 22 „ 25	„	70 „ „ 620 „

Stromart: Gleichstrom 440 V. Elektrische Ausrüstung: SSW.

Abb. 968: Hammerwippdrehkran von 250 t Tragkraft, 1913 für Blohm u. Voß in Hamburg geliefert.

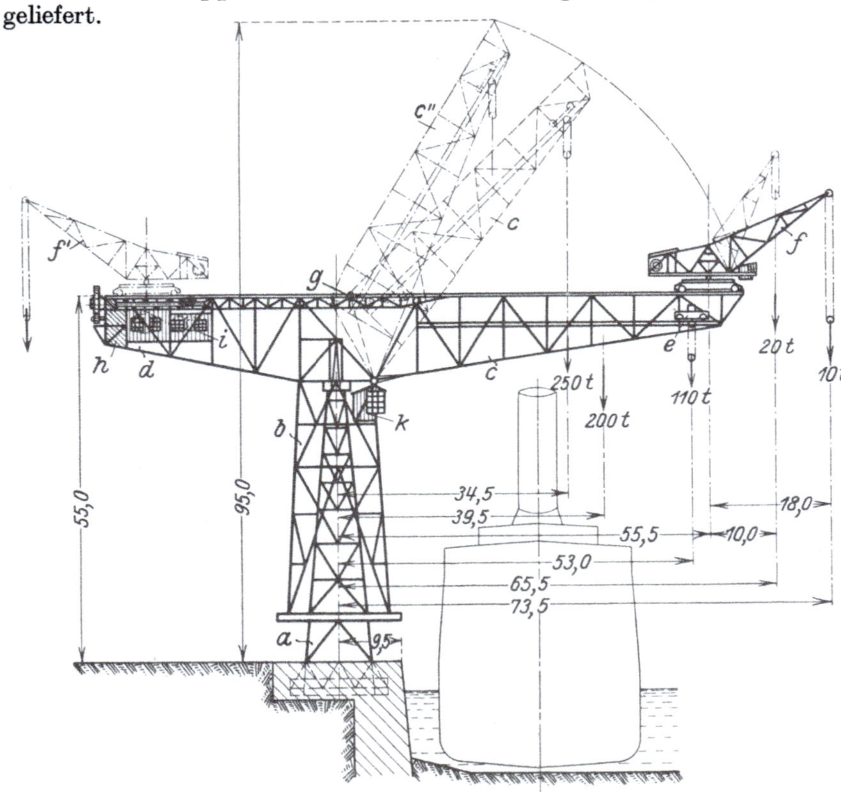

Abb. 968. Hammer-Wippdrehkran von 250 t Tragkraft. (Demag.)

a feststehende pyramidenförmige Fachwerksäule, auf der das haubenförmige Unterteil *b* des drehbaren Auslegers aufgesetzt; *c* wippbarer Ausleger; *d* Gegengewichtsarm, an dem der Antrieb des Hub- und Auslegerwippwerks angeordnet; *e* Schwerlast-Laufkatze von 250 t Tragkraft, deren Fahrbahn im Innern des wippbaren Auslegers eingebaut; *f* Drehkran, auf dem Obergurt des Hammerauslegers fahrend; *g* Lenker zum Ausleger-Wippwerk, bei waagerechter Auslegerstellung als Verbindungsbrücke der Drehkranfahrbahn zwischen *c* und *d* dienend; *h* Gegengewicht; *i* Maschinenhaus; *k* Führerhaus. Bei Benutzung des Kranes als Wippkran wird der Hilfsdrehkran in die äußerste Stellung des Gegengewichtsarmes gebracht und die Laufkatze in der größten Ausladung (53 m) festgestellt und verriegelt. Wippen des Auslegers durch Schraubenspindeln.

Die Tragkraft der Schwerlastkatze, deren Fahrbahn im Innern des wippbaren Auslegers angeordnet ist, beträgt bei 34,5 m Ausladung 250 t, bei 39,5 m 200 t und bei der größten Ausladung von 53 m noch 110 t.

Der auf der ganzen, etwa 96 m betragenden Länge des Auslegerobergurts fahrende Drehkran dient als Hilfshebezeug und hat eine Tragkraft von 10 bzw. 20 t bei 10 bzw. 18 m Ausladung.

Von den beiden Hebezeugen — Schwerlastkatze und Hilfsdrehkran — kann nur eines allein arbeiten. Beide sind, um Überlastungen des Kranes zu vermeiden, derart elektrisch zueinander blockiert, daß die Laufkatze nur dann betätigt werden kann, wenn der Drehkran an das äußerste Ende des Gegengewichtsarmes gebracht ist, wo er stromlos, also unbenutzbar steht und so die Wirkung des Gegengewichtes unterstützt. Andererseits kann der Drehkran nur dann in Tätigkeit treten, wenn die Schwerlastkatze ganz eingefahren und blockiert, d. h stromlos geworden ist.

Soll der Kran als Wippkran verwendet werden, so wird die Katze in ihre äußerste Stellung gebracht und dort vermittelst Bolzen verriegelt. Sie wirkt dann für den wippbaren Ausleger wie die feste Flasche eines mehrsträngigen Rollenzuges. Die in der äußersten Stellung befindliche verriegelte Katze darf nur mit 100 t belastet werden.

Bei ganz eingezogenem Ausleger (24,5 m Ausladung) steht der Lastschäkel 66 m über der Kaikante. Das Einziehen des Auslegers aus der waagerechten Lage in die der kleinsten Ausladung dauert bei unbelasteter Katze etwa 30 bis 35 Min., bei einer Last von 100 t etwa 40 bis 50 Min.

Das am hinteren Auslegerende angeordnete Hubwerk ist so gestaltet, daß es durch Umschalten zweier Stirnrädergetriebe auch zum Auslegereinziehen verwendet wird. Die Hubtrommeln sind zwei einander gegenüberliegende Reibungstrommeln, deren Windungszahl so groß ist, daß das Seil nach Verlassen der Trommeln und beim Gang auf die Seilaufspeicherungstrommel nahezu spannungslos ist (Abb. 133, S. 54).

Die Senkgeschwindigkeit der Last ist um etwa 50% größer als die Hubgeschwindigkeit. Diese weitgehende Regelung der Lastgeschwindigkeit wird durch die Anwendung der Leonard-Schaltung (s. S. 179) erreicht, deren Steuersätze ebenfalls im Maschinenhaus aufgestellt sind.

Der Antrieb des Katzenfahrwerks ist auf der Katze selbst angeordnet. Zum Steuern des Katzenfahrmotors wird einer der Steuersätze nach entsprechender Umschaltung herangezogen.

Das durch Spindeln betätigte Auslegereinziehwerk und der Antrieb des Hub- und Einziehwerks sind in der Z. V. d. I. 1919, S. 352, näher beschrieben.

Die Rollen des unteren Querlagers sind in dem senkrechten glockenförmigen Auslegerteil gelagert und wälzen auf einem an der Kransäule befestigten Druckring ab. Auf diesem gut versteiften Druckring sind zwei voneinander unabhängige Drehwerke angeordnet, deren Motoren mittels einer entsprechenden Übersetzung auf je ein Stahlritzel arbeiten, die mit einem am Rollenkranz befestigten Triebstockkranz kämmen. Zur Sicherung gegen Überlastungen sind die Drehwerke mit Rutschkupplungen ausgerüstet.

Arbeitsgeschwindigkeiten und Motoren:

Schwerlastkatze:

Heben (250 t) . . .	1,6 m/min;	2 Motoren je 95 PS bei 400 Uml/min;
„ (100 t) . . .	4,0 „	
Katzenfahren (bei Belastung) .	12,0 „	2 Motoren zu je 38 „ „ 700 „

Auslegereinziehen (Wippen): Durch die Hubmotoren.
Drehen (mit 250 t): 12 m/min; 2 Motoren zu je 38 PS bei 700 Uml/min.

Hilfsdrehkran:

Heben (20 t)	10 m/min;	70 PS bei 610 Uml/min;
„ (10 t)	20 „	
Auslegereinziehen . .	1 mal in $3^1/_2$ Min.;	39 „ „ 430 „
Drehen	1 mal in 2 Min.;	11,5 „ „ 1000 „
Kranfahren	45 m/min;	61 „ „ 470 „

Stromart: Gleichstrom 440 V.
Elektrische Ausrüstung: SSW.

Die Schwerlastschwimmkrane haben den ortfesten Kranen gegenüber den Vorzug eines unbegrenzten Arbeitsbereiches und lassen sich daher an beliebiger Stelle verwenden. Bezüglich ihrer baulichen Entwickelung wird auf das S. 436 erwähnte Werk von Matschoß verwiesen.

Die neueren Ausführungen von Schwerlast-Schwimmkranen zeigen die Bauart mit einer auf dem Schwimmkasten fest angeordneten pyramidenförmigen Fachwerksäule. Diese Bauart wurde von der Demag zuerst bei einem Schwimmkran angewendet (1907) und dann erst für die ortfesten Krane übernommen.

Über Schwerlast-Schwimmkrane s. Abschnitt „Drehkrane", S. 436.

Literatur.

Ebenezer-Smith: Die Kranausrüstung der Schiffshellinge. Werft Reederei Hafen 1926, S. 259.
Hänchen: Schwerlastkrane für Werft- und Hafenbetriebe (I. Ortfeste Schwerlastkrane). Ind. Techn. 1920, S. 301.
— Schwerlastkrane für Werft- und Hafenbetriebe (II. Schwimmende Schwerlastkrane). Ind. Techn. 1920, S. 329.
Lienau: Neueste Fortschritte deutscher Helling-Förderanlagen. Z. V. d. I. 1913, S. 1689.
Stephan: Neuere Werftkrane (Fahrbare Turmdrehkrane). Fördertechn. 1919, S. 130.
Sykora: Ein Drehkran mit neuartigem Längs- und Querfahrwerk. Z. V. d. I. 1919, S. 9.
Der neue 250 t-Hammerwippkran der Werft von Blohm & Voß in Hamburg. Z. V. d. I. 1919, S. 349.
Hellinganlage für eine Flußschiffwerft. Z. V. d. I. 1925, S. 1096.
Schiffsaufschleppanlagen und Krane für Flußschiffwerften. Demag-Nachrichten 1931, S. B 37.
Neuzeitlicher Bockkran. Schiffbau 1928, Nr. 5.
30 t-Turmdrehkran mit Umsetzvorrichtung für ein Trockendock (Demag). Z. V. d. I. 1928, S. 447.
„Neuere Demag-Riesenkrane" (ortsfeste und schwimmende Schwerlastkrane). Demag-Nachrichten 1932 (Jahrg. VI B Nr. 1), S. 7.

III. Eisenbahnkrane.

Die Krane werden im Eisenbahnbetriebe zum Umladen der Güter, zu Bauzwecken, zu Aufräumungsarbeiten bei Unfällen sowie zur Bekohlung, Entaschung und Besandung der Lokomotiven verwendet. Zur Ausführung dieser Hebe- und Transportarbeiten sind im Laufe der Zeit verschiedene Sonderbauarten von Kranen entstanden.

Zu diesen im Außendienst benutzten Kranen treten noch die Sonderkrane für das Heben und Befördern der Lokomotiven, Tender und Wagen in den Ausbesserungswerken.

a) Eisenbahnwagendrehkrane.

Die hauptsächlich zu Bau- und Aufräumungsarbeiten verwendeten fahrbaren Drehkrane sind so gestaltet, daß sie in die Züge eingestellt werden können. Von Hand betriebene Krane erhalten eine Tragkraft von 5—7,5 oder 10 t. Ausladung: 4,5 bis 5 m. Rollenhöhe über S.-O.: 5,0 bis 7,0 m.

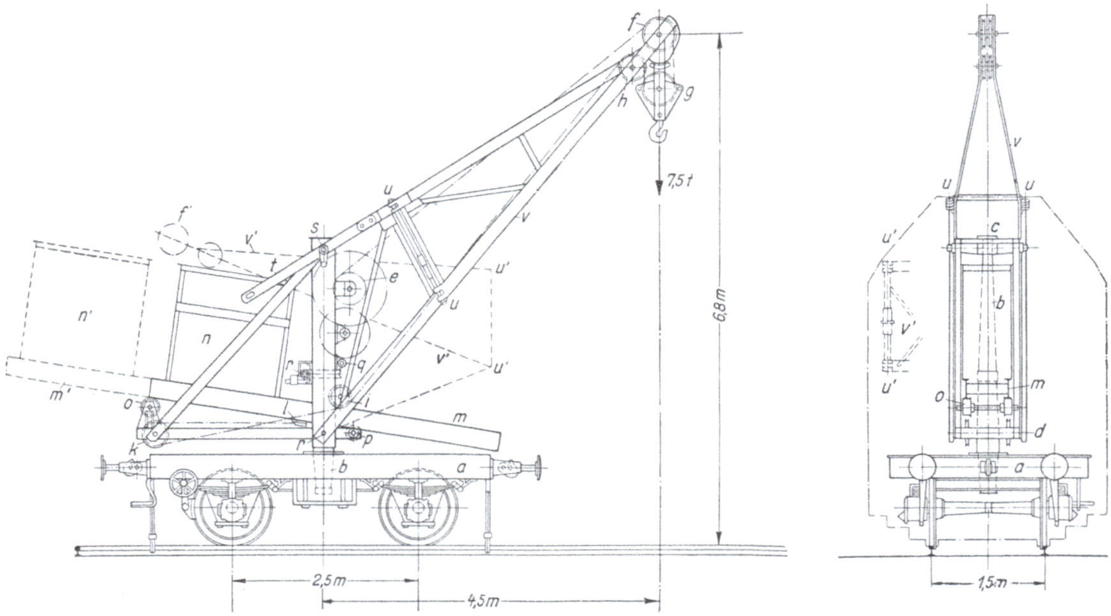

Abb. 969. Eisenbahnwagen-Drehkran von 7,5 t Tragkraft und 4,5 m Ausladung. (MAN.)

a Fahrgestell; *b* Stahlsäule, in *a* befestigt; *c* Traverse mit Längs- und Querlager; *d* vierrolliges Querlager; *e* Hubtrommel; *f* Auslegerrolle; *g* lose Rolle; *h, i, k* Umlenkrollen; *l* Befestigung des Hubseiles; *m* Träger mit Gegengewicht *n*; *o, p* Rollen, auf denen *m* verschiebbar; *q* Kurbelwelle zum Hubwerk; *r* Kurbelwelle zum Drehwerk; *s* Bolzen, *t* Verlängerungsstücke zum Niederlassen des Auslegers (Drehachse *u—u* nach *u'—u'*); *v* Ausleger vor, *v'* nach dem Umklappen um die Achse *u'—u'*.

Damit sie bei etwaiger Überlastung nicht kippen, werden sie durch Schienenzangen befestigt oder durch umlegbare Schrauben abgestützt.

Das Einstellen in die Züge erfordert bei den älteren Ausführungen einen besonderen Schutzwagen. Bei den neueren Bauarten wird der Ausleger zusammengeklappt, so daß er in der Fahrtrichtung noch genügenden Abstand von den Puffern hat und durch das lichte Profil hindurchgeht.

Bekannte Bauarten von Eisenbahnwagen-Drehkranen mit umklappbarem Ausleger sind die von Zutt (Losenhausenwerk, Düsseldorf), Flohr A.-G., Berlin, E. Becker, Berlin-Reinickendorf, MAN, Werk Nürnberg u. a.

Abb. 969 zeigt einen Eisenbahnwagendrehkran von 7,5 t Tragkraft und 4,5 m Ausladung, dessen Ausleger um eine im Unterwagen fest angeordnete Stahlsäule drehbar ist. Das Gegengewicht sitzt auf einem Träger, der sich auf ein Rollenpaar stützt. Der Träger wird durch den an ihm angreifenden Hubseilzug verfahren und stellt sich der jeweiligen Belastung entsprechend selbsttätig ein, so daß der Kran ohne Zutun der Bedienungsmannschaft stets standfest bleibt. Das Gegengewicht selbst ist so bemessen, daß der Kran in jeder Stellung standfest ist und die Schienenzangen nur etwaige Stöße aufzunehmen haben.

Zum Umklappen des Auslegers wird zunächst der Anschluß *s* der Verlängerungszugstücke *t* an der Traverse gelöst. Der Ausleger wird dann gesenkt und die Zugstücke *t* werden mit ihrem hinteren Loch wieder angeschlossen. In dieser gesenkten Lage wird dann das Auslegeroberteil um die senkrechte Achse u'—u' gedreht, in die Stellung v' gebracht und in dieser verriegelt.

Weiteres über Eisenbahnwagendrehkrane (mit Antrieb von Hand) siehe: Z. V. d. I. 1914, S. 1357.

Zum Heben schwerer Lasten und bei öfterer Benutzung erhalten die Krane motorischen Antrieb (Dampfantrieb oder Antrieb durch einen Brennkraftmotor). Siehe S. 2 bzw. 5. Da-

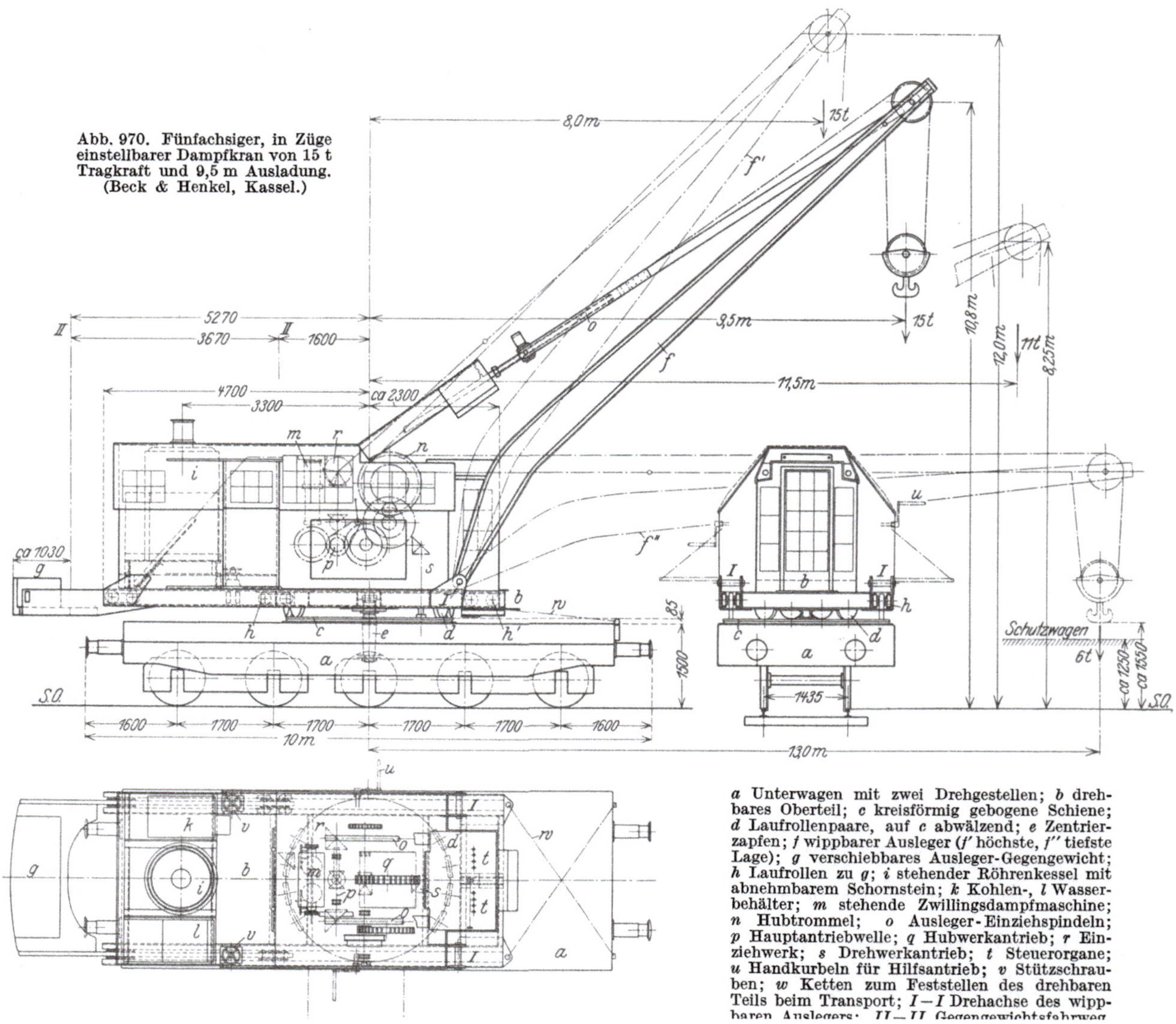

Abb. 970. Fünfachsiger, in Züge einstellbarer Dampfkran von 15 t Tragkraft und 9,5 m Ausladung. (Beck & Henkel, Kassel.)

a Unterwagen mit zwei Drehgestellen; *b* drehbares Oberteil; *c* kreisförmig gebogene Schiene; *d* Laufrollenpaare, auf *c* abwälzend; *e* Zentrierzapfen; *f* wippbarer Ausleger (*f'* höchste, *f''* tiefste Lage); *g* verschiebbares Ausleger-Gegengewicht; *h* Laufrollen zu *g*; *i* stehender Röhrenkessel mit abnehmbarem Schornstein; *k* Kohlen-, *l* Wasserbehälter; *m* stehende Zwillingsdampfmaschine; *n* Hubtrommel; *o* Ausleger-Einziehspindeln; *p* Hauptantriebwelle; *q* Hubwerkantrieb; *r* Einziehwerk; *s* Drehwerkantrieb; *t* Steuerorgane; *u* Handkurbeln für Hilfsantrieb; *v* Stützschrauben; *w* Ketten zum Feststellen des drehbaren Teils beim Transport; *I—I* Drehachse des wippbaren Auslegers; *II—II* Gegengewichtsfahrweg

mit der größtzulässige Raddruck nicht überschritten wird, hat der Unterwagen drei, vier oder fünf federnd gelagerte Achsen.

Der auf Abb. 970 dargestellte Kran erfordert beim Einstellen in die Züge einen Schutzwagen. Er hat Dampfantrieb und veränderliche Ausladung durch zwei Schraubenspindeln. Das am hinteren Plattformende angeordnete Gegengewicht ist auf Rollen fahrbar und wird dem jeweiligen Lastmoment entsprechend eingestellt.

Der Kessel ist ein stehender Röhrenkessel von 10 atü Betriebsdruck und 12 m² Heizfläche. Dampfmaschine: Stehende Zwillingsmaschine von 40 bis 50 PS und 210 Uml/min.

Arbeitsgeschwindigkeiten: Heben: 4 m/min; Drehen: 1 mal i. d. Min.; Auslegereinziehen (aus der tiefsten in die höchste Lage): In ∾ 4 Min.; Gegengewichtfahren: ∾ 5 m/min.

Weitere Bauarten von Eisenbahnwagen- bzw. Lokomotivdrehkranen s. S. 460 „Literatur“.

b) Krane für Lokomotivbekohlung und- Entaschung.

Bei kleinerer Tagesleistung werden Rampendrehkrane mit Kippkasten oder fahrbare Dampfkrane bzw. elektrische Drehkrane mit Greiferbetrieb verwendet. Beispiel eines elektrisch betriebenen ortfesten Drehkranes zur Lokomotivbekohlung von 1,5 t Tragkraft und 3,2 m Ausladung s. „Drehkrane mit fester Säule", S. 365.

Elektrisch betriebener, normalspuriger Greiferdrehkran von 3 t Tragkraft, 9,1 m Ausladung und 10,0 m Rollenhöhe über S.-O. s. S. 418.

Bei einer Ausführung der Demag (Station Delwig bei Oberhausen, Rheinland)[1] gibt der Greifer seinen Inhalt nicht unmittelbar an die Lokomotive, sondern in eine Anzahl Meßgefäße ab, die in einem das Gleis überspannenden Gerüst eingebaut sind und von denen jedes 1 m³ Kohle faßt. Durch Öffnen der Verschlußklappen wird der Kohleninhalt in den Tender der Lokomotive geschüttet.

Bei größerer Tagesleistung (über 80 bis 100 t) werden fahrbare Verladebrücken, meist mit oben laufendem Drehkran, angewendet.

Abb. 971 zeigt eine Lokomotivbekohlanlage mit einer Tagesleistung von etwa 200 t. Neben dem etwa 11 m breiten Kohlenbansen ist auf der einen Seite das Bekohlgleis und auf der anderen das Kohlenzufuhrgleis angeordnet. Für Lokomotiven mit kurzen Wendezeiten wird neben dem Bekohlgleis noch ein Umfahrungsgleis vorgesehen. Die auf den beiden Bansenmauern fahrende Brücke hat eine Spannweite von 10,4 m. Die Brücke trägt einen Doppelgroßraumbunker von 140 t Inhalt, der mit einer hochklappbaren Schurre und einer eichfähigen Waage ausgerüstet ist.

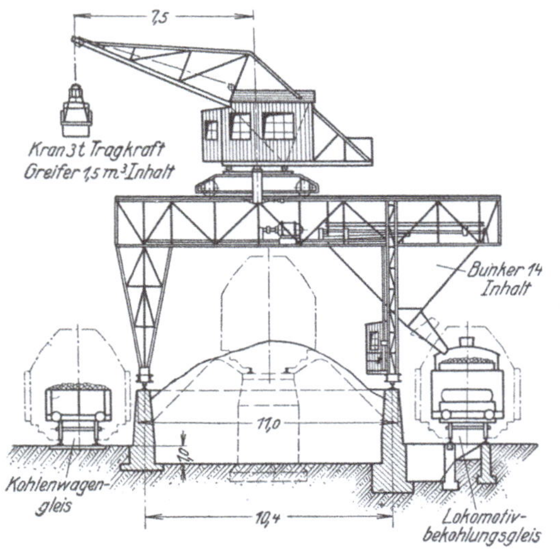

Abb. 971. Lokomotiv-Bekohlanlage von 200 t Tagesleistung. (Ardeltwerke.)

Arbeitsgeschwindigkeiten und Motoren:

Heben	45 m/min;	48 PS	bei	950 Uml/min;
Drehen	100 ,,	7 ,,	,,	950 ,,
Drehkranfahren	40 ,,	7 ,,	,,	950 ,,
Brückenfahren	10 ,,	24 ,,	,,	950 ,,

Stromart: Drehstrom 500 V, 50 Hz.

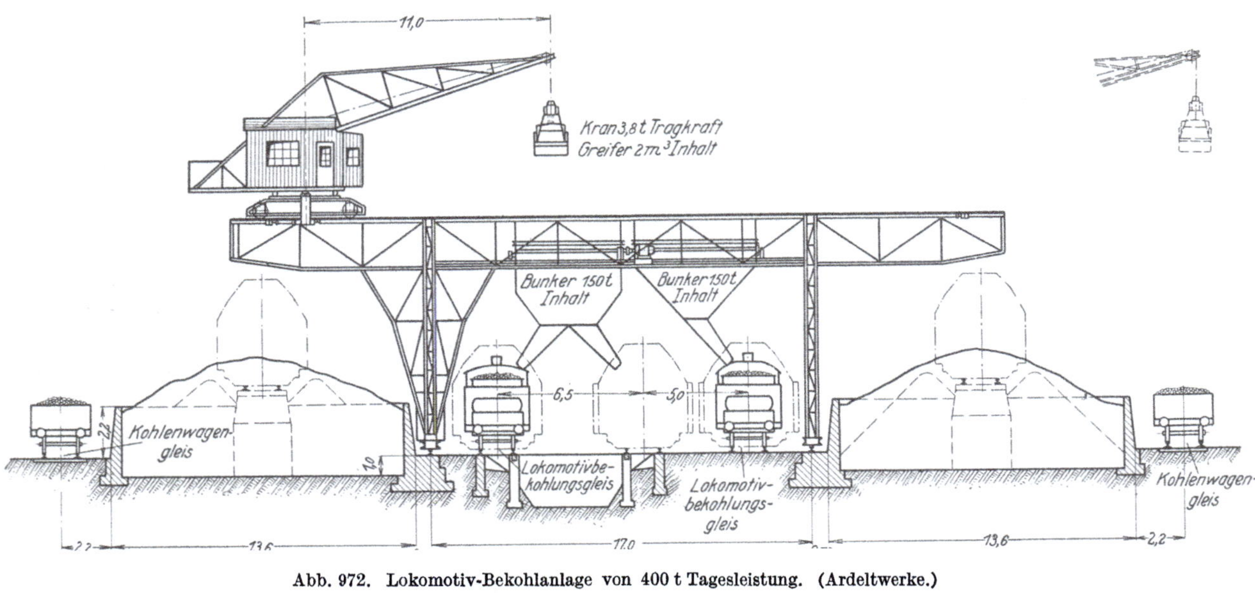

Abb. 972. Lokomotiv-Bekohlanlage von 400 t Tagesleistung. (Ardeltwerke.)

Arbeitsgeschwindigkeiten und Motoren:

Heben	40 m/min;	50 PS	bei	750 Uml/min;
Drehen (a. d. Last) . .	150 ,,	10 ,,	,,	950 ,,
Drehkranfahren	40 ,,	10 ,,	,,	950 ,,
Brückenfahren	10 ,,	35 ,,	,,	950 ,,

Stromart: Drehstrom 380 V, 50 Hz.

[1] Maschinenbau 1922/23, S. B 288.

Der auf der Brücke fahrende Greiferdrehkran entlädt die auf dem Zufahrtsgleis ankommende Kohle auf den Bansen oder in den Bunker. Bei Anfuhr durch Großraumgüterwagen (Selbstentladern) wird auf Bunkermitte ein erhöhtes Gleis angeordnet (auf Abb. 971 gestrichelt gezeichnet). Die an dem Bunker eingebaute eichfähige Waage ermöglicht genaue Feststellung der Kohlenmenge. Die Waage und die Bunkerverschlüsse werden von einem an der Torstütze befindlichen Podest aus bedient. Von diesem Podest aus kann sich der Wiegemeister bequem mit dem Lokomotivpersonal verständigen.

Auf Abb. 972 ist eine Lokomotivbekohlanlage für einen größeren Bahnhof dargestellt, die für eine durchschnittliche Tagesleistung bis zu 400 t berechnet ist.

Die Brücke fährt zwischen den beiden Kohlenbansen und überspannt die Bekohlungsgleise sowie das Umfahrungsgleis. Die Anfuhr der Kohle geschieht entweder auf den Gleisen neben

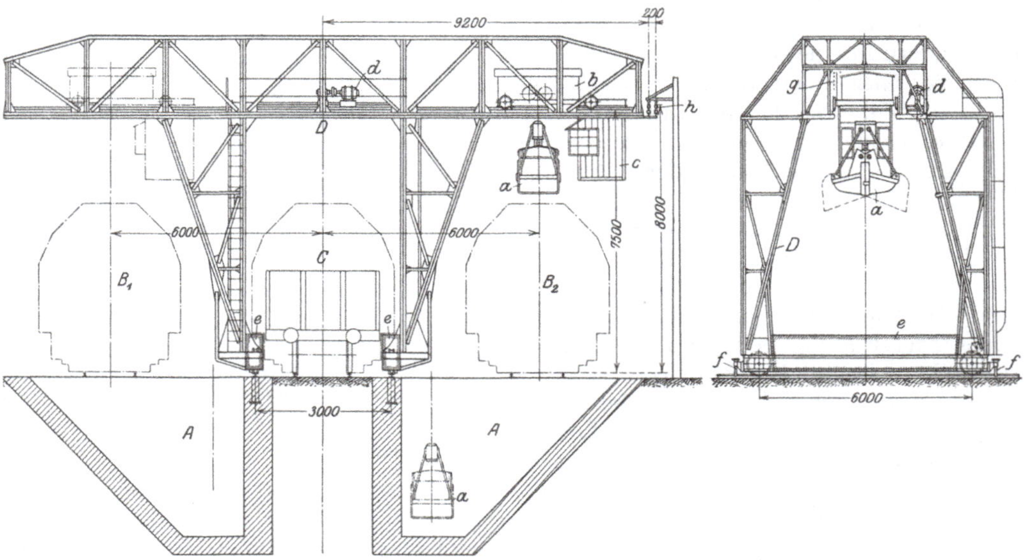

Abb. 973. Verladekran für Lokomotivasche und -schlacke. (Ardeltwerke.)
A Aschengruben, mit Wasser gefüllt; B_1—B_2 Gleise zur Entschlackung der Lokomotiven; *C* Abfuhrgleis für Asche und Schlacke; *D* Verladekran mit Greiferlaufkatze von 2,5 t Tragkraft; *a* Greifer von $^3/_4$ m³ Inhalt; *b* Laufkatze mit angebautem Führerstand *c*; *d* Kranfahrmotor; *e* Gegengewicht; *f* Schienenzangen; *g* Katzenschleifleitung; *h* Hauptschleifleitung.

den Bansen oder es ist auf jedem Bansen eine Hochbahn angeordnet, von der aus die Selbstentlader die Kohle abgeben. Auf der Brücke sind zwei Großraumbunker eingebaut, deren Inhalt so bemessen ist, daß sie den Bedarf für die Nacht aufnehmen können. Die Auslaufschurren der beiden Bunker sind so angeordnet, daß gleichzeitig auf drei Gleisen bekohlt werden kann.

Weiteres über neuzeitliche Lokomotivbekohlungsanlagen sowie Wirtschaftlichkeitsrechnungen siehe: Glasers Annalen, Jahrg. 1925, Band 96, Nr. 1146.

Die Lokomotiven geben ihre Asche und Schlacke in Gruben unterhalb des Gleises ab. Aus diesen werden sie durch fahrbare Torkrane mit Greiferbetrieb entnommen und in die Abfuhrwagen abgegeben.

Abb. 973 zeigt als Beispiel einen fahrbaren, elektrisch betriebenen Torkran mit beiderseitigen Kragarmen und Greiferbetrieb. Greiferinhalt: 0,75 m³. Tragkraft der Katze: 2,5 t.

Arbeitsgeschwindigkeiten und Motoren:

Heben	25 m/min;	22 PS	bei	740 Uml/min;
Katzenfahren	35 „	5 „	„	720 „
Kranfahren	12 „	12 „	„	680 „

Stromart: Gleichstrom 110 V. Elektrische Ausrüstung: AEG, Berlin.

c) Krane zum Heben und Befördern von Lokomotiven, Tendern und Wagen in den Werkstätten.

Die Bauart der zum Heben und Befördern der Lokomotiven dienenden Krane (Laufkrane) hängt von der Anlage des Eisenbahnwerkes ab. Man unterscheidet: Krane für Querstände und Krane für Längsstände.

Abb. 974 gibt die schematische Darstellung eines Werkes mit Querständen. Die Lokomotiven werden in der Mittelhalle A auf Schiebebühnen angefahren und nach den Querständen B abgerollt. Die über den Querständen befindlichen Lokomotivhebekrane haben zwei Laufkatzen mit je zwei Trommeln. An den losen Rollen der Hubseilzüge sind Tragbalken aus I-Trägern aufgehängt, die am vorderen und hinteren Rahmenende der Lokomotive angelegt werden. Die Hubhöhe der Krane bzw. die Bauhöhe der Hallen ist so groß gewählt, daß man in der Höchststellung der gehobenen Lokomotive mit dem Kran über die auf den Querständen stehenden übrigen Lokomotiven noch hinwegfahren kann.

Tragkraft der Krane: 80 bis 100 t.

Für das Heben und Befördern von Lokomotiven in Werken mit Längsständen sind zwei Laufkrane erforderlich (Abb. 975). Die Lokomotiven werden auf dem Mittelgleis angefahren. Die Tragbalken der beiden Katzen werden am Rauchkammer- bzw. Feuerbuchsende der Lokomotive angelegt, die dann gehoben und durch die Katzen über die Längsstände gefahren wird. Sie wird dann gesenkt und auf den Längsständen abgesetzt.

Bei den älteren Ausführungen sind die beiden Laufkrane in der üblichen Weise gestaltet und jeder Laufkran wird von seinem Führerkorb aus für sich gesteuert. Die Ungleichheiten der Fahrbewegung, die durch das getrennte Einschalten der beiden Fahrmotoren eintreten können, werden durch den Reibungsschluß der Lokomotive auf ihrer Unterlage ausgeglichen, indem das voreilende Lokomotivende das nacheilende mitnimmt. Diese an sich einfache Kupplung beider Fahrmotoren setzt einen geringen Fahrwiderstand und eine sorgfältige Ausbildung der Kranfahrwerke voraus. Ungleichheiten in der Hub- und Katzenfahrbewegung haben keine große Bedeutung und können durch Zuruf vom Fußboden aus jederzeit richtiggestellt werden.

Das getrennte Anlassen der Motoren auf beiden Kranen läßt sich dadurch vermeiden, daß beide Krane elektrisch miteinander gekuppelt und von einem Kran aus gesteuert werden. Zur elektrischen Kupplung dient dann ein vielpoliges, biegsames Kabel, das an einen gleichpoligen Stecker angeschlossen wird.

Ein wesentlicher Nachteil der Laufkrane mit normal ausgebildeter Kranbrücke (Abb. 975) ist, daß die Lokomotive nur bis zur Unterkante der Kranhauptträger gehoben werden kann, wodurch eine entsprechend große Bauhöhe der Halle bedingt wird.

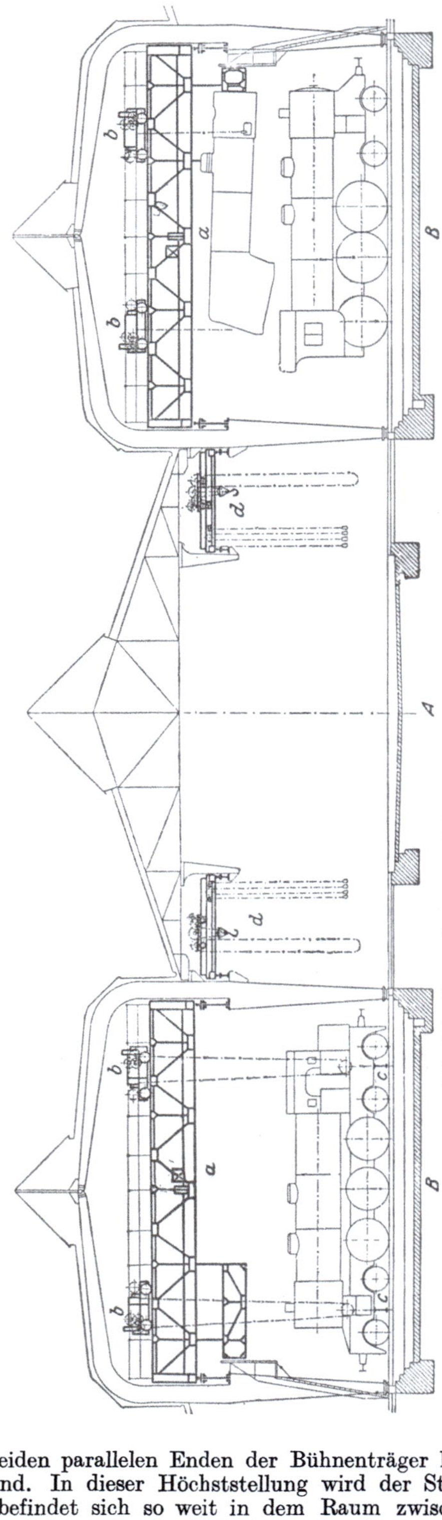

Abb. 974. Krananlage einer Lokomotivwerkstätte mit Querständen. (Zobel & Neubert.)
A Mittelhalle mit Schiebebühne; $B-B$ Querstände; a Lokomotiv-Hebekrane mit zwei Laufkatzen $b-b$; c Tragbalken; d Laufkrane mit Zugschnürsteuerung.

Das Bestreben geht deshalb dahin, die Lokomotivhebekrane so zu gestalten, daß man mit einer kleinstmöglichen Gebäudehöhe auskommt, was durch Anwendung einer Versetzbühne erreicht wird, die an den Haken der Hubseilzugpaare eingehängt wird. Die Versetzbühne wird für die größte Lokomotivtype bemessen und hat zwei Tragbalken, deren Abstand in Rücksicht auf kleinere Lokomotiven veränderlich ist. Die Versetzbühne ermöglicht es, die Lokomotive zwischen den beiden Laufkranen so hoch zu heben, bis die beiden parallelen Enden der Bühnenträger kurz vor den Untergurten der Kranhauptträger angekommen sind. In dieser Höchststellung wird der Strom dann durch Endschalter unterbrochen und die Lokomotive befindet sich so weit in dem Raum zwischen den beiden Kranen, daß nur noch etwa ein Drittel ihrer Bauhöhe unter der Unterkante der Hauptträger herabhängt.

Eine ausgezeichnete Lösung der Aufgabe, die Lokomotive zwischen den beiden Kranen möglichst hoch zu heben, zeigt die Krananlage Abb. 976. Bei dieser entfällt die Versetzbühne und die Lokomotive wird ebenso wie bei den Kranen Abb. 975 von zwei Traversen getragen, die in den beiden Haken je eines Hubseilpaares eingehängt sind. Die inneren, der Lokomotive zugekehrten Haupt- und Seitenträger der Krane sind — im Gegensatz zu den äußeren — hochgelegt und bockartig gestaltet, so daß unter ihnen ein großer Raum zum Einziehen der Lokomotive zwischen den beiden Kranen entsteht.

Die Obergurte der hochverlegten Kranhälften lassen sich der Neigung der Dachkonstruktion leicht anpassen. Durch Verschieben der Hubseilzüge der Laufkatzen gegen die äußeren Kran-

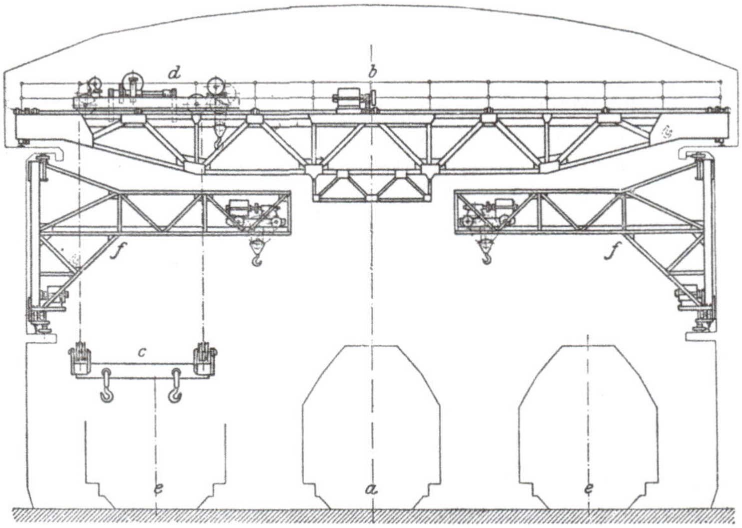

Abb. 975. Krananlage einer Lokomotiv-Werkstätte mit Längsständen (Ausbesserungswerk Jülich). (Zobel & Neubert.)
a Anfahrtsgleis; *b* Lokomotiv-Hebekran; *c* Tragbalken, an den Unterflaschen der Laufkatze *d* angeordnet; *f* Konsolkrane.

hälften kann die Belastung derart verteilt werden, daß der größere Teil auf die äußeren Träger kommt. Hierdurch läßt sich die Gurthöhe der Innenträger wesentlich niedriger halten, was ebenfalls einen Gewinn an Hallenhöhe bedeutet.

Zum Heben und Befördern von Kesseln ist nur ein Kran erforderlich, wobei der Kessel mittels Schlingketten oder -seilen unmittelbar an den Lasthaken aufgehängt wird. In besonderen Fällen kann auch die Katze eines Kranes zum Tenderheben unter Verwendung eines Gehänges mit verstellbaren Pratzen verwendet werden.

Literatur.

Gottschalk: Fördermittel zum Bekohlen und Besanden von Lokomotiven. Verkehrswissenschaftl. Lehrmittelges. m. b. H. bei der Deutschen Reichsbahn (Auslieferung F. Volckmar, Komm.-Gesch., Leipzig). Berlin (Leipzig) 1928.
Koblenz: Neuzeitliche Lokomotivbekohlungsanlagen. Glasers Ann. 1925, Bd. 96, Nr. 1146.
Kühner: Neuzeitlicher Eisenbahnwagen-Drehkran mit Benzol-elektrischem Antrieb, 25000 kg Tragkraft. Fördertechn. 1926, S. 324.
Mindermann: Neuerungen im Lokomotivbekohlungsdienst (Bekohlungsbrücken). Glasers Ann. 1. VII. 1927.
Osthoff: Neuzeitliche Eisenbahnbetriebswerke (S. 397 bis 399: Lokomotivbekohlkrane). Z. V. d. I. 1928, S. 397
Reutener: Neue Wege für die Lokomotivbekohlung. Glasers Ann. 1. IV. 1924.
Schrader: Neue Eisenbahnwagendrehkrane. Z. V. d. I. 1914, S. 1357.
Schulz: Der Gleisbaukran (Niomag). Der Eisenbahnfachmann 1929, S. 561.
Schwarz: Elektrisch betriebene Lokomotivhebekrane. Z. V. d. I. 1921, S. 575.
Wülfrath: Hebekrane für Eisenbahnfahrzeuge. Organ Fortschr. Eisenbahnwes. 1919, S. 1.
Eisenbahnmäßige Lokomotivkrane. Z. V. d. I. 1927, Nr. 5.
Elektrisch betriebener fahrbarer Drehkran mit Greifer. Organ Fortschr. Eisenbahnwes. 1918, S. 289.
Fahrbarer Bockkran für Ausbesserungsarbeiten an Eisenbahnwagen. Maschinenbau 1926, S. 25.
Hebekran für Lokomotiven. Organ Fortschr. Eisenbahnwes. 1922, S. 91.
Hebezeuge für Lokomotivbekohlung. Maschinenbau 1922/23, S. B 228.
Krane für die Bekohlung von Lokomotiven. Demag-Nachrichten 1931, S. B 1.
Kranlokomotive der irischen Great-Northern-Bahn. Z. V. d. I. 1930, S. 282.
Lokomotivdrehkran. Organ Fortschr. Eisenbahnwes. 1922, S. 213.
Lokomotivhebekran für Werkstätten mit Längsständen. Maschinenbau 1926, S. 462.
Lokomotivkran von 200 t Tragkraft. Z. V. d. I. 1927, S. 1307.

Neue Gesichtspunkte für die wirtschaftliche Anlage von Lokomotivwerkstätten. Maschinenbau 1923/24, S. 865.
Schwere Lokomotiv-Drehkranwagen für Aufräumungsarbeiten (einer mit Dampf-, einer mit Brennkraftantrieb. Tragkraft 60 t bei 7,5 m und 15 t bei 14 m). Z. V. d. I. 1928, S. 320.
25 t-Eisenbahnkran mit Dieselmotor. Demag-Nachrichten 1929, S. 89.
120 t-Kran für eine Lokomotivwerkstätte. Z. V. d. I. 1927, S. 1432.
Fördereinrichtungen in Eisenbahn-Ausbesserungswerken (Schiebebühnen — Rangierwinden — Lokomotiv- und Tenderhebekrane). Demag-Nachrichten 1931, S. B 8.
Large breakdown crane [Schwerer Rettungskran für Eisenbahnunfälle. Tragkraft 130 t bei 6 m Ausladung. Achslast: 17 t. Hilfswagen für den Ausleger, mit dessen Gewicht fahrtbereit 180 t. Antrieb durch 400 PS-Dampfmaschine. Röhrenkessel für 11,5 atü. Hilfshebezeug für 30 t. Heben (106 t): 3 m/min; (50 t): 6 m/min]. Engineer 1931, S. 604.
210 t-Lokomotiv - Aufräumungskran als Zweikraftkran (amerikanische Bauart mit benzin-elektrischem Antrieb unter Zuhilfenahme einer Batterie. Der Kran hat — vorn und hinten — je einen wippbaren Vollwandausleger von 105 t Tragkraft und 6,4 m Länge). Railway Age 1931, S. 710 und 722.

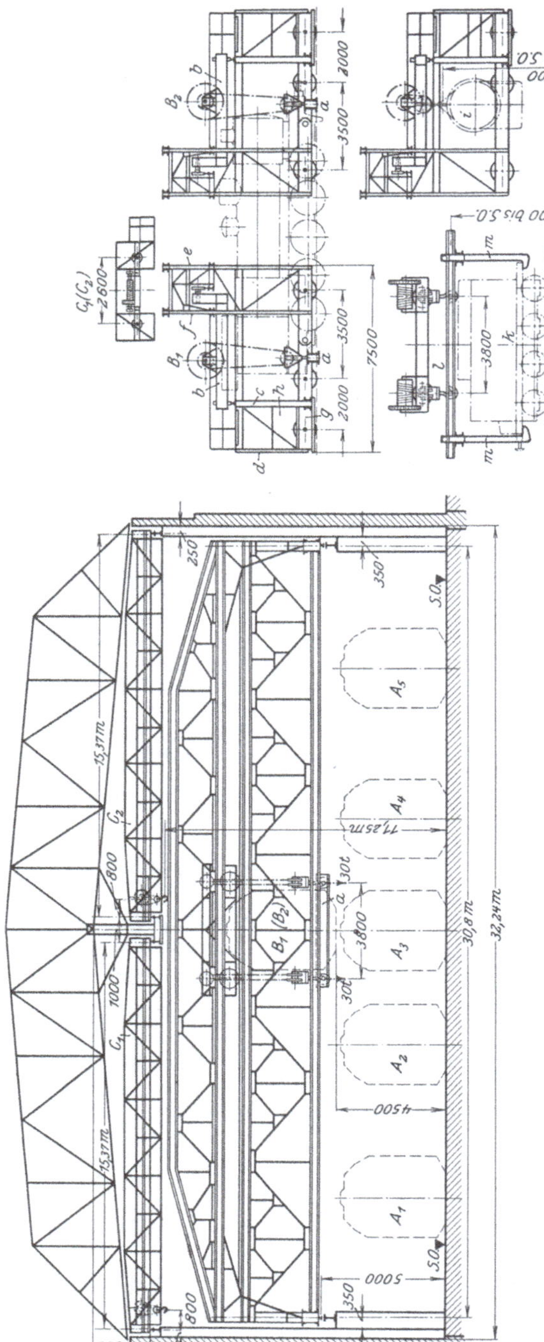

Abb. 976. Krananlage einer Lokomotiv-Untersuchungswerkstatt. (Flohr.)

A_1—A_5 Längsstände; B_1 und B_2 Lokomotiv-Hebekrane von je 60 t Tragkraft und 30,8 m Spannweite; C_1—C_2 4 Hilfskrane von je 4 t Tragkraft und 15,37 m Spannweite. Zu B_1 und B_2: *a* Traverse; *b* Laufkatze; *c*—*d* äußere Haupt- und Seitenträger, als Parallelträger ausgebildet, *e*—*f* innere Haupt- und Seitenträger, bockartig gestaltet; *g* Kopfträger; *h* Führerstand; *i* Kessel, an den Lasthaken eines Kranes aufgehängt; *k* Tender; *l* Traverse, *m* verstellbaren Pratzen, den Tender am vorderen und hinteren Rahmende tragend.

IV. Hüttenwerkskrane.

Allgemeines.

Den verschiedenartigen Betriebsanforderungen entsprechend sind in den Hüttenwerken eine Anzahl Sonderkrane entstanden, die entweder reine Transportmittel mit mechanischen Lastaufnahmevorrichtungen (Pratzen-, Magnetkrane u. a.) sind, oder die wie Gieß- und Schlagwerkkrane eine Vereinigung von Kran und Hüttenwerksmaschine darstellen.

A r b e i t s - u n d K o n s t r u k t i o n s b e d i n g u n g e n[1]. Die Hüttenwerkskrane stehen Tag und Nacht in angestrengtem Dienst und arbeiten wegen der von ihnen verlangten großen Leistungen mit hohen Geschwindigkeiten. Die Krane sind stets Staub und meist auch strahlender Hitze ausgesetzt, werden rauh behandelt, ungenügend gewartet und häufig überlastet.

Diesen Arbeitsbedingungen ist beim Entwurf und Bau der Hüttenwerkskrane durch folgende Mittel zu genügen:

1. Reichliche Bemessung der Motoren, Steuervorrichtungen, Widerstände und Bremslüfter. Siehe S. 160: „Elektrische Ausrüstung der Winden und Krane“.
2. Bauliche Einfachheit der Windwerke unter Vermeidung zu weitgehender Selbsttätigkeit.

[1] Feigl: Hüttenwerkskrane. Z. V. d. I. 1916, S. 685.

3. Reichliche Bemessung aller dem Verschleiß unterliegenden Teile unter Verwendung hochwertiger Werkstoffe.

4. Schnelle und bequeme Auswechselbarkeit der der Abnutzung und etwaigem Bruch ausgesetzten Teile.

5. Die infolge der hohen Arbeitsgeschwindigkeiten und des flotten Betriebes auftretenden großen Massenkräfte sind — im Gegensatz zum gewöhnlichen Kranbetrieb — rechnerisch und konstruktiv voll zu berücksichtigen.

6. Zweckentsprechende Ausbildung der Sicherheitsvorrichtungen gegen Überschreiten der Grenzstellungen und zum Schutze der Motoren gegen zu hohe Stromaufnahme.

7. Sorgfältige Berücksichtigung der von den Deutschen Eisen- und Stahlberufsgenossenschaften herausgegebenen Unfall-Verhütungsvorschriften.

Bei der Wahl der Werkstoffe und der Bemessung der Kranteile ist im besonderen noch folgendes beachtenswert:

Die Drahtseile sind für eine 8- bis 10fache Sicherheit gegen Bruch zu wählen (s. S. 29). Starkdrähtige Seile aus weichem Stahl von 120 bis 130 kg/mm² Festigkeit sind den dünndrähtigen mit einer höheren Festigkeit (160 bis 200 kg/mm²) vorzuziehen. Zur Schonung der Seile nehme man möglichst große Rollen- und Trommeldurchmesser.

Gußeisen als Werkstoff verwende man nur bei solchen Teilen, die keinen Stößen und keinem Verschleiß ausgesetzt sind.

Für die Ritzel der Zahnrädergetriebe kommt nur Stahl (St 50 · 11 bzw. St 60 · 11) und für die Räder Stahlguß in Frage.

Die Laufräder der Krane werden zweckmäßig aus Stahlguß gefertigt und erhalten vorteilhaft warm aufgezogene Stahlreifen (Abb. 327 und 328, S. 138). Bei Laufrädern ohne Stahlreifen lasse man auch bei vollwertigem Stahlguß (Stg 45 · 81) wegen des angestrengten Betriebes keine höhere Flächenpressung als 30 bis 40 kg/cm² zu.

Besondere Aufmerksamkeit erfordert die Ausführung der Bremsen, insbesondere der Hubwerkbremsen, von deren Arbeiten die Betriebssicherheit in hohem Maße abhängig ist.

Feigl empfiehlt, die Last und die Schwungmomente der Motorwelle (Anker und elastische Kupplung) getrennt abzubremsen. Die Bremsen werden als gewichtbelastete Band- oder doppelte Backenbremsen ausgeführt und elektromagnetisch gelüftet. Während die Bremse zum Abbremsen der lebendigen Kräfte der Motor-Schwungmassen in der üblichen Art auf der elastischen Kupplung angeordnet wird, sieht man die Lastbremse auf der nächsten Hubwerkswelle vor. Sie soll mindestens für das 1,5fache Lastmoment bemessen werden, da sonst der Nachlaufweg beim Senken und damit die Abnutzung des Bandbelages zu groß werden. Als Bremsbelag eignet sich Ferodofibre oder Jurid am besten. Werkstoff der Bremsscheiben (DIN 4003): Stahlguß.

Alle der strahlenden Wärme ausgesetzten Teile wie Gießpfannenhaken, Pfannenbalken und Muldenschwengel sind nur niedrig zu beanspruchen (200 bis 600 kg/cm²) und müssen leicht auswechselbar sein.

Eingruppierung der Hüttenwerkskrane nach der relativen Betriebsdauer, relativen Lastgröße und Stoßgröße siehe Tabelle 2 S. 1.

Berechnung der Kranbrücken und -gerüste nach den Angaben S. 264f.

a) Krane für Hochofenwerke.

Da die Transportkosten bei der Eisenerzeugung einen hohen Prozentsatz der gesamten Gestehungskosten darstellen, so sind Ersparnisse von wenigen Prozent bei den großen Fördermengen erhebliche Beträge und daher von großem wirtschaftlichem Einfluß.

Arbeits- und Fördergang. In einem Hochofenwerk ist der Arbeits- und Fördergang im wesentlichen folgender:

Entladen und Lagern der ankommenden Rohstoffe (Erz, Koks und Zuschläge) — Möllern (Mischen der verschiedenen Erzsorten) — Begichten der Hochöfen — Gießen der Masseln (und Abtransport von flüssigem Roheisen nach dem benachbarten Stahlwerk) — Zerschlagen, Stapeln und Verladen der Masseln — Aufbereitung des Gießbettes.

1. Krane zum Entladen der ankommenden Rohstoffe.

Als Mittel für den Rohstoffumschlag werden hauptsächlich Verladebrücken verwendet, die mit Selbstgreifern ausgerüstet werden.

Bei der Verladeanlage Abb. 977 kommen die Erze zu Schiff an. Das Löschen der Schiffe geschieht durch einen fahrbaren Entlader mit Greiferlaufkatze und Hochbehälter, in den das Ladegut abgegeben wird. Aus diesem Behälter wird es dann durch den Greiferdrehkran der Verladebrücke entnommen und auf dem Lagerplatz gestapelt oder in einen am Fuße des Schrägaufzuges befindlichen Bunker entladen und aus diesem in die Begichtkübel abgezapft.

Ausführung einer Verladebrücke für 230 t stündlichen Erzumschlag s. S. 324.

Bei Anfuhr der Erze durch die Eisenbahn und den großen Fördergutmengen ist als Entlademittel eine Verladebrücke mit Kipperlaufkatze zweckmäßig, die die Bunkeranlage in ihrer Breite überspannt (Demag-Tigler).

Neues Hochofenwerk der Fried. Krupp A.-G., Essen-Borbeck (mit Rohstoffanfuhr durch Schiffe bzw. Eisenbahnwagen. Löschen durch zwei Verladebrücken mit Greiferbetrieb und einen fahrbaren Wagenkipper). Der Stahlbau 1931, S. 102.

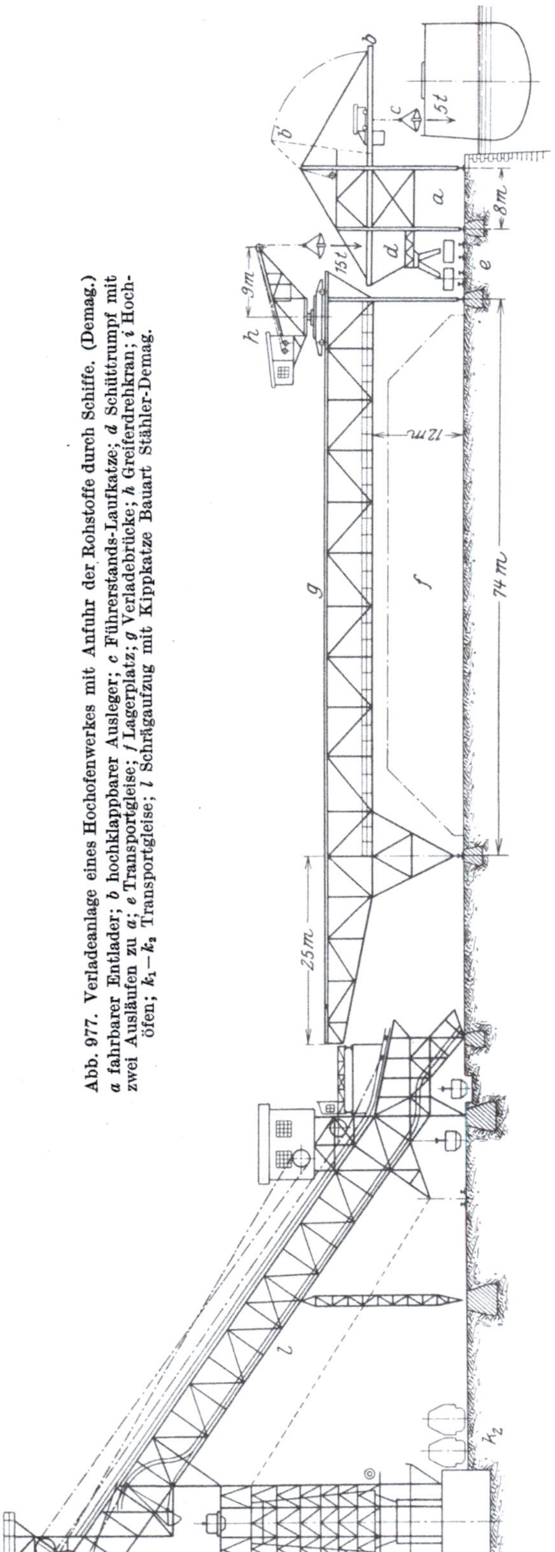

Abb. 977. Verladeanlage eines Hochofenwerkes mit Anfuhr der Rohstoffe durch Schiffe. (Demag.)
a fahrbarer Entlader; *b* hochklappbarer Ausleger; *c* Führerstands-Laufkatze; *d* Schüttrumpf mit zwei Ausläufen zu *a*; *e* Transportgleise; *f* Lagerplatz; *g* Verladebrücke; *h* Greiferdrehkran; *i* Hochöfen; $k_1 - k_2$ Transportgleise; *l* Schrägaufzug mit Kippkatze Bauart Stähler-Demag.

2. Gießbettkrane.

α) Schlagwerk- und Masselverladekrane.

Das Roheisen wird zum Teil in sog. Roheisenwagen nach dem benachbarten Stahlwerk übergeführt, zum Teil in Masseln gegossen.

Die Masselstränge wurden früher von Hand zerschlagen. Bei den heutigen großen Erzeugungsmengen

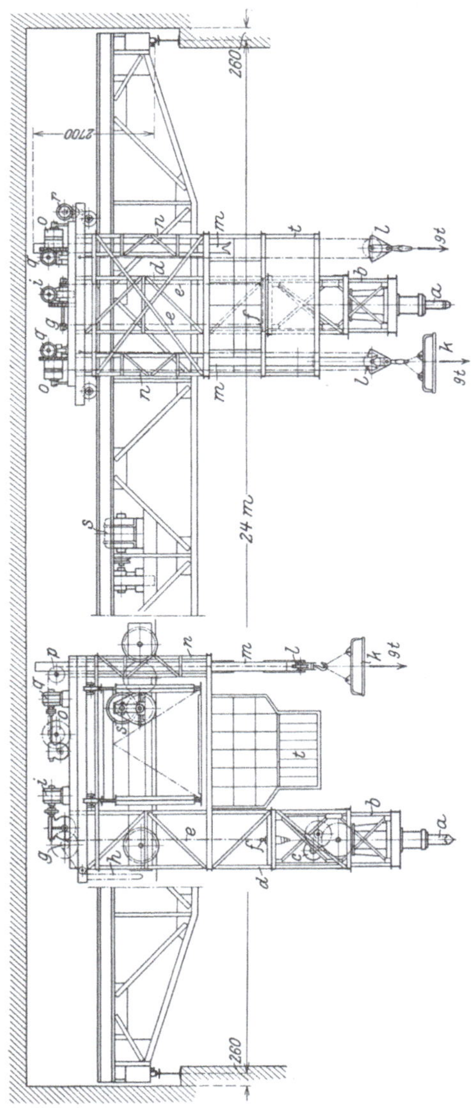

Abb. 978. Gießbettkran mit Masselschlagwerk und zwei Magnetgehängen von je 9 t Tragkraft. (Zobel & Neubert.)
a Meißel zum Schlagwerk, das in dem heb- und senkbaren Rahmen *b* eingebaut ist; *c* Antriebsmotor zum Schlagwerk; *d* Führungsgerüst zu *b*, am Windunsgestell angebaut; *e* Gelenkketten, bei *f* am Schlagwerkrahmen elastisch (durch Kegelfedern) befestigt; *g* treibende Kettenräder zum Heben von *b*; *h* loses Kettenende; *i* Schlagwerk-Hubmotor mittels Schneckengetriebe und Stirnrädervorgelege auf die Kettenräderwelle arbeitend; *k* Lasthebemagnet; *l* Kranflaschen zu den beiden Magnethubwerken; *m* auf und ab bewegbare Balken, in deren Maul sich die beiderseits verlängerten Seilradbolzen hineinlegen, so daß ein Pendeln der Flaschen vermieden wird; *n* Führungen zu *m*; *o* Trommeln, *p* Seilumlenkrollen, *q* Motoren zu den Magnethubwerken; *r* Katzenfahrmotor; *s* Kranfahrmotor; *t* Führerhaus.

geschieht dies allgemein durch ein mechanisches Schlagwerk, das an der Laufkatze des Gießbettkranes heb- und senkbar angeordnet ist.

Zum Verladen der zerschlagenen Masseln wird die Schlagwerkskatze noch für Magnetbetrieb eingerichtet, oder es wird eine besondere Magnetlaufkatze auf dem Gießbettkran angeordnet.

Abb. 978 zeigt einen **Gießbettkran mit Masselschlagwerk und zwei Magnetgehängen von je 9 t Tragkraft.**

Schlagwerk und Schlagwerkschachtwinde: *A* Bär; *B* heb- und senkbarer Schacht zu *A*; *B'* Höchststellung; *C* Führung zu *B*; *D* Seile, *E* Trommeln, *F* Motor zum Schachtwindwerk; *G* Riemen, an dem *A* aufgehängt; G_1 loses Riemenende; *H* Riemenscheibe; *I* Druckrolle; *K* Aufhängung von G_1; *L* Zange zum Festhalten des Schlagbärs in der Höchststellung; *M* Schlagwerkmotor; *N* Motorvorgelege; *O* Schwungrad 550 mm Durchmesser; *P* mittleres Vorgelege; Q_1-Q_2 durch doppelseitige Klauenkupplung umschaltbares Stirnrädergetriebe; *R* Nockenscheibe; R_1 Nockenrolle; *S* Hebel zum Aus- und Einrücken von *R*; *T* Seilzug zum Lüften der Schlagwerkbremse; *U* Hebel zum Bedienen des Schlagwerks; *V* Handhebel zur Bedienung der Klauenkupplung von Q_1-Q_2.

Magnet- und Kübelhubwerk: *a* Lasthebemagnet; *b* Masselkübel; *c* zweirollige Kranflasche; *d* Hubseile; *e* Aufhängung von *d*; *f* Seilumlenkrollen; *g* Trommel mit Rechts- und Linksgewinde; *h* Hubmotor; *i* elastische Kupplung mit Haltebremse; *k* Motorvorgelege; l_1-l_2 Trommelvorgelege; *m* Lüftmagnet zur Hubwerkbremse; *n* Endschalter, dessen Spindel *o* durch das Stirnrädchen *p* von l_2 angetrieben.

Katzenfahrwerk: *q* Fahrmotor; *r* elastische Kupplung mit Haltebremse; *s* Motorvorgelege; *t* Laufradvorgelege.

Sonstiges: *u* Stromzuführungskabel zum Lasthebemagneten; v_1 Leitrolle; v_2 senkrecht geführte, gewichtbelastete lose Rolle zum Straffhalten von *u*; w_1 Hubsteuerwalze; w_2 Schachtwindensteuerwalze; w_3 Schlagwerkanlasser; w_4 Ölschalter für den Lasthebemagneten; w_5 Katzenfahrsteuerwalze; w_6 Kranfahrsteuerwalze; x_1 Fußtritt zum Lüften der Katzenfahrwerkbremse; y_1-y_3 Anlaßwiderstände zu den Steuerwalzen; z_1 Hauptschleifleitung; z_2 Katzenschleifleitung.

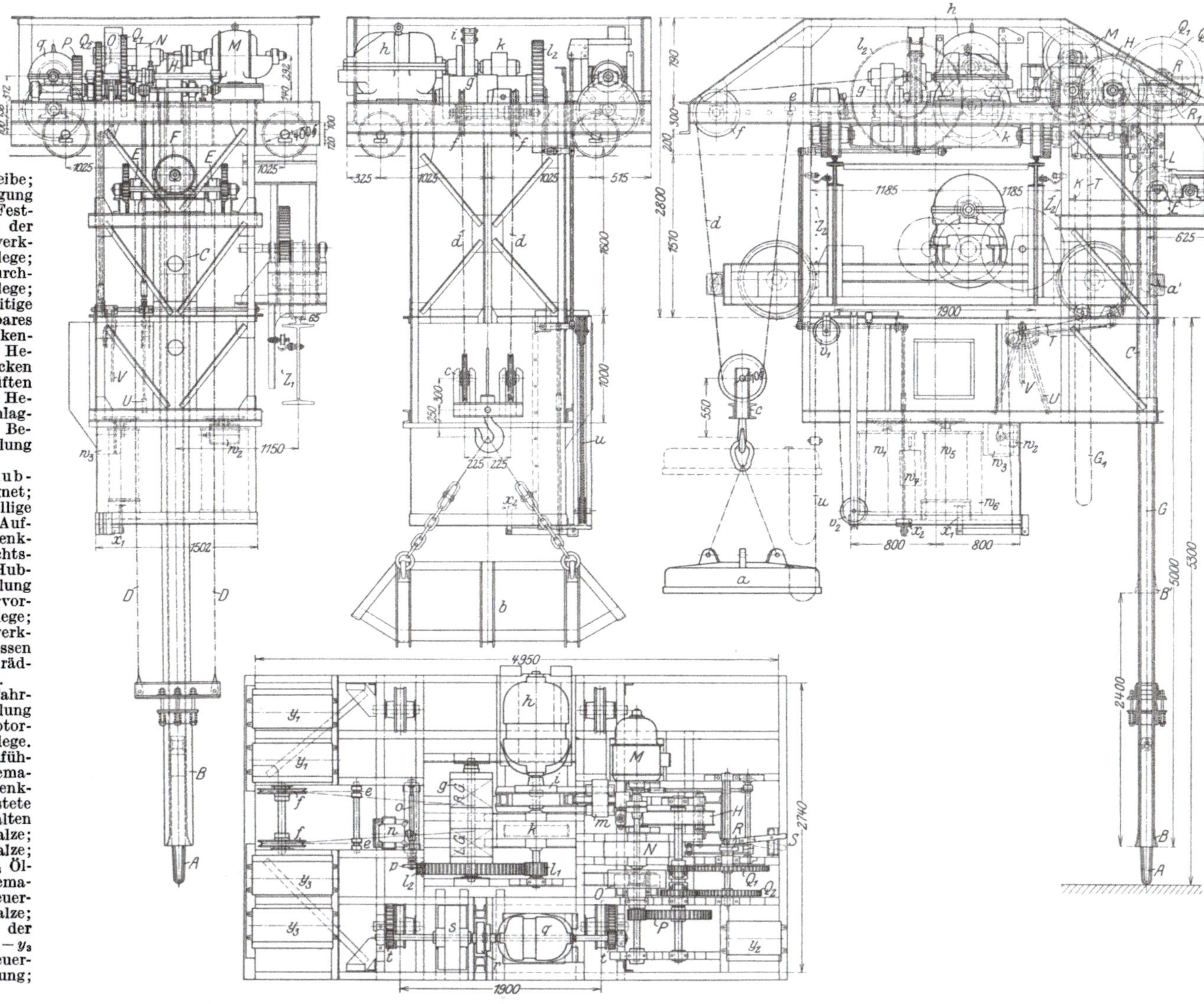

Abb. 979. Laufkatze zu einem Schlagwerk- und Masselförderkran von 7,5 t Tragkraft und 14,3 m Spannweite. (Demag-Tigler.)

Arbeitsgeschwindigkeiten und Motoren:

Schlagwerk: 60 Schläge i. d. Min.; 10 PS bei 1000 Uml/min.

Schlagwerk-Heben: 2 m/min; 8,5 PS bei 860 Uml/min.

Magnetheben: 15 m/min; je 63 PS bei 450 Uml/min.

Katzenfahren: 30 m/min; 12,0 PS bei 680 Uml/min.

Kranfahren: 100 m/min; 63 PS bei 450 Uml/min.

Stromart: Gleichstrom 220 V.

Elektrische Ausrüstung: SSW.

Das Verladen der Masseln wird dadurch wirtschaftlicher, daß das Magnethubwerk noch ein Sammelgefäß oder eine kippbare Ladepritsche erhält.

In Abb. 979 ist die Laufkatze eines Schlagwerk- und Masselverladekranes von 7,5 t Tragkraft und 14,3 m Spannweite dargestellt.

Ein Schlagbär A wird durch einen, in dem Führungsschacht B angeordneten Balatariemen betätigt. Oberhalb des Schachtes befindet sich die Riemenscheibe H, die durch den Dauerleistungsmotor M vermittelst dreier Vorgelege angetrieben wird und eine Umfangsgeschwindigkeit von 1,21 m/min hat. Die Druckrolle J drückt den Riemen durch Federdruck ständig an, so daß sich der Bär nach oben bewegt. Sie wird selbsttätig durch eine Kurvenscheibe R abgehoben, wodurch der Riemen freigegeben wird und der Bär niedersaust.

Je nachdem das Vorgelege Q_1 oder Q_2 eingeschaltet wird, arbeitet das Schlagwerk mit 15 oder 30 Schlägen in der Minute. An Stelle der selbsttätigen Steuerung kann der Bär auch von Hand gesteuert werden. Die Kurvenscheibe R wird alsdann ausgerückt und die Rolle J durch den Hebel U abgehoben.

Die Beanspruchung des dauernd umlaufenden Schlagwerkmotors ist veränderlich. Um die abgegebene Energie aufzuspeichern, ist eine Schwung-

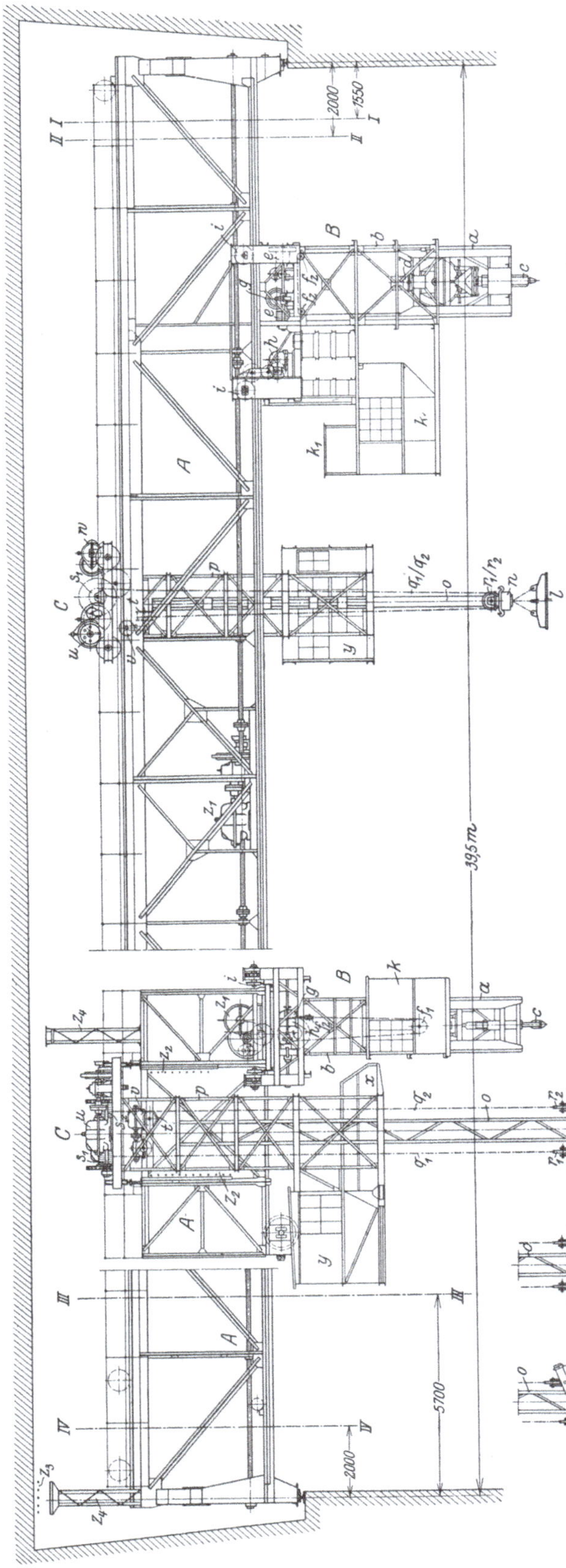

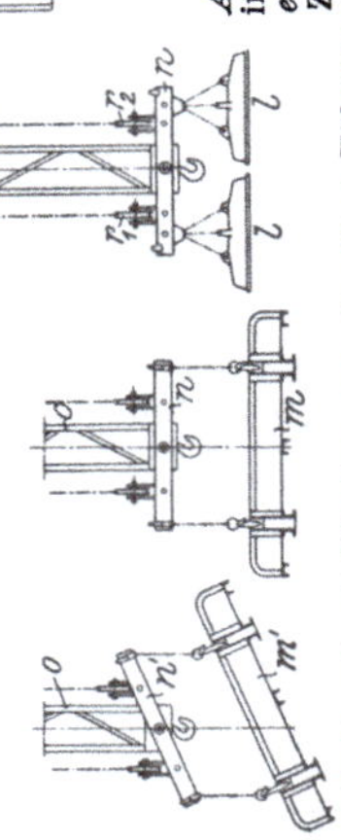

Abb. 980. Gießbettkran mit Schlagwerkkatze und Masselverladekatze. (Demag.)

A Kranbrücke; B Schlagwerkkatze; C Masselverladekatze. Zu B: a Heb- und senkbarer Rahmen von quadratischem Querschnitt, in den das Schlagwerk eingebaut; b Führungsgerüst zu a, am Windengestell angebaut; c Schlagwerkbär; d Schlagwerkmotor; e Trommeln; f_1 lose Rollen; f_2 Ausgleichrollen; g Motor zum Hubwerk; h Katzenfahrmotor; k Führerhaus; k_1 Gegengewicht. Zu C: l Lasthebemagnete; m Masselverladepritsche; n Querstück, zum Einhängen von l bzw. m, an dem heb- und senkbaren Stempel o gelenkig angeordnet; $m'-n'$ Kipplage von $m-n$; p Führungsgerüst zu o, am Windengestell angebaut; q_1-q_2 Hubseile, an den Trommeln s_1-s_2 befestigt; r_1-r_2 lose Rollen; t Kipptrommel, an der das andere Seilende von q_2 angreift, während das andere Seilende von q_1 am Windengestell befestigt ist; u Hubmotor; v Kippmotor mittels Schneckengetriebe auf die Trommel t arbeitend und bei Aufwickeln von q_2 $m-n$ schräg stellend; w Katzenfahrmotor; x Podest; y Führerhaus; z_1 Kranfahrmotor; z_2 Katzenschleifleitung; z_3 Hauptschleifleitung; z_4 Stromabnehmerarm zu z_3.

scheibe O auf der verlängerten Motorwelle angeordnet. Der Bär wird in seiner höchsten Stellung durch die Zange L festgehalten. Ebenso wird die Schwungsscheibe O durch einen Klotz vermittelst des Fußtrittes x_1 und des Zugseiles T festgebremst. Die Zange öffnet sich gleichzeitig mit dem Abheben der Druckrolle J.

In Rücksicht auf die Neigung des Gießbettes ist die Höhe des Schachtes B einstellbar. Das Schachtunterteil ist mit dem Oberteil federnd verbunden, damit beim Fahren des Kranes und Aufliegen des Bären auf den Masseln ein Bruch verhütet wird.

An der Unterflasche c wird wahlweise ein Magnet oder ein Kübel aufgehängt. Mit dem Magneten werden die Masseln in die Kübel geladen und dann zur Verladerampe befördert.

Arbeitsgeschwindigkeiten und Motoren:

Schlagwerk:	30 bzw. 15 Schläge i. d. Min.;	10,2 PS	bei	950 Uml/min
Heben des Schachtes . . .	4,65 m/min;	2 „	„	960 „
„ „ Magneten . . .	20 „	45 „	„	730 „
Katzenfahren	42 „	12 „	„	955 „
Kranfahren	147 „	45 „	„	730 „
„ beim Zerschlagen der Masseln:	8,25 m/min.			

Stromart: Drehstrom 380 V, 50 Hz. Elektrische Ausrüstung: SSW.

Abb. 980 zeigt einen Gießbettkran mit Schlagwerkkatze und Masselverladekatze. Das Schlagwerk ist auf einer Laufkatze angeordnet, die auf dem Untergurt je eines Haupt- und Seitenträgers fährt. Bei diesem Schlagwerk wird der Bär durch ein Kurbelgetriebe mit zwischengeschaltetem federndem Puffer bewegt.

Die Masselverladekatze hat zwei Hubwerke, deren lose Rollen an einer Traverse gelagert sind, die in dem auf- und abbewegbaren Fachwerkstempel gelenkig angeordnet ist. Tragkraft: 6,5 t; Hubhöhe: $\sim$7 m.

An der Traverse werden zwei Lasthebemagnete aufgehängt, die die Masseln aufnehmen und an eine Ladepritsche mit niedrigen Seitenwänden abgeben. Nachdem die Pritsche bis zur Tragkraft des Kranes beladen ist, wird sie an der Traverse aufgehängt, zur Ladestelle gefahren und dort dadurch gekippt, daß der eine Hubseilzug angezogen und der andere nachgelassen wird.

Verwendung zweier Magnete erhöht die Leistung. Sie erreicht in einer Doppelschicht 700 bis 800 t geschlagene und verladene Masseln und läßt sich gegebenenfalls auf 1000 t steigern.

Arbeitsgeschwindigkeiten und Motoren:

	Schlagwerkkatze:			
Hammerschlagen .	100 bis 120 mal i. d. Min.;	18 PS	bei	720 Uml/min
Heben	2 m/min;	5,5 „	„	720 „
Katzenfahren. . .	45 „	5,5 „	„	720 „
	Magnetkatze:			
Heben	20 m/min;	45 PS	bei	590 Uml/min
Kippen	— „	5,5 „	„	720 „
Katzenfahren. . .	100 „	18 „	„	585 „
Kranfahren: . . .	100 „	2 × 45 „	„	590 „

Stromart: Drehstrom 190 V, 50 Hz. Elektrische Ausrüstung: SSW.

β) Gießbettaufbereitungs- und Masselformmaschinen.

Das Aufbereiten des Gießbettes, d. h. das Auflockern des Bodens, das Formen der Masseln und das Ziehen der Zulaufrinnen für das flüssige Eisen erfordern sehr viel Arbeit; große Arbeitskolonnen sind nötig, um in der kurzen Zeit zwischen zwei Ofenabstichen das Gießbett wieder aufnahmebereit zu machen.

Durch die Anwendung der auf Abb. 981 dargestellten Aufbereitungs- und Masselformmaschine wird das Aufbereiten des Gießbettes beschleunigt. Auch haben die in dem maschinell geformten Gießbett abgegossenen Masseln glatte Flächen, so daß der Sand sofort abfällt, sind scharf eingekerbt und lassen sich daher leichter zerschlagen.

Die Maschine (Abb. 981) ist heb- und senkbar an einem Wagen angebaut, der auf den Hauptträgern einer Kranbrücke fährt. Die aus der Aufbereitung A (Abb. 981) und der Formmaschine B bestehende Vorrichtung ist beliebig schräg einstellbar, so daß man jedem Gießbett das in der Längsrichtung gewünschte Gefälle geben kann.

Die Fahrbahn des Aufbereitungswagens c und die Formmaschine, die aus der Formplatte f mit den Modellen g und dem Eindrückwagen h besteht, sind an einem gemeinsamen Träger a angeordnet, dessen senkrechter Teil in einem Fachwerkgerüst b geführt ist, das an dem Katzenwagen angebaut ist. Zum Heben und Senken des Trägers dient ein doppelt angeordneter Seilzug, dessen Enden an den Trommeln des Hubwerks angreifen.

Soll das Gießbett für einen neuen Abstich hergerichtet werden, so wird die Maschine so weit abgesenkt, bis die Formplatte *f* auf dem Gießbett aufliegt. Alsdann wird der Aufbereitungswagen *c* in Gang gesetzt, dessen pflugartige Messer *d* sich beim Anfahren des Wagens etwa 50 bis 70 cm tief in den Sand eingraben und einen Streifen entsprechend der Masselkammbreite (Abb. 981, Grundriß) auflockern. Bei Beginn der Rückwärts-

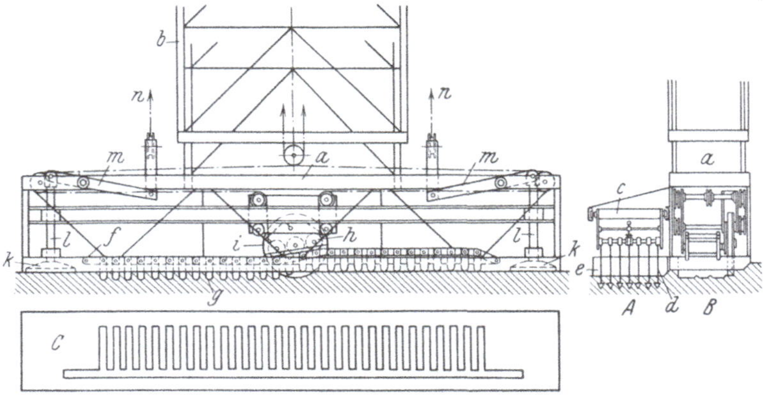

Abb. 981. Masselformmaschine Bauart Demag-Tigler. (Schematische Darstellung.)

A Aufbereitung; *B* Formmaschine; *C* von der Maschine hergestellter Masselkamm; *a* durch das Hubwerk heb- und senkbarer Fachwerkträger, an dem *A* und *B* angeordnet; *b* senkrechte Führung zu *a*; *c* Aufbereitungswagen; *d* Messer; *e* Abstreifblech; *f* Formplatte; *g* Masselformen, an zwei Gelenkketten aufgehängt; *h* Rollen am Eindrückwagen, die Masselformen in den Sand drückend; *i* Mutterrad zum Formen der Muttermassel; *k* heb- und senkbare Platten, deren Stempel *l* an dem doppelarmigen Hebel *m* angreift; *n* Hubseile, am anderen Ende von *m* angreifend.

bewegung des Aufbereitungswagens klappen die Messer selbsttätig wieder hoch. Gleichzeitig senkt sich das Abstreifblech *e*, das während des Rückganges das Gießbett glättet und den überschüssigen Sand auf die nächste Bahn schiebt. Die Höhe des Abstreifbleches ist nicht einstellbar. Ist der Aufbereitungswagen in der Ausgangsstellung angelangt, so wird die ganze Maschine gehoben und nach Verschieben um eine Masselkammbreite wieder gesenkt, bis die Formplatte *f* auf dem vorher aufgepflügten und geglätteten Sandstreifen aufliegt.

Durch Aufsetzen der Formplatte auf diesen Streifen schieben sich die Masselmodelle *g*, die in Querschlitzen der Formplatte lose aufgehängt sind, nach oben und ragen über die Formplatte hinaus.

Während nun der zweite Streifen aufbereitet und geglättet wird, fährt der Eindrückwagen *h* über die ganze Länge der Formplatte und drückt die Modelle nacheinander in das Gießbett hinein. Gleichzeitig wird auch die

Abb. 982. Masselformmaschine Bauart Demag-Tigler. (Ansicht der Maschine und des hergestellten Gießbettes.)

Rinne für die Muttermassel geformt. Damit die Formen beim Abheben der Formplatte nicht beschädigt werden, ist eine besondere Vorrichtung vorhanden, durch welche die Hubgeschwindigkeit derart in verringertem Maße auf die Formplatte übertragen wird, daß sich die Modelle langsam und ruhig aus dem Sand abheben. Zum Abheben werden zunächst die an den Enden der Maschine angebrachten Abdrückplatten *k* auf das Gießbett aufgesetzt, deren Stempel *l* als Führung für die Formplatte dienen. Mittels der Doppelhebel *m* und der Seilzüge *n* werden die Modelle langsam und mit der halben Geschwindigkeit aus dem Sand gezogen. Ist die Formplatte so hoch gehoben, daß sich die Masselmodelle über dem Gießbett befinden, so hört die indirekte Hubbewegung auf und die ganze Maschine wird mit der vollen Hubgeschwindigkeit gehoben. Die Vorrichtung wird nun ein Feld weiter gefahren und der Arbeitsvorgang beginnt von neuem.

Die Maschine wird durch zwei Mann bedient. Leistung: In 30 Minuten werden 27 Felder zu je 28 Masseln geformt, was dem Bedarf für einen Ofenabstich von 45 t Roheisen entspricht.

Gießhallenkran mit Masselformmaschine (Bauart Ardelt-Hauttmann) siehe: Stahleisen 1931, S. 936. Bericht Nr. 121 des Hochofenausschusses des Vereins Deutscher Eisenhüttenleute.

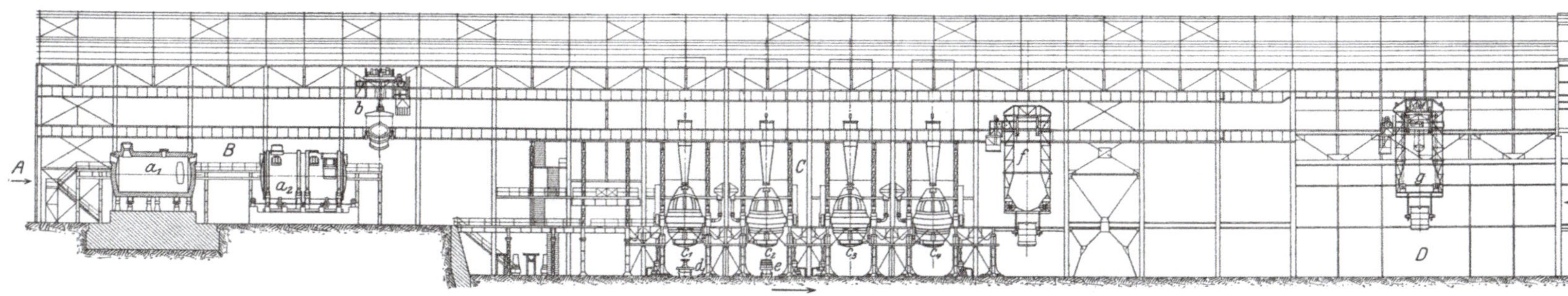

Abb. 983. Längsschnitt durch ein Thomas-Stahlwerk. (Demag.)

A Anfuhr des flüssigen Roheisens vom Hochofenwerk; *B* Mischerhalle; a_1-a_2 kippbare Roheisenmischer; *b* Gießkran (zum Füllen der Mischer); *C* Konverterhalle; c_1-c_4 Konverter; d Konverterboden-Einsetzwagen; *e* Schlackenwagen; *D* Gießhalle; *f*–*g* Gießkrane; *E* Eingang des flüssigen Stahls vom Martinwerk.

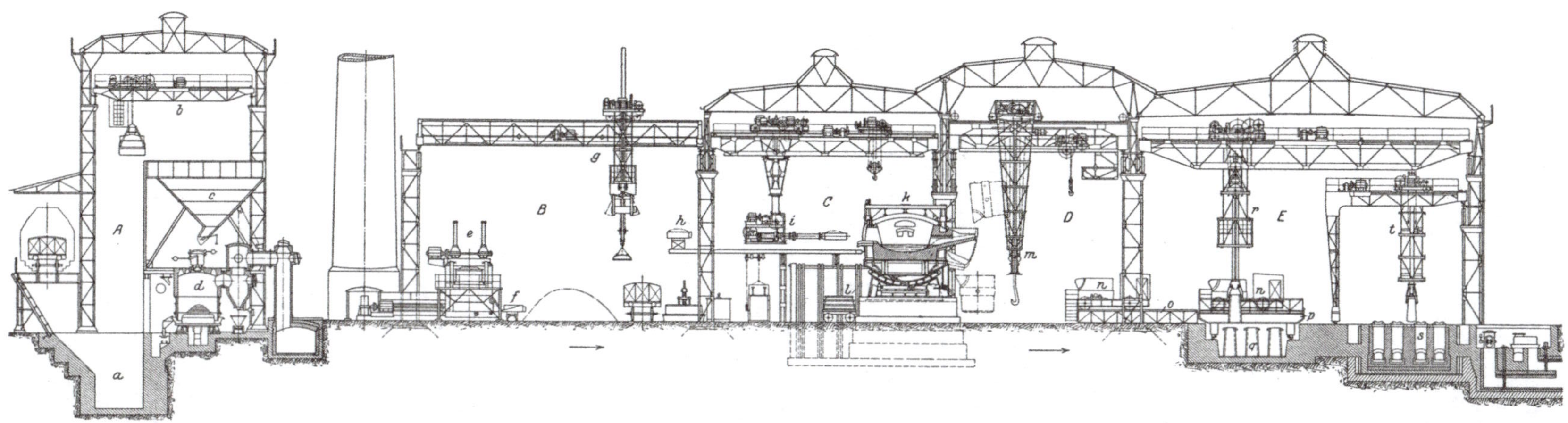

Abb. 984. Querschnitt eines Martin-Stahlwerks. (Demag.)

A Generatorenhaus; *a* Kohlentiefbunker; *b* Greiferlaufkran; *c* Kohlenhochbunker mit Drehschieberverschluß; *d* Generator; *B* Schrottlagerplatz; *e* Paketierpresse; *f* Schmalspurwagen für Muldentransport; *g* Muldenförder- und Magnetkran; *C*–*D* Ofenhalle; *h* Muldenbank auf der Ofenbühne; *i* Muldenbeschickkran; *k* kippbarer Martinofen; *l* Schlackenwagen; *m* Gießkran; *E* Gießhalle; *n* elektrischer Gießpfannenwagen; *o* Fahrbahn, *p* Schiebebühne zu *n*; *q* Gießgrube mit Kokillen; *r* Stripper- und Blockzangenkran; *s* Tieföfen; *t* Halbtorkran mit Blockzangenlaufkatze.

b) Krane für Stahl- und Walzwerke.

Abb. 983 gibt den Längsschnitt durch das Thomas-Werk eines neuzeitigen Stahlwerks, das auch nach dem Martin-Verfahren arbeitet[1].

Tagesleistung des Thomas-Werkes: 35000 bis 40000 t. Mischerinhalt: Je 750 t. Birneninhalt: Je 30 t.

Arbeits- und Fördergang im Thomaswerk (Abb. 983): Anfuhr des flüssigen Eisens vom Hochofenwerk — Entleeren des flüssigen Eisens in die Mischer — Anfuhr des Kalkes und der übrigen in Frage kommenden Zuschläge — Fördern des flüssigen Eisens von den Mischern zu den Birnen — Beschicken der Birnen — Ausgießen der Charge und Förderung zur Gießhalle — Gießen der Stahlblöcke in den Kokillen — Abstreifen der Kokillen von den gegossenen Blöcken — Befördern der Blöcke zur Tiefofenhalle oder zum Blocklager.

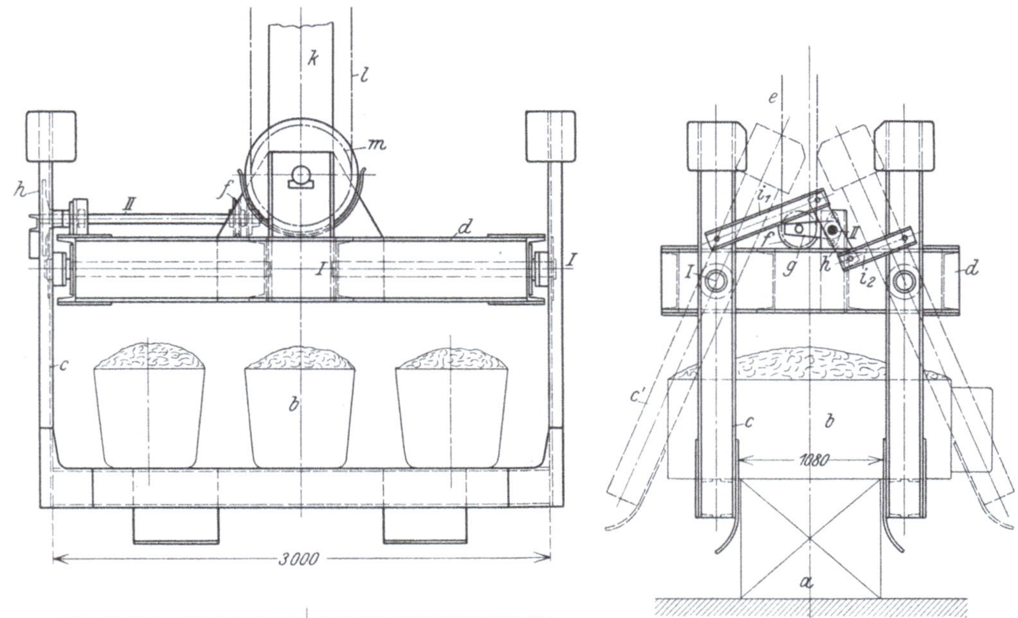

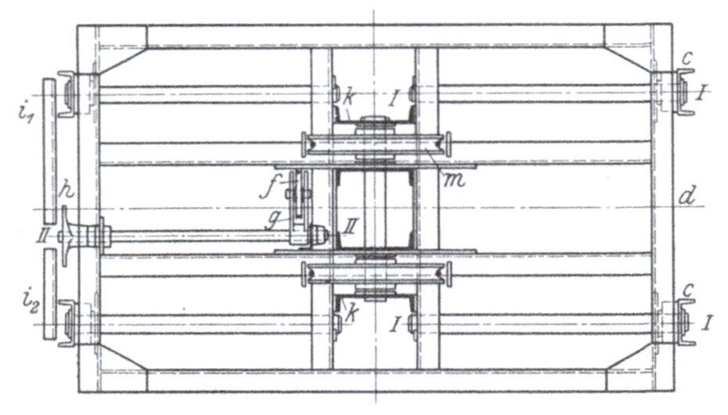

Abb. 985. Muldengehänge. (Ardeltwerke.)

a Muldenbank; *b* Mulden; *c* (*c'*) aufklappbare Tragbügel; *d* Gehängerahmen; *I—I* Drehachsen zu *c*; *e* Seilzug zum Aufklappen der Tragbügel (vom Führerhaus aus betätigt); *f* Seilrolle, in der Gabel *g* gelagert; *h* Doppelhebel, mit *g* auf der Welle *II* aufgekeilt; $i_1 - i_2$ Gelenkstangen, die Tragbügel mit dem Doppelhebel *h* verbindend; *k* senkrecht geführter Stempel; *l* Hubseilzug; *m* lose Rollen zum Hubseilzug.

Die Martin-Werke verwenden flüssigen Einsatz, der in Roheisenwagen vom Hochofenwerk angefahren wird, und festen Einsatz (Schrott).

Abb. 984 gibt den Schnitt durch ein Martin-Stahlwerk.

Arbeits- und Fördergang: Bedienung des Schrottlagerplatzes (Entladen und Stapeln des angekommenen Schrotts — Zerkleinern des großstückigen Schrotts — Paketieren des Blechschrotts — Füllen der Mulden und Fördern zur Ofenbühne) — Anfuhr des flüssigen Roheisens und Eingießen in die Mischer — Fördern des flüssigen Einsatzes von den Mischern zu den Martinöfen und Eingießen in dieselben — Beschicken der Martinöfen mit festem Einsatz — Fördern des flüssigen Stahls von den Öfen zur Gießhalle — Gießen der Blöcke — Abstreifen der Kokillen — Weiterleiten der gegossenen Blöcke zur Tiefofenhalle und zum Walzwerk oder zum Blocklager.

1. Schrottlagerplatzkrane.

Die Magnetkrane dienen zum Entladen und Stapeln des angekommenen Schrotts, zum Füllen der Mulden, zum Beschicken der Paketierpresse mit Blechschrott, zum Transport der Blechpakete und zum Hochheben der Fallkugel im Fallwerk.

[1] Stahlwerk Thyssen A.-G., Hagendingen.

Die verwendeten Magnete sind normale Rundmagnete (s. S. 145); für die Fallwerke werden auch Sondermagnete mit hohlrunder Polfläche verwendet.

Die **Muldentransportkrane** fördern die Mulden vom Lagerplatz zur Ofenbank vor den Martinöfen.

Gewicht von 1 m³ losem (einsatzfertigem) Schrott . . . ∾ 300 kg.
„ „ „ paketiertem Blechschrott . . . . . . ∾ 1300 bis 1600 kg.
Muldeninhalt[1]: 0,32—0,5—0,56 m³.

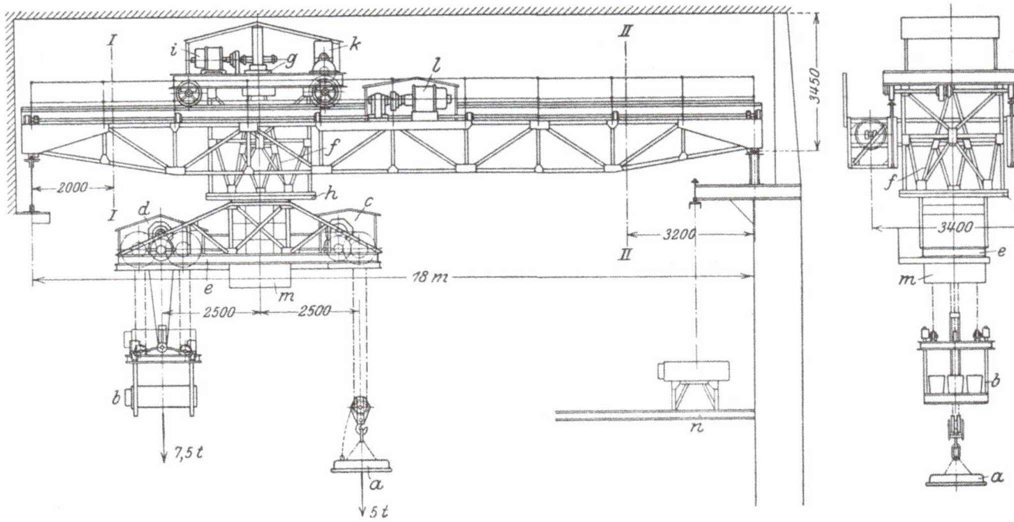

Abb. 986. Schrott- und Muldenförderkran von 5 t bzw. 7,5 t Tragkraft und 18 m Spannweite. (Demag-Tigler.)
a Lasthebemagnet (1,4 m Durchmesser); *b* Muldengehänge; *c* Magnethubwerk, *d* Windwerk zum Muldengehänge, beide auf dem Querträger *e* der drehbaren Säule *f* angeordnet; *g* oberes Längs- und Querlager, *h* unteres Querlager (Rollenlager) zu *f*; *i* Drehmotor; *k* Katzenfahrmotor; *l* Kranfahrmotor; *m* Führerhaus; *n* Muldenbank; *I—I*, *II—II* Anfahrstellungen der Katze.

Abb. 985 zeigt ein Muldengehänge von 1500 kg Tragkraft, das an einem heb- und senkbaren Stempel angeordnet ist. Dieser ist seinerseits in einem, am Katzengestell angebauten Fachwerkgerüst geführt.

In neuerer Zeit werden die Schrottlagerplatzkrane meist als kombinierte **Magnet- und Muldentransportkrane** ausgeführt. Auf dem Kran fährt dann eine Muldentransportkatze und eine Magnetlaufkatze, oder Magnet und Muldengehänge sind an dem drehbaren Lastbalken einer Katze angeordnet.

Tragkraft des Magnethubwerks: 4—5—7,5 und 10 t. Tragkraft des Muldenhubwerks: 7,5—10 und 12 t.

Auf Abb. 986 ist ein Schrott- und Muldenförderkran dargestellt, bei dem das Magnet- und Muldenhubwerk auf einer drehbaren Traverse angeordnet sind.

Arbeitsgeschwindigkeiten und Motoren:

Magnetheben:	12 m/min;	18 PS	bei	720	Uml/min
Muldenheben:	12 „	34 „	„	580	„
Drehen:	4 mal i. d. Min.;	12 „	„	720	„
Katzenfahren:	25 m/min;	15 „	„	720	„
Kranfahren:	100 „	40 „	„	580	„

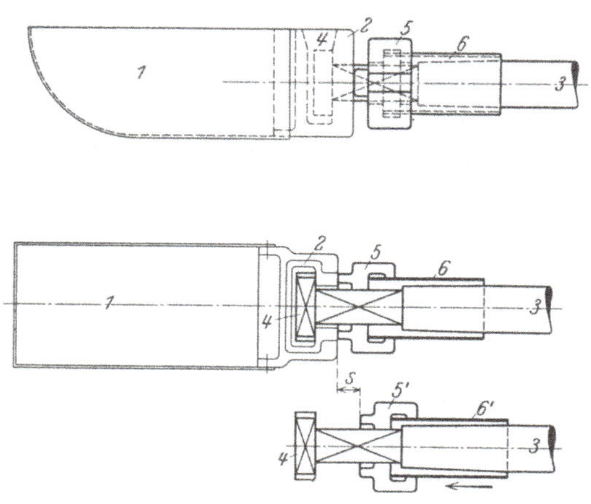

Abb. 987. Vorrichtung zum Verriegeln der Mulden. (Demag.)
1 Mulde; *2* Muldenkopf; *3* Beschickarm; *4* Bund an *3*; *5* Klauenmuffe, lose auf dem Vierkant des Beschickarmes sitzend; *6* längsverschiebbares Rohr, an dessen Ende die Klauenmuffe befestigt ist; *5'—6'* entriegelte Stellung von Muffe und Rohr; *s* Verschiebeweg.

2. Muldenbeschickkrane.

Sie führen den Martinöfen Schrott, Kalk und andere feste Zuschläge zu.

Der Beschickarm oder Schwengel des Kranes greift mittels eines Bundes in die Aussparung des Muldenkopfes ein (Abb. 987) und wird in dieser Stellung durch Vorschieben der Klauenmuffe verriegelt. Die Klauenmuffe sitzt am Ende

[1] Demag A.-G., Duisburg.

eines Rohres, das mittels eines Handhebels vom Führerstand aus verschoben wird und den Schwengel auch gegen die Hitze schützt. Die am Schwengel verriegelte Mulde wird nun in den Ofen eingeführt (Abb. 988) und durch Drehen des Schwengels um seine waagerechte Achse entleert. Die entleerten Mulden werden dann wieder auf der Ofenbank abgesetzt und von dem Schrottlagerplatzkran abgeholt.

Die Muldenbeschickkrane haben fünf Bewegungen: Heben des Schwengels, Drehen um eine senkrechte Achse, Katzenfahren, Kranfahren und Muldenkippen (Entleeren).

Tragkraft der Muldenbeschickkrane (Demag A.-G., Duisburg): 1,5 bzw. 2,5 t.

Arbeitsgeschwindigkeiten. Heben: 6,5 bzw. 5,5 m/min; Drehen: 3,5 mal in der Minute; Katzenfahren: 40 bzw. 35 m/min; Kranfahren (je nach Tragkraft und Spannweite): 60 bis 100 m/min; Muldenkippen: 12 bzw. 10 mal in der Minute.

Abb. 988 zeigt die allgemeine Anordnung eines Muldenbeschickkranes von 1,5 t Tragkraft, 1,3 m Hub und 18 m Spannweite mit einer Hilfslaufkatze von 5 t Tragkraft.

Arbeitsgeschwindigkeiten und Motoren:

Heben . . . . . 5,5 m/min; 25 PS bei 585 Uml/min;
Drehen . . . . . 3 mal i. d. Min.; 8 PS bei 725 Uml/min;
Muldenkippen . . 10 mal i. d. Min.; 8 PS bei 725 Uml/min;
Katzenfahren. . . 45 m/min; 15 PS bei 725 Uml/min;
Kranfahren . . . 75 m/min; 25 PS bei 585 Uml/min.

Stromart: Gleichstrom 220 V.

In Abb. 989 ist das Unterteil der Laufkatze eines Muldenbeschickkranes von 2,5 t Muldeninhalt, 5 m Ausladung und 19 m Spannweite dargestellt.

Der Beschickarm ist am unteren Ende der in Walzeisen ausgeführten drehbaren Säule ge-

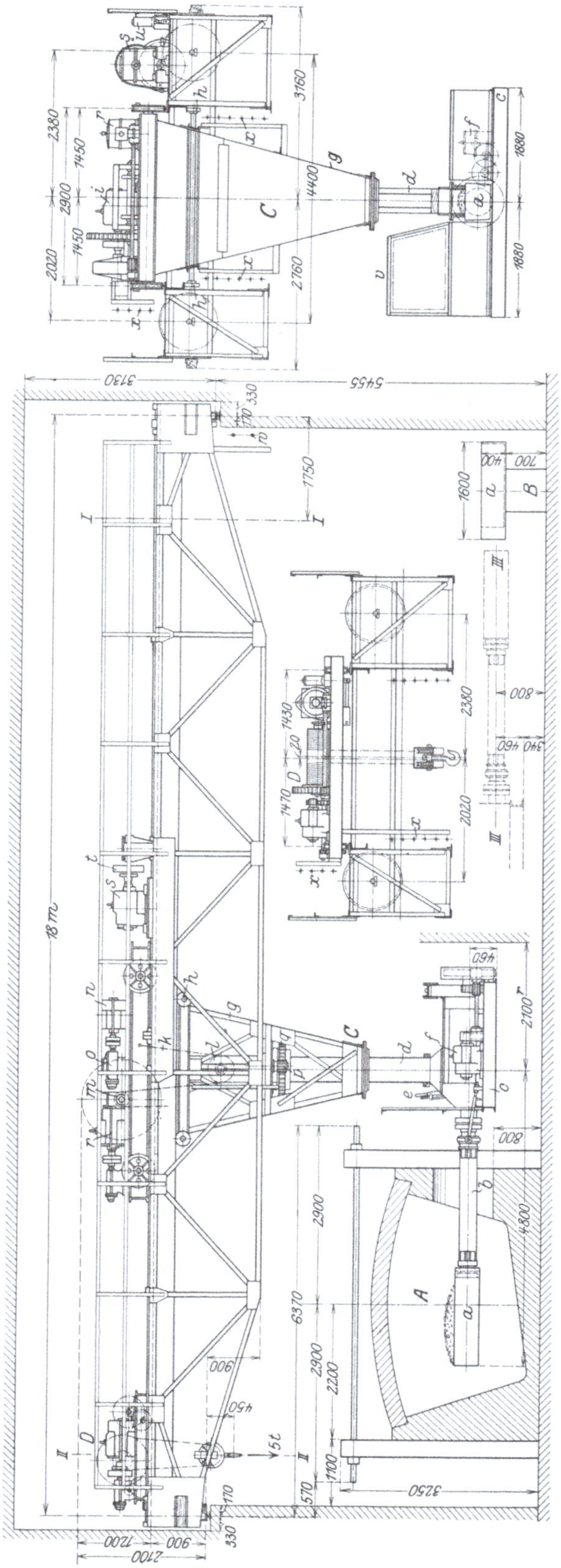

Abb. 988. Muldenbeschickkran von 1,5 t Tragkraft, 1,3 m Hub und 18 m Spannweite, mit Hilfslaufkatze von 5 t Tragkraft. (Demag.)

A Martinofen; *B* Muldenbank; *C* Muldenbeschickkatze; *D* Hilfslaufkatze; *a* Mulde; *b* Beschickarm; *c* Plattform, an der heb- und senkbaren, sowie drehbaren Säule *d* angebaut; *e* Verriegelungshebel des Muldengreifers; *f* Motor zum Entleeren der Mulden durch Drehen des Beschickarmes um seine waagerechte Achse; *g* Führungsgerüst der Säule *d*, am Katzengestell angebaut; *h* Druckrollen an *g*, ein Kippen der Beschicklaufkatze verhindernd; *i* Hubmotor; *k* Gelenkkette, am Katzengestell befestigt; *l* loses Kettenrad, in *d* gelagert; *m* treibendes Kettenrad; *n* Drehmotor; *o* waagerechtes Schneckengetriebe; *p* Ritzel mit dem an *d* befestigten Zahnkranz *q* kämmend; *r* Katzenfahrmotor; *s* Kranfahrmotor; *t* elastische Kupplung mit Kranfahrwerkbremse; *u* Magnetbremslüfter zu *t*; *v* Führerstand; *w* Längsschleifleitung; *x* Querschleifleitung.

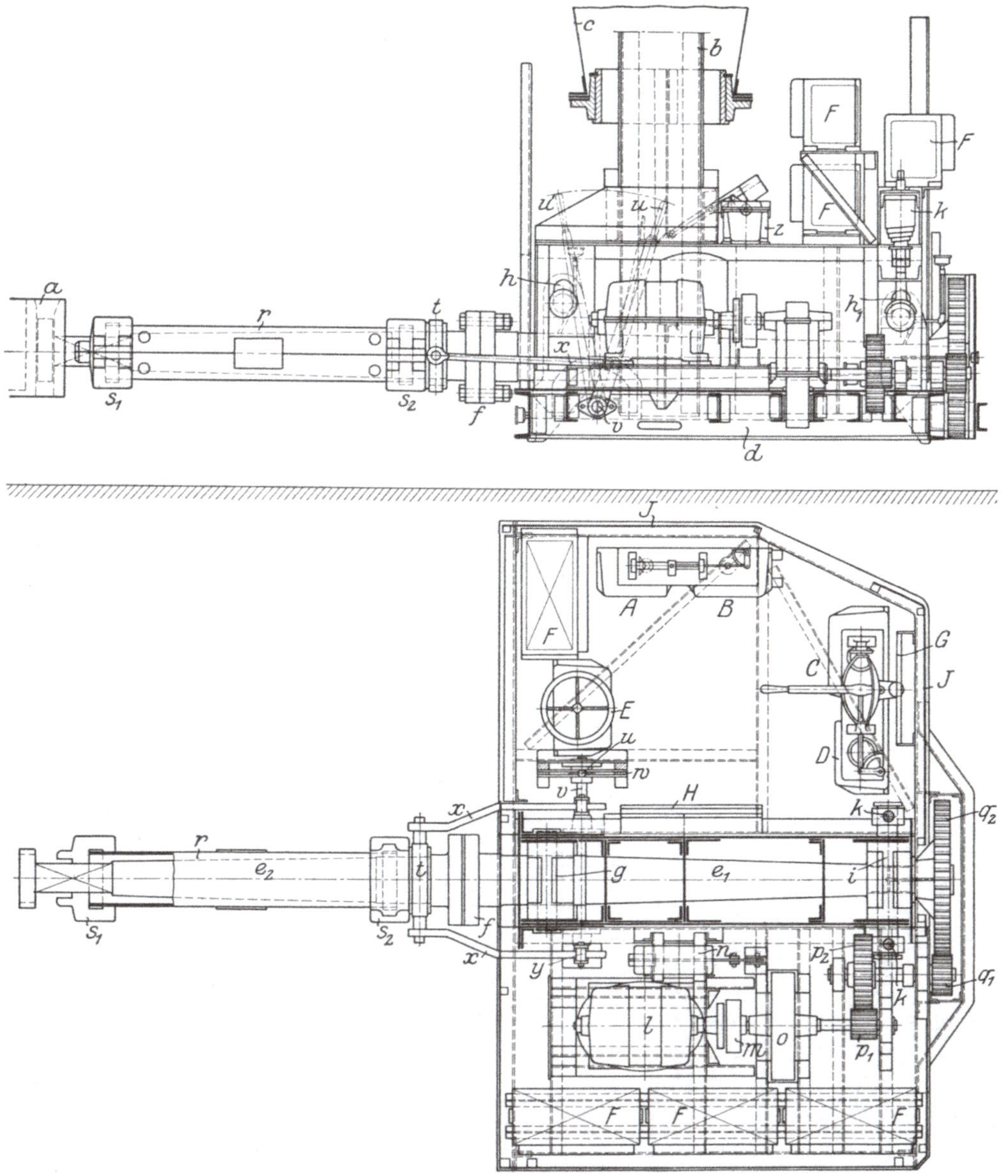

Abb. 989. Unterteil der Laufkatze eines Muldenbeschickkranes von 2,5 t Muldeninhalt, 5,0 m Ausladung, 1,7 m Hub und 19 m Spannweite. (Demag-Tigler.)

a Mulde; *b* Heb- und senkbare, sowie drehbare quadratische Säule; *c* Führungsgerüst zu *b*, am Windengestell angebaut; *d* Plattform, an die Säule *b* angebaut; e_1-e_2 drehbarer Beschickarm zum Kippen der Mulde; *f* Kupplung zu e_1-e_2; *g* Bolzen, *h* Schlitze des vorderen einstellbaren Beschickarmlagers; *i* Bolzen, h_1 Schlitze, *k* Evolutenfedern zum hinteren Beschickarmlager; *l* Muldenkippmotor; *m* elastische Kupplung mit Haltebremse; *n* Lüftmagnet zu *m*; *o* Motorvorgelege; p_1-p_2 mittlere Vorgelege; q_1-q_2 Stirnrädergetriebe, den Beschickarm drehend und dadurch die Mulde kippend; *r* geteiltes Rohr mit den auf e_2 verschiebbaren Muffen s_1 und s_2 zum Verriegeln der aufgenommenen Mulde dienend; *t* Ring mit Zapfen auf der Muffe s_2 sitzend; *u* Verriegelungshebel mit Falle; *v* Drehachse zu *u*; *w* gezahnter Bügel, in dessen Lücken die Falle eingreift; *x* Schubstangen, an *t* und den auf *v* aufgekeilten Hebeln *y* gelenkig angreifend; *z* Endschalter zum Hubwerk (für tiefste Stellung); *A* Muldenkippsteuerwalze, *B* Katzenfahrsteuerwalze, durch gemeinsamen Hebel gesteuert; *C*—*D* Hub- und Schwenksteuerwalze; *E* Kranfahrsteuerwalze; *F* Widerstände zu den Steuerwalzen; *G* Schaltbrett; *H* Klemmbrett; *I* Schutzwände aus Drahtgeflecht.

lenkig gelagert und durch Federn abgestützt, so daß er bei etwaigem Anstoßen auf dem Ofenboden nachgiebig ist.

Der Motor des Muldenkippwerks (12 PS und 955 Uml/min) arbeitet mittels dreier Stirnrädergetriebe auf den um seine waagerechte Achse drehbaren Beschickarm. Auf der elastischen Kupplung zwischen Motor und Triebwerk ist eine gewichtbelastete, elektromagnetisch gelüftete doppelte Backenbremse angeordnet. Die Anlasser zum Muldenkipp- und Katzenfahrwerk, sowie die zum Hub- und Drehwerk werden durch je einen gemeinsamen Hebel gesteuert (Universalsteuerung).

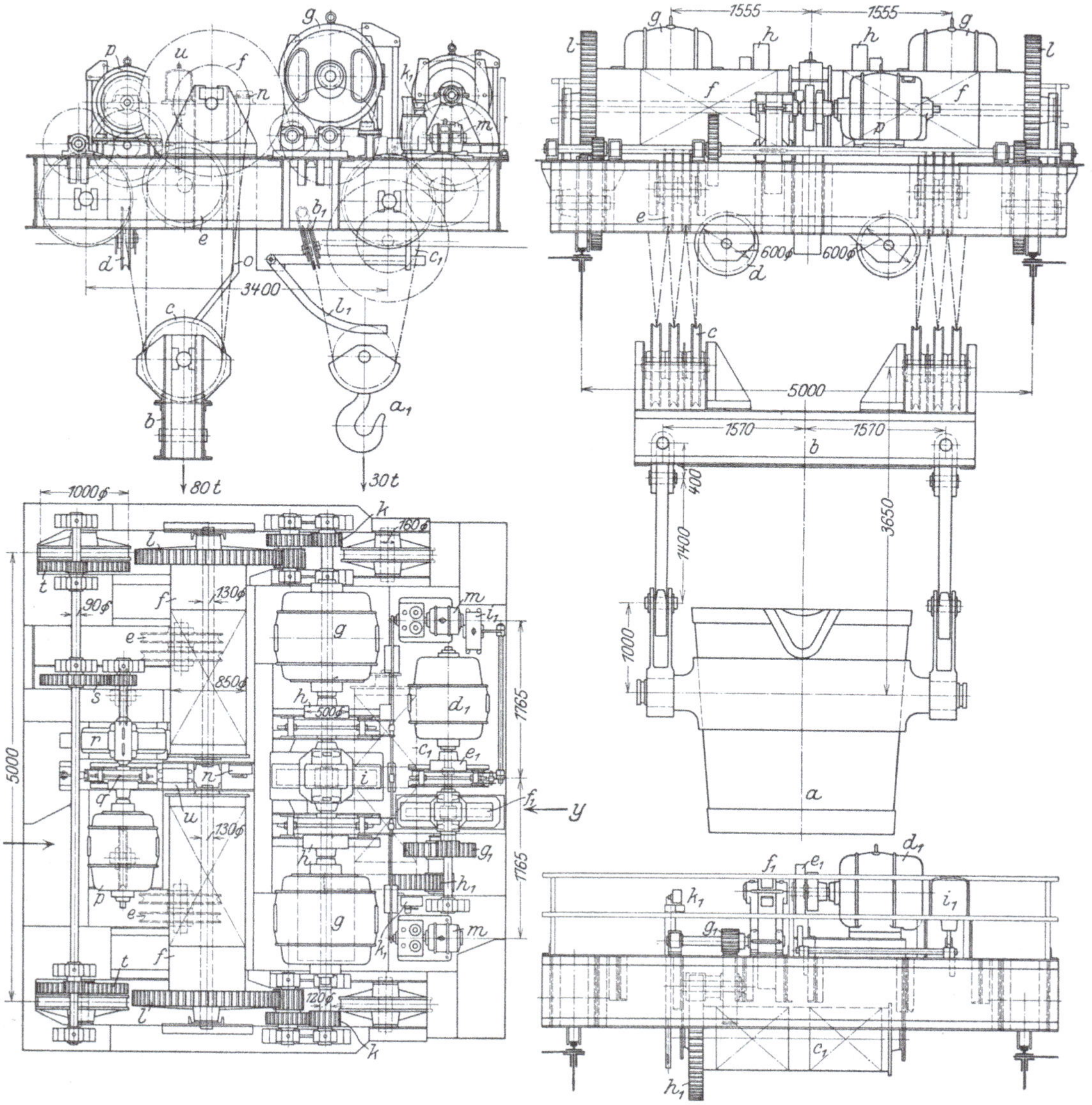

Abb. 990. Gießlaufkatze mit Hilfshubwerk. (Demag.)

80 t-Hubwerk: *a* Gießpfanne; *b* Pfannengehänge; *c* lose Rollen zum 12-strängigen Zwillingsrollenzug; *d* Ausgleichrollen; *e* feste Rollen; *f* Seiltrommeln; *g* Hubmotoren; *h* elastische Kupplungen mit Hubwerkbremsen; *i* Motorvorgelege; *k* Zwischenvorgelege; *l* Trommelvorgelege; *m* Motorbremslüfter; *n* Endausschalter; *o* Gestänge zu *n*.
30 t-Hubwerk: a_1 zweirollige Hakenflasche; b_1 Ausgleichrolle; c_1 Trommel; d_1 Hubmotor; e_1 elastische Kupplung mit Bremse; f_1 Motorvorgelege; g_1 Zwischenvorgelege; h_1 Trommelvorgelege; i_1 Magnetbremslüfter; k_1 Endausschalter; l_1 Gestänge zu k_1.
Katzenfahrwerk: *p* Fahrmotor; *q* elastische Kupplung; *r* Motorvorgelege; *s* Zwischenvorgelege; *t* Laufradvorgelege; *u* Magnetbremslüfter zur Fahrwerkbremse.

3. Gießkrane.

Sie dienen zum Füllen und Entleeren der Mischer (Abb. 983), Konverter (Abb. 983) und Martinöfen (Abb. 984), sowie zum Gießen der Stahlblöcke (Abb. 984).

Die Tragkraft der Gießkrane ist von dem Eiseninhalt der Pfanne abhängig. Gießpfannen s. S. 157. Das Kippen der Pfanne geschieht entweder durch ein auf der Laufwinde angeordnetes

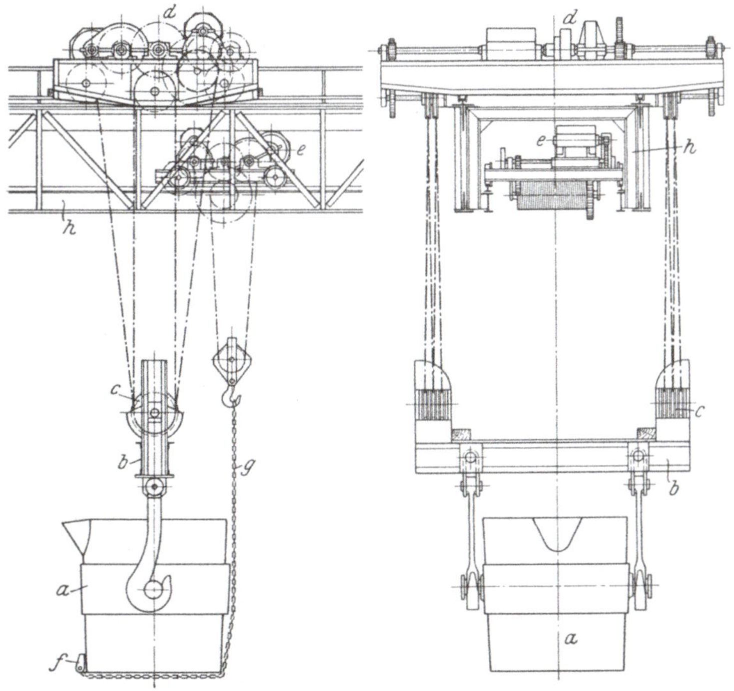

Abb. 991.

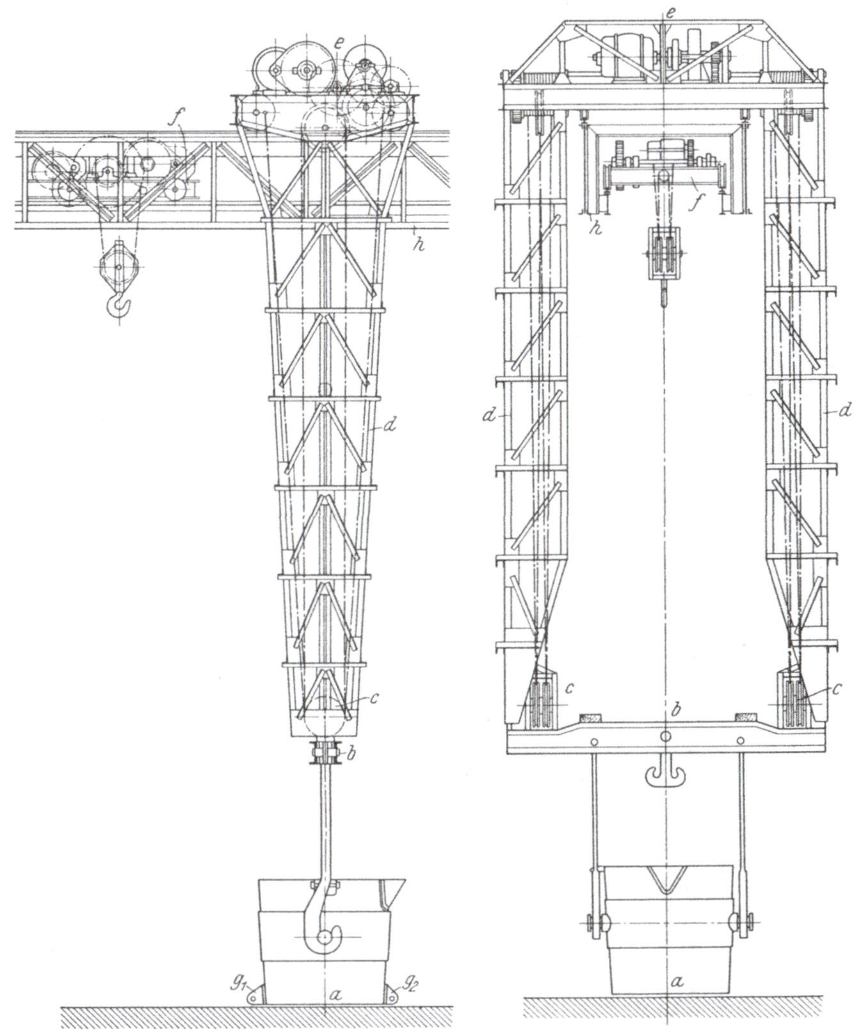

Abb. 992.

Abb. 991. Gießkran mit Hilfslaufkatze.

a Pfanne; *b* Pfannengehänge; *c* lose Rollen zum Hubseilzug; *d* Hauptkatze; *e* Hilfskatze; *f* Öse zum Befestigen der Kippkette *g* an der Pfanne; *h* Kranträger.

Abb. 992. Gießkran mit starrer Pfannenführung.

a Pfanne; *b* Pfannengehänge; *c* lose Rollen zum Hubseilzug; *d* an der Hauptkatze *e* angebaute Fachwerkführung zum Pfannengehänge; *f* Hilfskatze; $g_1 - g_2$ Ösen zum Befestigen der Kippkette; *h* Kranträger.

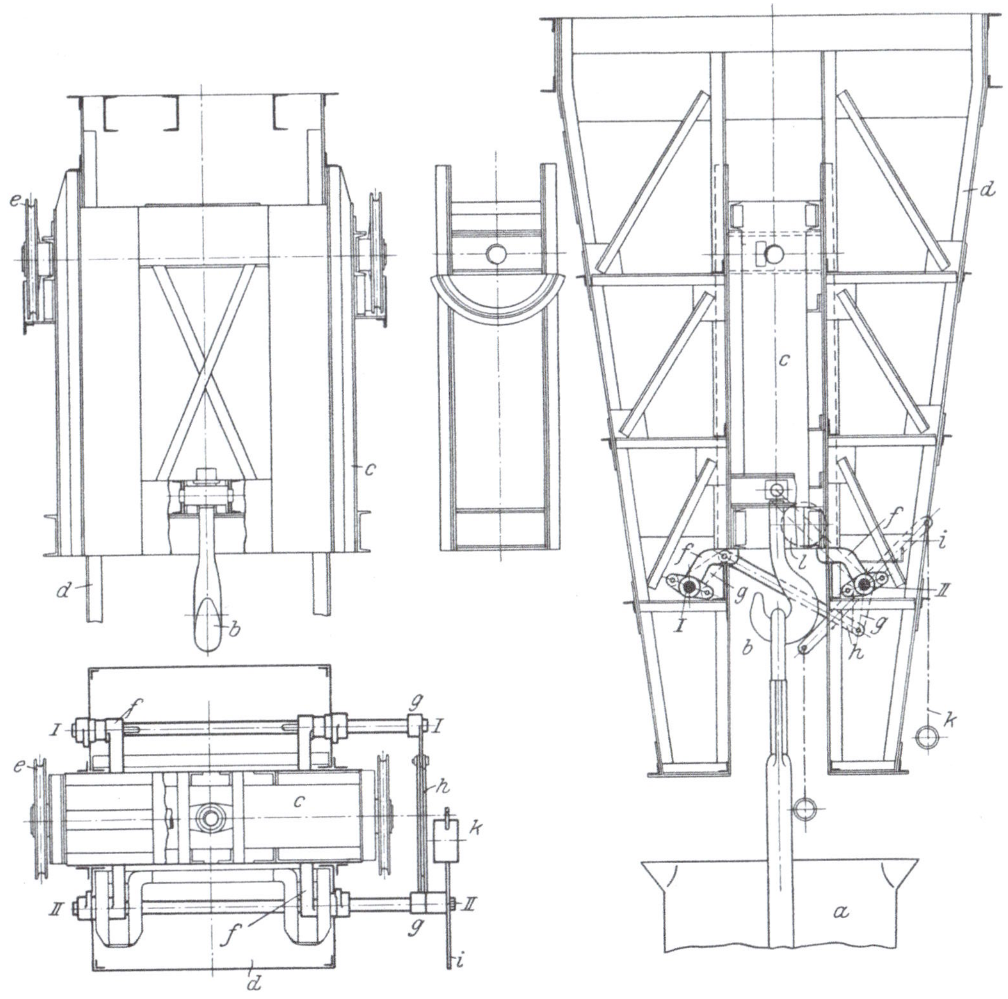

Abb. 993. Vorrichtung zum Verriegeln der Pfannentraverse während des Transportes. (Demag.)

a Pfanne; *b* Pfannenhaken; *c* Traverse; *d* Führungsgerüst zur Traverse, am Katzengestell befestigt; *e* lose Rollen zum Hubseilzug; *I–I*, *II–II* Wellen, am Führungsgerüst gelagert; *f* Abstützriegel, *g* Hebel, auf den Wellen *I* bzw. *II* aufgekeilt; *h* Stange, die Hebel *g* gelenkig verbindend; *i* doppelarmiger Hebel durch Zugketten *k* betätigt; *l* Gewichtshebel an *i*, die Verriegelung in Eingriff haltend.

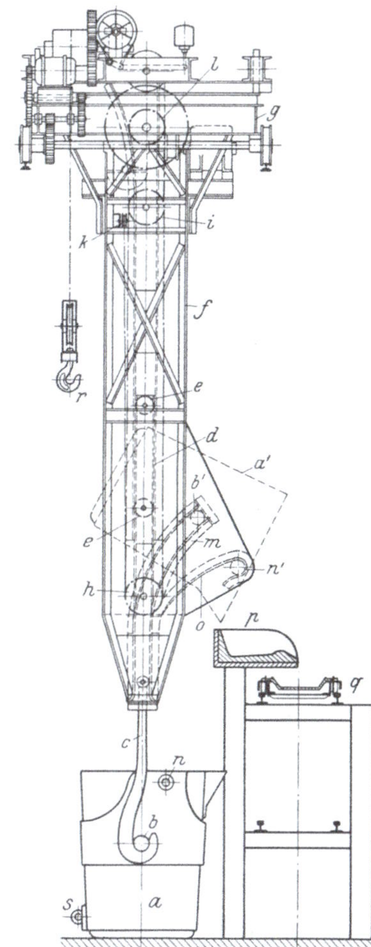

Abb. 994. Gießkran mit Pfannenführung zum selbsttätigen Kippen der Pfanne. (Demag.)

a Pfanne; *b* verlängerte Zapfen; *c* Pfannenhaken; *d* auf- und abbewegbare Traverse; *e* Führungsrollen; *f* Führungsgerüst, am Katzengestell *g* angebaut; *h* lose Rollen, *i* feste Rollen, *k* Ausgleichrolle, *l* Trommel zum Hubseilzug; *m* Kurvenführung zu den Zapfen *b*, am Führungsgerüst angebaut; *n* Rollen am Oberteil der Pfanne; *o* Kurvenführung zu *n*; *p–q* Uelingsche Massel-Gießmaschine.

Hilfshubwerk oder durch eine besondere Hilfslaufkatze, deren Tragkraft ebenfalls vom Pfanneninhalt abhängt.

Tragkraft des Pfannenhubwerks: 50 bis 100 t.
„ „ Hilfshubwerks: 10 „ 30 t.

α) Gießkrane ohne starre Führung.

Bei diesen sind die Fahrgeschwindigkeiten der Katze und des Kranes beschränkt, da die Pfanne beim Anfahren und Halten leicht in starkes Pendeln gerät, was beim Arbeiten einen erheblichen Zeitverlust zur Folge haben kann.

Abb. 990 zeigt die Ausführung einer Gießlaufkatze von 80 t Tragkraft mit einem 30 t-Hilfshubwerk zum Kippen der Pfanne.

Arbeitsgeschwindigkeiten und Motoren:

Heben (80 t-Hubwerk) . . .	7,02 m/min;	2mal 177	PS bei	585 Uml/min
„ (30 t- „) . . .	6,95 „	70,7	„ „	580 „
Katzenfahren	29,30 „	48,5	„ „	575 „

Stromart: 500 V, 50 Hz. Elektrische Ausrüstung: AEG.

Meist geschieht jedoch das Kippen der Pfanne durch eine besondere Hilfslaufkatze, die wie in Abb. 991 auf den Untergurten der Kranhauptträger fährt. Da die Hubseile der Hauptlaufkatze seitlich von den Kranträgern angeordnet sind, so ist das Fahren der Hilfskatze von der Stellung der Hauptkatze unabhängig.

Der Führerkorb wird je nach der Spannweite des Kranes und den räumlichen Verhältnissen seitlich bzw. auf der Mitte der Kranbrücke angeordnet oder an der Hilfslaufkatze angebaut.

β) Gießkrane mit starrer Führung.

Die Traverse, an der die Pfanne aufgehängt ist (Abb. 992), ist in einem Fachwerkgerüst, das am Katzengestell angebaut ist, senkrecht geführt. Hierdurch wird das störende Pendeln der Gießpfanne vermieden und die Krane können mit hohen Katzen- und Kranfahrgeschwindigkeiten arbeiten. Arbeitsgeschwindigkeiten von Gießkranen mit starrer Führung[1].

Heben (Hauptkatze 50 bis 100 t):	2,2 bis 1,8 m/min;	Katzenfahren	35 bis 20 m/min
„ (Hilfskatze 10 „ 20 t):	6,5 „ 4,2 „	„	42 „ 33 „
Kranfahren (12 bis 25 m Spannweite) und je nach Tragkraft . . .			70 „ 40 „

Bei Kranen, die größere Fahrstrecken zurücklegen, ist es vorteilhaft, die Traverse der schweren Gießpfanne in ihrer Höhenlage durch eine geeignete Vorrichtung nach Art von Abb. 993 abzustützen und zu verriegeln, wodurch die Hubseile entlastet und geschont werden. Die Vorrichtung wird vom Fußboden aus durch Zugketten bedient.

Soll die Ausgußschnauze der Pfanne in Rücksicht auf sicheres und ruhiges Gießen möglichst in gleicher Höhenlage bleiben, so ist ein bestimmtes Geschwindigkeitsverhältnis des Pfannen- und Kipphakens erforderlich.

Ein selbsttätiges Kippen der Gießpfanne, bei dem die Ausgußschnauze stets in gleicher Höhe bleibt, wird durch eine Kurvenführung nach Abb. 994 erreicht. Der Kran, bei dem diese zwangsläufige Führung der Pfanne angewendet ist, dient zum Füllen der Masselgießformen einer Uelingschen Masselgießmaschine (Demag, Duisburg), bei der die Gießformen an einer endlosen, ständig umlaufenden Transportkette aufgehängt sind.

4. Abstreifkrane (Stripperkrane).

Am Oberteil der Kokille sind seitliche Nasen angebracht, an denen die Kokille gefaßt wird (Abb. 995).

Das Ausdrücken der gegossenen und teilweise noch glühenden Blöcke aus den Kokillen geschieht durch besondere Krane mit Stripperzange. Diese ist meist auch zum Blocktransport verwendbar (Abb. 995). Sie ist an einem starren, rohrartigen Träger aufgehängt, der in einem an der Katze angebauten Führungsgerüst heb- und senkbar, sowie drehbar angeordnet ist.

Im Innern des Tragrohres befindet sich noch ein Druckstempel, der auf- und abbewegbar ist und durch einen besonderen Motor angetrieben wird.

Der Vorgang des Abstreifens ist kurz folgender: Die Zange (Abb. 995) faßt die Kokille mit ihren ösenartig gestalteten Schenkeln an den seitlichen Nasen und der Druckstempel wird auf den Block

[1] Demag A.-G., Duisburg.

aufgesetzt. Das Ausstoßen des Blockes bzw. das Abstreifen der Kokille kann derart geschehen, daß der Stempel feststeht und die Zange nach oben bewegt wird. In der Regel ist jedoch der Vorgang umgekehrt, daß die Zange stillsteht und der Stempel durch eine Schraube und Mutter bewegt wird. Diese Lösung ist die günstigere, da beim Ausdrücken der Blöcke ein ziemlich großer Druck auf einen allerdings nur kurzen Weg ausgeübt werden muß.

Je nach der Blockgröße beträgt der Abstreifdruck 45 bis 75 t. Tragkraft der Abstreifkrane: 3 bis 15 t. Hubhöhe: 5 bis 3 m. Hubgeschwindigkeit: 30 bis 18 m/min; Zangendrehen: 5- bis 3 mal in der Minute; Blockausdrücken: 3- bis 5 mal in der Minute; Katzenfahren: 55 bis 35 m/min; Kranfahren (10 bis 25 m Spannweite): Je nach Tragkraft und Spannweite: 150 bis 65 m/min (Demag, Duisburg).

Wesentlich für den Bau der Abstreifkatzen ist es, in allen Bewegungsvorrichtungen elastische Zwischenmittel (Puffer bzw. Federn) anzuordnen, die auftretende Stöße mildern und Brüche verhindern.

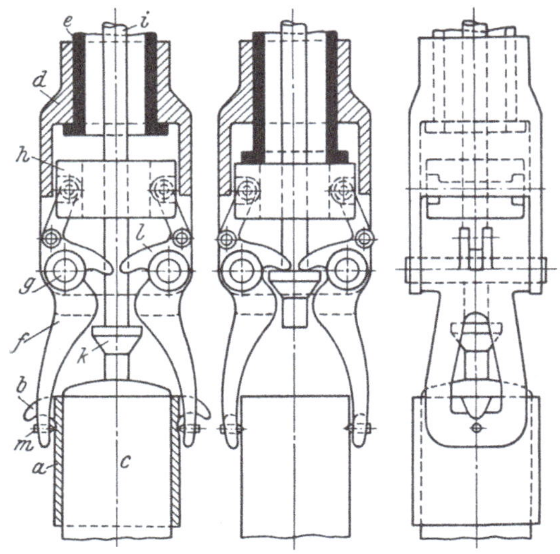

Abb. 995. Zange zu einem Abstreifkran (Stripperkran). (MAN.) *a* Kokille mit seitlichen Nasen *b*; *c* Block; *d* Stahlgußgehäuse, an dem Rohr *e* aufgehängt; *f* Zangenhebel, unten ösenförmig gestaltet und die Kokille an den Nasen fassend; *g* Drehbolzen der Zangenhebel, im Stahlgußgehäuse eingesetzt; *h* Gewicht, die Zangenhebel zusammendrückend; *i* Druckstempel; *k* Bund am Druckstempel; *l* Nasen an den Zangenhebeln, bei Benutzung als Blockzange das Gehäuse auf dem Druckstempelbund abstützend; *m* Körnerspitzen zum Erfassen der Blöcke.

5. Tiefofenkrane.

Das Einsetzen der Blöcke in die Tieföfen (Abb. 984, S. 468), das Herausnehmen der heißen Blöcke und der Weitertransport zum Kippstuhl des Walzwerks geschieht entweder durch den hierzu auch geeigneten Stripperkran oder durch besondere Tiefofenkrane.

Diese sind zum Erfassen der Blöcke mit einer Körnerzange (Abb. 996) ausgerüstet, die ebenso wie die Stripperzange an einem heb- und senkbaren, sowie drehbaren Rohr angeordnet ist, das in einem an der Laufkatze angebauten Fachwerkgerüst geführt wird.

Die Drehpunkte *a*, der Zangenhebel *b* (Abb. 996) sind an dem Stempel *c* angeordnet, der in dem Rohr *d* geführt ist. Am unteren Ende der Zangenhebel sind die Körnerspitzen *e* zum Fassen der Blöcke und am oberen sind Rollen *f* angeordnet, die in den schrägen Schlitzen der am Rohr *d* befestigten Blechschilde laufen. Durch Auf- oder Abbewegen des Rohres *d* unter Festhalten des Stempels *c* wird die Zange geöffnet oder geschlossen.

Die Tiefofenzangen sind in Rücksicht auf die verhältnismäßig kleine Öffnung der Öfen möglichst schmal zu bauen.

Die Tiefofenkrane werden mit Tragkräften von 3 bis 15 t ausgeführt. Ihre Hubhöhen und Arbeitsgeschwindigkeiten sind die gleichen wie die der Stripperkrane.

Abb. 997 und 998 zeigen die Laufkatze eines Tiefofenkranes von 5 t Tragkraft. Die Zange, die auf Abb. 999 noch besonders dargestellt ist, wird durch einen Seilzug betätigt, an dessen loser Rolle *V* (Abb. 998) eine Zugkette befestigt ist, die an dem Bolzen *l* (Abb. 999) des auf- und abbewegbaren Zangenquerstückes *d* angreift. Das eine Ende des Seilzuges zum Schließen der Zange ist am Windengestell (Abb. 998) befestigt, das andere greift an der Trommel *Z* an. Die an der Zangenschließtrommel angebaute Bremse wird vom Führerstand aus durch ein Steuerseil *H* mittels des Fußtrittes *s* gelüftet.

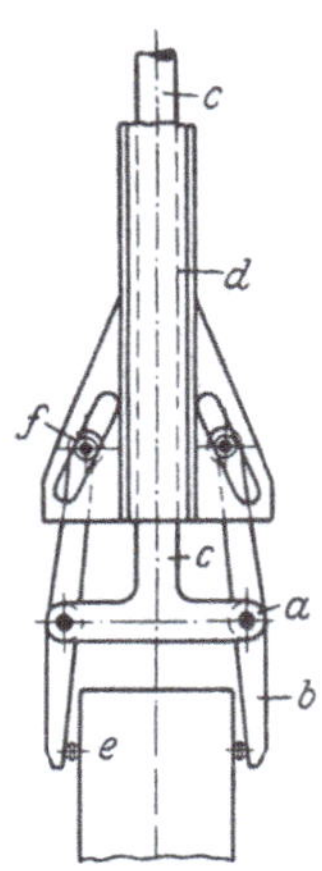

Abb. 996. Blockzange (schematische Darstellung).

Arbeitsgeschwindigkeiten und Motoren:

Heben	19,7 m/min;	60 PS	bei 590 Uml/min
Drehen	4,75 mal i. d. Min.;	10 „	„ 960 „
Katzenfahren . .	58,5 m/min;	19 „	„ 975 „

Stromart: Drehstrom 550 V, 50 Hz.
Elektrische Ausrüstung: Brown, Boveri & Co., Mannheim.

Das Abheben der Deckel von den Tieföfen kann bei geeigneter Form des Deckeloberteils durch die Zange geschehen. Das Deckelabheben und Blockheben wird dann wechselweise aus-

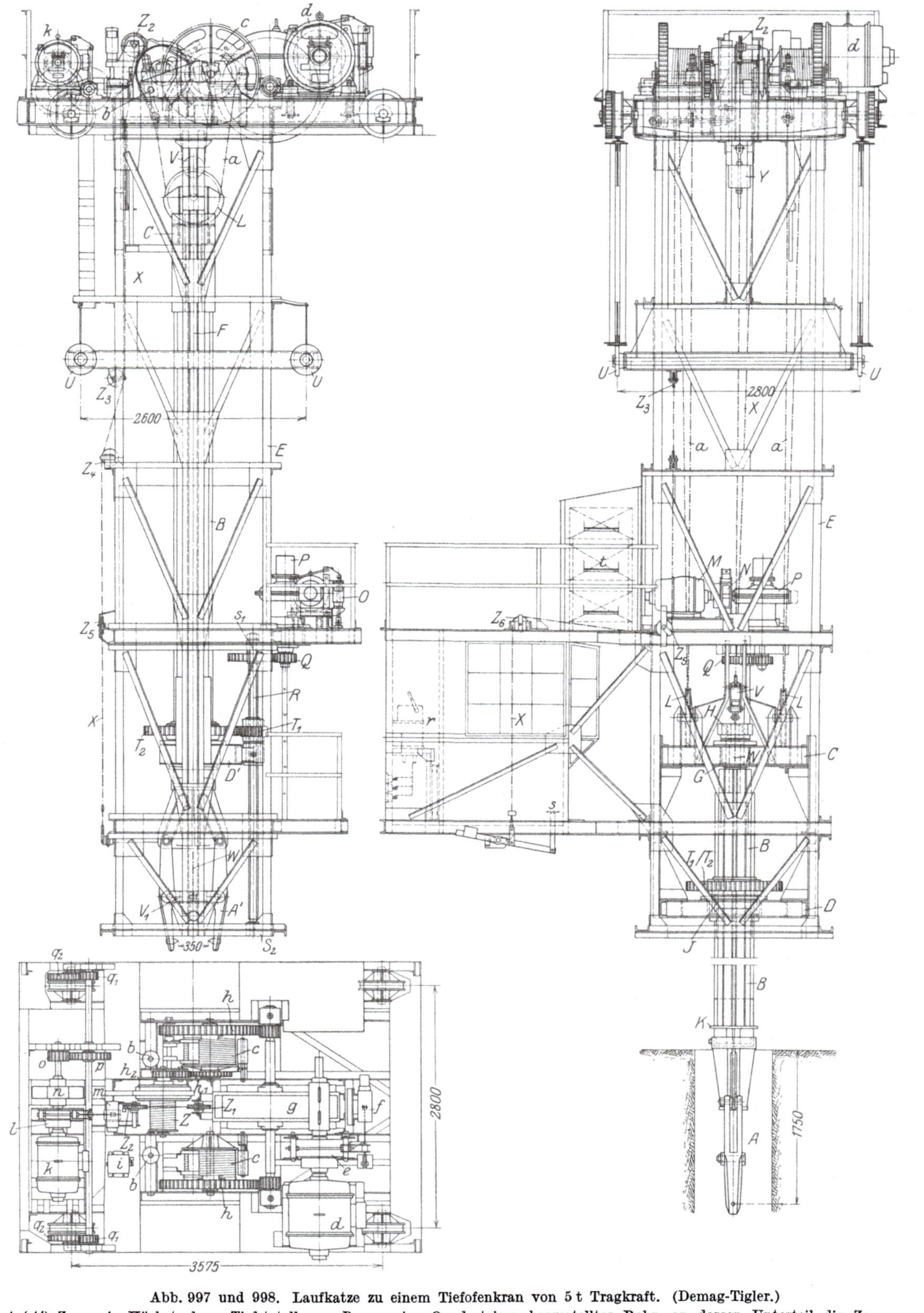

Abb. 997 und 998. Laufkatze zu einem Tiefofenkran von 5 t Tragkraft. (Demag-Tigler.)

A (*A'*) Zange in Höchst- bzw. Tiefststellung; *B* aus vier Quadrateisen hergestelltes Rohr, an dessen Unterteil die Zange angeordnet; *C*–*D* auf- und abbewegbarer Rahmen; *E* am Windengestell angebautes Fachwerkgerüst, in dem *C*–*D* bei *F* geführt; *G* oberes Längs- und Querlager zum Zangenrohr; *H* Mutter zum Nachstellen des Längslagers; *I* unteres Zangenrohr-Querlager; *K* Bund an der Zange, bei Aufwärtsbewegen von *B* an *I* anliegend und *C*–*D* hebend; *L* lose Rollen zum Zangenhubwerk, an *C* gelagert; *M* Drehmotor; *N* elastische Kupplung mit Drehwerkbremse; *O* Magnetbremslüfter zu *N*; *P* waagerechtes Schneckengetriebe; *Q* Stirnrädervorgelege, die senkrechte quadratische Welle *R* antreibend; $S_1 - S_2$ Lager zu *R*; $T_1 - T_2$ Stirnrädergetriebe, dessen Ritzel T_1 mit *C*–*D* auf- und abbewegbar; *U* Druckrollen, gegen den Untergurt der Kranhauptträger drückend und ein Kippen der Katze verhindernd; *V* einrollige Flasche zum Zangen-Schließseilzug; *W* Schließkette an V und am Bolzen *l* (Abb. 999) befestigt; *X* Zangen-Schließseil; *Y* Belastungsgewicht zu *X*; *Z* Trommel, an der das eine Ende von *X* angreift, während das andere über Leitrollen $Z_1 - Z_6$ gehend am Fußtritt-Steuerhebel im Führerkorb befestigt ist; *a* Hubseile, bei *b* elastisch aufgehängt und an den Trommeln *c* angreifend; *d* Hubmotor; *e* Hubwerkbremse (auf dem Umfang der elastischen Kupplung angeordnet); *f* Magnetbremslüfter zu *e*; *g* Motorvorgelege (Stirnrädergetriebe); *h* Trommelvorgelege; h_1 Vorgelege mit Zwischenrad, die Trommel *Z* von *C* aus antreibend; h_2 Rutschkupplung zwischen h_1 und *Z*; *i* Hubwerk-Endausschalter; *k* Katzenfahrmotor; *l* elastische Kupplung mit Fahrwerkbremse; *m* Magnetbremslüfter zur Fahrwerkbremse; *n* Motorvorgelege; *o*–*p* Zwischenvorgelege; $q_1 - q_2$ Laufradvorgelege; *r* Steuerung; *s* Fußhebel zum Zangenschließwerk.

geführt. Bei flottem Betrieb erhalten die Krane jedoch eine besondere, an der Laufkatze mit angebaute heb- und senkbare Deckelabhebevorrichtung, durch die die Deckel entweder mechanisch oder magnetisch abgehoben und wieder aufgesetzt werden (Abb. 1000).

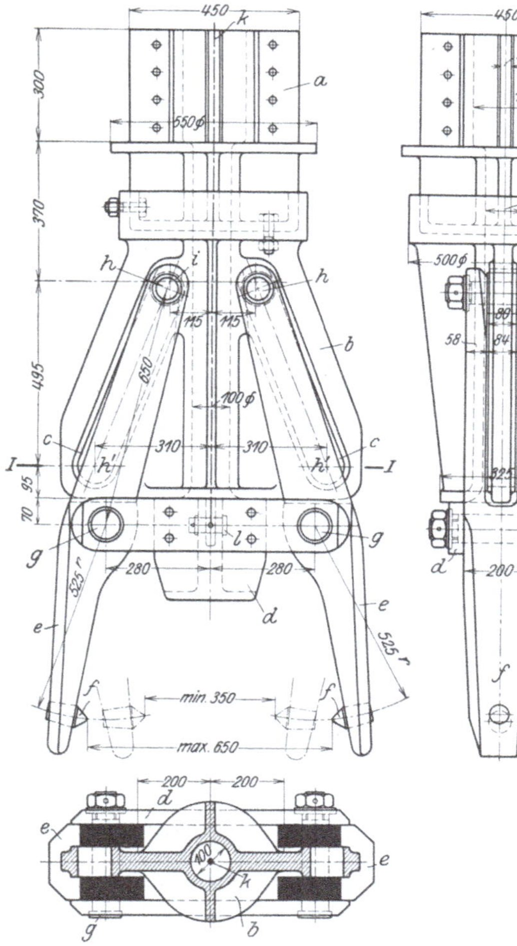

Abb. 999. Zange zum Tiefofenkran von 5 t Tragkraft (Abb. 997 und 998).

a Zangenkopf, an dem das aus Quadrateisen zusammengenieteten heb- und senkbaren sowie drehbaren Rohr (*B* in Abb. 997) angeschraubt; *b* Zangenschild mit Schlitzen *c*; *d* auf- und abbewegbares Zangenquerstück; *e* Zangenhebel mit auswechselbaren Körnerspitzen *f*; *g* Hebeldrehpunkte an *d*; *h* Bolzen an den oberen Hebelenden, mittels Büchsen *i* in den Schlitzen *c* des Schildes geführt; *h'* tiefste Lage bei kleinster Zangenöffnung; *k* Steuerseil; *l* Bolzen zur Befestigung von *k* an *d*.

Die Krane dieser Bauart werden von der Firma für Tragkräfte von 1 bis 5 t gebaut und haben fünf Bewegungen (Zangenschließen und -öffnen — Drehen — Heben — Katzenfahren — Kranfahren). Heben (je nach Tragkraft): 6,5 bis 3 m/min. Drehen: 3,5- bis 2 mal i. d. Min. Katzenfahren: 40 bis 25 m/min. Kranfahren (je nach Tragkraft, Spannweite und Fahrbahnlänge): 120 bis 50 m/min.

6. Blockbeschickkrane (Blockeinsetzkrane).

Sie dienen zum Einsetzen der Blöcke in die Wärmeöfen (Abb. 1001, Seitenriß) und, ebenso wie die Tiefofenkrane, zum Befördern der heißen Blöcke nach dem Rollgang des Walzwerks.

Die Blockbeschickkrane gleichen in ihrer Bauart den Muldenbeschickkranen (s. S. 470), nur ist der Schwengel bei ihnen statt der Mulde mit einer Zange ausgerüstet, die die Blöcke an ihren Stirnflächen oder seitlich erfaßt.

Bei dem auf Abb. 1001 dargestellten Blockeinsetzkran faßt die Zange die Blöcke an den Stirnflächen.

Arbeitsgeschwindigkeiten und Motoren:

Heben:				
etwa 4 m/min;	21 PS	bei	725	Uml/min
Drehen:				
3,5 mal i. d. Min.;	10 „	„	725	„
Zangenschließen:	10 „	„	725	„
Kippen:				
4,5 mal i. d. Min.;	10 „	„	725	„
Katzenfahren:				
etwa 40 m/min;	16 „	„	725	„
Kranfahren:				
100 m/min;	40 „	„	725	„

Stromart: Drehstrom 500 V, 50 Hz.
Elektrische Ausrüstung: AEG.

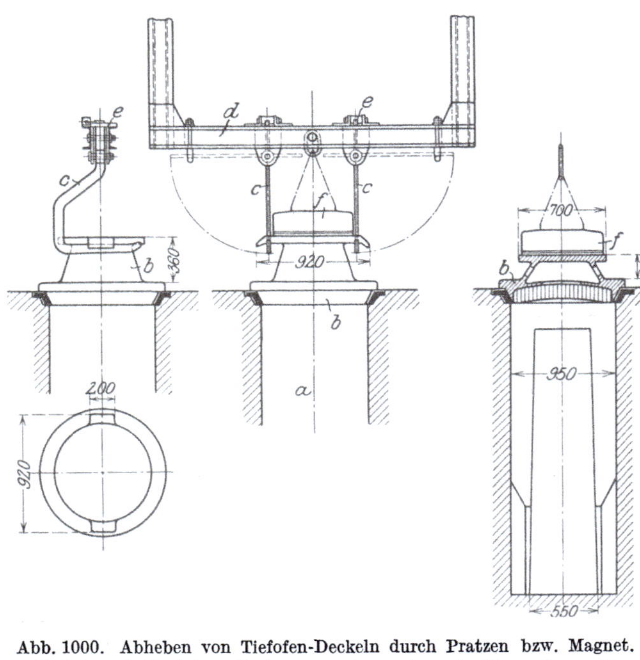

Abb. 1000. Abheben von Tiefofen-Deckeln durch Pratzen bzw. Magnet.

a Tiefofen; *b* Deckel; *c* Pratzen, an der auf- und abbewegbaren Traverse *d* seitlich hochklappbar; *e* Fallen zum Verriegeln der in Arbeitsstellung befindlichen Pratzen; *f* Lasthebemagnet, an *d* aufgehängt.

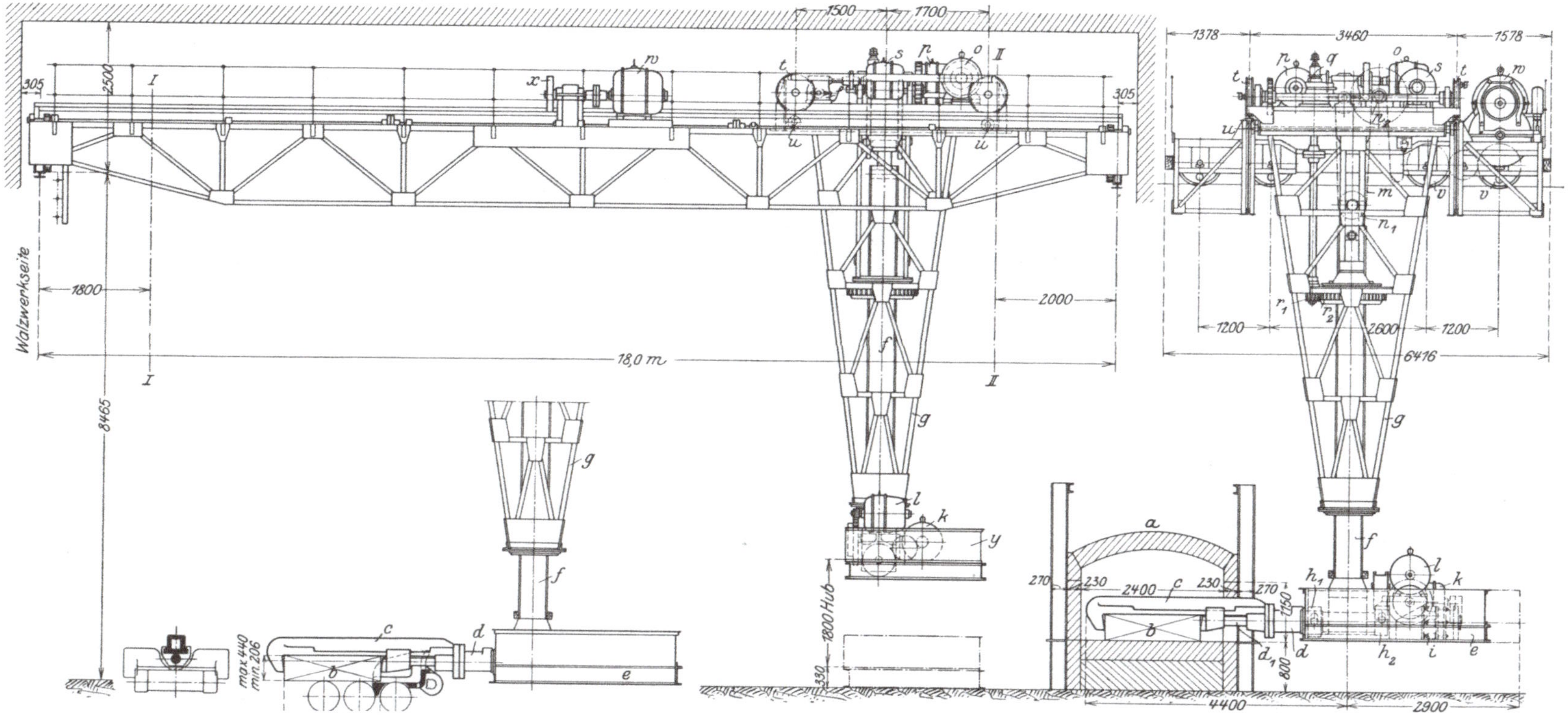

Abb. 1001. Blockbeschickkran von 5 t Tragkraft und 18 m Spannweite. (Demag.)

a Wärmofen; *b* Block; *c* Zange, den Block an den Stirnflächen fassend; *d* Tragrohr (Schwengel); d_1 Spindel mit Klemmbacke in *d* geführt; *e* Plattform, an der heb- und senkbaren sowie drehbaren Säule *f* angebaut; *g* Führungsgerüst zu *f*, am Katzengestell angebaut; h_1 vorderes, h_2 hinteres Schwengellager, beide auf *e* befestigt; *i* Federn, den von Motor *k* erzeugten Spindeldruck aufnehmend; *l* Motor, durch den Zange und Tragrohr (bei entsprechender Übersetzung) um eine waagerechte Achse endlos drehbar sind; *m* Hubketten (Gelenkketten) zu *f*, deren eines Ende am Katzengestell befestigt; n_1 lose, n_2 treibende Kettenräder; *o* Hubmotor, mittels Schneckengetriebes und Stirnrädervorgeleges auf n_2 arbeitend; *p* Drehmotor; *q* waagerechtes Schneckengetriebe; *r* Ritzel auf der Schneckenradwelle, mit dem auf *f* festen Zahnkranz r_2 kämmend; *s* Katzenfahrmotor; *t* angetriebene Laufräder; *u* Rollen, unten an den Obergurtwinkeln der Hauptträger anliegend und ein Kippen der Katze verhindernd; *v* angetriebene Kranlaufräder; *w* Kranfahrmotor; *x* Bremse zum Kranfahrwerk; *y* Führerstand; *z* Walzwerks-Rollgang; *I—I*, *II—II* Anfahrstellungen der Katze.

Abb. 1002 zeigt den Schwengel eines Blockbeschickkranes von 300 kg Tragkraft, dessen Zange die Blöcke seitlich erfaßt. Abb. 1003 gibt das zu dem Kran gehörige Zangenschließwerk. Bei diesem wird die Zange durch ein Belastungsgewicht *t* und ein Hebelwerk geschlossen und durch einen bei *I* angreifenden Zugmagneten geöffnet.

Weiteres über Beschickkrane siehe: Demag-Nachrichten Jahrg. VI, C, Nr. 1, März 1932, S. 9: „Beschickkrane und Beschickmaschinen für waagerechte Ofenbeschickung.“

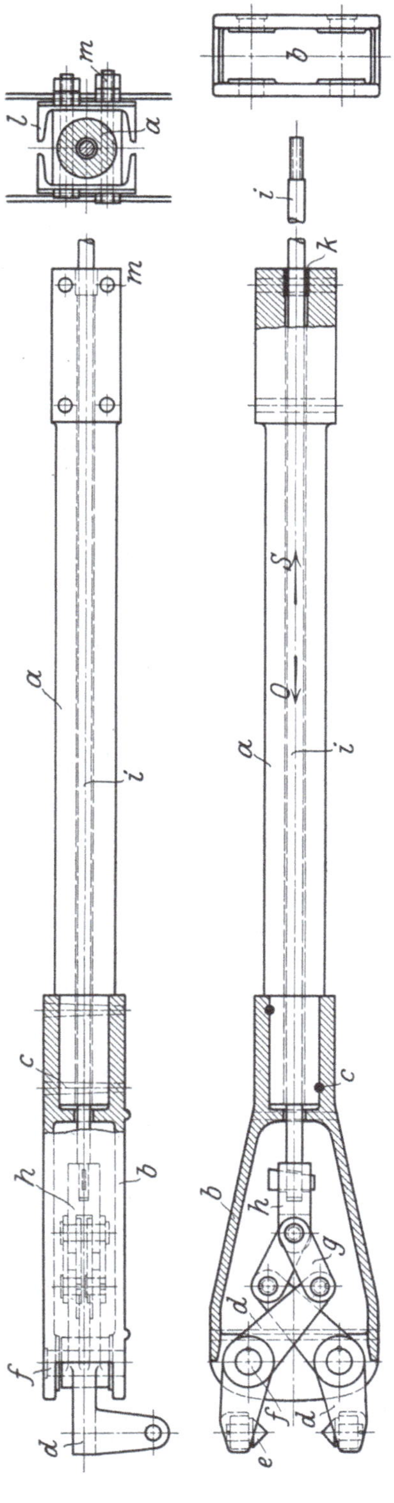

Abb. 1002. Zange zu einem Blockbeschickkran von 300 kg Tragkraft, 2,5 m Ausladung und 8,4 m Spannweite. (Simmering.)
a Beschickarm; *b* Zangengehäuse, durch Kegelstifte *c* mit *a* verbunden; *d* Zangenschenkel; *e* auswechselbare Körnerspitzen; *f* in *b* feste Bolzen, um die *d* drehbar; *g* Zugstücke, an der Gabel *h* und an *d* gelenkig angreifend; *i* Zugstange, mit *h* verkeilt; *k* Führungsbüchse zu *i*; *l* Träger, an dem *a* angeschraubt.

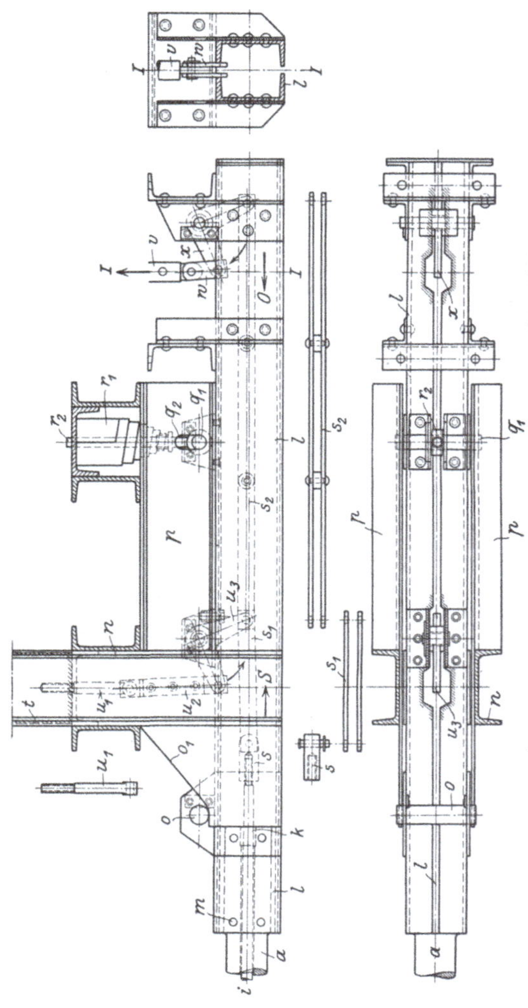

Abb. 1003. Schließwerk zur Blockbeschickzange Abb. 1002.
a Beschickarm, durch Schrauben *m* mit dem Beschickarmträger *l* verbunden; *n* heb- und senkbarer, sowie drehbarer Stempel, dessen Führung am Katzengestell angebaut; *o* vorderer Bolzen von *l*, auf den Blechschilden o_1 aufliegend; *p* Konsolträger, an *n* angebaut; q_1 hinterer Bolzen von *l*; q_2 Schlitze an *p*, in die q_1 eingreift; r_1 Evolutenfeder zum elastischen Aufnehmen der am Beschickarm auftretenden Stöße; r_2 Federstange, an q_1 gelenkig angreifend; *s* Gabelstück, die Steuerstange *i* mit dem gelenkigen Steuergestänge $s_1 - s_2$ verbindend; *t* Gewicht, das mittels der Stange u_1 und des Gelenkstückes u_2 den Winkelhebel u_3 im Pfeilsinne dreht und die Zange schließt; *v* Anker eines Zugmagneten, mittels des Gelenkstückes *w* den Winkelhebel *x* im Pfeilsinne drehend, wodurch das Gewicht *t* gehoben und die Zange geöffnet wird; *S* → Schließen, *O* ← Öffnen der Zange; *I*—*I* Mitte Zugmagnet.

7. Lagerplatz- und Verladekrane.

Die Krane zur Bedienung des B l o c k l a g e r p l a t z e s werden mit Zangen und in neuerer Zeit meist mit Magneten ausgerüstet. Da die Blöcke beim Stapeln kreuzweise aufeinandergesetzt werden, so muß die Zange bzw. der Magnet drehbar aufgehängt sein.

Abb. 1004 zeigt eine Blocktransportzange von 1,5 t Tragkraft. Zangenweiten: $w_{max} = 540$ mm; $w_{min} = 240$ mm. Zum regelmäßigen Stapeln der Blöcke eignet sich der Magnet mit beweglichen Polen (Abb. 365, S. 148) am besten, da sich seine beweglichen Polfinger der ungleichen Oberfläche der Blocklage anpassen.

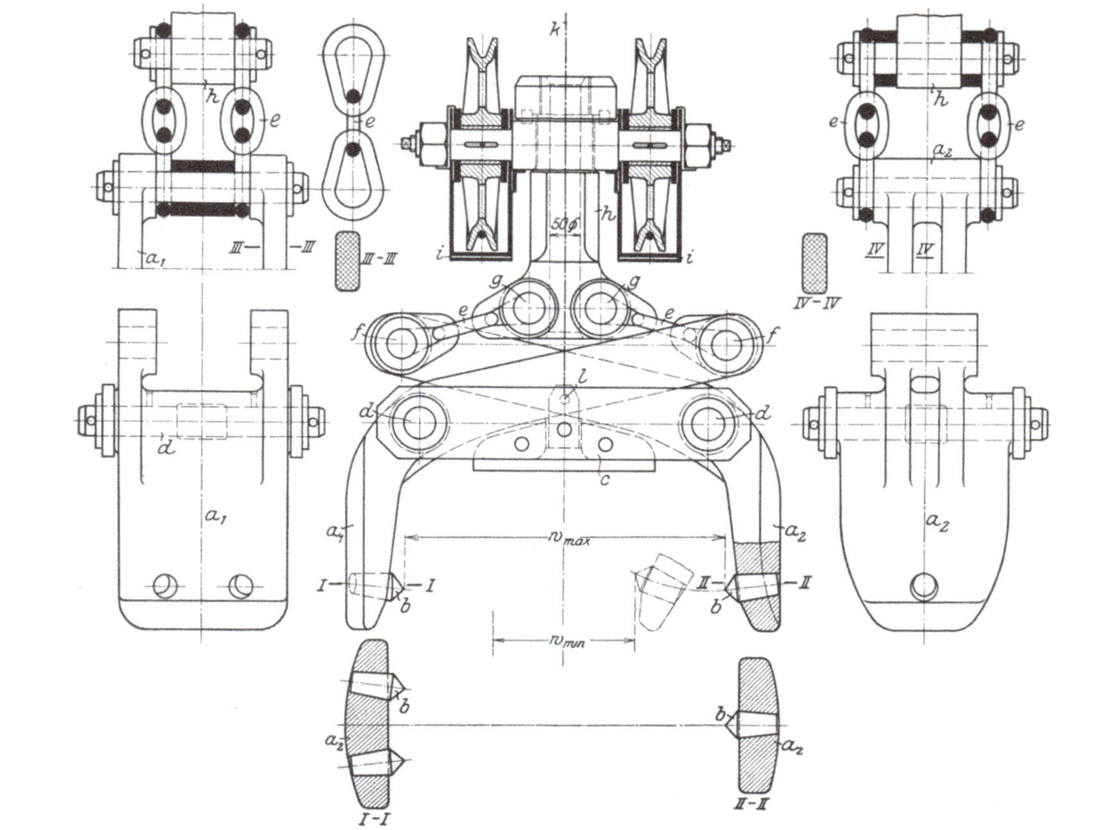

Abb. 1004. Blockverladezange von 1,5 t Tragkraft. (Demag-Tigler.)
$a_1 - a_2$ Zangenhebel; *b* auswechselbare Körnerspitzen; *c* heb- und senkbares Querstück; *d* Zangendrehpunkte an *c*; *e* Zugketten, bei *f* am oberen Hebelende und bei *g* an dem Hängestück *h* der Flasche angreifend; *i* Wärmeschutzmasse (Asbest); *k* Steuerseil, bei *l* an dem auf- und abbewegbaren Querstück *c* angreifend.

Da zum Blockstapeln nur ein Drehen des Magneten um 90° erforderlich ist, so wendet die Demag statt der starr geführten, elektrisch gedrehten Säule eine billigere Ausführung an, bei der der Magnet an einer kleinen Traverse hängt. Diese wird, um ein Pendeln zu vermeiden, durch einen Lenker geführt. Die Traverse wird vom Führerstand aus durch einen Seilzug schräg gestellt und diese Bewegung wird durch Kegelräder als Drehbewegung auf den Magneten übertragen.

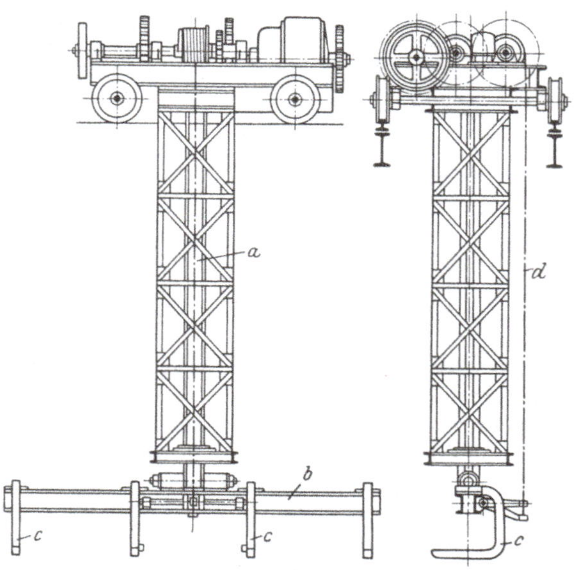

Abb. 1005. Laufkatze zu einem Pratzenkran mit kippbaren Pratzen.
a heb- und senkbarer Stempel; *b* Tragbalken; *c* Pratzen, an *b* befestigt; *d* Seilzug zum Kippen der Pratzen.

Werden die Blöcke nicht gestapelt und haben sie verschiedene Form und Größe, so wird ein gewöhnlicher, im Kranhaken aufgehängter Rundmagnet verwendet.

Die Krane auf dem Walzeisenlagerplatz werden je nach Form und Größe des Transportgutes mit Pratzen oder mit Lasthebemagneten ausgerüstet.

Die Pratzenkrane dienen zum Befördern von Stabeisen, Schienen und Trägern. Ihre Pratzen (Abb. 1005) sind so gestaltet, daß sie das regelmäßig gestapelte Walzgut selbsttätig aufnehmen und durch Kippen der Pratzen abgeben.

Die Pratzentraverse ist an einer heb- und senkbaren, sowie meist noch drehbaren Säule angeordnet, die in einem am Windengestell angebauten Fachwerkgerüst geführt wird.

Bei dem Pratzenkran Abb. 1006 ist der Stempel zwecks Erreichung einer großen Hubhöhe teleskopartig ausgebildet.

Die Trommelwelle des Pratzenkippwerks ist mit einer Bandbremse versehen und mit der Trommelwelle des Hubwerks derart durch Stirnräder und eine Lamellenkupplung verbunden, daß die Pratzen bei gelüfteter Bandbremse während des Hebens und Senkens nicht gekippt werden.

Das Pratzenkippen kann sowohl bei stillstehender Traverse wie auch beim Senken dadurch bewerkstelligt werden, daß die Bandbremse durch Einschalten eines Magneten geschlossen und die Trommelwelle des Kippwerks festgehalten wird. Bei gleichzeitigem Drehen der Trommelwelle des Hubwerks im Senksinne löst sich das Kupplungsritzel von der Lamellenbremse und wandert auf einem Gewinde, dem erforderlichen Spiel entsprechend, seitwärts.

Durch das nun eintretende Senken der Traverse werden die von den Kippseilen festgehaltenen Pratzen in ihre Schräglage (Entladelage) gebracht. Zum Wiederherstellen der waagerechten Pratzenlage wird der Strom des Bremsmagneten unterbrochen und der Hubmotor auf Heben umgeschaltet. Das Ritzel wandert dann gegen die Lamellenkupplung zurück, worauf die Kippseiltrommeln wieder mitgenommen werden.

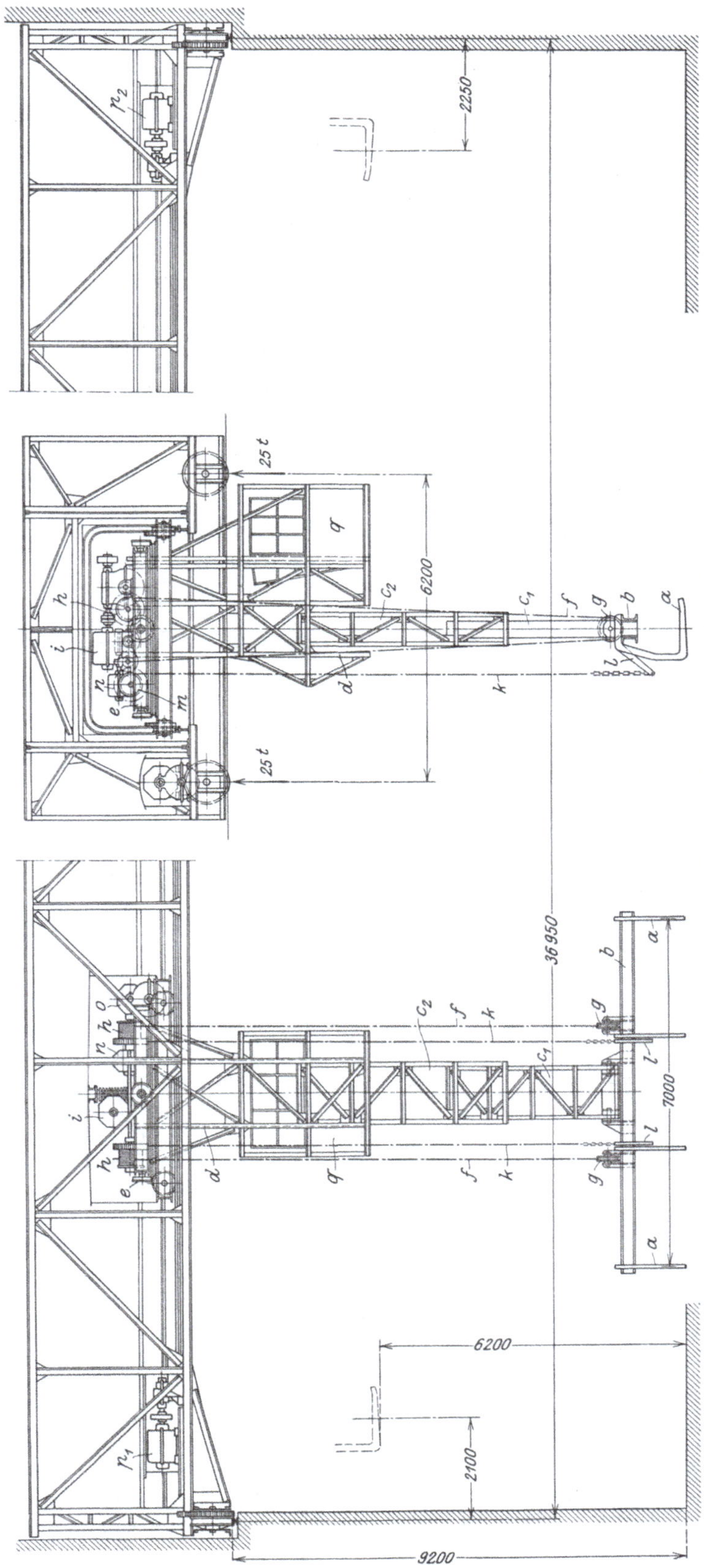

Abb. 1006. Pratzen-Laufkran von 10 t Tragkraft, 36,95 m Spannweite und 9,2 m Hub. (MAN.)

a Pratzen; *b* Pratzenbalken, an dem Teleskopstempel $c_1 - c_2$ gelenkig angeordnet; *d* Führungsgerüst zu c_2; *e* vierrollige Drehscheibe, an der *d* angebaut und auf der das Hub- und Pratzenkippwerk sitzen; *f* Hubseile, *g* lose Rollen, *h* Trommeln zu den Hubseilzügen; *i* Hubmotor, mittels Schneckengetriebe und Stirnrädervorgelege auf *h* arbeitend; *k* Kippseile, an den Hebeln *l* angreifend, die am Pratzenbalken befestigt; *m* Kipptrommeln, auf deren Welle eine Bandbremse sitzt und die mittels Lamellenkuppelung und Stirnrädern von der Hubtrommelwelle aus derart angetrieben werden, daß bei geöffneter Bandbremse ohne Pratzenkippen gehoben und gesenkt wird; *n* Drehmotor; *o* Katzenfahrmotor; $p_1 - p_2$ Kranfahrmotoren; *q* Führerkorb.

Bei einer anderen Ausführungsart erhält das Kippwerk einen besonderen Motor. Die Pratzen werden dann nicht durch Senken der Traverse, sondern durch Anziehen der Kippseile schräg gestellt.

Arbeitsgeschwindigkeiten und Motoren:

Heben	10 bis 12 m/min;	44 PS bei 520 Uml/min
Pratzenkippen . .	2 „ 3 mal i. d. Min.;	6 „ „ 610 „
Katzenfahren . .	90 m/min;	20 „ „ 730 „
Kranfahren . . .	140 bis 150 „	2 mal 44 „ „ 520 „

Stromart: Gleichstrom 440 V.
Elektrische Ausrüstung: Societé Alsacienne, Belfort.

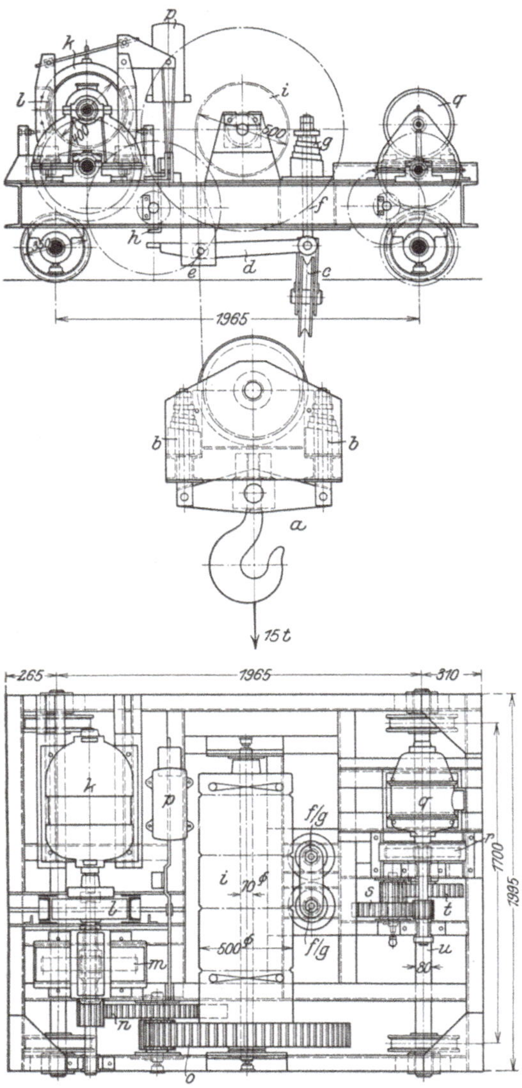

Abb. 1007. Laufkatze für einen elektrisch betriebenen Schmiedekran von 15 t Tragkraft. (Demag.)

a zweirollige Unterflasche, deren Hakenquerstück mittels Kegelfedern *b* elastisch eingebaut; *c* Seilausgleichrolle, am einen Ende des doppelarmigen Hebels *d* aufgehängt; *e* Drehpunkt von *d*, am Windengestell angeordnet; *f* Zugstangen mit Kegelfedern *g* zur elastischen Aufhängung von *c*; *h* Anschlag an *d* mit Stellschraube[1], lüftet bei nicht ausreichendem Hub der Federung die Hubwerkbremse; *i* Trommel; *k* Hubmotor; *l* Hubwerkbremse, auf dem Umfang der elastischen Kupplung angeordnet; *m* Motorvorgelege (Stirnrädergetriebe); *n* mittleres Vorgelege; *o* Trommelvorgelege; *p* Bremslüftmagnet zu *l*; *q* Katzenfahrmotor; *r* Motorvorgelege (Stirnrädergetriebe); *s* mittleres Vorgelege; *t* Vorgelege auf die angetriebene Laufradachse *u* arbeitend.

[1] In der Abbildung nicht gezeichnet.

Um ein Herabstürzen des Fördergutes während des Transportes zu verhindern, werden die Pratzengehänge auch mit mechanisch betätigten Sicherheitsvorrichtungen versehen.

Beim Verladen von Stabeisen dient das Pratzengehänge auch als Sammelmagazin. Es wird dann durch zwei an einer seitlich ausschwenkbaren Traverse aufgehängte Magnete bis zu seiner vollen Tragkraft beschickt.

Zur Bedienung großer Lagerplätze für Träger und Schienen werden Verladebrücken angewendet. Da hierbei die langen Profileisen meist in der Brückenfahrtrichtung gelagert sind, so müssen sie quer durch die Stützen hindurchgehen, was ein breites Durchfahrtsprofil für die Stützen bedingt.

Zum Aufnehmen der Profileisen dient entweder ein Lastbalken mit mehreren Haken und Schlingketten, eine Traverse mit zwei Lasthebemagneten oder ein Pratzengehänge mit Magneten, das als Sammelmagazin dient.

c) Krane für Hammer- und Preßwerke.

Die beim Schmieden größerer Werkstücke auftretenden erheblichen Stöße haben leicht Brüche an der Laufkatze und Lockern der Nieten in der Eisenkonstruktion des Kranes zur Folge und sind daher durch Federn elastisch aufzunehmen.

Abb. 1007 zeigt die Laufkatze eines Kranes von 15 t Tragkraft, der eine Schmiedepresse bedient. Der Lasthaken ist durch das Zwischenschalten von Kegelfedern elastisch an der Flasche aufgehängt. Ebenso ist die Ausgleichrolle des viersträngigen Zwillingsrollenzuges vermittelst zweier Kegelfedern elastisch am Windengestell gelagert.

Durch diese elastische Aufhängung des Werkstückes werden Überlastungen des Kranes infolge der beim Arbeitsvorgang auftretenden starken Stöße vermieden. Wird beispielsweise ein Werkstück unter die Presse gebracht, so kann es vorkommen, daß das Stück bei Beginn des Pressens nicht richtig auf der Schabotte aufliegt und auf diese herabgedrückt werden muß. Reicht hierfür der Hub der Federn *g* nicht aus, so lüftet der Hebel *d* an dem Anschlag *h* den Bremshebel der Hubwerkbremse und das Werkstück sackt auf die Schabotte auf. Eine am linksseitigen Ende des Hebels *d* angebrachte Stellschraube ermöglicht es, den Beginn der Bremslüftung einzustellen.

Arbeitsgeschwindigkeiten und Motoren:

Heben	3 m/min;	15 PS	bei 720 Uml/min
Katzenfahren	15 „	2,75 „	„ 930 „

Stromart: Drehstrom 500 V, 50 Hz.
Elektrische Ausrüstung: SSW.

Das Wenden schwerer Arbeitsstücke geschieht durch eine im Kranhaken aufgehängte elektrische Wendevorrichtung (Abb. 1008), deren endlose Wendekette eine Gelenkkette ist. Zum Bewegen der Kette dient ein Kettenstern nach Abb. 97, S. 42, auf dessen Flächen sich die Laschen der Kette auflegen.

Der Motor der auf Abbildung 1008 dargestellten Wendevorrichtung von 12 t Tragkraft hat eine Leistung von 7,07 PS bei 600 Uml/min. Er ist mit dem Triebwerk durch eine elastische Kupplung verbunden und arbeitet mittels eines eingängigen (selbsthemmenden) Schneckengetriebes und zweier doppelt ausgeführter Stirnrädervorgelege auf den Kettenstern.

Stöße werden durch sechs in der Aufhängung der Vorrichtung angeordnete Kegelfedern elastisch aufgenommen.

Damit der Führer den Arbeitsvorgang leicht übersehen kann und in guter Verbindung mit dem leitenden Schmied steht, wird der Führerkorb der Schmiedekrane so tief als möglich aufgehängt.

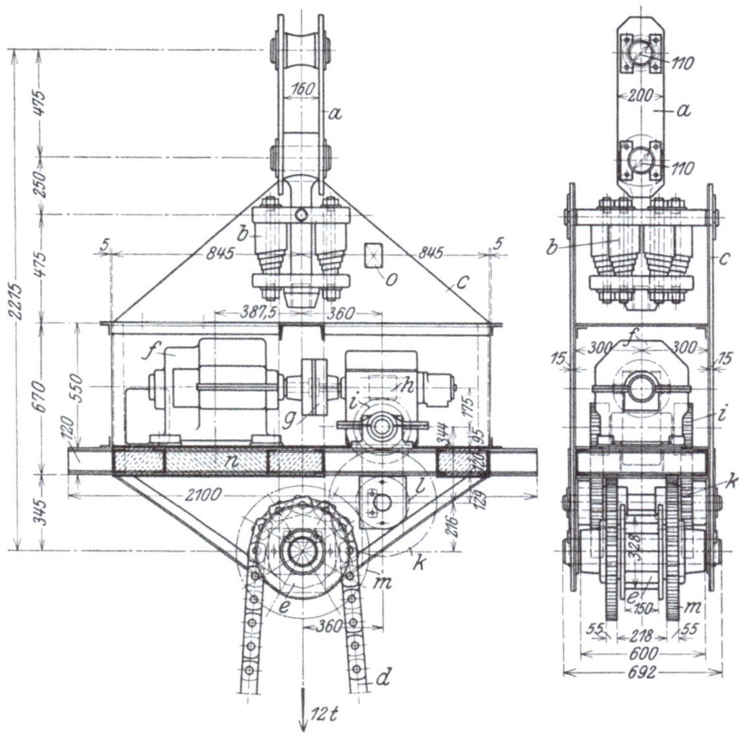

Abb. 1008. Elektrisch betriebene Wendevorrichtung von 12 t Tragkraft. (Demag.)
a Krangehänge; *b* Kegelfedern zu *a* zum elastischen Aufnehmen der Stöße dienend; *c* Blechschilde; *d* Wendekette; *e* Kettenstern; *f* Motor; *g* elastische Kupplung; *h* eingängiges Schneckengetriebe; *i*—*k* und *l*—*m* Stirnrädergetriebe; *n* Wärmeschutzmasse; *o* Steckkontakt für das Anschlußkabel. Stromart: Gleichstrom 500 V.

d) Sonstige Hüttenwerkskrane.

Abb. 1009: Laufkatze eines Kranes zur Beförderung von Eisenbahnradreifen. Der Kran ist für einen Sonderzweck gebaut und dient dazu, die Radreifen auf die Zentrierplatte zu heben. Sie gelangen dann zum Dampfstempelhammer und von diesem zum Stapelplatz. Die exzentrische Aufhängung der die Radreifen fassenden Zange war durch die Bauart des Stempelhammers bedingt.

Das Zangenkopfstück *a* ist am unteren Tragstück der Säule *h* befestigt und kann durch das Handrad *u* und vermittelst der Zahnräder v_1—v_2, w_1—w_2 und x_1—x_2—x_3 vom Führerstand aus gedreht werden.

Die Säule *h* ist heb- und senkbar, aber nicht drehbar. Das Zahnrad x_1 ist derart am Säulenunterteil angeordnet, daß es sich drehen, aber nicht heben und senken kann. Es ist auf einer Welle *w* aufgekeilt, die einen doppelt abgeflachten Kreisquerschnitt hat. Beim Heben und Senken der Säule hebt und senkt sich auch die Welle *w* mit und gleitet durch eine entsprechend geformte Bohrung des Rades w_2. Die Zahnräder x_1 und x_2 bleiben daher stets in Eingriff.

Die Steuerkette f_1 der Zange geht über zwei Umlenkrollen und dann durch die Säule hindurch. Sie greift an der losen Rolle n_2 des Steuerseilzuges an, dessen eines Ende am Katzengestell befestigt ist, während das andere an der Schließtrommel *t* angreift.

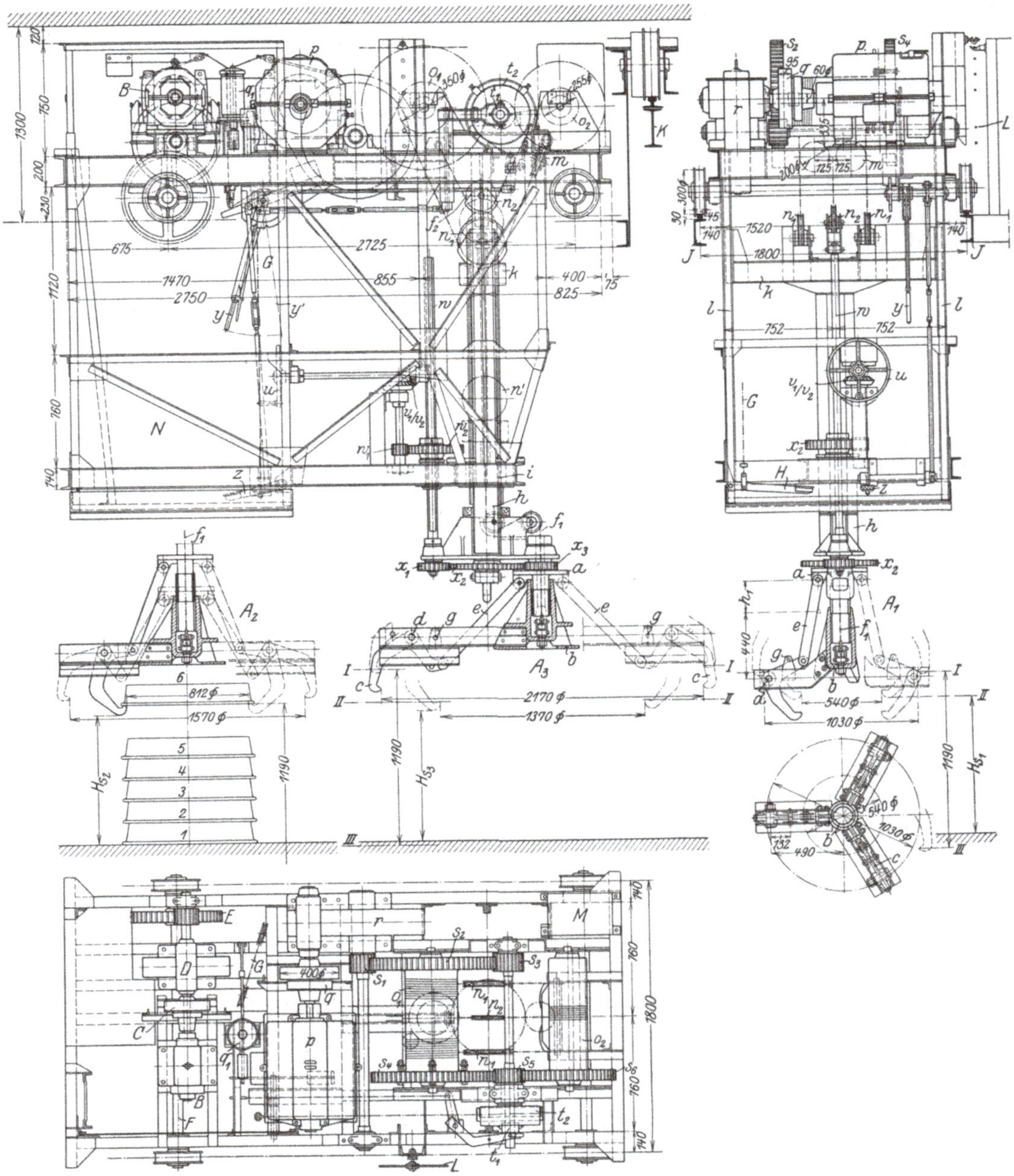

Abb. 1009. Laufkatze zum Befördern und Stapeln von Radreifen. (Demag-Tigler.)
Tragkraft: 3 t; Hubhöhe: 1190 mm.

1–5 Radreifenstapel; *6* aufgenommener Radreif.

A_1 Zange für Radreifen von 600 bis 1000 mm Außendurchmesser; A_2 Zange für Radreifen von 900 bis 1540 mm Außendurchmesser; A_3 Zange für Radreifen von 1470 bis 2140 mm Außendurchmesser.

a Zangenkopfstück; *b* heb- und senkbarer Zangenstern, an *a* geführt; *c* Zangenhebel, bei *d* am Zangenstern drehbar; *e* Lenker, an *a* und *c* angreifend; f_1 Zangenschließkette an *b* befestigt; f_2 Zangenschließseil; *g* Anschlagstifte zur Begrenzung des Zangenausschlages; *h* heb- und senkbare Säule; *i* untere Führung zu *h*; *k* obere Traverse zu *h*, an *l* geführt; *m* Ausgleichrollen, n_1 an *k* angeordnete lose Rollen zum Hubwerk; n_2 lose Rolle zum Zangenschließwerk, an deren Traverse das andere Ende der Schließkette f_1 angreift; o_1 Hubtrommel; o_2 Zangenschließtrommel; *p* Hubmotor; *q* elastische Kupplung mit Hubwerkbremse; q_1 Magnetbremslüfter zur Hubwerkbremse; *r* Motorvorgelege/Stirnrädergetriebe; s_1-s_2 Trommelvorgelege zu o_1; s_3 Stirnrad mit s_2 kämmend und die Zwischenwelle antreibend; s_4 Stirnrad durch Reibung mit o_1 verbunden; s_5-s_6 Trommelvorgelege zur Haltetrommel o_2; t_1 Bremsbandkupplung zum Ein- und Ausrücken von s_5 (Abb. 224, S. 96); t_2 Steuerbremse zum Zangenschließwerk; *u* Handrad, v_1-v_2, w_1-w_2, $x_1-(x_2)-x_3$ Vorgelege zum Zangendrehwerk; *y* Handhebel zur Bedienung von t_1; *z* Fußtritt zur Bedienung von t_2.

B Katzenfahrmotor; *C* elastische Kupplung mit Fahrwerkbremse; *D* Motorvorgelege/Stirnrädergetriebe; *E* Vorgelege, die Laufradachse *F* antreibend; *G* Seilzug, *H* Fußtritt zum Schließen der Fahrwerkbremse; *J* Katzenfahrbahn; *K* Kranfahrbahn; *L* Katzen-Schleifleitung; *M* Widerstand zur Fahrsteuerwalze; *N* Führerstand; $H_{s_1}-H_{s_2}-H_{s_3}$ Radreifen-Stapelhöhen.

I–I Zange geöffnet in höchster Stellung. *II–II* Zange geschlossen in höchster Stellung. *III* Zange geöffnet in tiefster Stellung.

Die Zangensteuerung ist ähnlich der einer normalen Greifersteuerung mit Rutschkupplung. Die Rutschkupplung zwischen der Hubtrommel o_1 und der Steuertrommel o_2 gleicht der auf Abb. 128,, S. 51, dargestellten und ist nachstellbar. Die Hubtrommel o_1 und die Steuertrommel o_2 sind zweifach miteinander verbunden.

Rutschverbindung: Trommel o_1 — Rutschkupplung — Zahnräder s_4 bis s_6 — Trommel o_2.

Fest anziehbare Verbindung: Zahnräder s_1 bis s_3 — anziehbare Kupplung (Bremsbandkupplung) t_1 — Hohlwelle zwischen t_1 und s_5 — Zahnrad s_6 — Trommel o_2.

Arbeitsgeschwindigkeiten und Motoren:

Heben	11,5 m/min;	27,2 PS bei	715 Uml/min
Katzenfahren	25,4 „	5,2 „ „	880 „

Radreifendrehen: Von Hand. Stromart: Gleichstrom 5C0 V. Elektrische Ausrüstung: AEG.

Literatur.

Blau: Magnetverwendung in Eisenhüttenwerken. Stahleisen 1919, S. 136.
Bruchmann: Richtpunkte für die Ausführung von Krananlagen in Hüttenwerksbetrieben. Stahleisen 1920, S. 249.
Feigl: Hüttenwerkskrane. Z. V. d. I. 1916, S. 685.
Fromm: Transportanlagen in Siemens-Martin-Stahlwerken unter besonderer Berücksichtigung der Materialbewegung. Stahleisen 1922, S. 1737.
Heym: Neuere Gießbettkrane. Stahleisen 1912, S. 733.
Moritz: Die elektrischen Anlagen eines neuzeitlichen Siemens-Martinwerkes unter Berücksichtigung der Betriebserfahrungen. (Krananlagen; Stromversorgung und -verteilung; Stromübertragung auf die Krane; Schalt- und Steuervorrichtungen; Betriebsübersicht.) Stahleisen 1930, S. 33.
Rollenhagen: Gießhallenkran mit Masselformmaschine. Stahleisen 1931, S. 936.
Wright: Das Greifvermögen von Blockzangen. Engg. Bd. 123.
Blockabstreifkran. ETZ 1919, S. 241.
Die Fördermittel der Eisenhüttenwerke der Ford Motor Co. Zentralbl. Hütten- u. Walzwerke 28. III. 1928.
Gießbettaufbereitungs- und Masselformmaschine. Demag-Nachrichten 1929, S. 13.
Krananlagen für die Bedienung von Klärbecken. Demag-Nachrichten 1930, S. 15.
Lamellenhaken für Pfannengehänge. Demag-Nachrichten 1927, S. 47.
Laufkran mit Lasthebemagneten für die Beförderung langer Walzeisen. Organ Fortschr. Eisenbahnwes. 1921, S. 52.
Tiefofenkrane mit Deckelabhebevorrichtung und Hilfskatze. Z. V. d. I. 1928, S. 382.
Über den Bruch von Gießpfannengehängen. Stahleisen 1919, Nr. 35 u. 1920, S. 1711.
Versuche über die Haltbarkeit von Tiefofenzangen-Körnerspitzen. Stahleisen 1918, S. 116.
Vielfachkrane im Hüttenbetrieb. Demag-Nachrichten 1928, S. 9.

V. Werkstättenkrane.

Diese Krane lassen sich nach ihrem Arbeitszweck in zwei Hauptgruppen einteilen: Außendienstkrane (Verlade- und Lagerplatzkrane) und Innendienstkrane (Maschinenhauskrane, Krane für Gaserzeugeranlagen und Krane in den Fertigungswerkstätten).

Einige Bauarten der Außen- bzw. Innendienstkrane sind auch geeignet, in Werkstätten den Eingangs- und Ausgangsverkehr zu übernehmen.

Die große Mehrzahl der Werkstättenkrane gehört nach ihrer Betriebsart zu den Kranen mit normalem Betrieb (Betriebsart II; s. S. 253 unter Laufkrane).

Antrieb: Allgemein elektrisch. Nur ausnahmsweise Handbetrieb (bei selten benutzten Kranen kleinerer Tragkraft) und Dampf- bzw. Brennkraftbetrieb (bei fahrbaren Drehkranen, die gleichzeitig Verschiebezwecken dienen).

Innendienstkrane.

1. Fahrbare Krane.

Laufkrane sind die gegebene Kranbauart für Innenräume und können mit ihrem Lasthaken fast die ganze Bodenfläche der Werkstätte bestreichen. Elektrisch betriebene Laufkrane, die öfters leichtere, ihrer Tragkraft nicht entsprechende Lasten fördern, wählt man zum schnelleren Heben der leichten Lasten mit Hilfshubwerk. Ausführung der Krane mit Hilfshubwerk von etwa 15 t an aufwärts.

Die Anordnung zweier Laufkrane auf einer gemeinsamen Fahrbahn kommt für lange Kranfahrstrecken (über 80 bis 100 m) in Frage. Beide Krane teilen sich dann in den Arbeitsbereich und können besonders schwere Lasten zusammen mittels eines Tragbalkens aufnehmen, der an den beiden Lasthaken eingehängt wird (Abb. 343, S. 142). Im allgemeinen behindern jedoch zwei auf einer Bahn fahrende Laufkrane einander und man zieht es daher meist vor, zwei Krane übereinander anzuordnen (Abb. 1010).

Werkstätten, die der Längsrichtung nach in zwei getrennte Arbeitsgebiete unterteilt sind, werden mit zwei nebeneinander fahrenden Laufkranen ausgerüstet (Abb. 1011). Abb. 1012 zeigt eine Zusammenbauwerkstätte mit zwei getrennten Arbeitsgebieten. Der untere Laufkran (a)

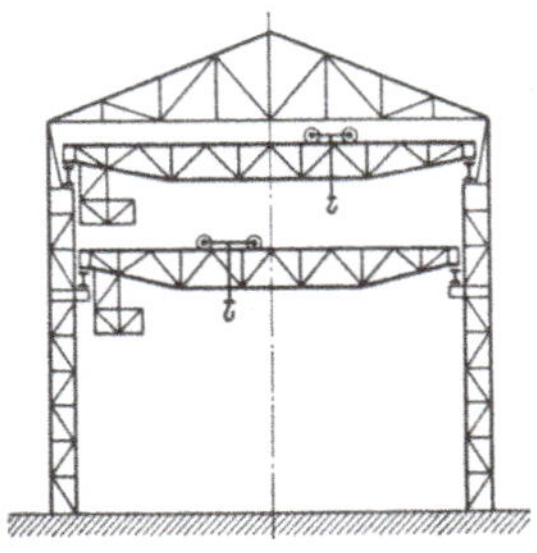

Abb. 1010.

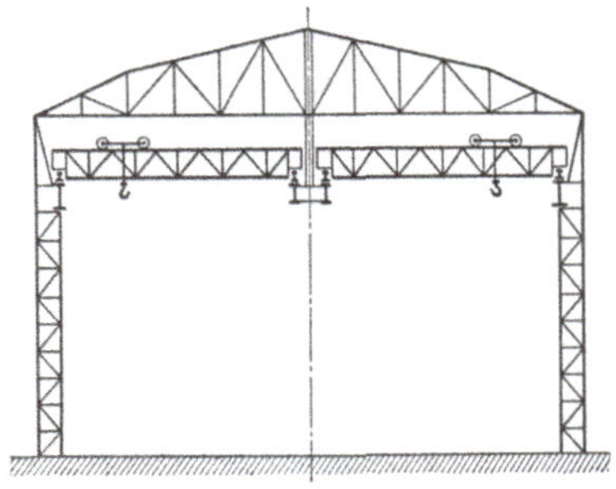

Abb. 1011.

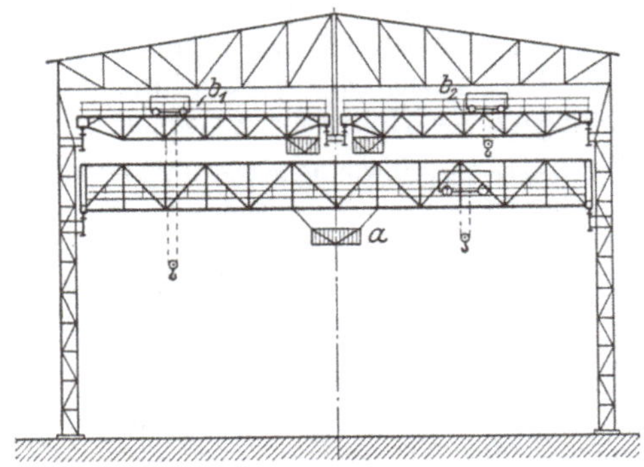

Abb. 1012.

dient zum Transport schwerer Stücke, während die beiden oberen Krane (b_1 und b_2) leichtere Lasten befördern.

Konsolkrane (Wandlaufkrane). Um den Laufkran zu entlasten, werden unterhalb desselben Konsolkrane vorgesehen, deren erhöhte Fahrbahn an der Längsseite der Gebäudekonstruktion

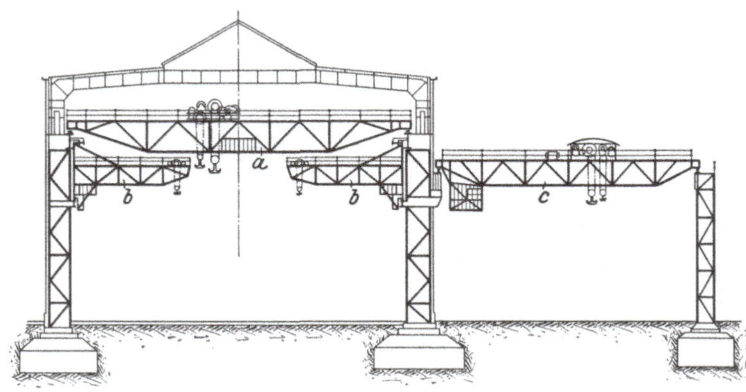

Abb. 1013. Krananlage einer Werkstätte für Wasserturbinen. (J. M. Voith, Heidenheim a. Br. Hersteller: Demag.)

angebaut ist (Abb. 1013). Dem Laufkran fällt dann der Transport schwerer Stücke zu, während die Konsolkrane für den Transport leichterer Lasten in Frage kommen. Die Konsolkrane werden

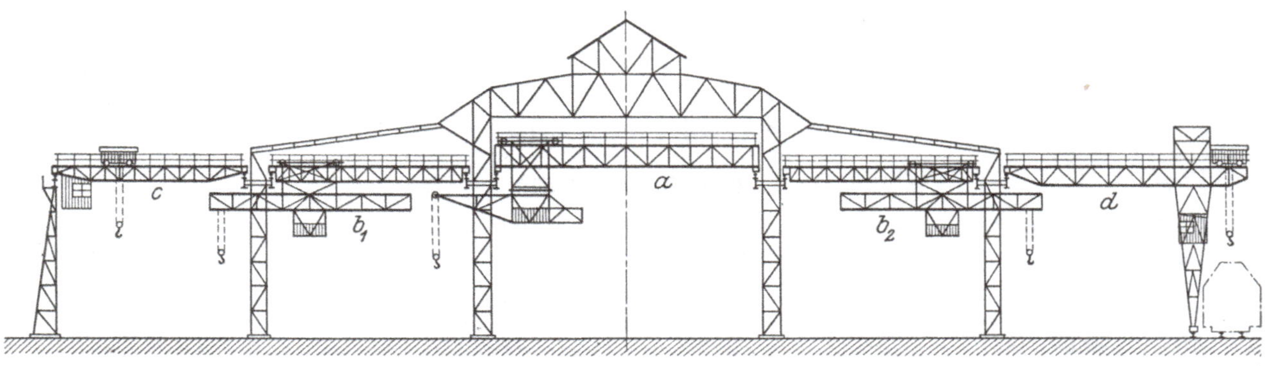

Abb. 1014. Krananlage einer dreischiffigen Werkstätte. (Demag.)
a Laufdrehkran; b_1–b_2 Auslegerlaufkrane; c Lagerplatzlaufkran; d Verladekran (Halbtorkran mit Kragarm).

hauptsächlich in Gießerei- und Montagehallen vorgesehen. Tragkraft und Ausladung der Konsolkrane sind jedoch beschränkt, da die Kippkräfte des Kranes eine erhebliche exzentrische Beanspruchung der Gebäudekonstruktion hervorrufen.

Die Verwendung von Konsolschwenkkranen (s. S. 341) hat den Vorzug, daß der schwenkbare Ausleger bei Nichtbenutzung der Krane parallel zur Gebäudewand gestellt werden kann, wodurch das Arbeitsfeld des über ihnen fahrenden Laufkranes vollkommen frei ist.

Einschienendrehkrane (Velozipedkrane) werden nur unter ungünstigen räumlichen Verhältnissen, wenn z. B. der niedrigen Gebäudehöhe wegen keine Laufkrane verwendbar sind, ausgeführt. Mit den Einschienendrehkranen (s. S. 401), die im allgemeinen nur für kleinere Tragkräfte und Ausladungen in Frage kommen, lassen sich schmale Gänge befahren, auch kann ihr Arbeitsbereich durch eine Gleisanlage mit Drehscheiben vergrößert werden[1].

Um in mehrschiffigen Werkstätten die Lasten mittels der Krane aus einem Schiff in das andere fördern zu können, wendet man folgende Kranbauarten an, die einen ununterbrochenen Transport in der Querrichtung der Werkstätten ermöglichen: Auslegerlaufkrane (Laufkrane mit verschiebbarem Ausleger), Laufdrehkrane (Laufkrane mit drehbarem Ausleger), Laufkrane mit Übergangsbrücken und Konsoldrehkrane.

Abb. 1014 gibt die Krananlage einer dreischiffigen Werkstätte wieder und zeigt, wie mit Hilfe geeigneter Krane, zweier Auslegerlaufkrane und eines Laufdrehkranes, ein ununterbrochener Quertransport von den beiderseitigen Lagerplätzen zur Werkstätte und durch die Werkräume erreicht wird.

Laufkrane mit Übergangsbrücken s. S. 306.

Konsoldrehkrane (mit vollem Drehbereich) s. S. 345.

2. Ortfeste Krane.

Die in den Fertigungswerkstätten verwendeten ortfesten Krane sind allgemein Drehkrane mit veränderlicher Ausladung.

Die früher in der Gießerei bei den Formarbeiten verwendeten sog. Gießereidrehkrane (Abb. 776, S. 357) werden in neuerer Zeit nur noch selten und für kleine Gießereien gebaut. In größeren Gießereien zieht man ihnen allgemein die Konsolkrane vor.

Abb. 1015 zeigt eine Röhrengießdrehscheibe, in deren Mitte ein freistehender Drehkran mit veränderlicher Ausladung angeordnet ist, der die Kerne in die senkrecht stehenden Formen einsetzt. Der Kran hat eine Tragkraft von 2 t und eine größte Ausladung von 5,5 m. Ein im Hintergrund der Abbildung ersichtlicher Konsolschwenkkran von 5 t Tragkraft und 6 m Ausladung fährt das flüssige Eisen an und entleert es in die Formen unter absatzweisem Drehen der Gießscheibe.

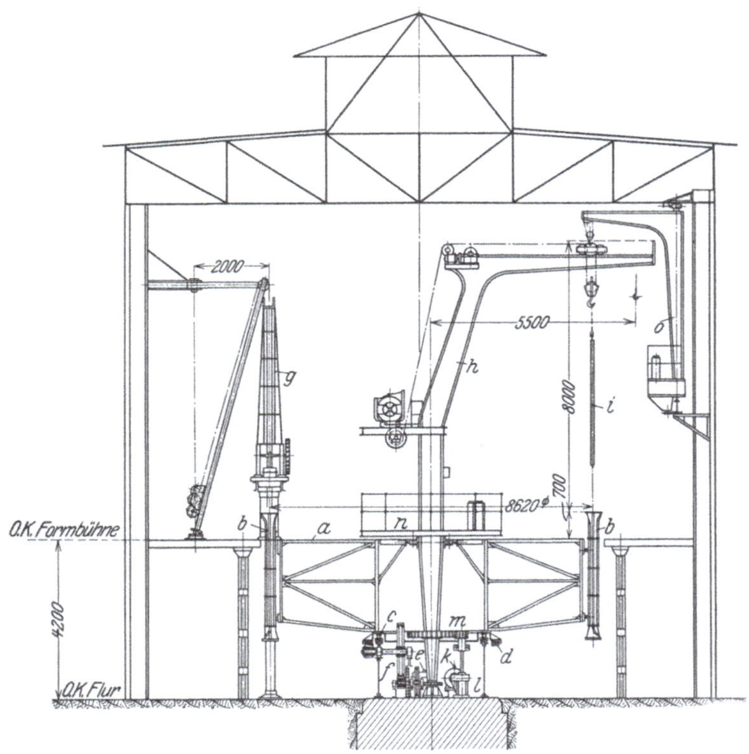

Abb. 1015. Röhrengießdrehscheibe. (Ardeltwerke.)
a Drehscheibe; *b* Röhrenformen, an *a* befestigt; *c* Laufrollen zu *a*; *d* Zahnkranz, *e* Motor, *f* Vorgelege zum Antrieb der Drehscheibe; *g* Stampfmaschine; *h* Drehkran zum Einsetzen der Kerne; *i* Kern; *k* Drehmotor; *l* Schneckengetriebe; *m* Stirnrädergetriebe, dessen Rad am Unterteil der drehbaren Auslegersäule befestigt; *n* Steuerbühne.

Gießscheibe.

Drehgeschwindigkeit	0,4 m/min;	5 PS	bei 90 Uml/min.

Drehkran.

Heben	40 m/min;	30 PS	bei 720 Uml/min
Katzenfahren	20 „	5 „	„ 720 „
Drehen	3 mal i. d. Min.;	5 „	„ 720 „

Stromart: Drehstrom 500 V, 50 Hz.

In der Schmiede werden ortfeste Drehkrane mit einer Wendevorrichtung ausgerüstet.

[1] Beck & Henkel, Kassel.

Der an einem Dampfhammer angebaute Schmiededrehkran Abb. 1016 hat Handantrieb und wird vom Fußboden aus durch Handkette und Haspelrad bedient. Der Ausleger ist an einer Stahlsäule befestigt, die in einem unteren Längs- und Querlager und in einem oberen Querlager

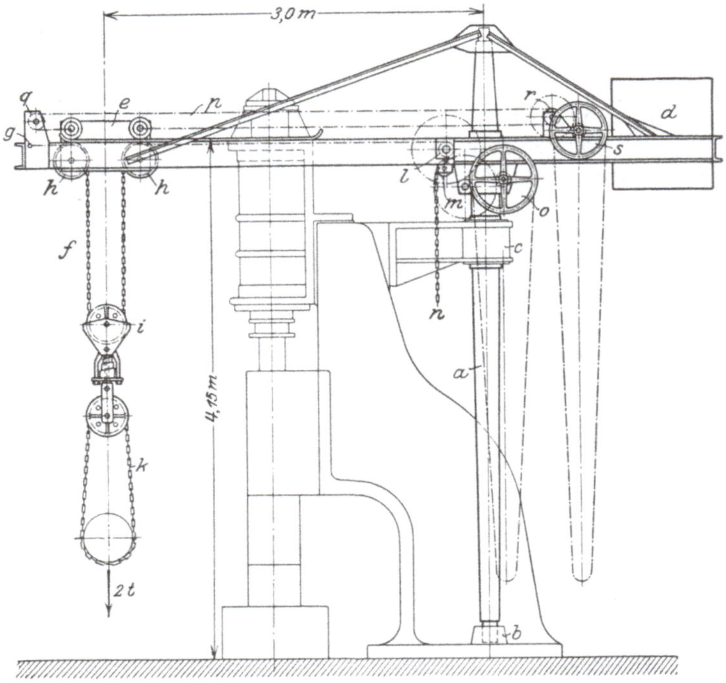

Abb. 1016. An einem Dampfkran angebauter Drehkran mit Wendevorrichtung. (Ardeltwerke.)
a drehbare Säule; *b* unteres Längs- und Querlager, *c* oberes Querlager zu *a*; *d* Auslegergegengewicht; *e* Laufkatze; *f* Hubkette, bei *g* befestigt; *h* Umlenkrollen, *i* lose Rolle zum Hubkettenzug; *k* Wendevorrichtung; *l* Kettennuß; *m* Umlenkrolle; *n* loses Kettenende; *o* Haspelrad, mittels zweier Vorgelege auf *l* arbeitend; *p* Fahrketten, deren Enden an *e* befestigt; *q* Umlenkrollen, *r* Kettennüsse zu den Fahrketten; *s* Haspelrad, mittels Stirnrädergetriebes auf *r* arbeitend.

drehbar ist. Zur Verminderung der Biegebeanspruchung der Säule ist am hinteren Auslegerende ein Gegengewicht angeordnet, das nach den Angaben S. 355 bemessen ist. Die Wendevorrichtung ist federnd aufgehängt.

Abb. 1017. Spezialdrehbank mit angebauten Drehkranen. (Deutsche Niles-Werke.)

Die in den B e a r b e i t u n g s w e r k s t ä t t e n zum Auf- und Absetzen der Arbeitsstücke dienenden ortfesten Drehkrane werden meist nach Art von Abb. 755, S. 352, und Abb. 760, S. 353, ausgebildet und an der Gebäudekonstruktion gelagert.

In neuerer Zeit ist man dazu übergegangen, an den Werkzeugmaschinen kleine Drehkrane zum Aufsetzen und Abnehmen der Werkstücke anzubauen. Diese in baulicher Hinsicht einfach gehaltenen Drehkrane haben stets veränderliche Ausladung. Im allgemeinen rüstet man elek-

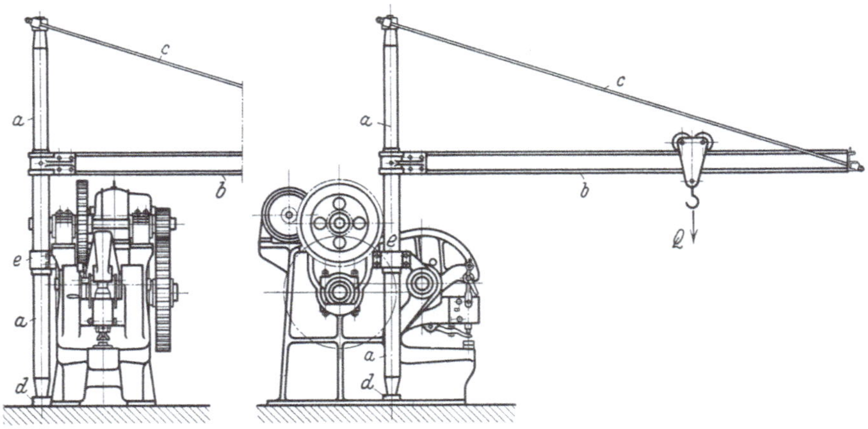

Abb. 1018. Hebellochschere mit angebautem Drehkran. (E. Wagner, Dortmund.)

a Drehbare Stahlsäule, an der der Ausleger *b*—*c* angebaut; *d* unteres Längs- und Querlager; *e* oberes Querlager zur Kransäule; *f* Laufkatze zum Einhängen eines Hand- oder Elektroflaschenzuges.

Leistung der Maschine: Löcher von 35 mm Durchmesser in 35 mm starke Bleche von 45 kg/mm^2 Festigkeit.

Ständerausladung: 1,1 m. Hubzahl: 22 i. d. Min. Arbeitsverbrauch: 10 PS. Tragkraft des Drehkranes: 2 t.

Größte bzw. kleinste Ausladung: 6,0 bzw. 0,6 m.

trisch betriebene Drehbänke, Schleifmaschinen, meist jedoch schwere Werkzeugmaschinen wie Blech- und Profileisenscheren, Stanzmaschinen, Radsatzdrehbänke u. a. mit angebauten Drehkranen aus.

Abb. 1017 und 1018 geben zwei Beispiele von Werkzeugmaschinen mit angebauten Drehkranen. Abb. 1017: Vierspindelige Spezialdrehbank. Abb. 1018: Hebellochstanze für Löcher bis 35 mm Durchmesser.

Literatur.

Aumund: Förderanlagen für Werkstätten. Maschinenbau 1929, Nr. 12.
Björklund: Transporteinrichtungen für große Lagerplätze (Verladebrücken). Tekn. Tidskr. 1929, S. 329 u. 341.
Druey: Lagerplatzbedienung durch seitlich verschiebbare Bockkrane. Bull. Oerlikon 1929, Nr. 91.
Dubbel: Taschenbuch für den Fabrikbetrieb (Abschnitt „Werkstattförderwesen"). Berlin 1923. Jul. Springer.
Erlinghagen und Berger: Die Eisenbauwerkstätte der Friedrich-Alfred-Hütte (Krananlagen). Kruppsche Mitt. 1920, S. 70.
Gewecke: Elektrischer Fördermittelantrieb in Werkstätten. Siemens-Zeitschrift (Werkstätten-Sonderheft) 1929, S. 779.
Hänchen: Das Förderwesen der Werkstättenbetriebe. Ausschuß für wirtschaftliche Fertigung (AWF). Berlin 1923.
— Werkstätten-Innendienstkrane. Der praktische Maschinenkonstrukteur 1924, S. 513.
Haupt: Aus der Praxis der Werkstattkrane, insbesondere der Laufkrane. Maschinenbau (Betrieb) 1929, Nr. 3.
Hermanns: Die neuere Entwickelung der Hebe- und Transporttechnik in der Gießerei. Gieß.-Zg. 15. V. 1929.
Hoffstätter: Anwendung von Fördermitteln in rationellen Betrieben. Siemens-Jahrbuch 1928, S. 407.
Höhne-Sparborth: Transporttechnische Ausstattung großer Werk- und Lagerplätze. Betrieb 1923, S. 729.
Kawann: Hoch und Quer. Einige leichte Werkstattfördermittel. Werksleiter 1931, S. 78.
Ludwig: Fördermittel in Betrieben mit Reihen- und Massenanfertigung. Z. V. d. I. 1928, S. 256.
Meyer: Das Förderwesen in einer Eisenkonstruktionswerkstätte. Bautechnik 1929, Nr. 37.
Müller, H. R.: Das Transportwesen in industriellen Betrieben. Leipzig 1924. Dr. Max Jänecke, Verlagsbuchhandlung.
— Neuer 100 t-Kran in der Zentral-Eisenbahnwerkstätte Tieburg (Holland). S. Posthumus Spoor- en Tramwegen 1931, S. 104.

VI. Baukrane.

Im Baubetriebe werden hauptsächlich folgende Kranbauarten angewendet:

a) Ortsfeste Drehkrane.

1. Einfache Schwenkkrane mit Ober- und Unterzapfen. Gestaltung ähnlich den Wanddrehkranen S. 347.
2. Derrickkrane. Ausführung siehe S. 356 bis 362.

b) Fahrbare Drehkrane.

1. Normalspurige fahrbare Drehkrane (mit Dampf-, Brennkraft- oder elektrischem Antreib). Ausführungen siehe S. 412.
2. Gleislos fahrende Drehkrane.
   α) Lastkraftwagen mit aufgebautem Drehkran. (Ardeltwerke, Eberswalde.)
   β) Drehkrane mit Raupenketten-Fahrwerk. Siehe S. 415.
3. Fahrbare Turmdrehkrane (Hochbaukrane). Turmdrehkran Bauart Wolff (Form 30 mit 12 m langem Ausleger und 3,06 m Torstützweite) siehe Abb. 929, S. 424. Kranmoment: $4 \times 4{,}5 = 18$ tm.

   Die neuesten Wolff-Krane haben einen Gegengewichtsausleger, größere Torstützweite (3,8 bzw. 4,5 m) und längere Ausleger (15 — 20 — 25 und 30 m). Hierdurch wird das Kranmoment auf 30 bis 60 tm gesteigert.

c) Kabelkrane.

Ausführung meist fahrbar, seltener schwenkbar oder ortsfest. Kabelkrane siehe S. 324 bis 331.

Sonderbauart: Kabelkrane mit heb- und senkbarer Beton-Gießvorrichtung (Gießverfahren der Firma Bleichert & Co., Leipzig).

d) Schwimmkrane. Ausführung mit auf dem Ponton festem oder fahrbarem Einziehdrehkran. Schwimmkrane siehe S. 433 bis 436.

Literatur.

Cajar: Baukrane. München und Berlin 1930. R. Oldenbourg.
Garbotz: Handbuch des Maschinenwesens beim Baubetrieb. Berlin 1931. Jul. Springer.
Bonwetsch: Zeitgemäße Förderanlagen im Baubetrieb (unter anderem: Gießmaste, Kabelkrane, Turmdrehkrane, fahrbare Verladebrücke). Zement 1931, S. 574.
Bottarlini: Hebezeuge und Förderanlagen beim Hafenbau Bengasi (Italien). Ingegnere 1931, S. 93.
Dinglinger: Die Vereinigung von Automobil und Kran das neueste Werkzeug unserer Technik (unter anderem: Hebe- und Greiferkrane im Baubetrieb). Werksleiter 1931, S. 59.
Faltus: Neuere geschweißte Stahlkonstruktionen (unter anderem: Vollständig geschweißter Hochbau-Turmdrehkran mit Gegengewichtsausleger. Auslegerlänge: 20 m. Tragkraft je nach Ausladung 1,5 bis 5 t). Der Stahlbau 1932, S. 24.
Garbotz: Die Bedeutung des Förderwesens im Baubetriebe. Fördertechn. 1928, S. 10.
— Wirtschaftliche Bedeutung und Grenzen für die Anwendung von Baumaschinen. Schweiz. Bauzeitung 1928, S. 227.
Habild: Hochgebirgsbaustelle „Sperrmauer Vermunt" (unter anderem: Kabelkrane, Schwenkmaste usw.). Z. V. d. I. 1931, S. 785.
Holz: Kabelkrane auf Großbaustellen. HDI-Mitteilungen 1931, S. 433.
Jegher: Vom Bau des Grimselwerkes der Kraftwerke Oberhasli A.-G. Schweiz. Bauzeitung 1928, S. 155.
Lattmann: Über Baukrane (Überblick über verschiedene Turmkrane). Schweiz. Bauzeitung 1926, S. 8.
Nipkow: Gießrinnen oder Kabelkrane für Staumauern aus Gußbeton. Schweiz. Bauzeitung 1926, S. 8.
Oehler: Die Transportanlagen zum Bau der Staumauer des Kraftwerkes Barberine. Schweiz. Bauzeitung 1923, S. 91.
Riedig: Hebezeuge zur Ausführung von Steinbauten. Fördertechn. 1930, S. 50.
Rubin: Kabelkrananlage mit Betongießbühne beim Bau der Stadtmauer Spitaldamm des Grimselspeicherbeckens. Z. V. d. I. 30. III. 1929.
Schröder: Fördertechnik auf der deutschen Bauausstellung Berlin 1931 (unter anderem: Turmdrehkran mit vielseitiger Verwendungsmöglichkeit. Hubhöhe bis 47 m. Tragkraft: 4000 kg). Fördertechnik 1931, S. 201.
Woeste: Neuartige Brückenmontagekrane. Techn. Rundsch. 1927, S. 66.
Zindel: Vom Bau des Rheinkraftwerkes Kembs (gesamte Bauinstallation). Schweiz. Bauzeitung 1930, S. 201.
Demag-Züge im Baubetrieb. Demag-Nachrichten 1928, S. 98.
Die Betonverteilanlage beim Bau der Esla-Talsperre (Kabelkrananlage). Z. V. d. I. 1930, S. 483.
Krane für den Hafenbau. Demag-Nachrichten 1927, S. 25.
Molenbau mittels eines 400 t-Schwimmkranes. Z. V. d. I. 1927, S. 1613.
Montagekrane beim Bau von Gasbehältern. Fördertechn. 1927, S. 320.
Unfallverhütung bei Aufstellung und Betrieb von Turmdrehkranen. Fördertechn. 1928, S. 51.

Sachverzeichnis.

GPSR Compliance

The European Union's (EU) General Product Safety Regulation (GPSR) is a set of rules that requires consumer products to be safe and our obligations to ensure this.

If you have any concerns about our products, you can contact us on ProductSafety@springernature.com

In case Publisher is established outside the EU, the EU authorized representative is:

Springer Nature Customer Service Center GmbH
Europaplatz 3
69115 Heidelberg, Germany

Batch number: 10684806

Printed by Printforce, the Netherlands